2024-2025年版

電験三種
過去問詳解

オーム社 編

Ohmsha

読者の皆様へ

第三種電気主任技術者試験（通称「**電験三種**」）は，**電気技術者の登竜門**ともいわれる国家試験です。令和3年度（2021年度）までは年1回9月頃に実施されていましたが，令和4年度（2022年度）からは年2回の筆記試験，令和5年度（20023年度）からは年2回の筆記試験（筆記方式）に加えCBT方式（Computer-Based Testing，コンピュータを用いた試験）が実施されています。筆記方式では，理論，電力，機械，法規の4科目の試験が1日で行われ，CBT方式では，所定の期間（30日前後）内に科目毎に別日で受験することができます。また，筆記方式，CBT方式ともに，解答は五肢択一方式です。受験者は，すべての科目（認定校卒業者は，不足単位の科目）に約3年以内に合格すると，免状の交付を受けることができます。

電験三種は，出題範囲が広いうえに，計算問題では答えを導く確かな計算力と応用力が，文章問題ではその内容に関する深い理解力が要求されます。ここ5年（令和元年度～令和5年度）の**合格率は平均して15％に満たない**という低い状態にあり，電気・電子工学の素養のない受験者にとっては，非常に難易度の高い試験といえるでしょう。したがって，ただ闇雲に学習を進めるのではなく，**過去問題の内容と出題傾向を把握し，学習計画を立てる**ことから始めなければ，合格は覚束ないと心得ましょう。

本書は，電験三種の最新年度（令和5年度の上期・下期）の全試験問題（132問）と，令和4年度から平成20年度（2022年度から2008年度）までの過去問題（16回分，全1056問）からの選抜330問を収録した過去問題集です。最新年度（令和5年度）の試験問題によって自らの実力（得点力）を確認するとともに，試験形式（問題数や試験時間など）を十分に把握してください。そして，選抜330問をしっかりと消化することができたなら，電験三種に合格するための実力は身に付いたといえるでしょう。

本書は，**最速・最短で一発合格をねらう人**や，何年も受験し続ける**不合格のループから脱出したい人**を主な対象読者としていますが，より多くの受験者のニーズに応えられるよう，解答では正解までの考え方を詳しく説明し，さらに解説，別解，問題を解くポイントなども充実させていますので，参考書の傍用問題集（補助問題集）としても利用していただけるものと思います。

＊なお，時間をかけて確実に合格したい人は，過去15年間（令和4年度上期～平成20年度）の全問題を収録した科目別のシリーズ『電験三種　理論・電力・機械・法規の過去問題集』（2022年12月発行）及び『電験三種　理論の過去問題集 1995-2007』（2024年3月発行）を併せてご活用いただければ幸いです。

本書を試験直前まで有効にご活用いただき，読者の皆様が見事に合格されることを心より祈念いたします。

オーム社　編集部

目　　次

●令和 5(2023)年度の試験問題(筆記方式)と解答

●平成 20(2008)年度～令和 4(2022)年度の選抜問題と解答

※本書は，2016 年～2019 年版を発行した『電験三種過去問題集』及び 2020～2022 年版を発行した『電験三種過去問詳解』を 2023-2024 年版よりリニューアルしたものです。

表紙デザイン　金井久幸[TwoThree]

表紙イラスト　Hama-House

本書の使い方

　令和5(2023)年度の電験三種の試験問題(筆記方式)は，ほとんどが平成7(1995)年度～令和4(2022)年度までの**過去問題の再利用**(再出題)でした。この出題傾向(過去問題の再利用)は，しばらくの間は続くと思われます。ですから，平成7年度以降の試験問題をすべて学習することができれば，ほぼ間違いなく合格できるでしょう。しかし，それらの過去問題は1700問以上もあり，学習時間を確保できない人には現実的な学習計画ではありません。

　そこで本書では，必要最低限の問題数で電験三種合格を目指す方針をとります。本書に収録されている「選抜問題」は，平成20(2008)年度から令和4(2022)年度までの過去15年間に出題された全1056問から主要な330問を選抜したものです。これらを繰り返し解いて十分に理解できたなら，電験三種に合格するための実力は身に付いたといえるでしょう。

　しかし，実力が身に付いたとしても，それを発揮できなくては意味がありません。実力を発揮するためには，本番に近い形式で試験問題に取り組む訓練が必要不可欠です。最新年度(令和5年度の上期・下期)の試験問題(132問)は，そのために利用してください。

❶ 実力試し

　まず，最新年度(令和5年度)の試験問題—上期と下期のいずれかで構いません—を利用して，**現時点での実力試し**を行ってください。できるだけ本番に近い形式で取り組むことをお勧めします。そして，日付，結果，感想などを記録しておきます。

❷ 実力養成

　次に，選抜問題を繰り返し解いて，**実力を養成**します。繰返しの際は，理解が曖昧な問題，できなかった問題に取り組みましょう。ある程度の実力が付いたと思ったら，令和5年度の試験問題(前回とは違う試験問題)で再び実力試しを行います。同時に，前回の実力試しと，結果などの比較を行いましょう。

❸ 仕上げ

　得点力の向上を意識しながら，時間の許す限り「**実力試し→実力養成**」のサイクルを回します。最後に，令和5年度の試験問題の学習を十分に行ってから，いよいよ試験本番に臨みましょう。

第三種電気主任技術者試験について

1 電気主任技術者試験の種類

　電気保安の観点から，事業用電気工作物の設置者(所有者)には，電気工作物の工事，維持及び運用に関する保安の監督をさせるため，**電気主任技術者を選任しなくてはならないこと**が，電気事業法で義務付けられています。

　電気主任技術者試験は，電気事業法に基づく国家試験で，この試験に合格すると経済産業大臣より**電気主任技術者免状**が交付されます。電気主任技術者試験には，次の①～③の3種類があります。

① 第一種電気主任技術者試験
② 第二種電気主任技術者試験
③ **第三種電気主任技術者試験**(以下，「電験三種試験」と略して記します。)

2 免状の種類と保安監督できる範囲

　第三種電気主任技術者免状の取得者は，電気主任技術者として選任される電気施設の範囲が**電圧5万V未満の電気施設(出力5千kW以上の発電所を除く)**の保安監督にあたることができます。

　なお，第一種電気主任技術者免状取得者は，電気主任技術者として選任される電気施設の範囲に制限がなく，いかなる電気施設の保安監督にもあたることができます。また，第二種電気主任技術者免状取得者は，電気主任技術者として選任される電気施設の範囲が電圧17万V未満の電気施設の保安監督にあたることができます。

　＊事業用電気工作物(電気事業の用に供する電気工作物及び需要設備等の自家用電気工作物)のうち，電気的設備以外の水力，火力(内燃力を除く)及び原子力の設備(例えば，ダム，ボイラ，タービン，原子炉等)並びに燃料電池設備の改質器(最高使用圧力が98 kPa 以上のもの)については，電気主任技術者の保安監督の対象外となります。

3 受験資格

　電気主任技術者試験は，国籍，年齢，学歴，経験に関係なく，**誰でも受験**できます。

4 試験実施日等

　電験三種試験の令和6年度の日程は**表1**のとおりで，全国47都道府県(CBT 方式は約 200 会場，筆記方式は約 50 試験地)で実施される予定です。

表1　令和6年度試験の日程

試験方式	上期試験	下期試験
CBT 方式	令和6年7月4日(木) ～7月28日(日)	令和7年2月6日(木) ～3月2日(日)
筆記方式	令和6年8月18日(日)	令和7年3月23日(日)

なお，受験申込の方法には，インターネットによるものと郵便(書面)によるものの二通りがあります。令和6年度の受験手数料(非課税)は，インターネットによる申込みは7,700円，郵便による申込みは8,100円です。

5 試験科目，時間割等

電験三種試験は，電圧5万ボルト未満の事業用電気工作物の電気主任技術者として必要な知識について，**筆記方式またはCBT方式で試験**を行うものです。「**理論**」「**電力**」「**機械**」「**法規**」の**4科目**について実施され，出題範囲は主に**表2**のとおりです。

表2　4科目の出題範囲

科目	試験範囲
理論	電気理論，電子理論，電気計測及び電子計測に関するもの
電力	発電所，蓄電所及び変電所の設計及び運転，送電線路及び配電線路(屋内配線を含む)の設計及び運用並びに電気材料に関するもの
機械	電気機器，パワーエレクトロニクス，電動機応用，照明，電熱，電気化学，電気加工，自動制御，メカトロニクス並びに電力システムに関する情報伝送及び処理に関するもの
法規	電気法規(保安に関するものに限る)及び電気施設管理に関するもの

筆記方式は**表3**のような時間割で科目別に実施されます。また，CBT方式は科目別に会場と日時を選択・変更ができます。解答方式は**五肢択一方式**で，A問題(一つの問に解答する問題)とB問題(一つの問に小問二つを設けた問題)を解答します。

配点として，「理論」「電力」「機械」科目は，A問題14題は1題当たり5点，B問題3題は1題当たり小問(a)(b)が各5点。「法規」科目は，A問題10題は1題当たり6点，B問題は3題のうち1題は小問(a)(b)が各7点，2題は小問(a)が6点で(b)が7点となります。

合格基準は，各科目とも100点満点の**60点以上**(年度によってマイナス調整)が目安となります。

表3　科目別の時間割

時限	1時限目	2時限目	昼の休憩	3時限目	4時限目
科目名	理論	電力		機械	法規
所要時間	90分	90分	80分	90分	65分
出題数	A問題 14題 B問題 3題※	A問題 14題 B問題 3題		A問題 14題 B問題 3題※	A問題 10題 B問題 3題

備考：1　※印は，選択問題を含む必要解答数です。
　　　2　法規科目には「電気設備の技術基準の解釈について」(経済産業省の審査基準)に関するものを含みます。

なお，試験では，**四則演算，開平計算(√)を行うための電卓を使用**することができます。ただし，**数式が記憶できる電卓や関数電卓などは使用できません**。電卓の使用に際しては，電卓から音を発することはできませんし，**スマートフォンや携帯電話等を電卓として使用することはできません**。

6 科目別合格制度

　試験は**科目ごとに合否が決定**され，4科目すべてに合格すれば電験三種試験が合格となります。また，4科目中の一部の科目だけに合格した場合は，「**科目合格**」となって，最初に合格した試験以降，その申請により最大で連続して5回までその科目の試験が免除されます。つまり，**約3年間**で4科目に合格すれば，電験三種試験に合格となります。

7 学歴と実務経験による免状交付申請

　電気主任技術者免状を取得するには，主任技術者試験に合格する以外に，認定校を所定の単位を修得して卒業し，所定の実務経験を有して申請する方法があります。

　この申請方法において，認定校卒業者であっても所定の単位を修得できていない方は，その不足単位の試験科目に合格し，実務経験等の資格要件を満たせば，免状交付の申請をすることができます。ただし，この単位修得とみなせる試験科目は，「理論」を除き，「電力と法規」または「機械と法規」の2科目か，「電力」「機械」「法規」のいずれか1科目に限られます。

8 試験実施機関

　一般財団法人　電気技術者試験センターが，国の指定を受けて経済産業大臣が実施する電気主任技術者試験の実施に関する事務を行っています。

一般財団法人　電気技術者試験センター

〒104-8584　東京都中央区八丁堀2-9-1（RBM東八重洲ビル8階）

TEL：03-3552-7691／FAX：03-3552-7847

　＊電話による問い合わせは，土・日・祝日を除く午前9時から午後5時15分まで

URL　https://www.shiken.or.jp/

　以上の内容は，令和6年5月現在の情報に基づくものです。

　試験に関する情報は今後，変更される可能性がありますので，受験する場合は必ず，試験実施機関である電気技術者試験センター等の公表する最新情報をご確認ください。

過去10回の合格率，合格基準等

■1 全4科目の合格率

電験三種試験の過去10回の合格率は，**表4**のとおりです。近年の合格率は増加傾向にありますが，それでも20%を超えない場合がほとんどです。したがって，電験三種試験は十分な**難関資格試験**であるといえるでしょう。

表4　全4科目の合格率

年度	申込者数(A)	受験者数(B)	受験率(B/A)	合格者数(C)	合格率(C/B)
令和5年度(下期)	33,832	24,567	72.6%	5,211	21.2%
令和5年度(上期)	36,978	28,168	76.2%	4,683	16.6%
令和4年度(下期)	40,234	28,785	71.5%	4,514	15.7%
令和4年度(上期)	45,695	33,786	73.9%	2,793	8.3%
令和3年度	53,685	37,765	70.3%	4,357	11.5%
令和2年度	55,408	39,010	70.4%	3,836	9.8%
令和元年度	59,234	41,543	70.1%	3,879	9.3%
平成30年度	61,941	42,976	69.4%	3,918	9.1%
平成29年度	64,974	45,720	70.4%	3,698	8.1%
平成28年度	66,896	46,552	69.6%	3,980	8.5%

備考：1　率は，小数点以下第2位を四捨五入
　　　2　受験者数は，1科目以上出席した者の人数

なお，電気技術者試験センターによる「令和4年度電気技術者試験受験者実態調査」によれば，令和4年度の電験三種試験受験者について，次の①・②のことがわかっています。

① 受験者の半数近くが複数回（2回以上）の受験
② 受験者の属性は，就業者数が学生数の10倍以上
＊なお，②の就業者の勤務先は，「ビル管理・メンテナンス・商業施設保守会社」が最も多く（15.7%），次いで「電気工事会社」（12.8%），「電気機器製造会社」（9.2%），「電力会社」（8.1%）の順です。

この①・②から，多くの受験者が仕事をしながら長期間にわたって試験勉強をしていることがわかるでしょう。

2 科目別の合格率

過去 10 回の科目別の合格率は，**表 5〜8** のとおりです（いずれも，率は小数点以下第 2 位を四捨五入。合格者数は，4 科目合格者を含む）。各科目とも合格基準は 100 点満点の 60 点以上が目安とされていますが，かつては，ほとんどの年度でマイナス調整がされていました。

表 5〜8 の数値を見ると，どの科目も合格の難易度に大差はないように感じられますが，実際には理論科目と機械科目が難しく，電力科目と法規科目は少し難易度が抑えめです。これは，受験者が難易度の高い科目（理論・機械）に注力していることを反映した数値でしょう。ただし，各科目の試験問題の難易度には，一概には言えない要因があることにも注意が必要です。

表 5　理論科目の合格率

年度	受験者数（B）	合格者数（C）	合格率（C/B）	合格基準点
令和 5 年度（下期）	17,307	5,690	32.9%	60 点
令和 5 年度（上期）	20,994	5,588	26.6%	60 点
令和 4 年度（下期）	20,712	5,102	24.6%	60 点
令和 4 年度（上期）	28,427	6,554	23.1%	60 点
令和 3 年度	29,263	3,030	10.4%	60 点
令和 2 年度	31,936	7,867	24.6%	60 点
令和元年度	33,939	6,239	18.4%	55 点
平成 30 年度	33,749	4,998	14.8%	55 点
平成 29 年度	36,608	7,085	19.4%	55 点
平成 28 年度	37,622	6,956	18.5%	55 点

表 6　電力科目の合格率

年度	受験者数（B）	合格者数（C）	合格率（C/B）	合格基準点
令和 5 年度（下期）	15,894	5,375	33.8%	60 点
令和 5 年度（上期）	18,411	4,685	25.4%	60 点
令和 4 年度（下期）	16,984	3,540	20.8%	60 点
令和 4 年度（上期）	23,215	5,610	24.2%	60 点
令和 3 年度	29,295	9,561	32.6%	60 点
令和 2 年度	29,424	5,200	17.7%	60 点
令和元年度	30,920	5,646	18.3%	60 点
平成 30 年度	35,351	8,876	25.1%	55 点
平成 29 年度	36,721	4,987	13.6%	55 点
平成 28 年度	35,352	4,381	12.4%	55 点

　試験問題の難しさには，いくつもの要因が絡んでいます。例えば，次の①～③のようなものがあります。
① 複雑で難しい内容を扱っている
② 過去に類似問題が出題された頻度
③ 試験対策の難しさ（出題が予測できない等）

　多少難しい内容でも，過去に類似問題が頻出していれば対策は簡単です。逆に，易しい問題でも解法を知らなければ，受験者にとっては難しく感じられるでしょう。

表7　機械科目の合格率

年度	受験者数（B）	合格者数（C）	合格率（C/B）	合格基準点
令和5年度（下期）	16,741	5,079	30.3%	60点
令和5年度（上期）	19,024	4,673	24.6%	60点
令和4年度（下期）	20,433	5,807	28.4%	60点
令和4年度（上期）	24,184	2,727	11.3%	55点
令和3年度	27,923	6,365	22.8%	60点
令和2年度	26,636	3,039	11.4%	60点
令和元年度	29,975	7,989	26.7%	60点
平成30年度	30,656	5,991	19.5%	55点
平成29年度	32,850	5,354	16.3%	55点
平成28年度	36,612	8,898	24.3%	55点

表8　法規科目の合格率

年度	受験者数（B）	合格者数（C）	合格率（C/B）	合格基準点
令和5年度（下期）	17,153	5,494	32.0%	60点
令和5年度（上期）	20,489	5,899	28.8%	60点
令和4年度（下期）	19,346	3,566	18.4%	60点
令和4年度（上期）	23,752	3,499	14.7%	54点
令和3年度	28,045	6,761	24.1%	60点
令和2年度	30,828	6,573	21.3%	60点
令和元年度	33,079	5,858	17.7%	49点
平成30年度	33,594	4,495	13.4%	51点
平成29年度	35,825	5,798	16.2%	55点
平成28年度	35,198	4,985	14.2%	54点

（1）理論科目の出題状況

最新年度（令和5年度）における理論科目の出題状況（過去問題の再利用）は以下のとおりです。

① R5年度-上期試験

問題形式	問題番号	出題状況
A問題	問1	H21-問1と同じ
	問2	H13-問2と同じ
	問3	H10-問2と同じ
	問4	H25-問3と同じ
	問5	H25-問6と同じ
	問6	H9-問5と同じ
	問7	H3-問9と酷似
	問8	H24-問7と同じ
	問9	H14-問6と同じ
	問10	H16-問9と同じ
	問11	H22-問11と同じ
	問12	H17-問11と同じ
	問13	新作問題？
	問14	H15-問13と同じ
B問題	問15	H22-問15と同じ
	問16	H30-問18と同じ
	問17	R3-問17と同じ
	問18	H28-問18と同じ

出題年度の分布	
H7～H11	2問
H12～H16	4問
H17～H21	2問
H22～H26	5問
H27～R1	2問
R2～R4	1問

② R5年度-下期試験

問題形式	問題番号	出題状況
A問題	問1	H25-問1と同じ
	問2	H30-問2と同じ
	問3	R3-問3と同じ
	問4	H25-問4と同じ
	問5	R1-問6と同じ
	問6	H15-問5と同じ
	問7	H20-問6と同じ
	問8	H9-問8と同じ
	問9	H8-問11と同じ
	問10	H28-問10とほぼ同じ
	問11	H11-問3と同じ
	問12	H23-問12と同じ
	問13	H12-問7と同じ
	問14	H30-問14と同じ
B問題	問15	H18-問15と同じ
	問16	R3-問16と同じ
	問17	H27-問16と同じ
	問18	H24-問18と同じ

出題年度の分布	
H7～H11	3問
H12～H16	2問
H17～H21	2問
H22～H26	4問
H27～R1	5問
R2～R4	2問

（2）電力科目の出題状況

最新年度（令和5年度）における電力科目の出題状況（過去問題の再利用）は以下のとおりです。

① R5 年度−上期試験

問題形式	問題番号	出題状況
A 問題	問 1	H30-問 2 と同じ
	問 2	H19-問 3 と同じ
	問 3	H15-問 3 と同じ
	問 4	H24-問 4 と類似
	問 5	H24-問 5 と同じ
	問 6	H22-問 12 と同じ
	問 7	R3-問 7 と同じ
	問 8	H18-問 9 と同じ
	問 9	R1-問 10 と同じ
	問 10	H10-問 8 と同じ
	問 11	H21-問 8 と同じ
	問 12	H26-問 7 と同じ
	問 13	H28-問 6 と同じ
	問 14	H15-問 14 と同じ
B 問題	問 15	H23-問 15 と類似
	問 16	H16-問 16 と同じ
	問 17	H14-問 12 と類似

出題年度の分布	
H7〜H11	1 問
H12〜H16	3 問
H17〜H21	3 問
H22〜H26	3 問
H27〜R1	3 問
R2〜R4	1 問

② R5 年度−下期試験

問題形式	問題番号	出題状況
A 問題	問 1	H24-問 1 と同じ
	問 2	新作問題？
	問 3	H9-問 2 と同じ
	問 4	H15-問 4 と同じ
	問 5	R3-問 6 とほぼ同じ
	問 6	H29-問 7 と同じ
	問 7	H29-問 13 と同じ
	問 8	H20-問 9 とほぼ同じ
	問 9	H15-問 9 と同じ
	問 10	新作問題？
	問 11	H15-問 8 とほぼ同じ
	問 12	H18-問 14 と同じ
	問 13	新作問題？
	問 14	H18-問 11 と同じ
B 問題	問 15	新作問題？
	問 16	H18-問 17 と同じ
	問 17	H19-問 17 と同じ

出題年度の分布	
H7〜H11	1 問
H12〜H16	3 問
H17〜H21	5 問
H22〜H26	1 問
H27〜R1	2 問
R2〜R4	1 問

（3）機械科目の出題状況

最新年度（令和5年度）における機械科目の出題状況（過去問題の再利用）は以下のとおりです。

① R5年度−上期試験

問題形式	問題番号	出題状況
A問題	問1	H24-問1と同じ
	問2	H29-問1と同じ
	問3	H28-問3と同じ
	問4	H16-問4と同じ
	問5	H15-問5と同じ
	問6	新作問題？
	問7	R2-問7と同じ
	問8	H24-問8と同じ
	問9	H29-問8と同じ
	問10	R2-問10と類似
	問11	H20-問11と同じ
	問12	新作問題？
	問13	H18-問13と同じ
	問14	H26-問14と同じ
B問題	問15	H30-問9と類似
	問16	H24-問15と同じ
	問17	新作問題？
	問18	H24-問18と同じ

出題年度の分布	
H7〜H11	0問
H12〜H16	2問
H17〜H21	2問
H22〜H26	5問
H27〜R1	3問
R2〜R4	1問

② R5年度−下期試験

問題形式	問題番号	出題状況
A問題	問1	R1-問2と同じ
	問2	新作問題？
	問3	R1-問4と同じ
	問4	新作問題？
	問5	新作問題？
	問6	H13-問4とほぼ同じ
	問7	R1-問7と同じ
	問8	H9-問3と同じ
	問9	H28-問8と同じ
	問10	H29-問10と同じ
	問11	H25-問10と同じ
	問12	H29-問13と同じ
	問13	H7-問13と同じ
	問14	H12-問11と同じ
B問題	問15	H16-問15と同じ
	問16	H30-問16と同じ
	問17	H30-問17と同じ
	問18	H20-問17と同じ

出題年度の分布	
H7〜H11	2問
H12〜H16	3問
H17〜H21	1問
H22〜H26	1問
H27〜R1	8問
R2〜R4	0問

（4）法規科目の出題状況

最新年度（令和5年度）における法規科目の出題状況（過去問題の再利用）は以下のとおりです。

① R5 年度-上期試験

問題形式	問題番号	出題状況
A 問題	問1	H25-問1と同じ
	問2	新作問題？
	問3	H13-問1と同じ
	問4	H18-問6と同じ
	問5	R1-問4と同じ
	問6	H28-問8と同じ
	問7	R3-問9と同じ
	問8	H25-問3と同じ
	問9	R3-問8と同じ
	問10	新作問題？
B 問題	問11	H26-問12と同じ
	問12	R1-問13と同じ
	問13	H30-問11と同じ

出題年度の分布	
H7～H11	0問
H12～H16	1問
H17～H21	1問
H22～H26	3問
H27～R1	4問
R2～R4	2問

② R5 年度-下期試験

問題形式	問題番号	出題状況
A 問題	問1	H28-問10と同じ
	問2	H26-問4と同じ
	問3	H10-問2と同じ
	問4	H21-問6とほぼ同じ
	問5	H30-問3と同じ
	問6	H24-問7と同じ
	問7	H27-問9と類似
	問8	H28-問9と同じ
	問9	H23-問9と同じ
	問10	H27-問10と同じ
B 問題	問11	H28-問13と同じ
	問12	R1-問12と同じ
	問13	R2-問11と同じ

出題年度の分布	
H7～H11	1問
H12～H16	0問
H17～H21	1問
H22～H26	3問
H27～R1	6問
R2～R4	1問

（1）理論科目の出題傾向

出題分野・項目		R5 下期	R5 上期	R4 下期	R4 上期	R3	R2	R1	H30	H29	H28
静電気	クーロンの法則	A2		B17	A2	A2			A1		
	点電荷による電位・電界							A1			A1
	電気力線・電束		A2	A1, A2		A1	A2	B15a		A1	
	コンデンサの接続		A1	A6	A6, B17b			A2			A7, B17
	仕事・静電エネルギー		B17b	A6	A10	B17b	A1	A10, B15b		A2	
	静電誘導			A2							
	平行板コンデンサ	A1	B17	A2	A1, B17a	A1, B17	B17		A2, B17	A2	A2, B17
電磁気	点磁荷による磁界								A3		
	磁力線・磁束			A3			A4				
	電流による磁界	A4		A3					A4		A3
	電磁力	A4	A4	A4			A3				
	誘導起電力		A10		A4	A4					
	磁気遮蔽	A3				A3					A4
	磁気抵抗		A3, A4								
	インダクタンス				A3					A3	
	ソレノイド		A4					A4		B17	
	磁化特性							A3		A4	
直流回路	抵抗直列回路				A5				A6		
	抵抗直並列回路	A5, A7		A5	A5, A7		A6	A5, A6		A5	
	はしご回路									A7	A6
	抵抗器の許容電流								A5		
	ブリッジ回路			A5	A7	A14	A7				
	2電源・多電源	A6	A5, A6						A7		A5
	L と C の定常特性							A7		A6	
	直流抵抗		A7	A7			A5				
	最大供給電力の定理					A7					
単相交流	瞬時値を表す式					A8					
	RL 直列回路		A9		A8				A8		
	RL 直並列回路									A8	
	RC 直列回路						A8				
	RC 直並列回路			A9							
	RLC 直列回路	A8	A8		A9		A9				
	RLC 並列回路						A9	A9			
	コンデンサ直並列回路	B17									
	力率		A9								
	共振	A8	A8		A9	A9	A9		A9		A9
	交流ブリッジ									B15	
	ひずみ波	A9		A8			A8			A9	
	実効値・波高値・平均値			A8							

	出題分野・項目	R5 下期	R5 上期	R4 下期	R4 上期	R3	R2	R1	H30	H29	H28
三相交流	Y 接続	B15a				B15		B16		B16a	
	Δ 接続		B15		B15		B15				B15
	YΔ 混合	B15b, B17		B15						B16b	
	三相電源								B15		
過渡現象	*RL* 直列回路			A10		A10					
	RL 直並列回路									A10	
	RC 直列回路	A10		A10	A10			A10	A10		A10
	RC 直並列回路						A10				
電気計測	指示電気計器		B16					A14			B16
	測定法				A14						
	有効数字									A14	
	測定誤差	B16b				A14, B16b			B18		
	電圧計・倍率器	B16	B16			B16	B16				B16
	電流計・分流器	B16		B16		B15, B16					
	電力計・電力量計		A14				B15b				
	電位差計				B16						
	ディジタル計器			A14				B18			A14
	センサの原理					A5	A14				
電子理論	電界中の電子	A12			A12	A12		A12			
	磁界中の電子				A12				A12		A12
	電子放出						A12				
	熱電効果		A12								
	半導体・半導体デバイス	A11	A11	A11	A11	A11	A11		A11	A11	A11
	太陽電池							A11			
電子回路	還増幅回路							A13			
	トランジスタ増幅回路		A13	B18	B18	B18a	B18		B16	A13	A13
	FET 増幅回路	B18				A13					
	オペアンプ				A13		A13			B18	
	パルス回路							B17b	A13		
	発振回路			A13		B18b				B18b	
	変調・復調		B18								B18
	IC(集積回路)							B17			
	電圧利得・電力利得	A13									
	直流安定化電源					A6					
その他	電気と磁気の単位	A14	A3						A14		
	電気と磁気の法則										A8
	照明									A12	

備考：1　「A」は A 問題，「B」は B 問題における出題を示す。また，番号は問題番号を示す。
　　　2　「a」「b」は，B 問題の小問 (a)(b) のいずれか一方でのみ出題されたことを示す。

（2）電力科目の出題傾向

出題分野	項目	R5 下期	R5 上期	R4 下期	R4 上期	R3	R2	R1	H30	H29	H28
水力発電	発電方式					A1	A1				
	水車関係		A1	A2	A1			A1, A2	A2	A2	
	出力関係	A1, B15a		A1	B15		B15b		B15b		
	ダム・貯水池・調整池						B15a		B15a	A1	
	水圧管・ベルヌーイの定理			A1	A2	A1					
	揚水発電				B15			A1		A4	A1
汽力発電	熱サイクル・熱効率		B15a	B15b	A3	A3, B15b		A3			B15
	LNG・石炭・石油火力	B15b	B15			B15				B15	
	タービン関係				A2			A3, B15a	A1,A3,A4		B15a
	ボイラ関係		A3			A3		A3			A3
	復水器	A3		B15a			A2	A3, B15b			
	保護装置						A3				
	コンバインドサイクル		A2	A3				A5			
	環境対策				A4					A3	
原子力発電	PWR と BWR			A4	A4	A5					
	核分裂エネルギー	A4	A4				A4	A4		A4	
	核燃料サイクル										A4
	タービン								A4		
自然エネルギー	各種発電	A5		A5	A6					A5	A5
	太陽光発電						A5				
	風力発電		A5		A5			A5			
変電	変電所							A7			
	変圧器	A6	A13	A6, A7	A12, B16	A9			A7,A8,A12	A7	A6
	調相設備				A6			A7		B17	
	開閉装置			B16a	A8	A7, A8	A6				A7
	避雷器					A9					
	計器用変成器		A7			A7					
	保護リレー				A7						
	短絡故障	B16b	B16b				A8	A8			
送電	π 形等価回路						A10	B16			
	フェランチ効果				A9						
	たるみ・張力	A12					B16			A8	
	送電電力			A9, B16	A8				B17b		
	百分率インピーダンス	B16a	B16a						B17a		
	短絡・地絡										B16
	電圧降下				A6					A9	
	電線の最小断面積						B16b				
	並行 2 回線						B16a				

出題分野・項目		R5 下期	R5 上期	R4 下期	R4 上期	R3	R2	R1	H30	H29	H28
送電（続き）	架空送電線	A8, A9					A6, A10	A9	A9		
	コロナ		A9					A10			
	電線の振動	A8		A8	A10		A6	A9			
	誘導障害							A9			A8
	雷害対策	A9		A8			A6	A9		A9	
	塩害対策					A10					
	過電圧								A10		
	保護リレー				A7				A6		
	直流送電	A11								A6	
地中送電	各種電力ケーブル	A10							A11		
	電力損失・許容電流	A10	A10			A11	A11			A10	
	布設方式	A10		A10				A11			
	故障点標定	A10			A11						A10
	静電容量									B16a	
	充電電流									B16b	
	架空送電との比較	A10	A10				A11				
配電	配電系統		A6, A11								A12
	配電系統構成機材		A6, A8		A12, A13		A12				
	ネットワーク方式			A13			A13				
	電気方式	A13	A11					A12		A11	
	単相3線式	A13, B17				A12			B16		B17
	電圧降下		A12, B17b		B17	B17	B17a				
	電力損失			B17	B17b			B17a	A13		
	許容負荷電力							B17b			
	負荷電流・ループ電流		B17				B17b				A13
	支線の張力							A13		A8	
	電圧調整	A7		A12	A6					A13	
	中性点接地方式		A11								
	過電圧								A10		
	保護方式					A13				A12	
	地中配電				A13						A11
電気材料	絶縁材料			A14	A14		A14	A14		A14	
	鉄心材料		A14						A14		
	導電材料	A14				A14					A14
その他	発電機	A2									A2
	分散型電源	A5					A6				
	電力需給			A11							

備考：1 「A」は A 問題，「B」は B 問題における出題を示す。また，番号は問題番号を示す。
　　　2 「a」「b」は，B 問題の小問(a)(b)のいずれか一方でのみ出題されたことを示す。

（3）機械科目の出題傾向

出題分野・項目		R5 下期	R5 上期	R4 下期	R4 上期	R3	R2	R1	H30	H29	H28
直流機	回転速度	A2						A1			A1
	電機子電流・電圧								A1		
	出力・トルク					A2					
	損失・効率		A2				A2			A1	
	構造		A1	A1, A7							
	電動機の制御				A1	A1	A1			A2	
	電機子反作用	A1		A1				A2			A2
	磁気飽和								A2		
誘導機	構造			A3, A7	A3	A4					
	誘導起電力		A3								A3
	等価回路						A3				
	一次電流									B15a	
	二次電流							A3			
	二次回路・同期ワット					B15a				A3	A4
	出力・トルク	A4	A4	A2		A3	B15b				
	効率					A3		A3			
	速度制御	A3, B15						A4		B15b	
	始動	A4			A2	A7		A4			
同期機	種類と構造			A7					A5		
	無負荷飽和曲線				A5					A5	
	同期インピーダンス			A5		A6					
	短絡比		A5	A5							
	負荷角								A6		
	誘導起電力		A6				A4				B15a
	端子電圧										B15b
	並行運転	A6			A4		B15			A4	
	電動機の誘導起電力	A5					A5				
	電動機の負荷角					A5					
	電動機のトルク					A5	A5				
	V 曲線			A4							A5
	始動方法					A7					
	ステッピングモータ				A6				A7		
	ブラシレス DC モータ					A8		A6			
変圧器	種類と構造							A8			
	単相変圧器・変圧比	A8							B15		
	電圧変動率					A9					
	損失・効率	A9	A9	A8, A9	B15					A8	A8
	試験					A8		A9			
	三相変圧器									A7	
	力率改善					A9					
	並行運転		A8					A8			
	単巻変圧器		B15						A9		
	各種変圧器				A9		A9				A7

備考：1　「A」は A 問題，「B」は B 問題における出題を示す。また，番号は問題番号を示す。
　　　2　「a」「b」は，B 問題の小問(a)(b)のいずれか一方でのみ出題されたことを示す。

出題分野・項目		R5下期	R5上期	R4下期	R4上期	R3	R2	R1	H30	H29	H28
パワーエレクトロニクス	半導体デバイス	A10	A10				A10		A10		
	単相ダイオード整流回路					B16				A11	
	単相サイリスタ整流回路			A10				A10			B16
	インバータ		B16	B16	B16		B16		A11		
	チョッパ	B16			A10	A11		B16	B16		A9
	トライアック									B16	
	太陽光発電システム							A12			A10
	ステッピングモータ								A7		
	ブラシレスDCモータ							A6			
機器全般	各種電気機器				A7	A7			A8	A6	
	電動機のトルク		A11								A6
	損失	A7						A7			
	特殊モータ			A6			A6	A6	A7		
	コンデンサ									A9	
電動機応用	エレベータ・巻上機			A11	A10			A11			A11
	回転体のエネルギー	A11					A11				
	安定運転条件		A7				A7				
	ポンプ			A11					A10		
	負荷の定常特性									A12	
電熱	熱伝導		B17								
	ヒートポンプ				B17			B17b			B17
	加熱エネルギー				B17			B17a			B17a
	放射伝熱					B17					
	マイクロ波加熱			A12							
	誘電加熱			A12							
	誘導加熱	A12		A12						A13	
	電気系・熱系対応						A13				
照明	水平面照度	B17	A12	B17b					B17	B17a	
	光度		A12	B17a							
	輝度		A12							B17a	
	照明設計						A12			B17b	
電気化学	電池と電気分解										A12
	二次電池			A12	A12				A12		
自動制御	シーケンス制御								B18		
	フィードバック制御									A13	
	ブロック線図	B18			B15a		B17b		A13		
	伝達関数	A13, B18	A13	B15	B15	A13	B17a	A13			
	ボード線図	A13		B15b		A13	B17a				
情報	2進数							A14			
	基数変換					A14					A14
	論理演算									A14	
	論理回路				B18				A14		B18
	論理式	A14					A14	B18			
	電気通信			A13	A13						
	フローチャート		A14	B18			B18			B18	
	フリップフロップ					B18					
	マイクロプロセッサ		B18								
	コンピュータ・コンピュータ制御			A14	A14						

（4）法規科目の出題傾向

出題分野・項目		R5 下期	R5 上期	R4 下期	R4 上期
電気事業法		39条(B13a)	43条(A1)	2条(A2) 28〜29条(A10) 42条(A1)	28条の44(A9) 42条(A1) 57条(A1) 57条の2(A1) 106条(A1)
電気事業法施行令		—	—	1条(A2)	—
電気事業法施行規則		50条(A1)	—	46条(A10) 48条の2(A1) 50条(A1)	—
電気工事士法		—	—	—	—
電気工事業の業務の適正化に関する法律（電気工事業法）		2条(A2) 17条の2(A2)			
電気関係報告規則		3条(B13a)	1条(A2) 3条(A2)	—	—
発電用風力設備に関する技術基準を定める省令（風力電技）		—	—	—	4条(A8)
電気設備に関する技術基準を定める省令（電技）		5条(A3) 30条(A5) 47条(A5) 74条(A8)	14条(A3) 32条(A5) 57条(A8)	9条(A3) 25条(A4) 59条(A2) 77条(A2)	15条の2(A2) 22条(B11a) 67条(A6)
電気設備の技術基準の解釈（電技解釈）		21条(A4) 53条(A6) 165条(A9) 192条(A8) 220条(A7)	16条(A4) 17条(B12a) 58条(B13) 125条(A6) 143条(A9) 226条(A7) 228条(A7)	66条(B11a) 68条(A4) 80条(A5) 162条(A7) 168条(A6) 221〜222条(A8)	1条(A4) 17条(A3) 28〜29条(A3) 37条(A3) 49条(A5) 111条(A4) 187条(A7)
電気施設管理	水力発電				B13
	系統連系				
	広域運営				A9
	デマンドレスポンス		A10		
	需要率・不等率		B11		B12
	電圧降下				
	進相コンデンサ	B12			
	変圧器			B12	
	変流器	A10			
	短絡電流				
	地絡電流	B11			
	保護協調	B13b			
	受電設備			A9	B10
	たるみ(弛度)			B11b	
	電線張力・最少条数				
	接地抵抗電流		B12b		
	絶縁試験電源容量			B13	
	絶縁抵抗				B11b
	高調波				

備考：1 「A」はA問題，「B」はB問題における出題を示す。また，番号は問題番号を示す。
2 「a」「b」は，B問題の小問(a)(b)のいずれか一方でのみ出題されたことを示す。

R3	R2	R1	H30	H29	H28
57条(A1) 57条の2(A1)	39条(B11a) 43条(A1)	2条(A1) 2条の2(A1) 2条の12(A1) 3条(A1) 28条(A10) 51条(A2)	38条(A1) 43条(A2) 48条(A2) 53条(A1, A2)	38条(A10) 39条(A1) 40条(A1) 43条(A10) 46条の2(A10) 48～49条(A10)	—
—	—	—	—	—	—
—	56条(A1)	65条(A2)	52条(A2)	—	50条(A10) 52条(A1)
—	—	—	—	1条(A2) 3条(A2)	—
2～3条(A2) 24～26条(A2)	—	—	—	—	—
—	3条(A2, B11a)	—	—	—	—
—	—	—	—	5条(A5)	—
27条の2(A3)	1条(A7) 5条(A3) 27条(A4)	4～5条(A3) 8条(A3) 16条(A3) 18条(A3) 32条(A4)	30条(A3) 47条(A3) 63～66条(A4)	19条(A3) 33条(A4) 56～57条(B11a) 62条(B11a)	56条(A4) 66条(A4) 74条(A9)
1条(B12a) 14条(A1) 15条(B12a) 37条(A4) 42条(A5) 68～69条(A7) 70条(A6) 143条(A8) 226条(A9) 228条(A9)	1条(A7, B12b) 15条(A3) 16条(B12) 120条(A5) 150条(A9) 156条(A6) 189条(A8) 198条(A8) 199条の2(A8) 229条(A10)	17条(A6, B13a) 18条(A6) 47条(A7) 68条(A8) 74条(A8) 148条(B11) 167～168条(A5) 220条(A9) 225～227条(A9)	17条(A5) 38条(A6) 53条(A7) 58条(B11) 153条(A8) 229条(A9)	1条(A6) 52条(A8) 146条(B11b) 148条(A7, B11b) 227条(A9)	1条(B12a) 15条(B12a) 16条(A6) 19条(A2) 21条(A3) 24条(A2) 28条(A2) 36条(B11) 44条(A5) 46条(A6) 117条(A7) 125条(A8) 171条(A4) 191条(A4) 192条(A9)
				B13	
			B13	B13	
		A10			
			A10		
B13					
			B12		
		B12			
			B13		
				B12	
					B13
A10	B11b				
B11					
		B13b			
B12b					B12
	B13				

凡例

　本書に収録されている試験問題には，個々の問題の**出題分野**と**出題項目**を表示しています。出題分野・項目の分類については，各科目の**出題傾向**（p. 16～23）を参照してください。

　また，令和5（2023）年度の試験問題については，個々の問題の 難易度 と 重要度 の目安を次のように表示しています。ただし，重要度は出題分野どうしを比べたものではなく，**出題分野内で出題項目どうし**を比べたものです（p. 16～23 参照）。

難易度

　易　★☆☆：易（やさ）しい問題
　↓　★★☆：標準的な問題
　難　★★★：難しい問題（奇をてらった問題を一部含む）

　粘り強く学習することも大切ですが，難問や奇問に固執するのは賢明ではありません。ときには，「解けなくても構わない」と割り切ることが必要です。逆に，易しい問題は得点のチャンスです。苦手な出題分野であっても，できる限り解けるようにしておきましょう。

重要度

　稀　★☆☆：あまり出題されない，稀（まれ）な内容
　↓　★★☆：それなりに出題されている内容
　頻　★★★：頻繁（ひんぱん）に出題されている内容

　出題が稀な内容であれば，学習の優先順位を下げても構いません。場合によっては，「学習せずとも構わない」「この出題項目は捨ててしまおう」と決断する勇気も必要です。逆に，頻出内容であれば，難易度が高い問題でも一度は目を通しておきましょう。自らの実力で解ける問題なのか，解けない問題なのかを判別する訓練にもなります。

試験問題と解答

●令和 5（2023）年度の試験問題（筆記方式）と解答
上期試験（理論科目，電力科目，機械科目，法規科目）
下期試験（理論科目，電力科目，機械科目，法規科目）
※各科目の試験時間，配点等については「試験科目，時間割等」（7 ページ），
　各科目の合格基準等については「科目別の合格率」（10〜11 ページ）を参照
　してください。

●平成 20（2008）年度〜令和 4（2022）年度の選抜問
　題と解答
理論科目（90 問）
電力科目（85 問）
機械科目（90 問）
法規科目（65 問）
※各科目の出題傾向，各年度の出題分野・項目については，「出題傾向」
　（16〜23 ページ）を参照してください。

理論 令和5年度（2023年度）上期

問1 出題分野＜静電気＞

難易度 ★★★   重要度 ★★★

　電極板面積と電極板間隔が共に $S[\mathrm{m^2}]$ と $d[\mathrm{m}]$ で，一方は比誘電率が ε_{r1} の誘電体からなる平行平板コンデンサ C_1 と，他方は比誘電率が ε_{r2} の誘電体からなる平行平板コンデンサ C_2 がある。今，これらを図のように並列に接続し，端子 A，B 間に直流電圧 $V_0[\mathrm{V}]$ を加えた。このとき，コンデンサ C_1 の電極板間の電界の強さを $E_1[\mathrm{V/m}]$，電束密度を $D_1[\mathrm{C/m^2}]$，また，コンデンサ C_2 の電極板間の電界の強さを $E_2[\mathrm{V/m}]$，電束密度を $D_2[\mathrm{C/m^2}]$ とする。両コンデンサの電界の強さ $E_1[\mathrm{V/m}]$ と $E_2[\mathrm{V/m}]$ はそれぞれ ┌─(ア)─┐ であり，電束密度 $D_1[\mathrm{C/m^2}]$ と $D_2[\mathrm{C/m^2}]$ はそれぞれ ┌─(イ)─┐ である。したがって，コンデンサ C_1 に蓄えられる電荷を $Q_1[\mathrm{C}]$，コンデンサ C_2 に蓄えられる電荷を $Q_2[\mathrm{C}]$ とすると，それらはそれぞれ ┌─(ウ)─┐ となる。

　ただし，電極板の厚さ及びコンデンサの端効果は，無視できるものとする。また，真空の誘電率を $\varepsilon_0[\mathrm{F/m}]$ とする。

　上記の記述中の空白箇所（ア）〜（ウ）に当てはまる式の組合せとして，正しいものを次の（1）〜（5）のうちから一つ選べ。

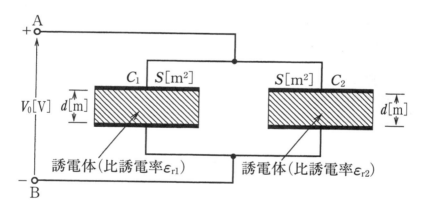

	（ア）	（イ）	（ウ）
（1）	$E_1=\dfrac{\varepsilon_{r1}}{d}V_0,\ E_2=\dfrac{\varepsilon_{r2}}{d}V_0$	$D_1=\dfrac{\varepsilon_{r1}}{d}SV_0,\ D_2=\dfrac{\varepsilon_{r2}}{d}SV_0$	$Q_1=\dfrac{\varepsilon_0\,\varepsilon_{r1}}{d}SV_0,\ Q_2=\dfrac{\varepsilon_0\,\varepsilon_{r2}}{d}SV_0$
（2）	$E_1=\dfrac{\varepsilon_{r1}}{d}V_0,\ E_2=\dfrac{\varepsilon_{r2}}{d}V_0$	$D_1=\dfrac{\varepsilon_0\,\varepsilon_{r1}}{d}V_0,\ D_2=\dfrac{\varepsilon_0\,\varepsilon_{r2}}{d}V_0$	$Q_1=\dfrac{\varepsilon_0\,\varepsilon_{r1}}{d}SV_0,\ Q_2=\dfrac{\varepsilon_0\,\varepsilon_{r2}}{d}SV_0$
（3）	$E_1=\dfrac{V_0}{d},\ E_2=\dfrac{V_0}{d}$	$D_1=\dfrac{\varepsilon_0\,\varepsilon_{r1}}{d}SV_0,\ D_2=\dfrac{\varepsilon_0\,\varepsilon_{r2}}{d}SV_0$	$Q_1=\dfrac{\varepsilon_0\,\varepsilon_{r1}}{d}V_0,\ Q_2=\dfrac{\varepsilon_0\,\varepsilon_{r2}}{d}V_0$
（4）	$E_1=\dfrac{V_0}{d},\ E_2=\dfrac{V_0}{d}$	$D_1=\dfrac{\varepsilon_0\,\varepsilon_{r1}}{d}V_0,\ D_2=\dfrac{\varepsilon_0\,\varepsilon_{r2}}{d}V_0$	$Q_1=\dfrac{\varepsilon_0\,\varepsilon_{r1}}{d}SV_0,\ Q_2=\dfrac{\varepsilon_0\,\varepsilon_{r2}}{d}SV_0$
（5）	$E_1=\dfrac{\varepsilon_0\,\varepsilon_{r1}}{d}SV_0,\ E_2=\dfrac{\varepsilon_0\,\varepsilon_{r2}}{d}SV_0$	$D_1=\dfrac{\varepsilon_0\,\varepsilon_{r1}}{d}V_0,\ D_2=\dfrac{\varepsilon_0\,\varepsilon_{r2}}{d}V_0$	$Q_1=\dfrac{\varepsilon_0}{d}SV_0,\ Q_2=\dfrac{\varepsilon_0}{d}SV_0$

問 1 の解答　　出題項目＜コンデンサの接続＞　　　　　　　答え　（4）

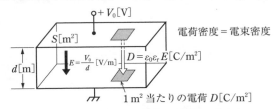

電荷密度＝電束密度

$E=\dfrac{V_0}{d}\,[\text{V/m}]$　$D=\varepsilon_0\varepsilon_r E\,[\text{C/m}^2]$

$1\,\text{m}^2$ 当たりの電荷 $D\,[\text{C/m}^2]$

図 1-1　電極板間の電界の強さと電束密度

図 1-1 に示す平行平板コンデンサの電極板間の電界の強さは，電極板間の電圧と電極板間隔で決まる。問題図では電極板間の電圧が等しく電極板間隔も同じなので，電極板間の電界の強さ E_1 [V/m]と E_2[V/m]は同じ値となり，

$$E_1=\dfrac{V_0}{d},\quad E_2=\dfrac{V_0}{d}$$

電束密度は，電界の強さに電極板間の誘電率を乗じた値となるので，D_1[C/m^2]と D_2[C/m^2]は，

$$D_1=\dfrac{\varepsilon_0\varepsilon_{r1}}{d}\,V_0,\quad D_2=\dfrac{\varepsilon_0\varepsilon_{r2}}{d}\,V_0$$

コンデンサの電極板に蓄えられる電荷は，電束密度と電極板面積の積で与えられる。したがって，コンデンサ C_1，C_2に蓄えられる電荷 Q_1[C]，Q_2[C]は，

$$Q_1=\dfrac{\varepsilon_0\varepsilon_{r1}}{d}\,SV_0,\quad Q_2=\dfrac{\varepsilon_0\varepsilon_{r2}}{d}\,SV_0$$

解説

電束密度 D[C/m^2]と電界の強さ E[V/m]の関係は，誘電率を ε[F/m]とすると，

$$D=\varepsilon E=\varepsilon_0\varepsilon_r E$$

端効果を無視した平行平板コンデンサの電極板間では，電極板上の電荷は一様に分布しているので電荷密度は一定である。電束は電荷の電気量と同じ本数出入りするので，電極板上の電荷密度と電束密度は等しい。したがって，蓄えられる電荷は電束密度と電極板面積の積で求められる。

また，別解として静電容量 $C=\varepsilon\dfrac{S}{d}$ から電荷 $Q=CV_0$ を用いて求めてもよい。

Point 電極板上の電荷密度＝電束密度

[類題]　平成 21 年度(問 1)に全く同じ問題が出題されている。

問 2　出題分野＜静電気＞ 　　　　　　　難易度 ★★★　重要度 ★★★

静電界に関する次の記述のうち，誤っているものを次の（1）～（5）のうちから一つ選べ。

（1）　媒質中に置かれた正電荷から出る電気力線の本数は，その電荷の大きさに比例し，媒質の誘電率に反比例する。

（2）　電界中における電気力線は，相互に交差しない。

（3）　電界中における電気力線は，等電位面と直交する。

（4）　電界中のある点の電気力線の密度は，その点における電界の強さ（大きさ）を表す。

（5）　電界中に置かれた導体内部の電界の強さ（大きさ）は，その導体表面の電界の強さ（大きさ）に等しい。

問 2 の解答　　出題項目＜電気力線・電束＞　　　　　答え　（5）

（1）　正。電界を視覚的に表現するために，電荷から**電気力線**と呼ばれる仮想上の線が出て空間に広がると考える。Q[C]の正電荷が真空中に置かれているとき，この正電荷から出る電気力線の本数を Q/ε_0 本と定義している。ε_0[F/m]は**真空の誘電率**である。正電荷が誘電率 ε[F/m]の媒質中に置かれている場合，電気力線の本数は Q/ε 本となる。

（2）　正。電気力線の主な性質は以下のとおり。

・正電荷から出て，負電荷で終わる。

・ゴムひものような弾力性があり，同じ向きの電気力線どうしは互いに反発し合い，途中で分岐，交差，消滅することはない。

・電気力線の接線方向は，電界の向きを表す。

（3），（4）　ともに正（解説参照）。

（5）　誤。導体内部はどの位置でも等電位であるから，電位の傾き（電界）は零（0 V/m）である。

解説 ....

静電界の考察においては，電気力線の代わりに**電束**が用いられる場合がある。電束は，Q[C]の正電荷から Q 本出ると定義され，電気力線と同様の性質がある。

電束は，磁気における磁束に相当する量である。このため，磁束密度に相当する量として**電束密度**が定義され，電界を電束密度で表すことができる。

電気力線が等電位面と直交する理由は次のとおり。仮に等電位面と電気力線は直交しないとすると，等電位面上の接線方向に電界成分を持つこと

になる。すると，等電位面上に電位差があることになり，等電位ではない等電位面が存在することになって矛盾する。したがって，電気力線は等電位面と直交する。

Q[C]の正の点電荷が真空中に置かれている場合の例では，電気力線は空間に均等かつ放射状に広がるので，点電荷を中心とする半径 r[m]の球表面上の電気力線密度は，球の表面積が $4\pi r^2$ [m²]なので，

$$\frac{\dfrac{Q}{\varepsilon_0}}{4\pi r^2}$$

と表せる。これは，点電荷から r[m]離れた地点における，点電荷がつくる電界の強さ（大きさ）を表す。

導体内部には自由電子が多数存在する。電界中に導体を置くと，導体内部の自由電子が即座に導体内部の電界を打ち消すように移動するので，導体内部の電界は零（0 V/m）となる。移動した自由電子は導体表面に現れてその表面は負に帯電し，反対側の表面は自由電子が移動してしまったために自由電子が不足し正に帯電する。このような現象を**静電誘導**という。

Point 真空中（誘電率 ε_0[F/m]）に置かれた Q [C]の正電荷から出る電気力線は，Q/ε_0 本である。また，Q[C]の正電荷から出る電束は，常に Q 本である。

[類題]　平成 13 年度（問 2）に全く同じ問題が出題されている。

理論
電力
機械
法規
令和5(2023)上期
令和5(2023)下期
選抜90問
選抜85問
選抜90問
選抜65問

問3　出題分野＜電磁気，その他＞　　難易度 ★★★　重要度 ★★★

　磁気回路における磁気抵抗に関する次の記述のうち，誤っているものを次の（1）～（5）のうちから一つ選べ。

（1）　磁気抵抗は，次の式で表される。

$$磁気抵抗 = \frac{起磁力}{磁束}$$

（2）　磁気抵抗は，磁路の断面積に比例する。

（3）　磁気抵抗は，比透磁率に反比例する。

（4）　磁気抵抗は，磁路の長さに比例する。

（5）　磁気抵抗の単位は，$[\mathrm{H}^{-1}]$ である。

問 3 の解答　　出題項目＜磁気抵抗，電気と磁気の単位＞　　答え　（2）

（1）　正。記述のとおりである（解説参照）。

（2）　誤。磁気抵抗は，磁路の断面積に**反比例**する。

（3）～（5）　正。記述のとおりである（解説参照）。

解 説

図 3-1 に示す磁気回路において，磁性体中の磁界の大きさ H[A/m]は一様であり，漏れ磁束はないものとすると，アンペアの周回路の法則より次式が成り立つ。

$$Hl = IN$$

磁路の透磁率を μ[H/m]（真空の透磁率 μ_0[H/m]と磁性体の比透磁率 μ_r の積）とすると，磁束密度 B[T]は，

$$B = \mu H = \frac{\mu IN}{l}$$

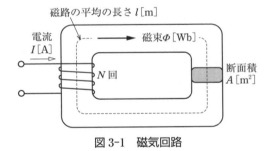

磁路の平均の長さ l[m]
電流 I[A]
磁束 Φ[Wb]
N 回
断面積 A[m²]

図 3-1　磁気回路

磁束密度 B に磁路の断面積 A[m²]を掛け算すると，磁束 Φ[Wb]が求められる。

$$\Phi = BA = \frac{\mu AIN}{l} = \frac{IN}{\dfrac{l}{\mu A}}$$

IN[A]を**起磁力**といい，磁束をつくる源である。$\dfrac{l}{\mu A} = R_m$ とおくとき，R_m を**磁気抵抗**といい，磁束の通しにくさを表す。起磁力，磁束，磁気抵抗の間には次式が成り立ち，これを**磁気回路のオームの法則**という。

$$IN = R_m \Phi$$

以上から，磁気抵抗 R_m は，磁路の断面積および比透磁率に反比例し，磁路の長さに比例することがわかる。

磁気抵抗の単位は，$\dfrac{l}{\mu A}$ のそれぞれの物理量の単位より[H⁻¹]となる。

$$\frac{[m]}{[H/m][m^2]} = \frac{1}{[H]} = [H^{-1}]$$

Point 磁気抵抗の式中にある透磁率を導電率に置き換えると，電気抵抗を表す式となる。

[類題]　平成 10 年度(問 2)に全く同じ問題が出題されている。

理論
電力
機械
法規
令和5(2023)上期
令和5(2023)下期
選抜90問
選抜85問
選抜90問
選抜65問

問4　出題分野＜電磁気＞

難易度 ★★★　重要度 ★★★

磁界及び磁束に関する記述として，誤っているものを次の（1）～（5）のうちから一つ選べ。

（1）　1m当たりの巻数がNの無限に長いソレノイドに電流I[A]を流すと，ソレノイドの内部には磁界$H = NI$[A/m]が生じる。磁界の大きさは，ソレノイドの寸法や内部に存在する物質の種類に影響されない。

（2）　均一磁界中において，磁界の方向と直角に置かれた直線状導体に直流電流を流すと，導体には電流の大きさに比例した力が働く。

（3）　2本の平行な直線状導体に反対向きの電流を流すと，導体には導体間距離の2乗に反比例した反発力が働く。

（4）　フレミングの左手の法則では，親指の向きが導体に働く力の向きを示す。

（5）　磁気回路において，透磁率は電気回路の導電率に，磁束は電気回路の電流にそれぞれ対応する。

問 4 の解答　　出題項目＜電磁力，ソレノイド＞　　　　　　　　答え　（3）

（1）　正。無限長ソレノイドでは外部の磁界は零，内部にはソレノイド方向に均一な磁界が生じる。

（2）　正。電磁力の大きさ f は，磁束密度 B，電流 I，導体長 l とすれば $f = BIl$ で表される。

（3）　誤。二本の平行直線状導体に反対向きの電流を流した場合，導体には**導体間距離に反比例**した反発力が働く。

（4）　正。フレミングの左手の法則は電磁力の方向を示したもので，中指は電流の方向，人差し指は磁界の方向，親指は力の方向を示している。

（5）　正。記述のとおり。また，起磁力は電気回路の起電力に対応する。磁気回路には，電気回路のオームの法則に相当する磁気回路のオームの法則が成り立つ。

解　説 ･････････････････････････････

　無限長ソレノイド内の磁界の計算は，**図 4-1** のように，ソレノイド方向に長さ 1 の長方形に沿ってアンペアの周回路の法則を用いる。磁界は辺 A のみ $H[\mathrm{A/m}]$，辺 B, C, D は零なので，

$$HA + 0B + 0C + 0D = NI, \quad A = 1[\mathrm{m}]$$

ゆえに，$H = NI[\mathrm{A/m}]$ となる。

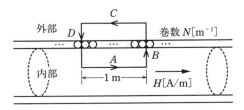

図 4-1　無限長ソレノイド内の磁界

［類題］　平成 25 年度（問 3）に全く同じ問題が出題されている。

問5　出題分野＜直流回路＞

難易度 ★★☆　重要度 ★★★

　図の直流回路において，抵抗 $R=10\,\Omega$ で消費される電力[W]の値として，最も近いものを次の(1)～(5)のうちから一つ選べ。

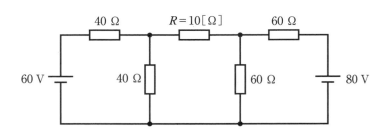

（1）　0.28　　　（2）　1.89　　　（3）　3.79　　　（4）　5.36　　　（5）　7.62

問5の解答　出題項目＜2電源・多電源＞

答え　（1）

　テブナンの定理を使い抵抗 R を流れる電流を求める。問題図において，抵抗 R の両端を左から a 点，b 点とする。**図5-1** は，R を除いて電源両端を短絡した端子 a-b 間の回路である。

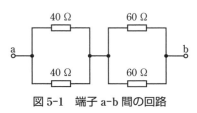

図5-1　端子 a-b 間の回路

端子 a-b 間の合成抵抗 R_{ab} は，

$$R_{ab}=\frac{40\times40}{40+40}+\frac{60\times60}{60+60}=20+30$$
$$=50\,[\Omega]$$

　図5-2 より，c 点の電位を 0 V としたときの a 点，b 点の電位 E_a，E_b を求めると，

$$E_a=\frac{40}{40+40}\times60=30\,[V]$$

$$E_b=\frac{60}{60+60}\times80=40\,[V]$$

　a 点から b 点に向かう電位差 E は，

$$E=E_b-E_a=40-30=10\,[V]$$

40 Ω
a
E[V]
b
60 Ω
E_a[V]
E_b[V]
60 V
40 Ω
60 Ω
80 V
c

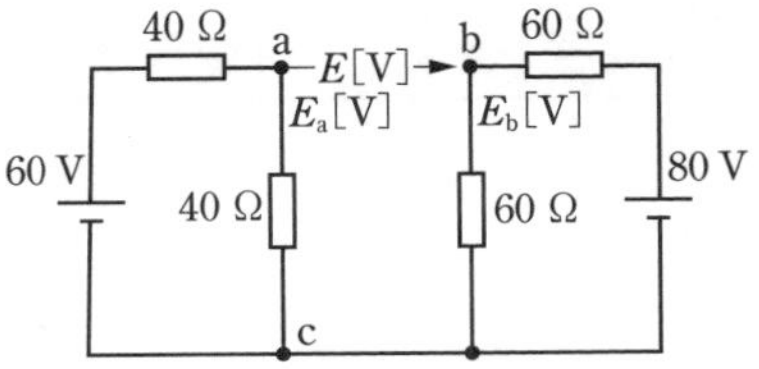

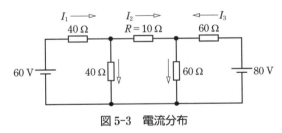

図 5-2　端子 a-b 間の電位差

抵抗 R を流れる電流 I はテブナンの定理より，

$$I=\frac{E}{R+R_{ab}}=\frac{10}{10+50}\fallingdotseq 0.167[\mathrm{A}]$$

R の消費電力 P は，

$$P=I^2R=0.167^2\times 10\fallingdotseq 0.279[\mathrm{W}]$$

$\rightarrow$　0.28 W

【別 解①】 キルヒホッフの法則を使って抵抗 R を流れる電流を求める。**図 5-3** のように，電流 I_1，I_2，I_3[A]を定める。

I_1
40 Ω
I_2
R = 10 Ω
I_3
60 Ω
60 V
40 Ω
60 Ω
80 V

図 5-3　電流分布

キルヒホッフの電流則より，縦に接続された抵抗 40 Ω を流れる電流は I_1-I_2[A]，縦に接続された抵抗 60 Ω を流れる電流は I_2+I_3[A]なので，キルヒホッフの電圧則より，

$$\begin{cases} 60=40I_1+40(I_1-I_2) \\ 0=10I_2+60(I_2+I_3)-40(I_1-I_2) \\ 80=60I_3+60(I_2+I_3) \end{cases}$$

これらを整理して，

$$\begin{cases} 3=4I_1-2I_2\cdots① \\ 0=-4I_1+11I_2+6I_3\cdots②\cdots③ \\ 4=3I_2+6I_3 \end{cases}$$

③式 − ②式より，

$$4=4I_1-8I_2 \quad\rightarrow\quad I_1=1+2I_2$$

これを①式に代入して，

$$3=4(1+2I_2)-2I_2$$

$$3=4+8I_2-2I_2 \qquad \therefore\quad I_2=-\frac{1}{6}[\mathrm{A}]$$

抵抗 $R=10[\Omega]$で消費される電力 P は，

$$P=|I_2|^2R=\frac{10}{36}\fallingdotseq 0.28[\mathrm{W}]$$

補 足　計算で求めた I_2 は負の値となったが，これは最初の仮定とは電流の流れる向きが逆であることを意味している。

【別 解②】 重ね合わせの理を使って抵抗 R を流れる電流を求める。

電圧 80 V の電源を短絡したとき，抵抗 R を流れる電流は，

$$\frac{60}{40+\dfrac{40\times 40}{40+40}}\times\frac{40}{40+40}=\frac{1}{2}[\mathrm{A}]$$

(向き：左→右)

電圧 60 V の電源を短絡したとき，抵抗 R を流れる電流は，

$$\frac{80}{60+\dfrac{60\times 30}{60+30}}\times\frac{60}{60+30}=\frac{2}{3}[\mathrm{A}]$$

(向き：右→左)

よって，抵抗 R を流れる電流 I は，

$$I=\frac{2}{3}-\frac{1}{2}=\frac{1}{6}[\mathrm{A}]\text{(向き：右→左)}$$

抵抗 $R=10[\Omega]$で消費される電力 P は，

$$P=I^2R=\frac{10}{36}\fallingdotseq 0.28[\mathrm{W}]$$

補 足　n 個の等しい抵抗 $r[\Omega]$が並列に接続されているとき，合成抵抗は $\dfrac{r}{n}[\Omega]$である。

解 説

回路網の計算にはテブナンの定理を用いる方法のほかに，キルヒホッフの法則を用いて連立方程式を解く方法，重ね合わせの理を用いる方法がある。いずれの方法にも習熟して，問題に応じた使い分けができるようにしたい。一般にテブナンの定理がシンプルで使いやすい。

[類題]　平成 25 年度(問 6)に全く同じ問題が出題されている。

問 6　出題分野＜直流回路＞　　難易度 ★★☆　重要度 ★★★

　図のような直流回路において，3Ωの抵抗を流れる電流[A]の値として，正しいのは次のうちどれか。

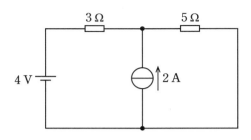

（1）　0.35　　　　（2）　0.45　　　　（3）　0.55　　　　（4）　0.65　　　　（5）　0.75

問6の解答　　出題項目＜2電源・多電源＞　　　答え　(5)

●**キルヒホッフの法則を適用して解く。**

図 6-1 のように，電流 I_1[A]および I_2[A]とその向きを仮定する。

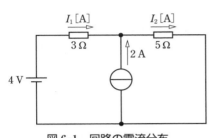

図 6-1　回路の電流分布

キルヒホッフの法則より，

$$\begin{cases} I_1+2=I_2 \\ 4=3I_1+5I_2 \end{cases}$$

が成り立つので，I_2 を消去して I_1 の値を求める。

$$4=3I_1+5(I_1+2)$$

$$\therefore\ I_1=-0.75\text{[A]}$$

したがって，3 Ω の抵抗を流れる電流は，図 6-1 に示す向きとは逆向き（右 → 左）に流れ，その大きさは 0.75 A である。

【別 解①】　テブナンの定理を適用して解く。

図 **6-2** において，電流源は常に 2 A の電流を流し続けているので，その電流は 5 Ω の抵抗を循環する。このため，電流源の両端の電圧は 10 V となる。したがって，端子 ab 間の電圧 V_{ab}[V]は，

$$V_{ab}=4-10=-6\text{[V]}$$

端子 ab 間から見た抵抗 r_{ab}[Ω]は，電圧源の内部抵抗は零なので電圧源を短絡し，電流源の内部抵抗は無限大なので電流源を取り外せば，

$$r_{ab}=5\text{[Ω]}$$

テブナンの定理より，3 Ω の抵抗を流れる電流 I[A]の値は，

$$I=\frac{-6}{5+3}=-0.75\text{[A]}$$

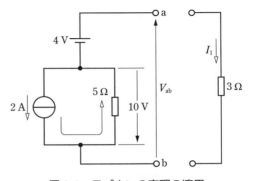

図 6-2　テブナンの定理の適用

【別 解②】　重ね合わせの理を適用して解く。

電流源（2 A）を開放したとき（取り外したとき），3 Ω の抵抗を流れる電流は，

$$\frac{4}{3+5}=0.5\text{[A]}\quad（向き：左→右）$$

電圧源（4 V）を短絡したとき，3 Ω の抵抗を流れる電流は，

$$\frac{5}{3+5}\times2=1.25\text{[A]}\quad（向き：右→左）$$

よって，重ね合わせの理より，3 Ω の抵抗を流れる電流の値は，

$$1.25-0.5=0.75\text{[A]}$$

解説

問題図の回路は電流源を含んでいるが，これは単に「そこを流れる電流が 2 A」，ということである。抵抗を流れる電流の向きが不明なので，最初の解答では図 5-1 のように仮定した。もちろん別の向きに仮定して解いてもよい。あとは，キルヒホッフの法則を用いればよい。

そのほか，テブナンの定理を用いた解法，重ね合わせの理を用いた解法もある。

[類題]　平成 9 年度（問 5）に全く同じ問題が出題されている。

理論
電力
機械
法規

令和
5
(2023)
上期

令和
5
(2023)
下期

選抜
90
問

選抜
85
問

選抜
90
問

選抜
65
問

問7　出題分野＜直流回路＞　　難易度 ★★★　重要度 ★★★

　図の回路において，スイッチSを閉じ，直流電源から金属製の抵抗に電流を流したとき，発熱により抵抗の温度が120℃になった。スイッチSを閉じた直後に回路を流れる電流に比べ，抵抗の温度が120℃になったときに回路を流れる電流は，どのように変化するか。最も近いものを次の（1）～（5）のうちから一つ選べ。

　ただし，スイッチSを閉じた直後の抵抗の温度は20℃とし，抵抗の温度係数は一定で0.005℃$^{-1}$とする。また，直流電源の起電力の大きさは温度によらず一定とし，直流電源の内部抵抗は無視できるものとする。

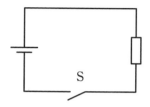

（1）　変化しない　　　（2）　50％増加　　　（3）　33％減少
（4）　50％減少　　　（5）　33％増加

問7の解答　出題項目＜直流抵抗＞

物質の電気抵抗は材質によって変わるが，同じ材質であっても温度によって変化する。温度変化が大きくない範囲では，温度と抵抗は直線的に変化し，温度 $T[℃]$ のときの抵抗 $R_T[Ω]$ は次式で表される。

$$R_T = R_t\{1 + \alpha_t(T-t)\}$$

ここで，$\alpha_t[℃^{-1}]$ は温度 $t[℃]$ のときの抵抗温度係数，$R_t[Ω]$ は温度 $t[℃]$ のときの抵抗である。

題意より，抵抗温度係数を $\alpha_t = 0.005[℃^{-1}]$，スイッチ S を閉じた直後の金属製の抵抗の温度を $t = 20[℃]$，このときの抵抗を $R_{20}[Ω]$ とし，発熱後の温度を $T = 120[℃]$ とすると，発熱後の抵抗 $R_{120}[Ω]$ は，

$$R_{120} = R_{20}\{1 + 0.005(120-20)\}$$
$$= 1.5R_{20} \quad \cdots\cdots①$$

また，直流電源の起電力を $E[V]$ とすると，温度が $t = 20[℃]$ のときに抵抗を流れる電流 $I_{20}[A]$ は，

$$I_{20} = \frac{E}{R_{20}} \quad \cdots\cdots②$$

温度が $T = 120[℃]$ のときに抵抗を流れる電流 $I_{120}[A]$ は，直流電源の起電力 $E[V]$ が一定であるから，

$$I_{120} = \frac{E}{R_{120}} \quad ←①式を代入$$
$$= \frac{E}{1.5R_{20}} \quad ←②式を代入$$
$$= \frac{1}{1.5}I_{20} ≒ 0.667I_{20}$$

したがって，発熱後に流れる電流の減少分は，
$$I_{20} - I_{120} = (1 - 0.667)I_{20} = 0.333I_{20}$$
$$\rightarrow 0.33I_{20}$$

よって，**33 % 減少**することがわかる。

解説

一般に金属は，温度が上昇すると抵抗がほぼ直線的に増加する（**図7-1**）。物質の温度が 1℃ 上昇

したときに増加した抵抗をもとの温度のときの抵抗で割った値を**抵抗温度係数**という。この係数は量記号 α で表し，単位（記号）には $[℃^{-1}]$ が使用される。抵抗温度係数 α は材質によって決まる値である。

温度 $t[℃]$ のときに抵抗 $R_t[Ω]$ の金属が，温度が上昇して $T[℃]$ になり，その抵抗が $R_T[Ω]$ に変化したとき，1℃ 当たりの抵抗の変化は $\dfrac{R_T - R_t}{T - t}$ なので，温度 $t[℃]$ のときの抵抗温度係数 $\alpha_t[℃^{-1}]$ は，

$$\alpha_t = \frac{\dfrac{R_T - R_t}{T - t}}{R_t}\left(= \frac{R_T - R_t}{R_t(T-t)}\right)$$

したがって，温度が $T[℃]$ のときの抵抗 $R_T[Ω]$ は次式で表される。

$$R_T = R_t\{1 + \alpha_t(T-t)\}$$

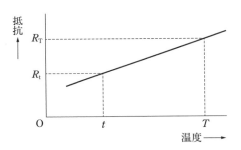

図7-1　金属の温度-抵抗特性

補足 一般に，金属の抵抗温度係数は正の値であるから，温度が上昇すると抵抗は大きくなる。一方，半導体（例．サーミスタ）や電解液などは温度が上昇すると抵抗が小さくなるので，抵抗温度係数は負の値である。

Point 一般に，金属の抵抗は温度が上昇すると大きくなるので，抵抗を流れる電流は減少する。

[類題] 平成 3 年度（問 9）に酷似した問題が出題されている。

問8 出題分野＜単相交流＞

難易度 ★★★   重要度 ★★★

次の文章は，RLC直列共振回路に関する記述である。

$R[\Omega]$の抵抗，インダクタンス$L[\mathrm{H}]$のコイル，静電容量$C[\mathrm{F}]$のコンデンサを直列に接続した回路がある。

この回路に交流電圧を加え，その周波数を変化させると，特定の周波数$f_{\mathrm{r}}[\mathrm{Hz}]$のときに誘導性リアクタンス$=2\pi f_{\mathrm{r}}L[\Omega]$と容量性リアクタンス$=\dfrac{1}{2\pi f_{\mathrm{r}}C}[\Omega]$の大きさが等しくなり，その作用が互いに打ち消し合って回路のインピーダンスが　(ア)　なり，　(イ)　電流が流れるようになる。この現象を直列共振といい，このときの周波数$f_{\mathrm{r}}[\mathrm{Hz}]$をその回路の共振周波数という。回路のリアクタンスは共振周波数$f_{\mathrm{r}}[\mathrm{Hz}]$より低い周波数では　(ウ)　となり，電圧より位相が　(エ)　電流が流れる。また，共振周波数$f_{\mathrm{r}}[\mathrm{Hz}]$より高い周波数では　(オ)　となり，電圧より位相が　(カ)　電流が流れる。

上記の記述中の空白箇所(ア)〜(カ)に当てはまる組合せとして，正しいものを次の(1)〜(5)のうちから一つ選べ。

	(ア)	(イ)	(ウ)	(エ)	(オ)	(カ)
(1)	大きく	小さな	容量性	進んだ	誘導性	遅れた
(2)	小さく	大きな	誘導性	遅れた	容量性	進んだ
(3)	小さく	大きな	容量性	進んだ	誘導性	遅れた
(4)	大きく	小さな	誘導性	遅れた	容量性	進んだ
(5)	小さく	大きな	容量性	遅れた	誘導性	進んだ

問 8 の解答　　出題項目<RLC 直列回路, 共振>　　答え　(3)

$R[\Omega]$の抵抗, インダクタンス $L[\mathrm{H}]$ のコイル, 静電容量 $C[\mathrm{F}]$ のコンデンサを直列に接続した回路において, 交流電圧を加え, その周波数 $f[\mathrm{Hz}]$ を変化させると, 特定の周波数 $f_\mathrm{r}[\mathrm{Hz}]$ のときに誘導性リアクタンス $X_\mathrm{L}=2\pi f_\mathrm{r}L[\Omega]$ と, 容量性リアクタンス $X_\mathrm{C}=1/(2\pi f_\mathrm{r}C)[\Omega]$ の大きさが等しくなり, その作用が互いに打ち消し合って回路のインピーダンスが**小さく**なり, **大きな**電流が流れるようになる。この現象を直列共振といい, f_r を共振周波数という。回路のリアクタンスは, f_r より低い周波数では $X_\mathrm{L}<X_\mathrm{C}$ なので**容量性**となり, 電圧より位相が**進んだ**電流が流れる。また, f_r より高い周波数では $X_\mathrm{L}>X_\mathrm{C}$ なので**誘導性**となり, 電圧より位相が**遅れた**電流が流れる。

解説

直列共振回路のインピーダンス $\dot{Z}$ は,

$$\dot{Z}=R+\mathrm{j}\left(2\pi fL-\frac{1}{2\pi fC}\right)[\Omega]$$

虚数部が正であれば誘導性, 負であれば容量性になる。虚数部が零になる周波数を f_r とすると, この周波数でインピーダンスの大きさは最小値 R となり, インピーダンスは抵抗分のみとなる。$f<f_\mathrm{r}$ の場合は虚数部が負になるので容量性となり, $f>f_\mathrm{r}$ の場合は虚数部が正になるので誘導性となる。

補足

並列共振について, 同様に考えてみよう。RLC 並列回路のインピーダンス $\dot{Z}$ は,

$$\dot{Z}=\frac{1}{\dfrac{1}{R}+\mathrm{j}\left(2\pi fC-\dfrac{1}{2\pi fL}\right)}[\Omega]$$

ここで分母を有理化すると,

$$\frac{\dfrac{1}{R}-\mathrm{j}\left(2\pi fC-\dfrac{1}{2\pi fL}\right)}{\left(\dfrac{1}{R}\right)^2+\left(2\pi fC-\dfrac{1}{2\pi fL}\right)^2}$$

分母は実数の 2 乗の和なので正である。したがって, 分子の虚数部が負であれば容量性, 正であれば誘導性になる。これにより, $f>f_\mathrm{r}$ の場合には虚数部が負なので容量性になり, $f<f_\mathrm{r}$ の場合には虚数部が正なので誘導性になる。この関係は, 直列共振と反対なので注意を要する。また, 並列共振時は $2\pi fC=1/(2\pi fL)$ より,

$$\dot{Z}=R[\Omega]$$

このとき, LC 並列回路の合成リアクタンスが無限大となり, LC 並列回路には電流が流れないように見える。しかし, L, C 自体には電流が流れていることを忘れないようにしたい。単に電源から見ると, 互いの電流の位相差が π なので打ち消し合い零に見えているにすぎない。

Point 直列共振→インピーダンスが最小

[類題]　平成 24 年度(問 7)に全く同じ問題が出題されている。

問9　出題分野＜単相交流＞

難易度 ★★★　重要度 ★★★

　図のように，抵抗 $R[\Omega]$ と誘導性リアクタンス $X_L[\Omega]$ が直列に接続された交流回路がある。$\dfrac{R}{X_L}=\dfrac{1}{\sqrt{2}}$ の関係があるとき，この回路の力率 $\cos\phi$ の値として，最も近いものを次の（1）～（5）のうちから一つ選べ。

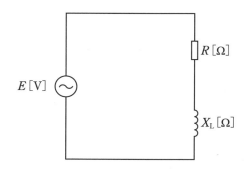

（1）　0.43　　　　（2）　0.50　　　　（3）　0.58　　　　（4）　0.71　　　　（5）　0.87

問 9 の解答　　出題項目＜RL直列回路，力率＞　　答え（3）

題意より，

$$X_L = \sqrt{2}\,R \quad \cdots\cdots①$$

抵抗 $R[\Omega]$ と誘導性リアクタンス $X_L[\Omega]$ の直列接続におけるインピーダンスの大きさ $Z[\Omega]$ は，

$$Z = \sqrt{R^2 + X_L{}^2}$$

①式を用いて Z を R の式で表すと，

$$Z = \sqrt{R^2 + \left(\sqrt{2}\,R\right)^2} = \sqrt{3R^2} = \sqrt{3}\,R$$

　回路の力率角は，インピーダンス三角形におけるインピーダンス角に等しい。**図 9-1** のインピーダンス三角形より，回路の力率 $\cos\phi$ は，

$$\cos\phi = \frac{R}{Z} = \frac{R}{\sqrt{3}\,R} = \frac{1}{\sqrt{3}} \fallingdotseq 0.58$$

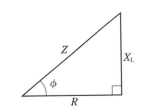

図 9-1　インピーダンス三角形

解説 ....

　交流回路において力率は，皮相電力に対する有効電力の比を表す数値である。インピーダンス Z $[\Omega]$ の RL 直列回路では，流れる電流 $I[A]$ が共通なので，回路の有効電力 $P[W]$ および皮相電力 $S[V\cdot A]$ は，

$$P = I^2 R, \quad S = I^2 Z$$

である。したがって，回路の力率 $\cos\phi$ は，

$$\cos\phi = \frac{P}{S} = \frac{R}{Z}$$

と表せる。これは，力率角 ϕ とインピーダンス角（電流と電圧の位相差）が等しいことを意味する。

　本問では抵抗 $R[\Omega]$ と誘導性リアクタンス X_L $[\Omega]$ の関係式が与えられているので，さらに $\cos\phi$ の値を計算するには，①式を用いて Z から X_L を消去し，Z を R の式で表す必要がある。これで分母分子から R が約分できて，力率 $\cos\phi$ が数値として求められる。

Point 抵抗とリアクタンスの直列回路では，インピーダンス角と力率角は等しい。

[類題]　平成 14 年度（問 6）に全く同じ問題が出題されている。

理論

電力

機械

法規

令和 5（2023）上期

令和 5（2023）下期

選抜 90 問

選抜 85 問

選抜 90 問

選抜 65 問

問 10　出題分野＜電磁気＞

難易度 ★★☆　　重要度 ★★★

　図 1 のように，インダクタンス $L=5$ H のコイルに直流電流源 J が電流 i[mA] を供給している回路がある。電流 i[mA] は図 2 のような時間変化をしている。このとき，コイルの端子間に現れる電圧の大きさ $|v|$ の最大値 [V] として，最も近いものを次の（1）〜（5）のうちから一つ選べ。

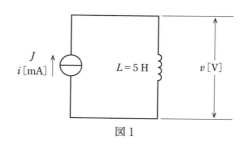

図 1

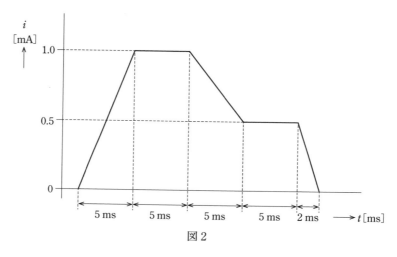

図 2

（1）　0.25　　　（2）　0.5　　　（3）　1　　　（4）　1.25　　　（5）　1.5

問 10 の解答　出題項目＜誘導起電力＞

答え　（4）

コイルの端子間に現れる電圧 $v[\mathrm{V}]$ を区間（①〜⑤）ごとに求めると，**図 10-1** に示すようになる。

区間①の 5 ms 間の電圧値 $v_1[\mathrm{V}]$ は，

$$v_1=-5\times\frac{(1.0-0)\times10^{-3}}{5\times10^{-3}}=-1.0[\mathrm{V}]$$

区間②の 5 ms 間の電圧値 $v_2[\mathrm{V}]$ は，

$$v_2=-5\times\frac{(1.0-1.0)\times10^{-3}}{5\times10^{-3}}=0[\mathrm{V}]$$

区間③の 5 ms 間の電圧値 $v_3[\mathrm{V}]$ は，

$$v_3=-5\times\frac{(0.5-1.0)\,1.0\times10^{-3}}{5\times10^{-3}}=0.5[\mathrm{V}]$$

区間④の 5 ms 間の電圧値 $v_4[\mathrm{V}]$ は，

$$v_4=-5\times\frac{(0.5-0.5)\times10^{-3}}{5\times10^{-3}}=0[\mathrm{V}]$$

区間⑤の 2 ms 間の電圧値 $v_5[\mathrm{V}]$ は，

$$v_5=-5\times\frac{(0-0.5)\times10^{-3}}{2\times10^{-3}}=1.25[\mathrm{V}]$$

以上から，コイルの端子間電圧の大きさ $|v|$ $[\mathrm{V}]$ の最大値は，区間⑤における 1.25 V である。

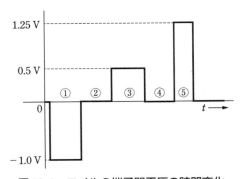

図 10-1　コイルの端子間電圧の時間変化

【別解】　コイルの端子間電圧の大きさ $|v|$ は，最も電流の変化率が大きい区間で最大値となる。問題図 2 において，最も電流の時間的な変化が急になっている（直線グラフの傾きが大きい）のは 2 ms の区間⑤であるから，ここに注目して計算すると，その電圧 v_5 の大きさは，

$$|v_5|=\left|-5\times\frac{(0-0.5)\times10^{-3}}{2\times10^{-3}}\right|=1.25[\mathrm{V}]$$

補足　電流が一定な時間は，電圧は誘導されない。

解説　‥‥‥‥‥‥‥‥‥‥‥‥‥‥‥‥

コイルに流れる電流を増加させるとコイルを貫く磁束も増加するが，この増加をさまたげる向きに起電力が誘導される。このような現象を**自己誘導**という。

自己誘導によって生じる起電力 $v[\mathrm{V}]$ は，電流の時間的な変化（$\Delta I/\Delta t$）に比例するので，次式で表すことができる。

$$v=-L\frac{\Delta I}{\Delta t}$$

ここで，比例定数 $L[\mathrm{H}]$ を**自己インダクタンス**といい，コイルの形状などで決まる値で，一般にコイルの巻数 N の 2 乗に比例する（$L\propto N^2$）。

Point　コイルの端子間に現れる電圧 $v[\mathrm{V}]$ は，電流の時間的な変化（$\Delta I/\Delta t$）に比例する。

$$v=-L\frac{\Delta I}{\Delta t}\quad（L：自己インダクタンス[\mathrm{H}]）$$

[類題]　平成 16 年度（問 6）に全く同じ問題が出題されている。

問11　出題分野＜電子理論＞

難易度　★★★　　重要度　★★★

次の文章は，図１及び図２に示す原理図を用いてホール素子の動作原理について述べたものである。

図１に示すように，ｐ形半導体に直流電流 I[A] を流し，半導体の表面に対して垂直に下から上向きに磁束密度 B[T] の平等磁界を半導体にかけると，半導体内の正孔は進路を曲げられ，電極①には　(ア)　電荷，電極②には　(イ)　電荷が分布し，半導体の内部に電界が生じる。また，図２のｎ形半導体の場合は，電界の方向はｐ形半導体の方向と　(ウ)　である。この電界により，電極①-②間にホール電圧 $V_H = R_H \times$　(エ)　[V] が発生する。

ただし，d[m] は半導体の厚さを示し，R_H は比例定数 [m³/C] である。

上記の記述中の空白箇所（ア）～（エ）に当てはまる組合せとして，正しいものを次の（１）～（５）のうちから一つ選べ。

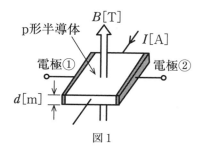

図1

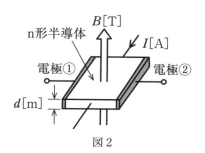

図2

	（ア）	（イ）	（ウ）	（エ）
（１）	負	正	同じ	$\dfrac{B}{Id}$
（２）	負	正	同じ	$\dfrac{Id}{B}$
（３）	正	負	同じ	$\dfrac{d}{BI}$
（４）	負	正	反対	$\dfrac{BI}{d}$
（５）	正	負	反対	$\dfrac{BI}{d}$

問 11 の解答　出題項目＜半導体・半導体デバイス＞　答え　(5)

p 形半導体に直流電流 I[A] を流し，半導体の表面に対して垂直に下から上向きに磁束密度 B[T] の平等磁界を半導体にかけると，電極①には**正**電荷，電極②には**負**電荷が分布し，半導体の内部に電界が生じる。n 形半導体の場合は，電界の方向は p 形半導体の方向と**反対**である。この電界により，電極①-②間にホール電圧 $V_H = H_H \times BI/d$[V] が発生する。

解説

図 11-1 のような p 形半導体では，正孔が磁界から $-y$ 軸方向の電磁力 F_B を受ける。このため，相対的に電極①が正，電極②が負となる。二つの電極間のホール電圧を V_H[V] とすると，半導体内部には y 軸方向の電界 $E = \dfrac{V_H}{a}$[V/m] が生じる。この電界により正孔は y 軸方向の力 F_H を受ける。定常状態では，$F_B = F_H$ になる。

正孔の電荷を q[C] とすれば，

$$F_H = q E = \frac{q V_H}{a} [\text{N}]$$

一方，半導体内の正孔密度を n[/m³]，正孔の移動速度を v[m/s] とすると，x 軸方向の電流密度 i[A/m²] は $i = qnv$ なので，電流 I は，

$$I = iad = qnvad [\text{A}]$$

$$v = \frac{I}{qnad} [\text{m/s}]$$

正孔が磁界から受ける電磁力 F_B は，

$$F_B = qBv = \frac{qBI}{qnad} = \frac{BI}{nad} [\text{N}]$$

$F_B = F_H$ より，

$$\frac{BI}{nad} = \frac{q V_H}{a}$$

ホール電圧 V_H は，

$$V_H = \frac{BI}{qnd} = \frac{1}{qn} \times \frac{BI}{d} \qquad\qquad ①$$

n 形半導体ではキャリアが電子なので，磁界から受ける力の方向が反対になるため，ホール電圧の方向は p 形半導体と反対になる。

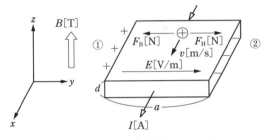

図 11-1　ホール素子の動作原理

補足　①式の $\dfrac{1}{qn}$ は問題文中の R_H と同じものので，この比例定数をホール定数といい，半導体の種類によって決まる。q はキャリアの電荷なので，ホール定数の符号がわかればキャリアの種類（正孔，電子）がわかる。

[**類題**]　平成 22 年度(問 11)に全く同じ問題が出題されている。

理論
電力
機械
法規
令和5(2023)上期
令和5(2023)下期
選抜90問
選抜85問
選抜90問
選抜65問

問 12　出題分野＜電子理論＞　　　難易度 ★★★　重要度 ★★☆

　図のように，異なる2種類の金属 A，B で一つの閉回路を作り，その二つの接合点を異なる温度に保てば，　(ア)　。この現象を　(イ)　効果という。

　上記の記述中の空白箇所(ア)及び(イ)に記入する語句として，正しいものを次の(1)〜(5)のうちから一つ選べ。

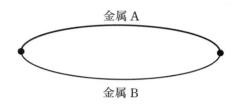

	（ア）	（イ）
（1）	電流が流れる	ホール
（2）	抵抗が変化する	ホール
（3）	金属の長さが変化する	ゼーベック
（4）	電位差が生じる	ペルチェ
（5）	起電力が生じる	ゼーベック

問 12 の解答　　出題項目＜熱電効果＞　　　　　　　答え　（5）

図 12-1 のように，異なる 2 種類の金属 A，B で一つの閉回路を作り，その二つの接合点を異なる温度 T_1，T_2 に保てば，**起電力を生じる**（電流が流れる）。この現象を<u>ゼーベック効果</u>という。ゼーベック効果で発生する起電力を熱起電力，流れる電流を熱電流という。

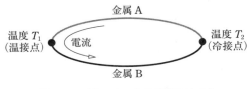

温度 T_1（温接点）　電流　温度 T_2（冷接点）

金属 A
金属 B

図 12-1　ゼーベック効果（$T_1 > T_2$）

解説

2 種類の金属を組み合わせたものを熱電対と呼び，熱電対の接合点の温度の高い方を温接点，温度の低い方を冷接点という。

ゼーベック効果は，異なる金属が接触した際の接触電位差が，温度で異なるために生じる現象である。発生する起電力の大きさは，接合点の温度差や金属の組合せによって異なるが，金属の長さには関係しない。

熱電対の組合せには，白金－ロジウム，クロメル（Ni と Cr 等の合金）－アルメル（Ni と Al 等の合金）などがある。ゼーベック効果は，高周波電流形，熱電形温度計などで応用されている。

補足　異なる 2 種類の金属で一つの閉回路を作り，外部から電流を通じると，接合部で熱の吸収あるいは発生が起こる。この現象を**ペルチェ効果**という。ペルチェ効果は，電流の向きを変えると，熱の吸収と発生部が入れ替わる。

また，電流の流れに直角に磁界をかけると，電流と磁界に直角な方向に電圧を生じる。この現象を**ホール効果**という。

Point　熱電効果については，ゼーベック効果とペルチェ効果を覚えておくこと。

[類題]　平成 17 年度（問 11）に全く同じ問題が出題されている。

問13　出題分野＜電子回路＞

難易度 ★★★　重要度 ★★★

図のコレクタ接地増幅回路に関する記述として，誤っているものを次の（1）～（5）のうちから一つ選べ。

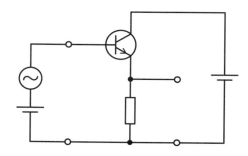

（1）　電圧増幅度は約1である。
（2）　入力インピーダンスが大きい。
（3）　出力インピーダンスが小さい。
（4）　緩衝増幅器として使用されることがある。
（5）　増幅回路内部で発生するひずみが大きい。

問13の解答　出題項目＜トランジスタ増幅回路＞

答え　（5）

コレクタ接地増幅回路には以下のような特徴がある。

（1）　正。電圧増幅度の値は，1よりもごくわずかに小さい（約1である）。

（2）　正。入力インピーダンスの値は数十kΩ～数百kΩ程度であり，大きい。

（3）　正。出力インピーダンスの値は数十Ω～数百Ω程度であり，小さい。

（4）　正。二つの回路の間に置かれ，送信回路の緩衝増幅器（バッファアンプ）として使用されることがある。

（5）　誤。入力電圧と出力電圧が比例関係にある領域で動作するので，**増幅回路内で発生するひずみが極めて小さく**，周波数特性も良好である。

解説

トランジスタを用いた増幅回路には，エミッ

タ，ベース，コレクタの電極のうち，どの電極を入出力の共通端子にするかによって，ベース接地，エミッタ接地，コレクタ接地の3方式がある。このうちコレクタ接地増幅回路は，コレクタを交流的に接地し，ベースを入力として，エミッタに接続された抵抗（エミッタ抵抗）から出力を取り出す回路であり，**エミッタホロワ増幅回路**とも呼ばれている。

（1）図13-1（a）に，コレクタ接地増幅回路の h パラメータ等価回路を示す。この図から，入力電圧 v_i [V]と出力電圧 v_o [V]は次式で表される。

$$v_i = h_{ie}i_b + (1+h_{fe})R_E i_b \quad \cdots\cdots ①$$
$$v_o = (1+h_{fe})R_E i_b \quad \cdots\cdots ②$$

①式，②式から，電圧増幅度 A_v は，

$$A_v = \frac{v_o}{v_i} = \frac{(1+h_{fe})R_E}{h_{ie}+(1+h_{fe})R_E}$$

ここで，一般に $(1+h_{fe})R_E \gg h_{ie}$ であるので，$A_v \fallingdotseq 1$ である（h_{fe} は数十〜数百程度の値で，h_{ie} [Ω]は数百 Ω〜数キロ Ω の値である）。

（2）入力インピーダンス Z_i [Ω]は入力電圧 v_i [V]と入力電流（ベース電流）i_b [A]の比であるから，①式より，

$$Z_i = \frac{v_i}{i_b} = h_{ie}+(1+h_{fe})R_E$$
$$\fallingdotseq h_{ie}+h_{fe}R_E$$

よって，入力インピーダンス Z_i は h_{ie} に比べて相当**大きな値**となることがわかる。

（3）図13-1（b）は，出力インピーダンス Z_o [Ω]を求めるために等価電圧源に変換した回路である。エミッタ抵抗 R_E [Ω]を開放したとき現れる電圧を v_o [V]とすると，R_E を短絡したときに流れる電流 i_s [A]は，テブナンの定理より，

$$i_s = \frac{v_o}{Z_o}$$

よって，出力インピーダンス Z_o は，

$$Z_o = \frac{v_o}{i_s}$$

ここで，$A_v \fallingdotseq 1$ なので $v_o \fallingdotseq v_i$ となるため，i_s は次式で表される。

$$i_s = (1+h_{fe})i_b = (1+h_{fe})\frac{v_i}{h_{ie}}$$
$$= (1+h_{fe})\frac{v_o}{h_{ie}}$$

これより，

$$Z_o = \frac{v_o}{i_s} = \frac{h_{ie}}{1+h_{fe}} \fallingdotseq \frac{h_{ie}}{h_{fe}} \quad (h_{fe} \gg 1)$$

したがって，出力インピーダンス Z_o は**小さな値**となることがわかる。

（4）コレクタ接地増幅回路の入力インピーダンスは大きく，出力インピーダンスは小さいことから，この回路は無線機器において，二つの回路の間に設置して，一方の回路の負荷変動が他の回路の動作に影響を及ぼすことがないようにする**緩衝増幅器**として使用されている。また，インピーダンスが低いスピーカなどの負荷に電力を供給する場合に，インピーダンス変換器として使用されることもある。

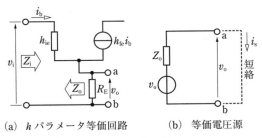

（a）h パラメータ等価回路　（b）等価電圧源

図13-1　コレクタ接地増幅回路の等価回路

補足　コレクタ接地増幅回路において，入力電圧と出力電圧は同相であり，電流増幅度は大きな値となる。

Point コレクタ接地増幅回路の電圧増幅度は約1であり，入力インピーダンスは大きく，出力インピーダンスは小さい。

理論
電力
機械
法規
令和5（2023）上期
令和5（2023）下期
選抜90問
選抜85問
選抜90問
選抜65問

問 14　　出題分野＜電気計測＞　　難易度 ★★★　重要度 ★★★

　図のように，線間電圧 200 V の対称三相交流電源から三相平衡負荷に供給する電力を二電力計法で測定する。2 台の電力計 W_1 及び W_2 を正しく接続したところ，電力計 W_2 の指針が逆振れを起こした。電力計 W_2 の電圧端子の極性を反転して接続した後，2 台の電力計の指示値は，電力 W_1 が 490 W，電力計 W_2 が 25 W であった。このときの対称三相交流電源が三相平衡負荷に供給する電力の値[W]として，最も近いものを次の（1）～（5）のうちから一つ選べ。

　ただし，三相交流電源の相回転は a，b，c の順とし，電力計の電力損失は無視できるものとする。

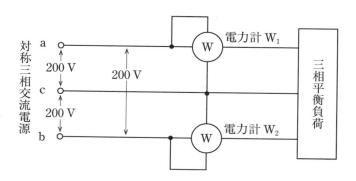

（1）　25　　　　（2）　258　　　　（3）　465　　　　（4）　490　　　　（5）　515

問 14 の解答	出題項目＜電力計・電力量計＞	答え　(3)

三相交流電源の線間電圧を $V(=200[V])$，負荷電流を $I[A]$，三相平衡負荷の力率角を θ とすると，2 台の電力計 W_1，W_2 の指示値 $P_1[W]$，$P_2[W]$ はそれぞれ次式で表される。

$$P_1 = VI\cos(30°-\theta)$$
$$P_2 = VI\cos(30°+\theta)$$

二電力計法では，2 台の電力計の指示値の和 (P_1+P_2) が三相平衡負荷に供給する電力となる。

しかし，題意より，電力計 W_2 の指針が逆振れを起こしており，これは負荷の力率角 θ が，$30°+\theta>90°$，すなわち $\theta>60°$ であることを意味している。このときは，2 台の電力計の指示値の差が三相負荷電力 $P[W]$ となる。

$$P = P_1 - P_2 = 490 - 25 = 465[W]$$

解説

図 14-1 のように 2 台の電力計 W_1 と W_2 を用いて，相順を a→b→c として三相平衡負荷（力率 $\cos\theta$）の電力を求める。図 14-2 に示すベクトル図から，電力計 W_1 の指示値 $P_1[W]$ は，電圧コイルには $V_{ac}[V]$ が加わり，電流コイルには I_a[A] が流れ，その位相差は $(30°-\theta)$ であるので，

$$P_1 = V_{ac}I_a\cos(30°-\theta)$$
$$= VI\cos 30° \quad \cdots\cdots①$$

また，電力計 W_2 の指示値 $P_2[W]$ は，電圧コイルには $V_{bc}[V]$ が加わり，電流コイルには I_b[A] が流れ，その位相差は $(30°+\theta)$ であるので，

$$P_2 = V_{bc}I_b\cos(30°+\theta)$$
$$= VI\cos(30°+\theta) \quad \cdots\cdots②$$

P_1+P_2 を計算すると，

$$P_1+P_2 = VI\cos(30°-\theta) + VI\cos(30°+\theta)$$
$$= VI\{\cos(30°-\theta)+\cos(30°+\theta)\}$$
$$= 2VI\cos 30°\cos\theta$$
$$= \sqrt{3}\,VI\cos\theta \quad \cdots\cdots③$$

③式は，三相負荷の三相有効電力を表している。したがって，2 台の電力計の指示値の和 P_1+P_2 で三相負荷電力 $P[W]$ を求めることができる。

$$P = P_1 + P_2$$

ところで①式と②式において，負荷の力率が

0.5 以下の場合，電力計 W_1 か W_2 のいずれかの指示値は負となるので，電力計の指針は逆振れを起こしてしまう。この場合は，電圧コイルの極性を逆に接続して，指示値を負として計算すればよい。

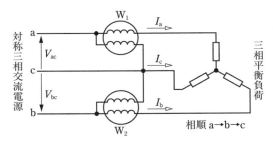

図 14-1　二電力計法による三相電力の測定

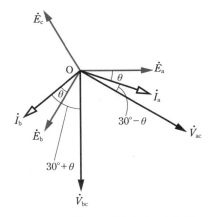

図 14-2　電圧・電流のベクトル図

補足　一般に n 相電力の測定は $(n-1)$ 台の電力計で測定することができる。これをブロンデルの定理という。二電力計法は，三相交流電力を 2 台の単相電力形で測定するものである。

Point 二電力計法では，2 台の電力計の指示値の和が三相平衡負荷に供給する電力になる。ただし，電力計の指針が逆振れを起こした場合，指示値の（和ではなく）差が電力になる。

[類題]　平成 15 年度(問 13)に全く同じ問題が出題されている。

理論
電力
機械
法規

令和5 (2023)上期

令和5 (2023)下期

選抜90問

選抜85問

選抜90問

選抜65問

B 問 題　（配点は 1 問題当たり（a）5 点，（b）5 点，計 10 点）

問 15　出題分野＜三相交流＞　　難易度 ★★★　重要度 ★★★

図の平衡三相回路について，次の（a）及び（b）の問に答えよ。

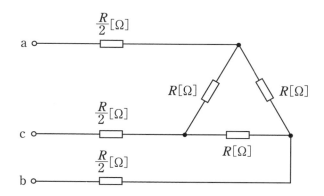

（a）　端子 a，c に 100 V の単相交流電源を接続したところ，回路の消費電力は 200 W であった。抵抗 R の値[Ω]として，最も近いものを次の（1）～（5）のうちから一つ選べ。

（1）　0.30　　　（2）　30　　　（3）　33　　　（4）　50　　　（5）　83

（b）　端子 a，b，c に線間電圧 200 V の対称三相交流電源を接続したときの全消費電力の値[kW]として，最も近いものを次の（1）～（5）のうちから一つ選べ。

（1）　0.48　　　（2）　0.80　　　（3）　1.2　　　（4）　1.6　　　（5）　4.0

問 15（a）の解答　　出題項目＜Δ 接続＞　　　　　　　答え　（2）

端子 a-c 間の回路を図 15-1 に示す。

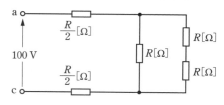

図 15-1　端子 a-c 間の回路

端子 a-c 間の合成抵抗 R_T は，

$$R_T = R + \frac{2R^2}{R+2R} = \frac{5R}{3}\,[\Omega]$$

この回路の消費電力 200 W は抵抗で消費され，

$$200 = \frac{100^2}{R_T} = \frac{100^2 \times 3}{5R}$$

$$R = \frac{100^2 \times 3}{200 \times 5} = 30\,[\Omega]$$

解 説 ･･

　基本的な単相交流回路の問題であるが，負荷が抵抗のみなので，直流回路の計算方法と同じになる。しかし，負荷が抵抗のみの三相交流回路は，位相の異なる三相電源を直流電源に置き換えて計算することはできない。

問 15（b）の解答　　出題項目＜Δ 接続＞　　　　　　答え　（4）

Δ 結線された抵抗負荷を Y 結線に変換し，各相ごとにまとめた回路を**図 15-2** に示す。

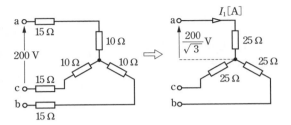

図 15-2　Y 結線の等価回路

1 相当たりの消費電力 P' は，

$$P' = \frac{\left(\dfrac{200}{\sqrt{3}}\right)^2}{25} = \frac{1\,600}{3}\,[\text{W}]$$

三相電力 P は単相電力の 3 倍なので，

$$P = \frac{1\,600}{3} \times 3 = 1\,600\,[\text{W}] = 1.6\,[\text{kW}]$$

【別解】　図 15-2 から線電流 I_1 は，

$$I_1 = \frac{200}{25\sqrt{3}}\,[\text{A}]$$

負荷力率は 1 なので，三相電力 P は，

$$P = \sqrt{3} \times 200 \times \frac{200}{25\sqrt{3}} \times 1 = 1\,600\,[\text{W}]$$

解説 ┅┅┅┅┅┅┅┅┅┅┅┅

三相回路の解法の原則に従い，問題図の回路を等価な Y 結線の回路に変換して，その 1 相分について考える。

補足▷　**図 15-3** のような，抵抗値が異なる場

合の Δ 結線から Y 結線への変換を考えてみよう。

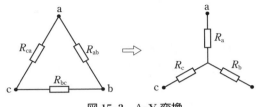

図 15-3　Δ-Y 変換

端子間の抵抗値が等しいので，次式が成り立つ。

$$R_a + R_b = \frac{R_{ab}(R_{bc} + R_{ca})}{R_{ab} + R_{bc} + R_{ca}} \qquad ①$$

$$R_b + R_c = \frac{R_{bc}(R_{ca} + R_{ab})}{R_{bc} + R_{ca} + R_{ab}} \qquad ②$$

$$R_c + R_a = \frac{R_{ca}(R_{ab} + R_{bc})}{R_{ca} + R_{ab} + R_{bc}} \qquad ③$$

（①＋②＋③）/2 を計算すると，

$$R_a + R_b + R_c = \frac{R_{ab}R_{bc} + R_{bc}R_{ca} + R_{ca}R_{ab}}{R_{ab} + R_{bc} + R_{ca}} \qquad ④$$

R_a は④－②，R_b は④－③，R_c は④－①から求められる。例えば R_a は，

$$R_a = \frac{R_{ca}R_{ab}}{R_{ab} + R_{bc} + R_{ca}}$$

もし，$R_{ab} = R_{bc} = R_{ca} = R_\Delta$ なら，$R_a = R_b = R_c = R_Y$ となり，$R_Y = R_\Delta/3$ が成り立つ。この関係式はインピーダンス $\dot{Z}$ でも成り立つ。Y→Δ は省略。

［類題］　平成 22 年度(問 15)に全く同じ問題が出題されている。

（選択問題）

問 16 　出題分野＜電気計測＞　　難易度 ★★★　重要度 ★★★

　内部抵抗が15 kΩ の150 V 測定端子と内部抵抗が10 kΩ の100 V 測定端子をもつ永久磁石可動コイル形直流電圧計がある。この直流電圧計を使用して，図のように，電流 I[A]の定電流源で電流を流して抵抗 R の両端の電圧を測定した。

　　測定Ⅰ：150 V の測定端子で測定したところ，直流電圧計の指示値は101.0 V であった。

　　測定Ⅱ：100 V の測定端子で測定したところ，直流電圧計の指示値は99.00 V であった。

　次の（a）及び（b）の問に答えよ。

　ただし，測定に用いた機器の指示値に誤差はないものとする。

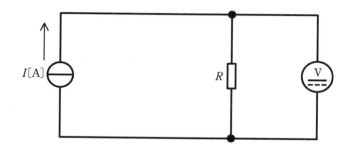

（a）　抵抗 R の抵抗値[Ω]として，最も近いものを次の（1）〜（5）のうちから一つ選べ。

　　（1）　241　　　（2）　303　　　（3）　362　　　（4）　486　　　（5）　632

（b）　電流 I の値[A]として，最も近いものを次の（1）〜（5）のうちから一つ選べ。

　　（1）　0.08　　　（2）　0.17　　　（3）　0.25　　　（4）　0.36　　　（5）　0.49

問 16 （a）の解答　　出題項目＜測定誤差＞　　　答え　（5）

測定Ⅰの等価回路を**図 16-1**に，測定Ⅱの等価回路を**図 16-2**に示す。

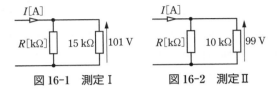

図 16-1　測定Ⅰ　　　**図 16-2　測定Ⅱ**

図 16-1 の等価回路において，オームの法則より次式が成り立つ。

$$101 = \frac{15R \times 10^3}{15 + R} I \qquad ①$$

図 16-2 の等価回路において，オームの法則より次式が成り立つ。

$$99 = \frac{10R \times 10^3}{10 + R} I \qquad ②$$

この二つの連立方程式からIを消去してRを求める。①式と②式の左辺どうし，右辺どうしを割り算してRについて整理する。

$$\frac{101}{99} = \frac{15R}{15 + R} \frac{10 + R}{10R} = \frac{3(10 + R)}{2(15 + R)}$$

$$202(15 + R) = 297(10 + R)$$

$$95R = 202 \times 15 - 297 \times 10 = 60$$

$$R \fallingdotseq 0.632 \,[\text{k}\Omega] \quad \rightarrow \quad 632 \,\Omega$$

解説 ....

可動コイル形電圧計は等価的に抵抗（電圧計の内部抵抗）と同じであり，指示値はその抵抗の端子電圧と等しい。問題図の回路において，抵抗Rと電圧計を並列に接続したときの電圧計の指示値は，$R\,[\Omega]$と電圧計の内部抵抗$r\,[\Omega]$を並列接続した合成抵抗R_pの端子電圧を示す。

合成抵抗R_pは，

$$R_\text{p} = \frac{Rr}{R + r} \,[\Omega]$$

であり，電流源から$I\,[\text{A}]$が供給されるので，電圧計の指示値Vは次式となる。

$$V = R_\text{p} I \,[\text{V}] \qquad ③$$

補足　電圧計の測定値が有効数字 4 桁で表されているが，これは測定値を単に有効数字 4 桁で読み取ったことを表しているにすぎない。問題文には有効数字の扱いについての特記事項がないので，他の計算問題同様，普通に計算すればよい。

また，③式は，

$$V = R_\text{p} I = \frac{Rr}{R + r} I = \frac{R}{R/r + 1} I$$

となるので，内部抵抗rが大きいほど指示値Vは真値（真の値）RIに近づく。したがって，測定に伴う誤差が無視できる場合，電圧計の内部抵抗が大きいほど指示値は真値に近づく。

Point　理想的な電圧計の内部抵抗は無限大である。

問 16 （b）の解答　　出題項目＜測定誤差＞　　　答え　（2）

小問（a）で求めた連立方程式①式及び②式からIを求めればよい。すでに小問（a）でRが求められているので，この値を①式または②式に代入してIを求める。例えば①式を用いると，

$$I = \frac{101(15 + R)}{15R \times 10^3} = \frac{101 \times 15.632}{15 \times 0.632 \times 10^3}$$

$$\fallingdotseq 0.167 \,[\text{A}] \quad \rightarrow \quad 0.17 \,\text{A}$$

解説 ....

Iは小問（a）の連立方程式の解なので，容易に計算できるであろう。

なお，Rの端子電圧の真値V_Tは$RI\,[\text{V}]$であるが，計算で算出したR及びIの値には誤差が含まれるので，V_Tが$632 \times 0.167 \fallingdotseq 105.5\,[\text{V}]$付近にあることはわかるが，特定はできない。

Point　連立方程式の解は，元の方程式に代入して検算することを忘れずに。

[類題]　平成 30 年度（問 18）に全く同じ問題が出題されている。

理論
電力
機械
法規
令和5(2023)上期
令和5(2023)下期
選抜90問
選抜85問
選抜90問
選抜65問

　問17及び問18は選択問題であり，問17又は問18のどちらかを選んで解答すること。両方解答すると採点されません。

（選択問題）

問17　出題分野＜静電気＞　　　難易度 ★★☆　重要度 ★★★

　図のように，極板間の厚さ $d[\mathrm{m}]$，表面積 $S[\mathrm{m^2}]$ の平行板コンデンサ A と B がある。コンデンサ A の内部は，比誘電率と厚さが異なる3種類の誘電体で構成され，極板と各誘電体の水平方向の断面積は同一である。コンデンサ B の内部は，比誘電率と水平方向の断面積が異なる3種類の誘電体で構成されている。コンデンサ A の各誘電体内部の電界の強さをそれぞれ E_{A1}, E_{A2}, E_{A3}，コンデンサ B の各誘電体内部の電界の強さをそれぞれ E_{B1}, E_{B2}, E_{B3} とし，端効果，初期電荷及び漏れ電流は無視できるものとする。また，真空の誘電率を $\varepsilon_0[\mathrm{F/m}]$ とする。両コンデンサの上側の極板に電圧 $V[\mathrm{V}]$ の直流電源を接続し，下側の極板を接地した。次の（a）及び（b）の問に答えよ。

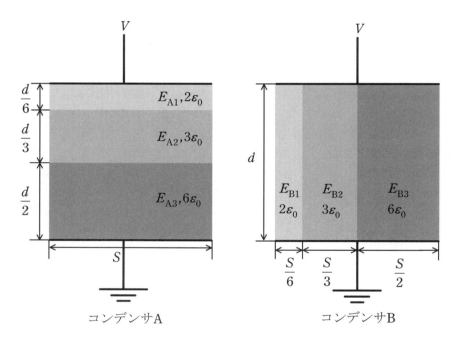

コンデンサA　　　　　　　　　　コンデンサB

（a）　コンデンサ A における各誘電体内部の電界の強さの大小関係とその中の最大値の組合せとして，正しいものを次の（1）～（5）のうちから一つ選べ。

　（1）　$E_{A1} > E_{A2} > E_{A3}$, $\dfrac{3V}{5d}$　　　（2）　$E_{A1} < E_{A2} < E_{A3}$, $\dfrac{3V}{5d}$　　　（3）　$E_{A1} = E_{A2} = E_{A3}$, $\dfrac{V}{d}$

　（4）　$E_{A1} > E_{A2} > E_{A3}$, $\dfrac{9V}{5d}$　　　（5）　$E_{A1} < E_{A2} < E_{A3}$, $\dfrac{9V}{5d}$

（b）　コンデンサ A 全体の蓄積エネルギーは，コンデンサ B 全体の蓄積エネルギーの何倍か，最も近いものを次の（1）～（5）のうちから一つ選べ。

　（1）　0.72　　　（2）　0.83　　　（3）　1.00　　　（4）　1.20　　　（5）　1.38

問 17 の（a）の解答　　出題項目＜平行板コンデンサ＞　　答え　（4）

コンデンサ A において，電極間の電束密度を $D[\mathrm{C/m^2}]$ とすると，

$$D=2\varepsilon_0 E_{A1}=3\varepsilon_0 E_{A2}=6\varepsilon_0 E_{A3}$$

これより，電界の強さ E_{A1}，E_{A2}，E_{A3} は，

$$E_{A1}=\frac{D}{2\varepsilon_0},\ E_{A2}=\frac{D}{3\varepsilon_0},\ E_{A3}=\frac{D}{6\varepsilon_0}$$

よって，E_{A1}，E_{A2}，E_{A3} の大小関係は，

$$E_{A1}>E_{A2}>E_{A3}$$

また，電界の強さと電界中の電位の関係から，

$$E_{A1}\times\frac{d}{6}+E_{A2}\times\frac{d}{3}+E_{A3}\times\frac{d}{2}=V \qquad ①$$

ここで，電界の強さは媒質の誘電率に反比例す

るので，

$$E_{A2}=\frac{2\varepsilon_0}{3\varepsilon_0}E_{A1}=\frac{2}{3}E_{A1}$$

$$E_{A3}=\frac{2\varepsilon_0}{6\varepsilon_0}E_{A1}=\frac{1}{3}E_{A1}$$

これらを①式へ代入すると，

$$E_{A1}\times\frac{d}{6}+\frac{2}{3}E_{A1}\times\frac{d}{3}+\frac{1}{3}E_{A1}\times\frac{d}{2}=V$$

$$\left(\frac{1}{6}+\frac{2}{9}+\frac{1}{6}\right)E_{A1}d=V$$

$$\frac{3+4+3}{18}E_{A1}d=V \qquad \therefore\ E_{A1}=\frac{9V}{5d}$$

問 17 の（b）の解答　　出題項目＜平行板コンデンサ，仕事・静電エネルギー＞　　答え　（2）

電極間の厚さ $d[\mathrm{m}]$，表面積 $S[\mathrm{m^2}]$ の真空コンデンサの静電容量 $C_0[\mathrm{F}]$ は，

$$C_0=\varepsilon_0\frac{S}{d}$$

この真空コンデンサを電圧 $V[\mathrm{V}]$ で充電すると，静電エネルギー $W=\frac{1}{2}C_0V^2[\mathrm{J}]$ が蓄積される。すなわち，**蓄積されるエネルギーは，電圧が一定であれば静電容量に比例する。**

コンデンサ A の上段，中段，下段の各静電容量 C_{A1}，C_{A2}，$C_{A3}[\mathrm{F}]$ は，

$$C_{A1}=2\varepsilon_0\frac{S}{d/6}=12\varepsilon_0\frac{S}{d}=12C_0$$

$$C_{A2}=3\varepsilon_0\frac{S}{d/3}=9\varepsilon_0\frac{S}{d}=9C_0$$

$$C_{A3}=6\varepsilon_0\frac{S}{d/2}=12\varepsilon_0\frac{S}{d}=12C_0$$

これらの合成静電容量（コンデンサ A の静電容量）$C_A[\mathrm{F}]$ は，3 個のコンデンサ C_{A1}，C_{A2}，C_{A3} の直列接続なので，

$$\frac{1}{C_A}=\frac{1}{C_{A1}}+\frac{1}{C_{A2}}+\frac{1}{C_{A3}}$$

$$=\frac{1}{12C_0}+\frac{1}{9C_0}+\frac{1}{12C_0}=\frac{3+4+3}{36C_0}$$

$$\therefore\ C_A=\frac{18}{5}C_0$$

また，コンデンサ B の左側，中央，右側の各静電容量 C_{B1}，C_{B2}，$C_{B3}[\mathrm{F}]$ は，

$$C_{B1}=2\varepsilon_0\frac{S/6}{d}=\frac{1}{3}\cdot\varepsilon_0\frac{S}{d}=\frac{1}{3}C_0$$

$$C_{B2}=3\varepsilon_0\frac{S/3}{d}=\varepsilon_0\frac{S}{d}=C_0$$

$$C_{B3}=6\varepsilon_0\frac{S/2}{d}=3\cdot\varepsilon_0\frac{S}{d}=3C_0$$

これらの合成静電容量（コンデンサ B の静電容量）$C_B[\mathrm{F}]$ は，3 個のコンデンサ C_{B1}，C_{B2}，C_{B3} の並列接続なので，

$$C_B=C_{B1}+C_{B2}+C_{B3}$$

$$=\left(\frac{1}{3}+1+3\right)C_0=\frac{13}{3}C_0$$

したがって，蓄積エネルギーの倍率（= 静電容量の倍率）は，

$$\frac{C_A}{C_B}=\frac{\dfrac{18}{5}C_0}{\dfrac{13}{3}C_0}=\frac{18\times3}{5\times13}≒0.83$$

[類題]　令和 3 年度(問 17)に全く同じ問題が出題されている。

（選択問題）

問 18　出題分野＜電子回路＞　　難易度 ★★★　重要度 ★☆☆

振幅変調について，次の（a）及び（b）の問に答えよ。

（a）　図1の波形は，正弦波である信号波によって搬送波の振幅を変化させて得られた変調波を表している。この変調波の変調度の値として，最も近いものを次の（1）〜（5）のうちから一つ選べ。

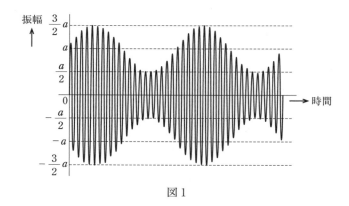

図1

（1）　0.33　　　（2）　0.5　　　（3）　1.0　　　（4）　2.0　　　（5）　3.0

（b）　次の文章は，直線検波回路に関する記述である。

振幅変調した変調波の電圧を，図2の復調回路に入力して復調したい。コンデンサ C[F]と抵抗 R[Ω]を並列接続した合成インピーダンスの両端電圧に求められることは，信号波の成分が　（ア）　ことと，搬送波の成分が　（イ）　ことである。そこで，合成インピーダンスの大きさは，信号波の周波数に対してほぼ抵抗 R[Ω]となり，搬送波の周波数に対して十分に　（ウ）　なくてはならない。

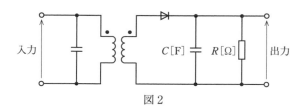

図2

上記の記述中の空白箇所（ア）〜（ウ）に当てはまる組合せとして，正しいものを次の（1）〜（5）のうちから一つ選べ。

	（ア）	（イ）	（ウ）
（1）	あ る	なくなる	大きく
（2）	あ る	なくなる	小さく
（3）	なくなる	あ る	小さく
（4）	なくなる	なくなる	小さく
（5）	なくなる	あ る	大きく

問18（a）の解答　　出題項目＜変調・復調＞　　答え（2）

変調度とは，搬送波の振幅 E_C に対する信号波の振幅 E_S の比をいう。問題図の変調波は，**図18-1** のように，振幅 a の搬送波に振幅 $a/2$ の信号波が乗っている形なので，変調度 m は，

$$m = \frac{E_S}{E_C} = \frac{\frac{a}{2}}{a} = 0.5$$

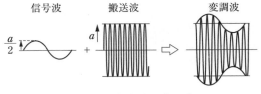

図 18-1　振幅変調（AM）

解説 ··

問題図の変調方式は，搬送波の振幅に信号波を

含ませるもので，振幅変調（AM）と呼ばれる。他の変調方式として周波数変調（FM），位相変調（PM）がある。

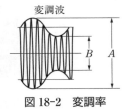

図 18-2　変調率

変調度は**変調率**とも呼ばれる。変調度は**図18-2** のように，変調波の正負を合わせた最大振れ幅 A と最小振れ幅 B の値からも求めることができる。信号波の振幅 E_S 及び搬送波の振幅 E_C は，

$$E_S = \frac{A/2 - B/2}{2}, \quad E_C = \frac{A/2 + B/2}{2}$$

となるので，変調度 m は次式となる。

$$m = \frac{E_S}{E_C} = \frac{A - B}{A + B}$$

問18（b）の解答　　出題項目＜変調・復調＞　　答え（2）

振幅変調した変調波の電圧を，問題図2の復調回路で復調する。コンデンサ C[F] と抵抗 R[Ω] を並列接続した合成インピーダンスの両端電圧に求められることは，信号波の成分が**ある**ことと，搬送波の成分が**なくなる**ことである。そこで，合成インピーダンスの大きさは，信号波の周波数に対してほぼ抵抗 R[Ω] となり，搬送波の周波数に対して十分に**小さく**なくてはならない。

解説 ··

問題図2の変成器入力側のコンデンサと変成器のコイルは，搬送波に対して並列共振させることで，搬送波の特定の周波数を選択する**同調回路**を構成する。変成器の出力側から得られた変調波はダイオードで負の部分がカットされる（**図18-3** 参照）。これを**復調**または**検波**という。

検波された波には搬送波成分が含まれているが，C のインピーダンスが搬送波の周波数に対して十分小さくすることで，検波波形の振幅の山と山の間がならされてつながる（**包絡線**）。さらに，C のインピーダンスが信号波の周波数に対して十

分大きくなるようにすることで，R の両端には信号波に直流分が乗った出力が得られる。

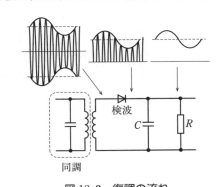

図 18-3　復調の流れ

この出力から信号成分だけを取り出すには，直流分を阻止するコンデンサを通せばよい。

Point 搬送波に信号波を乗せる→変調
変調波から信号波を取り出す→検波（復調）

[類題] 平成28年度(問18)に全く同じ問題が出題されている。

電　力 | 令和5年度(2023年度)上期

A 問 題 （配点は1問題当たり5点）

問1　出題分野＜水力発電＞　　難易度 ★★★　重要度 ★★★

次の文章は，水車の比速度に関する記述である。

比速度とは，任意の水車の形(幾何学的形状)と運転状態(水車内の流れの状態)とを　(ア)　変えたとき，　(イ)　で単位出力(1kW)を発生させる仮想水車の回転速度のことである。

水車では，ランナの形や特性を表すものとしてこの比速度が用いられ，水車の　(ウ)　ごとに適切な比速度の範囲が存在する。

水車の回転速度をn[min^{-1}]，有効落差をH[m]，ランナ1個当たり又はノズル1個当たりの出力をP[kW]とすれば，この水車の比速度n_sは，次の式で表される。

$$n_s = n \cdot \frac{P^{\frac{1}{2}}}{H^{\frac{5}{4}}}$$

通常，ペルトン水車の比速度は，フランシス水車の比速度より　(エ)　。

比速度の大きな水車を大きな落差で使用し，吸出し管を用いると，放水速度が大きくなって，　(オ)　やすくなる。そのため，各水車には，その比速度に適した有効落差が決められている。

上記の記述中の空白箇所(ア)〜(オ)に当てはまる組合せとして，正しいものを次の(1)〜(5)のうちから一つ選べ。

	(ア)	(イ)	(ウ)	(エ)	(オ)
(1)	一定に保って有効落差を	単位流量(1m³/s)	出力	大きい	高い効率を得
(2)	一定に保って有効落差を	単位落差(1m)	種類	大きい	キャビテーションが生じ
(3)	相似に保って大きさを	単位流量(1m³/s)	出力	大きい	高い効率を得
(4)	相似に保って大きさを	単位落差(1m)	種類	小さい	キャビテーションが生じ
(5)	相似に保って大きさを	単位流量(1m³/s)	出力	小さい	高い効率を得

問1の解答　出題項目＜水車関係＞　　　　答え　（4）

　幾何学的にランナ形状が相似の水車は，その寸法の大小にかかわらずほぼ同様な特性をもっている。そこで，ランナの形状と特性を表す指標として比速度が使用される。

　比速度は，任意の水車を幾何学的に**相似に保って大きさを変え**，**単位落差（1 m）**において単位出力（1 kW）を発生するようにしたときの回転速度である。

　比速度は，水車の**種類**ごとに適切な範囲があり，ペルトン水車で18〜26，フランシス水車で80〜370，斜流水車で150〜380，プロペラ水車で250〜1 000程度である。したがって，ペルトン水車の比速度はフランシス水車よりも**小さい**。

　なお，比速度の大きい水車を大きな落差で使用すると，回転速度が大きくなりすぎて，**キャビテーションが生じ**やすくなる。

解説

　比速度は水車の種類，落差などによってその値が定まる。一般に，与えられた落差に対して，水車の比速度を大きくした方が機器の寸法が小さくなり，価格も安くなる。しかし，あまり大きくするとキャビテーションが発生しやすくなり，効率の低下や壊食などの問題が生じる。したがって，水車の種類によって比速度の限界がある。**表1-1**に水車の限界式と適用落差を示す。

表1-1　比速度の限界式と適用落差[1]

水車の種類	比速度（m・kW）	適用落差（m）
ペルトン	$n_\mathrm{s} \leqq \dfrac{4\,500}{H+150}+14$	150〜800
フランシス	$n_\mathrm{s} \leqq \dfrac{33\,000}{H+55}+30$	40〜500
斜流（デリア）	$n_\mathrm{s} \leqq \dfrac{21\,000}{H+20}+40$	40〜180
プロペラ（軸流）	$n_\mathrm{s} \leqq \dfrac{21\,000}{H+13}+50$	5〜80

[1] JEC4001「水車及びポンプ水車」（2018）

[類題]　平成30年度（問2）に全く同じ問題が出題されている。

理論 電力 機械 法規 令和5(2023)上期 令和5(2023)下期 選抜90問 選抜85問 選抜90問 選抜65問

問 2　出題分野＜汽力発電＞　　難易度 ★★★　重要度 ★★★

　排熱回収形コンバインドサイクル発電方式と同一出力の汽力発電方式とを比較した記述として，誤っているものを次の（1）～（5）のうちから一つ選べ。

（1）　コンバインドサイクル発電方式の方が，熱効率が高い。
（2）　汽力発電方式の方が，単位出力当たりの排ガス量が少ない。
（3）　コンバインドサイクル発電方式の方が，単位出力当たりの復水器の冷却水量が多い。
（4）　汽力発電方式の方が大形所内補機が多く，所内率が大きい。
（5）　コンバインドサイクル発電方式の方が，最大出力が外気温度の影響を受けやすい。

問 3　出題分野＜汽力発電＞　　難易度 ★★★　重要度 ★★★

　次の文章は，火力発電所に関する記述である。

　火力発電所において，ボイラから煙道に出ていく燃焼ガスの余熱を回収するために，煙道に多数の管を配置し，これにボイラへの　（ア）　を通過させて加熱する装置が　（イ）　である。同じく煙道に出ていく燃焼ガスの余熱をボイラへの　（ウ）　空気に回収する装置が，　（エ）　である。

　上記の記述中の空白箇所（ア）～（エ）に当てはまる組合せとして，正しいものを次の（1）～（5）のうちから一つ選べ。

	（ア）	（イ）	（ウ）	（エ）
（1）	給水	再熱器	燃焼用	過熱器
（2）	蒸気	節炭器	加熱用	過熱器
（3）	給水	節炭器	加熱用	過熱器
（4）	蒸気	再熱器	燃焼用	空気予熱器
（5）	給水	節炭器	燃焼用	空気予熱器

問2の解答　出題項目＜コンバインドサイクル＞　　答え（3）

（1）　正。コンバインドサイクル（CC：combined cycle）発電方式は，**図2-1**のように，ガスタービンの排ガスの熱を利用して蒸気をつくり，蒸気タービンを回転させて発電を行うため，汽力発電方式と比べて**熱効率が高い**。

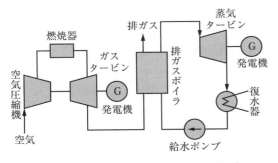

図2-1　コンバインドサイクル発電方式

（2）　正。CC発電方式のガスタービンは大量の燃焼用空気を必要とするので，排ガス量が多い。よって，ガスタービンを使用しない汽力発電方式の方が，単位出力当たりの**排ガス量が少ない**。

（3）　誤。CC発電方式では，復水器を使用しないガスタービン発電が出力の2/3程度を分担している。このためCC発電方式の方が，単位出力当たりの復水器の**冷却水量が少ない**。

（4）　正。汽力発電方式では，通風機等のボイラ補機や環境対策設備が必要になる。さらに，石炭火力であれば，微粉炭機や送粉機なども必要になる。このように，汽力発電方式はCC発電方式に比べて所内補機が多いので，**所内率が大きい**。

（5）　正。CC発電方式のガスタービン発電は，大気温度が上昇すると空気密度が下がるので，空気の質量が小さくなって最大出力が低下する。逆に，大気温度が下降すると最大出力は上昇する。このように，**CC発電方式の方が，外気温度が最大出力に与える影響は大きい**。

［類題］　平成19年度（問3）に全く同じ問題が出題されている。

問3の解答　出題項目＜ボイラ関係＞　　答え（5）

図3-1のように，節炭器と空気予熱器は，ボイラの燃焼ガスの余熱を回収する装置である。

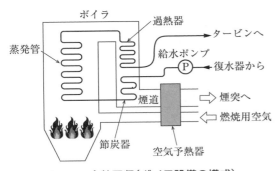

図3-1　余熱回収（ボイラ設備の構成）

煙道ガスの熱を利用してボイラ**給水**を加熱し，ボイラ効率を高める装置が**節炭器**である。節炭器には給水圧力と同じ圧力が加わるので，鋼管あるいはヒレ付き鋼管を使用している。節炭器による燃料節約高は，4～11％にもなる。なお，節炭器出口の温度は，節炭器内で蒸発が起こらないよう飽和温度よりやや低めにしてある。

節炭器を出た煙道ガスの熱を回収して**燃焼用**空気を予熱し，ボイラ効率および燃焼効率を高める装置が**空気予熱器**である。一般に，排ガスの温度を18～20℃下げると，ボイラ効率を1％上げることができる。しかし，温度が下がり過ぎると，ガス中の硫黄酸化物が水滴と化合して硫酸になり，鋼管やエレメントを腐食する。

火力発電所で使用される空気予熱器には，管形と再生形がある。管形は鋼管中をガスが流れ外側の空気を熱するもので，据え付け面積は大きくなるが，管の部分的な取り換えが容易で空気漏れも少ない。一方，再生形は加熱エレメントを媒体として排熱を空気に回収するもので，管形より据え付け面積は小さくてすむが，ガスへの空気の漏れは多い。

［類題］　平成15年度（問3）に全く同じ問題が出題されている。

| 問 4 | 出題分野＜原子力発電＞ | | 難易度 ★★★ | 重要度 ★★★ |

　1 kg のウラン燃料に 3.5 % 含まれるウラン 235 が核分裂し，0.09 % の質量欠損が生じたときに発生するエネルギーと同量のエネルギーを，重油の燃焼で得る場合に必要な重油の量[kL]として，最も近いものを次の（1）〜（5）のうちから一つ選べ。

　ただし，計算上の熱効率を 100 %，使用する重油の発熱量は 40 000 kJ/L とする。

（1）　13　　　　（2）　17　　　　（3）　70　　　　（4）　1.3×10^3　　　　（5）　7.8×10^4

問 4 の解答　出題項目＜核分裂エネルギー＞　　　　　答え　（3）

最初に，核分裂により発生するエネルギーを求める。

核分裂によって発生するエネルギーは，アインシュタインの理論により求められる。質量欠損を m[kg]，光速を c[m/s] とすると，発生エネルギー E[J] は次式で表される。

$$E = mc^2$$

題意より，1 kg のウラン燃料には核分裂するウラン 235 が 3.5 % 含まれる。また，質量欠損はウラン 235 の 0.09 % である。したがって，質量欠損 m の値は，

$$m = 1 \times \frac{3.5}{100} \times \frac{0.09}{100} = 3.15 \times 10^{-5}\,[\text{kg}]$$

よって，発生エネルギー E の値は，光速 $c = 3.0 \times 10^8$[m/s] として，

$$E = 3.15 \times 10^{-5} \times (3.0 \times 10^8)^2$$
$$= 2.835 \times 10^{12}\,[\text{J}]$$

続けて，これと同量のエネルギーを得るのに必要な重油の量を求める。

必要な重油の量を V[kL] とすると，重油の発熱量 E_0[J] は，

$$E_0 = (40\,000 \times 10^3)[\text{J/L}] \times (V \times 10^3)[\text{L}]$$
$$= 4V \times 10^{10}\,[\text{J}]$$

これが核分裂エネルギー E と等しいので，

$$E_0 = 4V \times 10^{10} = 2.835 \times 10^{12}$$

$$\therefore\ V = \frac{2.835 \times 10^{12}}{4 \times 10^{10}} = 0.708\,75 \times 10^2$$

$$\fallingdotseq 70\,[\text{kL}]$$

解 説 ……………………………………………

本問のように，光速 c の値（3.0×10^8 m/s）が問題文に与えられない場合もあるので，覚えておかなければならない。

[**類題**]　平成 24 年度（問 4）に類似問題が出題されている。

問 5　出題分野＜自然エネルギー＞　　難易度 ★★★　重要度 ★★★

風力発電に関する記述として，誤っているものを次の(1)～(5)のうちから一つ選べ。

(1)　風力発電は，風の力で風力発電機を回転させて電気を発生させる発電方式である。風が得られれば燃焼によらずパワーを得ることができるため，発電するときにCO_2を排出しない再生可能エネルギーである。

(2)　風車で取り出せるパワーは風速に比例するため，発電量は風速に左右される。このため，安定して強い風が吹く場所が好ましい。

(3)　離島においては，風力発電に適した地域が多く存在する。離島の電力供給にディーゼル発電機を使用している場合，風力発電を導入すれば，そのディーゼル発電機の重油の使用量を減らす可能性がある。

(4)　一般的に，風力発電では同期発電機，永久磁石式発電機，誘導発電機が用いられる。

(5)　風力発電では，翼が風を切るため騒音を発生する。風力発電を設置する場所によっては，この騒音が問題となる場合がある。この騒音対策として，翼の形を工夫して騒音を低減している。

問5の解答　出題項目＜風力発電＞　　答え　(2)

（1）正。風力発電は，風の力で風力発電機を回転させて電気を発生させる発電方式である。風力エネルギーとなる風は，太陽エネルギーによって空気が暖められることによって生じるため，太陽が照り続ける限り永遠に利用できる非枯渇エネルギー資源である。また，地球温暖化の原因となる二酸化炭素などの温室効果ガスや有害物質を排出しないクリーンな発電方式である。

（2）誤。風のもつ運動エネルギー P は，単位時間当たりの空気の質量を $m[\mathrm{kg/s}]$，速度（風速）を $V[\mathrm{m/s}]$ とすると，

$$P=\frac{1}{2}mV^2[\mathrm{J/s}]\quad(=[\mathrm{W}])$$

ここで，空気密度を $\rho[\mathrm{kg/m^3}]$，風車の回転面積（ロータの投影面積）を $A[\mathrm{m^2}]$ とすると，

$$m=\rho AV[\mathrm{kg/s}]$$

となるので，風車の出力係数（パワー係数）を C_p とすると，風車で得られるエネルギー P は，

$$P=\frac{1}{2}C_\mathrm{p}mV^2=\frac{1}{2}C_\mathrm{p}\rho AV^3[\mathrm{W}]$$

つまり，風車で取り出せるパワーは，風車の回転面積 A に比例し，**風速 V の3乗に比例**する。

（3）正。風力発電の設置場所としては，離島，山上など常時強風のある地域が適する。離島の電力供給にディーゼル発電機を使用している場合，風力発電を導入して風力の出力変動をディーゼル発電機が補うことで重油の使用量を減らすことができる。

（4）正。風力発電では，一般的に同期発電機，永久磁石発電機，誘導発電機が用いられる。大形の風力発電機には同期発電機または誘導発電機が使用される。発電用に用いられる風車のほとんどはプロペラ形が採用されており，プロペラ形風車は，広範囲の周速度で出力係数が大きく，水平軸形であるため風向きに応じてロータの方向を変え，かつピッチ角制御により風速に応じて周速比を適切に調整して高い出力係数で運転でき，回転速度制御や出力制御も容易である。

（5）正。風力発電は，翼が風を切るため騒音が発生する。この騒音には回転による風切り音，空気の振動や脈動による低周波音，タワーからの固体伝達音などがあり，この騒音対策として翼の形を工夫するなどをしている。

[類題]　平成24年度(問5)に全く同じ問題が出題されている。

問6　出題分野＜配電＞　難易度 ★★★　重要度 ★★★

配電線路の開閉器類に関する記述として，誤っているものを次の(1)～(5)のうちから一つ選べ。

（1）　配電線路用の開閉器は，主に配電線路の事故時又は作業時に，その部分だけを切り離すために使用される。

（2）　柱上開閉器には気中形，真空形，ガス形がある。操作方法は，手動操作による手動式と制御器による自動式がある。

（3）　高圧配電方式には，放射状方式(樹枝状方式)，ループ方式(環状方式)などがある。ループ方式は結合開閉器を設置して線路を構成するので，放射状方式よりも建設費は高くなるものの，高い信頼度が得られるため負荷密度の高い地域に用いられる。

（4）　高圧カットアウトは，柱上変圧器の一次側の開閉器として使用される。その内蔵の高圧ヒューズは変圧器の過負荷時や内部短絡故障時，雷サージなどの短時間大電流の通過時に直ちに溶断する。

（5）　地中配電系統で使用するパッドマウント変圧器には，変圧器と共に開閉器などの機器が収納されている。

問 6 の解答　出題項目＜配電系統，配電系統構成機材＞　答え（4）

（1）正。配電線路用の区分開閉器は，主に作業停電などの停電範囲の縮小と，高圧配電線路の事故時の事故区間切り離しを目的に使用される。

（2）正。柱上開閉器は，消弧媒体で区別すると気中開閉器，真空開閉器，ガス開閉器に分けられ，一般には気中形と真空形が使用されている。操作方法は，現地で手動操作する手動式と自動制御で遠隔操作する自動式がある。

（3）正。高圧配電方式には，放射状方式（樹枝状方式），ループ方式（環状方式）などがある。放射状方式は，幹線から分岐線を樹木の枝状に伸ばしていくものである。ループ方式は，結合開閉器を設置して配電線をループ状にするもので，放射状方式より建設費は高くなるものの，高い信頼度が得られるため比較的需要密度の高い地域に多く用いられる。

（4）誤。高圧カットアウトは，磁器製の容器の中にヒューズを内蔵したもので，柱上変圧器の一次側に施設してその開閉を行うほか，過負荷や短絡電流をヒューズの溶断で保護する。図 6-1 に示すように，磁器製のふたにヒューズ筒を取付け，ふたの開閉により電路の開閉ができる箱形カットアウトと，磁器製の内筒内にヒューズ筒を

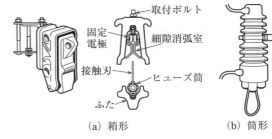

図 6-1　高圧カットアウト

収納して，その取付け・取外しにより電路の開閉ができる筒形カットアウトがある。高圧ヒューズは，変圧器の過負荷や内部短絡故障時に溶断するが，電動機の始動電流や雷サージによって溶断しないことが要求されるため，**短時間過大電流に対して溶断しにくくした放出形ヒューズ**が一般に使用される。

（5）正。パッドマウント変圧器は地中配電用として使用され，変圧器と共に負荷開閉器，接地開閉器，低圧母線，低圧配線用遮断器などの機器が収納されている。

［類題］　平成 22 年度（問 12）に全く同じ問題が出題されている。

理論
電力
機械
法規

令和 **5**（2023）上期

令和 **5**（2023）下期

選抜 **90** 問

選抜 **85** 問

選抜 **90** 問

選抜 **65** 問

問7　出題分野＜変電＞

難易度 ★★★　重要度 ★★★

次の文章は，変電所の計器用変成器に関する記述である。

計器用変成器は，　(ア)　と変流器とに分けられ，高電圧あるいは大電流の回路から計器や　(イ)　に必要な適切な電圧や電流を取り出すために設置される。変流器の二次端子には，常に　(ウ)　インピーダンスの負荷を接続しておく必要がある。また，一次端子のある変流器は，その端子を被測定線路に　(エ)　に接続する。

上記の記述中の空白箇所(ア)～(エ)に当てはまる組合せとして，正しいものを次の(1)～(5)のうちから一つ選べ。

	(ア)	(イ)	(ウ)	(エ)
(1)	主変圧器	避雷器	高	縦続
(2)	CT	保護継電器	低	直列
(3)	計器用変圧器	遮断器	中	並列
(4)	CT	遮断器	高	縦続
(5)	計器用変圧器	保護継電器	低	直列

問 7 の解答　出題項目＜計器用変成器＞

答え　(5)

計器用変成器は，交流回路の高電圧・大電流を低電圧・小電流に変換(変成)する機器であり，**計器用変圧器**(VT)および**変流器**(CT)の総称である。計器用変成器は，指示電気計器，電力量計，**保護継電器**などと組み合わせて使用される。

変流器の二次側を開放すると，鉄心内の磁束が飽和状態となって鉄心が過熱するので，常に**低イ**ンピーダンスの負荷を接続しておかなければならない。

また，変流器の一次側は，**図 7-1** のように，被測定線路に**直列**に接続する。

補足　**変流器の二次側を開放できない理由**

変流器は計器用変圧器とは異なり，図 7-1 のように，一次側の電流は負荷電流なので，二次側に関係なく流れる。このとき，二次側を開放すると，一次側の電流による磁束が打ち消されず，すべて励磁のために使用されるので，鉄心は磁気飽和して二次側に高電圧を生じるとともに，鉄損が増し，焼損することがある。

逆に，二次側を短絡した場合には，二次電流は定格値(通常は 5 A)を超えることはない。つまり，変流比以上の電流は流れない。

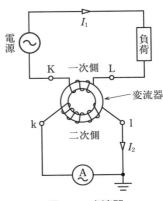

図 7-1　変流器

[**類題**]　令和 3 年度(問 7)に全く同じ問題が出題されている。

問8　出題分野＜配電＞　　　　　　　　　難易度 ★★★　重要度 ★★★

次に示す配電用機材（ア）～（エ）とそれに関係の深い語句（a）～（e）とを組み合わせたものとして，正しいものを次の（1）～（5）のうちから一つ選べ。

配電用機材	語句
（ア）ギャップレス避雷器 （イ）ガス開閉器 （ウ）CVケーブル （エ）柱上変圧器	（a）水トリー （b）鉄損 （c）酸化亜鉛（ZnO） （d）六ふっ化硫黄（SF$_6$） （e）ギャロッピング

（1）	（ア）—(c)	（イ）—(d)	（ウ）—(e)	（エ）—(a)
（2）	（ア）—(c)	（イ）—(d)	（ウ）—(a)	（エ）—(e)
（3）	（ア）—(c)	（イ）—(d)	（ウ）—(a)	（エ）—(b)
（4）	（ア）—(d)	（イ）—(c)	（ウ）—(a)	（エ）—(b)
（5）	（ア）—(d)	（イ）—(c)	（ウ）—(e)	（エ）—(a)

問9　出題分野＜送電＞　　　　　　　　　難易度 ★★★　重要度 ★★★

次の文章は，コロナ損に関する記述である。

送電線に高電圧が印加され，　（ア）　がある程度以上になると，電線からコロナ放電が発生する。コロナ放電が発生するとコロナ損と呼ばれる電力損失が生じる。コロナ放電の発生を抑えるためには，電線の実効的な直径を　（イ）　するために　（ウ）　する，線間距離を　（エ）　する，などの対策がとられている。コロナ放電は，気圧が　（オ）　なるほど起こりやすくなる。

上記の記述中の空白箇所（ア）～（オ）に当てはまる組合せとして，正しいものを次の（1）～（5）のうちから一つ選べ。

	（ア）	（イ）	（ウ）	（エ）	（オ）
（1）	電流密度	大きく	単導体化	大きく	低く
（2）	電線表面の電界強度	大きく	多導体化	大きく	低く
（3）	電流密度	小さく	単導体化	小さく	高く
（4）	電線表面の電界強度	小さく	単導体化	大きく	低く
（5）	電線表面の電界強度	大きく	多導体化	小さく	高く

理論　電力　機械　法規

令和5(2023)上期

令和5(2023)下期

選抜90問

選抜85問

選抜90問

選抜65問

問8の解答　　出題項目＜配電系統構成機材＞　　　　答え　(3)

（ア）ギャップレス避雷器　　特性要素に**酸化亜鉛(ZnO)素子**を用いた避雷器である。炭化けい素(SiC)素子と直列ギャップを用いた従来の避雷器に比べて，ギャップレスであるため放電時間遅れがなく，**保護特性が良い**。また，サージ処理能力(エネルギー耐量)に優れ，耐汚損特性も良い。

（イ）ガス開閉器　　空気よりも優れた絶縁特性，消弧能力を持った六ふっ化硫黄(SF₆)ガスを用いた開閉器である。気中開閉器と比べて小形・軽量なので，工事の省力化が可能である。また，完全密閉構造のため外気の影響を受けない。ただし，SF₆ガスは温室効果の高いガス(二酸化炭素CO_2の約2万倍)なので，最近は排出抑制や代替が進んでいる。

（ウ）CVケーブル　　「CVケーブル」は，架橋ポリエチレン絶縁ビニルシースケーブルの略称である。導体を架橋ポリエチレンで被覆し，その外周をビニルシースで被覆したケーブルである。**耐熱性が高く，電流容量が大きい**ので，屋内外の配線として広く普及している。

CVケーブルの代表的な**劣化要因**に，水トリーがある。水トリーとは，CVケーブルの絶縁層内に浸入した水分により，水分と電界の関係で小さな亀裂が発生し，樹枝(トリー)状に成長する現象である。水トリーが進展すると，絶縁劣化を経て絶縁破壊に至る。

（エ）柱上変圧器　　架空配電線路において，電柱に金属製の固定具により取り付けて使用される変圧器である。配電用変電所から高圧配電線で送られてきた三相6kVの電気を，単相100V/200V，三相200Vに降圧する。

柱上変圧器の**損失には，銅損と鉄損がある**。銅損は電流(負荷)の大きさによって変化するが，鉄損は負荷の有無に関係なく一定の損失である。

補足　　ギャロッピングは，送電線に氷雪が付着した状態で強い風を受けたときに発生する，電線の振動現象である。

[類題]　平成18年度(問9)に全く同じ問題が出題されている。

問9の解答　　出題項目＜コロナ＞　　　　答え　(2)

空気の絶縁耐力には限界があり，気温20℃，気圧1013hPaの標準状態において，波高値で約30kV/cm，実効値で約21kV/cmの電界強度に達すると空気の絶縁は失われる。

架空送電線は絶縁を施さない裸電線を使用しており，その絶縁は空気に頼っているため，**電線表面の電界強度**がこの値を超えると，電線表面から放電がはじまる。これをコロナ放電と呼ぶ。

細い電線は表面の曲率がきついので，電界が集中してコロナ放電が発生しやすい。したがって，太い電線を使用するか，等価的な電線直径を**大きく**するために電線を**多導体化**すれば，電界強度が小さくなってコロナ放電を抑えられる。

また，電線の太さが同じであれば，線間距離が小さいほどコロナ放電が発生しやすいので，線間距離を**大きく**すればコロナ放電を抑えられる。

コロナ放電は，気圧が**低く**なるほど発生しやすくなる。

解説

コロナが発生する最小の電圧をコロナ臨界電圧といい，これが低いほどコロナは発生しやすい。コロナ臨界電圧 E_0 は次式で求められる。

$$E_0 = 48.8 m_0 m_1 \delta^{\frac{2}{3}}\left(1+\frac{0.301}{\sqrt{r\delta}}\right) r \log_{10}\frac{D}{r} \, [\text{kV}]$$

ただし，m_0：電線の表面係数(みがかれた単線1.0，7本より線0.85)，m_1：天候係数(晴天時1.0，雨天時0.8)，r：電線の半径[cm]，D：線間距離[cm]，δ：相対空気密度(気圧1013hPa，気温20℃で1.0)である。

[類題]　令和元年度(問10)に全く同じ問題が出題されている。

問10　出題分野＜地中送電＞　難易度 ★★★　重要度 ★★★

　地中送電線路の線路定数に関する記述として，誤っているものを次の（1）～（5）のうちから一つ選べ。

（1）　架空送電線路の場合と同様，一般に，導体抵抗，インダクタンス，静電容量を考える。

（2）　交流の場合の導体の実効抵抗は，表皮効果及び近接効果のため直流に比べて小さくなる。

（3）　導体抵抗は，温度上昇とともに大きくなる。

（4）　インダクタンスは，架空送電線路に比べて小さい。

（5）　静電容量は，架空送電線路に比べてかなり大きい。

問 10 の解答　出題項目＜電力損失・許容電流，架空送電との比較＞　答え　(2)

（1）正。地中送電線路の線路定数には，架空送電線路と同様に，**導体抵抗，インダクタンス，静電容量**がある。

（2）誤。電力ケーブルの導体には，軟銅より線が用いられる。その抵抗は，一般に 20℃ における直流に対する値で示される。しかし，導体に交流が流れると，表皮効果や近接効果のため**直流に比べて実効抵抗は大きくなる**。

【**表皮効果**】　交流電流が導体を流れると，**電流が導体の表面に集中**し，電流の流れる実効面積が小さくなって抵抗が増加する現象である。

【**近接効果**】　互いに接近して置かれた導体に交流電流が流れると，電流の向きが反対なら反発力（斥力），電流の向きが同じなら吸引力（引力）が働き，これによって導体内の**電流分布が偏り**，電流密度が不均一となって抵抗が増加する現象である。

（3）正。**導体抵抗は，温度上昇とともに大き**くなる。

標準温度 t_0[℃] における抵抗を R_0[Ω]，温度係数を α[℃$^{-1}$]すると，温度 t[℃] における抵抗 R_t[Ω]は次式で表される。

$$R_t = R_0\{1 + \alpha(t - t_0)\}$$

（4）正。**インダクタンスは，架空送電線路に比べて小さい**。

一般にインダクタンスは，架空送電線路で 1.3 mH/km 程度，地中送電線路で 0.2〜0.4 mH/km 程度である。

（5）正。**静電容量は，架空送電線路に比べてかなり大きい**。

一般に静電容量は，架空送電線路で 0.008〜0.01 μF/km 程度，地中送電線路で 0.3〜0.7 μF/km 程度である。

[類題]　平成 10 年度(問 8)に全く同じ問題が出題されている。

理論
電力
機械
法規

令和
5
(2023)
下期

選抜
90
問

選抜
85
問

選抜
90
問

選抜
65
問

問 11　出題分野＜配電＞　難易度 ★★☆　重要度 ★★☆

22(33)kV配電系統に関する記述として，誤っているものを次の(1)～(5)のうちから一つ選べ。

（1）　6.6kVの配電線に比べ電圧対策や供給力増強対策として有効なので，長距離配電の必要となる地域や新規開発地域への供給に利用されることがある。

（2）　電気方式は，地絡電流抑制の観点から中性点を直接接地した三相3線方式が一般的である。

（3）　各種需要家への電力供給は，特別高圧需要家へは直接に，高圧需要家へは途中に設けた配電塔で6.6kVに降圧して高圧架空配電線路を用いて，低圧需要家へはさらに柱上変圧器で200～100Vに降圧して，行われる。

（4）　6.6kVの配電線に比べ33kVの場合は，負荷が同じで配電線の線路定数も同じなら，電流は$\frac{1}{5}$となり電力損失は$\frac{1}{25}$となる。電流が同じであれば，送電容量は5倍となる。

（5）　架空配電系統では保安上の観点から，特別高圧絶縁電線や架空ケーブルを使用する場合がある。

問 11 の解答　　出題項目＜配電系統，電気方式，中性点接地方式＞　　答え　（2）

（1）　正。特別高圧配電は 20 kV 級配電方式とも呼ばれ，6.6 kV 配電線に比べ電圧対策や供給力増強対策として有効なので，長距離配電の必要となる地域や新規開発への供給に利用されることがある。

（2）　誤。配電電圧は 22 kV または 33 kV であり，三相 3 線式の中性点**抵抗接地方式**が主に採用されている。この方式は，中性点を 100〜数百 A の電流が流れる抵抗器で接地し，地絡故障時の地絡電流を電磁誘導障害防止のため抑制しつつ，保護リレーの動作を確実にし，地絡故障時の健全相の電圧上昇も抑制できる。

（3）　正。各種需要家への電力供給は，特別高圧需要家へは 22 kV または 33 kV で直接に，高圧需要家へは途中に設けた配電塔で 6.6 kV に降圧して高圧架空配電線路を用いて，低圧需要家へはさらに柱上変圧器で 200〜100 V に降圧して，行われる。

（4）　正。6.6 kV の配電線に比べ 33 kV の場合（電圧が 5 倍の場合）は，負荷が同じで配電線の線路定数も同じなら，電流は 1/5 となり，電力損失は電流の 2 乗に比例する（$p = I^2 r$）ため 1/25 となる。さらに送電容量 P は，電流が同じであれば $5P$，つまり 5 倍となる（$P = VI$）。

（5）　正。架空配電系統では保安上の観点から，特別高圧絶縁電線や架空ケーブルを使用する場合がある。

解説 ⋯⋯⋯⋯⋯⋯⋯⋯⋯⋯⋯⋯⋯⋯⋯⋯⋯⋯⋯⋯⋯

　20 kV 級配電の供給方式には地中配電方式と架空配電方式とがあり，前者は都市部の大規模ビルなどの超過密地域，後者は都心埋立地，大規模ニュータウン，工業団地などの高圧・特別高圧負荷が集中する地域に適用されている。

　特高 22（33）kV 配電系統を**図 11-1** に，高圧 6.6 kV 配電系統を**図 11-2** に示す。

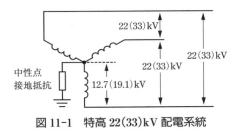

図 11-1　特高 22（33）kV 配電系統

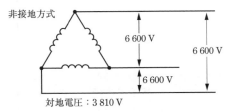

図 11-2　高圧 6.6 kV 配電系統

[**類題**]　平成 21 年度（問 8）に全く同じ問題が出題されている。

問 12　出題分野＜配電＞　　　　難易度 ★★★　重要度 ★★★

　こう長2kmの三相3線式配電線路が，遅れ力率85％の平衡三相負荷に電力を供給している。負荷の端子電圧を6.6kVに保ったまま，線路の電圧降下率が5.0％を超えないようにするための負荷電力の最大値[kW]として，最も近いものを次の（1）～（5）のうちから一つ選べ。

　ただし，1km1線当たりの抵抗は0.45Ω，リアクタンスは0.25Ωとし，その他の条件は無いものとする。なお，本問では送電端電圧と受電端電圧との相差角が小さいとして得られる近似式を用いて解答すること。

　（1）　1 023　　　（2）　1 799　　　（3）　2 117　　　（4）　3 117　　　（5）　3 600

問 13　出題分野＜変電＞　　　　難易度 ★★☆　重要度 ★★★

　一次側定格電圧と二次側定格電圧がそれぞれ等しい変圧器Aと変圧器Bがある。変圧器Aは，定格容量S_A＝5 000kV·A，パーセントインピーダンス％Z_A＝9.0％(自己容量ベース)，変圧器Bは，定格容量S_B＝1 500kV·A，パーセントインピーダンス％Z_B＝7.5％(自己容量ベース)である。この変圧器2台を並行運転し，6 000kV·Aの負荷に供給する場合，過負荷となる変圧器とその変圧器の過負荷運転状態[％]（当該変圧器が負担する負荷の大きさをその定格容量に対する百分率で表した値）の組合せとして，正しいものを次の（1）～（5）のうちから一つ選べ。

	過負荷となる変圧器	過負荷運転状態[％]
（1）	変圧器 A	101.5
（2）	変圧器 B	105.9
（3）	変圧器 A	118.2
（4）	変圧器 B	137.5
（5）	変圧器 A	173.5

理論　電力　機械　法規

令和5(2023)上期

令和5(2023)下期

選抜90問

選抜85問

選抜90問

選抜65問

問 12 の解答　　出題項目＜電圧降下＞

答え　（2）

受電端電圧を V，線路電流を I，力率を $\cos\theta$ とすると，三相負荷電力 P より，

$$P = \sqrt{3}\,VI\cos\theta$$

$$\therefore\ I = \frac{P}{\sqrt{3}\,V\cos\theta} \qquad ①$$

1線当たりの抵抗を $r[\Omega]$，1線当たりのリアクタンスを $x[\Omega]$ とすると，三相3線式配電線の電圧降下 v は，

$$v = \sqrt{3}\,I(r\cos\theta + x\sin\theta)\,[\mathrm{V}] \qquad ②$$

①式を②式に代入すると，

$$v = \sqrt{3}\,\frac{P}{\sqrt{3}\,V\cos\theta}(r\cos\theta + x\sin\theta)$$

$$= \frac{P}{V}\left(r + x\frac{\sin\theta}{\cos\theta}\right)[\mathrm{V}]$$

電圧降下率 ε は，

$$\varepsilon = \frac{v}{V}\times 100 = \frac{\dfrac{P}{V}\left(r + x\dfrac{\sin\theta}{\cos\theta}\right)}{V}\times 100$$

$$= \frac{P}{V^2}\left(r + x\frac{\sin\theta}{\cos\theta}\right)\times 100\,[\%]$$

これが 5.0 % を超えないようにするためには，

$$5.0 > \frac{P}{(6.6\times 10^3)^2}$$

$$\times\left(0.45\times 2 + 0.25\times 2\times\frac{\sqrt{1-0.85^2}}{0.85}\right)\times 100$$

$$P < \frac{5.0\times(6.6\times 10^3)^2}{\left(0.45\times 2 + 0.25\times 2\times\dfrac{\sqrt{1-0.85^2}}{0.85}\right)\times 100}$$

$$\fallingdotseq 1\,800\times 10^3\,[\mathrm{W}]$$

$$= 1\,800\,[\mathrm{kW}] \quad\rightarrow\quad 1\,799\,\mathrm{kW}$$

[類題]　平成 26 年度(問 7)に全く同じ問題が出題されている。

問 13 の解答　　出題項目＜変圧器＞

答え　（2）

変圧器 A の定格容量 $5\,000\,\mathrm{kV\cdot A}$ を基準容量 S_b とし，変圧器 B のパーセントインピーダンス $\%Z_\mathrm{B} = 7.5\,[\%]$（$S_\mathrm{B} = 1\,500\,[\mathrm{kV\cdot A}]$ 基準）を基準容量 $P_\mathrm{b} = 5\,000\,[\mathrm{kV\cdot A}]$ に換算した値 $\%Z_\mathrm{B}{}'$ は，

$$\%Z_\mathrm{B}{}' = \%Z_\mathrm{B}\frac{S_\mathrm{b}}{S_\mathrm{B}} = 7.5\times\frac{5\,000}{1\,500} = 25\,[\%]$$

図 13-1 に示すように，負荷分担は並列インピーダンスの電流分布と同じように考えられ，変圧器の並行運転においては，自己容量ベースのパーセントインピーダンスの小さい方が過負荷になるため，変圧器 B が先に過負荷となる。

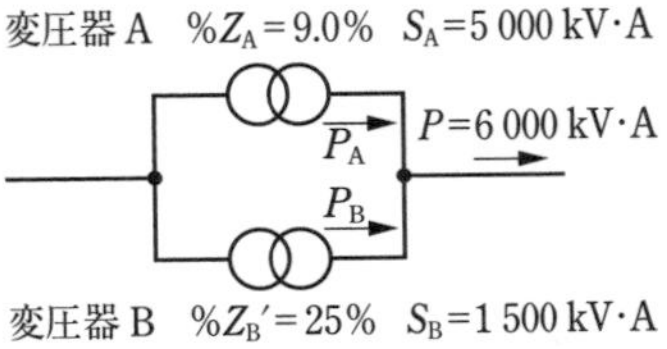

変圧器 B の負荷分担 P_B は，

$$P_\mathrm{B} = \frac{\%Z_\mathrm{A}}{\%Z_\mathrm{A} + \%Z_\mathrm{B}{}'}P = \frac{9.0}{9.0 + 25}\times 6\,000$$

$$= 1\,588\,[\mathrm{kV\cdot A}]$$

したがって，変圧器 B の過負荷率は，

$$\frac{P_\mathrm{B}}{S_\mathrm{B}} = \frac{1\,588}{1\,500}\times 100 \fallingdotseq 105.9\,[\%]$$

Point　各変圧器の % インピーダンス値の基準容量が異なる場合は，同じ基準容量にそろえてから負荷分担を求める。基準容量の値は，どちらかの変圧器の容量とすると換算の手間が少なくなる。

[類題]　平成 28 年度(問 6)に全く同じ問題が出題されている。

変圧器 A　$\%Z_\mathrm{A} = 9.0\%$　$S_\mathrm{A} = 5\,000\,\mathrm{kV\cdot A}$

P_A　$P = 6\,000\,\mathrm{kV\cdot A}$

P_B

変圧器 B　$\%Z_\mathrm{B}{}' = 25\%$　$S_\mathrm{B} = 1\,500\,\mathrm{kV\cdot A}$

図 13-1　並列インピーダンスの負荷分担

問 14 出題分野＜電気材料＞ 難易度 ★★★ 重要度 ★★★

　アモルファス鉄心材料を使用した柱上変圧器の特徴に関する記述として，誤っているものを次の(1)～(5)のうちから一つ選べ。

(1) けい素鋼帯を使用した同容量の変圧器に比べて，鉄損が大幅に少ない。

(2) アモルファス鉄心材料は結晶構造である。

(3) アモルファス鉄心材料は高硬度で，加工性があまり良くない。

(4) アモルファス鉄心材料は比較的高価である。

(5) けい素鋼帯を使用した同容量の変圧器に比べて，磁束密度が高くできないので，大形になる。

問 14 の解答　　出題項目＜鉄心材料＞

（1）　正。変圧器の鉄心材料としてアモルファス金属を使用したものは，けい素鋼帯を使用したものに比べて，**鉄損を約 1/3〜1/5 に低減できる。**これは，**ヒステリシス損失**が少ないこと，また，素材の厚みが非常に薄く固有抵抗が大きいので，**うず電流損**が少ないことによる。

（2）　誤。「アモルファス」とは「非晶質」という意味である。一般の金属が結晶構造になっているのに対して，アモルファス金属は**原子配列が不規則で，結晶構造を持たない。**

（3）　正。アモルファス鉄心材料は，薄くて硬く，また，焼鈍（焼きなまし）後には脆くなって加工時のストレスにより割れやすくなるため，**加工性があまり良くない。**

（4）　正。アモルファス鉄心材料は，製造方法の特殊性や加工の難しさなどから，**けい素鋼帯よりも高価である。**

（5）　正。飽和磁束密度が低いので占積率が大きくなること，素材が非常に薄く脆いので組立作業性や支持構造上の理由で余分なスペースが発生することから，けい素鋼帯を使用した変圧器と比べて，**外形や重量は大きくなる。**

解　説

アモルファス鉄心材料の素材であるアモルファス金属は，鉄やけい素，ホウ素などを原材料に，溶融状態からロール（円筒）上で急激に冷却することで作られる。

一般に，溶融合金を冷やすと結晶構造を持った固体になるが，特定の組成の溶融合金は，1 秒間当たりに換算して 1 万〜100 万℃で急冷すると，結晶構造を持たないアモルファス合金になる。

［類題］　平成 15 年度（問 14）に全く同じ問題が出題されている。

B 問 題 （配点は１問題当たり（a）5点，（b）5点，計10点）

問 15　出題分野＜汽力発電＞　　難易度 ★★★　重要度 ★★★

　石炭火力発電所が１日を通して定格出力 600 MW で運転されるとき，燃料として使用される石炭消費量が 150 t/h，石炭発熱量が 34 300 kJ/kg で一定の場合，次の（a）及び（b）の問に答えよ。

　ただし，石炭の化学成分は重量比で炭素が70 %，水素が５%，残りの灰分等は燃焼に影響しないものと仮定し，原子量は炭素 12，酸素 16，水素１とする。燃焼反応は次のとおりである。

$$C + O_2 \rightarrow CO_2$$
$$2H_2 + O_2 \rightarrow 2H_2O$$

（a）　発電端効率の値[%]として，最も近いものを次の（1）～（5）のうちから一つ選べ。

　　（1）　41.0　　　（2）　41.5　　　（3）　42.0　　　（4）　42.5　　　（5）　43.0

（b）　１日に発生する二酸化炭素の重量の値[t]として，最も近いものを次の（1）～（5）のうちから一つ選べ。

　　（1）　3.8×10^2　　　（2）　2.5×10^3　　　（3）　3.8×10^3

　　（4）　9.2×10^3　　　（5）　1.3×10^4

理論　電力　機械　法規

令和5 (2023) 上期

令和5 (2023) 下期

選抜90問

選抜85問

選抜90問

選抜65問

問 15（a）の解答　出題項目＜熱サイクル・熱効率，LNG・石炭・石油火力＞　答え（3）

図 15-1 において，燃料の発生熱量(BH)に対する発電機の発電電力量の比が発電端効率である。

発電出力の熱量換算は，$1\,\mathrm{kW\cdot s}=1\,\mathrm{kJ}$ なので，

$$1[\mathrm{kW\cdot h}]=1[\mathrm{kW}]\times3\,600[\mathrm{s}]=3\,600[\mathrm{kJ}]$$

よって，発電出力が $P_\mathrm{g}[\mathrm{kW}]$ の場合，これを熱量換算すると

$$P_\mathrm{g}[\mathrm{kW}]=3\,600P_\mathrm{g}[\mathrm{kJ/h}]$$

したがって，燃料消費量を $B[\mathrm{kg/h}]$，燃料の発熱量を $H[\mathrm{kJ/kg}]$ とすると，発電端効率 $\eta_\mathrm{p}[\%]$ は次式で表される。

$$\eta_\mathrm{p}=\frac{3\,600P_\mathrm{g}}{BH}\times100[\%]$$

この式に題意の各数値を代入すると，

$$\eta_\mathrm{p}=\frac{3\,600\times(600\times10^3)}{(150\times10^3)\times34\,300}\times100\fallingdotseq42.0[\%]$$

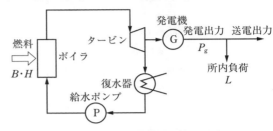

図 15-1　火力発電所の設備構成

解説

補足　火力発電所の効率には，発電端効率以外に送電端効率がある。所内比率を L とすると，送電端効率 $\eta_\mathrm{s}[\%]$ は次式で表される。

$$\eta_\mathrm{s}=\eta_\mathrm{p}(1-L)=\frac{3\,600P_\mathrm{g}(1-L)}{BH}\times100[\%]$$

問 15（b）の解答　出題項目＜LNG・石炭・石油火力＞　答え（4）

二酸化炭素 CO_2 の分子量は $(12+16\times2=)44$，炭素 C の原子量は 12 なので，石炭の燃焼により発生する二酸化炭素の重量は，炭素の重量の $\dfrac{44}{12}$ 倍になる。

石炭消費量を $B=150[\mathrm{t/h}]$ として，1 日（24 時間）に消費する燃料の重量 $B_\mathrm{d}[\mathrm{t}]$ は，

$$B_\mathrm{d}=24\times B=24\times150=3\,600[\mathrm{t}]$$

石炭に含まれる炭素は重量比で 70 %（$=0.7$）なので，1 日に消費する炭素の重量 $B_\mathrm{C}[\mathrm{t}]$ は，

$$B_\mathrm{C}=B_\mathrm{d}\times0.7=3\,600\times0.7=2\,520[\mathrm{t}]$$

したがって，1 日に発生する二酸化炭素の重量 $B_\mathrm{CO2}[\mathrm{t}]$ は，

$$\begin{aligned}B_\mathrm{CO2}&=B_\mathrm{C}\times\frac{44}{12}=2\,520\times\frac{44}{12}\\&=9\,240\fallingdotseq9.2\times10^3[\mathrm{t}]\end{aligned}$$

解説

題意の反応式より，$1\,\mathrm{kmol}(12\,\mathrm{kg})$ の炭素 C と

$1\,\mathrm{kmol}(16\,\mathrm{kg}\times2)$ の酸素 O_2 が反応して $1\,\mathrm{kmol}$ $(44\,\mathrm{kg})$ の二酸化炭素 CO_2 が発生する。

	C	+	O_2	→	CO_2
物質量	1 kmol		1 kmol		1 kmol
質量	12 kg		16 kg×2 =32 kg		44 kg

したがって，発生する二酸化炭素の重量は，燃焼した炭素の重量の $\dfrac{44}{12}$ 倍になる。

補足　物質 $1\,\mathrm{mol}(1\,\mathrm{kmol})$ の質量は，その物質の原子量または分子量に質量の単位[g]（[kg]）を付けた値となる。例えば，炭素 $1\,\mathrm{mol}(1\,\mathrm{kmol})$ の質量は，炭素の原子量 12 に[g]（[kg]）を付けて，$12\,\mathrm{g}(12\,\mathrm{kg})$ となる。

[類題]　平成 29，26，23，21 年度に類似問題が出題されている。

問 16　出題分野＜送電，変電＞　　難易度 ★★☆　重要度 ★★☆

　図のように，定格電圧 66 kV の電源から三相変圧器を介して二次側に遮断器が接続された系統がある。この三相変圧器は定格容量 10 MV·A，変圧比 66/6.6 kV，百分率インピーダンスが自己容量基準で 7.5 % である。変圧器一次側から電源側をみた百分率インピーダンスを基準容量 100 MV·A で 5 % とするとき，次の（ a ）及び（ b ）の問に答えよ。

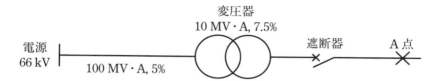

（ a ）　基準容量を 10 MV·A として，変圧器二次側から電源側をみた百分率インピーダンスの値[%]として，最も近いものを次の（ 1 ）～（ 5 ）のうちから一つ選べ。

　　（ 1 ）　2.5　　　　（ 2 ）　5.0　　　　（ 3 ）　7.0　　　　（ 4 ）　8.0　　　　（ 5 ）　12.5

（ b ）　図の A 点で三相短絡事故が発生したとき，事故電流を遮断できる遮断器の定格遮断電流の最小値[kA]として，最も近いものを次の（ 1 ）～（ 5 ）のうちから一つ選べ。ただし，変圧器二次側から A 点までのインピーダンスは無視するものとする。

　　（ 1 ）　8　　　（ 2 ）　12.5　　　（ 3 ）　16　　　（ 4 ）　20　　　（ 5 ）　25

問 16 （a）の解答　　出題項目＜百分率インピーダンス＞　　答え　（4）

基準容量 $P_n[\text{V·A}]$ に対する百分率インピーダンスを $\%Z_n[\%]$ とすると，これを基準容量 $P_x[\text{V·A}]$ に換算したときの百分率インピーダンス $\%Z_x[\%]$ は次式で表される。

$$\%Z_x = \frac{P_x}{P_n} \times \%Z_n$$

このため，変圧器一次側から電源側をみた百分率インピーダンスの値は 100 MV·A 基準で 5 %であるが，これを基準容量 10 MV·A に換算した百分率インピーダンス $\%Z_s$ の値は，

$$\%Z_s = \frac{10}{100} \times 5 = 0.5[\%]$$

変圧器の百分率インピーダンス $\%Z_t = 7.5$ %は 10 MV·A 基準（自己容量基準）の値なので，そのまま使用する。

したがって，変圧器二次側から電源側をみた百分率インピーダンス $\%Z$ の値は，**図 16-1** より，

$$\%Z = \%Z_s + \%Z_t = 0.5 + 7.5 = 8.0[\%]$$

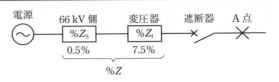

図 16-1　基準容量 10 MV·A のとき

補足　（オーム値による計算）

6.6 kV 側（二次側）からみた変圧器のインピーダンス Z_t の値は，

$$Z_t = \frac{\%Z_t}{100} \times \frac{V_n{}^2}{P_n} = \frac{7.5}{100} \times \frac{(6.6 \times 10^3)^2}{10 \times 10^6}$$
$$= 0.3267[\Omega]$$

6.6 kV 側（二次側）に換算した，変圧器一次側からみたインピーダンス Z_s の値は，

$$Z_s = \frac{0.5}{100} \times \frac{(6.6 \times 10^3)^2}{10 \times 10^6} = 0.02178[\Omega]$$

二次側から電源側をみたインピーダンス Z の値は，

$$Z = Z_s + Z_t = 0.02178 + 0.3267 = 0.34848[\Omega]$$

問 16 （b）の解答　　出題項目＜短絡故障＞　　答え　（2）

基準容量の定格電流を $I_n[\text{A}]$ とすると，百分率インピーダンス $\%Z[\%]$ における短絡電流 $I_s[\text{A}]$ は次式で表される。

$$I_s = \frac{100}{\%Z} \times I_n$$

基準容量 10 MV·A の定格電流 I_n の値は，

$$I_n = \frac{P_n}{\sqrt{3}\,V_n} = \frac{10 \times 10^6}{\sqrt{3} \times 6.6 \times 10^3} \fallingdotseq 875[\text{A}]$$

したがって，A 点で三相短絡事故が発生したときの短絡電流 I_s の値は，

$$I_s = \frac{100}{\%Z} \times I_n = \frac{100}{8} \times 875$$
$$\fallingdotseq 10\,900[\text{A}] = 10.9[\text{kA}]$$

A 点で三相短絡事故が発生したとき，事故電流を遮断できる遮断器の定格遮断電流は，この短絡電流 I_s の値の直近上位の値 12.5 kA である。

補足　（オーム値による計算）

三相短絡事故時の一相分の等価回路は，**図 16-**

2 となる。したがって，三相短絡電流 I_s の値は，

$$I_s = \frac{E_n}{Z} = \frac{6.6 \times 10^3}{\sqrt{3} \times 0.34848} \fallingdotseq 10\,900[\text{A}]$$

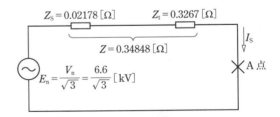

図 16-2　オーム値による計算

オーム値で計算する場合，電圧ごとにインピーダンスを変換する必要がある。一方，百分率インピーダンスで計算する場合，電圧に関係なく足し合わせれば良いだけなので，多数の変圧器が存在する電力系統では，こちらの方が簡単である。

[類題]　平成 16 年度（問 16）に全く同じ問題が出題されている。

問 17 出題分野<配電>

難易度 ★★☆ 重要度 ★★★

三相3線式高圧配電線の電圧降下について，次の(a)及び(b)の問に答えよ。

図のように，送電端S点から三相3線式高圧配電線でA点，B点及びC点の負荷に電力を供給している。S点の線間電圧は6600Vであり，配電線1線当たりの抵抗及びリアクタンスはそれぞれ0.3Ω/kmとする。

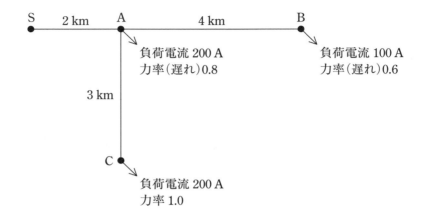

（a）S-A間を流れる電流の値[A]として，最も近いものを次の(1)～(5)のうちから一つ選べ。

（1）405　　（2）420　　（3）435　　（4）450　　（5）465

（b）A-Bにおける電圧降下率の値[%]として，最も近いものを次の(1)～(5)のうちから一つ選べ。

（1）4.9　　（2）5.1　　（3）5.3　　（4）5.5　　（5）5.7

問 17 （a）の解答 — 出題項目＜負荷電流・ループ電流＞   答え （5）

図 17-1 のように，A 点，B 点，C 点の負荷電流を $\dot{I}_A$，$\dot{I}_B$，$\dot{I}_C$ [A]（大きさ I_A，I_B，I_C [A]）とし，力率を $\cos\theta_A$，$\cos\theta_B$，$\cos\theta_C$ とすると，

$$\dot{I}_A = I_A(\cos\theta_A - j\sin\theta_A)$$
$$= 200(0.8 - j0.6) = 160 - j120 \,[\text{A}]$$
$$\dot{I}_B = I_B(\cos\theta_B - j\sin\theta_B)$$
$$= 100(0.6 - j0.8) = 60 - j80 \,[\text{A}]$$
$$\dot{I}_C = I_C(\cos\theta_C - j\sin\theta_C)$$
$$= 200(1 - j0) = 200 \,[\text{A}]$$

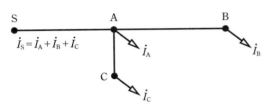

$$\dot{I}_S = \dot{I}_A + \dot{I}_B + \dot{I}_C$$

図 17-1　A～C 点の負荷電流

したがって，S-A 間に流れる電流 $\dot{I}_S$ [A] とその大きさ I_S [A] は，

$$\dot{I}_S = \dot{I}_A + \dot{I}_B + \dot{I}_C = (160 - j120) + (60 - j80) + 200$$
$$= 420 - j200 \,[\text{A}]$$

$$I_S = \sqrt{420^2 + 200^2} \fallingdotseq 465 \,[\text{A}]$$

解説

S-A 間には力率の異なる電流が流れているので，そのままでは大きさを計算できない。したがって，各点の電流を有効分と無効分に分けて，それぞれを合成した後に電流値を求める。

図 17-2 より，電流 $\dot{I}$ [A]（大きさ I [A]）を複素数で表示すると次式のようになる。

$$\dot{I} = I(\cos\theta - j\sin\theta)$$

なお，力率 $\cos\theta$ から $\sin\theta$ を求めるには次式を利用する。

$$\cos\theta = \sqrt{1 - \sin^2\theta} \quad (\because \ \sin^2\theta + \cos^2\theta = 1)$$

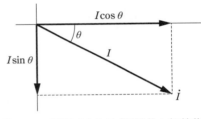

図 17-2　電流ベクトル（有効分と無効分）

問 17 （b）の解答 — 出題項目＜負荷電流・ループ電流，電圧降下＞   答え （2）

S-A-B 間の配電線 1 線当たりのインピーダンスと電流分布は，図 17-3 のようになる。

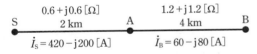

図 17-3　電流分布とインピーダンス

● S-A 間の電圧降下

1 線の抵抗とリアクタンスがそれぞれ r [Ω]，x [Ω] の三相配電線に大きさ I [A]，力率 $\cos\theta$ の電流が流れたときの電圧降下 e [V] は，

$$e = \sqrt{3}\,I(r\cos\theta + x\sin\theta)$$
$$= \sqrt{3}(r\cdot I\cos\theta + x\cdot I\sin\theta)$$

この式の $I\cos\theta$ は電流の有効分，$I\sin\theta$ は電流の無効分なので，これに題意の各数値を代入すると，S-A 間の電圧降下 e_{SA} の値は，

$$e_{SA} = \sqrt{3}(2\times0.3\times420 + 2\times0.3\times200)$$
$$\fallingdotseq 644.3 \,[\text{V}]$$

よって，A 点の電圧 V_A の値は，

$$V_A = 6\,600 - 644.3 = 5\,955.7 \,[\text{V}]$$

● A-B 間の電圧降下

S-A 間と同様に電圧降下の式に題意の各数値を代入すると，A-B 間の電圧降下 e_{AB} の値は，

$$e_{AB} = \sqrt{3}(4\times0.3\times60 + 4\times0.3\times80) \fallingdotseq 291.0 \,[\text{V}]$$

よって，B 点の電圧 V_B の値は，

$$V_B = V_A - e_{AB} = 5\,955.7 - 291.0 = 5\,664.7 \,[\text{V}]$$

● A-B における電圧降下率

電圧降下率 ε は次式から求められるので，

$$\varepsilon = \frac{V_A - V_B}{V_B}\times100 = \frac{e_{AB}}{V_B}\times100$$
$$= \frac{291.0}{5\,664.7}\times100 \fallingdotseq 5.1 \,[\%]$$

[類題]　平成 13 年度(問 12)に類似問題が出題されている。

理論　電力　機械　法規　令和5(2023)上期　令和5(2023)下期　選抜90問　選抜85問　選抜90問　選抜65問

機　械 令和5年度（2023年度）上期

A 問 題 （配点は1問題当たり5点）

問1　出題分野＜直流機＞ 難易度 ★★★ 重要度 ★★★

次の文章は，直流機の構造に関する記述である。

直流機の構造は，固定子と回転子とからなる。固定子は，　(ア)　，継鉄などによって，また，回転子は，　(イ)　，整流子などによって構成されている。

電機子鉄心は，　(ウ)　磁束が通るため，　(エ)　が用いられている。また，電機子巻線を収めるための多数のスロットが設けられている。

六角形(亀甲形)の形状の電機子巻線は，そのコイル辺を電機子鉄心のスロットに挿入する。各コイル相互のつなぎ方には，　(オ)　と波巻とがある。直流機では，同じスロットにコイル辺を上下に重ねて2個ずつ入れた二層巻としている。

上記の記述中の空白箇所(ア)～(オ)に当てはまる組合せとして，正しいものを次の(1)～(5)のうちから一つ選べ。

	(ア)	(イ)	(ウ)	(エ)	(オ)
(1)	界 磁	電機子	交 番	積層鉄心	重ね巻
(2)	界 磁	電機子	交 番	鋳 鉄	直列巻
(3)	界 磁	電機子	一 定	積層鉄心	直列巻
(4)	電機子	界 磁	交 番	鋳 鉄	重ね巻
(5)	電機子	界 磁	一 定	積層鉄心	直列巻

問2　出題分野＜直流機＞ 難易度 ★★★ 重要度 ★★★

界磁に永久磁石を用いた小形直流電動機があり，電源電圧は定格の12 V，回転を始める前の静止状態における始動電流は4 A，定格回転数における定格電流は1 Aである。定格運転時の効率の値[%]として，最も近いものを次の(1)～(5)のうちから一つ選べ。

ただし，ブラシの接触による電圧降下及び電機子反作用は無視できるものとし，損失は電機子巻線による銅損しか存在しないものとする。

(1) 60　　(2) 65　　(3) 70　　(4) 75　　(5) 80

問 1 の解答　出題項目＜構造＞

直流機のモデル（他励直流発電機）を**図 1-1**に示す。

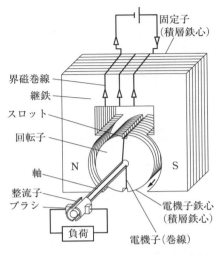

図 1-1　直流機モデル（他励直流発電機）

直流機は固定子と回転子の二つの要素からなる。

固定子は，**界磁**（巻線）と界磁巻線の作る N 極，S 極を磁気的につなげる継鉄からなる。

回転子は，**電機子**（巻線）と整流子，ブラシ，電機子鉄心などにより構成される。

電機子鉄心は運転中，固定子の作る磁界に対して回転しているため，**交番**磁束が通る。電機子鉄心は鉄損を小さくするため**積層鉄心**が用いられる。固定子鉄心も同様な理由から積層鉄心が用いられることが多い。

電機子巻線は鉄心に設けた溝（スロット）に収めて巻いていく。実際には，多数の巻線（コイル）があり，コイル同士のつなぎ方には**重ね巻**と波巻の2種類がある。

Point 直流機の構造を理解しておくこと。

[類題]　平成 24 年度（問 1）に全く同じ問題が出題されている。

問 2 の解答　出題項目＜損失・効率＞

電源電圧を $E=12[\mathrm{V}]$，始動電流を $I_0=4[\mathrm{A}]$，電機子巻線抵抗を $R_\mathrm{a}[\Omega]$ とおいたとき，小形直流電動機の静止状態における等価回路は**図 2-1**の通りである。

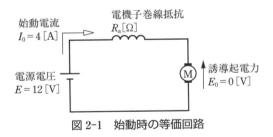

図 2-1　始動時の等価回路

図から電機子巻線抵抗 R_a は，

$$R_\mathrm{a}=\frac{E}{I_0}=\frac{12}{4}=3[\Omega]$$

定格運転時の損失，つまり電機子巻線による銅損 $P_\mathrm{l}[\mathrm{W}]$ は，定格電流を $I_\mathrm{n}=1[\mathrm{A}]$ とすると，

$$P_\mathrm{l}=R_\mathrm{a}{I_\mathrm{n}}^2=3\times1^2=3[\mathrm{W}]$$

一方，定格運転時に電源から供給される入力電力 $P_\mathrm{i}[\mathrm{W}]$ は，

$$P_\mathrm{i}=EI_\mathrm{n}=12\times1=12[\mathrm{W}]$$

したがって，求める効率 $\eta[\%]$ は，

$$\eta=\frac{P_\mathrm{i}-P_\mathrm{l}}{P_\mathrm{i}}\times100=\frac{12-3}{12}\times100$$

$$=\frac{9}{12}\times100=75[\%]$$

[類題]　平成 29 年度（問 1）に全く同じ問題が出題されている。

理論　電力　**機械**　法規　令和5（2023）上期　令和5（2023）下期　選抜90問　選抜85問　選抜90問　選抜65問

問 3　　出題分野＜誘導機＞　　　　　　　難易度 ★★★　重要度 ★★☆

次の文章は，三相誘導電動機の誘導起電力に関する記述である。

三相誘導電動機で固定子巻線に電流が流れると　(ア)　が生じ，これが回転子巻線を切るので回転子巻線に起電力が誘導され，この起電力によって回転子巻線に電流が流れることでトルクが生じる。この回転子巻線の電流によって生じる起磁力を　(イ)　ように固定子巻線に電流が流れる。

回転子が停止しているときは，固定子巻線に流れる電流によって生じる　(ア)　は，固定子巻線を切るのと同じ速さで回転子巻線を切る。このことは原理的に変圧器と同じであり，固定子巻線は変圧器の　(ウ)　巻線に相当し，回転子巻線は　(エ)　巻線に相当する。回転子巻線の各相には変圧器と同様に　(エ)　誘導起電力を生じる。

回転子が回転しているときは，電動機の滑りを s とすると，　(エ)　誘導起電力の大きさは，回転子が停止しているときの　(オ)　倍となる。

上記の記述中の空白箇所(ア)～(オ)に当てはまる組合せとして，正しいものを次の(1)～(5)のうちから一つ選べ。

	(ア)	(イ)	(ウ)	(エ)	(オ)
(1)	交番磁界	打ち消す	二次	一次	$1-s$
(2)	回転磁界	打ち消す	一次	二次	$\dfrac{1}{s}$
(3)	回転磁界	増加させる	一次	二次	s
(4)	交番磁界	増加させる	二次	一次	$\dfrac{1}{s}$
(5)	回転磁界	打ち消す	一次	二次	s

理論　電力　機械　法規

令和5(2023)上期

令和5(2023)下期

選抜90問

選抜85問

選抜90問

選抜65問

問3の解答　　出題項目＜誘導起電力＞　　　　　答え（5）

三相誘導電動機は，固定子巻線に三相交流電流を流すと**回転磁界**が生じる。この磁界が回転子巻線を切ることで回転子には起電力が誘導され，誘導電流が流れてトルクが生じる。三相誘導電動機の等価回路は，**図3-1**のように変圧器の等価回路と同様に表せる。二次回路（回転子巻線）に電流 $\dot{I}_2$ が流れると，その起磁力を**打ち消す**ように一次回路（固定子巻線）に電流 $\dot{I}_1$ が流れる。

前述のとおり，固定子巻線は変圧器の場合の**一次**巻線，回転子巻線は**二次**巻線に相当する。

回転子が静止しているとき，すなわち滑り $s=1$ の場合，固定子巻線で生じる回転磁界の回転速度は回転子から見ても同じ速度である。したがって，回転子巻線に生じる起電力の周波数は f となる。

回転子が滑り $s(1>s>0)$ で回転しているとき，二次回路に生じる起電力および周波数は sE, sf であり，回転子停止時の **s** 倍となる。

解説

図3-1から，二次電流 $\dot{I}_2$ は，

$$\dot{I}_2 = \frac{s\dot{E}}{r_2 + \mathrm{j}sx_2} = \frac{\dot{E}}{r_2/s + \mathrm{j}x_2} \qquad ①$$

①式より，図3-1の二次回路は誘導起電力 E_2 と r_2/s, $\mathrm{j}x_2$ が直列に接続された回路と等価となり，これを一次換算（巻数比1：1）すると，**図3-2**で表せる。

[**類題**]　平成28年度（問3）にほぼ同じ問題が出題されている。

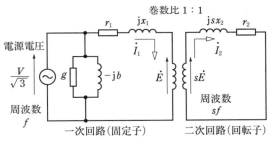

図3-1　三相誘導電動機の等価回路（L形）

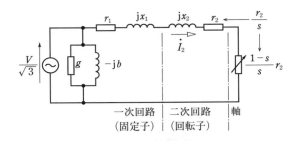

図3-2　一次換算等価回路

問4　　出題分野＜誘導機＞　　難易度 ★★★　重要度 ★★★

　定格出力 36 kW，定格周波数 60 Hz，8 極のかご形三相誘導電動機があり，滑り 4% で定格運転している。このとき，電動機のトルク［N·m］の値として，最も近いものを次の（1）～（5）のうちから一つ選べ。ただし，機械損は無視できるものとする。

（1）　382　　　（2）　398　　　（3）　428　　　（4）　458　　　（5）　478

問 4 の解答　　出題項目＜出力・トルク＞　　　　　　　　答え　（2）

同期速度 N_s は，周波数 $f=60$ [Hz]，極数 $p=8$ より，

$$N_s = \frac{120f}{p} = \frac{120 \times 60}{8} = 900 [\text{min}^{-1}]$$

滑り $s=0.04(4\%)$ での回転速度 N は，

$$N = N_s(1-s) = 900 \times (1-0.04)$$
$$= 864 [\text{min}^{-1}]$$

このときの回転角速度 ω は，

$$\omega = \frac{2\pi N}{60} = \frac{2\pi \times 864}{60} \fallingdotseq 90.5 [\text{rad/s}]$$

電動機出力 P[W] と回転角速度 ω[rad/s] と電動機トルク T[N·m] の関係は，

$$P = \omega T$$

であるから，電動機トルク T の値は，

$$T = \frac{P}{\omega} = \frac{36 \times 10^3}{90.5} \fallingdotseq 398 [\text{N·m}]$$

解説

回転機の軸出力 P[W] と回転角速度 ω[rad/s] とトルク T[N·m] の間には，

$$P = \omega T$$

が成り立つ。この関係式は，誘導機はもちろん，直流機や同期機などでも成り立つ。

また，誘導機の回転速度は，同期速度と滑りから計算できる。

回転角速度 ω[rad/s] は，毎秒当たりの回転軸の回転角 [rad] を表す量である。1 回転は 2π [rad] であり，回転速度 N[min^{-1}] の毎秒当たりの回転数（回転速度）は $N/60$[s^{-1}] なので，回転角速度 ω[rad/s] は次式で計算できる。

$$\omega = \frac{2\pi N}{60}$$

この問題では機械損を無視しているので，誘導電動機の軸出力は回転子が発生する出力と等しくなる。しかし，問題によっては，回転子が発生する出力と機械損が与えられた場合の電動機トルクを計算する設問も想定できる。この場合の軸出力は，

（回転子が発生する出力）－（機械損）

で求める。

Point $P = \omega T$ は回転機全般で成り立つ。ただし，P は回転軸から得られる出力である。

[類題]　平成 16 年度 (問 4) に全く同じ問題が出題されている。

理論
電力
機械
法規

令和5 (2023) 上期

令和5 (2023) 下期

選抜90問

選抜85問

選抜90問

選抜65問

問 5　　出題分野＜同期機＞

難易度 ★★★　**重要度** ★★☆

　三相同期発電機の短絡比に関する記述として，誤っているものを次の(1)～(5)のうちから一つ選べ。

（1）　短絡比を小さくすると，発電機の外形寸法が小さくなる。

（2）　短絡比を小さくすると，発電機の安定度が悪くなる。

（3）　短絡比を小さくすると，電圧変動率が小さくなる。

（4）　短絡比が小さい発電機は，銅機械と呼ばれる。

（5）　短絡比が小さい発電機は，同期インピーダンスが大きい。

問 5 の解答　　出題項目＜短絡比＞　　　　　　　　答え　（3）

（1）・（2）　正。記述の通り。

（3）　誤。短絡比を小さくすると，**電圧変動率が大きくなる。**

（4）・（5）　正。記述の通り。

解説

短絡比 K と**百分率同期インピーダンス降下** $\%z_s$ は，次式の関係にある。

$$K = \frac{100}{\%z_s}$$

また，**同期インピーダンス**と百分率同期インピーダンス降下は比例関係にあるので，短絡比が小さい発電機の同期インピーダンスは大きい。このため，負荷電流による同期インピーダンス降下が大きくなり，**電圧変動率が大きくなる。**

また，同期インピーダンスのほとんどが**電機子反作用リアクタンス**である。このことから，短絡比が小さい（同期インピーダンスが大きい）機械は，電機子反作用が大きい機械となる。これは，電機子巻線（銅）の起磁力が，界磁（鉄）の起磁力より優勢であることを意味する。このような機械を**銅機械**と呼ぶ。反対に，短絡比が大きい機械を**鉄機械**と呼ぶ。

銅機械では界磁の大きさが相対的に小さくなるので，界磁の外形は円筒形となる。これに伴い界磁の慣性モーメントが小さくなるため，負荷の変動に対して発電機の安定度が悪くなる。

Point

K	機械	z_s	電圧変動率	安定度
大	鉄機械	小	小	良
小	銅機械	大	大	悪

[**類題**]　平成 15 年度（問 5）に全く同じ問題が出題されている。

理論
電力
機械
法規

令和
5
(2023)
上期

令和
5
(2023)
下期

選抜
90
問

選抜
85
問

選抜
90
問

選抜
65
問

問 6　出題分野＜同期機＞　　難易度 ★★★　重要度 ★★★

次のような三相同期発電機がある。

1 極当たりの磁束	0.10 Wb
極数	12
1 分間の回転速度	600 min^{-1}
1 相の直列巻数	250
巻線係数	0.95
結線	Y（1 相のコイルは全部直列）

この発電機の無負荷誘導起電力（線間値）の値［kV］として，最も近いものを次の（1）〜（5）のうちから一つ選べ。ただし，エアギャップにおける磁束分布は正弦波であるものとする。

（1）　2.09　　　　（2）　3.65　　　　（3）　6.33　　　　（4）　11.0　　　　（5）　19.0

理論　電力　機械　法規

令和5（2023）上期

令和5（2023）下期

選抜90問

選抜85問

選抜90問

選抜65問

問6の解答　出題項目<誘導起電力>　答え（4）

同期発電機が発生する起電力の周波数 f は，極数を $p=12$，同期速度を $N_s=600[\mathrm{min}^{-1}]$ とすると，

$$f=\frac{pN_s}{120}=\frac{12\times600}{120}=60[\mathrm{Hz}]$$

周波数が $f[\mathrm{Hz}]$，1極当たりの磁束が $\phi[\mathrm{Wb}]$，1相の直列巻数が w，巻線係数が k であるとき，1相の電機子巻線に誘導される起電力 $E[\mathrm{V}]$ は，

$$E\fallingdotseq4.44kfw\phi$$

で与えられる。

Y結線の線間電圧 V は，相電圧 E の $\sqrt{3}$ 倍となるので，

$$\begin{aligned}V&=\sqrt{3}E\\&=\sqrt{3}\times4.44\times0.95\times60\times250\times0.10\\&\fallingdotseq10\,960[\mathrm{V}]\quad\rightarrow\quad11.0\,\mathrm{kV}\end{aligned}$$

解説 ▶

1相分の電機子には1本の導線が w 回（本問では250回）巻かれていると考える。

回転界磁形の例では，1巻きの電機子導体上をNS極一対の界磁が回転に伴い移動するとき，エアギャップの磁束分布が正弦波であることから，電機子導体には正弦波誘導起電力が生じる。

1巻きの電機子導体に生じる誘導起電力の大きさ $E'[\mathrm{V}]$ は，電磁誘導の法則より，1極当たりの界磁磁束 $\phi[\mathrm{Wb}]$ および界磁が電機子導体を横切る移動速度 v に比例する。

v は界磁の回転速度（同期速度）に比例し，同期速度は周波数 $f[\mathrm{Hz}]$ に比例するので，結局，E' は f と ϕ に比例する（$E'\propto f\phi$）。

1相の誘導起電力の大きさ $E[\mathrm{V}]$ は，E' の直列巻数（w）倍となるので，結果的に E は f，w，ϕ に比例する（$E\propto fw\phi$）。比例係数は概数で 4.44（算出方法は省略）であるから，E は次式で表せる。

$$E\fallingdotseq4.44fw\phi$$

上式は，1相分の巻線を一つのスロットに納めた場合のもの（**集中巻**）である。しかし，実際には**分布巻**および**短節巻**が施され，集中巻よりも起電力が低下する。これを考慮するために，さらに巻線係数 k 倍することで1相の無負荷誘導起電力を求めている。

Point E の式は暗記しておくこと。ただし，導出過程を一度は学習しておきたい。

問7　出題分野＜電動機応用＞　　難易度 ★★★　重要度 ★★★

　電動機と負荷の特性を，回転速度を横軸，トルクを縦軸に描く，トルク対速度曲線で考える。電動機と負荷の二つの曲線が，どのように交わるかを見ると，その回転数における運転が，安定か不安定かを判定することができる。誤っているものを次の(1)～(5)のうちから一つ選べ。

(1)　負荷トルクよりも電動機トルクが大きいと回転は加速し，反対に電動機トルクよりも負荷トルクが大きいと回転は減速する。回転速度一定の運転を続けるには，負荷と電動機のトルクが一致する安定な動作点が必要である。

(2)　巻線形誘導電動機では，回転速度の上昇とともにトルクが減少するように，二次抵抗を大きくし，大きな始動トルクを発生させることができる。この電動機に回転速度の上昇とともにトルクが増える負荷を接続すると，両曲線の交点が安定な動作点となる。

(3)　電源電圧を一定に保った直流分巻電動機は，回転速度の上昇とともにトルクが減少する。一方，送風機のトルクは，回転速度の上昇とともにトルクが増大する。したがって，直流分巻電動機は，安定に送風機を駆動することができる。

(4)　かご形誘導電動機は，回転トルクが小さい時点から回転速度を上昇させるとともにトルクが増大，最大トルクを超えるとトルクが減少する。この電動機に回転速度でトルクが変化しない定トルク負荷を接続すると，電動機と負荷のトルク曲線が2点で交わる場合がある。この場合，加速時と減速時によって安定な動作点が変わる。

(5)　かご形誘導電動機は，最大トルクの速度より高速な領域では回転速度の上昇とともにトルクが減少する。一方，送風機のトルクは，回転速度の上昇とともにトルクが増大する。したがって，かご形誘導電動機は，安定に送風機を駆動することができる。

問7の解答　　出題項目＜安定運転条件＞　　　　　　　　　　答え　（4）

（1）　正。電動機トルクは回転させようとする力で，負荷トルクは電動機を止めようとする力である。したがって，**図7-1**のトルク特性では，交点より左側では負荷トルクよりも電動機トルクのほうが大きいので回転は加速する。一方，交点より右側では電動機トルクよりも負荷トルクのほうが大きいので回転は減速する。このため，負荷と電動機のトルクが一致する交点（動作点）で回転が安定する。

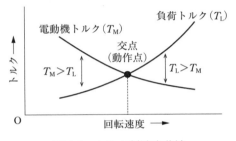

図7-1　トルク対速度曲線

（2）　正。巻線形誘導電動機は，**比例推移**により始動時に最大トルクを発生させることができる。このため**図7-1**の電動機のように，回転速度の上昇とともにトルクが減少する特性になる。これに回転速度の上昇とともにトルクが増える負荷を接続すれば，両曲線の交点が安定な動作点となる。

（3）　正。電源電圧が一定であれば直流分巻電動機のトルクは負荷電流に比例するので，回転速度の上昇とともに負荷電流が小さくなってトルクが減少する。一方，送風機のトルクは回転速度の2乗に比例して増加するので，直流分巻電動機は安定に送風機を駆動することができる。

（4）　誤。かご形誘導電動機と定トルク負荷のトルク特性は，**図7-2**のようになる。A点で運転しているときに，何らかの原因で回転速度が上昇すると，負荷トルクよりも電動機トルクのほうが大きいので，さらに加速してしまう。逆に，回転速度が下降するとさらに減速してしまう。したがって，**A点**では**安定運転はできない**。一方，**図7-1**と同じ条件なので，**B点**では**安定運転ができる**。

なお，**図7-2**の定トルク負荷では，始動時にかご形誘導電動機の始動トルクより負荷トルクのほうが大きいため，自力では始動できない。

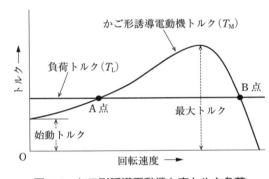

図7-2　かご形誘導電動機と定トルク負荷

（5）　正。かご形誘導電動機で送風機を駆動する場合は，**図7-2**の最大トルクを発生する回転速度より大きい速度の場合に安定運転が可能となる。

［類題］　令和2年度（問7）に全く同じ問題が出題されている。

理論　電力　機械　法規

令和5（2023）上期

令和5（2023）下期

選抜90問

選抜85問

選抜90問

選抜65問

問8 出題分野＜変圧器＞ 難易度 ★★★ 重要度 ★★☆

三相変圧器の並行運転に関する記述として，誤っているものを次の(1)～(5)のうちから一つ選べ。

(1) 各変圧器の極性が一致していないと，大きな循環電流が流れて巻線の焼損を引き起こす。

(2) 各変圧器の変圧比が一致していないと，負荷の有無にかかわらず循環電流が流れて巻線の過熱を引き起こす。

(3) 一次側と二次側との誘導起電力の位相変位(角変位)が各変圧器で等しくないと，その程度によっては，大きな循環電流が流れて巻線の焼損を引き起こす。したがって，Δ-Y と Y-Y との並行運転はできるが，Δ-Δ と Δ-Y との並行運転はできない。

(4) 各変圧器の巻線抵抗と漏れリアクタンスとの比が等しくないと，各変圧器の二次側に流れる電流に位相差が生じ取り出せる電力は各変圧器の出力の和より小さくなり，出力に対する銅損の割合が大きくなって利用率が悪くなる。

(5) 各変圧器の百分率インピーダンス降下が等しくないと，各変圧器が定格容量に応じた負荷を分担することができない。

問8の解答　　出題項目＜並行運転＞　　　　　　　　　答え　（3）

（1）　正。並行運転をする各変圧器の極性が一致していないと，二次電圧の位相が180°違うため大きな循環電流が流れる。

（2）　正。並行運転をする各変圧器の変圧比が一致していないと，二次巻線の電圧の大きさが違うため循環電流が流れる。

（3）　誤。Δ-Y と Y-Δ 結線の場合，一次と二次の位相変位が発生する。記述の後半「Δ-Y と Y-Y の並行運転はできる」は誤りである。

（4）　正。各変圧器の巻線抵抗と漏れリアクタンスの比が等しくない場合，各変圧器の二次電流に位相差が生じる。取り出せる電流は位相差により減少してしまい，利用率が低下する。

（5）　正。各変圧器の百分率インピーダンス降下が等しくないと，各変圧器に流れる電流は定格容量に応じた負荷の分担ができない。

解説

図 8-1 は，変圧器の並行運転時の二次側等価回路である。電圧 $\dot{V}_{21}$ と $\dot{V}_{22}$ の大きさと位相が等しくない場合，循環電流が流れる。

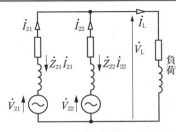

図 8-1　変圧器並行運転の等価回路

また，各変圧器の分担する電流 $\dot{I}_{21}$，$\dot{I}_{22}$ は，それぞれの巻線抵抗と漏れリアクタンスのインピーダンス $\dot{Z}_{21}$，$\dot{Z}_{22}$ により，

$$\dot{I}_{21}=\frac{\dot{Z}_{22}}{\dot{Z}_{21}+\dot{Z}_{22}}\times\dot{I}_{\mathrm{L}}, \quad \dot{I}_{22}=\frac{\dot{Z}_{21}}{\dot{Z}_{21}+\dot{Z}_{22}}\times\dot{I}_{\mathrm{L}}$$

となる。上式から，各インピーダンスの位相（巻線抵抗と漏れリアクタンスの比）が等しい場合のみ各電流には位相差が生じない。

Point 変圧器を並行運転する場合，電圧の大きさだけでなく，位相も合わせる必要がある。

[類題]　平成 24 年度（問 8）に全く同じ問題が出題されている。

理論
電力
機械
法規

令和5
（2023）
上期

令和5
（2023）
下期

選抜
90
問

選抜
85
問

選抜
90
問

選抜
65
問

問 9　　出題分野＜変圧器＞　　　難易度 ★★★　　重要度 ★★★

　定格容量 50 kV・A の単相変圧器において，力率 1 の負荷で全負荷運転したときに，銅損が 1 000 W，鉄損が 250 W となった。力率 1 を維持したまま負荷を調整し，最大効率となる条件で運転した。銅損と鉄損以外の損失は無視できるものとし，この最大効率となる条件での効率の値 [%] として，最も近いものを次の（1）～（5）のうちから一つ選べ。

（1）　95.2　　　（2）　96.0　　　（3）　97.6　　　（4）　98.0　　　（5）　99.0

問 9 の解答　出題項目＜損失・効率＞

定格容量を $P_n[\text{kV·A}]$，力率を $\cos\theta$，負荷率を α，全負荷時の銅損を $P_c[\text{W}]$，鉄損を $P_i[\text{W}]$ とおいたとき，効率 η は，

$$\eta = \frac{\alpha P_n \cos\theta}{\alpha P_n \cos\theta + \alpha^2 P_c + P_i} \times 100 [\%] \quad ①$$

負荷率 α のときの最大効率となる条件は，負荷率 α における銅損 $\alpha^2 P_c$ と鉄損 P_i が等しいときなので，$P_c = 1\,000[\text{W}]$，$P_i = 250[\text{W}]$ を用いて，

$$\alpha^2 P_c = P_i$$

$$\therefore \alpha = \sqrt{\frac{P_i}{P_c}} = \sqrt{\frac{250}{1\,000}} = \frac{1}{2} \quad ②$$

②式，および $P_n = 50 \times 10^3 [\text{W}]$，$P_c = 1\,000[\text{W}]$，$P_i = 250[\text{W}]$，$\cos\theta = 1$ を①式に代入して，

$$\eta = \frac{\dfrac{1}{2} \times 50 \times 10^3 \times 1}{\dfrac{1}{2} \times 50 \times 10^3 \times 1 + \left(\dfrac{1}{2}\right)^2 \times 1\,000 + 250} \times 100$$

$$= \frac{25\,000}{25\,500} \times 100 = 98.04 \quad \rightarrow \quad 98.0\,\%$$

解説

銅損と鉄損が等しいときに最大効率となることを証明する。①式を書き換えると，

$$\eta = \frac{P_n \cos\theta}{P_n \cos\theta + \alpha P_c + \dfrac{1}{\alpha} P_i} \times 100 [\%]$$

ここで，最小の定理という数学の定理を利用する。最小の定理とは「二つの正の数 a，b があるとき，その積 $a \times b$ が一定であれば，$a = b$ のときにその二つの数の和 $a + b$ は最小となる」というものである。αP_c と $\dfrac{1}{\alpha} P_i$ の積は $P_c P_i$ で一定なので，$\alpha P_c = \dfrac{1}{\alpha} P_i$ のときに $\alpha P_c + \dfrac{1}{\alpha} P_i$ が最小，つまり効率が最大となるのである。最小の定理は，電験では頻出なので覚えておくとよい。

[類題]　平成 29 年度（問 8）に全く同じ問題が出題されている。

問10　出題分野＜パワーエレクトロニクス＞　難易度 ★★★　重要度 ★★★

パワー半導体スイッチングデバイスとしては近年，主に IGBT とパワー MOSFET が用いられている。通常動作における両者の特性を比較した記述として，誤っているものを次の(1)～(5)のうちから一つ選べ。

(1)　IGBT は，オンのゲート電圧が与えられなくても逆電圧が印加されれば逆方向の電流が流れる。

(2)　パワー MOSFET は電圧駆動形であり，ゲート・ソース間に正の電圧をかけることによりターンオンする。

(3)　パワー MOSFET はユニポーラデバイスであり，一般的にバイポーラ形の IGBT と比べてターンオン時間が短い一方，流せる電流は小さい。

(4)　IGBT はキャリアの蓄積作用のためターンオフ時にテイル電流が流れ，パワー MOSFET と比べてオフ時間が長くなる。

(5)　パワー MOSFET ではシリコンのかわりに SiC を用いることで，高耐圧化と高耐熱化が可能になる。

理論　電力　機械　法規

令和5(2023)上期

令和5(2023)下期

選抜90問

選抜85問

選抜90問

選抜65問

問10の解答　出題項目＜半導体デバイス＞　　答え（1）

（1）誤。IGBTは主電流回路間（コレクタ・エミッタ間）がバイポーラトランジスタ構造となっている。このため，**ゲート電圧がオフのとき，主電流回路間に逆電圧が印加されても逆方向の電流は流れない。**

（2）正。パワーMOSFETの構造にはnチャネル形とpチャネル形があるが，一般には動作特性の良いnチャネル形の**エンハンスメント形**が使用される。

（3）正。パワーMOSFETがオン状態のとき，ドレーン・ソース間は同種の半導体（nチャネル形ではn形半導体）で構成される。このため，主要キャリアはnチャネル形では電子が，pチャネル形では正孔となる。このように，正孔もしくは電子のどちらかが動作に関与するデバイスを，**ユニポーラデバイス**という（バイポーラデバイスについては，解説を参照）。また，パワーMOSFETにはオン時に**オン抵抗**が存在するため，流せる電流はIGBTと比べて小さい。

（4）・（5）正。記述の通り。

解説

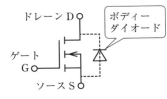

図10-1　パワーMOSFET
（nチャネルエンハンスメント形）

パワーMOSFETは構造上，製造過程で**図10-1**に示す**ボディーダイオード**が同時につくられる。このため，ドレーン・ソース間に逆電圧が印加されれば，ゲートがオフ状態でもボディーダイオードを通り逆方向の電流が流れる。

pチャネルエンハンスメント形のパワーMOSFETでは，ゲート・ソース間に負の電圧をかけることによりターンオンするので要注意。なお，エンハンスメント形とは，ゲート電圧を印加するとチャネルが形成されオンとなるデバイスである。一方，ゲート電圧が印加されていない状態でも電流が流れ，ゲート電圧を印加することでオフ状態にできるデバイスを**デプレッション形**という。パワーMOSFETは電圧駆動形の素子である。

npn形またはpnp形のトランジスタは，ベース電流で駆動する電流駆動形の素子である。この動作には，pn接合面を通過する電子および正孔の両方が関与するので，このようなデバイスを**バイポーラデバイス**という。

バイポーラトランジスタでは，オン状態の動作時においてpおよびnの半導体内に少数キャリアが蓄積される。このキャリアは逆バイアスでは順方向となるので，ターンオフ時に電流（テイル電流）が微小時間流れ，オフ状態に移行するのに時間を要する。一方，ユニポーラデバイスであるパワーMOSFETは，少数キャリアの蓄積効果がないので，IGBTに比べてスイッチング動作が速い。

参考　**表10-1**にバイポーラトランジスタ，IGBT，MOSFETの比較を示す。

表10-1　パワーデバイス比較

	バイポーラトランジスタ	IGBT	パワーMOSFET（nチャネル）
キャリア	電子と正孔	電子と正孔	電子
制御方式	ベース電流	ゲート電圧	ゲート電圧
通電能力	中	大	小
順方向電圧降下	中	小	大
動作周波数	低（～5 kHz）	中（～20 kHz）	高（～300 kHz）

[類題]　令和2年度・問10

問 11　出題分野＜機器全般＞　　難易度 ★★★　重要度 ★★★

　　図に示すように，電動機が減速機と組み合わされて負荷を駆動している。このときの電動機の回転速度 n_m が $1\,150\ \mathrm{min}^{-1}$，トルク T_m が $100\ \mathrm{N \cdot m}$ であった。減速機の減速比が 8，効率が 0.95 のとき，負荷の回転速度 $n_\mathrm{L}[\mathrm{min}^{-1}]$，軸トルク $T_\mathrm{L}[\mathrm{N \cdot m}]$ 及び軸入力 $P_\mathrm{L}[\mathrm{kW}]$ の値として，最も近いものを組み合わせたのは次のうちどれか。

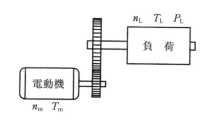

	$n_\mathrm{L}[\mathrm{min}^{-1}]$	$T_\mathrm{L}[\mathrm{N \cdot m}]$	$P_\mathrm{L}[\mathrm{kW}]$
（1）	136.6	11.9	11.4
（2）	143.8	760	11.4
（3）	9 200	760	6 992
（4）	143.8	11.9	11.4
（5）	9 200	11.9	6 992

問 12　出題分野＜照明＞　　難易度 ★★★　重要度 ★★☆

　　次の文章は，光の基本量に関する記述である。

　　光源の放射束のうち人の目に光として感じるエネルギーを光束といい単位には ［　(ア)　］ を用いる。

　　照度は，光を受ける面の明るさの程度を示し，1 ［　(イ)　］ とは被照射面積 $1\ \mathrm{m}^2$ に光束 1 ［　(ア)　］ が入射しているときの，その面の照度である。

　　光源の各方向に出ている光の強さを示すものが光度である。光度 I ［　(ウ)　］ は，立体角 $\omega[\mathrm{sr}]$ から出る光束を F ［　(ア)　］ とすると $I = \dfrac{F}{\omega}$ で示される。

　　物体の単位面積から発散する光束の大きさを光束発散度 M ［　(エ)　］ といい，ある面から発散する光束を F，その面積を $A[\mathrm{m}^2]$ とすると $M = \dfrac{F}{A}$ で示される。

　　光源の発光面及び反射面の輝きの程度を示すのが輝度であり，単位には ［　(オ)　］ を用いる。

　　上記の記述中の空白箇所(ア)～(オ)に当てはまる組合せとして，正しいものを次の(1)～(5)のうちから一つ選べ。

	(ア)	(イ)	(ウ)	(エ)	(オ)
（1）	[lx]	[lm]	[cd]	[lx/m²]	[lx/sr]
（2）	[lm]	[lx]	[lm/sr]	[lm/m²]	[cd]
（3）	[lm]	[lx]	[cd]	[lm/m²]	[cd/m²]
（4）	[cd]	[lx]	[lm]	[cd/m²]	[lm/m²]
（5）	[cd]	[lm]	[cd/sr]	[cd/m²]	[lx]

理論　電力　機械　法規

令和5(2023)上期

令和5(2023)下期

選抜90問

選抜85問

選抜90問

選抜65問

問 11 の解答　　出題項目＜電動機のトルク＞　　答え　（2）

題意から，計算に必要な数値を以下に示す。

電動機の回転速度：$n_m = 1\ 150[\text{min}^{-1}]$

電動機トルク：$T_m = 100[\text{N·m}]$

電動機出力：$P_m[\text{kW}]$

減速機の減速比：$8 = \dfrac{n_m}{n_L}$（負荷が遅い）

減速機効率：$\eta = 0.95$

負荷の回転速度：$n_L[\text{min}^{-1}]$

負荷の軸トルク：$T_L[\text{N·m}]$

軸入力：$P_L[\text{kW}]$

n_L は減速比 $=8$ より，

$$n_L = \frac{n_m}{8} = \frac{1\ 150}{8} = 143.75 \fallingdotseq 143.8[\text{min}^{-1}]$$

電動機の回転角速度 ω_m は，

$$\omega_m = \frac{2\pi}{60} \cdot n_m = \frac{2\pi}{60} \times 1\ 150 \fallingdotseq 120.43[\text{rad/s}]$$

ω_m より P_m を計算すると，

$$P_m = \omega_m T_m = 120.43 \times 100 = 12\ 043[\text{W}]$$

$$= 12.043[\text{kW}]$$

P_L および T_L は，P_m と η から，

$$P_L = \eta \cdot P_m[\text{kW}] \qquad ①$$

$$\omega_L T_L = \eta \cdot \omega_m T_m[\text{kW}]$$

$$T_L = \eta \cdot \frac{\omega_m}{\omega_L} T_m[\text{N·m}] \qquad ②$$

角速度は回転速度と比例関係にあるため，

$8 = \dfrac{n_m}{n_L} = \dfrac{\omega_m}{\omega_L}$ を②式に代入して，

$$T_L = 0.95 \times 8 \times 100 = 760[\text{N·m}]$$

また，①式に数値を代入して，

$$P_L = 0.95 \times 12.043 = 11.44 \fallingdotseq 11.4[\text{kW}]$$

Point 減速機による動力の伝達の考え方を理解すること。

[類題]　平成 20 年度（問 11）に全く同じ問題が出題されている。

問 12 の解答　　出題項目＜水平面照度，光度，輝度＞　　答え　（3）

光源の放射束のうち人の目に光として感じるエネルギーを光束といい単位には**[lm]**を用いる。

照度は，光を受ける面の明るさの程度を示し，$1[\text{lx}]$ とは被照射面積 $1\ \text{m}^2$ に光束 $1[\text{lm}]$ が入射しているときの，その面の照度である。

光源の各方向に出ている光の強さを示すものが光度である。光度 $I[\text{cd}]$ は，立体角 $\omega[\text{sr}]$ から出る光束を $F[\text{lm}]$ とすると $I = \dfrac{F}{\omega}$ で示される。

物体の単位面積から発散する光束の大きさを光束発散度 $M[\text{lm/m}^2]$ といい，ある面から発散する光束を F，その面積を $A[\text{m}^2]$ とすると，$M = \dfrac{F}{A}$ で示される。

光源の発光面及び反射面の輝きの程度を示すのが輝度であり，単位には**[cd/m²]**を用いる。

解説 ··································

被照面の照度は，光束の入射角の影響を受け**入射角余弦の法則**に従うので，照度計算の際には注意を要する。

一般に，光源の光度は方向によって異なり，各方向における光度の分布を，光源の**配光**という。

光束発散度の単位は，定義通りの単位となっている。光源には他の光源の光の一部を透過，反射することで光源として働くものがあり，これを**二次光源**という。光束発散度は，二次光源から発散する単位面積当たりの光束を表す。

光度が一定でも，光源の大きさによりまぶしさの感じ方が異なる。光度 $I[\text{cd}]$ をその方向の光源の見かけの大きさ $A[\text{m}^2]$ で割ったものを輝度 $L[\text{cd/m}^2]$ といい，次式で示される。

$$L = \frac{I}{A}$$

問 13　出題分野＜自動制御＞　難易度 ★★☆　重要度 ★★★

　図1に示す R-L 回路において，端子 a，a′ 間に単位階段状のステップ電圧 $v(t)$[V]を加えたとき，抵抗 R[Ω]に流れる電流を $i(t)$[A]とすると，$i(t)$ は図2のようになった。この回路の R[Ω]，L[H]の値及び入力を a，a′ 間の電圧とし，出力を R[Ω]に流れる電流としたときの周波数伝達関数 $G(\mathrm{j}\omega)$ の式として，正しいものを次の（1）～（5）のうちから一つ選べ。

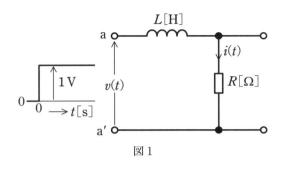

図1

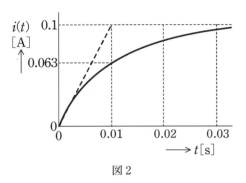

図2

	R[Ω]	L[H]	$G(\mathrm{jw})$
（1）	10	0.1	$\dfrac{0.1}{1+\mathrm{j}0.01\omega}$
（2）	10	1	$\dfrac{0.1}{1+\mathrm{j}0.1\omega}$
（3）	100	0.01	$\dfrac{1}{1+\mathrm{j}0.01\omega}$
（4）	10	0.1	$\dfrac{1}{10+\mathrm{j}0.01\omega}$
（5）	100	0.01	$\dfrac{1}{100+\mathrm{j}0.01\omega}$

問 13 の解答　出題項目＜伝達関数＞

答え　（1）

問題図 2 より，定常状態 $(t→∞)$ において $i(∞)=0.1$[A]であり，このときコイル L の逆起電力は零であるから，抵抗 R には 1 V の電圧が加わる。したがって，

$$R=\frac{1}{0.1}=10[\Omega]$$

問題図 1 より，回路の時定数 τ[s]は，

$$\tau=\frac{L}{R}$$

問題図 2 より $\tau=0.01$[s]と読めるので，L は，

$$L=\tau R=0.01×10=0.1[H]$$

端子 a-a' 間の電圧 $V(j\omega)$ を入力，R を流れる電流 $I(j\omega)$ を出力とすると，

$$V(j\omega)=(R+j\omega L)I(j\omega)$$

が成り立つので，入力 $V(j\omega)$ と出力 $I(j\omega)$ 間の周波数伝達関数 $G(j\omega)$ は，

$$G(j\omega)=\frac{I(j\omega)}{V(j\omega)}=\frac{1}{R+j\omega L}$$
$$=\frac{1}{10+j0.1\omega}=\frac{0.1}{1+j0.01\omega}$$

したがって，選択肢（1）が正しい。

解　説

問題図 1 における周波数伝達関数 $G(j\omega)$ を，

$$G(j\omega)=\frac{K}{1+j\omega\tau}$$

の形で表すと次式のようになる。

$$G(j\omega)=\frac{1}{R+j\omega L}=\frac{\dfrac{1}{R}}{1+j\omega\dfrac{L}{R}}$$

この形で表せる周波数伝達関数を，**一次遅れ要素**という。このとき，$K=1/R$ を**ゲイン定数**といい，$\tau=L/R$ を時定数という。

問題図 2 に示す出力 $i(t)$ の変化のグラフから時定数を求めるには，次の方法がある。

① $t=0$ における曲線 $i(t)$ の接線と $i(t)$ の定常値 $i(∞)$ の交点を求める。このとき，その交点の時刻 t が時定数 τ である。

② 出力値 $i(t)$ が，定常値 $i(∞)$ の $1-1/e$ $(≒0.632)$ 倍となる時刻 t を求める。この時刻 t が時定数 τ である。

Point 周波数伝達関数を求めるには，交流回路の記号法を用いる。

[類題] 平成 18 年度(問 13)に全く同じ問題が出題されている。

理論　電力　機械　法規　令和5(2023)上期　令和5(2023)下期　選抜90問　選抜85問　選抜90問　選抜65問

問 14 出題分野＜情報＞ 難易度 ★★☆ 重要度 ★★☆

次のフローチャートに従って作成したプログラムを実行したとき，印字される A，B の値として，正しい組合せを次の（1）～（5）のうちから一つ選べ。

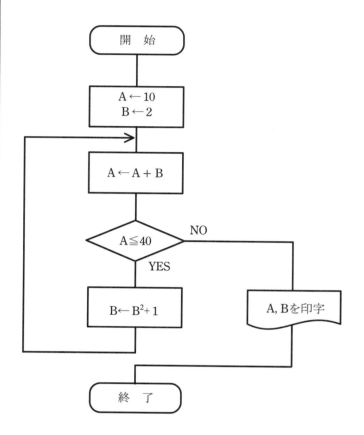

	A	B
（1）	43	288
（2）	43	677
（3）	43	26
（4）	720	26
（5）	720	677

問 14 の解答　出題項目＜フローチャート＞　　　答え　（3）

図 14-1 にフローチャート（流れ図）の一部を示す。「判断」処理の手前を点 J とする。

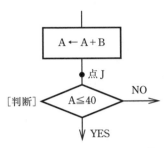

図 14-1　点 J での A，B の値

点 J での A，B の値を開始から順次追っていく。

① 開始から，最初の点 J

　$B = 2$，　$A = 10 + B = 10 + 2 = 12$

ここで「判断」，$A = 12 ≦ 40$ なので次のループへ進む。

② 2 度目の点 J

　$B = 2^2 + 1 = 5$，　$A = 12 + 5 = 17$

ここで「判断」，$A = 17 ≦ 40$ なので次のループ

へ進む。

③ 3 度目の点 J

　$B = 5^2 + 1 = 26$，　$A = 17 + 26 = 43$

ここで「判断」，$A = 43 > 40$ なので印字へ進む。A，B を印字して終了。

したがって，A は 43，B は 26 が印字される。

解説

単純なフローチャートなので，「開始」から順を追って A，B の値の変化を見ていくのがベストである。ポイントは「判断」にあるので，「判断」の手前における値に注目した。

補足　「判断」の他に「**繰り返し処理**」も重要である。この処理を用いたデータの並べ替えや，最大値，最小値を求める問題が過去にも出題されている。

[類題]　平成 26 年度（問 14）にほぼ同じ問題が出題されている。

B 問 題 （配点は１問題当たり（a）5点，（b）5点，計10点）

問15　出題分野＜変圧器＞　　　難易度 ★★☆　重要度 ★★★

　定格一次電圧3 000 V，定格二次電圧が3 300 Vの単相単巻変圧器について，次の（a）及び（b）の問に答えよ。なお，巻線のインピーダンス，鉄損は無視できるものとする。

（a）　この単相単巻変圧器の二次側に負荷を接続したところ，一次電圧は3 000 V，一次電流は100 Aであった。この変圧器の直列巻線に流れる電流値[A]として，最も近いものを次の（1）～（5）のうちから一つ選べ。

　　　（1）　9.09　　　　（2）　10.0　　　　（3）　30.9　　　　（4）　90.9　　　　（5）　110

（b）　この変圧器の自己容量[kV·A]として，最も近いものを次の（1）～（5）のうちから一つ選べ。

　　　（1）　15.8　　　　（2）　27.3　　　　（3）　30.0　　　　（4）　47.3　　　　（5）　81.9

問15（a）の解答　　出題項目＜単巻変圧器＞　　　答え　（4）

　通常の計算では，磁化電流および漂遊負荷損についても無視できるので，理想的な変圧器として考える。

　二次電流をI_2[A]とすると，変圧器の一次側と二次側の皮相電力は等しくなるので，

　　　$3\,000 \times 100 = 3\,300 I_2$

　直列巻線を流れる電流I_sは二次電流I_2であるから，

$$I_s = I_2 = \frac{3\,000}{3\,300} \times 100 \fallingdotseq 90.9\,[\text{A}]$$

解説 ……………………………………………

　単巻変圧器は，一次巻線と二次巻線に共通の巻線を持つ構造の変圧器であり，共通の部分を**分路巻線**，共通でない部分を**直列巻線**という。

　図15-1は，題意の単巻変圧器の回路および各電圧，電流を示したものである。

　一次側の電圧，電流および巻数をそれぞれV_1

[V]，I_1[A]，N_1とし，二次側の電圧，電流および巻数をそれぞれ V_2[V]，I_2[A]，N_2とする。

単巻変圧器は，電気的に通常の二巻線変圧器と同等の働きをする。したがって，変成比（V_1/V_2），変流比（I_1/I_2）および巻数比（N_1/N_2）の関係も二巻線変圧器と同じ式となる。

$$\frac{V_1}{V_2}=\frac{N_1}{N_2}=a,\quad \frac{I_1}{I_2}=\frac{N_2}{N_1}=\frac{1}{a}$$

また，上式より $V_1=aV_2$，$I_1=\dfrac{I_2}{a}$ であるから，

$$V_1I_1=aV_2\left(\frac{I_2}{a}\right)=V_2I_2$$

となり，一次側と二次側の皮相電力も等しくなる。

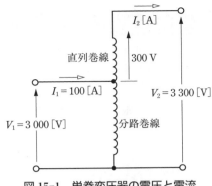

図 15-1　単巻変圧器の電圧と電流

Point 単巻変圧器は構造上，直列巻線と分路巻線を有する。

問 15（b）の解答　　出題項目＜単巻変圧器＞　　　答え （2）

自己容量は，直列巻線の容量である。直列巻線に加わる電圧 V_s は，

$$V_s=3\,300-3\,000=300[\mathrm{V}]$$

したがって，自己容量 P_s は，

$$P_s=V_sI_s=300\times90.9\fallingdotseq27\,300[\mathrm{V\cdot A}]$$
$$\rightarrow\ 27.3\,\mathrm{kV\cdot A}$$

解説 ●●●●●●●●●●●●●●●●●●●●●●●

直列巻線の容量 P_s を**自己容量**という。また，分路巻線の容量 P_c を**分路容量**，二次端子から負荷へ供給される出力 P_l を**負荷容量**または**線路容量**という。昇圧用の単巻変圧器では，それぞれの容量は次式となる。

$$P_s=(V_2-V_1)I_2$$
$$P_c=(I_1-I_2)V_1$$
$$P_l=V_2I_2$$

なお，$V_1I_1=V_2I_2$ の関係から自己容量と分路容量は等しい。

自己容量と負荷容量の関係を巻数比 a（昇圧では $a<1$）で表すと，

$$P_s=(V_2-V_1)I_2=(V_2-aV_2)I_2=(1-a)P_l$$

となり，巻数比が 1 に近いほど自己容量は小さくなる。

単巻変圧器の特徴および用途は以下の通りである。

① 巻数比が 1 に近いほど鉄心，巻線が少なく小型軽量となる。

② 漏れリアクタンスおよび巻線抵抗が小さく電圧変動率が小さい。

③ 損失が少なく効率が高い。

④ 一次側と二次側が絶縁されていないので，高電圧側の異常電圧が低電圧側に波及する。

⑤ 内部インピーダンスが小さいため，短絡電流が大きい。

⑥ 小容量の電圧調整器，誘導機の始動補償器，超高圧用の変圧器などに使用されている。

Point 単巻変圧器の計算では，自己容量は必須である。

[類題]　平成 30 年度・問 9

理論　電力　機械　法規

令和 5 (2023) 上期

令和 5 (2023) 下期

選抜 90 問

選抜 85 問

選抜 90 問

選抜 65 問

問 16　出題分野＜パワーエレクトロニクス＞　難易度 ★★☆　重要度 ★★★

　図 1 は，単相インバータで誘導性負荷に給電する基本回路を示す。負荷電流 i_o と直流電流 i_d は図示する矢印の向きを正の方向として，次の（a）及び（b）の問に答えよ。

（a）　出力交流電圧の 1 周期に各パワートランジスタが 1 回オンオフする運転において，図 2 に示すように，パワートランジスタ S_1〜S_4 のオンオフ信号波形に対して，負荷電流 i_o の正しい波形が（ア）〜（ウ），直流電流 i_d の正しい波形が（エ），（オ）のいずれかに示されている。その正しい波形の組合せを次の（1）〜（5）のうちから一つ選べ。

（1）　（ア）と（エ）　　　（2）　（イ）と（エ）　　　（3）　（ウ）と（オ）
（4）　（ア）と（オ）　　　（5）　（イ）と（オ）

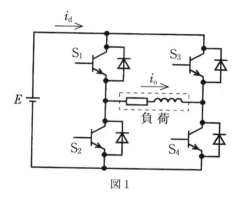

図 1

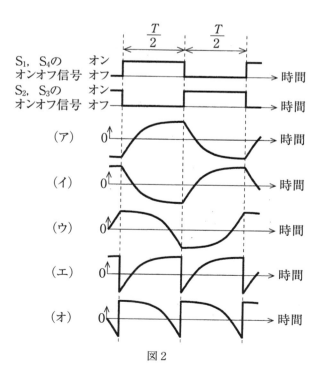

図 2

（次々頁に続く）

理論　電力　機械　法規

令和 5 (2023) 上期

令和 5 (2023) 下期

選抜 90 問

選抜 85 問

選抜 90 問

選抜 65 問

問 16（a）の解答　　出題項目＜インバータ＞　　　　　　答え　（1）

単相インバータで誘導性負荷へ電力供給する回路を図 16-1 に示す。負荷電流 i_o，電源電流 i_d の変化は①〜④のとおりとなる（図 16-2）。

① S_1，S_4 オン直後の期間

i_o は，誘導性負荷のため急変することができず，S_1，S_4 オン直前からの継続で電源の向きと逆である「負荷→D_1→電源→D_4→負荷」の経路で流れる。この電流は電源の向きと逆のため，大きさが減少していき，やがて零になる。

i_d は，S_1，S_4 オン直前は電源から正方向に流れており，オン直後，前記のとおり逆方向となり，その大きさが減少していき，やがて零になる。

② S_1，S_4 オン（①以降）

i_o は，「電源→S_1→負荷→S_4→電源」の経路で零から正方向に大きさが増加していき，最大値になる。

i_d は，零から正方向に大きさが増加していき，最大値になる。

③ S_2，S_3 オン直後の期間

i_o は，S_2，S_3 オン直前の向きと大きさ（最大値）が同じで「負荷→D_3→電源→D_2→負荷」の経路で流れる。この電流は，電源の向きと逆のため大きさが減少していき，やがて零になる。

i_d は，S_2，S_3 オン直前は電源から正方向に流れており，S_2，S_3 オン直後，前記より逆方向となり，大きさが減少していき，やがて零になる。

④ S_2，S_3 オン（③以降）

i_o は，「電源→S_3→負荷→S_2→電源」の経路で零から逆方向に大きさが増加していき，マイナスの最大値になる。

i_d は，零から正方向に大きさが増加していき，最大値になる。

よって，i_o と i_d の波形は図 16-2 となり，選択肢（ア）と（エ）の波形が正しい。

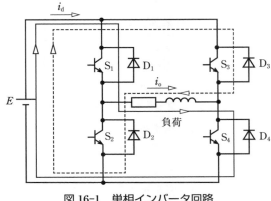

図 16-1　単相インバータ回路

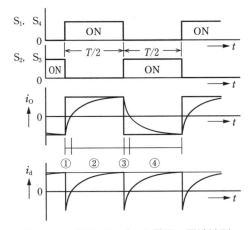

図 16-2　単相インバータ電圧，電流波形

（続き）

（b）　単相インバータの特徴に関する記述として，誤っているものを次の（１）～（５）のうちから一つ選べ。

（１）　図１は電圧形インバータであり，直流電源 E の高周波インピーダンスが低いことが要求される。

（２）　交流出力の調整は，S_1～S_4 に与えるオンオフ信号の幅 $\dfrac{T}{2}$ を短くすることによって交流周波数を高くすることができる。又は，E の直流電圧を高くすることによって交流電圧を高くすることができる。

（３）　図１に示されたパワートランジスタを，IGBT 又はパワー MOSFET に置換えてもインバータを実現できる。

（４）　ダイオードが接続されているのは負荷のインダクタンスに蓄えられたエネルギーを直流電源に戻すためであり，さらにダイオードが導通することによって得られる逆電圧でパワートランジスタを転流させている。

（５）　インダクタンスを含む負荷としては誘導電動機も駆動できる。運転中に負荷の力率が低くなると，電流がダイオードに流れる時間が長くなる。

問 16（b）の解答　　出題項目＜インバータ＞　　　　　　答え（4）

（1）　正。電圧形インバータの直流電源は低インピーダンスで大きな平滑コンデンサが必要である。平滑コンデンサにより高周波インピーダンスも低い。

（2）　正。図 16-2 により，i_o は交流電流で，その周期はパワートランジスタのオンオフ周期である。また，直流電圧 E を高くすれば交流電圧も高くできる。

（3）　正。スイッチング可能なトランジスタ素子であればインバータを実現できる。

（4）　誤。文章の前半は正しい。しかし後半の「ダイオードが導通することによって得られる逆電圧でパワートランジスタを転流させている」は誤りである。

（5）　正。誘導電動機はインダクタンスを含む負荷であり，インバータで駆動可能である。インバータの運転中に力率が悪くなると，図 16-2 の①，③の区間，すなわち電流がダイオードに流れる時間が長くなる。

Point インバータのオン，オフにより電流の経路が変わることと，インダクタンスを含んだ回路電流は急変できないことを理解する。

［類題］　平成 24 年度(問 15)に全く同じ問題が出題されている。

　問17及び問18は選択問題であり，問17又は問18のどちらかを選んで解答すること。両方解答すると採点されません。

（選択問題）

問 17　出題分野＜電熱＞　　　難易度 ★★★　重要度 ★★★

熱伝導について，次の（a）及び（b）の問に答えよ。

　断面積が2 m²，厚さが30 cm，熱伝導率が1.6 W/(m・K)の両表面間に温度差がある壁がある。ただし，熱流は厚さ方向のみの一次元とする。

（a）　この壁の厚さ方向の熱抵抗 R_s の値[K/W]に最も近いものを次の（1）〜（5）のうちから一つ選べ。

　　（1）　0.0417　　　（2）　0.0938　　　（3）　0.267　（4）　2.67　　　（5）　4.17

（b）　この壁の低温側の温度 t_2 が20℃のとき，この壁の熱流 Φ が100 Wであった。このとき，この壁の高温側の温度 t_1 の値[℃]に最も近いものを次の（1）〜（5）のうちから一つ選べ。

　　（1）　21.0　　　（2）　22.1　　　（3）　24.2　　　（4）　29.4　　　（5）　46.7

問 17（a）の解答　　出題項目＜熱伝導＞　　　　　答え（2）

面積 $A=2\,[\mathrm{m}^2]$，厚さ $l=0.3\,[\mathrm{m}]$，熱伝導率 $\kappa=1.6\,[\mathrm{W/(m \cdot K)}]$ である壁の熱抵抗 R_s は，

$$R_\mathrm{s}=\frac{l}{\kappa A}=\frac{0.3}{1.6\times 2}\fallingdotseq 0.0938\,[\mathrm{K/W}]$$

解説

高温部から低温部へと熱エネルギーが熱流 $\varPhi$ として熱伝導により流れていく現象において，熱流は高温部と低温部間の温度差 $\varDelta T$ に比例（比例定数を R_s とする）することがわかっている。このことは，温度差を電位差に，熱流を電流に置き換えた場合のオームの法則と同じ関係式で表せることを意味する。そこで，比例定数 R_s を電気抵抗に相当する物理量として，熱抵抗と呼んでいる。このような，温度差，熱流，熱抵抗間に成り立つ関係を，**熱回路のオームの法則**と呼ぶこともある。

熱抵抗 R_s は結論から言えば，導電率が σ，断面積が A，導体長が l である導体の電気抵抗 R を表す式，

$$R=\frac{l}{\sigma A}$$

において，導電率 σ を熱伝導率 κ に置き換えた式で表せる。それぞれの物理量の単位を，面積 A $[\mathrm{m}^2]$，厚さ $l\,[\mathrm{m}]$，熱伝導率 $\kappa\,[\mathrm{W/(m \cdot K)}]$，熱抵抗 $R_\mathrm{s}\,[\mathrm{K/W}]$ とすると，次の関係式が成り立つ。

$$R_\mathrm{s}=\frac{l}{\kappa A}$$

Point 熱抵抗の式は，電気抵抗の式と同じ形である。

問 17（b）の解答　　出題項目＜熱電導＞　　　　　答え（4）

熱回路のオームの法則より，温度差を $\varDelta T$ $[\mathrm{K}]$，熱流を $\varPhi\,[\mathrm{W}]$，熱抵抗を $R_\mathrm{s}\,[\mathrm{K/W}]$ とすると，次式が成り立つ。

$$\varDelta T=R_\mathrm{s}\varPhi$$

温度差 $\varDelta T\,[\mathrm{℃}]$ は，

$$\varDelta T=t_1-t_2=t_1-20\,[\mathrm{℃}]$$

温度差 $[\mathrm{℃}]$ と温度差 $[\mathrm{K}]$ は等しい単位なので，

$$\varDelta T=t_1-20\,[\mathrm{K}]$$

したがって，

$$t_1-20=R_\mathrm{s}\varPhi=0.0938\times 100$$

$$\therefore\ t_1=0.0938\times 100+20\fallingdotseq 29.4\,[\mathrm{℃}]$$

解説

熱回路のオームの法則は，温度差を $\varDelta T\,[\mathrm{K}]$，熱流を $\varPhi\,[\mathrm{W}]$，熱抵抗を $R_\mathrm{s}\,[\mathrm{K/W}]$ とするとき，次式で表せる。

$$\varDelta T=R_\mathrm{s}\varPhi$$

熱回路の計算では，温度の単位に注意が必要である。温度の単位には SI（国際単位系）では絶対温度 $[\mathrm{K}]$（ケルビン）を用いるが，日常では $[\mathrm{℃}]$ をしばしば用いている。相互の単位の換算は，$[\mathrm{℃}]$ と $[\mathrm{K}]$ の刻みの大きさが等しく，

$$0\,\mathrm{℃}\fallingdotseq 273\,\mathrm{K}$$

であることから，

$$T\,[\mathrm{K}]=t\,[\mathrm{℃}]+273$$

となる。

しかし，温度ではなく温度差を扱う場合，温度差 $1\,\mathrm{℃}$ と温度差 $1\,\mathrm{K}$ は同じ大きさであるため，単位 $[\mathrm{℃}]$ と単位 $[\mathrm{K}]$ を置き換えても問題ない。

したがって，温度差 $\varDelta T$ の単位は，

$$\varDelta T=t_1-t_2\,[\mathrm{℃}]=t_1-t_2\,[\mathrm{K}]$$

となる。

Point オームの法則は，熱伝導における熱回路にも適用できる。

（選択問題）

問 18　出題分野＜情報＞　　　難易度 ★★★　重要度 ★★★

　図は，マイクロプロセッサの動作クロックを示す。マイクロプロセッサは動作クロックと呼ばれるパルス信号に同期して処理を行う。また，マイクロプロセッサが1命令当たりに使用する平均クロック数をCPIと呼ぶ。1クロックの周期 T[s]をサイクルタイム，1秒当たりの動作クロック数 f を動作周波数と呼ぶ。

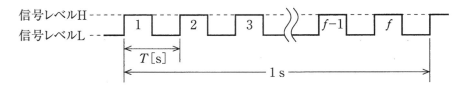

　次の（a）及び（b）の問に答えよ。

（a）　2.5 GHz の動作クロックを使用するマイクロプロセッサのサイクルタイムの値[ns]として，正しいものを次の（1）～（5）のうちから一つ選べ。

　　（1）　0.0004　　　（2）　0.25　　　（3）　0.4　　　（4）　250　　　（5）　400

（b）　CPI＝4のマイクロプロセッサにおいて，1命令当たりの平均実行時間が0.02 μs であった。このマイクロプロセッサの動作周波数の値[MHz]として，正しいものを次の（1）～（5）のうちから一つ選べ。

　　（1）　0.0125　　　（2）　0.2　　　（3）　12.5　　　（4）　200　　　（5）　12 500

問 18 （a）の解答　　出題項目＜マイクロプロセッサ＞　　答え　（3）

サイクルタイム T は 1 クロックの周期なので，動作クロックの周波数 2.5 GHz の逆数である。

$$T = \frac{1}{2.5 \times 10^9} = 0.4 \times 10^{-9}[\mathrm{s}] = 0.4[\mathrm{ns}]$$

解説

サイクルタイムと動作周波数の説明文から，容易に解答が得られる。

補足　コンピュータの概要は，マイクロプロセッサを中心に入出力装置とメインメモリから成り立っている。各装置間は，バスと呼ばれるデータを伝送する信号線の集合体で接続されている。メインメモリにはマクロプロセッサを動作させる命令と，処理を行う各種データが 2 進数で格納されている。

図 18-1 はマイクロプロセッサの動作の概略図である。マイクロプロセッサの標準的な一連の動作は次のような流れで行われる。

① 制御装置の指令により，メインメモリから制御装置に命令が読み込まれる（フェッチ）。

② 命令が解読（デコード）され，演算装置や入出力装置に処理内容が伝えられる。

③ 演算装置や入出力装置は，指示された処理内容に従い，メインメモリ，演算装置，入出力装置相互間でデータの交換や演算を行う。

これで一つの命令が終わり，再び①から③の動作が繰り返される。このような動作はクロックパルスに同期して行われ，1 命令を処理するためには複数クロックが必要になる。その平均値を CPI という。なお，クロックパルスはクロックジェネレータで作られる。

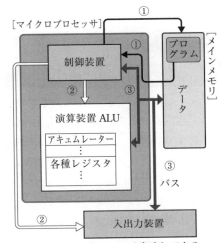

＊クロックジェネレータは省略してある。

図 18-1　動作の概略図

演算装置は情報処理の中心部分であり，ALU（算術論理演算装置）と呼ばれる。演算装置にはアキュムレータと呼ばれる論理演算・加算減算を専門で行うレジスタと，データの一時保管用（汎用レジスタ），また特殊な機能用途に使われるレジスタがある。なお，レジスタとは動作が極めて高速な小容量の記憶素子（メモリ）である。

問 18 （b）の解答　　出題項目＜マイクロプロセッサ＞　　答え　（4）

CPI＝4 より，1 命令当たりのクロック数は 4。

4 クロックの平均実効時間が 0.02 μs なので，1 クロック当たりの時間 T は，

$$T = \frac{0.02[\mathrm{\mu s}]}{4} = 5 \times 10^{-3}[\mathrm{\mu s}] = 5 \times 10^{-9}[\mathrm{s}]$$

これはサイクルタイムのことなので，動作周波数 f は，

$$f = \frac{1}{T} = \frac{1}{5 \times 10^{-9}} = 2 \times 10^8[\mathrm{Hz}] = 200[\mathrm{MHz}]$$

解説

CPI（Cycle Per Instruction）の説明が問題文中にあるので，それに従い計算する。1 クロック当たりの時間を求め，周期と周波数の関係から動作周波数を計算する。

Point 長文・新傾向問題ほど，解答の手がかりとなるヒントが問題文中に多く含まれている。

[類題] 平成 24 年度（問 18）に全く同じ問題が出題されている。

法 規 | 令和5年度(2023年度)上期

注1　問題文中に「電気設備技術基準」とあるのは,「電気設備に関する技術基準を定める省令」の略である。

注2　問題文中に「電気設備技術基準の解釈」とあるのは,「電気設備の技術基準の解釈における第1章～第6章及び第8章」をいう。なお,「第7章 国際規格の取り入れ」の各規定について問う出題にあっては,問題文中にその旨を明示する。

A 問 題 （配点は1問題当たり6点）

問1　出題分野＜電気事業法＞　難易度 ★★★　重要度 ★★★

　次のa)～c)の文章は,主任技術者に関する記述である。

　その記述内容として,「電気事業法」に基づき,適切なものと不適切なものの組合せについて,正しいものを次の(1)～(5)のうちから一つ選べ。

a)　事業用電気工作物(小規模事業用電気工作物を除く。以下同じ。)を設置する者は,事業用電気工作物の工事,維持及び運用に関する保安の監督をさせるため,主務省令で定めるところにより,主任技術者免状の交付を受けている者のうちから,主任技術者を選任しなければならない。

b)　主任技術者は,事業用電気工作物の工事,維持及び運用に関する保安の監督の職務を誠実に行わなければならない。

c)　事業用電気工作物の工事,維持又は運用に従事する者は,主任技術者がその保安のためにする指示に従わなければならない。

	a)	b)	c)
(1)	不適切	適切	適切
(2)	不適切	不適切	適切
(3)	適切	不適切	不適切
(4)	適切	適切	適切
(5)	適切	適切	不適切

問1の解答　　出題項目＜43条＞　　　　　　　答え　（4）

電気事業法第43条(主任技術者)からの出題である。

a)　正。

第1項　事業用電気工作物を設置する者は，事業用電気工作物の工事，維持及び運用に関する保安の監督をさせるため，主務省令で定めるところにより，**主任技術者免状の交付を受けている者**のうちから，**主任技術者を選任**しなければならない。

b)　正。

第4項　主任技術者は，事業用電気工作物の工事，維持及び運用に関する保安の監督の**職務を誠実に行わ**なければならない。

c)　正。

第5項　事業用電気工作物の工事，維持又は運用に**従事する者**は，**主任技術者**がその保安のためにする指示に従わなければならない。

解説

電気事業法第43条(主任技術者)では，問題以外に以下のことを規定している。

第2項　自家用電気工作物(小規模事業用電気工作物を除く。)を設置する者は，第1項の規定に

かかわらず，主務大臣の許可を受けて，主任技術者免状の交付を受けていない者を主任技術者として選任することができる。

第3項　事業用電気工作物を設置する者は，主任技術者を選任したとき(第2項の許可を受けて選任した場合を除く。)は，遅滞なく，その旨を主務大臣に届け出なければならない。これを解任したときも，同様とする。

補足

表1-1　電気主任技術者の種類

免状の種類	保安の監督をすることができる範囲
第一種電気主任技術者	事業用電気工作物の工事，維持および運用
第二種電気主任技術者	電圧170 kV未満の事業用電気工作物の工事，維持および運用
第三種電気主任技術者	電圧50 kV未満の事業用電気工作物(出力5 000 kW以上の発電所を除く)の工事，維持および運用

[類題]　平成25年度(問1)にほぼ同じ問題が出題されている。

問2　出題分野＜電気関係報告規則＞　難易度 ★★★　重要度 ★★★

次の文章は，「電気関係報告規則」に基づく事故の定義及び事故報告に関する記述である。

a) 「電気火災事故」とは，漏電，短絡，　(ア)　，その他の電気的要因により建造物，車両その他の工作物(電気工作物を除く。)，山林等に火災が発生することをいう。

b) 「破損事故」とは，電気工作物の変形，損傷若しくは破壊，火災又は絶縁劣化若しくは絶縁破壊が原因で，当該電気工作物の機能が低下又は喪失したことにより，　(イ)　，その運転が停止し，若しくはその運転を停止しなければならなくなること又はその使用が不可能となり，若しくはその使用を中止することをいう。

c) 「供給支障事故」とは，破損事故又は電気工作物の誤　(ウ)　若しくは電気工作物を　(ウ)　しないことにより電気の使用者(当該電気工作物を管理する者を除く。)に対し，電気の供給が停止し，又は電気の使用を緊急に制限することをいう。ただし，電路が自動的に再閉路されることにより電気の供給の停止が終了した場合を除く。

d) 感電により人が病院　(エ)　した場合は事故報告をしなければならない。

上記の記述中の空白箇所(ア)～(エ)に当てはまる組合せとして，正しいものを次の(1)～(5)のうちから一つ選べ。

	(ア)	(イ)	(ウ)	(エ)
(1)	せん絡	直ちに	停止	で治療
(2)	絶縁低下	制御できず	操作	に入院
(3)	せん絡	制御できず	停止	で治療
(4)	せん絡	直ちに	操作	に入院
(5)	絶縁低下	制御できず	停止	で治療

問2の解答　出題項目<1，3条>　　　　　　答え　（4）

a）～c）は「電気関係報告規則」第1条（定義），d）は第3条（事故報告）からの出題で，空白箇所を補充すると次のようになる。

*　*　*　*　*　*　*

a）「電気火災事故」とは，漏電，短絡，**せん絡**，その他の電気的要因により建造物，車両その他の工作物（電気工作物を除く。），山林等に火災が発生することをいう。

b）「破損事故」とは，電気工作物の変形，損傷若しくは破壊，火災又は絶縁劣化若しくは絶縁破壊が原因で，当該電気工作物の機能が低下又は喪失したことにより，**直ちに**，その運転が停止し，若しくはその運転を停止しなければならなくなること又はその使用が不可能となり，若しくはその使用を中止することをいう。

c）「供給支障事故」とは，破損事故又は電気工作物の誤**操作**若しくは電気工作物を**操作**しないことにより電気の使用者（当該電気工作物を管理する者を除く。）に対し，電気の供給が停止し，又は電気の使用を緊急に制限することをいう。ただし，電路が自動的に再閉路されることにより電気の供給の停止が終了した場合を除く。

d）　感電により人が病院**に入院**した場合は事故報告をしなければならない。

解説

a）の「電気火災事故」の電気的要因の一つである「**せん絡**」とは，フラッシオーバのことである。代表的なものには，送電線への落雷時に発生するせん絡がある。落雷時にがいし連の両端に設けられたアークホーン間の空気の絶縁が破壊されると，せん絡によってアークホーンの両端がアークでつながる。

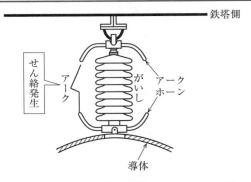

図2-1　送電線のがいし部のフラッシオーバ

b）は「破損事故」の定義であり，定義中の「直ちに」は，即刻，影響度が大きいことを意味している。このため，運転が継続できる場合は，破損事故の定義外となる。

c）は「供給支障事故」の定義であり，破損事故，操作ミスや操作しないことにより発生する供給支障を対象としている。ただし，事故発生後の再閉路が成功した場合は除外されている。

供給支障事故の類似の定義に発電支障事故がある。「「発電支障事故」とは，発電所の電気工作物の故障，損傷，破損，欠陥又は電気工作物の誤操作若しくは電気工作物を操作しないことにより当該発電所の発電設備（発電事業の用に供するものに限る。）が直ちに運転が停止し，又はその運転を停止しなければならなくなることをいう。」（「電気関係報告規則」第1条第2項第十号）

d）は「事故報告」に関するもので，「感電又は電気工作物の破損若しくは電気工作物の誤操作若しくは電気工作物を操作しないことにより人が死傷した事故（**死亡又は病院若しくは診療所に入院した場合に限る。**）」（第1項第二号）は，所轄産業保安監督部長への報告対象となっている。

[類題]　令和2，平成22年度に関連問題が出題されている。

問3 出題分野＜電技＞ 難易度 ★★★ 重要度 ★★★

「電気設備技術基準」では，過電流からの電線及び電気機械器具の保護対策について，次のように規定している。

　　(ア)　の必要な箇所には，過電流による　(イ)　から電線及び電気機械器具を保護し，かつ，

　(ウ)　の発生を防止できるよう，過電流遮断器を施設しなければならない。

上記の記述中の空白箇所(ア)〜(ウ)に当てはまる組合せとして，正しいものを次の(1)〜(5)のうちから一つ選べ。

	(ア)	(イ)	(ウ)
(1)	幹線	過熱焼損	感電事故
(2)	配線	温度上昇	感電事故
(3)	電路	電磁力	変形
(4)	配線	温度上昇	火災
(5)	電路	過熱焼損	火災

問3の解答　出題項目＜14条＞

答え　（5）

「電気設備技術基準」（以下，「電技」と略す）第14条（過電流からの電線及び電気機械器具の保護対策）からの出題で，空白箇所を補充すると次のようになる。

＊　＊　＊　＊　＊　＊　＊

電路の必要な箇所には，過電流による**過熱焼損**から電線及び電気機械器具を保護し，かつ，**火災**の発生を防止できるよう，過電流遮断器を施設しなければならない。

解説

過電流遮断器には，特別高圧・高圧では遮断器やヒューズ，低圧では配線用遮断器やヒューズがあり，施設例を**図3-1**に示す。

特別高圧・高圧の電線や電気機械器具は，電路の短絡などによって損壊し，大きな火災を招く原因ともなる。また，電気事業用の電気機械器具や電線の損壊によって大きな供給支障をもたらすことが考えられ，これを予防し保護するために過電流遮断器を施設する。

補足　本問は過電流遮断器に関する内容であったが，電技第15条では，**地絡に対する保護対策**を次のように規定している。

> 電路には，地絡が生じた場合に，電線若しくは電気機械器具の損傷，感電又は火災のおそれがないよう，地絡遮断器の施設その他の適切な措置を講じなければならない。ただし，電気機械器具を乾燥した場所に施設する等地絡による危険のおそれがない場合は，この限りでない。

Point　過電流遮断器と地絡遮断器は，それぞれ過負荷・短絡保護，地絡保護の重要な役割を担っている。このため，施設箇所に興味を持って学習しておく必要がある。

[類題]　平成13年度（問1）に全く同じ問題が出題されている。

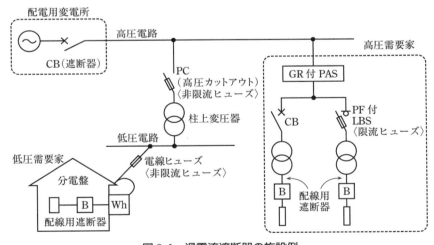

図3-1　過電流遮断器の施設例

問 4　出題分野＜電技解釈＞　難易度 ★★★　重要度 ★★★

　次の文章は，「電気設備技術基準の解釈」に基づく太陽電池モジュールの絶縁性能に関する記述の一部である。

　太陽電池モジュールは，最大使用電圧の 1.5 倍の直流電圧又は　(ア)　倍の交流電圧（　(イ)　V 未満となる場合は，　(イ)　V）を充電部分と大地との間に連続して　(ウ)　分間加えたとき，これに耐える性能を有すること。

　上記の記述中の空白箇所(ア)〜(ウ)に当てはまる組合せとして，正しいものを次の(1)〜(5)のうちから一つ選べ。

	(ア)	(イ)	(ウ)
(1)	1	500	10
(2)	1	300	10
(3)	1.1	500	1
(4)	1.1	600	1
(5)	1.1	300	1

問 4 の解答　出題項目＜16 条＞

「電気設備技術基準の解釈」（以下，「解釈」と略す）第 16 条（機械器具等の電路の絶縁性能）からの出題で，空白箇所を補充すると次のようになる。

＊　＊　＊　＊　＊　＊　＊

太陽電池モジュールは，最大使用電圧の 1.5 倍の直流電圧又は <u>1</u> 倍の交流電圧（<u>500</u> V 未満となる場合は，<u>500</u> V）を充電部分と大地との間に連続して <u>10</u> 分間加えたとき，これに耐える性能を有すること。

解説

太陽電池モジュールの絶縁耐力試験を「最大使用電圧の 1.5 倍の直流電圧又は 1 倍の交流電圧」としているのは，次の理由によるものである。

$$（波高値）＝\sqrt{2}×（交流電圧の実効値）$$
$$≒1.5×（直流電圧）$$

となり，直流・交流とも同等の絶縁強度を要求していることがわかる。

交流での絶縁耐力試験において，「500 V 未満となる場合は，500 V」としているが，これは解釈第 16 条（機械器具等の電路の絶縁性能）での規定と整合がとれている。試験電圧の印加箇所および印加時間が，「充電部分と大地との間に連続して 10 分間加え」ることも，電路の絶縁耐力試験と整合がとれている。

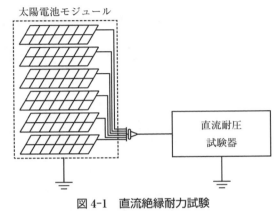

太陽電池モジュール

直流耐圧試験器

図 4-1　直流絶縁耐力試験

[類題]　平成 28 年度（問 6）に類似問題が出題されている。また，平成 18 年度（問 6）に全く同じ問題が出題されている。

問 5　出題分野＜電技＞　　　　　　　難易度 ★★★　重要度 ★★☆

　次の文章は，「電気設備技術基準」に基づく支持物の倒壊の防止に関する記述の一部である。

　架空電線路又は架空電車線路の支持物の材料及び構造（支線を施設する場合は，当該支線に係るものを含む。）は，その支持物が支持する電線等による　(ア)　，10 分間平均で風速　(イ)　m/s の風圧荷重及び当該設置場所において通常想定される地理的条件，　(ウ)　の変化，振動，衝撃その他の外部環境の影響を考慮し，倒壊のおそれがないよう，安全なものでなければならない。ただし，人家が多く連なっている場所に施設する架空電線路にあっては，その施設場所を考慮して施設する場合は，10 分間平均で風速　(イ)　m/s の風圧荷重の　(エ)　の風圧荷重を考慮して施設することができる。

　上記の記述中の空白箇所(ア)～(エ)に当てはまる組合せとして，正しいものを次の(1)～(5)のうちから一つ選べ。

	(ア)	(イ)	(ウ)	(エ)
(1)	引張荷重	60	温度	3 分の 2
(2)	重量荷重	60	気象	3 分の 2
(3)	引張荷重	40	気象	2 分の 1
(4)	重量荷重	60	温度	2 分の 1
(5)	重量荷重	40	気象	2 分の 1

問5の解答　　出題項目＜32条＞　　　　　　　答え　（3）

「電気設備技術基準」第32条（支持物の倒壊の防止）からの出題で，空白箇所を補充すると次のようになる。

＊　＊　＊　＊　＊　＊　＊

架空電線路又は架空電車線路の支持物の材料及び構造（支線を施設する場合は，当該支線に係るものを含む。）は，その支持物が支持する電線等による**引張荷重**，10分間平均で風速**40** m/sの風圧荷重及び当該設置場所において通常想定される地理的条件，**気象**の変化，振動，衝撃その他の外部環境の影響を考慮し，倒壊のおそれがないよう，安全なものでなければならない。ただし，人家が多く連なっている場所に施設する架空電線路にあっては，その施設場所を考慮して施設する場合は，10分間平均で風速**40** m/sの風圧荷重の**2分の1**の風圧荷重を考慮して施設することができる。

解説〜〜〜〜〜〜〜〜〜〜〜〜〜〜〜〜〜〜〜〜〜

「電気設備技術基準」第32条（支持物の倒壊の防止）は，「電気設備技術基準の解釈」第58条（架空電線路の強度検討に用いる荷重）の根拠となる規定である。

本文中の風速40 m/sの風圧荷重は**甲種風圧荷重**のことである。人家が多く連なっている場所に施設する架空電線路にあっては，その施設場所を考慮して施設する場合は，風速40 m/sの風圧荷重の2分の1の風圧荷重を考慮して施設することができるとされているのは，**丙種風圧荷重**のことである。

参考〉　風圧荷重には，甲種・乙種・丙種風圧荷重がある。このうち，乙種風圧荷重は，架渉線の周囲に厚さ6 mm，比重0.9の氷雪が付着した状態に対し，甲種風圧荷重の0.5倍を基礎として計算したものである。

[類題]　令和元年度（問4）に全く同じ問題が出題されている。

問6 出題分野＜電技解釈＞　　　　難易度 ★★☆　　重要度 ★★☆

次の文章は，「電気設備技術基準の解釈」における地中電線と他の地中電線等との接近又は交差に関する記述の一部である。

低圧地中電線と高圧地中電線とが接近又は交差する場合，又は低圧若しくは高圧の地中電線と特別高圧地中電線とが接近又は交差する場合は，次のいずれかによること。ただし，地中箱内についてはこの限りでない。

a）　地中電線相互の離隔距離が，次に規定する値以上であること。

　①　低圧地中電線と高圧地中電線との離隔距離は，　（ア）　m

　②　低圧又は高圧の地中電線と特別高圧地中電線との離隔距離は，　（イ）　m

b）　地中電線相互の間に堅ろうな　（ウ）　の隔壁を設けること。

c）　（エ）　の地中電線が，次のいずれかに該当するものである場合は，地中電線相互の離隔距離が，0 m以上であること。

　①　不燃性の被覆を有すること。

　②　堅ろうな不燃性の管に収められていること。

d）　（オ）　の地中電線が，次のいずれかに該当するものである場合は，地中電線相互の離隔距離が，0 m以上であること。

　①　自消性のある難燃性の被覆を有すること。

　②　堅ろうな自消性のある難燃性の管に収められていること。

上記の記述中の空白箇所（ア）～（オ）に当てはまる組合せとして，正しいものを次の（1）～（5）のうちから一つ選べ。

	（ア）	（イ）	（ウ）	（エ）	（オ）
（1）	0.15	0.3	耐火性	いずれか	それぞれ
（2）	0.15	0.3	耐火性	それぞれ	いずれか
（3）	0.1	0.2	耐圧性	いずれか	それぞれ
（4）	0.1	0.2	耐圧性	それぞれ	いずれか
（5）	0.1	0.3	耐火性	いずれか	それぞれ

問 6 の解答　出題項目＜125 条＞　　答え　（1）

「電気設備技術基準の解釈」第 125 条（地中電線と他の地中電線等との接近又は交差）第 1 項からの出題で，空白箇所を補充すると次のようになる。

＊　　＊　　＊　　＊　　＊　　＊　　＊

低圧地中電線と高圧地中電線とが接近又は交差する場合，又は低圧若しくは高圧の地中電線と特別高圧地中電線とが接近又は交差する場合は，次の各号のいずれかによること。ただし，地中箱内についてはこの限りでない。

a）　地中電線相互の離隔距離が，次に規定する値以上であること。

①　低圧地中電線と高圧地中電線との離隔距離は，**0.15** m

②　低圧又は高圧の地中電線と特別高圧地中電線との離隔距離は，**0.3** m

b）　地中電線相互の間に堅ろうな**耐火性**の隔壁を設けること。

c）　**いずれか**の地中電線が，次のいずれかに該当するものであること。

①　不燃性の被覆を有すること。

②　堅ろうな不燃性の管に収められていること。

d）　**それぞれ**の地中電線が，次のいずれかに該当するものであること。

①　自消性のある難燃性の被覆を有すること。

②　堅ろうな自消性のある難燃性の管に収められていること。

解説

地中電線の故障時に，アーク放電によって他の地中電線に損傷を与えるのを防止するための規定である。第 2 項では，**地中電線と地中弱電流電線等との離隔距離を低圧又は高圧では 0.3 m 以上，特別高圧では 0.6 m 以上**と規定している。

Point 離隔距離と離隔距離が確保できない場合の措置方法についての規定である。

［類題］　平成 28 年度（問 8）に全く同じ問題が出題されている。

理論　電力　機械　法規　令和5(2023)上期　令和5(2023)下期　選抜90問　選抜85問　選抜90問　選抜65問

問7　出題分野＜電技解釈＞　　難易度 ★★★　重要度 ★★★

次の文章は，「電気設備技術基準の解釈」における分散型電源の低圧連系時及び高圧連系時の施設要件に関する記述である。

a)　単相3線式の低圧の電力系統に分散型電源を連系する場合において，　(ア)　の不平衡により中性線に最大電流が生じるおそれがあるときは，分散型電源を施設した構内の電路であって，負荷及び分散型電源の並列点よりも　(イ)　に，3極に過電流引き外し素子を有する遮断器を施設すること。

b)　低圧の電力系統に逆変換装置を用いずに分散型電源を連系する場合は，　(ウ)　を生じさせないこと。ただし，逆変換装置を用いて分散型電源を連系する場合と同等の単独運転検出及び解列ができる場合は，この限りではない。

c)　高圧の電力系統に分散型電源を連系する場合は，分散型電源を連系する配電用変電所の　(エ)　において，逆向きの潮流を生じさせないこと。ただし，当該配電用変電所に保護装置を施設する等の方法により分散型電源と電力系統との協調をとることができる場合は，この限りではない。

上記の記述中の空白箇所(ア)～(エ)に当てはまる組合せとして，正しいものを次の(1)～(5)のうちから一つ選べ。

	(ア)	(イ)	(ウ)	(エ)
(1)	負荷	系統側	逆潮流	配電用変圧器
(2)	負荷	負荷側	逆潮流	引出口
(3)	負荷	系統側	逆充電	配電用変圧器
(4)	電源	負荷側	逆充電	引出口
(5)	電源	系統側	逆潮流	配電用変圧器

問7の解答　　出題項目＜226, 228条＞　　　　　答え　（1）

　a）とb）は「電気設備技術基準の解釈」（以下，「解釈」と略す）第226条（低圧連系時の施設要件），c）は解釈第228条（高圧連系時の施設要件）からの出題である。

　問題文の空白箇所を補充すると次のようになる。

　　＊　　＊　　＊　　＊　　＊　　＊　　＊

　a）　単相3線式の低圧の電力系統に分散型電源を連系する場合において，**負荷**の不平衡により中性線に最大電流が生じるおそれがあるときは，分散型電源を施設した構内の電路であって，負荷及び分散型電源の並列点よりも**系統側**に，3極に過電流引き外し素子を有する遮断器を施設すること。

　b）　低圧の電力系統に逆変換装置を用いずに分散型電源を連系する場合は，**逆潮流**を生じさせないこと。

　c）　高圧の電力系統に分散型電源を連系する場合は，分散型電源を連系する配電用変電所の**配電用変圧器**において，逆向きの潮流を生じさせないこと。ただし，当該配電用変電所に保護装置を施設する等の方法により分散型電源と電力系統との協調をとることができる場合は，この限りではない。

解説

　a）　単相3線式は，不平衡負荷があると中性線にも電流が流れるため，負荷と分散型電源（発電設備）の並列点より系統側（電源側）に，三極3素子（3P3E）の過電流遮断器を施設する。

　図7-1は，単相3線式の不平衡負荷（上側の合計40 A，下側10 A）があり，分散型電源として4 kWの太陽電池発電設備が接続された場合の各線の電流分布を示したもので，中性線に最大電流（30 A）が流れている。記述a）の内容は，このようなケースを想定して規定されたものである。

　b）　「逆潮流」とは，分散型電源設置者の構内から一般送配電事業者が運用する電力系統側へ向かう，有効電力の流れのことである。

　c）　「電力品質確保に係る系統連系技術要件ガイドライン」では，逆潮流が生じる場合には，系統側の電圧管理面で問題が生じないよう，配電用変電所の電圧調整装置や配電線に電圧調整装置を設備するなどの具体的な対策を規定している。

　[類題]　令和3年度（問9）に全く同じ問題が出題されている。

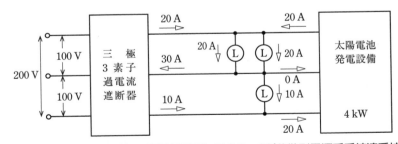

図7-1　三極3素子過電流遮断器の設置が必要な場合の一例（分散型電源系系統連系技術指針）

問8　出題分野＜電技＞　　　難易度 ★★★　重要度 ★★★

次の文章は，「電気設備技術基準」における，電気使用場所での配線の使用電線に関する記述である。

a.　配線の使用電線（　（ア）　及び特別高圧で使用する　（イ）　を除く。）には，感電又は火災のおそれがないよう，施設場所の状況及び　（ウ）　に応じ，使用上十分な強度及び絶縁性能を有するものでなければならない。

b.　配線には，　（ア）　を使用してはならない。ただし，施設場所の状況及び　（ウ）　に応じ，使用上十分な強度を有し，かつ，絶縁性がないことを考慮して，配線が感電又は火災のおそれがないように施設する場合は，この限りでない。

c.　特別高圧の配線には，　（イ）　を使用してはならない。

上記の記述中の空白箇所（ア）〜（ウ）に当てはまる組合せとして，正しいものを次の（1）〜（5）のうちから一つ選べ。

	（ア）	（イ）	（ウ）
（1）	接触電線	移動電線	施設方法
（2）	接触電線	裸電線	使用目的
（3）	接触電線	裸電線	電　圧
（4）	裸電線	接触電線	使用目的
（5）	裸電線	接触電線	電　圧

問8の解答　　出題項目＜57条＞　　　　　答え（5）

「電気設備技術基準」第57条（配線の使用電線）からの出題である。

第1項　配線の使用電線（**裸電線**及び特別高圧で使用する**接触電線**を除く。）には，感電又は火災のおそれがないよう，施設場所の状況及び**電圧**に応じ，使用上十分な強度及び絶縁性能を有するものでなければならない。

第2項　配線には，**裸電線**を使用してはならない。ただし，施設場所の状況及び電圧に応じ，使用上十分な強度を有し，かつ，絶縁性がないことを考慮して，配線が感電又は火災のおそれがないように施設する場合は，この限りでない。

第3項　特別高圧の配線には，**接触電線**を使用してはならない。

解説

配線の使用電線には，原則として，使用上十分な強度および絶縁性能を有するものでなければならないが，裸電線や接触電線（**図8-1**）は除かれている。

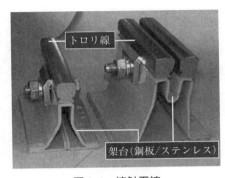

図8-1　接触電線

[類題]　平成25年度（問3）に全く同じ問題が出題されている。

問9 出題分野＜電技解釈＞ 難易度 ★★☆ 重要度 ★★★

　次の文章は，「電気設備技術基準の解釈」に基づく住宅及び住宅以外の場所の屋内電路(電気機械器具内の電路を除く。以下同じ)の対地電圧の制限に関する記述として，誤っているものを次の(1)～(5)のうちから一つ選べ。

(1)　住宅の屋内電路の対地電圧を150V以下とすること。

(2)　住宅と店舗，事務所，工場等が同一建造物内にある場合であって，当該住宅以外の場所に電気を供給するための屋内配線を人が触れるおそれがない隠ぺい場所に金属管工事により施設し，その対地電圧を400V以下とすること。

(3)　住宅に設置する太陽電池モジュールに接続する負荷側の屋内配線を次により施設し，その対地電圧を直流450V以下とすること。
　　・電路に地絡が生じたときに自動的に電路を遮断する装置を施設する。
　　・ケーブル工事により施設し，電線に接触防護措置を施す。

(4)　住宅に常用電源として用いる蓄電池に接続する負荷側の屋内配線を次により施設し，その対地電圧を直流450V以下とすること。
　　・直流電路に接続される個々の蓄電池の出力がそれぞれ10kW未満である。
　　・電路に地絡が生じたときに自動的に電路を遮断する装置を施設する。
　　・人が触れるおそれのない隠ぺい場所に合成樹脂管工事により施設する。

(5)　住宅以外の場所の屋内に施設する家庭用電気機械器具に電気を供給する屋内電路の対地電圧を，家庭用電気機械器具並びにこれに電気を供給する屋内配線及びこれに施設する配線器具に簡易接触防護措置を施す場合(取扱者以外の者が立ち入らない場所を除く。)，300V以下とすること。

問9の解答　出題項目＜143条＞　　　　　　答え　（2）

「電気設備技術基準の解釈」（以下，「解釈」と略す）第143条（電路の対地電圧の制限）からの出題である。

（1）　正。対地電圧150 Vを安全確保の基本と考え，住宅の屋内電路の対地電圧を150 V以下と定めている。

（2）　誤。当該住宅以外の場所に電気を供給するための屋内配線の対地電圧は，**300 V以下としなければならない。**また，当該住宅以外の場所に電気を供給するための屋内配線は，人が容易に触れるおそれのない隠ぺい場所では，**合成樹脂管工事，金属管工事又はケーブル工事**により施設することとされている。

（3）　正。太陽電池モジュールに接続する負荷側の屋内配線の対地電圧は，直流450 V以下としなければならない。また，太陽電池モジュールに接続する負荷側の屋内配線は，人が容易に触れるおそれのない隠ぺい場所では，合成樹脂管工事，金属管工事又はケーブル工事により施設することとされている。

（4）　正。燃料電池発電設備又は常用電源として用いる蓄電池に接続する負荷側の屋内配線の対地電圧は，直流450 V以下としなければならない。また，直流電路を構成する蓄電池にあっては，当該直流電路に接続される個々の蓄電池の出力がそれぞれ10 kW未満であることと規定されている。さらに，人が容易に触れるおそれのない隠ぺい場所では，合成樹脂管工事，金属管工事又はケーブル工事により施設することとされている。

（5）　正。住宅以外の場所の屋内に施設する家庭用電気機械器具に電気を供給する屋内電路の対地電圧は，**150 V以下としなければならない。**ただし，家庭用電気機械器具並びにこれに電気を供給する屋内配線及びこれに施設する配線器具に**簡易接触防護措置を施す場合**（取扱者以外の者が立ち入らない場所を除く。）は，**300 V以下とする**ことができる。

解説

解釈で規定する対地電圧には，150 V以下，300 V以下，直流450 V以下の3種類が登場する。これらの規定の棲み分けを確実におさえておくことが大切である。

[類題]　令和3年度（問8）に全く同じ問題が出題されている。

理論
電力
機械
法規
令和5（2023）上期
令和5（2023）下期
選抜90問
選抜85問
選抜90問
選抜65問

問 10 出題分野＜電気施設管理＞ ｜難易度｜ ★★☆ ｜重要度｜ ★★★

　　ある工場のある日の9時00分からの電力推移がグラフのとおりであった。この工場では日頃から最大需要電力(正時からの30分間ごとの平均使用電力のことをいう。以下同じ。)を300 kW未満に抑えるように負荷を管理しているが，その負荷の中で，換気用のファン(全て5.5 kW)は最大8台まで停止する運用を行っている。この日9時00分からファンは10台運転しているが，このままだと9時00分からの最大需要電力が300 kW以上になりそうなので，9時20分から9時30分の間，ファンを何台かと，その他の負荷を10 kW分だけ停止することにした。ファンは最低何台停止させる必要があるか，次の(1)～(5)のうちから一つ選べ。

　　なお，この工場の負荷は全て管理されており，負荷の増減は無いものとする。

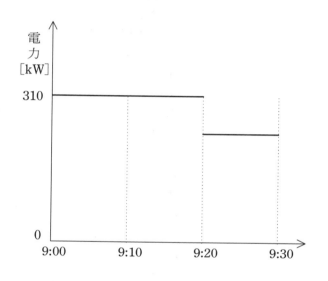

(1) 0　　　　(2) 2　　　　(3) 4　　　　(4) 6　　　　(5) 8

問 10 の解答　　出題項目＜デマンドレスポンス＞　　答え（3）

この工場では，9：00～9：30 の 30 分間（1/2 h）の平均電力を 300 kW 未満に抑えることとしている。

9：20～9：30 の 10 分間（1/6 h）の使用電力を P[kW] として，9：00～9：30 の 30 分間の使用電力の推移を示すと，**図 10-1** のように表せる。なお，図中の ΔP[kW] は 9：20～9：30 の 10 分間（1/6 h）に抑制すべき電力である。

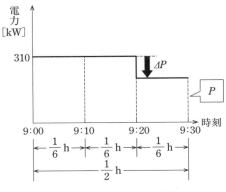

図 10-1　工場での電力の推移

9：00～9：30 の 30 分間（1/2 h）の電力量には，次の関係が成立しなければならない。

$$\underbrace{310\times\frac{1}{6}+310\times\frac{1}{6}+P\times\frac{1}{6}}_{\text{使用電力量}}<\underbrace{300\times\frac{1}{2}}_{\text{限界電力量}}$$

$$(310\times2+P)\times\frac{1}{6}<300\times\frac{1}{2}$$

$$620+P<900$$

$$\therefore\ P<280[\text{kW}]$$

したがって，9：20～9：30 の間，抑制すべき電力 ΔP の値は，

$$\Delta P>310-280=30[\text{kW}]$$

9：20～9：30 の間，停止すべき負荷を換気用のファン（5.5 kW）n 台とその他の負荷 10 kW とすると，

$$5.5n+10>30$$

$$\therefore\ n>\frac{30-10}{5.5}=\frac{20}{5.5}\fallingdotseq3.64\ \rightarrow\ 4(台)$$

よって，停止させるべき換気用のファンの最低台数は 4 台となる。

解説

本問は，デマンド監視の重要性を認識させる計算問題である。デマンド監視は，工場やビル等の電力の使用状況を連続的に監視して，最大需要電力（デマンド値）を予測し，あらかじめ設定した目標値を超過しそうになると警報を発信する。

警報が出た場合，需要者側で一部の負荷設備を停止することによって最大需要電力を抑制して，契約電力を下げることができる。

本問の計算に当たっては，単位が「分[min]」で表されているが，「時間[h]」に置き換えることによって電力量[kW・h]の計算が容易になる。

Point 従来は，日負荷曲線にまつわる計算問題が多数出題されていた。本問は，デマンド監視の結果を反映して使用電力を抑制するといった新傾向の問題で，今後も再出題される可能性は高い。

理論　電力　機械　**法規**

令和5（2023）上期

令和5（2023）下期

選抜90問

選抜85問

選抜90問

選抜65問

B 問 題

（問11及び問12の配点は1問題当たり(a)6点，(b)7点，計13点，問13の配点は(a)7点，(b)7点，計14点）

問11 出題分野＜電気施設管理＞　　難易度 ★★★　重要度 ★★★

　ある事業所内におけるA工場及びB工場の，それぞれのある日の負荷曲線は図のようであった。それぞれの工場の設備容量が，A工場では400 kW，B工場では700 kWであるとき，次の(a)及び(b)の問に答えよ。

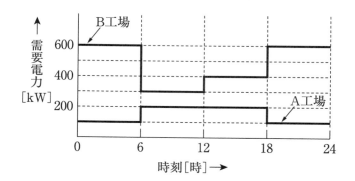

（a）　A工場及びB工場を合わせた需要率の値[%]として，最も近いものを次の(1)～(5)のうちから一つ選べ。

　　（1）　54.5　　　（2）　56.8　　　（3）　63.6　　　（4）　89.3　　　（5）　90.4

（b）　A工場及びB工場を合わせた総合負荷率の値[%]として，最も近いものを次の(1)～(5)のうちから一つ選べ。

　　（1）　56.8　　　（2）　63.6　　　（3）　78.1　　　（4）　89.3　　　（5）　91.6

問 11 （ a ）の解答　出題項目＜需要率・不等率＞　答え　（3）

A 工場および B 工場を合わせた負荷曲線を図 **11-1** に示す。この図の最大需要電力から需要率を計算する。

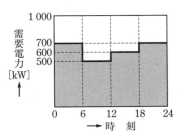

図 11-1　合成需要電力

最大需要電力は，0〜6 時および 18〜24 時に発生しており，700 kW である。

また，題意から A 工場および B 工場それぞれの設備容量を合わせた総負荷設備容量は，

$$400 + 700 = 1\,100\,[\text{kW}]$$

である。需要率は，次式で表される。

$$需要率 = \frac{最大需要電力[\text{kW}]}{総負荷設備容量[\text{kW}]} \times 100\,[\%] \qquad ①$$

①式より需要率を計算すると，

$$需要率 = \frac{700}{1\,100} \times 100 = 63.636 \fallingdotseq 63.6\,[\%]$$

問 11 （ b ）の解答　出題項目＜需要率・不等率＞　答え　（4）

図 11-1 から平均需要電力を計算する。

平均需要電力は，図 11-1 の網掛部面積（単位 kW·h）を 1 日の時間（24h）で割った値である。

各時間の面積を計算する。

① 0〜6 時

$$W_{0-6} = 700 \times 6 = 4\,200\,[\text{kW·h}]$$

② 6〜12 時

$$W_{6-12} = 500 \times 6 = 3\,000\,[\text{kW·h}]$$

③ 12〜18 時

$$W_{12-18} = 600 \times 6 = 3\,600\,[\text{kW·h}]$$

④ 18〜24 時

$$W_{18-24} = 700 \times 6 = 4\,200\,[\text{kW·h}]$$

よって，平均需要電力 P_a は，

$$P_\text{a} = \frac{W_{0-6} + W_{6-12} + W_{12-18} + W_{18-24}}{24}$$

$$= \frac{4\,200 + 3\,000 + 3\,600 + 4\,200}{24}$$

$$= 625\,[\text{kW}]$$

となる。負荷率は，次式で表される。

$$負荷率 = \frac{平均需要電力[\text{kW}]}{最大需要電力[\text{kW}]} \times 100\,[\%] \quad ②$$

②式より負荷率を計算すると，

$$負荷率 = \frac{625}{700} \times 100 = 89.286 \fallingdotseq 89.3\,[\%]$$

解説

本問は，二つの需要家に対する「需要率」，「負荷率」に関する問題である。いずれも①式，②式を覚えていれば解答できる。

過去には，もう一つ「不等率」に関する問題が多く出題されており，次式で表される。

$$不等率 = \frac{最大需要電力の総和[\text{kW}]}{合成最大需要電力[\text{kW}]} \qquad ③$$

③式の「最大需要電力の総和」とは，各需要家それぞれの最大需要電力を加えたもので，「合成最大需要電力」とは，各需要家を統括した最大需要電力である。

本問の不等率を求めてみる。最大需要電力の総和は，問題図より，

$$200（A 工場）+ 600（B 工場）= 800\,[\text{kW}]$$

である。また，合成最大需要電力は，図 12-1 により，700 kW である。

よって，③式より不等率を計算すると，

$$不等率 = \frac{800}{700} \fallingdotseq 1.14$$

Point　①〜③式は，公式として覚えておく。

[類題]　平成 26 年度（問 12）に全く同じ問題が出題されている。

問 12　出題分野＜電技解釈，電気施設管理＞　難易度 ★★★　重要度 ★★☆

　図は三相3線式高圧電路に変圧器で結合された変圧器低圧側電路を示したものである。低圧側電路の一端子にはB種接地工事が施されている。この電路の一相当たりの対地静電容量をCとし接地抵抗をR_Bとする。

　低圧側電路の線間電圧200 V，周波数50 Hz，対地静電容量Cは0.1 μFとして，次の（a）及び（b）の問に答えよ。

　ただし，

　　（ア）　変圧器の高圧電路の1線地絡電流は5 Aとする。

　　（イ）　高圧側電路と低圧側電路との混触時に低圧電路の対地電圧が150 Vを超えた場合は1.3秒で自動的に高圧電路を遮断する装置が設けられているものとする。

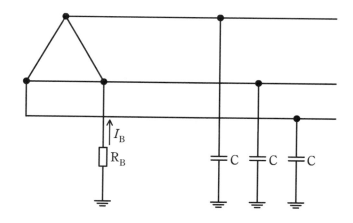

（a）　変圧器に施された，接地抵抗R_Bの抵抗値について「電気設備技術基準の解釈」で許容されている上限の抵抗値[Ω]として，最も近いものを次の（1）～（5）のうちから一つ選べ。

　　（1）　20　　　　（2）　30　　　　（3）　40　　　　（4）　60　　　　（5）　100

（b）　接地抵抗R_Bの抵抗値を10 Ωとしたときに，R_Bに常時流れる電流I_Bの値[mA]として，最も近いものを次の（1）～（5）のうちから一つ選べ。

　　　　ただし，記載以外のインピーダンスは無視するものとする。

　　（1）　11　　　　（2）　19　　　　（3）　33　　　　（4）　65　　　　（5）　192

問 12 （a）の解答　出題項目＜17条＞　　答え （4）

高圧電路と低圧電路を結合する変圧器の低圧側電路の一端子に施す B 種接地抵抗値 R_B は，当該変圧器の高圧側電路と低圧側電路との混触により，低圧側電路の対地電圧が **150 V を超えた場合に 1 秒を超え 2 秒以内に，自動的に高圧電路を遮断する装置を設ける場合**は次式で計算する。

ただし，I_g は 1 線地絡電流[A]である。

$$R_B \leqq \frac{300}{I_g} = \frac{300}{5} = 60 [\Omega]$$

解説

B 種接地抵抗値の計算式は，電技解釈第 17 条（接地工事の種類及び施設方法）に規定された式を用いている。法規独特の式であるが，出題の常連である。

B 種接地抵抗値 R_B は，通常 $R_B \leqq \dfrac{150}{I_g}$ である。ただし，低圧電路の対地電圧が 150 V を超えた場合に，1 秒を超え 2 秒以内に自動遮断する場合は $R_B \leqq \dfrac{300}{I_g}$，1 秒以内に自動遮断する場合は $R_B \leqq \dfrac{600}{I_g}$ と規定されている。

問 12 （b）の解答　出題項目＜接地抵抗電流＞　　答え （1）

R_B に常時流れる電流 I_B を求めるのに，テブナンの定理を使用すると，**図 12-1** のように表すことができる。

ここで，E は開放電圧で，低圧電路の線間電圧を V[V]とすると，$E = \dfrac{V}{\sqrt{3}}$[V]（対地電圧）である。この等価回路は，周波数を f[Hz]とすると **図 12-2** のように表せる。

この回路より I_B を求めると，

$$\dot{I}_B = \frac{\dfrac{\dot{V}}{\sqrt{3}}}{R_B + \dfrac{1}{j3(2\pi f C)}} [A]$$

$$I_B = \frac{\dfrac{V}{\sqrt{3}}}{\sqrt{R_B{}^2 + \left(\dfrac{1}{6\pi f C}\right)^2}}$$

$$= \frac{\dfrac{200}{\sqrt{3}}}{\sqrt{10^2 + \left(\dfrac{1}{6\pi \times 50 \times 0.1 \times 10^{-6}}\right)^2}}$$

$$\fallingdotseq \frac{\dfrac{200}{\sqrt{3}}}{10\,610.3} \fallingdotseq 0.010\,9 [A] \quad \rightarrow \quad 11\,\text{mA}$$

解説

テブナンの定理を用いた地絡電流計算の代表的な形態で解くことができる。高圧と低圧との混触が発生していないも関わらず，漏えい電流が流れる意外性のある問題である。

[類題]　令和元年度(問 13)に全く同じ問題が出題されている。

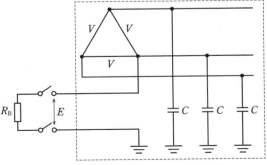

図 12-1　テブナンの定理による回路

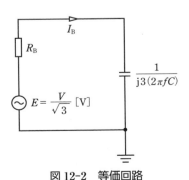

図 12-2　等価回路

問 13　出題分野＜電技解釈＞　　難易度 ★★★　重要度 ★★★

　人家が多く連なっている場所以外の場所であって，氷雪の多い地方のうち，海岸地その他の低温季に最大風圧を生じる地方に設置されている公称断面積 60 mm²，仕上り外径 15 mm の 6 600 V 屋外用ポリエチレン絶縁電線（6 600 V OE）を使用した高圧架空電線路がある。この電線路の電線の風圧荷重について「電気設備技術基準の解釈」に基づき，次の（a）及び（b）の問に答えよ。

　ただし，電線に対する甲種風圧荷重は 980 Pa，乙種風圧荷重の計算で用いる氷雪の厚さは 6 mm とする。

（a）　低温季において電線1条，長さ1m 当たりに加わる風圧荷重の値[N]として，最も近いものを次の（1）～（5）のうちから一つ選べ。

　　（1）　10.3　　　（2）　13.2　　　（3）　14.7　　　（4）　20.6　　　（5）　26.5

（b）　低温季に適用される風圧荷重が乙種風圧荷重となる電線の仕上り外径の値[mm]として，最も大きいものを次の（1）～（5）のうちから一つ選べ。

　　（1）　10　　　（2）　12　　　（3）　15　　　（4）　18　　　（5）　21

問 13（a）の解答　出題項目＜58条＞　　答え（3）

風圧荷重の適用区分は，「電気設備技術基準の解釈」第58条（架空電線路の強度検討に用いる荷重）第1項より，表13-1に示すとおりである。

表 13-1　風圧荷重の適用区分

季節	地方		適用する風圧荷重
高温季	全ての地方		甲種風圧荷重
低温季	氷雪の多い地方	海岸地その他の低温季に最大風圧を生じる地方	甲種風圧荷重又は乙種風圧荷重のいずれか大きいもの
		上記以外の地方	乙種風圧荷重
	氷雪の多い地方以外の地方		丙種風圧荷重

人家が多く連なっている場所以外であって，氷雪の多い地方のうち，海岸その他の低温季に最大風圧を生じる地方では，**低温季には甲種風圧荷重又は乙種風圧荷重のいずれかの大きいもの**が適用される。

① 甲種風圧荷重の算出

甲種風圧荷重

$$= 980[\text{Pa}] \times 垂直投影面積[\text{m}^2]$$

$$= 980[\text{Pa}] \times (仕上がり外径 \times 1)[\text{m}^2]$$

$$= 980 \times (15 \times 10^{-3} \times 1) = 14.7[\text{N}]$$

② 乙種風圧荷重の算出

乙種風圧荷重

$$= 490[\text{Pa}] \times 垂直投影面積[\text{m}^2]$$

$$= 490[\text{Pa}] \times (外径 \times 1)[\text{m}^2]$$

$$= 490 \times (27 \times 10^{-3} \times 1) = 13.23[\text{N}]$$

③ 適用すべき風圧荷重

乙種風圧荷重は 13.23 N で甲種風圧荷重の 14.7 N の方が大きいのでこれを採択する。

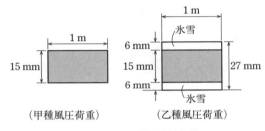

図 13-1　垂直投影断面積

問 13（b）の解答　出題項目＜58条＞　　答え（2）

低温季に適用される風圧荷重が乙種風圧荷重となる電線の仕上がり外径を $D[\text{mm}]$ とすると，**図 13-2** より次式が成立する。

$$980[\text{Pa}] \times 甲種の垂直投影面積[\text{m}^2]$$

$$\leqq 490[\text{Pa}] \times 乙種の垂直投影面積[\text{m}^2]$$

$$980 \times (D \times 10^{-3} \times 1) \leqq 490 \times \{(D+12) \times 10^{-3} \times 1\}$$

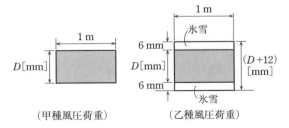

（甲種風圧荷重）　　　（乙種風圧荷重）

図 13-2　垂直投影断面積

$$2D \leqq D + 12$$

$$\therefore \ D \leqq 12[\text{mm}]$$

したがって，最も大きい電線の仕上がり外径は 12 mm となる。

解説 ▶

問題文のうち，「低温季に適用される風圧荷重が乙種風圧荷重となる」の部分の意味合いは，電線の仕上がり外径 $D[\text{mm}]$ の値次第で甲種風圧荷重 ≦ 乙種風圧荷重となることを示唆している。これに気づくことが，本問を解くに当たって特に重要となる。

Point 電線に対する甲種風圧荷重は 980 Pa，乙種風圧荷重は 490 Pa である。また，$[\text{Pa}] \times [\text{m}^2] = [\text{N}]$ の形で単位を追うと計算できる。

[類題]　平成 30 年度（問 11）に全く同じ問題が出題されている。

理論 | 令和5年度（2023年度）下期

A 問題 （配点は1問題当たり5点）

問1　出題分野＜静電気＞

難易度 ★★★　重要度 ★★★

極板間が比誘電率 ε_r の誘電体で満たされている平行平板コンデンサに一定の直流電圧が加えられている。このコンデンサに関する記述 a～e として，誤っているものの組合せを次の（1）～（5）のうちから一つ選べ。

ただし，コンデンサの端効果は無視できるものとする。

a. 極板間の電界分布は ε_r に依存する。

b. 極板間の電位分布は ε_r に依存する。

c. 極板間の静電容量は ε_r に依存する。

d. 極板間に蓄えられる静電エネルギーは ε_r に依存する。

e. 極板上の電荷（電気量）は ε_r に依存する。

（1）a, b　　　（2）a, e　　　（3）b, c　　　（4）a, b, d　　　（5）c, d, e

問 1 の解答　出題項目＜平行板コンデンサ＞　　答え（1）

a.　誤。距離 d[m]の極板間に一定電圧 V[V]が加えられている場合，コンデンサの端効果が無視できるので極板間の**電界の強さ E は一定**になり，

$$E = \frac{V}{d}\,[\text{V/m}]$$

したがって，電界分布は ε_r には依存しない。

b.　誤。等電位面は極板に平行な面になり，**電位は極板からの距離に依存する**が，ε_r には依存しない。

c.　正。極板面積 A[m^2]，真空の誘電率を ε_0[F/m]とすると，静電容量 C は，

$$C = \varepsilon_0 \varepsilon_r \frac{A}{d}\,[\text{F}]$$

したがって，静電容量は ε_r に依存する。

d.　正。静電エネルギー W は，

$$W = \frac{1}{2}CV^2\,[\text{J}]$$

C が ε_r に依存するので静電エネルギーも ε_r に依存する。

e.　正。電荷 Q は，

$$Q = CV\,[\text{C}]$$

C が ε_r に依存するので電荷も ε_r に依存する。

解説 ･･････････････････････････････

一様な誘電体で満たされた極板間において，極板間の電圧が一定の場合，電界の強さは一定で誘電率に依存しないが電束密度（極板の電荷密度と同値）は誘電率に依存する。一方，極板の電荷が一定の場合，電束密度は一定で誘電率に依存しないが，電界の強さは誘電率に依存する。依存関係は条件により変わるので要注意である。

Point 端効果を無視→電界は一様

[類題]　平成 25 年度（問 1）に全く同じ問題が出題されている。

問 2　出題分野＜静電気＞　　　難易度 ★★★　重要度 ★★★

次の文章は，帯電した導体球に関する記述である。

真空中で導体球 A 及び B が軽い絶縁体の糸で固定点 O からつり下げられている。真空の誘電率を ε_0 [F/m]，重力加速度を g[m/s²]とする。A 及び B は同じ大きさと質量 m[kg]をもつ。糸の長さは各導体球の中心点が点 O から距離 l[m]となる長さである。

まず，導体球 A 及び B にそれぞれ電荷 Q[C]，$3Q$ [C]を与えて帯電させたところ，静電力による　(ア)　が生じ，図のように A 及び B の中心点間が d[m]離れた状態で釣り合った。ただし，導体球の直径は d に比べて十分に小さいとする。このとき，個々の導体球において，静電力 $F=$　(イ)　[N]，重力 mg[N]，糸の張力 T[N]，の三つの力が釣り合っている。三平方の定理より $F^2+(mg)^2=T^2$ が成り立ち，張力の方向を考えると $\dfrac{F}{T}$ は $\dfrac{d}{2l}$ に等しい。これらより T を消去し整理すると，d が満たす式として，

$$k\left(\frac{d}{2l}\right)^3=\sqrt{1-\left(\frac{d}{2l}\right)^2}$$

が導かれる。ただし，係数 $k=$　(ウ)　である。

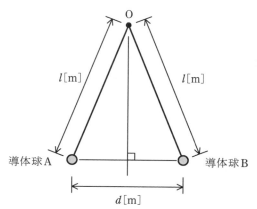

次に，A と B とを一旦接触させたところ AB 間で電荷が移動し，同電位となった。そして A と B とが力の釣合いの位置に戻った。接触前に比べ，距離 d は　(エ)　した。

上記の記述中の空白箇所(ア)～(エ)に当てはまる組合せとして，正しいものを次の(1)～(5)のうちから一つ選べ。

	(ア)	(イ)	(ウ)	(エ)
(1)	反発力	$\dfrac{3Q^2}{4\pi\varepsilon_0 d^2}$	$\dfrac{16\pi\varepsilon_0 l^2 mg}{3Q^2}$	増加
(2)	吸引力	$\dfrac{Q^2}{4\pi\varepsilon_0 d^2}$	$\dfrac{4\pi\varepsilon_0 l^2 mg}{Q^2}$	増加
(3)	反発力	$\dfrac{3Q^2}{4\pi\varepsilon_0 d^2}$	$\dfrac{4\pi\varepsilon_0 l^2 mg}{Q^2}$	増加
(4)	反発力	$\dfrac{Q^2}{4\pi\varepsilon_0 d^2}$	$\dfrac{16\pi\varepsilon_0 l^2 mg}{3Q^2}$	減少
(5)	吸引力	$\dfrac{Q^2}{4\pi\varepsilon_0 d^2}$	$\dfrac{4\pi\varepsilon_0 l^2 mg}{Q^2}$	減少

問2の解答　出題項目＜クーロンの法則＞　　　　　答え（1）

導体球 A 及び B にそれぞれ電荷 Q[C]，$3Q$ [C]を与えて帯電させたところ，静電力による**反発力**が生じ，問題図のように A 及び B の中心点間が d[m]離れた状態で釣り合った。このとき，個々の導体球において，静電力 $F = \dfrac{3Q^2}{4\pi\varepsilon_0 d^2}$[N]，重力 mg[N]，糸の張力 T[N]，の三つの力が釣り合っている。三平方の定理より $F^2 + (mg)^2 = T^2$ が成り立ち，張力の方向を考えると $\dfrac{F}{T}$ は $\dfrac{d}{2l}$ に等しい。これらより T を消去するために，次のように式変形する。

$$\frac{F}{T} = \frac{d}{2l} \quad \rightarrow \quad \frac{1}{T} = \frac{d}{2l}\frac{1}{F} \qquad \text{①}$$

$$F^2 + (mg)^2 = T^2 \quad \rightarrow \quad \frac{F^2 + (mg)^2}{T^2} = 1$$

$$\rightarrow \quad \left(\frac{d}{2l}\right)^2 \left\{ 1 + \left(\frac{mg}{F}\right)^2 \right\} = 1$$

$$\rightarrow \quad \left(\frac{d}{2l}\right)^2 \left\{ 1 + \left(\frac{4\pi\varepsilon_0 mg d^2}{3Q^2}\right)^2 \right\} = 1$$

$$\rightarrow \quad \left(\frac{d}{2l}\right)^2 \left\{ 1 + \left(\frac{4\pi\varepsilon_0 mg (2l)^2}{3Q^2}\right)^2 \left(\frac{d}{2l}\right)^4 \right\} = 1$$

$$\rightarrow \quad \left(\frac{d}{2l}\right)^2 + \left(\frac{d}{2l}\right)^6 \left(\frac{16\pi\varepsilon_0 mg l^2}{3Q^2}\right)^2 = 1$$

$$\rightarrow \quad \left(\frac{d}{2l}\right)^6 \left(\frac{16\pi\varepsilon_0 mg l^2}{3Q^2}\right)^2 = 1 - \left(\frac{d}{2l}\right)^2$$

$$\rightarrow \quad \left(\frac{16\pi\varepsilon_0 mg l^2}{3Q^2}\right)\left(\frac{d}{2l}\right)^3 = \sqrt{1 - \left(\frac{d}{2l}\right)^2}$$

ゆえに係数 k は次式となる。

$$k = \frac{16\pi\varepsilon_0 l^2 mg}{3Q^2}$$

次に，A と B とを一旦接触させたところ AB 間で電荷が移動し，同電位となった。これにより，A と B の電荷は等しくなり，それぞれ $2Q$ [C]となった。そして A と B とが力の釣り合いの位置に戻った。ここで，A 及び B の中心点間が d[m]のときの静電力を F' とすると，

$$F' = \frac{4Q^2}{4\pi\varepsilon_0 d^2} > F$$

なので，接触前の釣合いの位置よりもさらに広がり新たな釣合いの位置で安定した。したがって，接触前に比べ，距離 d は**増加**した。

解説 ▶‥‥‥‥‥‥‥‥‥‥‥‥‥‥‥‥‥‥

静電力は，同符号電荷間では反発力，異符号電荷間では吸引力となる。題意により，導体球の直径は d に比べ十分に小さいことから点電荷とみなすことができ，二つの点電荷間の静電力 F はクーロンの法則により求められる。

このとき，各電荷に働く静電力の大きさは，それぞれの電荷の電気量によらず等しい。

T を消去する式変形は，問題に与えられた「d が満たす式」の形に注目する。この式では $d/(2l)$ の項について整理されているので，①式より $1/T$ を $d/(2l)$ で表す。次に，$F^2 + (mg)^2 = T^2$ の両辺を T^2 で割った式に，①式を代入して T を消去する。そして，$d/(2l)$ 項の形を残したまま式変形を行う。

図 2-1 は，接触前の状態における導体球 A の力の釣合いを示す（B も同様）。静電力ベクトルと重力ベクトルのベクトル和と，糸の張力ベクトルが釣り合った位置で安定する。静電力ベクトルと重力ベクトルのなす角は直角なので，そのベ

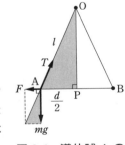

図 2-1　導体球 A の力の釣り合い

クトル和の大きさは三平方の定理で計算できる。①式は，二つの相似な直角三角形の辺の比から求められる。

Point 二つの点電荷間に働く静電力の大きさは，クーロンの法則に従う。静電力は，同符号電荷間では反発力，異符号電荷間では吸引力になる。

[類題] 平成 30 年度(問 1)に全く同じ問題が出題されている。

理論 電力 機械 法規 令和5(2023)上期 令和5(2023)下期 選抜90問 選抜85問 選抜90問 選抜65問

問3　出題分野＜電磁気＞　　　難易度 ★★★　重要度 ★★★

次の文章は，強磁性体の応用に関する記述である。

磁界中に強磁性体を置くと，周囲の磁束は，磁束が　(ア)　強磁性体の　(イ)　を通るようになる。このとき，強磁性体を中空にしておくと，中空の部分には外部の磁界の影響がほとんど及ばない。このように，強磁性体でまわりを囲んで，磁界の影響が及ばないようにすることを　(ウ)　という。

上記の記述中の空白箇所(ア)～(ウ)に当てはまる組合せとして，正しいものを次の(1)～(5)のうちから一つ選べ。

	(ア)	(イ)	(ウ)
(1)	通りにくい	内部	磁気遮へい
(2)	通りにくい	外部	磁気遮へい
(3)	通りにくい	外部	静電遮へい
(4)	通りやすい	内部	磁気遮へい
(5)	通りやすい	内部	静電遮へい

問3の解答　出題項目＜磁気遮蔽＞

答え　(4)

磁界中に強磁性体を置くと，周囲の磁束は，磁束が**通りやすい**強磁性体の**内部**を通るようになる。このとき，強磁性体を中空にしておくと，中空の部分には外部の磁界の影響がほとんど及ばない。このように，強磁性体でまわりを囲んで，磁界の影響が及ばないようにすることを**磁気遮へい**（磁気シールド）という。

なお，「静電遮へい」（静電シールド）とは，接地した導体などでまわりを囲んで，外部の静電力（クーロン力）の影響が及ばないようにすることをいう。

解説

磁界中に強磁性体を置くと，周囲の磁束の多くは，強磁性体の内部を通るようになる。そこで，強磁性体を中空にしておけば，中空の部分は外部の磁界の影響がほとんど及ばなくなる（**図 3-1**）。ただし，完全に遮へいすることは超伝導状態にする以外は通常，困難である。電流計等の指示電気計器は，外部磁界の影響を受けると誤差となるので，磁気遮へいが施されている。

補足　鉄を磁石に近づけると引きつけられる。これは，磁界中の鉄が磁石の性質を帯びるためである。物質が磁気的な性質を帯びることを**磁**

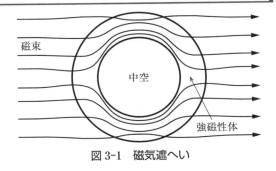

図 3-1　磁気遮へい

化といい，この現象を**磁気誘導**という。

比透磁率が 1 より大きな物質（空気，アルミニウム等）は**常磁性体**と呼ばれ，磁界中に置くと磁界と同じ向きにわずかに磁化される。また，比透磁率が 1 より非常に大きな物質（鉄，ニッケル等）は**強磁性体**と呼ばれ，磁界中に置くと磁界と同じ向きに強く磁化される。さらに，比透磁率が 1 より小さな物質（銅，銀等）は**反磁性体**と呼ばれ，磁界中に置くと磁界と逆向きにわずかに磁化される。

[類題]　令和 3 年度(問 3)に全く同じ問題が出題されている。

問 4 出題分野＜電磁気＞　　　　難易度 ★★☆　　重要度 ★★★

　図のように，透磁率 μ_0[H/m]の真空中に，無限に長い直線状導体 A と 1 辺 a[m]の正方形のループ状導体 B が距離 d[m]を隔てて置かれている。A と B は xz 平面上にあり，A は z 軸と平行，B の各辺は x 軸又は z 軸と平行である。A，B には直流電流 I_A[A]，I_B[A]が，それぞれ図示する方向に流れている。このとき，B に加わる電磁力として，正しいものを次の（1）～（5）のうちから一つ選べ。

　なお，xyz 座標の定義は，破線の枠内の図で示したとおりとする。

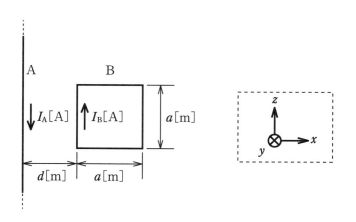

（1）　０N つまり電磁力は生じない

（2）　$\dfrac{\mu_0 I_A I_B a^2}{2\pi d(a+d)}$ [N]の $+x$ 方向の力

（3）　$\dfrac{\mu_0 I_A I_B a^2}{2\pi d(a+d)}$ [N]の $-x$ 方向の力

（4）　$\dfrac{\mu_0 I_A I_B a(a+2d)}{2\pi d(a+d)}$ [N]の $+x$ 方向の力

（5）　$\dfrac{\mu_0 I_A I_B a(a+2d)}{2\pi d(a+d)}$ [N]の $-x$ 方向の力

問 4 の解答　出題項目＜電流による磁界，電磁力＞　　答え　（2）

ループ状導体 B に働く力を**図 4-1** に示す。導体 B の四つの辺を P，Q，R，S とする。直線状導体 A の電流が作る導体 B 側の磁界の向きは，アンペアの右ねじの法則からマイナス y 方向（紙面裏面から表面に向かう方向）なので，導体 B の四辺に働く電磁力の向きは，フレミングの左手の法則からすべてループの内側を向く。

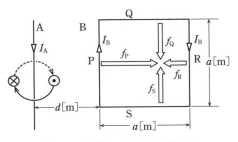

図 4-1　導体 B の各辺に働く力

ここで導体 Q と導体 S に働く電磁力 f_Q，f_S は，電流の向きが異なるのみで導体 A に対する位置関係は同じであるため，大きさが等しく反対向きであることがわかる。したがって，二つの力は打ち消し合い z 軸方向の合力は零になる。

導体 A から d[m]離れた地点（導体 P がある位置）の磁束密度 B_P は，

$$B_P = \frac{\mu_0 I_A}{2\pi d} [\mathrm{T}]$$

導体 P に働く電磁力 f_P は，

$$f_P = B_P I_B a = \frac{\mu_0 I_A I_B a}{2\pi d} [\mathrm{N}]$$

同様に導体 R の位置の磁束密度を B_R とすると，導体 R に働く電磁力 f_R は，

$$f_R = B_R I_B a = \frac{\mu_0 I_A I_B a}{2\pi (a+d)} [\mathrm{N}]$$

$f_P > f_R$ より，導体 P，R の電磁力の合力は $+x$ 軸方向で大きさが $f_P - f_R$[N]になる。

$$f_P - f_R = \frac{\mu_0 I_A I_B a}{2\pi d} - \frac{\mu_0 I_A I_B a}{2\pi (a+d)}$$

$$= \frac{\mu_0 I_A I_B a^2}{2\pi d(a+d)} [\mathrm{N}]$$

解 説

導体 Q と S に働く電磁力の値を計算するには，導体方向に磁束密度が変化するため積分の計算が必要になるが，二つの力が打ち消し合うことは容易にわかる。

[類題]　平成 25 年度（問 4）に全く同じ問題が出題されている。

理論
電力
機械
法規

令和
5
(2023)
上期

令和
5
(2023)
下期

選抜
90
問

選抜
85
問

選抜
90
問

選抜
65
問

問5 出題分野＜直流回路＞ 難易度 ★★★ 重要度 ★★★

図に示す直流回路は，100 V の直流電圧源に直流電流計を介して 10 Ω の抵抗が接続され，50 Ω の抵抗と抵抗 $R[\Omega]$ が接続されている。直流計は 5 A を示している。抵抗 $R[\Omega]$ で消費される電力の値[W]として，最も近いものを次の(1)～(5)のうちから一つ選べ。なお，電流計の内部抵抗は無視できるものとする。

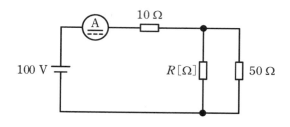

(1) 2 　　(2) 10 　　(3) 20 　　(4) 100 　　(5) 200

問5の解答　　出題項目＜抵抗直並列回路＞　　答え　（5）

　図5-1は，各抵抗の端子電圧と抵抗を流れる電流を示したものである（電流計は省略）。

　10 Ω の抵抗の端子電圧は 10×5＝50[V] なので，50 Ω の抵抗の端子電圧は 100−50＝50[V] となる。なお，矢印は電圧の向きを表す。

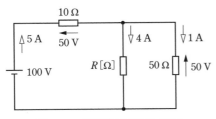

図5-1　各抵抗の電圧と電流

　また，オームの法則より 50 Ω の抵抗を流れる電流は，50/50＝1[A] となる。したがって，抵抗 R[Ω] を流れる電流は，5−1＝4[A] となる。

　抵抗 R[Ω] の端子電圧は 50 V であるから，抵抗 R[Ω] で消費される電力 P は，

$$P＝50×4＝200[W]$$

解説

　抵抗 R[Ω] は計算でき，50/4＝12.5[Ω] とわかるので，電力を抵抗値と電流から求めてもよい。

$$P＝12.5×4^2＝200[W]$$

　また，電力を電圧と抵抗値から求めてもよい。

$$P＝\frac{50^2}{12.5}＝200[W]$$

　平易な直流回路の問題なので，確実に正答したい。

Point 解答へのアプローチが複数あるときは，検算に活用する。

[類題]　令和元年度(問6)に全く同じ問題が出題されている。

問6　　出題分野＜直流回路＞　　　　　難易度 ★★☆　　重要度 ★★★

　図のような直流回路において，抵抗6Ωの端子間電圧の大きさ V の値[V]として，正しいものを次の（1）〜（5）のうちから一つ選べ。

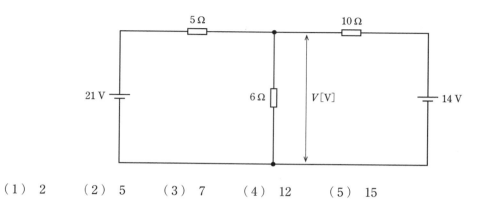

（1）　2　　　（2）　5　　　（3）　7　　　（4）　12　　　（5）　15

問6の解答　出題項目＜2電源・多電源＞　　　　答え　（4）

●キルヒホッフの法則を適用して解く。

図6-1のように，5Ω，6Ω，10Ωの抵抗に流れる電流それぞれI_1，I_2，I_3[A]，6Ωの抵抗の端子間電圧をV[V]と定めると，次の①〜③式が成り立つ。

$$I_1 = \frac{21-V}{5} \quad \cdots\cdots①$$

$$I_2 = \frac{V}{6} \quad \cdots\cdots②$$

$$I_3 = \frac{14-V}{10} \quad \cdots\cdots③$$

また，キルヒホッフの第1法則（電流則）より，次の④式が成立する。

$$I_1 + I_3 = I_2 \quad \cdots\cdots④$$

④式に①〜③式を代入すると，

$$\frac{21-V}{5} + \frac{14-V}{10} = \frac{V}{6}$$

この式の両辺を30倍して整理すると，

$$6(21-V)+3(14-V)=5V$$

$$\therefore \quad V=12[\text{V}]$$

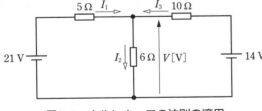

図6-1　キルヒホッフの法則の適用

【別 解①】ミルマンの定理を適用して解く。

問題図を図6-2のように書き換える。抵抗6Ωの端子間電圧の大きさV[V]は，ミルマンの定理より，

$$V = \frac{\dfrac{21}{5}+\dfrac{0}{6}+\dfrac{14}{10}}{\dfrac{1}{5}+\dfrac{1}{6}+\dfrac{1}{10}} = \frac{168}{14} = 12[\text{V}]$$

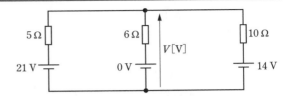

図6-2　ミルマンの定理の適用

【別 解②】テブナンの定理を適用して解く。

抵抗6Ωを取り外した端子間から見た回路内部の合成抵抗R_0[Ω]は，

$$R_0 = \frac{5\times10}{5+10} = \frac{50}{15} = \frac{10}{3}[\Omega]$$

抵抗6Ωを取り外した端子間の電圧V_0[V]は，

$$V_0 = 21-5\times\frac{21-14}{5+10} = 21-\frac{7}{3} = \frac{56}{3}[\text{V}]$$

よって，問題図の抵抗6Ωに流れる電流I[A]は，

$$I = \frac{V_0}{R_0+6} = \frac{\dfrac{56}{3}}{\dfrac{10}{3}+6} = \frac{56}{10+18} = 2[\text{A}]$$

したがって，問題図の抵抗6Ωの端子間電圧の大きさV[V]は，$(6\times2=)12$ V である。

解説

本問は重ね合わせの理を適用して解くこともできるが，計算が非常に煩雑となるので，試験時間を考えると現実的ではない。

ミルマンの定理は，ほとんど使用する機会はないが，覚えておくと，ごく簡単に問題が解ける場合がある。

[類題]　平成15年度(問5)に全く同じ問題が出題されている。

問7　出題分野＜直流回路＞　難易度 ★★★　重要度 ★★★

　図のように，抵抗，切換スイッチS及び電流計を接続した回路がある。この回路に直流電圧100 V を加えた状態で，図のようにスイッチSを開いたとき電流計の指示値は2.0 Aであった。また，スイッチSを①側に閉じたとき電流計の指示値は2.5 A，スイッチSを②側に閉じたとき電流計の指示値は5.0 Aであった。このとき，抵抗rの値[Ω]として，正しいものを次の(1)～(5)のうちから一つ選べ。

　ただし，電流計の内部抵抗は無視できるものとし，測定誤差はないものとする。

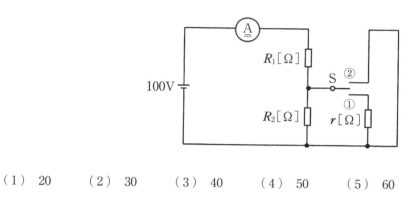

(1)　20　　　　(2)　30　　　　(3)　40　　　　(4)　50　　　　(5)　60

問8　出題分野＜単相交流＞　難易度 ★★☆　重要度 ★★★

　図のような交流回路において，電源の周波数を変化させたところ，共振時のインダクタンスLの端子電圧V_Lは314 Vであった。共振周波数の値[kHz]として，正しいものを次の(1)～(5)のうちから一つ選べ。

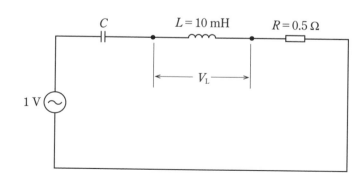

(1)　2.0　　　　(2)　2.5　　　　(3)　3.0　　　　(4)　3.5　　　　(5)　5.0

理論　電力　機械　法規

令和**5**(2023)上期

令和**5**(2023)下期

選抜**90**問

選抜**85**問

選抜**90**問

選抜**65**問

問7の解答　出題項目<抵抗直並列回路>　　答え（5）

問題図の回路において，スイッチSの各状態における回路を**図7-1**に示す。

図7-1(c)より，

$$R_1 = \frac{100}{5} = 20\,[\Omega]$$

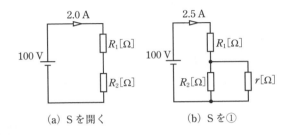

(a) Sを開く　　　(b) Sを①

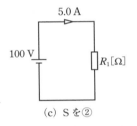

(c) Sを②

図7-1　Sの各状態における回路

図7-1(a)より，

$$R_1 + R_2 = \frac{100}{2} = 50\,[\Omega]$$

$$\therefore\ R_2 = 50 - 20 = 30\,[\Omega]$$

図7-1(b)より，

$$20 + \frac{30r}{30 + r} = \frac{100}{2.5} = 40\,[\Omega]$$

$$\frac{30r}{30 + r} = 20\ \rightarrow\ 3r = 60 + 2r$$

$$\therefore\ r = 60\,[\Omega]$$

解説

電源の電圧とスイッチの各状態における電流が既知なので，その回路の合成抵抗がわかる。これにより，三つの回路の抵抗に関する連立方程式が立つ。この問題では，(c)→(d)→(b)の順にR_1，R_2，rが順次決定できる。

[類題]　平成20年度(問6)に全く同じ問題が出題されている。

問8の解答　出題項目<共振，RLC直列回路>　　答え（2）

LとCは直列共振状態にあるので，回路のインピーダンスは，リアクタンス分が零となり，抵抗分のみとなる。

このとき，回路を流れる電流$I\,[\mathrm{A}]$の値は，

$$I = \frac{1}{0.5} = 2\,[\mathrm{A}]$$

電源の周波数を$f\,[\mathrm{Hz}]$とすると，Lの誘導性リアクタンス$X_\mathrm{L}\,[\Omega]$は，

$$X_\mathrm{L} = 2\pi f L$$

Lの端子電圧$V_\mathrm{L}\,[\mathrm{V}]$は，

$$V_\mathrm{L} = X_\mathrm{L} I = 4\pi f L$$

であるから，

$$f = \frac{V_\mathrm{L}}{4\pi L} = \frac{314}{4\pi \times (10 \times 10^{-3})}$$

$$\fallingdotseq 2\,500\,[\mathrm{Hz}] = 2.5\,[\mathrm{kHz}]$$

解説

LとCが直列共振状態にあるとき，LとCそれぞれの両端の電圧は，大きさが等しく位相が反転している。そのため，それぞれの電圧のベクトル和は零となる。このとき，抵抗には電源電圧が加わるので，等価的にはRのみの回路とみなせる。

共振周波数fは，Lのリアクタンスの大きさX_LとCのリアクタンスの大きさX_Cとが等しいとする式より求められる。

$$X_\mathrm{L} = X_\mathrm{C}\ \rightarrow\ 2\pi f L = \frac{1}{2\pi f C}$$

$$\therefore\ f = \frac{1}{2\pi \sqrt{LC}}$$

Point　直列共振時は，LとCの合成リアクタンスが零になる。

[類題]　平成9年度(問8)に全く同じ問題が出題されている。

問 9　出題分野＜単相交流＞　　難易度 ★★★　重要度 ★★★

次式に示す電圧 e[V]及び電流 i[A]による電力の値[kW]として，最も近いものを次の（1）～（5）のうちから一つ選べ。

$$e = 100 \sin \omega t + 50 \sin \left(3\omega t - \frac{\pi}{6}\right) \text{[V]}$$

$$i = 20 \sin \left(\omega t - \frac{\pi}{6}\right) + 10\sqrt{3} \sin \left(3\omega t + \frac{\pi}{6}\right) \text{[A]}$$

（1）　0.95　　　（2）　1.08　　　（3）　1.16　　　（4）　1.29　　　（5）　1.34

問9の解答　出題項目＜ひずみ波＞　　答え　（2）

電力は，同じ周波数（角周波数）の電圧と電流間に生じる。

角周波数 ω[rad/s]の正弦波交流の有効電力 P_1[W]の値は，電圧と電流の位相差（大きさ）が $\frac{\pi}{6}$[rad]あるので，

$$P_1 = \frac{100}{\sqrt{2}} \times \frac{20}{\sqrt{2}} \times \cos\frac{\pi}{6}$$

$$= 1\,000 \times \frac{\sqrt{3}}{2} \fallingdotseq 866[\mathrm{W}]$$

角周波数 3ω の正弦波交流の有効電力 P_2[W]の値は，電圧と電流の位相差（大きさ）が $\frac{\pi}{3}$[rad]あるので，

$$P_2 = \frac{50}{\sqrt{2}} \times \frac{10\sqrt{3}}{\sqrt{2}} \times \cos\frac{\pi}{3}$$

$$= 250\sqrt{3} \times \frac{1}{2} \fallingdotseq 217[\mathrm{W}]$$

したがって，このひずみ波の電力 P[W]の値は，

$$P = P_1 + P_2 = 866 + 217$$

$$= 1\,083[\mathrm{W}] \fallingdotseq 1.08[\mathrm{kW}]$$

解 説

角周波数 ω[rad/s]の電圧と電流間の位相差 θ_1 は，電圧を基準とすると，

$$\theta_1 = -\frac{\pi}{6} - 0 = -\frac{\pi}{6}[\mathrm{rad}]$$

であり，式中の負（マイナス）の符号は遅れ位相であることを示す。したがって，位相差（大きさ）は，$\pi/6$ である。

角周波数 3ω の電圧と電流間の位相差 θ_2 は，電圧を基準とすると，

$$\theta_2 = \frac{\pi}{6} - \left(-\frac{\pi}{6}\right) = \frac{\pi}{3}[\mathrm{rad}]$$

であり，符号は正（プラス）なので進み位相であることを示す。したがって，位相差（大きさ）は，$\pi/3$ である。

Point ひずみ波の電力は，同じ周波数の電圧と電流の間で生じる。

[**類題**]　平成 8 年度（問 11）にほぼ同じ問題が出題されている。

問10　出題分野＜過渡現象＞　難易度 ★★★　重要度 ★★★

　図のように，電圧 E[V] の直流電源，スイッチS，R[Ω] の抵抗及び静電容量 C[F] のコンデンサからなる回路がある。この回路において，スイッチSを1側に接続してコンデンサを十分に充電した後，時刻 $t=0$ s でスイッチSを1側から2側に切り換えた。2側に切り換えた以降の記述として，誤っているものを次の（1）〜（5）のうちから一つ選べ。

　ただし，自然対数の底は，2.718 とする。

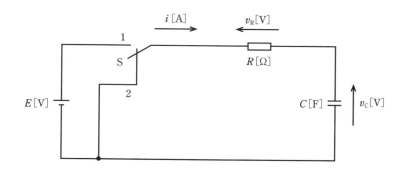

（1）　回路の時定数は，C の値 [F] に比例する。

（2）　コンデンサの端子電圧 v_C[V] は，R の値 [Ω] が大きいほど緩やかに減少する。

（3）　時刻 $t=0$ s から回路の時定数だけ時間が経過すると，コンデンサの端子電圧 v_C[V] は直流電源の電圧 E[V] の 0.368 倍に減少する。

（4）　抵抗の端子電圧 v_R[V] の値は負である。

（5）　時刻 $t=0$ s における回路の電流 i[A] は，C の値 [F] に関係する。

問 10 の解答　　出題項目＜*RC* 直列回路＞　　　　　　　　答え　（5）

（1）　正。この回路の時定数は $CR[\mathrm{s}]$ なので，時定数は C の値 $[\mathrm{F}]$ に比例する。

（2）　正。R の値が大きいほどコンデンサの放電電流を制限するため，コンデンサの放電時間は長くなる。このため，電荷は緩やかにコンデンサから出て行くので，コンデンサの端子電圧 v_C は R の値が大きいほど緩やかに減少する。

（3）　正。コンデンサの電圧 v_C は，次の指数関数で減少する（**図 10-1** 参照）。ただし，e は自然対数の底である。

$$v_\mathrm{C}=E\,\mathrm{e}^{-t/CR} \qquad\qquad ①$$

この式において，$t=CR$ を代入すると，

$$v_\mathrm{C}=E\,\mathrm{e}^{-1}=\frac{E}{2.718}\fallingdotseq 0.368E[\mathrm{V}]$$

（4）　正。充電時と放電時では抵抗を流れる電流の向きは逆になるので，v_R の値は負である。

（5）　誤。時刻 $t=0$ の電流 i は $E/R[\mathrm{A}]$ となるので，C の値には**関係しない**。

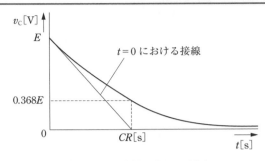

図 10-1　時定数と電圧の減少

解 説 ▶・・

放電時の変化は①式で表される。また，充電時の変化は次式で表される。

$$v_\mathrm{C}=E(1-\mathrm{e}^{-t/CR})[\mathrm{V}] \qquad\qquad ②$$

①式，②式は覚えておく価値はある。

[**類題**]　平成 28 年度（問 10）にほぼ同じ問題が出題されている。

理論
電力
機械
法規
令和 **5**（2023）上期
令和 **5**（2023）下期
選抜 **90** 問
選抜 **85** 問
選抜 **90** 問
選抜 **65** 問

問 11　　出題分野＜電子理論＞　　難易度 ★★★　　重要度 ★★★

　　FET は，半導体の中を移動する多数キャリアを　(ア)　電圧により生じる電界によって制御する素子であり，接合形と　(イ)　形がある。次の図記号は接合形の　(ウ)　チャネル FET を示す。

　　上記の記述中の空白箇所(ア)〜(ウ)に当てはまる組合せとして，正しいものを次の(1)〜(5)のうちから一つ選べ。

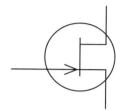

	(ア)	(イ)	(ウ)
(1)	ゲート	MOS	n
(2)	ドレイン	MSI	p
(3)	ソース	DIP	n
(4)	ドレイン	MOS	p
(5)	ゲート	DIP	n

A 問題 **169**

理論
電力
機械
法規

令和 **5** (2023) 上期

令和 **5** (2023) 下期

選抜 **90** 問

選抜 **85** 問

選抜 **90** 問

選抜 **65** 問

問 11 の解答　出題項目＜半導体・半導体デバイス＞　　答え　（1）

FET は，半導体の中を移動する多数キャリアを<u>ゲート電圧</u>により生じる電界によって制御する素子であり，接合形と **MOS 形**がある。問題図の図記号は接合形の <u>n</u> チャネル FET を示す。

解説

●接合形 FET

図 11-1 は，n チャネル接合形 FET の模式図である。接合形 FET は，図 11-1 ような pn 接合を持つ素子で，ドレーン (D)，ゲート (G)，ソース (S) の三端子を持つ。ソースとドレーン間のキャリアの通路をチャネルという。n チャネル接合形 FET では，ソース・ドレーン間が n 形半導体で構成されているので，多数キャリアである自由電子が電気伝導に寄与する。

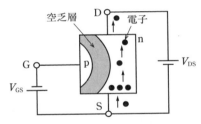

図 11-1　接合形 FET の模式図

接合形 FET は，次のように動作する。図 11-1 の向きに電圧を加えると，ゲート・ソース間は逆方向電圧のためゲートには電流が流れず，pn 接合付近には空乏層が広がりチャネルが狭くなる。これはキャリアの移動を妨げるため，結果としてドレーン電流が減少する。空乏層の厚みはゲート・ソース間に加えるゲート電圧 V_{GS} で変化するので，FET は，ゲート電圧でドレーン電流を制御する**電圧制御形素子**として働く。

● MOS 形 FET

図 11-2 は，n チャネル MOS 形 FET の模式図である。n チャネル MOS 形 FET は，p 形半導体基板に n 形半導体で作られたソース (S)，ドレーン (D) の電極があり，両電極間の基板上に絶縁層 (酸化膜) を挟んでゲート (G) の電極が設けられている。

n チャネル MOS 形 FET は，次のように動作する。図 11-2 のようにゲートに正の電圧が加わると，絶縁層を挟んだ向かい側の基板上に p 形半導体の少数キャリアである自由電子が引き寄せられ，見かけ上 n 形半導体と同等の性質を持つ層ができる。この部分を**反転層**という。反転層によりソース・ドレーン間は n チャネル層で結ばれ，多数キャリアである自由電子が移動することでドレーン電流が流れる。反転層が厚いほど多くのキャリアが移動できる。原理的に反転層の厚みはゲート電圧で制御できるので，MOS 形 FET はゲート電圧でドレーン電流を制御できる。

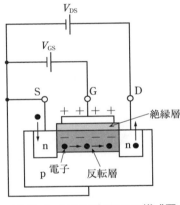

図 11-2　MOS 形 FET の模式図

n チャネル MOS 形 FET の図記号は，**図 11-3** となる。

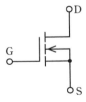

図 11-3　n チャネル MOS 形 FET の図記号

Point FET は，電圧制御形の素子である。

[類題]　平成 11 年度 (問 3) に全く同じ問題が出題されている。

問 12　出題分野＜電子理論＞　　　　難易度 ★★★　重要度 ★★★

次の文章は，真空中における電子の運動に関する記述である。

図のように，x 軸上の負の向きに大きさが一定の電界 E[V/m]が存在しているとき，x 軸上に電荷が $-e$[C]（e は電荷の絶対値），質量 m_0[kg]の１個の電子を置いた場合を考える。x 軸の正方向の電子の加速度を a[m/s²]とし，また，この電子に加わる力の正方向を x 軸の正方向にとったとき，電子の運動方程式は

$$m_0 a = \boxed{\text{（ア）}} \cdots\cdots ①$$

となる。①式から電子は等加速度運動をすることがわかる。したがって，電子の初速度を零としたとき，x 軸の正方向に向かう電子の速度 v[m/s]は時間 t[s]の $\boxed{\text{（イ）}}$ 関数となる。また，電子の走行距離 x_{dis}[m]は時間 t[s]の $\boxed{\text{（ウ）}}$ 関数で表される。さらに，電子の運動エネルギーは時間 t[s]の $\boxed{\text{（エ）}}$ で増加することがわかる。

ただし，電子の速度 v[m/s]はその質量の変化が無視できる範囲とする。

上記の記述中の空白箇所（ア）～（エ）に当てはまる組合せとして，正しいものを次の（１）～（５）のうちから一つ選べ。

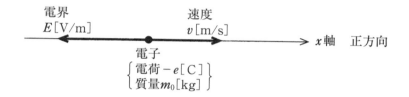

	（ア）	（イ）	（ウ）	（エ）
（１）	eE	一次	二次	1乗
（２）	$\dfrac{1}{2}eE$	二次	一次	1乗
（３）	eE^2	一次	二次	2乗
（４）	$\dfrac{1}{2}eE$	二次	一次	2乗
（５）	eE	一次	二次	2乗

問 12 の解答　　出題項目＜電界中の電子＞

問題図のように，x 軸上の負の向きに大きさが一定の電界 E[V/m]が存在しているとき，x 軸上に電荷が $-e$[C]，質量 m_0[kg]の 1 個の電子を置いた場合を考える。x 軸の正方向の電子の加速度を a[m/s²]とし，電子に加わる力の正方向を x 軸の正方向にとったとき，電子の運動方程式は，

$$m_0\, a = eE \tag{①}$$

①式から電子は等加速度運動をすることがわかる。電子の初速度を零としたとき，x 軸の正方向に向かう電子の速度 v[m/s]は，時間を t[s]とすると，$v = at$[m/s]なので，時間 t[s]の**一次**関数となる。また，電子の走行距離 x_{dis}[m]は，

$$x_{dis} = \frac{1}{2}at^2 \text{[m]}$$

なので，時間 t[s]の**二次**関数で増加する。さらに電子の運動エネルギー W[J]は，

$$W = \frac{1}{2}m_0 v^2 = \frac{m_0 a^2 t^2}{2}$$

なので，時間 t[s]の**2乗**で増加する。

解説 ▶

①式はニュートンの運動方程式であり，電子の運動に限らず一般の物体の運動に適用される。**図 12-1** のように，質量 m[kg]の物体に力 F[N]（F は物体に作用する力の合力でもよい）が加わると，物体は力の方向に加速度運動する。加速度を a[m/s²]とすると次式が成り立つ。

$$ma = F$$

これを運動方程式またはニュートンの第 2 法則という（第 1 法則は慣性の法則，第 3 法則は作用反作用の法則）。

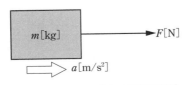

図 12-1　ニュートンの第 2 法則

加速度が一定の運動を等加速度運動といい，時間に伴い速度が一定の割合で変化する。加速度の大きさが a[m/s²]である物体の t[s]後の速さ v は，初速度を零（停止状態）とした場合，

$$v = at \text{[m/s]}$$

この関係を**図 12-2** に示す。

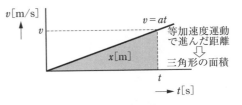

図 12-2　等加速度運動

速さ×時間は進んだ距離を表すので，図中の着色部の面積は，物体が等加速度運動したときの t[s]後の移動距離 x を表す。

$$x = \frac{1}{2}vt = \frac{1}{2}(at)t = \frac{1}{2}at^2 \text{[m]} \tag{②}$$

なお，加速度には速度が増加するイメージがあるが，負の加速度は減速を表す。例えば，電車がブレーキをかけると，電車は負の加速度運動をしながら減速し停止に至る。

補足 ▶

②式に質量が含まれていないことは，等加速度運動する物体の移動距離が質量に無関係であることを示している。例えば，地球が物体を引く力を重力加速度 $g = 9.8$[m/s²]と呼ぶが，地球上で質量の異なる二つの物体を同じ高さから同時に落とす（自由落下）と，二つの物体は同時に地面に着く（ただし，空気抵抗は考えないものとする）。

また，問題文ただし書きの意味は次のとおり。相対論（特殊相対性理論）によると運動する物体の質量は増加することがわかっているが，物体の速度が光速（3×10^8 m/s）に比べ無視できるほど小さい場合には，質量の増加は微小に留まるので，質量を一定として扱って差し支えない。

[類題]　平成 23 年度（問 12）に全く同じ問題が出題されている。

問 **13**　出題分野＜電子回路＞　難易度 ★★★　重要度 ★★★

　図に示すように二つの増幅器を縦続接続した回路があり，増幅器1の電圧増幅度は10である。今，入力電圧 v_i の値として 0.4 mV の信号を加えたとき，出力電圧 v_o の値は 0.4 V であった。増幅器2の電圧利得の値[dB]として，最も近いものを次の(1)～(5)のうちから一つ選べ。

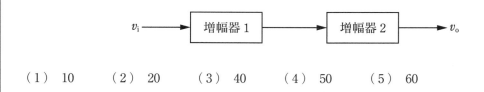

（1）　10　　　　（2）　20　　　　（3）　40　　　　（4）　50　　　　（5）　60

問 **14**　出題分野＜その他＞　難易度 ★★★　重要度 ★★★

　固有の名称をもつ SI 組立単位の記号と，これと同じ内容を表す他の表し方の組合せとして，誤っているものを次の(1)～(5)のうちから一つ選べ。

	SI 組立単位の記号	SI 組立単位及び SI 組立単位 による他の表し方
（1）	F	C/V
（2）	W	J/s
（3）	S	A/V
（4）	T	Wb/m²
（5）	Wb	V/s

理論　電力　機械　法規

令和5 (2023) 上期

令和5 (2023) 下期

選抜90問

選抜85問

選抜90問

選抜65問

問 13 の解答　　出題項目＜電圧利得・電力利得＞　　　　　答え　（3）

増幅器 1 の電圧増幅度を A_1，増幅器 2 の電圧増幅度を A_2，二つの増幅器を縦続接続した回路の電圧増幅度を A_{12} とすると，

$$A_{12} = \frac{v_o}{v_i} = \frac{0.4}{0.4 \times 10^{-3}} = 1\,000$$

$A_{12} = A_1 A_2$ であり，$A_1 = 10$ であるから，

$$A_2 = \frac{A_{12}}{A_1} = \frac{1\,000}{10} = 100$$

増幅器 2 の電圧利得 $G[\text{dB}]$ の値は，

$$\begin{aligned}
G &= 20 \log_{10} A_2 = 20 \log_{10} 100 \\
&= 20 \times 2 = 40[\text{dB}]
\end{aligned}$$

解説

増幅器の縦続接続では，増幅器 1 の出力 $A_1 v_i$ [V]を増幅器 2 の入力としているので，v_o[V]は $A_2 A_1 v_i$[V]となる。したがって，

$$A_{12} = \frac{v_o}{v_i} = A_1 A_2$$

電圧増幅度 A を電圧利得で表すには，$20 \log_{10} A$ を計算すればよい。

Point 増幅器を縦続接続した回路の電圧増幅度は，それぞれの増幅器の電圧増幅度の積となる。

[類題]　平成 12 年度(問 7)に全く同じ問題が出題されている。

問 14 の解答　　出題項目＜電気と磁気の単位＞　　　　　答え　（5）

（1）　正。静電容量[F]は電荷[C]/電圧[V]。

（2）　正。電力[W]は 1[s]間当たりの仕事[J]。

（3）　正。コンダクタンス(アドミタンス，サセプタンスも同様)[S]は電流[A]/電圧[V]。

（4）　正。磁束密度[T]は磁束と直交する平面 1[m²]当たりの磁束[Wb]。

（5）　誤。電磁誘導の関係式より，磁束[Wb]はインダクタンス[H]・電流[A]で表され，また，電圧[V]はインダクタンス[H]・電流[A]/時間[s]で表される。両関係式から[H]を消去すると，

$$[\text{Wb}] \rightarrow [\text{H}]\cdot[\text{A}] \rightarrow \{[\text{V}][\text{s}]/[\text{A}]\}\cdot[\text{A}] \\
\rightarrow [\text{V}][\text{s}] \rightarrow [\textbf{V}\cdot\textbf{s}]$$

解説

SI 単位系では 7 種類(m, kg, s, A, K, mol, cd)を基本単位としている。その他の単位はこの 7 種類により組み立てられた組立単位である。なお，組立単位の中には電荷[C]，電圧[V]，磁束[Wb]など，固有の名称を使うものも多くある。

[類題]　平成 30 年度(問 14)に全く同じ問題が出題されている。

B 問 題 （配点は 1 問題当たり(a)5 点，(b)5 点，計 10 点）

問 15 　出題分野＜三相交流＞　　　難易度 ★★★　重要度 ★★★

抵抗 R[Ω]，誘導性リアクタンス X[Ω]からなる平衡三相負荷(力率 80 %)に対称三相交流電源を接続した交流回路がある。次の(a)及び(b)の問に答えよ。

(a)　図 1 のように，Y 結線した平衡三相負荷に線間電圧 210 V の三相電圧を加えたとき，回路を流れる線電流 I は $\dfrac{14}{\sqrt{3}}$ A であった。負荷の誘導性リアクタンス X の値[Ω]として，正しいものを次の(1)～(5)のうちから一つ選べ。

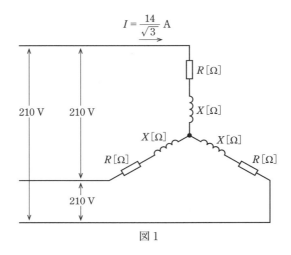

図 1

(1)　4　　　(2)　5　　　(3)　9　　　(4)　12　　　(5)　15

(b)　図 1 の各相の負荷を使って Δ 結線し，図 2 のように相電圧 200 V の対称三相電源に接続した。この平衡三相負荷の全消費電力の値[kW]として，最も近いものを次の(1)～(5)のうちから一つ選べ。

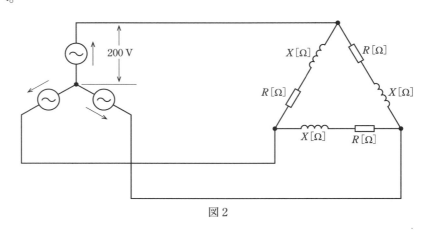

図 2

(1)　8　　　(2)　11.1　　　(3)　13.9　　　(4)　19.2　　　(5)　33.3

B 問題　175

理論 電力 機械 法規

令和 5 (2023) 上期

令和 5 (2023) 下期

選抜 90 問

選抜 85 問

選抜 90 問

選抜 65 問

問 15 （a）の解答　出題項目＜Y 接続＞　答え　（3）

線間電圧を V[V]，抵抗 R[Ω]と誘導性リアクタンス X[Ω]からなる負荷インピーダンスを Z[Ω]として，1 相分の等価回路を図 15-1 に示す。この負荷インピーダンス Z の値は，

$$Z = \frac{\frac{V}{\sqrt{3}}}{I} = \frac{\frac{210}{\sqrt{3}}}{\frac{14}{\sqrt{3}}} = 15[\Omega]$$

負荷の力率角を θ とすると，負荷インピーダンス Z と誘導性リアクタンス X の間には次式の関係がある。

$$\sin\theta = \frac{X}{Z}$$

よって，誘導性リアクタンス X の値は，題意より力率 $\cos\theta = 0.8$ なので，

$$X = Z\sin\theta = Z\sqrt{1 - \cos^2\theta}$$
$$= 15\sqrt{1 - 0.8^2} = 9[\Omega]$$

図 15-1　1 相分の等価回路

問 15 （b）の解答　出題項目＜YΔ 混合＞　答え　（4）

負荷抵抗 R の値は，

$$R = Z\cos\theta = 15 \times 0.8 = 12[\Omega]$$

Δ 結線負荷の抵抗 R，リアクタンス X を Y 結線負荷に変換した R'[Ω]，X'[Ω]の値は，

$$R' = \frac{R}{3} = \frac{12}{3} = 4[\Omega], \quad X' = \frac{X}{3} = \frac{9}{3} = 3[\Omega]$$

よって，問題図 2 の 1 相分の等価回路は，図 15-2 のようになる。

これより，線電流 I'[A]の値を求めると，

$$I' = \frac{E}{\sqrt{(R')^2 + (X')^2}} = \frac{200}{\sqrt{4^2 + 3^2}} = \frac{200}{5} = 40[A]$$

したがって，この三相負荷の全消費電力 P[kW]の値は，

$$P = 3I'^2 R' = 3 \times 40^2 \times 4$$
$$= 19\,200[W] = 19.2[kW]$$

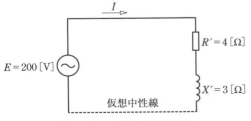

図 15-2　1 相分の等価回路

【別解】　この三相負荷の全消費電力 P は，以下のように求めることもできる。

線間電圧 $V' = 200\sqrt{3}$[V]，$I' = 40$[A]，力率 $\cos\theta = 0.8$ なので，

$$P = \sqrt{3}\,V'I'\cos\theta = \sqrt{3} \times 200\sqrt{3} \times 40 \times 0.8$$
$$= 19\,200[W] = 19.2[kW]$$

解　説

力率角を θ とすると，図 15-3 のように，負荷インピーダンス Z[Ω]と抵抗 R[Ω]，誘導性リアクタンス X[Ω]の間には次式の関係がある。

$$\cos\theta = \frac{R}{Z}, \quad \sin\theta = \frac{X}{Z}$$

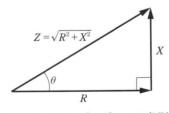

図 15-3　インピーダンス三角形

[類題]　平成 18 年度(問 15)に全く同じ問題が出題されている。

問 16　出題分野＜電気計測＞　｜難易度｜★★★　｜重要度｜★★★

　図のように，電源 E[V]，負荷抵抗 R[Ω]，内部抵抗 R_v[kΩ]の電圧計及び内部抵抗 R_a[Ω]の電流計を接続した回路がある。この回路において，電圧計及び電流計の指示値がそれぞれ V_1[V]，I_1[A]であるとき，次の（a）及び（b）の問に答えよ。ただし，電圧計と電流計の指示値の積を負荷抵抗 R[Ω]の消費電力の測定値とする。

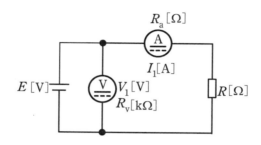

（a）　電流計の電力損失の値[W]を表す式として，正しいものを次の（1）～（5）のうちから一つ選べ。

（1）　$\dfrac{V_1^2}{R_a}$

（2）　$\dfrac{V_1^2}{R_a} - I_1^2 R_a$

（3）　$\dfrac{V_1^2}{R_v} + I_1^2 R_a$

（4）　$I_1^2 R_a$

（5）　$I_1^2 R_a - I_1^2 R_v$

（b）　今，負荷抵抗 $R = 320\,\Omega$，電流計の内部抵抗 $R_a = 4\,\Omega$ が分かっている。

　　　この回路で得られた負荷抵抗 R[Ω]の消費電力の測定値 $V_1 I_1$[W]に対して，R[Ω]の消費電力を真値とするとき，誤差率の値[%]として最も近いものを次の（1）～（5）のうちから一つ選べ。

（1）　0.3　　　（2）　0.8　　　（3）　0.9　　　（4）　1.0　　　（5）　1.2

問 16 の（a）の解答　出題項目＜電圧計・倍率器，電流計・分流器＞　答え　（4）

電流計の内部抵抗 $R_a[\Omega]$ に流れる電流は $I_1[A]$ なので，電流計の電力損失 $P_A[W]$ は，

$$P_A = I_1{}^2 R_a$$

解説

直流回路の消費電力は，電圧計の指示値 V_1 [V]と電流計の指示値 $I_1[A]$ の積から間接的に求めることができる。このとき，電流計と電圧計の接続方法には次の二通りがある。

図 16-1 のように接続した場合，電流計の指示値には，電圧計の内部抵抗 R_v に流れる電流が含まれる。このとき，電圧計と電流計の指示値の積による電力 P は，

$$P = V_1 I_1 = VI + \frac{V^2}{R_v}$$

この式の第 2 項が誤差となり，$R_v = \infty$ であれば正確な電力が求められるが，実際には R_v による誤差を生じる。

図 16-2 のように接続した場合，電圧計の指示値には，電流計の内部抵抗 R_a による電圧降下が含まれる。よって，電圧計と電流計の指示値の積による電力 P は，

$$P = V_1 I_1 = VI + I^2 R_a$$

この式の第 2 項が誤差となり，$R_a \fallingdotseq 0$ であれば正確な電力が求められるが，実際には R_a による誤差を生じる。

ここで，両者の誤差が等しくなる条件から，

$$\frac{V^2}{R_v} = I^2 R_a$$

$$\frac{V^2}{I^2} = R^2 = R_a R_v \qquad \therefore \ R = \sqrt{R_a R_v}$$

よって，$R < \sqrt{R_a R_v}$ の場合，図 16-1 の接続方法のほうが誤差は小さくなり，$R > \sqrt{R_a R_v}$ の場合，図 16-2 の接続方法のほうが誤差は小さくなる。このように，電圧計と電流計から間接的に電力を測定する場合には，負荷抵抗の値によってどちらかの接続方法を選ぶ必要がある。

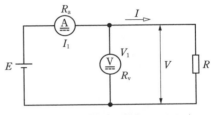

図 16-1　本問とは異なる接続方法

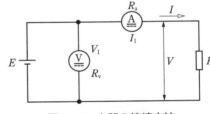

図 16-2　本問の接続方法

問 16 の（b）の解答　出題項目＜電圧計・倍率器，電流計・分流器，測定誤差＞　答え　（5）

誤差率 $\varepsilon[\%]$ は，真の値を T，測定値を M として，

$$\varepsilon = \frac{M - T}{T} \times 100[\%]$$

題意より，負荷抵抗 $R = 320[\Omega]$ の消費電力を真の値 T とするので，

$$T = RI_1{}^2 = 320 I_1{}^2$$

しかし，測定値 M には電流計の内部抵抗 $R_a = 4[\Omega]$ の電力損失が含まれるので，

$$M = 320 I_1{}^2 + 4 I_1{}^2 = 324 I_1{}^2$$

したがって，誤差率 ε は，

$$\varepsilon = \frac{324 I_1{}^2 - 320 I_1{}^2}{320 I_1{}^2} \times 100$$

$$= \frac{4}{320} \times 100 = 1.25[\%] \quad \rightarrow \quad 1.2 \%$$

補足　誤差を取り除く操作を補正という。補正は次式で定義される。

$$補正 = T - M$$

また，補正と測定値との比を補正率という。

[類題]　令和 3 年度(問 16)に全く同じ問題が出題されている。

問 17 及び問 18 は選択問題であり，問 17 又は問 18 のどちらかを選んで解答すること。両方解答すると採点されません。

（選択問題）

問 17　出題分野＜単相交流，三相交流＞　　難易度 ★★★　重要度 ★★★

図１の端子 a-d 間の合成静電容量について，次の（a）及び（b）の問に答えよ。

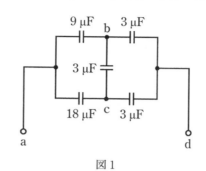

図 1

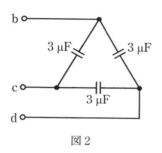

図 2

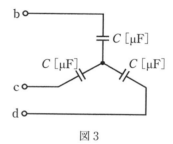

図 3

（a）　端子 b-c-d 間は図２のように Δ 結線で接続されている。これを図３のように Y 結線に変換したとき，電気的に等価となるコンデンサ C の値[μF]として，最も近いものを次の（1）〜（5）のうちから一つ選べ。

（1）　1.0　　　（2）　2.0　　　（3）　4.5　　　（4）　6.0　　　（5）　9.0

（b）　図３を用いて，図１の端子 b-c-d 間を Y 結線回路に変換したとき，図１の端子 a-d 間の合成静電容量 C_0 の値[μF]として，最も近いものを次の（1）〜（5）のうちから一つ選べ。

（1）　3.0　　　（2）　4.5　　　（3）　4.8　　　（4）　6.0　　　（5）　9.0

理論 | 電力 | 機械 | 法規

令和 5 (2023) 上期

令和 5 (2023) 下期

選抜 90 問

選抜 85 問

選抜 90 問

選抜 65 問

問 17 （a）の解答　　出題項目＜コンデンサ直並列回路，YΔ 混合＞　　答え　（5）

図 17-1 に示すインピーダンスの Δ-Y 変換では，$Z_\Delta = 3Z_Y$ が成り立つ。

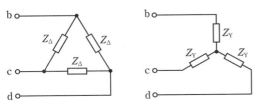

図 17-1　インピーダンスの Δ-Y 変換

回路の角周波数を ω[rad/s] とすると，問題図 2，3 から，

$$Z_\Delta = \frac{1}{3[\mu F]\omega}, \quad Z_Y = \frac{1}{\omega C[\mu F]}$$

ゆえに，

$$\frac{1}{3[\mu F]\omega} = \frac{3}{\omega C[\mu F]}$$

$$C = 3 \times 3[\mu F] = 9[\mu F] \quad \rightarrow \quad 9.0\,\mu F$$

【別解】　端子 b-c，c-d，d-b 間それぞれの合成静電容量が，問題図 2，3 相互で等しいことを利用する。三つの各端子間の静電容量は等しいので，そのうちの一組の端子について考える。

問題図 2 の端子 b-c 間の合成静電容量は，

$$3 + \frac{3 \times 3}{3 + 3} = 4.5[\mu F]$$

問題図 3 の端子 b-c 間の合成静電容量は，

$$C/2[\mu F]$$

両者は等しいので $C/2 = 4.5$ より，

$$C = 9[\mu F]$$

解説

平衡三相負荷の Δ-Y 変換を用いれば解答のように容易に計算できる。ただし，コンデンサの Δ-Y 変換は，インピーダンスの場合の逆数となるので要注意。三相回路においては，このようなコンデンサの Δ-Y 変換は頻出なので，誤解のないようにしたい。

補足　一般の Δ-Y 変換の関係式も別解と同様な方法で求めることができる（図 17-2 参照）。

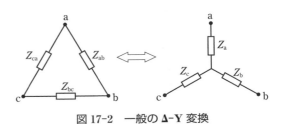

図 17-2　一般の Δ-Y 変換

＊ Δ→Y へ変換：$k = Z_{ab} + Z_{bc} + Z_{ca}$ とする。

$$Z_a = \frac{Z_{ca}Z_{ab}}{k}, \quad Z_b = \frac{Z_{ab}Z_{bc}}{k}, \quad Z_c = \frac{Z_{bc}Z_{ca}}{k} \quad ①$$

＊ Y→Δ へ変換：$m = Z_aZ_b + Z_bZ_c + Z_cZ_a$ とする。

$$Z_{bc} = \frac{m}{Z_a}, \quad Z_{ca} = \frac{m}{Z_b}, \quad Z_{ab} = \frac{m}{Z_c} \quad ②$$

①式において $Z_{ab} = Z_{bc} = Z_{ca} = Z_\Delta$ のとき，
$Z_a = Z_b = Z_c = \underline{Z_Y = Z_\Delta/3}$

②式において，$Z_a = Z_b = Z_c = Z_Y$ のとき，
$Z_{ab} = Z_{bc} = Z_{ca} = \underline{Z_\Delta = 3Z_Y}$

問 17 （b）の解答　　出題項目＜コンデンサ直並列回路，YΔ 混合＞　　答え　（3）

図 17-3 において，合成静電容量 C_0 を計算する。

a-e 間の合成静電容量は，

$$\frac{9 \times 9}{9 + 9} + \frac{18 \times 9}{18 + 9} = 4.5 + 6 = 10.5[\mu F]$$

$$C_0 = \frac{10.5 \times 9}{10.5 + 9} \fallingdotseq 4.85[\mu F] \quad \rightarrow \quad 4.8\,\mu F$$

解説

単に合成静電容量を求めればよい。

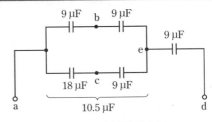

図 17-3　合成静電容量

[類題]　平成 27 年度(問 16)に全く同じ問題が出題されている。

（選択問題）

問 18　出題分野＜電子回路＞　　　難易度 ★★★　重要度 ★★☆

　図1は，飽和領域で動作する接合形FETを用いた増幅回路を示し，図中のv_i並びにv_oはそれぞれ，入力と出力の小信号交流電圧[V]を表す。また，図2は，その増幅回路で使用するFETのゲート-ソース間電圧V_{gs}[V]に対するドレーン電流I_d[mA]の特性を示している。抵抗R_G＝1 MΩ，R_D＝5 kΩ，R_L＝2.5 kΩ，直流電源電圧V_{DD}＝20 Vとするとき，次の（a）及び（b）の問に答えよ。

（a）　FETの動作点が図2の点Pとなる抵抗R_Sの値[kΩ]として，最も近いものを次の（1）～（5）のうちから一つ選べ。

（1）　0.1　　　（2）　0.3　　　（3）　0.5　　　（4）　1　　　（5）　3

（b）　図2の特性曲線の点Pにおける接線の傾きを読むことで，FETの相互コンダクタンスがg_m＝6 mSであるとわかる。この値を用いて，増幅回路の小信号交流等価回路をかくと図3となる。ここで，コンデンサC_1，C_2，C_Sのインピーダンスが使用する周波数で十分に小さいときを考えており，FETの出力インピーダンスがR_D[kΩ]やR_L[kΩ]より十分大きいとしている。この増幅回路の電圧増幅度$A_v=\left|\dfrac{v_o}{v_i}\right|$の値として，最も近いものを次の（1）～（5）のうちから一つ選べ。

（1）　10　　　（2）　30　　　（3）　50　　　（4）　100　　　（5）　300

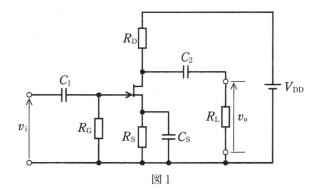

図1

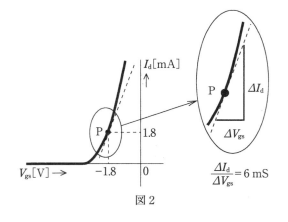

図2

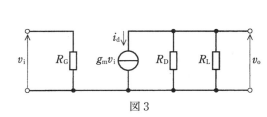

図3

問 18 （a）の解答　出題項目＜FET 増幅回路＞　答え（4）

動作点は直流回路で考えるため問題図中のコンデンサは不要となり，回路は図 18-1 となる。

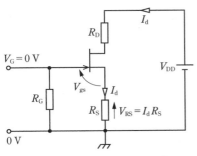

図 18-1　直流バイアス回路

FET はゲート電流が流れないので，R_G にも電流は流れず R_G の両端の電位差は零。したがって，ゲート電圧 V_G は 0 V。また，ドレーン電流 I_d はソース電流と等しいので，R_S を流れる電流は I_d と等しく，R_S の端子電圧 V_{RS} は，

$$V_{RS} = I_d R_S$$

また，$V_G = V_{gs} + V_{RS}$ なので，

$$0 = V_{gs} + I_d R_S$$

動作点 P での V_{gs} と I_d は問題図 2 より，$V_{gs} = -1.8[V]$，$I_d = 1.8[mA]$ なので上式に代入して，

$$0 = -1.8 + 1.8[mA] \times R_S[k\Omega]$$

$$R_S = \frac{1.8}{1.8} = 1[k\Omega]$$

解説

FET はゲート電圧でドレーン電流を制御する素子なので，ゲートには電流が流れない。このため，この回路ではゲート電圧が 0 V であること利用する。

問 18 （b）の解答　出題項目＜FET 増幅回路＞　答え（1）

小信号交流等価回路には問題図 3 を用いる。出力側の R_D，R_L の合成抵抗を R_O とすると，

$$R_O = \frac{R_D R_L}{R_D + R_L} = \frac{5 \times 2.5}{5 + 2.5} = \frac{5}{3}[k\Omega]$$

ゆえに，小信号交流等価回路は図 18-2 となる。

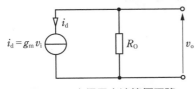

図 18-2　小信号交流等価回路

図より i_d は，

$$i_d = g_m v_i$$

i_d が図の向きの場合，出力 v_o は負になるので，

$$v_o = -R_O i_d = -R_O g_m v_i \qquad ①$$

電圧増幅度 A_v は，

$$A_v = \left| \frac{v_o}{v_i} \right| = |-R_O g_m| = R_O g_m$$

$$= \frac{5}{3}[k\Omega] \times 6[ms] = 10$$

解説

①式より出力 v_o は負になる。これは，入力と出力の位相が反転していることを示している。図 18-3 にこの増幅回路の動作原理を示す。動作点 P を中心に小信号交流入力 v_i を変化させると，この特性曲線からドレーン電流が点 P を中心に変化する。ひずみ無く入力に比例した出力が得られるためには，点 P の近傍で特性曲線が直線である必要がある。入力が小信号の場合は，点 P 近傍で直線とみなせるので，計算では直線近似した相互コンダクタンスを用いている。ドレーン電流の変化は出力抵抗を介して出力電圧として取り出す。

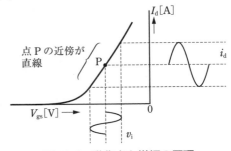

図 18-3　動作点と増幅の原理

また，飽和領域とは，ドレーン電流が飽和して，ドレーン-ソース間が定電流源とみなせる領域をいう。このため FET の出力インピーダンスは十分大きな値となる。

［類題］　平成 24 年度（問 18）に全く同じ問題が出題されている。

電　力 令和 5 年度（2023 年度）下期

問1　出題分野＜水力発電＞　　難易度 ★★★　重要度 ★★★

次の文章は，水力発電の理論式に関する記述である。

図に示すように，放水地点の水面を基準面とすれば，基準面から貯水池の静水面までの高さ H_g[m] を一般に ［(ア)］ という。また，水路や水圧管の壁と水との摩擦によるエネルギー損失に相当する高さ h_1[m] を ［(イ)］ という。さらに，H_g と h_1 の差 $H = H_g - h_1$ を一般に ［(ウ)］ という。

今，Q[m³/s]の水が水車に流れ込み，水車の効率を η_w とすれば，水車出力 P_w は ［(エ)］ になる。さらに，発電機の効率を η_g とすれば，発電機出力 P は ［(オ)］ になる。ただし，重力加速度は 9.8 m/s² とする。

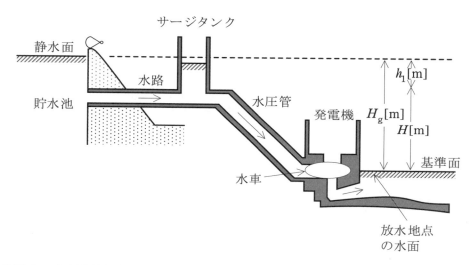

上記の記述中の空白箇所(ア)〜(オ)に当てはまる組合せとして，正しいものを次の(1)〜(5)のうちから一つ選べ。

	(ア)	(イ)	(ウ)	(エ)	(オ)
(1)	総落差	損失水頭	実効落差	$9.8QH\eta_w \times 10^3$[W]	$9.8QH\eta_w\eta_g \times 10^3$[W]
(2)	自然落差	位置水頭	有効落差	$\dfrac{9.8QH}{\eta_w} \times 10^{-3}$[kW]	$\dfrac{9.8QH\eta_g}{\eta_w} \times 10^{-3}$[kW]
(3)	総落差	損失水頭	有効落差	$9.8QH\eta_w \times 10^3$[W]	$9.8QH\eta_w\eta_g \times 10^3$[W]
(4)	基準落差	圧力水頭	実効落差	$9.8QH\eta_w$[kW]	$9.8QH\eta_w\eta_g$[kW]
(5)	基準落差	速度水頭	有効落差	$9.8QH\eta_w$[kW]	$9.8QH\eta_w\eta_g$[kW]

問1の解答　出題項目＜出力関係＞　　答え　（3）

基準面（放水地点の水面）から貯水池の静水面までの高さ $H_g[\mathrm{m}]$ を，一般に**総落差**という。なお，基準落差は有効落差の一つで，水車の出力または流量決定の基準として選定するものである。

水路や水圧管の壁と水との摩擦によるエネルギー損失，つまり水車設備以外の流水時におけるエネルギー損失を水頭に換算した $h_l[\mathrm{m}]$ を**損失水頭**という。また，総落差 H_g と損失水頭 h_l との差 $H=H_g-h_l[\mathrm{m}]$ を，一般に**有効落差**という。

重力加速度を $9.8\,\mathrm{m/s^2}$，流量を $Q[\mathrm{m^3/s}]$，水車の効率を η_w，発電機の効率を η_g とすると，水車

出力 P_w，発電機出力 P は，

$$P_w=9.8\,QH\eta_w[\mathrm{kW}]=\boldsymbol{9.8\,QH\eta_w\times10^3}[\mathrm{W}]$$
$$P=P_w\eta_g=9.8\,QH\eta_w\eta_g[\mathrm{kW}]$$
$$=\boldsymbol{9.8\,QH\eta_w\eta_g\times10^3}[\mathrm{W}]$$

解説

図1-1 に水力発電所の発電出力算出フローを示す。

[類題]　平成24年度（問1）に全く同じ問題が出題されている。

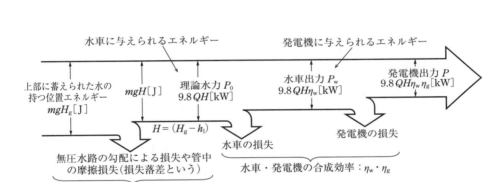

図1-1　水力発電所の発電出力フロー

理論

電力

機械

法規

令和
5
(2023)
上期

令和
5
(2023)
下期

選抜
90
問

選抜
85
問

選抜
90
問

選抜
65
問

問 2　出題分野＜その他＞　　　難易度 ★★★　重要度 ★★★

定格出力 1 000 MW，速度調定率 5 % のタービン発電機と，定格出力 300 MW，速度調定率 3 % の水車発電機が電力系統に接続され，前者は 80 % 出力，後者は 60 % 出力にて定格周波数(50 Hz)でガバナフリー運転を行っている。

負荷が急変して，系統周波数が 0.2 Hz 低下したとき，タービン発電機と水車発電機の出力[MW]の組合せとして，正しいものを次の(1)～(5)のうちから一つ選べ。

ただし，このガバナフリー運転におけるガバナ特性は直線とし，次式で表される速度調定率に従うものとする。また，この系統内で周波数調整を行っている発電機はこの 2 台のみとする。

$$\text{速度調定率} = \frac{\dfrac{n_2 - n_1}{n_\mathrm{n}}}{\dfrac{P_1 - P_2}{P_\mathrm{n}}} \times 100 [\%]$$

P_1：初期出力[MW]　　　　n_1：出力 P_1 における回転速度[min^{-1}]

P_2：変化後の出力[MW]　　n_2：変化後の出力 P_2 における回転速度[min^{-1}]

P_n：定格出力[MW]　　　　n_n：定格回転速度[min^{-1}]

	タービン発電機	水車発電機
(1)	720 MW	140 MW
(2)	733 MW	147 MW
(3)	867 MW	213 MW
(4)	880 MW	220 MW
(5)	933 MW	204 MW

問2の解答　　出題項目＜発電機＞　　　　　　　　　　　　　答え　（4）

題意の数値をまとめると，**表 2-1** のようになる。

表 2-1　題意のまとめ

発電機種別	定格出力 (P_n)	定格 50 Hz 時の出力 (P_1)	速度調定率 (R)
タービン	1000 MW	$0.8\,P_n = 800\,[\text{MW}]$	5 %
水　車	300 MW	$0.6\,P_n = 180\,[\text{MW}]$	3 %

速度調定率とは，発電機の負荷を変化させたときの，「発電機の出力変化の割合」に対する「発電機の回転速度変化の割合」の比である。

ただし，**発電機の回転速度 n と周波数 f は比例する**ので，題意に与えられた速度調定率 R の式は，周波数を使用して次のように表せる。

$$R = \frac{\dfrac{f_2 - f_1}{f_n}}{\dfrac{P_1 - P_2}{P_n}} \times 100\,[\%]$$

この式を変形して P_2 を求めると，

$$\frac{P_1 - P_2}{P_n} = \frac{(f_2 - f_1) \times 100}{f_n R}$$

$$\rightarrow \quad P_1 - P_2 = \frac{(f_2 - f_1) P_n \times 100}{f_n R}$$

$$\rightarrow \quad P_2 = P_1 - \frac{(f_2 - f_1) P_n \times 100}{f_n R}$$

また，題意より $f_n = f_1 = 50\,[\text{Hz}]$ なので，

$$f_2 = 50 - 0.2 = 49.8\,[\text{Hz}]$$

これと題意の各数値を上式（P_2 の式）に代入す

ると，

$$P_2 = P_1 - \frac{(49.8 - 50) P_n \times 100}{50R} = P_1 + \frac{0.4 P_n}{R}$$

したがって，負荷急変後の発電機の出力は，

・**タービン発電機の場合**

$$P_2 = 800 + \frac{0.4 \times 1\,000}{5} = 880\,[\text{MW}]$$

・**水車発電機の場合**

$$P_2 = 180 + \frac{0.4 \times 300}{3} = 220\,[\text{MW}]$$

解説

タービン発電機と水車発電機における発電機出力と周波数の関係を表すと，**図 2-1** のようになる。

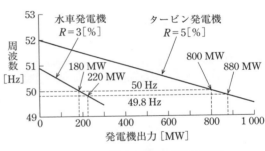

図 2-1　発電機出力と周波数の関係

[類題]　平成 27 年度（問 15）に類似問題が出題されている。

問3 出題分野＜汽力発電＞ 難易度 ★★★ 重要度 ★★★

次の文章は，汽力発電所の復水器に関する記述である。

汽力発電所の復水器は，タービンの (ア) を冷却し水に戻して復水を回収する装置である。内部の (イ) を保持することで，タービンの入口蒸気と出口蒸気の (ウ) を大きくし，タービンの (エ) を高めている。

上記の記述中の空白箇所(ア)～(エ)に当てはまる組合せとして，正しいものを次の(1)～(5)のうちから一つ選べ。

	(ア)	(イ)	(ウ)	(エ)
(1)	抽気蒸気	真空度	圧力差	回転速度
(2)	排気蒸気	温度	温度差	効率
(3)	排気蒸気	真空度	圧力差	効率
(4)	抽気蒸気	真空度	温度差	回転速度
(5)	排気蒸気	温度	温度差	回転速度

問4 出題分野＜原子力発電＞ 難易度 ★★★ 重要度 ★★★

軽水炉で使用されている原子燃料に関する記述として，誤っているものを次の(1)～(5)のうちから一つ選べ。

(1) 中性子を吸収して核分裂を起こすことのできる核分裂性物質には，ウラン235やプルトニウム239がある。

(2) ウラン燃料は，二酸化ウランの粉末を焼き固め，ペレット状にして使用される。

(3) ウラン燃料には，濃縮度90％程度の高濃縮ウランが使用される。

(4) ウラン238は中性子を吸収してプルトニウム239に変わるので，親物質と呼ばれる。

(5) 天然ウランは約0.7％のウラン235を含み，残りはほとんどウラン238である。

理論　電力　機械　法規

令和5(2023)上期

令和5(2023)下期

選抜90問

選抜85問

選抜90問

選抜65問

問3の解答　出題項目＜復水器＞　　　　　答え（3）

図3-1のように，復水器はタービンの出口側に設置され，仕事を終えた後の**排気蒸気**を冷却し，水に戻すための大型の熱交換器である。この水は復水と呼ばれ，再びボイラの給水として利用される。

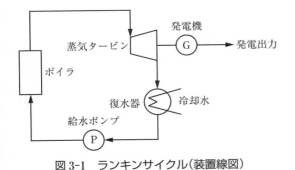

図3-1　ランキンサイクル(装置線図)

蒸気を冷却すると凝縮して水になるので，その体積は著しく減少し復水器内は高真空になる。

復水器の**真空度**が増加するとタービンの入口蒸気と出口蒸気の**圧力差**を大きくでき，蒸気を低圧まで膨張させられるので，タービンの**効率**が向上する。

補足　真空度は，燃料費の減少と復水器の設備費や運転費の増加などを比較して決められる。我が国の大容量の汽力発電では，一般に真空度720〜730 mmHg(排気圧力5.3〜4.0 kPa)が採用されている。

[類題]　平成9年度(問2)に全く同じ問題が出題されている。

問4の解答　出題項目＜核分裂エネルギー＞　　　　　答え（3）

（1）　正。**核分裂性物質**とは，中性子を吸収して核分裂反応を起こす物質の総称である。

主な核分裂性物質には，天然に存在する元素としては**ウラン235**(^{235}U)，人工のものとしては**プルトニウム239**(^{239}Pu)などがある。

（2）　正。ウラン燃料は，粉末状のウラン(**二酸化ウラン**)を直径約1 cm，高さ約1 cmの円柱形の**ペレット**に焼き固めたものである。

ペレットは**燃料被覆管**と呼ばれる丈夫な合金製の長い管の中に収められ，それらを束ねたものが**燃料集合体**である。

（3）　誤。濃縮ウランは，ウラン235の割合を人工的に高めたものである。濃縮度が20％以下のものを低濃縮ウラン，20％を超えるものを高濃縮ウランという。

ウラン燃料には，**濃縮度3〜5％程度の低濃縮ウラン**が使用される。(したがって，「90％」は誤り。)

（4）　正。核分裂しない**ウラン238**は，原子炉などの中で中性子を吸収してプルトニウム239に変わる。

このように，それ自身は核分裂性物質ではないが，核分裂性物質に変わる物質を**親物質**という。

（5）　正。天然ウラン(採掘されたウラン)には，核分裂する**ウラン235が約0.7％**，核分裂しないウラン238が約99.3％含まれている。

[類題]　平成15年度(問4)に全く同じ問題が出題されている。

問 5　　出題分野＜自然エネルギー，その他＞　　難易度 ★★☆　重要度 ★★☆

分散型電源に関する記述として，誤っているものを次の（1）～（5）のうちから一つ選べ。

（1）　太陽電池で発生した直流の電力を交流系統に接続する場合は，インバータにより直流を交流に変換する。連系保護装置を用いると，系統の停電時などに電力の供給を止めることができる。

（2）　分散型電源からの逆潮流による系統電圧上昇を抑制する手段として，分散型電源の出力抑制や，電圧調整器を用いた電圧の制御などが行われる。

（3）　小水力発電では，河川や用水路などでの流込み式発電が用いられる場合が多い。

（4）　洋上の風力発電所と陸上の系統の接続では，海底ケーブルによる直流送電が用いられることがある。直流送電では，ケーブルを用いて送電する場合でも，定常的な充電電流が流れないため，その補償が不要である。

（5）　一般的な燃料電池発電は，水素と酸素との吸熱反応を利用して電気エネルギーを作る発電方式であり，負荷変動に対する応答が早い。

問5の解答　　出題項目＜各種発電，分散型電源＞　　　　　　答え　（5）

（1）　正。太陽電池を交流系統に接続する場合は，**インバータ**を使用する。このインバータは直流を交流に変換するだけでなく，太陽電池から常に最大の電力を取り出せるような機能がある。

　連系保護装置は，系統側の異常時（停電など）に太陽電池システムを安全に停止させる装置である。

　インバータと連系保護装置などの機能を合わせた装置が**パワーコンディショナ**である。

（2）　正。発電事業者には，分散型電源からの逆潮流により系統電圧が上昇して規定値を逸脱しないように，**電圧上昇抑制対策**（無効電力制御機能または出力制御機能など）が求められている。

　なお，電圧が規定値を維持できない場合は，**自動電圧調整器**（SVR）を設置する等の対策が必要になることがある。

　電圧の規定値は，電気事業法施行規則第38条により，**表5-1**のように規定されている。

表5-1　電圧の規定値

標準電圧	維持すべき値
100 V	101 ± 6 V
200 V	202 ± 20 V

（3）　正。一般的な水力発電も**小水力発電**も，水の流れで水車を回して発電する原理は同じである。しかし，小水力発電は**ダムのような大規模構造物を必要としない**ので，河川だけでなく，農業用水，上下水道，トンネル内からの湧水なども利用できる。

　小水力発電では，通常水をダムに貯めることなく川の流れや用水路に直接水車を設置する**流込み式発電方式**が採用される。

（4）　正。交流送電と比べて送電損失が少ないので，洋上風力発電では海底ケーブルによる直流送電が用いられることがある。

　直流送電では，交流送電のように**充電電流が流れない**ので，補償をする必要がない。

（5）　誤。燃料電池発電は，改質器により都市ガスなどの燃料から取り出した**水素**と，空気中の**酸素**との**電気化学反応**により直流電力を発生させるシステムである。

　この反応は**発熱反応**であり，電気と同時に熱も発生する。（したがって，「吸熱反応」は誤り。）

　なお燃料電池発電は，負荷変動に対する応答性に優れ，制御性が良い。

[類題]　令和3年度(問6)にほぼ同じ問題が出題されている。

問6 出題分野＜変電＞ 難易度 ★★★ 重要度 ★★★

次の文章は，変圧器のY-Y結線方式の特徴に関する記述である。

一般に，変圧器のY-Y結線は，一次，二次側の中性点を接地でき，1線地絡などの故障に伴い発生する (ア) の抑制，電線路及び機器の絶縁レベルの低減，地絡故障時の (イ) の確実な動作による電線路や機器の保護等，多くの利点がある。

一方，相電圧は (ウ) を含むひずみ波形となるため，中性点を接地すると， (ウ) 電流が線路の静電容量を介して大地に流れることから，通信線への (エ) 障害の原因となる等の欠点がある。このため， (オ) による三次巻線を設けて，これらの欠点を解消する必要がある。

上記の記述中の空白箇所(ア)～(オ)に当てはまる組合せとして，正しいものを次の(1)～(5)のうちから一つ選べ。

	(ア)	(イ)	(ウ)	(エ)	(オ)
(1)	異常電流	避雷器	第二調波	静電誘導	Δ結線
(2)	異常電圧	保護リレー	第三調波	電磁誘導	Y結線
(3)	異常電圧	保護リレー	第三調波	電磁誘導	Δ結線
(4)	異常電圧	避雷器	第三調波	電磁誘導	Δ結線
(5)	異常電流	保護リレー	第二調波	静電誘導	Y結線

理論　電力　機械　法規

令和5(2023)上期

令和5(2023)下期

選抜90問

選抜85問

選抜90問

選抜65問

問6の解答　　出題項目＜変圧器＞　　　　　　　　答え　(3)

　変圧器のY-Y結線は，一次，二次間に角変位がなく，一次，二次側の中性点を接地できるため，1線地絡などの故障に伴い発生する健全相の**異常電圧**の抑制，電線路や機器の絶縁レベルの低減，地絡故障時の**保護リレー**の確実な動作による電線路や機器の保護等の利点がある。

　反面，相電圧は**第三調波**を含むひずみ波形となるが，第三調波電流は3相とも同じ位相になる。このため中性点を接地すると**第三調波**電流が線路の静電容量を介して大地に流れることから，電力線と平行して敷設される通信線に**電磁誘導**障害をもたらす原因となる等の欠点があり，Y-Y結線はほとんど採用されない。

　この対策として変圧器に**Δ結線**による三次巻線を設けY-Y-Δ結線とし，第三調波電流をΔ結線三次巻線に環流させ，電圧のひずみをなくしている。

解説

　Δ-Δ結線は，一次・二次間に角変位がなく，Δ巻線内で第三調波電流が環流するので電圧波形にひずみを生じにくい利点がある。また，単相器3台を使用している場合，1相分の巻線が故障してもV-V結線として運転できる。しかし，中性点が接地できないので地絡保護ができない欠点がある。

　Y-Δ結線またはΔ-Y結線は，Y結線の中性点が接地できるので地絡保護，異常電圧の抑制が容易である。しかし，一次，二次間に30°の角変位があり，Δ結線側は中性点を接地することができない。Y-Δ結線は配電用変電所等の降圧用，Δ-Y結線は発電所の昇圧用として一般的に用いられている。

　V-V結線は，Δ-Δ結線と比較して出力は57.7％($1/\sqrt{3}$)，利用率は86.6％($\sqrt{3}/2$)と低くなるが，結線が簡単で，柱上変圧器として広く採用されている。

　Y-Y-Δ結線は，Y結線の中性点を接地できるので地絡保護，異常電圧の抑制が容易であり，Δ巻線内で第三調波が環流するので電圧がひずみにくいことから，送電用変圧器として広く採用されている。三次のΔ結線は，所内電源の供給や調相設備を接続して電圧調整や無効電力調整ができる。Δ結線三次巻線の設置目的は，第三高調波をΔ結線三次巻線に環流させることにより電圧のひずみがなくなり，正弦波電圧を誘起することができることと，中性点を接地した場合，1線地絡事故時に地絡電流の1/3を環流させることにより変圧器の零相インピーダンスを低減させ，地絡電流が検出できるようになることである。

[類題]　平成29年度(問7)に全く同じ問題が出題されている。

問7　出題分野＜配電＞　　難易度 ★★☆　重要度 ★★☆

次の文章は，配電線路の電圧調整に関する記述である。誤っているものを次の(1)～(5)のうちから一つ選べ。

(1)　太陽電池発電設備を系統連系させたときの逆潮流による配電線路の電圧上昇を抑制するため，パワーコンディショナには，電圧調整機能を持たせているものがある。

(2)　配電用変電所においては，高圧配電線路の電圧調整のため，負荷時電圧調整器(LRA)や負荷時タップ切換装置付変圧器(LRT)などが用いられる。

(3)　低圧配電線路の力率改善をより効果的に実施するためには，低圧配電線路ごとに電力用コンデンサを接続することに比べて，より上流である高圧配電線路に電力用コンデンサを接続した方がよい。

(4)　高負荷により配電線路の電圧降下が大きい場合，電線を太くすることで電圧降下を抑えることができる。

(5)　電圧調整には，高圧自動電圧調整器(SVR)のように電圧を直接調整するもののほか，電力用コンデンサや分路リアクトル，静止形無効電力補償装置(SVC)などのように線路の無効電力潮流を変化させて行うものもある。

問7の解答　　出題項目＜電圧調整＞　　　　　　　　答え　(3)

（1）　正。太陽光発電設備などの分散型電源が系統連系されても配電線の電圧が適正に維持されるためには，分散型電源側で逆潮流によって系統の電圧分布があまり変化しないように対策するとともに，必要に応じて系統側で対策する必要がある。逆潮流による配電線路の電圧上昇を抑制するため，パワーコンディショナには電圧調整機能を持たせている。

（2）　正。高圧配電線路の電圧は，負荷の変動によって変動するため，負荷の軽重によって生じる低圧線電圧の変動が許容電圧範囲内になるように，配電用変電所の送出電圧を調整する。その方法には，母線電圧を調整する方法，回線ごとに調整する方法，両者の併用などがあり，電圧調整器として負荷時電圧調整器（LRA）または負荷時タップ切換装置付変圧器（LRT）が使用される。

（3）　誤。低圧配電線路の力率改善をより効果的に実施するためには，低圧配電線路ごとに電力用コンデンサを接続することに比べて，**より下流側である負荷に近い位置**に接続した方がよい。

（4）　正。高負荷により配電線路の電圧降下が大きい場合，電線の太線化によって電圧降下そのものを軽減する対策をとることもある。

（5）　正。高圧配電線路のこう長が長くて電圧降下が大きく，柱上変圧器のタップ調整のみで電圧を限度内に保持することが困難な場合には，高圧自動電圧調整器（SVR）のように電圧を直接調整するもののほか，高圧配電線路の途中に昇圧器，電力用コンデンサ，分路リアクトル，静止形無効電力補償装置（SVC）などのように線路の無効電力潮流を変化させて行うものもある。

[類題]　平成29年度(問13)に全く同じ問題が出題されている。

問8　出題分野＜送電＞　　　　難易度 ★★☆　重要度 ★★★

架空送電線路の構成要素に関する記述として，誤っているものを次の(1)～(5)のうちから一つ選べ。

(1) アークホーン ：がいしの両端に設けられた金属電極をいい，雷サージによるフラッシオーバの際生じるアークを電極間に生じさせ，がいし破損を防止するものである。

(2) トーショナルダンパ：着雪防止が目的で電線に取り付ける。風による振動エネルギーで着雪を防止し，ギャロッピングによる電線間の短絡事故などを防止するものである。

(3) アーマロッド ：電線の振動疲労防止や，アークによる電線損傷，溶断防止のため，クランプ付近の電線に同一材質の金属を巻き付けるものである。

(4) 相間スペーサ ：強風による電線相互の接近及び衝突を防止するため，電線相互の間隔を保持する器具として取り付けるものである。

(5) 埋設地線 ：塔脚の地下に放射状に埋設された接地線，あるいは，いくつかの鉄塔を地下で連結する接地線をいい，鉄塔の塔脚接地抵抗を小さくし，逆フラッシオーバを抑止する目的等のため取り付けるものである。

問 8 の解答　出題項目＜架空送電線，電線の振動＞　　答え　（2）

（1）正。アークホーンは，図 9-1（a）のようにがいしの両端に設けられた金属電極をいい，がいし装置でフラッシオーバが発生した場合，アークホーン間でアークを発生させ，アークをがいしから引き離すことによって，がいしがアーク熱で破損することを防止する。また，アークによって電線が溶断することを防止する効果もある。

（2）誤。**微風振動の防止対策**として，振動エネルギーを吸収させるために電線支持点付近にダンパ（トーショナルダンパ，ストックブリッジダンパ，バイブレスダンパなど）を取り付ける方法が用いられる。トーショナルダンパは，図（b）のように亜鉛のような鉄のおもりを 1～2 個クランプの両側に取り付け，上下振動のエネルギーをねじり振動に変化させる。ねじり振動は，電線のより線間の摩擦によってエネルギーを吸収されるため，減衰が非常に速いことから振動防止に効果的である。

（3）正。アーマロッドは，電線の振動疲労防止や，アークによる電線損傷，溶断防止のため，クランプ付近の電線に同一材質の金属を巻き付けて補強するものである（図（a））。

（4）正。相間スペーサは，強風（特にギャロッピング）による電線相互の近接および衝突を防止するため，電線相互の間隔を保持する器具と

して取り付けるものである。

（5）正。逆フラッシオーバを防止するためには，できるだけ鉄塔の接地抵抗を小さくし，雷電流による電位上昇を低減することが必要である。通常，鉄塔の接地抵抗は 25 Ω が目標値とされるが，鉄塔の基礎体だけで目標値に達しない場合は，埋設地線，接地シート，接地抵抗低減剤，接地棒の深電極化などが採用される。埋設地線は，山地で 50 cm，平地で 80 cm の深さに埋設され，亜鉛メッキ鉄より線が用いられ，設置方式には放射型，平行型，連続型などがある。

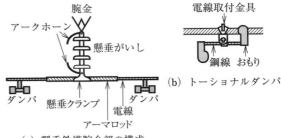

図 8-1　架空送電線の各種構成品

[類題]　平成 20 年度（問 9）にほぼ同じ問題が出題されている。

問9　出題分野＜送電＞　　難易度 ★★★　重要度 ★★★

次の文章は，送電線路における架空地線に関する記述である。

送電線路の鉄塔の上部に十分な強さをもった　(ア)　を張り，鉄塔を通じて接地したものを架空地線といい，送電線への直撃雷を防止するために設置される。

図において，架空地線と送電線とを結ぶ直線と，架空地線から下ろした鉛直線との間の角度 θ を　(イ)　と呼んでいる。この角度が　(ウ)　ほど直撃雷を防止する効果が大きい。

架空地線や鉄塔に直撃雷があった場合，鉄塔から送電線に　(エ)　を生じることがある。これを防止するために，鉄塔の接地抵抗を小さくするような対策が講じられている。

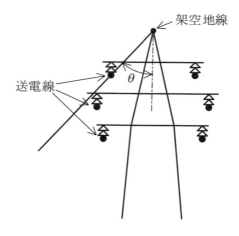

上記の記述中の空白箇所(ア)～(エ)に当てはまる組合せとして，正しいものを次の（１）～（５）のうちから一つ選べ。

	（ア）	（イ）	（ウ）	（エ）
（１）	裸線	遮へい角	小さい	逆フラッシオーバ
（２）	絶縁電線	遮へい角	大きい	進行波
（３）	裸線	進入角	小さい	進行波
（４）	絶縁電線	進入角	大きい	進行波
（５）	裸線	進入角	大きい	逆フラッシオーバ

問9の解答　　出題項目＜架空送電線，雷害対策＞　　　　答え　（1）

架空地線（グラウンドワイヤ）は，**図 9-1** のように鉄塔の最上段に設けられた<u>裸線</u>である。落雷を架空地線で受けて速やかに大地に流すことで，送電線へ雷が直撃をするのを防止している。

最近は，架空地線の内部に光ファイバを通したOPGW（光ファイバ複合架空地線）が普及している。

架空地線と送電線とを結ぶ線と，架空地線から下ろした鉛直線との間の角度を**遮へい角**といい，この角度が**小さい**ほど遮へい効果が大きい。なお，図 9-1 のように架空地線の条数を増やせば，遮へい角は小さくなり，遮へい効果は向上する。

架空地線が直撃雷を受けると，雷電流は鉄塔を通して大地に流れる。このとき，雷電流が大きいと鉄塔の電位が上昇して，鉄塔から送電線に放電が生じることがある。これを<u>逆フラッシオーバ</u>（逆閃絡）という。

逆フラッシオーバを防止するためには，埋設地線（カウンタポイズ）を設置して鉄塔の接地抵抗を小さくする必要がある。

埋設地線とは，地表面下 50～80 cm 程度のところに亜鉛メッキ鋼より線を放射状あるいは平行に埋設し，その一端を鉄塔脚部に接続したものである。

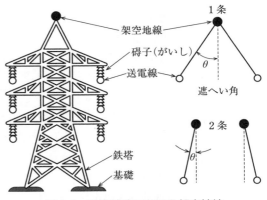

図 9-1　送電線路における架空地線

[**類題**]　平成 15 年度（問 9）に全く同じ問題が出題されている。

理論　電力　機械　法規

令和 5 （2023）上期

令和 5 （2023）下期

選抜 90 問

選抜 85 問

選抜 90 問

選抜 65 問

問10　出題分野＜地中送電＞　難易度 ★★★　重要度 ★★★

我が国の地中送電線路に関する記述として，誤っているものを次の（1）～（5）のうちから一つ選べ。

（1）　地中送電線路は，電力ケーブルを地中に埋設して送電する方式である。同じ送電容量の架空送電線路と比較して建設費が高いが，都市部においては用地の制約や，保安，景観などの点から地中送電線路が採用される傾向にある。

（2）　主な電力ケーブルには，架橋ポリエチレンを絶縁体としたCVケーブルと，絶縁紙と絶縁油を組み合わせた油浸紙を絶縁体としたOFケーブルがある。OFケーブルには油通路が設けられており，絶縁油の加圧によりボイドの発生を抑制して絶縁強度を確保するための給油設備が必要である。

（3）　電力ケーブルの電力損失において，抵抗損とシース損はケーブルの導体に流れる電流に起因した損失であり，誘電体損は電圧に対して絶縁体に流れる同位相の電流成分に起因した損失である。CVケーブルとOFケーブルの誘電体損では，一般にOFケーブルの方が小さい。

（4）　電力ケーブルの布設方法において，直接埋設式は最も工事費が安く，工期が短いが，ケーブル外傷等の被害のリスクが高く，ケーブル布設後の増設も難しい。一方で，管路式と暗きょ式（洞道式）は，ケーブル外傷等のリスク低減やケーブル布設後の増設にも優れた布設方式である。中でも暗きょ方式は，電力ケーブルの熱放散と保守の面で最も優れた布設方式である。

（5）　地中送電線路で地絡事故や断線事故が発生した際には，故障点位置標定が行われる。故障点位置標定法としては，地絡事故にはパルスレーダ法とマーレーループ法が適用でき，断線事故にはパルスレーダ法と静電容量測定法が適用できる。

問 10 の解答　出題項目＜各種電力ケーブル，電力損失・許容電流，布設方式，故障点標定，架空送電との比較＞　答え　（3）

（1）　正。**地中送電線路**は，電力ケーブルを地中に埋設するので，同一ルートにケーブルを**多回線施設**できる，自然災害による影響や他接触物による**外部事故が少ない**，感電や火災の**危険性が低**い，通信線への**誘導障害が少ない**などの点から，都市部において採用される傾向にある。

（2）　正。**OF ケーブル**は，導体内に油通路を設け，**絶縁油を充填**した電力ケーブルである。端部に設けた重力タンクまたは圧力タンクで油圧を加え，温度変化による気泡の発生を防止している。

CV ケーブルは，絶縁体に**架橋ポリエチレン**を使用した電力ケーブルである。

（3）　誤。**抵抗損**は，ケーブルの**導体**に流れる電流により発生するジュール損失である。

誘電体損は，交流電圧の印加によりケーブルの**絶縁体（誘電体）**内に発生する損失である。

シース損は，ケーブルの**金属シース**に発生する損失である。

CV ケーブルは，OF ケーブルと比較して誘電正接（$\tan \delta$）と誘電率（ε）が小さいため**誘電体損が**小さい。（したがって，「OF ケーブルの方が小さい」は誤り。）

（4）　正。**直接埋設式**は，他の方式と比較して工事費が安く工事期間が短いが，布設後の増設や事故復旧が難しい。

管路式は，直接埋設式に比べ増設が比較的容易で外傷も受けにくいが，工事費が高く放熱性が悪い。

暗きょ式は，保守点検や増設が容易で放熱性も良く他の方式より優れているが，工事費が高く工事期間も長い。

（5）　正。**マーレーループ法**は，**地絡事故**点でのループ回路を測定に利用しているため，健全相がない場合や断線事故の場合には適用できない。

パルスレーダ法は，事故点での反射パルスを検知しているので，**地絡事故，断線事故**ともに適用できる。

静電容量測定法は，ケーブルの静電容量と長さが比例することを利用しているので，マーレーループ法が使用できない**断線事故**に適用できる。

理論　電力　機械　法規

令和5（2023）上期

令和5（2023）下期

選抜90問

選抜85問

選抜90問

選抜65問

問 11　出題分野＜送電＞　難易度 ★★★　重要度 ★★★

直流送電に関する記述として，誤っているものを次の（1）～（5）のうちから一つ選べ。

（1）　系統連系のための直流送電では，交直変換所の設置が必要となる。

（2）　交流送電のような同期安定度の問題がないので，長距離送電に適している。

（3）　直流の高電圧大電流の遮断は，交流の場合より容易である。

（4）　直流は，変圧器で簡単に昇圧や降圧ができない。

（5）　交直変換器からは高調波が発生するので，フィルタ設置等の対策が必要である。

問 12　出題分野＜送電＞　難易度 ★★★　重要度 ★★★

両端の高さが同じで径間距離 250 m の架空電線路があり，電線 1 m 当たりの重量は 20.0 N で，風圧荷重はないものとする。

今，水平引張荷重が 40.0 kN の状態で架線されているとき，たるみ D の値[m]として，最も近いものを次の（1）～（5）のうちから一つ選べ。

（1）　2.1　　　　（2）　3.9　　　　（3）　6.3　　　　（4）　8.5　　　　（5）　10.4

問 11 の解答　出題項目＜直流送電＞　　　答え（3）

（1）　正。図 **11-1** のように，直流送電線の両端には**交直変換所が必要**となる。また，交流側に**調相設備**を設けなければならない。

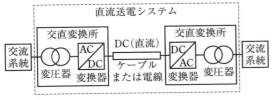

図 11-1　直流送電の模式図

（2）　正。リアクタンスの影響がないので，交流送電のような同期安定度の問題がなく，電線の熱的許容電流の限度まで送電できる。

（3）　誤。交流遮断器では交流の周期的な電流の零点を利用して遮断するが，**直流電流は零点を持たない**ので，直流を遮断する場合には意図的に電流に零点を作る必要がある。（したがって，「交流の場合より容易」は誤り。）

（4）　正。直流電流は磁束の変化がないので，**変圧器により電圧を変化させることはできない。**

直流電圧を変換するには，一度交流に変換し，再び直流に戻す必要がある。したがって，直流の電圧変換装置は交流よりも大がかりで，コストがかかる。

（5）　正。交直変換器から**高調波**が発生するため，**フィルタ**の設置等が必要になる。

> **補足**　交直変換器方式には，サイリスタ素子を用いた**他励式変換器**と，IGBT 等の自己消弧形の素子を用いた**自励式変換器**がある。

これまで他励式変換器が広く用いられてきたが，近年は自励式変換器の採用例も増えている。

自励式変換器は無効電力制御が可能で，高調波発生量も少ない。このため，調相設備やフィルタが不要である。

[類題]　平成 15 年度(問 8)にほぼ同じ問題が出題されている。

問 12 の解答　出題項目＜たるみ・張力＞　　　答え（2）

図 **12-1** のように，架空電線路の両支持点間に高低差が無い場合の電線のたるみを求める。

この場合，電線の最低点と支持点間の水平線との距離(たるみ)$D[\mathrm{m}]$は次式で求められる。

$$D = \frac{WS^2}{8T}$$

ここで，
W：電線 1 m 当たりに加わる荷重$[\mathrm{N/m}]$
S：径間長(電線の支持点間の距離)$[\mathrm{m}]$
T：電線の水平方向の張力(引張荷重)$[\mathrm{N}]$
この式に題意の各数値を代入すると，

$$D = \frac{WS^2}{8T} = \frac{20 \times 250^2}{8 \times 40 \times 10^3} \fallingdotseq 3.9[\mathrm{m}]$$

> **補足**　電線の長さ $L[\mathrm{m}]$ は次式で表される。

$$L = S + \frac{8D^2}{3S}$$

これを変形すると次式が得られる。

$$D = \sqrt{\frac{3S(L-S)}{8}}$$

この式は，電線の長さ L を使ってたるみ D を求める場合に使用する。

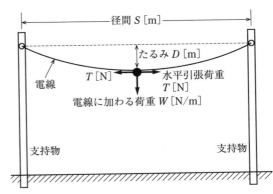

図 12-1　電線のたるみ

[類題]　平成 18 年度(問 14)に全く同じ問題が出題されている。

問13 出題分野＜配電＞   難易度 ★★☆   重要度 ★★★

単相2線式及び単相3線式の線路での電力損失について，次の問に答えよ。

下図のように，単相100Vの抵抗負荷に単相2線式及び単相3線式の低圧配電方式で送電する。負荷の総容量は同一であり，3線式の場合，負荷は図のように線間に均等分割されるものとする。単相2線式での線路の抵抗損を1とすると，単相3線式の線路の抵抗損は $\frac{1}{5}$ であった。このとき，単相2線式での線路の1線当たりの抵抗に対して，単相3線式での線路の1線当たりの抵抗はどのような大きさとなるか。最も近いものを次の(1)〜(5)のうちから一つ選べ。

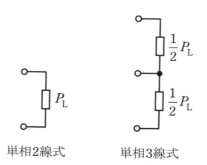

単相2線式   単相3線式

(1) 0.27倍   (2) 0.4倍   (3) 0.53倍   (4) 0.8倍   (5) 1.25倍

問14 出題分野＜電気材料＞   難易度 ★☆☆   重要度 ★★☆

電線の導体に関する記述として，誤っているものを次の(1)〜(5)のうちから一つ選べ。

(1) 地中ケーブルの銅導体には，伸びや可とう性に優れる軟銅線が用いられる。

(2) 電線の導電材料としての金属には，資源量の多さや導電率の高さが求められる。

(3) 鋼心アルミより線は，鋼より線の周囲にアルミ線をより合わせたもので，軽量で大きな外径や高い引張強度を得ることができる。

(4) 電気用アルミニウムの導電率は銅よりも低いが，電気抵抗と長さが同じ電線の場合，アルミニウム線の方が銅線より軽い。

(5) 硬銅線は軟銅線と比較して曲げにくく，電線の導体として使われることはない。

問 13 の解答　出題項目＜電気方式，単相 3 線式＞　答え　（4）

単相 3 線式の場合，負荷が均等であれば中性線には電流が流れない。また，負荷の総容量が同じであれば電流は単相 2 線式の 1/2 になる。

したがって，問題図の回路は**図 13-1** のように表される。

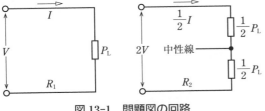

図 13-1　問題図の回路

単相 2 線式の 1 線当たりの抵抗を $R_1[\Omega]$，電流を $I[\mathrm{A}]$ とすると，線路の抵抗損 $P_1[\mathrm{W}]$ は，

$$P_1 = 2 \times I^2 R_1$$

また，単相 3 線式の 1 線当たりの抵抗を R_2 [Ω] とすると，線路の抵抗損 $P_2[\mathrm{W}]$ は

$$P_2 = 2 \times \left(\frac{1}{2}I\right)^2 R_2 = \frac{1}{2}I^2 R_2$$

題意より，単相 3 線式の抵抗損は単相 2 線式の抵抗損の 1/5 なので，

$$\frac{P_1}{P_2} = \frac{2 \times I^2 R_1}{\frac{1}{2}I^2 R_2} = \frac{4R_1}{R_2} = 5$$

したがって，単相 3 線式の 1 線当たりの抵抗 $R_2[\Omega]$ は，

$$R_2 = \frac{4}{5}R_1 = 0.8R_1[\Omega] \quad \rightarrow \quad 0.8 \text{ 倍}$$

問 14 の解答　出題項目＜導電材料＞　答え　（5）

（1）正。**地中ケーブルの銅導体**には，一般に**軟銅線**が用いられる。軟銅線は，硬銅線を 300〜600℃ で焼き鈍し処理をしたもので，硬銅と比べて引張強度は小さいが，伸びや可とう性に優れ，導電率が高い。

（2）正。電線の**導電材料**は，価格が安く入手しやすくなければならないので，**資源量の多さ**が求められる。また，損失が少ない方が良いので，**導電率が高い**ことが求められる。さらに，加工性や耐食性に優れている，機械的強度が大きい，線膨張率が小さいなどの性質が求められる。

一般に，導電材料としては銅やアルミニウムが使用されている。

（3）正。**鋼心アルミより線**（ACSR）は，**図14-1** のように亜鉛メッキ鋼線を中心に配置し，その周囲を硬アルミ線でより合わせた電線である。**強度があり，かつ軽量**であることから，長距離送電用の電線として用いられている。

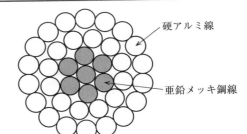

硬アルミ線

亜鉛メッキ鋼線

図 14-1　鋼心アルミより線（断面図）

（4）正。アルミニウムは銅の**約 60 ％ の導電率**であるが，**比重は約 1/3** と軽い。このため，電気抵抗と長さが同じ電線の場合，アルミニウム線の質量は銅線の 1/2 程度になる。

（5）誤。硬銅は軟銅より導電率がやや低いが，**引張強さや耐食性**に優れているので架空送電線の導体として用いられる。（したがって，「使われることはない」は誤り。）

[類題]　平成 18 年度（問 11）に全く同じ問題が出題されている。

B 問 題 （配点は1問題当たり(a)5点，(b)5点，計10点）

問 15 出題分野＜水力発電，汽力発電＞　難易度 ★★☆　重要度 ★★★

　ある需要端の負荷に対し，水力発電所1か所と重油専焼汽力発電所1か所によって電力を供給する場合において，次の(a)及び(b)の問に答えよ。

(a)　水力発電所の最大使用水量20 m³/s，総落差200 m，損失水頭7 m，水車と発電機の総合効率85 %，年間の設備利用率60 %としたとき，この発電所の年間発電電力量[GW·h]として，最も近いものを次の(1)～(5)のうちから一つ選べ。

　　(1)　15　　　　(2)　30　　　　(3)　170　　　　(4)　175　　　　(5)　200

(b)　需要端の負荷に供給する最大電力が100 MW，年負荷率60 %の場合，汽力発電所における重油の年間の消費量[kL]として，最も近いものを次の(1)～(5)のうちから一つ選べ。
　　ただし，この汽力発電所の発電端熱効率は40 %で運転出力に関わらず一定とする。使用する重油の発熱量は39 100 kJ/Lとし，発電所から需要端までの送電損失，発電所内損失は無視するものとする。

　　(1)　13 000　　　(2)　33 000　　　(3)　82 000　　　(4)　114 000　　　(5)　120 000

問 15 （ a ）の解答　出題項目＜出力関係＞　　答え　（3）

発電機出力 P[kW]は次式で表される。

$$P = 9.8QH\eta_t\eta_g = 9.8Q(H_0 - h)\eta$$

ただし，**図 15-1** のように，

Q：最大使用水量[m³/s]

H：有効落差[m]

H_0：総落差[m]

h：損失水頭[m]

η_t：水車効率

η_g：発電機効率

η：総合効率

この式に題意の各数値を代入すると，

$$P = 9.8Q(H_0 - h)\eta_t\eta_g$$
$$= 9.8 \times 20 \times (200 - 7) \times 0.85$$
$$\fallingdotseq 32\,154\,[\text{kW}]$$

題意より年間の設備利用率が 60 % なので，年間発電電力量 W_h[kW・h]の値は，

$$W_h = P \times 24 \times 365 \times 0.6$$
$$= 32\,154 \times 24 \times 365 \times 0.6$$
$$\fallingdotseq 169 \times 10^6\,[\text{kW·h}] \quad \rightarrow \quad 170\,\text{GW·h}$$

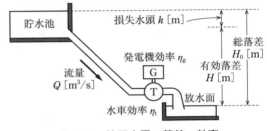

図 15-1　使用水量，落差，効率

問 15 （ b ）の解答　出題項目＜LNG・石炭・石油火力＞　　答え　（3）

まず，**汽力発電所の年間発電電力量**を求める。

図 15-2 のように，水力発電所の年間発電電力量を W_h[MW・h]，汽力発電所の年間発電電力量を W_t[MW・h]，負荷の年間消費電力量を W_d[MW・h]とすると，

$$W_d = W_h + W_t$$

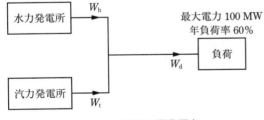

図 15-2　負荷の消費電力

負荷の最大電力は 100 MW で年負荷率が 60 % なので，年間消費電力量 W_d[MW・h]の値は，

$$W_d = 100 \times 24 \times 365 \times 0.6 = 525\,600\,[\text{MW·h}]$$

また，水力発電所の年間発電電力量は，小問（ a ）より $W_h = 169\,000$[MW・h]なので，汽力発電所の年間発電電力量 W_t[MW・h]の値は，

$$W_t = W_d - W_h = 525\,600 - 169\,000$$
$$= 356\,600\,[\text{MW·h}]$$

続いて，**重油の年間消費量**を求める。

図 15-3 において，汽力発電所の年間発電電力量 W_t[MW・h]を熱量 Q_0[kJ]に換算すると，

$$Q_0 = W_t \times 10^3 \times 3\,600$$
$$= 356\,600 \times 10^3 \times 3\,600$$
$$= 1.28376 \times 10^{12}\,[\text{kJ}]$$

題意より発電端熱効率が 40 % なので，発電に必要な重油の発熱量 Q_i[kJ]の値は，

$$Q_i = \frac{Q_0}{0.4} = \frac{1.28376 \times 10^{12}}{0.4} = 3.2094 \times 10^{12}\,[\text{kJ}]$$

題意より重油の発熱量が 39 100 kJ/L なので，重油の年間消費量 S[kL]の値は，

$$S = \frac{Q_i}{39\,100 \times 10^3}$$
$$= \frac{3.2094 \times 10^{12}}{39\,100 \times 10^3} \fallingdotseq 82\,000\,[\text{kL}]$$

図 15-3　汽力発電所の入出力

問 16 出題分野＜送電，変電＞ 難易度 ★★☆ 重要度 ★★★

　図のような系統において，昇圧用変圧器の容量は 30 MV·A，変圧比は 11 kV/33 kV，百分率インピーダンスは自己容量基準で 7.8 %，計器用変流器(CT)の変流比は 400 A/5 A である。系統の点 F において，三相短絡事故が発生し，1 800 A の短絡電流が流れたとき，次の(a)及び(b)の問に答えよ。

　ただし，CT の磁気飽和は考慮しないものとする。

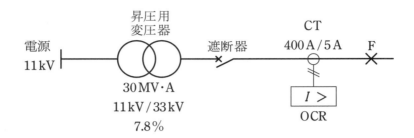

（a）　系統の基準容量を 10 MV·A としたとき，事故点 F から電源側をみた百分率インピーダンスの値[%]として，最も近いものを次の(1)～(5)のうちから一つ選べ。

　　（1）　5.6　　　　（2）　9.7　　　　（3）　12.3　　　　（4）　29.2　　　　（5）　37.0

（b）　過電流継電器(OCR)を 0.09 s で動作させるには，OCR の電流タップ値を何アンペアの位置に整定すればよいか，正しいものを次の(1)～(5)のうちから一つ選べ。

　　ただし，OCR のタイムレバー位置は 3 に整定されており，タイムレバー位置 10 における限時特性は図示のとおりである。

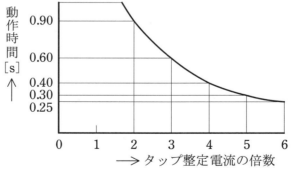

タイムレバー位置10における限時特性図

　　（1）　3.0 A　　　　（2）　3.5 A　　　　（3）　4.0 A　　　　（4）　4.5 A　　　　（5）　5.0 A

B 問題　**207**

理論
電力
機械
法規

令和5(2023)上期
令和5(2023)下期

選抜90問
選抜85問
選抜90問
選抜65問

問16（a）の解答　出題項目＜百分率インピーダンス＞　答え（2）

基準容量 P_n が 10 MV·A の場合，事故点 F 側の電圧を基準電圧 V_n(33 kV)とすると，基準電流 I_n[A]の値は，

$$I_n = \frac{P_n}{\sqrt{3}\,V_n} = \frac{10 \times 10^3}{\sqrt{3} \times 33} \fallingdotseq 174.95\,[\text{A}]$$

三相短絡電流 I_s[A]は次式で求められる。

$$I_s = \frac{100}{\%Z} \times I_n \quad (\text{導出過程は解説参照})$$

これを百分率インピーダンス %Z[%]を表す式に変形して，各数値を代入すると，

$$\%Z = \frac{100}{I_s} \times I_n = \frac{100}{1\,800} \times 174.95 \fallingdotseq 9.7\,[\%]$$

解説

百分率インピーダンス %Z[%]は，定格電流 I_n[A]が流れたときのインピーダンス Z[Ω]による

電圧降下が定格相電圧 $V_n/\sqrt{3}$[V]の何%になるかを表すもので，次式で求められる。

$$\%Z = \frac{I_n Z}{\dfrac{V_n}{\sqrt{3}}} \times 100 = \frac{\sqrt{3}\,I_n Z}{V_n} \times 100\,[\%]$$

この式を変形してインピーダンス Z を求めると，

$$Z = \frac{\%Z V_n}{\sqrt{3}\,I_n \times 100} \quad \cdots\cdots ①$$

また，短絡電流 I_s[A]は，

$$I_s = \frac{\dfrac{V_n}{\sqrt{3}}}{Z} = \frac{V_n}{\sqrt{3}\,Z} \quad \cdots\cdots ②$$

②式に①式を代入すると，

$$I_s = \frac{V_n}{\sqrt{3}} \times \frac{\sqrt{3}\,I_n \times 100}{\%Z V_n} = \frac{100}{\%Z} \times I_n$$

問16（b）の解答　出題項目＜短絡故障＞　答え（4）

過電流継電器(OCR)の動作時間は，タイムレバー位置に比例する。このため，タイムレバー位置が3に整定されている場合は，タイムレバー位置が10の場合の動作時間の3/10になる。したがって，タイムレバー位置が3の場合の限時特性は図16-1のようになる。

この図から，整定タップ値の5倍の電流が流れると0.09 sで動作することになる。

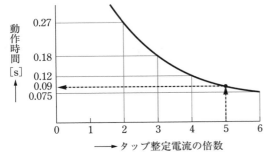

図16-1　タイムレバー位置3における限時特性図

計器用変流器(CT)の変流比が 400 A/5 A なので，短絡電流 1 800 A が流れたときに二次側に流れる電流 I_{s2}[A]の値は，

$$I_{s2} = \frac{5}{400} \times 1\,800 = 22.5\,[\text{A}]$$

したがって，22.5 A が電流タップ値の5倍なので，電流タップ値は，

$$\frac{22.5}{5} = 4.5\,[\text{A}]$$

解説

図16-1において，動作時間(縦軸)はタイムレバーで変更する。一方，動作電流(横軸)はタップ値で変更する。例えば，タイムレバー位置3で，電流タップ値4.5 Aの場合の限時特性は，**図16-2**のようになる。

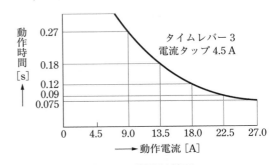

図16-2　限時特性図

[類題]　平成18年度(問17)に全く同じ問題が出題されている。

問17 出題分野＜配電＞　　　難易度 ★★★　重要度 ★★★

　図のような単相3線式配電線路がある。系統の中間点に図のとおり負荷が接続されており，末端の AC 間に太陽光発電設備が逆変換装置を介して接続されている。各部の電圧及び電流が図に示された値であるとき，次の(a)及び(b)の問に答えよ。

　ただし，図示していないインピーダンスは無視するとともに，線路のインピーダンスは抵抗であり，負荷の力率は1，太陽光発電設備は発電出力電流(交流側)15 A，力率1で一定とする。

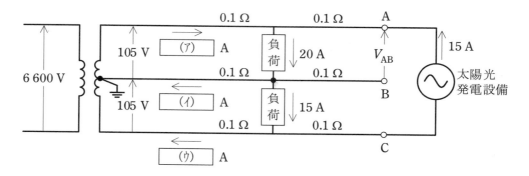

(a)　図中の回路の空白箇所(ア)〜(ウ)に流れる電流の値[A]の組合せとして，正しいものを次の(1)〜(5)のうちから一つ選べ。

	(ア)	(イ)	(ウ)
(1)	5	0	15
(2)	5	5	0
(3)	15	0	15
(4)	20	5	0
(5)	20	5	15

(b)　図中 AB 間の端子電圧 V_{AB} の値[V]として，最も近いものを次の(1)〜(5)のうちから一つ選べ。

(1) 104.0　　(2) 104.5　　(3) 105.0　　(4) 105.5　　(5) 106.0

理論　電力　機械　法規

令和 **5** (2023) 上期

令和 **5** (2023) 下期

選抜 **90** 問

選抜 **85** 問

選抜 **90** 問

選抜 **65** 問

問 17 （a）の解答　出題項目＜単相3線式＞　　答え　（2）

問題図の回路を**図 17-1** のように表す。

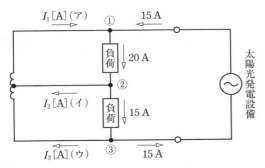

図 17-1　単相3線式配電線路の電流分布

図中の点①～③にキルヒホッフの第 1 法則を適用すると，

①の分岐点　$15+I_1=20$
∴　$I_1=20-15=5$[A]
②の分岐点　$20=I_2+15$
∴　$I_2=20-15=5$[A]
③の分岐点　$15=I_3+15$
∴　$I_3=15-15=0$[A]

解 説 ··

［キルヒホッフの第 1 法則（電流則）］　電気回路の接続点に流入する電流の総和と流出する電流の総和は等しい。

［キルヒホッフの第 2 法則（電圧則）］　電気回路の閉回路内において，起電力の総和と電圧降下の総和は等しい。

問 17 （b）の解答　出題項目＜単相3線式＞　　答え　（4）

まず，**各部の電圧降下**を求める。

問題図の回路の必要部分をまとめると，**図 17-2** のようになる。この回路の点 A～G 各部の電圧降下を求める。

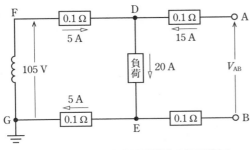

図 17-2　単相3線式配電線路の電圧降下

点 D-F 間の電圧降下
　　$V_{DF}=0.1\times5=0.5$[V]
点 E-G 間の電圧降下
　　$V_{EG}=0.1\times5=0.5$[V]

点 A-D 間の電圧降下
　　$V_{AD}=0.1\times15=1.5$[V]
点 B-E 間の電圧降下
　　$V_{BE}=0.1\times0=0$[V]

続いて，**各部の電圧**を求める。

点 G を基準（電圧 0 V）として，各点の電圧を求める。

F 点　$V_F=V_G+105=0+105=105$[V]
D 点　$V_D=V_F-V_{DF}=105-0.5=104.5$[V]
A 点　$V_A=V_D+V_{AD}=104.5+1.5=106$[V]
E 点　$V_E=V_G+V_{EG}=0+0.5=0.5$[V]
B 点　$V_B=V_E+V_{BE}=0.5+0=0.5$[V]

したがって，点 A-B 間の電圧 V_{AB}[V]は，
　　$V_{AB}=V_A-V_B=106-0.5=105.5$[V]

［類題］　平成 19 年度（問 17）に全く同じ問題が出題されている。

機械 令和5年度（2023年度）下期

A 問 題 （配点は1問題当たり5点）

問1 出題分野＜直流機＞ 難易度 ★★★ 重要度 ★★★

直流機の電機子反作用に関する記述として，誤っているものを次の(1)～(5)のうちから一つ選べ。

(1) 直流発電機や直流電動機では，電機子巻線に電流を流すと，電機子電流によって電機子周辺に磁束が生じ，電機子電圧を誘導する磁束すなわち界磁磁束が，電機子電流の影響で変化する。これを電機子反作用という。

(2) 界磁電流による磁束のベクトルに対し，電機子電流による電機子反作用磁束のベクトルは，同じ向きとなるため，電動機として運転した場合に増磁作用，発電機として運転した場合に減磁作用となる。

(3) 直流機の界磁磁極片に補償巻線を設け，そこに電機子電流を流すことにより，電機子反作用を緩和できる。

(4) 直流機の界磁磁極のN極とS極の間に補極を設け，そこに設けたコイルに電機子電流を流すことにより，電機子反作用を緩和できる。

(5) ブラシの位置を適切に移動させることで，電機子反作用を緩和できる。

問2 出題分野＜直流機＞ 難易度 ★★☆ 重要度 ★★★

界磁に永久磁石を用いた小形直流電動機がある。この電動機の電機子に12Vの電圧を加えたところ，無負荷の状態で$3\,000\,\mathrm{min^{-1}}$で回転した。この電圧を維持したまま負荷を与えて，2Aの電機子電流を流したところ，損失が3W発生した。この時の回転数$[\mathrm{min^{-1}}]$として，最も近いものを次の(1)～(5)のうちから一つ選べ。

ただし，ブラシの接触による電圧降下及び電機子反作用は無視できるものとし，損失は電機子巻線の銅損しか存在しないものとする。

(1) 2 250 (2) 2 625 (3) 2 813 (4) 3 000 (5) 3 429

問 1 の解答 　出題項目＜電機子反作用＞ 　　　　答え　（2）

（1）　正。記述は電機子反作用の定義である。

（2）　誤。電機子電流による起磁力は，界磁磁束の向きと電気的に直交する。この結果，界磁の一様な磁束分布が歪み，磁極の片側において磁束密度が大きくなり，他の片側では磁束密度が小さくなる。これを，**交差磁化作用**という。

（3）　正。補償巻線は，電機子電流が作る起磁力をほぼ打ち消すことができる。

（4）　正。補極は，ブラシの位置付近（中性軸付近）の電機子電流による起磁力を打ち消し，電機子反作用を緩和できる。

（5）　正。電機子反作用により，幾何学的中性軸に対して電気的中性軸が移動する（発電機では回転方向，電動機では回転に対し反対方向）。このため，ブラシの位置を電気的中性軸の位置に移動させることで，電機子反作用を緩和できる。

解説

電機子反作用の発生の仕組み，電機子反作用で起こる障害及び電機子反作用の緩和対策は，覚えておきたい重要事項である。

一般に，電機子反作用の緩和対策として補極を設けるが，大容量機や高速機などでは補償巻線も合わせて設ける場合が多い。また，ブラシの移動による対策では，移動角度は負荷の大小で決まるので，負荷が変動するような場合にはこの方法は適さない。

[類題]　令和元年度（問 2）にほぼ同じ問題が出題されている。

問 2 の解答 　出題項目＜回転速度＞ 　　　　答え　（2）

図 2-1 は無負荷時の電機子回路であり，$R[\Omega]$ は電機子回路の等価抵抗である。無負荷時の電機子電流は非常に小さいため R による電圧降下は小さく，電機子には 12 V が加わっているとする。この電圧は，電機子の回転に伴い生じる電機子逆起電力 $E[\mathrm{V}]$ と平衡している（$E=12[\mathrm{V}]$）。

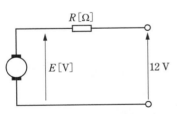

図 2-1　無負荷の状態

また，E は回転速度（回転数）$N[\mathrm{min}^{-1}]$ に比例するので，比例定数を k とすると $E=kN$ より，

　　$12 = 3\,000k$　　∴　$k = 0.004$

図 2-2 は，負荷時の電機子回路である。損失 3 W は R で生じるので，

　　$3 = 2^2 R$　　∴　$R = 0.75[\Omega]$

このときの電機子逆起電力 E は，

　　$E = 12 - 0.75 \times 2 = 10.5[\mathrm{V}]$

であるから，負荷時の回転速度 N は，

$$N = \frac{E}{k} = \frac{10.5}{0.004} = 2\,625[\mathrm{min}^{-1}]$$

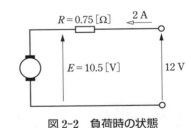

図 2-2　負荷時の状態

解説

無負荷時の電機子電流は，機械損等に抗うトルクを賄うために流れる電流であり，非常に小さいものとして計算上は 0 A とした。

直流機では，電機子逆起電力 E は回転速度 N と界磁磁束 ϕ に比例するが，界磁が永久磁石であるため，解答では ϕ を比例定数に含めて，$E=kN$ とした。

Point　電機子逆起電力 E は，界磁磁束 ϕ と回転速度 N の積に比例する（$E \propto \phi N$）。

問3　出題分野＜誘導機＞　難易度 ★★★　重要度 ★★★

次の文章は，誘導機の速度制御に関する記述である。

誘導機の回転速度 $n[\text{min}^{-1}]$ は，滑り s，電源周波数 $f[\text{Hz}]$，極数 p を用いて $n=120\cdot\boxed{\text{（ア）}}$ と表される。したがって，誘導機の速度は電源周波数によって制御することができ，特にかご形誘導電動機において $\boxed{\text{（イ）}}$ 電源装置を用いた制御が広く利用されている。

かご形誘導機ではこの他に，運転中に固定子巻線の接続を変更して $\boxed{\text{（ウ）}}$ を切り換える制御法や，$\boxed{\text{（エ）}}$ の大きさを変更する制御法がある。前者は，効率はよいが，速度の変化が段階的となる。後者は，速度の安定な制御範囲を広くするために $\boxed{\text{（オ）}}$ の値を大きくとり，銅損が大きくなる。

巻線形誘導機では，$\boxed{\text{（オ）}}$ の値を調整することにより，トルクの比例推移を利用して速度を変える制御法がある。

上記の記述中の空白箇所（ア）〜（オ）に当てはまる組合せとして，正しいものを次の（1）〜（5）のうちから一つ選べ。

	（ア）	（イ）	（ウ）	（エ）	（オ）
（1）	$\dfrac{sf}{p}$	CVCF	相数	一次電圧	一次抵抗
（2）	$\dfrac{(1-s)f}{p}$	CVCF	極数	二次電圧	二次抵抗
（3）	$\dfrac{sf}{p}$	VVVF	極数	一次電圧	一次抵抗
（4）	$\dfrac{(1-s)f}{p}$	VVVF	相数	二次電圧	一次抵抗
（5）	$\dfrac{(1-s)f}{p}$	VVVF	極数	一次電圧	二次抵抗

問4　出題分野＜誘導機＞　難易度 ★★★　重要度 ★★★

あるかご形三相誘導電動機を定格電圧で Y-Δ 始動したところ，始動トルクは 60 N·m であった。また，Δ 結線での全電圧始動時（定格電圧）の始動トルクは定格運転時の 240 % である。この電動機の定格運転時のトルクの値[N·m]として，最も近いものを次の（1）〜（5）のうちから一つ選べ。

（1）　20　　　（2）　25　　　（3）　35　　　（4）　43　　　（5）　75

問3の解答　　出題項目＜速度制御＞

答え　（5）

回転速度 $n[\text{min}^{-1}]$ は，滑り s，電源周波数 f [Hz]，極数 p を用いて $n = 120 \cdot \dfrac{(1-s)f}{p}$ と表される。したがって，誘導機の速度は電源周波数によって制御することができ，特にかご形誘導電動機において VVVF 電源装置を用いた制御が広く利用されている。

かご形誘導機ではこの他に，運転中に固定子巻線の接続を変更して極数を切り換える制御法や，一次電圧の大きさを変更する制御法がある。前者は，効率はよいが，速度の変化が段階的となる。後者は，速度の安定な制御範囲を広くするために二次抵抗の値を大きくとり，銅損が大きくなる。

巻線形誘導機では，二次抵抗の値を調整することにより，トルクの比例推移を利用して速度を変える制御法がある。

解説

誘導電動機の速度制御で広く利用される VVVF(可変電圧可変周波数)制御は，PWM インバータにより，電圧と周波数が比例するように制御する方法である。

なお，選択肢の CVCF は定電圧定周波数装置である。これは，停電時などに安定した電源を確保するための無停電電源装置(UPS)のうち，特に交流電力を供給する装置のことを指す。

巻線形誘導機の速度制御では二次抵抗制御の他に，二次励磁制御による方法もある。これにはクレーマ方式，セルビウス方式があり，外部二次抵抗による損失を回生できるため効率がよい。

[類題]　令和元年度(問4)にほぼ同じ問題が出題されている。

問4の解答　　出題項目＜出力・トルク，始動＞

答え　（5）

Y-Δ 始動した場合，始動時(Y 結線時)，誘導電動機の固定子巻線1相当たりに加わる電圧は，全電圧始動時(Δ 結線時)の $\dfrac{1}{\sqrt{3}}$ 倍となる。電動機トルクは巻線に印加される電圧の2乗に比例するので，Y-Δ 始動時のトルク $T_Y[\text{N·m}]$ は，全電圧始動時のトルク $T_\Delta[\text{N·m}]$ の $\dfrac{1}{3}$ 倍となる。

$T_\Delta = 3T_Y$

題意より $T_Y = 60[\text{N·m}]$ であるから，

$T_\Delta = 3 \times 60 = 180[\text{N·m}]$

また，題意より T_Δ は，定格運転時のトルク T_N [N·m]の 2.4 倍(240 %)であるから，

$T_\Delta = 2.4 T_N$

これより，

$T_N = \dfrac{T_\Delta}{2.4} = \dfrac{180}{2.4} = 75[\text{N·m}]$

解説

Y-Δ 始動は，かご形誘導電動機の始動時に固定子巻線を Y 結線して，各巻線の印加電圧を Δ 結線時の $\dfrac{1}{\sqrt{3}}$ 倍に低減することで，始動電流を抑えることを目的とする。回転速度が十分に上昇した後，Δ 結線に切り換える。

Y 結線時(始動時)の各巻線の電流は電源の線電流と等しく，I_Y とする。一方，Δ 結線で始動した場合の各巻線電流は，巻線に加わる電圧が Y 結線の $\sqrt{3}$ 倍なので，$\sqrt{3} I_Y$ となる。このときの電源の線電流 I_Δ は，各巻線電流の $\sqrt{3}$ 倍であるから，

$I_\Delta = \sqrt{3}(\sqrt{3} I_Y) = 3I_Y$

となり，Y-Δ 始動により始動電流は，全電圧始動時の $\dfrac{1}{3}$ 倍に抑制される。

また，電動機トルクは巻線に印加される電圧の2乗に比例するので，Y-Δ 始動により始動トルクは，全電圧始動時の $\dfrac{1}{3}$ 倍となる。

Point Y-Δ 始動では，始動電流および始動トルクはともに全電圧始動時の $\dfrac{1}{3}$ 倍となる。

理論　電力　**機械**　法規　令和 **5** (2023) 上期　令和 **5** (2023) 下期　選抜 **90** 問　選抜 **85** 問　選抜 **90** 問　選抜 **65** 問

問 5 出題分野＜同期機＞　　難易度 ★★☆　重要度 ★★★

　円筒形三相同期電動機において，電動機の励磁電流を調整して，遅れ力率 θ で運転しているものとする。このとき，供給電圧 $\dot{V}$ [V]，電機子電流 $\dot{I}_\mathrm{M}$ [A] としたとき，誘導起電力 $\dot{E}$ [V]，並びに同期リアクタンスによる電圧降下 $\mathrm{j}x_\mathrm{s}\dot{I}_\mathrm{M}$ [V] の関係を示すベクトル図として，正しいものを次の(1)～(5)のうちから一つ選べ。なお，同期リアクタンスの大きさに対して巻線抵抗は十分小さいとみなせるものとする。

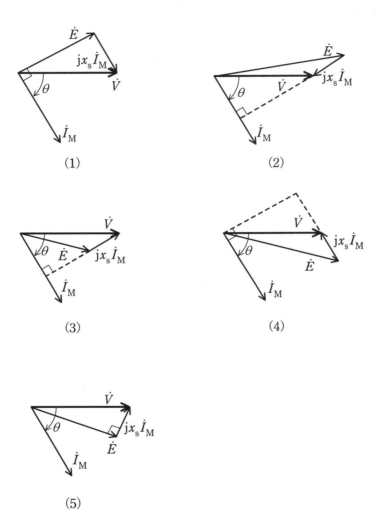

(1)　　　　　　　　　　　　　(2)

(3)　　　　　　　　　　　　　(4)

(5)

問 6 出題分野＜同期機＞　　難易度 ★★★　重要度 ★★★

　回転速度 $600\ \mathrm{min}^{-1}$ で運転している極数 10 の同期発電機がある。この発電機に極数 8 の同期発電機を並行運転させる場合，極数 8 の発電機の回転速度 $[\mathrm{min}^{-1}]$ の値として，最も近いものを次の(1)～(5)のうちから一つ選べ。

（1）　400　　　　（2）　550　　　　（3）　750　　　　（4）　950　　　　（5）　1 200

問5の解答　　出題項目＜電動機の誘導起電力＞　　答え　（3）

図5-1は，円筒形三相同期電動機の1相分の等価回路である。問題文中の$\dot{E}$[V]は電機子誘導起電力（逆起電力）の相電圧ベクトル，$\dot{V}$[V]は供給電圧の相電圧ベクトル，$\dot{I}_\mathrm{M}$[A]は電機子電流ベクトル，jx_s[Ω]は1相の同期リアクタンスベクトルを表すものとして扱う。

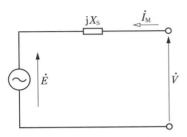

図5-1　1相分の等価回路

図5-1より，次式が成り立つ。

$$\dot{V} = \dot{E} + jx_\mathrm{s}\dot{I}_\mathrm{M}$$

$jx_\mathrm{s}\dot{I}_\mathrm{M}$ベクトルは$\dot{I}_\mathrm{M}$に対して90°位相が進んだベクトルであり，$\dot{I}_\mathrm{M}$は$\dot{V}$に対して$\theta$遅れたベクトルである。以上から，基準ベクトルを$\dot{V}$としてベクトル図を描くと，**図5-2**となる。ただし，この図は，$\dot{E}$[V]と$\dot{V}$[V]の位相差δ（δは負荷角）の大きさよりも，θの大きさの方が大きい場合の例を描いたものである。

解答の選択肢の中で，図5-2と同じ位相関係のベクトル図は，選択肢（3）だけである。

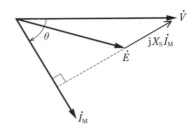

図5-2　1相分のベクトル図

解説

三相同期電動機の等価回路は，通常1相分で表す。このため，問題文には記されていないが，解答に際して$\dot{E}$[V]および$\dot{V}$[V]は相電圧ベクトルであると解釈した。また，同期インピーダンスによる電圧降下は，巻線抵抗分は無視して同期リアクタンスによる電圧降下のみとした。

ベクトル図を描くポイントは次の通りである。

①　$jx_\mathrm{s}\dot{I}_\mathrm{M}$ベクトルは，$\dot{I}_\mathrm{M}$に対して90°位相が進んだベクトルであること。

解答の選択肢中で，選択肢（3）以外のベクトル図はこれを満たしていない。したがって，直ちに選択肢（3）が正解であることがわかる。

②　図5-1より，$\dot{V}$が$\dot{E}$と$jx_\mathrm{s}\dot{I}_\mathrm{M}$のベクトル和になっていること。

問6の解答　　出題項目＜並行運転＞　　答え　（3）

回転速度600 min^{-1}で回転する同期発電機の周波数f[Hz]は，極数が10であることから，

$$f = \frac{10 \times 600}{120} = 50\,[\mathrm{Hz}]$$

並行運転させる発電機の発生周波数は，上記の周波数と同じでなければならない。したがって，極数8の同期発電機の回転速度N[min^{-1}]は，

$$N = \frac{120 \times 50}{8} = 750\,[\mathrm{min}^{-1}]$$

解説

極数p，周波数f[Hz]の電圧を発生する同期発電機の回転速度N[min^{-1}]は次式で計算できる。

$$N = \frac{120f}{p}$$

同期発電機を並行運転するためには，接続する発電機について次の条件を満たす必要がある。

①　起電力の大きさが等しい。

②　起電力の周波数が等しい。

③　起電力の位相が等しい。

本問は条件②に関するものである。

[類題]　平成13年度(問4)にほぼ同じ問題が出題されている。

問7　出題分野＜機器全般＞　難易度 ★★★　重要度 ★★★

次の文章は，電気機器の損失に関する記述である。

a　コイルの電流とコイルの抵抗によるジュール熱が　(ア)　であり，この損失を低減するため，コイルを構成する電線の断面積を大きくする。

　　交流電流が並列コイルに分かれて流れると，並列コイル間の電流不平衡からこの損失が増加する。この損失を低減するため，並列回路を構成する各コイルの鎖交磁束と抵抗値，すなわち，各コイルのインピーダンスを等しくする。

b　鉄心に交流磁束が通ると損失が発生する。その成分は　(イ)　と　(ウ)　の二つに分類される。前者は，交流磁束によって誘導された電流が鉄心を流れてジュール熱として発生する。そこで，電気抵抗が高い強磁性材料や，表面を絶縁膜で覆った薄い鉄板を積層した積層鉄心を磁気回路に用いて，電流の経路を断つことで損失を低減する。後者は，鉄心の磁束が磁界の履歴に依存するために発生する。この　(ウ)　を低減するために電磁鋼板が磁気回路に広く用いられている。

c　上記の電磁気要因の損失のほか，電動機や発電機では，回転子の運動による軸受け摩擦損や冷却ファンの空気抵抗による損失などの　(エ)　がある。

上記の記述中の空白箇所(ア)～(エ)に当てはまる組合せとして，正しいものを次の(1)～(5)のうちから一つ選べ。

	(ア)	(イ)	(ウ)	(エ)
(1)	銅損	渦電流損	ヒステリシス損	機械損
(2)	鉄損	抵抗損	ヒステリシス損	銅損
(3)	銅損	渦電流損	インダクタンス損	機械損
(4)	鉄損	機械損	ヒステリシス損	銅損
(5)	銅損	抵抗損	インダクタンス損	機械損

問7の解答　　出題項目＜損失＞　　答え　（1）

a　コイルの電流とコイルの抵抗によるジュール熱が**銅損**であり，この損失を低減するため，コイルを構成する電線の断面積を大きくする。

b　鉄心に交流磁束が通ると損失が発生する。その成分は**渦電流損**と**ヒステリシス損**の二つに分類される。前者は，交流磁束によって誘導された電流が鉄心を流れてジュール熱として発生する。そこで，電気抵抗が高い強磁性材料や，表面を絶縁膜で覆った薄い鉄板を積層した積層鉄心を磁気回路に用いて，電流の経路を断つことで損失を低減する。後者は，鉄心の磁束が磁界の履歴に依存するために発生する。この**ヒステリシス損**を低減するために電磁鋼板が磁気回路に広く用いられている。

c　上記の電磁気要因の損失のほか，電動機や発電機では，回転子の運動による軸受け摩擦損や冷却ファンの空気抵抗による損失などの**機械損**がある。

解 説

問題文にある損失以外のものに，漂遊負荷損がある。これは，負荷電流が流れることによって生じる損失のうち，銅損を除いたものである。一般に他の損失と比べて小さいため，計算問題では無視されることが多い。また，機械損のうち空気抵抗によるものを風損という。

鉄損，機械損などは，機器に負荷をかけなくてもほぼ一定の大きさで存在するので，これを無負荷損または固定損という。一方，負荷電流によって変化する銅損及び漂遊負荷損を，負荷損という。

[類題]　令和元年度(問7)に全く同じ問題が出題されている。

問8　出題分野＜変圧器＞

難易度 ★★★　　重要度 ★★★

変圧器の一次側（巻数 N_1）の諸量を二次側（巻数 N_2）に換算した場合の簡易等価回路の換算係数に関する記述として，誤っているものを次の（1）～（5）のうちから一つ選べ。ただし，この変圧器の巻数比 $\left(\dfrac{N_1}{N_2}\right)$ を a とする。

（1）　一次側の電圧は $\dfrac{1}{a}$ 倍

（2）　一次側の電流は a 倍

（3）　励磁電流は a 倍

（4）　一次側のインピーダンスは $\dfrac{1}{a^2}$ 倍

（5）　励磁アドミタンスは $\dfrac{1}{a^2}$ 倍

問8の解答　出題項目＜単相変圧器・変圧比＞

答え　（5）

（1）　正。変圧器の変成比（変圧比）は巻数比に等しい。一次電圧を V_1，二次電圧を V_2 とすると，

$$\frac{V_1}{V_2} = a \quad \rightarrow \quad V_2 = \frac{V_1}{a}$$

であるから，二次側換算では一次側の電圧は $\dfrac{1}{a}$ 倍となる。

（2）　正。変圧器の変流比は巻数比の逆数に等しい。一次電流を I_1，二次電流を I_2 とすると，

$$\frac{I_1}{I_2} = \frac{1}{a} \quad \rightarrow \quad I_2 = aI_1$$

であるから，二次側換算では一次側の電流は a 倍

となる。

（3）　正。**図8-1** において，一次側の負荷電流が零であるとき，理想変圧器の一次側の電流は励磁電流であるから，（2）と同様に，二次側換算では励磁電流は a 倍となる。

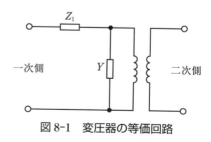

図8-1　変圧器の等価回路

（4）　正。記述の通りである（解説参照）。

（5）誤。励磁アドミタンスは a^2 **倍**になる（解説参照）。

解説 ▶‥‥‥‥‥‥‥‥‥‥‥‥‥‥‥

単相変圧器を例に説明する。図 8-1 は変圧器の等価回路である。Z_1 は一次側のインピーダンス，Y は励磁アドミタンス，向かい合う二つのコイルは理想変圧器を表す。ただし，二次側のインピーダンスは省略してある。

① **Z_1 の二次側換算**　　図 8-2 のように，一次側を短絡して二次電圧を V_2 とする。このとき流れる一次電流を I_1，二次電流を I_2 とする。なお，一般的な変圧器では，$\dfrac{1}{Y}$ は Z_1 に比べて非常に大きな値であるため省略した。

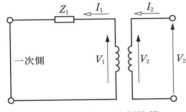

図 8-2　Z_1 の二次側換算

諸量の関係式は次のようになる。

$$Z_1 = \frac{V_1}{I_1}, \quad V_1 = aV_2, \quad I_1 = \frac{I_2}{a}$$

Z_1 を二次側から見ると $\dfrac{V_2}{I_2} = Z_1'$ となるので，

$$Z_1' = \frac{V_2}{I_2} = \frac{\dfrac{V_1}{a}}{aI_1} = \frac{1}{a^2} \cdot \frac{V_1}{I_1} = \frac{Z_1}{a^2}$$

ゆえに，二次側換算した一次側のインピーダンスは $\dfrac{1}{a^2}$ 倍となる。

② **Y の二次側換算**　　励磁電流のみを考えるため，図 8-3 のように，一次側を開放して二次側に V_2 を加えた回路を考える。

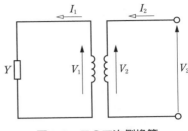

図 8-3　Y の二次側換算

諸量の関係式は次のようになる。

$$Y = \frac{I_1}{V_1}, \quad V_1 = aV_2, \quad I_1 = \frac{I_2}{a}$$

Y を二次側から見ると $\dfrac{I_2}{V_2} = Y'$ となるので，

$$Y' = \frac{I_2}{V_2} = \frac{aI_1}{\dfrac{V_1}{a}} = a^2 \frac{I_1}{V_1} = a^2 Y$$

ゆえに，二次側換算した励磁アドミタンスは a^2 倍となる。

[**類題**]　平成 9 年度(問 3)に全く同じ問題が出題されている。

問9　出題分野＜変圧器＞　難易度 ★★★　重要度 ★★★

　変圧器の規約効率を計算する場合，巻線の抵抗値を 75 ℃ の基準温度の値に補正する。

　ある変圧器の巻線の温度と抵抗値を測ったら，20 ℃ のとき 1.0 Ω であった。この変圧器の 75 ℃ における巻線抵抗値[Ω]として，最も近いものを次の（1）～（5）のうちから一つ選べ。

　ただし，巻線は銅導体であるものとし，T[℃]と t[℃]の抵抗値の比は，

　　$(235+T):(235+t)$

である。

（1）　0.27　　　　　（2）　0.82　　　　　（3）　1.22　　　　　（4）　3.75　　　　　（5）　55.0

問10　出題分野＜パワーエレクトロニクス＞　難易度 ★★☆　重要度 ★★☆

　電力変換装置では，各種のパワー半導体デバイスが使用されている。パワー半導体デバイスの定常的な動作に関する記述として，誤っているものを次の（1）～（5）のうちから一つ選べ。

（1）　ダイオードの導通，非導通は，そのダイオードに印加される電圧の極性で決まり，導通時は回路電圧と負荷などで決まる順電流が流れる。

（2）　サイリスタは，オンのゲート電流が与えられて順方向の電流が流れている状態であれば，その後にゲート電流を取り去っても，順方向の電流に続く逆方向の電流を流すことができる。

（3）　オフしているパワー MOSFET は，ボディーダイオードを内蔵しているのでオンのゲート電圧が与えられなくても逆電圧が印加されれば逆方向の電流が流れる。

（4）　オフしている IGBT は，順電圧が印加されていてオンのゲート電圧を与えると順電流を流すことができ，その状態からゲート電圧を取り去ると非導通となる。

（5）　IGBT と逆並列ダイオードを組み合わせたパワー半導体デバイスは，IGBT にとって順方向の電流を流すことができる期間を IGBT のオンのゲート電圧を与えることで決めることができる。IGBT にとって逆方向の電圧が印加されると，IGBT のゲート状態にかかわらず IGBT にとって逆方向の電流が逆並列ダイオードに流れる。

問9の解答　出題項目＜損失・効率＞　　　　　答え　（3）

題意より，変圧器の巻線の温度20℃のときの巻線抵抗値1.0Ωと温度75℃のときの巻線抵抗値R_{75}の関係を次式に示す。

$$(235+75):(235+20)=R_{75}:1.0$$

比の外項の積と内項の積は等しいので，次式が成り立つ。

$$(235+75)\times1.0=(235+20)\cdot R_{75}$$

この式を変形して，R_{75}を求める。

$$R_{75}=\frac{(235+75)\times1.0}{(235+20)}=1.216[\Omega]\quad\rightarrow\quad1.22\ \Omega$$

解説

温度tで測定した巻線（銅）抵抗をr_tとすると，温度Tに換算した巻線抵抗r_Tは，次式で求められる。

$$r_T=r_t\frac{(235+T)}{(235+t)}[\Omega]$$

式中の235は銅の温度定数である。

Point 比の計算（外項の積 ＝ 内項の積）を覚える。

［類題］ 平成28年度（問8）に全く同じ問題が出題されている。

問10の解答　出題項目＜半導体デバイス＞　　　　答え　（2）

（1）　正。導通時の電圧極性を順方向バイアス，非導通時の極性を逆方向バイアスという。

（2）　誤。ゲート電流によりオン状態となった（ターンオン）のち，ゲート電流を取り去っても順方向のオン状態は続く。しかし，**逆方向の電流を流すことはできない**。

（3）　正。パワーMOSFETでは，逆方向の電流を流すダイオードが製造過程でつくられる。これはボディーダイオードまたは寄生ダイオードなどと呼ばれる（**図10-1**参照）。

（4）　正。記述のとおり。このように入力信号により導通，非導通の制御ができるものを，自己消弧形素子という。

（5）　正。IGBT自体はゲート電圧で順方向の電流をオン，オフできるが，逆方向に電流を流すことはできない。回生制動などで逆方向に電流を流す必要がある場合は，逆並列に接続したダイオードが必要になる。

解説

図10-1はパワーMOSFETの基本構造図である。図中の実線矢印の電流が，ゲート信号でオンオフ制御できる。破線矢印は逆方向の電流であり，ゲート信号に関わらず流れる。

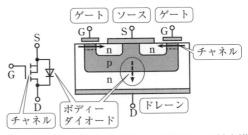

図10-1　縦型nチャネルパワーMOSFETの基本構造

［類題］ 平成29年度（問10）に全く同じ問題が出題されている。

問 11　出題分野＜電動機応用＞　　難易度 ★★★　重要度 ★★★

電動機ではずみ車を加速して，運動エネルギーを蓄えることを考える。

まず，加速するための電動機のトルクを考える。加速途中の電動機の回転速度を $N[\mathrm{min}^{-1}]$ とすると，そのときの毎秒の回転速度 $n[\mathrm{s}^{-1}]$ は①式で表される。

　　　　（ア）　………………………①

この回転速度 $n[\mathrm{s}^{-1}]$ から②式で角速度 $[\mathrm{rad/s}]$ を求めることができる。

　　　　（イ）　………………………②

このときの電動機が１秒間にする仕事，すなわち出力を $P[\mathrm{W}]$ とすると，トルク $T[\mathrm{N \cdot m}]$ は③式となる。

　　　　（ウ）　………………………③

③式のトルクによってはずみ車を加速する。電動機が出力し続けて加速している間，この分のエネルギーがはずみ車に注入される。電動機に直結するはずみ車の慣性モーメントを $I[\mathrm{kg \cdot m^2}]$ として，加速が完了したときの電動機の角速度を $\omega_0[\mathrm{rad/s}]$ とすると，このはずみ車に蓄えられている運動エネルギー $E[\mathrm{J}]$ は④式となる。

　　　　（エ）　………………………④

上記の記述中の空白箇所（ア）～（エ）に当てはまる組合せとして，正しいものを次の（１）～（５）のうちから一つ選べ。

	（ア）	（イ）	（ウ）	（エ）
（１）	$n=\dfrac{N}{60}$	$\omega=2\pi \times n$	$T=\dfrac{P}{\omega}$	$E=\dfrac{1}{2}I^2\omega_0$
（２）	$n=60N$	$\omega=\dfrac{n}{2\pi}$	$T=P\omega$	$E=\dfrac{1}{2}I^2\omega_0$
（３）	$n=\dfrac{N}{60}$	$\omega=2\pi \times n$	$T=P\omega$	$E=\dfrac{1}{2}I\omega_0^2$
（４）	$n=60N$	$\omega=\dfrac{n}{2\pi}$	$T=\dfrac{P}{\omega}$	$E=\dfrac{1}{2}I^2\omega_0$
（５）	$n=\dfrac{N}{60}$	$\omega=2\pi \times n$	$T=\dfrac{P}{\omega}$	$E=\dfrac{1}{2}I\omega_0^2$

問 11 の解答　　出題項目＜回転体のエネルギー＞　　　　　答え　（5）

1 分間の回転速度 $N[\mathrm{min}^{-1}]$ から 1 秒間の回転速度 n を求めると，

$$n=\frac{N}{60}[\mathrm{s}^{-1}] \tag{①}$$

角速度 ω は 1 秒間に回転する角度[rad/s]で，1 回転分の角度は $2\pi[\mathrm{rad}]$ より，

$$\omega=2\pi\times n[\mathrm{rad/s}] \tag{②}$$

電動機のトルク T は，角速度 ω および電動機出力 $P[\mathrm{W}]$ より，

$$T=\frac{P}{\omega}[\mathrm{N\cdot m}] \tag{③}$$

加速が完了した角速度 ω_0 のはずみ車に蓄えられた運動エネルギー E は，はずみ車の慣性モーメントを $I[\mathrm{kg\cdot m^2}]$ とすると，

$$E=\frac{1}{2}I\omega_0{}^2[\mathrm{J}] \tag{④}$$

解説

慣性モーメント I（J とも表す）は，

$$I=GR^2[\mathrm{kg\cdot m^2}]$$

と表され，回転体の全質量 $G[\mathrm{kg}]$ が半径 $R[\mathrm{m}]$ の円周上の 1 点に存在すると仮定した慣性の性質を表すものである。

一方，慣性モーメントの代わりにはずみ車効果 GD^2（ジーディースクエアード）を用いることがあり，直径 $D[\mathrm{m}]$ により慣性の性質を表すものである。慣性モーメントに対して，

$$GD^2=G(2R)^2=4GR^2=4I$$

の関係がある。

Point 回転体のもつエネルギーを計算するため，①～④式を理解すること。

[**類題**]　平成 25 年度(問 10)に全く同じ問題が出題されている。

問 12　出題分野＜電熱＞　難易度 ★★★　重要度 ★★★

誘導加熱に関する記述として，誤っているものを次の(1)～(5)のうちから一つ選べ。

(1)　産業用では金属の溶解や金属部品の熱処理などに用いられ，民生用では調理加熱に用いられている。

(2)　金属製の被加熱物を交番磁界内に置くことで発生するジュール熱によって被加熱物自体が発熱する。

(3)　被加熱物の透磁率が高いものほど加熱されやすい。

(4)　被加熱物に印加する交番磁界の周波数が高いほど，被加熱物の内部が加熱されやすい。

(5)　被加熱物として，銅，アルミよりも，鉄，ステンレスの方が加熱されやすい。

問 12 の解答　　出題項目＜誘導加熱＞　　　　　　答え　（4）

理論　電力　機械　法規

令和5（2023）上期

令和5（2023）下期

選抜90問

選抜85問

選抜90問

選抜65問

（1）　正。民生用では IH 調理器として普及している。

（2）　正。金属製の被加熱物を交番磁束が貫くとき，電磁誘導により磁束の周囲に渦電流が生じる。この渦電流が金属製被加熱物の持つ電気抵抗を流れることでジュール熱が発生し，被加熱物自体が発熱する。このため，熱伝導による間接加熱に比べ熱効率が高い。

（3）　正。一般に，透磁率が高いほど被加熱物内の磁束密度が大きくなるため，大きな渦電流が流れ発熱量が大きくなり，加熱されやすい。

（4）　誤。交番磁界の周波数が高いほど，表皮効果のために渦電流が表面に集中し，**表面が加熱されやすい**。

（5）　正。銅は透磁率が低いため，磁束密度を高くできず渦電流は小さい。抵抗率も低いため比較的発熱量が小さく，また放熱しやすいので熱効率が悪い。アルミも銅と同様の性質のため，熱効率が悪い。鉄は透磁率が高く抵抗も適度に大きいため，発熱量が比較的大きく誘導加熱に適する。ステンレスは，透磁率は低いが抵抗が適度に大きいので，銅やアルミよりも加熱されやすい。

解説

誘導加熱は，被加熱物の材質により加熱の程度が異なる。加熱原理上，セラミックなどの絶縁体は発熱しないので，これらの加熱では，導電性の容器に被加熱物を入れて間接加熱を行う。

間接誘導加熱の利用例に IH 調理器がある。IH 調理器では発熱体である調理器具に使用できる材質に制限があり，一般に発熱量の大きな鉄製が用いられるが，高周波を用いることで銅やアルミ製に対応しているものもある。

[類題]　平成 29 年度（問 13）に全く同じ問題が出題されている。

問 13　出題分野＜自動制御＞　　難易度 ★★☆　重要度 ★★★

図に示すようなフィードバック制御系がある。閉ループ周波数伝達関数 $W(j\omega) = \dfrac{C(j\omega)}{R(j\omega)}$ のボード線図の折線近似ゲイン特性として，最も近いものを次の（1）～（5）のうちから一つ選べ。ただし，ω は角周波数[rad/s]を表す。

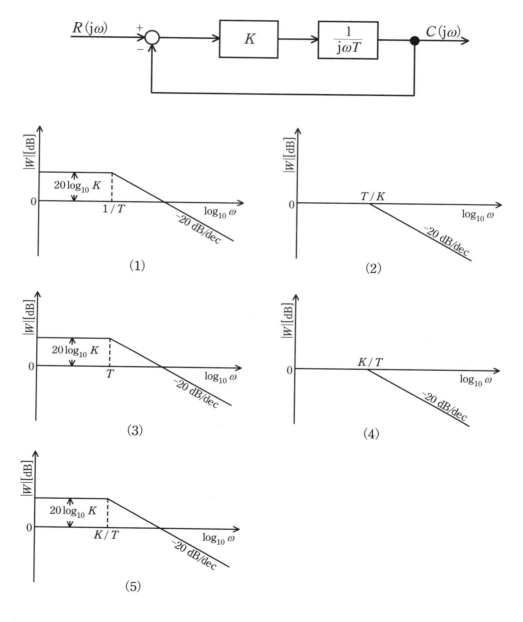

問 13 の解答　　出題項目＜ボード線図，伝達関数＞　　　答え　（4）

二つの伝達要素 K および $1/\mathrm{j}\omega T$ を合成したものを H とすると，

$$H=\frac{K}{\mathrm{j}\omega T}, \quad \{R(\mathrm{j}\omega)-C(\mathrm{j}\omega)\}H=C(\mathrm{j}\omega)$$

これより，$W(\mathrm{j}\omega)=\dfrac{C(\mathrm{j}\omega)}{R(\mathrm{j}\omega)}$ は，

$$W(\mathrm{j}\omega)=\frac{H}{1+H}=\frac{\dfrac{K}{\mathrm{j}\omega T}}{1+\dfrac{K}{\mathrm{j}\omega T}}$$

$$=\frac{K}{K+\mathrm{j}\omega T}=\frac{1}{1+\mathrm{j}\omega\dfrac{T}{K}}$$

$W(\mathrm{j}\omega)$ の大きさ $|W(\mathrm{j}\omega)|$ は，

$$|W(\mathrm{j}\omega)|=\frac{1}{\sqrt{1+\omega^2\left(\dfrac{T}{K}\right)^2}}$$

$|W(\mathrm{j}\omega)|$ の利得（ゲイン）$G[\mathrm{dB}]$ は，

$$G=20\log_{10}|W(\mathrm{j}\omega)|$$
$$=20\log_{10}1-20\log_{10}\sqrt{1+\omega^2\left(\frac{T}{K}\right)^2}$$
$$=-10\log_{10}\left\{1+\omega^2\left(\frac{T}{K}\right)^2\right\}[\mathrm{dB}]$$

ゲイン特性 G は，2 本の漸近線の折線で近似できるので，その漸近線①と②を求める。

漸近線①は，$1\gg\omega^2\left(\dfrac{T}{K}\right)^2$，$\therefore$ $\omega\ll\dfrac{K}{T}$ における G で求められ，それを G_1 とすると，$\left\{1+\omega^2\left(\dfrac{T}{K}\right)^2\right\}\fallingdotseq1$ と近似できるので，

$$G_1=-10\log_{10}1=0[\mathrm{dB}]$$

漸近線②は，$1\ll\omega^2\left(\dfrac{T}{K}\right)^2$，$\therefore$ $\omega\gg\dfrac{K}{T}$ における G で求められ，それを G_2 とすると，$\left\{1+\omega^2\left(\dfrac{T}{K}\right)^2\right\}\fallingdotseq\omega^2\left(\dfrac{T}{K}\right)^2$ と近似できるので，

$$G_2=-10\log_{10}\left\{\omega^2\left(\frac{T}{K}\right)^2\right\}$$
$$=-20\log_{10}\omega+20\log_{10}\left(\frac{K}{T}\right)[\mathrm{dB}]$$

次に，求めた 2 本の漸近線を，横軸が $\log_{10}\omega$（ω の対数目盛），縦軸が $G=20\log_{10}|W(\mathrm{j}\omega)|$ [dB]とするグラフ上に描く。漸近線①は横軸上の直線で，漸近線②は傾きが -20 の直線（$\log_{10}\omega$ を変数とする一次関数）で表される。2 直線の交点は横軸上にあり，交点の角周波数 ω は，

$$0=-20\log_{10}\omega+20\log_{10}\left(\frac{K}{T}\right) \quad \therefore \quad \omega=\frac{K}{T}$$

以上から，ω の範囲を考慮した折線近似ゲイン特性を描くと，**図 13-1** となる。

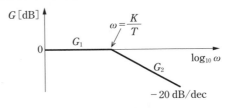

図 13-1　折線近似ゲイン特性

この図に最も近いのは選択肢（4）となる。

解説

横軸の $\log_{10}\omega$ は，横軸が ω についての対数目盛であることを示す。また，"$-20\,\mathrm{dB/dec}$" は，ω が 10 倍増加（$\log_{10}\omega$ が 1 増加）すると G が $-20\,\mathrm{dB}$ 増加（20 dB 減少）する傾きであることを示す。なお，$\omega=K/T$ は折点角周波数である。

実際のゲイン特性は，**図 13-2** に示すような滑らかな曲線となる。この曲線の $\omega\ll K/T$ および $\omega\gg K/T$ における漸近線が，解答で求めた 2 本の直線である。なお，折点角周波数 $\omega=K/T$ におけるゲイン $G\left(\omega=\dfrac{K}{T}\right)$ は，

$$G\left(\omega=\frac{K}{T}\right)=-10\log_{10}\left\{1+\left(\frac{K}{T}\right)^2\left(\frac{T}{K}\right)^2\right\}$$
$$\fallingdotseq-3[\mathrm{dB}]$$

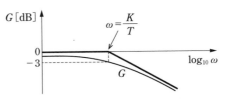

図 13-2　ゲイン特性曲線

[類題]　平成 7 年度（問 13）に全く同じ問題が出題されている。

問 14　出題分野＜情報＞　　難易度 ★★★　重要度 ★★★

　入力信号が A，B 及び C，出力信号が X の論理回路が次の真理値表を満たしているとき，X の論理式として，正しいものを次の(1)～(5)のうちから一つ選べ。

入力信号			出力信号
A	B	C	X
0	0	0	1
0	0	1	1
0	1	0	1
0	1	1	0
1	0	0	1
1	0	1	0
1	1	0	0
1	1	1	0

(1)　$X = \overline{A} \cdot \overline{B} \cdot C + A \cdot \overline{B} \cdot \overline{C} + \overline{A} \cdot B \cdot \overline{C}$

(2)　$X = \overline{A \cdot B \cdot C} + \overline{A+B} + \overline{B+C} + \overline{C+A}$

(3)　$X = \overline{A} \cdot B + \overline{B} \cdot C + \overline{C} \cdot A$

(4)　$X = \overline{A \cdot B} + \overline{B \cdot C} + \overline{C \cdot A}$

(5)　$X = \overline{A} \cdot \overline{B} + \overline{B} \cdot \overline{C} + \overline{C} \cdot \overline{A}$

問 14 の解答　出題項目＜論理式＞　　　答え　(5)

①　選択肢(1)の式に，真理値表の入力信号を順次代入して論理演算を行い，得られた出力信号が真理値表と一致するか否かを調べる。

A＝0，B＝0，C＝0のとき，

$X=\overline{0}\cdot\overline{0}\cdot0+0\cdot\overline{0}\cdot\overline{0}+\overline{0}\cdot0\cdot\overline{0}$

　　$=0+0+0=0$　……不一致

ゆえに，選択肢(1)は正しくない。

②　選択肢(2)の式について，同様に出力信号を調べる。

A＝0，B＝0，C＝0のとき，

$X=\overline{0\cdot0\cdot0}+\overline{0+0}+\overline{0+0}+\overline{0+0}$

　　$=1+1+1+1=1$　……一致

A＝0，B＝0，C＝1のとき，

$X=\overline{0\cdot0\cdot1}+\overline{0+0}+\overline{0+1}+\overline{1+0}$

　　$=1+1+0+0=1$　……一致

A＝0，B＝1，C＝0のとき，

$X=\overline{0\cdot1\cdot0}+\overline{0+1}+\overline{1+0}+\overline{0+0}$

　　$=1+0+0+1=1$　……一致

A＝0，B＝1，C＝1のとき，

$X=\overline{0\cdot1\cdot1}+\overline{0+1}+\overline{1+1}+\overline{1+0}$

　　$=1+0+0+0=1$　……不一致

ゆえに，選択肢(2)は正しくない。

③　選択肢(3)の式について，同様に出力信号を調べる。

A＝0，B＝0，C＝0のとき，

$X=\overline{0}\cdot0+\overline{0}\cdot0+\overline{0}\cdot0$

　　$=0+0+0=0$　……不一致

ゆえに，選択肢(3)は正しくない。

④　選択肢(4)の式について，同様に出力信号を調べる。

A＝0，B＝0，C＝0のとき，

$X=\overline{0\cdot0}+\overline{0\cdot0}+\overline{0\cdot0}$

　　$=1+1+1=1$　……一致

A＝0，B＝0，C＝1のとき，

$X=\overline{0\cdot0}+\overline{0\cdot1}+\overline{1\cdot0}$

　　$=1+1+1=1$　……一致

A＝0，B＝1，C＝0のとき，

$X=\overline{0\cdot1}+\overline{1\cdot0}+\overline{0\cdot0}$

　　$=1+1+1=1$　……一致

A＝0，B＝1，C＝1のとき，

$X=\overline{0\cdot1}+\overline{1\cdot1}+\overline{1\cdot0}$

　　$=1+0+1=1$　……不一致

ゆえに，選択肢(4)は正しくない。

以上から，残った選択肢(5)がXの正しい論理式となる。

解説

全ての論理式について，真値表の入力値を代入してXを求め，その値が真理値表の値と一致するかをチェックしていけば必ず正解を見つけだせる。原始的な方法だが，確実である。

なお，真理値表から直接論理式を導く方法として**カルノー図**を用いる方法(補足を参照)や**加法標準型設計法**などがあるが，詳細は省略する。

補足

問題に提示された真理値表のカルノー図の一例を，**図 15-1**に示す(ただし，カルノー図の描き方は，紙幅の都合で省略する)。

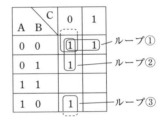

図 15-1　カルノー図

それぞれのループで共通の入力信号を見つけ，それが1のときは入力記号を，0のときは入力記号の否定をその論理式とする。ループ①では入力AとBが0で共通なので，それぞれの論理式を$\overline{A}$，$\overline{B}$とする。ループ②では入力AとCが0で共通なので，それぞれの論理式を$\overline{A}$，$\overline{C}$とする。ループ③では入力BとCが0で共通なので，それぞれの論理式を$\overline{B}$，$\overline{C}$とする。

次に，それぞれのループについての共通入力の論理積を求め，それら全ての論理和をつくる。得られた論理式が，Xの論理式である。

$$X=\overline{A}\cdot\overline{B}+\overline{A}\cdot\overline{C}+\overline{B}\cdot\overline{C}$$

$$(=\overline{A}\cdot\overline{B}+\overline{B}\cdot\overline{C}+\overline{C}\cdot\overline{A}　……　選択肢(5))$$

[**類題**]　平成12年度(問11)に全く同じ問題が出題されている。

B 問 題　（配点は1問題当たり（a）5点，（b）5点，計10点）

問 15　出題分野＜誘導機＞　　難易度 ★★★　重要度 ★★★

　定格出力15 kW，定格周波数60 Hz，4極の三相誘導電動機があり，トルク一定の負荷を負って運転している。この電動機について，次の（a）及び（b）の問に答えよ。

（a）　定格回転速度1 746 min⁻¹で運転しているときの滑り周波数の値[Hz]として，最も近いものを次の（1）〜（5）のうちから一つ選べ。

　　（1）　1.50　　　（2）　1.80　　　（3）　1.86　　　（4）　2.10　　　（5）　2.17

（b）　インバータにより一次周波数制御を行って，一次周波数を40 Hzとしたときの回転速度[min⁻¹]として，最も近いものを次の（1）〜（5）のうちから一つ選べ。
　　　ただし，滑り周波数は一次周波数にかかわらず常に一定とする。

　　（1）　1 146　　　（2）　1 164　　　（3）　1 433　　　（4）　1 455　　　（5）　1 719

問15（a）の解答　出題項目＜速度制御＞　　答え（2）

回転磁界の同期速度 $N_s[\mathrm{min}^{-1}]$ は，

$$N_s = \frac{120 \times 60}{4} = 1\,800[\mathrm{min}^{-1}]$$

定格回転速度における滑り s は，

$$s = \frac{1\,800 - 1\,746}{1\,800} = 0.03$$

滑り周波数 $f_s[\mathrm{Hz}]$ は，滑り $s = 0.03$ と電源の周波数 $f = 60[\mathrm{Hz}]$ との積で求められるので，

$$f_s = sf = 0.03 \times 60 = 1.8[\mathrm{Hz}]$$

解 説

滑り周波数は，回転子導体（二次導体）に誘導される起電力の周波数である。滑り s で運転中の誘導電動機の回転子回路（二次回路）に誘導される起電力および周波数は，滑り $s = 1$（始動時）の誘導起電力および周波数の s 倍となる。

Point 滑り周波数は，滑りと電源周波数（一次周波数）の積である。

問15（b）の解答　出題項目＜速度制御＞　　答え（1）

題意より，滑り周波数は 1.8 Hz 一定であることから，一次周波数制御で運転している電動機の滑り s は，

$$1.8 = 40s \quad \therefore\ s = 0.045$$

同期速度 $N_s[\mathrm{min}^{-1}]$ は，

$$N_s = \frac{120 \times 40}{4} = 1\,200[\mathrm{min}^{-1}]$$

であるから，回転速度 $N[\mathrm{min}^{-1}]$ は，

$$N = N_s(1 - s) = 1\,200 \times (1 - 0.045)$$
$$= 1\,146[\mathrm{min}^{-1}]$$

解 説

電動機の回転速度は，回転磁界の同期速度と滑りから計算できる。

この問題の要点は，一次周波数制御で運転している電動機の滑りを求めることにある。それには，ただし書きの条件が必要である。

Point 「滑り周波数は一定」は，問題を解くキーセンテンスである。

[類題]　平成16年度（問15）に全く同じ問題が出題されている。

問 16　出題分野<パワーエレクトロニクス>　難易度 ★★★　重要度 ★★★

　図1に示す降圧チョッパの回路は，電圧 E の直流電源，スイッチングする半導体デバイス S，ダイオード D，リアクトル L，及び抵抗 R の負荷から構成されている。また，図2には，図1の回路に示すダイオード D の電圧 v_D と負荷の電流 i_R の波形を示す。次の(a)及び(b)の問に答えよ。

（a）降圧チョッパの回路動作に関し，図3～図5に，実線で示した回路に流れる電流のループと方向を示した三つの電流経路を考える。図2の時刻 t_1 及び時刻 t_2 において，それぞれの電流経路となるか。正しい組合せを次の(1)～(5)のうちから一つ選べ。

	時刻 t_1	時刻 t_2
（1）	電流経路(A)	電流経路(B)
（2）	電流経路(A)	電流経路(C)
（3）	電流経路(B)	電流経路(A)
（4）	電流経路(B)	電流経路(C)
（5）	電流経路(C)	電流経路(B)

（b）電圧 E が100 V，降圧チョッパの通流率が50 %，負荷抵抗 R が2 Ω とする。デバイス S は周期 T の高周波でスイッチングし，リアクトル L の平滑作用により，図2に示す電流 i_R のリプル成分は十分小さいとする。電流 i_R の平均値 I_R[A] として，最も近いものを次の(1)～(5)のうちから一つ選べ。

（1） 17.7　　（2） 25.0　　（3） 35.4　　（4） 50.1　　（5） 70.7

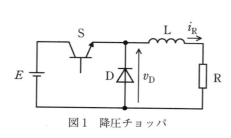

図1　降圧チョッパ

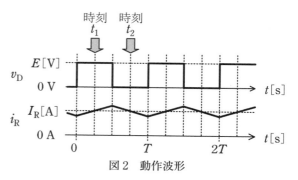

図2　動作波形

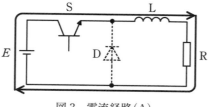

図3　電流経路(A)

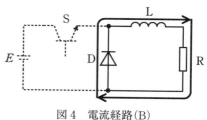

図4　電流経路(B)

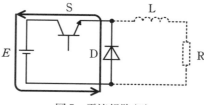

図5　電流経路(C)

問 16（a）の解答　出題項目＜チョッパ＞　　答え（1）

① スイッチング素子 S がオンのとき

ダイオード D には問題図 1 の矢印の向きに直流電圧 $v_\mathrm{D}=E$ が加わり D は非導通となる。リアクトル L 及び抵抗 R の直列回路には E が加わるので，電流 i_R は L の作用のため徐々に増加し，同時に L は磁気エネルギーを蓄える。

この動作を問題図 2 で確認すると，$v_\mathrm{D}=E$ となる**時刻 t_1 の現象**であることがわかる（このとき i_R は徐々に増加していることも確認できる）。

また，電流経路は，D が非導通状態で，L 及び R に i_R が流れている**電流回路(A)**が正しい。

② スイッチング素子 S がオフのとき

S がオンからオフになると，L は i_R を同じ向きに流し続けるような向きに起電力を生じる。この起電力で D が導通状態になり i_R が回路を循環する。このとき，i_R は L の磁気エネルギーの放出に伴い徐々に減少する。

この動作を問題図 2 で確認すると，D が導通状態なので $v_\mathrm{D}=0$ となる**時刻 t_2 の現象**であることがわかる（このとき i_R は徐々に減少していることも確認できる）。

また，電流経路は，D が導通状態で，かつ，L 及び R に i_R が流れている**電流回路(B)**が正しい。

【別解】 S は逆向きに電流を流せないので，電流経路(C)は誤りとなる。電流経路(A)は，S がオン状態（S を電流が流れている）であり，かつ，D が非導通状態（$v_\mathrm{D}=E$）なので，**時刻 t_1 の現象**である。また，**時刻 t_2 の現象**は消去法により電流経路(B)となる（S がオフ状態かつ D が導通状態（$v_\mathrm{D}=0$）より結論づけてもよい）。

解説 ・・・・・・・・・・・・・・・・・・・・・・・・・・・・・・・・・・

降圧チョッパの動作を考えるとき，D と L の働きが重要である。十分に理解しておきたい。

Point チョッパは直流電圧を効率よく変圧する装置。降圧チョッパは電圧を下げ，昇圧チョッパは電圧を上げる。

問 16（b）の解答　出題項目＜チョッパ＞　　答え（2）

R の端子電圧の平均電圧 V_R は，降圧チョッパの通流率を d とすると次式で計算できる。

$$V_\mathrm{R}=dE=0.5\times100=50\,[\mathrm{V}]$$

このとき，抵抗 $R=2\,[\Omega]$ を流れる平均電流 I_R はオームの法則より，

$$I_\mathrm{R}=\frac{V_\mathrm{R}}{R}=\frac{50}{2}=25\,[\mathrm{A}]$$

解説 ・・・・・・・・・・・・・・・・・・・・・・・・・・・・・・・・・・

問題図 1 において，抵抗の端子電圧の平均値 V_R は，v_D の平均電圧 $\overline{v_\mathrm{D}}$ から L に発生する誘導起電力 v_L の平均電圧 $\overline{v_\mathrm{L}}$ を引いた値となる。しかし，題意により電流のリプル成分は十分小さいため $v_\mathrm{L}\fallingdotseq0=\overline{v_\mathrm{L}}$（電流変化がないと誘導起電力は生じない）となるので，$V_\mathrm{R}=\overline{v_\mathrm{D}}$ となる。

次に，$\overline{v_\mathrm{D}}$ は，問題図 2 の v_D の波形と t 軸で囲まれた一周期分の面積の平均として計算できるので，V_R は次式となる。

$$V_\mathrm{R}=\frac{E(T/2)+0(T/2)}{T}=\frac{E}{2}=50\,[\mathrm{V}]$$

また，この式は，S がオンの時間を T_ON，オフの時間を T_OFF とすると，次式で表すことができる。

$$V_\mathrm{R}=\frac{E\,T_\mathrm{ON}+0\,T_\mathrm{OFF}}{T_\mathrm{ON}+T_\mathrm{OFF}}=\frac{T_\mathrm{ON}}{T_\mathrm{ON}+T_\mathrm{OFF}}E$$
$$=dE\,[\mathrm{V}]$$

なお，この式中の d を通流率という。

V_R と I_R と R の間にもオームの法則が成り立つので，I_R は V_R を R で割った値となる。

Point 通流率 d，負荷の平均電圧 V_R の式は覚えておきたい。

[類題] 平成 30 年度(問 16)に全く同じ問題が出題されている。

　　問17及び問18は選択問題であり，問17又は問18のどちらかを選んで解答すること。
両方解答すると採点されません。
（選択問題）

問17　出題分野＜照明＞　　難易度 ★★★　重要度 ★★★

　どの方向にも光度が等しい均等放射の点光源がある。この点光源の全光束は15 000 lmである。この点光源二つ（A及びB）を屋外で図のように配置した。地面から点光源までの高さはいずれも4 mであり，AとBとの距離は6 mである。次の（a）及び（b）の問に答えよ。ただし，考える空間には，A及びB以外に光源はなく，地面や周囲などからの反射光の影響もないものとする。

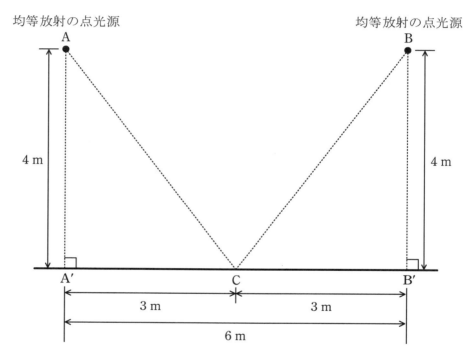

（a）　図において，点光源Aのみを点灯した。Aの直下の地面A′点における水平面照度の値［lx］として，最も近いものを次の（1）〜（5）のうちから一つ選べ。

　　　（1）　56　　　（2）　75　　　（3）　100　　　（4）　149　　　（5）　299

（b）　図において，点光源Aを点灯させたまま，点光源Bも点灯した。このとき，地面C点における水平面照度の値［lx］として，最も近いものを次の（1）〜（5）のうちから一つ選べ。

　　　（1）　46　　　（2）　57　　　（3）　76　　　（4）　96　　　（5）　153

問 17（a）の解答　　出題項目＜水平面照度＞

均等放射の点光源は，全方向の光度も均等となる。全空間の立体角は 4π[sr] なので，この点光源の光度 I は，

$$I = \frac{15\,000}{4\pi}\,[\text{cd}]$$

A′ における水平面照度 E_A は，距離の逆二乗の法則より，

$$E_A = \frac{I}{4^2} = \frac{15\,000}{4\pi \times 16} ≒ 74.6\,[\text{lx}]$$

$$\rightarrow \quad 75\,\text{lx}$$

【別解】　A を中心とした距離 AA′ を半径とする球面を考える。均等放射点光源はこの球内面を一様に照らすので，球内面の照度は一様になる。この照度は A′ における水平面照度 E_A でもあるので，E_A は全光束をこの球の表面積で割れば求められる。

$$E_A = \frac{15\,000}{4\pi \times 4^2} ≒ 74.6\,[\text{lx}]$$

解説

照度計算の基本問題である。解答では照度を，

光源の光度と被照面までの距離から**距離の逆二乗の法則**を用いて計算した。光度を光源の光束から求めるには，被照面方向の立体角 1 sr 当たりの光束を計算しなければ

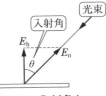

図 17-1　入射角と水平面照度

ならないが，均等放射光源であることから，光度は全光束を全空間の立体角で割った値となる。

また，入射光束に対して垂直な面の照度 E_n を**法線照度**といい，水平面に対する照度 E_h を**水平面照度**という。**図 17-1** より，E_h は E_n の水平面に対する照度成分と考えることができるので，E_h と E_n のなす角を θ とすれば次式が成り立つ。

$$E_h = E_n \cos\theta\,[\text{lx}]$$

この関係式を**入射角余弦の法則**といい，θ を入射角という。

問題の場合，入射角が零なので $E_h = E_n$ である。

Point 法線照度は，1 m² 当たりの光束[lm]。

問 17（b）の解答　　出題項目＜水平面照度＞

C における点光源 A からの入射角の余弦は，

$$\cos(\angle A'AC) = \frac{4}{\sqrt{3^2+4^2}} = 0.8$$

であり，AC 間の距離は 5 m なので，点光源 A による C の水平面照度 E_{hA} は，距離の逆二乗の法則及び入射角余弦の法則より，

$$E_{hA} = \frac{I}{5^2}\cos\theta = \frac{15\,000}{4\pi \times 25} \times 0.8$$

$$≒ 38.2\,[\text{lx}]$$

次に，点光源 B による C の水平面照度 E_{hB} は，点光源 B が点光源 A と同じ特性であること及び B と C の位置関係が A と C のものと同じであることから，$E_{hB} = E_{hA} = 38.2\,[\text{lx}]$ となる。

複数の光源による水平面照度は，個々の光源が単独で照明したときの照度の和（重ね合わせ）で計

算できるので，C の水平面照度 E_h は，

$$E_h = E_{hA} + E_{hB} = 2 \times 38.2 = 76.4\,[\text{lx}]$$

$$\rightarrow \quad 76\,\text{lx}$$

解説

この問題では入射角が零ではないので，水平面照度を求めるには法線照度に入射角の余弦をかけ算する必要がある。

また，光源 A による C の法線照度は，距離 AC を半径とする球面の内面照度と等しいので，この方法で求めてもよい。

Point 法線照度と水平面照度の違いに注意すること。

[類題]　平成 30 年度（問 17）に全く同じ問題が出題されている。

理論
電力
機械
法規
令和5（2023）上期
令和5（2023）下期
選抜90問
選抜85問
選抜90問
選抜65問

（選択問題）

問 18　出題分野＜自動制御＞　　難易度 ★★☆　重要度 ★★☆

図1は，調節計の演算回路などによく用いられるブロック線図を示す。次の（a）及び（b）の問に答えよ。

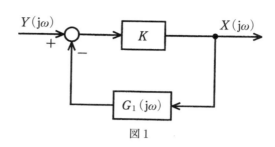

図1

（a）　図2は，図1のブロック $G_1(j\omega)$ の詳細を示し，静電容量 C[F]と抵抗 R[Ω]からなる回路を示す。この回路の入力量 $V_1(j\omega)$ に対する出力量 $V_2(j\omega)$ の周波数伝達関数 $G_1(j\omega)=\dfrac{V_2(j\omega)}{V_1(j\omega)}$ を表す式として，正しいものを次の（1）〜（5）のうちから一つ選べ。

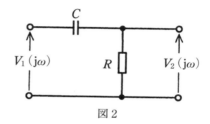

図2

（1）　$\dfrac{1}{CR+j\omega}$　　　（2）　$\dfrac{1}{1+j\omega CR}$　　　（3）　$\dfrac{CR}{CR+j\omega}$

（4）　$\dfrac{CR}{1+j\omega CR}$　　　（5）　$\dfrac{j\omega CR}{1+j\omega CR}$

（b）　図1のブロック線図において，閉ループ周波数伝達関数 $G(j\omega)=\dfrac{X(j\omega)}{Y(j\omega)}$ で，ゲイン K が非常に大きな場合の近似式として，正しいものを次の（1）〜（5）のうちから一つ選べ。

なお，この近似式が成立する場合，この演算回路は比例プラス積分要素と呼ばれる。

（1）　$1+j\omega CR$　　　（2）　$1+\dfrac{CR}{j\omega}$　　　（3）　$1+\dfrac{1}{j\omega CR}$

（4）　$\dfrac{1}{1+j\omega CR}$　　　（5）　$\dfrac{1+CR}{j\omega CR}$

理論　電力　**機械**　法規

令和 **5** (2023) 上期

令和 **5** (2023) 下期

選抜 **90** 問

選抜 **85** 問

選抜 **90** 問

選抜 **65** 問

問 18（a）の解答　出題項目＜伝達関数，ブロック線図＞　　　答え（5）

図 18-1 のように，回路の電流を $\dot{I}$ とすると，

$$\dot{I}=\frac{V_1(\mathrm{j}\omega)}{R+\dfrac{1}{\mathrm{j}\omega C}}=\frac{\mathrm{j}\omega CV_1(\mathrm{j}\omega)}{1+\mathrm{j}\omega CR}$$

$$V_2(\mathrm{j}\omega)=\dot{I}R=\frac{\mathrm{j}\omega CRV_1(\mathrm{j}\omega)}{1+\mathrm{j}\omega CR}$$

$$\frac{V_2(\mathrm{j}\omega)}{V_1(\mathrm{j}\omega)}=\frac{\mathrm{j}\omega CR}{1+\mathrm{j}\omega CR}$$

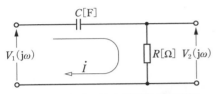

図 18-1　交流回路と周波数伝達関数

解説

　図 18-1 の交流回路において，入力に角周波数 ω[rad/s]の正弦波交流電圧 $V_1(\mathrm{j}\omega)$ を加えたとき，出力に電圧 $V_2(\mathrm{j}\omega)$ が現れたとすると，この両者の関係は角周波数を ω とする一般の正弦波交流回路同様，ベクトル記号法で計算できる。

補足　周波数伝達関数の変数 $\mathrm{j}\omega$ を s に置き替えたものを単に伝達関数と呼ぶ。図 18-1 の回路において，本来入出力は時間 t の関数であるが，この伝達要素を時間の関数で表現すると微分方程式となるため，一般に動作の解析や安定性の判断が容易ではない。例えば図 18-1 は次式になる。

$$v_1(t)=\frac{q(t)}{C}+R\frac{\mathrm{d}q(t)}{\mathrm{d}t},\quad q(t)\text{は電荷}$$

$$v_2(t)=R\frac{\mathrm{d}q(t)}{\mathrm{d}t}$$

　そこで，時間 t を数学的な手法で s の関数に変換して考察を行う。この t から s への変換をラプラス変換と呼んでいる。この変換の詳細を理解する必要は無いが，この変換により微分要素は s に変換され積分要素は $1/s$ に変換されるので，時間の微分方程式は s の関数に変換され，

$$V_1(s)=\frac{q(s)}{C}+Rsq(s),\quad V_2(s)=Rsq(s)$$

　これは s についての一次連立方程式なので，容易に伝達関数 $G(s)$ を求めることができる。

$$G(s)=\frac{V_2(s)}{V_1(s)}=\frac{sR}{1/C+sR}=\frac{sCR}{1+sCR}$$

　上式の s を $\mathrm{j}\omega$ に置き換えると，周波数伝達関数と一致する。

問 18（b）の解答　出題項目＜伝達関数，ブロック線図＞　　　答え（3）

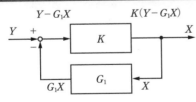

図 18-2　閉ループ周波数伝達の計算

図 18-2 の閉ループ周波数伝達関数を求める。

$$X=K(Y-G_1X)$$

X/Y に式変形すると次式を得る。

$$G=\frac{X}{Y}=\frac{K}{1+KG_1}\qquad①$$

ここで，分母分子を K で割ると，

$$G=\frac{1}{1/K+G_1}$$

K が非常に大きい場合，$1/K\fallingdotseq0$ になるので，

$$G=\frac{1}{G_1}$$

前間で求めた G_1 を代入すると，

$$G=\frac{1}{G_1}=\frac{1}{\dfrac{\mathrm{j}\omega CR}{1+\mathrm{j}\omega CR}}=\frac{\mathrm{j}\omega CR+1}{\mathrm{j}\omega CR}=1+\frac{1}{\mathrm{j}\omega CR}$$

解説

　フィードバック（閉ループ）系の総合の伝達関数の求め方は十分練習しておきたい。

　解答の①式で K を無限大にすると ∞/∞（不定形）になる。これを回避するためには，分母分子を K で割る操作が必要になる。

[類題]　平成 20 年度（問 17）に全く同じ問題が出題されている。

法　規 令和5年度（2023年度）下期

注1　問題文中に「電気設備技術基準」とあるのは，「電気設備に関する技術基準を定める省令」の略である。

注2　問題文中に「電気設備技術基準の解釈」とあるのは，「電気設備の技術基準の解釈における第1章〜第6章及び第8章」をいう。なお，「第7章 国際規格の取り入れ」の各規定について問う出題にあっては，問題文中にその旨を明示する。

A 問 題 （配点は1問題当たり6点）

問1　出題分野＜電気事業法施行規則＞ 難易度 ★★★ 重要度 ★★★

次の文章は，「電気事業法施行規則」に基づく自家用電気工作物を設置する者が保安規程に定めるべき事項の一部に関しての記述である。

a）　自家用電気工作物の工事，維持又は運用に関する業務を管理する者の　（ア）　に関すること。

b）　自家用電気工作物の工事，維持又は運用に従事する者に対する　（イ）　に関すること。

c）　自家用電気工作物の工事，維持及び運用に関する保安のための　（ウ）　及び検査に関すること。

d）　自家用電気工作物の運転又は操作に関すること。

e）　発電所又は蓄電所の運転を相当期間停止する場合における保全の方法に関すること。

f）　災害その他非常の場合に採るべき　（エ）　に関すること。

g）　自家用電気工作物の工事，維持及び運用に関する保安についての　（オ）　に関すること。

上記の記述中の空白箇所（ア）〜（オ）に当てはまる組合せとして，正しいものを次の（1）〜（5）のうちから一つ選べ。

	（ア）	（イ）	（ウ）	（エ）	（オ）
（1）	権限及び義務	勤務体制	巡視，点検	指揮命令	記録
（2）	職務及び組織	勤務体制	整備，補修	措置	届出
（3）	権限及び義務	保安教育	整備，補修	指揮命令	届出
（4）	職務及び組織	保安教育	巡視，点検	措置	記録
（5）	権限及び義務	勤務体制	整備，補修	指揮命令	記録

問1の解答　出題項目＜50条＞　　答え　(4)

電気事業法施行規則第50条(保安規程)からの出題で，空白箇所を補充すると次のようになる。

＊　＊　＊　＊　＊　＊　＊

a)　自家用電気工作物の工事，維持又は運用に関する業務を管理する者の**職務及び組織**に関すること。

b)　自家用電気工作物の工事，維持又は運用に従事する者に対する**保安教育**に関すること。

c)　自家用電気工作物の工事，維持及び運用に関する保安のための**巡視，点検**及び検査に関すること。

f)　災害その他非常の場合に採るべき**措置**に関すること。

g)　自家用電気工作物の工事，維持及び運用に関する保安についての**記録**に関すること。

解説

電気事業法第42条(保安規程)

第1項　事業用電気工作物(小規模事業用電気工作物を除く。以下この款において同じ)を設置する者は，事業用電気工作物の工事，維持及び運用に関する保安を確保するため，主務省令で定めるところにより，保安を一体的に確保することが必要な**事業用電気工作物の組織**ごとに**保安規程**を定め，当該組織における事業用電気工作物の**使用の開始前に**，**主務大臣に届け出**なければならない。

第2項　事業用電気工作物を設置する者は，**保安規程を変更**したときは，**遅滞なく**，変更した事項を主務大臣に**届け出**なければならない。

第3項　**主務大臣**は，事業用電気工作物の工事，維持及び運用に関する保安を確保するため必要があると認めるときは，事業用電気工作物を設置する者に対し，**保安規程を変更すべきことを命ずる**ことができる。

第4項　**事業用電気工作物を設置する者及びその従業者**は，保安規程を守らなければならない。

[類題]　平成28年度(問10)にほぼ同じ問題が出題されている。

問2　出題分野＜電気工事業法＞　難易度 ★★★　重要度 ★★★

　次の文章は，「電気工事業の業務の適正化に関する法律」に規定されている電気工事業者に関する記述である。

　この法律において，「電気工事業」とは，電気工事士法に規定する電気工事を行う事業をいい，「　(ア)　電気工事業者」とは，経済産業大臣又は　(イ)　の　(ア)　を受けて電気工事業を営む者をいう。また「通知電気工事業者」とは，経済産業大臣又は　(イ)　に電気工事業の開始の通知を行って，　(ウ)　に規定する自家用電気工作物のみに係る電気工事業を営む者をいう。

　上記の記述中の空白箇所(ア)～(ウ)に当てはまる組合せとして，正しいものを次の(1)～(5)のうちから一つ選べ。

	(ア)	(イ)	(ウ)
(1)	承認	都道府県知事	電気工事士法
(2)	許可	産業保安監督部長	電気事業法
(3)	登録	都道府県知事	電気工事士法
(4)	承認	産業保安監督部長	電気事業法
(5)	登録	産業保安監督部長	電気工事士法

問3　出題分野＜電技＞　難易度 ★★★　重要度 ★★★

　次の文章は，「電気設備技術基準」に関する記述である。

　電路は，大地から　(ア)　しなければならない。ただし，構造上やむを得ない場合であって通常予見される使用形態を考慮し危険のおそれがない場合，又は　(イ)　による高電圧の侵入等の異常が発生した際の危険を回避するための　(ウ)　その他の保安上必要な措置を講ずる場合は，この限りでない。

　上記の記述中の空白箇所(ア)～(ウ)に当てはまる組合せとして，正しいものを次の(1)～(5)のうちから一つ選べ。

	(ア)	(イ)	(ウ)
(1)	離隔	事故	遮断
(2)	離隔	短絡	遮断
(3)	絶縁	短絡	離隔
(4)	絶縁	混触	接地
(5)	遮断	混触	接地

問2の解答　出題項目＜2条，17条の2＞　　　答え　（3）

「電気工事業の業務の適正化に関する法律」第2条(定義)および第17条の2(自家用電気工事のみに係る電気工事業の開始の通知等)からの出題である。空白箇所を補充すると，次のようになる。

＊　＊　＊　＊　＊　＊　＊

この法律において「**電気工事業**」とは，電気工事を行う事業をいい，「**登録電気工事業者**」とは，経済産業大臣又は**都道府県知事の登録**を受けて電気工事業を営む者をいう。

また，「**通知電気工事業者**」とは，経済産業大臣又は**都道府県知事**に電気工事業の開始の通知を行って，**電気工事士法**に規定する自家用電気工作物のみに係る電気工事業を営む者をいう。

解説

登録電気工事業者と通知電気工事業者の違いの判別方法は，**図2-1**によって行うことができる。

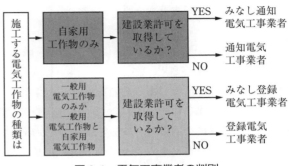

図2-1　電気工事業者の判別

[**類題**]　平成26年度(問4)に全く同じ問題が出題されている。

問3の解答　出題項目＜5条＞　　　答え　（4）

「電気設備技術基準」第5条(電路の絶縁)第1項からの出題で，空白箇所を補充すると次のようになる。

＊　＊　＊　＊　＊　＊　＊

電路は，大地から**絶縁**しなければならない。ただし，構造上やむを得ない場合であって通常予見される使用形態を考慮し危険のおそれがない場合，又は**混触**による高電圧の侵入等の異常が発生した際の危険を回避するための**接地**その他の保安上必要な措置を講ずる場合は，この限りでない。

解説

本条は「電路の絶縁」に関する基本的な考え方を示したもので，電路は大地から絶縁するのが原則である。ここで，「電路」とは，**通常の使用状態で電気が通じているところをいう**(電技第1条第一号)。このため，事故時のみ電流が流れる接地線などは電路ではない。

電路が大地からシッカリと絶縁されていないと，**漏えい電流による感電や火災の危険**がある。

これらのことから，裸電線を使用した架空送電線路ではがいしを使用して大地から絶縁し，地中電線では電力ケーブルの絶縁物や絶縁性の外装に

より大地から絶縁している。

電技第5条第1項の"ただし書き"では，使用上や混触時の危険回避のための接地などの安全措置が講じられている場合は，大地からの絶縁についてこの限りでないとしている。

「電気設備技術基準の解釈」第13条(電路の絶縁)では，**例外について次のように具体的に規定**している。

一　接地工事を施す場合の**接地点**

二　次に掲げるもので絶縁できないことがやむを得ない部分

イ　**電路の一部を大地から絶縁せずに電気を使用することがやむを得ないもの**(試験用変圧器，エックス線発生装置，単線式電気鉄道の帰線など)

ロ　**大地から絶縁することが技術上困難なもの**(電気浴器，電気炉，電気ボイラなど)

[**類題**]　平成10年度(問2)に全く同じ問題が出題されている。また，令和元年度(問3)と令和2年度(問3)に関連問題が出題されている。

問4　出題分野＜電技解釈＞

難易度 ★★☆　重要度 ★★★

「電気設備技術基準の解釈」に基づく，高圧の機械器具(これに附属する高圧電線であってケーブル以外のものを含む。以下同じ。)の施設について，発電所，蓄電所又は変電所，開閉所若しくはこれらに準ずる場所以外の場所において，高圧の機械器具を施設することができる場合として，誤っているものを次の(1)～(5)のうちから一つ選べ。

(1) 人が触れるおそれがないように，機械器具の周囲に適当なさく，へい等を設け，当該さく，へい等の高さと，当該さく，へい等から機械器具の充電部分までの距離との和を5m以上とし，かつ，危険である旨の表示をする場合

(2) 工場等の構内において，機械器具の周囲に高圧用機械器具である旨の表示をする場合

(3) 屋内であって，取扱者以外の者が出入りできないように措置した場所に施設する場合

(4) 機械器具をコンクリート製の箱又はD種接地工事を施した金属製の箱に収め，かつ，充電部分が露出しないように施設する場合

(5) 充電部分が露出しない機械器具を人が接近又は接触しないよう，さく，へい等を設けて施設する場合

問 4 の解答　出題項目＜21 条＞　　　　　　　答え　（2）

「電気設備技術基準の解釈」（以下，「解釈」と略す）第 21 条(高圧機器具の施設)からの出題である。

（1）正。第二号の規定内容は，「人が触れるおそれがないように，機械器具の周囲に適当なさく，へい等」を設け，「さく，へい等の高さと，当該さく，へい等から機械器具の充電部分までの距離との和を **5 m 以上**」とし，「**危険である旨の表示をすること**」である。

（2）誤。第二号の規定内容は，工場等の構内において，「人が触れるおそれがないように，機械器具の周囲に適当なさく，へい等」を設けることである。したがって，**機械器具の周囲に高圧用機械器具である旨の表示をするだけでは不十分で**ある。

（3）正。第一号の規定内容は，「屋内であって，**取扱者以外の者が出入りできないように措置した場所に施設すること**」である。

（4）正。第四号の規定内容は，「機械器具を**コンクリート製の箱又は D 種接地工事を施した金属製の箱**に収め，かつ，**充電部分が露出しないように施設すること**」である。

（5）正。第五号の規定内容は，「充電部分が露出しない機械器具を，次のいずれかにより施設すること。

イ　**簡易接触防護措置**を施すこと。

ロ　温度上昇により，又は故障の際に，その近傍の大地との間に生じる電位差により，人若しくは家畜又は他の工作物に危険のおそれがないように施設すること。」

である。選択肢(5)では，「**人が接近又は接触しないよう，さく，へい等を設けて施設する場合**」と記述されている。「**簡易接触防護措置**」は人が**容易に触れないよう施設すること**であり，規定内容をクリアしている。

解説

解釈第 21 条第二号は，屋外に施設する場合と工場内等の構内において施設する場合とでは，後者は一般の人が立ち入る危険性も少ないことから，施設の規定が緩和されている。両者を比較すると**表 4-1** のようになる。

[類題]　平成 21 年度(問 6)にほぼ同じ問題が出題されている。

表 4-1　施設の比較

屋外に施設する場合	①　人が触れるおそれがないように，機械器具の周囲に適当なさく，へい等を設けること。	
	さく，へい等の施設規制	さく，へい等の高さと，当該さく，へい等から機械器具の充電部分までの距離との和を **5 m 以上**とする。
	②　**危険である旨の表示**をする。	
工場等の構内に施設する場合	①　人が触れるおそれがないように，機械器具の周囲に適当なさく，へい等を設けること。	

問5　出題分野＜電技＞　難易度 ★★★　重要度 ★★★

次の文章は，「電気設備技術基準」における(地中電線等による他の電線及び工作物への危険の防止)及び(地中電線路の保護)に関する記述である。

a)　地中電線，屋側電線及びトンネル内電線その他の工作物に固定して施設する電線は，他の電線，弱電流電線等又は管(以下，「他の電線等」という。)と　(ア)　し，又は交さする場合には，故障時の　(イ)　により他の電線等を損傷するおそれがないように施設しなければならない。ただし，感電又は火災のおそれがない場合であって，　(ウ)　場合は，この限りでない。

b)　地中電線路は，車両その他の重量物による圧力に耐え，かつ，当該地中電線路を埋設している旨の表示等により掘削工事からの影響を受けないように施設しなければならない。

c)　地中電線路のうちその内部で作業が可能なものには，　(エ)　を講じなければならない。

上記の記述中の空白箇所(ア)～(エ)に当てはまる組合せとして，正しいものを次の(1)～(5)のうちから一つ選べ。

	(ア)	(イ)	(ウ)	(エ)
(1)	接触	短絡電流	取扱者以外の者が容易に触れることがない	防火措置
(2)	接近	アーク放電	他の電線等の管理者の承諾を得た	防火措置
(3)	接近	アーク放電	他の電線等の管理者の承諾を得た	感電防止措置
(4)	接触	短絡電流	他の電線等の管理者の承諾を得た	防火措置
(5)	接近	短絡電流	取扱者以外の者が容易に触れることがない	感電防止措置

問6　出題分野＜電技解釈＞　難易度 ★★★　重要度 ★★★

架空電線路の支持物に，取扱者が昇降に使用する足場金具等を地表上1.8 m未満に施設することができる場合として，「電気設備技術基準の解釈」に基づき，不適切なものを次の(1)～(5)のうちから一つ選べ。

(1)　監視装置を施設する場合
(2)　足場金具等が内部に格納できる構造である場合
(3)　支持物に昇塔防止のための装置を施設する場合
(4)　支持物の周囲に取扱者以外の者が立ち入らないように，さく，へい等を施設する場合
(5)　支持物を山地等であって人が容易に立ち入るおそれがない場所に施設する場合

問5の解答　出題項目＜30, 47条＞　答え　(2)

a)は「電気設備技術基準」(以下,「電技」と略す)第30条(地中電線等による他の電線及び工作物への危険の防止), b)とc)は電技第47条(地中電線路の保護)からの出題である。

a)　地中電線, 屋側電線及びトンネル内電線その他の工作物に固定して施設する電線は, 他の電線, 弱電流電線等又は管(以下,「他の電線等」という。)と**接近**し, 又は交さする場合には, 故障時の**アーク放電**により他の電線等を損傷するおそれがないように施設しなければならない。

ただし, 感電又は火災のおそれがない場合であって, **他の電線等の管理者の承諾を得た**場合は, この限りでない。

b)　地中電線路は, 車両その他の重量物による圧力に耐え, かつ, 当該地中電線路を埋設している旨の表示等により掘削工事からの影響を受けないように施設しなければならない。

c)　地中電線路のうちその内部で作業が可能なものには, **防火措置**を講じなければならない。

解説

a)の故障時のアーク放電による他の電線等の損

傷防止のための施設方法には, 相互の離隔距離を保持する方法, 隔壁を設ける方法, 管に収める方法がある。

b)の車両その他の重量物による圧力に耐えるため, 管路式では JIS C 3653(電力ケーブルの地中埋設の施設方法)を定めており, 直接埋設式では地中埋設深さ(土冠)を規定している。

また,「電気設備技術基準の解釈」第120条(地中電線路の施設)で, 管路式と直接埋設式の高圧または特別高圧地中電線路の埋設表示を規定している(**図5-1**)。

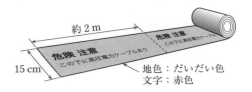

図5-1　埋設表示の例

[類題]　平成30年度(問3)に全く同じ問題が出題されている。

問6の解答　出題項目＜53条＞　答え　(1)

「電気設備技術基準の解釈」第53条(架空電線路の支持物の昇塔防止)からの出題で, 架空電線路の支持物に取扱者が昇降に使用する足場金具等を施設する場合は, 地表上1.8 m以上に施設することとされているが, 1.8 m未満に施設できる例外規定がある。

(1)　誤。「監視装置を施設する場合」については, 例外規定に定められていない。

(2)　正。**足場金具等が内部に格納**できる構造である場合(第一号)

(3)　正。支持物に**昇塔防止のための装置**を施設する場合(第二号)(**図6-1**)

(4)　正。支持物の周囲に取扱者以外の者が立

ち入らないように, **さく, へい等を施設**する場合(第三号)

(5)　正。支持物を**山地等**であって人が容易に立ち入るおそれがない場所に施設する場合(第四号)

図6-1　鉄塔昇塔防止金具

[類題]　平成24年度(問7)に全く同じ問題が出題されている。

問7　出題分野＜電技解釈＞　　難易度 ★★☆　重要度 ★★★

「電気設備技術基準の解釈」に基づく分散型電源の系統連系設備に係る用語の定義に関する記述として，正しいものを次の（1）〜（5）のうちから一つ選べ。

（1）　単独運転とは，分散型電源を連系している電力系統が事故等によって系統電源と切り離された状態において，当該分散型電源が発電を継続し，線路負荷に無効電力を供給している状態をいう。

（2）　自立運転とは，分散型電源が，連系している電力系統から解列された状態において，当該分散型電源設置者の構内負荷にのみ電力を供給している状態をいう。

（3）　逆充電とは，分散型電源設置者の構内から，一般送配電事業者が運用する電力系統側へ向かう有効電力の流れをいう。

（4）　受動的方式の単独運転検出装置とは，分散型電源の有効電力出力又は無効電力出力等に平時から変動を与えておき，単独運転移行時に当該変動に起因して生じる周波数等の変化により，単独運転状態を検出する装置をいう。

（5）　能動的方式の単独運転検出装置とは，単独運転移行時に生じる電圧位相又は周波数等の変化により，単独運転状態を検出する装置をいう。

問7の解答　出題項目＜220条＞　答え　(2)

「電気設備技術基準の解釈」(以下，「解釈」と略す)第220条(分散型電源の系統連系設備に係る用語の定義)からの出題である。

(1) 誤。**単独運転**とは，「分散型電源を連系している電力系統が事故等によって系統電源と切り離された状態において，当該分散型電源が発電を継続し，線路負荷に**有効電力**を供給している状態」(第五号)をいう。

(2) 正。**自立運転**とは，「分散型電源が，連系している電力系統から解列された状態において，当該分散型電源設置者の構内負荷にのみ電力を供給している状態」(第七号)をいう。

(3) 誤。**逆充電**とは，「分散型電源を連系している電力系統が事故等によって系統電源と切り離された状態において，**分散型電源のみが，連系している電力系統を加圧し，かつ，当該電力系統へ有効電力を供給していない状態**」(第六号)をいう。

(4) 誤。**受動的方式の単独運転検出装置**とは，「**単独運転移行時に生じる電圧位相又は周波数等の変化により，単独運転状態を検出**する装置」(第十号)をいう。

(5) 誤。**能動的方式の単独運転検出装置**とは，「分散型電源の**有効電力出力又は無効電力出力等**に平時から変動を与えておき，単独運転移行時に当該変動に起因して生じる周波数等の変化により，**単独運転状態を検出**する装置」(第十一号)をいう。

解説

分散型電源の系統連系設備に係る用語の定義は，出題の定番であり，シッカリと押さえておきたいところである。

解釈第220条では，下記の用語も定義されている。

[**発電設備等**]　発電設備又は電力貯蔵装置であって，常用電源の停電時又は電圧低下発生時にのみ使用する非常用予備電源以外のもの(第一号)

[**分散型電源**]　電気事業法第38条第4項第一号，第三号又は第五号に掲げる事業を営む者以外の者が設置する発電設備等であって，**一般送配電事業者若しくは配電事業者が運用する電力系統又は第十四号に定める地域独立系統に連系するもの**(第二号)

[**解　列**]　電力系統から切り離すこと(第三号)

[**逆潮流**]　分散型電源設置者の構内から，一般送配電事業者が運用する**電力系統側へ向かう有効電力の流れ**(第四号)

[**線路無電圧確認装置**]　電線路の電圧の有無を確認するための装置(第八号)

[**転送遮断装置**]　遮断器の遮断信号を通信回線で伝送し，**別の構内に設置された遮断器を動作させる**装置(第九号)

[**スポットネットワーク受電方式**]　2以上の特別高圧配電線(スポットネットワーク配電線)で受電し，各回線に設置した受電変圧器を介して2次側電路をネットワーク母線で並列接続した受電方式(第十二号)

[**二次励磁制御巻線形誘導発電機**]　二次巻線の交流励磁電流を周波数制御することにより可変速運転を行う巻線形誘導発電機(第十三号)

[類題]　平成23年度(問6)と平成27年度(問9)に類似問題が，また，令和元年度(問9)に関連問題が出題されている。

問8　出題分野＜電技，電技解釈＞　難易度 ★★★　重要度 ★★★

　次の文章は，「電気設備技術基準」における電気さくの施設の禁止に関する記述である。

　電気さく(屋外において裸電線を固定して施設したさくであって，その裸電線に充電して使用するものをいう。)は，施設してはならない。ただし，田畑，牧場，その他これに類する場所において野獣の侵入又は家畜の脱出を防止するために施設する場合であって，絶縁性がないことを考慮し，　(ア)　のおそれがないように施設するときは，この限りでない。

　次の文章は，「電気設備技術基準の解釈」における電気さくの施設に関する記述である。

　電気さくは，次のa)〜f)に適合するものを除き施設しないこと。

a)　田畑，牧場，その他これに類する場所において野獣の侵入又は家畜の脱出を防止するために施設するものであること。

b)　電気さくを施設した場所には，人が見やすいように適当な間隔で　(イ)　である旨の表示をすること。

c)　電気さくは，次のいずれかに適合する電気さく用電源装置から電気の供給を受けるものであること。

①　電気用品安全法の適用を受ける電気さく用電源装置

②　感電により人に危険を及ぼすおそれのないように出力電流が制限される電気さく用電源装置であって，次のいずれかから電気の供給を受けるもの

・電気用品安全法の適用を受ける直流電源装置

・蓄電池，太陽電池その他これらに類する直流の電源

d)　電気さく用電源装置(直流電源装置を介して電気の供給を受けるものにあっては，直流電源装置)が使用電圧　(ウ)　V以上の電源から電気の供給を受けるものである場合において，人が容易に立ち入る場所に電気さくを施設するときは，当該電気さくに電気を供給する電路には次に適合する漏電遮断器を施設すること。

①　電流動作型のものであること。

②　定格感度電流が　(エ)　mA以下，動作時間が0.1秒以下のものであること。

e)　電気さくに電気を供給する電路には，容易に開閉できる箇所に専用の開閉器を施設すること。

f)　電気さく用電源装置のうち，衝撃電流を繰り返して発生するものは，その装置及びこれに接続する電路において発生する電波又は高周波電流が無線設備の機能に継続的かつ重大な障害を与えるおそれがある場所には，施設しないこと。

　上記の記述中の空白箇所(ア)〜(エ)に当てはまる組合せとして，正しいものを次の(1)〜(5)のうちから一つ選べ。

	(ア)	(イ)	(ウ)	(エ)
(1)	感電又は火災	危険	100	15
(2)	感電又は火災	電気さく	30	10
(3)	損壊	電気さく	100	15
(4)	感電又は火災	危険	30	15
(5)	損壊	電気さく	100	10

問8の解答　出題項目＜電技74条，解釈192条＞　　答え　（4）

「電気設備技術基準」第74条（電気さくの施設の禁止）及び「電気設備技術基準の解釈」第192条（電気さくの施設）からの出題である。

問題文の空白箇所を補充すると次のようになる。

＊　＊　＊　＊　＊　＊　＊

電気さく（屋外において裸電線を固定して施設したさくであって，その裸電線に充電して使用するものをいう。）は，施設してはならない。ただし，田畑，牧場，その他これに類する場所において野獣の侵入又は家畜の脱出を防止するために施設する場合であって，絶縁性がないことを考慮し，**感電又は火災**のおそれがないように施設するときは，この限りでない。

＊　＊　＊　＊　＊　＊　＊

b）　電気さくを施設した場所には，人が見やすいように適当な間隔で**危険**である旨の表示をすること。

d）　電気さく用電源装置（直流電源装置を介して電気の供給を受けるものにあっては，直流電源装置）が使用電圧 **30** V 以上の電源から電気の供給を受けるものである場合において，人が容易に立ち入る場所に電気さくを施設するときは，当該電気さくに電気を供給する電路には次に適合する漏電遮断器を施設すること。

①　電流動作型のものであること。

②　定格感度電流が **15** mA 以下，動作時間が 0.1 秒以下のものであること。

解説

電気さく（**図 8-1**）は，動物が触れた際に電気ショックを与える機構を付加したさくであるが，施設が適切でないと感電事故を招くおそれがあることから，規定が強化されている。

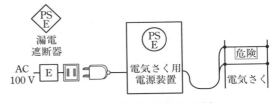

図 8-1　電気さくの施設の例

[類題]　平成 28 年度（問 9）に全く同じ問題が出題されている。

問9 出題分野＜電技解釈＞ 難易度 ★★★ 重要度 ★★★

次の文章は，「電気設備技術基準の解釈」に基づく，ライティングダクト工事による低圧屋内配線の施設に関する記述として，正しいものを次の(1)〜(5)のうちから一つ選べ。

（1） ダクトの支持点間の距離を2m以下で施設した。

（2） 造営材を貫通してダクト相互を接続したため，貫通部の造営材には接触させず，ダクト相互及び電線相互は堅ろうに，かつ，電気的に完全に接続した。

（3） ダクトの開口部を上に向けたため，人が容易に触れるおそれのないようにし，ダクトの内部に塵埃が侵入し難いように施設した。

（4） 5mのダクトを人が容易に触れるおそれがある場所に施設したため，ダクトにはD種接地工事を施し，電路に地絡を生じたときに自動的に電路を遮断する装置は施設しなかった。

（5） ダクトを固定せず使用するため，ダクトは電気用品安全法に適合した附属品でキャブタイヤケーブルに接続して，終端部は堅ろうに閉そくした。

問10 出題分野＜電気施設管理＞ 難易度 ★★★ 重要度 ★★★

次の文章は，計器用変成器の変流器に関する記述である。その記述内容として誤っているものを次の(1)〜(5)のうちから一つ選べ。

（1） 変流器は，一次電流から生じる磁束によって二次電流を発生させる計器用変成器である。

（2） 変流器は，二次側に開閉器やヒューズを設置してはいけない。

（3） 変流器は，通電中に二次側が開放されると変流器に異常電圧が発生し，絶縁が破壊される危険性がある。

（4） 変流器は，一次電流が一定でも二次側の抵抗値により変流比は変化するので，電流計の選択には注意が必要になる。

（5） 変流器の通電中に，電流計をやむを得ず交換する場合は，二次側端子を短絡して交換し，その後に短絡を外す。

問9の解答　出題項目＜165条＞

「電気設備技術基準の解釈」第165条（特殊な低圧屋内配線工事）第3項（ライティングダクト工事）からの出題である。

（1）　正。ダクトの**支持点間の距離**は，**2 m以下**とすること。（第四号）

（2）　誤。ダクトは，**造営材を貫通しないこと**。（第七号）←造営材の貫通は禁止

（3）　誤。ダクトの**開口部**は，**下に向けて施設**すること。（第六号）←横向きは条件付き

（4）　誤。ダクトの導体に電気を供給する電路には，当該電路に**地絡**を生じたときに自動的に電路を**遮断**する装置を施設すること。（第九号）←地絡遮断装置は省略できない

（5）　誤。ダクトは，造営材に**堅ろうに取り付ける**こと。（第三号）←造営材へ固定が必要

・ダクトの**終端部**は，**閉そく**すること。（第五号）

解説

ライティングダクト工事では，問題以外に，次のような内容も規定されている。

・ダクト及び附属品は，**電気用品安全法の適用**を受けるものであること。（第一号）

・ダクト相互及び電線相互は，**堅ろう**に，かつ，**電気的に完全に接続**すること。（第二号）

・ダクトには，原則として**D種接地工事**を施すこと。（第八号）

補足　ダクトの開口部の向きの規制

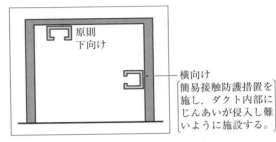

図9-1　ダクトの開口部の向き

[類題]　平成23年度（問9）に全く同じ問題が出題されている。

問10の解答　出題項目＜変流器＞

変流器（CT）に関する記述であって，正誤は次のようになる。

（1）　正。変流器の一次側に電流が流れると，鉄心に磁束が発生し，磁束は二次側の巻線と鎖交する。一次巻線によって作られた磁束を打ち消そうとする電圧を二次巻線に誘起し，一次巻線と二次巻線の起磁力は，$N_1I_1 = N_2I_2$ と等しくなる。

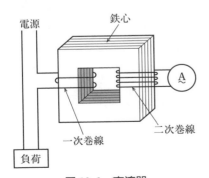

図10-1　変流器

（2）　正。変流器は二次側を開放してはならな

い。開閉器やヒューズを設置すると，開閉器の切やヒューズの溶断によって開放状態となる。

（3）　正。通電中の変流器の二次側を開放すると，一次電流はすべて励磁電流となり鉄心内の磁束が飽和状態となって磁束は矩形波となり磁束変化率が大きくなる結果，二次側に高電圧を誘起して絶縁破壊を招くおそれがある。

（4）　誤。巻数比を a とすると，変流比 $= 1/a$ であり，二次側抵抗値によって変化しない。

（5）　正。変流器は二次側を開放してはならない。このため，通電中に電流計をやむを得ず交換する場合は，二次端子を短絡片で短絡して交換し，その後に短絡を外す。

Point CTの二次側は開放厳禁，VTの二次側は短絡厳禁である。

[類題]　平成27年度（問10）に全く同じ問題が出題されている。

B 問 題

（問11及び問12の配点は1問題当たり（a）6点，（b）7点，計13点，問13の配点は（a）7点，（b）7点，計14点）

問11　出題分野＜電気施設管理＞　　難易度 ★★★　　重要度 ★★★

　　図は，線間電圧 V[V]，周波数 f[Hz]の中性点非接地方式の三相3線式高圧配電線路及びある需要設備の高圧地絡保護システムを簡易に示した単線図である。高圧配電線路一相の全対地静電容量を C_1[F]，需要設備一相の全対地静電容量を C_2[F]とするとき，次の（a）及び（b）の問に答えよ。

　　ただし，図示されていない負荷，線路定数及び配電用変電所の制限抵抗は無視するものとする。

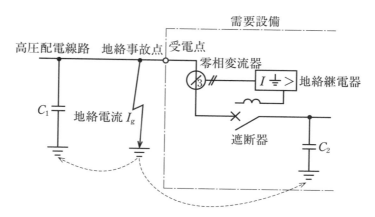

（a）　図の配電線路において，遮断器が「入」の状態で地絡事故点に一線完全地絡事故が発生し地絡電流 I_g[A]が流れた。このとき I_g の大きさを表す式として，正しいものを次の（1）〜（5）のうちから一つ選べ。

　　ただし，間欠アークによる影響等は無視するものとし，この地絡事故によって遮断器は遮断しないものとする。

（1）　$\dfrac{2}{\sqrt{3}} V\pi f \sqrt{(C_1{}^2 + C_2{}^2)}$　　　（2）　$2\sqrt{3} V\pi f \sqrt{(C_1{}^2 + C_2{}^2)}$　　　（3）　$\dfrac{2}{\sqrt{3}} V\pi f (C_1 + C_2)$

（4）　$2\sqrt{3} V\pi f (C_1 + C_2)$　　　（5）　$2\sqrt{3} V\pi f \sqrt{C_1 C_2}$

（b）　小問（a）の地絡電流 I_g は高圧配電線路側と需要設備側に分流し，需要設備側に分流した電流は零相変流器を通過して検出される。上記のような需要設備構外の事故に対しても，零相変流器が検出する電流の大きさによっては地絡継電器が不必要に動作する場合があるので注意しなければならない。地絡電流 I_g が高圧配電線路側と需要設備側に分流する割合は C_1 と C_2 の比によって決まるものとしたとき，I_g のうち需要設備の零相変流器で検出される電流の値[mA]として，最も近いものを次の（1）〜（5）のうちから一つ選べ。

　　ただし，$V = 6\,600$ V，$f = 60$ Hz，$C_1 = 2.3$ μF，$C_2 = 0.02$ μF とする。

（1）　54　　　　（2）　86　　　　（3）　124　　　　（4）　152　　　　（5）　256

問 11 （a）の解答　出題項目＜地絡電流＞　　　　答え（4）

問題の回路は図 11-1 のように表せる。この図から，鳳-テブナンの定理を使用して 1 線完全地絡事故時の地絡電流 I_g[A] を求める。

地絡点から見た対地間の合成インピーダンス

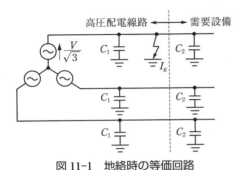

図 11-1　地絡時の等価回路

Z_0[Ω] は，C_1 と C_2 が並列なので，

$$Z_0 = \frac{1}{2\pi f \times 3(C_1 + C_2)}[\Omega]$$

地絡前の地絡点の対地電圧 E_0 は，相電圧なので $E_0 = V/\sqrt{3}$[V]，また完全地絡なので，地絡抵抗 Z_1[Ω] は，$Z_1 = 0$[Ω] である。

したがって，地絡電流 I_g[A] は，

$$I_g = \frac{E_0}{Z_0 + Z_1} = \frac{\dfrac{V}{\sqrt{3}}}{\dfrac{1}{2\pi f \times 3(C_1 + C_2)} + 0}$$
$$= 2\sqrt{3}\,V\pi f(C_1 + C_2)\,[\text{A}]$$

問 11 （b）の解答　出題項目＜地絡電流＞　　　　答え（2）

地絡事故時の電流分布は図 11-2 のようになる。

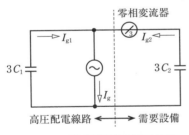

図 11-2　高圧配電線路側の地絡

地絡電流 I_g[A] は，（a）の解答より，
$$I_g = 2\sqrt{3}\,V\pi f(C_1 + C_2)\,[\text{A}]$$
数値を代入すると，
$$I_g = 2\sqrt{3} \times 6\,600 \times \pi \times 60 \times (2.3 + 0.02) \times 10^{-6}$$
$$\fallingdotseq 9.998\,[\text{A}]$$

この地絡電流 I_g[A] が，高圧配電線路側と需要設備側に分流する割合は C_1 と C_2 の比になる。需要設備の零相変流器で検出される電流 I_{g2} は，

$$I_{g2} = \frac{3C_2}{3(C_1 + C_2)} \times I_g$$
$$= \frac{3 \times 0.02}{3(2.3 + 0.02)} \times 9.998 \fallingdotseq 0.086\,[\text{A}]$$
$$\rightarrow \quad 86\,\text{mA}$$

解説 ･･････････････････････････････

問題の地絡事故点は高圧配電線路側であるが，需要設備側で地絡事故が発生したときの電流分布は，図 11-3 のようになる。

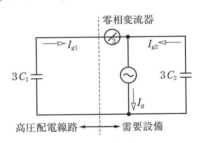

図 11-3　需要設備側の地絡

この場合，需要設備の零相変流器で検出される電流は I_{g1}[A] であり，図 11-2 の I_{g2}[A] と流れる方向が逆になることがわかる。

地絡継電器は地絡電流の大きさだけで動作するので，高圧配電線路側の地絡事故には**不必要動作**する場合がある。これを防止するため，地絡電流の大きさと向きにより動作する**地絡方向継電器**が使用される。

[類題]　平成 28 年度(問 13)に全く同じ問題が出題されている。

問12　出題分野＜電気施設管理＞

難易度 ★★☆　重要度 ★★★

　三相3線式の高圧電路に 300 kW，遅れ力率 0.6 の三相負荷が接続されている。この負荷と並列に進相コンデンサ設備を接続して力率改善を行うものとする。進相コンデンサ設備は図に示すように直列リアクトル付三相コンデンサとし，直列リアクトル SR のリアクタンス $X_L[\Omega]$ は，三相コンデンサ SC のリアクタンス $X_C[\Omega]$ の 6% とするとき，次の（a）及び（b）の問に答えよ。

　ただし，高圧電路の線間電圧は 6 600 V とし，無効電力によって電圧は変動しないものとする。

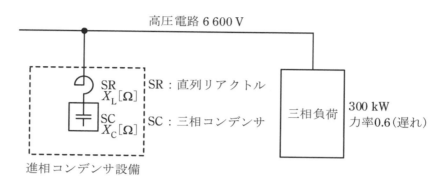

（a）　進相コンデンサ設備を高圧電路に接続したときに三相コンデンサ SC の端子電圧の値[V]として，最も近いものを次の（1）～（5）のうちから一つ選べ。

（1）　6 410　　　（2）　6 795　　　（3）　6 807　　　（4）　6 995　　　（5）　7 021

（b）　進相コンデンサ設備を負荷と並列に接続し，力率を遅れ 0.6 から遅れ 0.8 に改善した。このとき，この設備の三相コンデンサ SC の容量の値[kvar]として，最も近いものを次の（1）～（5）のうちから一つ選べ。

（1）　170　　　（2）　180　　　（3）　186　　　（4）　192　　　（5）　208

問 12 （a）の解答　出題項目＜進相コンデンサ＞　　　答え　（5）

進相コンデンサ設備の 1 相分の等価回路は，**図 12-1** のように表すことができる。

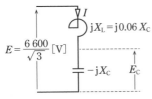

図 12-1　1 相分の等価回路

進相コンデンサ SC の相電圧 E_C は，

$$E_C = \frac{E}{jX_L - jX_C} \times (-jX_C)$$

$$= \frac{E}{X_L - X_C} \times (-X_C)$$

$$= \frac{\dfrac{6\,600}{\sqrt{3}}}{0.06X_C - X_C} \times (-X_C)$$

$$= \frac{6\,600}{\sqrt{3}} \times \frac{1}{0.94}\,[\text{V}]$$

したがって，三相コンデンサの端子電圧 V_C は，

$$V_C = \sqrt{3}\,E_C = \frac{6\,600}{0.94} ≒ 7\,021\,[\text{V}]$$

解説

進相コンデンサ設備の 1 相分の回路（Y 結線）の計算に着目するとわかりやすい。

問 12 （b）の解答　出題項目＜進相コンデンサ＞　　　答え　（3）

三相負荷の電力を $P\,[\text{kW}]$，進相コンデンサ設備設置前の力率を $\cos\theta_1$（遅れ），進相コンデンサ設備の無効電力を $Q\,[\text{kvar}]$，進相コンデンサ設備設置後の力率を $\cos\theta_2$（遅れ）として，電力ベクトルを描くと**図 12-2** のように表すことができる。

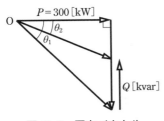

図 12-2　電力ベクトル

図より，進相コンデンサ設備の無効電力 Q は，

$$Q = P(\tan\theta_1 - \tan\theta_2)$$

$$= P\left(\frac{\sqrt{1-\cos^2\theta_1}}{\cos\theta_1} - \frac{\sqrt{1-\cos^2\theta_2}}{\cos\theta_2}\right)$$

$$= 300 \times \left(\frac{0.8}{0.6} - \frac{0.6}{0.8}\right)$$

$$= 300 \times \left(\frac{4}{3} - \frac{3}{4}\right) = 175\,[\text{kvar}]$$

相電流を $I\,[\text{A}]$ とすると，三相分の無効電力は $3XI^2$ の形で表され，無効電力はリアクタンスに比例する。したがって，三相進相コンデンサの容量を Q_C とすると，図 12-1 より，

$$0.94X_C : Q = X_C : Q_C$$

$$\therefore\quad Q_C = \frac{Q}{0.94} = \frac{175}{0.94} ≒ 186\,[\text{kvar}]$$

解説

進相コンデンサ設備の無効電力 Q と三相進相コンデンサの容量 Q_C の違いについて意識しながら解く必要がある。

[類題]　令和元年度（問 12）に全く同じ問題が出題されている。また，平成 26 年度（問 13），平成 24 年度（問 12）に類似問題が出題されている。

理論　電力　機械　法規　令和5（2023）上期　令和5（2023）下期　選抜90問　選抜85問　選抜90問　選抜65問

問 13　出題分野＜電気事業法, 関係報告規則, 施設管理＞　難易度 ★★★　重要度 ★★★

電気工作物に起因する供給支障事故について，次の(a)及び(b)の問に答えよ。

(a)　次の記述中の空白箇所(ア)〜(エ)に当てはまる組合せとして，正しいものを次の(1)〜(5)のうちから一つ選べ。

① 電気事業法第39条(事業用電気工作物の維持)において，事業用電気工作物の損壊により　(ア)　者又は配電事業者の電気の供給に著しい支障を及ぼさないようにすることが規定されている。

② 「電気関係報告規則」において，　(イ)　を設置する者は，　(ア)　，配電事業又は特定送配電事業の用に供する電気工作物と電気的に接続されている電圧　(ウ)　V以上の　(イ)　の破損又は　(イ)　の誤操作若しくは　(イ)　を操作しないことにより　(ア)　者，配電事業者又は特定送配電事業者に供給支障を発生させた場合，電気工作物の設置の場所を管轄する産業保安監督部長に事故報告をしなければならないことが規定されている。

③ 図1に示す高圧配電系統により高圧需要家が受電している。事故点1，事故点2又は事故点3のいずれかで短絡等により高圧配電系統に供給支障が発した場合，②の報告対象となるのは　(エ)　である。

	(ア)	(イ)	(ウ)	(エ)
(1)	一般送配電事業	自家用電気工作物	6 000	事故点1又は事故点2
(2)	送電事業	事業用電気工作物	3 000	事故点1又は事故点3
(3)	一般送配電事業	事業用電気工作物	6 000	事故点2又は事故点3
(4)	送電事業	事業用電気工作物	6 000	事故点1又は事故点2
(5)	一般送配電事業	自家用電気工作物	3 000	事故点2又は事故点3

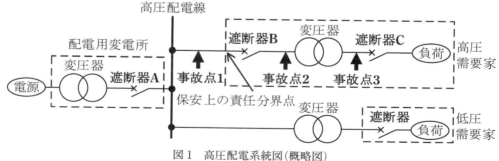

図1　高圧配電系統図(概略図)

(次々頁に続く)

問 13 （a）の解答　　出題項目＜法 39 条，規則 3 条＞　　答え　（5）

①は電気事業法第 39 条（事業用電気工作物の維持），②は電気関係報告規則第 3 条（事故報告）からの出題である。

①　電気事業法第 39 条（事業用電気工作物の維持）において，事業用電気工作物の損壊により**一般送配電事業**者の電気の供給に支障を及ぼさないようにすることが規定されている。

②　「電気関係報告規則」において，**自家用電気工作物**を設置する者は，**一般送配電事業**の用に供する電気工作物と電気的に接続されている電圧 **3 000 V 以上**の**自家用電気工作物**の破損又は**自家用電気工作物**の誤操作若しくは**自家用電気工作物**を操作しないことにより**一般送配電事業**者に供給支障を発生させた場合，電気工作物の設置の場所を管轄する産業保安監督部長に事故報告をしなければならないことが規定されている。

③　問題図 1 に示す高圧配電系統により高圧需要家が受電している。事故点 1，事故点 2 又は事故点 3 のいずれかで短絡等により高圧配電系統に供給支障が発生した場合，②の報告対象となるのは**事故点 2 又は事故点 3** である。

解説

③の事故点 1，事故点 2 または事故点 3 のいずれかで短絡等により高圧配電系統に供給支障が発生した場合，②の報告対象となるのは，保安上の責任分界点（**図 13-1**）より負荷側での自家用電気

工作物の短絡事故等によって一般送配電事業者に供給支障を発生させた場合である。事故点 1 は一般送配電事業者側の事故なので，②の報告対象とはならない。

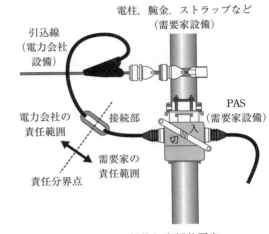

図 13-1　一般的な責任分界点
（出典：新電気 2017 年 12 月号）

補足

②の自家用電気工作物の設置者の事故報告としては，主要電気工作物の破損事故の報告対象は**電圧 1 万 V 以上**で，一般送配電事業者等への波及事故の報告対象は **3 000 V 以上**であることに注意しておく必要がある。

理論　電力　機械　**法規**

令和**5**（2023）上期

令和**5**（2023）下期

選抜**90**問

選抜**85**問

選抜**90**問

選抜**65**問

（続き）

（b）次の記述中の空白箇所（ア）〜（エ）に当てはまる組合せとして，正しいものを次の（1）〜（5）のうちから一つ選べ。

① 受電設備を含む配電系統において，過負荷又は短絡あるいは地絡が生じたとき，供給支障の拡大を防ぐため，事故点直近上位の遮断器のみが動作し，他の遮断器は動作しないとき，これらの遮断器の間では　（ア）　がとられているという。

② 図2は，図1の高圧需要家の事故点2又は事故点3で短絡が発生した場合の過電流と遮断器（遮断器A及び遮断器B）の継電器動作時間の関係を示したものである。　（ア）　がとられている場合，遮断器Bの継電器動作特性曲線は，　（イ）　である。

③ 図3は，図1の高圧需要家の事故点2で地絡が発生した場合の零相電流と遮断器（遮断器A及び遮断器B）の継電器動作時間の関係を示したものである。　（ア）　がとられている場合，遮断器Bの継電器動作特性曲線は，　（ウ）　である。また，地絡の発生箇所が零相変流器より負荷側か電源側かを判別するため　（エ）　の使用が推奨されている。

	（ア）	（イ）	（ウ）	（エ）
（1）	同期協調	曲線2	曲線3	地絡距離継電器
（2）	同期協調	曲線1	曲線3	地絡方向継電器
（3）	保護協調	曲線1	曲線4	地絡距離継電器
（4）	保護協調	曲線2	曲線4	地絡方向継電器
（5）	保護協調	曲線2	曲線3	地絡距離継電器

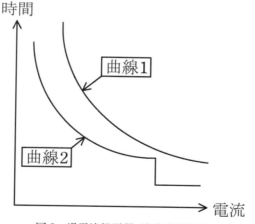

図2 過電流継電器-連動遮断特性

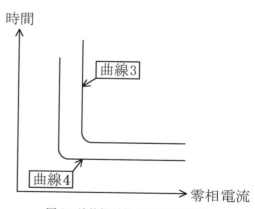

図3 地絡継電器-連動遮断特性

B 問題　259

理論 電力 機械 法規

令和5(2023)上期

令和5(2023)下期

選抜90問

選抜85問

選抜90問

選抜65問

問 13（b）の解答　出題項目＜保護協調＞　　答え（4）

① 受電設備を含む配電系統において，過負荷又は短絡あるいは地絡が生じたとき，供給支障の拡大を防ぐため，事故点直近上位の遮断器のみが動作し，他の遮断器は動作しないとき，これらの遮断器の間では**保護協調**がとられているという。

② 問題図2は，問題図1の高圧需要家の事故点2又は事故点3で短絡が発生した場合の過電流と遮断器（遮断器A及び遮断器B）の継電器動作時間の関係を示したものである。**保護協調**がとられている場合，遮断器Bの継電器動作特性曲線は，**曲線2**である。

③ 問題図3は，問題図1の高圧需要家の事故点2で地絡が発生した場合の零相電流と遮断器（遮断器A及び遮断器B）の継電器動作時間の関係を示したものである。**保護協調**がとられている場合，遮断器Bの継電器動作特性曲線は，**曲線4**である。また，地絡の発生箇所が零相変流器より負荷側か電源側かを判別するため**地絡方向継電器**の使用が推奨されている。

解説

① 保護協調とは，上位系（電源に近い側）と下位系（負荷に近い側）とに設置されている保護装置の動作値や動作時間を適正に整定することによって，下位系で過負荷または短絡あるいは地絡が生じたとき，停電時の影響を最小範囲として健全回路への給電を継続することをいう。

② 問題図1の高圧需要家の事故点2又は事故点3で短絡が発生した場合，問題図2の過電流継電器-連動遮断特性での**主保護は曲線2（遮断器B）**で（図13-2），**後備保護は曲線1（遮断器A）**である。

後備保護は，主保護が何らかの要因で動作しない（不動作）場合に事故設備を含めて広範囲に切り離すもので，主保護と後備保護には時間協調が必要である。

動作時間の整定にあたっては，一般送配電事業者の配電用変電所の過電流保護装置との動作協調をとるため，一般送配電事業者との協議が必要である。

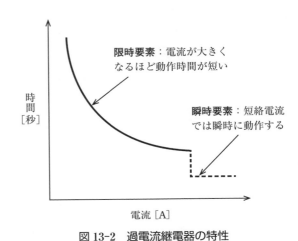

図 13-2　過電流継電器の特性

③ 問題図1の高圧需要家の事故点2で地絡事故が発生した場合，問題図3の地絡継電器-連動遮断特性での**主保護は曲線4（遮断器B）**で，**後備保護は曲線3（遮断器A）**である。

動作時間の整定にあたっては，過電流保護と同様，一般送配電事業者の配電用変電所の地絡保護装置との動作協調をとるため，一般送配電事業者との協議が必要である。

また，地絡保護装置から負荷側の高圧電路における対地静電容量が大きい場合は，**地絡過電流継電器**では高圧配電線側の事故（外部事故）が発生すると，もらい事故による不必要動作する場合がある。これを回避させるため，零相電圧と零相電流の二要素で動作する**地絡方向継電器**の使用が推奨されている。

[類題] 令和2年度（問11）にほぼ同じ問題が出題されている。

理論 選抜90問

固有の名称をもつSI組立単位の記号と，これと同じ内容を表す他の表し方の組合せとして，誤っているものを次の(1)～(5)のうちから一つ選べ。

	SI組立単位の記号	SI組立単位及びSI組立単位による他の表し方
(1)	F	C/V
(2)	W	J/s
(3)	S	A/V
(4)	T	Wb/m²
(5)	Wb	V/s

261

理論
電力
機械
法規

令和**5**(2023)上期

令和**5**(2023)下期

選抜**90**問

選抜**85**問

選抜**90**問

選抜**65**問

問1の解答　　出題項目＜電気と磁気の単位＞　　　　答え　（5）

（1）　正。静電容量[F]は電荷[C]/電圧[V]。

（2）　正。電力[W]は1s間当たりの仕事[J]。

（3）　正。コンダクタンス(アドミタンス，サセプタンスも同様)[S]は電流[A]/電圧[V]。

（4）　正。磁束密度[T]は磁束と直交する平面1m²当たりの磁束[Wb]。

（5）　誤。電磁誘導の関係式より，磁束[Wb]はインダクタンス[H]・電流[A]で表され，また，電圧[V]はインダクタンス[H]・電流[A]/時間[s]で表される。両関係式から[H]を消去する

と，

$$[Wb] \rightarrow [H]\cdot[A] \rightarrow \{[V][s]/[A]\}\cdot[A]$$
$$\rightarrow [V][s] \rightarrow [\mathbf{V\cdot s}]$$

解説

　SI単位系では7種類(m, kg, s, A, K, mol, cd)を基本単位としている。その他の単位はこの7種類により組み立てられた組立単位である。なお，組立単位の中には電荷[C]，電圧[V]，磁束[Wb]など，固有の名称を使うものも多くある。

問2　出題分野＜静電気＞　　　　　　　　　　　　　　**平成22年度 問17**

　真空中において，図に示すように，一辺の長さが6mの正三角形の頂点Aに4×10^{-9}Cの正の点電荷が置かれ，頂点Bに-4×10^{-9}Cの負の点電荷が置かれている。正三角形の残る頂点を点Cとし，点Cより下した垂線と正三角形の辺ABとの交点を点Dとして，次の(a)及び(b)に答えよ。

　ただし，クーロンの法則の比例定数を9×10^9 N·m²/C²とする。

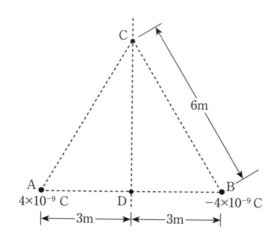

（a）　まず，q_0[C]の正の点電荷を点Cに置いたときに，この正の点電荷に働く力の大きさはF_C[N]であった。次に，この正の点電荷を点Dに移動したときに，この正の点電荷に働く力の大きさはF_D[N]であった。力の大きさの比$\dfrac{F_C}{F_D}$の値として，正しいのは次のうちどれか。

　　（1）　$\dfrac{1}{8}$　　　（2）　$\dfrac{1}{4}$　　　（3）　2　　　（4）　4　　　（5）　8

（b）　次に，q_0[C]の正の点電荷を点Dから点Cの位置に戻し，強さが0.5 V/mの一様な電界を辺ABに平行に点Bから点Aの向きに加えた。このとき，q_0[C]の正の点電荷に電界の向きと逆の向きに2×10^{-9}Nの大きさの力が働いた。正の点電荷q_0[C]の値として，正しいのは次のうちどれか。

　　（1）　$\dfrac{4}{3} \times 10^{-9}$　　　（2）　2×10^{-9}　　　（3）　4×10^{-9}

　　（4）　$\dfrac{4}{3} \times 10^{-8}$　　　（5）　2×10^{-8}

問2（a）の解答　　出題項目＜クーロンの法則＞　　　　答え（1）

正の点電荷 q_0 を点 C または点 D に置いた場合の，この点電荷に働く力を**図 2-1** に示す。また，点 A，点 B の電荷を Q_A，$Q_B = -Q_A$ とする。

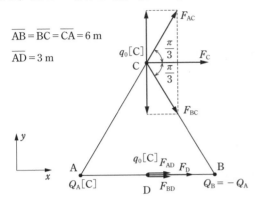

$$\overline{AB} = \overline{BC} = \overline{CA} = 6\,\text{m}$$
$$\overline{AD} = 3\,\text{m}$$

図 2-1　点電荷 q_0 に働く力

点 C の電荷に働く力のうち Q_A，Q_B による力を F_{AC}，F_{BC} とする。$|Q_A| = |Q_B|$ より $F_{AC} = F_{BC}$，F_{AC} と F_{BC} の合力 F_C は y 軸方向の成分は打ち消し合い x 軸方向のみとなり，

$$F_C = F_{AC}\cos(\pi/3) + F_{BC}\cos(\pi/3)$$
$$= \frac{F_{AC}}{2} + \frac{F_{AC}}{2} = F_{AC}$$
$$= \frac{9 \times 10^9 \times 4 \times 10^{-9}\,q_0}{6^2} = q_0\,[\text{N}]$$

一方，点 D の電荷に働く力のうち Q_A，Q_B による力を F_{AD}，F_{BD} とすると $F_{AD} = F_{BD}$，F_{AD} と F_{BD} は x 軸方向のみなので合力 F_D は，

$$F_D = F_{AD} + F_{BD} = 2F_{AD}$$
$$= 2 \times \frac{9 \times 10^9 \times 4 \times 10^{-9}\,q_0}{3^2} = 8q_0\,[\text{N}]$$

したがって，F_C / F_D は，

$$\frac{F_C}{F_D} = \frac{q_0}{8q_0} = \frac{1}{8}$$

解説 ⋯⋯⋯⋯⋯⋯⋯⋯⋯⋯⋯⋯⋯⋯⋯⋯⋯⋯⋯

力の合成はベクトル和で求める。その際，平面上に適切な x 軸 y 軸を設け，平面上の力を x 軸，y 軸の成分に分解して計算する。

問2（b）の解答　　出題項目＜クーロンの法則＞　　　　答え（3）

点 C に置いた点電荷 q_0 に働く力を**図 2-2** に示す。

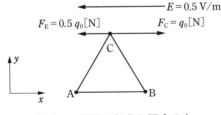

図 2-2　電界を加えた場合の力

電界がない場合の点電荷に働く力の大きさ F_C は，$F_C = q_0\,[\text{N}]$，方向は x 軸方向である。

一方電界がある場合，電界の大きさ $E\,[\text{V/m}]$ の向きは $-x$ 軸方向なので，電界が点電荷 q_0 に及ぼす力 F_E は電界と同じ $-x$ 軸方向で，

$$F_E = q_0 E = 0.5q_0\,[\text{N}]$$

F_C と F_E の合力は反対向きであり，この合力が $2 \times 10^{-9}\text{N}$ であることから，

$$F_C - F_E = q_0 - 0.5q_0 = 2 \times 10^{-9}$$
$$q_0 = 4 \times 10^{-9}\,[\text{C}]$$

解説 ⋯⋯⋯⋯⋯⋯⋯⋯⋯⋯⋯⋯⋯⋯⋯⋯⋯⋯⋯

クーロンの法則の比例定数とは，次式中の k を指す。

$$F = k\frac{Q_A Q_B}{r^2}$$

$F\,[\text{N}]$，Q_A，$Q_B\,[\text{C}]$，$r\,[\text{m}]$ としたとき，比例定数 k は周囲が真空の場合，真空の誘電率 $\varepsilon_0\,[\text{F/m}]$ を用いて次式で表される。

$$k = \frac{1}{4\pi\varepsilon_0} \fallingdotseq 9 \times 10^9\,[\text{N·m}^2/\text{C}^2]$$

また，点電荷が電界 E から受ける力 F_E をベクトル方程式で表すと $\dot{F}_E = q_0\dot{E}$ となる。この式から q_0 が正のときは，力の向きと電界の向きは一致することがわかる。

問 3 出題分野＜静電気＞

令和 4 年度下期 問 1

図に示すように，誘電率 ε_0[F/m]の真空中に置かれた二つの静止導体球 A 及び B がある。電気量はそれぞれ Q_A[C]及び Q_B[C]とし，図中にその周囲の電気力線が描かれている。

電気量 $Q_A = 16\varepsilon_0$[C]であるとき，電気量 Q_B[C]の値として，正しいものを次の（1）〜（5）のうちから一つ選べ。

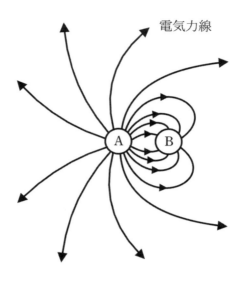

電気力線

（1） $16\varepsilon_0$ （2） $8\varepsilon_0$ （3） $-4\varepsilon_0$ （4） $-8\varepsilon_0$ （5） $-16\varepsilon_0$

265

理論 電力 機械 法規

令和**5**(2023)上期

令和**5**(2023)下期

選抜**90**問

選抜**85**問

選抜**90**問

選抜**65**問

問3の解答　出題項目＜電気力線・電束＞　　答え　(4)

　問題図を見ると，導体球 A から 16 本の電気力線が出ており，そのうちの 8 本が導体球 B に入っている。このことから，導体球 A は正に帯電しており，導体球 B は負に帯電していることがわかる。また，題意より導体球 A の電気量 $Q_A=16\varepsilon_0$[C] なので，導体球 B の電気量 $Q_B=-8\varepsilon_0$[C] であることもわかる。

解説

　電気力線は，電界（電場）の様子を視覚的に表した仮想の線であり，「正電荷から出て負電荷に入る」（あるいは，「正電荷から出て無限遠点に向かう」「無限遠点から来て負電荷に入る」）という性質がある。また，誘電率 ε_0[F/m] の真空中において，$+Q$[C] の正電荷から出る（$-Q$[C] の負電荷に入る）電気力線の本数は $\dfrac{Q}{\varepsilon_0}$（本）である。

　補足　電気力線の本数は，取り巻く物質（媒質）の誘電率 ε[F/m] によって変化する。一方，電束の本数は誘電率に無関係で，$+Q$[C]，$-Q$[C] の電荷に出入りする電束の本数は常に Q（本）である。

●ガウスの定理

　図3-1 のように，誘電率が ε[F/m] である媒質中において，複数の電荷（$Q_1, Q_2, \cdots, Q_n$）を内部に含む任意の閉曲面 S を考える。

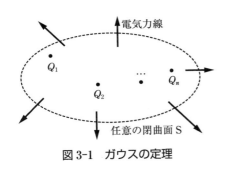

図3-1　ガウスの定理

　閉曲面 S から出る電気力線数の総和 N は，閉曲面内にある電荷の代数和（$Q_1+Q_2+\cdots+Q_n$）の $\dfrac{1}{\varepsilon}$ 倍となる。これを「ガウスの定理（法則）」という。

$$N=\frac{1}{\varepsilon}(Q_1+Q_2+\cdots+Q_n)(本)$$

　補足　正電荷 Q[C] をもとに，ガウスの定理を導出してみる。Q を中心とした半径 r[m] の球を考えると，球の表面積は $4\pi r^2$[m²] なので，球面上の電気力線の密度は $\dfrac{N}{4\pi r^2}$[本/m²] である。また，この球面上の任意の点における電界の強さは，クーロンの法則の比例定数を k[N·m²/C²] とすると，$k\dfrac{Q}{r^2}$[N/C] である。そして，「電気力線の密度は，その点における電界の密度を表す」という性質があることから，次式の関係が成り立つ。

$$\frac{N}{4\pi r^2}=k\frac{Q}{r^2}$$

これより，

$$N=4\pi r^2\times k\frac{Q}{r^2}=4\pi kQ$$

また，比例定数 $k=\dfrac{1}{4\pi\varepsilon}$ なので，

$$N=4\pi\left(\frac{1}{4\pi\varepsilon}\right)Q=\frac{Q}{\varepsilon}$$

　このようにして，電気力線の本数（ガウスの定理）を表す式 $N=\dfrac{Q}{\varepsilon}$ が導かれる。

　図のように，平行板コンデンサの上下極板に挟まれた空間の中心に，電荷 Q[C]を帯びた導体球を保持し，上側極板の電位が E[V]，下側極板の電位が $-E$[V]となるように電圧源をつないだ。ただし，$E>0$ とする。同図に，二つの極板と導体球の間の電気力線の様子を示している。

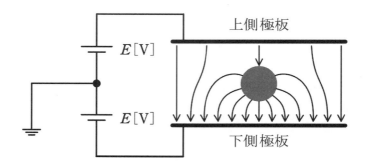

　このとき，電荷 Q[C]の符号と導体球の電位 U[V]について，正しい記述のものを次の（1）～（5）のうちから一つ選べ。

（1）　$Q>0$ であり，$0<U<E$ である。

（2）　$Q>0$ であり，$U=E$ である。

（3）　$Q>0$ であり，$0<E<U$ である。

（4）　$Q<0$ であり，$U<-E$ である。

（5）　$Q<0$ であり，$-E<U<0$ である。

問4の解答　出題項目＜電気力線・電束，静電誘導，平行板コンデンサ＞　　答え　(1)

問題図を見ると，導体球には1本の電気力線が入り，9本の電気力線が出ているので，全体として，入る電気力線よりも出る電気力線の本数の方が多い。よって，この導体球の電荷 $Q[\mathrm{C}]$ の符号は正である(すなわち，$Q>0$)。

＊　＊　＊　＊　＊　＊　＊

「電気力線の向きは，その場所の電界の向きを表す」という性質がある。問題図を見ると，電気力線は上側極板から導体球に向かっているので，上側極板の電位 $E[\mathrm{V}]$ は導体球の電位 $U[\mathrm{V}]$ よりも高いことがわかる(すなわち，$U<E$)。

また，題意より導体球は電荷 Q(上記の記述より，$Q>0$)を保持しているので，導体球の電位 U は零($0\,\mathrm{V}$)よりも高いことがわかる(すなわち，$0<U$)。

以上をまとめると，$0<U<E$ となる。

解説

図4-1において，破線で示す曲線は，電位の等しい点(面)を連ねた等電位線(等電位面)であり，

電気力線と直交している。また，導体球の上部付近は上側極板による静電誘導によって負に帯電し，下部付近は正に帯電している。

導体球全体の電荷量(電気量)Q について，導体球から出ている電気力線が導体球に入る電気力線よりも多いことから，電荷 Q の符号は正(＋)である。そして，導体球は電位が零($0\,\mathrm{V}$)の等電位線よりも上側に位置していることから，零よりも高く E よりも低いことがわかる。

補足　電気力線は，導体(導体球や極板)の表面と垂直に出入りし，導体の内部には存在しない(よって，内部の電位は零)。このとき，電界は導体の表面からのみ現れる。また，不導体(絶縁体，誘電体)の内部では，不導体の周囲よりも電気力線の本数が少なくなる(内部では，外部よりも電界の強さが弱くなる)。これは，図4-2に示すように，上側極板からの電気力線の一部が，不導体(誘電体)内部の分極によって表面部に現れる負電荷に至り，消滅するためである。

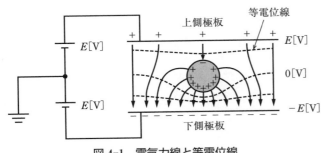

図4-1　電気力線と等電位線

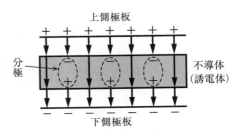

図4-2　不導体と電気力線

問 5 出題分野＜静電気＞ 平成 25 年度 問 17

空気中に半径 r[m]の金属球がある。次の（a）及び（b）の問に答えよ。

ただし，$r = 0.01$ m，真空の誘電率を $\varepsilon_0 = 8.854 \times 10^{-12}$ F/m，空気の比誘電率を 1.0 とする。

（a） この金属球が電荷 Q[C]を帯びたときの金属球表面における電界の強さ[V/m]を表す式として，正しいものを次の（1）～（5）のうちから一つ選べ。

（1） $\dfrac{Q}{4\pi\varepsilon_0 r^2}$　　　（2） $\dfrac{3Q}{4\pi\varepsilon_0 r^3}$　　　（3） $\dfrac{Q}{4\pi\varepsilon_0 r}$　　　（4） $\dfrac{Q^2}{8\pi\varepsilon_0 r}$　　　（5） $\dfrac{Q^2}{2\pi\varepsilon_0 r^2}$

（b） この金属球が帯びることのできる電荷 Q[C]の大きさには上限がある。空気の絶縁破壊の強さを 3×10^6 V/m として，金属球表面における電界の強さが空気の絶縁破壊の強さと等しくなるような Q[C]の値として，最も近いものを次の（1）～（5）のうちから一つ選べ。

（1） 2.1×10^{-10}　　　（2） 2.7×10^{-9}　　　（3） 3.3×10^{-8}

（4） 2.7×10^{-7}　　　（5） 3.3×10^{-6}

問5（a）の解答　出題項目＜点電荷による電位・電界＞　答え （1）

金属球表面の電荷が作る電界は，同じ電気量が金属球の中心にあるとき作る電界と同じである（ただし，金属球の内部には電界は存在しないので，外部のみで考える）。金属球の電荷を Q，金属球の中心からの距離を $R[\mathrm{m}]$（R は金属球半径以上）とすれば，電界の強さ E は，

$$E=\frac{Q}{4\pi\varepsilon_0 R^2}[\mathrm{V/m}]$$

金属球の半径は r なので，金属球表面の電界の強さは，$R=r$ より，

$$E=\frac{Q}{4\pi\varepsilon_0 r^2}[\mathrm{V/m}]$$

解説

金属球に電荷を帯電させると，電荷は金属球表面に均一に分布し，表面は等電位面となる。

電気力線は球表面から垂直に無限遠方に延び，電界の向きと一致する。真空中において**図 5-1** の

ように，半径 R の球表面積は $4\pi R^2$，電荷 Q から出る電気力線は Q/ε_0 本なので，半径 R の球表面の電気力線密度は，

$$\frac{Q/\varepsilon_0}{4\pi R^2}=\frac{Q}{4\pi\varepsilon_0 R^2}=E$$

これは電界の強さの式と一致する。

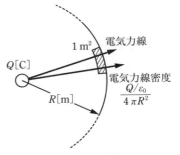

図 5-1　電気力線密度と電界

Point 電界の強さ＝電気力線密度

問5（b）の解答　出題項目＜点電荷による電位・電界＞　答え （3）

電界の強さの式から，金属球が作る電界は球表面で最大となることがわかる。したがって，表面（$r=0.01[\mathrm{m}]$）の電界の強さが，空気の絶縁破壊の強さと等しいときの電荷を求めればよい。

$$E=\frac{Q}{4\pi\varepsilon_0 \times 0.01^2}=3\times 10^6$$

$$Q=3\times 10^6 \times 4\pi \times 8.854\times 10^{-12}\times 0.01^2$$

$$\fallingdotseq 3.34\times 10^{-8}[\mathrm{C}] \quad \rightarrow \quad 3.3\times 10^{-8}\,\mathrm{C}$$

解説

電気力線が集中してその密度が物質の絶縁破壊

の強さを超えると，その部分が絶縁破壊を起こす。金属表面の電気力線密度は，**図 5-2** のように，滑らかな形状よりも尖った形状の先端部分で高くなる。

また，電線の半径が小さい高圧電線の場合，電線表面に電気力線が集中する。電線表面の電界の強さが空気の絶縁耐力を超えると，コロナ放電を起こす。特別高圧送電線に採用されている多導体は，電気力線を分散し電気力線密度を下げる効果がある（**図 5-3** 参照）。

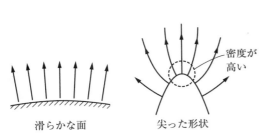

滑らかな面　　尖った形状
図 5-2　形状と電気力線

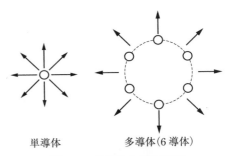

単導体　　多導体（6 導体）
図 5-3　多導体と電気力線

問6 出題分野＜静電気＞ 　　　　　　　　　　　　　　　　令和元年度 問1

　図のように，真空中に点P，点A，点Bが直線上に配置されている。点PはQ[C]の点電荷を置いた点とし，A–B間に生じる電位差の絶対値を|V_{AB}|[V]とする。次の（a）～（d）の四つの実験を個別に行ったとき，|V_{AB}|[V]の値が最小となるものと最大となるものの実験の組合せとして，正しいものを次の（1）～（5）のうちから一つ選べ。

[実験内容]

（a）　P–A間の距離を2m，A–B間の距離を1mとした。

（b）　P–A間の距離を1m，A–B間の距離を2mとした。

（c）　P–A間の距離を0.5m，A–B間の距離を1mとした。

（d）　P–A間の距離を1m，A–B間の距離を0.5mとした。

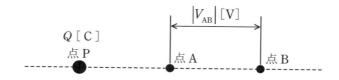

（1）　（a）と（b）

（2）　（a）と（c）

（3）　（a）と（d）

（4）　（b）と（c）

（5）　（c）と（d）

理論 電力 機械 法規

令和 5 (2023) 上期

令和 5 (2023) 下期

選抜 90 問

選抜 85 問

選抜 90 問

選抜 65 問

問6の解答　出題項目＜点電荷による電位・電界＞　　答え（2）

点電荷 Q[C]から r[m]離れた点の電位 V は，

$$V = k\frac{Q}{r}[\text{V}] \quad \left(k = \frac{1}{4\pi\varepsilon_0} \fallingdotseq 9 \times 10^9\right)$$

である。

ここで仮に Q を正電荷とする。正の点電荷による電位は正なので，点 A の電位 V_A の方が点 B の電位 V_B よりも電位が高い。P-A 間の距離を r_PA[m]，A-B 間の距離を r_AB[m]とすると，

$$V_\text{A} = k\frac{Q}{r_\text{PA}}[\text{V}]$$

$$V_\text{B} = k\frac{Q}{r_\text{PA} + r_\text{AB}}[\text{V}]$$

であるから，A-B 間の電位差の絶対値（大きさ）$|V_\text{AB}|$ は，

$$|V_\text{AB}| = V_\text{A} - V_\text{B}$$
$$= kQ\left(\frac{1}{r_\text{PA}} - \frac{1}{r_\text{PA} + r_\text{AB}}\right)[\text{V}]$$

この式から，四つの実験内容における電位差を計算すると次のようになる。

（a）$|V_\text{AB}| = kQ\left(\dfrac{1}{2} - \dfrac{1}{2+1}\right) = \dfrac{kQ}{6}[\text{V}]$

（b）$|V_\text{AB}| = kQ\left(\dfrac{1}{1} - \dfrac{1}{1+2}\right) = \dfrac{2kQ}{3}[\text{V}]$

（c）$|V_\text{AB}| = kQ\left(\dfrac{1}{0.5} - \dfrac{1}{0.5+1}\right) = \dfrac{4kQ}{3}[\text{V}]$

（d）$|V_\text{AB}| = kQ\left(\dfrac{1}{1} - \dfrac{1}{1+0.5}\right) = \dfrac{kQ}{3}[\text{V}]$

以上から，電位差が最大となる実験は（c），最小となる実験は（a）である。

解説

解答では Q を正電荷と仮定したが，Q が負電荷であっても同じ結果を得る。Q が負電荷の場合では電位 V は負になるが，2 点間の電位差の大きさ（絶対値）は，解答と同様に高い方の電位から低い方の電位を差し引くことで求められ，その結果は解答の（a）～（d）の値と一致する。

電位の式中の k はクーロン定数とも呼ばれ，ε_0[F/m]は真空の誘電率である。

よく似た式に，電界の強さ E がある。

$$E = k\frac{Q}{r^2}[\text{V/m}]$$

式の取り違えに注意したい。

補足

正の点電荷が A 点に作る電位 V_A[V]は，点電荷から無限遠点（静電力が 0（ゼロ）とみなせる点）を 0 V と定め，その地点から 1 C の電荷を静電力に逆らって A 点まで移動させるのに必要な仕事[J]で表される。このため，点電荷の電位は，静電力と距離の積分計算（電験三種の範囲外）となり，計算結果は次式となる。

$$V = \frac{1}{4\pi\varepsilon_0}\frac{Q}{r}[\text{V}]$$

また，2 点間の電位の差を電位差という。一方の地点の電位を基準として，他方の電位が高い場合は 2 点間の電位差は正となり，他方の電位が低い場合は 2 点間の電位差は負となる。問題のように電位差の大きさを考える場合は，電位差の絶対値をとり正の数値で表す。

Point

点電荷が作る電界では，電位は距離に反比例し，電界の強さは距離の 2 乗に反比例する。

問7 出題分野＜静電気＞　　　　　　　　　　　　　　　令和2年度 問1

　図のように，紙面に平行な平面内の平等電界 E[V/m] 中で2Cの点電荷を点Aから点Bまで移動させ，さらに点Bから点Cまで移動させた。この移動に，外力による仕事 $W=14$ J を要した。点Aの電位に対する点Bの電位 V_{BA}[V] の値として，最も近いものを次の（1）〜（5）のうちから一つ選べ。

　ただし，点電荷の移動はゆっくりであり，点電荷の移動によってこの平等電界は乱れないものとする。

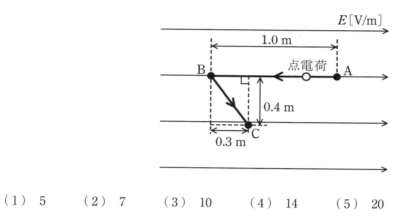

（1）　5　　　　（2）　7　　　　（3）　10　　　　（4）　14　　　　（5）　20

問7の解答　出題項目＜仕事・静電エネルギー＞　　　答え　(3)

図7-1のように，点Cから線分ABに垂線を引いたとき，その交点をPとする。平等電界中においては，点Aの電位に対する点Cの電位 V_{CA} と，点Aの電位に対する点Pの電位 V_{PA} は等しい（点Pと点Cは同じ等電位線上に位置する）。

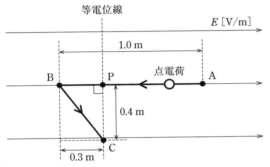

図7-1　平等電界中における点電荷の移動

題意より，点電荷 $q=2[C]$ を点Aから点Bを経由して点Cまで移動させたときに仕事 $W=14[J]$ を要したので，

$$V_{PA}=V_{CA}=\frac{W}{q}=\frac{14}{2}=7[V]$$

平等電界 E は，PA間の距離が $(1.0-0.3=)0.7$ mなので，

$$E=\frac{V_{PA}}{PA}=\frac{7}{0.7}=10[V/m]$$

よって，点Aの電位に対する点Bの電位 V_{BA} は，平等電界 E に AB間の距離 1.0 mを乗じて，

$$V_{BA}=E\times\overline{AB}=10\times1.0=10[V]$$

解説

ある点の電位は，基準点からその点まで単位正電荷（＋1C）を移動させるのに要する仕事（＝力×移動距離）で定義される。このとき，電位は基準点の位置と移動後の位置で決まり，途中の経路にはよらない。また，電位は向きを持たないスカラー量である。

したがって，$q[C]$ の電荷の移動に要した仕事を $W[J]$ とすると，二点間の電位差 $V[V]$ は，

$$V=\frac{W}{q}$$

また，電界 $E[V/m]$ は電位の傾きなので，二点間の距離を $d[m]$ とすると，

$$E=\frac{V}{d}\quad\therefore\ V=Ed$$

なお，電位の単位は，上記の定義からジュール毎クーロン[J/C]となるが，これをボルト[V]としている。

$$1[V]=1[J/C]$$

補足

物体に力を加えて，力の向きに物体を動かしたとき，その力は物体に対して仕事をしたという。このとき，物体が $W[J]$ の仕事をされたとすると，物体は $W[J]$ のエネルギーを得る。

AP間，PB間，BC間の移動に要した仕事を W_{AP}，W_{PB}，W_{BC} とすると，

$$W=W_{AP}+W_{PB}+W_{BC}$$
$$=W_{AP}+W_{PB}+(-W_{PB})=W_{AP}$$

ここで，$W_{BC}=-W_{PB}$ となるのは，BC間では点電荷が平等電界から仕事をされているためである。このことは，BC間の移動には「負（マイナス）の仕事を要した」と言い換えることができる。

また，等電位線に沿って点電荷を移動させるのに要する仕事は零なので，点電荷を点Aから点Cまで移動するときに要する仕事 $W_{AC}=W_{AP}$ である。

Point

電界の向きと等電位線は直交する。等電位線に沿って電荷を移動させても仕事は零である。

問8　出題分野＜静電気＞　　　平成 27 年度 問 2

　図のように，真空中で 2 枚の電極を平行に向かい合せたコンデンサを考える。各電極の面積を A [m²]，電極の間隔を l[m]とし，端効果を無視すると，静電容量は　(ア)　[F]である。このコンデンサに直流電圧源を接続し，電荷 Q[C]を充電してから電圧源を外した。このとき，電極間の電界 $E=$　(イ)　[V/m]によって静電エネルギー $W=$　(ウ)　[J]が蓄えられている。この状態で電極間隔を増大させると静電エネルギーも増大することから，二つの電極間には静電力の　(エ)　が働くことが分かる。

　ただし，真空の誘電率を ε_0[F/m]とする。

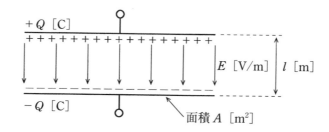

　上記の記述中の空白箇所(ア)，(イ)，(ウ)及び(エ)に当てはまる組合せとして，正しいものを次の（1）～（5）のうちから一つ選べ。

	（ア）	（イ）	（ウ）	（エ）
（1）	$\varepsilon_0\dfrac{A}{l}$	$\dfrac{Ql}{\varepsilon_0 A}$	$\dfrac{Q^2 l}{\varepsilon_0 A}$	引　力
（2）	$\varepsilon_0\dfrac{A}{l}$	$\dfrac{Q}{\varepsilon_0 A}$	$\dfrac{Q^2 l}{2\varepsilon_0 A}$	引　力
（3）	$\dfrac{A}{\varepsilon_0 l}$	$\dfrac{Ql}{\varepsilon_0 A}$	$\dfrac{Q^2 l}{2\varepsilon_0 A}$	斥　力
（4）	$\dfrac{A}{\varepsilon_0 l}$	$\dfrac{Q}{\varepsilon_0 A}$	$\dfrac{Q^2 l}{\varepsilon_0 A}$	斥　力
（5）	$\varepsilon_0\dfrac{A}{l}$	$\dfrac{Q}{\varepsilon_0 A}$	$\dfrac{Q^2 l}{2\varepsilon_0 A}$	斥　力

275

理論 電力 機械 法規

令和5(2023)上期

令和5(2023)下期

選抜90問

選抜85問

選抜90問

選抜65問

| 問8の解答 | 出題項目＜平行板コンデンサ，仕事・静電エネルギー＞ | 答え　（2） |

問題図のコンデンサにおいて，端効果を無視すると静電容量 C は $\varepsilon_0 \dfrac{A}{l}$ [F] である。このコンデンサに直流電源を接続し，電荷 Q[C] を充電してから電源を外す。このとき電極間の電圧は $V = \dfrac{Q}{C}$ [V] なので，電極間の電界 $E = \dfrac{V}{l} = \dfrac{Q}{lC} = \dfrac{Q}{\varepsilon_0 A}$ [V/m] によって静電エネルギー $W = \dfrac{Q^2}{2C} = \dfrac{Q^2 l}{2\varepsilon_0 A}$ [J] が蓄えられている。この状態で電極間隔を増大させると静電エネルギーも増大することから，二つの電極間には静電力の**引力**が働くことがわかる。

解説 ┄┄┄┄┄┄┄┄┄┄┄┄┄┄┄┄┄

問題図のように，コンデンサの上下電極には異符号の電荷があり，静電力（クーロン力）により引き合うことで電荷を蓄えている。この静電力は電荷が存在する電極間の引力として現れる。

極板間の静電力と静電エネルギーを考えるために，**図8-1**のように，上部電極が作る電界 E 中に下部電極の電荷 $-Q$ を置いた場合を考える。

電界 E は一定なので下部電極が受ける力 F は，

$$F = QE = \frac{Q^2}{2\varepsilon_0 A} \text{ [N]（一定）}$$

電極間隔を Δl[m] だけ増大する仕事 ΔW_F は，

$$\Delta W_F = F\Delta l = \frac{Q^2 \Delta l}{2\varepsilon_0 A} \text{ [J]}$$

一方，電極間隔 $l + \Delta l$ のコンデンサに蓄えられる静電エネルギー W' は，

$$W' = \frac{Q^2(l + \Delta l)}{2\varepsilon_0 A} \text{ [J]}$$

Δl による静電エネルギーの増加分 ΔW_C は，

$$\Delta W_C = W' - W = \frac{Q^2 \Delta l}{2\varepsilon_0 A} = \Delta W_F$$

ゆえに，電極間隔を増大させる仕事は，静電エネルギーとして蓄えられることがわかる。

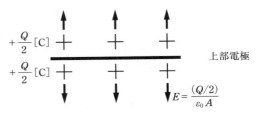

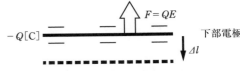

図8-1　上部電極が作る電界と下部電極の力

問 9 出題分野＜静電気＞ 　　　　　　　　　　　　　　平成 20 年度 問 2

次の文章は，平行板コンデンサに蓄えられるエネルギーについて述べたものである。

極板間に誘電率 ε [F/m] の誘電体をはさんだ平行板コンデンサがある。このコンデンサに電圧を加えたとき，蓄えられるエネルギー W [J] を誘電率 ε [F/m]，極板間の誘電体の体積 V [m³]，極板間の電界の大きさ E [V/m] で表現すると，W [J] は，誘電率 ε [F/m] の ⎴ (ア) ⎴ に比例し，体積 V [m³] に ⎴ (イ) ⎴ し，電界の大きさ E [V/m] の ⎴ (ウ) ⎴ に比例する。

ただし，極板の端効果は無視する。

上記の記述中の空白箇所(ア)，(イ)及び(ウ)に当てはまる語句として，正しいものを組み合わせたのは次のうちどれか。

	(ア)	(イ)	(ウ)
(1)	1乗	反比例	1乗
(2)	1乗	比例	1乗
(3)	2乗	反比例	1乗
(4)	1乗	比例	2乗
(5)	2乗	比例	2乗

問9の解答　　出題項目＜平行板コンデンサ，仕事・静電エネルギー＞　　答え　（4）

図 **9-1** のように，極板面積 $S[\mathrm{m^2}]$，極板間距離 $d[\mathrm{m}]$ の極板間に，誘電率 $\varepsilon[\mathrm{F/m}]$ の誘電体を挟んだ平行板コンデンサを考える。このコンデンサに電圧 $V_\mathrm{V}[\mathrm{V}]$ を加えたとき，蓄えられる電荷を $Q[\mathrm{C}]$，エネルギー $W[\mathrm{J}]$ とする。

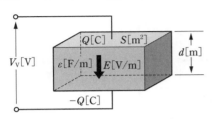

図 9-1　電荷と静電エネルギー

極板間の電束密度 D，電界の大きさ E は，

$$D=\frac{Q}{S}[\mathrm{C/m^2}],\quad E=\frac{D}{\varepsilon}[\mathrm{V/m}]$$

$Q=DS=\varepsilon ES$，$V_\mathrm{V}=Ed$ より W は，

$$W=\frac{QV_\mathrm{V}}{2}=\frac{\varepsilon E^2 Sd}{2}$$

Sd は極板間の体積 $V[\mathrm{m^3}]$ なので，

$$W=\frac{\varepsilon E^2 V}{2}[\mathrm{J}]$$

したがって，$W[\mathrm{J}]$ は誘電率 ε の **1乗**に比例し，体積 $V[\mathrm{m^3}]$ に**比例**し，電界の大きさ $E[\mathrm{V/m}]$ の **2乗**に比例する。

解 説・・・・・・・・・・・・・・・・・・・・・・・・・・・・・・・・

　解答では，コンデンサに蓄えられるエネルギーを極板間の電界の大きさを用いて表した。一般に，電界の大きさ $E[\mathrm{V/m}]$ の電界が蓄えている単位体積当たりのエネルギー(電界のエネルギー密度)w は次式で表される。

$$w=\frac{\varepsilon E^2}{2}[\mathrm{J/m^3}]$$

問 10　出題分野＜静電気＞　　　令和 4 年度上期 問 6

　図 1 に示すように，静電容量 $C_1 = 4\,\mu F$ と $C_2 = 2\,\mu F$ の二つのコンデンサが直列に接続され，直流電圧 6 V で充電されている。次に電荷が蓄積されたこの二つのコンデンサを直流電源から切り離し，電荷を保持したまま同じ極性の端子同士を図 2 に示すように並列に接続する。並列に接続後のコンデンサの端子間電圧の大きさ $V\,[V]$ の値として，最も近いものを次の（1）〜（5）のうちから一つ選べ。

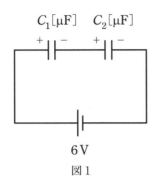
図 1

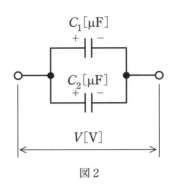
図 2

（1）　$\dfrac{2}{3}$　　　（2）　$\dfrac{4}{3}$　　　（3）　$\dfrac{8}{3}$　　　（4）　$\dfrac{16}{3}$　　　（5）　$\dfrac{32}{3}$

問10の解答　出題項目＜コンデンサの接続＞　　　　答え　（3）

問題図1のように，二つのコンデンサ $C_1=4$[μF] と $C_2=2$[μF] が直列に接続された場合の合成静電容量 C の値は，

$$C=\cfrac{1}{\cfrac{1}{C_1}+\cfrac{1}{C_2}}=\frac{C_1\times C_2}{C_1+C_2}=\frac{4\times 2}{4+2}=\frac{4}{3}[\mu\mathrm{F}]$$

直流電圧 $V_0=6$[V] で充電された C_1，C_2 に蓄積されている電荷 Q_1，Q_2[μC]は，直列に接続されていることから等しくなるので，

$$Q_1=Q_2=CV_0=\frac{4}{3}\times 6=8[\mu\mathrm{C}]$$

続いて，電荷を保持したまま，問題図2のように C_1 と C_2 を並列に接続すると，電荷の総和は Q_1+Q_2，合成静電容量は C_1+C_2 となるので，端子間電圧が V[V]であることから，

$$Q_1+Q_2=V(C_1+C_2)$$

これより，端子間電圧の大きさ V の値は，

$$V=\frac{Q_1+Q_2}{C_1+C_2}=\frac{8+8}{4+2}=\frac{8}{3}[\mathrm{V}]$$

【別解】 問題図1において，$C_1(=4[\mu\mathrm{F}])$ に加わる電圧を V_1[V]とすると，$C_2(=2[\mu\mathrm{F}])$ に加わる電圧 $V_2=6-V_1$[V]である。よって，C_1，C_2 に蓄積された電荷 Q_1，Q_2[μC]は，

$$Q_1=C_1V_1$$
$$Q_2=C_2V_2=C_2(6-V_1)$$

C_1 と C_2 は直列に接続されていることから，Q_1 と Q_2 は等しいので，

$$C_1V_1=C_2(6-V_1)\quad\rightarrow\quad 4V_1=2(6-V_1)$$
$$\rightarrow\quad 4V_1=12-2V_1\quad\rightarrow\quad 6V_1=12$$
$$\therefore\quad V_1=2[\mathrm{V}]$$

これより，

$$Q_1=Q_2=C_1V_1=4\times 2=8[\mu\mathrm{C}]$$

続いて問題図2のように，電荷を保持したまま C_1 と C_2 を並列に接続すると，C_1 と C_2 に蓄積されていた電荷の総和が Q_1+Q_2 であり，また，C_1

と C_2 の端子間電圧が V であることから，

$$Q_1+Q_2=C_1V+C_2V=(C_1+C_2)V$$
$$\therefore\quad V=\frac{Q_1+Q_2}{C_1+C_2}=\frac{8+8}{4+2}=\frac{8}{3}[\mathrm{V}]$$

補足

① 複数のコンデンサを直列に接続して電圧を加えると，すべてのコンデンサには同じ量の電荷が蓄えられる。

問題図1の場合，**図10-1** のようになり，C_1 と C_2 の接続部分では電荷の発生も消滅もないので，

$$(-Q_1)+(+Q_2)=0\quad\therefore\quad Q_1=Q_2$$

よって，両コンデンサを一つと見なすと（合成静電容量），蓄積される電荷の総和は $Q_1(=Q_2)$ である。

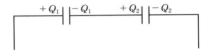

+Q_1 ‖ −Q_1　　+Q_2 ‖ −Q_2

図10-1　コンデンサの直列接続

② 電荷（電子）の移動の前後で，正負の符号も含めた電気量の総和は変わらない。これを**電気量保存の法則**（電荷保存の法則）という。

例えば，問題図1から問題図2（**図10-2**）の状態へ，同じ極性の端子同士を接続すると，正負それぞれの側の電荷の総和は，

正：$(+Q_1)+(+Q_2)=Q_1+Q_2$
負：$(-Q_1)+(-Q_2)=-(Q_1+Q_2)$

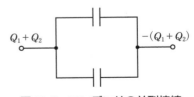

Q_1+Q_2　　　　　$-(Q_1+Q_2)$

図10-2　コンデンサの並列接続

　極板の面積 $S[\mathrm{m}^2]$，極板間の距離 $d[\mathrm{m}]$ の平行板コンデンサ A，極板の面積 $2S[\mathrm{m}^2]$，極板間の距離 $d[\mathrm{m}]$ の平行板コンデンサ B 及び極板の面積 $S[\mathrm{m}^2]$，極板間の距離 $2d[\mathrm{m}]$ の平行板コンデンサ C がある。各コンデンサは，極板間の電界の強さが同じ値となるようにそれぞれ直流電源で充電されている。各コンデンサをそれぞれの直流電源から切り離した後，全コンデンサを同じ極性で並列に接続し，十分時間が経ったとき，各コンデンサに蓄えられる静電エネルギーの総和の値[J]は，並列に接続する前の総和の値[J]の何倍になるか。その倍率として，最も近いものを次の（1）～（5）のうちから一つ選べ。

　ただし，各コンデンサの極板間の誘電率は同一であり，端効果は無視できるものとする。

コンデンサ A　　　　　コンデンサ B　　　　　コンデンサ C

（1）　0.77　　　（2）　0.91　　　（3）　1.00　　　（4）　1.09　　　（5）　1.31

問 11 の解答 　出題項目＜平行板コンデンサ，仕事・静電エネルギー＞　　　　答え　(2)

コンデンサ A, B, C の各静電容量を C_A, C_B, C_C, 極板間の誘電率を ε[F/m] とすると,

$$C_A = \frac{\varepsilon S}{d}\,[\text{F}], \quad C_B = \frac{2\varepsilon S}{d}\,[\text{F}], \quad C_C = \frac{\varepsilon S}{2d}\,[\text{F}]$$

コンデンサ A, B, C の各端子電圧 V_A, V_B, V_C は, 極板間の電界の強さを E[V/m] とすると,

$$V_A = dE\,[\text{V}], \quad V_B = dE\,[\text{V}], \quad V_C = 2dE\,[\text{V}]$$

これより, コンデンサ A, B, C が蓄える各電荷 Q_A, Q_B, Q_C 及び総電荷 $Q = Q_A + Q_B + Q_C$ は,

$$Q_A = C_A V_A = \varepsilon S E\,[\text{C}]$$
$$Q_B = C_B V_B = 2\varepsilon S E\,[\text{C}]$$
$$Q_C = C_C V_C = \varepsilon S E\,[\text{C}]$$
$$Q = 4\varepsilon S E\,[\text{C}]$$

これより, コンデンサに蓄えられる静電エネルギーの総和 W は,

$$W = \frac{1}{2}(Q_A V_A + Q_B V_B + Q_C V_C)$$
$$= \frac{\varepsilon S d E^2 + 2\varepsilon S d E^2 + 2\varepsilon S d E^2}{2}$$
$$= \frac{5\varepsilon S d E^2}{2}\,[\text{J}]$$

次に, 各コンデンサを同じ極性で並列に接続して十分に時間が経過した後の, コンデンサ A, B, C が蓄える各電荷を $Q_A{}'$, $Q_B{}'$, $Q_C{}'$, コンデンサの端子電圧を V' とする (図 11-1 参照)。

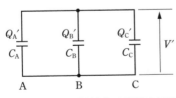

図 11-1　並列接続後の電荷と電圧

各コンデンサの静電容量は変化しないので, 各電荷は,

$$Q_A{}' = C_A V'\,[\text{C}]$$
$$Q_B{}' = C_B V'\,[\text{C}]$$
$$Q_C{}' = C_C V'\,[\text{C}]$$

総電荷 $Q' = Q_A{}' + Q_B{}' + Q_C{}'$ は,

$$Q' = (C_A + C_B + C_C)V' = \frac{7\varepsilon S}{2d}V'\,[\text{C}]$$

電荷保存の法則より, $Q' = Q$ が成り立つので,

$$\frac{7\varepsilon S}{2d}V' = 4\varepsilon S E \quad \rightarrow \quad V' = \frac{8dE}{7}\,[\text{V}]$$

これより, 並列接続後の全エネルギー W' は,

$$W' = \frac{1}{2}Q V' = \frac{1}{2}\left\{\frac{7\varepsilon S}{2d}\left(\frac{8dE}{7}\right)^2\right\}$$
$$= \frac{16\varepsilon S d E^2}{7}\,[\text{J}]$$

したがって,

$$\frac{W'}{W} = \frac{\dfrac{16\varepsilon S d E^2}{7}}{\dfrac{5\varepsilon S d E^2}{2}} = \frac{16 \times 2}{5 \times 7} \fallingdotseq 0.91$$

解説 ▶ ┈┈┈┈┈┈┈┈┈┈┈┈┈┈┈┈

問題を解く上で誘電率, 電界の強さが必要になるが, 問題中に与えられていないので各自で定義する。これでエネルギーを求めるのに必要な, 静電容量, 電荷, 電圧の式が得られる。

また, 並列接続後の電圧及び電荷は, 電荷保存の法則を用いることで計算できる。

問 12 出題分野＜静電気＞

次の文章は，平行板コンデンサに関する記述である。

図のように，同じ寸法の直方体で誘電率の異なる二つの誘電体(比誘電率 ε_{r1} の誘電体 1 と比誘電率 ε_{r2} の誘電体 2)が平行板コンデンサに充填されている。極板間は一定の電圧 $V[V]$ に保たれ，極板 A と極板 B にはそれぞれ $+Q[C]$ と $-Q[C]$($Q>0$)の電荷が蓄えられている。誘電体 1 と誘電体 2 は平面で接しており，その境界面は極板に対して垂直である。ただし，端効果は無視できるものとする。

この平行板コンデンサにおいて，極板 A，B に平行な誘電体 1，誘電体 2 の断面をそれぞれ面 S_1，面 S_2(面 S_1 と面 S_2 の断面積は等しい)とすると，面 S_1 を貫く電気力線の総数(任意の点の電気力線の密度は，その点での電界の大きさを表す)は，面 S_2 を貫く電気力線の総数の　(ア)　倍である。面 S_1 を貫く電束の総数は面 S_2 を貫く電束の総数の　(イ)　倍であり，面 S_1 と面 S_2 を貫く電束の数の総和は　(ウ)　である。

上記の記述中の空白箇所(ア)〜(ウ)に当てはまる組合せとして，正しいものを次の(1)〜(5)のうちから一つ選べ。

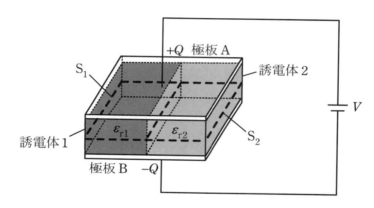

	(ア)	(イ)	(ウ)
(1)	1	$\dfrac{\varepsilon_{r1}}{\varepsilon_{r2}}$	Q
(2)	1	$\dfrac{\varepsilon_{r1}}{\varepsilon_{r2}}$	$\dfrac{Q}{\varepsilon_{r1}}+\dfrac{Q}{\varepsilon_{r2}}$
(3)	1	$\dfrac{\varepsilon_{r2}}{\varepsilon_{r1}}$	$\dfrac{Q}{\varepsilon_{r1}}+\dfrac{Q}{\varepsilon_{r2}}$
(4)	$\dfrac{\varepsilon_{r2}}{\varepsilon_{r1}}$	1	$\dfrac{Q}{\varepsilon_{r1}}+\dfrac{Q}{\varepsilon_{r2}}$
(5)	$\dfrac{\varepsilon_{r2}}{\varepsilon_{r1}}$	1	Q

（ア）　問題図に示された平行板コンデンサは，図 12-1 のように，誘電体 1 と 2 が充填された二つの平行板コンデンサの並列接続と考えることができる。

極板間隔 d[m]の平行板コンデンサに電圧 V[V]を加えると，極板間に生じる電界の強さ E[V/m]は次式で表される。

$$E = \frac{V}{d}$$

本問では，題意より V と d が一定であるから，電界 E も一定である。すなわち，誘電体 1 と 2 の内部に生じる電界の強さは等しくなるので，電気力線の密度も等しくなる。また，題意より面 S_1 と S_2 の断面積は等しいので，面 S_1 と S_2 を貫く電気力線の総数も等しくなる。したがって，面 S_1 を貫く電気力線の総数は，面 S_2 を貫く電気力線の総数の **1 倍**である。

補足　「任意の点の電気力線の密度は，その点での電界の大きさを表す」（題意）ので，電界の大きさ（強さ）が等しければ，同じ面積を貫く電気力線の総数（電気力線の密度）は等しい。

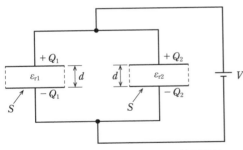

図 12-1　平行板コンデンサの並列接続

（イ）　電界の強さを E[V/m]，真空の誘電率を ε_0[F/m]，誘電体の比誘電率を ε_r とすると，電束密度 D[C/m²]は次式で表される。

$$D = \varepsilon_0 \varepsilon_r E$$

すなわち，電束密度 D は比誘電率 ε_r に比例する。上記（ア）で述べたように電界 E は一定であり，また，題意より面 S_1 と S_2 の断面積は等しい

ので，面 S_1 を貫く電束の総数は面 S_2 を貫く電束の総数の $\dfrac{\varepsilon_{r1}}{\varepsilon_{r2}}$ **倍**である。

（ウ）　面 S_1 と S_2 を貫く電束の数の総和は，二つの平行板コンデンサに蓄えられている電荷の総和に等しいので，題意より Q[C] である。

【別解】　（イ）は，二つの平行板コンデンサ（静電容量 C_1，C_2）に蓄えられる電荷 Q_1，Q_2 を計算し，「電荷の比 ＝ 電束の比」であることを利用して求めることもできる。

面 S_1 と S_2 の断面積を S[m²]とすると，

$$Q_1 = C_1 V = \frac{\varepsilon_0 \varepsilon_{r1} S V}{d}$$

$$Q_2 = C_2 V = \frac{\varepsilon_0 \varepsilon_{r2} S V}{d} \qquad \therefore \; \frac{Q_1}{Q_2} = \frac{\varepsilon_{r1}}{\varepsilon_{r2}}$$

また（ウ）は，$Q = Q_1 + Q_2$ を計算し，さらに合成静電容量 $C = C_1 + C_2$ から $Q = CV$ を計算した後，両者を比較し，「電荷の総和 ＝ 電束の数の総和」から求めることもできる。

$$Q = Q_1 + Q_2 = \frac{\varepsilon_0(\varepsilon_{r1} + \varepsilon_{r2})S V}{d}$$

$$Q = CV = (C_1 + C_2)V = \frac{\varepsilon_0(\varepsilon_{r1} + \varepsilon_{r2})S V}{d}$$

解説

電気力線と電束は，ともに電界の様子を表す仮想の線である。誘電率 ε[F/m]（$= \varepsilon_0 \varepsilon_r$）の媒質中の正電荷（負電荷）$Q$[C]からは，$\dfrac{Q}{\varepsilon}$ 本の電気力線が出る（入る）と定義される。したがって，同じ電荷であっても，電気力線の総数は周囲の媒質の誘電率で変化する。一方，電気力線の数を ε 倍した線が電束なので，周囲の媒質の誘電率に関係なく，Q[C]の正電荷（負電荷）からは Q 本の電束が出る（入る）。なお，面積 S[m²]の面を垂直に Q[C]の電束が通っているときの電束密度 D[C/m²]は，次式で表される。

$$D = \frac{Q}{S}$$

問 13　出題分野＜静電気，過度現象＞　　　　令和 4 年度上期 問 10

　図の回路において，スイッチ S が開いているとき，静電容量 $C_1 = 4\,\mathrm{mF}$ のコンデンサには電荷 $Q_1 = 0.3\,\mathrm{C}$ が蓄積されており，静電容量 $C_2 = 2\,\mathrm{mF}$ のコンデンサの電荷は $Q_2 = 0\,\mathrm{C}$ である。この状態でスイッチ S を閉じて，それから時間が十分に経過して過渡現象が終了した。この間に抵抗 $R\,[\Omega]$ で消費された電気エネルギー [J] の値として，最も近いものを次の（1）～（5）のうちから一つ選べ。

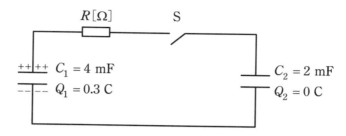

（1）　1.25　　　　（2）　2.50　　　　（3）　3.75　　　　（4）　5.63　　　　（5）　7.50

問13の解答　出題項目＜仕事・静電エネルギー，RC直列回路＞　答え（3）

問題図において，スイッチSが開いているとき，電荷$Q_1 = 0.3$[C]が蓄積されたコンデンサ$C_1 = 4$[mF]に蓄えられている静電エネルギーW_0の値は，

$$W_0 = \frac{Q_1{}^2}{2C_1} = \frac{0.3^2}{2 \times (4 \times 10^{-3})} = \frac{9 \times 10^{-2}}{8 \times 10^{-3}}$$
$$= 11.25 \text{[J]}$$

Sを閉じると，C_1[mF]とC_2[mF]は並列に接続されることになる。そして，時間が十分に経過して過渡現象が終了したときの電圧をV_∞[V]とすると，

$$Q_1 = (C_1 + C_2)V_\infty \qquad \therefore \ V_\infty = \frac{Q_1}{C_1 + C_2}$$

よって，二つのコンデンサに蓄えられている静電エネルギーの総和W_∞の値は，

$$W_\infty = \frac{1}{2}(C_1 + C_2)V_\infty{}^2 = \frac{Q_1{}^2}{2(C_1 + C_2)}$$

$$= \frac{0.3^2}{2(4 \times 10^{-3} + 2 \times 10^{-3})} = \frac{9 \times 10^{-2}}{12 \times 10^{-3}}$$
$$= 7.5 \text{[J]}$$

抵抗Rで消費された電気エネルギーW_Rの値は，W_∞とW_0の差であるから，

$$W_R = W_0 - W_\infty = 11.25 - 7.5$$
$$= 3.75 \text{[J]}$$

解説

静電容量C[F]のコンデンサに蓄えられる静電エネルギーW[J]は，蓄積されている電荷をQ[C]，加わる電圧をV[V]とすると，

$$W = \frac{1}{2}CV^2 = \frac{1}{2}QV = \frac{Q^2}{2C}$$

補足　上式からわかるように，コンデンサを接続したときに抵抗で消費される電気エネルギーは，その抵抗値には無関係である。

理論
電力
機械
法規

令和5(2023)上期
令和5(2023)下期

選抜90問
選抜85問
選抜90問
選抜65問

　図のように，極板間距離 d[mm]と比誘電率 ε_r が異なる平行板コンデンサが接続されている。極板の形状と大きさは全て同一であり，コンデンサの端効果，初期電荷及び漏れ電流は無視できるものとする。印加電圧を 10 kV とするとき，図中の二つのコンデンサ内部の電界の強さ E_A 及び E_B の値[kV/mm]の組合せとして，正しいものを次の（1）～（5）のうちから一つ選べ。

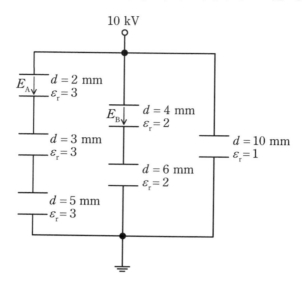

	E_A	E_B
（1）	0.25	0.67
（2）	0.25	1.5
（3）	1.0	1.0
（4）	4.0	0.67
（5）	4.0	1.5

理論 電力 機械 法規

令和 5 (2023) 上期

令和 5 (2023) 下期

選抜 90 問

選抜 85 問

選抜 90 問

選抜 65 問

問 14 の解答　出題項目＜コンデンサの接続＞　答え　(3)

コンデンサ内部の電界の強さ $E[\mathrm{kV/mm}]$ は，コンデンサの端子電圧 $V[\mathrm{kV}]$ をその極板間距離 $d[\mathrm{mm}]$ で割り算すれば計算できる。

極板の形状と大きさが問題図のコンデンサと同じで，比誘電率 $\varepsilon_r=1$，$d=1[\mathrm{mm}]$ であるコンデンサの静電容量を $C[\mathrm{F}]$ とする。コンデンサの静電容量は，同じ極板面積のとき ε_r に比例し d に反比例するので，問題図の各コンデンサの静電容量を C で表すと図 14-1 となる。ただし，問題図中の右側のコンデンサは，解答する上で必要ないので省略した。

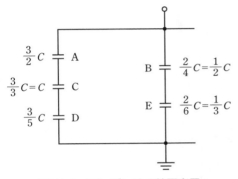

図 14-1　コンデンサの静電容量

図中の各コンデンサ A，B，C，D，E の端子電圧をそれぞれ V_A，V_B，V_C，V_D，V_E とする。コンデンサの直列接続では，各コンデンサの分圧は静電容量に反比例するので，次の関係式が成り立ち，各端子電圧が求められる。

コンデンサ A，C，D の直列回路では，

$$V_A : V_C : V_D = \frac{1}{\frac{3}{2}C} : \frac{1}{C} : \frac{1}{\frac{3}{5}C} = 2:3:5$$

$$V_A + V_C + V_D = 10[\mathrm{kV}]$$

より，

$$V_A = 2[\mathrm{kV}], \quad V_C = 3[\mathrm{kV}], \quad V_D = 5[\mathrm{kV}]$$

コンデンサ B，E の直列回路では，

$$V_B : V_E = \frac{1}{\frac{C}{2}} : \frac{1}{\frac{C}{3}} = 2:3$$

$$V_B + V_E = 10[\mathrm{kV}]$$

より，

$$V_B = 4[\mathrm{kV}], \quad V_E = 6[\mathrm{kV}]$$

したがって，E_A，E_B は，

$$E_A = \frac{V_A}{2} = \frac{2}{2} = 1[\mathrm{kV/mm}]$$

$$E_B = \frac{V_A}{4} = \frac{4}{4} = 1[\mathrm{kV/mm}]$$

解説

コンデンサの分圧比を求めるために，各コンデンサの静電容量の比を求める。このとき，あるコンデンサの静電容量 C を基準として他のコンデンサの静電容量を C の倍数として表して比を求めると，比から C は消去されて数値の比が得られる。

また，コンデンサの問題では，端効果を無視して極板間の電界を一様とみなすので，極板間の電界の強さ E は $C\dfrac{V}{d}$ となる。

Point コンデンサの直列接続では，各コンデンサの分圧は静電容量に反比例する。

問 15 出題分野＜静電気＞

　空気（比誘電率 1）で満たされた極板間距離 $5d$[m]の平行板コンデンサがある。図のように，一方の極板と大地との間に電圧 V_0[V]の直流電源を接続し，極板と同形同面積で厚さ $4d$[m]の固体誘電体（比誘電率 4）を極板と接するように挿入し，他方の極板を接地した。次の（ a ）及び（ b ）の問に答えよ。

　ただし，コンデンサの端効果は無視できるものとする。

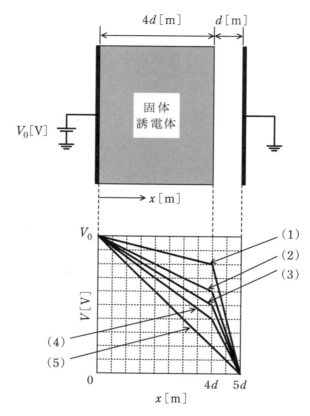

（ a ）　極板間の電位分布を表すグラフ（縦軸：電位 V[V]，横軸：電源が接続された極板からの距離 x[m]）として，最も近いものを図中の（1）〜（5）のうちから一つ選べ。

（ b ）　$V_0=10$ kV，$d=1$ mm とし，比誘電率 4 の固体誘電体を比誘電率 ε_r の固体誘電体に差し替え，空気ギャップの電界の強さが 2.5 kV/mm となったとき，ε_r の値として最も近いものを次の（1）〜（5）のうちから一つ選べ。

（ 1 ）　0.75　　　（ 2 ）　1.00　　　（ 3 ）　1.33　　　（ 4 ）　1.67　　　（ 5 ）　2.00

問15（a）の解答　出題項目＜平行板コンデンサ＞　答え　（3）

固体誘電体内及び空気中の電界の大きさは，値は異なるがそれぞれ一定値なので，その電位分布は x に対して直線的に変化する。したがって，固体誘電体と空気の境界面の電位を計算すれば，正しい電位分布のグラフがわかる。

固体誘電体内及び空気中の電界の大きさをそれぞれ $E_r[\text{V/m}]$，$E_a[\text{V/m}]$ とし，真空の誘電率を $\varepsilon_0[\text{F/m}]$ とする。極板間の電束密度 D（大きさ）は誘電体の誘電率によらず一定なので，

$$D = \varepsilon_0 E_a = 4\varepsilon_0 E_r \quad \rightarrow \quad E_a = 4E_r$$

また，極板間の電位差 V_0 は，電界の大きさと距離（誘電体の厚み）の積の和で求められるので次式が成り立つ。

$$V_0 = 4dE_r + dE_a = 4dE_r + 4dE_r = 8dE_r$$

ゆえに，E_r 及び E_a は，

$$E_r = \frac{V_0}{8d}[\text{V/m}], \quad E_a = 4E_r = \frac{V_0}{2d}[\text{V/m}]$$

となり，固体誘電体と空気の境界面の電位 V は，

$$V = dE_a = \frac{V_0}{2}[\text{V}]$$

したがって，選択肢（3）のグラフが最も近い。

【別　解】 この平行板コンデンサを**図15-1**に示すコンデンサの直列接続と考え，V を求めてもよい。

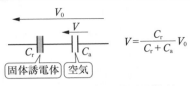

$$V = \frac{C_r}{C_r + C_a}V_0$$

図15-1　コンデンサの直列接続

極板面積を $S[\text{m}^2]$ と仮定すると，

$$C_r = \frac{4\varepsilon_0 S}{4d}[\text{F}], \quad C_a = \frac{\varepsilon_0 S}{d}[\text{F}]$$

これより，$C_r = C_a$ となるので，

$$V = \frac{C_r}{C_r + C_a}V_0 = \frac{V_0}{2}[\text{V}]$$

解説

一般に，真空及び誘電率が異なる誘電体を積層した平行板コンデンサの電界を求めるには，次の①及び②から得られる関係式を使う。

①　端効果が無視できるとき電極に分布する電荷密度は均等となるので，電極間の電束密度も一様になる。これにより，真空及び各誘電体における電界の大きさ相互の関係式が得られる。

②　一様な電界においては，電界方向に沿った2点間の電位差は電界の大きさと2点間の距離の積となるので，電界の大きさと極板間の電圧の関係式が得られる。

問15（b）の解答　出題項目＜平行板コンデンサ＞　答え　（3）

小問（a）と同様に，$E_a = \varepsilon_r E_r$ が成り立つ。

電圧を $[\text{kV}]$，距離を $[\text{mm}]$，電界の強さ（大きさ）を $[\text{kV/mm}]$ で表すとき，平行板コンデンサの端子電圧 V_0 は次式となる。

$$V_0 = 4dE_r + dE_a = 4d\frac{E_a}{\varepsilon_r} + dE_a$$

題意より $V_0 = 10[\text{kV}]$，$d = 1[\text{mm}]$，$E_a = 2.5[\text{kV/mm}]$ を上式に代入して ε_r を求めると，

$$10 = \frac{4 \times 1 \times 2.5}{\varepsilon_r} + 1 \times 2.5$$

$$\varepsilon_r = \frac{4 \times 1 \times 2.5}{10 - 2.5} \fallingdotseq 1.33$$

解説

固体誘電体の比誘電率を4から ε_r に置き換え，小問（a）と同じように考える。平行板コンデンサに関する問題は比較的難しいものが多いので，考え方を十分理解しておきたい。

Point 平行板コンデンサは，極板間の各部分の電界の強さ（大きさ）を計算する方法をマスターする。

問 16　出題分野＜静電気＞　　　　平成 21 年度 問 17

図に示すように，面積が十分に広い平行平板電極（電極間距離 10 mm）が空気（比誘電率 $\varepsilon_{r1}=1$ とする。）と，電極と同形同面積の厚さ 4 mm で比誘電率 $\varepsilon_{r2}=4$ の固体誘電体で構成されている。下部電極を接地し，上部電極に直流電圧 V[kV]を加えた。次の（ a ）及び（ b ）に答えよ。

ただし，固体誘電体の導電性及び電極と固体誘電体の端効果は無視できるものとする。

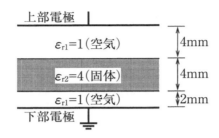

（ a ）　電極間の電界の強さ E[kV/mm]のおおよその分布を示す図として，正しいのは次のうちどれか。ただし，このときの電界の強さでは，放電は発生しないものとする。また，各図において，上部電極から下部電極に向かう距離を x[mm]とする。

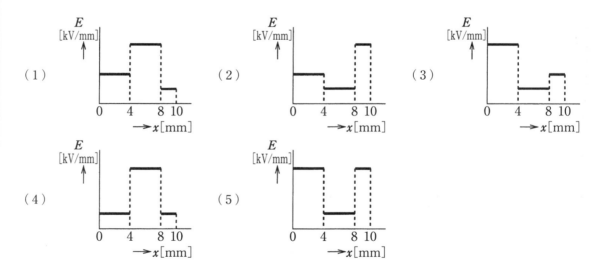

（ b ）　上部電極に加える電圧 V[kV]を徐々に増加し，下部電極側の空気中の電界の強さが 2 kV/mm に達したときの電圧 V[kV]の値として，正しいのは次のうちどれか。

（ 1 ）　11　　　（ 2 ）　14　　　（ 3 ）　20　　　（ 4 ）　44　　　（ 5 ）　56

問16 （a）の解答　出題項目＜平行板コンデンサ＞　　答え　（5）

コンデンサの端効果は無視できるので，電極の電荷は電極に一様に分布し，このため電極間の電束密度は一定となる。電界の強さは電束密度 D をその箇所の誘電率(真空の誘電率 ε_0 と物質の比誘電率 ε_r の積)で割ったものなので，空気中の電界の強さ E_A および固体誘電体中の電界の強さ E_S は，

$$E_A = \frac{D}{\varepsilon_0 \varepsilon_{r1}} = \frac{D}{\varepsilon_0}, \quad E_S = \frac{D}{\varepsilon_0 \varepsilon_{r2}} = \frac{D}{4\varepsilon_0}$$

$$E_S = \frac{E_A}{4}[\text{kV/mm}]$$

したがって，電極間の電界の強さ E と距離 x の関係は，E_A を用いて表すと次式になる。

$$E = E_A \quad (0 \le x(\text{空気中}) \le 4)$$

$$\frac{E_A}{4} \quad (4 \le x(\text{固体誘電体中}) \le 8)$$

$$E_A \quad (8 \le x(\text{空気中}) \le 10)$$

これをグラフで表すと図 16-1 になる。

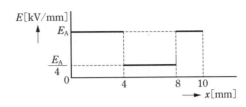

図 16-1　電極間の電界の強さ

解説

電極間の電界の強さ E を E_S を用いて表すと，$E = \{4E_S(0 \le x(\text{空気中}) \le 4),\ E_S(4 \le x(\text{固体誘電体中}) \le 8),\ 4E_S(8 \le x(\text{空気中}) \le 10)\}$ となる。このグラフも図 16-1 と同形(縦軸の $E_A \to 4E_S$，$E_A/4 \to E_S$)となる。

また，$1[\text{kV/mm}] = 10^6[\text{V/m}]$ なので，$[\text{kV/mm}]$ は比較的強い電界を表す単位として使用される。

問16 （b）の解答　出題項目＜コンデンサの接続＞　　答え　（2）

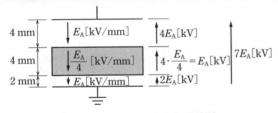

図 16-2　電界の強さと電位差

図 16-2 のように，下部電極側の空気中の電界の強さを $E_A[\text{kV/mm}]$ とすれば，上部電極側の空気中の電界の強さも E_A である。また，固体誘電体中の電界の強さは $E_S = E_A/4$ である。電界の強さに距離を乗じたものはその距離間の電位差なので，図の上下電極間の電位差 V は，

$$V = 2E_A + 4E_S + 4E_A$$
$$= 2E_A + 4(E_A/4) + 4E_A = 7E_A[\text{kV}]$$

$E_A = 2[\text{kV/mm}]$ を代入すると電位差 V は，

$$V = 7E_A = 7 \times 2 = 14[\text{kV}]$$

【別解】　図 16-2 のような電極間に平行に誘電体を挿入したコンデンサは，図 16-3 に示す三つのコンデンサ C_1，C_2，C_3 の直列回路と等価であ

る。電極板の面積はすべて等しいので，静電容量は比誘電率に比例し電極間の距離に反比例する。したがって，$C_2 = 4C_1$，$C_3 = 2C_1$。直列回路では各コンデンサの電圧は静電容量に反比例するので，$V_1 : V_2 : V_3 = \dfrac{1}{C_1} : \dfrac{1}{4C_1} : \dfrac{1}{2C_1} = 4 : 1 : 2$

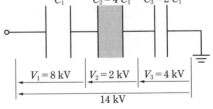

図 16-3　コンデンサの等価回路

$V_3 = 2[\text{kV/mm}] \times 2[\text{mm}] = 4[\text{kV}]$ のとき，

$$V = V_1 + V_2 + V_3 = 8 + 2 + 4 = 14[\text{kV}]$$

解説

電界中に置かれた誘電体は誘電分極を起こす。このため，誘電体内部の電界は誘電体の**比誘電率に反比例して弱まる**。

問 17　　出題分野＜電磁気＞　　　　　平成 28 年度 問 3

　図のように，長い線状導体の一部が点 P を中心とする半径 r[m]の半円形になっている。この導体に電流 I[A]を流すとき，点 P に生じる磁界の大きさ H[A/m]はビオ・サバールの法則より求めることができる。H を表す式として正しいものを，次の（1）～（5）のうちから一つ選べ。

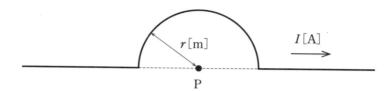

（1）　$\dfrac{I}{2\pi r}$　　　　（2）　$\dfrac{I}{4r}$　　　　（3）　$\dfrac{I}{\pi r}$　　　　（4）　$\dfrac{I}{2r}$　　　　（5）　$\dfrac{I}{r}$

理論 電力 機械 法規

令和 **5** (2023) 上期

令和 **5** (2023) 下期

選抜 **90** 問

選抜 **85** 問

選抜 **90** 問

選抜 **65** 問

問 17 の解答　　出題項目＜電流による磁界＞　　　　　　　答え　（2）

図 **17-1** において，ビオ・サバールの法則によれば，微小な長さ Δl[m]を流れる電流 I[A]は，$\theta=0$ となる Δl 方向の地点には磁界を作らない。したがって，問題図の長い線状導体部分を流れる電流は，点 P の位置に磁界を作らず，点 P の磁界は半円形の導体部分を流れる電流によって作られる。

図 **17-2** のように，半径 r[m]の円形電流 I[A]が中心の位置に作る磁界の強さ H_C は，ビオ・サバールの法則より，

$$H_C = \frac{I}{2r} \,[\text{A/m}] \qquad ①$$

したがって，半円部分の電流が作る磁界 H は H_C の半分となるので，

$$H = \frac{I}{4r} \,[\text{A/m}]$$

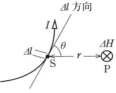

図 17-1　ビオ・サバールの法則

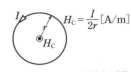

図 17-2　円形電流が作る磁界

式中の r[m]は点 S-P 間の距離，θ は Δl と r のなす角である。また，磁界の向きは，Δl と r を含む平面上で見ると，アンペアの右ねじの法則により紙面の表から裏に向かう。

円形電流がその中心に作る磁界の強さは，②式において $\theta=\pi/2$ として Δl について円周一周の総和をとればよい。これは一般に積分を行うことを意味するが，②式の右辺が Δl 以外はすべて定数なので，Δl を円周の総和 $2\pi r$ に置き換えればよい。したがって，円形コイルの電流が中心に作る磁界 H_C は，

$$H_C = \frac{2\pi r I}{4\pi r^2} \sin \frac{\pi}{2} = \frac{I}{2r} \,[\text{A/m}]$$

となり，①式を得る。

Point 無限に長い直線の電流が作る磁界と，円形電流が中心に作る磁界は頻出である。

解説

図 **17-1** のように，点 S にある微小な長さ Δl[m]を流れる電流 I[A]が，点 P の位置に作る微小磁界の大きさ ΔH は次式で表される。これをビオ・サバールの法則という。

$$\Delta H = \frac{I \Delta l}{4\pi r^2} \sin \theta \,[\text{A/m}] \qquad ②$$

問 18   出題分野＜電磁気＞ 平成 23 年度 問 4

　図 1 のように，1 辺の長さが a[m] の正方形のコイル（巻数：1）に直流電流 I[A] が流れているときの中心点 O_1 の磁界の大きさを H_1[A/m] とする。また，図 2 のように，直径 a[m] の円形のコイル（巻数：1）に直流電流 I[A] が流れているときの中心点 O_2 の磁界の大きさを H_2[A/m] とする。このとき，磁界の大きさの比 $\dfrac{H_1}{H_2}$ の値として，最も近いものを次の（1）〜（5）のうちから一つ選べ。

　ただし，中心点 O_1，O_2 はそれぞれ正方形のコイル，円形のコイルと同一平面上にあるものとする。

　参考までに，図 3 のように，長さ a[m] の直線導体に直流電流 I[A] が流れているとき，導体から距離 r[m] 離れた点 P における磁界の大きさ H[A/m] は，$H = \dfrac{I}{4\pi r}(\cos\theta_1 + \cos\theta_2)$ で求められる（角度 θ_1 と θ_2 の定義は図参照）。

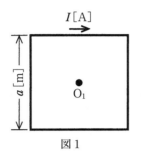
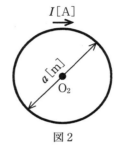
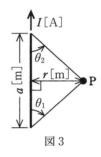

図 1　　　　　　　　　　図 2　　　　　　　　　　図 3

（1）　0.45　　　（2）　0.90　　　（3）　1.00　　　（4）　1.11　　　（5）　2.22

理論　電力　機械　法規

令和5（2023）上期

令和5（2023）下期

選抜90問

選抜85問

選抜90問

選抜65問

問 18 の解答　出題項目＜電流による磁界＞　　　　　答え　（2）

図 **18-1** において，点 O_1 は正方形コイルの中心にあるので，点 O_1 の磁界の大きさ H_1 は，正方形コイルの 1 辺の導体が点 O_1 に作る磁界の大きさ H の 4 倍になる。

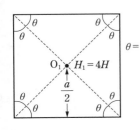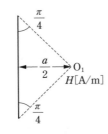

図 **18-1**　正方形コイルが O_1 に作る磁界

1 辺の導体が作る磁界の大きさ H は問題中の式を用いる。$r = \dfrac{a}{2}$，$\theta_1 = \theta_2 = \dfrac{\pi}{4}$ を代入すると，

$$H = \frac{I}{4\pi \cdot \dfrac{a}{2}}\left(\cos \frac{\pi}{4} + \cos \frac{\pi}{4}\right) = \frac{\sqrt{2}\,I}{2\pi a}$$

$$H_1 = 4H = \frac{2\sqrt{2}\,I}{\pi a}\,[\mathrm{A/m}]$$

一方，半径 $\dfrac{a}{2}\,[\mathrm{m}]$ の円形コイルの中心点 O_2 の磁界の大きさ H_2 は，

$$H_2 = \frac{I}{2 \cdot \dfrac{a}{2}} = \frac{I}{a}\,[\mathrm{A/m}]$$

以上から，磁界の大きさの比は，

$$\frac{H_1}{H_2} = \frac{2\sqrt{2}\,I}{\pi a} \times \frac{a}{I} = \frac{2\sqrt{2}}{\pi} \fallingdotseq 0.90$$

解説 ▶

有限長直線導体の電流が作る磁界の大きさの式は，ビオ・サバールの法則を積分して導いたものである。円形コイルの中心点の磁界の大きさの式は重要である。

問19　出題分野＜電磁気＞

　図のように，十分に長い直線状導体A，Bがあり，AとBはそれぞれ直角座標系のx軸とy軸に沿って置かれている。Aには$+x$方向の電流I_x[A]が，Bには$+y$方向の電流I_y[A]が，それぞれ流れている。$I_x>0$，$I_y>0$とする。

　このとき，xy平面上でI_xとI_yのつくる磁界が零となる点（x[m]，y[m]）の満たす条件として，正しいものを次の（1）〜（5）のうちから一つ選べ。

　ただし，$x\neq0$，$y\neq0$とする。

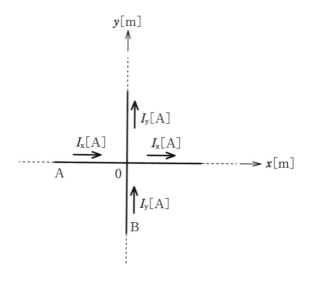

（1）　$y=\dfrac{I_x}{I_y}x$　　（2）　$y=\dfrac{I_y}{I_x}x$　　（3）　$y=-\dfrac{I_x}{I_y}x$　　（4）　$y=-\dfrac{I_y}{I_x}x$　　（5）　$y=\pm x$

理論 電力 機械 法規

令和 5 (2023) 上期

令和 5 (2023) 下期

選抜 90 問

選抜 85 問

選抜 90 問

選抜 65 問

問 19 の解答　　出題項目＜電流による磁界＞　　　　　　　　　答え　（1）

導体 A，B が作る磁界の向きは**図 19-1** のようになる。第 2，第 4 象限では A，B 両導体の電流が作る磁界の向きが同じになるため，磁界が零となる点(座標)は存在しない。

第 1 象限の点(x, y)において，導体 A，B の電流が作る磁界の大きさ H_A，H_B は，

$$H_A = \frac{I_x}{2\pi y} \,[\text{A/m}], \quad H_B = \frac{I_y}{2\pi x} \,[\text{A/m}]$$

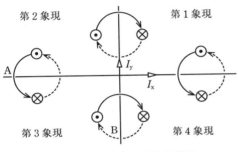

図 19-1　直線電流が作る磁界

磁界は互いに反対向きなので，$H_A = H_B$ のとき磁界が零となる。

$$\frac{I_x}{2\pi y} = \frac{I_y}{2\pi x} \quad \rightarrow \quad y = \frac{I_x}{I_y}x$$

第 3 象限では x，y の座標はマイナスとなり，導体 A，B からの距離は $-y$，$-x$ となるが，結果的に第 1 象限と同じ式になる。

解 説

磁界が零になる点の集合を図示すると，**図 19-2** のような原点を除く直線となる。

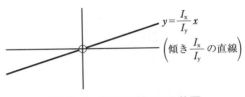

図 19-2　磁界が零になる位置

問 20　出題分野＜電磁気＞

　平等な磁束密度 B_0[T]のもとで，一辺の長さが h[m]の正方形ループ ABCD に直流電流 I[A]が流れている。B_0 の向きは辺 AB と平行である。B_0 がループに及ぼす電磁力として，正しいものを次の（1）～（5）のうちから一つ選べ。

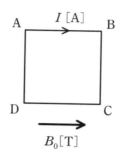

（1）　大きさ $2IhB_0$[N]の力

（2）　大きさ $4IhB_0$[N]の力

（3）　大きさ Ih^2B_0[N·m]の偶力のモーメント

（4）　大きさ $2Ih^2B_0$[N·m]の偶力のモーメント

（5）　力も偶力のモーメントも働かない

問 20 の解答　出題項目<電磁力>

磁束密度 B_0[T]の平等磁界中で，長さ h[m]の導線に電流 I[A]を流した場合，次式で表される電磁力 F[N]が作用する。

$$F = IB_0 h \sin\theta$$

ここで，θ は磁界と電流の向きがなす角である。

辺 AB と辺 DC は，電流と磁界の向きが平行（$\theta = 0°$ より $\sin 0° = 0$）なので，電磁力は働かない。

辺 AD に作用する電磁力 F_{AD}[N]，辺 BC に作用する電磁力 F_{BC}[N]は，

$$F_{AD} = IB_0 h \quad （向き：紙面の表から裏）$$

$$F_{BC} = IB_0 h \quad （向き：紙面の裏から表）$$

電磁力 F_{AD} と F_{BC} の大きさは等しいが，互いに逆向きであるので，B_0 がループに及ぼす作用は**偶力のモーメント**となり，その大きさ N[N·m]は次式で表される。

$$N = IB_0 h \times h = Ih^2 B_0$$

解説 ··

図 20-1 のように，物体に大きさが等しく，逆向きの力が作用するとき，物体には回転する作用が働く。このような力の対を偶力という。偶力のモーメント N[N·m]は，力の大きさ F[N]と二つの力の作用線間の距離 l[m]の積で表される。

$$N = F \cdot l$$

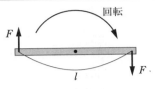

図 20-1　偶力のモーメント

補足　偶力は物体を回転させるだけで，移動させる作用はない。また，力が物体の回転運動を引き起こす効果の大きさを**力のモーメント**という。なお，固定された回転軸を中心に働く，回転軸のまわりの力のモーメントを**トルク**という。

Point 図 20-2 において，左手の人差し指を磁界，中指を電流の向きにとると，電磁力の向きは親指の指す向きに一致する（**フレミングの左手の法則**）。

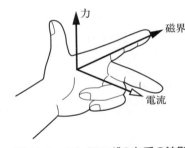

図 20-2　フレミングの左手の法則

問 21　出題分野＜電磁気＞

　図のように，透磁率 μ_0[H/m]の真空中に無限に長い直線状導体 A と 1 辺 a[m]の正方形のループ状導体 B が距離 d[m]を隔てて置かれている。A と B は xz 平面上にあり，A は z 軸と平行，B の各辺は x 軸又は z 軸と平行である。A，B には直流電流 I_A[A]，I_B[A]が，それぞれ図示する方向に流れている。このとき，B に加わる電磁力として，正しいものを次の（1）～（5）のうちから一つ選べ。

　なお，xyz 座標の定義は，破線の枠内の図で示したとおりとする。

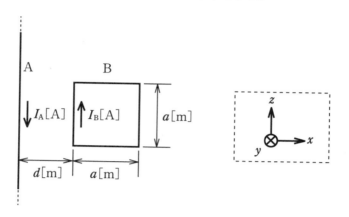

（1）　0[N]つまり電磁力は生じない

（2）　$\dfrac{\mu_0 I_A I_B a^2}{2\pi d(a+d)}$ [N]の$+x$ 方向の力

（3）　$\dfrac{\mu_0 I_A I_B a^2}{2\pi d(a+d)}$ [N]の$-x$ 方向の力

（4）　$\dfrac{\mu_0 I_A I_B a(a+2d)}{2\pi d(a+d)}$ [N]の$+x$ 方向の力

（5）　$\dfrac{\mu_0 I_A I_B a(a+2d)}{2\pi d(a+d)}$ [N]の$-x$ 方向の力

301

理論
電力
機械
法規

令和5（2023）上期

令和5（2023）下期

選抜90問

選抜85問

選抜90問

選抜65問

問21の解答　出題項目＜電流による磁界，電磁力＞　　　　　答え　（2）

　ループ状導体Bに働く力を**図21-1**に示す。導体Bの四つの辺をP，Q，R，Sとする。直線状導体Aの電流が作る導体B側の磁界の向きは，アンペアの右ねじの法則からマイナスy方向（紙面裏面から表面に向かう方向）なので，導体Bの四辺に働く電磁力の向きは，フレミングの左手の法則からすべてループの内側を向く。

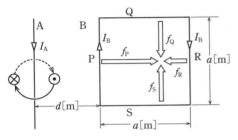

図21-1　導体Bの各辺に働く力

　ここで導体Qと導体Sに働く電磁力f_Q，f_Sは，電流の向きが異なるのみで導体Aに対する位置関係は同じであるため，大きさが等しく反対向きであることがわかる。したがって，二つの力は打ち消し合いz軸方向の合力は零になる。

　導体Aからd[m]離れた地点（導体Pがある位置）の磁束密度B_Pは，

$$B_P = \frac{\mu_0 I_A}{2\pi d} [\mathrm{T}]$$

　導体Pに働く電磁力f_Pは，

$$f_P = B_P I_B a = \frac{\mu_0 I_A I_B a}{2\pi d} [\mathrm{N}]$$

　同様に導体Rの位置の磁束密度をB_Rとすると，導体Rに働く電磁力f_Rは，

$$f_R = B_R I_B a = \frac{\mu_0 I_A I_B a}{2\pi(a+d)} [\mathrm{N}]$$

　$f_P > f_R$より，導体P，Rの電磁力の合力は$+x$軸方向で大きさが$f_P - f_R$[N]になる。

$$\begin{aligned}
f_P - f_R &= \frac{\mu_0 I_A I_B a}{2\pi d} - \frac{\mu_0 I_A I_B a}{2\pi(a+d)} \\
&= \frac{\mu_0 I_A I_B a^2}{2\pi d(a+d)} [\mathrm{N}]
\end{aligned}$$

解説 ･････････････････････････････

　導体QとSに働く電磁力の値を計算するには，導体方向に磁束密度が変化するため積分の計算が必要になるが，二つの力が打ち消し合うことは容易にわかる。

問 22　出題分野＜電磁気＞

　図1のように，磁束密度 $B=0.02\,\text{T}$ の一様な磁界の中に長さ $0.5\,\text{m}$ の直線状導体が磁界の方向と直角に置かれている。図2のように，この導体が磁界と直角を維持しつつ磁界に対して $60°$ の角度で，二重線の矢印の方向に $0.5\,\text{m/s}$ の速さで移動しているとき，導体に生じる誘導起電力 e の値[mV]として，最も近いものを次の（1）〜（5）のうちから一つ選べ。

　ただし，静止した座標系から見て，ローレンツ力による起電力が発生しているものとする。

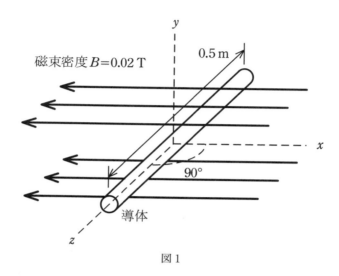

図1

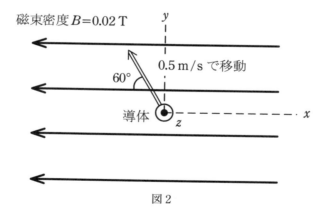

図2

　（1）2.5　　　（2）3.0　　　（3）4.3　　　（4）5.0　　　（5）8.6

理論 電力 機械 法規

令和 **5** (2023) 上期

令和 **5** (2023) 下期

選抜 **90** 問

選抜 **85** 問

選抜 **90** 問

選抜 **65** 問

問 22 の解答　　出題項目＜誘導起電力＞　　　　　　　　答え　（3）

　磁界の中で導体棒（直線状導体）を動かすと，導体棒は磁束を切るので，導体棒に誘導起電力が発生する。導体棒に生じる誘導起電力 $e[\text{V}]$ は，磁界の磁束密度を $B[\text{T}]$，導体棒の動く速さを v [m/s]，導体棒の長さを $l[\text{m}]$，導体棒の移動方向と磁束のなす角を θ とすると，導体棒が磁束と垂直な方向に移動する速さが $v\sin\theta$ であるから，

　　$e = Blv\sin\theta$

　この式に題意の各数値を代入すると，

　　$e = 0.02 \times 0.5 \times 0.5 \times \sin 60°$

　　　$= 0.02 \times 0.5 \times 0.5 \times \dfrac{\sqrt{3}}{2}$

　　　$\fallingdotseq 4.3 \times 10^{-3}[\text{V}] = 4.3[\text{mV}]$

補足　　電界や磁界の中で運動している荷電粒子（電荷を帯びた粒子）に働く力を**ローレンツ力**という。本問において，導体棒が動くことは導体棒の内部の電子が動くのと同じことなので，電子にはローレンツ力が働くことになる。そして，ローレンツ力を受けて電子は導体棒の内部を移動する（z 軸の負の向きに移動する）ので，これによって導体棒に誘導起電力が発生する。

解 説

　図 22-1 のように，磁束密度が $B[\text{T}]$ である平等磁界の中で，長さ $l[\text{m}]$ の導体棒 ab を磁束と直角方向に右向きに速さ v [m/s]で動かすと，導体棒は磁束を切るので，導体棒には誘導起電力が生じる。このとき，単位時間（1 秒間）に導体が切る磁束 $\Delta\Phi[\text{Wb}]$ は，

　　$\Delta\Phi =$（磁束密度）×（導体棒が磁束を切る面積）
　　　　$= Blv$

　したがって，誘導起電力の大きさ $e[\text{V}]$ は，

　　$e = \left|\dfrac{\Delta\Phi}{\Delta t}\right| = Blv$

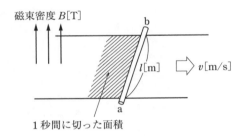

図 22-1　磁界を横切る導体棒

問 23　出題分野＜電磁気＞　　　　　令和３年度 問4

次の文章は，電磁誘導に関する記述である。

図のように，コイルと磁石を配置し，磁石の磁束がコイルを貫いている。

1. スイッチ S を閉じた状態で磁石をコイルに近づけると，コイルには　(ア)　の向きに電流が流れる。

2. コイルの巻数が 200 であるとする。スイッチ S を開いた状態でコイルの断面を貫く磁束を 0.5 s の間に 10 mWb だけ直線的に増加させると，磁束鎖交数は　(イ)　Wb だけ変化する。また，この 0.5 s の間にコイルに発生する誘導起電力の大きさは　(ウ)　V となる。ただし，コイル断面の位置によらずコイルの磁束は一定とする。

上記の記述中の空白箇所（ア）～（ウ）に当てはまる組合せとして，正しいものを次の（1）～（5）のうちから一つ選べ。

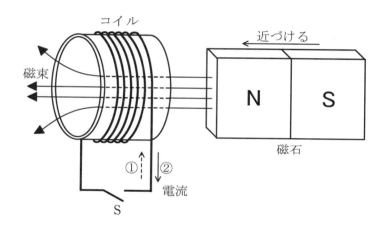

	（ア）	（イ）	（ウ）
（1）	①	2	2
（2）	①	2	4
（3）	①	0.01	2
（4）	②	2	4
（5）	②	0.01	2

問 23 の解答　　出題項目＜誘導起電力＞

1. スイッチSを閉じた状態で磁石のN極をコイルに近づけると，コイルには磁束の変化（この場合は増加）をさまたげる向きに起電力を生じ，電流が流れる。すなわち，右ねじ法則より，②の向きに電流が流れて，コイル内の磁束の増加を抑えようとする。

2. コイルの巻数 $N=200$ であるとき，スイッチSを開いた状態でコイルの断面を貫く磁束を $\Delta t=0.5[\mathrm{s}]$ の間に $\Delta\Phi=10[\mathrm{mWb}]$ だけ直線的に増加させると，磁束鎖交数の変化は，

$$N\times\Delta\Phi=200\times10[\mathrm{mWb}]=2\,000[\mathrm{mWb}]$$
$$=\underset{\sim}{2}[\mathrm{Wb}]$$

また，$\Delta t=0.5[\mathrm{s}]$ の間にコイルに発生する誘導起電力の大きさ $e[\mathrm{V}]$ は，

$$e=N\frac{\Delta\Phi}{\Delta t}=\frac{2}{0.5}=\underset{\sim}{4}[\mathrm{V}]$$

解説 ･･････････････････････････････

コイルを貫く磁束が変化すると，起電力が発生する。この現象を**電磁誘導**といい，発生する起電力を**誘導起電力**，流れる電流を**誘導電流**という。

コイルに発生する誘導起電力の大きさは，コイルの巻数に比例し，コイルを貫く磁束の時間的変化率に比例する。これを（電磁誘導に関する）**ファラデーの法則**という。

巻数 N のコイルを貫く磁束が時間 $\Delta t[\mathrm{s}]$ の間に $\Delta\Phi[\mathrm{Wb}]$ だけ変化するとき，誘導起電力の大きさ $e[\mathrm{V}]$ は次式で表される。

$$e=N\frac{\Delta\Phi}{\Delta t}$$

補足　誘導起電力は，誘導電流がコイル内の磁束の変化をさまたげるような向きに発生する。これを**レンツの法則**という。ファラデーの法則とレンツの法則を合わせると，誘導起電力 $e[\mathrm{V}]$ は次式で表すことができる。

$$e=-N\frac{\Delta\Phi}{\Delta t}$$

問 24 出題分野＜電磁気＞

環状鉄心に，コイル 1 及びコイル 2 が巻かれている。二つのコイルを図 1 のように接続したとき，端子 A–B 間の合成インダクタンスの値は 1.2 H であった。次に，図 2 のように接続したとき，端子 C–D 間の合成インダクタンスの値は 2.0 H であった。このことから，コイル 1 の自己インダクタンス L の値 [H]，コイル 1 及びコイル 2 の相互インダクタンス M の値 [H] の組合せとして，正しいものを次の（1）〜（5）のうちから一つ選べ。

ただし，コイル 1 及びコイル 2 の自己インダクタンスはともに L [H]，その巻数を N とし，また，鉄心は等断面，等質であるとする。

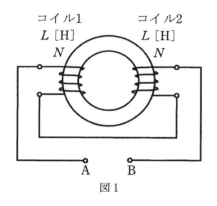

図 1

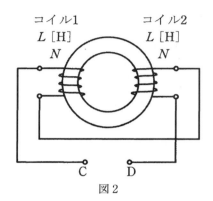

図 2

	自己インダクタンス L	相互インダクタンス M
（1）	0.4	0.2
（2）	0.8	0.2
（3）	0.8	0.4
（4）	1.6	0.2
（5）	1.6	0.4

問 24 の解答　　**出題項目＜インダクタンス＞**　　　　　　　答え　（2）

　問題図 1 の結線では，コイルに流れる電流の向きより両コイルがつくる磁束は互いに打ち消し合う。このような結線を二つのコイルの**差動接続**といい，端子 A–B 間の合成インダクタンス L_{AB} は次式となる。

$$L_{AB}=L+L-2M=2L-2M\,[\mathrm{H}]\qquad ①$$

　一方，問題図 2 の結線では，コイルに流れる電流の向きより両コイルがつくる磁束は互いに加わり合う。このような結線を二つのコイルの**和動接続**といい，端子 C–D 間の合成インダクタンス L_{CD} は次式となる。

$$L_{CD}=L+L+2M=2L+2M\,[\mathrm{H}]\qquad ②$$

　題意より，$L_{AB}=1.2\,[\mathrm{H}]$，$L_{CD}=2.0\,[\mathrm{H}]$ であるから，①式，②式より，

$$\begin{cases}2L-2M=1.2\\ 2L+2M=2.0\end{cases}$$

　連立方程式を解くと，

$$L=0.8\,[\mathrm{H}],\quad M=0.2\,[\mathrm{H}]$$

解説 ▶･･････････････････････････

　和動接続の合成インダクタンスの式は，次のように求められる。**図 24-1** において，コイル 2 がつくる磁束 Φ_2 の影響を受けたコイル 1 の見かけの自己インダクタンスを L_{12}，コイル 1 がつくる磁束 Φ_1 の影響を受けたコイル 2 の見かけの自己インダクタンスを L_{21} とする。また，コイル 1 及びコイル 2 の自己インダクタンスを L_1，L_2 とする。

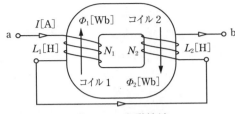

図 24-1　和動接続

$$L_{12}=\frac{N_1(\Phi_1+\Phi_2)}{I}=\frac{N_1\Phi_1}{I}+\frac{N_1\Phi_2}{I}$$
$$=L_1+M\,[\mathrm{H}]$$

$$L_{21}=\frac{N_2(\Phi_2+\Phi_1)}{I}=\frac{N_2\Phi_2}{I}+\frac{N_2\Phi_1}{I}$$
$$=L_2+M\,[\mathrm{H}]$$

　端子 a–b 間の合成インダクタンス L は，

$$L=L_{12}+L_{21}=L_1+M+L_2+M$$
$$=L_1+L_2+2M\,[\mathrm{H}]$$

　また，差動接続では磁束が打ち消し合い，

$$L_{12}=\frac{N_1(\Phi_1-\Phi_2)}{I}\,[\mathrm{H}]$$

$$L_{21}=\frac{N_2(\Phi_2-\Phi_1)}{I}\,[\mathrm{H}]$$

となるので，同様に計算すると次式を得る。

$$L=L_{12}+L_{21}=L_1-M+L_2-M$$
$$=L_1+L_2-2M\,[\mathrm{H}]$$

問 25　出題分野＜電磁気＞　　平成20年度 問4

　図のように，環状鉄心に二つのコイルが巻かれている。コイル1の巻数はNであり，その自己インダクタンスはL[H]である。コイル2の巻数はnであり，その自己インダクタンスは$4L$[H]である。巻数nの値を表す式として，正しいのは次のうちどれか。

　ただし，鉄心は等断面，等質であり，コイル及び鉄心の漏れ磁束はなく，また，鉄心の磁気飽和もないものとする。

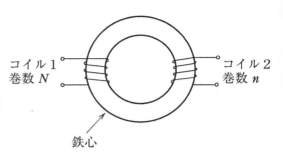

（1）　$\dfrac{N}{4}$　　　（2）　$\dfrac{N}{2}$　　　（3）　$2N$　　　（4）　$4N$　　　（5）　$16N$

問 26　出題分野＜電磁気＞　　令和元年度 問4

　図のように，磁路の長さ$l = 0.2$ m，断面積$S = 1 \times 10^{-4}$ m^{2}の環状鉄心に巻数$N = 8\,000$の銅線を巻いたコイルがある。このコイルに直流電流$I = 0.1$ Aを流したとき，鉄心中の磁束密度は$B = 1.28$ Tであった。このときの鉄心の透磁率μの値[H/m]として，最も近いものを次の（1）～（5）のうちから一つ選べ。

　ただし，コイルによって作られる磁束は，鉄心中を一様に通り，鉄心の外部に漏れないものとする。

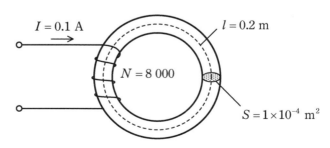

（1）　1.6×10^{-4}　　　（2）　2.0×10^{-4}　　　（3）　2.4×10^{-4}
（4）　2.8×10^{-4}　　　（5）　3.2×10^{-4}

理論
電力
機械
法規

令和 **5** (2023) 上期

令和 **5** (2023) 下期

選抜 **90** 問

選抜 **85** 問

選抜 **90** 問

選抜 **65** 問

問 25 の解答　出題項目＜磁力線・磁束，インダクタンス＞　　答え　(3)

図 **25-1**(a)のように，磁気抵抗 R[A/Wb]の環状鉄心に巻かれたコイル 1 に，電流 I_1[A]を流したときの鉄心中の磁束を Φ_1[Wb]とすると，

$$\Phi_1 = NI_1/R \text{[Wb]}$$

自己インダクタンス L と磁束 Φ_1 の関係は，

$$I_1 L = N\Phi_1 = N^2 I_1/R$$

$$L = \frac{N^2}{R} \text{[H]} \qquad\qquad ①$$

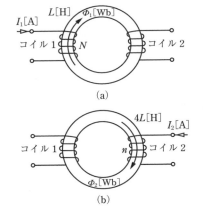

図 **25-1**　各コイルの電流が作る磁束

図 **25-1**(b)のように，コイル 2 に電流 I_2[A]を流したときの鉄心中の磁束を Φ_2[Wb]とすると，

$$\Phi_2 = nI_2/R \text{[Wb]}$$

自己インダクタンス $4L$ と磁束 Φ_2 の関係は，

$$I_2(4L) = n\Phi_2 = n^2 I_2/R$$

$$4L = \frac{n^2}{R} \text{[H]} \qquad\qquad ②$$

①，②式から L，R を消去すると，

$$n^2 = 4N^2 \qquad \therefore\quad n = 2N$$

解説

自己インダクタンスと磁束の関係は，誘導起電力 e の式，

$$e = L(\Delta I/\Delta t) = N(\Delta\Phi/\Delta t)$$

から Δt を消去して，I，Φ を 0 からの変量とみなせば $IL = N\Phi$ を得る。

この問題の要点は，個々のコイルの自己インダクタンスを鉄心の磁気抵抗を用いて表すことにある。これによって，①，②式が導かれ，磁気抵抗は共通なので最終的に消去される。

問 26 の解答　出題項目＜環状ソレノイド＞　　答え　(5)

鉄心中の磁界の強さ H は，アンペアの周回路の法則 $Hl = NI$ より，

$$H = \frac{NI}{l} = \frac{8\,000 \times 0.1}{0.2} = 4\,000 \text{[A/m]}$$

であるから，$B = \mu H$ より μ が計算できる。

$$B = 1.28 = 4\,000\,\mu$$

$$\mu = 3.2 \times 10^{-4} \text{[H/m]}$$

解説

環状コイル(ソレノイド)に関する典型問題である。解答ではアンペアの周回路の法則を用いたが，磁気回路のオームの法則を用いて解くこともできるので，その方法を次に示す。

このコイルの磁気抵抗 R_m は，

$$R_m = \frac{l}{\mu S} = \frac{0.2}{10^{-4}\mu} = \frac{2\,000}{\mu} \text{[H}^{-1}\text{]}$$

となるので，鉄心中の磁束 ϕ は磁気回路のオームの法則より，起磁力を NI として，

$$\phi = \frac{NI}{R_m} = \frac{8\,000 \times 0.1}{2\,000/\mu} = 0.4\,\mu \text{[Wb]}$$

磁束密度 B は，

$$B = \frac{\phi}{S} = \frac{0.4\,\mu}{10^{-4}} = 4\,000\,\mu \text{[T]}$$

$B = 1.28$[T]なので，

$$\mu = \frac{1.28}{4\,000} = 3.2 \times 10^{-4} \text{[H/m]}$$

磁気回路は電気回路と類似性があるため，起電力を起磁力，電流を磁束，電気抵抗を磁気抵抗に対応させることで，オームの法則を準用できる。ただし，磁気回路では，磁気抵抗の性質上漏れ磁束が生じること，磁気飽和のため磁気抵抗が一定ではないことが電気回路と異なる。このため，問題の内容によっては，漏れ磁束や磁気飽和を考慮しないとする条件を設けている。

問 27　出題分野＜電磁気＞ 平成29年度 問17

　巻線 N のコイルを巻いた鉄心1と，空隙(エアギャップ)を隔てて置かれた鉄心2からなる図1のような磁気回路がある。この二つの鉄心の比透磁率はそれぞれ $\mu_{r1}=2\,000$，$\mu_{r2}=1\,000$ であり，それらの磁路の平均の長さはそれぞれ $l_1=200$ mm，$l_2=98$ mm，空隙長は $\delta=1$ mm である。ただし，鉄心1及び鉄心2のいずれの断面も同じ形状とし，磁束は断面内で一様で，漏れ磁束や空隙における磁束の広がりはないものとする。このとき，次の(a)及び(b)の問に答えよ。

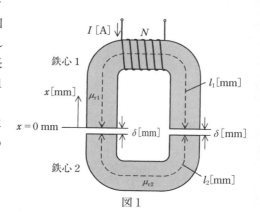

図1

(a)　空隙における磁界の強さ H_0 に対する磁路に沿った磁界の強さ H の比 $\dfrac{H}{H_0}$ を表すおおよその図として，最も近いものを図2の(1)～(5)のうちから一つ選べ。ただし，図1に示す $x=0$ mm から時計回りに磁路を進む距離を x[mm]とする。また，図2は片対数グラフであり，空隙長 δ[mm]は実際より大きく表示している。

(1)
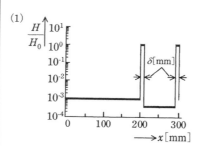

(2)
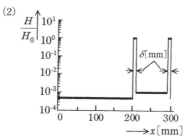

(3)
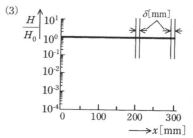

(4)
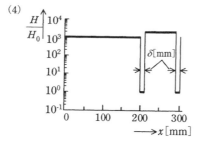

(5)
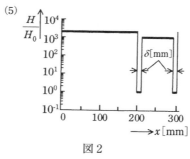

図2

(b)　コイルに電流 $I=1$ A を流すとき，空隙における磁界の強さ H_0 を 2×10^4 A/m 以上とするのに必要なコイルの最小巻数 N の値として，最も近いものを次の(1)～(5)のうちから一つ選べ。

　　(1)　24　　　　(2)　44　　　　(3)　240　　　　(4)　4 400　　　　(5)　40 400

311

理論
電力
機械
法規

令和5 (2023) 上期

令和5 (2023) 下期

選抜90問

選抜85問

選抜90問

選抜65問

問27（a）の解答　出題項目＜環状ソレノイド＞　　答え（2）

　磁束は断面内で一様，漏れ磁束や空隙における磁束の広がりはないので，この磁気回路における磁束密度 $B[\mathrm{T}]$ は一定である。真空の透磁率を μ_0[H/m] とすると，空隙，鉄心1及び鉄心2の磁界の強さ H_0，H_1，H_2 は，

$$H_0=\frac{B}{\mu_0}[\mathrm{A/m}]$$

$$H_1=\frac{B}{\mu_0\mu_{\mathrm{r}1}}=\frac{B}{2\,000\mu_0}[\mathrm{A/m}]$$

$$H_2=\frac{B}{\mu_0\mu_{\mathrm{r}2}}=\frac{B}{1\,000\mu_0}[\mathrm{A/m}]$$

これより，

$$\frac{H_0}{H_0}=1,\quad \frac{H_1}{H_0}=\frac{1}{2\,000}=5\times10^{-4}$$

$$\frac{H_2}{H_0}=\frac{1}{1\,000}=10^{-3}$$

となるので，横軸に x，縦軸に H/H_0 を取ったグラフは**図27-1**のようになる。ただし，数値の位置はおおよその位置であることに注意。

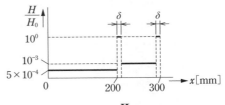

図27-1　$x-\dfrac{H}{H_0}$ のグラフ

　したがって，選択肢（2）のグラフが最も近い。

解説

　この問題では，磁束密度 B が一定であることを利用する。

$$H=\frac{B}{\mu_0\mu_{\mathrm{r}}}$$

より各部分の磁界の強さは，当該部分の比透磁率に反比例する。また，各部分の磁界の強さ H を H_0 に対する比で表すと，B は計算過程で消去される。このため，B を起磁力や磁気抵抗から特に求める必要がなくなり，計算が簡単になる。

問27（b）の解答　出題項目＜環状ソレノイド＞　　答え（2）

　空隙の磁界の強さ H_0 が $2\times10^4\,\mathrm{A/m}$ におけるコイルの巻数 N を計算する。

　アンペアの周回路の法則より，磁気回路中の各部分の磁界の強さと磁路の長さの積を，全磁路について総和したものは磁気回路の起磁力に等しい。これより次式が成り立つ。

$$H_1l_1+H_0\delta+H_2l_2+H_0\delta=IN$$

ここで，$H_1=5\times10^{-4}\,H_0$，$H_2=10^{-3}\,H_0$ の関係を使うと，

$$5\times10^{-4}\,H_0l_1+2H_0\delta+10^{-3}\,H_0l_2=IN$$

$$(5\times10^{-4}\,l_1+2\delta+10^{-3}\,l_2)H_0=IN$$

数値を代入して N を求めると，

$$N=(5\times10^{-4}\times0.2+2\times10^{-3}+10^{-3}\times0.098)\times2\times10^4$$

$$=43.96$$

磁界の強さは起磁力 $IN=N$ に比例するので，

巻数 N を整数とすると，H_0 を $2\times10^4\,\mathrm{A/m}$ 以上とするのに必要な最小巻数は，44 となる。

解説

　アンペアの周回路の法則が使えることに気付きたい（小問（a）で各部の磁界の強さを扱っていることがヒント）。磁気抵抗や磁気回路のオームの法則に踏み込むと計算が複雑になるので，できれば避けたい。

　なお，最小巻数を求めるための式は，一般に不等式で表現される。しかし，不等式はミスを招きやすいので，解答で用いたように限界値（この場合最小値）についての方程式で計算するのも一つの方法である。

Point アンペアの周回路の法則は，磁気回路でも有効である。

問 28　出題分野＜電磁気＞　　　　　　　　　　　平成 29 年度 問 4

　図は，磁性体の磁化曲線（BH曲線）を示す。次の文章は，これに関する記述である。

1　直交座標の横軸は，　（ア）　である。

2　a は，　（イ）　の大きさを表す。

3　鉄心入りコイルに交流電流を流すと，ヒステリシス曲線内の面積に　（ウ）　した電気エネルギー
　が鉄心の中で熱として失われる。

4　永久磁石材料としては，ヒステリシス曲線の a と b がともに　（エ）　磁性体が適している。

　上記の記述中の空白箇所（ア），（イ），（ウ）及び（エ）に当てはまる組合せとして，正しいものを次の
（ 1 ）～（ 5 ）のうちから一つ選べ。

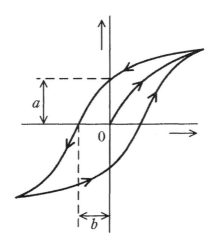

	（ア）	（イ）	（ウ）	（エ）
（1）	磁界の強さ [A/m]	保磁力	反比例	大きい
（2）	磁束密度 [T]	保磁力	反比例	小さい
（3）	磁界の強さ [A/m]	残留磁気	反比例	小さい
（4）	磁束密度 [T]	保磁力	比例	大きい
（5）	磁界の強さ [A/m]	残留磁気	比例	大きい

問 28 の解答　出題項目＜磁化特性＞

1　直交座標の横軸は，**磁界の強さ[A/m]** である。

2　a は，**残留磁気**の大きさを表す。

3　鉄心入りコイルに交流電流を流すと，ヒステリシス曲線内の面積に**比例**した電気エネルギーが鉄心の中で熱として失われる。

4　永久磁石材料としては，ヒステリシス曲線の a と b がともに**大きい**磁性体が適している。

解説

図 **28-1** は，磁化されていない強磁性体の磁化曲線である。点 o から磁化していくと，B の増加は徐々に緩やかになり，やがて**磁気飽和**する（点 a）。点 a から H を負の向きに変化させると，同じ経路を通らずに点 b に至る。途中，$H=0$ でも磁性体には**残留磁気** B_r[T]が残る。$B_r=0$ となる逆向きの磁界の大きさ H_c[A/m]を**保磁力**とい

う。次に，点 b から H を正の向きに変化させると，別の経路を通り再び点 a に至る。このループ状の特性を**ヒステリシス曲線**といい，曲線内の面積に相当する損失を**ヒステリシス損**という。

また，永久磁石材料は，残留磁気が大きく容易に消えない必要があるので，B_r 及び H_c ともに大きな磁性体が適する。

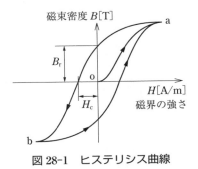

図 28-1　ヒステリシス曲線

問 29 出題分野＜直流回路＞ 平成25年度 問5

　図のように，抵抗 R[Ω] と抵抗 R_x[Ω] を並列に接続した回路がある。この回路に直流電圧 V[V] を加えたところ，電流 I[A] が流れた。R_x[Ω] の値を表す式として，正しいものを次の（1）～（5）のうちから一つ選べ。

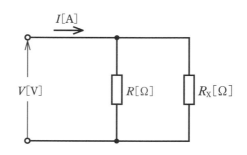

（1）　$\dfrac{V}{I}+R$ 　　（2）　$\dfrac{V}{I}-R$ 　　（3）　$\dfrac{R}{\dfrac{IR}{V}-V}$ 　　（4）　$\dfrac{V}{\dfrac{I}{V-R}}$ 　　（5）　$\dfrac{VR}{IR-V}$

問 30 出題分野＜直流回路＞ 平成22年度 問6

　図1の直流回路において，端子 a-c 間に直流電圧 100 V を加えたところ，端子 b-c 間の電圧は 20 V であった。また，図2のように端子 b-c 間に 150 Ω の抵抗を並列に追加したとき，端子 b-c 間の端子電圧は 15 V であった。いま，図3のように端子 b-c 間を短絡したとき，電流 I[A] の値として，正しいのは次のうちどれか。

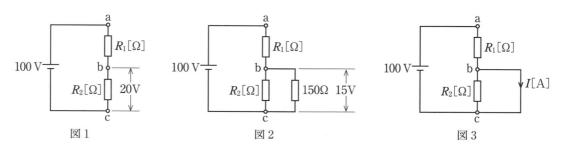

（1）　0 　　（2）　0.10 　　（3）　0.32 　　（4）　0.40 　　（5）　0.67

問 29 の解答　　出題項目＜抵抗並列回路＞　　　　　答え　（5）

図 29-1 において，抵抗 R，R_x を流れる電流を I_R，I_x とする。

$$I_R=\frac{V}{R}[\text{A}], \quad I_x=I-I_R[\text{A}]$$

I_R を消去して R_x を求めると，

$$I_x=I-\frac{V}{R}$$

$$R_x=\frac{V}{I_x}=\frac{V}{I-\dfrac{V}{R}}=\frac{VR}{IR-V}[\Omega]$$

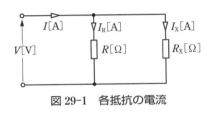

図 29-1　各抵抗の電流

【別 解】　二つの抵抗の分流の計算から I_x を求め，R_x を導いてもよい。

$$I_x=\frac{R}{R+R_x}I, \quad I_x=\frac{V}{R_x}$$

上式から I_x を消去して R_x を求めると，

$$\frac{RI}{R+R_x}=\frac{V}{R_x} \quad \rightarrow \quad R_xRI=V(R+R_x)$$

$$\therefore \ R_x=\frac{VR}{IR-V}[\Omega]$$

解説

解答で用いた I_R，I_x は計算上の都合で導入したものなので，R_x の式に含まれてはいけない。

問 30 の解答　　出題項目＜抵抗直列回路，抵抗直並列回路＞　　　答え　（4）

問題図 1 から，抵抗 R_1 の端子電圧は 80 V である。抵抗の直列回路において，各抵抗の分圧は抵抗値に比例するので，

$$R_1:R_2=80:20 \quad \rightarrow \quad R_1=4R_2$$

図 30-1 において，端子 b-c 間の合成抵抗 R_{bc} は，

$$R_{bc}=\frac{150R_2}{150+R_2}[\Omega]$$

端子 a-b 間の電圧は 85 V なので，

$$4R_2:R_{bc}=85:15=17:3$$

$$4R_2:\frac{150R_2}{150+R_2}=17:3$$

比を整理して，

$$2:\frac{25}{150+R_2}=17:1$$

上式から R_2 を求め，さらに R_1 を求めると，

$$17\times25=2\times(150+R_2)$$

$$R_2=62.5[\Omega], \quad R_1=4\times62.5=250[\Omega]$$

問題図 3 において短絡電流 I は，

$$I=\frac{100}{250}=0.40[\text{A}]$$

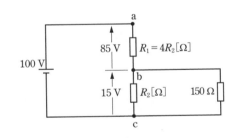

図 30-1　$R_1=4R_2$ とした回路

解説

問題図 3 より，短絡電流 I を求めるには R_1 の値が必要となる。そのための手順として，問題図 1 と問題図 2 から R_1 と R_2 に関する方程式を立て，その連立方程式を解くことで R_1 を求める。

方程式の立式において，直列回路の各抵抗の分圧比は抵抗値の比に等しいという関係を用いたが，電流を介して各抵抗の電圧を求めてもよい。また，比の計算式に慣れておきたい。

　図に示すような抵抗の直並列回路がある。この回路に直流電圧 5 V を加えたとき，電源から流れ出る電流 I[A]の値として，最も近いものを次の（1）～（5）のうちから一つ選べ。

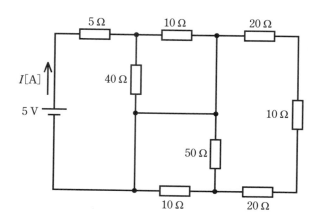

（1）　0.2　　　（2）　0.4　　　（3）　0.6　　　（4）　0.8　　　（5）　1.0

問31の解答　出題項目＜抵抗直並列回路＞　　答え（2）

　図31-1において，a，b，c，d点は同電位である。同電位点間は接続してもよいので，b，c，d点をa点にまとめたものを**図31-2**に示す。

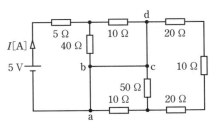

図31-1　回路中の同電位点

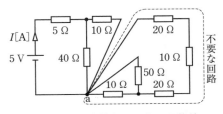

図31-2　同電位点のa点への集約

　図中の破線で囲んだ回路は電源から一巡する回路が無いため，電流が流れ込まない。すなわち，取り外しても影響のない回路である。結局，図31-1は，**図31-3**に示す三つの抵抗の直並列回路と等価になる。

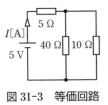

図31-3　等価回路

回路の合成抵抗 R は，

$$R = 5 + \frac{40 \times 10}{40 + 10} = 13\,[\Omega]$$

$$I = \frac{5}{13} \fallingdotseq 0.385\,[\mathrm{A}] \quad \rightarrow \quad 0.4\,\mathrm{A}$$

解説

　一見複雑な回路網に見えるが，電源が一つだけなので単なる抵抗の直並列回路の問題に帰着できる。回路中に同電位点があれば，その同電位点間を導線で接続しても電流が流れず回路に影響を与えないので，回路中の同電位点間は短絡することができる。例えば抵抗の両端が同電位の場合，抵抗の電流は零なので抵抗を短絡してもよい。また，電流が流れていない抵抗や導線は開放することができる。このような操作により，複雑な回路の結線を簡単にできる場合がある。

問 32 出題分野＜直流回路＞   平成 29 年度 問 5

　図のように直流電源と 4 個の抵抗からなる回路がある。この回路において 20 Ω の抵抗に流れる電流 I の値[A]として，最も近いものを次の（1）〜（5）のうちから一つ選べ。

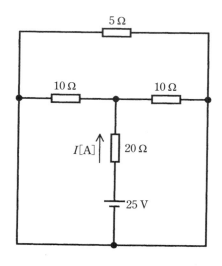

（1）　0.5　　　　（2）　0.8　　　（3）　1.0　　　（4）　1.2　　　（5）　1.5

問32の解答　出題項目＜抵抗直並列回路＞　　　　　答え　（3）

理論
電力
機械
法規

令和5 (2023) 上期
令和5 (2023) 下期

選抜90問
選抜85問
選抜90問
選抜65問

問題図の回路において，5Ωの抵抗の両端は導線でつながれているので，両端の電位差は零である。このため，5Ωの抵抗には電流が流れないので，この抵抗を取り除いても他の抵抗を流れる電流は変化しない。したがって，問題図は**図32-1**に示す回路と等価である。

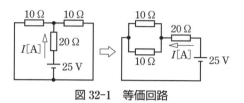

図32-1　等価回路

図32-1より，回路の合成抵抗 R は，

$$R = \frac{10 \times 10}{10 + 10} + 20 = 25 \,[\Omega]$$

であるから，20Ωの抵抗を流れる電流 I は，

$$I = \frac{25}{25} = 1 \,[A]$$

【別解①】　上述のとおり，5Ωの抵抗には電流が流れない。また，問題図の回路は左右対称なので，キルヒホッフの電流側（第1法則）より，10Ωの各抵抗には等しい電流 $\frac{1}{2}I\,[A]$ が流れる。したがって，キルヒホッフの電圧則（第2法則）より，

$$25 = 20I + 10\left(\frac{1}{2}I\right) \qquad \therefore \ I = 1\,[A]$$

【別解②】　問題図は，**図32-2**に示す回路と等価である。

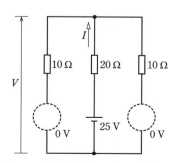

図32-2　等価回路（ミルマンの定理）

ミルマンの定理より，端子電圧 V は，

$$V = \frac{\dfrac{0}{10} + \dfrac{25}{20} + \dfrac{0}{10}}{\dfrac{1}{10} + \dfrac{1}{20} + \dfrac{1}{10}} = \frac{\dfrac{25}{20}}{\dfrac{5}{20}} = 5\,[V]$$

よって，20Ωの抵抗を流れる電流 I は，

$$V = 25 - 20I = 5$$

$$\therefore \ I = \frac{25 - 5}{20} = 1\,[A]$$

解説 ....

回路網の問題に見えるが，電源が一つであるため合成抵抗を求めることで，オームの法則により各抵抗を流れる電流を計算できる。

抵抗の両端が同電位である場合は，抵抗には電流が流れないので抵抗の有無は回路に影響を与えない。このような場合には，当該抵抗を取り除くか，または，両端を導線で短絡することで，回路を簡単にできる場合が多い。

問題図の回路は左右対称なので，キルヒホッフの法則を使用しても簡単に解答できる。また，ミルマンの定理はほとんど使用する機会はないが，覚えておけば簡単に問題が解ける場合がある。

補足　回路中に等電位点がある場合の考え方は次のとおり。

①　等電位点間を短絡しても，短絡線に電流が流れないので，等電位点間を短絡できる。

②　等電位点間に接続された抵抗には電流が流れないので，当該抵抗を取り除くことができる。

③　同じ等電位点間を結ぶ複数の導線は，一つの導線にまとめる（一つを残し他の導線を取り除く）ことができる。

問 33　出題分野＜直流回路＞

図のように，可変抵抗 R_1[Ω]，R_2[Ω]，抵抗 R_x[Ω]，電源 E[V]からなる直流回路がある。次に示す条件1のときの R_x[Ω]に流れる電流 I[A]の値と条件2のときの電流 I[A]の値は等しくなった。このとき，R_x[Ω]の値として，正しいものを次の（1）〜（5）のうちから一つ選べ。

条件1：$R_1 = 90$ Ω，$R_2 = 6$ Ω

条件2：$R_1 = 70$ Ω，$R_2 = 4$ Ω

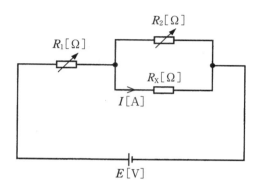

（1）　1　　　　（2）　2　　　　（3）　4　　　　（4）　8　　　　（5）　12

問 33 の解答　　出題項目＜抵抗直並列回路＞　　　　　答え　（4）

図 33-1 に示す条件 1 において R_x の両端子を左から a，b とする。端子 a-b 間の電圧は IR_x [V] なので R_2 を流れる電流 I_2 は，

$$I_2 = \frac{IR_x}{R_2} = \frac{IR_x}{6} \, [\mathrm{A}]$$

R_1 を流れる電流は $I + I_2$ なので電源電圧 E は，

$$E = R_1(I + I_2) + IR_x = 90\left(I + \frac{IR_x}{6}\right) + IR_x$$

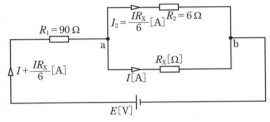

図 33-1　条件 1 の回路

図 33-2 に示す条件 2 においても同様に電源電圧 E を求めると，

$$E = R_1\left(I + \frac{IR_x}{R_2}\right) + IR_x = 70\left(I + \frac{IR_x}{4}\right) + IR_x \,[\mathrm{V}]$$

電源電圧は条件 1，2 ともに同じなので，

$$90\left(I + \frac{IR_x}{6}\right) + IR_x = 70\left(I + \frac{IR_x}{4}\right) + IR_x$$

$$9 + \frac{3R_x}{2} = 7 + \frac{7R_x}{4}$$

$$R_x = 8 \, [\Omega]$$

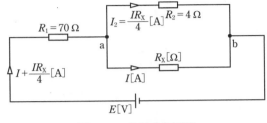

図 33-2　条件 2 の回路

解 説 ・・・・・・・・・・・・・・・・・・・・・・・・・・・・・・

解答の方法以外にも，①各条件について合成抵抗から回路の電流を求め，さらに R_x の分流 I を R_x と E の式で表し，I が等しいと置く方法，②各条件について電流 I をテブナンの定理を用いて計算し，I が等しいと置く方法，が考えられる。いずれにしても，二つの条件から連立方程式を立てて解くことには変わりない。

問 34 出題分野＜直流回路＞ 令和元年度 問5

　図のように，七つの抵抗及び電圧 $E=100$ V の直流電源からなる回路がある。この回路において，A-D 間，B-C 間の各電位差を測定した。このとき，A-D 間の電位差の大きさ[V]及び B-C 間の電位差の大きさ[V]の組合せとして，正しいものを次の（1）～（5）のうちから一つ選べ。

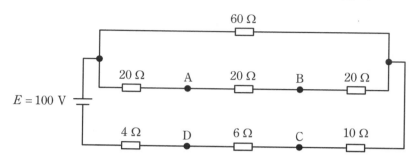

	A-D 間の電位差の大きさ	B-C 間の電位差の大きさ
（1）	28	60
（2）	40	72
（3）	60	28
（4）	68	80
（5）	72	40

問34の解答　出題項目＜抵抗直並列回路＞　　　　答え　(5)

電源から見た合成抵抗 R は，

$$R = \frac{60 \times (20+20+20)}{60+(20+20+20)} + 4 + 6 + 10$$

$$= \frac{60 \times 60}{60+60} + 20 = 30 + 20 = 50[\Omega]$$

よって，電源を流れる電流 I は，

$$I = \frac{E}{R} = \frac{100}{50} = 2[\text{A}]$$

したがって，回路の電流分布と各抵抗の端子電圧（黒い矢印は電圧の向き）は，**図34-1** に示すとおりとなる。

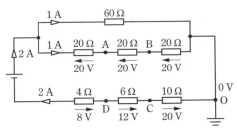

図34-1　各抵抗の端子電圧

点 O を接地してこの電位を基準電位 0 V とすると，点 A，B，C，D の各電位 V_A, V_B, V_C, V_D は図より，

$$V_\text{A} = 20 + 20 = 40[\text{V}]$$
$$V_\text{B} = 20[\text{V}]$$
$$V_\text{C} = -20[\text{V}]$$
$$V_\text{D} = (-20) + (-12) = -32[\text{V}]$$

$V_\text{A} > V_\text{D}$ なので，A-D 間の電位差の大きさ V_AD は，

$$V_\text{AD} = V_\text{A} - V_\text{D} = 40 - (-32) = 72[\text{V}]$$

$V_\text{B} > V_\text{C}$ なので，B-C 間の電位差の大きさ V_BC は，

$$V_\text{BC} = V_\text{B} - V_\text{C} = 20 - (-20) = 40[\text{V}]$$

解説 ⋯⋯⋯⋯⋯⋯⋯⋯⋯⋯⋯⋯⋯⋯

2 点間の電位差は，2 点の電位の差で求められる。各点の電位は，基準点の電位に各点と基準点間の電位差を加えたものとなる。このとき，抵抗の端子電圧の向きに注意する。

また，基準点及び基準電位は任意に決めてよいが，各電位を計算しやすいように選ぶ。

問 35　出題分野＜直流回路＞　　　平成 28 年度 問 6

　図のような抵抗の直並列回路に直流電圧 $E=5$ V を加えたとき，電流比 $\dfrac{I_2}{I_1}$ の値として，最も近いものを次の（1）～（5）のうちから一つ選べ。

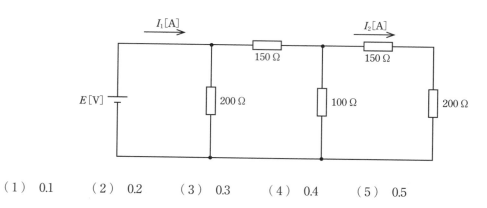

（1）　0.1　　　　（2）　0.2　　　　（3）　0.3　　　　（4）　0.4　　　　（5）　0.5

問 36　出題分野＜直流回路＞　　　平成 27 年度 問 4

　図のような直流回路において，直流電源の電圧が 90 V であるとき，抵抗 R_1[Ω]，R_2[Ω]，R_3[Ω] の両端電圧はそれぞれ 30 V，15 V，10 V であった。抵抗 R_1，R_2，R_3 のそれぞれの値[Ω]の組合せとして，正しいものを次の（1）～（5）のうちから一つ選べ。

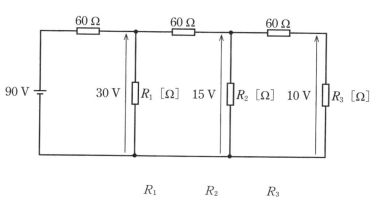

	R_1	R_2	R_3
（1）	30	90	120
（2）	80	60	120
（3）	30	90	30
（4）	60	60	30
（5）	40	90	120

問 35 の解答　出題項目＜はしご回路＞　　答え　(1)

図 35-1 は，I_2 が流れる二つの抵抗を合成抵抗として表したものである。また，150 Ω を流れる電流を I_3[A]，200 Ω を流れる電流を I_4[A] とする。

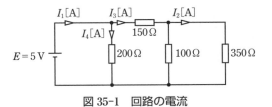

図 35-1　回路の電流

$$I_3 = \frac{5}{150 + \frac{100 \times 350}{100 + 350}} \fallingdotseq 0.021\,95\,[\mathrm{A}]$$

$$I_2 = \frac{100}{100 + 350} I_3 = \frac{100 \times 0.021\,95}{450}$$

$$\fallingdotseq 4.878 \times 10^{-3}\,[\mathrm{A}]$$

$$I_1 = I_3 + I_4 = 0.021\,95 + 0.025$$

$$= 0.046\,95\,[\mathrm{A}]$$

したがって，電流比 I_2/I_1 は，

$$\frac{I_2}{I_1} = \frac{4.878 \times 10^{-3}}{0.046\,95} \fallingdotseq 0.104　\rightarrow　0.1$$

解　説

抵抗の直並列回路の電流を計算する比較的平易な問題である。計算は分数を用いて正確に行ってもよいが，計算が煩雑になるので解答では小数で計算した。

この問題は I_2 から求めるのが簡単である。I_1 を求めようとして，複雑な全合成抵抗の計算を行うと計算量が増え，計算ミスを犯す可能性も高くなる。まず，電源と並列に接続されている 200 Ω を流れる電流は，容易に求められることに気づきたい。抵抗の直並列回路では，回路の特徴を確認してからアプローチを考える。

Point 合成抵抗を求める前に，もう一度回路をチェックすること。

問 36 の解答　出題項目＜はしご回路＞　　答え　(5)

図 36-1 のように，60 Ω の各抵抗の端子電圧は，左から 90 - 30 = 60[V]，30 - 15 = 15[V]，15 - 10 = 5[V] なので，60 Ω の各抵抗を流れる電流は，左から $\frac{60}{60} = 1$[A]，$\frac{15}{60} = 0.25$[A]，$\frac{5}{60} = \frac{1}{12}$[A] である。

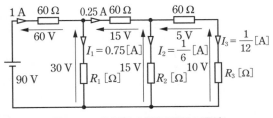

図 36-1　各抵抗の端子電圧と電流

抵抗 R_1，R_2，R_3 を流れる電流 I_1，I_2，I_3 は，

$$I_1 = 1 - 0.25 = 0.75\,[\mathrm{A}]$$

$$I_2 = 0.25 - \frac{1}{12} = \frac{1}{6}\,[\mathrm{A}]$$

$$I_3 = \frac{1}{12}\,[\mathrm{A}]$$

したがって，

$$R_1 = \frac{30}{I_1} = \frac{30}{0.75} = 40\,[\Omega]$$

$$R_2 = \frac{15}{I_2} = \frac{15}{\frac{1}{6}} = 90\,[\Omega]$$

$$R_3 = \frac{10}{I_3} = \frac{10}{\frac{1}{12}} = 120\,[\Omega]$$

解　説

複雑な回路網に見えるが，電源が一つなので単なる抵抗の直並列回路に帰着できる。電源電圧並びに R_1，R_2，R_3 の端子電圧から，60 Ω の各抵抗の端子電圧が決まるので，各枝電流が決まり R_1，R_2，R_3 の値が求められる。

問 37 出題分野＜直流回路＞

　図のように，直流電源にスイッチ S，抵抗 5 個を接続したブリッジ回路がある。この回路において，スイッチ S を開いたとき，S の両端間の電圧は 1 V であった。スイッチ S を閉じたときに 8 Ω の抵抗に流れる電流 I の値[A]として，最も近いものを次の(1)〜(5)のうちから一つ選べ。

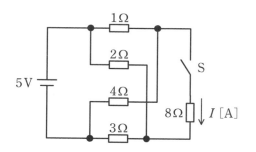

（1）　0.10　　　　（2）　0.75　　　　（3）　1.0　　　　（4）　1.4　　　　（5）　2.0

問 38 出題分野＜直流回路＞

　図のように，直流電圧 $E = 10$ V の定電圧源，直流電流 $I = 2$ A の定電流源，スイッチ S，$r = 1$ Ω と R[Ω]の抵抗からなる直流回路がある。この回路において，スイッチ S を閉じたとき，R[Ω]の抵抗に流れる電流 I_R の値[A]が S を閉じる前に比べて 2 倍に増加した。R の値[Ω]として，最も近いものを次の(1)〜(5)のうちから一つ選べ。

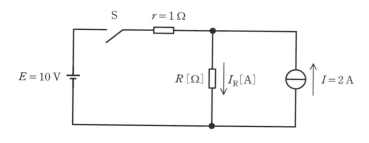

（1）　2　　　　（2）　3　　　　（3）　8　　　　（4）　10　　　　（5）　11

問 37 の解答　　出題項目＜ブリッジ回路＞　　　　　　答え（1）

スイッチ S が開いているとき，ここから見た回路内部の合成抵抗 R_0 は，**図 37-1** のように電池を短絡して考えると，1 Ω と 4 Ω の抵抗が並列接続，2 Ω と 3 Ω の抵抗が並列接続，これらにさらに抵抗 8 Ω が直列接続されているので，

$$R_0 = \frac{1 \times 4}{1+4} + \frac{2 \times 3}{2+3} + 8 = 10\,[\Omega]$$

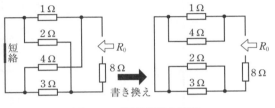

図 37-1　回路の書き換え

また，題意より，スイッチ S の両端間の電圧 $V_0 = 1\,[\mathrm{V}]$ であるから，S を閉じたときに抵抗 8 Ω に流れる電流 I は，テブナンの定理を適用すると，

$$I = \frac{V_0}{R_0} = \frac{1}{10} = 0.1\,[\mathrm{A}]$$

解説 ・・・・・・・・・・・・・・・・・・・・・・・・・・・

図 37-2 に示す回路において，端子 a-b 間の開放電圧が $V_0\,[\mathrm{V}]$ であるとき，ここに抵抗 $R\,[\Omega]$ を接続したとき，R を流れる電流 $I\,[\mathrm{A}]$ は次式で求めることができる。これを**テブナンの定理**という。

$$I = \frac{V_0}{R_0 + R}$$

ここで，R_0 は端子 a-b から見た回路網内部の抵抗で，回路網に電圧源がある場合は短絡し，電流源がある場合は開放して求めることができる。

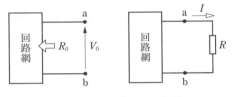

図 37-2　テブナンの定理

補足 スイッチ S の両端間の電圧 $V_0 = 1$ [V] の値は，次のように求められる。

$$V_0 = \frac{4}{1+4} \times 5 - \frac{3}{2+3} \times 5 = 1\,[\mathrm{V}]$$

問 38 の解答　　出題項目＜2 電源・多電源＞　　　　　　答え（1）

スイッチ S を開いたときの $R\,[\Omega]$ を流れる電流 I_{RO} は，

$$I_{\mathrm{RO}} = I = 2\,[\mathrm{A}]$$

次に，スイッチ S を閉じたときの $R\,[\Omega]$ を流れる電流を I_{RC} とすると，回路の各電流はキルヒホッフの第 1 法則（電流の法則）より**図 38-1** となる。このとき，図の閉回路においてキルヒホッフの第 2 法則（電圧の法則）を適用すると次式を得る。

$$1 \times (I_{\mathrm{RC}} - 2) + R I_{\mathrm{RC}} = 10 \qquad ①$$

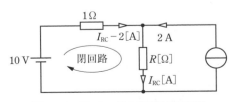

図 38-1　スイッチ S を閉じた回路

また，題意により $I_{\mathrm{RC}} = 2I_{\mathrm{RO}} = 2 \times 2 = 4\,[\mathrm{A}]$ であるから，①式に代入すると R が求められる。

$$1 \times (4-2) + 4R = 10$$

$$R = \frac{10-2}{4} = 2\,[\Omega]$$

解説 ・・・・・・・・・・・・・・・・・・・・・・・・・・・

電流源を含む直流回路の出題は，あまり多くない。定電流源は負荷によらず一定電流を供給する電流源であり，理想的な電流源の内部抵抗は無限大である。また，電流源の端子電圧は負荷によって決まるので，理想的な電流源を開放すると端子電圧が無限大となる。このため，電流源の端子は開放厳禁である。

このような定電流源の性質を知っていれば，回路の方程式も容易に立式できる。

Point 理想的な電流源の内部抵抗は無限大。

問 39　出題分野＜直流回路＞　　　　　　　　　　　　平成28年度 問5

　図のように，内部抵抗 $r=0.1\ \Omega$，起電力 $E=9\ \mathrm{V}$ の電池4個を並列に接続した電源に抵抗 $R=0.5\ \Omega$ の負荷を接続した回路がある。この回路において，抵抗 $R=0.5\ \Omega$ で消費される電力の値[W]として，最も近いものを次の（1）～（5）のうちから一つ選べ。

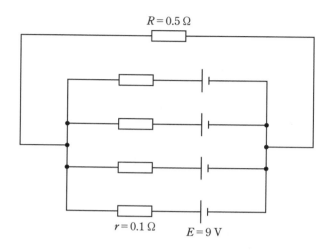

（1）　50　　　（2）　147　　　（3）　253　　　（4）　820　　　（5）　4 050

理論 電力 機械 法規

令和5 (2023) 上期

令和5 (2023) 下期

選抜90問

選抜85問

選抜90問

選抜65問

テブナンの定理を用いて解答する。

電池4個を並列に接続した回路の両端を a, b として，a-b 間の電圧を V とする。図 39-1 のように，各電池を流れる電流を I とすると，

$$I = \frac{V - E}{r}[\text{A}]$$

a 点側においてキルヒホッフの電流則を用いると，$4I = 0$ より I は零となる。したがって，

$$V = E = 9[\text{V}]$$

また，a-b 間の合成抵抗は，$r = 0.1[\Omega]$ の $\frac{1}{4}$ となるので，$0.025\,\Omega$ となる。したがって，問題図は図 39-2 と等価になる。

抵抗 R を接続したときに流れる電流 I_R は，

$$I_R = \frac{9}{0.025 + 0.5} \fallingdotseq 17.14[\text{A}]$$

となるので，R で消費される電力 P は，

$$P = I_R{}^2 R = (17.14)^2 \times 0.5 \fallingdotseq 147[\text{W}]$$

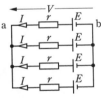

図 39-1　電池4個の
　　　　並列接続

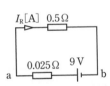

図 39-2　等価回路

【別 解①】　ミルマンの定理を用いて解答する。

抵抗 R の端子電圧 V' は，

$$V' = \frac{\dfrac{E}{r} + \dfrac{E}{r} + \dfrac{E}{r} + \dfrac{E}{r} + \dfrac{0}{R}}{\dfrac{1}{r} + \dfrac{1}{r} + \dfrac{1}{r} + \dfrac{1}{r} + \dfrac{1}{R}} = \frac{\dfrac{4E}{r}}{\dfrac{4}{r} + \dfrac{1}{R}}$$

$$= \frac{\dfrac{4 \times 9}{0.1}}{\dfrac{4}{0.1} + \dfrac{1}{0.5}} = \frac{4 \times 9 \times 5}{4 \times 5 + 1} = \frac{180}{21}$$

$$= \frac{60}{7}[\text{V}]$$

よって，抵抗 R で消費される電力 P は，

$$P = \frac{V'^2}{R} = \frac{\left(\dfrac{60}{7}\right)^2}{0.5} \fallingdotseq 147[\text{W}]$$

【別 解②】　キルヒホッフの法則を用いて解答する。

抵抗 R に流れる電流を I_R とすると，キルヒホッフの電流則より，抵抗 r に流れる電流 $I' = \dfrac{I_R}{4}$ である。

キルヒホッフの電圧則を用いると，

$$rI' + I_R R = E \quad \rightarrow \quad r \cdot \frac{I_R}{4} + I_R R = E$$

$$\rightarrow \quad \left(\frac{r}{4} + R\right)I_R = E$$

$$\therefore \quad I_R = \frac{E}{\dfrac{r}{4} + R} = \frac{9}{\dfrac{0.1}{4} + 0.5} \fallingdotseq 17.14[\text{A}]$$

したがって，抵抗 R で消費される電力 P は，

$$P = I_R{}^2 R = (17.14)^2 \times 0.5 \fallingdotseq 147[\text{W}]$$

解 説

電池4個の等価回路を求めることが，この問題を解くカギとなる。四つの電池は起電力，内部抵抗ともに等しいので，並列に接続しても電池間に循環電流が流れないことは直感的にわかるであろう。そこから a-b 間の電圧が 9 V と結論づけてもよいが，解答では敢えて根拠を示した。

また，同じ抵抗を n 個並列接続した場合の合成抵抗値は，1個の抵抗値の $\dfrac{1}{n}$ 倍になることは知っておきたい。

本問はテブナンの定理のほか，ミルマンの定理，キルヒホッフの法則を用いて解くこともできる。また，重ね合わせの理を用いて解くこともできるが，他の方法に比べて手間がかかる。

問 40　出題分野＜直流回路＞　令和元年度 問7

　図のように，三つの抵抗 R_1[Ω]，R_2[Ω]，R_3[Ω]とインダクタンス L[H]のコイルと静電容量 C[F]のコンデンサが接続されている回路に V[V]の直流電源が接続されている。定常状態において直流電源を流れる電流の大きさを表す式として，正しいものを次の（1）～（5）のうちから一つ選べ。

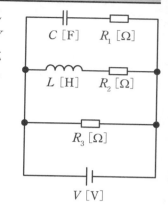

（1）　$\dfrac{V}{R_3}$　　（2）　$\dfrac{V}{\dfrac{1}{R_1}+\dfrac{1}{R_2}}$　　（3）　$\dfrac{V}{\dfrac{1}{R_1}+\dfrac{1}{R_3}}$

（4）　$\dfrac{V}{\dfrac{1}{R_2}+\dfrac{1}{R_3}}$　　（5）　$\dfrac{V}{\dfrac{1}{R_1}+\dfrac{1}{R_2}+\dfrac{1}{R_3}}$

問 41　出題分野＜直流回路＞　平成29年度 問6

　$R_1＝20\,Ω$，$R_2＝30\,Ω$ の抵抗，インダクタンス $L_1＝20\,\mathrm{mH}$，$L_2＝40\,\mathrm{mH}$ のコイル及び静電容量 $C_1＝400\,\mathrm{μF}$，$C_2＝600\,\mathrm{μF}$ のコンデンサからなる図のような直並列回路がある。直流電圧 $E＝100\,\mathrm{V}$ を加えたとき，定常状態において L_1，L_2，C_1 及び C_2 に蓄えられるエネルギーの総和の値[J]として，最も近いものを次の（1）～（5）のうちから一つ選べ。

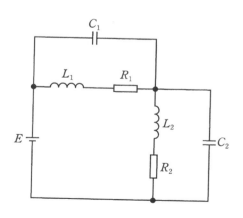

（1）　0.12　　（2）　1.20　　（3）　1.32　　（4）　1.40　　（5）　1.52

問 40 の解答　出題項目＜L と C の定常特性＞　　答え　（4）

定常状態(電源を接続して十分に時間が経過した状態)ではコンデンサの端子電圧は V[V]となるので、コンデンサには電流が流れない。また、定常状態のコイルの誘導起電力は 0 V なので、コイルは単なる導線と等価になる。以上から、定常状態の回路は**図 40-1** となる。

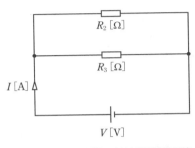

図 40-1　定常状態における等価回路

回路の合成抵抗 R は、

$$R = \frac{1}{\dfrac{1}{R_2} + \dfrac{1}{R_3}} [\Omega]$$

なので、直流電源を流れる電流 I はオームの法則より、

$$I = \frac{V}{R} = \frac{V}{\dfrac{1}{\dfrac{1}{R_2} + \dfrac{1}{R_3}}} [A]$$

解説

インダクタンス L(初期電流が零)及び静電容量 C(初期電荷が零)を含む直流回路では、電源投入時の等価回路と定常状態における等価回路が重要である。

なお、問題図の電源投入時においては、コンデンサの端子電圧が零なのでコンデンサは導通状態となり、コイルには電源電圧と同じ逆起電力が生じるので電流が流れない。したがって、電源投入時の等価回路は、R_1 と R_3 の並列回路となる。

Point L と C を含む直流回路では、電源投入時と定常状態における電流の流れに注意すること。

問 41 の解答　出題項目＜L と C の定常特性＞　　答え　（5）

定常状態にある直流回路では、抵抗、コイル、コンデンサを流れる電流は変化しない。このため、コイルには逆起電力が発生せず両端の電位差は零となり、等価的に短絡状態となる。また、コンデンサには電荷の出入りがないため電流は零となり、等価的に開放状態となる。以上から、定常状態の回路は**図 41-1** となる。

これより、電流 I は 2 A と計算できるので、二つのコイルを流れる電流はともに 2[A]、静電容量 C_1 及び C_2 の各コンデンサの端子電圧 V_1、V_2 は、並列に接続された抵抗の端子電圧と等しく、$V_1 = 40$[V]、$V_2 = 60$[V]である。

以上から、L_1、L_2、C_1、C_2 に蓄えられるエネル

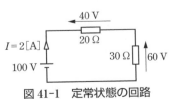

図 41-1　定常状態の回路

ギー W_{L1}、W_{L2}、W_{C1}、W_{C2} 及び回路に蓄えられるエネルギーの総和 W は次のようになる。

$$W_{L1} = L_1 I^2 / 2 = 20 \times 10^{-3} \times 2^2 / 2 = 0.04 [J]$$
$$W_{L2} = L_2 I^2 / 2 = 40 \times 10^{-3} \times 2^2 / 2 = 0.08 [J]$$
$$W_{C1} = C_1 V_1^2 / 2 = 400 \times 10^{-6} \times 40^2 / 2 = 0.32 [J]$$
$$W_{C2} = C_2 V_2^2 / 2 = 600 \times 10^{-6} \times 60^2 / 2 = 1.08 [J]$$
$$W = W_{L1} + W_{L2} + W_{C1} + W_{C2} = 1.52 [J]$$

解説

定常状態にある直流回路では、コイルは短絡、コンデンサは開放として扱い、抵抗のみの回路として電流を計算する。コイルを流れる電流及びコンデンサの端子電圧は、回路中の各抵抗の電圧と電流から求めることができる。

Point 定常状態にある直流回路では、回路の電圧、電流は変化しない。

20℃における抵抗値が R_1[Ω]，抵抗温度係数が α_1[℃$^{-1}$]の抵抗器 A と 20℃における抵抗値が R_2[Ω]，抵抗温度係数が $\alpha_2 = 0$ ℃$^{-1}$ の抵抗器 B が並列に接続されている。その 20℃と 21℃における並列抵抗値をそれぞれ r_{20}[Ω]，r_{21}[Ω]とし，$\dfrac{r_{21} - r_{20}}{r_{20}}$ を変化率とする。この変化率として，正しいものを次の（1）〜（5）のうちから一つ選べ。

（1） $\dfrac{\alpha_1 R_1 R_2}{R_1 + R_2 + \alpha_1{}^2 R_1}$

（2） $\dfrac{\alpha_1 R_2}{R_1 + R_2 + \alpha_1 R_1}$

（3） $\dfrac{\alpha_1 R_1}{R_1 + R_2 + \alpha_1 R_1}$

（4） $\dfrac{\alpha_1 R_2}{R_1 + R_2 + \alpha_1 R_2}$

（5） $\dfrac{\alpha_1 R_1}{R_1 + R_2 + \alpha_1 R_2}$

20℃における並列抵抗値 $r_{20}[\Omega]$ は，

$$r_{20} = \cfrac{1}{\cfrac{1}{R_1} + \cfrac{1}{R_2}} = \frac{R_1 R_2}{R_1 + R_2}$$

次に，21℃における抵抗 A の抵抗値 $R_1'[\Omega]$ は，

$$R_1' = R_1\{1 + \alpha_1(21 - 20)\} = R_1(1 + \alpha_1)$$

また，21℃における抵抗 B の抵抗値 $R_2'[\Omega]$ は，温度係数 $\alpha_2 = 0℃^{-1}$ なので R_2 のまま一定である。

よって，21℃における並列抵抗値 $r_{21}[\Omega]$ は，

$$r_{21} = \cfrac{1}{\cfrac{1}{R_1'} + \cfrac{1}{R_2'}} = \cfrac{1}{\cfrac{1}{R_1'} + \cfrac{1}{R_2}}$$

$$= \frac{R_1' R_2}{R_1' + R_2} = \frac{R_1(1 + \alpha_1)R_2}{R_1(1 + \alpha_1) + R_2}$$

したがって，並列抵抗値の変化率は，

$$\frac{r_{21} - r_{20}}{r_{20}} = \cfrac{\cfrac{R_1(1 + \alpha_1)R_2}{R_1(1 + \alpha_1) + R_2} - \cfrac{R_1 R_2}{R_1 + R_2}}{\cfrac{R_1 R_2}{R_1 + R_2}}$$

$$= \frac{R_1(1 + \alpha_1)R_2}{R_1(1 + \alpha_1) + R_2} \times \frac{R_1 + R_2}{R_1 R_2} - 1$$

$$= \frac{(R_1 + R_2)(1 + \alpha_1)}{R_1 + R_2 + \alpha_1 R_1} - 1$$

$$= \frac{R_1 + R_2 + \alpha_1 R_1 + \alpha_1 R_2 - R_1 - R_2 - \alpha_1 R_1}{R_1 + R_2 + \alpha_1 R_1}$$

$$= \frac{\alpha_1 R_2}{R_1 + R_2 + \alpha_1 R_1}$$

解説 ....

金属などの導体では，温度が上昇すると陽イオン（正イオン）の熱運動（熱振動）が激しくなり，自由電子の移動が妨げられるため抵抗値が増加する。

20℃における抵抗値を $R_{20}[\Omega]$，抵抗温度係数を $\alpha_{20}[℃^{-1}]$ とすると，温度 $T[℃]$ における抵抗値 $R_T[\Omega]$ は次式で表される。

$$R_T = R_{20}\{1 + \alpha_{20}(T - 20)\}$$

理論　電力　機械　法規

令和5 (2023) 上期

令和5 (2023) 下期

選抜90問

選抜85問

選抜90問

選抜65問

問 43　出題分野＜単相交流＞　　　　　　　令和３年度 問8

　図1の回路において，図2のような波形の正弦波交流電圧 v[V]を抵抗5Ωに加えたとき，回路を流れる電流の瞬時値 i[A]を表す式として，正しいものを次の（1）～（5）のうちから一つ選べ。ただし，電源の周波数を50 Hz，角周波数を ω[rad/s]，時間を t[s]とする。

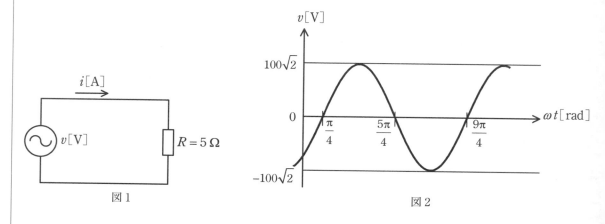

図1　　　　　　　　　　　　図2

（1）　$20\sqrt{2}\,\sin\left(50\pi t-\dfrac{\pi}{4}\right)$　　　（2）　$20\sin\left(50\pi t+\dfrac{\pi}{4}\right)$　　　（3）　$20\sin\left(100\pi t-\dfrac{\pi}{4}\right)$

（4）　$20\sqrt{2}\,\sin\left(100\pi t+\dfrac{\pi}{4}\right)$　　　（5）　$20\sqrt{2}\,\sin\left(100\pi t-\dfrac{\pi}{4}\right)$

問 44　出題分野＜単相交流＞　　　　　　　平成23年度 問8

　図の交流回路において，電源電圧を $\dot{E}=140\angle0°$[V]とする。いま，この電源に力率0.6の誘導性負荷を接続したところ，電源から流れ出る電流の大きさは37.5 Aであった。次に，スイッチSを閉じ，この誘導性負荷と並列に抵抗 R[Ω]を接続したところ，電源から流れ出る電流の大きさが50 Aとなった。このとき，抵抗 R[Ω]の大きさとして，正しいものを次の（1）～（5）のうちから一つ選べ。

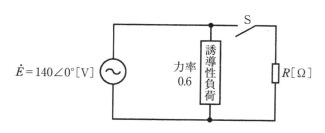

（1）　3.9　　　（2）　5.6　　　（3）　8.0　　　（4）　9.6　　　（5）　11.2

335

理論

電力

機械

法規

令和5(2023)上期

令和5(2023)下期

選抜90問

選抜85問

選抜90問

選抜65問

問43の解答 　出題項目＜瞬時値を表す式＞ 　答え（5）

問題図2より，この正弦波交流電圧 v[V]の最大値 $V_m = 100\sqrt{2}$[V]であるから，電流の最大値 I_m[A]は，

$$I_m = \frac{V_m}{R} = \frac{100\sqrt{2}}{5} = 20\sqrt{2}\,[\text{A}]$$

正弦波交流電圧 v の角周波数 ω は，題意より電源の周波数 $f = 50$[Hz]であるから，

$$\omega = 2\pi f = 2\pi \times 50 = 100\pi\,[\text{rad/s}]$$

抵抗 R に流れる電流の位相は，電圧の位相と同位相になるので，電流の初期位相 ϕ は，問題図2から，

$$\phi = -\frac{\pi}{4}\,[\text{rad}]$$

以上から，回路を流れる電流の瞬時値 i[A]を表す式は，

$$i = I_m \sin(\omega t + \phi)$$
$$= 20\sqrt{2}\,\sin\left(100\pi t - \frac{\pi}{4}\right)$$

解説

抵抗 R[Ω]に実効値 V[V]，角周波数 ω[rad/s]の正弦波交流電圧 $v = \sqrt{2}\,V\sin(\omega t - \theta)$[V]を加えたとき，抵抗 R を流れる電流 i[A]は，

$$i = \frac{v}{R} = \frac{\sqrt{2}\,V}{R}\sin(\omega t - \theta)$$

Point 抵抗に加わる交流電圧の位相と流れる交流電流の位相は一致する（同位相である）。

補足 電圧の初期位相 $\phi = -\dfrac{\pi}{4}$[rad]なので，位相が ωt（初期位相が0）の波形と比べると $\dfrac{\pi}{4}$[rad]だけ「遅れている」。問題図2を見て，むしろ波形が右側（横軸の正の向き）に「進んでいる」と誤解する人が多いので，注意すること。すなわち，初期位相が0の波形と比べたとき，

・右側（横軸の正の向き）に移動 ⇒ 遅れ
・左側（横軸の負の向き）に移動 ⇒ 進み

問44の解答 　出題項目＜RL並列回路＞ 　答え（3）

図44-1は，スイッチSを閉じた場合の誘導性負荷を流れる電流 $\dot{I}_{RL}$ と抵抗 R を流れる電流 $\dot{I}_R$ を，電源電圧 $\dot{E}$ を基準ベクトルとして描いたベクトル図である。ただし，θ は誘導性負荷の力率角である。$|\dot{I}_{RL}| = I_{RL} = 37.5$[A]なので，

$$\dot{I}_{RL} = |\dot{I}_{RL}|\cos\theta - \text{j}|\dot{I}_{RL}|\sin\theta$$
$$= 37.5 \times 0.6 - \text{j}37.5 \times 0.8 = 22.5 - \text{j}30\,[\text{A}]$$

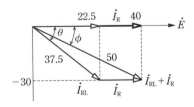

図44-1　各電流のベクトル図

$\dot{I}_{RL}$ と $\dot{I}_R$ のベクトル和の大きさが50Aになることから $|\dot{I}_R| = I_R$ とすれば，

$$(22.5 + I_R)^2 + (-30)^2 = 50^2$$
$$22.5 + I_R = \sqrt{50^2 - 30^2} = 40$$
$$I_R = 17.5\,[\text{A}]$$

ゆえに R は，

$$R = \frac{E}{I_R} = \frac{140}{17.5} = 8.0\,[\Omega]$$

解説

スイッチSを閉じた場合の誘導性負荷と抵抗に流れる電流の位相は異なるので，電源の電流は二つの電流のベクトル和で計算しなければならない。

また，誘導性負荷に並列に抵抗を接続したことで，電源から見た回路の力率は，

$$\cos\phi = \frac{40}{50} = 0.8$$

抵抗 R を並列に接続したことで力率が改善されているが，これは有効電力が増加したことによる効果であり，一般の力率改善とは異なる。遅れ負荷に対する通常の力率改善は，容量性リアクタンスを並列に接続し遅れ無効電力を減少させる。

Point 電流ベクトル図を活用する。

問 45 出題分野＜単相交流＞

図のように，正弦波交流電圧 E[V]の電源が誘導性リアクタンス X[Ω]のコイルと抵抗 R[Ω]との並列回路に電力を供給している。この回路において，電流計の指示値は 12.5 A，電圧計の指示値は 300 V，電力計の指示値は 2 250 W であった。

ただし，電圧計，電流計及び電力計の損失はいずれも無視できるものとする。

次の（ a ）及び（ b ）の問に答えよ。

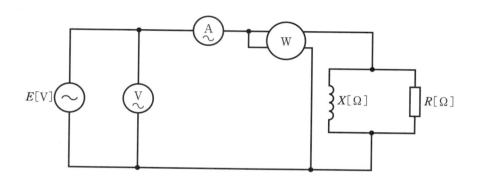

（ a ） この回路における無効電力 Q[var]として，最も近い Q の値を次の（ 1 ）～（ 5 ）のうちから一つ選べ。

（ 1 ） 1 800 （ 2 ） 2 250 （ 3 ） 2 750 （ 4 ） 3 000 （ 5 ） 3 750

（ b ） 誘導性リアクタンス X[Ω]として，最も近い X の値を次の（ 1 ）～（ 5 ）のうちから一つ選べ。

（ 1 ） 16 （ 2 ） 24 （ 3 ） 30 （ 4 ） 40 （ 5 ） 48

理論 電力 機械 法規

令和 5 (2023) 上期

令和 5 (2023) 下期

選抜 90 問

選抜 85 問

選抜 90 問

選抜 65 問

問45（a）の解答 出題項目＜*RL* 並列回路＞ 答え （4）

単相電力計は負荷の有効電力 $P = 2\,250$[W]を示している。一方，皮相電力 S は電圧計と電流計の指示値の積なので，

$$S = 300 \times 12.5 = 3\,750[\text{V·A}]$$

図45-1 は皮相電力 $\dot{S}$，有効電力 $\dot{P}$，無効電力 $\dot{Q}$ のベクトル図である。

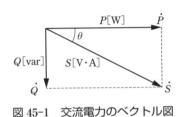

図45-1　交流電力のベクトル図

$$Q = \sqrt{S^2 - P^2} = \sqrt{3\,750^2 - 2\,250^2} = 3\,000[\text{var}]$$

【別解】　皮相電力と有効電力の比から負荷力率 $\cos\theta$ を求めることができる。

$$\cos\theta = \frac{P}{S} = \frac{2\,250}{3\,750} = 0.6$$

無効電力 Q は，

$$Q = S\sin\theta = S\sqrt{1 - \cos^2\theta}$$
$$= 3\,750 \times \sqrt{1 - 0.6^2} = 3\,000[\text{var}]$$

解説 ⋯⋯⋯⋯⋯⋯⋯⋯⋯⋯⋯⋯⋯⋯

電力計は抵抗で消費される有効電力の値を示す。

また，端子電圧が既知なので，抵抗値 R を求めることもできる。

$$R = \frac{E^2}{P} = \frac{300^2}{2\,250} = 40[\Omega]$$

問45（b）の解答 出題項目＜*RL* 並列回路＞ 答え （3）

小問（a）より，負荷の無効電力 Q は 3 000 var である。無効電力は負荷の誘導性リアクタンスの電力なので，

$$X = \frac{E^2}{Q} = \frac{300^2}{3\,000} = 30[\Omega]$$

解説 ⋯⋯⋯⋯⋯⋯⋯⋯⋯⋯⋯⋯⋯⋯

電力から求める方法が最も簡単であるが，別解として負荷力率とインピーダンスの関係を用いて解くこともできる。しかし，この問題のように負荷が並列回路の場合は，次のような誤りに注意が必要である。

＊誤答例＊

負荷のインピーダンス Z は，

$$Z = \frac{300}{12.5} = 24[\Omega]$$

回路の力率は有効電力と皮相電力の比から，

$$\cos\theta = 0.6, \quad \sin\theta = 0.8$$

したがって，負荷の抵抗とリアクタンスは，

$$R = Z\cos\theta = 24 \times 0.6 = 14.4[\Omega]$$
$$X = Z\sin\theta = 24 \times 0.8 = 19.2[\Omega]$$

この結果は誤りであるが，その理由を考えてみよう。正解は次のようになる。R の逆数を G（コンダクタンス），X の逆数を B（サセプタンス），Z の逆数を Y（アドミタンス）とすると，**R，X の並列回路**では負荷力率 $\cos\theta$ は，

$$\cos\theta = \frac{G}{Y} = \frac{Z}{R}$$

$$\sin\theta = \frac{B}{Y} = \frac{Z}{X}$$

ゆえに，

$$R = \frac{Z}{\cos\theta} = \frac{24}{0.6} = 40[\Omega]$$

$$X = \frac{Z}{\sin\theta} = \frac{24}{0.8} = 30[\Omega]$$

補足　誤答例の結果には，次の意味がある。

$R = 14.4[\Omega]$，$X = 19.2[\Omega]$ は，並列回路の負荷を**直列の等価回路**で表した場合の抵抗分とリアクタンス分に相当する。以上は，並列回路のインピーダンスをベクトル記号法で計算して，抵抗分＋jリアクタンス分で表すことで確認できる。

　図は，インダクタンス $L[\mathrm{H}]$ のコイルと静電容量 $C[\mathrm{F}]$ のコンデンサ，並びに $R[\Omega]$ の抵抗の直列回路に，周波数が $f[\mathrm{Hz}]$ で実効値が $V(\neq0)[\mathrm{V}]$ である電源電圧を与えた回路を示している。この回路において，抵抗の端子間電圧の実効値 $V_R[\mathrm{V}]$ が零となる周波数 $f[\mathrm{Hz}]$ の条件を全て列挙したものとして，正しいものを次の（1）～（5）のうちから一つ選べ。

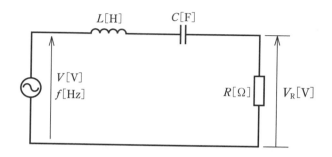

（1）　題意を満たす周波数はない

（2）　$f=0$

（3）　$f=\dfrac{1}{2\pi\sqrt{LC}}$

（4）　$f=0,\quad f\to\infty$

（5）　$f=\dfrac{1}{2\pi\sqrt{LC}},\quad f\to\infty$

理論
電力
機械
法規

令和5(2023)上期

令和5(2023)下期

選抜90問

選抜85問

選抜90問

選抜65問

問 46 の解答　　出題項目＜*RLC* 直列回路＞　　　　　　　　答え　（4）

　V_R が零になるためには，この直列回路の電流が零でなければならない。したがって，回路のインピーダンス $|\dot{Z}|$ が無限大となる周波数を見つければよい。$\dot{Z}$ は，

$$\dot{Z} = R + \mathrm{j}\left(2\pi f L - \frac{1}{2\pi f C}\right)[\Omega]$$

　R は周波数に対して一定なので，虚数部すなわちリアクタンス部が $\pm\infty$（無限大）になるための周波数を考える。

　① $f = 0$ の場合，コイルのリアクタンスは零，コンデンサのリアクタンスがマイナス無限大なので条件に合う。

　② f が零より大きく有限値の場合，リアクタンスは有限値になり条件に合わない。

　③ f が無限大の場合，コイルのリアクタンスはプラス無限大，コンデンサのリアクタンスは零なので条件に合う。

　以上から，条件を満たす周波数は $f = 0$ と $f \to \infty$（無限大）である。

解　説

　この回路は周波数 f が，

$$f = \frac{1}{2\pi\sqrt{LC}}$$

のとき直列共振となり，インピーダンスは R のみとなる。しかし，この問題で提示された条件は，共振回路のものではないので要注意。

　なお，周波数 $0\,\mathrm{Hz}$ の正弦波交流は直流を表す。また，無限大は数値ではないので，数式に代入して計算することはできない。このため，解答の表記が $f = \infty$ ではなく，$f \to \infty$ となっている。

　図1のように，$R[\Omega]$の抵抗，インダクタンス$L[\mathrm{H}]$のコイル，静電容量$C[\mathrm{F}]$のコンデンサからなる並列回路がある。この回路に角周波数$\omega[\mathrm{rad/s}]$の交流電圧$v[\mathrm{V}]$を加えたところ，この回路に流れる電流は$i[\mathrm{A}]$であった。電圧$v[\mathrm{V}]$及び電流$i[\mathrm{A}]$のベクトルをそれぞれ電圧$\dot{V}[\mathrm{V}]$と電流$\dot{I}[\mathrm{A}]$とした場合，両ベクトルの関係を示す図2(ア，イ，ウ)及び$v[\mathrm{V}]$と$i[\mathrm{A}]$の時間$t[\mathrm{s}]$の経過による変化を示す図3(エ，オ，カ)の組合せとして，正しいものを次の(1)〜(5)のうちから一つ選べ。

　ただし，$R \gg \omega L$ 及び $\omega L = \dfrac{2}{\omega C}$ とし，一切の過渡現象は無視するものとする。

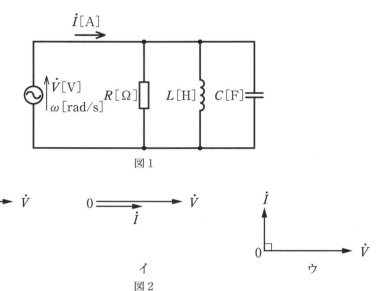

図1

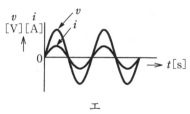

　　　　ア　　　　　　　　　　　イ　　　　　　　　　　　ウ

図2

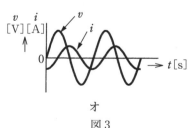

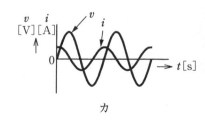

　　　　エ　　　　　　　　　　　オ　　　　　　　　　　　カ

図3

	図2	図3
(1)	ア	オ
(2)	ア	カ
(3)	イ	エ
(4)	ウ	オ
(5)	ウ	カ

問 47 の解答　　出題項目＜*RLC* 並列回路＞

抵抗，コイル，コンデンサを流れる電流をそれぞれ，$\dot{I}_R$，$\dot{I}_L$，$\dot{I}_C$ とする。ただし書きより，

$$R \gg \omega L = \frac{2}{\omega C} > \frac{1}{\omega C}$$

この関係式から電流の大きさの大小関係は，

$$|\dot{I}_R| \ll |\dot{I}_L| < |\dot{I}_C|, \quad \dot{I}_C = -2\dot{I}_L$$

$|\dot{I}_R|$ は $|\dot{I}_L + \dot{I}_C| = |\dot{I}_L - 2\dot{I}_L| = |-\dot{I}_L| = |\dot{I}_L|$ に比べ無視できるので，電流 $\dot{I}$ は，

$$\dot{I} = \dot{I}_L + \dot{I}_C$$

$\dot{I}$ は $\pi/2$ 進み電流になるので，電源電圧 $\dot{V}$ を基準にベクトル図を描くと**図 47-1** になる。

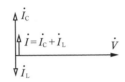

図 47-1　各電流のベクトル図

電圧と電流が同相の場合の v, i のグラフは，問題図 3(エ)である。波の一周期は角度では 2π なので，進み位相角が $\pi/2$ の電流は，この i のグラフを左方向に 1/4 周期だけ平行移動したものになる。したがって，正しい v, i のグラフは問題図 3(カ)となる。

解　説 ‥‥‥‥‥‥‥‥‥‥‥‥‥‥‥

一般に関数 $y = f(x)$ において，この関数のグラフを x 軸方向（右方向）に a だけ平行移動したグラフの関数は，$y = f(x-a)$ である。

電圧 $v = V_m \sin(\omega t)$ に対して $\pi/2$ 進んだ電流の位相は正なので，電流の瞬時式は，

$$i = I_m \sin(\omega t + \pi/2)$$
$$= I_m \sin\{\omega t - (-\pi/2)\}$$

このグラフは，$i = I_m \sin(\omega t)$ のグラフを ωt 軸方向（右方向）に $(-\pi/2)$ 平行移動したものである。マイナスには反対方向の意味があるので，左方向に $\pi/2$ だけ平行移動したグラフとして表現できる。

Point 瞬時式のグラフでは，進み位相は左に平行移動，遅れ位相は右に平行移動する。

　図1は，静電容量 $C[\mathrm{F}]$ のコンデンサとコイルからなる共振回路の等価回路である。このようにコイルに内部抵抗 $r[\Omega]$ が存在する場合は，インダクタンス $L[\mathrm{H}]$ と抵抗 $r[\Omega]$ の直列回路として表すことができる。この直列回路は，コイルの抵抗 $r[\Omega]$ が，誘導性リアクタンス $\omega L[\Omega]$ に比べて十分小さいものとすると，図2のように，等価抵抗 $R_\mathrm{p}[\Omega]$ とインダクタンス $L[\mathrm{H}]$ の並列回路に変換することができる。このときの等価抵抗 $R_\mathrm{p}[\Omega]$ の値を表す式として，正しいのは次のうちどれか。

　ただし，$I_\mathrm{C}[\mathrm{A}]$ は電流源の電流を表す。

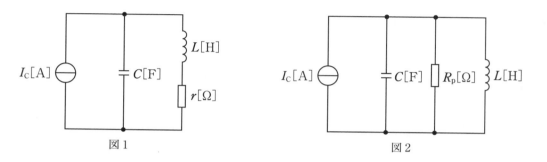

図1　　　　　　　　　　　　　　図2

（1）　$\dfrac{\omega L}{r}$　　　（2）　$\dfrac{r}{(\omega L)^2}$　　　（3）　$\dfrac{r^2}{\omega L}$　　　（4）　$\dfrac{(\omega L)^2}{r}$　　　（5）　$r(\omega L)^2$

理論 電力 機械 法規

令和5 (2023) 上期

令和5 (2023) 下期

選抜90問

選抜85問

選抜90問

選抜65問

問48の解答　出題項目＜*RLC* 並列回路＞　答え　(4)

図48-1のように，抵抗 $r[\Omega]$ とインダクタンス $L[\mathrm{H}]$ の直列回路と等価な，抵抗 $R_\mathrm{p}[\Omega]$ とインダクタンス $L'[\mathrm{H}]$ の並列回路の関係式を考える。

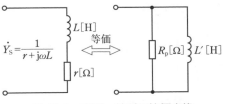

図48-1　直列，並列の等価変換

直列回路のアドミタンス $\dot{Y}_\mathrm{S}$ は，

$$\dot{Y}_\mathrm{S}=\frac{1}{r+\mathrm{j}\omega L}=\frac{r}{r^2+(\omega L)^2}-\mathrm{j}\frac{\omega L}{r^2+(\omega L)^2}\,[\mathrm{S}]$$

一方，並列回路のアドミタンス $\dot{Y}_\mathrm{P}$ は，

$$\dot{Y}_\mathrm{P}=\frac{1}{R_\mathrm{p}}-\mathrm{j}\frac{1}{\omega L'}\,[\mathrm{S}]$$

$\dot{Y}_\mathrm{S}=\dot{Y}_\mathrm{P}$ であるためには，実数部と虚数部が互いに等しくなければならない。

実数部が等しいことより，

$$\frac{1}{R_\mathrm{p}}=\frac{r}{r^2+(\omega L)^2}\ \rightarrow\ R_\mathrm{p}=\frac{r^2+(\omega L)^2}{r}\,[\Omega]$$

$r\ll\omega L$ なので $r^2+(\omega L)^2=(\omega L)^2$ となり，

$$R_\mathrm{p}=\frac{(\omega L)^2}{r}\,[\Omega]$$

解説...

虚数部が等しいことから，

$$\frac{1}{\omega L'}=\frac{\omega L}{r^2+(\omega L)^2}=\frac{\omega L}{(\omega L)^2}=\frac{1}{\omega L}$$

$$L'=L$$

図1の端子 a-d 間の合成静電容量について，次の（a）及び（b）の問に答えよ。

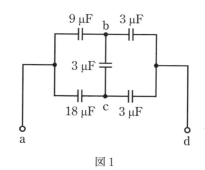

図1

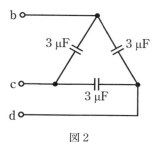

図2

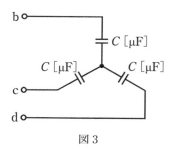

図3

（a） 端子 b-c-d 間は図2のように Δ 結線で接続されている。これを図3のように Y 結線に変換したとき，電気的に等価となるコンデンサ C の値[μF]として，最も近いものを次の（1）～（5）のうちから一つ選べ。

（1） 1.0 　　（2） 2.0 　　（3） 4.5 　　（4） 6.0 　　（5） 9.0

（b） 図3を用いて，図1の端子 b-c-d 間を Y 結線回路に変換したとき，図1の端子 a-d 間の合成静電容量 C_0 の値[μF]として，最も近いものを次の（1）～（5）のうちから一つ選べ。

（1） 3.0 　　（2） 4.5 　　（3） 4.8 　　（4） 6.0 　　（5） 9.0

理論 電力 機械 法規

令和5 (2023) 上期

令和5 (2023) 下期

選抜90問

選抜85問

選抜90問

選抜65問

問 49 （a）の解答　出題項目＜コンデンサ直並列回路＞　答え（5）

図 49-1 に示すインピーダンスの Δ-Y 変換では，$Z_\Delta = 3Z_Y$ が成り立つ。

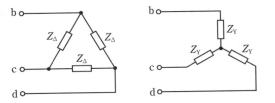

図 49-1　インピーダンスの Δ-Y 変換

回路の角周波数を ω[rad/s] とすると，問題図 2，3 から，

$$Z_\Delta = \frac{1}{3[\mu F]\omega}, \quad Z_Y = \frac{1}{\omega C[\mu F]}$$

ゆえに，

$$\frac{1}{3[\mu F]\omega} = \frac{3}{\omega C[\mu F]}$$

$$C = 3 \times 3[\mu F] = 9[\mu F] \quad \to \quad 9.0\,\mu F$$

【別 解】　端子 b-c，c-d，d-b 間それぞれの合成静電容量が，問題図 2，3 相互で等しいことを利用する。三つの各端子間の静電容量は等しいので，そのうちの一組の端子について考える。

問題図 2 の端子 b-c 間の合成静電容量は，

$$3 + \frac{3 \times 3}{3 + 3} = 4.5[\mu F]$$

問題図 3 の端子 b-c 間の合成静電容量は，

$$C/2[\mu F]$$

両者は等しいので $C/2 = 4.5$ より，

$$C = 9[\mu F]$$

解 説 ･･････････････････････････････

平衡三相負荷の Δ-Y 変換を用いれば解答のように容易に計算できる。ただし，コンデンサの Δ-Y 変換は，インピーダンスの場合の逆数となるので要注意。三相回路においては，このようなコンデンサの Δ-Y 変換は頻出なので，誤解のないようにしたい。

補 足　一般の Δ-Y 変換の関係式も別解と同様な方法で求めることができる（**図 49-2** 参照）。

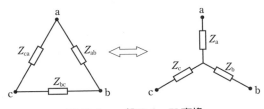

図 49-2　一般の Δ-Y 変換

＊ $\Delta \to$ Y へ変換：$k = Z_{ab} + Z_{bc} + Z_{ca}$ とする。

$$Z_a = \frac{Z_{ca}Z_{ab}}{k}, \quad Z_b = \frac{Z_{ab}Z_{bc}}{k}, \quad Z_c = \frac{Z_{bc}Z_{ca}}{k} \quad ①$$

＊ Y $\to \Delta$ へ変換：$m = Z_aZ_b + Z_bZ_c + Z_cZ_a$ とする。

$$Z_{bc} = \frac{m}{Z_a}, \quad Z_{ca} = \frac{m}{Z_b}, \quad Z_{ab} = \frac{m}{Z_c} \quad ②$$

①式において $Z_{ab} = Z_{bc} = Z_{ca} = Z_\Delta$ のとき，
$$Z_a = Z_b = Z_c = Z_Y = Z_\Delta/3$$
②式において，$Z_a = Z_b = Z_c = Z_Y$ のとき，
$$Z_{ab} = Z_{bc} = Z_{ca} = Z_\Delta = 3Z_Y$$

問 49 （b）の解答　出題項目＜コンデンサ直並列回路＞　答え（3）

図 49-3 において，合成静電容量 C_0 を計算する。

a-e 間の合成静電容量は，

$$\frac{9 \times 9}{9 + 9} + \frac{18 \times 9}{18 + 9} = 4.5 + 6 = 10.5[\mu F]$$

$$C_0 = \frac{10.5 \times 9}{10.5 + 9} \fallingdotseq 4.85[\mu F] \quad \to \quad 4.8\,\mu F$$

解 説 ･･････････････････････････････

単に合成静電容量を求めればよい。

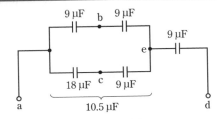

図 49-3　合成静電容量

問 50　出題分野＜単相交流＞　平成 27 年度 問 9

　図のように，静電容量 $C_1 = 10\,\mu\mathrm{F}$，$C_2 = 900\,\mu\mathrm{F}$，$C_3 = 100\,\mu\mathrm{F}$，$C_4 = 900\,\mu\mathrm{F}$ のコンデンサからなる直並列回路がある。この回路に周波数 $f = 50\,\mathrm{Hz}$ の交流電圧 $V_{\mathrm{in}}[\mathrm{V}]$ を加えたところ，C_4 の両端の交流電圧は $V_{\mathrm{out}}[\mathrm{V}]$ であった。このとき，$\dfrac{V_{\mathrm{out}}}{V_{\mathrm{in}}}$ の値として，最も近いものを次の（1）～（5）のうちから一つ選べ。

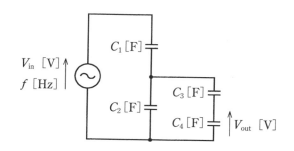

（1）　$\dfrac{1}{1\,000}$　　　（2）　$\dfrac{9}{1\,000}$　　　（3）　$\dfrac{1}{100}$　　　（4）　$\dfrac{99}{1\,000}$　　　（5）　$\dfrac{891}{1\,000}$

理論 電力 機械 法規

令和5(2023)上期

令和5(2023)下期

選抜90問

選抜85問

選抜90問

選抜65問

問50の解答　　出題項目＜コンデンサ直並列回路＞　　　答え　（1）

すべてコンデンサで構成されているため，各コンデンサの端子電圧は交流電源電圧と同相である。したがって，問題図の回路は**図50-1**に示す直流回路の問題と等価に考えることができる。

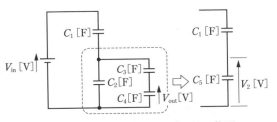

図50-1　直流回路のコンデンサの分圧

C_2 の端子電圧を V_2 とし，C_2 の端子間の合成静電容量を C_5 とすると，

$$V_2 = \frac{C_1 V_{\text{in}}}{C_1 + C_5}, \quad C_5 = C_2 + \frac{C_3 C_4}{C_3 + C_4}$$

よって，V_{out} は，

$$V_{\text{out}} = \frac{C_3 V_2}{C_3 + C_4} = \frac{C_3 C_1 V_{\text{in}}}{(C_3 + C_4)(C_1 + C_5)}$$

上式に C_5 の式を代入して整理すると，

$$\frac{V_{\text{out}}}{V_{\text{in}}} = \frac{C_1 C_3}{(C_1 + C_2)(C_3 + C_4) + C_3 C_4}$$

分母分子を $C_1 C_3$ で割ると，

$$\frac{V_{\text{out}}}{V_{\text{in}}} = \frac{1}{\left(1 + \dfrac{C_2}{C_1}\right)\left(1 + \dfrac{C_4}{C_3}\right) + \dfrac{C_4}{C_1}} \quad ①$$

$$= \frac{1}{(1 + 90)(1 + 9) + 90} = \frac{1}{1\,000}$$

【別解】　各コンデンサのリアクタンスを X_1，X_2，X_3，X_4 とし，C_2 の端子電圧を V_2，C_2 の端子間の合成リアクタンスを X_5 とすると，

$$V_2 = \frac{X_5 V_{\text{in}}}{X_1 + X_5}, \quad X_5 = \frac{X_2(X_3 + X_4)}{X_2 + X_3 + X_4}$$

よって，V_{out} は，

$$V_{\text{out}} = \frac{X_4 V_2}{X_3 + X_4} = \frac{X_4 X_5 V_{\text{in}}}{(X_3 + X_4)(X_1 + X_5)}$$

上式に X_5 の式を代入して整理し，$\dfrac{V_{\text{out}}}{V_{\text{in}}}$ を求めると，

$$\frac{V_{\text{out}}}{V_{\text{in}}} = \frac{1}{\left(1 + \dfrac{X_1}{X_2}\right)\left(1 + \dfrac{X_3}{X_4}\right) + \dfrac{X_1}{X_4}}$$

$X = \dfrac{1}{\omega C}$ を代入すると①式になる。

解説 ⬤⬤⬤⬤⬤⬤⬤⬤⬤⬤⬤⬤⬤⬤⬤⬤⬤⬤⬤⬤⬤⬤⬤⬤⬤

解答，別解ともに直並列回路の分圧計算を利用している。また，リアクタンス回路では電流を用いて計算してもよい。

　実効値 V[V]，角周波数 ω[rad/s] の交流電圧源，R[Ω] の抵抗 R，インダクタンス L[H] のコイル L，静電容量 C[F] のコンデンサ C からなる共振回路に関する記述として，正しいものと誤りのものの組合せとして，正しいものを次の (1)～(5) のうちから一つ選べ。

（a）　RLC 直列回路の共振状態において，L と C の端子間電圧の大きさはともに 0 である。

（b）　RLC 並列回路の共振状態において，L と C に電流は流れない。

（c）　RLC 直列回路の共振状態において交流電圧源を流れる電流は，RLC 並列回路の共振状態において交流電圧源を流れる電流と等しい。

	(a)	(b)	(c)
（1）	誤り	誤り	正しい
（2）	誤り	正しい	誤り
（3）	正しい	誤り	誤り
（4）	誤り	誤り	誤り
（5）	正しい	正しい	正しい

理論
電力
機械
法規

令和5
(2023)
上期

令和5
(2023)
下期

選抜90問

選抜85問

選抜90問

選抜65問

問51の解答　　出題項目＜共振＞　　　　　　　　答え　（1）

（a）　誤。RLC 直列回路の共振状態において，L と C の端子間電圧の**大きさは等しくなるが，ともに 0 にはならない**。なお，L と C の端子間電圧の位相は逆位相である。

（b）　誤。RLC 並列回路の共振状態において，L と C を流れる電流の**大きさは等しくなるが，ともに 0 にはならない**。なお，L と C を流れる電流の位相は逆位相である。

（c）　正。RLC 直列回路の共振状態において交流電圧源を流れる電流は $\dfrac{V}{R}$[A]，RLC 並列回路の共振状態において交流電圧源を流れる電流は $\dfrac{V}{R}$[A]であり，両電流は等しい。

解説

図 51-1 に示す RLC 直列回路の，共振状態における各素子の電圧ベクトルの関係を**図 51-2** に示す。各素子の端子電圧のベクトル和 $\dot{V} = \dot{V}_{\mathrm{R}} + \dot{V}_{\mathrm{L}} + \dot{V}_{\mathrm{C}}$ が電源電圧となるが，共振状態では $\dot{V}_{\mathrm{L}} + \dot{V}_{\mathrm{C}} = 0$ となり，L と C の端子間電圧の大きさは等しくなるが逆位相となる。このとき，交流電源を流れる電流は $\dfrac{V}{R}$[A]となる。

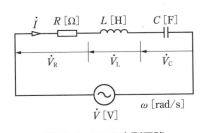

図 51-1　RLC 直列回路

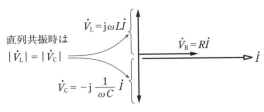

図 51-2　電圧のベクトル図

図 51-3 に示す RLC 並列回路の，共振状態における各素子の電流ベクトルの関係を**図 51-4** に示す。各素子に流れる電流のベクトル和 $\dot{I} = \dot{I}_{\mathrm{R}} + \dot{I}_{\mathrm{L}} + \dot{I}_{\mathrm{C}}$ が電源から流れ出す電流となるが，共振状態では $\dot{I}_{\mathrm{L}} + \dot{I}_{\mathrm{C}} = 0$ となり，L と C に流れる電流の大きさは等しくなるが逆位相となる。このとき，交流電源を流れる電流は $\dfrac{V}{R}$[A]となる。

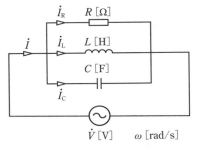

図 51-3　RLC 並列回路

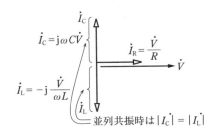

図 51-4　電流のベクトル図

問 **52** 出題分野＜単相交流＞ 令和2年度 問9

　図のように，$R[\Omega]$ の抵抗，インダクタンス $L[H]$ のコイル，静電容量 $C[F]$ のコンデンサと電圧 $\dot{V}$ $[V]$，角周波数 $\omega[rad/s]$ の交流電源からなる二つの回路 A と B がある。両回路においてそれぞれ $\omega^2 LC = 1$ が成り立つとき，各回路における図中の電圧ベクトルと電流ベクトルの位相の関係として，正しいものの組合せを次の（1）〜（5）のうちから一つ選べ。ただし，ベクトル図における進み方向は反時計回りとする。

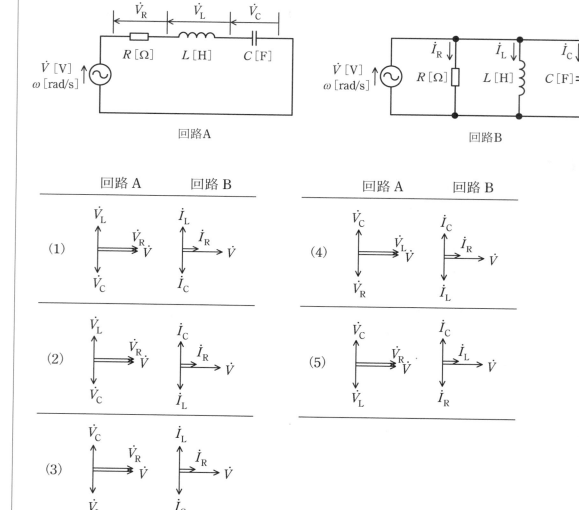

問52の解答　出題項目＜共振，RLC直列回路，RLC並列回路＞　答え　(2)

回路 A を流れる電流を $\dot{I}$ とすると，R, L, C の端子電圧 $\dot{V}_R$, $\dot{V}_L$, $\dot{V}_C$ は，

$$\dot{V}_R = R\dot{I}, \quad \dot{V}_L = j\omega L\dot{I}, \quad \dot{V}_C = -j\frac{1}{\omega C}\dot{I}$$

したがって，電源の電圧 $\dot{V}$ は，

$$\dot{V} = \dot{V}_R + \dot{V}_L + \dot{V}_C$$
$$= \left\{R + j\left(\omega L - \frac{1}{\omega C}\right)\right\}\dot{I}$$

題意より，$\omega^2 LC = 1$ すなわち $\omega L = \frac{1}{\omega C}$ が成り立っているので，この回路は共振（直列共振）している。よって，

$$\dot{V} = R\dot{I} = \dot{V}_R, \quad \dot{V}_L = -\dot{V}_C$$

電圧 $\dot{V}$ を基準にとって，これらをベクトル図に表すと，**図52-1** のようになる。

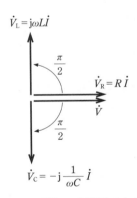

図52-1　回路 A の電圧ベクトル

また，回路 B において，R, L, C を流れる電流 $\dot{I}_R$, $\dot{I}_L$, $\dot{I}_C$ は，

$$\dot{I}_R = \frac{\dot{V}}{R}, \quad \dot{I}_L = -j\frac{\dot{V}}{\omega L}, \quad \dot{I}_C = j\omega C\dot{V}$$

したがって，電源から流れ出す電流 $\dot{I}$ は，

$$\dot{I} = \dot{I}_R + \dot{I}_L + \dot{I}_C$$
$$= \left\{\frac{1}{R} + j\left(\omega C - \frac{1}{\omega L}\right)\right\}\dot{V}$$

$\omega^2 LC = 1$ より，この回路は共振（並列共振）しているので，

$$\dot{I}_R = \frac{\dot{V}}{R}, \quad \dot{I}_L = -\dot{I}_C$$

電圧 $\dot{V}$ を基準にとって，これらをベクトル図に表すと，**図52-2** のようになる。

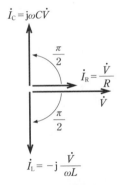

図52-2　回路 B の電流ベクトル

Point RLC 直列回路が共振（直列共振）すると，L と C の端子電圧の大きさは等しくなるが，逆位相となる。また，RLC 並列回路が共振（並列共振）すると，L と C を流れる電流の大きさは等しくなるが，逆位相となる。

問 53　出題分野＜単相交流＞　　平成29年度 問15

　図は未知のインピーダンス $\dot{Z}[\Omega]$ を測定するための交流ブリッジである。電源の電圧を $\dot{E}[V]$，角周波数を $\omega[\text{rad/s}]$ とする。ただし ω，静電容量 $C_1[F]$，抵抗 $R_1[\Omega]$，$R_2[\Omega]$，$R_3[\Omega]$ は零でないとする。次の（ a ）及び（ b ）の問に答えよ。

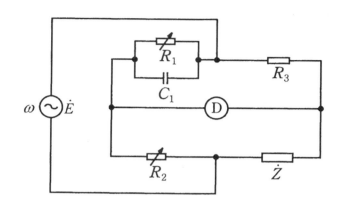

（ a ）　交流検出器 D による検出電圧が零となる平衡条件を $\dot{Z}$，R_1，R_2，R_3，ω 及び C_1 を用いて表すと，

$$\left(\boxed{}\right)\dot{Z}=R_2 R_3$$

となる。

　上式の空白に入る式として適切なものを次の（ 1 ）～（ 5 ）のうちから一つ選べ。

（ 1 ）　$R_1+\dfrac{1}{j\omega C_1}$　　　（ 2 ）　$R_1-\dfrac{1}{j\omega C_1}$　　　（ 3 ）　$\dfrac{R_1}{1+j\omega C_1 R_1}$

（ 4 ）　$\dfrac{R_1}{1-j\omega C_1 R_1}$　　　（ 5 ）　$\sqrt{\dfrac{R_1}{j\omega C_1}}$

（ b ）　$\dot{Z}=R+jX$ としたとき，この交流ブリッジで測定できる $R[\Omega]$ と $X[\Omega]$ の満たす条件として，正しいものを次の（ 1 ）～（ 5 ）のうちから一つ選べ。

（ 1 ）　$R\geqq 0$，$X\leqq 0$　　　（ 2 ）　$R>0$，$X<0$　　　（ 3 ）　$R=0$，$X>0$

（ 4 ）　$R>0$，$X>0$　　　（ 5 ）　$R=0$，$X\leqq 0$

問53（a）の解答 出題項目＜交流ブリッジ＞ 答え（3）

交流ブリッジの平衡条件より，次式が成り立つ。

$$\left(\cfrac{1}{\cfrac{1}{R_1}+\mathrm{j}\omega C_1}\right)\dot{Z}=R_2R_3$$

上式の左辺（　）内を整理すると，

$$\left(\cfrac{R_1}{1+\mathrm{j}\omega C_1R_1}\right)\dot{Z}=R_2R_3 \tag{①}$$

解説

交流ブリッジの平衡条件は，次のように求めることができる。図53-1の回路において，A点とB点の電位を$\dot{V}_A$，$\dot{V}_B$とする。

$$\dot{V}_A=\frac{\dot{Z}_2}{\dot{Z}_1+\dot{Z}_2}\dot{E}, \quad \dot{V}_B=\frac{\dot{Z}_4}{\dot{Z}_3+\dot{Z}_4}\dot{E}$$

$\dot{V}_A=\dot{V}_B$のときDには電流が流れない。これが交流ブリッジの平衡条件であり，式を整理すると，

$$\frac{\dot{Z}_2}{\dot{Z}_1+\dot{Z}_2}\dot{E}=\frac{\dot{Z}_4}{\dot{Z}_3+\dot{Z}_4}\dot{E}$$

$$(\dot{Z}_3+\dot{Z}_4)\dot{Z}_2=(\dot{Z}_1+\dot{Z}_2)\dot{Z}_4$$
$$\dot{Z}_2\dot{Z}_3+\dot{Z}_2\dot{Z}_4=\dot{Z}_1\dot{Z}_4+\dot{Z}_2\dot{Z}_4$$
$$\dot{Z}_2\dot{Z}_3=\dot{Z}_1\dot{Z}_4 \cdots\cdots \text{図53-1の回路の平衡条件}$$

問題図の回路では，

$$\dot{Z}_1=\frac{R_1}{1+\mathrm{j}\omega C_1R_1}, \quad \dot{Z}_2=R_2, \quad \dot{Z}_3=R_3, \quad \dot{Z}_4=\dot{Z}$$

なので，①式を得る。

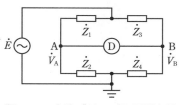

図53-1 交流ブリッジの平衡条件

Point 交流ブリッジの平衡条件は，ホイートストンブリッジの平衡条件と同じ原理である。

問53（b）の解答 出題項目＜交流ブリッジ＞ 答え（4）

$\dot{Z}=R+\mathrm{j}X$として，これを①式に代入しRとXを求める。

$$\left(\frac{R_1}{1+\mathrm{j}\omega C_1R_1}\right)(R+\mathrm{j}X)=R_2R_3$$

$$\begin{aligned}R+\mathrm{j}X&=\frac{R_2R_3(1+\mathrm{j}\omega C_1R_1)}{R_1}\\&=\frac{R_2R_3}{R_1}+\mathrm{j}\omega C_1R_2R_3\,[\Omega]\end{aligned}$$

よって，

$$R=\frac{R_2R_3}{R_1}\,[\Omega] \tag{②}$$
$$X=\omega C_1R_2R_3\,[\Omega] \tag{③}$$

題意より，ω，C_1，R_1，R_2，R_3は零ではない正の数なので，②式の右辺は正，③式の右辺は正となる。したがって，

$$R>0, \quad X>0$$

解説

この問題の交流ブリッジは，マクスウェルブリッジと呼ばれるものである。平衡条件の式より，比較的簡単な計算でR，Xを求めることができる。

交流ブリッジの計算はベクトルの演算なので，計算はすべて記号法で行う必要がある。

補足 インピーダンス$\dot{Z}$は$R+\mathrm{j}X$，$X>0$で表されることから，抵抗と誘導性リアクタンスの直列接続と考えることができる。Xをコイルのリアクタンスとすれば，Xはコイルのインダクタンス$L\,[\mathrm{H}]$を用いて，

$$X=\omega L\,[\Omega]$$

と表されるので，③式は，

$$L=C_1R_2R_3\,[\mathrm{H}]$$

となり，電源周波数とは無関係にLの値を求めることができる。

Point 交流ブリッジの計算は記号法で行う。
$R+\mathrm{j}X=r+\mathrm{j}x\Leftrightarrow R=r$かつ$X=x$（ただし，$R$，$r$，$X$，$x$は実数）

理論
電力
機械
法規

令和5（2023）上期

令和5（2023）下期

選抜90問

選抜85問

選抜90問

選抜65問

問54 出題分野＜単相交流＞

$R = 5\,\Omega$ の抵抗に，ひずみ波交流電流

$$i = 6 \sin \omega t + 2 \sin 3\omega t\,[\text{A}]$$

が流れた。

このとき，抵抗 $R = 5\,\Omega$ で消費される平均電力 P の値[W]として，最も近いものを次の（1）～（5）のうちから一つ選べ。ただし，ω は角周波数[rad/s]，t は時刻[s]とする。

（1）　40　　　　（2）　90　　　　（3）　100　　　　（4）　180　　　　（5）　200

問54の解答　　出題項目＜ひずみ波＞　　　　　　　　　　　　　　答え　（3）

ひずみ波電流の実効値 I は,

$$I=\sqrt{\left(\frac{6}{\sqrt{2}}\right)^2+\left(\frac{2}{\sqrt{2}}\right)^2}=\sqrt{20}\,[\mathrm{A}]$$

となるので, 電力 P は,

$$P=RI^2=5\times(\sqrt{20})^2=100\,[\mathrm{W}]$$

解説

電流の実効値 I がわかれば, 波形に関わりなく電力は $P=EI=RI^2$ (E は R の端子電圧の実効値)で計算できる。

ひずみ波電流の直流分を I_0, 基本波(角周波数 ω)の実効値を I_1, 第 n 調波(角周波数 $n\omega$)の実効値を I_n とすると, ひずみ波電流の実効値 I は次式となる。

$$I=\sqrt{I_0{}^2+I_1{}^2+I_2{}^2+\cdots+I_n{}^2+\cdots}\,[\mathrm{A}]$$

ひずみ波電圧の実効値も同様。

補足　$R=5\,[\Omega]$ の抵抗に加わる電圧の瞬時値 e は, オームの法則より次式となる。

$$e=Ri=5\times(6\sin\omega t+2\sin 3\omega t)$$
$$=30\sin\omega t+10\sin 3\omega t\,[\mathrm{V}]$$

交流電力は, 同じ周波数の電圧と電流の間にのみ発生するので, **図54-1** のように周波数の異なる正弦波交流電源($e_1=30\sin\omega t$, $e_3=10\sin 3\omega t$)ごとの回路の重ね合わせとして計算できる。

個々の回路は正弦波交流回路であるから, e_1 と i_1 の実効値を E_1, I_1 とし, e_3 と i_3 の実効値を E_3, I_3 とすると,

$$E_1=\frac{30}{\sqrt{2}}\,[\mathrm{V}],\quad I_1=\frac{6}{\sqrt{2}}\,[\mathrm{A}]$$

$$E_3=\frac{10}{\sqrt{2}}\,[\mathrm{V}],\quad I_3=\frac{2}{\sqrt{2}}\,[\mathrm{A}]$$

となり, ひずみ波回路の電力 P は, 個々の正弦波回路の電力 $P_1=E_1I_1$, $P_3=E_3I_3$ の和となる。

$$P=P_1+P_3=E_1I_1+E_3I_3=100\,[\mathrm{W}]$$

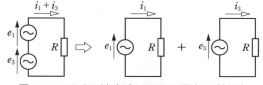

図54-1　ひずみ波交流における電力の考え方

Point ひずみ波回路の計算は, 正弦波回路の重ね合わせ。

理論　電力　機械　法規　令和5(2023)上期　令和5(2023)下期　選抜90問　選抜85問　選抜90問　選抜65問

次の文章は，交流における波形率，波高率に関する記述である。

波形率とは，実効値の ［(ア)］ に対する比 $\left(\text{波形率} = \dfrac{\text{実効値}}{(ア)}\right)$ をいう。波形率の値は波形によって異なり，正弦波と比較して，三角波のようにとがっていれば，波形率の値は ［(イ)］ なり，方形波のように平らであれば，波形率の値は ［(ウ)］ なる。

波高率とは，［(エ)］ の実効値に対する比 $\left(\text{波高率} = \dfrac{(エ)}{\text{実効値}}\right)$ をいう。波高率の値は波形によって異なり，正弦波と比較して，三角波のようにとがっていれば，波高率の値は ［(オ)］ なり，方形波のように平らであれば，波高率の値は ［(カ)］ なる。

上記の記述中の空白箇所(ア)〜(カ)に当てはまる組合せとして，正しいものを次の(1)〜(5)のうちから一つ選べ。

	(ア)	(イ)	(ウ)	(エ)	(オ)	(カ)
(1)	平均値	大きく	小さく	最大値	大きく	小さく
(2)	最大値	大きく	小さく	平均値	大きく	小さく
(3)	平均値	小さく	大きく	最大値	小さく	大きく
(4)	最大値	小さく	大きく	平均値	小さく	大きく
(5)	最大値	大きく	大きく	平均値	小さく	小さく

問 55 の解答　　出題項目＜ひずみ波，実効値・平均値・波高値＞　　　答え　（1）

空白箇所を補充すると次のようになる。

*　*　*　*　*　*　*

波形率とは，実効値の**平均値**に対する比$\left(\text{波形率}=\dfrac{\text{実効値}}{\text{平均値}}\right)$をいう。波形率の値は波形によって異なり，正弦波と比較して，三角波のようにとがっていれば，波形率の値は**大きく**なり，方形波のように平らであれば，波形率の値は**小さく**なる。

波高率とは，**最大値**の実効値に対する比$\left(\text{波高率}=\dfrac{\text{最大値}}{\text{実効値}}\right)$をいう。波高率の値は波形によって異なり，正弦波と比較して，三角波のようにとがっていれば，波高率の値は**大きく**なり，方形波のように平らであれば，波高率の値は**小さく**なる。

解 説

波形率はひずみ波交流の波形の滑らかさを表し，波高率はその波形のとがりの程度を表す。方形波の波形は平らであり，その波形率と波高率は

いずれも 1 であるが，波形がとがっていると，これらの値は大きくなる。

各種波形の波形率と波高率を**表 55-1** に示す。

補 足　　各種波形の最大値を V_m とすると，

$$\text{正弦波の波形率}=\dfrac{\dfrac{V_\mathrm{m}}{\sqrt{2}}}{\dfrac{2}{\pi}V_\mathrm{m}}=\dfrac{\pi}{2\sqrt{2}}\fallingdotseq 1.11$$

$$\text{三角波の波形率}=\dfrac{\dfrac{V_\mathrm{m}}{\sqrt{3}}}{\dfrac{V_\mathrm{m}}{2}}=\dfrac{2}{\sqrt{3}}\fallingdotseq 1.15$$

$$\text{方形波の波形率}=\dfrac{V_\mathrm{m}}{V_\mathrm{m}}=1$$

*　*　*　*　*　*　*

$$\text{正弦波の波高率}=\dfrac{V_\mathrm{m}}{\dfrac{V_\mathrm{m}}{\sqrt{2}}}=\sqrt{2}\fallingdotseq 1.41$$

$$\text{三角波の波高率}=\dfrac{V_\mathrm{m}}{\dfrac{V_\mathrm{m}}{\sqrt{3}}}=\sqrt{3}\fallingdotseq 1.73$$

$$\text{方形波の波高率}=\dfrac{V_\mathrm{m}}{V_\mathrm{m}}=1$$

表 55-1　各種波形（最大値 V_m）の波形率と波高率

	方形波	正弦波	全波整流	三角波
波　形				
実効値	V_m	$\dfrac{V_\mathrm{m}}{\sqrt{2}}$	$\dfrac{V_\mathrm{m}}{\sqrt{2}}$	$\dfrac{V_\mathrm{m}}{\sqrt{3}}$
平均値	V_m	$\dfrac{2}{\pi}V_\mathrm{m}$	$\dfrac{2}{\pi}V_\mathrm{m}$	$\dfrac{V_\mathrm{m}}{2}$
波形率	1	$\dfrac{\pi}{2\sqrt{2}}\fallingdotseq 1.11$	$\dfrac{\pi}{2\sqrt{2}}\fallingdotseq 1.11$	$\dfrac{2}{\sqrt{3}}\fallingdotseq 1.15$
波高率	1	$\sqrt{2}\fallingdotseq 1.41$	$\sqrt{2}\fallingdotseq 1.41$	$\sqrt{3}\fallingdotseq 1.73$

問 56 出題分野＜単相交流＞

交流回路に関する記述として，誤っているものを次の（1）〜（5）のうちから一つ選べ。

ただし，抵抗 $R[\Omega]$，インダクタンス $L[H]$，静電容量 $C[F]$ とする。

（1）　正弦波交流起電力の最大値を $E_m[V]$，平均値を $E_a[V]$ とすると，平均値と最大値の関係は，理論的に次のように表される。

$$E_a = \frac{2E_m}{\pi} \fallingdotseq 0.637E_m[V]$$

（2）　ある交流起電力の時刻 $t[s]$ における瞬時値が，$e = 100\sin 100\pi t[V]$ であるとすると，この起電力の周期は 20 ms である。

（3）　RLC 直列回路に角周波数 $\omega[rad/s]$ の交流電圧を加えたとき，$\omega L > \dfrac{1}{\omega C}$ の場合，回路を流れる電流の位相は回路に加えた電圧より遅れ，$\omega L < \dfrac{1}{\omega C}$ の場合，回路を流れる電流の位相は回路に加えた電圧より進む。

（4）　RLC 直列回路に角周波数 $\omega[rad/s]$ の交流電圧を加えたとき，$\omega L = \dfrac{1}{\omega C}$ の場合，回路のインピーダンス $Z[\Omega]$ は，$Z = R[\Omega]$ となり，回路に加えた電圧と電流は同相になる。この状態を回路が共振状態であるという。

（5）　RLC 直列回路のインピーダンス $Z[\Omega]$，電力 $P[W]$ 及び皮相電力 $S[V\cdot A]$ を使って回路の力率 $\cos\theta$ を表すと，$\cos\theta = \dfrac{R}{Z}$，$\cos\theta = \dfrac{S}{P}$ の関係がある。

359

理論 電力 機械 法規

令和 **5** (2023) 上期

令和 **5** (2023) 下期

選抜 **90** 問

選抜 **85** 問

選抜 **90** 問

選抜 **65** 問

問 56 の解答　　出題項目＜*RLC* 直列回路，力率，共振，実効値・平均値・波高値＞　　答え　(5)

（1）　正。最大値/実効値を波高率，実効値/平均値を波形率という。正弦波交流ではそれぞれ $\sqrt{2}$，$\pi/(2\sqrt{2})$ なので，$E_\mathrm{a} = (2/\pi)E_\mathrm{m}$[V]。

（2）　正。正弦波交流電圧の瞬時式は，最大値を E_m[V]，周波数を f[Hz]，時間を t[s]とすれば，

$$e = E_\mathrm{m}\sin(2\pi ft)\,[\mathrm{V}]$$

$2\pi ft = 100\pi t$ なので，

$$f = 50\,[\mathrm{Hz}]$$

周期 T は，$T = 1/f = 0.02[\mathrm{s}] = 20[\mathrm{ms}]$。

（3）　正。*RLC* 直列回路のインピーダンス $\dot{Z}$ は，

$$\dot{Z} = R + \mathrm{j}(\omega L - 1/(\omega C))$$

$\omega L > 1/(\omega C)$ の場合は，$\dot{Z}$ は誘導性となるので電流の位相は電圧に対して遅れる。$\omega L < 1/(\omega C)$ の場合は，$\dot{Z}$ は容量性となるので電流の位相は電圧に対して進む。

（4）　正。誘導性リアクタンス ωL と容量性リアクタンス $1/(\omega C)$ が等しい場合は，直列共振が起こりリアクタンス分は零となるので，回路のインピーダンスは抵抗のみとなる。

（5）　誤。回路の力率は $\cos\theta = R/Z$ で正しい。

一方，**図 56-1** のベクトル図（誘導性の場合）から，$\dot{S}$ と $\dot{P}$ のなす角は負荷のインピーダンス角 θ と等しいので，**$\cos\theta = P/S$** となる。

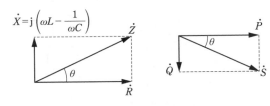

図 56-1　インピーダンス角と力率角

▶**解　説**◀ ‥‥‥‥‥‥‥‥‥‥‥‥‥‥

波高率，波形率は波形により異なるので，非正弦波の場合は要注意である。

問57 出題分野＜三相交流＞   平成21年度 問7

　図のように抵抗，コイル，コンデンサからなる負荷がある。この負荷に線間電圧 $\dot{V}_{ab}＝100∠0°[\text{V}]$，$\dot{V}_{bc}＝100∠0°[\text{V}]$，$\dot{V}_{ac}＝200∠0°[\text{V}]$ の単相3線式交流電源を接続したところ，端子 a，端子 b，端子 c を流れる線電流はそれぞれ $\dot{I}_{a}[\text{A}]$，$\dot{I}_{b}[\text{A}]$ 及び $\dot{I}_{c}[\text{A}]$ であった。$\dot{I}_{a}[\text{A}]$，$\dot{I}_{b}[\text{A}]$，$\dot{I}_{c}[\text{A}]$ の大きさをそれぞれ $I_{a}[\text{A}]$，$I_{b}[\text{A}]$，$I_{c}[\text{A}]$ としたとき，これらの大小関係を表す式として，正しいのは次のうちどれか。

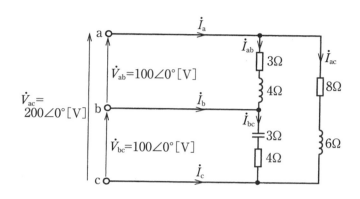

（1）　$I_{a}＝I_{c}＞I_{b}$　　　（2）　$I_{a}＞I_{c}＞I_{b}$　　　（3）　$I_{b}＞I_{c}＞I_{a}$

（4）　$I_{b}＞I_{a}＞I_{c}$　　　（5）　$I_{c}＞I_{a}＞I_{b}$

理論 電力 機械 法規

令和5(2023)上期

令和5(2023)下期

選抜90問

選抜85問

選抜90問

選抜65問

問 57 の解答　出題項目＜Δ 接続＞　　　　　　答え　（2）

$$\dot{I}_{ab}=\frac{100}{3+j4}=\frac{100(3-j4)}{25}=12-j16[\text{A}]$$

$$\dot{I}_{bc}=\frac{100}{4-j3}=\frac{100(4+j3)}{25}=16+j12[\text{A}]$$

$$\dot{I}_{ac}=\frac{200}{8+j6}=\frac{200(8-j6)}{100}=16-j12[\text{A}]$$

線電流を求めると，

$$\dot{I}_{a}=\dot{I}_{ab}+\dot{I}_{ac}=(12-j16)+(16-j12)$$
$$=28-j28[\text{A}]$$
$$I_{a}=\sqrt{28^{2}+(-28)^{2}}\fallingdotseq39.6[\text{A}]$$
$$\dot{I}_{b}=\dot{I}_{bc}-\dot{I}_{ab}=(16+j12)-(12-j16)$$
$$=4+j28[\text{A}]$$
$$I_{b}=\sqrt{4^{2}+28^{2}}\fallingdotseq28.3[\text{A}]$$
$$\dot{I}_{c}=-(\dot{I}_{bc}+\dot{I}_{ac})$$
$$=-\{(16+j12)+(16-j12)\}$$
$$=-32[\text{A}]$$
$$I_{c}=\sqrt{(-32)^{2}+0^{2}}=32[\text{A}]$$

以上の計算結果より線電流の大小関係は，

$$I_{a}>I_{c}>I_{b}$$

解説

　端子 a-b 間は誘導性負荷 5 Ω，端子 b-c 間は容量性負荷 5 Ω，端子 a-c 間は誘導性負荷 10 Ω で

あり，各負荷電流の大きさは 20 A となるので，線電流のベクトル図は**図 57-1** になる。このベクトル図より，$I_{a}>I_{c}>I_{b}$ であることがわかる。ただし，負荷電流の大きさが異なる場合は，ベクトル図上での比較は不正確になるおそれがあるので注意を要する。

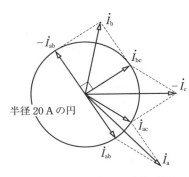

図 57-1　各電流のベクトル図

　解答で示したように線電流を計算して比較するのがベストであろう。各負荷電流は大きさが同じでも位相が異なるので，線電流を求めるには，ベクトル和で計算する。

Point 大きさはベクトルの絶対値である。

問58 　出題分野＜三相交流＞

　図のように，線間電圧200Vの対称三相交流電源に，三相負荷として誘導性リアクタンス$X=9\,\Omega$の3個のコイルと$R[\Omega]$，20Ω，20Ω，60Ωの4個の抵抗を接続した回路がある。端子a，b，cから流入する線電流の大きさは等しいものとする。この回路について，次の(a)及び(b)の問に答えよ。

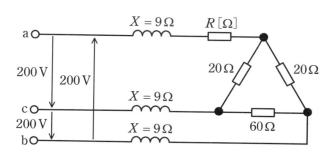

（a）　線電流の大きさが7.7A，三相負荷の無効電力が1.6kvarであるとき，三相負荷の力率の値として，最も近いものを次の(1)～(5)のうちから一つ選べ。

（1）　0.5　　　（2）　0.6　　　（3）　0.7　　　（4）　0.8　　　（5）　1.0

（b）　a相に接続されたRの値[Ω]として，最も近いものを次の(1)～(5)のうちから一つ選べ。

（1）　4　　　（2）　8　　　（3）　12　　　（4）　40　　　（5）　80

問58 （a）の解答 　出題項目＜Δ接続＞

答え　（4）

「端子a，b，cから流入する線電流の大きさは等しい」ので，三相(a，b，c)の負荷は平衡していることがわかる。

　三相回路の線間電圧を$V(=200[\text{V}])$，線電流を$I[\text{A}]$，負荷の力率角をθとすると，三相負荷の無効電力$Q[\text{var}]$は，

$$Q=\sqrt{3}\,VI\sin\theta$$

線電流$I=7.7$[A]，三相負荷の無効電力$Q=1.6$[kvar]のとき，$\sin\theta$の値は，

$$\sin\theta=\frac{Q}{\sqrt{3}\,VI}=\frac{1.6\times10^3}{\sqrt{3}\times200\times7.7}\fallingdotseq0.6$$

したがって，この三相負荷の力率$\cos\theta$の値は，

$$\cos\theta=\sqrt{1-\sin^2\theta}=\sqrt{1-0.6^2}=0.8$$

解　説 ……………………………………

　三相負荷の無効電力$Q=1.6$[kvar]をリアクタンス$X=9[\Omega]$から計算してみると，

$$Q=3I^2X=3\times7.7^2\times9$$
$$=1600.83[\text{var}]\fallingdotseq1.6[\text{kvar}]$$

となって，題意の値と一致することが確認できる。

　また，この三相負荷の皮相電力Sの値は，

$$S=\sqrt{3}\,VI=\sqrt{3}\times200\times7.7$$
$$\fallingdotseq2667[\text{V}\cdot\text{A}]\fallingdotseq2.7[\text{kV}\cdot\text{A}]$$

さらに，有効電力Pの値は，

$$P=\sqrt{3}\,VI\cos\theta=\sqrt{3}\times200\times7.7\times0.8$$
$$\fallingdotseq2134[\text{W}]\fallingdotseq2.1[\text{kW}]$$

よって，この三相負荷の電力ベクトルは，**図58-1**のようになる。

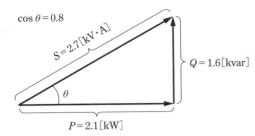

$\cos\theta = 0.8$

$S = 2.7[\text{kV}\cdot\text{A}]$

$Q = 1.6[\text{kvar}]$

θ

$P = 2.1[\text{kW}]$

図 58-1 三相負荷の電力ベクトル

補足 力率 $\cos\theta$ は，有効電力の皮相電力に対する比である。$\sin\theta$ は無効電力の皮相電力に対する比で，**無効率**と呼ばれる。力率が 1 のとき，無効率は零となる。

問 58（b）の解答　出題項目＜Δ接続＞　　　　　答え　(2)

Δ 結線負荷を Y 結線負荷に変換すると，a 相の負荷抵抗 R_a は，

$$R_a = R + \frac{20 \times 20}{20 + 20 + 60} = R + 4[\Omega] \qquad ①$$

また，b 相と c 相の負荷抵抗 R_b，R_c は，

$$R_b = R_c = \frac{20 \times 60}{20 + 20 + 60} = 12[\Omega] \qquad ②$$

よって，問題図の三相負荷は，**図 58-2** のように書き換えることができる。

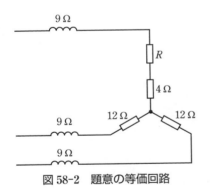

9 Ω

R

4 Ω

12 Ω　　12 Ω

9 Ω

9 Ω

図 58-2 題意の等価回路

題意より三相負荷は平衡しているので，a 相の抵抗 R_a は，b，c 相の抵抗 $R_b = R_c$ と等しくなる。したがって，a 相に接続された抵抗 R の値は，①式 = ②式より，

$$R + 4 = 12 \quad \therefore \quad R = 8[\Omega]$$

解説 ┈┈┈┈┈┈┈┈┈┈┈┈┈┈┈┈┈┈

図 58-3 のように，Δ 結線負荷（R_{ab}，R_{bc}，R_{ca}）を Y 結線負荷（R_a，R_b，R_c）に変換すると，

$$R_a = \frac{R_{ab}R_{ca}}{R_{ab} + R_{bc} + R_{ca}}$$

$$R_b = \frac{R_{ab}R_{bc}}{R_{ab} + R_{bc} + R_{ca}}$$

$$R_c = \frac{R_{bc}R_{ca}}{R_{ab} + R_{bc} + R_{ca}}$$

3 個の抵抗が等しい場合は，$R_{ab} = R_{bc} = R_{ca} = R_\Delta$ と置くと，

$$R_a = R_b = R_c = \frac{R_\Delta}{3}$$

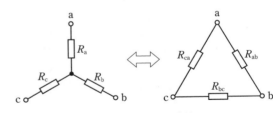

a

R_a

R_c　　R_b

c　　　　b

a

R_{ca}　　R_{ab}

R_{bc}

c　　　　b

図 58-3 Y−Δ 変換

図のように，相電圧 200 V の対称三相交流電源に，複素インピーダンス $\dot{Z}=5\sqrt{3}+j5[\Omega]$ の負荷が Y 結線された平衡三相負荷を接続した回路がある。次の（a）及び（b）の問に答えよ。

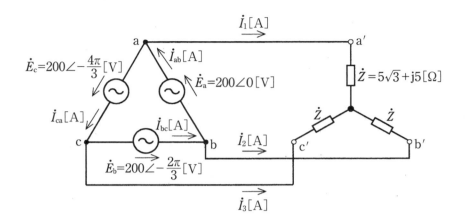

（a）　電流 $\dot{I}_1[A]$ の値として，最も近いものを次の（1）～（5）のうちから一つ選べ。

（1）　$20.00\angle-\dfrac{\pi}{3}$　　　（2）　$20.00\angle-\dfrac{\pi}{6}$　　　（3）　$16.51\angle-\dfrac{\pi}{6}$

（4）　$11.55\angle-\dfrac{\pi}{3}$　　　（5）　$11.55\angle-\dfrac{\pi}{6}$

（b）　電流 $\dot{I}_{ab}[A]$ の値として，最も近いものを次の（1）～（5）のうちから一つ選べ。

（1）　$20.00\angle-\dfrac{\pi}{6}$　　　（2）　$11.55\angle-\dfrac{\pi}{3}$　　　（3）　$11.55\angle-\dfrac{\pi}{6}$

（4）　$6.67\angle-\dfrac{\pi}{3}$　　　（5）　$6.67\angle-\dfrac{\pi}{6}$

問59（a）の解答 　出題項目＜Y接続＞　　　答え （4）

電源を Y 結線に変換したときの a，b，c 相の相電圧[V]を $\dot{E}_{Ya}$，$\dot{E}_{Yb}$，$\dot{E}_{Yc}$ とする。各相電圧ベクトルと線間電圧 $\dot{E}_a$ の関係を**図 59-1** に示す。

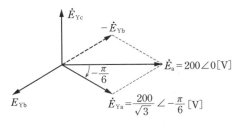

図 59-1　相電圧と線間電圧の関係

このベクトル図より，$\dot{E}_{Ya}$は $\dot{E}_a$ に対して大きさが $1/\sqrt{3}$ 倍，位相は $\pi/6$ 遅れである。

$$\dot{E}_{Ya} = \frac{200}{\sqrt{3}} \angle -\frac{\pi}{6} \fallingdotseq 115.5 \angle -\frac{\pi}{6} [\text{V}]$$

図 59-2 のように，1 相分の負荷のインピーダンス

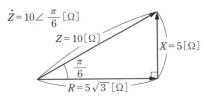

図 59-2　インピーダンスベクトル

$\dot{Z}$ の大きさは $10\,\Omega$，インピーダンス角は $\pi/6$ なので，

$$\dot{Z} = 10 \angle \frac{\pi}{6} [\Omega]$$

ゆえに，電流 $\dot{I}_1$ は，

$$\dot{I}_1 = \frac{\dot{E}_{Ya}}{\dot{Z}} = \frac{115.5 \angle -\frac{\pi}{6}}{10 \angle \frac{\pi}{6}}$$

$$= \frac{115.5}{10} \angle -\frac{\pi}{6} -\frac{\pi}{6} = 11.55 \angle -\frac{\pi}{3} [\text{A}]$$

▶ **解説** ････････････････････････････････

電圧，電流，インピーダンスを大きさと位相角で表す方法を極形式という。例えば，大きさ E，位相が θ である電圧ベクトル $\dot{E}$ を，$\dot{E} = E \angle \theta$ と表す。極形式のかけ算，割り算は容易に計算でき，

　かけ算は，**大きさ→かけ算，位相→足し算。**
　割り算は，**大きさ→割り算，位相→引き算。**

▶ **補足** このような計算ができる理由は，$\dot{E} = E \angle \theta$ の正しい数式による表記が，

$$\dot{E} = E(\cos \theta + \mathrm{j} \sin \theta) = E\mathrm{e}^{\mathrm{j}\theta}$$

と表されることによる。

この関係式をオイラーの公式という。

問59（b）の解答 　出題項目＜Y接続＞　　　答え （5）

各電源の電流ベクトルと a 相の線電流 $\dot{I}_1 = \dot{I}_{ab} - \dot{I}_{ca}$ の関係を**図 59-3** に示す。

このベクトル図より，$\dot{I}_{ab}$ は $\dot{I}_1$ に対して大きさが $1/\sqrt{3}$ 倍，位相は $\pi/6$ 進みである。

$$\dot{I}_{ab} = \frac{\dot{I}_1}{\sqrt{3}} \angle \frac{\pi}{6}$$

$$= \frac{11.55}{\sqrt{3}} \angle -\frac{\pi}{3} + \frac{\pi}{6} \fallingdotseq 6.67 \angle -\frac{\pi}{6} [\text{A}]$$

【別 解】 負荷を Δ 回路に変換して，

$$\dot{Z}_\Delta = 15\sqrt{3} + \mathrm{j}15 = 30 \angle \frac{\pi}{6} [\Omega]$$

$$\dot{I}_{ab} = \frac{\dot{E}_a}{\dot{Z}_\Delta} = \frac{200}{30} \angle 0 -\frac{\pi}{6} \fallingdotseq 6.67 \angle -\frac{\pi}{6} [\text{A}]$$

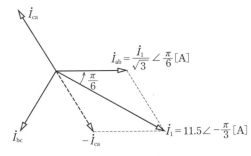

図 59-3　相電流と線電流の関係

▶ **解説** ････････････････････････････････

極形式はベクトル図そのものなので，ベクトル図に置き換えて考えてもよい。ただし，ベクトル図では，和，差は容易に作図できるが，積，商の作図には計算が必要になる。

問 60 出題分野＜三相交流＞ 平成23年度 問15

　図のように，$R[\Omega]$の抵抗，静電容量$C[F]$のコンデンサ，インダクタンス$L[H]$のコイルからなる平衡三相負荷に線間電圧$V[V]$の対称三相交流電源を接続した回路がある。次の（a）及び（b）の問に答えよ。

　ただし，交流電源電圧の角周波数は$\omega[rad/s]$とする。

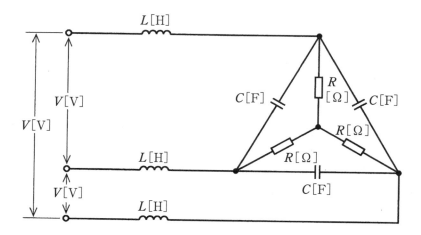

（a）　三相電源からみた平衡三相負荷の力率が1になったとき，インダクタンス$L[H]$のコイルと静電容量$C[F]$のコンデンサの関係を示す式として，正しいものを次の（1）～（5）のうちから一つ選べ。

（1）　$L = \dfrac{3C^2R^2}{1+9(\omega CR)^2}$　　（2）　$L = \dfrac{3CR^2}{1+9(\omega CR)^2}$　　（3）　$L = \dfrac{3C^2R}{1+9(\omega CR)^2}$

（4）　$L = \dfrac{9CR^2}{1+9(\omega CR)^2}$　　（5）　$L = \dfrac{R}{1+9(\omega CR)^2}$

（b）　平衡三相負荷の力率が1になったとき，静電容量$C[F]$のコンデンサの端子電圧$[V]$の値を示す式として，正しいものを次の（1）～（5）のうちから一つ選べ。

（1）　$\sqrt{3}\,V\sqrt{1+9(\omega CR)^2}$　　（2）　$V\sqrt{1+9(\omega CR)^2}$　　（3）　$\dfrac{V\sqrt{1+9(\omega CR)^2}}{\sqrt{3}}$

（4）　$\dfrac{\sqrt{3}\,V}{\sqrt{1+9(\omega CR)^2}}$　　（5）　$\dfrac{V}{\sqrt{1+9(\omega CR)^2}}$

問60（a）の解答　出題項目＜YΔ混合＞　　答え　（2）

コンデンサを Δ 結線から Y 結線に変換した場合の 1 相分の回路を**図 60-1** に示す。

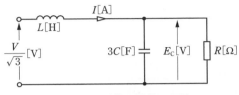

図 60-1　負荷 1 相分の回路

図の回路のインピーダンス $\dot{Z}$ は，

$$\dot{Z}=\mathrm{j}\,\omega L+\frac{R}{1+\mathrm{j}\,3\omega CR}=\mathrm{j}\,\omega L+\frac{R(1-\mathrm{j}\,3\omega CR)}{1+(3\omega CR)^2}$$

$$=\frac{R}{1+9(\omega CR)^2}+\mathrm{j}\left\{\omega L-\frac{3\omega CR^2}{1+9(\omega CR)^2}\right\}[\Omega]$$

電源からみた力率が 1 であるためには，インピーダンスの虚数部が零でなければならない。

$$\omega L-\frac{3\omega CR^2}{1+9(\omega CR)^2}=0$$

$$L=\frac{3CR^2}{1+9(\omega CR)^2}$$

解説

平衡三相負荷の力率が 1 であることは，負荷が等価的に抵抗負荷になることを意味する。したがって，1 相当たりのインピーダンス $\dot{Z}$ の式を整理して，$\dot{Z}=$（等価抵抗 r）＋j（等価リアクタンス X）として表し，$X=0$ の条件を付けることで，インピーダンスは等価的に抵抗分だけになる。この条件式を L について式変形すれば解答が得られる。

Point 力率 1 ⇔ 電源からみたインピーダンスの虚数部が零

問60（b）の解答　出題項目＜YΔ混合＞　　答え　（2）

図 60-1 において，コンデンサと抵抗の合成インピーダンスを $\dot{Z}_\mathrm{C}$ とすると，

$$\dot{Z}_\mathrm{C}=\frac{\dfrac{R}{\mathrm{j}\omega(3C)}}{R+\dfrac{1}{\mathrm{j}\omega(3C)}}=\frac{R}{1+\mathrm{j}\omega(3C)R}[\Omega]$$

$$Z_\mathrm{C}=|\dot{Z}_\mathrm{C}|=\frac{R}{\sqrt{1+9(\omega CR)^2}}[\Omega]$$

一方，力率が 1 における負荷のインピーダンスの大きさ Z は $\dot{Z}$ の実数部なので，

$$Z=\frac{R}{1+9(\omega CR)^2}[\Omega]$$

このときの相電流 I は，

$$I=\frac{\dfrac{V}{\sqrt{3}}}{Z}=\frac{V}{\sqrt{3}}\frac{\{1+9(\omega CR)^2\}}{R}[\mathrm{A}]$$

Z_C の端子電圧 E_C は，

$$E_\mathrm{C}=IZ_\mathrm{C}=\frac{V\{1+9(\omega CR)^2\}}{\sqrt{3}R}\frac{R}{\sqrt{1+9(\omega CR)^2}}$$

$$=\frac{V\sqrt{1+9(\omega CR)^2}}{\sqrt{3}}[\mathrm{V}]$$

Y 結線された Z_C を Δ 結線に変換すると**図 60-2**になる。

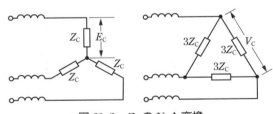

図 60-2　Z_C の Y-Δ 変換

したがって，コンデンサの端子電圧 V_C は，
$$V_\mathrm{C}=\sqrt{3}E_\mathrm{C}=V\sqrt{1+9(\omega CR)^2}[\mathrm{V}]$$

解説

線電流を求める場合，力率が 1 における負荷のインピーダンスを用いることに注意する。

その後の計算は，Z_C の端子電圧を求めて $\sqrt{3}$ 倍することで，Δ 結線時のコンデンサの端子電圧が求められる。

理論
電力
機械
法規

令和5（2023）上期
令和5（2023）下期

選抜90問
選抜85問
選抜90問
選抜65問

問 61 出題分野＜三相交流＞ 平成 27 年度 問 17

　図のような V 結線電源と三相平衡負荷とからなる平衡三相回路において，$R=5\,\Omega$，$L=16\,\text{mH}$ である。また，電源の線間電圧 $e_a[\text{V}]$ は，時刻 $t[\text{s}]$ において $e_a=100\sqrt{6}\sin(100\pi t)[\text{V}]$ と表され，線間電圧 $e_b[\text{V}]$ は $e_a[\text{V}]$ に対して振幅が等しく，位相が 120° 遅れている。ただし，電源の内部インピーダンスは零である。このとき，次の（a）及び（b）の問に答えよ。

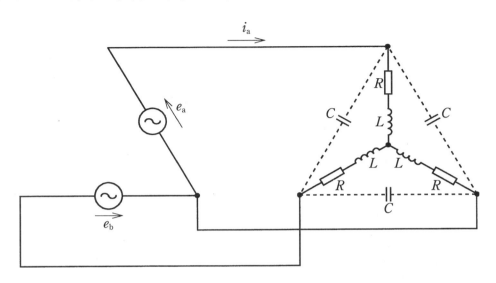

（a）　図の点線で示された配線を切断し，3 個のコンデンサを三相回路から切り離したとき，三相電力 P の値[kW]として，最も近いものを次の（1）～（5）のうちから一つ選べ。

　（1）　1　　　（2）　3　　　（3）　6　　　（4）　9　　　（5）　18

（b）　点線部を接続することによって同じ特性の 3 個のコンデンサを接続したところ，i_a の波形は e_a の波形に対して位相が 30° 遅れていた。このときのコンデンサ C の静電容量の値[F]として，最も近いものを次の（1）～（5）のうちから一つ選べ。

　（1）　3.6×10^{-5}　　　（2）　1.1×10^{-4}　　　（3）　3.2×10^{-4}
　（4）　9.6×10^{-4}　　　（5）　2.3×10^{-3}

理論
電力
機械
法規

令和5 (2023) 上期

令和5 (2023) 下期

選抜90問

選抜85問

選抜90問

選抜65問

問61（a）の解答　　出題項目＜Y接続＞　　　　　　答え（2）

i_a の実効値を I_a，i_a が流れる相を a 相としたとき，a 相 1 相分の等価回路を図 61-1 に示す。

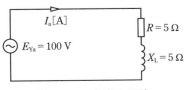

図 61-1　1 相分の回路

瞬時式 e_a より，線間電圧の実効値 E_a は 100√3 V，周波数は 50 Hz である。相電圧は線間電圧の $1/\sqrt{3}$ なので，a 相の相電圧の大きさ E_{Ya} は，

$$E_{Ya}=100\sqrt{3}/\sqrt{3}=100[\text{V}]$$

負荷の誘導性リアクタンス X_L は，

$$X_L=2\pi\times50\times16\times10^{-3}=5[\Omega]$$

負荷 1 相分のインピーダンス Z は，

$$Z=\sqrt{5^2+5^2}=5\sqrt{2}[\Omega]$$

相電流 I_a は，

$$I_a=\frac{E_{Ya}}{Z}=\frac{100}{5\sqrt{2}}=10\sqrt{2}[\text{A}]$$

電力は R で消費され，三相電力 P は単相電力の 3 倍であるから，

$$P=3I_a{}^2R=3\times(10\sqrt{2})^2\times5=3\,000[\text{W}]=3[\text{kW}]$$

解説

V 結線の電源でも，負荷から見れば対称三相電源に変わりないので，Δ 結線の電源同様に 1 相分の等価回路で考えることができる。

問61（b）の解答　　出題項目＜YΔ混合＞　　　　　　答え（2）

相電圧 $\dot{E}_{Ya}$ を基準とした線間電圧 $\dot{E}_a$ のベクトル図を図 61-2 に示す。

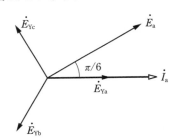

図 61-2　線間電圧と相電圧のベクトル図

題意より $\dot{I}_a$ の位相は $\dot{E}_a$ に対して 30°$(\pi/6)$ 遅れなので，相電流 $\dot{I}_a$ は相電圧 $\dot{E}_{Ya}$ と同相である。したがって，コンデンサを含む負荷の力率は 1 である。

コンデンサを Y 結線に変換した 1 相分の負荷を図 61-3 に示す。また，相電圧 $\dot{E}_{Ya}$ を基準とした，負荷に流れる電流のベクトル図を図 61-4 に示す。ただし，コンデンサを流れる電流を $\dot{I}_C$，誘導性負荷を流れる電流を $\dot{I}_{RL}$ とする。

$$\dot{I}_{RL}=100/(5+\text{j}5)=10-\text{j}10[\text{A}]$$

$\dot{I}_C+\dot{I}_{RL}=\dot{I}_a$ が $\dot{E}_{Ya}$ と同相になるには，

$$\dot{I}_C=\text{j}10[\text{A}]，\quad\therefore\quad I_C=|\dot{I}_C|=10[\text{A}]$$

コンデンサの容量性リアクタンス X_C は，

$$X_C=E_{Ya}/I_C=100/10=10[\Omega]$$

$$X_C=\frac{1}{100\pi\times3C}=10$$

$$C=\frac{1}{100\pi\times3\times10}$$

$$≒1.06\times10^{-4}[\text{F}]\quad\rightarrow\quad1.1\times10^{-4}\text{ F}$$

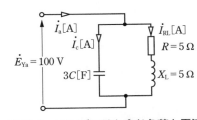

図 61-3　コンデンサを含む負荷と電流

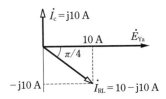

図 61-4　負荷電流のベクトル図

解説

i_a，e_a を実効値ベクトルに置き換えてベクトル図で考える。この問題では線間電圧 $\dot{E}_a$ と相電圧 $\dot{E}_{Ya}$，相電流 $\dot{I}_a$ の位相関係が重要になる。

　図のように，起電力 $\dot{E}_a$[V]，$\dot{E}_b$[V]，$\dot{E}_c$[V]をもつ三つの定電圧源に，スイッチ S_1，S_2，$R_1 = 10\,\Omega$ 及び $R_2 = 20\,\Omega$ の抵抗を接続した交流回路がある。次の（a）及び（b）の問に答えよ。

　ただし，$\dot{E}_a$[V]，$\dot{E}_b$[V]，$\dot{E}_c$[V]の正の向きはそれぞれ図の矢印のようにとり，これらの実効値は 100 V，位相は $\dot{E}_a$[V]，$\dot{E}_b$[V]，$\dot{E}_c$[V]の順に $\dfrac{2}{3}\pi$[rad]ずつ遅れているものとする。

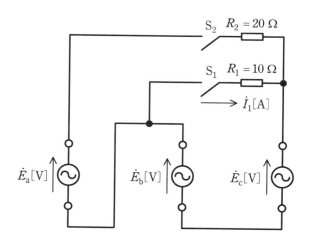

（a）　スイッチ S_2 を開いた状態でスイッチ S_1 を閉じたとき，R_1[Ω]の抵抗に流れる電流 $\dot{I}_1$ の実効値[A]として，最も近いものを次の（1）〜（5）のうちから一つ選べ。

　　（1）　0　　　（2）　5.77　　　（3）　10.0　　　（4）　17.3　　　（5）　20.0

（b）　スイッチ S_1 を開いた状態でスイッチ S_2 を閉じたとき，R_2[Ω]の抵抗で消費される電力の値[W]として，最も近いものを次の（1）〜（5）のうちから一つ選べ。

　　（1）　0　　　（2）　500　　　（3）　1 500　　　（4）　2 000　　　（5）　4 500

問62（a）の解答　出題項目＜三相電源＞　　　答え（4）

等価回路を**図62-1**に，また，$\dot{E}_b$を基準とした
ベクトル図を**図62-2**に示す。ただし，$R_1[\Omega]$の
端子電圧を$\dot{E}_1$（大きさE_1），$\dot{I}_1$の大きさ（実効値）
をI_1とする。

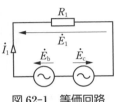

図62-1　等価回路

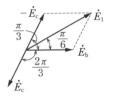

図62-2　ベクトル図

ベクトル図より，E_1は$|\dot{E}_b|$と$|-\dot{E}_c|$を2辺と
する平行四辺形（ひし形）の対角線の長さから計算
でき，

$$E_1=\sqrt{|\dot{E}_b|^2+|-\dot{E}_c|^2+2|\dot{E}_b||-\dot{E}_c|\cos(\pi/3)}$$
$$=\sqrt{100^2+100^2+2\times100^2\times\cos(\pi/3)}$$
$$=100\sqrt{3}\,[\mathrm{V}]$$

ゆえに，電流$\dot{I}_1$の実効値I_1は，

$$I_1=\frac{E_1}{R_1}=\frac{100\sqrt{3}}{10}=10\sqrt{3}\,[\mathrm{A}]\quad\rightarrow\quad 17.3\,\mathrm{A}$$

解説

図62-1における二つの起電力は実効値が同じ
でも位相が異なるので，直列接続した場合の合成
起電力を求めるにはベクトル図を参考にベクトル
和（差）で計算する必要がある。

$\dot{E}_1$は図62-2のベクトル図上で$\dot{E}_b$と$-\dot{E}_c$の
和となるので，E_1は平行四辺形の対角線として
求めることができるが，この問題では$\dot{E}_b$と$-\dot{E}_c$
は大きさが同じで位相差が$\pi/3$なので，二つの
正三角形を合わせたひし形の対角線となる。この
ため，$\dot{E}_1$は，大きさが$\dot{E}_b$の大きさの$\sqrt{3}$倍で，
$\dot{E}_b$より位相が$\pi/6$進んだベクトルとなることが
わかる。

$$\dot{E}_1=100\sqrt{3}\,\angle\,\pi/6\,[\mathrm{V}]$$

なお，これは，Y結線された対称三相交流電
源の相電圧と線間電圧の関係と同じである。

補足　このベクトル和の数値計算は容易で
はない。例えば$\dot{E}_b$の位相角を零として極形式で
$\dot{E}_1$を表すと，

$$\dot{E}_1=\dot{E}_b-\dot{E}_c=100\angle 0-100\angle-2\pi/3$$
$$=100\angle 0+100\angle\pi/3$$

となるが，極形式の和（差）は簡単には計算できな
い。さらに計算を行うには，極形式を直交形式で
表して計算し，計算結果を再び極形式で表す必要
がある。

Point 位相差がある交流起電力の和は，ベクト
ル和で計算する。

問62（b）の解答　出題項目＜三相電源＞　　　答え（4）

等価回路を**図62-3**に，また，$\dot{E}_a$を基準とした
ベクトル図を**図62-4**に示す。ただし，$R_2[\Omega]$の
端子電圧を$\dot{E}_2$（大きさE_2）とする。

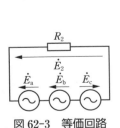

図62-3　等価回路

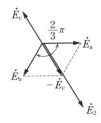

図62-4　ベクトル図

ベクトル図より，$\dot{E}_a+\dot{E}_b$と$-\dot{E}_c$は同相なので，

$$E_2=|\dot{E}_a+\dot{E}_b|+|-\dot{E}_c|=100+100=200\,[\mathrm{V}]$$

ゆえに，抵抗$R_2[\Omega]$の消費電力Pは，

$$P=\frac{E_2{}^2}{R_2}=\frac{200^2}{20}=2\,000\,[\mathrm{W}]$$

解説

図62-3のように三つの起電力を直列接続した
場合，合成起電力はベクトル和となるのでベクト
ル図で考えるとわかりやすい。

小問（a）も含めこの問題のベクトル図は，対称
三相交流電源のベクトル図が参考になる。

問 63　出題分野＜過渡現象＞

　図のように，電圧 E[V]の直流電源に，開いた状態のスイッチ S，R_1[Ω]の抵抗，R_2[Ω]の抵抗及び電流が 0 A のコイル（インダクタンス L[H]）を接続した回路がある。次の文章は，この回路に関する記述である。

　1　スイッチ S を閉じた瞬間（時刻 $t=0$ s）に R_1[Ω]の抵抗に流れる電流は，　(ア)　[A]となる。

　2　スイッチ S を閉じて回路が定常状態とみなせるとき，R_1[Ω]の抵抗に流れる電流は，　(イ)　[A]となる。

　上記の記述中の空白箇所（ア）及び（イ）に当てはまる式の組合せとして，正しいものを次の（1）〜（5）のうちから一つ選べ。

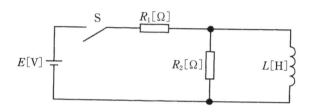

	（ア）	（イ）
（1）	$\dfrac{E}{R_1+R_2}$	$\dfrac{E}{R_1}$
（2）	$\dfrac{R_2 E}{(R_1+R_2)R_1}$	$\dfrac{E}{R_1}$
（3）	$\dfrac{E}{R_1}$	$\dfrac{E}{R_1+R_2}$
（4）	$\dfrac{E}{R_1}$	$\dfrac{E}{R_1}$
（5）	$\dfrac{E}{R_1+R_2}$	$\dfrac{E}{R_1+R_2}$

373
理論 電力 機械 法規
令和5(2023)上期
令和5(2023)下期
選抜90問
選抜85問
選抜90問
選抜65問

問63の解答　　出題項目＜*RL*直並列回路＞　　　　答え　（1）

1　スイッチSを閉じた瞬間（時刻 $t=0$ s）に R_1[Ω]の抵抗に流れる電流は，$\dfrac{E}{R_1+R_2}$[A]である。

2　スイッチSを閉じて回路が定常状態とみなせるとき，R_1[Ω]の抵抗に流れる電流は，$\dfrac{E}{R_1}$[A]となる。

解説 ••••••••••••••••••••

スイッチSを閉じた瞬間（$t=0$[s]），コイルは逆起電力を発生するためコイルには電流が流れない。このため，コイルは回路から切り放された状態となり，等価回路は**図63-1**となる。したがって，R_1 の抵抗を流れる電流 I_0 は，

$$I_0=\frac{E}{R_1+R_2}\,[\text{A}]$$

回路が定常状態（$t\to\infty$）になると各素子を流れる電流が一定となるので，コイルの起電力は零となる。このため，コイルは導線と同じ状態になり R_2 は短絡されるので，等価回路は**図63-2**となる。したがって，R_1 の抵抗を流れる電流 I_∞ は，

$$I_\infty=\frac{E}{R_1}\,[\text{A}]$$

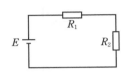
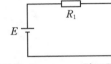

図63-1　$t=0$ 時の回路　　図63-2　$t\to\infty$ 時の回路

このように直流回路の過渡現象では，$t=0$ と定常状態における回路の電流は，比較的容易に計算できる。

問 64 出題分野＜過渡現象＞   令和３年度 問 10

　開放電圧が V[V]で出力抵抗が十分に低い直流電圧源と，インダクタンスが L[H]のコイルが与えられ，抵抗 R[Ω]が図１のようにスイッチ S を介して接続されている。時刻 $t=0$ でスイッチ S を閉じ，コイルの電流 i_L[A]の時間に対する変化を計測して，波形として表す。$R=1\,Ω$ としたところ，波形が図２であったとする。$R=2\,Ω$ であればどのような波形となるか，波形の変化を最も適切に表すものを次の（１）～（５）のうちから一つ選べ。

　ただし，選択肢の図中の点線は図２と同じ波形を表し，実線は $R=2\,Ω$ のときの波形を表している。

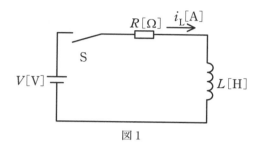

図１

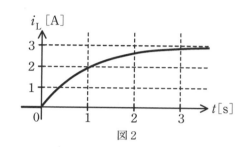

図２

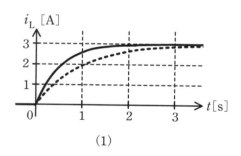

（１）

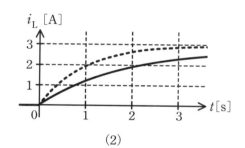

（２）

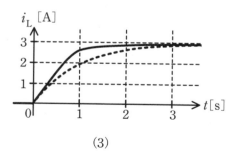

（３）

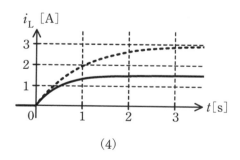

（４）

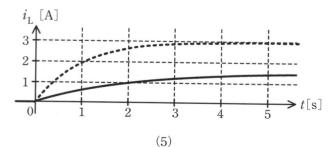

（５）

理論
電力
機械
法規

令和5 (2023) 上期

令和5 (2023) 下期

選抜90問

選抜85問

選抜90問

選抜65問

問 64 の解答　　出題項目＜*RL* 直列回路＞　　　　　　　答え　（4）

●コイルを流れる電流の定常値

抵抗 $R=1$[Ω]とインダクタンス L[H]の直列回路に電圧 V[V]を加えると，問題図 2 の波形から，十分に時間が経過($t\to\infty$)したときのコイルに流れる電流 $i_{L1}=3$[A]であるので，

$$i_{L1}=\frac{V}{R}$$
$$=\frac{V}{1}=3[\text{A}] \qquad \therefore\ V=3[\text{V}]$$

次に，抵抗を $R=1$[Ω]から $R'=2$[Ω]に変えて電圧 $V=3$[V]を加えると，十分に時間が経過($t\to\infty$)したときのコイルを流れる電流 i_{L2} は，

$$i_{L2}=\frac{V}{R'}=\frac{3}{2}=1.5[\text{A}]$$

よって，答えは選択肢（4）と（5）のどちらかであることがわかる。

●時定数

RL 直列回路の時定数 $\tau=\dfrac{L}{R}$ である。よって，抵抗値 $R=1$[Ω]から $R'=2$[Ω]に変えると時定数は $\dfrac{1}{2}$ 倍になり，コイルを流れる電流 i_L はより早く定常値 1.5 A に収束することがわかる。

選択肢（4）と（5）のうち，問題図 2 の波形よりも時定数が短いのは（4）だけであり，これが答えであると判断できる。

解説

時定数 τ は，「原点(時刻 $t=0$，コイルの電流 $i_L=0$)における波形 i_L の接線」と「$i_L=$ 定常値」との交点までの時間である。時定数 τ は，過渡期間の長さの目安となる。

図 64-1 に，抵抗 $R=1$[Ω]のときの電流 i_L の波形(時間的変化)を示す。この図から，時定数 $\tau\fallingdotseq1$[s]であることがわかる。また**図 64-2** に，抵抗 $R'=2$[Ω]のときの電流 i_L の波形(時間的変化)を示す。この図から，時定数 $\tau\fallingdotseq0.5$[s]であることがわかる。

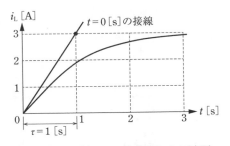

図 64-1　抵抗 $R=1$[Ω]のときの波形

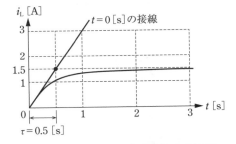

図 64-2　抵抗 $R'=2$[Ω]のときの波形

補足

$R=1$[Ω]のとき $\tau=1$[s] なので，

$$\tau=\frac{L}{R} \qquad \therefore\ L=\tau R=1\times1=1[\text{H}]$$

i_L の一般式は，自然対数の底を e($\fallingdotseq2.718$)とすると，

$$i_L=\frac{V}{R}\left(1-e^{\frac{R}{L}t}\right) \qquad\qquad ①$$

$V=3$[V]，$R=1$[Ω]，$L=1$[H]のとき，
$$i_L=3(1-e^{-t})$$

また，$R=1$[Ω]を $R'=2$[Ω]に変えたときは，

$$i_L=\frac{3}{2}(1-e^{-2t}) \qquad\qquad ②$$

①式の波形は図 64-1，②式の波形は図 64-2 になる。

問 65 出題分野＜過渡現象＞

　図1のようなインダクタンス L[H]のコイルと R[Ω]の抵抗からなる直列回路に，図2のような振幅 E[V]，パルス幅 T_0[s]の方形波電圧 v_i[V]を加えた。このときの抵抗 R[Ω]の端子間電圧 v_R[V]の波形を示す図として，正しいのは次のうちどれか。

　ただし，図1の回路の時定数 $\dfrac{L}{R}$[s]は T_0[s]より十分小さく $\left(\dfrac{L}{R} \ll T_0\right)$，方形波電圧 v_i[V]を発生する電源の内部インピーダンスは0Ωとし，コイルに流れる初期電流は0Aとする。

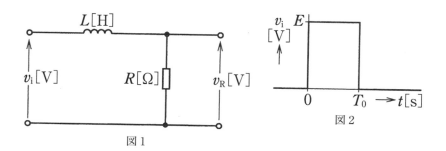

図1　　　　　　　　　　　　図2

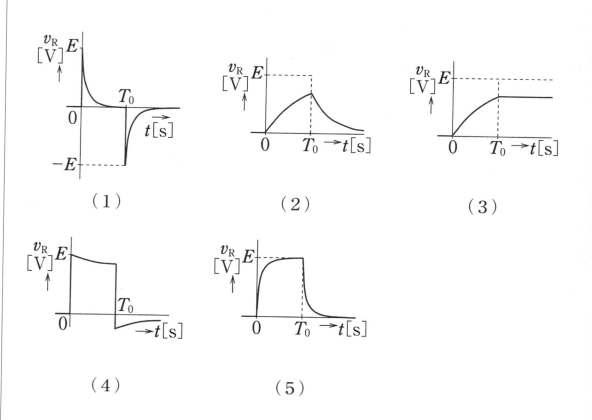

（1）　　　　　　　　　（2）　　　　　　　　　（3）

（4）　　　　　　　　　（5）

問 65 の解答　　出題項目＜*RL* 直列回路＞　　　　　答え　（5）

v_R は抵抗を流れる電流 i と同じ変化をするので，電流の変化を調べればよい。

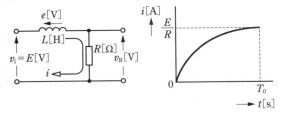

図 65-1　i の時間変化

図 65-1 のように，$t = 0[\mathrm{s}]$ で v_i が $E[\mathrm{V}]$ に立ち上がっても，コイルの誘導起電力 e が電流 i の増加を妨げるので，電流は徐々に滑らかに上昇する。回路の時定数が T_0 に比べ十分に小さいので，T_0 までの間にコイルの誘導起電力は零となり，電流は $i = \dfrac{E}{R}[\mathrm{A}]$ の定常状態となる。

次に，$t = T_0[\mathrm{s}]$ で v_i が $0\,\mathrm{V}$ に立ち下がった場合，**図 65-2** のように，コイルは電流を維持し続ける向きに誘導起電力を生じるので，電流は直ちに零にならず徐々に滑らかに減少して零に至る。その変化は電流上昇時と反対の形になる。この電流を R 倍したものが v_R なので，正解は選択肢（5）となる。

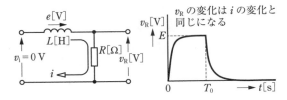

図 65-2　v_R の時間変化

解説 ⋯⋯⋯⋯⋯⋯⋯⋯⋯⋯⋯⋯⋯⋯⋯⋯⋯⋯

もし時定数と T_0 が同程度である場合，v_R は十分 E まで上昇できないので，選択肢（2）のような波形になる。また，選択肢（1）は問題図 1 のコイルと抵抗を置き換えた場合の応答である（ただし，時定数 $\dfrac{L}{R} \ll T_0$ とする）。

理論
電力
機械
法規

令和5（2023）上期
令和5（2023）下期

選抜90問
選抜85問
選抜90問
選抜65問

問 66　出題分野＜過渡現象＞　　　　　　　　　　　　　**平成 23 年度 問 10**

　図のように，2種類の直流電源，$R[\Omega]$の抵抗，静電容量$C[F]$のコンデンサ及びスイッチSからなる回路がある。この回路において，スイッチSを①側に閉じて回路が定常状態に達した後に，時刻$t=0$[s]でスイッチSを①側から②側に切り換えた。②側への切り換え以降の，コンデンサから流れ出る電流$i[A]$の時間変化を示す図として，正しいものを次の（1）〜（5）のうちから一つ選べ。

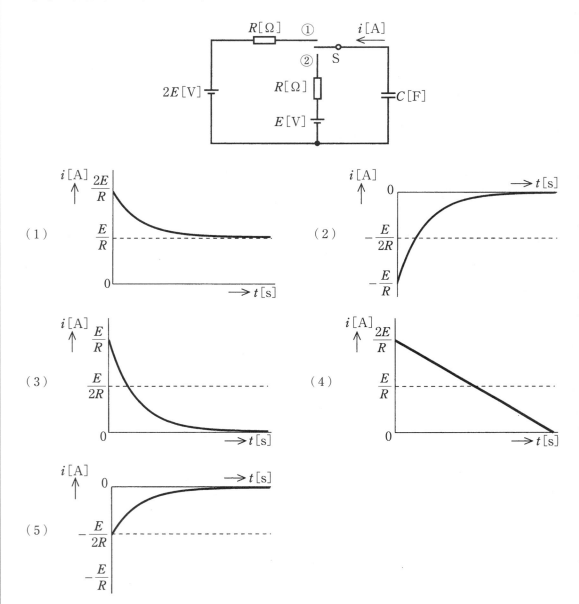

379

理論
電力
機械
法規

令和5 (2023) 上期

令和5 (2023) 下期

選抜90問

選抜85問

選抜90問

選抜65問

問66の解答　出題項目＜RC直列回路＞　　　　　　　　答え　(3)

スイッチを①側に閉じて十分な時間が経過し，定常状態に達したときのコンデンサの端子電圧は $2E$[V]，回路の電流は 0 A である。

$t=0$[s]でスイッチを②側に切り換えた瞬間を**図66-1**に示す。電源 E よりもコンデンサの端子電圧 $V_C=2E$[V]の方が高いので，コンデンサから電源に電流 i[A]が流れる。電流 i は，この閉回路の電圧の総和が零となる回路方程式から，

$$iR+E=2E \quad \rightarrow \quad i=\frac{E}{R}[\text{A}]$$

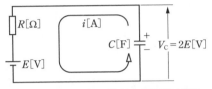

図66-1　②に切り換えた瞬間の回路

$t>0$ では，時間経過に伴いコンデンサの電荷が放電により減少するので，端子電圧 V_C が低下する。V_C が低下すると電流 i も減少するので，i の減少に伴い V_C の低下の速度は小さくなる。このため，電流 i は徐々に滑らかに 0 に近づいていく。電流 i の時間変化を**図66-2**に示す。したがって，正解は選択肢(3)となる。

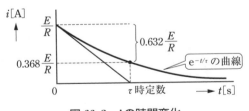

図66-2　i の時間変化

解説

図66-2 の $\tau=CR$ を時定数という。τ[s]後の電流は初期値の 0.632 倍だけ減少する。時定数が小さいほど，電流は短時間で定常状態近傍に達する。

また，コンデンサの端子電圧 V_C は $iR+E$ なので，i の減少に伴い**図66-3**のように，電源電圧 E に徐々に滑らかに近づく。

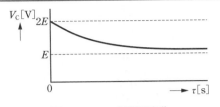

図66-3　V_C の時間変化

補足　電流 i は微分方程式を解くことで得られるが，ここでは結果のみに注目する。

図66-2 に代表される過渡現象の曲線は，すべて同じ形をしており，①式，②式のような，**時間 t の指数関数**で表される。ただし，τ は時定数，K は初期値や定常値で決まる定数である。

$$i=Ke^{-t/\tau} \qquad\qquad ①$$

例えば，この問題では時定数は CR，初期条件は $t=0$ のとき $i=E/R$ なので，①式に代入すると $E/R=Ke^0=K$ となり，定数 K が決まる。

これで，図66-2 の電流変化が時間の関数として次式で表される。

$$i=(E/R)e^{-t/CR}$$

図66-3 の電圧変化は次式で表される。

$$V_C=iR+E=Ee^{-t/CR}+E$$

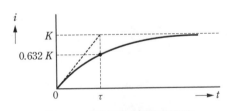

図66-4　過渡現象と指数関数

図66-4 のように，増加する場合は，

$$i=K(1-e^{-t/\tau}) \qquad\qquad ②$$

K は定常条件で決まり，定常値が $t\to\infty$ のとき $i=I$ とすれば図66-4 の電流変化は次式で表される。

$$i=I(1-e^{-t/\tau})$$

＊e はネイピア数($e=2.71828\cdots$)と呼ばれる定数で，自然対数の底である。e は自然現象を数式化する場合登場する定数で，円周率 π と同様に我々の世界・宇宙を形づくる神秘的な数である。

問 67 　出題分野＜過渡現象＞ 　　　　　　　　　　　　　　 平成 27 年度 問 10

　図のように，直流電圧 E[V]の電源，抵抗 R[Ω]の抵抗器，インダクタンス L[H]のコイルまたは静電容量 C[F]のコンデンサ，スイッチ S からなる 2 種類の回路（RL 回路，RC 回路）がある。各回路において，時刻 $t=0$ s でスイッチ S を閉じたとき，回路を流れる電流 i[A]，抵抗の端子電圧 v_r[V]，コイルの端子電圧 v_l[V]，コンデンサの端子電圧 v_c[V]の波形の組合せを示す図として，正しいものを次の（1）～（5）のうちから一つ選べ。

　ただし，電源の内部インピーダンス及びコンデンサの初期電荷は零とする。

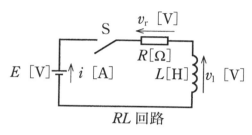
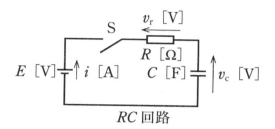

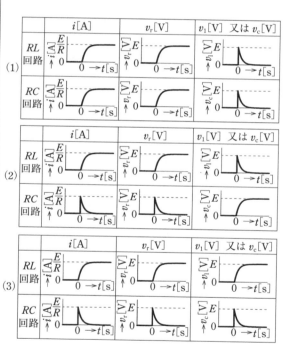

問 67 の解答　出題項目＜*RL* 直列回路，*RC* 直列回路＞　　答え（2）

　問題図 *RL* 回路の電流 *i* は，*t*＝0 ではコイルの誘導起電力のために流れることができず零である。その後，**図 67-1** のように，電流は v_l の低下に伴い徐々に増加し，定常状態 *i*＝*E*/*R*[A]に徐々に滑らかに近づく。また v_r は，v_r＝*iR* より図 67-1 の *i* 軸を *R* 倍した軸となる。次に v_l は，v_l＝*E*－v_r より**図 67-2** となる。

　問題図 *RC* 回路の電流 *i* は，初期電荷が零なので *t*＝0 ではコンデンサは短絡状態となり，*i*＝*E*/*R*[A]となる。その後，**図 67-3** のように，電流は

コンデンサを充電するので，v_c が上昇するに伴い電流は徐々に滑らかに減少し，定常状態 *i*＝0[A]に近づく。また v_r は，v_r＝*iR* より図 67-3 の *i* 軸を *R* 倍した軸となる。次に v_c は，v_c＝*E*－v_r より**図 67-4** となる。

解説

　RL 回路，*RC* 回路の過渡現象は頻出問題である。電流変化はワンパターンなので，グラフの形を覚えておくとよい。

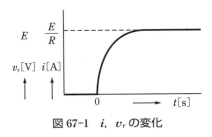

図 67-1　*i*，v_r の変化

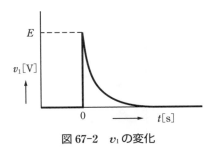

図 67-2　v_l の変化

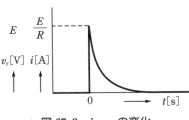

図 67-3　*i*，v_r の変化

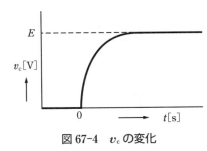

図 67-4　v_c の変化

問68　出題分野＜過渡現象＞　　　　令和4年度下期 問10

図の回路のスイッチSを $t=0\,\mathrm{s}$ で閉じる。電流 $i_S[\mathrm{A}]$ の波形として最も適切に表すものを次の（1）～（5）のうちから一つ選べ。

ただし，スイッチSを閉じる直前に，回路は定常状態にあったとする。

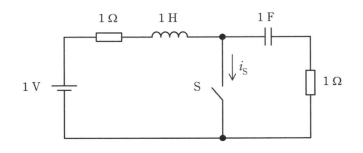

（1）

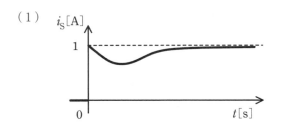

（2）

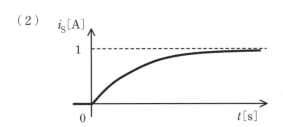

（3）

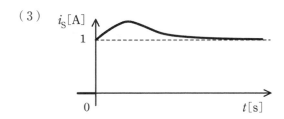

（4）

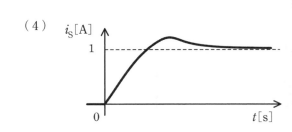

（5）

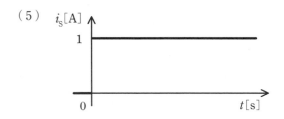

問68の解答　　出題項目＜*RL*直列回路，*RC*直列回路＞　　　　答え　(5)

スイッチSを閉じる直前の定常状態において，1Fのコンデンサには1Vの電圧(1Cの電気量)が充電されており，また，コイルやコンデンサに流れている電流はともに零(0 A)である。

ここで，1Ωの抵抗と1Hのコイルの時定数 τ_{RL}，1Ωの抵抗と1Fのコンデンサの時定数 τ_{RC} は，

$$\tau_{RL}=\frac{1}{1}=1[\text{s}], \quad \tau_{RC}=1\times1=1[\text{s}]$$

このように，両者は等しい($\tau_{RL}=\tau_{RC}=1[\text{s}]$)。

次に，スイッチSを時刻 $t=0[\text{s}]$ で閉じると，コイルからの誘導電流 $i_L[\text{A}]$ とコンデンサからの放電電流 $i_C[\text{A}]$ の和として，電流 $i_S[\text{A}]$ がスイッチSを流れる。このとき，コイルからの電流 i_L は，時定数が1秒で増加する電流が流れ始め，十分時間が経過すると1Aとなる。

一方，コンデンサからの電流 i_C は，時定数が1秒で1Aから減少する電流が流れ，十分時間が経過すると零(0 A)となる。

ここで，時定数が等しいので，コンデンサの放電電流 i_C が減少した分だけコイルからの電流 i_L が増加するので，その和は常に1Aとなる。

$$i_S=i_L+i_C=1[\text{A}]$$

したがって，**図68-1**のように，$t>0$ では常に1Aの一定電流が流れる。

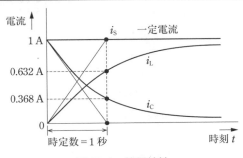

図 68-1　放電特性

解説 ....

抵抗 $R[\Omega]$ とインダクタンス $L[\text{H}]$ からなる *RL* 直列回路の時定数 $\tau_{RL}[\text{s}]$ は，次式で表される。

$$\tau_{RL}=\frac{L}{R}[\text{s}]$$

また，抵抗 $R[\Omega]$ と静電容量 $C[\text{F}]$ からなる *RC* 直列回路の時定数 $\tau_{RC}[\text{s}]$ は，次式で表される。

$$\tau_{RC}=CR[\text{s}]$$

補足　この問題において，コイルからの電流 $i_L[\text{A}]$ とコンデンサからの放電電流 $i_C[\text{A}]$ は，どちらも時定数が1秒であるから，結果だけ示すとそれぞれ次式で表される。

$$i_L=1-e^{-t}, \quad i_C=e^{-t} \quad (e：自然対数の底)$$

よって，i_L と i_C の和 i_S は常に1A(時刻 t に関係なく一定値)となる。

$$i_S=i_L+i_C=1[\text{A}]$$

問 69 出題分野＜電気計測＞ 令和2年度 問16

最大目盛 150 V，内部抵抗 18 kΩ の直流電圧計 V_1 と最大目盛 300 V，内部抵抗 30 kΩ の直流電圧計 V_2 の二つの直流電圧計がある。ただし，二つの直流電圧計は直動式指示電気計器を使用し，固有誤差はないものとする。次の（a）及び（b）の問に答えよ。

（a） 二つの直流電圧計を直列に接続して使用したとき，測定できる電圧の最大の値[V]として，最も近いものを次の（1）～（5）のうちから一つ選べ。

　（1） 150　　（2） 225　　（3） 300　　（4） 400　　（5） 450

（b） 次に，直流電圧 450 V の電圧を測定するために，二つの直流電圧計の指示を最大目盛にして測定したい。そのためには，直流電圧計 _（ア） に，抵抗 _（イ） kΩ を _（ウ） に接続し，これに直流電圧計 _（エ） を直列に接続する。このように接続して測定することで，各直流電圧計の指示を最大目盛にして測定をすることができる。

　　上記の記述中の空白箇所（ア）～（エ）に当てはまる組合せとして，正しいものを次の（1）～（5）のうちから一つ選べ。

	（ア）	（イ）	（ウ）	（エ）
（1）	V_1	90	直列	V_2
（2）	V_1	90	並列	V_2
（3）	V_2	90	並列	V_1
（4）	V_1	18	並列	V_2
（5）	V_2	18	直列	V_1

問 69 （a）の解答　出題項目＜電圧計・倍率器＞　　答え　（4）

直流電圧計 V_1 に流すことができる電流の最大値（最大電流）I_{m1} は，V_1 の最大目盛が 150 V，内部抵抗が 18 kΩ であるから，

$$I_{m1}=\frac{150}{18\times10^3}≒8.33[\mathrm{mA}]$$

直流電圧計 V_2 の最大電流 I_{m2} は，V_2 の最大目盛が 300 V，内部抵抗が 30 kΩ であるから，

$$I_{m2}=\frac{300}{30\times10^3}=10.0[\mathrm{mA}]$$

図 69-1 のように，二つの直流電圧計を直列に接続すると，両電圧計には等しい電流が流れる。すると，両電圧計の最大電流の大小関係は $I_{m1}<I_{m2}$ であるから，測定可能な最大電圧は直流電圧計 V_1 によって制限されてしまうことがわかる。

直流電圧計 V_1 の最大電流 $I_{m1}=8.33[\mathrm{mA}]$ が直流電圧計 V_2 に流れたときの V_2 の指示値 V_{m2} は，

$$V_{m2}=300\times\frac{I_{m1}}{I_{m2}}=300\times\frac{8.33}{10}$$
$$=249.9[\mathrm{V}] \quad → \quad 250\ \mathrm{V}$$

したがって，二つの直流電圧計を直列に接続したときに測定できる電圧の最大値 V_m は，

$$V_m=150+V_{m2}=150+250=400[\mathrm{V}]$$

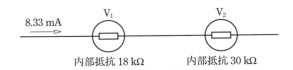

8.33 mA → 　V_1　　　　　V_2

内部抵抗 18 kΩ　　　内部抵抗 30 kΩ

図 69-1　二つの直流電圧計の直列接続

問 69 （b）の解答　出題項目＜電圧計・倍率器＞　　答え　（2）

直流電圧 450 V の電圧を測定するために，二つの直流電圧計の指示を最大目盛にして測定するためには，直流電圧計 V_1，V_2 にそれぞれの最大電流 I_{m1}，I_{m2} を流さなければならない。ところが，V_1 と V_2 を直列に接続しただけでは，V_2 にその最大電流 I_{m2} を流した場合，V_1 はその最大電流 I_{m1} を超えてしまう。

そこで**図 69-2** のように，<u>V_1</u> に抵抗 R を<u>並列</u>に接続して，最大電流 I_{m2} を超えた分の電流（$10.0-8.33=1.67[\mathrm{mA}]$）を分流させる必要がある。その並列抵抗 R の値は，

$$R=\frac{150}{1.67\times10^{-3}}≒89.8[\mathrm{k\Omega}] \quad → \quad \underline{\mathbf{90\ k\Omega}}$$

そして，直流電圧計 V_1 と抵抗 R からなる並列回路に，直流電圧計 <u>V_2</u> を直列に接続すればよい。

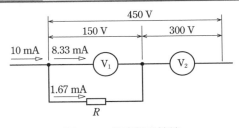

450 V

150 V　　　　300 V

10 mA → 　8.33 mA → 　V_1　　　V_2

1.67 mA →
R

図 69-2　倍率器の接続

補足　一般に，直流電圧計の測定範囲を拡大させるために，直列に接続する抵抗器のことを**倍率器**という。この問題では，直流電圧計 V_1 にとって直流電圧計 V_2 は倍率器として機能し，V_2 にとって V_1 と抵抗 R は倍率器として機能しているといえる。

最大目盛 50 A，内部抵抗 0.8×10^{-3} Ω の直流電流計 A_1 と最大目盛 100 A，内部抵抗 0.32×10^{-3} Ω の直流電流計 A_2 の二つの直流電流計がある。次の（ a ）及び（ b ）の問に答えよ。

ただし，二つの直流電流計は直読式指示電気計器であるとし，固有誤差はないものとする。

（a） 二つの直流電流計を並列に接続して使用したとき，測定できる電流の最大の値[A]として，最も近いものを次の(1)～(5)のうちから一つ選べ。

（1） 40 　　（2） 50 　　（3） 100 　　（4） 132 　　（5） 140

（b） 小問（a）での接続を基にして，直流電流 150 A の電流を測定するために，二つの直流電流計の指示を最大目盛にして測定したい。そのためには，直流電流計 A_2 に抵抗 R[Ω]を直列に接続することで，各直流電流計の指示を最大目盛にして測定することができる。抵抗 R の値[Ω]として，最も近いものを次の(1)～(5)のうちから一つ選べ。

（1） 3.2×10^{-5} 　　（2） 5.6×10^{-5} 　　（3） 8×10^{-5}

（4） 11.2×10^{-5} 　　（5） 13.6×10^{-5}

理論
電力
機械
法規

令和5 (2023) 上期
令和5 (2023) 下期

選抜90問
選抜85問
選抜90問
選抜65問

問70（a）の解答　　出題項目＜電流計・分流器＞　　答え（5）

直流電流計 A_1 の最大目盛は 50 A であり，内部抵抗は 0.8×10^{-3} Ω であるから，A_1 に加えることができる直流電圧の最大値 V_1 は，

$$V_1 = 50 \times 0.8 \times 10^{-3} = 0.04[\text{V}]$$

直流電流計 A_2 の最大目盛は 100 A であり，内部抵抗は 0.32×10^{-3} Ω であるから，A_2 に加えることができる直流電圧の最大値 V_2 は，

$$V_2 = 100 \times 0.32 \times 10^{-3} = 0.032[\text{V}]$$

図 **70-1** のように，二つの直流電流計 A_1 と A_2 を並列に接続したとき，両電流計には同じ電圧が加わるので，加えることができる電圧の小さい方（$V_2 < V_1$ より，V_2）の電流計 A_2 によって，測定できる電流の最大値 I_{max} が決まる。

いま，直流電流計 A_2 に電圧 $V_2 = 0.032[\text{V}]$ を加えて，その指示値が $I_2 = 100[\text{A}]$ であったとき，

電流計 A_1 に流れる電流 I_1 の値は，

$$I_1 = \frac{0.032}{0.8 \times 10^{-3}} = 40[\text{A}]$$

したがって，測定できる電流の最大値 I_{max} は，

$$I_{\text{max}} = I_1 + I_2 = 40 + 100 = 140[\text{A}]$$

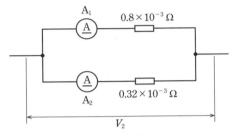

図 **70-1**　二つの直流電流計の並列接続

問70（b）の解答　　出題項目＜電流計・分流器＞　　答え（3）

図 **70-2** のように，直流電流 150 A の電流を測定するために，電流計 A_2 に直列に抵抗 $R[\Omega]$ を接続して，電流計 A_1 に最大電流 50 A を流し，電流計 A_2 に最大電流 100 A を流した。このとき，電流計 A_2 と抵抗 R の電圧の和が小問（a）で求めた $V_1 = 0.04[\text{V}]$ に等しいとおけば，

$$100 \times (0.32 \times 10^{-3} + R) = 0.04$$

$$\therefore\ R = \frac{0.04}{100} - 0.32 \times 10^{-3} = 8 \times 10^{-5}[\Omega]$$

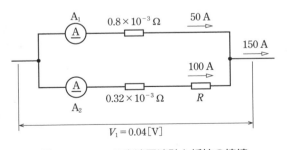

図 **70-2**　二つの直流電流計と抵抗の接続

解説

仮に，直流電流計 A_1 に最大電流 50 A を流したとすると，電流計 A_2 に流れる電流 I_2' の値は，

$$I_2' = \frac{50 \times 0.8 \times 10^{-3}}{0.32 \times 10^{-3}} = 125[\text{A}]$$

この値（125 A）は許容電流（100 A）を超えているので，実際には許容されない。

直流電流計 A_2 に最大電流 100 A を流したとすると，電流計 A_1 に流れる電流 I_1 の値は，

$$I_1 = \frac{100 \times 0.32 \times 10^{-3}}{0.8 \times 10^{-3}} = 40[\text{A}]$$

この値（40 A）は許容電流（50 A）以下であるから，許容される。

よって，測定できる電流の最大値 I_{max} は，

$$I_{\text{max}} = I_1 + I_2 = 40 + 100 = 140[\text{A}]$$

問71 出題分野＜電気計測＞ 　　　　　　　平成21年度 問14

　可動コイル形直流電流計 A_1 と可動鉄片形交流電流計 A_2 の2台の電流計がある。それぞれの電流計の性質を比較するために次のような実験を行った。

　図1のように A_1 と A_2 を抵抗 100 Ω と電圧 10 V の直流電源の回路に接続したとき，A_1 の指示は 100 mA，A_2 の指示は 　(ア)　 mA であった。

　また，図2のように，周波数 50 Hz，電圧 100 V の交流電源と抵抗 500 Ω に A_1 と A_2 を接続したとき，A_1 の指示は 　(イ)　 mA，A_2 の指示は 200 mA であった。

　ただし，A_1 と A_2 の内部抵抗はどちらも無視できるものであった。

　上記の記述中の空白箇所(ア)及び(イ)に当てはまる最も近い値として，正しいものを組み合わせたのは次のうちどれか。

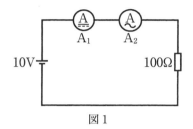

図1

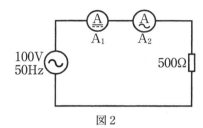

図2

	(ア)	(イ)
(1)	0	0
(2)	141	282
(3)	100	0
(4)	0	141
(5)	100	141

問71の解答　出題項目＜電流計・分流器＞　　　　　　　　　　答え（3）

可動コイル形計器 A_1 は計器を流れる電流の平均値を指示し，可動鉄片形計器 A_2 は実効値を指示する。問題図1の直流電流の測定では，回路の電流値は 100 mA 一定であるため，この電流の平均値も実効値もともに 100 mA である。したがって，A_1 の指示が 100 mA のとき，A_2 の指示は <u>100</u> mA である。

問題図2の回路の電流は実効値で 200 mA なので A_2 の指示は 200 mA である。一方，正弦波交流電流は **図71-1** のように，時間軸とグラフが囲う面積が正と負同じなので，平均値は 0 mA になる。このため A_1 の指示は <u>0</u> mA である。

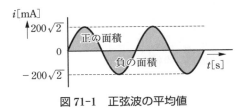

図71-1　正弦波の平均値

解説

実効値の定義：瞬時値の2乗を一周期分平均し，その平方根をとる（**図71-2** 参照）。

＊注意：正弦波交流の平均値について。

正弦波交流の平均は零になるので，正弦波交流の絶対値（全波整流波形）の平均値を，正弦波交流の平均値とする場合もある。

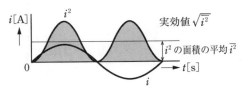

図71-2　正弦波交流の実効値

振幅 V_m[V]の交流電源の電圧 $v = V_m \sin \omega t$[V]をオシロスコープで計測したところ，画面上に図のような正弦波形が観測された。次の（a）及び（b）の問に答えよ。

ただし，オシロスコープの垂直感度は 5 V/div，掃引時間は 2 ms/div とし，測定に用いたプローブの減衰比は 1 対 1 とする。

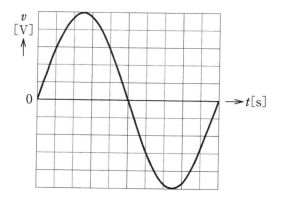

（a） この交流電源の電圧の周期[ms]，周波数[Hz]，実効値[V]の値の組合せとして，最も近いものを次の（1）～（5）のうちから一つ選べ。

	周期	周波数	実効値
（1）	20	50	15.9
（2）	10	100	25.0
（3）	20	50	17.7
（4）	10	100	17.7
（5）	20	50	25.0

（b） この交流電源をある負荷に接続したとき，$i = 25 \cos\left(\omega t - \dfrac{\pi}{3}\right)$[A]の電流が流れた。この負荷の力率[%]の値として，最も近いものを次の（1）～（5）のうちから一つ選べ。

（1） 50　　（2） 60　　（3） 70.7　　（4） 86.6　　（5） 100

391

理論
電力
機械
法規

令和5(2023)上期

令和5(2023)下期

選抜90問

選抜85問

選抜90問

選抜65問

問72（a）の解答　出題項目＜オシロスコープ＞　　答え　（3）

図 72-1 より，周期 T は，

$$T = 10[目盛] \times 2[ms/div] = 20[ms]$$

周波数 f は，

$$f = \frac{1}{T} = \frac{1}{20 \times 10^{-3}} = 50[Hz]$$

最大値 V_m は，

$$V_m = 5[目盛] \times 5[V/div] = 25[V]$$

実効値 V は，

$$V = \frac{V_m}{\sqrt{2}} = \frac{25}{\sqrt{2}} \fallingdotseq 17.7[V]$$

プローブの減衰比は1対1なので，この数値が実際の電圧値である。

当たり」を意味する。また，プローブの減衰比は，測定電圧とオシロスコープの入力値（観測値）の比を表す。

> **補足** 通常の波形の観測では，時間変化を見るため水平軸は時間軸となる。一方，垂直軸と水平軸に大きさの等しい周波数 f_y, f_x の正弦波電圧を加えると，二つの周波数の比が整数のとき，画面には特色ある図形が観測される。これをリサジュー図形という。垂直感度と水平感度を同じに設定した場合，例えば $f_y : f_x = 1:1$ で位相差0のときは斜線（傾き45°）を描き，位相差 $\pi/2$ のときは円を描く（図 72-2 参照）。

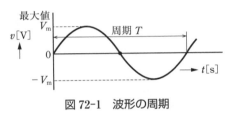

図 72-1　波形の周期

> **解説** ‥‥‥‥‥‥‥‥‥‥‥‥‥

垂直感度，掃引時間の単位「/div」は「1目盛

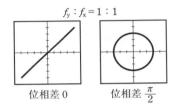

$f_y : f_x = 1:1$

位相差0　　　位相差 $\dfrac{\pi}{2}$

図 72-2　リサジュー図形

問72（b）の解答　出題項目＜力率の計算＞　　答え　（4）

角速度 ω は，$\omega = 2\pi \times 50 = 100\pi[rad/s]$ なので，電圧波形の瞬時式は，

$$v = 25 \sin(100\pi t)[V]$$

負荷電流の瞬時式は cos の関数なので，三角関数の公式を用いて cos を sin に変換する。

$$\cos A = \sin\left(A + \frac{\pi}{2}\right), \ A = 100\pi t - \frac{\pi}{3}$$

として i の瞬時式に代入すると，

$$i = 25\cos\left(100\pi t - \frac{\pi}{3}\right) = 25\sin\left(100\pi t - \frac{\pi}{3} + \frac{\pi}{2}\right)$$

$$= 25\sin\left(100\pi t + \frac{\pi}{6}\right)[A]$$

電流の位相は電圧に対して $\theta = \pi/6$ 進みなので，負荷力率 $\cos\theta$ は，

$$\cos\theta = \cos\left(\frac{\pi}{6}\right) \fallingdotseq 0.866$$

$$\rightarrow \quad 86.6\ \%（進み力率）$$

> **解説** ‥‥‥‥‥‥‥‥‥‥‥‥‥
>
> 電圧と電流の位相差は同じ sin 関数で比較するとわかり易い。cos を sin に変換するには sin の加法定理を用いて，
>
> $$\sin(A + \pi/2)$$
> $$= \sin A \cos(\pi/2) + \cos A \sin(\pi/2) = \cos A$$
>
> また，電圧と電流の最大値がともに25であることから，負荷のインピーダンス Z は 1 Ω。仮に負荷が RC 直列回路であれば，力率より抵抗は 0.866 Ω，容量性リアクタンスは 0.5 Ω となる。

> **補足** sin を cos に変換する公式は，
>
> $$\cos(A - \pi/2)$$
> $$= \cos A \cos(\pi/2) + \sin A \sin(\pi/2) = \sin A$$

問 73 出題分野＜三相交流，電気計測＞ 令和2年度 問15

　図のように，線間電圧（実効値）200 V の対称三相交流電源に，1台の単相電力計 W_1，$X = 4\ \Omega$ の誘導性リアクタンス3個，$R = 9\ \Omega$ の抵抗3個を接続した回路がある。単相電力計 W_1 の電流コイルは a 相に接続し，電圧コイルは b-c 相間に接続され，指示は正の値を示していた。この回路について，次の（a）及び（b）の問に答えよ。

　ただし，対称三相交流電源の相順は，a，b，c とし，単相電力計 W_1 の損失は無視できるものとする。

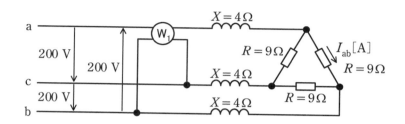

（a）　$R = 9\ \Omega$ の抵抗に流れる電流 I_{ab} の実効値[A]として，最も近いものを次の（1）〜（5）のうちから一つ選べ。

　　（1）　6.77　　　（2）　13.3　　　（3）　17.3　　　（4）　23.1　　　（5）　40.0

（b）　単相電力計 W_1 の指示値[kW]として，最も近いものを次の（1）〜（5）のうちから一つ選べ。

　　（1）　0　　　（2）　2.77　　　（3）　3.70　　　（4）　4.80　　　（5）　6.40

問73（a）の解答　　出題項目＜Δ接続＞　　　答え（2）

Δ接続された抵抗 $R=9[\Omega]$ を Y 接続に変換（Δ→Y 変換）すると，$\frac{9}{3}=3[\Omega]$ になる。よって，問題図の三相回路から1相分を取り出すと，**図73-1** に示す回路になる。

図73-1 から，a 相を流れる線電流 I_a は，

$$I_a=\frac{\frac{200}{\sqrt{3}}}{\sqrt{3^2+4^2}}\fallingdotseq 23.09[\mathrm{A}]$$

よって，Δ接続された抵抗 R に流れる電流 I_{ab} は，

$$I_{ab}=\frac{23.09}{\sqrt{3}}\fallingdotseq 13.33[\mathrm{A}]\quad\rightarrow\quad 13.3\,\mathrm{A}$$

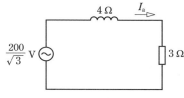

図73-1　1相分の回路

解説

図73-2 のように，Δ結線負荷を Y 結線負荷に変換すると，インピーダンス $\dot{Z}_a$，$\dot{Z}_b$，$\dot{Z}_c$ は，

$$\dot{Z}_a=\frac{\dot{Z}_{ab}\times\dot{Z}_{ca}}{\dot{Z}_{ab}+\dot{Z}_{bc}+\dot{Z}_{ca}}$$

$$\dot{Z}_b=\frac{\dot{Z}_{bc}\times\dot{Z}_{ab}}{\dot{Z}_{ab}+\dot{Z}_{bc}+\dot{Z}_{ca}}$$

$$\dot{Z}_c=\frac{\dot{Z}_{ca}\times\dot{Z}_{bc}}{\dot{Z}_{ab}+\dot{Z}_{bc}+\dot{Z}_{ca}}$$

ここで，負荷のインピーダンスがすべて等しい場合，$\dot{Z}_{ab}=\dot{Z}_{bc}=\dot{Z}_{ca}=\dot{Z}_\Delta$ と置くと，

$$\dot{Z}_a=\dot{Z}_b=\dot{Z}_c=\frac{\dot{Z}_\Delta}{3}$$

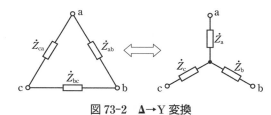

図73-2　Δ→Y 変換

問73（b）の解答　　出題項目＜Δ接続，電力計・電力量計＞　　　答え（3）

単相電力計 W_1 には，a 相の電流 I_a が流れ，b-c 間の線間電圧 V_{bc} が加わっているので，その指示値 P_1 は，

$$P_1=V_{bc}I_a\cos\theta$$

ここで，θ は V_{bc} と I_a の位相差である。

図73-1 に示す RL 回路の力率 $\cos\phi$ は，

$$\cos\phi=\frac{3}{\sqrt{3^2+4^2}}=0.6$$

図73-3 より $\theta=90°-\phi$ であるから，

$$\begin{aligned}P_1&=V_{bc}I_a\cos(90°-\phi)\\&=V_{bc}I_a\sin\phi=200\times23.09\times\sqrt{1^2-0.6^2}\\&\fallingdotseq 3694[\mathrm{W}]\quad\rightarrow\quad 3.70\,\mathrm{kW}\end{aligned}$$

解説

単相電力計には，**図73-4** に示すように電圧コイルと電流コイルがあり，電圧コイルに加わる電圧 $V[\mathrm{V}]$ と電流コイルに流れる電流 $I[\mathrm{A}]$ の積 VI に力率を乗じた値 $VI\cos\phi$ を指示する。

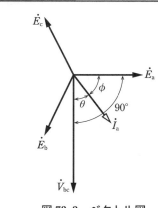

図73-3　ベクトル図

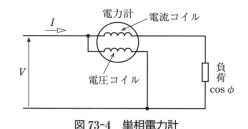

図73-4　単相電力計

　図のように200Vの対称三相交流電源に抵抗R[Ω]からなる平衡三相負荷を接続したところ，線電流は1.73Aであった。いま，電力計の電流コイルをc相に接続し，電圧コイルをc−a相間に接続したとき，電力計の指示P[W]として，最も近いPの値を次の（1）～（5）のうちから一つ選べ。

　ただし，対称三相交流電源の相回転はa，b，cの順とし，電力計の電力損失は無視できるものとする。

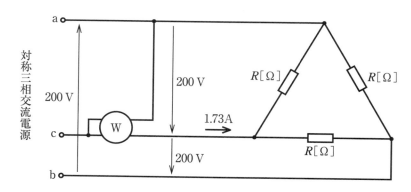

（1）200　　　（2）300　　　（3）346　　　（4）400　　　（5）600

問74の解答　出題項目＜電力計・電力量計，Δ接続＞　　　答え　（2）

各相電圧[V]を $\dot{E}_a$, $\dot{E}_b$, $\dot{E}_c$, 線間電圧[V]を $\dot{V}_{ab}$, $\dot{V}_{bc}$, $\dot{V}_{ca}$, c相の相電流[A]を $\dot{I}_c$ として $\dot{E}_a$ を基準に描いたベクトル図が**図74-1**である。

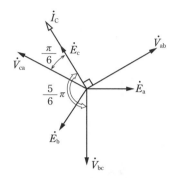

図74-1　各電圧，電流のベクトル図

電力計の電圧コイルは $\dot{V}_{ca}$ に，電流コイルは $\dot{I}_c$ に接続されているので，$\dot{V}_{ca}$ と $\dot{I}_c$ のなす角を θ とすれば電力計の指示 P は，

$$P = |\dot{V}_{ca}||\dot{I}_c|\cos\theta$$
$$= 200 \times 1.73 \times \cos\left(\frac{\pi}{6}\right) \fallingdotseq 300[\text{W}]$$

解 説 ‥‥‥‥‥‥‥‥‥‥‥‥‥‥‥‥‥‥‥‥‥

電圧コイルが別の線間に接続された場合も考察してみよう。

① $\dot{V}_{bc}$ の場合。$\dot{V}_{bc}$ と $\dot{I}_c$ のなす角は，図14-1より $\frac{5}{6}\pi$ なので，

$$P = |\dot{V}_{bc}||\dot{I}_c|\cos\left(\frac{5}{6}\pi\right) \fallingdotseq -300[\text{W}]$$

指針が逆振れする。

② $\dot{V}_{ab}$ の場合。$\dot{V}_{ab}$ と $\dot{I}_c$ のなす角は，図78-1より $\frac{\pi}{2}$ なので，

$$P = |\dot{V}_{ab}||\dot{I}_c|\cos\left(\frac{\pi}{2}\right) = 0[\text{W}]$$

指針は振れない。

Point 三相回路に単相電力計を接続する場合，接続の仕方で異なる値を示す場合がある。

問 75 　出題分野＜三相交流，電気計測＞ 　　　令和3年度 問15

　図のように，線間電圧400Vの対称三相交流電源に抵抗$R[\Omega]$と誘導性リアクタンス$X[\Omega]$からなる平衡三相負荷が接続されている。平衡三相負荷の全消費電力は6kWであり，これに線電流$I=10$Aが流れている。電源と負荷との間には，変流比20:5の変流器がa相及びc相に挿入され，これらの二次側が交流電流計(A)を通して並列に接続されている。この回路について，次の(a)及び(b)の問に答えよ。

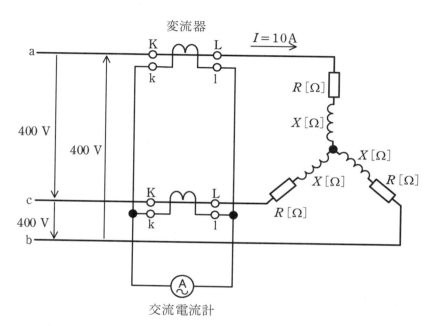

（a）　交流電流計(A)の指示値[A]として，最も近いものを次の(1)〜(5)のうちから一つ選べ。

　　（1）　0　　　（2）　2.50　　　（3）　4.33　　　（4）　5.00　　　（5）　40.0

（b）　誘導性リアクタンスXの値[Ω]として，最も近いものを次の(1)〜(5)のうちから一つ選べ。

　　（1）　11.5　　　（2）　20.0　　　（3）　23.1　　　（4）　34.6　　　（5）　60.0

理論 電力 機械 法規

令和 **5** (2023) 上期

令和 **5** (2023) 下期

選抜 **90** 問

選抜 **85** 問

選抜 **90** 問

選抜 **65** 問

問 75 の（a）の解答　出題項目＜Y 接続，電流計・分流器＞　答え（2）

図 **75-1** のように，各相の線電流を $\dot{I}_\mathrm{A}$, $\dot{I}_\mathrm{B}$, $\dot{I}_\mathrm{C}$ [A]，変流器二次側の電流を $\dot{I}_\mathrm{a}$, $\dot{I}_\mathrm{c}$ [A] とする。題意より，各相には 10 A の等しい電流が流れている。これを変流比 20：5 の変流器を介して交流電流計 Ⓐ が接続されているので，$\dot{I}_\mathrm{a}$ と $\dot{I}_\mathrm{c}$ の大きさは，

$$|\dot{I}_\mathrm{a}|=|\dot{I}_\mathrm{c}|=10\times\frac{5}{20}=2.5[\mathrm{A}]$$

交流電流計 Ⓐ を流れる電流は，図 **75-2** のように，a 相と c 相に流れる電流ベクトルの和 $(\dot{I}_\mathrm{a}+\dot{I}_\mathrm{c})$ となるので，その大きさ（指示値）は，

$$|\dot{I}_\mathrm{a}+\dot{I}_\mathrm{c}|=2.5[\mathrm{A}]$$

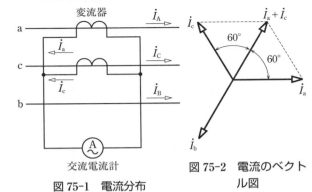

図 75-1　電流分布

図 75-2　電流のベクトル図

Point 電流計に流れる電流は，ベクトルの和として求めなければならない。

問 75（b）の解答　出題項目＜Y 接続，電流計・分流器＞　答え（1）

平衡三相負荷の全消費電力 $P[\mathrm{W}]$ は，

$$P=3I^2R$$

これより，負荷の抵抗 $R[\Omega]$ は，

$$R=\frac{P}{3I^2}=\frac{6\times10^3}{3\times10^2}=20[\Omega]$$

1 相当たりの負荷のインピーダンス Z は，線間電圧を $V(=400[\mathrm{V}])$ とすると，

$$Z=\frac{\dfrac{V}{\sqrt{3}}}{I}=\frac{\dfrac{400}{\sqrt{3}}}{10}=\frac{40}{\sqrt{3}}[\Omega]$$

また，負荷のインピーダンス Z は，抵抗 R と誘導性リアクタンスを X を用いると，

$$Z=\sqrt{R^2+X^2}$$

以上より，負荷の誘導性リアクタンス X は，

$$X=\sqrt{Z^2-R^2}=\sqrt{\left(\frac{40}{\sqrt{3}}\right)^2-20^2}$$

$$\fallingdotseq11.5[\Omega]$$

【別解】 平衡三相負荷の皮相電力 S は，

$$S=\sqrt{3}\,VI=\sqrt{3}\times400\times10$$

$$\fallingdotseq6\,928[\mathrm{V\cdot A}]=6.928[\mathrm{kV\cdot A}]$$

負荷の力率 $\cos\theta$ は，

$$\cos\theta=\frac{P}{S}=\frac{6}{6.928}\fallingdotseq0.866$$

したがって，インピーダンス三角形（図 **75-3**）から，誘導性リアクタンス X は，

$$X=R\tan\theta=R\frac{\sin\theta}{\cos\theta}=20\times\frac{\sqrt{1-0.866^2}}{0.866}$$

$$\fallingdotseq11.5[\Omega]$$

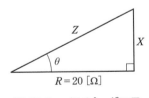

図 75-3　インピーダンス三角形

補足 この負荷の力率角 θ は，

$$\theta=\cos^{-1}0.866\fallingdotseq30°$$

電力計について，次の（ａ）及び（ｂ）の問に答えよ。

（ａ）　次の文章は，電力計の原理に関する記述である。

　図1に示す電力計は，固定コイルF1，F2に流れる負荷電流 $\dot{I}$[A]による磁界の強さと，可動コイルMに流れる電流 $\dot{I}_M$[A]の積に比例したトルクが可動コイルに生じる。したがって，指針の振れ角 θ は　(ア)　に比例する。

　このような形の計器は，一般に　(イ)　計器といわれ，　(ウ)　の測定に使用される。

　負荷 $\dot{Z}$[Ω]が誘導性の場合，電圧 $\dot{V}$[V]のベクトルを基準に負荷電流 $\dot{I}$[A]のベクトルを描くと，図2に示すベクトル①，②，③のうち　(エ)　のように表される。ただし，φ[rad]は位相角である。

　上記の記述中の空白箇所(ア)，(イ)，(ウ)及び(エ)に当てはまる組合せとして，正しいものを次の（１）～（５）のうちから一つ選べ。

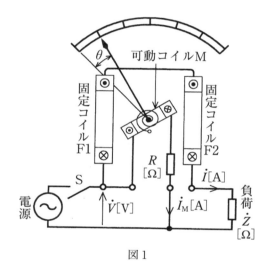

図1

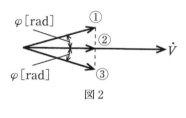

図2

	（ア）	（イ）	（ウ）	（エ）
（１）	負荷電力	電流力計形	交　流	③
（２）	電力量	可動コイル形	直　流	②
（３）	負荷電力	誘導形	交流直流両方	①
（４）	電力量	可動コイル形	交流直流両方	②
（５）	負荷電力	電流力計形	交流直流両方	③

（次々頁に続く）

399

理論 電力 機械 法規

令和5(2023)上期
令和5(2023)下期

選抜90問
選抜85問
選抜90問
選抜65問

問76（a）の解答　出題項目＜電力計・電力量計＞　　　　　　答え　（5）

　問題図1に示す電力計は，固定コイル F1，F2 に流れる負荷電流 $\dot{I}$[A]による磁界の強さと，可動コイル M に流れる電流 $\dot{I}_M$[A]の積に比例したトルクが可動コイルに生じる。したがって，指針の振れ角 θ は**負荷電力**に比例する。このような形の計器は，一般に**電流力計形計器**といわれ，**交流直流両方**の測定に使用される。

　負荷 $\dot{Z}$[Ω]が誘導性の場合，電圧 $\dot{V}$[V]のベクトルを基準とした負荷電流 $\dot{I}$[A]のベクトルは問題図2のうち③のように表される。ただし φ[rad]は位相角である。

解説

　可動コイル M に，負荷電圧 V[V]に比例した電流 $i_M=\sqrt{2}I_M\sin(\omega t)$[A]が流れ，固定コイル F1，F2 には，負荷電圧に対して位相が φ 遅れた負荷電流 $i=\sqrt{2}I\sin(\omega t-\varphi)$[A]が流れている場合，可動コイルには**二つの電流の瞬時値の積** $(i_M i)$ の平均値 $\overline{i_M i}$ に比例した駆動トルクが生じる。ただし，I_M，I，V は実効値を，i_M，i は瞬時値を表している。

　一方，指針に取り付けられたバネによる制御トルクは振れ角 θ に比例するので，指針は駆動トルクと制御トルクが等しくなる振れ角 θ で静止する。このため，振れ角 θ は駆動トルクに比例することになり，指針は駆動トルクに比例した量，すなわち負荷電力に比例した値を示す。

　また，負荷 $\dot{Z}$[Ω]が誘導性の場合，電圧ベクトル $\dot{V}$[V]を基準とした負荷電流 $\dot{I}$[A]は位相角 φ 遅れるので，ベクトル図は**図76-1**のようになる。

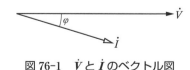

図76-1　$\dot{V}$ と $\dot{I}$ のベクトル図

補足

駆動トルク T_D が負荷電力に比例することを確認しよう。比例定数を k とすると，

$$T_D=k\overline{i_M i}$$

$\overline{i_M i}$ を求めるために $i_M i$ を計算する。

$$i_M i=\sqrt{2}I_M\sin(\omega t)\sqrt{2}I\sin(\omega t-\varphi)$$
$$=2I_M I\sin(\omega t)\sin(\omega t-\varphi) \quad ①$$

　三角関数の公式（sin の積を cos の和で表す方法参照）を用いて cos の和で表すと，

$$=I_M I\{\cos(\omega t-\omega t+\varphi)-\cos(\omega t+\omega t-\varphi)\} \quad ②$$
$$=I_M I\{\cos(\varphi)-\cos(2\omega t-\varphi)\} \quad ③$$

　③式{ }内の第1項は時間に対して不変なので平均値と同値になり，第2項 $\cos(2\omega t-\varphi)$ は平均すると零（正弦波の平均値は零）となるので，

$$\overline{i_M i}=I_M I\cos\varphi$$

　ゆえに，駆動トルク T_D は，

$$T_D=k\overline{i_M i}=kI_M I\cos\varphi$$

　I_M は負荷電圧 V に比例しているので，$kI_M=k'V$ とすれば，

$$T_D=k\overline{i_M i}=k'VI\cos\varphi=kP$$

　$P=VI\cos\varphi$ は負荷電力を表しているので，駆動トルクは負荷電力に比例することがわかる。

　＊ sin の積を cos の和で表す方法
　加法定理から，

$$\cos(A-B)=\cos A\cos B+\sin A\sin B$$
$$\cos(A+B)=\cos A\cos B-\sin A\sin B$$
$$\cos(A-B)-\cos(A+B)=2\sin A\sin B \quad ④$$

　$A=\omega t$，$B=\omega t-\varphi$ を④式へ代入すれば①式から②式への式変形ができる。

　＊正弦波の平均値は零

　図76-2のように，$\cos(2\omega t-\varphi)$ は正弦波なので，時間軸の上部（正）と下部（負）の面積が等しい。平均とは一周期についての面積の和を周期で割ったものなので，平均値は零となる。

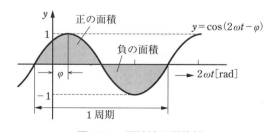

図76-2　正弦波の平均値

（続き）

（b）　次の文章は，図1で示した単相電力計を2個使用し，三相電力を測定する2電力計法の理論に関する記述である。

図3のように，誘導性負荷 $\dot{Z}$ を3個接続した平衡三相負荷回路に対称三相交流電源が接続されている。ここで，線間電圧を $\dot{V}_{ab}$ [V]，$\dot{V}_{bc}$ [V]，$\dot{V}_{ca}$[V]，負荷の相電圧を $\dot{V}_a$ [V]，$\dot{V}_b$ [V]，$\dot{V}_c$ [V]，線電流を $\dot{I}_a$ [A]，$\dot{I}_b$ [A]，$\dot{I}_c$ [A]で示す。

この回路で，図のように単相電力計 W_1 と W_2 を接続すれば，平衡三相負荷の電力が，2個の単相電力計の指示の和として求めることができる。

単相電力計 W_1 の電圧コイルに加わる電圧 $\dot{V}_{ac}$ は，図4のベクトル図から $\dot{V}_{ac}=\dot{V}_a-\dot{V}_c$ となる。また，単相電力計 W_2 の電圧コイルに加わる電圧 $\dot{V}_{bc}$ は $\dot{V}_{bc}=$ （オ） となる。

それぞれの電流コイルに流れる電流 $\dot{I}_a$，$\dot{I}_b$ と電圧の関係は図4のようになる。図4における ϕ[rad] は相電圧と線電流の位相角である。

線間電圧の大きさを $V_{ab}=V_{bc}=V_{ca}=V$[V]，線電流の大きさを $I_a=I_b=I_c=I$[A]とおくと，単相電力計 W_1 及び W_2 の指示をそれぞれ P_1[W]，P_2[W]とすれば，

$$P_1=V_{ac}I_a\cos(\boxed{\text{（カ）}})\text{[W]}$$
$$P_2=V_{bc}I_b\cos(\boxed{\text{（キ）}})\text{[W]}$$

したがって，P_1 と P_2 の和 P[W]は，

$$P=P_1+P_2=VI(\boxed{\text{（ク）}})\cos\phi=\sqrt{3}\,VI\cos\phi\text{[W]}$$

となるので，2個の単相電力計の指示の和は三相電力に等しくなる。

上記の記述中の空白箇所（オ），（カ），（キ）及び（ク）に当てはまる組合せとして，正しいものを次の（1）～（5）のうちから一つ選べ。

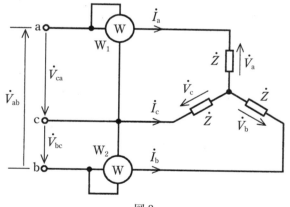

図3

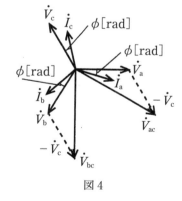

図4

	（オ）	（カ）	（キ）	（ク）
（1）	$\dot{V}_b-\dot{V}_c$	$\dfrac{\pi}{6}-\phi$	$\dfrac{\pi}{6}+\phi$	$2\cos\dfrac{\pi}{6}$
（2）	$\dot{V}_c-\dot{V}_b$	$\phi-\dfrac{\pi}{6}$	$\phi+\dfrac{\pi}{6}$	$2\sin\dfrac{\pi}{6}$
（3）	$\dot{V}_b-\dot{V}_c$	$\dfrac{\pi}{6}-\phi$	$\dfrac{\pi}{6}+\phi$	$2\cos\dfrac{\pi}{3}$
（4）	$\dot{V}_b-\dot{V}_c$	$\dfrac{\pi}{3}-\phi$	$\dfrac{\pi}{3}+\phi$	$2\cos\dfrac{\pi}{6}$
（5）	$\dot{V}_c-\dot{V}_b$	$\dfrac{\pi}{3}-\phi$	$\dfrac{\pi}{3}+\phi$	$2\sin\dfrac{\pi}{3}$

問76（b）の解答　出題項目＜電力計・電力量計＞　答え（1）

問題図3の単相電力計 W_2 の電圧コイルに加わる電圧 $\dot{V}_{bc}$ は，問題図4から，$\dot{V}_{bc} = \underline{\dot{V}_b - \dot{V}_c}$ となる。単相電力計 W_1 および W_2 の指示をそれぞれ P_1[W]，P_2[W] とすれば**図76-3**より，

$$P_1 = V_{ac}I_a \cos\left(\frac{\pi}{6} - \phi\right)[\text{W}]$$

$$P_2 = V_{bc}I_b \cos\left(\frac{\pi}{6} + \phi\right)[\text{W}]$$

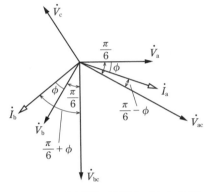

図76-3　各電圧，電流のベクトル図

したがって，P_1 と P_2 の和 $P = P_1 + P_2$ は，

$$P = V_{ac}I_a \cos\left(\frac{\pi}{6} - \phi\right) + V_{bc}I_b \cos\left(\frac{\pi}{6} + \phi\right)$$

$V_{ac} = V_{bc} = V$，$I_a = I_b = I$ なので，

$$P = VI\left\{\cos\left(\frac{\pi}{6} - \phi\right) + \cos\left(\frac{\pi}{6} + \phi\right)\right\}$$

加法定理（小問（a） 補足 参照）より，

$$P = VI\Big(\cos\frac{\pi}{6}\cos\phi + \sin\frac{\pi}{6}\sin\phi$$

$$+ \cos\frac{\pi}{6}\cos\phi - \sin\frac{\pi}{6}\sin\phi\Big)$$

$$= VI\left(\mathbf{2\cos\frac{\pi}{6}}\right)\cos\phi = \sqrt{3}\,VI\cos\phi[\text{W}]$$

解説

二つの電力計の和は三相電力を表しているが，一般に W_1 および W_2 の指示は異なった値を示す。二つの電力計の指示が一致するのは $\phi = 0$（力率1）の場合であり，

$$P_1 = V_{ac}I_a \cos\left(\frac{\pi}{6}\right) = \frac{\sqrt{3}\,V_{ac}I_a}{2}[\text{W}]$$

$$P_2 = V_{bc}I_b \cos\left(\frac{\pi}{6}\right) = \frac{\sqrt{3}\,V_{bc}I_b}{2}[\text{W}]$$

$V_{ac}I_a = V_{bc}I_b$ なので，$P_1 = P_2$。

また，$\phi = \pi/3$ では W_2 の指示は0になる。

$$P_2 = V_{bc}I_b \cos\left(\frac{\pi}{6} + \frac{\pi}{3}\right) = V_{bc}I_b \cos\frac{\pi}{2} = 0$$

さらに，$\phi > \pi/3$ では V_{bc} と I_b の位相差が $\pi/2$ を越えるので，W_2 の指針は逆に振れる。

補足　図76-4 のように平衡三相負荷に単相電力計を接続したとき，電力計の指示は三相無効電力の $1/\sqrt{3}$ 倍を示す。

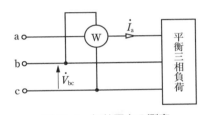

図76-4　無効電力の測定

電力計の指示 Q は図76-5 のベクトル図より，

$$Q = V_{bc}I_a \cos\left(\frac{\pi}{2} - \phi\right)$$

$$= VI\left(\cos\frac{\pi}{2}\cos\phi + \sin\frac{\pi}{2}\sin\phi\right) = VI\sin\phi$$

三相無効電力は $\sqrt{3}\,VI\sin\phi$ なので，Q は三相無効電力の $1/\sqrt{3}$ 倍であることがわかる。

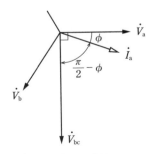

図76-5　$\dot{V}_{bc}$ と $\dot{I}_a$ の位相差

問 77　出題分野＜電気計測＞　　　平成22年度 問16

電力量計について，次の（a）及び（b）に答えよ。

（a）次の文章は，交流の電力量計の原理について述べたものである。

　　計器の指針等を駆動するトルクを発生する動作原理により計器を分類すると，図に示した構造の電力量計の場合は，　(ア)　に分類される。

　　この計器の回転円板が負荷の電力に比例するトルクで回転するように，図中の端子aからfを　(イ)　のように接続して，負荷電圧を電圧コイルに加え，負荷電流を電流コイルに流す。その結果，コイルに生じる磁束による移動磁界と，回転円板上に生じる渦電流との電磁力の作用で回転円板は回転する。

　　一方，永久磁石により回転円板には速度に比例する　(ウ)　が生じ，負荷の電力に比例する速度で回転円板は回転を続ける。したがって，計量装置でその回転数をある時間計量すると，その値は同時間中に消費された電力量を表す。

　　上記の記述中の空白箇所(ア)，(イ)及び(ウ)に当てはまる語句又は記号として，正しいものを組み合わせたのは次のうちどれか。

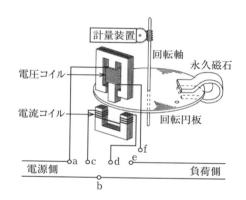

	（ア）	（イ）	（ウ）
（1）	誘導形	ac, de, bf	駆動トルク
（2）	電流力計形	ad, bc, ef	制動トルク
（3）	誘導形	ac, de, bf	制動トルク
（4）	電流力計形	ad, bc, ef	駆動トルク
（5）	電力計形	ac, de, bf	駆動トルク

（b）上記（a）の原理の電力量計の使用の可否を検討するために，電力量計の計量の誤差率を求める実験を行った。実験では，3kWの電力を消費している抵抗負荷の交流回路に，この電力量計を接続した。このとき，電力量計はこの抵抗負荷の消費電力量を計量しているので，計器の回転円板の回転数を測定することから計量の誤差率を計算できる。

　　電力量計の回転円板の回転数を測定したところ，回転数は1分間に61であった。この場合，電力量計の計量の誤差率[%]の大きさの値として，最も近いのは次のうちどれか。

　　ただし，電力量計の計器定数（1kW·h当たりの回転円板の回転数）は，1 200回/kW·hであり，回転円板の回転数と計量装置の計量値の関係は正しいものとし，電力損失は無視できるものとする。

（1）　0.2　　　（2）　0.4　　　（3）　1.0　　　（4）　1.7　　　（5）　2.1

403

理論 電力 機械 法規

令和5(2023)上期

令和5(2023)下期

選抜90問

選抜85問

選抜90問

選抜65問

問77（a）の解答　出題項目＜電力計・電力量計＞　　答え　（3）

　計器の指針等を駆動するトルクを発生する動作原理により計器を分類すると，問題図に示した構造の電力量計の場合は，**誘導形**に分類される。

　この計器の回転円板が負荷の電力に比例するトルクで回転するためには，電圧コイルは負荷に並列，電流コイルは負荷と直列に接続する。これは電圧計，電流計の接続方法と同じである。また，二つのコイルの共通端子を電源側に設けることは，電流力計形電力計と同様である。したがって，図中の端子ａからｆを **ac, de, bf** のように接続する。これにより，それぞれのコイルに生じる磁束による移動磁界と，回転円板上に生じる渦電流との電磁力の作用で回転円板は回転する。

　一方，永久磁石により回転円板には速度に比例する**制動トルク**が生じ，負荷の電力に比例する速度で回転円板は回転を続ける。

解説

　電圧コイルと電流コイルが作る移動磁界の概略を見てみよう。簡単な例として力率1の場合を考える。

　図77-1 のように，負荷電流は電圧と同相である。各コイルが作る磁束はそのコイルを流れる電流と同相になるので，電流コイルが作る磁束は負荷電流 i と同相である。しかし，電圧コイルの電流 i_v は電圧コイルが誘導性リアクタンスであるため $\pi/2$ 遅れる。

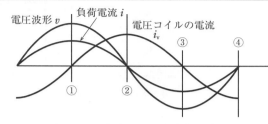

図77-1　力率1における電流波形

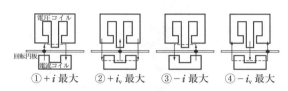

①＋i 最大　②＋i_v 最大　③－i 最大　④－i_v 最大

図77-2　回転円板を貫く磁束の変化

　図77-1の①〜④の時刻において，回転円板を貫く磁束の様子を**図77-2**に示す。①→②→③→④の時間経過の中で，●印の磁束（上向き）が右方向に移動している様子がわかる。また，力率が変化すると電流コイルの作る磁束の位相が変わるので，移動磁界に影響し駆動トルクが変化する。例えば遅れ力率0では i と i_v が同相になるので円板上の磁束は交番磁界となり，回転トルクは生じない。

　また，固定された永久磁石に対して移動する円板には，電磁誘導により生じた渦電流による電磁力が生じ，円板に制動力を生む。円板に生じる現象は「アラゴの円板」として知られている。

問77（b）の解答　出題項目＜測定誤差＞　　答え　（4）

　誤差率 ε[%]は，

$$\varepsilon = \frac{計量値 - 真値}{真値} \times 100 [\%]$$

3 kW の電力において1分間の電力量 W は，

$$W = 3 \times \frac{1}{60} = \frac{1}{20} [\mathrm{kW \cdot h}]$$

電力量計が正確（誤差零）であればこの電力量における円板の回転数 N は，

$$N = 1\,200 \times \frac{1}{20} = 60 [回]$$

　この値が真値に相当する。一方，実際の計量では 61 rev であるから誤差率 ε は，

$$\varepsilon = \frac{61 - 60}{60} \times 100 \fallingdotseq 1.67 [\%] \quad \rightarrow \quad 1.7\,\%$$

解説

　計器定数の意味は単位から推測できる。また，誤差率の定義は覚えておきたい。

問 78　出題分野＜電気計測＞　　　　　　　　　　令和元年度 問 18

　図 1 は，二重積分形 A-D 変換器を用いたディジタル直流電圧計の原理図である。次の（ a ）及び（ b ）の問に答えよ。

（ a ）　図 1 のように，負の基準電圧 $-V_r$（$V_r > 0$）[V] と切換スイッチが接続された回路があり，その回路を用いて正の未知電圧 V_x（>0）[V] を測定する。まず，制御回路によってスイッチが S_1 側へ切り換わると，時刻 $t = 0$ s で測定電圧 V_x[V] が積分器へ入力される。その入力電圧 V_i[V] の時間変化が図 2（ a ）であり，積分器からの出力電圧 V_o[V] の時間変化が図 2（ b ）である。ただし，$t = 0$ s での出力電圧を $V_o = 0$ V とする。時刻 t_1 における V_o[V] は，入力電圧 V_i[V] の期間 $0 \sim t_1$[s] で囲われる面積 S に比例する。積分器の特性で決まる比例定数を k（>0）とすると，時刻 $t = T_1$[s] のときの出力電圧は，$V_m = $ 　(ア)　 [V] となる。

　定められた時刻 $t = T_1$[s] に達すると，制御回路によってスイッチが S_2 側に切り換わり，積分器には基準電圧 $-V_r$[V] が入力される。よって，スイッチ S_2 の期間中の時刻 t[s] における積分器の出力電圧の大きさは，$V_o = V_m - $ 　(イ)　 [V] と表される。

　積分器の出力電圧 V_o が 0 V になると，電圧比較器がそれを検出する。$V_o = 0$ V のときの時刻を $t = T_1 + T_2$[s] とすると，測定電圧は $V_x = $ 　(ウ)　 [V] と表される。さらに，図 2（ c ）のようにスイッチ S_1，S_2 の各期間 T_1[s]，T_2[s] 中にクロックパルス発振器から出力されるクロックパルス数をそれぞれ N_1，N_2 とすると，N_1 は既知なので N_2 をカウントすれば，測定電圧 V_x がディジタル信号に変換される。ここで，クロックパルスの周期 T_s は，クロックパルス発振器の動作周波数に 　(エ)　 する。

　上記の記述中の空白箇所(ア)，(イ)，(ウ)及び(エ)に当てはまる組合せとして，正しいものを次の（ 1 ）〜（ 5 ）のうちから一つ選べ。

	(ア)	(イ)	(ウ)	(エ)
（ 1 ）	kV_xT_1	$kV_r(t - T_1)$	$\dfrac{T_2}{T_1}V_r$	反比例
（ 2 ）	kV_xT_1	kV_rT_2	$\dfrac{T_2}{T_1}V_r$	反比例
（ 3 ）	$k\dfrac{V_x}{T_1}$	$k\dfrac{V_r}{T_2}$	$\dfrac{T_1}{T_2}V_r$	比例
（ 4 ）	$k\dfrac{V_x}{T_1}$	$k\dfrac{V_r}{T_2}$	$\dfrac{T_1}{T_2}V_r$	反比例
（ 5 ）	kV_xT_1	$kV_r(t - T_1)$	$T_1T_2V_r$	比例

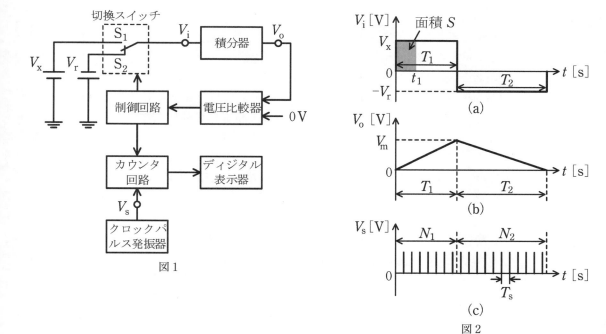

図1

図2

（b） 基準電圧が $V_r = 2.0\,\mathrm{V}$，スイッチの S_1 の期間 $T_1\,[\mathrm{s}]$ 中のクロックパルス数が $N_1 = 1.0 \times 10^3$ のディジタル直流電圧計がある。この電圧計を用いて未知の電圧 $V_x\,[\mathrm{V}]$ を測定したとき，スイッチ S_2 の期間 $T_2\,[\mathrm{s}]$ 中のクロックパルス数が $N_2 = 2.0 \times 10^3$ であった。測定された電圧 V_x の値 $[\mathrm{V}]$ として，最も近いものを次の（1）～（5）のうちから一つ選べ。

（1） 0.5 （2） 1.0 （3） 2.0 （4） 4.0 （5） 8.0

問 78 （ a ）の解答　　出題項目＜ディジタル計器＞　　　　答え　（1）

$t=0$[s]での出力電圧を $V_0=0$[V]とする。時刻 t_1 における V_0[V]は，入力電圧 V_i[V]の期間 $0\sim t_1$[s]で囲われる面積 S に比例する。積分器の特性で決まる比例定数を $k(>0)$ とすると，時刻 $t=T_1$[s]のときの出力電圧は，$V_m=\underline{\underline{kV_xT_1}}$[V]となる。

定められた時刻 $t=T_1$[s]に達すると，制御回路によってスイッチが S_2 側に切り換わり，積分器には基準電圧 $-V_r$[V]が入力される。よって，スイッチ S_2 の期間中の時刻 t[s]における積分器の出力電圧の大きさは，$V_0=V_m-\underline{\underline{kV_r(t-T_1)}}$ [V]と表される。

積分器の出力電圧 V_0 が 0 V になると，電圧比較器がそれを検出する。$V_0=0$[V]のときの時刻を $t=T_1+T_2$ [s]とすると，測定電圧は $V_x=\dfrac{T_2}{T_1}V_r$[V]と表される。さらに，問題図 2（ c ）のようにスイッチ S_1，S_2 の各期間 T_1[s]，T_2[s]中にクロックパルス発振器から出力されるクロックパルス数をそれぞれ N_1，N_2 とすると，N_1 は既知なので N_2 をカウントすれば，測定電圧 V_x がディジタル信号に変換される。ここで，クロックパルスの周期 T_s は，クロックパルス発振器の動作周波数に**反比例**する。

解説 ⋯⋯⋯⋯⋯⋯⋯⋯⋯⋯⋯⋯⋯

以下に，解答するためのポイントを示す。

「出力 V_0 は，入力電圧 V_i の期間 $0\sim t_1$ で囲われる面積 S に比例し，比例定数を k とする」より次の事がわかる。入力電圧が $V_i=V_x$ で期間 T_1 のときの面積は V_xT_1 であり，比例定数 k をかけ算したものが出力 V_m なので，（ア）は kV_xT_1 である。

「定められた時刻 T_1 に達すると，S_2 側に切り換わり，積分器には基準電圧 $-V_r$ が入力される」より次の事がわかる。T_1 からスイッチ S_2 の期間中の時刻 t までの $(t-T_1)$ 間には，$-kV_r(t-T_1)$ が T_1 までの出力 V_m に加算される。これにより，t における出力 V_0 は $V_m-kV_r(t-T_1)$ となるので，（イ）は $kV_r(t-T_1)$ である。

「$t=T_1+T_2$ となったとき出力は 0 V となる」より次の事がわかる。$kV_xT_1-kV_r(T_1+T_2-T_1)$ $=0$ が成り立ち，この方程式から V_x が得られるので，（ウ）は $\dfrac{T_2}{T_1}V_r$ である。

また，周波数と周期は互いに逆数の関係にあることから，（エ）は反比例となる。

問78（b）の解答　出題項目＜ディジタル計器＞　答え　（4）

クロックパルス数は積分時間に比例するので，

$$\frac{T_2}{T_1}=\frac{N_2}{N_1}$$

が成り立つ。この式と小問（a）の V_x の式より，次式が得られ，V_x が求められる。

$$V_x=\frac{T_2}{T_1}V_r=\frac{N_2}{N_1}V_r\,[\mathrm{V}]$$
$$=\frac{2\times10^3}{1\times10^3}\times2=4\,[\mathrm{V}]$$

解説

$$V_x=\frac{N_2}{N_1}V_r \quad\rightarrow\quad N_2=\frac{(N_1)}{V_r}V_x$$

式中の N_1/V_r は既知量（定数）なので，ディジタル出力であるパルス数 N_2 とアナログ入力である電圧値 V_x は比例関係にあることがわかる。

二重積分形 A-D 変換器はこのような仕組みで，入力したアナログ信号を入力値に比例したディジタル信号に変換している。

問 79　出題分野＜電子理論＞ 　　　　　　　　　　　　　平成 20 年度 問 12

　真空中において，電子の運動エネルギーが 400 eV のときの速さが 1.19×10^7 m/s であった。電子の運動エネルギーが 100 eV のときの速さ[m/s]の値として，正しいのは次のうちどれか。

　ただし，電子の相対性理論効果は無視するものとする。

（1）　2.98×10^6　　　　（2）　5.95×10^6　　　　（3）　2.38×10^7

（4）　2.98×10^9　　　　（5）　5.95×10^9

問 80　出題分野＜電子理論＞ 　　　　　　　　　　　　　令和元年度 問 12

　図のように，極板間の距離 d[m]の平行板導体が真空中に置かれ，極板間に強さ E[V/m]の一様な電界が生じている。質量 m[kg]，電荷量 $q(>0)$[C]の点電荷が正極から放出されてから，極板間の中心 $\dfrac{d}{2}$[m]に達するまでの時間 t[s]を表す式として，正しいものを次の（1）～（5）のうちから一つ選べ。

　ただし，点電荷の速度は光速より十分小さく，初速度は 0 m/s とする。また，重力の影響は無視できるものとし，平行板導体は十分大きいものとする。

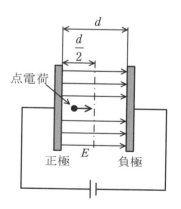

（1）　$\sqrt{\dfrac{md}{qE}}$　　　（2）　$\sqrt{\dfrac{2md}{qE}}$　　　（3）　$\sqrt{\dfrac{qEd}{m}}$　　　（4）　$\sqrt{\dfrac{qE}{md}}$　　　（5）　$\sqrt{\dfrac{2qE}{md}}$

問 79 の解答　　出題項目＜電界中の電子＞　　　　答え　（2）

電子の運動エネルギー W は，電子の質量を m [kg]，速さを v[m/s] とすると，

$$W=\frac{1}{2}mv^2[\text{J}] \qquad ①$$

エネルギーは速さの 2 乗に比例するので，速さはエネルギーの $\sqrt{}$（正の平方根）に比例する。したがって，速さ v_1 のときの運動エネルギー W_1 と，速さ v_2 のときの運動エネルギー W_2 の関係は，

$$\frac{v_1}{v_2}=\sqrt{\frac{W_1}{W_2}} \qquad ②$$

運動エネルギー $W_1=100$[eV] のときの速さを v_1[m/s]，$W_2=400$[eV] のときの速さを v_2

$=1.19\times10^7$[m/s] として②式に代入すると，

$$v_1=1.19\times10^7\times\sqrt{\frac{100}{400}}=5.95\times10^6[\text{m/s}]$$

解説 ‥‥‥‥‥‥‥‥‥‥‥‥‥‥‥‥‥

問題では運動エネルギーの単位が [eV] で表されている。1[eV]＝1.6×10^{-19}[J] を用いてジュールに換算できるが，比を取るとこの換算係数も消去されるので [eV] のままでも差し支えない。

電子に限らず運動エネルギーは①式になる。また，相対性理論効果を無視とは，電子の質量が一定であることを意味する。

問 80 の解答　　出題項目＜電界中の電子＞　　　　答え　（1）

正の点電荷には静電力 qE[N] により，電界の向きに加速度 a が生じる。

$$a=\frac{qE}{m}[\text{m/s}^2]$$

この結果，点電荷は電界の向きに等加速度直線運動をする。$t=0$[s] において正極上から初速度 0 m/s で放出された点電荷は電界方向に等加速度で移動するので，時刻 t[s] における移動距離 l は，

$$l=\frac{1}{2}at^2=\frac{qE}{2m}t^2[\text{m}]$$

したがって，$l=\dfrac{d}{2}$ となる時刻 t は，

$$l=\frac{d}{2}=\frac{qE}{2m}t^2$$

$$t^2=\frac{md}{qE} \quad\rightarrow\quad t=\sqrt{\frac{md}{qE}}[\text{s}]$$

解説 ‥‥‥‥‥‥‥‥‥‥‥‥‥‥‥‥‥

加速度と力と質量の関係は，ニュートンの第2法則より次式で定義される。

$$\text{加速度}[\text{m/s}^2]=\frac{\text{力}[\text{N}]}{\text{質量}[\text{kg}]}$$

また，等加速度 a[m/s²] の向きの初速度を v_0 [m/s]（a と同じ向きを正とする）とするとき，時刻 0 s で等加速度直線運動を始める小物体の時刻 t[s] における移動距離 l[m] は次式となる。

$$l=\frac{1}{2}at^2+v_0t[\text{m}]$$

なお，問題では題意より初速度は零であるから，$v_0=0$ とする。

この関係式は，荷電粒子の運動に関する問題では頻繁に登場するので，ぜひとも覚えておきたい。

問81　出題分野＜電子理論＞　平成30年度 問12

次の文章は，磁界中の電子の運動に関する記述である。

図のように，平等磁界の存在する真空かつ無重力の空間に，電子を x 方向に初速度 v[m/s]で放出する。平等磁界は z 方向であり磁束密度の大きさ B[T]をもつとし，電子の質量を m[kg]，素電荷の大きさを e[C]とする。ただし，紙面の裏側から表側への向きを z 方向の正とし，v は光速に比べて十分小さいとする。このとき，電子の運動は　(ア)　となり，時間 $T=$　(イ)　[s]後に元の位置に戻ってくる。電子の放出直後の軌跡は破線矢印の　(ウ)　のようになる。

一方，電子を磁界と平行な z 方向に放出すると，電子の運動は　(エ)　となる。

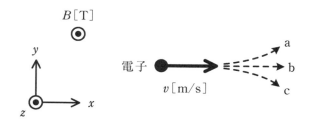

上記の記述中の空白箇所(ア)，(イ)，(ウ)及び(エ)に当てはまる組合せとして，正しいものを次の（1）～（5）のうちから一つ選べ。

	（ア）	（イ）	（ウ）	（エ）
（1）	単振動	$\dfrac{m}{eB}$	a	等加速度運動
（2）	単振動	$\dfrac{m}{2\pi eB}$	b	らせん運動
（3）	等速円運動	$\dfrac{m}{eB}$	c	等速直線運動
（4）	等速円運動	$\dfrac{2\pi m}{eB}$	c	らせん運動
（5）	等速円運動	$\dfrac{2\pi m}{eB}$	a	等速直線運動

問81の解答　出題項目＜磁界中の電子＞　答え　(5)

　問題図のように，平等磁界の存在する真空かつ無重力の空間に，電子を x 方向に初速度 v[m/s] で放出する。平等磁界は z 方向であり磁束密度の大きさ B[T] をもつとし，電子の質量を m[kg]，素電荷（電子の電荷）の大きさを e[C] とする。ただし，紙面の裏側から表側への向きを z 方向の正とし，v は光速に比べて十分小さいとする。このとき，電子の運動は**等速円運動**となり，時間 $T=\dfrac{2\pi m}{eB}$[s] 後に元の位置に戻ってくる。電子の放出直後の軌跡は破線矢印の **a** のようになる。

　一方，電子を磁界と平行な z 方向に放出すると，電子の運動は**等速直線運動**となる。

解説

　正電荷 q[C] を帯びた荷電粒子を磁界 B[T] の向きと直角方向に速度 v[m/s] で放出すると，その荷電粒子には**ローレンツ力** $F_{\mathrm{m}}=qvB$[N] が速度の方向と磁界（磁束密度）の方向の双方に直角な向きに生じる。ローレンツ力の向きは，荷電粒子の移動を電流と見立てたとき，フレミングの左手の法則に従う。したがって，正の電荷をもつ荷電粒子は進行方向に対して磁界の方向を上向きとすると，常に進行方向に対して右向きの力を受ける。一方，電子は負の電荷をもつので，電子の移動に伴う電流の向きが逆と考えると，電子の進行方向に対して磁界の方向を上向きとすると，常に進行方向に対して左向きの力を受ける。このとき，荷電粒子は進行方向に力を受けないので等速運動となるが，ローレンツ力により軌道が曲げられ（問題図の電子は破線矢印 a のような運動をする）結果的に**等速円運動**をする。

　図81-1 のように，速度 v[m/s] で等速円運動をする質量 m[kg] の荷電粒子には，円軌道の中心に向かう**向心力**（ローレンツ力）F_{m} と，軌道が曲げられることで生じる見かけの力である**遠心力**（慣性力）F_{v} が働いている。円軌道の半径を r[m]

とすると，遠心力の大きさ F_{v} は，

$$F_{\mathrm{v}}=\frac{mv^2}{r}\,[\mathrm{N}]$$

で与えられる。

　等速円運動では F_{m} と F_{v} が釣り合った半径 r の円軌道を描く。r は $F_{\mathrm{m}}=F_{\mathrm{v}}$ より，

$$qvB=\frac{mv^2}{r}\quad\rightarrow\quad r=\frac{mv}{qB}\,[\mathrm{m}]$$

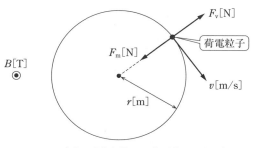

（正の電荷を帯びた荷電粒子の場合）

図81-1　ローレンツ力による等速円運動

　また，荷電粒子は円軌道の円周 $2\pi r$[m] を v[m/s] で移動するので，一周に要する時間を T[s] とすると次式が成り立ち T が求められる。

$$vT=2\pi r$$

$$T=\frac{2\pi r}{v}=\frac{2\pi}{v}\frac{mv}{qB}=\frac{2\pi m}{qB}\,[\mathrm{s}]$$

なお，電子の場合は $q\rightarrow e$ とすればよい。

　ローレンツ力は磁界と平行な移動に対しては生じないので，磁界と平行な運動は初速度による**等速直線運動**となる。

補足

　磁界に対して角度 θ，初速度 v で放出する荷電粒子の運動は，磁界に直角な速度成分 $v_{\mathrm{V}}=v\sin\theta$ と平行な速度成分 $v_{\mathrm{P}}=v\cos\theta$ に分解して考える。ローレンツ力は v_{V} にのみ関係するので v_{V} で等速円運動をしながら，v_{P} で磁界方向に等速直線運動をし，結果としてらせん状の軌跡を描く。

問 82 出題分野＜電子理論＞

　図1のように，真空中において強さが一定で一様な磁界中に，速さ v[m/s]の電子が磁界の向きに対して θ[°]の角度($0° < \theta$[°]$< 90°$)で突入した。この場合，電子は進行方向にも磁界の向きにも　(ア)　方向の電磁力を常に受けて，その軌跡は，　(イ)　を描く。

　次に，電界中に電子を置くと，電子は電界の向きと　(ウ)　方向の静電力を受ける。また，図2のように，強さが一定で一様な電界中に，速さ v[m/s]の電子が電界の向きに対して θ[°]の角度($0° < \theta$[°]$< 90°$)で突入したとき，その軌跡は，　(エ)　を描く。

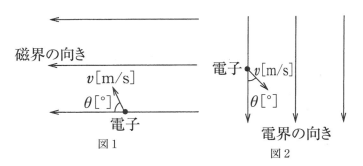

図1　　　　　図2

　上記の記述中の空白箇所(ア)，(イ)，(ウ)及び(エ)に当てはまる語句として，正しいものを組み合わせたのは次のうちどれか。

	(ア)	(イ)	(ウ)	(エ)
(1)	反　対	らせん	反　対	放物線
(2)	直　角	円	同　じ	円
(3)	同　じ	円	直　角	放物線
(4)	反　対	らせん	同　じ	円
(5)	直　角	らせん	反　対	放物線

問82の解答　　出題項目＜電界中の電子，磁界中の電子＞　　答え　(5)

図82-1のように，速さ v[m/s]の電子が磁界の向きに対して θ[°]で突入した場合，磁界に垂直な速度 v_V と平行な速度 v_P に分解する。磁界方向の運動は磁界から力を受けないので，電子は磁界方向に等速運動をする。一方，磁界に垂直な速度成分はフレミングの左手の法則が示す速度方向にも磁界の向きにも**直角**方向の電磁力を常に受けて円運動をする。以上から，磁界に平行な等速直線運動と合わせるとその軌跡は，**らせん**を描く。

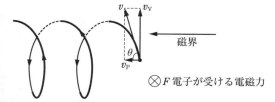

注意：電子の軌跡の図は，らせんが明確になるようにやや斜めから見た図である。

図82-1　磁界中の電子の運動

電界 E 中に電子を置くと，電子は電界の向きと**反対**方向の静電力 $F = eE$（e は電子の電荷の大きさ）を受ける。**図82-2**のように x，y 軸をとり，速度 v[m/s]を電界に垂直な速度 v_V と平行な速度 v_P に分解する。電界の垂直方向には電子は力を受けないので，電子は x 軸方向に等速運動する。一方，電界と平行な y 軸方向の運動は初速度 $-v_P$，加速度を $\alpha = eE/m$（m は電子の質量）とする等加速度運動をする。t[s]後の位置は，$x = v_V t$，$y = (1/2)\alpha t^2 - v_P t$ となり，t を消去すると，

$$y = \frac{1}{2}\alpha\frac{x^2}{v_V{}^2} - \frac{v_P}{v_V}x$$

電子の運動は x の二次関数で表されるので，その軌跡は**放物線**を描く。

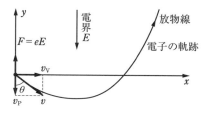

図82-2　電界中の電子の運動

解　説

磁界や電界中を運動する電子は力（ローレンツ力）を受ける方向に加速度運動する。この運動はニュートンの運動方程式に従う。

問83 出題分野＜電子理論＞ 令和3年度 問12

　図のように，x 方向の平等電界 E[V/m]，y 方向の平等磁界 H[A/m]が存在する真空の空間において，電荷 $-e$[C]，質量 m[kg]をもつ電子が z 方向の初速度 v[m/s]で放出された。この電子が等速直線運動をするとき，v を表す式として，正しいものを次の（1）〜（5）のうちから一つ選べ。ただし，真空の誘電率を ε_0[F/m]，真空の透磁率を μ_0[H/m]とし，重力の影響を無視する。

　また，電子の質量は変化しないものとする。図中の ⊙ は紙面に垂直かつ手前の向きを表す。

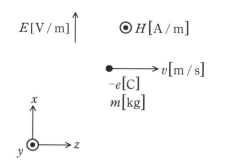

（1）　$\dfrac{\varepsilon_0 E}{\mu_0 H}$　　　（2）　$\dfrac{E}{H}$　　　（3）　$\dfrac{E}{\mu_0 H}$　　　（4）　$\dfrac{H}{\varepsilon_0 E}$　　　（5）　$\dfrac{\mu_0 H}{E}$

問84 出題分野＜電子理論＞ 平成25年度 問11

　次の文章は，不純物半導体に関する記述である。

　極めて高い純度に精製されたケイ素（Si）の真性半導体に，微量のリン（P），ヒ素（As）などの $\boxed{\text{（ア）}}$ 価の元素を不純物として加えたものを $\boxed{\text{（イ）}}$ 形半導体といい，このとき加えた不純物を $\boxed{\text{（ウ）}}$ という。

　ただし，Si，P，As の原子番号は，それぞれ 14，15，33 である。

　上記の記述中の空白箇所（ア），（イ）及び（ウ）に当てはまる組合せとして，正しいものを次の（1）〜（5）のうちから一つ選べ。

	（ア）	（イ）	（ウ）
（1）	5	p	アクセプタ
（2）	3	n	ドナー
（3）	3	p	アクセプタ
（4）	5	n	アクセプタ
（5）	5	n	ドナー

理論
電力
機械
法規

令和5(2023)上期

令和5(2023)下期

選抜90問

選抜85問

選抜90問

選抜65問

問 83 の解答　出題項目＜電界中の電子，磁界中の電子＞　答え（3）

真空中において，電荷 $-e$[C]をもつ電子が強さ E[V/m]の電界から受ける静電力の大きさ F_1[N]は，

$$F_1 = eE \qquad\qquad ①$$

電子は負電荷なので，電子の受ける静電力の向きは電界とは逆向き（x 軸の負の向き）である。

また，真空中を速さ v[m/s]で電子が運動するとき，磁束密度 B[T]の磁界から受けるローレンツ力の大きさ F_2[N]は，

$$F_2 = evB$$

ここで，磁束密度 B を磁界の強さ H[A/m]を用いて表すと，$B = \mu_0 H$ の関係があるので，

$$F_2 = ev(\mu_0 H) \qquad\qquad ②$$

電子は負電荷なので，運動する電子の受けるローレンツ力の向きは運動する正電荷（電流）が受ける電磁力の向きとは逆向きである。すなわち，フレミングの左手の法則より，x 軸の正の向きである。

図 83-1 に示すように，電子が等速直線運動をするための条件は $F_1 = F_2$ なので，①式 ＝ ②式より，

$$eE = ev(\mu_0 H) \qquad \therefore\ v = \frac{E}{\mu_0 H}$$

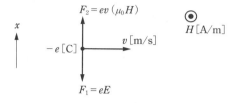

図 83-1　電子に働く力とその向き

Point 電荷 q[C]が電界 E[V/m]から受ける静電力（クーロン力）F[N]は，

$$F = qE$$

磁束密度 B[T]の磁界中を，磁界と垂直に速さ v[m/s]で運動する電荷 q[C]が受ける電磁力（ローレンツ力の総和）F[N]は，

$$F = qvB$$

問 84 の解答　出題項目＜半導体・半導体デバイス＞　答え（5）

真性半導体の原子価は 4 であり，代表的なものにケイ素（Si），ゲルマニウム（Ge）がある。この真性半導体に微量のリン（P），ヒ素（As），アンチモン（Sb）などの **5** 価の元素を不純物として加えたものを **n** 形半導体といい，加えた不純物を <u>ド</u>ナーという。

解説

半導体は，金属と絶縁物の中間の抵抗率を持ち，温度上昇に伴い抵抗率が減少する特性を持つ。真性半導体は不純物を含まず，熱で励起された電子とそのぬけ穴の正孔がキャリアとして同数存在する。4 価の真性半導体に 5 価の物質を微量加えると，原子間の共有結合に寄与しない自由電子が余分に存在するようになる。このような半導体を n 形半導体という。n 形半導体の多数キャリアは電子である。

一方，真性半導体にホウ素（B），ガリウム（Ga），インジウム（In）などの 3 価の物質を微量加えたものを p 形半導体といい，加えた不純物をアクセプタという。p 形半導体では共有結合に供する電子が不足し，その部分は正孔（ホール）として残る。正孔自体は移動することは無いが，正孔に電子が順次出入りすることであたかも正孔が移動するように見えるため，正孔はキャリアとして働く。p 形半導体の多数キャリアは正孔である。

Point acce<u>p</u>tor（アクセプタ：（電子の）受け皿）は p 形，do<u>n</u>or（ドナー：（電子を）提供）は n 形。

次の文章は，半導体レーザ（レーザダイオード）に関する記述である。

レーザダイオードは，図のような 3 層構造を成している。p 形層と n 形層に挟まれた層を ◻（ア） 層といい，この層は上部の p 形層及び下部の n 形層とは性質の異なる材料で作られている。前後の面は半導体結晶による自然な反射鏡になっている。

レーザダイオードに ◻（イ） を流すと， ◻（ア） 層の自由電子が正孔と再結合して消滅するとき光を放出する。

この光が二つの反射鏡の間に閉じ込められることによって， ◻（ウ） 放出が起き，同じ波長の光が多量に生じ，外部にその一部が出力される。光の特別な波長だけが共振状態となって ◻（ウ） 放出が誘起されるので，強い同位相のコヒーレントな光が得られる。

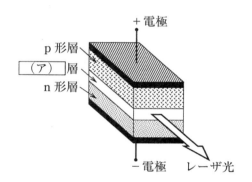

上記の記述中の空白箇所（ア），（イ）及び（ウ）に当てはまる組合せとして，正しいものを次の（1）～（5）のうちから一つ選べ。

	（ア）	（イ）	（ウ）
（1）	空乏	逆電流	二次
（2）	活性	逆電流	誘導
（3）	活性	順電流	二次
（4）	活性	順電流	誘導
（5）	空乏	順電流	二次

問 85 の解答　出題項目＜半導体・半導体デバイス＞　　答え　（4）

レーザダイオードは，問題図のような3層構造を成している。p形層とn形層に挟まれた層を**活性層**といい，この層は上部のp形層および下部のn形層とは異なる材料で作られている。前後の面は半導体結晶による自然な反射鏡になっている。

レーザダイオードに**順電流**を流すと，活性層の自由電子が正孔と再結合して消滅するとき光を放出する。

この光が二つの反射鏡の間に閉じ込められることによって，**誘導**放出が起き，同じ波長の光が多量に生じ，外部にその一部が出力される。光の特別な波長だけが共振状態となって誘導放出が誘起されるので，強い同位相のコヒーレントな光が得られる。

解説

レーザダイオードの発光原理は，LED（発光ダイオード）と同様に，順方向電流で起こる電子と正孔の再結合（電子がエネルギーの低い安定した状態に遷移し，その際正孔と再結合する）時に起こる発光現象を利用している。しかし，遷移のエネルギー差には多少のばらつきがあるため，波長分布が多少山形に広がり，発光タイミングは各電子ごとに互いに無関係に起こる。このため放出光はコヒーレント（位相が一致した状態）ではない。レーザダイオードでは活性層の中で光を共振状態にして同じ波長の光を選別するとともに，誘導放出（現存する光が同波長，同位相の光の発光を誘起する現象）により同波長，同位相の光を増大させる。この一部の光が反射鏡（ハーフミラー）を通過して外部に放出されるため，LEDとは異なりコヒーレントな光が得られる。

Point レーザダイオードは，**誘導放出**を利用してコヒーレントな光を作る。

理論
電力
機械
法規
令和5（2023）上期
令和5（2023）下期
選抜90問
選抜85問
選抜90問
選抜65問

次の文章は，太陽電池に関する記述である。

太陽光のエネルギーを電気エネルギーに直接変換するものとして，半導体を用いた太陽電池がある。p形半導体とn形半導体によるpn接合を用いているため，構造としては (ア) と同じである。太陽電池に太陽光を照射すると，半導体の中で負の電気をもつ電子と正の電気をもつ (イ) が対になって生成され，電子はn形半導体の側に， (イ) はp形半導体の側に，それぞれ引き寄せられる。その結果，p形半導体に付けられた電極がプラス極，n形半導体に付けられた電極がマイナス極となるように起電力が生じる。両電極間に負荷抵抗を接続すると太陽電池から取り出された電力が負荷抵抗で消費される。その結果，負荷抵抗を接続する前に比べて太陽電池の温度は (ウ) 。

　上記の記述中の空白箇所(ア)，(イ)及び(ウ)に当てはまる組合せとして，正しいものを次の(1)〜(5)のうちから一つ選べ。

	(ア)	(イ)	(ウ)
(1)	ダイオード	正孔	低くなる
(2)	ダイオード	正孔	高くなる
(3)	トランジスタ	陽イオン	低くなる
(4)	トランジスタ	正孔	高くなる
(5)	トランジスタ	陽イオン	高くなる

問 86 の解答　出題項目＜太陽電池＞　　　　　答え　（1）

　半導体を用いた太陽電池は，p 形半導体と n 形半導体による pn 接合を用いているため，構造としては**ダイオード**と同じである。太陽電池に太陽光を照射すると，半導体の中で負の電気をもつ電子と正の電気をもつ**正孔**が対になって生成され，電子は n 形半導体の側に，正孔は p 形半導体の側に，それぞれ引き寄せられる。その結果，p 形半導体に付けられた電極がプラス極，n 形半導体に付けられた電極がマイナス極となるように起電力が生じる。両電極間に負荷抵抗を接続すると太陽電池から取り出された電力が負荷抵抗で消費される。その結果，負荷抵抗を接続する前に比べて太陽電池の温度は**低くなる**。

解説

　図 86-1 は，pn 接合付近の様子を示している。構造的にダイオードであるため，光が照射しない状態では pn 接合付近でそれぞれの多数キャリアが拡散し，相手の領域のキャリアと再結合することで，p 形領域では正孔が，n 形領域では電子が不足する。この結果，p 形領域よりも n 形領域の電位が高くなり，これ以上のキャリアの拡散が抑えられ平衡状態となっている。

　pn 接合部分に光が当たると，価電子帯の電子

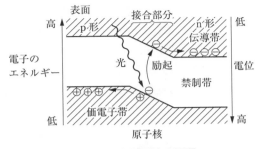

図 86-1　太陽電池の原理

が光のエネルギーを吸収してエネルギーの高い伝導帯に励起され，電子正孔対が生成する。正孔は相対的に電位の低い安定な p 形領域に，電子は相対的に電位の高い安定な n 形領域に移動することで，p 形領域が正，n 形領域が負の直流起電力を生じる。

　負荷接続前の太陽電池は，一定量の光の入射エネルギーが，気温と太陽電池の温度差で生じる放熱量と平衡している。負荷を接続すると入射エネルギーの一部が電力として消費され，その分だけ放熱量が減少する。減少した放熱量分の熱量を放熱するのに必要な温度差は小さくてよいので，気温が一定とすると太陽電池の温度は低くなる。

問87 出題分野＜電子回路＞ 令和2年度 問18

図1に示すエミッタ接地トランジスタ増幅回路について，次の（a）及び（b）の問に答えよ。

ただし，$I_B[\mu\text{A}]$，$I_C[\text{mA}]$はそれぞれベースとコレクタの直流電流であり，$i_b[\mu\text{A}]$，$i_c[\text{mA}]$はそれぞれの信号分である。また，$V_{BE}[\text{V}]$，$V_{CE}[\text{V}]$はそれぞれベース-エミッタ間とコレクタ-エミッタ間の直流電圧であり，$v_{be}[\text{V}]$，$v_{ce}[\text{V}]$はそれぞれの信号分である。さらに，$v_i[\text{V}]$，$v_o[\text{V}]$はそれぞれ信号の入力電圧と出力電圧，$V_{CC}[\text{V}]$はバイアス電源の直流電圧，$R_1[\text{k}\Omega]$と$R_2[\text{k}\Omega]$は抵抗，$C_1[\text{F}]$，$C_2[\text{F}]$はコンデンサである。なお，$R_2=1\,\text{k}\Omega$であり，使用する信号周波数においてC_1，C_2のインピーダンスは無視できるほど十分小さいものとする。

（a） 図2はトランジスタの出力特性である。トランジスタの動作点を$V_{CE}=\dfrac{1}{2}V_{CC}=6\,\text{V}$に選ぶとき，動作点でのベース電流$I_B$の値$[\mu\text{A}]$として，最も近いものを次の（1）～（5）のうちから一つ選べ。

（1） 20 （2） 25 （3） 30 （4） 35 （5） 40

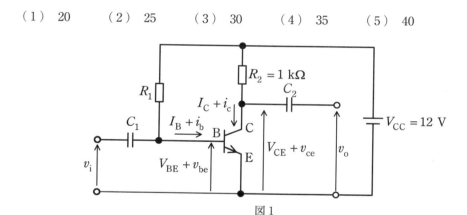

図1

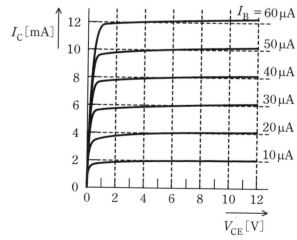

図2

（次々頁に続く）

理論　電力　機械　法規

令和 **5** (2023) 上期

令和 **5** (2023) 下期

選抜 **90** 問

選抜 **85** 問

選抜 **90** 問

選抜 **65** 問

問 87（a）の解答　出題項目＜トランジスタ増幅回路＞　答え　（3）

トランジスタの動作点は，電源電圧 V_{CC} の $\dfrac{1}{2}$ の電圧で $V_{CE}=6[V]$ なので，抵抗 R_2 の端子電圧 V_2 は，

$$V_2 = V_{CC} - V_{CE} = 12 - 6 = 6[V]$$

コレクタ電流 I_C は，これをコレクタ抵抗 R_2 で除した値なので，

$$I_C = \frac{V_{CC} - V_{CE}}{R_2} = \frac{6}{1 \times 10^3} = 6[mA]$$

問題図 2 に示されたトランジスタの出力特性（V_{CE}-I_C 特性）より，$V_{CE}=6[V]$，$I_C=6[mA]$ となるベース電流の値 I_B は，

$$I_B = 30[\mu A]$$

解説 ┄┄┄┄┄┄┄┄┄┄┄┄

直流成分だけを考えると，コレクタ電圧（コレクタ-エミッタ間の直流電圧）V_{CE} とコレクタ電流（コレクタの直流電流）I_C には次の関係がある。

$$V_{CE} = V_{CC} - R_2 I_C$$

したがって，I_C は次式で表される。

$$I_C = \frac{V_{CC} - V_{CE}}{R_2}$$

これより，I_C は $V_{CE}=0[V]$ のときに最大となり，その値 I_{Cmax} は，

$$I_{Cmax} = \frac{V_{CC}}{R_2} = \frac{12}{1 \times 10^{-3}} = 12[mA]$$

また，I_C は $V_{CE}=V_{CC}$ のときに最小となり，そ

の値 I_{Cmin} は，

$$I_{Cmin} = \frac{V_{CC} - V_{CE}}{R_2} = \frac{12 - 12}{1 \times 10^{-3}} = 0[mA]$$

これを V_{CE}-I_C 特性図に描き表すと，**図 87-1** のようになる。この直線を**直流負荷線**という。交点 P は動作点で，入力信号はこの点を中心に変化する。

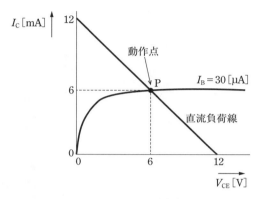

図 87-1　V_{CE}-I_C 特性図

補足　トランジスタの V_{CE}-I_C 特性図とは，ベース電流 I_B を一定にしたとき，コレクタ電圧 V_{CE} の変化に対するコレクタ電流 I_C の変化を表したものである。V_{CE}-I_C 特性が直線とみなせる領域の点をバイアスに設定する回路を，**A 級増幅回路**という。

（続き）

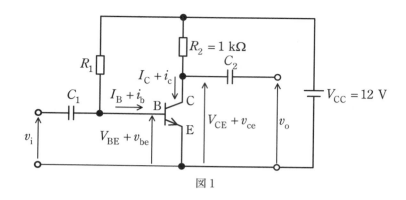

図1

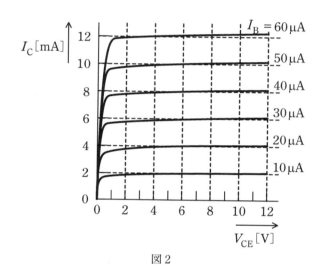

図2

（b） 小問（a）の動作点において，図1の回路に交流信号電圧 v_i を入力すると，最大値 10 μA の交流信号電流 i_b と小問（a）の直流電流 I_B の和がベース（B）に流れた。このとき，図2の出力特性を使って求められる出力交流信号電圧 $v_o (= v_{ce})$ の最大値[V]として，最も近いものを次の（1）〜（5）のうちから一つ選べ。

　　ただし，動作点付近においてトランジスタの出力特性は直線で近似でき，信号波形はひずまないものとする。

（1） 1.0　　　（2） 1.5　　　（3） 2.0　　　（4） 2.5　　　（5） 3.0

理論 電力 機械 法規

令和5(2023)上期

令和5(2023)下期

選抜90問

選抜85問

選抜90問

選抜65問

問87（b）の解答　出題項目＜トランジスタ増幅回路＞　答え（3）

この回路に交流信号電圧 v_i を入力すると，最大値 $10\,\mu A$ の交流信号電流 i_b と直流電流 I_B の和がベース（B）に流れた。これは小問（a）で求めたベース電流 $I_B = 30\,[\mu A]$ を中心として $\pm 10\,\mu A$ 変化することを意味する。

図87-2 に示す $V_{CE}\text{-}I_C$ 特性図より，ベース電流 i_b の $\pm 10\,\mu A$ の変化は，コレクタ電流 i_c の ± 2.0 mA の変化となることがわかる。したがって，出力交流信号電圧 v_o は，R_2 での電圧降下の変化に相当し（ただし，逆位相），その最大値 v_{omax} は，

$$v_{omax} = 2.0 \times 10^{-3} \times 1 \times 10^3 = 2.0\,[V]$$

補足 エミッタ接地増幅回路では，入力信号の位相と出力信号の位相は逆相になる。題意のエミッタ接地増幅回路は，電源電圧 V_{CC} からバイアス抵抗 R_1 を通してベース電流 I_B を流す方式で，**固定バイアス回路**と呼ばれている。

また，C_1，C_2 は**結合コンデンサ**と呼ばれる。その静電容量は使用周波数に対してインピーダンスが十分に小さくなるように選ばれ，直流分を阻止し，交流信号分だけを通す役割がある。

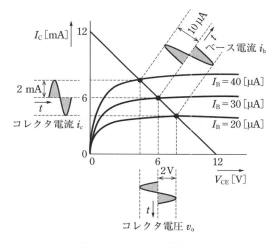

図87-2　$V_{CE}\text{-}I_C$ 特性図

演算増幅器（オペアンプ）について，次の（a）及び（b）に答えよ。

（a） 演算増幅器の特徴に関する記述として，誤っているのは次のうちどれか。

  （1） 反転増幅と非反転増幅の二つの入力端子と一つの出力端子がある。

  （2） 直流を増幅できる。

  （3） 入出力インピーダンスが大きい。

  （4） 入力端子間の電圧のみを増幅して出力する一種の差動増幅器である。

  （5） 増幅度が非常に大きい。

（b） 図1及び図2のような直流増幅回路がある。それぞれの出力電圧 V_{o1}[V]，V_{o2}[V]の値として，正しいものを組み合わせたのは次のうちどれか。

  ただし，演算増幅器は理想的なものとし，$V_{i1} = 0.6$ V 及び $V_{i2} = 0.45$ V は入力電圧である。

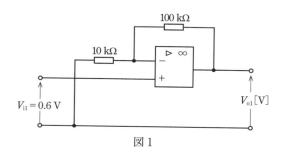

図1

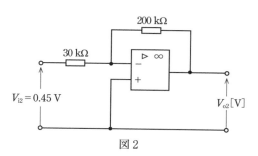

図2

	V_{o1}	V_{o2}
（1）	6.6	3.0
（2）	6.6	−3.0
（3）	−6.6	3.0
（4）	−4.5	9.0
（5）	4.5	−9.0

問 88 （a）の解答　　出題項目＜オペアンプ＞　　　　　　　答え（3）

（1）　正。記述のとおり。

（2）　正。記述のとおり。

（3）　誤。入力インピーダンスは大きいが，**出力インピーダンスは小さい**。

（4）　正。非反転増幅端子（＋入力端子）と反転増幅端子（－入力端子）に入力される値の差を増幅するので差動増幅器とも呼ばれる。

（5）　正。理想的な演算増幅器の増幅度は無限大。

解説

演算増幅器はオペアンプとも呼ばれる。理想的な演算増幅器の特徴は次のとおり。

①増幅度は無限大。②帯域幅が0（直流）から無限大周波数までである。③入力インピーダンスが無限大。④出力インピーダンスが零。⑤入力が零のときの出力は零。

演算増幅器を次の設問のように反転，非反転増幅器として使用する場合は，抵抗を介して出力を入力へ負帰還する負帰還増幅器として使用する。この場合の増幅度は無限大にはならず，負帰還の抵抗によって決まる値に抑えられる。

問 88 （b）の解答　　出題項目＜オペアンプ＞　　　　　　　答え（2）

図 88-1 の回路において，出力側から抵抗100 kΩ を通して入力側に流れる電流 I は，入力インピーダンスが高いため演算増幅器に流れ込まず，すべて 10 kΩ の抵抗を流れる。このため，点 P の電圧 V_{P1} は二つの抵抗の分圧から，

$$V_{P1}=\frac{10[\text{k}\Omega]}{10[\text{k}\Omega]+100[\text{k}\Omega]}V_{o1}=\frac{1}{11}V_{o1}[\text{V}]$$

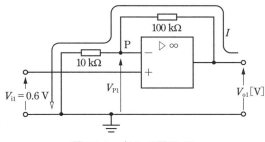

図 88-1　点 P の電圧 V_{P1}

正常に動作している演算増幅器は，イマジナルショートの状態にあるので $V_{i1}=V_{P1}$ となる。

$$0.6=\frac{V_{o1}}{11}$$

$$V_{o1}=11\times0.6=6.6[\text{V}]$$

図 88-2 の回路においても同様に，出力側から抵抗 200 kΩ を通して入力側に流れる電流 I は，入力インピーダンスが高いため演算増幅器に流れ込まず，すべて 30 kΩ の抵抗を流れる。このとき，点 P の電圧 V_{P2} は，V_{i2} と 30 kΩ の端子電圧の和となる。30 kΩ の端子電圧は $V_{o2}-V_{i2}$ を分圧したものなので，

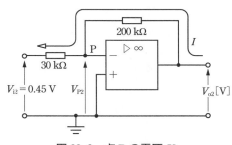

図 88-2　点 P の電圧 V_{P2}

$$V_{P2}=V_{i2}+\frac{30[\text{k}\Omega]}{30[\text{k}\Omega]+200[\text{k}\Omega]}(V_{o2}-V_{i2})$$

$$=0.45+\frac{3(V_{o2}-0.45)}{23}[\text{V}]$$

イマジナルショートにより $V_{P2}=0$ となり，

$$0.45+\frac{3(V_{o2}-0.45)}{23}=0$$

$$V_{o2}=\frac{-0.45\times23}{3}+0.45=-3.0[\text{V}]$$

解説

演算増幅器の計算はイマジナルショートを活用する。

図 88-1 の回路は入力に対して出力が同符号なので非反転増幅器，図 88-2 の回路は入出力が異符号なので，反転増幅器と呼ばれる。

演算増幅器(オペアンプ)について，次の(a)及び(b)の問に答えよ。

(a)　演算増幅器は，その二つの入力端子に加えられた信号の　(ア)　を高い利得で増幅する回路である。演算増幅器の入力インピーダンスは極めて　(イ)　ため，入力端子電流は　(ウ)　とみなしてよい。一方，演算増幅器の出力インピーダンスは非常に　(エ)　ため，その出力端子電圧は負荷による影響を　(オ)　。さらに，演算増幅器は利得が非常に大きいため，抵抗などの部品を用いて負帰還をかけたときに安定した有限の電圧利得が得られる。

　　上記の記述中の空白箇所(ア)，(イ)，(ウ)，(エ)及び(オ)に当てはまる組合せとして，正しいものを次の(1)～(5)のうちから一つ選べ。

	(ア)	(イ)	(ウ)	(エ)	(オ)
(1)	差動成分	大きい	ほぼ零	小さい	受けにくい
(2)	差動成分	小さい	ほぼ零	大きい	受けやすい
(3)	差動成分	大きい	極めて大きな値	大きい	受けやすい
(4)	同相成分	大きい	ほぼ零	小さい	受けやすい
(5)	同相成分	小さい	極めて大きな値	大きい	受けにくい

(b)　図のような直流増幅回路がある。この回路に入力電圧 0.5 V を加えたとき，出力電圧 V_0 の値[V]と電圧利得 A_v の値[dB]の組合せとして，最も近いものを次の(1)～(5)のうちから一つ選べ。

　　ただし，演算増幅器は理想的なものとし，$\log_{10} 2 = 0.301$，$\log_{10} 3 = 0.477$ とする。

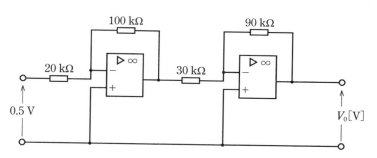

	V_0	A_v
(1)	7.5	12
(2)	−15	12
(3)	−7.5	24
(4)	15	24
(5)	7.5	24

理論　電力　機械　法規

令和5(2023)上期

令和5(2023)下期

選抜90問

選抜85問

選抜90問

選抜65問

問89（a）の解答　出題項目＜オペアンプ＞　答え（1）

演算増幅器は，二つの入力端子に加えられた信号の**差動成分**を高い利得で増幅する回路である。演算増幅器の入力インピーダンスは極めて**大きい**ため，入力端子電流は**ほぼ零**とみなしてよい。一方，出力インピーダンスは非常に**小さい**ため，その出力端子電圧は負荷による影響を**受けにくい**。

解説 ......

演算増幅器に関する計算問題は，次の理想的な条件を用いている。①入力インピーダンスは無限大。②出力インピーダンスは零。③利得は無限大。④周波数帯域は零（直流）から無限大。⑤動作時イマジナルショート（二つの入力端子間の電位差が零）の状態にある。

問89（b）の解答　出題項目＜オペアンプ＞　答え（5）

問題図は，図89-1に示す直流増幅回路を2段接続した回路である。図89-1において，出力電圧をV_{OUT}，入力電圧をV_{IN}とし，演算増幅器のマイナス入力（反転入力）端子をP点とする。

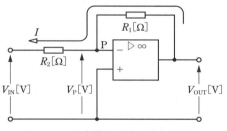

図89-1　直流増幅回路の電圧増幅度

出力から入力に流れる電流Iは，演算増幅器の入力インピーダンスが極めて大きいため，すべて入力V_{IN}側に流れる。このため，P点の電圧V_Pは抵抗R_1，R_2の分圧で決まり，

$$V_P = V_{IN} + (V_{OUT} - V_{IN})\frac{R_2}{R_1 + R_2} \qquad ①$$

演算増幅器が正常に動作している状態では，イマジナルショートにより$V_P = 0$となる。①式に代入し整理して，電圧増幅度$A = V_{OUT}/V_{IN}$を求めると，

$$A = \frac{V_{OUT}}{V_{IN}} = 1 - \frac{R_1 + R_2}{R_2} \qquad ②$$

問題図において，前段（左），後段（右）の電圧増幅度A_1，A_2を②式から求めると，

$$A_1 = 1 - \frac{100[kΩ] + 20[kΩ]}{20[kΩ]} = -5$$

$$A_2 = 1 - \frac{90[kΩ] + 30[kΩ]}{30[kΩ]} = -3$$

これより，前段後段合わせた電圧増幅度A_{12}は，

$$A_{12} = A_1 A_2 = (-5) \times (-3) = 15 \qquad ③$$

したがって，問題図の出力電圧V_oは，

$$V_o = 0.5 A_{12} = 0.5 \times 15 = 7.5[V]$$

次に，A_{12}を電圧利得$A_v[dB]$で表す。

$$A_v = 20 \log_{10} |A_{12}| = 20 \log_{10} 15 \qquad ④$$
$$= 20 \log_{10}(30/2) = 20(\log_{10} 30 - \log_{10} 2)$$
$$= 20(\log_{10} 10 + \log_{10} 3 - \log_{10} 2)$$
$$= 20 \times (1 + 0.477 - 0.301)$$
$$= 23.52[dB] \quad \rightarrow \quad 24\ dB$$

解説 ......

問題図の回路は，抵抗値のみが異なる同じタイプの増幅器二段で構成されているので，電圧増幅度を文字式で導出した②式を用いると便利である。

2段に結合された増幅器の増幅度は，③式のようにそれぞれの積になる。

また，対数計算の中で④式から次の式への変形（15を30/2と置き換える）は，$\log_{10} 3$，$\log_{10} 2$の値を利用するために必要となる。

補足　対数計算は，機械科目の利得計算でも使用するので，次の基本ルールは覚えておきたい。

$$\log_{10}(MN) = \log_{10} M + \log_{10} N$$
$$\log_{10}(M/N) = \log_{10} M - \log_{10} N$$
$$\log_{10}(M^t) = t \log_{10} M$$
$$\log_{10} 10 = 1, \quad \log_{10} 1 = 0$$

ただし，M，Nは正の数，tは実数である。

Point 増幅度は無単位，利得の単位は[dB]である。

問 90 出題分野＜電子回路＞ 平成26年度 問18

図1は，代表的なスイッチング電源回路の原理図を示している。次の（a）及び（b）の問に答えよ。

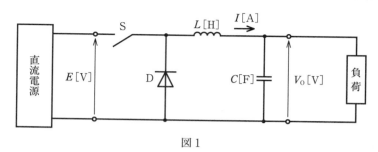

図1

（a） 回路の説明として，誤っているものを次の（1）～（5）のうちから一つ選べ。

（1） インダクタンス L[H] のコイルはスイッチSがオンのときに電磁エネルギーを蓄え，Sがオフのときに蓄えたエネルギーを放出する。

（2） ダイオードDは，スイッチSがオンのときには電流が流れず，Sがオフのときに電流が流れる。

（3） 静電容量 C[F] のコンデンサは出力電圧 V_0[V] を平滑化するための素子であり，静電容量 C[F] が大きいほどリプル電圧が小さい。

（4） コイルのインダクタンスやコンデンサの静電容量値を小さくするためには，スイッチSがオンとオフを繰り返す周期（スイッチング周期）を長くする。

（5） スイッチの実現には，バイポーラトランジスタや電界効果トランジスタが使用できる。

（b） スイッチSがオンの間にコイルの電流 I が増加する量を ΔI_1[A] とし，スイッチSがオフの間に I が減少する量を ΔI_2[A] とすると，定常的には図2の太線に示すような電流の変化がみられ，$\Delta I_1 = \Delta I_2$ が成り立つ。

ここで出力電圧 V_0[V] のリプルは十分小さく，出力電圧を一定とし，電流 I の増減は図2のように直線的であるとする。また，ダイオードの順方向電圧は0Vと近似する。さらに，スイッチSがオン並びにオフしている時間をそれぞれ T_{ON}[s]，T_{OFF}[s] とする。

ΔI_1 と V_0 を表す式の組合せとして，正しいものを次の（1）～（5）のうちから一つ選べ。

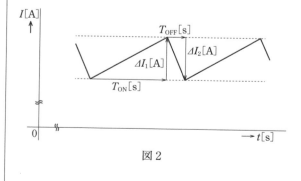

図2

	ΔI_1	V_0
（1）	$\dfrac{(E-V_0)T_{ON}}{L}$	$\dfrac{T_{OFF}\,E}{T_{ON}+T_{OFF}}$
（2）	$\dfrac{(E-V_0)T_{ON}}{L}$	$\dfrac{T_{ON}\,E}{T_{ON}+T_{OFF}}$
（3）	$\dfrac{(E-V_0)T_{ON}}{L}$	$\dfrac{(T_{ON}+T_{OFF})E}{T_{OFF}}$
（4）	$\dfrac{(V_0-E)T_{ON}}{L}$	$\dfrac{(T_{ON}+T_{OFF})E}{T_{ON}}$
（5）	$\dfrac{(V_0-E)T_{ON}}{L}$	$\dfrac{(T_{ON}+T_{OFF})E}{T_{OFF}}$

問90（a）の解答　　出題項目＜チョッパ＞

答え　（4）

（1）正。記述のとおり。

（2）正。Sがオフのとき，負荷を流れた電流はダイオードを流れ循環する。Dを環流ダイオードまたはフリーホイーリングダイオードという。

（3）正。記述のとおり。

（4）誤。LやCを小さくすれば，蓄えるエネルギーも小さくなる。以前と同じエネルギーの授受を行うためには単位時間当たりのエネルギー授受の回数を増やす必要があるので，**スイッチング周期を短くする。**

（5）正。記述のとおり。

解説

問題図1の回路は降圧チョッパ方式（$E > V_0$）の電源回路であり，スイッチングによるコイルの誘導起電力を利用し，スイッチSのオン・オフ時間により出力電圧を制御する。ダイオードDはオフ時の電流を還流させることで，オン時に蓄えた磁気エネルギーをオフ時に出力側に送り出す働きがある。一般にスイッチング電源は，小型軽量で効率も高い。

Point チョッパとは，**電流を切り刻む**という意味である。

問90（b）の解答　　出題項目＜チョッパ＞

答え　（2）

Sがオンのときの回路を**図90-1**に示す。インダクタンスLのコイルが発生する誘導起電力eは，問題図2の電流の変化から，

$$e = L\frac{\Delta I_1}{T_{\text{ON}}}\,[\text{V}]$$

起電力の方向は電流の増加を妨げる向きである。

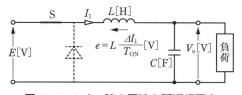

図90-1　Sオン時の電流と誘導起電力

直流電圧Eとコイルの誘導起電力e，出力電圧V_0の関係は，

$$E = e + V_0 = L\frac{\Delta I_1}{T_{\text{ON}}} + V_0$$

$$L\frac{\Delta I_1}{T_{\text{ON}}} = E - V_0$$

$$\Delta I_1 = \frac{(E - V_0)T_{\text{ON}}}{L}\,[\text{A}]$$

次に，Sがオフのときの回路を**図90-2**に示す。このとき，コイルは電流を流し続ける向きに誘導起電力eを生じる。eの大きさは$\Delta I_1 = \Delta I_2$より，

$$e = L\frac{\Delta I_2}{T_{\text{OFF}}} = L\frac{\Delta I_1}{T_{\text{OFF}}}\,[\text{V}]$$

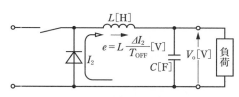

図90-2　Sオフ時の電流と誘導起電力

Dの順方向電圧は0Vなので，コイルの誘導起電力eと出力電圧V_0の関係は，

$$e = V_0, \quad L\frac{\Delta I_1}{T_{\text{OFF}}} = V_0$$

この式に先に計算したΔI_1を代入し，さらに整理してV_0を求めると，

$$\frac{L(E - V_0)T_{\text{ON}}}{T_{\text{OFF}}L} = V_0$$

$$V_0 = \frac{T_{\text{ON}}E}{T_{\text{ON}} + T_{\text{OFF}}}\,[\text{V}]$$

解説

問題図2の電流変化のグラフから，コイルの誘導起電力の式を導けることが肝要である。誘導起電力の大きさeは，

$$e = L\frac{\Delta I}{\Delta t}$$

電力 | 選抜 85 問

水力発電に関する記述として，誤っているものを次の（1）～（5）のうちから一つ選べ。

（1）　水車発電機の回転速度は，汽力発電と比べて小さいため，発電機の磁極数は多くなる。

（2）　水車発電機の電圧の大きさや周波数は，自動電圧調整器や調速機を用いて制御される。

（3）　フランシス水車やペルトン水車などで用いられる吸出し管は，水車ランナと放水面までの落差を有効に利用し，水車の出力を増加する効果がある。

（4）　我が国の大部分の水力発電所において，水車や発電機の始動・運転・停止などの操作は遠隔監視制御方式で行われ，発電所は無人化されている。

（5）　カプラン水車は，プロペラ水車の一種で，流量に応じて羽根の角度を調整することができるため部分負荷での効率の低下が少ない。

問1の解答　出題項目＜水車関係＞　　　　答え　（3）

（1）正。水車の回転速度は，キャビテーションの発生から制約を受けるため，あまり大きくできない。このため，100〜500 min^{-1} 程度のものが多い。発電機は水車と直結され，また，**磁極数は回転速度に反比例する**ので，回転速度の小さい水車発電機は磁極数が多くなる。

（2）正。自動電圧調整器は，界磁電流を制御して電圧を一定に保つ役割がある。また，調速機は，水車への流入水量を調節して回転速度（周波数）を一定に保つ役割がある。

（3）誤。**吸出し管は，反動水車**のランナから放水面までの接続管であり，放水面までの残りの落差を有効に利用するために設置する。フランシス水車は反動水車なので，吸出し管を使用する。

一方，衝動水車であるペルトン水車では，バケットに当たってエネルギーを失った後の流水は，大気圧中を自然落下するので吸出し管は使用できない。

（4）正。ほとんどの水力発電所では**遠隔監視制御方式**が採用され，数箇所から十数箇所の発電所を一つの制御所から**集中制御**する形態になっている。集中制御方式は，電力設備あるいはダムの総合運用を目的として，水力発電所を電力系統別または河川系統別にまとめて一つのシステムとして制御する方式である。

（5）正。プロペラ水車は，流水がランナを軸方向に通過する水車で，ランナ羽根が固定構造のものと可動構造のものがある。**可動構造のものがカプラン水車**で，ランナ羽根が出力変化に応じて自動的に角度を変えるようになっている。ランナ羽根の数は落差により異なるが，一般に 4〜8 枚程度である。

理論
電力
機械
法規

令和5（2023）上期
令和5（2023）下期
選抜90問
選抜85問
選抜90問
選抜65問

問 2 出題分野＜水力発電＞ **平成 25 年度 問 1**

次の文章は，水力発電に用いる水車に関する記述である。

水をノズルから噴出させ，水の位置エネルギーを運動エネルギーに変えた流水をランナに作用させる構造の水車を ⎡ (ア) ⎤ 水車と呼び，代表的なものに ⎡ (イ) ⎤ 水車がある。また，水の位置エネルギーを圧力エネルギーとして，流水をランナに作用させる構造の代表的な水車に ⎡ (ウ) ⎤ 水車がある。さらに，流水がランナを軸方向に通過する ⎡ (エ) ⎤ 水車もある。近年の地球温暖化防止策として，農業用水・上下水道・工業用水など少水量と低落差での発電が注目されており，代表的なものに ⎡ (オ) ⎤ 水車がある。

上記の記述中の空白箇所(ア)，(イ)，(ウ)，(エ)及び(オ)に当てはまる組合せとして，正しいものを次の(1)〜(5)のうちから一つ選べ。

	(ア)	(イ)	(ウ)	(エ)	(オ)
(1)	反 動	ペルトン	プロペラ	フランシス	クロスフロー
(2)	衝 動	フランシス	カプラン	クロスフロー	ポンプ
(3)	反 動	斜 流	フランシス	ポンプ	プロペラ
(4)	衝 動	ペルトン	フランシス	プロペラ	クロスフロー
(5)	斜 流	カプラン	クロスフロー	プロペラ	フランシス

433

理論 電力 機械 法規

令和5(2023)上期

令和5(2023)下期

選抜90問

選抜85問

選抜90問

選抜65問

問2の解答　　出題項目＜水車関係＞　　　　　　　答え　（4）

　水力発電に用いる水車は，水のもつエネルギーの利用方法によって，衝動水車と反動水車に大別される。

　衝動水車は，水の位置エネルギーを運動エネルギーに変えた流水をランナに作用させるもので，代表的なものに**図 2-1（a）**に示す**ペルトン水車**がある。

　反動水車は，水の位置エネルギーを圧力エネルギーに変えた流水をランナに作用させるもので，フランシス水車，斜流水車，プロペラ水車などがあり，なかでも図 2-1（b）に示す**フランシス水車**が代表的である。

　図 2-1（c）に示すように，ランナがプロペラ状の構造になっており，水流が軸方向に通過するも

のを**プロペラ水車**といい，ランナ羽根の角度を変えることができるものをカプラン水車という。

　クロスフロー水車は，衝動水車と反動水車の両特性を合わせ持ったような水車で，図 2-1（d）に示すようにランナが円筒形をしており，水はランナの外周から中へ入り，再びランナの外周へ出るようになっている。数千 kW 以下の小容量であるが，中落差～低落差に幅広く適用できる。また，構造が簡単でメンテナンスが容易であること，流量変化に対して高い効率を維持できる特徴があることから，農業用水・上下水道・工業用水などの少水量と低落差での発電に利用されている。

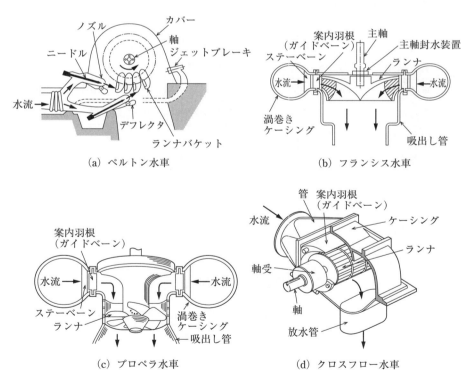

(a) ペルトン水車　　(b) フランシス水車　　(c) プロペラ水車　　(d) クロスフロー水車

図 2-1　水車の種類

次の文章は，水車の構造と特徴についての記述である。

　　(ア)　を持つ流水がランナに流入し，ここから出るときの反動力により回転する水車を反動水車という。　(イ)　は，ケーシング（渦形室）からランナに流入した水がランナを出るときに軸方向に向きを変えるように水の流れをつくる水車である。一般に，落差 40 m〜500 m の中高落差用に用いられている。

　プロペラ水車ではランナを通過する流水が軸方向である。ランナには扇風機のような羽根がついている。流量が多く低落差の発電所で使用される。　(ウ)　はプロペラ水車の羽根を可動にしたもので，流量の変化に応じて羽根の角度を変えて効率がよい運転ができる。

　一方，水の落差による　(ア)　を　(エ)　に変えてその流水をランナに作用させる構造のものが衝動水車である。　(オ)　は，水圧管路に導かれた流水が，ノズルから噴射されてランナバケットに当たり，このときの衝動力でランナが回転する水車である。高落差で流量の比較的少ない地点に用いられる。

　上記の記述中の空白箇所(ア)，(イ)，(ウ)，(エ)及び(オ)に当てはまる組合せとして，正しいものを次の(1)〜(5)のうちから一つ選べ。

	(ア)	(イ)	(ウ)	(エ)	(オ)
(1)	圧力水頭	フランシス水車	カプラン水車	速度水頭	ペルトン水車
(2)	速度水頭	ペルトン水車	フランシス水車	圧力水頭	カプラン水車
(3)	圧力水頭	カプラン水車	ペルトン水車	速度水頭	フランシス水車
(4)	速度水頭	フランシス水車	カプラン水車	圧力水頭	ペルトン水車
(5)	圧力水頭	ペルトン水車	フランシス水車	速度水頭	カプラン水車

問3の解答　出題項目＜水車関係＞

水車は，水の保有するエネルギーを機械的仕事に変える回転機械である。現在，発電に使用されている水車は反動水車と衝動水車に大別される。

反動水車は，**圧力水頭**を持つ流水をランナに作用させる水車である。この水車には，流水が半径方向に流入し，ランナ内において軸方向に向きを変えて流出する構造の**フランシス水車**，ランナを通過する流水の方向が斜めになる斜流水車，ランナを通過する流水が軸方向に流れるプロペラ水車がある。

なお，プロペラ水車は水を受けるランナ羽根が固定であるが，これを出力変化に応じて角度を変えられるようにしたのが**カプラン水車**である。

衝動水車は，落差の**圧力水頭**を**速度水頭**に変えた流水を，大気中においてランナに作用させる水車である。この水車には**ペルトン水車**があり，ノズルから流出する噴射水（ジェット）をバケットに作用させる構造をしている。

解説

フランシス水車は横軸，立軸いずれも採用でき，構造も簡単なので最も多く使用されている。その特徴は次のとおりである。

① 適用落差の範囲は 50～500 m と広く，容量も小容量から大容量のものを製作できる。

② 吸出し管により，落差を有効に利用できる。

③ 最高効率は高いが，部分負荷や低落差領域など，定格点から離れた運転では効率低下が著しい。

④ ペルトン水車に比べて，高落差での比速度を大きくとれる。

理論　電力　機械　法規

令和5（2023）上期

令和5（2023）下期

選抜90問

選抜85問

選抜90問

選抜65問

問 4 出題分野＜水力発電＞ 　　　　　　　　　　　　平成 29 年度 問 2

次の文章は，水車のキャビテーションに関する記述である。

運転中の水車の流水経路中のある点で __(ア)__ が低下し，そのときの __(イ)__ 以下になると，その部分の水は蒸発して流水中に微細な気泡が発生する。その気泡が __(ア)__ の高い箇所に到達すると押し潰され消滅する。このような現象をキャビテーションという。水車にキャビテーションが発生すると，ランナやガイドベーンの壊食，効率の低下，__(ウ)__ の増大など水車に有害な現象が現れる。

吸出し管の高さを __(エ)__ することは，キャビテーションの防止のため有効な対策である。

上記の記述中の空白箇所(ア)，(イ)，(ウ)及び(エ)に当てはまる組合せとして，正しいものを次の (1)～(5) のうちから一つ選べ。

	(ア)	(イ)	(ウ)	(エ)
(1)	流速	飽和水蒸気圧	吸出し管水圧	低く
(2)	流速	最低流速	吸出し管水圧	高く
(3)	圧力	飽和水蒸気圧	吸出し管水圧	低く
(4)	圧力	最低流速	振動や騒音	高く
(5)	圧力	飽和水蒸気圧	振動や騒音	低く

問4の解答　　出題項目＜水車関係＞

　水車のキャビテーションは，ランナ羽根の裏面，吸出し管入口などの水に触れる機械部分の表面および表面近くにおいて，水に満たされない空洞（気泡）が生じる現象で，この空洞は，水車の流水中のある点の**圧力**が低下して，そのときの水温の**飽和水蒸気圧以下**に低下することにより，その部分の水が蒸発して水蒸気となり，その結果，流水中に微細な気泡が生じることにより発生する。

　キャビテーションによって発生した気泡は流水とともに流れ，**圧力**の高い箇所に到達すると押し潰されて崩壊し，大きな衝撃力が生じる。

　キャビテーションが発生すると，流水に接するランナ，ガイドベーン，バケット，ケーシング，吸出し管などの金属面を壊食（浸食）や，水車の効率や出力の低下，また，水車に**振動や騒音**を発生させるなどの有害な現象が現れる。

　キャビテーションの防止対策は次のとおりで，吸出し管の吸出し高さを**低く**することはキャビテーションの防止のための有効な対策である。

　① 吸出し管が設置される反動水車では，流水中に過大な圧力降下が生じないよう，吸出し管の吸出し高さをあまり高くしないようにする。

　② ランナと流水との相対速度が過大とならないよう，比速度を大きくとりすぎない。

　③ 吸出し管上部に適当な量の空気を注入し，真空部の発生を防止する。

　④ キャビテーションが発生しやすい部分負荷運転や過負荷運転を避ける

　⑤ ランナなどに壊食に強い材料を使用する。

解説 ▶ ·······································

　キャビテーションは，水車内のある点における圧力水頭を $H_P[\mathrm{m}]$，ある水温における飽和蒸気圧に相当する圧力水頭を $H_V[\mathrm{m}]$ とすると，$H_P < H_V$ になった場合に発生する。ここで，放水面の大気圧を $H_a[\mathrm{m}]$，水車の吸出し高さを $H_s[\mathrm{m}]$，吸出し管出口の平均流速を $v[\mathrm{m/s}]$，重力加速度を $g[\mathrm{m/s^2}]$ とすると，

$$H_P = H_a - H_s + \frac{v^2}{2g}\,[\mathrm{m}]$$

と表されるので，

$$H_a - H_s + \frac{v^2}{2g} < H_V$$

$$\rightarrow \quad H_a - H_s - H_V + \frac{v^2}{2g} < 0$$

理論
電力
機械
法規

令和5(2023)上期

令和5(2023)下期

選抜90問

選抜85問

選抜90問

選抜65問

　水力発電所の理論水力 P は位置エネルギーの式から $P=\rho gQH$ と表される。ここで H[m]は有効落差，Q[m³/s]は流量，g は重力加速度 $=9.8\ \text{m/s}^2$，ρ は水の密度 $=1\,000\ \text{kg/m}^3$ である。以下に理論水力 P の単位を検証することとする。なお，Pa は「パスカル」，N は「ニュートン」，W は「ワット」，J は「ジュール」である。

　$P=\rho gQH$ の単位は ρ，g，Q，H の単位の積であるから，$\text{kg/m}^3 \cdot \text{m/s}^2 \cdot \text{m}^3/\text{s} \cdot \text{m}$ となる。これを変形すると，　(ア)　・m/s となるが，　(ア)　は力の単位　(イ)　と等しい。すなわち $P=\rho gQH$ の単位は　(イ)　・m/s となる。ここで　(イ)　・m は仕事(エネルギー)の単位である　(ウ)　と等しいことから $P=\rho gQH$ の単位は　(ウ)　/s と表せ，これは仕事率(動力)の単位である　(エ)　と等しい。ゆえに，理論水力 $P=\rho gQH$ の単位は　(エ)　となるが，重力加速度 $g=9.8\ \text{m/s}^2$ と水の密度 $\rho=1\,000\ \text{kg/m}^3$ の数値 9.8 と 1 000 を考慮すると $P=9.8QH$[　(オ)　]と表せる。

　上記の記述中の空白箇所(ア)，(イ)，(ウ)，(エ)及び(オ)に当てはまる組合せとして，正しいものを次の(1)〜(5)のうちから一つ選べ。

	(ア)	(イ)	(ウ)	(エ)	(オ)
(1)	kg・m	Pa	W	J	kJ
(2)	kg・m/s²	Pa	J	W	kW
(3)	kg・m	N	J	W	kW
(4)	kg・m/s²	N	W	J	kJ
(5)	kg・m/s²	N	J	W	kW

理論 電力 機械 法規

令和5(2023)上期

令和5(2023)下期

選抜90問

選抜85問

選抜90問

選抜65問

問5の解答　出題項目＜出力関係＞

$P = \rho g Q H$ の単位は，

$$P = \rho \frac{[\mathrm{kg}]}{[\mathrm{m}^3]} \times g \frac{[\mathrm{m}]}{[\mathrm{s}^2]} \times Q \frac{[\mathrm{m}^3]}{[\mathrm{s}]} \times H [\mathrm{m}]$$

$$= \frac{[\mathbf{kg \cdot m}]}{[\mathbf{s^2}]} \times \frac{[\mathrm{m}]}{[\mathrm{s}]}$$

　一方，質量が $m[\mathrm{kg}]$ の物体に加わる重力は，質量に重力加速度 $g = 9.8[\mathrm{m/s^2}]$ を乗じて mg で表されるので，この物体を $H[\mathrm{m}]$ 上昇させるときの仕事（エネルギー[J]）は，重力に移動距離を乗じて mgH となり，その単位は，

$$\text{仕事} = \text{力} \times \text{距離} = mgH$$

$$= [\mathrm{kg}] \times \frac{[\mathrm{m}]}{[\mathrm{s}^2]} \times [\mathrm{m}]$$

$$= \frac{[\mathrm{kg \cdot m}]}{[\mathrm{s}^2]} \times [\mathrm{m}]$$

$$= [\mathrm{N}] \times [\mathrm{m}] = [\mathrm{N \cdot m}] = [\mathrm{J}]$$

　よって，$[\mathbf{kg \cdot m/s^2}]$ は力の単位 $[\mathbf{N}]$ と等しく，

$\dfrac{[\mathrm{kg \cdot m}]}{[\mathrm{s}^2]} \times [\mathrm{m}]$ は仕事（エネルギー）の単位 $[\mathbf{J}]$ と等しい。

　$P = \rho g Q H$ の単位を別の形で表すと，

$$P = \frac{[\mathrm{kg \cdot m}]}{[\mathrm{s}^2]} \times \frac{[\mathrm{m}]}{[\mathrm{s}]}$$

$$= [\mathrm{N}] \times \frac{[\mathrm{m}]}{[\mathrm{s}]}$$

$$= \left(\frac{[\mathrm{kg \cdot m}]}{[\mathrm{s}^2]} \times [\mathrm{m}] \right) \times \frac{1}{[\mathrm{s}]}$$

$$= [\mathrm{J}] \times \frac{1}{[\mathrm{s}]} = [\mathrm{J/s}]$$

　これは仕事率（動力）の単位である $[\mathbf{W}]$ と等しい。したがって，$\rho = 1\,000[\mathrm{kg/m^3}]$，$g = 9.8[\mathrm{m/s^2}]$ を代入すると，理論水力 P の単位は，

$$P = \rho g Q H = 1\,000 \times 9.8 \times QH$$

$$= 9.8 QH \times 10^3 [\mathrm{W}] = 9.8 QH [\mathbf{kW}]$$

　図で，水圧管内を水が充満して流れている。断面 A では，内径 2.2 m，流速 3 m/s，圧力 24 kPa である。このとき，断面 A との落差が 30 m，内径 2 m の断面 B における流速[m/s]と水圧[kPa]の最も近い値の組合せとして，正しいものを次の（1）～（5）のうちから一つ選べ。

　ただし，重力加速度は 9.8 m/s²，水の密度は 1 000 kg/m³，円周率は 3.14 とする。

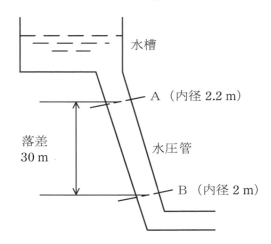

	流速[m/s]	水圧[kPa]
（1）	3.0	318
（2）	3.0	316
（3）	3.6	316
（4）	3.6	310
（5）	4.0	300

441

理論
電力
機械
法規

令和5 (2023) 上期

令和5 (2023) 下期

選抜90問

選抜85問

選抜90問

選抜65問

問6の解答 出題項目＜水圧管・ベルヌーイの定理＞ 答え （3）

図6-1のように，断面A，Bの断面積をS_A，$S_B[m^2]$，流速を$v_A(=3[m/s])$，$v_B[m/s]$，圧力を$p_A(=24[kPa]=24\,000[Pa])$，$p_B[Pa]$とする。

また，断面Bの高さh_Bを基準$(=0[m])$として，断面Aの高さを$h_A(=30[m])$とする。

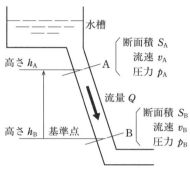

図6-1　断面A，Bにおける各値

●**断面Bにおける流速**

断面AとBで水圧管内の流量$Q[m^3/s]$は変わらないので，

$$Q=S_A v_A=S_B v_B$$

これより，断面Bにおける流速v_Bは，

$$v_B=\frac{S_A}{S_B}v_A$$

$$=\frac{\pi\left(\dfrac{2.2}{2}\right)^2}{\pi\left(\dfrac{2}{2}\right)^2}\times3=\left(\frac{2.2}{2}\right)^2\times3$$

$$=3.63\fallingdotseq3.6[m/s]$$

補足 「内径」とは(内側の)直径のことで，半径ではないことに注意すること。

また，題意に円周率$\pi=3.14$の値が与えられているが，上記のように，本問の計算では使用せずに済む。

●**断面Bにおける水圧**

次式で表されるベルヌーイの定理を利用する。

$$\underset{\text{位置水頭}}{h}\;+\;\underset{\text{速度水頭}}{\frac{v^2}{2g}}\;+\;\underset{\text{圧力水頭}}{\frac{p}{\rho g}}=一定[m]$$

ただし，

h：基準面からの高さ[m]

v：流速[m/s]

g：重力加速度$=9.8[m/s^2]$

p：水圧[Pa]

ρ：水の密度$=1\,000[kg/m^3]$

ベルヌーイの定理から，断面A，Bにおける水頭の総和（全水頭）は等しいので，

$$h_A+\frac{v_A{}^2}{2g}+\frac{p_A}{\rho g}=h_B+\frac{v_B{}^2}{2g}+\frac{p_B}{\rho g}$$

$$\frac{p_B}{\rho g}=(h_A-h_B)+\frac{v_A{}^2-v_B{}^2}{2g}+\frac{p_A}{\rho g}$$

$$\therefore\;p_B=\rho g(h_A-h_B)+\frac{\rho}{2}(v_A{}^2-v_B{}^2)+p_A$$

断面Bにおける水圧p_Bは，この式に各数値を代入して，

$$p_B=1\,000\times9.8\times(30-0)+\frac{1\,000}{2}(3^2-3.6^2)$$

$$+24\times10^3$$

$$=294\,000-1\,980+24\,000$$

$$=316\,020[Pa]\fallingdotseq316[kPa]$$

解説 ・・・・・・・・・・・・・・・・・・・・・・・・・・・・・

ベルヌーイの定理は，水の質量を$m[kg]$として，次式で表される。

$$\underset{\substack{\text{位置}\\\text{エネルギー}}}{mgh}\;+\;\underset{\substack{\text{運動}\\\text{エネルギー}}}{\frac{1}{2}mv^2}\;+\;\underset{\substack{\text{圧力}\\\text{エネルギー}}}{m\frac{p}{\rho}}=一定[J]$$

実際には，各項（各エネルギー[J]）を$mg[N]$で割って，水頭[m]で表した式として利用することが多い。

　ペルトン水車を1台もつ水力発電所がある。図に示すように，水車の中心線上に位置する鉄管のA点において圧力p[Pa]と流速v[m/s]を測ったところ，それぞれ3 000 kPa，5.3 m/sの値を得た。また，このA点の鉄管断面は内径1.2 mの円である。次の(a)及び(b)の問に答えよ。

　ただし，A点における全水頭H[m]は位置水頭，圧力水頭，速度水頭の総和として$h+\dfrac{p}{\rho g}+\dfrac{v^2}{2g}$より計算できるが，位置水頭$h$はA点が水車中心線上に位置することから無視できるものとする。また，重力加速度は$g=9.8$ m/s^2，水の密度は$\rho=1\,000$ kg/m^{3}とする。

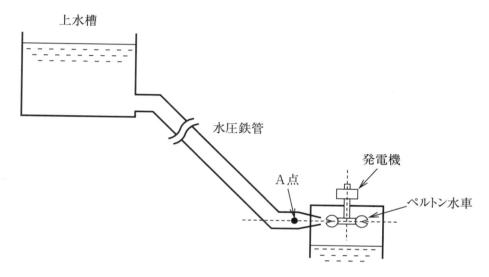

（a）　ペルトン水車の流量の値[m³/s]として，最も近いものを次の(1)～(5)のうちから一つ選べ。

　　（1）　3　　　（2）　4　　　（3）　5　　　（4）　6　　　（5）　7

（b）　水車出力の値[kW]として，最も近いものを次の(1)～(5)のうちから一つ選べ。
　　　ただし，A点から水車までの水路損失は無視できるものとし，また水車効率は88.5％とする。

　　（1）　13 000　　　（2）　14 000　　　（3）　15 000　　　（4）　16 000　　　（5）　17 000

443

理論
電力
機械
法規

令和5(2023)上期

令和5(2023)下期

選抜90問

選抜**85**問

選抜90問

選抜65問

問7（a）の解答　　出題項目＜水車関係＞　　　　　　　　答え　（4）

水圧鉄管の内径（内側の直径）を $d[\mathrm{m}]$ とすると，水圧鉄管の断面積 $S[\mathrm{m^2}]$ は，

$$S=\pi\left(\frac{d}{2}\right)^2=\frac{\pi}{4}d^2$$

よって，流速を $v[\mathrm{m/s}]$ とすると，流量 Q は，

$$Q=Sv=\frac{\pi}{4}d^2v=\frac{\pi}{4}\times1.2^2\times5.3$$

$$\fallingdotseq5.994[\mathrm{m^3/s}]\quad\rightarrow\quad6\ \mathrm{m^3/s}$$

問7（b）の解答　　出題項目＜出力関係＞　　　　　　　　答え　（4）

題意より位置水頭を無視すると，A 点における全水頭 H は，

$$H=\frac{p}{\rho g}+\frac{v^2}{2g}=\frac{3\,000\times10^3}{1\,000\times9.8}+\frac{5.3^2}{2\times9.8}$$

$$\fallingdotseq307.6[\mathrm{m}]$$

有効落差は全水頭から損失水頭を引いたものであるが，水路損失は無視できるため，有効落差 $H[\mathrm{m}]$ は A 点における全水頭に等しく，**図7-1** に示すように，流量を $Q[\mathrm{m^3/s}]$，水車効率を η_t とすると，水車出力 P_T は，

$$P_\mathrm{T}=9.8QH\eta_t$$
$$=9.8\times5.994\times307.6\times0.885$$
$$\fallingdotseq15\,991[\mathrm{kW}]\quad\rightarrow\quad16\,000\ \mathrm{kW}$$

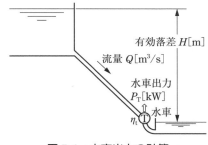

図7-1　水車出力の計算

解説

粘性，圧縮性，摩擦がなく，外力として重力だけが作用する理想流体が管路の中を流れているものと仮定すると，**図7-2** に示すように，A，B 2 点それぞれのエネルギーは，位置・圧力・運動エネルギーの和であり，管路でエネルギーの損失がないものとすれば，エネルギー保存の法則よりその値は等しくなる。すなわち，

$$mgh_1+\frac{mp_1}{\rho}+\frac{1}{2}mv_1{}^2=mgh_2+\frac{mp_2}{\rho}+\frac{1}{2}mv_2{}^2$$

となり，両辺を mg で割ると，

$$h_1+\frac{p_1}{\rho g}+\frac{v_1{}^2}{2g}=h_2+\frac{p_2}{\rho g}+\frac{v_2{}^2}{2g}$$

となる。このことは，管路中のどの点においても同様のことがいえることから，次式のように表すことができる。

$$h+\frac{p}{\rho g}+\frac{v^2}{2g}=H[\mathrm{m}]\ （一定）$$

これを**ベルヌーイの定理**という。

h：位置水頭$[\mathrm{m}]$（基準面からの高さ）

$\dfrac{p}{\rho g}$：圧力水頭$[\mathrm{m}]$（p：水の圧力$[\mathrm{Pa}]$，ρ：水の密度 $1\,000\ \mathrm{kg/m^3}$）

$\dfrac{v^2}{2g}$：速度水頭$[\mathrm{m}]$（v：水の速度$[\mathrm{m/s}]$，g：重力加速度 $9.8\ \mathrm{m/s^2}$）

H：全水頭$[\mathrm{m}]$（基準面から水槽の水面までの高さ（総落差））

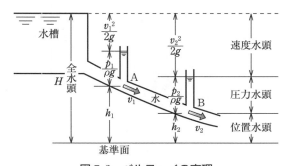

図7-2　ベルヌーイの定理

ベルヌーイの定理に関する問題は，過去に出題も多い。

問 8 出題分野＜水力発電＞

揚水発電所について，次の(a)及び(b)の問に答えよ。

ただし，水の密度を $1\,000\,\mathrm{kg/m^3}$，重力加速度を $9.8\,\mathrm{m/s^2}$ とする。

（a） 揚程 450 m，ポンプ効率 90 %，電動機効率 98 % の揚水発電所がある。揚水により揚程及び効率は変わらないものとして，下池から $1\,800\,000\,\mathrm{m^3}$ の水を揚水するのに電動機が要する電力量の値[MW·h]として，最も近いものを次の(1)～(5)のうちから一つ選べ。

（1） 1 500 　　（2） 1 750 　　（3） 2 000 　　（4） 2 250 　　（5） 2 500

（b） この揚水発電所において，発電電動機が電動機入力 300 MW で揚水運転しているときの流量の値[$\mathrm{m^3/s}$]として，最も近いものを次の(1)～(5)のうちから一つ選べ。

（1） 50.0 　　（2） 55.0 　　（3） 60.0 　　（4） 65.0 　　（5） 70.0

445

理論
電力
機械
法規

令和**5**(2023)上期

令和**5**(2023)下期

選抜**90**問

選抜**85**問

選抜**90**問

選抜**65**問

問8（a）の解答　出題項目＜出力関係，揚水発電＞　答え　（5）

揚水運転時の各量の記号を，**図8-1**のように定める。

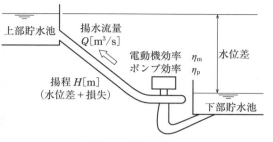

図8-1　揚水運転

流量$Q[\text{m}^3/\text{s}]$の水を$H[\text{m}]$の高さに持ち上げるのに要する動力$P_0[\text{kW}]$は，

$$P_0 = 9.8QH$$

ポンプ効率η_pと電動機効率η_mを考慮すると，このときの電動機入力$P_\text{m}[\text{kW}]$は，

$$P_\text{m} = \frac{9.8QH}{\eta_\text{p}\eta_\text{m}} \quad ①$$

$Q[\text{m}^3/\text{s}]$で揚水すると，1時間（3 600秒）の揚水量は$3\,600Q[\text{m}^3]$になる。したがって，$V[\text{m}^3]$の水を揚水するのに必要な時間$t[\text{h}]$は，

$$t = \frac{V}{3\,600Q} \quad ②$$

この場合に必要な電力量$W_\text{m}[\text{kW·h}]$は，①式×②式より，

$$W_\text{m} = P_\text{m}t = \frac{9.8QH}{\eta_\text{p}\eta_\text{m}} \times \frac{V}{3\,600Q}$$

$$= \frac{9.8HV}{3\,600\eta_\text{p}\eta_\text{m}} \quad ③$$

③式に各数値を代入すると，

$$W_\text{m} = \frac{9.8 \times 450 \times 1\,800\,000}{3\,600 \times 0.9 \times 0.98}$$

$$= 2\,500 \times 10^3[\text{kW·h}] = 2\,500[\text{MW·h}]$$

問8（b）の解答　出題項目＜出力関係，揚水発電＞　答え　（3）

①式を変形して各数値を代入すると，

$$Q = \frac{P_\text{m}\eta_\text{p}\eta_\text{m}}{9.8H} = \frac{300 \times 10^3 \times 0.9 \times 0.98}{9.8 \times 450}$$

$$= 60[\text{m}^3/\text{s}]$$

解説

揚水運転では，配管の抵抗などがあるので，揚程$H[\text{m}]$は上下の貯水池の水位差$H_0[\text{m}]$に損失水頭$h[\text{m}]$を加えたものになる。

$$H = H_0 + h$$

一方，発電運転でも配管の抵抗などはあるが，その分だけ有効落差が小さくなり，有効落差H[m]は上下の貯水池の水位差$H_0[\text{m}]$から損失水頭$h[\text{m}]$を引いたものになる。

$$H = H_0 - h$$

補足　揚水発電所の総合効率は，揚水に必要な電力量に対する発電電力量の比である。

（1）　揚水に必要な電力量

$V[\text{m}^3]$を揚水するのに必要な電力量$W_\text{m}[\text{kW·h}]$は，③式に$H = H_0 + h$を代入して，

$$W_\text{m} = \frac{9.8(H_0 + h)V}{3\,600\eta_\text{p}\eta_\text{m}} \quad ④$$

（2）　発電電力量

$Q[\text{m}^3/\text{s}]$で発電する場合の発電機出力$P_\text{g}[\text{kW}]$は，水車効率をη_t，発電機効率をη_gすると，

$$P_\text{g} = 9.8QH\eta_\text{t}\eta_\text{g} = 9.8Q(H_0 - h)\eta_\text{t}\eta_\text{g}$$

$V[\text{m}^3]$の貯水量で発電できる電力量$W_\text{g}[\text{kW·h}]$は，③式と同様に，

$$W_\text{g} = P_\text{g}t = 9.8Q(H_0 - h)\eta_\text{t}\eta_\text{g} \times \frac{V}{3\,600Q}$$

$$= \frac{9.8Q(H_0 - h)\eta_\text{t}\eta_\text{g}V}{3\,600Q} \quad ⑤$$

（3）　総合効率

⑤式÷④式より，総合効率ηは，

$$\eta = \frac{W_\text{g}}{W_\text{m}} = \frac{9.8(H_0 - h)\eta_\text{t}\eta_\text{g}V}{3\,600} \times \frac{3\,600\eta_\text{p}\eta_\text{m}}{9.8(H_0 + h)V}$$

$$= \frac{(H_0 - h)}{(H_0 + h)}\eta_\text{t}\eta_\text{g}\eta_\text{p}\eta_\text{m}$$

　ある河川のある地点に貯水池を有する水力発電所を設ける場合の発電計画について，次の（ a ）及び（ b ）の問に答えよ。

（ a ）　流域面積を 15 000 km²，年間降水量 750 mm，流出係数 0.7 とし，年間の平均流量の値［m³/s］として，最も近いものを次の（ 1 ）～（ 5 ）のうちから一つ選べ。

　　　（ 1 ）　25　　　　（ 2 ）　100　　　　（ 3 ）　175　　　　（ 4 ）　250　　　　（ 5 ）　325

（ b ）　この水力発電所の最大使用水量を小問（ a ）で求めた流量とし，有効落差 100 m，水車と発電機の総合効率を 80 ％，発電所の年間の設備利用率を 60 ％としたとき，この発電所の年間発電電力量の値［kW·h］に最も近いものを次の（ 1 ）～（ 5 ）のうちから一つ選べ。

	年間発電電力量［kW・h］
（ 1 ）	100 000 000
（ 2 ）	400 000 000
（ 3 ）	700 000 000
（ 4 ）	1 000 000 000
（ 5 ）	1 300 000 000

問9（a）の解答 　出題項目＜ダム・貯水池・調整池＞　　　　答え　（4）

流域面積は，**図9-1**のように，ある水源に対する各分水嶺（れい）をつらねて得られる。

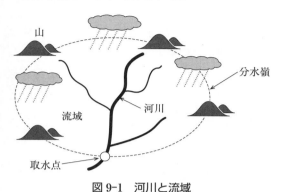

図9-1　河川と流域

そして，河川の流量は，その河川の流域面積とその流域内の降水量によって決まる。ただし，降った水は地中に浸透したり蒸発したりするので，地表を流れる量は降水量より少なくなる。その流域全体に降った雨の水量のうち，どの程度が河川流量となって流出するかを示す係数が，流出係数である。

流域面積を $A[\text{km}^2]$，年降水量を $h[\text{mm}]$，流出係数を k とすると，年平均流量 $Q[\text{m}^3/\text{s}]$ は次式で表される。

$$Q=\frac{h\times A\times 10^3}{365\times 24\,時間\times 60\,分\times 60\,秒}\times k$$

この式に題意の数値を代入すると，

$$Q=\frac{750\times 15\,000\times 10^3}{365\times 24\times 60\times 60}\times 0.7\fallingdotseq 250[\text{m}^3/\text{s}]$$

解説

降水量は季節によって変化するため，河川の流量も一定ではなく，日によって異なる。**図9-2**に示す流況曲線は，毎日の流量を大きいものから順に1年分を並べたものである。

なお，豊水量とは1年365日のうち，95日はこれより下がらない流量を表す。同様に，平水量は185日，低水量は275日，渇水量は355日，これより下がらない流量を表している。たとえば，使用流量を渇水量にとれば，355日は渇水量に相当する発電が可能となる。

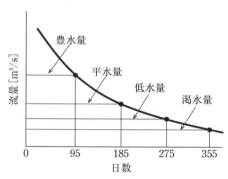

図9-2　流況曲線

問9（b）の解答 　出題項目＜出力関係＞　　　　　　　答え　（4）

発電機（発電所）の最大出力 $P_\text{G}[\text{kW}]$ は，水車の最大使用水量を $Q[\text{m}^3/\text{s}]$，有効落差を $H[\text{m}]$，水車の効率を η_T，発電機の効率を η_G とすると，次式で表される。

$$P_\text{G}=9.8QH\eta_\text{T}\eta_\text{G}$$

この式に各数値を代入すると，

$$P_\text{G}=9.8\times 250\times 100\times 0.8=196\,000[\text{kW}]$$

ここで，設備利用率とは，設備の利用の程度を表すものである。発電所であれば，実際の発電量が，仮にフル稼働していたとした発電量の何％なのかを示す数値となる。この数値が高ければ高いほど，その設備を有効に利用できているということを意味する。

発電機の最大出力を $P_\text{G}[\text{kW}]$ とすると，発電機の年間設備利用率 $\alpha[\%]$ は次式で表される。

$$\alpha\fallingdotseq\frac{年間発電電力量}{P_\text{G}\times 365\,日\times 24\,時間}\times 100\,\%$$

したがって，年間発電電力量は，

$$年間発電電力量 =\frac{P_\text{G}\times 365\times 24\times \alpha}{100}$$

$$=\frac{196\,000\times 365\times 24\times 60}{100}=1\,030\,176\,000$$

$$\fallingdotseq 1\,000\,000\,000[\text{kW}\cdot\text{h}]$$

問 10　　出題分野＜水力発電＞　　　　　　　　　　　**平成 30 年度 問 15**

　調整池の有効貯水量 V[m³]，最大使用水量 10 m³/s であって，発電機 1 台を有する調整池式発電所がある。

　図のように，河川から調整池に取水する自然流量 Q_N は 6 m³/s で一日中一定とする。この条件で，最大使用水量 $Q_P=10$ m³/s で 6 時間運用（ピーク運用）し，それ以外の時間は自然流量より低い一定流量で運用（オフピーク運用）して，一日の自然流量分を全て発電運用に使用するものとする。

　ここで，この発電所の一日の運用中の使用水量を変化させても，水車の有効落差，水車効率，発電機効率は変わらず，それぞれ 100 m，90 %，96 % で一定とする。

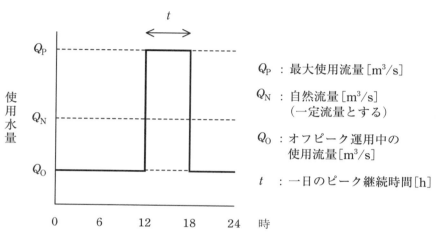

調整池式発電所の日調整運用

この条件において，次の（a）及び（b）の問に答えよ。

（a）　このときの運用に最低限必要な有効貯水量 V[m³]として，最も近いものを次の（1）～（5）のうちから一つ選べ。

　　（1）　86 200　　　（2）　86 400　　　（3）　86 600　　　（4）　86 800　　　（5）　87 000

（b）　オフピーク運用中の発電機出力[kW]として，最も近いものを次の（1）～（5）のうちから一つ選べ。

　　（1）　2 000　　　（2）　2 500　　　（3）　3 000　　　（4）　3 500　　　（5）　4 000

問 10 （a）の解答　　出題項目＜ダム・貯水池・調整池＞　　　　答え　（2）

自然流量を超える流量が必要になるのは 12 時から 18 時の 6 時間であり，そのときの自然流量を超える流量 [m³/s] は，

$$Q_P - Q_N = 10 - 6 = 4 [\text{m}^3/\text{s}]$$

したがって，運用に最低限必要な有効貯水量 $V[\text{m}^3]$ は，**図 10-1** の網掛け部分の面積となるので，

$$V = (Q_P - Q_N)t = 4 \times 6 \times 3\,600$$
$$= 86\,400 [\text{m}^3]$$

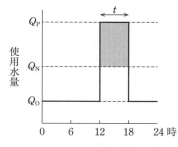

図 10-1　最低限必要な有効貯水量

問 10 （b）の解答　　出題項目＜出力関係＞　　　　　　　　　答え　（5）

問題文に「一日の自然流量分を全て発電運用に使用するものとする」とあるが，これは自然流量による合計水量 $24Q_N$ が，オフピーク運用時の必要水量 $18Q_0$ とピーク運用時の必要水量 $6Q_P$ との和に等しいということを意味する。つまり，

$$24Q_N = 18Q_0 + 6Q_P$$

の関係が成り立つ。これより，オフピーク運用時の使用流量 $Q_0[\text{m}^3/\text{s}]$ は

$$24 \times 6 = 18Q_0 + 6 \times 10$$
$$\therefore \quad Q_0 \fallingdotseq 4.667 [\text{m}^3/\text{s}]$$

水力発電における発電機出力 $P[\text{kW}]$ は，使用流量を $Q[\text{m}^3/\text{s}]$，有効落差を $H[\text{m}]$，水車効率を η_w，発電機効率を η_g とすると，

$$P = 9.8QH\eta_w\eta_g$$

したがって，求めるオフピーク運用中の発電機出力 $P_0[\text{kW}]$ は，この式に各値を代入すると，

$$P_0 = 9.8 \times 4.667 \times 100 \times 0.90 \times 0.96$$
$$= 3\,951.6 \fallingdotseq 4\,000 [\text{kW}]$$

解説

水力発電所の出力に関して，有効落差，水車効率，発電機効率について解説する（**図 10-2**）。

水と水圧管の摩擦等によって，水のもつ運動エネルギーの一部は損失となってしまうが，これを高さの単位[m]で表したものが損失水頭である。したがって，**有効落差**とは，実際の落差から損失水頭を差し引いた，実際に水車に入力可能なエネルギーを，高さの単位[m]で表したものである。

水力発電所では，水のもつ運動エネルギーや圧力エネルギーを，水車を介することによって発電機の軸を回転させるための回転エネルギーに変換する。このとき，どの程度効率的にエネルギーを変換できるかを表す指標が**水車効率**である。

発電機効率も同様で，水車から発電機に入力された機械エネルギー（回転エネルギー）のうち，発電機出力としての電気エネルギーにどの程度効率的に変換できるかという変換効率を表す指標が**発電機効率**である。

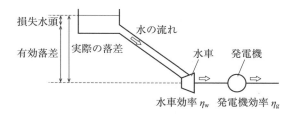

図 10-2　有効落差・水車効率・発電機効率

　汽力発電所における再生サイクル及び再熱サイクルに関する記述として，誤っているものを次の(1)〜(5)のうちから一つ選べ。

(1)　再生サイクルは，タービン内の蒸気の一部を抽出して，ボイラの給水加熱を行う熱サイクルである。

(2)　再生サイクルは，復水器で失う熱量が減少するため，熱効率を向上させることができる。

(3)　再生サイクルによる熱効率向上効果は，抽出する蒸気の圧力，温度が高いほど大きい。

(4)　再熱サイクルは，タービンで膨張した湿り蒸気をボイラの過熱器で加熱し，再びタービンに送って膨張させる熱サイクルである。

(5)　再生サイクルと再熱サイクルを組み合わせた再熱再生サイクルは，ほとんどの大容量汽力発電所で採用されている。

理論 電力 機械 法規

令和5 (2023) 上期

令和5 (2023) 下期

選抜90問

選抜85問

選抜90問

選抜65問

問11の解答　出題項目＜熱サイクル・熱効率＞　　答え　（4）

（1）正。再生サイクルは，**図11-1**に示すように，タービンで膨張途中の蒸気を抽出（抽気という）し，給水加熱器でボイラの給水を加熱する熱サイクルである。

（2）正。ランキンサイクルでは，復水器で放出される熱量（熱損失）がボイラでの供給熱量に対して大きな割合を占める。再生サイクルでは，その熱量を軽減して熱効率を向上させる。

（3）正。再生サイクルによる熱効率向上効果は，抽出する蒸気の圧力と温度が高いほど大きい。

（4）誤。再熱サイクルは，**図11-2**に示すよう

に，高圧タービン内で断熱膨張している蒸気が湿り始める前にタービンから取り出し，再びボイラに送って**再熱器**で再度過熱蒸気にして低圧タービンに送って最終圧力まで膨張させる熱サイクルである。

（5）正。再熱再生サイクルは，再熱サイクルと再生サイクルを組み合わせた熱サイクルで，大容量汽力発電所で採用されている。**図11-3**に再熱再生サイクルの系統図を示す。

Point 高圧タービンに入る前の蒸気を過熱蒸気にするのが過熱器，高圧タービンを出て中・低圧タービンに入る前の蒸気を過熱蒸気にするのが再熱器である。

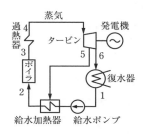

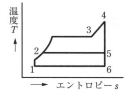

図11-1　再生サイクル

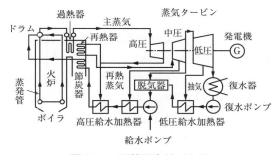

図11-3　再熱再生サイクル

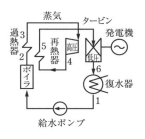

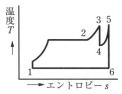

図11-2　再熱サイクル

　図に示す汽力発電所の熱サイクルにおいて，各過程に関する記述として誤っているものを次の（1）〜（5）のうちから一つ選べ。

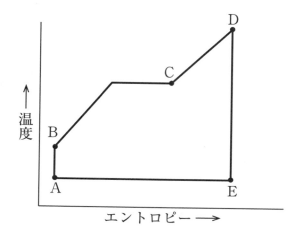

（1）　A→B：給水が給水ポンプによりボイラ圧力まで高められる断熱膨張の過程である。

（2）　B→C：給水がボイラ内で熱を受けて飽和蒸気になる等圧受熱の過程である。

（3）　C→D：飽和蒸気がボイラの過熱器により過熱蒸気になる等圧受熱の過程である。

（4）　D→E：過熱蒸気が蒸気タービンに入り復水器内の圧力まで断熱膨張する過程である。

（5）　E→A：蒸気が復水器内で海水などにより冷やされ凝縮した水となる等圧放熱の過程である。

453

理論

電力

機械

法規

令和5(2023)上期

令和5(2023)下期

選抜90問

選抜85問

選抜90問

選抜65問

問12の解答　出題項目＜熱サイクル・熱効率＞　　答え　（1）

（1）誤。復水器で冷却された給水（飽和水）を給水ポンプで加圧してボイラに供給する過程で，**断熱圧縮**である。なお，断熱圧縮の過程で温度上昇を大きく示しているが，実際はごくわずかであり，ほぼ飽和水線に重なって上昇する。

（2）正。給水がボイラで飽和水の状態から飽和温度まで加熱され（等圧受熱），飽和水となった給水をボイラでさらに加熱することで乾き飽和蒸気とする（等温等圧変化）過程で，等圧受熱である。

（3）正。飽和蒸気をボイラ出口にある過熱器で過熱して過熱蒸気にする過程で，等圧受熱である。

（4）正。過熱蒸気を蒸気タービンで復水器内の圧力まで膨張させて仕事に変換する過程で，断熱膨張である。

（5）正。蒸気タービンで仕事をした排気を復水器で海水などにより冷却して飽和水に戻す過程で，等温等圧放熱である。

解説 ･･････････････････････････････

汽力発電所の熱サイクルは，**図12-1**（a）に示すような系統を循環し，この T-s 線図は図12-1（b）のように表される。

断熱変化は，外部と熱の出入りをしないで気体の状態を変化させることで，等エントロピー変化と言い換えることもできる。

身近な例として，圧縮発火器という装置では，ピストンを急激に押し込んで気体を圧縮すると，内部の気体が高温になり中の紙片が燃えだす。熱の出入りが行われずに圧縮するので，これを断熱圧縮という。ディーゼルエンジンでは，断熱圧縮により燃えにくい気体を高温にし，爆発させて動力を取り出している。

一方，スプレー缶から手に気体を噴射すると冷たく感じる。スプレー缶では，熱の出入りを行う前に気体が急激に膨張し，これを断熱膨張という。

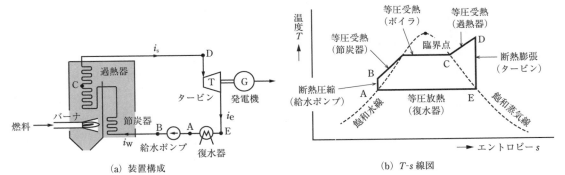

（a）装置構成　　　　　　　　　（b）T-s 線図

図12-1　ランキンサイクル

問 13 出題分野＜汽力発電＞ 平成 20 年度 問 3

図は，汽力発電所の基本的な熱サイクルの過程を，体積 V と圧力 P の関係で示した PV 線図である。

図の汽力発電の基本的な熱サイクルを $\boxed{}$ という。A→B は，給水が給水ポンプで加圧されボイラに送り込まれる $\boxed{}$ の過程である。B→C は，この給水がボイラで加熱され，飽和水から乾き飽和蒸気となり，さらに加熱され過熱蒸気となる $\boxed{}$ の過程である。C→D は，過熱蒸気がタービンで仕事をする $\boxed{}$ の過程である。D→A は，復水器で蒸気が水に戻る $\boxed{}$ の過程である。

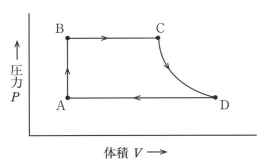

上記の記述中の空白箇所(ア)，(イ)，(ウ)，(エ)及び(オ)に当てはまる語句として，正しいものを組み合わせたのは次のうちどれか。

	(ア)	(イ)	(ウ)	(エ)	(オ)
（1）	ランキンサイクル	断熱圧縮	等圧受熱	断熱膨張	等圧放熱
（2）	ブレイトンサイクル	断熱膨張	等圧放熱	断熱圧縮	等圧放熱
（3）	ランキンサイクル	等圧受熱	断熱膨張	等圧放熱	断熱圧縮
（4）	ランキンサイクル	断熱圧縮	等圧放熱	断熱膨張	等圧受熱
（5）	ブレイトンサイクル	断熱圧縮	等圧受熱	断熱膨張	等圧放熱

問13の解答　　出題項目＜熱サイクル・熱効率＞　　　　　　　　答え　（1）

　汽力発電所の蒸気サイクルの基本は，1854年にランキンによって考案された**ランキンサイクル**である。

　各過程における状態変化は次のとおりである。

A→B：給水が給水ポンプで加圧される**断熱圧縮**

B→C：給水がボイラで加熱されて飽和水から飽和蒸気になり，さらに過熱器で過熱蒸気となる**等圧受熱**

C→D：タービンで仕事をする**断熱膨張**

D→A：復水器で蒸気が水に戻る**等圧放熱**

解説

　図13-1（a）に汽力発電所の構成を，図（b）にこの発電所の圧力 P と体積 V との関係を表した P-V 線図を示す。

A→B（断熱圧縮）：復水器で冷却された飽和水を給水ポンプで加圧してボイラに供給する過程を示す。

B→C（等圧受熱）：加圧された給水をボイラで加熱して飽和水の状態から飽和温度まで加熱する等圧加熱，飽和水となった給水をボイラでさらに加熱することにより乾き飽和蒸気となる等温等圧変化，飽和蒸気をさらに過熱器で過熱して過熱蒸気にする等圧加熱の過程を示す。

　加圧された給水は圧力一定のままボイラで加熱されるが，ある温度で上昇は停止する。このときの温度をその圧力に対する飽和温度といい，

飽和温度にある水を飽和水という。飽和水をさらに加熱するとその一部が気体となって体積は著しく増加する。この現象を気化といい，蒸発中は加えた熱量のすべてが気化に費やされ，飽和温度，飽和圧力は一定のままで水と蒸気が共存している状態にある蒸気を飽和蒸気という。蒸気の中に水が残っている状態を湿り飽和蒸気，蒸気だけになった状態を乾き飽和蒸気という。乾き飽和蒸気を圧力一定のままボイラでさらに加熱すると，再び温度は上昇して過熱蒸気になる。

C→D（断熱膨張）：過熱器を出た過熱蒸気がタービン内で断熱膨張してタービンを回転させて機械的エネルギーに変換される過程を示す。

D→A（等圧放熱）：蒸気タービンの排気を復水器で冷却して飽和水に戻す過程を示す。

　等温等圧変化で，復水器のチューブ（管）の中を通っている海水によって湿り飽和蒸気が冷却され，すべて飽和水に戻される。

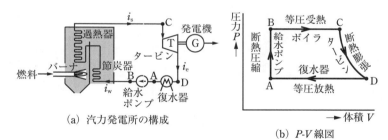

（a）汽力発電所の構成　　　　　　　　（b）P-V 線図

図13-1　汽力発電

問 14 出題分野＜汽力発電＞ 令和4年度下期 問15

復水器での冷却に海水を使用する汽力発電所が出力 600 MW で運転しており，復水器冷却水量が 24 m³/s，冷却水の温度上昇が7℃であるとき，次の（a）及び（b）の問に答えよ。

ただし，海水の比熱を 4.02 kJ/(kg·K)，密度を 1.02×10^3 kg/m³，発電機効率を 98 % とする。

（a）　復水器で海水へ放出される熱量の値[kJ/s]として，最も近いものを次の（1）～（5）のうちから一つ選べ。

（1）　4.25×10^4　　（2）　1.71×10^5　　（3）　6.62×10^5

（4）　6.89×10^5　　（5）　8.61×10^5

（b）　タービン室効率の値[%]として，最も近いものを次の（1）～（5）のうちから一つ選べ。
　　ただし，条件を示していない損失は無視できるものとする。

（1）　41.5　　（2）　46.5　　（3）　47.0　　（4）　47.5　　（5）　48.0

問 14（a）の解答 出題項目＜復水器＞ 答え　（4）

冷却水（海水）の温度上昇は復水器で放出される熱量によるので，温度上昇に必要な熱量を求めればよい。

海水の比熱を c[kJ/(kg·K)]，密度を ρ[kg/m³]，流量を w[m³/s]，温度上昇を θ[K]とすると，海水へ放出される熱量 Q[kJ/s]は次式で表される。

$Q = c\rho w\theta$

熱量 Q の値は，この式に題意の各数値を代入して，

$Q = 4.02 \times (1.02 \times 10^3) \times 24 \times 7$

$\fallingdotseq 689 \times 10^3 = 6.89 \times 10^5$[kJ/s]

補足　復水器は，蒸気タービンの蒸気を冷却して水に戻すことによって，タービンの出口圧力を大気圧以下に下げ，蒸気タービンの出力と熱効率を大幅に上昇させるために設置する。

タービン蒸気の冷却には海水を使用するため，我が国の汽力発電所のほとんどが海岸に立地している。冷却のために使用され海に戻される海水は，その水温が取水温度より上昇しているため，温排水と呼ばれる。温排水は，周辺海域の環境や漁業などに及ぼす影響を考慮し，取水と放水間の水温上昇幅は7℃以下としている。

問14（b）の解答　出題項目＜熱サイクル・熱効率＞　　　　答え　（3）

汽力発電所の気水（汽水）の流れを**図 14-1** に示す。

発電機出力 $P_g = 600$[MW]なので，発電機効率を η_g とすると，タービン軸出力 P_t の値は，

$$P_t = \frac{P_g}{\eta_g} = \frac{600}{0.98} \doteqdot 612\,[\text{MW}]$$

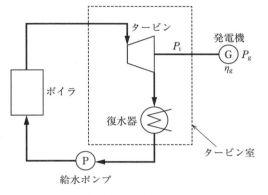

図 14-1　気水の流れ

タービン室効率は，タービンと復水器を合わせた効率である。よって，タービン室への熱の出入りは，**図 14-2** のようになる。

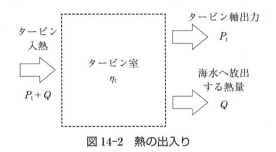

図 14-2　熱の出入り

この図より，タービン室効率 η_t の値は次のように求められる。

$$\eta_t = \frac{\text{出力}}{\text{入力}} \times 100 = \frac{P_t}{P_t + Q} \times 100$$

$$= \frac{612 \times 10^3}{612 \times 10^3 + 6.89 \times 10^5} \times 100 \doteqdot 47.0\,[\%]$$

解説 ....

① タービン効率

タービン効率はその名の通りタービンそのものの効率であり，タービン軸出力をタービン入力（タービン入口蒸気の熱量から出口蒸気の熱量を引いた値）で割った値である。

② タービン室効率

タービン室とは，タービンと復水器を含めたものである。したがって，タービン室効率は，復水器での損失を考慮に入れた効率になる。タービン室効率は，タービン軸出力をボイラで発生させた熱量で割った値であり，汽力発電所において熱量をどのくらいタービン軸出力に変換できたかを表す。

補足 タービン軸出力の単位は[MW]，復水器で放出される熱量の単位は[kJ/s]なので，単位を同じにする必要がある。解答では[kJ/s]に統一している。

$1\,\text{kW} = 1\,\text{kJ/s}$ なので，

$612\,[\text{MW}] = 612 \times 10^3\,[\text{kW}] = 612 \times 10^3\,[\text{kJ/s}]$

　ある火力発電所にて，定格出力 350 MW の発電機が下表に示すような運転を行ったとき，次の（ a ）及び（ b ）の問に答えよ。ただし，所内率は 2 ％ とする。

発電機の運転状態

時刻	発電機出力[MW]
0 時〜7 時	130
7 時〜12 時	350
12 時〜13 時	200
13 時〜20 時	350
20 時〜24 時	130

（ a ）　0 時から 24 時の間の送電端電力量の値[MW·h]として，最も近いものを次の（ 1 ）〜（ 5 ）のうちから一つ選べ。

　（ 1 ）　4 660　　　（ 2 ）　5 710　　　（ 3 ）　5 830　　　（ 4 ）　5 950　　　（ 5 ）　8 230

（ b ）　0 時から 24 時の間に発熱量 54.70 MJ/kg の LNG（液化天然ガス）を 770 t 消費したとすると，この間の発電端熱効率の値[%]として，最も近いものを次の（ 1 ）〜（ 5 ）のうちから一つ選べ。

　（ 1 ）　44　　　（ 2 ）　46　　　（ 3 ）　48　　　（ 4 ）　50　　　（ 5 ）　52

問 15（a）の解答　　出題項目＜LNG・石炭・石油火力＞　　　　　答え　（2）

火力発電所の運転状況をグラフで表すと，**図 15-1** のようになる。

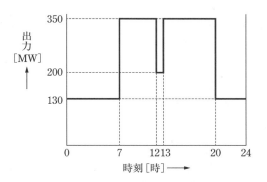

図 15-1　運転状況（出力の時間変化）

24 時間の発電電力量 W_G は，

$$W_G = 130 \times (7-0) + 350 \times (12-7)$$
$$+ 200 \times (13-12) + 350 \times (20-13)$$
$$+ 130 \times (24-20)$$
$$= 5\,830 \, [\mathrm{MW \cdot h}]$$

したがって，24 時間の送電端電力量 W_S は，題意より所内率が 2 % なので，

$$W_S = W_G \times \left(1 - \frac{2}{100}\right)$$
$$= 5\,830 \times (1 - 0.02)$$
$$= 5\,713.4 \fallingdotseq 5\,710 \, [\mathrm{MW \cdot h}]$$

問 15（b）の解答　　出題項目＜熱サイクル・熱効率，LNG・石炭・石油火力＞　　答え　（4）

24 時間に供給した燃料（LNG）の発熱量 Q は，

$$Q = 54.7 \times 770 \times 10^3 = 42.119 \times 10^6 \, [\mathrm{MJ}]$$

発電電力量 W_G を熱量に換算した値 Q_G は，

$$Q_G = W_G \times 3\,600 = 5\,830 \times 3\,600$$
$$= 20.988 \times 10^6 \, [\mathrm{MJ}]$$

したがって，発電端熱効率 η_P は，

$$\eta_P = \frac{Q_G}{Q} \times 100 = \frac{20.988 \times 10^6}{42.119 \times 10^6} \times 100$$
$$= 49.83 \cdots \fallingdotseq 50 \, [\%]$$

解説 ・・・・・・・・・・・・・・・・・・・・・・・・・・・・・・・

図 15-2 のような火力発電所の熱サイクルを考えると，それぞれの熱効率は以下のようになる。

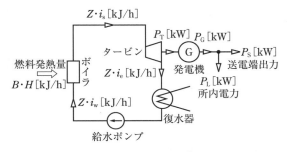

図 15-2　火力発電所の効率

① **ボイラ効率**

$$\eta_B = \frac{Z(i_s - i_w)}{BH} \times 100 \, [\%]$$

② **熱サイクル効率**

$$\eta_C = \frac{(i_s - i_e)}{(i_s - i_w)} \times 100 \, [\%]$$

③ **タービン効率**

$$\eta_T = \frac{3\,600 P_T}{Z(i_s - i_e)} \times 100 \, [\%]$$

④ **発電端熱効率**

$$\eta_P = \frac{3\,600 P_G}{BH} \times 100 \, [\%]$$

⑤ **送電端熱効率**

$$\eta_S = \frac{3\,600 (P_G - P_L)}{BH} \times 100 \, [\%]$$

ただし，

B：燃料使用量[kg/h]

H：燃料の発熱量[kJ/kg]

Z：蒸気・給水の流量[kg/h]

i_s：ボイラ出口蒸気の比エンタルピー[kJ/kg]

i_w：ボイラ入口給水の比エンタルピー[kJ/kg]

i_e：タービン排気の比エンタルピー[kJ/kg]

問 16　出題分野＜汽力発電＞

定格出力 200 MW の石炭火力発電所がある。石炭の発熱量は 28 000 kJ/kg，定格出力時の発電端熱効率は 36 ％で，計算を簡単にするため潜熱の影響は無視するものとして，次の（a）及び（b）の問に答えよ。

ただし，石炭の化学成分は重量比で炭素 70 ％，水素他 30 ％，炭素の原子量を 12，酸素の原子量を 16 とし，炭素の酸化反応は次のとおりである。

C＋O₂　→　CO₂

（a）　定格出力にて 1 日運転したときに消費する燃料重量の値[t]として，最も近いものを次の（1）～（5）のうちから一つ選べ。

（1）　222　　　（2）　410　　　（3）　1 062　　　（4）　1 714　　　（5）　2 366

（b）　定格出力にて 1 日運転したときに発生する二酸化炭素の重量の値[t]として，最も近いものを次の（1）～（5）のうちから一つ選べ。

（1）　327　　　（2）　1 052　　　（3）　4 399　　　（4）　5 342　　　（5）　6 285

問16（a）の解答　　出題項目＜LNG・石炭・石油火力，熱サイクル・熱効率＞　　答え　（4）

発電所の定格出力を P_G[kW]とすると，1時間当たりの発電電力量 W は，

$$W = 1[\text{h}] \times P_G \times 10^3 = P_G \times 10^3 [\text{kW·h/h}]$$

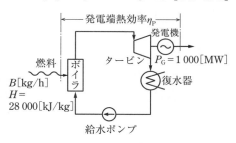

図16-1　汽力発電所

図16-1 に示すように，1時間当たりの燃料消費量を B[kg/h]，石炭の発熱量を H[kJ/kg]とすると，1時間にボイラに供給される石炭の総発熱量 Q は，

$$Q = BH [\text{kJ/h}]$$

電力量[kW·h]と熱量[kJ]の関係は，

$$1\,\text{kW·h} = 3\,600\,\text{kJ}$$

であり，発電端熱効率 η_P は次式のように表される。

$$\eta_P = \frac{\text{発電機で発生した電気出力（熱量換算値）}}{\text{ボイラに供給した燃料の発熱量}}$$

$$= \frac{3\,600\,W}{Q} = \frac{3\,600 \times P_G \times 10^3}{BH}$$

1時間当たりの燃料消費量 B は，上式を変形すると次のように求められる。

$$B = \frac{3\,600 \times P_G \times 10^3}{H\eta_P}$$

よって，1日24時間運転したときに消費する燃料重量 $24B$ は，

$$24B = 24 \times \frac{3\,600 \times P_G \times 10^3}{H\eta_P}$$

$$= 24 \times \frac{3\,600 \times 200 \times 10^3}{28\,000 \times 0.36}$$

$$\fallingdotseq 1\,714 \times 10^3 [\text{kg}] = 1\,714 [\text{t}]$$

Point 電力量[kW·h]と熱量[kJ]の換算は，1 W·s＝1 J の関係より，

$$1[\text{kW·h}] \times 3\,600[\text{s/h}] = 3\,600[\text{kW·s}]$$
$$= 3\,600[\text{kJ}]$$

問16（b）の解答　　出題項目＜LNG・石炭・石油火力＞　　答え　（3）

二酸化炭素は，燃料中の炭素が燃焼した場合に発生し，化学反応式より炭素 C 1 原子 1 kmol，質量（原子量または分子量に[kg]の単位をつけたもの）12 kg が燃焼すると，二酸化炭素 CO_2 は1分子1 kmol，質量（12＋2×16）kg 発生する。

題意より，石炭の化学成分は炭素70 % であるから，1 kg の石炭中の炭素が燃焼したとき発生する二酸化炭素の量 m は，

$$m = 0.70 \times \frac{12 + 2 \times 16}{12} = \frac{30.8}{12} [\text{kg/kg}]$$

したがって，1日運転したときに発生する二酸化炭素の重量 M は，

$$M = 24Bm = 1\,714 \times 10^3 \times \frac{30.8}{12}$$

$$\fallingdotseq 4\,399 \times 10^3 [\text{kg}] = 4\,399 [\text{t}]$$

【別解】 石炭の化学成分は炭素70 % であるから，1日に消費する石炭のうち炭素分の重量 M_c は，

$$M_c = 0.70 \times 24B$$

化学反応式より炭素 C 1 原子 1 kmol，質量 12 kg が燃焼すると，二酸化炭素 CO_2 は1分子1 kmol，質量（12＋2×16）kg 発生するから，石炭中の炭素が燃焼したとき発生する二酸化炭素の量 M は，

$$M = M_c \times \frac{12 + 2 \times 16}{12}$$

$$= 0.70 \times 24B \times \frac{12 + 2 \times 16}{12}$$

$$= 0.70 \times 1\,714 \times 10^3 \times \frac{12 + 2 \times 16}{12}$$

$$\fallingdotseq 4\,399 \times 10^3 [\text{kg}] = 4\,399 [\text{t}]$$

　定格出力 500 MW，定格出力時の発電端熱効率 40 % の汽力発電所がある。重油の発熱量は 44 000 kJ/kg で，潜熱の影響は無視できるものとして，次の（a）及び（b）の問に答えよ。

　ただし，重油の化学成分を炭素 85 %，水素 15 %，水素の原子量を 1，炭素の原子量を 12，酸素の原子量を 16，空気の酸素濃度を 21 % とし，重油の燃焼反応は次のとおりである。

$$C + O_2 \rightarrow CO_2$$
$$2H_2 + O_2 \rightarrow 2H_2O$$

（a）　定格出力にて，1 時間運転したときに消費する燃料重量[t]の値として，最も近いものを次の（1）〜（5）のうちから一つ選べ。

　　（1）　10　　　（2）　16　　　（3）　24　　　（4）　41　　　（5）　102

（b）　このとき使用する燃料を完全燃焼させるために必要な理論空気量※[m³]の値として，最も近いものを次の（1）〜（5）のうちから一つ選べ。

　　　ただし，1 mol の気体標準状態の体積は 22.4 L とする。

　　　※理論空気量：燃料を完全に燃焼するために必要な最小限の空気量（標準状態における体積）

　　（1）　5.28×10^4　　　（2）　1.89×10^5　　　（3）　2.48×10^5
　　（4）　1.18×10^6　　　（5）　1.59×10^6

問 17 （ a ）の解答　出題項目＜熱サイクル・熱効率，LNG・石炭・石油火力＞　答え　（5）

定格出力 $P_G = 500$[MW] にて 1 時間運転したときの発電電力量 W_G は，

$$W_G = 1[\text{h}] \times P_G[\text{MW}] = 500 \times 10^3[\text{kW} \cdot \text{h}]$$

これを熱量 Q_G に換算すると，

$$Q_G = 3\,600[\text{kJ/kW} \cdot \text{h}] \times W_G[\text{kW} \cdot \text{h}]$$
$$= 3\,600 \times 500 \times 10^3 = 1\,800 \times 10^6[\text{kJ}]$$

一方，定格出力にて 1 時間運転したときに消費する燃料重量を B[kg]，重油の発熱量を H[kJ/kg]とすると，ボイラに供給される重油の総発熱量 $Q = BH$[kJ]である。ここで，発電端熱効率 η_P は，

$$\eta_P = \frac{W_G}{Q} = \frac{1\,800 \times 10^6}{BH}$$

よって，定格出力にて 1 時間運転したときに消費する燃料重量 B は，

$$B = \frac{1\,800 \times 10^6}{H\eta_P} = \frac{1\,800 \times 10^6}{44\,000 \times 0.40}$$
$$\fallingdotseq 102.27 \times 10^3[\text{kg}] \quad \rightarrow \quad 102\ \text{t}$$

Point $1\ \text{W} = 1\ \text{J/s}$ より $1\ \text{W} \cdot \text{s} = 1\ \text{J}$ の関係があるから，これを 1 時間当たりに換算すると，

$$1[\text{W} \cdot \text{s}] = 1[\text{W} \cdot \text{s}] \times \frac{1}{3\,600\left[\frac{\text{s}}{\text{h}}\right]} = \frac{1}{3\,600}[\text{W} \cdot \text{h}] = 1[\text{J}]$$

$$\therefore\ 1[\text{W} \cdot \text{h}] = 3\,600[\text{J}] \quad \rightarrow \quad 1\ \text{kW} \cdot \text{h} = 3\,600\ \text{kJ}$$

問 17 （ b ）の解答　出題項目＜LNG・石炭・石油火力＞　答え　（4）

まず，炭素が完全燃焼するために必要な理論空気量を求める。

化学反応式 $C + O_2 \rightarrow CO_2$ より，1 kmol の炭素 C が完全燃焼するためには 1 kmol の酸素 O_2，つまり気体標準状態で 22.4 kL = 22.4 m³ の理論酸素量が必要である。炭素 1 kmol の質量は 12 kg なので，炭素 1 kg を完全燃焼するのに必要な理論酸素量 O_C は，

$$O_C = \frac{22.4}{12}[\text{m}^3/\text{kg}]$$

重油の化学成分で炭素は 85 %，空気中の酸素濃度は 21 % であるから，重油 1 kg 中の炭素が完全燃焼するために必要な理論空気量 A_C は，

$$A_C = \frac{0.85 O_C}{0.21} = \frac{0.85 \times 22.4}{0.21 \times 12}[\text{m}^3/\text{kg}]$$

次に，水素が完全燃焼するために必要な理論空気量を求める。

化学反応式 $H_2 + \dfrac{1}{2} O_2 \rightarrow H_2O$ より，1 kmol の水素 H_2 が完全燃焼するためには，$\dfrac{1}{2}$ kmol の酸素 O_2，つまり気体標準状態で $\dfrac{22.4}{2}$ kL $= \dfrac{22.4}{2}$ m³ の理論酸素量が必要である。水素 1 kmol の質量は 2 kg なので，水素 1 kg を完全燃焼するのに必要な理論酸素量 O_H は，

$$O_H = \frac{\dfrac{22.4}{2}}{2} = \frac{22.4}{4}[\text{m}^3/\text{kg}]$$

重油の化学成分で水素は 15 %，空気中の酸素濃度は 21 % であるから，重油 1 kg 中の水素が完全燃焼するために必要な理論空気量 A_H は，

$$A_H = \frac{0.15 O_H}{0.21} = \frac{0.15 \times 22.4}{0.21 \times 4}[\text{m}^3/\text{kg}]$$

したがって，102 t の燃料を完全燃焼させるために必要な理論空気量 A は，

$$A = 102 \times 10^3 \times (A_C + A_H)$$
$$= 102 \times 10^3 \times \left(\frac{0.85 \times 22.4}{0.21 \times 12} + \frac{0.15 \times 22.4}{0.21 \times 4} \right)$$
$$\fallingdotseq 1.18 \times 10^6[\text{m}^3]$$

解説

化学の基本的な知識を次にまとめる。

① 物質を構成する原子や分子などの個数をもとに表した物質の数量を，物質量という。物質量の単位は[mol]を用いる。

② 物質の原子量または分子量に[g]の単位をつけると，物質 1 mol の質量となる。また，1 mol の気体標準状態（0 ℃，1 気圧における気体）の体積は，物質の種類によらず 22.4 L である。

③ 気体の水素や酸素は，2 個の原子（H，O）が結合した分子（H_2, O_2）として存在する。

理論
電力
機械
法規
令和5（2023）上期
令和5（2023）下期
選抜90問
選抜85問
選抜90問
選抜65問

問18　出題分野＜汽力発電＞　　　　　　平成30年度 問1

次の文章は，タービン発電機の水素冷却方式の特徴に関する記述である。

水素ガスは，空気に比べ　(ア)　が大きいため冷却効率が高く，また，空気に比べ　(イ)　が小さいため風損が小さい。

水素ガスは，　(ウ)　であるため，絶縁物への劣化影響が少ない。水素ガス圧力を高めると大気圧の空気よりコロナ放電が生じ難くなる。

水素ガスと空気を混合した場合は，水素ガス濃度が一定範囲内になると爆発の危険性があるので，これを防ぐため自動的に水素ガス濃度を　(エ)　以上に維持している。

通常運転中は，発電機内の水素ガスが軸に沿って機外に漏れないように軸受の内側に　(オ)　によるシール機能を備えており，機内からの水素ガスの漏れを防いでいる。

上記の記述中の空白箇所(ア)，(イ)，(ウ)，(エ)及び(オ)に当てはまる組合せとして，正しいものを次の(1)～(5)のうちから一つ選べ。

	(ア)	(イ)	(ウ)	(エ)	(オ)
(1)	比熱	比重	活性	90%	窒素ガス
(2)	比熱	比重	活性	60%	窒素ガス
(3)	比熱	比重	不活性	90%	油膜
(4)	比重	比熱	活性	60%	油膜
(5)	比重	比熱	不活性	90%	窒素ガス

問18の解答　出題項目＜タービン関係＞　答え　(3)

水素冷却方式の特徴は次のとおりである。

①　水素ガスは，**比熱**が空気の14倍と大きく，かつ熱伝導率も大きいので，冷却効果が高い。

②　水素ガスは，**比重**が空気の0.07倍と小さいため，風損を約1/10に減少することができる。

③　水素ガスは，化学的に**不活性**であるため，絶縁物への劣化影響が少ない（絶縁物が化学変化しにくい）。

④　水素ガスに空気が混入し，水素純度が4〜75％に低下すると，引火・爆発の危険がある。このため，自動的に水素濃度を**90％**以上に維持している。

⑤　水素ガスが軸に沿って，発電機外に漏れないように軸受の内側に**油膜**によるシール機能（軸とシールリングの隙間に機内ガス圧力より高い圧力の油を流す）を備えている。

解説

冷却方式を冷却冷媒の種類によって分類すると，空気冷却方式，水素冷却方式，水冷却方式に分けられる。**表18-1**にそれぞれの冷媒の特性比較を示す。

表18-1　各種冷媒の特性比較

特性 ＼ 冷媒	空気	水素(0.1 MPa)	水素(0.6 MPa)	水
熱伝導率	1.0	7.1	7.1	23
比重	1.0	0.07	0.42	840
比熱	1.0	14	14	4.2
熱容量	1.0	1.0	5.9	3 500
熱伝達率	1.0	1.5	6.2	680

(注1) 0.1 MPa，20℃での空気の特性を1.0とする
(注2) 熱容量は同一流量，熱伝達率は同一流速での比較

水素ガスは，大気圧では熱容量，熱伝達率ともに空気と大差はないが，加圧することにより，空気より大きな冷却能力を発揮できる。したがって，水素ガスは大気圧より高い0.3〜0.6 MPa（絶対圧）で使用される。

なお，水は空気や水素と比べて熱容量，熱伝達率ともにはるかに大きい。

問 19 出題分野＜汽力発電＞ 平成30年度 問3

汽力発電所の蒸気タービン設備に関する記述として，誤っているものを次の（1）～（5）のうちから一つ選べ。

（1） 衝動タービンは，蒸気が回転羽根（動翼）に衝突するときに生じる力によって回転させるタービンである。

（2） 調速装置は，蒸気加減弁駆動装置に信号を送り，蒸気流量を調整することで，タービンの回転速度制御を行う装置である。

（3） ターニング装置は，タービン停止中に高温のロータが曲がることを防止するため，ロータを低速で回転させる装置である。

（4） 反動タービンは，固定羽根（静翼）で蒸気を膨張させ，回転羽根（動翼）に衝突する力と回転羽根（動翼）から排気するときの力を利用して回転させるタービンである。

（5） 非常調速装置は，タービンの回転速度が運転中に定格回転速度以下となり，一定値以下まで下降すると作動して，タービンを停止させる装置である。

問 19 の解答　出題項目＜タービン関係＞　　　　　　　答え　（5）

（1）　正。衝動タービンは，蒸気の圧力降下が主としてノズルで行われ，ノズルから噴出する蒸気の衝動力でロータを回転させるタービンである。

（2）　正。回転速度は出力や蒸気条件の変動により変化する。調速装置は，蒸気加減弁を調整して回転速度を一定に保つための装置である。

（3）　正。ターニング装置は，タービンの停止直後や始動前に毎分数回転の低速度で回転させる装置である。回転軸に取り付けられ，歯車を通してモータで駆動する。

（4）　正。反動タービンは，静翼で圧力降下させるとともに，動翼でも圧力降下させ，動翼から噴出する蒸気の反動力でロータを回転させるタービンである。

（5）　誤。非常調速装置は，緊急負荷遮断時などでタービンの回転速度が定格速度の $110\pm1\%$ に**上昇したとき**，タービンへの蒸気流入を遮断する保安装置である。

解説

　蒸気タービンは，蒸気のもつ熱エネルギーを機械的仕事（回転運動）に変換する外燃機関であり，火力・原子力・地熱などによる発電に利用される。高温高圧の蒸気をノズルまたは固定羽根（静翼）により噴出膨張あるいは方向変化させて，高速の蒸気流をつくり，これを回転羽根（動翼）に吹きつけて回転させることにより動力を得る。回転羽根での蒸気の作動方法によって衝動タービンと反動タービンがある。

　また，蒸気タービンは機能上からは次のような形式のものがある。

　① **復水タービン**：発電用のタービンであり，復水器で蒸気を凝縮して利用する。

　② **再生タービン**：熱効率の向上のために，タービンの膨張途中から一部の蒸気を抽出し，給水を加熱するタービン。

　③ **背圧タービン**：タービンで使用した蒸気をプロセス用として工場などに送気するタービン。復水器はない。

理論
電力
機械
法規

令和5（2023）上期
令和5（2023）下期
選抜90問
選抜85問
選抜90問
選抜65問

問 20　　出題分野＜汽力発電＞

　定格出力 10 000 kW の重油燃焼の汽力発電所がある。この発電所が 30 日間連続運転し，そのときの重油使用量は 1 100 t，送電端電力量は 5 000 MW·h であった。この汽力発電所のボイラ効率の値[％]として，最も近いものを次の(1)〜(5)のうちから一つ選べ。

　なお，重油の発熱量は 44 000 kJ/kg，タービン室効率は 47 ％，発電機効率は 98 ％，所内率は 5 ％とする。

　　(1)　51　　　　(2)　77　　　　(3)　80　　　　(4)　85　　　　(5)　95

問 20 の解答 出題項目＜熱サイクル・熱効率，ボイラ関係＞ 答え（4）

理論
電力
機械
法規

令和5（2023）上期

令和5（2023）下期

選抜90問

選抜85問

選抜90問

選抜65問

図 **20-1** に示すように，発電機の定格出力を P_G，所内率を L とすると，発電電力 P_S は，

$$P_S = P_G(1-L)$$

電力量も同様に考えられるから，この汽力発電所が 30 日間連続運転したときの送電端電力量 W_S と発電端電力量 W_G は，

$$W_S = W_G(1-L) \qquad \therefore \quad W_G = \frac{W_S}{1-L}$$

一方，重油使用量を B[kg]，重油の発熱量を H[kJ/kg] とすると，30 日間の重油の総発熱量 Q は，

$$Q = BH$$

電力量[kW·h]と熱量[kJ]の関係は，

$$1\,\text{kW·h} = 3\,600\,\text{kJ}$$

であるから，発電端熱効率 η は次のように求められる。

$$\eta = \frac{発電電力量（熱量換算値）}{使用した重油の総発熱量} = \frac{3\,600\,W_G}{Q}$$

$$= \frac{3\,600\left(\dfrac{W_S}{1-L}\right)}{BH}$$

さらに，ボイラ効率を η_B，タービン室効率を η_T，発電機効率を η_G とすると，発電端熱効率 η は，

$$\eta = \eta_B \eta_T \eta_G$$

したがって，上式を変形すると，ボイラ効率 η_B は，

$$\eta_B = \frac{\eta}{\eta_T \eta_G} = \frac{\dfrac{3\,600\left(\dfrac{W_S}{1-L}\right)}{BH}}{\eta_T \eta_G} = \frac{3\,600\left(\dfrac{W_S}{1-L}\right)}{BH\eta_T \eta_G}$$

$$= \frac{3\,600 \times \left(\dfrac{5\,000 \times 10^3}{1-0.05}\right)}{1\,100 \times 10^3 \times 44\,000 \times 0.47 \times 0.98}$$

$$\fallingdotseq 0.849\,9$$

$$\rightarrow \quad 85\,\%$$

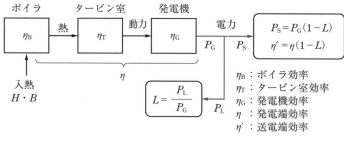

図 20-1　汽力発電所のエネルギーフロー

問 21　出題分野＜汽力発電＞　　　　　　　　　　令和 3 年度 問 3

　汽力発電におけるボイラ設備に関する記述として，誤っているものを次の（1）〜（5）のうちから一つ選べ。

（1）　ボイラを水の循環方式によって分けると，自然循環ボイラ，強制循環ボイラ，貫流ボイラがある。

（2）　蒸気ドラム内には汽水分離器が設置されており，蒸発管から送られてくる飽和蒸気と水を分離する。

（3）　空気予熱器は，煙道ガスの余熱を燃焼用空気に回収することによって，ボイラ効率を高めるための熱交換器である。

（4）　節炭器は，煙道ガスの余熱を利用してボイラ給水を加熱することによって，ボイラ効率を高めるためのものである。

（5）　再熱器は，高圧タービンで仕事をした蒸気をボイラに戻して再加熱し，再び高圧タービンで仕事をさせるためのもので，熱効率の向上とタービン翼の腐食防止のために用いられている。

471

理論 電力 機械 法規

令和5(2023)上期

令和5(2023)下期

選抜90問

選抜85問

選抜90問

選抜65問

問 21 の解答　　出題項目＜熱サイクル・熱効率，ボイラ関係＞　　　　答え　(5)

（1）　正。発電用のボイラは，水の循環方式により，**図 21-1** のように，**自然循環ボイラ**，**強制循環ボイラ**，**貫流ボイラ**に分けられる。

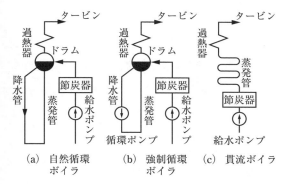

（a）自然循環　　（b）強制循環　　（c）貫流ボイラ
　　ボイラ　　　　　ボイラ

図 21-1　ボイラの種類

（2）　正。自然循環ボイラと強制循環ボイラにはドラムが用いられる。ドラムの内部には**汽水分離器**（気水分離器）が設置され，蒸発管からの気水（飽和蒸気と水）を分離させて，飽和蒸気だけを過熱器に送る。なお，貫流ボイラにドラムはない。

（3）　正。空気予熱器は，節炭器を出た燃焼ガスの余熱を回収して**燃焼用空気を予熱**し，ボイラ効率および燃焼効率を高める装置である。

（4）　正。節炭器は，燃焼ガスの余熱を回収して**給水を予熱**し，ボイラ効率を高める装置である。なお，給水加熱器のあるサイクルを**再生サイクル**という。

（5）　誤。再熱器は，**図 21-2** のように，高圧タービンから出た蒸気を再加熱して，低圧タービンに送る装置である。**再熱器からの蒸気を高圧タービンに戻すことはしない**。

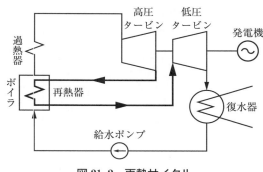

図 21-2　再熱サイクル

補足　高圧タービンで膨脹した蒸気は飽和温度に近くになっており，そのまま低圧タービンに送るとタービン翼の腐食や損失が増加する。これを避けるために再熱器で再加熱する。なお，再熱器のあるサイクルを**再熱サイクル**という。

問 22　出題分野＜汽力発電＞　　　　　令和 2 年度 問 2

次の文章は，汽力発電所の復水器の機能に関する記述である。

汽力発電所の復水器は蒸気タービン内で仕事を取り出した後の　(ア)　蒸気を冷却して凝縮させる装置である。復水器内部の真空度を　(イ)　保持してタービンの　(ア)　圧力を　(ウ)　させることにより，　(エ)　の向上を図ることができる。なお，復水器によるエネルギー損失は熱サイクルの中で最も　(オ)　。

上記の記述中の空白箇所(ア)～(オ)に当てはまる組合せとして，正しいものを次の(1)～(5)のうちから一つ選べ。

	(ア)	(イ)	(ウ)	(エ)	(オ)
(1)	抽気	低く	上昇	熱効率	大きい
(2)	排気	高く	上昇	利用率	小さい
(3)	排気	高く	低下	熱効率	大きい
(4)	抽気	高く	低下	熱効率	小さい
(5)	排気	低く	停止	利用率	大きい

理論 電力 機械 法規

令和5(2023)上期

令和5(2023)下期

選抜90問

選抜85問

選抜90問

選抜65問

問 22 の解答　　**出題項目＜復水器＞**　　　　　　　　　答え　（3）

　復水器は，蒸気タービン内で仕事をした後の**排気蒸気**（排出される蒸気）を冷却して凝縮させ，水に戻す装置である。蒸気は凝縮すると体積が著しく減少するので，復水器内部は高真空になる。

　復水器内部の真空度を**高く**保持すれば，タービンの**排気**圧力（復水器の器内圧力）が**低下**するので**熱効率**が向上する。汽力発電所の熱損失の 45～50 % は復水器の損失であり，熱サイクルの中で最も**大きい**損失である。

解説 ……………………………………

　復水器には表面接触式と直接接触式があるが，一般に使用されているのは表面接触式である（**図22-1**）。胴は蒸気を凝縮して真空を生じさせる部分で，下部にはホットウェルと呼ばれる復水タンクが設けられている。冷却管はその内部を冷却水が流れ，蒸気と熱交換が行われるので，機能上最も重要な部分である。通常，汽力発電所の冷却管にはアルミニウムか黄銅が用いられるが，特に腐食しやすい部位にはチタンが用いられる場合もある。

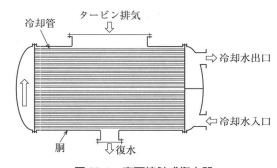

図 22-1　表面接触式復水器

補足　　真空度は，大気圧より低い圧力を表すときに使用される単位で，標準気圧との差を水銀柱の高さ[mm]で表す。標準気圧（1 atm）は水銀柱 760 mm に相当するので，絶対真空は 760 mmHg となる。復水器の真空度は，一般に 722 mmHg（絶対圧では 38 mmHg）が標準である。

問 23　出題分野＜汽力発電＞

　排熱回収方式のコンバインドサイクル発電所において，コンバインドサイクル発電の熱効率が 48 %，ガスタービン発電の排気が保有する熱量に対する蒸気タービン発電の熱効率が 20 % であった。

　ガスタービン発電の熱効率[%]の値として，最も近いものを次の(1)～(5)のうちから一つ選べ。

　ただし，ガスタービン発電の排気はすべて蒸気タービン発電に供給されるものとする。

(1)　23　　　(2)　27　　　(3)　28　　　(4)　35　　　(5)　38

問 23 の解答　　出題項目＜熱サイクル・熱効率，コンバインドサイクル＞　　答え　（4）

図 23-1 に示すように，ガスタービンの入熱量を Q_g，ガスタービンの排気の保有する熱量（＝蒸気タービンの入熱量）を Q_s，ガスタービンの出力を P_g，蒸気タービンの出力を P_s とすると，コンバインドサイクル発電全体の熱効率 η_c は，

$$\eta_c = \frac{P_g + P_s}{Q_g} = \frac{P_g}{Q_g} + \frac{P_s}{Q_g}$$

$$= \frac{P_g}{Q_g} + \frac{Q_s}{Q_g}\frac{P_s}{Q_s} \qquad ①$$

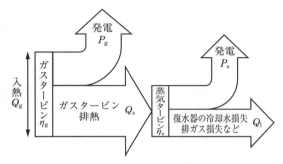

図 23-1　排熱回収形コンバインドサイクル発電の熱ダイヤグラム

ガスタービンの排気が保有する熱量 Q_s は，

$$Q_s = Q_g - P_g \qquad ②$$

①式に②式を代入すると，

$$\eta_c = \frac{P_g}{Q_g} + \frac{Q_g - P_g}{Q_g}\frac{P_s}{Q_s}$$

$$= \frac{P_g}{Q_g} + \left(1 - \frac{P_g}{Q_g}\right)\frac{P_s}{Q_s} \qquad ③$$

ガスタービン発電の熱効率を η_g，蒸気タービン発電の熱効率を η_s とすると，

$$\eta_g = \frac{P_g}{Q_g}, \quad \eta_s = \frac{P_s}{Q_s} \qquad ④$$

と表されるから，③式に④式を代入すると η_c は，

$$\eta_c = \eta_g + (1 - \eta_g)\eta_s$$

これをガスタービン発電の熱効率 η_g について解いて，題意の数値を代入すると，

$$\eta_c = \eta_g + \eta_s - \eta_g\,\eta_s$$

$$\eta_c - \eta_s = \eta_g - \eta_g\eta_s = \eta_g(1 - \eta_s)$$

$$\therefore \ \eta_g = \frac{\eta_c - \eta_s}{1 - \eta_s} = \frac{0.48 - 0.2}{1 - 0.2} = 0.35 \ \rightarrow \ 35\ \%$$

令和 5 (2023) 上期

令和 5 (2023) 下期

選抜 90 問

選抜 85 問

選抜 90 問

選抜 65 問

問 24　出題分野＜原子力発電＞

次の文章は，原子炉の型と特性に関する記述である。

軽水炉は，　(ア)　を原子燃料とし，冷却材と　(イ)　に軽水を用いた原子炉であり，我が国の商用原子力発電所に広く用いられている。この軽水炉には，蒸気を原子炉の中で直接発生する　(ウ)　原子炉と蒸気発生器を介して蒸気を作る　(エ)　原子炉とがある。

軽水炉では，何らかの原因により原子炉の核分裂反応による熱出力が増加して，炉内温度が上昇した場合でも，燃料の温度上昇にともなってウラン 238 による中性子の吸収が増加する　(オ)　により，出力が抑制される。このような働きを原子炉の固有の安全性という。

上記の記述中の空白箇所(ア)～(オ)に当てはまる組合せとして，正しいものを次の(1)～(5)のうちから一つ選べ。

	(ア)	(イ)	(ウ)	(エ)	(オ)
(1)	低濃縮ウラン	減速材	沸騰水型	加圧水型	ドップラー効果
(2)	高濃縮ウラン	減速材	沸騰水型	加圧水型	ボイド効果
(3)	プルトニウム	加速材	加圧水型	沸騰水型	ボイド効果
(4)	低濃縮ウラン	減速材	加圧水型	沸騰水型	ボイド効果
(5)	高濃縮ウラン	加速材	沸騰水型	加圧水型	ドップラー効果

問 25　出題分野＜原子力発電＞

わが国の商業発電用原子炉のほとんどは，軽水炉と呼ばれる型式であり，それには加圧水型原子炉(PWR)と沸騰水型原子炉(BWR)の 2 種類がある。

PWR の熱出力調整は主として炉水中の　(ア)　の調整によって行われる。一方，BWR では主として　(イ)　の調整によって行われる。なお，両型式とも起動又は停止時のような大幅な出力調整は制御棒の調整で行い，制御棒の　(ウ)　によって出力は上昇し，　(エ)　によって出力は下降する。

上記の記述中の空白箇所(ア)，(イ)，(ウ)及び(エ)に当てはまる語句として，正しいものを組み合わせたのは次のうちどれか。

	(ア)	(イ)	(ウ)	(エ)
(1)	ほう素濃度	再循環流量	挿　入	引抜き
(2)	再循環流量	ほう素濃度	引抜き	挿　入
(3)	ほう素濃度	再循環流量	引抜き	挿　入
(4)	ナトリウム濃度	再循環流量	挿　入	引抜き
(5)	再循環流量	ほう素濃度	挿　入	引抜き

477

理論 電力 機械 法規

令和5(2023)上期

令和5(2023)下期

選抜90問

選抜85問

選抜90問

選抜65問

問24の解答　出題項目＜PWRとBWR＞　　答え（1）

　軽水炉（LWR）は，**減速材**に軽水（普通の水）を使った原子炉で，この水は冷却材を兼ねている。また，燃料には濃縮ウランを使用する。

　濃縮ウランは，ウラン235の濃度を天然ウランよりも高めたものである。濃縮度20％以上を高濃縮，20％未満を低濃縮と呼び，軽水炉では**3〜5％の低濃縮ウラン**が使われる。なお，天然ウランには，非核分裂性のウラン238に対して，核分裂性のウラン235は約0.7％しか含まれていない。

　軽水炉は蒸気を発生させるしくみの違いによって，**沸騰水型**原子炉（BWR）と**加圧水型**原子炉（PWR）の2種類に分けられる。BWRは，**図24-1(a)**のように原子炉容器内で発生した蒸気がそのままタービンに送られる方式である。一方，PWRは，**図24-1(b)**のように燃料に直接触れる水（一次冷却水）と沸騰し蒸気となってタービンを回す水（二次冷却水）が蒸気発生器を介して分離されている。そのため，一次冷却水が沸騰しないよう，加圧器で高い圧力がかけられている。

　原子炉の中の燃料の温度が上昇すると，核分裂しにくいウラン238が中性子を吸収しやすくなる。このため，核分裂しやすいウラン235が中性子を吸収する割合が減り（核分裂反応が小さくなる）原子炉の出力が抑制される。このように，温度上昇するとウラン238が中性子を吸収しやすくなる現象を**ドップラー効果**という。

補足

　① PWRは加圧器と蒸気発生器を備え，BWRは再循環ポンプを備えているという構成機器の相違もある。

　② BWRでは，原子炉内の温度が上昇すると気泡（ボイド）が発生し水の密度が下がるため，中性子の減速が悪くなりウラン235に吸収される中性子が少なくなる（**ボイド効果**）。

　ドップラー効果とボイド効果により核分裂が減り，原子炉内の温度が低下することを，軽水炉の**自己制御性**という。

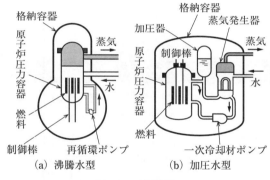

図24-1　軽水炉

問25の解答　出題項目＜PWRとBWR＞　　答え（3）

　わが国の商業発電用原子炉のほとんどは，軽水炉と呼ばれる型式であり，それには加圧水型原子炉（PWR）と沸騰水型原子炉（BWR）の2種類がある。

　原子炉の熱出力調整方法は，起動・停止時のような大幅な出力調整は，制御棒を操作し炉心の反応度を制御して行うが，燃料の燃焼に伴い出力を維持するようなゆっくりとした出力調整は，PWRでは炉水中の**ほう素濃度**を変化し，BWRでは**再循環流量**を変化させて行う。

　制御棒を炉心から**引抜く**と中性子の吸収がなくなって反応度が添加されて**出力が上昇**し，反対に炉心に**挿入**すると中性子を吸収するため反応度が低下して**出力は下降**する。

問 26 出題分野＜原子力発電＞

原子力発電に用いられる軽水炉には，加圧水型(PWR)と沸騰水型(BWR)がある。この軽水炉に関する記述として，誤っているものを次の(1)～(5)のうちから一つ選べ。

(1) 軽水炉では，低濃縮ウランを燃料として使用し，冷却材や減速材に軽水を使用する。

(2) 加圧水型では，構造上，一次冷却材を沸騰させない。また，原子炉の反応度を調整するために，ホウ酸を冷却材に溶かして利用する。

(3) 加圧水型では，高温高圧の一次冷却材を炉心から送り出し，蒸気発生器の二次側で蒸気を発生してタービンに導くので，原則的に炉心の冷却材がタービンに直接入ることはない。

(4) 沸騰水型では，炉心で発生した蒸気と蒸気発生器で発生した蒸気を混合して，タービンに送る。

(5) 沸騰水型では，冷却材の蒸気がタービンに入るので，タービンの放射線防護が必要である。

問 27 出題分野＜原子力発電＞

次の文章は，原子燃料に関する記述である。

核分裂は様々な原子核で起こるが，ウラン235などのように核分裂を起こし，連鎖反応を持続できる物質を (ア) といい，ウラン238のように中性子を吸収して (ア) になる物質を (イ) という。天然ウラン中に含まれるウラン235は約 (ウ) ％で，残りは核分裂を起こしにくいウラン238である。ここで，ウラン235の濃度が天然ウランの濃度を超えるものは，濃縮ウランと呼ばれており，濃縮度3％から5％程度の (エ) は原子炉の核燃料として使用される。

上記の記述中の空白箇所(ア)～(エ)に当てはまる組合せとして，正しいものを次の(1)～(5)のうちから一つ選べ。

	(ア)	(イ)	(ウ)	(エ)
(1)	核分裂性物質	親物質	1.5	低濃縮ウラン
(2)	核分裂性物質	親物質	0.7	低濃縮ウラン
(3)	核分裂生成物	親物質	0.7	高濃縮ウラン
(4)	核分裂生成物	中間物質	0.7	低濃縮ウラン
(5)	放射性物質	中間物質	1.5	高濃縮ウラン

479

理論
電力
機械
法規

令和5(2023)上期

令和5(2023)下期

選抜90問

選抜85問

選抜90問

選抜65問

問26の解答　出題項目＜PWRとBWR＞　　答え（4）

（1）正。軽水炉は，^{235}Uの割合を3〜5％高めた低濃縮ウランを燃料とし，冷却材と減速材に軽水を使用している。

（2）正。加圧水型は，**図26-1**に示すように，冷却材系統が二つに分かれており，一次冷却材は炉心で沸騰しないように加圧器で加圧されている。原子炉の出力（反応度）の調整は，原子炉の起動・停止などの大きい調整は制御棒を抜き差しして行うが，ゆっくりとした出力調整はボロン（ホウ素）濃度を変化させて行う。

（3）正。加圧水型は，原子炉で加熱された一次冷却材は蒸気発生器で二次冷却材に熱を伝えた後，一次冷却材ポンプで炉心に送り込まれる。一方，蒸気発生器で加熱された二次冷却材は飽和蒸気となってタービンへ送られる。よって，放射性物質を含む一次冷却材がタービンへ送られない。

（4）誤。沸騰水型は，**図26-2**に示すように，冷却材が炉心で沸騰し，**発生した蒸気は気水分離器で水と分離されて直接タービンに送られ**，水は再循環ポンプによって再び炉心へ循環される。よって，**蒸気発生器は加圧水型にしかない設備**である。

（5）正。沸騰水型は，冷却材が沸騰して発生した放射性物質を含む蒸気がタービンに送られるため，タービン側でも放射線防護対策が必要である。

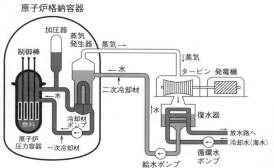

図26-1　加圧水型軽水炉

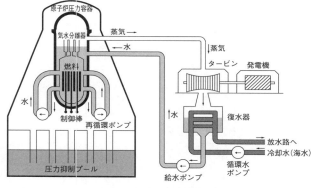

図26-2　沸騰水型軽水炉

問27の解答　出題項目＜核分裂エネルギー＞　　答え（2）

ウラン235やプルトニウム239などのように，その原子核に中性子がぶつかると核分裂し，連鎖反応を持続できる物質を**核分裂性物質**という。天然に存在する核分裂性物質はウラン235のみである。人工のものとしては，ウラン233，プルトニウム239などがある。

それ自身は核分裂性物質ではないが，原子炉などの中で中性子を吸収し，ウラン233，プルトニウム239などの核分裂性物質に変わる物質を**親物質**という。これには，トリウム232やウラン238などがある。

天然に存在するウランには，核分裂性物質であるウラン235が約**0.7**％，核分裂性物質ではない

ウラン238が約99.3％混在する。核分裂性物質であるウラン235の比率を高めることを，ウラン濃縮という。原子炉の型式によるが，軽水炉（LWR）ではウラン235を3〜5％程度に濃縮した**低濃縮ウラン**を使用している。なお，濃縮度が20％未満のものを低濃縮ウラン，20％以上のものを高濃縮ウランという。

補足 核分裂生成物は，核分裂によって中性子と同時に生成する物質である。核分裂によって生じた中性子（高速中性子）は，減速材によって熱中性子となり，別の原子核を核分裂させることができる。このような反応が次々と起こる現象を連鎖反応という。

問 28　出題分野＜原子力発電，汽力発電＞　　平成 30 年度 問 4

次の文章は，我が国の原子力発電所の蒸気タービンの特徴に関する記述である。

原子力発電所の蒸気タービンは，高圧タービンと低圧タービンから構成され，くし形に配置されている。

原子力発電所においては，原子炉又は蒸気発生器によって発生した蒸気が高圧タービンに送られ，高圧タービンにて所定の仕事を行った排気は，　(ア)　分離器に送られて，排気に含まれる　(ア)　を除去した後に低圧タービンに送られる。

高圧タービンの入口蒸気は，　(イ)　であるため，火力発電所の高圧タービンの入口蒸気に比べて，圧力・温度ともに　(ウ)　，そのため，原子力発電所の熱効率は，火力発電所と比べて　(ウ)　なる。また，原子力発電所の高圧タービンに送られる蒸気量は，同じ出力に対する火力発電所と比べて　(エ)　。

低圧タービンの最終段翼は，35～54 インチ (約 89 cm～137 cm) の長大な翼を使用し，　(ア)　による翼の浸食を防ぐため翼先端周速度を減らさなければならないので，タービンの回転速度は　(オ)　としている。

上記の記述中の空白箇所 (ア)，(イ)，(ウ)，(エ) 及び (オ) に当てはまる組合せとして，正しいものを次の (1)～(5) のうちから一つ選べ。

	(ア)	(イ)	(ウ)	(エ)	(オ)
(1)	空気	過熱蒸気	高く	多い	$1\,500\ \mathrm{min^{-1}}$ 又は $1\,800\ \mathrm{min^{-1}}$
(2)	湿分	飽和蒸気	低く	多い	$1\,500\ \mathrm{min^{-1}}$ 又は $1\,800\ \mathrm{min^{-1}}$
(3)	空気	飽和蒸気	低く	多い	$750\ \mathrm{min^{-1}}$ 又は $900\ \mathrm{min^{-1}}$
(4)	湿分	飽和蒸気	高く	少ない	$750\ \mathrm{min^{-1}}$ 又は $900\ \mathrm{min^{-1}}$
(5)	空気	過熱蒸気	高く	少ない	$750\ \mathrm{min^{-1}}$ 又は $900\ \mathrm{min^{-1}}$

481

理論

電力

機械

法規

令和5(2023)上期

令和5(2023)下期

選抜90問

選抜85問

選抜90問

選抜65問

問 28 の解答　　出題項目＜タービン，タービン関係＞　　　　　答え　(2)

　原子力発電所の高圧タービンの排気は**湿分**を多く含んでいるので，そのまま低圧タービンで使用すると，動翼の浸食が著しくなるばかりでなく，タービン効率を大幅に低下させる原因となる。そのため，高圧タービンと低圧タービンの連絡管の途中に，**図 28-1** のように**湿分**分離器を設けて，乾き蒸気に近い状態にする。

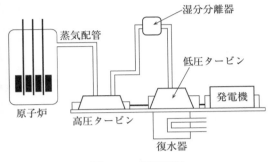

図 28-1　蒸気系統

　原子力発電所の蒸気条件は核燃料や他の材料の温度制約などにより制限を受けるので，**飽和蒸気**が使用される。このため，火力発電所(過熱蒸気を使用)の蒸気に比べて圧力・温度が**低く**，熱効率も**低く**なるので**多く**の蒸気を必要とする。同じ出力であれば，原子力用タービンの蒸気量は火力用タービンの約2倍となる。

　多量の蒸気を処理する大出力の原子力発電用タービンには，回転数の低い **1 500 min⁻¹ (50 Hz)** または **1 800 min⁻¹ (60 Hz)** が用いられ，4極の発電機と結合される。

補足　軽水炉では，タービン入口蒸気は 50～70 気圧の飽和蒸気であるため，タービン熱効率は 33～35 % 前後である。蒸気がタービン内部で膨張する仕事量(熱落差)も小さいため，蒸気消費量は同一出力の火力用タービンに比べ 1.6～1.8 倍である。また入口蒸気圧力が低いため，タービン入口蒸気の体積流量は火力タービンの 4～5 倍となる。

問 29 出題分野＜自然エネルギー＞   平成 29 年度 問 5

次の文章は，地熱発電及びバイオマス発電に関する記述である。

地熱発電は，地下から取り出した ［ (ア) ］によってタービンを回して発電する方式であり，発電に適した地熱資源は ［ (イ) ］に多く存在する。

バイオマス発電は，植物や動物が生成・排出する ［ (ウ) ］から得られる燃料を利用する発電方式である。燃料の代表的なものには，木くずから作られる固形化燃料や，家畜の糞から作られる ［ (エ) ］がある。

上記の記述中の空白箇所(ア)，(イ)，(ウ)及び(エ)に当てはまる組合せとして，正しいものを次の(1)～(5)のうちから一つ選べ。

	(ア)	(イ)	(ウ)	(エ)
(1)	蒸気	火山地域	有機物	液体燃料
(2)	熱水の流れ	平野部	無機物	気体燃料
(3)	蒸気	火山地域	有機物	気体燃料
(4)	蒸気	平野部	有機物	気体燃料
(5)	熱水の流れ	火山地域	無機物	液体燃料

問 30 出題分野＜自然エネルギー＞   令和 4 年度下期 問 5

各種発電に関する記述として，誤っているものを次の(1)～(5)のうちから一つ選べ。

(1) 太陽光発電は，太陽電池によって直流の電力を発生させる。需要地点で発電が可能，発生電力の変動が大きい，などの特徴がある。

(2) 地熱発電は，地下から取り出した蒸気又は熱水の気化で発生させた蒸気によってタービンを回転させる発電方式である。発電に適した地熱資源を見つけるために，適地調査に多額の費用と長い期間がかかる。

(3) バイオマス発電は，植物などの有機物から得られる燃料を利用した発電方式である。さとうきびから得られるエタノールや，家畜の糞から得られるメタンガスなどが燃料として用いられている。

(4) 風力発電は，風のエネルギーによって風車で発電機を駆動し発電を行う。プロペラ型風車は羽根の角度により回転速度の制御が可能である。設定値を超える強風時には羽根の面を風向きに平行になるように制御し，ブレーキ装置によって風車を停止させる。

(5) 燃料電池発電は，水素と酸素との化学反応を利用して直流の電力を発生させる。発電に伴って発生する熱を給湯などに利用できるが，発電時の振動や騒音が大きい。

問 29 の解答   出題項目＜各種発電＞   答え （3）

　地下のマグマ等の熱によって加熱された地下水は，高温の熱水あるいは蒸気となっており，そこから高温・高圧の蒸気を取り出してその**蒸気**でタービンを回し，発電を行う方法が地熱発電である。発電に適した地熱資源は**火山地域**に多く存在する。地下から取り出した地熱流体が蒸気のみの場合，この蒸気で直接タービンを回転させて発電する方式と，地熱流体が蒸気と熱水の混合流体だった場合，汽水分離器を用いて蒸気を分離し，分離した蒸気でタービンを回転させて発電する方式がある。

　石油や石炭などの化石燃料以外の植物などの生命体（バイオマス）から得られた有機物をエネルギー源として発電する方法をバイオマス発電という。植物や動物が生成・排出する動植物に由来する**有機物**資源を一般にバイオマスと称し，廃棄物系のバイオマス（紙，動物の糞尿，食品廃材，建設廃材，下水汚泥など）と，未利用バイオマス（稲わら，間伐材，資源作物，飼料作物など）に大別される。水分の少ないバイオマスは，ごみ発電と同様に燃焼により発電する。動物の糞尿，下水汚泥などの水分の多いものは，メタン発酵によりガスを生成し，**気体燃料**としてガスエンジンで発電することが多い。

問 30 の解答   出題項目＜各種発電＞   答え （5）

　（1）　正。太陽光発電は，太陽の光エネルギーを太陽電池（半導体素子）により直接電気に変換する発電方法である。発生した電気は直流のため，家庭やビル，工場などで使えるように**パワーコンディショナ**によって交流に変換する。

　エネルギー源が太陽光であるため，日が当たりさえすれば場所を選ばずに発電することが可能であるが，**発電量が天候に左右される**などの特徴がある。

　（2）　正。地熱発電は，マグマに熱せられた地下水から発生する水蒸気により，蒸気タービンを回して電気を発生させる発電方式である。現在，利用されている地熱発電の方式には，**ドライスチーム方式，フラッシュ方式，バイナリー方式**などの種類がある。

　地熱発電のエネルギー源はマグマなので，**資源が枯渇することはなく**，また，気象状況や季節，時間帯の影響を受けることがない。ただし，土地が地熱発電に向いているかどうかの地質調査や地盤調査，噴気試験などの探査事業には多くの時間と費用が掛かるのが課題である。

　（3）　正。バイオマスとは，動植物などから生まれた**生物資源の総称**である。バイオマス発電は，この生物資源を直接，あるいはガス化して燃焼するときに生じる熱を使用して電気を発生させる発電方法である。バイオマス発電の原料には，木くずや間伐材，可燃性ごみ，廃油，家畜の糞尿，下水汚泥などがある。

　（4）　正。風力発電は，風車の回転運動により発電機を回し，電気を発生させる発電方法である。一般に，大型のプロペラ型風車には，風況に応じて羽根の角度を可変できる**可変ピッチ機構**が組み込まれている。これにより，風が弱いときには羽根の角度を大きくし，逆に，風が強いときには羽根の角度を小さくすることで，**風車の回転速度を制御**している。また，風が強く，風車の回転速度が上がりすぎるときは，羽根の角度を風向と平行にして風圧を小さくする。

　（5）　誤。燃料電池発電は，**水素と酸素の化学反応**（水の電気分解の逆反応）によって，直流の電気を発生させる発電方法である。水素は，天然ガスやメタノールを改質して作るのが一般的で，酸素は，大気中から取り入れる。発電の際に発生するものは水のみであり，また，燃料電池自体には駆動する部分が少ないため，**騒音・振動等もなく**，きわめて環境に良い発電方式である。

問 31　出題分野＜自然エネルギー＞　　　　　令和 2 年度 問 5

次の文章は，太陽光発電に関する記述である。

太陽光発電は，太陽電池の光電効果を利用して太陽光エネルギーを電気エネルギーに変換する。地球に降り注ぐ太陽光エネルギーは，$1 \, \mathrm{m}^2$ 当たり 1 秒間に約 　(ア)　 kJ に相当する。太陽電池の基本単位はセルと呼ばれ，　(イ)　V 程度の直流電圧が発生するため，これを直列に接続して電圧を高めている。太陽電池を系統に接続する際は，　(ウ)　により交流の電力に変換する。

一部の地域では太陽光発電の普及によって 　(エ)　 に電力の余剰が発生しており，余剰電力は揚水発電の揚水に使われているほか，大容量蓄電池への電力貯蔵に活用されている。

上記の記述中の空白箇所(ア)～(エ)に当てはまる組合せとして，正しいものを次の(1)～(5)のうちから一つ選べ。

	(ア)	(イ)	(ウ)	(エ)
(1)	10	1	逆流防止ダイオード	日中
(2)	10	10	パワーコンディショナ	夜間
(3)	1	1	パワーコンディショナ	日中
(4)	10	1	パワーコンディショナ	日中
(5)	1	10	逆流防止ダイオード	夜間

理論 電力 機械 法規

令和5 (2023) 上期

令和5 (2023) 下期

選抜90問

選抜85問

選抜90問

選抜65問

問 31 の解答　出題項目＜太陽光発電＞　　　　答え　（3）

　地表が受ける単位面積当たりの太陽放射強度は，1 m² 当たり約 1 kW である。したがって，その太陽エネルギーは，1 m² 当たり 1 秒間に約 1 kW·s＝<u>1</u> kJ に相当する。

　太陽電池の最小の基本単位は 15 cm×15 cm 程度の太陽電池素子で，この基本単位をセルという。このセルの直流出力電圧は，約 <u>1</u> V（0.6～1 V）程度である。

　図 31-1 のように，セルを必要枚数配列して，屋外で利用できるよう樹脂や強化ガラスなどで保護し，パッケージ化したものがモジュールである。モジュールは，一般に太陽電池パネルと呼ばれている。また，モジュールを直列に接続した回路をストリングといい，ストリングを並列に組み合わせたものをアレイという。

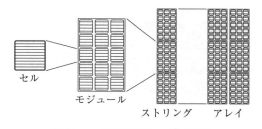

セル
モジュール
ストリング　アレイ

図 31-1　太陽光電池の構成単位

　<u>パワーコンディショナ</u>は，太陽電池で発電した直流の電気を，交流に変換するための機器である。インバータ（逆変換装置）の一種であるが，太陽光発電システム全体を効果的・効率的に稼働させるための機能や，系統連系保護機能などを内蔵している。

　太陽光発電や風力発電は，気象条件によって出力が変動する。このため，電力需要の小さい季節や時間帯に発電電力が大きくなる気象条件がそろうと，調整可能な他の電源の発電出力を抑制しても供給が需要を上回る状態，すなわち余剰電力が発生する。太陽光発電では，特に 4～5 月の<u>日中</u>に余剰電力が発生することが多い。この余剰分を揚水発電の揚水で利用したり，大容量の蓄電池に充電したりして，需給バランスを調整することが行われている。

次の文章は，風力発電に関する記述である。

風力発電は，風のエネルギーによって風車で発電機を駆動し発電を行う。風車は回転軸の方向により水平軸風車と垂直軸風車に分けられ，大電力用には主に ____(ア)____ 軸風車が用いられる。

風がもつ運動エネルギーは風速の ____(イ)____ 乗に比例する。また，プロペラ型風車を用いた風力発電で取り出せる電力は，損失を無視すると風速の ____(ウ)____ 乗に比例する。風が得られれば電力を発生できるため，発電するときに二酸化炭素を排出しない再生可能エネルギーであり，また，出力変動の ____(エ)____ 電源とされる。

発電機には誘導発電機や同期発電機が用いられる。同期発電機を用いてロータの回転速度を可変とした場合には，発生した電力は ____(オ)____ を介して電力系統へ送電される。

上記の記述中の空白箇所(ア)～(オ)に当てはまる組合せとして，正しいものを次の(1)～(5)のうちから一つ選べ。

	(ア)	(イ)	(ウ)	(エ)	(オ)
(1)	水平	2	2	小さい	増速機
(2)	水平	2	3	大きい	電力変換装置
(3)	水平	3	3	大きい	電力変換装置
(4)	垂直	3	2	小さい	増速機
(5)	垂直	2	3	大きい	電力変換装置

| 問 32 の解答 | 出題項目＜風力発電＞ | 答え （2） |

　風車は回転軸の方向により，**図 32-1** のように垂直軸風車と水平軸風車の二種類に分けられる。現在，大型の風力発電機で採用されているのは**水平軸風車**であり，3 枚ブレードのものが多い。

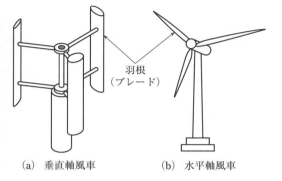

（a） 垂直軸風車　　　　（b） 水平軸風車

図 32-1　風車の種類

　風がもつ運動エネルギー E[J]は，空気の質量を m[kg]，風速を v[m/s]とすると次式で表される。

$$E = \frac{1}{2}mv^2 \qquad\qquad ①$$

　すなわち，風がもつ運動エネルギー E は風速 v の **2 乗に比例**する。

　風車の受風面積を A[m²]，受風時間を t[s]，空気の密度を ρ[kg/m³]とすると，単位時間（1秒）当たりに風車を通過する空気の質量[kg/s]は，

$$\frac{m}{t} = \rho v A$$

$$\rightarrow \quad m = \rho v A t \qquad\qquad ②$$

　風力発電で取り出せる電力 P[W]は，

$$P = \frac{E}{t}$$

　この式に①式，②式を代入すると，

$$P = \frac{\frac{1}{2}(\rho v A t)v^2}{t} = \frac{1}{2}\rho A v^3$$

　すなわち，風力発電で取り出せる電力 P は（損失を無視すると）風速 v の **3 乗に比例**する。

　なお，再生可能エネルギーの中でも太陽光や風力などを使用した発電は，季節や天候に左右されるため**出力変動の大きい**電源とされる。

　また，同期発電機で風車の回転数が可変の場合には，系統周波数に同期させるため，発電機と系統との間に**電力変換装置**（周波数変換装置）を設置する。

問 33 　出題分野＜変電＞ 　　　　　　　　　　　　平成 30 年度 問 7

変圧器の保全・診断に関する記述として，誤っているものを次の（1）～（5）のうちから一つ選べ。

（1）　変圧器の予防保全は，運転の維持と事故の防止を目的としている。

（2）　油入変圧器の絶縁油の油中ガス分析は内部異常診断に用いられる。

（3）　部分放電は，絶縁破壊が生じる前ぶれである場合が多いため，異常診断技術として，部分放電測定が用いられることがある。

（4）　変圧器巻線の絶縁抵抗測定と誘電正接測定は，鉄心材料の経年劣化を把握することを主な目的として実施される。

（5）　ガスケットの経年劣化に伴う漏油の検出には，目視点検に加え，油面計が活用される。

問 34 　出題分野＜変電＞ 　　　　　　　　　　　　令和 3 年度 問 9

1 台の定格容量が 20 MV･A の三相変圧器を 3 台有する配電用変電所があり，その総負荷が 55 MW である。変圧器 1 台が故障したときに，残りの変圧器の過負荷運転を行い，不足分を他の変電所に切り換えることにより，故障発生前と同じ電力を供給したい。この場合，他の変電所に故障発生前の負荷の何 % を直ちに切り換える必要があるか，最も近いものを次の（1）～（5）のうちから一つ選べ。ただし，残りの健全な変圧器は，変圧器故障時に定格容量の 120 % の過負荷運転をすることとし，力率は常に 95 %（遅れ）で変化しないものとする。

（1）　6.2　　　　（2）　10.0　　　　（3）　12.1　　　　（4）　17.1　　　　（5）　24.2

理論　電力　機械　法規

令和5(2023)上期

令和5(2023)下期

選抜90問

選抜85問

選抜90問

選抜65問

問33の解答　出題項目＜変圧器＞　　　答え　（4）

（1）正。変圧器の予防保全の目的は，性能維持と不具合や事故の未然防止である。そのために，定期的・計画的に検査・試験を行い，劣化や異常がないかチェックする。

（2）正。変圧器の内部で局部過熱や部分放電が発生すると，絶縁材料の種類と異常部の温度によって特有の分解ガスが発生し，大部分は絶縁油中に溶解する。油中ガス分析は，この溶解ガスを分析することにより内部異常の有無やその状況を推定する手法である。

（3）正。部分放電とは，絶縁材料中に欠陥箇所（欠損やボイド等）があると，その箇所へ電界が集中し，微弱な放電を発生する現象である。この局所的な部分放電が，絶縁劣化あるいは絶縁破壊の発端となることがあるので，部分放電測定によりこれを検出する。

（4）誤。変圧器巻線の絶縁抵抗測定と誘電正接測定は，巻線の絶縁性能を把握するために行うもので，**鉄心材料の劣化は検出できない**。

（5）正。漏油は，通常，目視により点検するが，量が多い場合は絶縁油の油面が低下するので，油面計でも発見できる場合がある。

解説

油入変圧器を構成する材料のうち，導体材料（銅線など）や磁性材料（鉄心など）のような金属材料は，絶縁油中で使用される場合は経年劣化がほとんどない。

一方，変圧器の寿命に大きく影響するのは，絶縁材料である巻線絶縁紙やプレスボード，絶縁油であり，これらは劣化とともに電気的および機械的な特性が低下していく。このうち，絶縁油は劣化しても比較的簡単に交換できるが，巻線絶縁紙やプレスボードなどの交換は容易ではないので，これらが変圧器の寿命を左右することになる。

変圧器の事故防止や劣化状況を把握するために，異常診断や劣化診断が行われる。

問34の解答　出題項目＜変圧器＞　　　答え　（4）

変圧器が1台故障した後の回路は，図34-1のようになる。

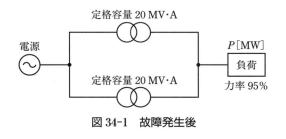

図34-1　故障発生後

故障時に，健全な変圧器は定格容量の120%の過負荷運転をするので，このときに供給可能な負荷の電力Pは，

P＝定格容量×過負荷率×台数×力率

　＝20×1.2×2×0.95

　＝45.6[MW]

故障前の負荷は55 MWなので，他の変電所に切り換えなければならない負荷の電力P_tは，

P_t＝55－45.6＝9.4[MW]

したがって，他の変電所に切り換える負荷の比率Rは，

$$R=\frac{9.4}{55}\times100\fallingdotseq17.1[\%]$$

問 35 出題分野＜変電＞

次の文章は，変圧器の結線方式に関する記述である。

変圧器の一次側，二次側の結線に Y 結線及び Δ 結線を用いる方式は，結線の組合せにより四つのパターンがある。このうち，　(ア)　結線はひずみ波の原因となる励磁電流の第 3 高調波が環流し，吸収される効果が得られるが，一方で中性点の接地が必要となる場合は適さない。　(イ)　結線は一次側，二次側とも中性点接地が可能という特徴を有する。　(ウ)　結線及び　(エ)　結線は第 3 高調波の環流回路があり，一次側若しくは二次側の中性点接地が可能である。　(ウ)　結線は昇圧用に，　(エ)　結線は降圧用に用いられることが多い。

特別高圧系統では変圧器中性点を各種の方法で接地することから，　(イ)　結線の変圧器が用いられるが，第 3 高調波の環流の効果を得る狙いから　(オ)　結線を用いた三次巻線を採用していることが多い。

上記の記述中の空白箇所(ア)～(オ)に当てはまる組合せとして，正しいものを次の(1)～(5)のうちから一つ選べ。ただし，(ア)～(エ)の左側は一次側，右側は二次側の結線を表す。

	(ア)	(イ)	(ウ)	(エ)	(オ)
(1)	Y–Y	Δ–Δ	Y–Δ	Δ–Y	Δ
(2)	Δ–Δ	Y–Y	Δ–Y	Y–Δ	Δ
(3)	Δ–Δ	Y–Y	Y–Δ	Δ–Y	Δ
(4)	Y–Δ	Δ–Y	Δ–Δ	Y–Y	Y
(5)	Δ–Δ	Y–Y	Δ–Y	Y–Δ	Y

問 36 出題分野＜変電＞

変圧器の V 結線方式に関する記述として，誤っているものを次の(1)～(5)のうちから一つ選べ。

(1) 単相変圧器 2 台で三相が得られる。

(2) 同一の変圧器 2 台を使用して三相平衡負荷に供給している場合，Δ 結線変圧器と比較して，出力は $\dfrac{\sqrt{3}}{2}$ 倍となる。

(3) 同一の変圧器 2 台を使用して三相平衡負荷に供給している場合，変圧器の利用率は $\dfrac{\sqrt{3}}{2}$ となる。

(4) 電灯動力共用方式の場合，共用変圧器には電灯と動力の電流が加わって流れるため，一般に動力専用変圧器の容量と比較して共用変圧器の容量の方が大きい。

(5) 単相変圧器を用いた Δ 結線方式と比較して，変圧器の電柱への設置が簡素化できる。

491

理論
電力
機械
法規

令和5（2023）上期

令和5（2023）下期

選抜90問

選抜85問

選抜90問

選抜65問

問35の解答　　出題項目＜変圧器＞　　　　答え（2）

（ア）　Δ-Δ 結線

　第3高調波電流は巻線内を**循環電流**として流れるので，高調波電圧は線間電圧に現れず，波形ひずみが生じない。また，一次側と二次側に位相差がなく，変圧器1台に故障を生じても V-V 結線として運転できる利点がある。しかし，**中性点が接地できない**ので異常電圧が発生しやすく，主として 77 kV 以下の回路に使用される。

（イ）　Y-Y 結線

　一次側と二次側に位相差がない。また，**中性点接地**ができるので，巻線の絶縁低減が可能となる。さらに，事故検出に必要な十分な地絡電流が流れるので，保護が容易となる等の利点がある。しかし，第3高調波電流の流れる回路がないので，**電圧波形がひずみ**，これにより通信線に雑音などの障害を与えるおそれがある。

（ウ）　Δ-Y 結線

　一次側と二次側に**30°の位相差**を生じる。ま

た，一次側に Δ 結線があるので，第3高調波電流は巻線内を循環し二次側には流れないので，通信障害がない。さらに，Y 結線の中性点が接地できる等の利点がある。**主に昇圧用変圧器**として用いられる。

（エ）　Y-Δ 結線

　Δ-Y 結線と同様の特徴がある。**主に降圧用変圧器**として用いられる。

（オ）　Y-Y-Δ 結線

　一次側と二次側が Y-Y 結線，三次側が Δ 結線の**3巻線の変圧器**である。一次側と二次側に位相差がなく，両方とも Y 結線なので，中性点を接地できる。また，三次側が Δ 結線なので，第3高調波電流を還流することができる等の利点がある。

　三次側は，分路リアクトルや電力用コンデンサ等の**調相設備**接続用，あるいは，**所内電源**用として使用される。

問36の解答　　出題項目＜変圧器＞　　　　答え（2）

（1）　正。V 結線は変圧器の結線方式のひとつで，単相変圧器2台によって三相変圧を行う。

（2）　誤。図36-1のように電圧 V[V]，電流 I[A] の単相変圧器を使用した場合の出力を考える。

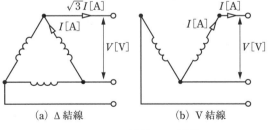

図36-1　Δ 結線と V 結線

①　Δ 結線の場合（変圧器3台）

　相電流が I[A] なので，線電流は $\sqrt{3}I$[A] になる。したがって，三相出力 P_Δ[V·A] は，

$$P_\Delta=\sqrt{3}\times V\times\sqrt{3}I=3VI\,[\text{V·A}]$$

②　V 結線の場合（変圧器2台）

相電流と線電流は等しく I[A] なので，三相出力 P_V[V·A] は，

$$P_V=\sqrt{3}\,VI\,[\text{V·A}]$$

③　出力比は，

$$\frac{P_V}{P_\Delta}=\frac{\sqrt{3}\,VI}{3VI}=\frac{\sqrt{3}}{3}\fallingdotseq0.577$$

（3）　正。図36-1(b)より，2台の変圧器の合計容量 P_Σ[V·A] は，

$$P_\Sigma=2VI\,[\text{V·A}]$$

したがって，変圧器の利用率は，

$$\frac{P_V}{P_\Sigma}=\frac{\sqrt{3}\,VI}{2VI}=\frac{\sqrt{3}}{2}\fallingdotseq0.866$$

（4）　正。電灯動力共用方式の場合，変圧器の容量が異なるので，一般に異容量 V 結線と呼ばれる。

（5）　正。変圧器が2台で済み，柱上に設ける場合は電柱を中心にして左右にバランスして配置できる。

問37 出題分野＜変電＞

　大容量発電所の主変圧器の結線を一次側三角形，二次側星形とするのは，二次側の線間電圧は相電圧の　(ア)　倍，線電流は相電流の　(イ)　倍であるため，変圧比を大きくすることができ，　(ウ)　に適するからである。また，一次側の結線が三角形であるから，　(エ)　電流は巻線内を環流するので二次側への影響がなくなるため，通信障害を抑制できる。

　一次側を三角形，二次側を星形に接続した主変圧器の一次電圧と二次電圧の位相差は，　(オ)　[rad]である。

　上記の記述中の空白箇所(ア)，(イ)，(ウ)，(エ)及び(オ)に当てはまる語句，式又は数値として，正しいものを組み合わせたのは次のうちどれか。

	(ア)	(イ)	(ウ)	(エ)	(オ)
(1)	$\sqrt{3}$	1	昇圧	第3調波	$\frac{\pi}{6}$
(2)	$\frac{1}{\sqrt{3}}$	$\sqrt{3}$	降圧	零相	0
(3)	$\sqrt{3}$	$\frac{1}{\sqrt{3}}$	昇圧	高周波	$\frac{\pi}{3}$
(4)	$\sqrt{3}$	$\frac{1}{\sqrt{3}}$	降圧	零相	$\frac{\pi}{3}$
(5)	$\frac{1}{\sqrt{3}}$	1	昇圧	第3調波	0

理論 電力 機械 法規

令和5(2023)上期

令和5(2023)下期

選抜90問

選抜90問

選抜65問

問 37 の解答　出題項目＜変圧器＞　　　　答え　（1）

図 37-1 に示すとおり，変圧器の星形（Y）結線の線間電圧は相電圧の $\sqrt{3}$ 倍で，線電流と相電流は同じである。大容量発電所の主変圧器の結線は，次の理由から一次側を三角形（Δ），二次側を星形（Y）にした Δ−Y 結線が採用される。

① 二次側 Y 結線の線間電圧は相電圧の **$\sqrt{3}$ 倍**，線電流は相電流と同じで 1 倍である。また，発電機電圧は技術的・経済的に高電圧にできないため変圧器を用いて **昇圧** する必要があることから，変圧比の大きくとれる Δ−Y 結線が適している。

② Δ 結線がない Y−Y 結線の中性点を接地すると，励磁電流に含まれる第 3 調波電流が大地へ流れ，通信線へ誘導障害を与える恐れがある。そこで，一次側の Δ 結線で **第 3 調波** 電流を環流することで二次側への影響がなくなり，通信線への誘導障害などを抑制できる。

③ 二次側を Y 結線とすることにより，中性点を系統側に合わせた接地方式とすることができる。

しかし，Δ−Y 結線の一次電圧と二次電圧の位相は，**図 37-2** に示すように，二次電圧が一次電圧に対して位相が $\underline{\pi/6\text{[rad]}}$ 進むため，変圧器の並行運転をするときなどに注意する必要がある。

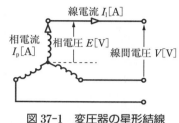

図 37-1　変圧器の星形結線

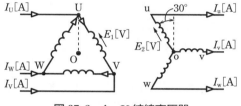

図 37-2　Δ−Y 結線変圧器

問38 出題分野＜変電，配電＞

配電で使われる変圧器に関する記述として，誤っているのは次のうちどれか。図を参考にして答えよ。

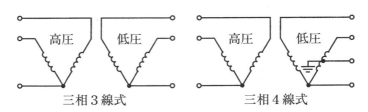

三相3線式 三相4線式

（1） 柱上に設置される変圧器の容量は，50 kV・A 以下の比較的小型のものが多い。

（2） 柱上に設置される三相3線式の変圧器は，一般的に同一容量の単相変圧器の V 結線を採用しており，出力は Δ 結線の $\dfrac{1}{\sqrt{3}}$ 倍となる。また，V 結線変圧器の利用率は $\dfrac{\sqrt{3}}{2}$ となる。

（3） 三相4線式(V 結線)の変圧器容量の選定は，単相と三相の負荷割合やその負荷曲線及び電力損失を考慮して決定するので，同一容量の単相変圧器を組み合わせることが多い。

（4） 配電線路の運用状況や設備実態を把握するため，変圧器二次側の電圧，電流及び接地抵抗の測定を実施している。

（5） 地上設置形の変圧器は，開閉器，保護装置を内蔵し金属製のケースに納めたもので，地中配電線供給エリアで使用される。

問38の解答　出題項目＜変圧器，配電系統構成機材＞　　答え　(3)

（1）正。柱上に設置される変圧器の容量は，50 kV·A 以下の比較的小型ものが多い。

（2）正。柱上に設置される三相3線式の変圧器は，一般的に同容量の単相変圧器のV結線を採用しており，出力はΔ結線の $\frac{1}{\sqrt{3}}$ 倍，利用率はΔ結線の $\frac{\sqrt{3}}{2}$ となる。

（3）誤。三相負荷に対しては，同一容量の単相変圧器2台をV結線にして供給する。また，単相負荷と三相負荷が混在する場合には，**異容量**の単相変圧器をV結線にした三相4線式で供給する。つまり，「同一容量の単相変圧器を組み合わせることが多い」は誤りである。

（4）正。配電線路の運用状況や設備実態を把握するため，変圧器二次側の電圧，電流および接地抵抗(主にB種接地)の測定を実施している。

（5）正。地上設置形の変圧器は，開閉器，保護装置を内蔵し金属製のケースに収めたもので，地中配電線供給エリアで使用される。

解　説

図38-1に示す三相4線式(V結線)は，電灯需要と動力需要とが混在する地域で使用される配電方式である。単相電灯負荷100 Vと三相動力負荷200 Vの電圧比が1：2であるため，V結線の三相3線式200 V線路と，単相3線式100 V線路とを組み合わせた形となる。

両変圧器の容量の選定にあたっては，単相，三相負荷の割合およびその負荷曲線(時間的な変動)を考慮する必要がある。

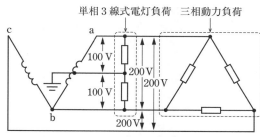

図38-1　電灯動力共用の三相4線式低圧配電線

問 39　出題分野＜変電，送電，配電＞

電力系統の電圧調整に関する記述として，誤っているものを次の（1）～（5）のうちから一つ選べ。

（1）　線路リアクタンスが大きい送電線路では，受電端において進相コンデンサを負荷に並列することで，受電端での進み無効電流を増加させ，受電端電圧を上げることができる。

（2）　送電線路において送電端電圧と受電端電圧が一定であるとすると，負荷の力率が変化すれば受電端電力が変化する。このため，負荷が変動しても力率を調整することによって受電端電圧を一定に保つことができる。

（3）　送電線路での有効電力の損失は電圧に反比例するため，電圧調整により電圧を高めに運用することが損失を減らすために有効である。

（4）　進相コンデンサは無効電力を段階的にしか調整できないが，静止型無効電力補償装置は無効電力の連続的な調整が可能である。

（5）　電力系統の電圧調整には調相設備と共に，発電機の励磁調整による電圧調整が有効である。

497

理論 **電力** 機械 法規

令和**5**(2023)上期

令和**5**(2023)下期

選抜**90**問

選抜**85**問

選抜**90**問

選抜**65**問

問39の解答　出題項目＜調相設備，電圧降下，電圧調整＞　　　　答え　（3）

（1）　正。線路**リアクタンス**が大きいと，大きな**遅れ無効電流**が流れるので線路の電圧降下が大きくなる。このため，**進相コンデンサ**を負荷と並列に設置して，**進み無効電流**を流すことにより遅れ無効電流を打ち消す。

（2）　正。送電端電圧と受電端電圧をそれぞれ一定に保ちながら送電する方式を**定電圧送電方式**という。電圧調整は負荷の大きさと力率に応じて，調相設備から**無効電力を供給**して行う。

（3）　誤。負荷電力と力率が同じであれば，線路電流は電圧に反比例する。一方，線路損失は線路電流の2乗に比例する。したがって，**線路損失は電圧の2乗に反比例**する。**線路損失は電圧に反比例しない**。

（4）　正。静止型無効電力補償装置(SVC)は，**電力用半導体素子**を用いて無効電力制御を行う装置である。

　静止型無効電力補償装置の代表的な方式を，**図39-1**に示す。静止型無効電力補償装置は進相か

ら遅相まで無効電力を**高速連続制御**できるので，系統電圧の制御や過電圧抑制などのほか，系統安定度向上にも利用されている。

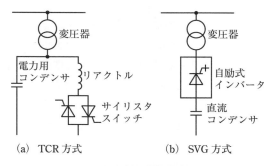

（a）　TCR方式　　　　（b）　SVG方式

図39-1　静止型無効電力補償装置

（5）　正。同期発電機の励磁電流を強めると電機子から遅れ電流が，弱めると進み電流が発生する。したがって，同期発電機は**励磁電流を加減**することで，この遅れと進みの両方の**無効電力を供給**することができる。これにより，電圧調整が可能になる。

問 40　出題分野＜変電＞

真空遮断器に関する記述として，誤っているものを次の（1）～（5）のうちから一つ選べ。

（1）　真空遮断器は，高真空状態のバルブの中で接点を開閉し，真空の優れた絶縁耐力を利用して消弧するものである。

（2）　真空遮断器の開閉サージが高いことが懸念される場合，避雷器等を用いて，真空遮断器に接続される機器を保護することがある。

（3）　真空遮断器は，小形軽量で電極の寿命が長く，保守も容易である。

（4）　真空遮断器は，消弧媒体として SF_6 ガスや油を使わない機器であり，多頻度動作にも適している。

（5）　真空遮断器は経済性に優れるが，空気遮断器に比べて動作時の騒音が大きい。

理論 電力 機械 法規

令和5 (2023) 上期

令和5 (2023) 下期

選抜90問

選抜85問

選抜90問

選抜65問

問40の解答　出題項目＜開閉装置＞　　　答え　(5)

（1）正。交流電路を遮断すると，接触子間にアークが発生する。真空遮断器は，真空の優れた絶縁耐力と強い拡散作用によって消弧を行う遮断器である（真空バルブの中では，アークを構成する粒子や電子が急激に拡散する）。

（2）正。真空遮断器は遮断能力が大きいので，変圧器の励磁電流（遅れ小電流）などの遮断では，電流が零になる前に強制遮断（電流裁断現象）してしまう。これにより開閉サージを生じやすいので，サージアブソーバ（避雷器）を設置することがある。

（3）正。真空遮断器は，絶縁性能に優れ接点間隔を小さくできるので，小形軽量にできる。また，主回路の接点は真空バルブ内にあり，構造も簡単なので，寿命が長く保守も容易である。

（4）正。真空遮断器は，アーク電圧が低く電極の消耗が少ないので，多頻度の開閉動作に適している。

（5）誤。真空遮断器の真空バルブは密閉構造であり，動作時の**騒音は小さい**。

解説

遮断器は，高電圧・大電流回路に使用される開閉器である。平常時は負荷電流や線路充電電流，変圧器励磁電流などの開閉を行うが，故障時は保護継電器の動作信号を受けて，短絡電流や地絡電流などの遮断を行う（短絡電流は非常に大きな電流なので，通常の開閉器では遮断できない）。

遮断器の種類は，遮断時に生じる接点間のアークを消す（消弧）ための物質の種類により異なる。主な遮断器を**表40-1**に示す。なお現在の主流は，ガス遮断器，真空遮断器である。

表40-1　遮断器の分類

名称	特徴
空気遮断器（ABB）	遮断時のアークに圧縮空気を吹き付けて消弧する他力形の遮断器。火災の心配はないが，遮断時の騒音が大きい。
ガス遮断器（GCB）	遮断時のアークに絶縁性能に優れるSF_6ガスを吹き付けて消弧する他力形の遮断器。空気遮断器に比べて構造が簡単，遮断性能に優れ，騒音が小さいなどの利点がある。
真空遮断器（VCB）	高真空中の優れた絶縁耐力，強い拡散作用により消弧する自力形の遮断器。小形軽量で火災の心配がない。保守も容易で，広く使用されている。
油遮断器（OCB）	アークによる油の加熱・分解により消弧する自力形の遮断器。火災の心配や油の保守が必要なので，大容量のものはガス遮断器，小容量のものは真空遮断器への置き換えが進み，ほとんど使用されていない。
磁気遮断器（MBB）	遮断電流の電磁力によりアークを引き伸ばして消弧する自力形の遮断器。主として6kV以下用であるが，真空遮断器に置き換わり，ほとんど使用されていない。

問 41　出題分野＜変電＞

ガス絶縁開閉装置に関する記述として，誤っているものを次の（1）～（5）のうちから一つ選べ。

（1）　ガス絶縁開閉装置の充電部を支持するスペーサにはエポキシ等の樹脂が用いられる。

（2）　ガス絶縁開閉装置の絶縁ガスは，大気圧以下の SF_6 ガスである。

（3）　ガス絶縁開閉装置の金属容器内部に，金属異物が混入すると，絶縁性能が低下することがあるため，製造時や据え付け時には，金属異物が混入しないよう，細心の注意が払われる。

（4）　我が国では，ガス絶縁開閉装置の保守や廃棄の際，絶縁ガスの大部分は回収されている。

（5）　絶縁性能の高いガスを用いることで装置を小形化でき，気中絶縁の装置を用いた変電所と比較して，変電所の体積と面積を大幅に縮小できる。

問 41 の解答　　出題項目＜開閉装置＞

（1）正。ガス絶縁開閉装置には母線などの充電部が収納されているが，これらの充電部はスペーサと呼ばれる絶縁物で支持されている。スペーサは通常，エポキシ樹脂などの注型により製作される。

（2）誤。ガス絶縁開閉装置で使用する絶縁ガスは，無害で絶縁性能や消弧性能に優れた不活性ガスのSF_6（六フッ化硫黄）ガスである。SF_6ガスは圧力が高いほど絶縁性能が高く，0.2～0.3 MPa程度で絶縁油と同等になる。ガス絶縁開閉装置では，通常 0.5 MPa 程度の圧力で使用するので，**大気圧以下では使用しない**。

（3）正。ガス絶縁開閉装置の容器内部に金属異物が存在すると，金属異物の先端で部分放電が発生し，最悪の場合には絶縁破壊するおそれがある。したがって，組立てや運搬，据え付け，内部点検の際に金属異物が混入しないように細心の注意が必要である。

（4）正。SF_6ガスは優れた絶縁性能を持つ反面，温室効果ガスとしての性質があるので，フロン系のガスとともに排出削減目標の対象ガスとなっている。このため，開放点検時や廃棄時には，回収装置を使用してほとんどのSF_6ガスを回収して再利用を行っている。

（5）正。SF_6ガスの優れた絶縁性能により，従来の気中絶縁開閉装置に比べて機器面積で約10～15%，機器体積で約 3～7% 程度と大幅に縮小化できる。

解 説

ガス絶縁開閉装置を使用すると気中絶縁開閉装置に比べて大幅に省スペース化が図れるが，これ以外にも次のような長所がある。

① 充電部が完全に接地された金属容器内に収納されているので，外部環境の影響を受けない。このため，汚損や劣化がほとんどなく保守点検が簡単で，長期間にわたり高信頼性が確保できる。

② 充電部が完全に接地された金属容器内に収納されているので，感電のおそれがなく，安全性に優れている。

③ 工場でユニットを組み立てて輸送できるので，現地での据付け工期が大幅に短縮できる。

④ 外観がシンプルなので，環境との調和を取りやすい。

理論
電力
機械
法規

令和5（2023）上期
令和5（2023）下期
選抜90問
選抜85問
選抜90問
選抜65問

問 42 出題分野＜変電＞

次の文章は，発変電所用避雷器に関する記述である。

避雷器はその特性要素の □(ア)□ 特性により，過電圧サージに伴う電流のみを大地に放電させ，サージ電流に続いて交流電流が大地に放電するのを阻止する作用を備えている。このため，避雷器は電力系統を地絡状態に陥れることなく過電圧の波高値をある抑制された電圧値に低減することができる。この抑制された電圧を避雷器の □(イ)□ という。一般に発変電所用避雷器で処理の対象となる過電圧サージは，雷過電圧と □(ウ)□ である。避雷器で保護される機器の絶縁は，当該避雷器の □(イ)□ に耐えればよいこととなり，機器の絶縁強度設計のほか発変電所構内の □(エ)□ などをも経済的，合理的に決定することができる。このような考え方を □(オ)□ という。

上記の記述中の空白箇所(ア)，(イ)，(ウ)，(エ)及び(オ)に当てはまる組合せとして，正しいものを次の(1)～(5)のうちから一つ選べ。

	(ア)	(イ)	(ウ)	(エ)	(オ)
(1)	非直線抵抗	制限電圧	開閉過電圧	機器配置	絶縁協調
(2)	非直線抵抗	回復電圧	短時間交流過電圧	機器寿命	保護協調
(3)	大容量抵抗	制限電圧	開閉過電圧	機器配置	保護協調
(4)	大容量抵抗	再起電圧	短時間交流過電圧	機器寿命	絶縁協調
(5)	無誘導抵抗	制限電圧	開閉過電圧	機器配置	絶縁協調

503

理論
電力
機械
法規

令和5(2023)上期
令和5(2023)下期

選抜90問
選抜85問
選抜90問
選抜65問

問42の解答　出題項目＜避雷器＞　答え（1）

避雷器は，その特性要素の**非直線性**によって，過電圧サージに伴う電流のみを大地に放電させ，サージ電流に続いて交流電流が大地に流れるのを阻止する機能を持っている。

避雷器が放電しているとき，避雷器と大地との両端に残留するインパルス電圧，つまり電力系統を地絡状態に陥れることなく過電圧の波高値をある抑制された電圧値にすることができ，この抑制された電圧を避雷器の**制限電圧**，避雷器が放電を開始する電圧を放電開始電圧という。

発変電所用避雷器で処理の対象になる過電圧サージは，雷過電圧サージと**開閉過電圧**サージである。

避雷器で保護される機器の絶縁は，その避雷器の**制限電圧**に耐えればよい。その上で，発変電所構内に設置される機器，装置の絶縁強度の協調を図り，**機器配置**も含めて最も合理的かつ経済的な絶縁設計を行い，系統全体の信頼度を向上させることを**絶縁協調**という。

解説

避雷器は，雷過電圧や開閉過電圧を大地に放電することにより，その大きさを制限して送配電系統に設置される電力機器や線路を保護し，さらに，放電後に引き続き流れる商用周波数の続流を短時間のうちに遮断し，系統の正常な状態を乱すことなく現状に自復する機能をもつ装置である。

この特性は，**図42-1**に示すように，放電開始電圧と制限電圧とで規定される。前者は放電を開始する電圧であり，後者は避雷器が放電しているときに避雷器の端子間に現れる電圧である。この制限電圧は，電力機器の絶縁強度より十分低い必要がある。避雷器で保護される電力機器の絶縁は，避雷器の制限電圧に耐えればよいことになる。

Point 避雷器の性能は放電開始電圧と制限電圧で決定される。

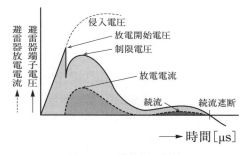

図42-1　避雷器の特性

問 43　出題分野＜変電，送電＞

　図に示す過電流継電器の各種限時特性(ア)〜(エ)に対する名称の組合せとして，正しいものを次の(1)〜(5)のうちから一つ選べ。

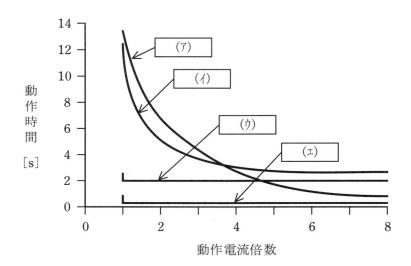

	(ア)	(イ)	(ウ)	(エ)
(1)	反限時特性	反限時定限時特性	定限時特性	瞬時特性
(2)	反限時定限時特性	反限時特性	定限時特性	瞬時特性
(3)	反限時特性	定限時特性	瞬時特性	反限時定限時特性
(4)	定限時特性	反限時定限時特性	反限時特性	瞬時特性
(5)	反限時定限時特性	反限時特性	瞬時特性	定限時特性

問 43 の解答　出題項目＜保護リレー＞　　　　　　　　　答え　（1）

　過電流継電器は，電路および電気機器の過負荷や短絡を遮断するために使用される保護装置である。

　限時特性は，継電器の動作特性を電流値と時間の関係で表したもので，**図 43-1** のような特性がある。

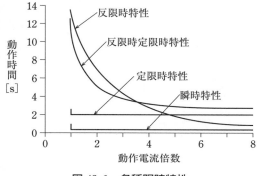

図 43-1　各種限時特性

　① **反限時特性**　検出レベル以上であれば，電流が大きいほど動作時間が早く，小さいほどゆっくり動作する特性である。

　② **定限時特性**　検出レベル以上であれば，電流の大きさに関係無く一定時間で動作する特性である。

　③ **反限時定限時特性**　反限時特性と定限時特性を組み合わせたものである。検出レベル以上であれば，電流の少ない範囲では反限時特性で，電流が多くなれば定限時特性となる。

　④ **瞬時特性**　検出レベル以上であれば，瞬時に動作する特性である。短絡事故などの遮断に使用する。

問44 出題分野＜変電＞ 平成29年度 問17

特別高圧三相3線式専用1回線で，6 000 kW（遅れ力率90 %）の負荷 A と 3 000 kW（遅れ力率95 %）の負荷 B に受電している需要家がある。

次の（ a ）及び（ b ）の問に答えよ。

（ a ） 需要家全体の合成力率を 100 % にするために必要な力率改善用コンデンサの総容量の値[kvar]として，最も近いものを次の（ 1 ）～（ 5 ）のうちから一つ選べ。

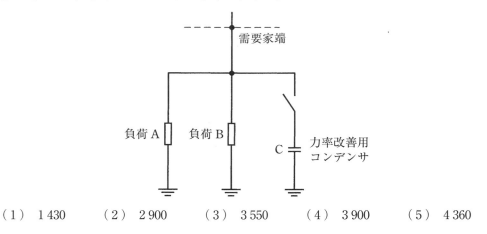

（ 1 ） 1 430 （ 2 ） 2 900 （ 3 ） 3 550 （ 4 ） 3 900 （ 5 ） 4 360

（ b ） 力率改善用コンデンサの投入・開放による電圧変動を一定値に抑えるために力率改善用コンデンサを分割して設置・運用する。下図のように分割設置する力率改善用コンデンサのうちの1台（C1）は容量が 1 000 kvar である。C1 を投入したとき，投入前後の需要家端 D の電圧変動率が 0.8 % であった。需要家端 D から電源側を見たパーセントインピーダンスの値[%]（10 MV・A ベース）として，最も近いものを次の（ 1 ）～（ 5 ）のうちから一つ選べ。

ただし，線路インピーダンス X はリアクタンスのみとする。また，需要家構内の線路インピーダンスは無視する。

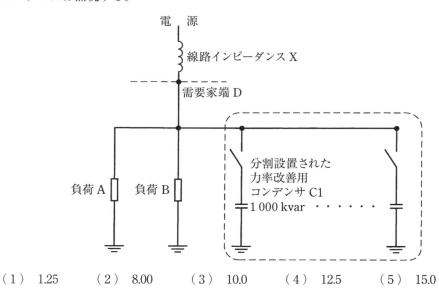

（ 1 ） 1.25 （ 2 ） 8.00 （ 3 ） 10.0 （ 4 ） 12.5 （ 5 ） 15.0

507

理論
電力
機械
法規

令和 **5** (2023) 上期

令和 **5** (2023) 下期

選抜 **90** 問

選抜 **85** 問

選抜 **90** 問

選抜 **65** 問

問 44 （a）の解答　　出題項目＜調相設備＞　　　　　　　答え　（4）

需要家全体の合成力率を 100 % にするためには，負荷 A と負荷 B の合成無効電力と同容量の力率改善用コンデンサを設置すればよい。図 44-1 に示すように，負荷 A および負荷 B の有効電力をそれぞれ P_A および P_B，力率をそれぞれ $\cos\theta_A$ および $\cos\theta_B$ とすると，合成力率を 100 % にするために必要な力率改善用コンデンサの総容量 Q は，

$$Q = P_A \times \frac{\sin\theta_A}{\cos\theta_A} + P_B \times \frac{\sin\theta_B}{\cos\theta_B}$$

$$= P_A \times \frac{\sqrt{1-\cos^2\theta_A}}{\cos\theta_A} + P_B \times \frac{\sqrt{1-\cos^2\theta_B}}{\cos\theta_B}$$

$$= 6\,000 \times \frac{\sqrt{1-0.9^2}}{0.9} + 3\,000 \times \frac{\sqrt{1-0.95^2}}{0.95}$$

$$\fallingdotseq 3\,890 \,[\text{kvar}] \quad\rightarrow\quad 3\,900 \,\text{kvar}$$

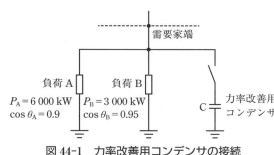

図 44-1　力率改善用コンデンサの接続

問 44 （b）の解答　　出題項目＜調相設備＞　　　　　　　答え　（2）

図 44-2 に示すように，1 台のコンデンサ C1 を投入すると，コンデンサ投入前に流れる線路電流に進み電流 ΔI_c が重畳して流れる。線路インピーダンスを X（リアクタンスのみ），コンデンサ設置点の電圧を V とすると，コンデンサの投入前後による電圧降下（変動値）Δv は，

$$\Delta v = \sqrt{3}\,\Delta I_c X = \frac{\sqrt{3}\,V \Delta I_c X}{V}$$

ここで，力率改善用コンデンサの容量を ΔQ とすると，

$$\Delta Q = \sqrt{3}\,V \Delta I_c$$

で表されるため，電圧降下 Δv は，

$$\Delta v = \frac{\Delta Q X}{V}$$

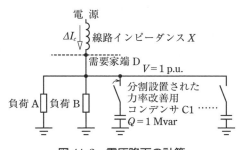

図 44-2　電圧降下の計算

基準容量を 10 MV·A とし，単位法を用いて解くと，$\Delta Q = 1/10 = 0.1\,[\text{p.u.}]$，$V$ は定格電圧であるため $V = 1\,[\text{p.u.}]$，題意より $\Delta v = 0.8\,[\%] = 0.008$ $[\text{p.u.}]$ であることから，線路インピーダンス X は，

$$X = \frac{\Delta v V}{\Delta Q} = \frac{0.008 \times 1}{0.1} = 0.08\,[\text{p.u.}] \quad\rightarrow\quad 8\,\%$$

解説 ••••••••••••••••••••••••••••••••

電気的諸量を基準値に対するパーセント（百分率）ではなく，基準値を 1 としてそれに対する比率で表す方法を「単位法」（「p.u. 法」または「パーユニット法」ともいう）といい，[p.u.]の単位を用いる。

単位法とパーセントインピーダンス法との関係は，1 p.u. が 100 % であるため，

$$Z\,[\text{p.u.}] = \frac{\%Z}{100}$$

変電所に設置された一次電圧 66 kV，二次電圧 22 kV，容量 50 MV·A の三相変圧器に，22 kV の無負荷の線路が接続されている。その線路が，変電所から負荷側 500 m の地点で三相短絡を生じた。

三相変圧器の結線は，一次側と二次側が Y－Y 結線となっている。

ただし，一次側からみた変圧器の 1 相当たりの抵抗は 0.018 Ω，リアクタンスは 8.73 Ω，故障が発生した線路の 1 線当たりのインピーダンスは $(0.20+j0.48)$ Ω/km とし，変圧器一次電圧側の線路インピーダンス及びその他の値は無視するものとする。次の（a）及び（b）の問に答えよ。

（a） 短絡電流[kA]の値として，最も近いものを次の（1）～（5）のうちから一つ選べ。

（1） 0.83 （2） 1.30 （3） 1.42 （4） 4.00 （5） 10.5

（b） 短絡前に，22 kV に保たれていた三相変圧器の母線の線間電圧は，三相短絡故障したとき，何[kV]に低下するか。電圧[kV]の値として，最も近いものを次の（1）～（5）のうちから一つ選べ。

（1） 2.72 （2） 4.71 （3） 10.1 （4） 14.2 （5） 17.3

問 45 （a）の解答　出題項目＜変圧器，短絡故障＞　　答え　（5）

巻数比 $a=66/22=3$ とすると，二次側に換算した変圧器の 1 相当たりのインピーダンス $\dot{Z}_T$ は，

$$\dot{Z}_T = r_{t2} + jx_{t2} = (0.018 + j8.73) \times \left(\frac{1}{a}\right)^2$$

$$= (0.018 + j8.73) \times \left(\frac{1}{3}\right)^2$$

$$= 0.002 + j0.97 [\Omega]$$

故障点までの距離は $500\,m$ なので，故障点までの線路インピーダンス $\dot{Z}_l$ は，

$$\dot{Z}_l = r_2 + jx_2 = (0.20 + j0.48) \times \left(\frac{500}{1\,000}\right)$$

$$= 0.10 + j0.24 [\Omega]$$

図 45-1 に示すように，故障点から電源側をみた合成インピーダンス $\dot{Z}$ は，

$$\dot{Z} = \dot{Z}_T + \dot{Z}_l$$

$$= (0.002 + j0.97) + (0.10 + j0.24)$$

$$= 0.102 + j1.21 [\Omega]$$

したがって，変圧器二次側の電圧を V_2 とすると，三相短絡電流 I_s は，

$$I_s = \frac{V_2/\sqrt{3}}{Z} = \frac{22 \times 10^3/\sqrt{3}}{\sqrt{0.102^2 + 1.21^2}}$$

$$\fallingdotseq 10.46 \times 10^3 [A] \quad \rightarrow \quad 10.5\,kA$$

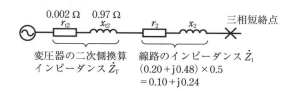

図 45-1　インピーダンスマップ

問 45 （b）の解答　出題項目＜変圧器，短絡故障＞　　答え　（2）

図 45-2 に示すように，三相短絡故障時の線間電圧 V' は，線路インピーダンス $\dot{Z}_l$ に三相短絡電流が流れたときの電圧降下なので，線路インピーダンス $\dot{Z}_l$ の絶対値 Z_l は，

$$Z_l = \sqrt{0.10^2 + 0.24^2} [\Omega]$$

したがって，三相短絡故障時の線間電圧 V' は，

$$V' = \sqrt{3} Z_l I_s = \sqrt{3} Z_l \frac{V_2/\sqrt{3}}{Z} = \frac{Z_l}{Z} V_2$$

$$= \frac{\sqrt{0.10^2 + 0.24^2}}{\sqrt{0.102^2 + 1.21^2}} \times 22 \times 10^3$$

$$\fallingdotseq 4.71 \times 10^3 [V] = 4.71 [kV]$$

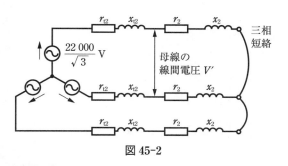

図 45-2

解 説 ••••••••••••••••••••••••••••••••••••

オーム法で計算する場合，変圧器の一次側からみた回路インピーダンスと二次側からみた回路イ

ンピーダンスとでは値が異なるため，どちらかに換算する必要がある。

変圧比が $n:1$ の変圧器の電圧 E，電流 I，インピーダンス Z に，高圧側の添え字として H，低圧側の添え字として L を付けて表すと，

$$Z_H = \frac{E_H}{I_H} = \frac{nE_L}{\frac{I_L}{n}} = n^2 \frac{E_L}{I_L} = n^2 Z_L$$

つまり，高圧側からみた変圧器のインピーダンス Z_H は，低圧側からみたインピーダンス Z_L の n^2 倍になる。

これとは逆に，低圧側からみた変圧器のインピーダンス Z_L は，高圧側からみたインピーダンス Z_H の $1/n^2$ 倍になる。

一方，回路インピーダンスを百分率インピーダンスで表すと，高圧側，低圧側の区別なく同じ百分率インピーダンス値となるため換算が不要になる。

$$\%Z_H = \frac{I_{BH} Z_H}{E_{BH}} \times 100 = \frac{\frac{I_{BL}}{n} n^2 Z_L}{nE_{BL}} \times 100$$

$$= \frac{I_{BL} Z_L}{E_{BL}} \times 100 = \%Z_L$$

問 46 出題分野＜変電＞

　図1のように，定格電圧66 kVの電源から三相変圧器を介して二次側に遮断器が接続された三相平衡系統がある。三相変圧器は定格容量7.5 MV・A，変圧比66 kV/6.6 kV，百分率インピーダンスが自己容量基準で9.5 ％である。また，三相変圧器一次側から電源側をみた百分率インピーダンスは基準容量10 MV・Aで1.9 ％である。過電流継電器（OCR）は変流比1 000 A/5 Aの計器用変流器（CT）の二次側に接続されており，整定タップ電流値5 A，タイムレバー位置1に整定されている。図1のF点で三相短絡事故が発生したとき，過電流継電器の動作時間[s]として，最も近いものを次の（1）～（5）のうちから一つ選べ。

　ただし，三相変圧器二次側からF点までのインピーダンス及び負荷は無視する。また，過電流継電器の動作時間は図2の限時特性に従い，計器用変流器の磁気飽和は考慮しないものとする。

（1）　0.29　　　（2）　0.34　　　（3）　0.38　　　（4）　0.46　　　（5）　0.56

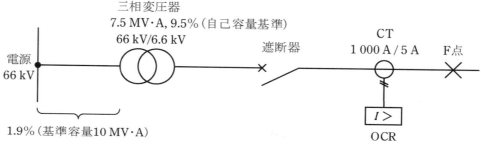

図1　系統図

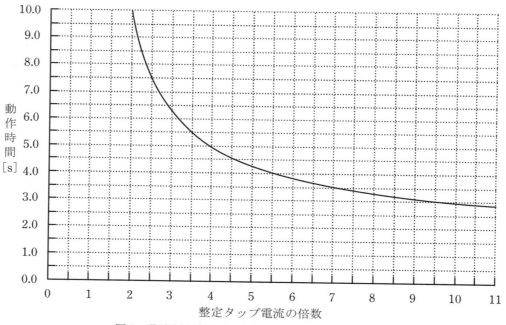

図2　過電流継電器の限時特性（タイムレバー位置10）

問 46 の解答　　出題項目＜短絡故障＞　　　　　　　答え　（3）

● F 点の短絡電流

変圧器容量である 7.5 MV・A を基準容量とする。

電源側の百分率インピーダンス 1.9%（10 MV・A 基準）を基準容量（7.5 MV・A）に変換すると，

$$1.9 \times \frac{7.5}{10} = 1.425 [\%]$$

変圧器は基準容量なので与えられた数値を使用すると，F 点から電源側の合成の百分率インピーダンス %Z は，

$$\%Z = 1.425 + 9.5 = 10.925 [\%]$$

基準電流 I_n は，

$$I_n = \frac{7.5 \times 10^6}{\sqrt{3} \times 6.6 \times 10^3} = 656 [\text{A}]$$

したがって，F 点の短絡電流 I_s は，

$$I_s = \frac{100}{\%Z} \times I_n = \frac{100}{10.925} \times 656$$
$$= 6\,005 [\text{A}]$$

CT 比が 1 000 A/5 A なので，短絡時の OCR 入力電流は，

$$I_s \times \frac{5}{1\,000} = 6\,005 \times \frac{5}{1\,000} = 30 [\text{A}]$$

●動作時間

整定タップ電流値が 5 A なので，特性図の横軸は，

$$整定タップ電流の倍数 = \frac{30}{5} = 6（倍）$$

このとき，縦軸の動作時間は 3.8 秒である。ただし，この特性図はタイムレバーが 10 の場合なので，タイムレバー 1（整定値）の動作時間は，

$$動作時間 = 3.8 \times \frac{1}{10} = 0.38 [\text{s}]$$

解説

基準容量を 10 MV・A にした場合の例を以下に示す。

変圧器の百分率インピーダンスを 10 MV・A に換算すると，

$$9.5 \times \frac{10}{7.5} = 12.67 [\%]$$

F 点から電源側の合成の百分率インピーダンスは %Z′ は，

$$\%Z' = 12.67 + 1.9 = 14.57 [\%]$$

基準電流 $I_n'[\text{A}]$ は，

$$I_n' = \frac{10 \times 10^6}{\sqrt{3} \times 6.6 \times 10^3} = 875 [\text{A}]$$

したがって，F 点の短絡電流 $I_s'[\text{A}]$ は，

$$I_s' = \frac{100}{\%Z'} \times I_n' = \frac{100}{14.57} \times 875$$
$$= 6\,005 [\text{A}]$$

となって，解答の I_s と同じ値になることがわかる。

理論
電力
機械
法規

令和
5
(2023)
上期

令和
5
(2023)
下期

選抜
90
問

選抜
85
問

選抜
90
問

選抜
65
問

問 47　出題分野＜送電＞

　図は，三相 3 線式変電設備を単線図で表したものである。

　現在，この変電設備は，a 点から 3 800 kV・A，遅れ力率 0.9 の負荷 A と，b 点から 2 000 kW，遅れ力率 0.85 の負荷 B に電力を供給している。b 点の線間電圧の測定値が 22 000 V であるとき，次の（a）及び（b）の問に答えよ。

　なお，f 点と a 点の間は 400 m，a 点と b 点の間は 800 m で，電線 1 条当たりの抵抗とリアクタンスは 1 km 当たり 0.24 Ω と 0.18 Ω とする。また，負荷は平衡三相負荷とする。

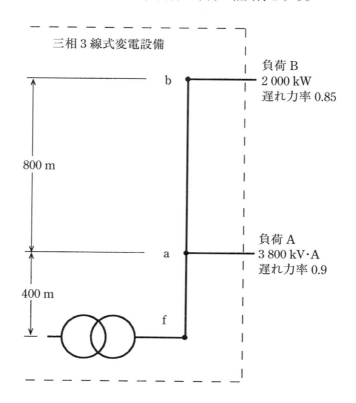

（a）　負荷 A と負荷 B で消費される無効電力の合計値[kvar]として，最も近いものを次の（1）〜（5）のうちから一つ選べ。

（1）　2 710　　　（2）　2 900　　　（3）　3 080　　　（4）　4 880　　　（5）　5 120

（b）　f-b 間の線間電圧の電圧降下 V_{fb} の値[V]として，最も近いものを次の（1）〜（5）のうちから一つ選べ。

　　ただし，送電端電圧と受電端電圧との相差角が小さいとして得られる近似式を用いて解答すること。

（1）　23　　　（2）　33　　　（3）　59　　　（4）　81　　　（5）　101

理論 電力 機械 法規

令和 **5** (2023) 上期

令和 **5** (2023) 下期

選抜 **90** 問

選抜 **85** 問

選抜 **90** 問

選抜 **65** 問

問 47 （a）の解答　出題項目＜電圧降下＞　　答え （2）

負荷 A の皮相電力を $K_A[\mathrm{kV \cdot A}]$，負荷 B の有効電力を $P_B[\mathrm{kW}]$，各負荷の力率を $\cos\theta_A$，$\cos\theta_B$ とすると，各負荷の無効電力 Q_A および Q_B は，

$$Q_A = K_A \sin\theta_A = K_A\sqrt{1-\cos^2\theta_A}$$
$$= 3\,800 \times \sqrt{1-0.90^2} \fallingdotseq 1\,656[\mathrm{kvar}]$$

$$Q_B = P_B\frac{\sin\theta_B}{\cos\theta_B} = P_B\frac{\sqrt{1-\cos^2\theta_B}}{\cos\theta_B}$$
$$= 2\,000 \times \frac{\sqrt{1-0.85^2}}{0.85} \fallingdotseq 1\,239[\mathrm{kvar}]$$

負荷 A と B で消費される無効電力の合計値は，

$$Q_A + Q_B = 1\,656 + 1\,239 = 2\,895[\mathrm{kvar}]$$
$$\rightarrow\quad 2\,900\ \mathrm{kvar}$$

問 47 （b）の解答　出題項目＜電圧降下＞　　答え （3）

① a–b 間の電圧降下

b 点の線間電圧を V_b とすると，負荷 B の電流 I_B つまり，a–b 間に流れる電流 I_{ab} は，

$$I_{ab} = I_B = \frac{P_B}{\sqrt{3}\,V_b\cos\theta_B}$$

電線 1 条当たりの a–b 間のインピーダンス $r_{ab}+\mathrm{j}x_{ab}$ は，

$$r_{ab}+\mathrm{j}x_{ab} = (0.24+\mathrm{j}0.18)\times 0.8$$
$$= 0.192+\mathrm{j}0.144[\Omega]$$

a–b 間の電圧降下 v_{ab} は，

$$v_{ab} = \sqrt{3}\,I_{ab}(r_{ab}\cos\theta_B + x_{ab}\sin\theta_B)$$
$$= \sqrt{3}\,\frac{P_B}{\sqrt{3}\,V_b\cos\theta_B}(r_{ab}\cos\theta_B + x_{ab}\sqrt{1-\cos^2\theta_B})$$
$$= \frac{P_B}{V_b}\left(r_{ab} + x_{ab}\frac{\sqrt{1-\cos^2\theta_B}}{\cos\theta_B}\right)$$
$$= \frac{2\,000\times 10^3}{22\,000}\times\left(0.192 + 0.144\times\frac{\sqrt{1-0.85^2}}{0.85}\right)$$
$$\fallingdotseq 25.57[\mathrm{V}]$$

② 負荷 A による f–a 間の電圧降下

a 点の線間電圧 V_a は，

$$V_a = V_b + v_{ab} = 22\,000 + 25.57 = 22\,025.57[\mathrm{V}]$$

負荷 A の電流 I_A は，

$$I_A = \frac{K_A}{\sqrt{3}\,V_a}$$

電線 1 条当たりの f–a 間のインピーダンス $r_{fa}+\mathrm{j}x_{fa}$ は，

$$r_{fa}+\mathrm{j}x_{fa} = (0.24+\mathrm{j}0.18)\times 0.4$$
$$= 0.096+\mathrm{j}0.072[\Omega]$$

負荷 A による f–a 間の電圧降下 v_{faA} は，

$$v_{faA} = \sqrt{3}\,I_A(r_{fa}\cos\theta_A + x_{fa}\sin\theta_A)$$
$$= \sqrt{3}\,\frac{K_A}{\sqrt{3}\,V_a}(r_{fa}\cos\theta_A + x_{fa}\sqrt{1-\cos^2\theta_A})$$
$$= \frac{K_A}{V_a}(r_{fa}\cos\theta_A + x_{fa}\sqrt{1-\cos^2\theta_A})$$
$$= \frac{3\,800\times 10^3}{22\,025.57}\times(0.096\times 0.9 + 0.072\times\sqrt{1-0.90^2})$$
$$\fallingdotseq 20.32[\mathrm{V}]$$

③ 負荷 B による f–b 間の電圧降下

電線 1 条当たりの f–b 間のインピーダンス $r_{fb}+\mathrm{j}x_{fb}$ は，

$$r_{fb}+\mathrm{j}x_{fb} = (r_{fa}+\mathrm{j}x_{fa}) + (r_{ab}+\mathrm{j}x_{ab})$$
$$= (0.096+\mathrm{j}0.072) + (0.192+\mathrm{j}0.144)$$
$$= 0.288+\mathrm{j}0.216[\Omega]$$

負荷 B による f–b 間の電圧降下 v_{fbB} は，

$$v_{fbB} = \sqrt{3}\,I_B(r_{fb}\cos\theta_B + x_{fb}\sin\theta_B)$$
$$= \sqrt{3}\,\frac{P_B}{\sqrt{3}\,V_b\cos\theta_B}(r_{fb}\cos\theta_B + x_{fb}\sqrt{1-\cos^2\theta_B})$$
$$= \frac{P_B}{V_b}\left(r_{fb} + x_{fb}\frac{\sqrt{1-\cos^2\theta_B}}{\cos\theta_B}\right)$$
$$= \frac{2\,000\times 10^3}{22\,000}\times\left(0.288 + 0.216\times\frac{\sqrt{1-0.85^2}}{0.85}\right)$$
$$\fallingdotseq 38.35[\mathrm{V}]$$

④ f–b 間の電圧降下 v_{fb}

$$v_{fb} = v_{faA} + v_{fbB} = 20.32 + 38.35$$
$$= 58.67[\mathrm{V}]\quad\rightarrow\quad 59\ \mathrm{V}$$

次の文章は，架空送電に関する記述である。

鉄塔などの支持物に電線を固定する場合，電線と支持物は絶縁する必要がある。その絶縁体として代表的なものに懸垂がいしがあり，　(ア)　に応じて連結数が決定される。

送電線への雷の直撃を避けるために設置される　(イ)　を架空地線という。架空地線に直撃雷があった場合，鉄塔から電線への逆フラッシオーバを起こすことがある。これを防止するために，鉄塔の　(ウ)　を小さくする対策がとられている。

発電所や変電所などの架空電線の引込口や引出口には避雷器が設置される。避雷器に用いられる酸化亜鉛素子は　(エ)　抵抗特性を有し，雷サージなどの異常電圧から機器を保護する。

上記の記述中の空白箇所(ア)，(イ)，(ウ)及び(エ)に当てはまる組合せとして，正しいものを次の(1)～(5)のうちから一つ選べ。

	(ア)	(イ)	(ウ)	(エ)
(1)	送電電圧	裸電線	接地抵抗	非線形
(2)	送電電圧	裸電線	設置間隔	線形
(3)	許容電流	絶縁電線	設置間隔	線形
(4)	許容電流	絶縁電線	接地抵抗	非線形
(5)	送電電圧	絶縁電線	接地抵抗	非線形

理論 電力 機械 法規

令和5(2023)上期

令和5(2023)下期

選抜90問

選抜85問

選抜90問

選抜65問

問 48 の解答　　出題項目＜雷害対策＞　　　　　　答え　（1）

電線と支持物を絶縁する絶縁体として代表的なものに，懸垂がいしがある。懸垂がいしの一連の個数は，1線地絡電流や開閉サージなどにより，発生する内部異常電圧に対して十分耐えるようにし，**送電電圧**に応じて連結数が定まるが，おおむね公称電圧20kV当たり1個になる。連結した個々のがいしが同時に不良となることが少ないので，信頼度が高く，最も多く使用されている。

架空地線は，送電線の上部に設けられた接地された金属線のことで，雷の架空電線への直撃雷を防止することを目的に，架空電線を遮へいするために設置される。亜鉛メッキ鋼より線やアルミ被鋼線などの**裸電線**を用いる。鉄塔から電線への逆フラッシオーバを防止するためには，鉄塔から埋設地線により多くの接地極を接続し，**接地抵抗**を小さくするようにしている。

発電所や変電所などの架空電線の引込口や引出口には避雷器が設置される。避雷器には，炭化けい素（SiC）素子や酸化亜鉛（ZnO）素子などが用いられる。このうちZnO素子は，**図48-1**（c）に示すように，微小電流から大電流サージ領域まで**非線形**（非直線）抵抗特性を有しており，その特性が優れているためサージ処理能力も高く，さらに，平常の運転電圧ではμAオーダの電流しか流れず，実質的に絶縁物となるので直列ギャップが不要となる。

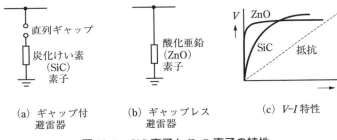

図48-1　SiC素子とZnO素子の特性

問 49　出題分野＜送電＞　　　　　　　　　　　平成30年度 問9

次の文章は，架空送電線の多導体方式に関する記述である。

送電線において，1相に複数の電線を　(ア)　を用いて適度な間隔に配置したものを多導体と呼び，主に超高圧以上の送電線に用いられる。多導体を用いることで，電線表面の電位の傾きが　(イ)　なるので，コロナ開始電圧が　(ウ)　なり，送電線のコロナ損失，雑音障害を抑制することができる。

多導体は合計断面積が等しい単導体と比較すると，表皮効果が　(エ)　。また，送電線の　(オ)　が減少するため，送電容量が増加し系統安定度の向上につながる。

上記の記述中の空白箇所(ア)，(イ)，(ウ)，(エ)及び(オ)に当てはまる組合せとして，正しいものを次の(1)～(5)のうちから一つ選べ。

	(ア)	(イ)	(ウ)	(エ)	(オ)
(1)	スペーサ	大きく	低く	大きい	インダクタンス
(2)	スペーサ	小さく	高く	小さい	静電容量
(3)	シールドリング	大きく	高く	大きい	インダクタンス
(4)	スペーサ	小さく	高く	小さい	インダクタンス
(5)	シールドリング	小さく	低く	大きい	静電容量

517

理論 電力 機械 法規

令和 **5** (2023) 上期

令和 **5** (2023) 下期

選抜 **90** 問

選抜 **85** 問

選抜 **90** 問

選抜 **65** 問

問 49 の解答　出題項目＜架空送電線＞　　　　　　答え　（4）

多導体は**図 49-1** のように，送電線で 1 相に 2 本以上の電線を適度な間隔に配置したものである。通常は，2〜6 本の導体を数十 m ごとに設けられた**スペーサ**で 30〜50 cm 程度の間隔で並列に配置する。主に，超高圧以上の送電線に多く用いられており，特に，1 相が 2 本で構成された電線は複導体と呼んでいる。

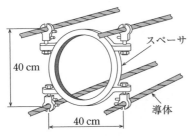

図 49-1　多導体の例（4 導体）

多導体は同一断面積の単導体に比べて等価半径が大きくなるので，次のような利点がある。

①　電線表面の電位傾度が**小さく**なるので，コロナ開始電圧が**高く**なり，コロナ損失，雑音障害を抑制できる（同一太さの電線でのコロナ開始電圧は，単導体に比べ複導体で約 1.1 倍，4 導体で約 1.3 倍となる）。

②　単導体と合計断面積が等しい多導体は，表皮効果が**小さい**ので，電流容量が多くとれ，送電容量が増加する。

③　**インダクタンス**が小さくなるので，系統安定度が向上する。

補足　多導体方式は非常にメリットの大きい方式で，超高圧送電線のほとんどに採用されているが，次のような欠点もある。

①　スペーサの取付けなど込み入った構造となるため機械的挙動が複雑となり，風圧や氷雪荷重が増加する。

②　架線金具および電線付属品など鉄塔部材が大きくなり，建設費が増加する。

③　静電容量が増加するので，軽負荷時に受電電圧が過大になるおそれがある。

次の文章は，架空送電線路に関する記述である。

架空送電線路の線路定数には，抵抗，作用インダクタンス，作用静電容量， (ア) コンダクタンスがある。線路定数のうち，抵抗値は，表皮効果により (イ) のほうが増加する。また，作用インダクタンスと作用静電容量は，線間距離 D と電線半径 r の比 D/r に影響される。D/r の値が大きくなれば，作用静電容量の値は (ウ) なる。

作用静電容量を無視できない中距離送電線路では，作用静電容量によるアドミタンスを1か所又は2か所にまとめる (エ) 定数回路が近似計算に用いられる。このとき，送電端側と受電端側の2か所にアドミタンスをまとめる回路を (オ) 形回路という。

上記の記述中の空白箇所(ア)～(オ)に当てはまる組合せとして，正しいものを次の(1)～(5)のうちから一つ選べ。

	(ア)	(イ)	(ウ)	(エ)	(オ)
(1)	漏れ	交流	小さく	集中	π
(2)	漏れ	交流	大きく	集中	π
(3)	伝達	直流	小さく	集中	T
(4)	漏れ	直流	大きく	分布	T
(5)	伝達	直流	小さく	分布	π

問50の解答　　出題項目＜架空送電線，π形等価回路＞　　　　　　答え　（1）

架空送電線路の線路定数には，抵抗，作用インダクタンス，作用静電容量，<u>漏れ</u>コンダクタンスの四つがある。

導体抵抗は，その材料，長さ，断面積によって決まるが，温度が高くなれば若干大きくなる。また，電線に交流を流すと，電線の中心部より外側（表皮）に多く流れる表皮効果により，<u>交流</u>のほうが抵抗は大きくなる。なお，表皮効果は電線が太いほど，周波数が高いほど大きくなる。

三相線路の線間距離を D [m]，電線半径を r [m]とすると，作用インダクタンス L と作用静電容量 C は次式で表される。

$$L \fallingdotseq 0.05 + 0.4605 \log_{10} \frac{D}{r} \text{ [mH/km]}$$

$$C \fallingdotseq \frac{0.02413}{\log_{10} \dfrac{D}{r}} \text{ [μF/km]}$$

これらの式から，D/r の値が大きくなれば作用インダクタンスの値は大きくなり，作用静電容量の値は<u>小さく</u>なることがわかる。

送電線路の電力，電圧，電流などは，等価回路を使用して計算を行うが，線路こう長によって線路定数の取扱いが異なる（①〜③参照）。

①　こう長が数10 km 程度の短距離送電線路では，線路定数のうち，作用静電容量と漏れコンダクタンスを無視し，抵抗と作用インダクタンスが1か所に集中している回路（集中定数回路）で表す。

②　こう長が100 km 程度の中距離送電線路では，線路定数のうち，抵抗，作用インダクタンス，作用静電容量が1か所に集中している回路（<u>集中</u>定数回路）で表す。その場合，作用静電容量が線路の中央に集中している回路（T 形回路）と作用静電容量が両側に集中している回路（<u>π</u> 形回路）の二つがある。

③　こう長が数100 km の長距離送電線路では，線路定数のうち，抵抗，作用インダクタンス，作用静電容量，漏れコンダクタンスが送電端から受電端まで一様に分布している回路（分布定数回路）で表す。

理論　電力　機械　法規　令和5(2023)上期　令和5(2023)下期　選抜90問　選抜85問　選抜90問　選抜65問

次の文章は，架空送電線の振動に関する記述である。

架空送電線が電線と直角方向に毎秒数メートル程度の風を受けると，電線の後方に渦を生じて電線が上下に振動することがある。これを微風振動といい，　(ア)　電線で，径間が　(イ)　ほど，また，張力が　(ウ)　ほど発生しやすい。

多導体の架空送電線において，風速が数〜20 m/s で発生し，10 m/s を超えると激しくなる振動を　(エ)　振動という。

また，その他の架空送電線の振動には，送電線に氷雪が付着した状態で強い風を受けたときに発生する　(オ)　や，送電線に付着した氷雪が落下したときにその反動で電線が跳ね上がる現象などがある。

上記の記述中の空白箇所(ア)〜(オ)に当てはまる組合せとして，正しいものを次の(1)〜(5)のうちから一つ選べ。

	(ア)	(イ)	(ウ)	(エ)	(オ)
(1)	重い	長い	小さい	サブスパン	ギャロッピング
(2)	軽い	長い	大きい	サブスパン	ギャロッピング
(3)	重い	短い	小さい	コロナ	ギャロッピング
(4)	軽い	短い	大きい	サブスパン	スリートジャンプ
(5)	重い	長い	大きい	コロナ	スリートジャンプ

問 51 の解答　　出題項目＜電線の振動＞　　　　　答え　(2)

架空送電線には風や雪などの影響で振動が生じて，短絡事故や電線の損傷・破断等に至る場合がある。振動の種類には次のようなものがある。

① **微風振動**　電線に対して直角に比較的緩やかな風が当たると，電線の背後にカルマン渦が生じて，電線が上下に振動する。これが電線の固有振動数と等しくなると，電線が共振して定常的な振動が発生する現象である。

微風振動には次のような特徴がある。

・直径に対して重量の**軽い**電線に起こりやすい。

・支持物間の径間が**長い**ほど，電線の張力が**大きい**ほど起こりやすい。

・早朝や日没などで，周囲に山や林のない平たん地で起こりやすい。

② **サブスパン振動**　多導体の送電線のスペーサ間隔のことをサブスパンという。ここに風速 10 m/s 以上の風が吹いて電線背後にカルマン渦が発生し，電線が振動する現象である。

③ **ギャロッピング**　電線に氷雪が付着して，その断面が非対称になり，これに強い水平風が当たると浮遊力(揚力)が発生し，電線が振動する現象である。微風振動とは異なり，比較的周波数が低く，振幅が大きい。

④ **スリートジャンプ**　電線に氷雪が付着し，それが脱落する反動で電線が振動する現象である。振幅が大きく，短絡のリスクが高い。

⑤ **コロナ振動**　降雨時や霧が出ているときに発生しやすい。電線から水滴が離れる際，コロナ放電により電線に反発力が生じて，電線が振動する現象である。

解 説

電線の振動対策には次のようなものがある。

・ダンパを設置し，振動エネルギーを吸収する。

・電線にアーマロッドを巻き付け，振動の吸収と電線の補強を行う。

・多導体にスペーサを設置し，電線同士の接触を防止する。

・難着雪リングを取り付け，電線の撚りに沿って移動してきた雪をリング部で落下させることによって，氷雪の付着と成長を防止する。

理論 電力 機械 法規

令和 5 (2023) 上期

令和 5 (2023) 下期

選抜 90 問

選抜 85 問

選抜 90 問

選抜 65 問

次の文章は，誘導障害に関する記述である。

架空送電線路と通信線路とが長距離にわたって接近交差していると，通信線路に対して電圧が誘導され，通信設備やその取扱者に危害を及ぼすなどの障害が生じる場合がある。この障害を誘導障害といい，次の2種類がある。

① 架空送電線路の電圧によって，架空送電線路と通信線路間の ___(ア)___ を介して通信線路に誘導電圧を発生させる ___(イ)___ 障害。

② 架空送電線路の電流によって，架空送電線路と通信線路間の ___(ウ)___ を介して通信線路に誘導電圧を発生させる ___(エ)___ 障害。

架空送電線路が十分にねん架されていれば，通常は，架空送電線路の電圧や電流によって通信線路に現れる誘導電圧はほぼ0Vとなるが，架空送電線路で地絡事故が発生すると，電圧及び電流は不平衡になり，通信線路に誘導電圧が生じ，誘導障害が生じる場合がある。例えば，一線地絡事故に伴う ___(エ)___ 障害の場合，電源周波数を f，地絡電流の大きさを I，単位長さ当たりの架空送電線路と通信線路間の ___(ウ)___ を M，架空送電線路と通信線路との並行区間長を L としたときに，通信線路に生じる誘導電圧の大きさは ___(オ)___ で与えられる。誘導障害対策に当たっては，この誘導電圧の大きさを考慮して検討の要否を考える必要がある。

上記の記述中の空白箇所(ア)，(イ)，(ウ)，(エ)及び(オ)に当てはまる組合せとして，正しいものを次の(1)～(5)のうちから一つ選べ。

	(ア)	(イ)	(ウ)	(エ)	(オ)
(1)	キャパシタンス	静電誘導	相互インダクタンス	電磁誘導	$2\pi fMLI$
(2)	キャパシタンス	静電誘導	相互インダクタンス	電磁誘導	$\pi fMLI$
(3)	キャパシタンス	電磁誘導	相互インダクタンス	静電誘導	$\pi fMLI$
(4)	相互インダクタンス	電磁誘導	キャパシタンス	静電誘導	$2\pi fMLI$
(5)	相互インダクタンス	静電誘導	キャパシタンス	電磁誘導	$2\pi fMLI$

問52の解答　　出題項目＜誘導障害＞

誘導障害は，主として電力線に接近した通信線に対して静電的，電磁的に有害な誘導電圧を発生し，人命や機器に障害を与えたり，雑音などの通信障害を起こしたりすることをいい，静電誘導障害と電磁誘導障害に大別される。

① 静電誘導障害

静電誘導は，電線線と通信線間の相互相静電容量によって生じるもので，静電的にアンバランスがあると，**キャパシタンス**を介して架空送電線路の電圧によって通信線に誘導電圧を発生させ，平常時でも限度を超えると障害が発生する。

② 電磁誘導障害

電磁誘導は，**図52-1**に示すように，架空送電線と通信線間の**相互インダクタンス**によって生じるもので，送電線に電流が流れると通信線に電圧が誘起される。電磁誘導電圧 $\dot{E}$ は次式で表される。

$$\dot{E} = -j\omega ML(\dot{I}_a + \dot{I}_b + \dot{I}_c)$$
$$= -j\omega ML \cdot 3I_0 = -\omega MLI$$
$$= -2\pi fMLI \ [\text{V}]$$

M：架空送電線路と通信線路間の**相互インダクタンス** $[\text{H/m}]$，L：架空送電線路と通信線路との並行区間長 $[\text{m}]$，I：地絡電流 $= 3I_0 = 3 \times$ 零相電流 $[\text{A}]$，ω：角周波数 $[\text{rad/s}]$，f：周波数 $[\text{Hz}]$

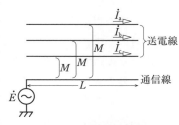

図52-1　電磁誘導障害

電磁誘導障害は，常時は各相の電力線に流れる電流がほぼ平衡しているためその影響は小さいが，送電線に1線地絡事故が発生すると大きな零相電流 I_0 が流れて通信線に電磁誘導が発生し，問題になることが多い。

理論
電力
機械
法規

令和5（2023）上期

令和5（2023）下期

選抜90問

選抜85問

選抜90問

選抜65問

問 53　出題分野＜送電，配電＞

架空送配電線路の誘導障害に関する記述として，誤っているものを次の(1)～(5)のうちから一つ選べ。

(1)　誘導障害には，静電誘導障害と電磁誘導障害とがある。前者は電力線と通信線や作業者などとの間の静電容量を介しての結合に起因し，後者は主として電力線側の電流経路と通信線や他の構造物との間の相互インダクタンスを介しての結合に起因する。

(2)　平常時の三相 3 線式送配電線路では，ねん架が十分に行われ，かつ，各電力線と通信線路や作業者などとの距離がほぼ等しければ，誘導障害はほとんど問題にならない。しかし，電力線のねん架が十分でも，一線地絡故障を生じた場合には，通信線や作業者などに静電誘導電圧や電磁誘導電圧が生じて障害の原因となることがある。

(3)　電力系統の中性点接地抵抗を高くすること及び故障電流を迅速に遮断することは，ともに電磁誘導障害防止策として有効な方策である。

(4)　電力線と通信線の間に導電率の大きい地線を布設することは，電磁誘導障害対策として有効であるが，静電誘導障害に対してはその効果を期待することはできない。

(5)　通信線の同軸ケーブル化や光ファイバ化は，静電誘導障害に対しても電磁誘導障害に対しても有効な対策である。

525

理論
電力
機械
法規

令和5(2023)上期
令和5(2023)下期
選抜90問
選抜85問
選抜90問
選抜65問

問53の解答 出題項目＜誘導障害，中性点接地方式＞ 答え （4）

（1）正。電力線と通信線が接近して施設されている場合，電力線の電圧や電流により通信線が影響を受けることを誘導障害といい，静電誘導障害と電磁誘導障害とがある。前者は電力線と通信線や作業者などとの間の静電容量を介しての結合に，後者は電力線と通信線や他の構造物との間の相互インダクタンスを介しての結合に起因する。

（2）正。図53-2 に示すように，電線路の全区間を3等分し，各区間で電線の位置を入れ替えることをねん架という。三相架空送配電線路が十分ねん架されていれば，各線のインダクタンスおよび静電容量はそれぞれ等しくなって電気的不平衡はなくなり，変圧器中性点に現れる残留電圧を減少させ，付近の通信線に対する電磁的および静電的な誘導障害を軽減させることができる。しかし，電力線のねん架が十分でも，1線地絡故障時

には，通信線や作業者などに静電誘導電圧や電磁誘導電圧が生じて障害の原因となることがある。

（3）正。電力系統の中性点接地抵抗を高くすることにより1線地絡電流を抑制でき，また，故障電流を迅速に遮断することは，ともに電磁誘導障害防止対策として有効な方策である。

（4）誤。電力線と通信線との間に導電率の大きい遮へい線を設置することは，**静電誘導障害と電磁誘導障害の両方の防止対策として効果が期待できる。**

（5）正。通信線に金属被覆ケーブルや光ファイバケーブルを使用し，金属被覆に接地工事を施すことは，静電誘導障害防止対策に有効であり，通信線にアルミ被誘導遮へいケーブルや光ファイバケーブルを使用し，通信線に避雷器を設置することは電磁誘導障害防止対策に有効である。

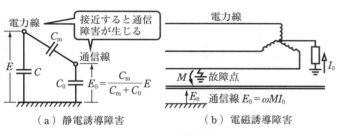

図53-1 誘導障害

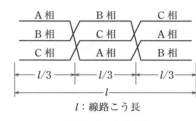

図53-2 ねん架

問 54　出題分野＜配電＞　　平成 22 年度 問 8

　一般に，三相送配電線に接続される変圧器は Δ−Y 又は Y−Δ 結線されることが多く，Y 結線の中性点は接地インピーダンス Z_n で接地される。この接地インピーダンス Z_n の大きさや種類によって種々の接地方式がある。中性点の接地方式に関する記述として，誤っているのは次のうちどれか。

（1）　中性点接地の主な目的は，1 線地絡などの故障に起因する異常電圧（過電圧）の発生を抑制したり，地絡電流を抑制して故障の拡大や被害の軽減を図ることである。中性点接地インピーダンスの選定には，故障点のアーク消弧作用，地絡リレーの確実な動作などを勘案する必要がある。

（2）　非接地方式（$Z_n \to \infty$）では，1 線地絡時の健全相電圧上昇倍率は大きいが，地絡電流の抑制効果が大きいのがその特徴である。わが国では，一般の需要家に供給する 6.6 kV 配電系統においてこの方式が広く採用されている。

（3）　直接接地方式（$Z_n \to 0$）では，故障時の異常電圧（過電圧）倍率が小さいため，わが国では，187 kV 以上の超高圧系統に広く採用されている。一方，この方式は接地が簡単なため，わが国の 77 kV 以下の下位系統でもしばしば採用されている。

（4）　消弧リアクトル接地方式は，送電線の対地静電容量と並列共振するように設定されたリアクトルで接地する方式で，1 線地絡時の故障電流はほとんど零に抑制される。このため，遮断器によらなくても地絡故障が自然消滅する。しかし，調整が煩雑なため近年この方式の新たな採用は多くない。

（5）　抵抗接地方式（$Z_n =$ ある適切な抵抗値 $R[\Omega]$）は，わが国では主として 154 kV 以下の送電系統に採用されており，中性点抵抗により地絡電流を抑制して，地絡時の通信線への誘導電圧抑制に大きな効果がある。しかし，地絡リレーの検出機能が低下するため，何らかの対応策を必要とする場合もある。

問 54 の解答　出題項目＜中性点接地方式＞　　答え　(3)

（1）　正。中性点接地の主な目的は，①雷などにより生じる1線地絡などの故障に起因する異常電圧（過電圧）の発生を抑制する，②地絡電流を抑制して故障の拡大や被害の軽減を図る，などである。このことから，中性点接地インピーダンスはなるべく低くし，地絡事故時に中性点を流れる電流が大きいことが望ましいが，地絡電流が大きくなると，付近の通信線に対して電磁誘導障害を与えるなどの悪影響がある。つまり，故障点のアーク消弧作用，地絡リレーの確実な動作などを勘案して選定する必要がある。

（2）　正。非接地方式は，他の中性点接地方式に比べて地絡電流は抑制することができるが，線路の静電容量により充電電流が流れるため，1線地絡時における健全相の対地電圧は正常時の$\sqrt{3}$倍に上昇する。わが国では，6.6 kV 配電系統で広く採用されている。

（3）　誤。直接接地方式は，地絡電流が流れても中性点の電位上昇はなく，健全相の電位はほとんど上昇しないため，187 kV 以上の超高圧送電線路で広く採用されている。しかし，地絡事故時に中性点を流れる電流が大きくなり，付近の通信線に対して電磁誘導障害を与えるおそれがあることから，**77 kV 以下の低い系統には用いられない。**

（4）　正。消弧リアクトル接地方式は，送電線の対地静電容量と並列共振するように設定されたリアクトルで，1線地絡時の故障電流をほとんど零に抑制し，アークを自然消滅させ，送電を継続させる。

（5）　正。抵抗接地方式は，抵抗を通じて中性点を接地する方式で，中性点抵抗により地絡電流を抑制して，通信線への誘導電圧抑制に効果がある。しかし，地絡リレーの検出機能が低下するため，対応策を必要とする場合もある。

理論
電力
機械
法規

令和5（2023）上期
令和5（2023）下期

選抜90問
選抜85問
選抜90問
選抜65問

問 55　出題分野＜送電＞　　　　　　　　　　　　　　平成21年度 問9

電力系統における直流送電について交流送電と比較した次の記述のうち，誤っているのはどれか。

（1）　直流送電線の送・受電端でそれぞれ交流-直流電力変換装置が必要であるが，交流送電のような安定度問題がないため，長距離・大容量送電に有利な場合が多い。

（2）　直流部分では交流のような無効電力の問題はなく，また，誘電体損がないので電力損失が少ない。そのため，海底ケーブルなど長距離の電力ケーブルの使用に向いている。

（3）　系統の短絡容量を増加させないで交流系統間の連系が可能であり，また，異周波数系統間連系も可能である。

（4）　直流電流では電流零点がないため，大電流の遮断が難しい。また，絶縁については，公称電圧値が同じであれば，一般に交流電圧より大きな絶縁距離が必要となる場合が多い。

（5）　交流-直流電力変換装置から発生する高調波・高周波による障害への対策が必要である。また，漏れ電流による地中埋設物の電食対策も必要である。

問 55 の解答　　出題項目＜直流送電＞　　　　　　　　　　　答え　（4）

（1）正。直流送電の送・受電端で交直変換装置や無効電力供給設備が必要であるが，交流送電のように安定度の問題がなく，長距離・大容量送電に適している。

（2）正。直流部分では無効電流による損失がなく，ケーブルでは誘電損がないので電力損失が少ない。また，充電電流がなく，フェランチ効果がないため，海底ケーブルなどの長距離の電力ケーブルの使用に適している。

（3）正。直流連系しても短絡容量が増加しないため交流系統間の連系が可能であり，周波数の異なる交流系統の連系も可能である。

（4）誤。直流電流は電流零点がないため高電圧・大電流の遮断が難しい。一方，直流系統の絶縁は，交流系統に比べて電圧の最大値と実効値が等しく，**絶縁強度の低減が可能**であるので絶縁設計上有利である。

（5）正。交直変換装置から高調波・高周波が発生するので，フィルタを設置する等の高調波障害対策が必要である。また，漏れ電流による地中埋設物の電食対策も必要である。

解説

交流の場合，最大電圧は公称電圧の$\sqrt{2}$倍なので，公称電圧が同じでも，最大電圧は交流の方が$\sqrt{2}$倍大きな値となる。絶縁対策は最大電圧に対して行うため，交流電圧の方が大きな絶縁距離を必要とする。

直流送電の主な利点は，以下のとおりである。

① 直流送電は，交流のリアクタンス分がないため，交流送電における発電機の同期化力に起因する安定度の問題がない。

② 長距離送電線や海底ケーブルなど大きな静電容量をもつ線路に交流送電する場合，大きな充電電流が流れる。直流送電する場合，線路に電圧が印加されれば，その後，充電電流は流れない。

③ 周波数に無関係であるため，異なった周波数の連系（非同期連系）が容易である。

④ 直流送電は，有効電力は供給するが無効電力の伝達はしないので，系統の短絡容量を増大することなく電力系統を連系することができる。

⑤ プラスとマイナスの2導体で送電できるほか，帰路用として大地を利用する大地帰路方式を採用すれば1導体ですみ，さらに経済的である。

問 56　　出題分野＜送電，配電＞　　　　　　　　　　　平成23年度 問7

次の文章は，送配電線路での過電圧に関する記述である。

送配電系統の運転中には，様々な原因で，公称電圧ごとに定められている最高電圧を超える異常電圧が現れる。このような異常電圧は過電圧と呼ばれる。

過電圧は，その発生原因により，外部過電圧と内部過電圧に大別される。

外部過電圧は主に自然雷に起因し，直撃雷，誘導雷，逆フラッシオーバに伴う過電圧などがある。このうち一般の配電線路で発生頻度が最も多いのは　(ア)　に伴う過電圧である。

内部過電圧の代表的なものとしては，遮断器や断路器の動作に伴って発生する　(イ)　過電圧や，　(ウ)　時の健全相に現れる過電圧，さらにはフェランチ現象による過電圧などがある。

また，過電圧の波形的特徴から，外部過電圧や，内部過電圧のうちの　(イ)　過電圧は　(エ)　過電圧，　(ウ)　やフェランチ現象に伴うものなどは　(オ)　過電圧と分類されることもある。

上記の記述中の空白箇所(ア)，(イ)，(ウ)，(エ)及び(オ)に当てはまる組合せとして，正しいものを次の(1)～(5)のうちから一つ選べ。

	(ア)	(イ)	(ウ)	(エ)	(オ)
(1)	誘導雷	開閉	一線地絡	サージ性	短時間交流
(2)	直撃雷	アーク間欠地絡	一線地絡	サージ性	短時間交流
(3)	直撃雷	開閉	三相短絡	短時間交流	サージ性
(4)	誘導雷	アーク間欠地絡	混触	短時間交流	サージ性
(5)	逆フラッシオーバ	開閉	混触	短時間交流	サージ性

問 57　　出題分野＜送電＞　　　　　　　　　　　　　令和4年度下期 問9

交流三相3線式1回線の送電線路があり，受電端に遅れ力率角 θ[rad]の負荷が接続されている。送電端の線間電圧を V_s[V]，受電端の線間電圧を V_r[V]，その間の相差角は δ[rad]である。

受電端の負荷に供給されている三相有効電力[W]を表す式として，正しいものを次の(1)～(5)のうちから一つ選べ。

ただし，送電端と受電端の間における電線1線当たりの誘導性リアクタンスは X[Ω]とし，線路の抵抗，静電容量は無視するものとする。

(1)　$\dfrac{V_s V_r}{X} \sin \delta$　　　(2)　$\dfrac{\sqrt{3}\, V_s V_r}{X} \cos \theta$　　　(3)　$\dfrac{\sqrt{3}\, V_s V_r}{X} \sin \delta$

(4)　$\dfrac{V_s V_r}{X} \cos \delta$　　　(5)　$\dfrac{V_s V_r}{X \sin \delta} \cos \theta$

問 56 の解答　出題項目＜過電圧＞

答え（1）

過電圧には，電力系統外部から侵入してくる外部過電圧と，電力系統内部に起因する内部過電圧とがある。外部過電圧は主に自然雷に起因し，直撃雷，誘導雷，逆フラッシオーバによるものがあり，配電線路では，**誘導雷**に伴う過電圧の発生頻度が最も多い。内部過電圧は，遮断器や断路器の開閉操作によって発生する過渡的な過電圧である**開閉過電圧**，**一線地絡事故時**の健全相に現れる過電圧，軽負荷時のフェランチ現象による過電圧，間欠アーク地絡による過電圧などがある。

また，過電圧の波形的特徴から，外部過電圧や，内部過電圧のうちの**開閉過電圧**は**サージ性過電圧**，**一線地絡事故時**やフェランチ現象による過電圧は**短時間交流過電圧**に分類される。

解 説

鉄塔頂部または架空地線に落雷した場合，鉄塔の接地抵抗と雷電流との積に起因する鉄塔の電圧上昇が起こり，架空地線と電線間またはがいし装置のアークホーン間でフラッシオーバを生じ，電力線に雷電圧が侵入することがあり，これを逆フラッシオーバという。

非接地系の送電線路でアーク地絡が生じたとき，アークが消弧と再点弧を交互に繰り返し異常電圧を発生することがあり，これを間欠アーク地絡による過電圧という。

問 57 の解答　出題項目＜送電電力＞

答え（1）

三相 3 線式送電線の送電端の相電圧を $\dot{E}_s[\mathrm{V}]$，受電端の相電圧を $\dot{E}_r[\mathrm{V}]$，線電流を $\dot{I}[\mathrm{A}]$，線路のリアクタンスを $X[\Omega]$，負荷の力率を $\cos\theta$ とすると，送電線路の 1 相当たりの等価回路は**図57-1**，そのベクトル図は**図57-2**のように表される。

図 57-1　送電線路の等価回路

負荷に供給される三相有効電力 $P[\mathrm{W}]$ は，次式で表される。

$$P = 3 E_r I \cos\theta = 3\left(\frac{V_r}{\sqrt{3}}\right) I \cos\theta$$

$$= \sqrt{3}\, V_r I \cos\theta$$

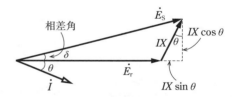

図 57-2　ベクトル図

また，ベクトル図から次式が成り立つ。

$$I X \cos\theta = E_s \sin\delta$$

これより，

$$I \cos\theta = \frac{E_s \sin\delta}{X} = \frac{\dfrac{V_s}{\sqrt{3}} \sin\delta}{X}$$

$$= \frac{V_s \sin\delta}{\sqrt{3}\, X}$$

これを三相有効電力を表す式に代入すると，

$$P = \sqrt{3}\, V_r I \cos\theta = \sqrt{3}\, V_r \cdot \frac{V_s \sin\delta}{\sqrt{3}\, X}$$

$$= \frac{V_s V_r}{X} \sin\delta$$

電線 1 線の抵抗が 6 Ω，誘導性リアクタンスが 4 Ω である三相 3 線式送電線について，次の（ a ）及び（ b ）の問に答えよ。

（ a ）　受電端電圧を 60 kV，送電線での電圧降下率を受電端電圧基準で 10 ％ に保つものとする。この受電端に，力率 80 ％（遅れ）の負荷を接続する。この場合，受電可能な三相皮相電力の値 [MV·A] として，最も近いものを次の（ 1 ）～（ 5 ）のうちから一つ選べ。

　　（ 1 ）　28.9　　　（ 2 ）　42.9　　　（ 3 ）　50.0　　　（ 4 ）　60.5　　　（ 5 ）　86.6

（ b ）　受電端に接続する負荷の条件を，遅れ力率 60 ％，三相皮相電力 65 MV·A に変更することになった。この場合でも，受電端電圧を 60 kV，送電線での電圧降下率を受電端電圧基準で 10 ％ に保ちたい。受電端に設置された調相設備から系統に供給すべき無効電力の値 [Mvar] として，最も近いものを次の（ 1 ）～（ 5 ）のうちから一つ選べ。

　　（ 1 ）　12.0　　　（ 2 ）　20.5　　　（ 3 ）　27.0　　　（ 4 ）　31.5　　　（ 5 ）　47.1

問 58（ a ）の解答　　出題項目＜送電電力＞　　　　　　　　　　答え　（ 3 ）

　電圧降下率は，配線中に発生する電圧降下の，受電電圧に対する割合である。したがって，送電端電圧を V_s[V]，受電端電圧を V_r[V]，電圧降下を v[V] とすると，電圧降下率 ε は，

$$\varepsilon = \frac{V_s - V_r}{V_r} \times 100 = \frac{v}{V_r} \times 100\,[\%]$$

　本問では，電圧降下率 $\varepsilon = 10$[%]，受電端電圧 $V_r = 60$[kV] なので，この場合の電圧降下 v の値は，

$$v = \frac{\varepsilon}{100} V_r = \frac{10}{100} \times 60 \times 10^3 = 6\,000\,[\text{V}]$$

　ここで，配線 1 条の抵抗を R[Ω]，リアクタンスを X[Ω]，電流を I[A]，負荷力率を $\cos\theta$ とすると，三相 3 線式送電線の電圧降下 v[V] は次式

で表される。

$$v = \sqrt{3}\,I(R\cos\theta + X\sin\theta)$$

　この式を変形し，各数値を代入すると，

$$I = \frac{v}{\sqrt{3}(R\cos\theta + X\sin\theta)}$$
$$= \frac{6\,000}{\sqrt{3}(6 \times 0.8 + 4 \times 0.6)} = \frac{6\,000}{\sqrt{3} \times 7.2}$$
$$\fallingdotseq 481\,[\text{A}]$$

　したがって，三相皮相電力 S の値は，

$$S = \sqrt{3}\,V_r I = \sqrt{3} \times 60 \times 10^3 \times 481$$
$$\fallingdotseq 50.0 \times 10^6\,[\text{V·A}] \;\rightarrow\; 50.0\,\text{MV·A}$$

補足　$\cos\theta$ から $\sin\theta$ を求めるには，次式を利用する。

$$\sin\theta = \sqrt{1 - \cos^2\theta}\quad(\because\ \sin^2\theta + \cos^2\theta = 1)$$

理論 電力 機械 法規

令和5(2023)上期

令和5(2023)下期

選抜90問

選抜85問

選抜90問

選抜65問

問58（b）の解答　出題項目＜送電電力＞　　　答え　（2）

変更された負荷の条件は，遅れ力率 60 %，三相皮相電力 $S=65$[MV·A]なので，三相有効電力 P および三相無効電力 Q の値は，

$$P=S\cos\theta=65\times0.6=39[\text{MW}]$$

$$Q=S\sin\theta=65\times0.8=52[\text{Mvar}]$$

また，三相有効電力 P は，

$$P=\sqrt{3}\,V_{\text{r}}I\cos\theta$$

よって，電流 I は，

$$I=\frac{P}{\sqrt{3}\,V_{\text{r}}\cos\theta}$$

これを，三相3線式送電線の電圧降下の式に代入すると，

$$v=\sqrt{3}I(R\cos\theta+X\sin\theta)$$

$$=\sqrt{3}\left(\frac{P}{\sqrt{3}\,V_{\text{r}}\cos\theta}\right)(R\cos\theta+X\sin\theta)$$

$$=\left(\frac{P}{V_{\text{r}}\cos\theta}\right)(R\cos\theta+X\sin\theta)$$

$$=\frac{PR}{V_{\text{r}}}+\frac{PX\sin\theta}{V_{\text{r}}\cos\theta}=\frac{PR}{V_{\text{r}}}+\frac{PX}{V_{\text{r}}}\tan\theta$$

この式から $\tan\theta$ を求めると，

$$\frac{PX}{V_{\text{r}}}\tan\theta=v-\frac{PR}{V_{\text{r}}}$$

$$\therefore\ \tan\theta=\frac{vV_{\text{r}}}{PX}-\frac{R}{X}$$

電圧降下率 ε を 10 % に保つので，電圧降下は小問（a）と同じく 6 000 V である。よって，この場合の $\tan\theta'$ は，この式に各数値を代入して，

$$\tan\theta'=\frac{6\,000\times60\times10^{3}}{39\times10^{6}\times4}-\frac{6}{4}\fallingdotseq0.8077$$

このときの無効電力 Q' は，

$$Q'=P\tan\theta'=39\times0.8077\fallingdotseq31.5[\text{Mvar}]$$

これより，受電端に設置された調相設備から系統に供給すべき無効電力 Q_{C} の値は，

$$Q_{\text{C}}=Q-Q'=52-31.5=20.5[\text{Mvar}]$$

これらの関係を電力ベクトル図に表すと，図58-1 のようになる。

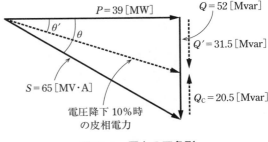

図 58-1　電力の三角形

【別 解】 電圧降下 v は次式で表される。

$$v=\frac{PR}{V_{\text{r}}}+\frac{PX}{V_{\text{r}}}\tan\theta=\frac{PR+QX}{V_{\text{r}}}$$

ここで，電圧降下を $v'=6$[kV]に抑えるために無効電力 $Q=52$[Mvar]を Q' にする必要がある。

$$Q'=\frac{v'V_{\text{r}}-PR}{X}=\frac{6\times60-39\times6}{4}$$

$$=31.5[\text{Mvar}]$$

したがって，Q' にするために調相設備に供給すべき無効電力 Q_{C} の値は，

$$Q_{\text{C}}=Q-Q'=52-31.5=20.5[\text{Mvar}]$$

問 59 出題分野＜送電＞

図のように，抵抗を無視できる一回線短距離送電線路のリアクタンスと送電電力について，次の（a）及び（b）の問に答えよ。ただし，一相分のリアクタンス $X=11\,\Omega$，受電端電圧 V_r は $66\,\mathrm{kV}$ で常に一定とする。

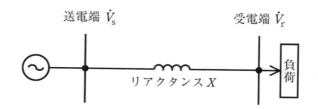

（a） 基準容量を $100\,\mathrm{MV\cdot A}$，基準電圧を受電端電圧 V_r としたときの送電線路のリアクタンスをパーセント法で示した値[%]として，最も近いものを次の（1）～（5）のうちから一つ選べ。

 （1） 0.4   （2） 2.5   （3） 25   （4） 40   （5） 400

（b） 送電電圧 V_s を $66\,\mathrm{kV}$，相差角（送電端電圧 $\dot{V}_s$ と受電端電圧 $\dot{V}_r$ の位相差）δ を $30°$ としたとき，送電電力 P_s の値[MW]として，最も近いものを次の（1）～（5）のうちから一つ選べ。

 （1） 22   （2） 40   （3） 198   （4） 343   （5） 3 960

問59（a）の解答　　出題項目＜百分率インピーダンス＞　　　　　　答え　（3）

基準容量を $P[\text{MV·A}]$，基準電圧（線間電圧）を $V[\text{kV}]$ としたとき，あるインピーダンス $Z[\Omega]$ をパーセント法で表した値 $\%Z[\%]$ は，

$$\%Z = \frac{ZP}{V^2} \times 100[\%] \qquad ①$$

の式で表される。したがって，リアクタンス $X[\Omega]$ をパーセント法で表した値 $\%X[\%]$ は，$V=66[\text{kV}]$，$P=100[\text{MV·A}]$，$X=11[\Omega]$ を ① 式に代入して，

$$\%X = \frac{XP}{V^2} \times 100 = \frac{11 \times 100}{66^2} \times 100$$

$$\fallingdotseq 25[\%]$$

インピーダンス $Z[\Omega]$ をパーセント法で表した値 $\%Z[\%]$ のことをパーセント（百分率）インピーダンスという。**図59-1** に示すような1相分の回路を考えるとき，定格電圧（相電圧）を $E[\text{V}]$，インピーダンスを $Z[\Omega]$，定格電流を $I[\text{A}]$ とすると，パーセントインピーダンス $\%Z[\%]$ は，

$$\%Z = \frac{ZI}{E} \times 100[\%] \qquad ②$$

というように，定格電圧に対する，そのインピーダンスにおける電圧降下の比で定義される。

ここで，定格電圧（線間電圧）を $V[\text{V}]$ とすると，線間電圧 V と相電圧 E の間には $V=\sqrt{3}E$ という関係が成り立つ。したがって，②式の右辺の分母と分子にともに $\sqrt{3}V$ を乗じると，

$$\%Z = \frac{Z \cdot \sqrt{3}\,VI}{\sqrt{3}\,EV} \times 100 = \frac{ZP}{V^2} \times 100[\%]$$

と変形できて，①式と確かに一致することがわかる。ここで，$P=\sqrt{3}\,VI$ は定格容量 $[\text{kV·A}]$ である。

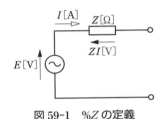

図59-1　$\%Z$ の定義

理論
電力
機械
法規

令和 **5** (2023) 上期

令和 **5** (2023) 下期

選抜 **90** 問

選抜 **85** 問

選抜 **90** 問

選抜 **65** 問

問59（b）の解答　　出題項目＜送電電力＞　　　　　　答え　（3）

送電端電圧を $V_s[\text{kV}]$，受電端電圧を $V_r[\text{kV}]$，相差角を $\delta[°]$，1相分のリアクタンスを $X[\Omega]$ としたとき，送電電力 $P_s[\text{MW}]$ は，

$$P_s = \frac{V_s V_r}{X} \sin\delta[\text{MW}] \qquad ③$$

したがって，求める送電電力 $P_s[\text{MW}]$ は，③式に $V_s=V_r=66[\text{kV}]$，$\delta=30[°]$，$X=11[\Omega]$ を代入して，

$$P_s = \frac{V_s V_r}{X} \sin\delta = \frac{66^2}{11} \times \frac{1}{2} = 198[\text{MW}]$$

解説 ·····················

送電電力 $P_s = \dfrac{V_s V_r}{X} \sin\delta$ の式を導出する。

負荷に流れる電流を $I[\text{A}]$，負荷の力率を $\cos\theta$，送電端と受電端の相電圧をそれぞれ E_s，E_r とすると，送電電力 $P_s[\text{MW}]$ は，

$$P_s = 3E_r I \cos\theta \qquad ④$$

ここで，**図59-2** に示すベクトル図より，次の関係が成り立つ。

$$E_s \sin\delta = XI \cos\theta$$

$$\therefore\ I = \frac{E_s \sin\delta}{X \cos\theta}$$

この I を④式に代入すると，

$$P_s = 3E_r \cos\theta \cdot \frac{E_s \sin\delta}{X \cos\theta} = \frac{3E_s E_r}{X} \sin\delta$$

$$= \frac{V_s V_r}{X} \sin\delta$$

となり，③式と一致する。

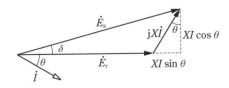

図59-2　ベクトル図

問 60 　出題分野＜送電＞ 　　　　　　　　　平成 25 年度 問 17

　図に示すように，定格電圧 66 kV の電源から送電線と三相変圧器を介して，二次側に遮断器が接続された系統を考える。三相変圧器の電気的特性は，定格容量 20 MV・A，一次側線間電圧 66 kV，二次側線間電圧 6.6 kV，自己容量基準での百分率リアクタンス 15.0 % である。一方，送電線から電源側をみた電気的特性は，基準容量 100 MV・A の百分率インピーダンスが 5.0 % である。このとき，次の（a）及び（b）の問に答えよ。

　ただし，百分率インピーダンスの抵抗分は無視するものとする。

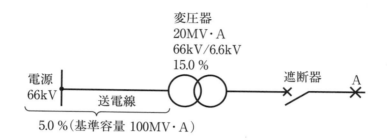

（a）　基準容量を 10 MV・A としたとき，変圧器の二次側から電源側をみた百分率リアクタンス[%]の値として，正しいものを次の（1）～（5）のうちから一つ選べ。

　（1）　2.0　　　（2）　8.0　　　（3）　12.5　　　（4）　15.5　　　（5）　20.0

（b）　図の A で三相短絡事故が発生したとき，事故電流[kA]の値として，最も近いものを次の（1）～（5）のうちから一つ選べ。ただし，変圧器の二次側から A までのインピーダンス及び負荷は，無視するものとする。

　（1）　4.4　　　（2）　6.0　　　（3）　7.0　　　（4）　11　　　（5）　44

問60（a）の解答　出題項目＜百分率インピーダンス＞　　　答え　（2）

百分率インピーダンスの基準容量がばらばらなので，基準容量を $P_B = 10[\mathrm{MV \cdot A}]$ に統一する。

送電線から電源側をみた百分率インピーダンス $\%Z_1 = 5.0[\%]$ を，$P_1 = 100[\mathrm{MV \cdot A}]$ 容量から基準容量 $P_B = 10[\mathrm{MV \cdot A}]$ へ換算した値 $\%Z_1'$ は，

$$\%Z_1' = \%Z_1 \frac{P_B}{P_1} = 5.0 \times \frac{10}{100} = 0.5[\%]$$

同様に，三相変圧器の百分率インピーダンス $\%Z_T = 15.0[\%]$ を，$P_T = 20[\mathrm{MV \cdot A}]$ 容量から基準容量 $P_B = 10[\mathrm{MV \cdot A}]$ へ換算した値 $\%Z_T'$ は，

$$\%Z_T' = \%Z_T \frac{P_B}{P_T} = 15.0 \times \frac{10}{20} = 7.5[\%]$$

したがって，**図60-1**に示すように，変圧器の二次側から電源側をみた百分率インピーダンス $\%Z$ は，

$$\%Z = \%Z_T' + \%Z_1' = 7.5 + 0.5 = 8.0[\%]$$

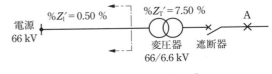

図60-1　百分率インピーダンス

問60（b）の解答　出題項目＜短絡・地絡＞　　　答え　（4）

基準電流を $I_B[\mathrm{A}]$，事故点 A の定格線間電圧を $V_B[\mathrm{V}]$ とすると，基準容量 P_b は次式で表されるから，

$$P_B = \sqrt{3}\, V_B I_B[\mathrm{V \cdot A}]$$

基準電流 I_B は次のように求められる。

$$I_B = \frac{P_B}{\sqrt{3}\, V_B}[\mathrm{A}]$$

したがって，三相短絡電流 I_s は，

$$I_s = \frac{100}{\%Z} I_B = \frac{100}{\%Z} \frac{P_B}{\sqrt{3}\, V_B} = \frac{100}{8.00} \times \frac{10 \times 10^6}{\sqrt{3} \times 6.6 \times 10^3}$$

$$\fallingdotseq 10.93 \times 10^3[\mathrm{A}] = 10.93[\mathrm{kA}]$$

$$\rightarrow \quad 11\ \mathrm{kA}$$

解説 ▶▶▶▶▶▶▶▶▶▶

短絡電流や短絡容量の計算には通常，回路のインピーダンスをオーム[Ω]で表して解くオーム法と，百分率インピーダンス[%]で表して解く百分率インピーダンス法（百分率法）とがあり，後者で解く方が簡単である。

百分率インピーダンス（パーセントインピーダンスともいう）$\%Z$ は，基準インピーダンス Z_B[Ω]に対して当該インピーダンス Z[Ω]が何%に相当するかを示す量で，次式で表される。

$$\%Z = \frac{Z}{Z_B} \times 100[\%]$$

また，基準電流（定格電流）を $I_B[\mathrm{A}]$，基準相電圧を $E_B[\mathrm{V}]$，基準線間電圧（定格電圧）を $V_B[\mathrm{V}]$ とすると，基準インピーダンス Z_B と $\%Z$ は，

$$Z_B = \frac{E_B}{I_B} = \frac{V_B}{\sqrt{3}\, I_B}[\Omega] \quad (\because\ V_B = \sqrt{3}\, E_B)$$

$$\%Z = \frac{Z}{Z_B} \times 100 = \frac{Z}{\frac{E_B}{I_B}} \times 100 = \frac{I_B Z}{E_B} \times 100[\%]$$

$$= \frac{Z}{\frac{V_B}{\sqrt{3}\, I_B}} \times 100 = \frac{\sqrt{3}\, I_B Z}{V_B} \times 100[\%]$$

さらに，基準容量 P_B は次式で表されるため，

$$P_B = 3E_B I_B = \sqrt{3}\, V_B I_B[\mathrm{V \cdot A}]$$

$$\therefore\ I_B = \frac{P_B}{3E_B} = \frac{P_B}{\sqrt{3}\, V_B}[\mathrm{A}]$$

$\%Z$ は次のように求められる。

$$\%Z = \frac{I_B Z}{E_B} \times 100 = \frac{\frac{P_B}{3E_B} Z}{E_B} \times 100 = \frac{P_B Z}{3E_B^2} \times 100$$

$$= \frac{\sqrt{3}\, I_B Z}{V_B} \times 100 = \frac{\sqrt{3} \frac{P_B}{\sqrt{3}\, V_B} Z}{V_B} \times 100$$

$$= \frac{P_B Z}{V_B^2} \times 100[\%]$$

通常，百分率インピーダンスを問題として扱う場合は，系統の基準容量 P_B と基準線間電圧 V_B が与えられることが多いため，基準インピーダンス Z_B を P_B と V_B で表すと，

$$Z_B = \frac{E_B}{I_B} = \frac{3E_B E_B}{3E_B I_B} = \frac{(\sqrt{3}\, E_B)^2}{P_B} = \frac{V_B^2}{P_B}[\Omega]$$

問 61 　出題分野＜送電＞ 　　　　　　　　　　令和 3 年度 問 16

　支持点の高さが同じで径間距離 150 m の架空電線路がある。電線の質量による荷重が 20 N/m，線膨張係数は 1 ℃につき 0.000 018 である。電線の導体温度が −10 ℃のとき，たるみは 3.5 m であった。次の（a）及び（b）の問に答えよ。ただし，張力による電線の伸縮はないものとし，その他の条件は無視するものとする。

（a）　電線の導体温度が 35 ℃のとき，電線の支持点間の実長の値[m]として，最も近いものを次の（1）〜（5）のうちから一つ選べ。

　　（1）　150.18　　　（2）　150.23　　　（3）　150.29　　　（4）　150.34　　　（5）　151.43

（b）　（a）と同じ条件のとき，電線の支持点間の最低点における水平張力の値[N]として，最も近いものを次の（1）〜（5）のうちから一つ選べ。

　　（1）　6 272　　　（2）　12 863　　　（3）　13 927　　　（4）　15 638　　　（5）　17 678

539

理論 電力 機械 法規

令和5(2023)上期

令和5(2023)下期

選抜90問

選抜85問

選抜90問

選抜65問

問61（a）の解答　出題項目＜たるみ・張力＞　　答え（4）

図61-1のように，電線の描く曲線をカテナリー曲線という。この曲線において，電線の支持点の高さが等しい場合，電線のたるみD[m]，実長L[m]は，次の①式，②式で表される。

$$D=\frac{WS^2}{8T} \qquad ①$$

$$L=S+\frac{8D^2}{3S} \qquad ②$$

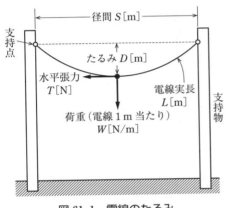

図61-1　電線のたるみ

また，温度が変化すると，電線は膨張または収縮して長さが変わる。この場合の温度と電線の実長の関係は，次の③式で表される。

$$L_2=L_1\{1+\alpha(t_2-t_1)\} \qquad ③$$

ただし，

L_2：温度t_2[℃]における電線の実長[m]

L_1：基準温度t_1[℃]における電線の実長[m]

α：電線の線膨張係数[℃$^{-1}$]

題意より，導体温度$t_1=-10$[℃]のときの電線のたるみ$D_1=3.5$[m]である。このときの電線の実長L_1は，②式と題意の数値（径間距離$S=150$[m]）から，

$$L_1=S+\frac{8D_1{}^2}{3S}=150+\frac{8\times3.5^2}{3\times150}≒150.218[\text{m}]$$

したがって，導体温度$t_2=35$[℃]のときの電線の実長L_2は，③式と題意（線膨張係数$\alpha=0.000\,018$）の数値から，

$$
\begin{aligned}
L_2&=L_1\{1+\alpha(t_2-t_1)\}\\
&=150.218\times[1+0.000\,018\{35-(-10)\}]\\
&=150.218\times(1+0.000\,81)\\
&≒150.34[\text{m}]
\end{aligned}
$$

問61（b）の解答　出題項目＜たるみ・張力＞　　答え（2）

導体温度$t_2=35$[℃]のときの電線のたるみD_2は，②式をD_2について解いた後，各数値（$S=150$[m]，$L_2=150.34$[m]）を代入して，

$$
\begin{aligned}
D_2&=\sqrt{\frac{3S(L_2-S)}{8}}\\
&=\sqrt{\frac{3\times150\times(150.34-150)}{8}}≒4.373[\text{m}]
\end{aligned}
$$

したがって，電線の水平張力T_2は，①式をT_2について解いた後，各数値（$W=20$[N/m]，$S=150$[m]，$D_2=4.373$[m]）を代入して，

$$T_2=\frac{WS^2}{8D_2}=\frac{20\times150^2}{8\times4.373}≒12\,863[\text{N}]$$

補足　ここで，導体温度$t_1=-10$[℃]のときの水平張力T_1を求めてみると，

$$T_1=\frac{WS^2}{8D_1}=\frac{20\times150^2}{8\times3.5}≒16\,071[\text{N}]$$

各導体温度における水平張力とたるみを表にまとめると，次のようになる。

導体温度	−10℃	35℃
たるみ	3.5 m	4.373 m
水平張力	16071N	12863N

上表から，以下のようなことがわかる。

・高温時にはたるみが大きくなり，低温時には小さくなる。

・たるみが小さいと電線張力が大きくなるので，電線や支持物の強度を大きくしなければならない。

・たるみが大きいと電線の地上高を確保するため，支持物の高さを高くしなければならない。

　こう長 25 km の三相 3 線式 2 回線送電線路に，受電端電圧が 22 kV，遅れ力率 0.9 の三相平衡負荷 5 000 kW が接続されている。次の（a）及び（b）の問に答えよ。ただし，送電線は 2 回線運用しており，与えられた条件以外は無視するものとする。

（a）　送電線 1 線当たりの電流の値[A]として，最も近いものを次の（1）～（5）のうちから一つ選べ。ただし，送電線は単導体方式とする。

　　（1）　42.1　　　（2）　65.6　　　（3）　72.9　　　（4）　126.3　　　（5）　145.8

（b）　送電損失を三相平衡負荷に対し 5 % 以下にするための送電線 1 線の最小断面積の値[mm²]として，最も近いものを次の（1）～（5）のうちから一つ選べ。ただし，使用電線は，断面積 1 mm²，長さ 1 m 当たりの抵抗を $\frac{1}{35}$ Ω とする。

　　（1）　31　　　（2）　46　　　（3）　74　　　（4）　92　　　（5）　183

問62（a）の解答　出題項目＜並行2回線＞　　　答え（3）

図62-1のように，送電線2回線で5000kWの負荷に電力を供給しているので，1回線当たりは2500kWを分担することになる。

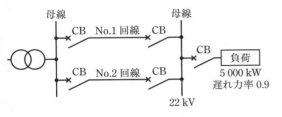

図62-1　平行2回線送電線

三相回路の線間電圧をV[kV]，負荷電力をP[kW]，力率を$\cos\theta$とすると，線電流I[A]は次式で表される。

$$I = \frac{P}{\sqrt{3} \times V \times \cos\theta}$$

この式に各数値を代入すると，

$$I = \frac{2500}{\sqrt{3} \times 22 \times 0.9} \fallingdotseq 72.9\,[\text{A}]$$

送電線は単導体なので，送電線1線当たりの電流の値は，72.9 Aである。

問62（b）の解答　出題項目＜電線の最小断面積＞　　　答え（4）

送電損失が負荷の5％（上限）に対して，送電線の本数が2回線で6本なので，電線1本当たりの送電損失P_Lは，

$$P_L = \frac{5000 \times 0.05}{6} \fallingdotseq 41.67\,[\text{kW}]$$

ここで，この送電損失を発生させる電線の抵抗Rを求める。$P_L = I^2 R$なので，

$$R = \frac{P_L}{I^2} = \frac{41.67 \times 10^3}{72.9^2} \fallingdotseq 7.841\,[\Omega]$$

図62-2のように，電線の抵抗率をρ[Ω·mm²/m]，電線の長さをL[m]，電線の断面積をS[mm²]とすると，電線の抵抗R[Ω]は次式で表される。

$$R = \rho \frac{L}{S}$$

この式を変形して，断面積Sを求めると，

$$S = \rho\frac{L}{R} = \frac{1}{35} \times \frac{25 \times 10^3}{7.841} \fallingdotseq 91.1\,[\text{mm}^2]$$

したがって，答えは直近上位の92 mm²となる。

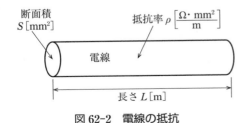

図62-2　電線の抵抗

解説 ⋯⋯⋯⋯⋯⋯⋯⋯⋯⋯⋯⋯⋯⋯⋯⋯⋯

送電線の損失には，以下のようなものがある。

① **抵抗損**　架空電線路で生じる電力損失の大部分は，導体の抵抗損である。抵抗損は，線路抵抗に比例，線路電流と負荷電力の2乗に比例，負荷電圧と負荷力率の2乗に反比例する。

② **コロナ損**　公称電圧77 kV以下の送電線では，通常の電線太さや線間距離ではコロナはほとんど発生しない。したがって，超高圧以上の送電線以外はこれを考慮しなくてもよい。

③ **その他の損失**　がいし漏れ損はがいし表面の漏れ電流に基づく損失で，特に著しく汚損された部分以外はきわめてわずかである。そのほか変電所内設備では，変圧器および調相設備の損失などがある。

地中電線路では，導体の抵抗損のほか，金属シースに発生するシース損（渦電流損，シース回路損）および絶縁体中の誘電損がある。

補足　この問題では，電線の抵抗が断面積1 mm²，長さ1 mで与えられているので，抵抗率ρの単位は[Ω·mm²/m]となる。電線の断面積の単位を[m²]とすると，抵抗率ρの単位は次のようになる。

$$\rho = \frac{RS}{L} \quad \Rightarrow \quad \frac{\Omega \times \text{m}^2}{\text{m}} = \Omega \cdot \text{m}$$

問 63 出題分野＜地中送電＞ 令和 3 年度 問 11

地中送電線路に使用される電力ケーブルの許容電流に関する記述として，誤っているものを次の（1）～（5）のうちから一つ選べ。

（1） 電力ケーブルの絶縁体やシースの熱抵抗，電力ケーブル周囲の熱抵抗といった各部の熱抵抗を小さくすることにより，ケーブル導体の発熱に対する導体温度上昇量を低減することができるため，許容電流を大きくすることができる。

（2） 表皮効果が大きいケーブル導体を採用することにより，導体表面側での電流を流れやすくして導体全体での電気抵抗を低減することができるため，許容電流を大きくすることができる。

（3） 誘電率，誘電正接の小さい絶縁体を採用することにより，絶縁体での発熱の影響を抑制することができるため，許容電流を大きくすることができる。

（4） 電気抵抗率の高い金属シース材を採用することにより，金属シースに流れる電流による発熱の影響を低減することができるため，許容電流を大きくすることができる。

（5） 電力ケーブルの布設条数（回線数）を少なくすることにより，電力ケーブル相互間の発熱の影響を低減することができるため，1 条当たりの許容電流を大きくすることができる。

理論 電力 機械 法規

令和5 (2023) 上期

令和5 (2023) 下期

選抜90問

選抜85問

選抜90問

選抜65問

問 63 の解答　　出題項目＜電力損失・許容電流＞　　　　　　答え（2）

（1）　正。ケーブルの**許容電流**は導体の**温度上昇**により決まる。発熱が小さく放熱が大きいほど温度上昇が小さくなるので，許容電流を大きくできる。

　ケーブルの構造を，**図 63-1** に示す。放熱は，ケーブルの絶縁体やシース，ケーブル周囲の物質を通して半径方向に行われる。したがって，これらの**熱抵抗**が小さいほど熱が放散しやすく，温度上昇は小さくなる。

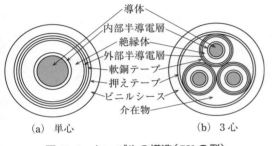

　　　（a）単心　　　　　　（b）3 心

図 63-1　ケーブルの構造（CV の例）

（2）　誤。**表皮効果**は，導体に交流電流を流したとき電流が導体内部を均等に流れず，表面付近に集中する現象である。これは，断面積が減ったのと同じことであり，導体の**実効抵抗が増す**ので**許容電流は小さくなる**。

（3）　正。絶縁体に交流電圧を加えたとき，絶縁体内で発生する損失が**誘電体損（誘電損）**である。誘電体損は，ケーブル絶縁体の**誘電率**と**誘電正接**との積に比例して大きくなる。

（4）　正。**シース損**は，ケーブルの金属シースで発生する損失である。シース損には，ケーブルの長手方向に金属シースを流れる電流によって発生する**シース回路損**と，金属シース内の渦電流によって発生する**渦電流損**とがある。

　シース回路損の低減には**クロスボンド接地方式**の採用，渦電流損の低減には**電気抵抗率の高い**金属シース材を使用するなどが行われる。

（5）　正。電力ケーブルの布設条数が多いと，周囲温度が上昇し放熱しにくくなる。すると，ケーブル温度が上昇し，許容電流は減少する。

問 64 出題分野＜地中送電＞

　我が国の電力ケーブルの布設方式に関する記述として，誤っているものを次の(1)～(5)のうちから一つ選べ。

(1)　直接埋設式には，掘削した地面の溝に，コンクリート製トラフなどの防護物を敷き並べて，防護物内に電力ケーブルを引き入れてから埋設する方式がある。

(2)　管路式には，あらかじめ管路及びマンホールを埋設しておき，電力ケーブルをマンホールから管路に引き入れ，マンホール内で電力ケーブルを接続して布設する方式がある。

(3)　暗きょ式には，地中に洞道を構築し，床上や棚上あるいはトラフ内に電力ケーブルを引き入れて布設する方式がある。電力，電話，ガス，上下水道などの地下埋設物を共同で収容するための共同溝に電力ケーブルを布設する方式も暗きょ式に含まれる。

(4)　直接埋設式は，管路式，暗きょ式と比較して，工事期間が短く，工事費が安い。そのため，将来的な電力ケーブルの増設を計画しやすく，ケーブル線路内での事故発生に対して復旧が容易である。

(5)　管路式，暗きょ式は，直接埋設式と比較して，電力ケーブル条数が多い場合に適している。一方，管路式では，電力ケーブルを多条数布設すると送電容量が著しく低下する場合があり，その場合には電力ケーブルの熱放散が良好な暗きょ式が採用される。

問64の解答 　出題項目＜布設方式＞ 　　　　　　　　　　　　　　　答え　（4）

（1）　正。直接埋設式には，**図64-1**（a）のように幅200〜350 mm程度の鉄筋コンクリート製トラフなどを布設し，その中にケーブルを収納する方式がある。低圧または高圧線路で車両その他の圧力を受けるおそれのない場所では，ケーブル上部を堅牢な板または樋（とい）で覆って布設することによりトラフを省略することもできる。

（2）　正。管路式は，図64-1（b）のように鉄筋コンクリート管，鋼管，合成樹脂管などの管を埋設し，所定の長さごとにマンホールを設けておいて，ケーブルはマンホールから引き入れて接続する方式である。

（3）　正。暗きょ式は，図64-1（c）のようにコンクリート造りの暗きょ（洞道）の中に，支持金具などでケーブルを布設する方式である。なお，共同溝は暗きょ式の一種で，電力，電話，ガス，上下水道などを共同の地下溝に布設するものである。

（4）　誤。直接埋設式は，管路式，暗きょ式に比べて工事期間が短く，工事費が安い。しかし，ケーブル布設の都度地面を掘削する必要があるので，**増設の見込みの少ない場所に採用される**。また，ケーブルが直接埋設されているので，**事故時の復旧作業には時間がかかる**。

（5）　正。直接埋設式は布設条数が少ないので，ケーブル条数が多い場合は管路式や暗きょ式が適している。しかし，管路式はケーブルを管路内に布設するので熱放散が悪く，ケーブル条数の増加に伴い許容電流の減少が大きい。その場合は，熱放散が良好な暗きょ式が採用される。

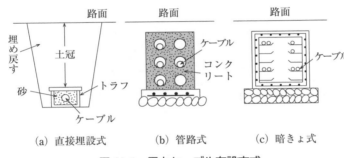

(a) 直接埋設式　　　(b) 管路式　　　(c) 暗きょ式

図64-1　電力ケーブル布設方式

理論
電力
機械
法規

令和
5
(2023)
上期

令和
5
(2023)
下期

選抜
90
問

選抜
85
問

選抜
90
問

選抜
65
問

問 65 出題分野＜地中送電＞

地中送電線路の故障点位置標定に関する記述として，誤っているものを次の（1）～（5）のうちから一つ選べ。

（1） 故障点位置標定は，地中送電線路で地絡事故や断線事故が発生した際に，事故点の位置を標定して地中送電線路を迅速に復旧させるために必要となる。

（2） パルスレーダ法は，健全相のケーブルと故障点でのサージインピーダンスの違いを利用して，故障相のケーブルの一端からパルス電圧を入力してから故障点でパルス電圧が反射して戻ってくるまでの時間を計測し，ケーブル中のパルス電圧の伝搬速度を用いて故障点を標定する方法である。

（3） 静電容量測定法は，ケーブルの静電容量と長さが比例することを利用し，健全相と故障相のそれぞれのケーブルの静電容量の測定結果とケーブルのこう長から故障点を標定する方法である。

（4） マーレーループ法は，並行する健全相と故障相の 2 本のケーブルに対して電気抵抗計測に使われるブリッジ回路を構成し，ブリッジ回路の平衡条件とケーブルのこう長から故障点を標定する方法である。

（5） 測定原理から，地絡事故にはパルスレーダ法とマーレーループ法が適用でき，断線事故には静電容量測定法とマーレーループ法が適用できる。

問 65 の解答　　出題項目＜故障点標定＞　　　　答え　（5）

（1）　正。地中送電線路でケーブル事故が発生した場合，迅速な復旧には速やかな**故障箇所の特定**（故障点位置標定）が必要になる。

（2）　正。パルスレーダ法は，**図 65-1** のように故障ケーブルにパルス電圧を印加し，故障点で反射してくる**パルスの伝搬時間**を計測して故障点までの距離を求める方法である。

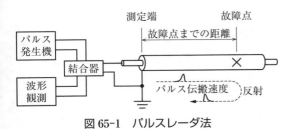

図 65-1　パルスレーダ法

（3）　正。静電容量測定法は，静電容量を測定して故障点を標定する方法である。**ケーブルの静電容量と長さは比例**するので，故障相の静電容量と健全相の静電容量を比較することで，故障点までの距離を求めることができる。

（4）　正。マーレーループ法は，**ホイートストンブリッジの原理**を利用して故障点を標定する方法である。

図 65-2 のように，並行する健全相と故障相の2 本のケーブルの一方の導体端部間にマーレーループ装置を接続し，他方の導体端部間を短絡してブリッジ回路を構成して，ブリッジ回路の平衡条件から故障点までの距離を求める。

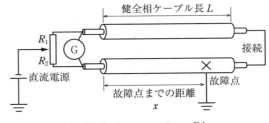

図 65-2　マーレーループ法

図 65-2 のように，装置の抵抗値を R_1，R_2[Ω]，ケーブル長を L[m]（単位長さ当たりの抵抗 r[Ω/m]）とすると，故障点までの距離 x[m]は，

$$R_1 \times rx = R_2 \times r(2L - x)$$

$$\therefore\ x = \frac{2R_2 L}{R_1 + R_2}$$

（5）　誤。測定原理から，マーレーループ法は地絡事故に，静電容量測定法は断線事故に，パルスレーダ法は地絡事故と断線事故の双方に適用できる。**マーレーループ法は，断線事故には適用できない。**

問 66　出題分野＜地中送電＞　　平成 23 年度 問 11

次の文章は，マーレーループ法に関する記述である。

マーレーループ法はケーブル線路の故障点位置を標定するための方法である。この基本原理は (ア) ブリッジに基づいている。図に示すように，ケーブル A の一箇所においてその導体と遮へい層の間に地絡故障を生じているとする。この場合に故障点の位置標定を行うためには，マーレーループ装置を接続する箇所の逆側端部において，絶縁破壊を起こしたケーブル A と，これに並行する絶縁破壊を起こしていないケーブル B の (イ) どうしを接続して，ブリッジの平衡条件を求める。ケーブル線路長を L，マーレーループ装置を接続した端部側から故障点までの距離を x，ブリッジの全目盛を 1 000，ブリッジが平衡したときのケーブル A に接続されたブリッジ端子までの目盛の読みを a としたときに，故障点までの距離 x は (ウ) で示される。

なお，この原理上，故障点の地絡抵抗が (エ) ことがよい位置標定精度を得るうえで必要である。

ただし，ケーブル A，B は同一仕様，かつ，同一長とし，また，マーレーループ装置とケーブルの接続線，及びケーブルどうしの接続線のインピーダンスは無視するものとする。

上記の記述中の空白箇所 (ア)，(イ)，(ウ) 及び (エ) に当てはまる組合せとして，正しいものを次の (1) ～ (5) のうちから一つ選べ。

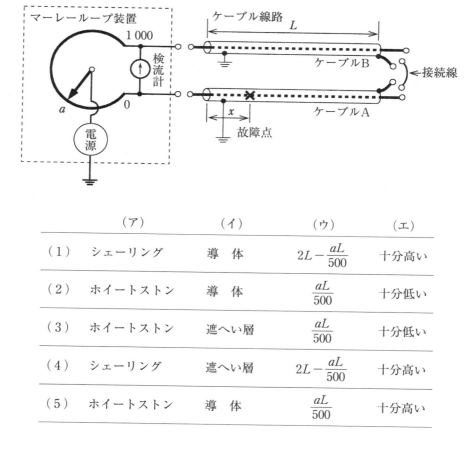

	(ア)	(イ)	(ウ)	(エ)
(1)	シェーリング	導　体	$2L - \dfrac{aL}{500}$	十分高い
(2)	ホイートストン	導　体	$\dfrac{aL}{500}$	十分低い
(3)	ホイートストン	遮へい層	$\dfrac{aL}{500}$	十分低い
(4)	シェーリング	遮へい層	$2L - \dfrac{aL}{500}$	十分高い
(5)	ホイートストン	導　体	$\dfrac{aL}{500}$	十分高い

問66の解答　出題項目＜故障点標定＞　　　答え　(2)

マーレーループ法は，ケーブル線路の故障点位置を標定するための方法で，**ホイートストンブリッジ**の原理を応用したものである。

マーレーループ装置を接続する箇所の逆側端部において，絶縁破壊を起こしたケーブル A と，これに並行する絶縁破壊を起こしていないケーブル B の**導体**どうしを接続して，ブリッジの平衡条件を求める。抵抗は距離（長さ）に比例するので，ケーブルの単位長さ当たりの線路抵抗を r [Ω/km]とすると，ブリッジの平衡条件より，

$$(1\,000-a)\cdot rx = a\cdot r(2L-x)$$

$$1\,000x - ax = 2aL - ax$$

$$\therefore\quad x = \frac{2aL}{1\,000} = \frac{aL}{500}$$

故障点の地絡抵抗 R_g は故障ケーブル A の線路抵抗に加算されるため，R_g が大きいと精度が悪

くなることから地絡抵抗は**十分低い**ことがよい位置測定精度を得るために必要である。

解説 ....

電力ケーブルの絶縁破壊による故障には，短絡故障，地絡故障および断線故障等があるが，約 9 割が地絡故障であり，中でも 1 線地絡故障が大部分を占める。

マーレーループ法で 1 線地絡したケーブルの故障点を特定する場合の等価回路は**図 66-1** のようになり，故障点を経由してホイートストンブリッジ回路が構成されるため，このブリッジ回路から故障点までの距離の測定が可能となる。

故障心線が断線していないことと，ケーブルの健全な心線があるか，あるいは健全な並行回線があることが適用条件である。

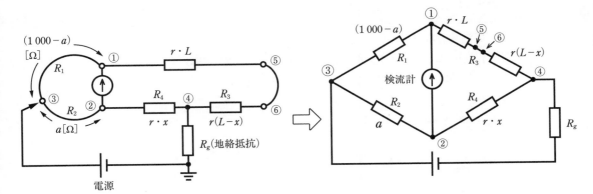

図 66-1　マーレーループ法の等価回路

問 67 出題分野＜地中送電＞ 平成 27 年度 問 10

電圧 66 kV，周波数 50 Hz，こう長 5 km の交流三相 3 線式地中電線路がある。ケーブルの心線 1 線当たりの静電容量が 0.43 µF/km，誘電正接が 0.03 % であるとき，このケーブル心線 3 線合計の誘電体損の値[W]として，最も近いものを次の（1）～（5）のうちから一つ選べ。

（1） 141　　　（2） 294　　　（3） 883　　　（4） 1 324　　　（5） 2 648

問 68 出題分野＜地中送電＞ 平成 24 年度 問 11

電圧 6.6 kV，周波数 50 Hz，こう長 1.5 km の交流三相 3 線式地中電線路がある。ケーブルの心線 1 線当たりの静電容量を 0.35 µF/km とするとき，このケーブルの心線 3 線を充電するために必要な容量[kV·A]の値として，最も近いものを次の（1）～（5）のうちから一つ選べ。

（1） 4.2　　　（2） 4.8　　　（3） 7.2　　　（4） 12　　　（5） 37

問 67 の解答　　出題項目＜電力損失・許容電流＞　　　　答え　（3）

ケーブルの絶縁体の等価回路とそのベクトル図を描くと，**図 67-1** のようになる。

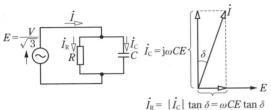

(a) 等価回路（1 相）　　　(b) ベクトル図

図 67-1　絶縁体の等価回路とベクトル図

相電圧を $E[\mathrm{V}]$，線間電圧を $V[\mathrm{V}]$，周波数を $f[\mathrm{Hz}]$，1 線当たりの静電容量を $C[\mathrm{F/m}]$，1 線当たりの抵抗を $R[\Omega/\mathrm{m}]$，ケーブルのこう長を $l[\mathrm{m}]$ とすると，3 線合計の誘電体損 W_d は，

$$W_\mathrm{d}=3EI_\mathrm{R}=\sqrt{3}\,VI_\mathrm{R}[\mathrm{W}] \qquad ①$$

誘電正接を $\tan\delta$ とすると，ベクトル図より，

$$I_\mathrm{R}=I_\mathrm{C}\tan\delta[\mathrm{A}] \qquad ②$$

①式に②式を代入すると，

$$W_\mathrm{d}=\sqrt{3}\,VI_\mathrm{C}\tan\delta[\mathrm{W}] \qquad ③$$

静電容量 C に流れる電流 I_C は，

$$I_\mathrm{C}=\omega ClE=2\pi fClE=2\pi fCl\frac{V}{\sqrt{3}} \qquad ④$$

と求められるから，③式に④式を代入すると，

$$W_\mathrm{d}=\sqrt{3}\,V\times 2\pi fCl\frac{V}{\sqrt{3}}\tan\delta$$
$$=2\pi fClV^2\tan\delta[\mathrm{W}]$$
$$=2\pi\times 50\times 0.43\times 10^{-6}\times 10^{-3}\times 5\times 10^{3}$$
$$\times(66\times 10^{3})^{2}\times 0.03\times 10^{-2}$$
$$\fallingdotseq 882.7[\mathrm{W}]\quad\rightarrow\quad 883\ \mathrm{W}$$

問 68 の解答　　出題項目＜静電容量＞　　　　答え　（3）

地中電線路を等価回路で表すと**図 68-1** のようになり，三相 3 線式地中電線路の充電電流 I_C は，1 相だけ取り出して考えると，次のように求めることができる。

ケーブル 1 線当たりの静電容量，つまり 1 相当たりの静電容量 C は，

$$C=0.35[\mu\mathrm{F/km}]\times 1.5[\mathrm{km}]=0.525[\mu\mathrm{F}]$$

ケーブルの線間電圧を $V[\mathrm{V}]$，周波数を $f[\mathrm{Hz}]$ とすると，三相 3 線式地中電線路の充電電流 I_C は，

$$I_\mathrm{C}=\frac{V/\sqrt{3}}{1/2\pi fC}=\frac{2\pi fCV}{\sqrt{3}}[\mathrm{A}]$$

したがって，無負荷充電容量 P_C は，

$$P_\mathrm{C}=\sqrt{3}\,VI_\mathrm{C}=\sqrt{3}\,V\frac{2\pi fCV}{\sqrt{3}}=2\pi fCV^2$$
$$=2\pi\times 50\times 0.525\times 10^{-6}\times(6.6\times 10^{3})^{2}$$
$$\fallingdotseq 7.2\times 10^{3}[\mathrm{var}]=7.2[\mathrm{kvar}]$$

Point 静電容量 C を有するケーブルに交流電圧を印加すると，静電容量 C のコンデンサを通して充電電流が流れる。つまり，充電電流とはコンデンサに流れる電流のことで，無負荷充電容量はコンデンサで消費される無効電力のことである。

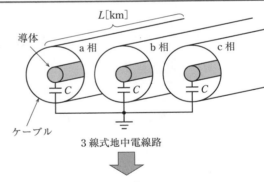
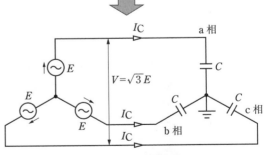

図 68-1　等価回路

図に示すように，対地静電容量 C_e[F]，線間静電容量 C_m[F] からなる定格電圧 E[V] の三相 1 回線の ケーブルがある。

今，受電端を開放した状態で，送電端で三つの心線を一括してこれと大地間に定格電圧 E[V] の $\dfrac{1}{\sqrt{3}}$ 倍の交流電圧を加えて充電すると全充電電流は 90 A であった。

次に，二つの心線の受電端・送電端を接地し，受電端を開放した残りの心線と大地間に定格電圧 E [V] の $\dfrac{1}{\sqrt{3}}$ 倍の交流電圧を送電端に加えて充電するとこの心線に流れる充電電流は 45 A であった。

次の（a）及び（b）の問に答えよ。

ただし，ケーブルの鉛被は接地されているとする。また，各心線の抵抗とインダクタンスは無視する ものとする。なお，定格電圧及び交流電圧の周波数は，一定の商用周波数とする。

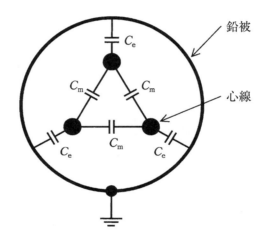

（a） 対地静電容量 C_e[F] と線間静電容量 C_m[F] の比 $\dfrac{C_e}{C_m}$ として，最も近いものを次の（1）～（5） のうちから一つ選べ。

（1） 0.5 　　（2） 1.0 　　（3） 1.5 　　（4） 2.0 　　（5） 4.0

（b） このケーブルの受電端を全て開放して定格の三相電圧を送電端に加えたときに 1 線に流れる充 電電流の値 [A] として，最も近いものを次の（1）～（5）のうちから一つ選べ。

（1） 52.5 　　（2） 75 　　（3） 105 　　（4） 120 　　（5） 135

553

理論
電力
機械
法規

令和5(2023)上期

令和5(2023)下期

選抜90問

選抜85問

選抜90問

選抜65問

問69（a）の解答　　出題項目＜静電容量＞　　　　　　　　　答え　（5）

図69-1 の等価回路に示すように，3 線一括したときの対地との静電容量 C_1 は，3 線の対地静電容量 C_e を並列接続したものになるから，

$$C_1 = 3C_e \qquad \therefore \ C_e = \frac{C_1}{3}$$

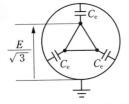

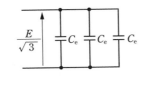

図69-1　3 線一括したときの対地との静電容量

次に，図69-2 の等価回路に示すように，2 線を接地したとき残りの 1 線と対地との静電容量 C_2 は，1 線の対地静電容量 C_e と，その 1 線と残りの 2 線とを並列接続にした線間静電容量 C_m をそれぞれ並列接続したものになるから，

$$C_2 = C_e + 2C_m$$

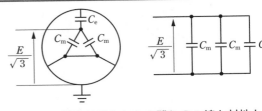

図69-2　2 線を接地したとき残りの 1 線と対地との静電容量

$$\therefore \ C_m = \frac{C_2 - C_e}{2} = \frac{C_2 - \dfrac{C_1}{3}}{2} = \frac{3C_2 - C_1}{6}$$

充電電流は静電容量に比例するため，対地静電容量 C_e と線間静電容量 C_m の比 C_e/C_m は，

$$\frac{C_e}{C_m} = \frac{\dfrac{C_1}{3}}{\dfrac{3C_2 - C_1}{6}} = \frac{2C_1}{3C_2 - C_1} = \frac{2 \times 90}{3 \times 45 - 90}$$

$$= 4$$

問69（b）の解答　　出題項目＜充電電流＞　　　　　　　　　答え　（1）

作用静電容量 C は，

$$C = C_e + 3C_m = C_e + 3 \times \frac{C_e}{4} = \frac{7}{4}C_e = \frac{7}{4} \times \frac{C_1}{3} = \frac{7}{12}C_1$$

送電端で 3 線一括してこれと大地間に定格電圧 E の $\dfrac{1}{\sqrt{3}}$ 倍の交流電圧を加えて充電したときの全充電電流 I_{c1} は，

$$I_{c1} = \omega(3C_e)\frac{E}{\sqrt{3}} = 90\,[\mathrm{A}]$$

$$\therefore \ \omega C_e \frac{E}{\sqrt{3}} = \frac{90}{3} = 30\,[\mathrm{A}]$$

したがって，ケーブルの受電端をすべて開放して定格の三相電圧を送電端に加えたときに 1 線に流れる充電電流 I_c は，

$$I_c = \omega C \frac{E}{\sqrt{3}} = \frac{7}{4}\omega C_e \frac{E}{\sqrt{3}} = \frac{7}{4} \times 30 = 52.5\,[\mathrm{A}]$$

解説

1 線の中性点に対する静電容量を作用静電容量という。図69-3 に示すように，導体と大地間の

図69-3　作用静電容量

静電容量（対地静電容量）を $C_e\,[\mathrm{F}]$，導体間の静電容量を $C_m\,[\mathrm{F}]$ とすると，作用静電容量 $C = C_e + 3C_m\,[\mathrm{F}]$ で表される。

周波数を $f\,[\mathrm{Hz}]$，線間電圧を $V\,[\mathrm{V}]$，作用静電容量を $C\,[\mathrm{F}]$ とすると，三相ケーブルの充電電流 I_c と充電容量 P_c は次式で表される。

$$I_c = \frac{\dfrac{V}{\sqrt{3}}}{\dfrac{1}{2\pi fC}} = \frac{2\pi fCV}{\sqrt{3}}\,[\mathrm{A}]$$

$$P_c = \sqrt{3}\,VI_c = \sqrt{3}\,V\frac{2\pi fCV}{\sqrt{3}} = 2\pi fCV^2\,[\mathrm{var}]$$

次の文章は，我が国の高低圧配電系統における保護について述べた文章である。

6.6 kV 高圧配電線路は，60 kV 以上の送電線路や送電用変圧器に比べ，電線路や変圧器の絶縁が容易であるため，故障時に健全相の電圧上昇が大きくなっても特に問題にならない。また，1 線地絡電流を ┌─(ア)─┐ するため ┌─(イ)─┐ 方式が採用されている。

一般に，多回線配電線路では地絡保護に地絡方向継電器が用いられる。これは，故障時に故障線路と健全線路における地絡電流が ┌─(ウ)─┐ となることを利用し，故障回線を選択するためである。

低圧配電線路で短絡故障が生じた際の保護装置として ┌─(エ)─┐ が挙げられるが，これは，通常，柱上変圧器の ┌─(オ)─┐ 側に取り付けられる。

上記の記述中の空白箇所(ア)，(イ)，(ウ)，(エ)及び(オ)に当てはまる組合せとして，正しいものを次の(1)～(5)のうちから一つ選べ。

	(ア)	(イ)	(ウ)	(エ)	(オ)
(1)	大きく	非接地	逆位相	高圧カットアウト	二次
(2)	大きく	接地	逆位相	ケッチヒューズ	一次
(3)	小さく	非接地	逆位相	高圧カットアウト	一次
(4)	小さく	接地	同位相	ケッチヒューズ	一次
(5)	小さく	非接地	同位相	高圧カットアウト	二次

理論 電力 機械 法規

令和5(2023)上期

令和5(2023)下期

選抜90問

選抜85問

選抜90問

選抜65問

問70の解答　　出題項目＜保護方式＞　　　　答え　（3）

　我が国の 6.6 kV 高圧配電線路は，60 kV 以上の送電線路や送電用変圧器に比べ，電線路や変圧器の絶縁が容易であるため，故障時の健全相の電圧上昇が大きくなっても特に問題にならない。また，1線地絡事故時の地絡電流が十数 A 程度と**小**さいため，主として通信線への電磁誘導障害の抑制と高低圧混触時における低圧回路の電位上昇の抑制を目的に中性点**非接地**方式が採用されている。

　多回線配電線路における1線地絡時の故障電流は，故障回線とほかの健全回線とではその方向が**反対(逆位相)**となるため，事故回線のみの選択が可能となる。

　多回線で引出す非接地方式高圧配電線における1線地絡故障時には，零相電圧および零相電流が発生する。この故障配電線を選択するため，零相電圧を検出する地絡過電圧継電器と，零相電流の大きさ・方向を検出する地絡方向継電器とが用いられている。この方式は，故障配電線では零相電流の方向が健全配電線と異なり，電源側から負荷側に流れることを利用し，故障配電線を選択している。

　低圧配電線で短絡故障が生じた際の保護装置としては**高圧カットアウト**が用いられ，これは柱上変圧器の**一次**側に取り付けられる。内蔵される高圧ヒューズには，変圧器の過負荷または内部短絡故障の際に，自動的に高圧配電線から変圧器を切り離す機能も持っている。

解説

　零相電圧は地絡時に電源変圧器の二次側の系統全体に発生するため，事故発生を検出できても事故箇所の判定はできない。

　高圧カットアウトは磁器製の容器の中にヒューズを内蔵したもので，柱上変圧器の一次側に施設してその開閉を行うほか，過負荷や短絡電流をヒューズの溶断で保護する。磁器製のふたにヒューズ筒を取り付け，ふたの開閉により電路の開閉ができる，最も広く用いられている箱形カットアウトと，磁器製の内筒内にヒューズ筒を収納して，その取付け・取外しにより電路の開閉ができる円筒形カットアウトがある。高圧ヒューズは，電動機の始動電流や雷サージによって溶断しないことが要求されるため，短時間過大電流に対して溶断しにくくした放出形(タイムラグ形)ヒューズが一般に使用される。

スポットネットワーク方式及び低圧ネットワーク方式(レギュラーネットワーク方式ともいう)の特徴に関する記述として，誤っているものを次の(1)～(5)のうちから一つ選べ。

(1) 一般的に複数回線の配電線により電力を供給するので，1 回線が停電しても電力供給を継続することができる配電方式である。

(2) 低圧ネットワーク方式では，供給信頼度を高めるために低圧配電線を格子状に連系している。

(3) スポットネットワーク方式は，負荷密度が極めて高い大都市中心部の高層ビルなど大口需要家への供給に適している。

(4) 一般的にネットワーク変圧器の一次側には断路器が設置され，二次側には保護装置(ネットワークプロテクタ)が設置される。

(5) スポットネットワーク方式において，ネットワーク変圧器二次側のネットワーク母線で故障が発生したときでも受電が可能である。

理論　電力　機械　法規

令和5 (2023) 上期

令和5 (2023) 下期

選抜90問

選抜85問

選抜90問

選抜65問

問71の解答　出題項目＜ネットワーク方式＞　　　　　答え　（5）

（1）　正。ネットワーク方式は，複数回線の配電線により電力を供給するので，1回線が停電しても電力を供給できる配電方式である。

（2）　正。低圧ネットワーク方式では，図71-1に示すように，供給信頼度を高めるために低圧配電線を格子状に連系している。

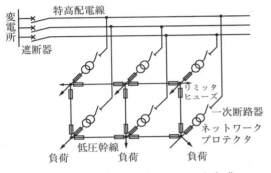

図71-1　レギュラーネットワーク方式

（3）　正。スポットネットワーク方式は，大規模な工場やビルなどの高密度の大容量負荷1箇所に供給する場合，レギュラーネットワーク方式は，商店街や繁華街などの負荷密度の高い需要家に供給する場合に採用される。

（4）　正。図71-2に示すように，ネットワーク変圧器の一次側には断路器が設置され，二次側には保護装置であるネットワークプロテクタが設置され，受電用遮断器やその保護装置の省略が可能であり，設置スペースの縮小と経費の節減ができるメリットがある。

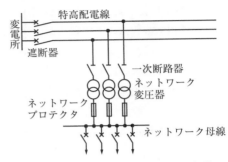

図71-2　スポットネットワーク方式

（5）　誤。スポットネットワーク方式は，供給信頼度の高い方式であるが，ネットワーク変圧器二次側のネットワーク母線で故障が起きると受電できなくなる。

解説　••

大口需要家に対して直接20 kVで供給する方式を20 kV級直接供給方式といい，20 kV級地中配電系統は，都市中心部の超過密需要地域に適用され，ビルなどの特別高圧受電の需要家に供給するスポットネットワーク方式または繁華街などにおける低圧受電の需要家に供給するレギュラーネットワーク方式が標準である。

　配電線路に用いられる電気方式に関する記述として，誤っているものを次の(1)〜(5)のうちから一つ選べ。

(1)　単相2線式は，一般住宅や商店などに配電するのに用いられ，低圧側の1線を接地する。

(2)　単相3線式は，変圧器の低圧巻線の両端と中点から合計3本の線を引き出して低圧巻線の両端から引き出した線の一方を接地する。

(3)　単相3線式は，変圧器の低圧巻線の両端と中点から3本の線で2種類の電圧を供給する。

(4)　三相3線式は，高圧配電線路と低圧配電線路のいずれにも用いられる方式で，電源用変圧器の結線には一般的にΔ結線とV結線のいずれかが用いられる。

(5)　三相4線式は，電圧線の3線と接地した中性線の4本の線を用いる方式である。

問72の解答　　出題項目＜電気方式＞　　　　　　　　　　　答え　（2）

　配電線路の電気方式では，どの方式においても高低圧混触時に低圧側の電圧上昇を抑えるという保安上の理由から，1線または中性線が接地される。

　（1）　正。単相2線式は，**図72-1（a）**のように電線2本で配電するもので，工事や保守が簡単な方式である。低圧側の1線は接地される。

　（2）　誤。単相3線式は，電源の単相変圧器の中点から中性線を引き出し，両外線の電圧線と合わせて電線3本で配電する。**接地するのは，図72-1（b）のように中性線である。**

　（3）　正。単相3線式は，図72-1（b）のように中性線と両外線の間の電圧が100 V，両外線間の電圧が200 Vである。

　（4）　正。三相3線式は，高圧配電線路と低圧配電線路のいずれにも用いられる。電源変圧器の結線は図72-1（c）のΔ結線と，図72-1（d）のV結線とがある。どちらも低圧側の1線は接地される。なお，V結線は単相変圧器2台で三相負荷に供給できる。

　（5）　正。三相4線式は，図72-1（e）のように電圧線の3線に加えてY結線の中性点から引き出した中性線と合わせて4本の電線で配電する。なお，中性線は接地する。この方式は，大規模なビルなどに採用され，電圧線3線には三相負荷を電圧線と中性線の間には単相負荷を接続する。

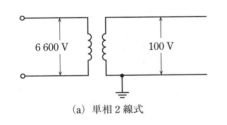

（a）単相2線式

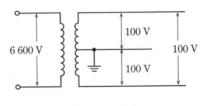

（b）単相3線式

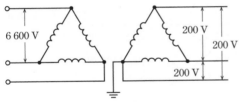

（c）三相3線式（Δ結線）

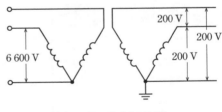

（d）三相3線式（V結線）

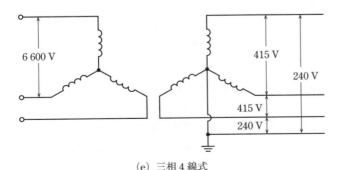

（e）三相4線式

図72-1　電気方式

理論
電力
機械
法規

令和
5
(2023)
上期

令和
5
(2023)
下期

選抜
90
問

選抜
85
問

選抜
90
問

選抜
65
問

問 73　出題分野＜配電＞

平成 29 年度 問 11

　回路図のような単相2線式及び三相4線式のそれぞれの低圧配電方式で，抵抗負荷に送電したところ送電電力が等しかった。

　このときの三相4線式の線路損失は単相2線式の何[%]となるか。最も近いものを次の(1)〜(5)のうちから一つ選べ。

　ただし，三相4線式の結線はY結線で，電源は三相対称，負荷は三相平衡であり，それぞれの低圧配電方式の1線当たりの線路抵抗 r，回路図に示す電圧 V は等しいものとする。また，線路インダクタンスは無視できるものとする。

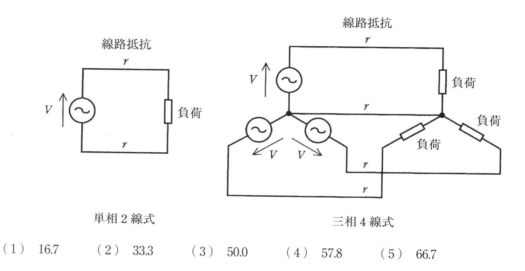

単相2線式　　　　　　　　　　　　三相4線式

(1)　16.7　　　(2)　33.3　　　(3)　50.0　　　(4)　57.8　　　(5)　66.7

問 74　出題分野＜配電＞

令和 3 年度 問 12

　単相3線式配電方式は，1線の中性線と，中性線から見て互いに逆位相の電圧である2線の電圧線との3線で供給する方式であり，主に低圧配電線路に用いられる。100/200 V 単相3線式配電方式に関する記述として，誤っているものを次の(1)〜(5)のうちから一つ選べ。

(1)　電線1線当たりの抵抗が等しい場合，中性線と各電圧線の間に負荷を分散させることにより，単相2線式と比べて配電線の電圧降下を小さくすることができる。

(2)　中性線と各電圧線の間に接続する各負荷の容量が不平衡な状態で中性線が切断されると，容量が大きい側の負荷にかかる電圧は低下し，反対に容量が小さい側の負荷にかかる電圧は高くなる。

(3)　中性線と各電圧線の間に接続する各負荷の容量が不平衡であると，平衡している場合に比べて電力損失が増加する。

(4)　単相100 V 及び単相200 V の2種類の負荷に同時に供給することができる。

(5)　許容電流の大きさが等しい電線を使用した場合，電線1線当たりの供給可能な電力は，単相2線式よりも小さい。

理論 | 電力 | 機械 | 法規

令和 **5** (2023) 上期

令和 **5** (2023) 下期

選抜 **90** 問

選抜 **85** 問

選抜 **90** 問

選抜 **65** 問

問 73 の解答　　出題項目＜電気方式＞　　　　答え（1）

単相 2 線式の添え字を 1，三相 4 線式の添え字を 3 とし，線電流を I_1，I_3 とする。

各配電方式の送電電力 P_1，P_3 は，

$$P_1 = VI_1$$

$$P_3 = 3VI_3$$

両者の送電電力は等しいため，

$$P_1 = P_3$$

$$VI_1 = 3VI_3 \quad \therefore \ I_3 = \frac{I_1}{3}$$

単相 2 線式の線路損失 p_1 は次式で表されるから，

$$p_1 = 2I_1{}^2 r \quad \therefore \ I_1{}^2 = \frac{p_1}{2r} \qquad ①$$

したがって，三相 4 線式の線路損失 p_3 は，

$$p_3 = 3I_3{}^2 r = 3\left(\frac{I_1}{3}\right)^2 r = \frac{I_1{}^2}{3} r$$

これに①式を代入すると，

$$p_3 = \frac{1}{3} \times \frac{p_1}{2r} r = \frac{p_1}{6} \fallingdotseq 0.167 p_1$$

よって，三相 4 線式の線路損失は，単相 2 線式の線路損失の 16.7 ％ となる。

問 74 の解答　　出題項目＜単相 3 線式＞　　　　答え（5）

（1）　正。単相 3 線式で各相間（電圧線と中性線との間）の負荷が等しい場合，線路電流が $\frac{1}{2}$ になるので電圧降下は $\frac{1}{2}$ になる。また，中性線には電流が流れないので，電圧降下は 1 線分のみとなる。したがって，**単相 3 線式の電圧降下は単相 2 線式の $\frac{1}{4}$ になる。**

（2）　正。中性線が切断（欠相）された場合，**図 74-1** のように，200 V が**負荷抵抗により分圧**されるので，容量の小さい負荷にかかる電圧が高くなる。

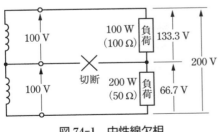

図 74-1　中性線欠相

（3）　正。負荷が不平衡の場合，中性線に電流が流れるので，これにより損失が発生する。

（4）　正。中性線と電圧線で単相 100 V の負荷，電圧線間で単相 200 V の負荷に電力を供給できる。

（5）　誤。**図 74-2** に示す単相 2 線式，単相 3 線式の電線 1 線当たりの供給可能な電力 P_2，P_3 [W]は，

$$P_2 = \frac{VI}{2} = 0.5 VI$$

$$P_3 = \frac{2}{3} VI \fallingdotseq 0.67 VI$$

このように，**単相 2 線式よりも単相 3 線式の方が大きい。**

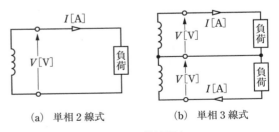

(a)　単相 2 線式　　　　(b)　単相 3 線式

図 74-2　供給電力

　一次電圧 6 400 V，二次電圧 210 V/105 V の柱上変圧器がある。図のような単相3線式配電線路において三つの無誘導負荷が接続されている。負荷1の電流は50 A，負荷2の電流は60 A，負荷3の電流は40 A である。L_1 と N 間の電圧 V_a[V]，L_2 と N 間の電圧 V_b[V]，及び変圧器の一次電流 I_1[A] の値の組合せとして，正しいものを次の（1）～（5）のうちから一つ選べ。

　ただし，変圧器から低圧負荷までの電線1線当たりの抵抗を 0.08 Ω とし，変圧器の励磁電流，インピーダンス，低圧配電線のリアクタンス，及びC点から負荷側線路のインピーダンスは考えないものとする。

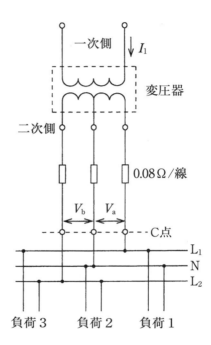

	V_a[V]	V_b[V]	I_1[A]
（1）	98.6	96.2	3.12
（2）	97.0	97.8	3.28
（3）	97.0	97.8	2.95
（4）	96.2	98.6	3.12
（5）	98.6	96.2	3.28

問 75 の解答　　出題項目＜単相 3 線式＞　　　　　　　　　　答え　（1）

設問の図を描き直すと**図 75-1** のようになり，負荷電流を $i_1＝50[\mathrm{A}]$，$i_2＝60[\mathrm{A}]$，$i_3＝40[\mathrm{A}]$ とすると，変圧器二次側の電流 i_a，i_b，$i_\mathrm{n}[\mathrm{A}]$ は，

$$i_\mathrm{a}＝i_1＋i_3＝50＋40＝\ 90[\mathrm{A}]$$
$$i_\mathrm{b}＝i_2＋i_3＝60＋40＝100[\mathrm{A}]$$
$$i_\mathrm{n}＝i_2－i_1＝60－50＝\ 10[\mathrm{A}]$$

上側の外線での電圧降下を V_1，下線での電圧降下を V_2，中性線での電圧降下を V_n とすると，電圧 V_a，$V_\mathrm{b}[\mathrm{V}]$ は，

$$V_\mathrm{a}＝105－v_1＋v_\mathrm{n}＝105－0.08i_\mathrm{a}＋0.08i_\mathrm{n}$$
$$＝105－0.08(90－10)＝98.6[\mathrm{V}]$$
$$V_\mathrm{b}＝105－v_\mathrm{n}－v_2＝105－0.08i_\mathrm{n}－0.08i_\mathrm{b}$$
$$＝105－0.08(10＋100)＝96.2[\mathrm{V}]$$

次に，変圧器二次側の容量 P は，

$$P＝105×i_\mathrm{a}＋105×i_\mathrm{b}$$

$$＝105×(i_\mathrm{a}＋i_\mathrm{b})＝105×(90＋100)$$
$$＝19\,950[\mathrm{V\cdot A}]$$

変圧器の一次側入力＝二次側入力であるから，変圧器の一次電流 $I_1[\mathrm{A}]$ は，

$$I_1＝\frac{P}{6\,400}＝\frac{19\,950}{6\,400}≒3.12[\mathrm{A}]$$

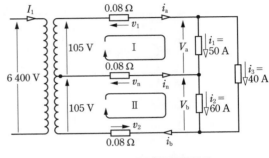

図 75-1　単相 3 線式配電線路

　図のような，線路抵抗をもった100/200 V 単相3線式配電線路に，力率が100％で電流がそれぞれ30 A 及び20 A の二つの負荷が接続されている。この配電線路にバランサを接続した場合について，次の（a）及び（b）の問に答えよ。

　ただし，バランサの接続前後で負荷電流は変化しないものとし，線路抵抗以外のインピーダンスは無視するものとする。

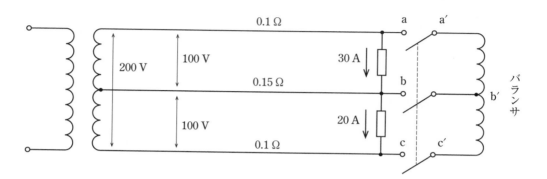

（a）　バランサ接続後 a′-b′ 間に流れる電流の値[A]として，最も近いものを次の（1）～（5）のうちから一つ選べ。

　　（1）　5　　　　（2）　10　　　　（3）　20　　　　（4）　25　　　　（5）　30

（b）　バランサ接続前後の線路損失の変化量の値[W]として，最も近いものを次の（1）～（5）のうちから一つ選べ。

　　（1）　20　　　　（2）　65　　　　（3）　80　　　　（4）　125　　　　（5）　145

565

理論 電力 機械 法規

令和 **5** (2023) 上期

令和 **5** (2023) 下期

選抜 **90** 問

選抜 **85** 問

選抜 **90** 問

選抜 **65** 問

問 76 （a）の解答　出題項目＜単相3線式＞　答え　（1）

　各部の電流を図76-1のように定める。バランサを接続すると，バランサ接続前に中性線に流れていた電流がバランサ側に流入し，その半分ずつがバランサの巻線に流れる。したがって，バランサに流れる電流 I_B は，

$$I_B = \frac{I_1 - I_2}{2} = \frac{30 - 20}{2} = 5[\text{A}]$$

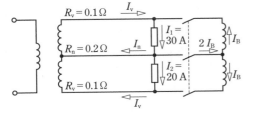

図 76-1　各部の電流

解説

　バランサは巻数比1の単巻変圧器であり，負荷の不平衡の程度に応じて主に単相3線式線路の末端に取り付け，バランサに電流 I_B が流れるとバランサの両巻線に等しい電圧が誘起し，負荷の端子電圧も等しくなる。また，中性線の断線，中性線と外線の短絡などによる異常電圧の抑制（巻数比が1であるから負荷電圧は変わらない）にも役立つ。バランサを設置すると次のようになる。

　① バランサ電流は，大きさが等しく，方向は反対である。その方向は，線電流を平衡させる（両外線の電流を等しくする）ように流れる。

　② バランサ電流は，バランサがない場合の中性線電流の1/2である。

　③ バランサを付けると負荷電圧は等しくなる。

Point バランサを接続すると両外側線（電圧線）に流れる電流は等しくなり，中性線電流は零となる。その結果，負荷電圧も等しくなるとともに，線路損失も減少する。

問 76 （b）の解答　出題項目＜単相3線式＞　答え　（1）

　バランサ接続前の中性線に流れる電流 I_n は，
$$I_n = I_1 - I_2 = 30 - 20 = 10[\text{A}]$$

　バランサ接続前の線路損失 p_1 は，
$$p_1 = I_1^2 R_v + I_n^2 R_n + I_2^2 R_v$$
$$= 30^2 \times 0.1 + 10^2 \times 0.15 + 20^2 \times 0.1 = 145[\text{W}]$$

　バランサ接続後の両外側線（電圧線）に流れる電流 I_v は，

$$I_v = I_1 - I_B = I_2 + I_B$$
$$= I_1 - \frac{I_1 - I_2}{2} = I_2 + \frac{I_1 - I_2}{2} = \frac{I_1 + I_2}{2}$$
$$= \frac{30 + 20}{2} = 25[\text{A}]$$

　中性線には電流が流れないから，バランサ接続後の線路損失 p_2 は，
$$p_2 = I_v^2 R_v = 2 \times 25^2 \times 0.1 = 125[\text{W}]$$

　したがって，線路損失の減少量 Δp は，
$$\Delta p = p_1 - p_2 = 145 - 125 = 20[\text{W}]$$

解説

　バランサは単相3線式線路に取り付けられるものであるが，単相3線式配電方式には次のような特徴がある。

［長所］

　① 電圧降下，電力損失が少ない。特に平衡負荷の場合は，電圧降下，電力損失とも単相2線式の1/4になる。

　② 配電容量が等しいとき，銅量は単相2線式の3/8となり所要電線量が少なくて済む。

　③ 100 V と 200 V の2種類の電圧が得られるため，単相200 V負荷が使用できる。

［短所］

　① 中性線が断線すると，二つの負荷が直列につながれた単相2線式配電線路となるため，負荷が不平衡の場合は著しい電圧不平衡が生じ，異常電圧を発生することがある。

　② 外線と中性線が短絡すると，短絡しない側の負荷電圧が異常上昇し，電圧不平衡が生じる。

　図のように配電用変圧器二次側の単相3線式低圧配電線路に負荷A及び負荷Bが接続されている場合について，次の（a）及び（b）の問に答えよ。ただし，変圧器は，励磁電流，内部電圧降下及び内部損失などを無視できる理想変圧器で，一次電圧は6 600 V，二次電圧は110/220 Vで一定であるものとする。また，低圧配電線路及び中性線の電線1線当たりの抵抗は0.06 Ω，負荷A及び負荷Bは純抵抗負荷とし，これら以外のインピーダンスは考慮しないものとする。

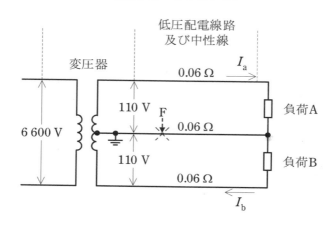

（a）　変圧器の電流を測定したところ，一次電流が5 A，二次電流I_aとI_bの比が2：3であった。二次側低圧配電線路及び中性線における損失の合計値[kW]として，最も近いものを次の（1）～（5）のうちから一つ選べ。

　　（1）　2.59　　　（2）　2.81　　　（3）　3.02　　　（4）　5.83　　　（5）　8.21

（b）　低圧配電線路の中性線が点Fで断線した場合に負荷Aにかかる電圧の値[V]として，最も近いものを次の（1）～（5）のうちから一つ選べ。

　　（1）　88　　　（2）　106　　　（3）　123　　　（4）　127　　　（5）　138

567

理論 電力 機械 法規

令和5 (2023) 上期

令和5 (2023) 下期

選抜90問

選抜85問

選抜90問

選抜65問

問77（a）の解答　　出題項目＜電力損失＞　　　　　答え（3）

題意より，二次電流 I_a と I_b の比が2:3なので，

$$\frac{I_a}{I_b} = \frac{2}{3} \qquad \therefore \ I_b = 1.5 I_a$$

また，理想変圧器なので，一次側と二次側の電力は等しくなることから，

$$6\,600 \times 5 = 110 \times I_a + 110 \times 1.5 I_a$$

$$\rightarrow \ 33\,000 = 275 I_a \quad \therefore \ I_a = 120 [\text{A}]$$

よって，

$$I_b = 1.5 I_a = 1.5 \times 120 = 180 [\text{A}]$$

したがって，配電線路および中性線に流れる電流は，**図77-1** のようになる。これより，配電線路および中性線における損失の合計は，

$$I_a{}^2 \times 0.06 + I_b{}^2 \times 0.06 + I_N{}^2 \times 0.06$$

$$= 0.06(I_a{}^2 + I_b{}^2 + I_N{}^2)$$

$$= 0.06(120^2 + 180^2 + 60^2)$$

$$= 0.06 \times 50\,400 = 3\,024 [\text{W}] \fallingdotseq 3.02 [\text{kW}]$$

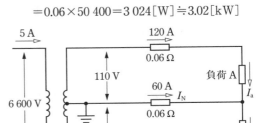

図77-1　低圧側電流

問77（b）の解答　　出題項目＜電力損失＞　　　　　答え（4）

断線する前の負荷 A の電圧 V_A を求める。**図77-2** において，ループ I での電圧降下の和は110 V なので，

$$0.06 \times 120 + V_A - 0.06 \times 60 = 110$$

$$\rightarrow \quad V_A + 3.6 = 110$$

$$\therefore \ V_A = 110 - 3.6 = 106.4 [\text{V}]$$

同様に，ループ II での負荷 B の電圧 V_B を求める。

$$0.06 \times 60 + V_B + 0.06 \times 180 = 110$$

$$\rightarrow \quad V_B + 14.4 = 110$$

$$\therefore \ V_B = 110 - 14.4 = 95.6 [\text{V}]$$

これより，負荷 A，B の抵抗 R_A，R_B の値を求めると，

$$R_A = \frac{V_A}{I_a} = \frac{106.4}{120} \fallingdotseq 0.887 [\Omega]$$

$$R_B = \frac{V_B}{I_b} = \frac{95.6}{180} \fallingdotseq 0.531 [\Omega]$$

したがって，断線時の回路は，**図77-3** のような直列回路になる。各抵抗の分担電圧は抵抗値に比例するので，負荷 A にかかる電圧 $V_A{}'$ の値は，

$$V_A{}' = \frac{0.887}{0.06 + 0.887 + 0.531 + 0.06} \times 220$$

$$\fallingdotseq 126.9 [\text{V}] \quad \rightarrow \quad 127\ \text{V}$$

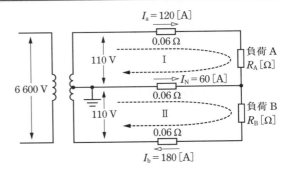

図77-2　電圧降下

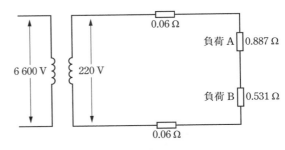

図77-3　断線時の抵抗

解説

単相3線式電路において中性線が断線（欠相）すると，単相200 V の直列回路が形成される。このため，100 V 回路の負荷が不平衡の場合は，負荷機器の抵抗による分圧で一方の100 V 回路に100 V を超過する電圧が加わり，損傷・焼損するおそれがある。中性線の欠相の主な発生原因は，分電盤内の端子などの接触不良である。

問 78　出題分野＜配電＞

単相 2 線式配電線があり，この末端に 300 kW の需要家がある。

この配電線の途中，図に示す位置に 6 300 V/6 900 V の昇圧器を設置して受電端電圧を 6 600[V]に保つとき，次の(a)及び(b)の問に答えよ。

ただし，配電線の 1 線当たりの抵抗は 1 Ω/km，リアクタンスは 1.5 Ω/km とし，昇圧器のインピーダンスは無視するものとする。

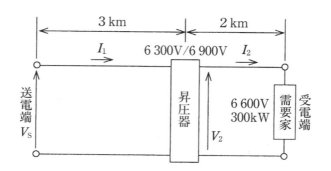

（a）　末端の需要家が力率 1 の場合，受電端電圧を 6 600 V に保つとき，昇圧器の二次側の電圧 V_2 [V]の値として，最も近いものを次の(1)～(5)のうちから一つ選べ。

（1）　6 691　　　（2）　6 757　　　（3）　6 784　　　（4）　6 873　　　（5）　7 055

（b）　末端の需要家が遅れ力率 0.8 の場合，受電端電圧を 6 600 V に保つとき，送電端の電圧 V_s[V]の値として，最も近いものを次の(1)～(5)のうちから一つ選べ。

（1）　6 491　　　（2）　6 519　　　（3）　6 880　　　（4）　7 016　　　（5）　7 189

569

理論
電力
機械
法規

令和5(2023)上期

令和5(2023)下期

選抜90問

選抜85問

選抜90問

選抜65問

問78（a）の解答　出題項目＜電圧降下＞

答え　（3）

図78-1に示すように，昇圧器二次側における配電線1線当たりのインピーダンス $\dot{Z}_2$ は，

$$\dot{Z}_2 = r_2 + jx_2 = (1+j1.5) \times 2 = 2+j3[\Omega]$$

受電端電圧を $V_r[V]$，昇圧器二次側の電流を $I_2[A]$，力率を $\cos\theta$ とすると，需要家の負荷電力 $P = VI_2\cos\theta$ なので，$\cos\theta = 1$ のときの電流 I_2 は，

$$I_2 = \frac{P}{V\cos\theta} = \frac{300 \times 10^3}{6\,600 \times 1} = \frac{1\,000}{22}[A]$$

したがって，力率 $\cos\theta = 1(\sin\theta = 0)$ のときの昇圧器二次側の電圧 V_2 は，単相2線式であるから電圧降下の近似式を用いると，

$$V_2 = V_r + 2I_2(r_2\cos\theta + x_2\sin\theta)$$

$$= 6\,600 + 2 \times \frac{1\,000}{22} \times (2 \times 1)$$

$$\fallingdotseq 6\,782[V] \quad \to \quad 6\,784\ V$$

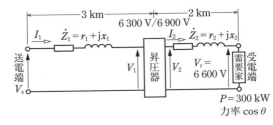

図78-1　昇圧器一次側・二次側の配電線

問78（b）の解答　出題項目＜電圧降下＞

答え　（4）

遅れ力率 $\cos\theta = 0.8$ のときの昇圧器二次側の電流 I_2 は，

$$I_2 = \frac{P}{V\cos\theta} = \frac{300 \times 10^3}{6\,600 \times 0.8} = \frac{3\,000}{52.8}[A]$$

よって，遅れ力率 $\cos\theta = 0.8$ のときの昇圧器二次側の電圧 V_2 は，電圧降下の近似式を用いると，

$$V_2 = V_r + 2I_2(r_2\cos\theta + x_2\sin\theta)$$

$$= V_r + 2I_2(r_2\cos\theta + x_2\sqrt{1-\cos^2\theta})$$

$$= 6\,600 + 2 \times \frac{3\,000}{52.8} \times (2 \times 0.8 + 3 \times \sqrt{1-0.8^2})$$

$$\fallingdotseq 6\,986.4[V]$$

V_1，I_1 を昇圧器一次側に換算した電圧 V_1，電流 I_1 は，

$$V_1 = V_2 \times \frac{6\,300}{6\,900} = 6\,986.4 \times \frac{6\,300}{6\,900} \fallingdotseq 6\,378.9[V]$$

$$I_1 = I_2 \times \frac{6\,900}{6\,300} = \frac{3\,000}{52.8} \times \frac{6\,900}{6\,300} \fallingdotseq 62.23[A]$$

昇圧器一次側における配電線1線当たりのインピーダンス $\dot{Z}_1$ は，

$$\dot{Z}_1 = r_1 + jx_1 = (1+j1.5) \times 3 = 3+j4.5[\Omega]$$

したがって，送電端電圧 V_s は，電圧降下の近似式を用いると，

$$V_s = V_1 + 2I_1(r_1\cos\theta + x_1\sin\theta)$$

$$= 6\,378.9 + 2 \times 62.23$$

$$\times (3 \times 0.8 + 4.5 \times \sqrt{1-0.8^2})$$

$$\fallingdotseq 7\,014[V] \quad \to \quad 7\,016\ V$$

解説

本題では電圧降下を求める際，電圧の位相差が小さいものとして近似式を用いた。電圧降下の近似式は，図78-2に示すベクトル図において，位相差 δ が小さく，$\overline{OD} \fallingdotseq \overline{OC}$ となるので，

$$\overline{OC} = \overline{OA} + \overline{AB} + \overline{BC}$$

となり，これを式で表すと次のようになる。

$$V_s = V_1 + 2I_1(r_1\cos\theta + x_1\sin\theta)$$

$$V_2 = V_r + 2I_2(r_2\cos\theta + x_2\sin\theta)$$

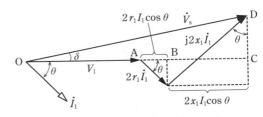

（a）昇圧器一次側回路のベクトル図

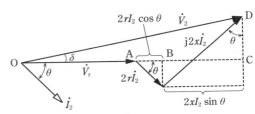

（b）昇圧器二次側回路のベクトル図

図78-2　ベクトル図

三相 3 線式配電線路の受電端に遅れ力率 0.8 の三相平衡負荷 60 kW（一定）が接続されている。次の（a）及び（b）の問に答えよ。

ただし，三相負荷の受電端電圧は 6.6 kV 一定とし，配電線路のこう長は 2.5 km，電線 1 線当たりの抵抗は 0.5 Ω/km，リアクタンスは 0.2 Ω/km とする。なお，送電端電圧と受電端電圧の位相角は十分小さいものとして得られる近似式を用いて解答すること。また，配電線路こう長が短いことから，静電容量は無視できるものとする。

（a） この配電線路での抵抗による電力損失の値[W]として，最も近いものを次の（1）～（5）のうちから一つ選べ。

（1） 22 （2） 54 （3） 65 （4） 161 （5） 220

（b） 受電端の電圧降下率を 2.0 ％ 以内にする場合，受電端でさらに増設できる負荷電力（最大）の値[kW]として，最も近いものを次の（1）～（5）のうちから一つ選べ。ただし，負荷の力率（遅れ）は変わらないものとする。

（1） 476 （2） 536 （3） 546 （4） 1 280 （5） 1 340

問 79 （a）の解答　　出題項目＜電力損失＞　　　　　　　答え　（4）

三相 3 線式配電線路の 1 線当たりの抵抗 r およびリアクタンス x は，配電線路のこう長が 2.5 km なので，

$$r=0.5\times2.5=1.25[\Omega]$$
$$x=0.2\times2.5=0.5[\Omega]$$

したがって，問題の回路は**図 79-1** のようになる。ここで，線路電流 I は，

$$I=\frac{P}{\sqrt{3}\times V\times\cos\theta}$$
$$=\frac{60\times10^3}{\sqrt{3}\times6.6\times10^3\times0.8}\fallingdotseq6.56[A]$$

（ただし，負荷電力 $P[W]$，線間電圧 $V[V]$，力率 $\cos\theta$ とする。）

配電線路での抵抗による電力損失 w は，線路電流 I の 2 乗と線路抵抗 r に比例するので，3 線分の電力損失 w は，

$$w=3\times I^2\times r=3\times(6.56)^2\times1.25\fallingdotseq161[W]$$

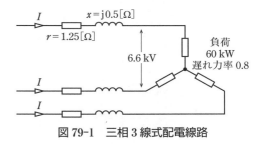

図 79-1　三相 3 線式配電線路

問 79 （b）の解答　　出題項目＜許容負荷電力＞　　　　　答え　（1）

配電線の電圧降下率 $\varepsilon[\%]$ とは，配電線の電圧降下と受電端電圧との比率である。したがって，送電端電圧を $V_s[V]$，受電端電圧を $V_r[V]$，電圧降下を $v[V]$ とすると，次式で求められる。

$$\varepsilon=\frac{V_s-V_r}{V_r}\times100=\frac{v}{V_r}\times100[\%]$$

この式を変形して，電圧降下 v を求める式にする。

$$v=\frac{\varepsilon\times V_r}{100}[V]$$

この式から，電圧降下率が 2 % の場合の電圧降下 v を求める。

$$v=\frac{\varepsilon\times V_r}{100}=\frac{2\times6.6\times10^3}{100}=132[V]$$

次に，電圧降下が 132 V のときの線路電流 I を求める。三相回路の電圧降下 v は，

$$v=\sqrt{3}\times I(r\cos\theta+x\sin\theta)[V]$$

で求められるので，この式を線路電流 I を求める式に変形して，題意の数値を代入すると，

$$I=\frac{v}{\sqrt{3}\times(r\cos\theta+x\sin\theta)}$$
$$=\frac{132}{\sqrt{3}\times(1.25\times0.8+0.5\times\sqrt{1-0.8^2})}$$
$$=\frac{132}{\sqrt{3}\times(1+0.3)}\fallingdotseq58.6[A]$$

線路電流 I が 58.6 A の時の負荷電力 P を求める。

$$P=\sqrt{3}\times V\times I\times\cos\theta$$
$$=\sqrt{3}\times6.6\times58.6\times0.8\fallingdotseq536[kW]$$

したがって，増設できる負荷電力は最初の負荷と電圧降下率が 2 % のときの負荷との差なので，

$$536-60=476[kW]$$

解説 ···

小問（a）の場合の電圧降下 $v[V]$ は，

$$v=\sqrt{3}\times I(r\cos\theta+x\sin\theta)$$
$$=\sqrt{3}\times6.56(1.25\times0.8+0.5\times0.6)\fallingdotseq14.8[V]$$

したがって，電圧降下率 ε は，

$$\varepsilon=\frac{v}{V_r}\times100=\frac{14.8}{6.6\times10^3}\times100\fallingdotseq0.224[\%]$$

つまり，負荷が 60 kW から 536 kW になると電圧降下率が 0.224 % から 2 % へと約 8.9 倍になる（線路電流，電圧降下も同様）。

また，小問（b）の場合の電力損失は，

$$w=3\times I^2\times r=3\times58.6^2\times1.25\fallingdotseq12\ 877[W]$$

となるので，負荷が 60 kW から 536 kW になると配電線路の電力損失が 161 W から 12 877 W と大幅に増加する。これは約 80 倍であり，電圧降下率の 2 乗（8.9^2）で増加していることになる。

問 80　出題分野＜配電＞　令和元年度 問 13

　図に示すように，電線 A，B の張力を，支持物を介して支線で受けている。電線 A，B の張力の大きさは等しく，その値を T とする。支線に加わる張力 T_1 は電線張力 T の何倍か。最も近いものを次の（1）～（5）のうちから一つ選べ。

　なお，支持物は地面に垂直に立てられており，各電線は支線の取付け高さと同じ高さに取付けられている。また，電線 A，B は地面に水平に張られているものとし，電線 A，B 及び支線の自重は無視する。

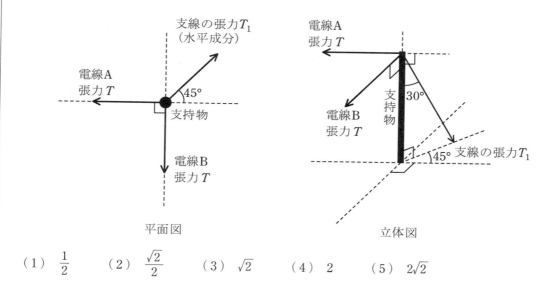

平面図　　　　　　　　　　　立体図

（1）　$\dfrac{1}{2}$　　　（2）　$\dfrac{\sqrt{2}}{2}$　　　（3）　$\sqrt{2}$　　　（4）　2　　　（5）　$2\sqrt{2}$

問 81　出題分野＜電気材料＞　令和 4 年度上期 問 14

　我が国の電力用設備に使用される SF_6 ガスに関する記述として，誤っているものを次の（1）～（5）のうちから一つ選べ。

（1）　SF_6 ガスは，大気中に排出されると，オゾン層への影響は無視できるガスであるが，地球温暖化に及ぼす影響が大きいガスである。

（2）　SF_6 ガスは，圧力を高めることで絶縁破壊強度を高めることができ，同じ圧力の空気と比較して絶縁破壊強度が高い。

（3）　SF_6 ガスは，液体，固体の絶縁媒体と比較して誘電率及び静電正接が小さいため，誘電損が小さい。

（4）　SF_6 ガスは，遮断器による電流遮断の際に，電極間でアーク放電を発生させないため，消弧能力に優れ，ガス遮断器の消弧媒体として使用されている。

（5）　SF_6 ガスは，ガス絶縁開閉装置やガス絶縁変圧器の絶縁媒体として使用され，変電所の小型化の実現に貢献している。

問 80 の解答　　出題項目＜支線の張力＞

●水平面の力

図 80-1 のように，電線 A，B の張力の大きさは等しく，かつ，角度が 90° なので，電線の合成張力 T_s は次のようになる。

$$T_s=\sqrt{T^2+T^2}=\sqrt{2T^2}=\sqrt{2}\,T \qquad ①$$

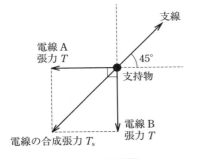

図 80-1　平面図

●垂直面の力

図 80-1 から合成張力 T_s は支線と 180° 反対方向の力で，また，支線の引き下げ角度は 30° なので，垂直面の力は**図 80-2** のようになる。

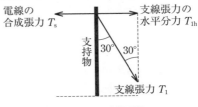

図 80-2　断面図

ここで，合成張力 T_s と支線張力の水平分力 T_{1h} はつり合うので，

$$T_s=T_{1h} \qquad ②$$

また，支線張力の水平分力 T_{1h} と支線張力 T_1 との関係は次式のようになる。

$$T_{1h}=T_1\sin 30°=\frac{1}{2}T_1 \qquad ③$$

①～③式より，支線張力 T_1 は，

$$T_1=2T_{1h}=2T_s=2\times\sqrt{2}\,T=2\sqrt{2}\,T$$

したがって，支線張力は電線張力の $2\sqrt{2}$ 倍になる。

問 81 の解答　　出題項目＜絶縁材料＞

（1）　正。SF_6（六フッ化硫黄）ガスは，優れた絶縁性能を持つ気体で，人体に対し安全で，かつ安定しているという特徴を持っている。

SF_6 ガスが大気中に放出されても，**オゾン層は破壊**しないが，**地球温暖化係数が二酸化炭素の 23 900 倍**と大きいので，地球温暖化に及ぼす影響は大きい。

（2）　正。SF_6 ガスは，圧力が大きいほど絶縁破壊強度が大きくなる。**大気圧であれば空気の 3 倍程度**であるが，0.2～0.3 MPa になると絶縁油に匹敵する絶縁破壊強度がある。

（3）　正。SF_6 ガスの比誘電率はほとんど 1 に等しく，誘電正接も小さいので，**誘電損は無視できるほど小さい**。

（4）　誤。SF_6 ガスは**消弧能力**が非常に高く，空気の約 100 倍ある。これは，SF_6 ガスの電子付着作用によりアークの冷却がきわめて早いからで

ある。

このように，SF_6 ガスは，電流遮断時に発生するアーク放電から絶縁状態へ回復する能力が優れている。「アーク放電を発生させない」というのは誤りである。

（5）　正。SF_6 ガスは，絶縁破壊強度や消弧能力が優れているので，次のような**高電圧大電力機器**に使用されている。

① **ガス絶縁開閉装置（GIS）**　充電部分が金属容器内に収納されているため，安全性が高い。SF_6 ガスの優れた絶縁性能を利用して，コンパクトな絶縁設計が可能である。

② **ガス絶縁変圧器**　SF_6 ガスを絶縁・冷却媒体として使用した変圧器である。SF_6 ガスは不燃性のため，消火設備などの防災設備が不要である。また，コンサベータが不要なため，変圧器の高さを低くできる。

理論　電力　機械　法規

令和 5 (2023) 上期

令和 5 (2023) 下期

選抜 90 問

選抜 85 問

選抜 90 問

選抜 65 問

問 82 　出題分野＜電気材料＞

我が国のコンデンサ，電力ケーブル，変圧器などの電力用設備に使用される絶縁油に関する記述として，誤っているものを次の（1）〜（5）のうちから一つ選べ。

（1）　絶縁油の誘電正接は，変圧器，電力ケーブルに使用する場合には小さいものが，コンデンサに使用する場合には大きいものが適している。

（2）　絶縁油には，一般に熱膨張率，粘度が小さく，比熱，熱伝導率が大きいものが適している。

（3）　電力用設備の絶縁油には，一般に古くから鉱油系絶縁油が使用されているが，難燃性や低損失性など，より優れた特性が要求される場合には合成絶縁油が採用されている。また，環境への配慮から植物性絶縁油の採用も進められている。

（4）　絶縁油は，電力用設備内を絶縁するために使用される以外に，絶縁油の流動性を利用して電力用設備内で生じた熱を外部へ放散するために使用される場合がある。

（5）　絶縁油では，不純物や水分などが含まれることにより絶縁性能が大きく影響を受け，部分放電の発生によって分解ガスが生じる場合がある。このため，電力用設備から採油した絶縁油の水分量測定やガス分析等を行うことにより，絶縁油の劣化状態や電力用設備の異常を検知することができる。

理論 電力 機械 法規

令和5(2023)上期

令和5(2023)下期

選抜90問

選抜85問

選抜90問

選抜65問

問82の解答　　出題項目＜絶縁材料＞　　　　　　　　答え　（1）

（1）誤。誘電正接は，誘電体内での損失の程度を表す数値であり，その定義から $\tan\delta$（略称：タンデルタ）と呼ばれる。変圧器，電力ケーブル，コンデンサのいずれに使用する場合も，絶縁油の誘電正接は小さいほうが損失は小さい。

（2）正。熱膨張率が小さいと温度による体積変化が小さいので，これを補う装置（コンサベータなど）を小さくできる。また，粘度が低いほど絶縁油の対流が促進され，冷却効果が大きくなる。さらに，比熱，熱伝導率がそれぞれ大きいほど，冷却効果が大きくなる。

（3）正。鉱油系絶縁油は原油を精製したもので，炭化水素を主成分とした高分子化合物であり，広く使用されている。

合成絶縁油はシリコーン油，ポリブデンなどの合成化合物が主成分であり，鉱油に比べて化学的に安定している。難燃性で，電気的特性もよいので，難燃性変圧器などに使用されている。

最近は環境への配慮から，パームヤシ油や菜種油，大豆油などの生分解性を持つ植物性絶縁油を使用した変圧器が使用されるようになった。

（4）正。変圧器内の損失により巻線や鉄心の温度が上昇するが，この熱は絶縁油の流動性により，対流してラジエタから外部に放出される。

（5）正。絶縁油中の水分は絶縁破壊電圧に大きく影響するので，定期的に油中水分量を測定する。また，変圧器内部での放電や加熱により，絶縁油や絶縁体が熱分解すると，分解ガスとして水素，メタン，エチレン，アセチレンなどを放出するので，油中ガス量の分析を行う。

補足　コンデンサや電力ケーブルの等価回路を，図82-1（a）に示す。また，相電圧 $\dot{E}$ を基準にした充電電流 $\dot{I}$ のベクトル図を，図82-1（b）に示す。

$\dot{I}$ はわずかに $\dot{E}$ と同相分の電流 $\dot{I}_R$ を含む。このとき，進み電流成分 $\dot{I}_C$ と $\dot{I}$ のなす角 δ を誘電損角といい，誘電正接 $\tan\delta$ は次式で表される。

$$\tan\delta = \frac{|\dot{I}_R|}{|\dot{I}_C|}$$

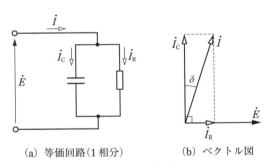

(a) 等価回路（1相分）　　（b) ベクトル図

図82-1　誘電正接

問 83　　出題分野＜電気材料＞　　　　　　　　　　　　　　　　平成 20 年度 問 14

　次の文章は，発電機，電動機，変圧器などの電気機器の鉄心として使用される磁心材料に関する記述である。

　永久磁石材料と比較すると磁心材料の方が磁気ヒステリシス特性(B-H 特性)の保磁力の大きさは　(ア)　，磁界の強さの変化により生じる磁束密度の変化は　(イ)　ので，透磁率は一般に　(ウ)　。

　また，同一の交番磁界のもとでは，同じ飽和磁束密度を有する磁心材料同士では，保磁力が小さいほど，ヒステリシス損は　(エ)　。

　上記の記述中の空白箇所(ア)，(イ)，(ウ)及び(エ)に当てはまる語句として，正しいものを組み合わせたのは次のうちどれか。

	(ア)	(イ)	(ウ)	(エ)
(1)	大きく	大きい	大きい	大きい
(2)	小さく	大きい	大きい	小さい
(3)	小さく	大きい	小さい	大きい
(4)	大きく	小さい	小さい	小さい
(5)	小さく	小さい	大きい	小さい

理論
電力
機械
法規

令和5(2023)上期

令和5(2023)下期

選抜90問

選抜85問

選抜90問

選抜65問

問83の解答　　出題項目＜鉄心材料＞　　　　　　　答え　（2）

磁心材料は，永久磁石材料と比較すると磁気ヒステリシス特性（*B-H*特性）の**保磁力の大きさは小さく**，磁界の強さの変化により生じる**磁束密度の変化は大きい**ので，**透磁率は一般的に大きい**。

また，同一の交番磁界のもとでは，同じ飽和磁束密度を有する磁心材料同士では，**保磁力が小さいほどヒステリシス損は小さい**。

解説

図83-1に磁心材料の*B-H*曲線を示す。永久磁石材料は，残留磁束および保磁力の大きいものがよいが，磁心材料は*B-H*曲線上のヒステリシス曲線の面積が小さく，エネルギー損失が小さいものが適している。また，*B-H*曲線の傾きが大きい（透磁率が大きい）ものがよい。同じ飽和磁束

密度の材料の場合，保磁力が小さいほどヒステリシス損は小さくなる。保磁力が小さければ小さい磁化力によって大きな磁束密度を発生するので比透磁率が大きくなり，ヒステリシス損は小さくなるので磁心材料に適することになる。

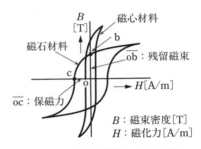

図83-1　磁心材料の*B-H*曲線

問 84 出題分野＜その他＞

次の文章は，電力の需要と供給に関する記述である。

電力の需要は1日の間で大きく変動し，一般に日中に需要が最大となる。一方で， (ア) の大量導入に伴って，日中の発電量が需要を上回る事例も報告されている。需要電力の平準化や，電力の需給バランスの確保のために， (イ) 発電が用いられている。また近年では， (ウ) 電池などの電力貯蔵装置の技術が向上している。

天候の急変時や発電所の故障発生時にも周波数を標準周波数へと回復させるために， (エ) が確保されている。部分負荷運転中の水力発電機や (オ) 発電機などが (エ) の対象となる。

上記の記述中の空白箇所(ア)～(オ)に当てはまる組合せとして，正しいものを次の(1)～(5)のうちから一つ選べ。

	(ア)	(イ)	(ウ)	(エ)	(オ)
(1)	ベース供給力	流込み式	燃料	運転予備力	原子力
(2)	ベース供給力	揚水式	蓄	運転予備力	原子力
(3)	ベース供給力	流込み式	燃料	ミドル供給力	火力
(4)	太陽光発電	揚水式	燃料	ミドル供給力	火力
(5)	太陽光発電	揚水式	蓄	運転予備力	火力

問84の解答　出題項目＜電力需給＞

　1日の電力需給曲線の例を**図84-1**に示す。この図のように，電力需要は時々刻々と変化しているので，発電量も常に同じにしなければならない。

　万一，電気の供給と需要のバランスが崩れると周波数が変動し，最悪の場合には停電に至る。そのため，電力会社は発電計画をもとに，変動する電力需要に合わせて火力発電や**揚水式**発電で電力供給を調整し，常にバランスを保つように運転している。また，**蓄電池**などの電力貯蔵装置を使用した需給調整も期待されている。

　ただし，最近は**太陽光発電**や風力発電などの再生可能エネルギーの導入拡大に伴って，需給の調整が難しくなっている。特に，昼間の電力需要が下がった時間帯に太陽光発電のピークがくると，発電量が需要を上回る場合がある。

　天候の急変等による需要の急増，あるいは故障の発生等により供給力に不足が生じた場合に，これを補うための予備力を**運転予備力**という。運転予備力は，待機予備力用の発電機が立ち上がり，電力系統に接続できるまでの間の需給バランスを維持するためのもので，おおむね10分以内に起動から負荷接続までが可能なものである。

　部分負荷運転中の**火力**発電機，停止待機中の水力およびコンバインドサイクル発電機，ガスタービン発電機などが該当する。

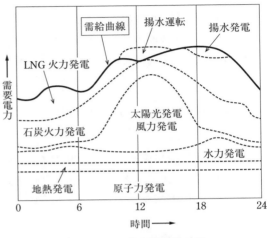

図84-1　電力需給曲線の例

> **補足**　供給予備力は，電力系統においてあらかじめ予備設備として保有する供給力のことである。この供給予備力は，待機予備力（起動から全負荷まで数時間を要する予備力），運転予備力，瞬動予備力（10秒以内の周波数変動に即座に対応できる予備力）に分けられる。

理論
電力
機械
法規
令和5(2023)上期
令和5(2023)下期
選抜90問
選抜85問
選抜90問
選抜65問

　定格出力 1 000 MW，速度調定率 5 ％ のタービン発電機と，定格出力 300 MW，速度調定率 3 ％ の水車発電機が周波数調整用に電力系統に接続されており，タービン発電機は 80 ％ 出力，水車発電機は 60 ％ 出力をとって，定格周波数 (60 Hz) にてガバナフリー運転を行っている。

　系統の負荷が急変したため，タービン発電機と水車発電機は速度調定率に従って出力を変化させた。次の (a) 及び (b) の問に答えよ。

　ただし，このガバナフリー運転におけるガバナ特性は直線とし，次式で表される速度調定率に従うものとする。また，この系統内で周波数調整を行っている発電機はこの 2 台のみとする。

$$\text{速度調定率} = \frac{\dfrac{n_2 - n_1}{n_\mathrm{n}}}{\dfrac{P_1 - P_2}{P_\mathrm{n}}} \times 100 \ [\%]$$

P_1：初期出力 [MW] 　　　n_1：出力 P_1 における回転速度 [min^{-1}]
P_2：変化後の出力 [MW] 　n_2：変化後の出力 P_2 における回転速度 [min^{-1}]
P_n：定格出力 [MW] 　　　n_n：定格回転速度 [min^{-1}]

（a）　出力を変化させ，安定した後のタービン発電機の出力は 900 MW となった。このときの系統周波数の値 [Hz] として，最も近いものを次の (1) ～ (5) のうちから一つ選べ。

　　（1）　59.5　　　（2）　59.7　　　（3）　60　　　（4）　60.3　　　（5）　60.5

（b）　出力を変化させ，安定した後の水車発電機の出力の値 [MW] として，最も近いものを次の (1) ～ (5) のうちから一つ選べ。

　　（1）　130　　　（2）　150　　　（3）　180　　　（4）　210　　　（5）　230

問 85 （a）の解答　　出題項目＜発電機＞　　　答え　（2）

周波数は回転速度に比例するため，速度調定率の公式の回転速度 n を周波数 f に置き換える。タービン発電機の添え字を T，水車発電機の添え字を S とすると，タービン発電機の速度調定率 R_T は，

$$R_T = \frac{\dfrac{f_2 - f_1}{f_n}}{\dfrac{P_{1T} - P_{2T}}{P_{nT}}} = \frac{\dfrac{f_2 - 60}{60}}{\dfrac{1\,000 \times 0.8 - 900}{1\,000}} = 0.05$$

タービン発電機と水車発電機を並列で運転しているときの速度調定率直線は，**図 85-1** となる。

したがって，負荷急変後の系統周波数 f_2 は，

$$f_2 = 0.05 \times \left(\frac{1\,000 \times 0.8 - 900}{1\,000} \right) \times 60 + 60$$

$$= 59.7\,[\text{Hz}]$$

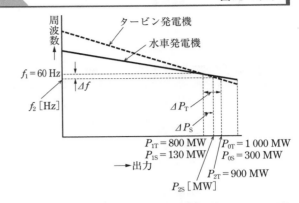

図 85-1　タービン発電機と水車発電機を並列で運転しているときの速度調定率

問 85 （b）の解答　　出題項目＜発電機＞　　　答え　（5）

周波数はタービン発電機も水車発電機も同じであるから，系統周波数が $f_2 = 59.7\,[\text{Hz}]$ になった場合，水車発電機の速度調定率 R_S は，

$$R_S = \frac{\dfrac{f_2 - f_1}{f_n}}{\dfrac{P_{1S} - P_{2S}}{P_{nS}}} = \frac{\dfrac{59.7 - 60}{60}}{\dfrac{300 \times 0.6 - P_{2S}}{300}} = 0.03$$

したがって，負荷急変後の水車発電機の出力 P_{2S} は，

$$P_{2S} = 300 \times 0.6 - \left(\frac{59.7 - 60}{60 \times 0.03} \times 300 \right) = 230\,[\text{MW}]$$

解説

回転速度，周波数と出力との関係は**図 85-2** に示すようになる。

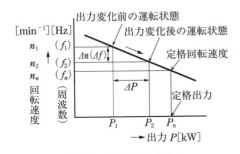

図 85-2　速度調定率

〈需給バランスと周波数の関係〉

電力の発生と消費はほぼ同時に行われており，その需要と供給がバランスしていると周波数は一定となる。

何らかの理由で負荷が急減（電力系統から脱落）すると，需給バランス（需要と供給のバランス）が崩れ，負荷より供給力（発電電力）の方が多くなって，電力系統の周波数は上昇する。その結果，ガバナは発電機出力を減少させる方向に動き，負荷と同じになるよう調整される。

反対に，負荷が急増すると，負荷に対して供給力（発電電力）が不足することになり，電力系統の周波数は低下し，ガバナは発電機出力を増加させる方向に動き，負荷と同じになるよう調整される。

本題の場合は後者のケースである。

Point 速度調定率に関する問題は，基本的に速度調定率の式に与えられた数値を代入することにより，負荷変化後の出力や周波数を求めることができる。未知数が三つの連立方程式の解き方を間違えないようにするとともに，需給バランスと周波数の関係から周波数と出力の増減を間違えないようすることが重要である。

機械 選抜90問

　長さ l[m]の導体を磁束密度 B[T]の磁束の方向と直角に置き，速度 v[m/s]で導体及び磁束に直角な方向に移動すると，導体にはフレミングの　(ア)　の法則により，$e =$ 　(イ)　[V]の誘導起電力が発生する。

　1極当たりの磁束が Φ[Wb]，磁極数が p，電機子総導体数が Z，巻線の並列回路数が a，電機子の直径が D[m]なる直流機が速度 n[min^{-1}]で回転しているとき，周辺速度は $v = \pi D \dfrac{n}{60}$ [m/s]となり，直流機の正負のブラシ間には　(ウ)　本の導体が　(エ)　に接続されるので，電機子の誘導起電力 E は，$E =$ 　(オ)　[V]となる。

　上記の記述中の空白箇所(ア)，(イ)，(ウ)，(エ)及び(オ)に当てはまる語句又は式として，正しいものを組み合わせたのは次のうちどれか。

	(ア)	(イ)	(ウ)	(エ)	(オ)
(1)	右　手	Blv	$\dfrac{Z}{a}$	直　列	$\dfrac{pZ}{60a}\Phi n$
(2)	左　手	Blv	Za	直　列	$\dfrac{pZa}{60}\Phi n$
(3)	右　手	$\dfrac{Bv}{l}$	Za	並　列	$\dfrac{pZa}{60}\Phi n$
(4)	右　手	Blv	$\dfrac{a}{Z}$	並　列	$\dfrac{pZ}{60a}\Phi n$
(5)	左　手	$\dfrac{Bv}{l}$	$\dfrac{Z}{a}$	直　列	$\dfrac{Z}{60pa}\Phi n$

問1の解答　出題項目＜誘導起電力＞

　磁界の中を移動する導体に発生する誘導起電力は，フレミングの**右手**の法則に従う。その向きは**図1-1**において，それぞれ直角に立てた右手の親指を速度の向き，人差し指を磁束の向き，中指を誘導起電力の向きとする。

　導体の移動方向と磁界の向きが直角であれば，誘導起電力の大きさ e は，$e=Blv$ で表される。

　電機子回路は**図1-2**のように表される。図中の電機子総導体数を Z，並列回路数を a とすれば，$\dfrac{Z}{a}$ 本の導体が**直列**（導体数）となる。

　直径 D[m]，回転速度 n[min^{-1}] で回転する導体は，1回転にその円周 πD[m] の距離を移動する。1秒間の回転は $n/60$[s^{-1}] である。速度 v は1秒間に移動する距離のことなので，

$$v=\pi D \times \frac{n}{60}\,[\text{m/s}]$$

　また，磁束密度 B は，1極当たりの磁束を Φ[Wb] とすると，

$$B=\frac{p\Phi}{\pi Dl}\,[\text{T}]$$

　電機子誘導起電力 E を計算すると，

$$E=\frac{Z}{a}\cdot Blv=\frac{Z}{a}\cdot\frac{p\Phi}{\pi Dl}\cdot l\cdot\pi D\cdot\frac{n}{60}$$

$$\therefore\ \bm{E=\frac{pZ}{60a}\Phi n}\,[\text{V}] \quad\quad ①$$

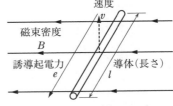

図1-1　フレミングの右手の法則

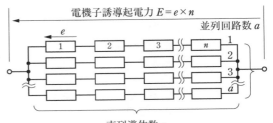

直列導体数 n
電機子総導体数 $Z=a\times n$

図1-2　電機子誘導起電力

Point 直流機の誘導起電力を表す①式は，覚えておくこと。

理論　電力　**機械**　法規　令和5（2023）上期　令和5（2023）下期　選抜90問　選抜85問　**選抜90問**　選抜65問

問 2　出題分野＜直流機＞　　　　平成 25 年度 問 2

　図は，磁極数が 2 の直流発電機を模式的に表したものである。電機子巻線については，1 巻き分のコイルを示している。電機子の直径 D は 0.5 m，電機子導体の有効長 l は 0.3 m，ギャップの磁束密度 B は，図の状態のように電機子導体が磁極の中心付近にあるとき一定で 0.4 T，回転速度 n は 1 200 min^{-1} である。図の状態におけるこの 1 巻きのコイルに誘導される起電力 e[V]の値として，最も近いものを次の(1)〜(5)のうちから一つ選べ。

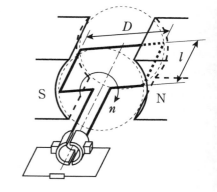

(1)　2.40　　　(2)　3.77　　　(3)　7.54

(4)　15.1　　　(5)　452

問 3　出題分野＜直流機＞　　　　令和元年度 問 1

　直流電源に接続された永久磁石界磁の直流電動機に一定トルクの負荷がつながっている。電機子抵抗が 1.00 Ω である。回転速度が 1 000 min^{-1} のとき，電源電圧は 120 V，電流は 20 A であった。

　この電源電圧を 100 V に変化させたときの回転速度の値[min^{-1}]として，最も近いものを次の(1)〜(5)のうちから一つ選べ。

　ただし，電機子反作用及びブラシ，整流子における電圧降下は無視できるものとする。

(1)　200　　　(2)　400　　　(3)　600　　　(4)　800　　　(5)　1 000

理論 電力 **機械** 法規

令和 **5** (2023) 上期

令和 **5** (2023) 下期

選抜 **90** 問

選抜 **85** 問

選抜 **90** 問

選抜 **65** 問

問2の解答　　出題項目＜誘導起電力＞

答え　(3)

問題図の長さ l[m]のコイル辺に誘導される起電力 e_1[V]は，磁束密度を B[T]，コイル辺の速度を v[m/s]とすると，次式で表される。

$$e_1 = Blv \text{[V]} \qquad\qquad ①$$

速度 v は，(移動距離)/(移動に要した時間)である。直径 $D=0.5$[m]のコイル辺が1回転すると，$\pi D = 0.5\pi$[m]移動する。よって，コイル辺は1分間(60 s)当たり1 200回転するため，速度 v は，

$$v = \frac{0.5\pi \times 1\,200}{60} = 10\pi \text{[m/s]}$$

コイル辺は反対方向にもう1辺あるため，求める1巻きコイルの誘導起電力 e は，

$$e = 2e_1 = 2Blv = 2 \times 0.4 \times 0.3 \times 10\pi$$
$$\fallingdotseq 7.54 \text{[V]}$$

解説

図2-1は直流発電機の1巻き分をモデル化したもので，矢印は磁束密度 B，コイル移動方向

$F(v)$ および電流 I の方向(e)を示す。

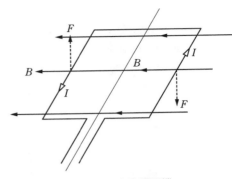

図2-1　直流発電機

矢印の方向はフレミングの右手の法則により，各々垂直に立てた親指が F，人差し指が B，中指が $e(I)$ に対応している。起電力の大きさは①式により計算する。

Point ①式によりコイルの誘導起電力を計算する。

問3の解答　　出題項目＜回転速度＞

答え　(4)

図3-1は，電源電圧が120 Vにおける直流電動機の等価回路である。

電機子逆起電力 E は，

$$E = 120 - 1 \times 20 = 100 \text{[V]}$$

直流機では，E は回転速度 N[min^{-1}]と界磁磁束 ϕ[Wb]の積に比例する。

$$E \propto N\phi$$

また，ϕ は永久磁石のため一定なので ϕ を含む比例定数を k とすると，次式より k が計算できる。

$$E = kN$$
$$100 = 1\,000k \quad \rightarrow \quad k = 0.1$$

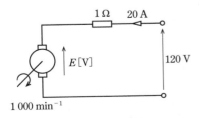

図3-1　等価回路

電源電圧を100 Vにしたときの電機子逆起電力を E' とする。このときの電機子電流は，定トルク負荷(かつ ϕ も一定)なので，電源電圧変化前と同じ20 Aである。これより E' は，

$$E' = 100 - 1 \times 20 = 80 \text{[V]}$$

となるので，電源電圧100 Vにおける回転速度 N' は，$E' = kN'$ より，

$$N' = \frac{E'}{k} = \frac{80}{0.1} = 800 \text{[min}^{-1}\text{]}$$

解説

直流電動機の諸計算では，次の関係式を用いる場合が多い。①電機子回路の等価回路から得られる関係式。②回転速度が，電機子逆起電力と界磁磁束の積に比例する関係式。③トルクが，電機子電流と界磁磁束の積に比例する関係式。

また，一般の計算では，磁気飽和，電機子反作用，ブラシ・整流子の電圧降下は無視できるものとして計算するのが普通である。

問4 出題分野＜直流機＞

電機子巻線抵抗が $0.2\ \Omega$ である直流分巻電動機がある。この電動機では界磁抵抗器が界磁巻線に直列に接続されており界磁電流を調整することができる。また，この電動機には定トルク負荷が接続されており，その負荷が要求するトルクは定常状態においては回転速度によらない一定値となる。

この電動機を，負荷を接続した状態で端子電圧を $100\ \mathrm{V}$ として運転したところ，回転速度は $1\,500$ $\mathrm{min^{-1}}$ であり，電機子電流は $50\ \mathrm{A}$ であった。この状態から，端子電圧を $115\ \mathrm{V}$ に変化させ，界磁電流を端子電圧が $100\ \mathrm{V}$ のときと同じ値に調整したところ，回転速度が変化し最終的にある値で一定となった。この電動機の最終的な回転速度の値 $[\mathrm{min^{-1}}]$ として，最も近いものを次の（1）～（5）のうちから一つ選べ。

ただし，電機子電流の最終的な値は端子電圧が $100\ \mathrm{V}$ のときと同じである。また，電機子反作用及びブラシによる電圧降下は無視できるものとする。

（1） $1\,290$ （2） $1\,700$ （3） $1\,730$ （4） $1\,750$ （5） $1\,950$

問5 出題分野＜直流機＞

界磁磁束を一定に保った直流電動機において，$0.5\ \Omega$ の抵抗値をもつ電機子巻線と直列に始動抵抗（可変抵抗）が接続されている。この電動機を内部抵抗が無視できる電圧 $200\ \mathrm{V}$ の直流電源に接続した。静止状態で電源に接続した直後の電機子電流は $100\ \mathrm{A}$ であった。

この電動機の始動後，徐々に回転速度が上昇し，電機子電流が $50\ \mathrm{A}$ まで減少した。トルクも半分に減少したので，電機子電流を $100\ \mathrm{A}$ に増やすため，直列可変抵抗の抵抗値を $R_1\,[\Omega]$ から $R_2\,[\Omega]$ に変化させた。R_1 及び R_2 の値の組合せとして，正しいものを次の（1）～（5）のうちから一つ選べ。

ただし，ブラシによる電圧降下，始動抵抗を調整する間の速度変化，電機子反作用及びインダクタンスの影響は無視できるものとする。

	R_1	R_2
（1）	2.0	1.0
（2）	4.0	2.0
（3）	1.5	1.0
（4）	1.5	0.5
（5）	3.5	1.5

理論 電力 **機械** 法規

令和 **5** (2023) 上期

令和 **5** (2023) 下期

選抜 **90** 問

選抜 **85** 問

選抜 **90** 問

選抜 **65** 問

問4の解答　　出題項目＜回転速度＞　　　　　　　答え（4）

直流分巻電動機の等価回路を図4-1に示す。

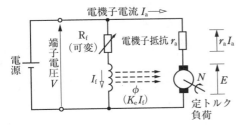

図4-1　直流分巻電動機

端子電圧 $V = 100$ V 時の誘導起電力 $E = E_1$ は，
$$E_1 = V - r_a I_a = 100 - 0.2 \times 50 = 90 [\text{V}]$$

また，1極当たりの磁束を $\phi [\text{Wb}]$，回転速度を $N_1 [\text{min}^{-1}]$，極数を p，総導体数を Z，並列回路数を a とすると，誘導起電力 E_1 は，
$$E_1 = \frac{pZ}{60a} \phi N_1 = K_e \phi N_1 [\text{V}] \qquad ①$$

ただし，比例定数 $K_e = pZ/60a$ である。

端子電圧 $V = 115$ V 時の誘導起電力 E_2 は，問題但し書きより，電機子電流 $I_a [\text{A}]$ は $V = 100$ V

運転時と同じ値であるから，
$$E_2 = V - r_a I_a = 115 - 0.2 \times 50 = 105 [\text{V}]$$

題意より，図の界磁抵抗器 R_f を調整して界磁電流 I_f を同じ値とするから，磁束は変わらない。よって誘導起電力 E_2 は，回転速度を $N_2 [\text{min}^{-1}]$ とすると，①式と同様に，
$$E_2 = K_e \phi N_2 \qquad ②$$
で表される。

よって，②式÷①式より，
$$\frac{E_2}{E_1} = \frac{K_e \phi N_2}{K_e \phi N_1} = \frac{N_2}{N_1} \quad \therefore N_2 = \frac{E_2}{E_1} N_1 \quad ③$$

誘導起電力 E_1，E_2 および回転速度 N_1 の値を③式に代入すると，回転速度 N_2 は，
$$N_2 = \frac{105}{90} \times 1\,500 = 1\,750 [\text{min}^{-1}]$$

補足　電動機の発生トルク T は，
$$T = \frac{pZ}{2\pi a} \phi I_a = K_T \phi I_a [\text{N·m}]$$

ただし，比例定数 $K_T = pZ/2\pi a$ である。

問5の解答　　出題項目＜電機子電流・電圧＞　　　　答え（4）

直流電動機において，図5-1に示すように，始動抵抗を $R [\Omega]$，電機子巻線の巻線抵抗を $R_a [\Omega]$，電源電圧を $E [\text{V}]$，電機子に生じる逆起電力を $E_0 [\text{V}]$，電機子電流を $I_a [\text{A}]$ とすると，これらの間には，
$$E = E_0 + (R + R_a) I_a \qquad ①$$
という関係が成り立つ。

始動時は直流電動機の逆起電力 $E_0 [\text{V}]$ が零なので，①式に $E_0 = 0 [\text{V}]$ を代入すると，求める始動抵抗の抵抗値 $R_1 [\Omega]$ は，題意の各値より，
$$E = (R_1 + R_a) I_a$$
$$\therefore R_1 = \frac{E}{I_a} - R_a = \frac{200}{100} - 0.5 = 1.5 [\Omega]$$

また，電機子電流が $I_a = 50 [\text{A}]$ となったときの逆起電力 $E_0 [\text{V}]$ は，①式より，

$$E_0 = E - (R_1 + R_a) I_a$$
$$= 200 - (1.5 + 0.5) \times 50 = 100 [\text{V}]$$

したがって，再び電機子電流を $I_a = 100 [\text{A}]$ に戻したときの始動抵抗の抵抗値 $R_2 [\Omega]$ は，
$$R_2 = \frac{E - E_0}{I_a} - R_a = \frac{200 - 100}{100} - 0.5$$
$$= 0.5 [\Omega]$$

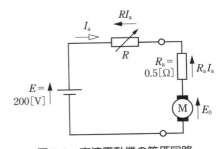

図5-1　直流電動機の等価回路

　出力 20 kW，端子電圧 100 V，回転速度 1 500 min^{-1} で運転していた直流他励発電機があり，その電機子回路の抵抗は 0.05 Ω であった。この発電機を電圧 100 V の直流電源に接続して，そのまま直流他励電動機として使用したとき，ある負荷で回転速度は 1 200 min^{-1} となり安定した。

　このときの運転状態における電動機の負荷電流(電機子電流)の値[A]として，最も近いものを次の(1)〜(5)のうちから一つ選べ。

　ただし，発電機での運転と電動機での運転とで，界磁電圧は変わらないものとし，ブラシの接触による電圧降下及び電機子反作用は無視できるものとする。

　(1)　180　　　(2)　200　　　(3)　220　　　(4)　240　　　(5)　260

問6の解答　出題項目＜電機子電流・電圧＞　　　　　　　答え　(4)

発電機の電機子電流 $I_a(=負荷電流)$ [A]は，

$$I_a = \frac{出力 P[W]}{端子電圧 V[V]} = \frac{20 \times 10^3}{100} = 200 [A]$$

よって，発電機運転時の誘導起電力 E_a は，電機子抵抗を $r_a = 0.05 [\Omega]$ すると，

$$E_a = V + r_a I_a = 100 + 0.05 \times 200 = 110 [V]$$

発電機運転時の回転速度を $N(=1\,500)$ [min⁻¹] 電動機運転時の回転速度を $N'(=1\,200)$ [min⁻¹]，誘導起電力を E_a' [V]とすると，次の関係式が成り立つ。

$$\frac{E_a'}{E_a} = \frac{\phi' N'}{\phi N} = \frac{N'}{N}$$

*題意より，界磁電圧が変わらないから発電機磁束 ϕ＝電動機磁束 ϕ'

$$\therefore\ E_a' = E_a \frac{N'}{N}$$

$$= 110 \times \frac{1\,200}{1\,500} = 88 [V]$$

よって，電動機の電機子電流 I_a' は，

$$E_a' = V - r_a I_a' [V]$$

$$r_a I_a' = V - E_a' [V]$$

$$\therefore\ I_a' = \frac{V - E_a'}{r_a} = \frac{100 - 88}{0.05} = 240 [A]$$

Point 発電機，電動機運転時の誘導起電力は，磁束一定で回転速度に比例する。

負荷に直結された他励直流電動機を，電機子電圧を変化させることによって速度制御することを考える。

電機子抵抗が $0.4\,\Omega$，界磁磁束は界磁電流に比例するものとして，次の（a）及び（b）の問に答えよ。

（a） 界磁電流を $I_{f1}\,[\mathrm{A}]$ とし，電動機が $600\,\mathrm{min}^{-1}$ で回転しているときの誘導起電力は $200\,\mathrm{V}$ であった。このとき電機子電流が $20\,\mathrm{A}$ 一定で負荷と釣り合った状態にするには，電機子電圧を何 $[\mathrm{V}]$ に制御しなければならないか，最も近いものを次の（1）〜（5）のうちから一つ選べ。

（1） 8 （2） 80 （3） 192 （4） 200 （5） 208

（b） 負荷は，トルクが一定で回転速度に対して機械出力が比例して上昇する特性であるとして，磁気飽和，電機子反作用，機械系の損失などは無視できるものとする。

電動機の回転速度を $1\,320\,\mathrm{min}^{-1}$ にしたときに，界磁電流を $I_{f1}\,[\mathrm{A}]$ の $\dfrac{1}{2}$ にして，電機子電流がある一定の値で負荷と釣り合った状態にするには，電機子電圧を何 $[\mathrm{V}]$ に制御しなければならないか，最も近いものを次の（1）〜（5）のうちから一つ選べ。

（1） 216 （2） 228 （3） 236 （4） 448 （5） 456

591

理論 電力 **機械** 法規

令和 **5** (2023) 上期

令和 **5** (2023) 下期

選抜 **90** 問

選抜 **85** 問

選抜 **90** 問

選抜 **65** 問

問7（a）の解答 出題項目＜電機子電流・電圧＞ 答え （5）

問題の他励直流電動機の等価回路を**図7-1**に示す。端子電圧（電機子電圧）V は，誘導起電力を E_a，電機子電流を I_a，電機子抵抗を r_a とすると，

$$V = E_a + r_a I_a \,[\text{V}] \qquad ①$$

電動機が $600\,\text{mm}^{-1}$ で回転しているときの端子電圧 V_1 は，誘導起電力 $E_{a1} = 200\,[\text{V}]$，電機子電流 $I_{a1} = 20\,[\text{A}]$，電機子抵抗 $r_a = 0.4\,[\Omega]$ であるので，

$$
\begin{aligned}
V_1 &= E_{a1} + r_a I_{a1}\,[\text{V}] \\
&= 200 + 0.4 \times 20 = 208\,[\text{V}]
\end{aligned}
$$

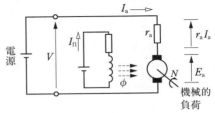

図7-1　他励直流電動機等価回路

問7（b）の解答 出題項目＜電機子電流・電圧＞ 答え （3）

回転速度 $N_1 = 600\,[\text{min}^{-1}]$ 時の誘導起電力 E_{a1} は，界磁磁束 ϕ（I_{f1} に比例）より，

$$
\begin{aligned}
E_{a1} &= k_e \phi N_1 = k_{ei} I_{f1} N_1 \\
200 &= k_{ei} I_{f1} \times 600\,[\text{V}] \qquad ②
\end{aligned}
$$

と表される（k_e, k_{ei}：比例定数）。

回転速度 $N_2 = 1\,320\,[\text{min}^{-1}]$ 時の誘導起電力 E_{a2} は，界磁磁束は ϕ の $1/2$ より，

$$
\begin{aligned}
E_{a2} &= k_{ei} \times 0.5 I_{f1} N_2\,[\text{V}] \\
&= k_{ei} \times 0.5 I_{f1} \times 1\,320\,[\text{V}] \qquad ③
\end{aligned}
$$

E_{a2} は，③式／②式によって，

$$\frac{E_{a2}}{200} = \frac{k_{ei} \times 0.5 I_{f1} \times 1\,320}{k_{ei} I_{f1} \times 600} = 1.1$$

$$E_{a2} = 1.1 \times 200 = 220\,[\text{V}]$$

直流電動機の出力 P は，E_a と I_a の積であり，

$$P = E_a I_a\,[\text{W}]$$

（a）および（b）の場合の出力をそれぞれ P_1, P_2 として，I_{a2} を計算すると，

$$P_1 = E_{a1} I_{a1} = 200 \times 20 = 4\,000\,[\text{W}]$$

$$P_2 = \frac{N_2}{N_1} P_1 = \frac{1\,320}{600} \times 4\,000 = E_{a2} I_{a2} = 220 \times I_{a2}$$

$$I_{a2} = \frac{1}{220} \times \frac{1\,320}{600} \times 4\,000 = 40\,[\text{A}]$$

よって端子電圧 V_2 は，①式に数値を代入して，

$$V_2 = E_{a2} + r_a I_{a2} = 220 + 0.4 \times 40 = 236\,[\text{V}]$$

解説▶

直流電動機の出力 P は，E_a と I_a の積，および電動機の回転角速度 ω と電動機トルク T の積として表される。関係式で表すと，

$$P = E_a I_a\,[\text{W}] \qquad ④$$

$$P = \omega T\,[\text{W}] \qquad ⑤$$

また，回転速度 $N[\text{min}^{-1}]$ と $\omega[\text{rad/s}]$ の関係は，次式で表される。

$$\omega = \frac{2\pi}{60} N \qquad ⑥$$

よって出力 P は，⑤式に⑥式を代入して，

$$P = \frac{2\pi}{60} N T\,[\text{W}] \qquad ⑦$$

誘導起電力 E_a は，回転速度 N，界磁磁束 ϕ を用いて，

$$E_a = k_e \phi N \qquad ⑧$$

と表される（k_e：比例定数）。

解答では，④式，⑧式と負荷トルク一定（T 一定）の条件により答えを導いた。

Point 等価回路により端子電圧を計算する。

　ある直流分巻電動機を端子電圧 220 V，電機子電流 100 A で運転したときの出力が 18.5 kW であった。

　この電動機の端子電圧と界磁抵抗とを調節して，端子電圧 200 V，電機子電流 110 A，回転速度 720 min⁻¹ で運転する。このときの電動機の発生トルクの値[N・m]として，最も近いものを次の（1）〜（5）のうちから一つ選べ。

　ただし，ブラシの接触による電圧降下及び電機子反作用は無視でき，電機子抵抗の値は上記の二つの運転において等しく，一定であるものとする。

　（1）　212　　　　（2）　236　　　（3）　245　　　（4）　260　　　（5）　270

問8の解答　出題項目＜出力・トルク＞　答え　(2)

初期の運転状態における電機子回路を**図8-1**に示す。電機子抵抗を $r[\Omega]$ とすると，電機子逆起電力 E は，

$$E = 220 - 100r[\text{V}]$$

出力 P は，電機子逆起電力と電機子電流の積であるから，

$$P = (220 - 100r) \times 100 = 18\,500[\text{W}]$$

この式から r が求められ，

$$r = 0.35[\Omega]$$

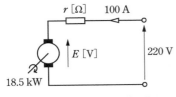

図8-1　初期の運転状態

調節後の運転状態における電機子回路を**図8-2**に示す。電機子逆起電力 E は，

$$E = 200 - 110 \times 0.35 = 161.5[\text{V}]$$

であるから，出力 P は，

$$P = 110E = 110 \times 161.5 = 17\,765[\text{W}]$$

トルク T は，回転速度を $N[\text{min}^{-1}]$ とすると，

$$T = \frac{P}{2\pi\dfrac{N}{60}} = \frac{60 \times 17\,765}{2\pi \times 720} \fallingdotseq 236[\text{N}\cdot\text{m}]$$

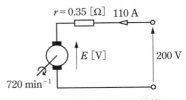

図8-2　調節後の運転状態

解説

電機子が発生する電機子出力は，電機子で消費される電力に等しい。これから機械損を差し引くと，電動機出力（軸出力）となる。解答では機械損を無視した。

出力 $P[\text{W}]$，トルク $T[\text{N}\cdot\text{m}]$，回転速度 N $[\text{min}^{-1}]$ の関係式は，回転角速度を $\omega[\text{rad/s}]$ とすると，

$$P = \omega T = 2\pi\frac{N}{60}T$$

で与えられ，全ての回転機で成り立つ。

理論
電力
機械
法規
令和5(2023)上期
令和5(2023)下期
選抜90問
選抜85問
選抜90問
選抜65問

問9　出題分野＜直流機＞　　　　　　　　平成22年度 問2

　直流発電機の損失は，固定損，直接負荷損，界磁回路損及び漂遊負荷損に分類される。

　定格出力50 kW，定格電圧200 Vの直流分巻発電機がある。この発電機の定格負荷時の効率は94 %である。このときの発電機の固定損[kW]の値として，最も近いのは次のうちどれか。

　ただし，ブラシの電圧降下と漂遊負荷損は無視するものとする。また，電機子回路及び界磁回路の抵抗はそれぞれ0.03 Ω及び200 Ωとする。

　（1）　1.10　　　　（2）　1.12　　　　（3）　1.13　　　　（4）　1.30　　　　（5）　1.32

問10　出題分野＜直流機＞　　　　　　　　平成25年度 問1

　直流電動機に関する記述として，誤っているものを次の（1）～（5）のうちから一つ選べ。

（1）　分巻電動機は，端子電圧を一定として機械的な負荷を増加したとき，電機子電流が増加し，回転速度は，わずかに減少するがほぼ一定である。このため，定速度電動機と呼ばれる。

（2）　分巻電動機の速度制御の方法の一つとして界磁制御法がある。これは，界磁巻線に直列に接続した界磁抵抗器によって界磁電流を調整して界磁磁束の大きさを変え，速度を制御する方法である。

（3）　直巻電動機は，界磁電流が負荷電流（電動機に流れる電流）と同じである。このため，未飽和領域では界磁磁束が負荷電流に比例し，トルクも負荷電流に比例する。

（4）　直巻電動機は，負荷電流の増減によって回転速度が大きく変わる。トルクは，回転速度が小さいときに大きくなるので，始動時のトルクが大きいという特徴があり，クレーン，巻上機などの電動機として適している。

（5）　複巻電動機には，直巻界磁巻線及び分巻界磁巻線が施され，合成界磁磁束が直巻界磁磁束と分巻界磁磁束との和になっている構造の和動複巻電動機と，差になっている構造の差動複巻電動機とがある。

理論　電力　機械　法規

令和5(2023)上期

令和5(2023)下期

選抜90問

選抜85問

選抜90問

選抜65問

問 9 の解答　出題項目＜損失・効率＞　答え（1）

効率 η は，次式で表される。

$$\eta = \frac{\text{出力}\,P_\text{o}}{\text{出力}\,P_\text{o} + \text{全損失}\,P_\text{l}} \times 100\,[\%] \qquad ①$$

ここで全損失 P_l は，電機子電流を I_a，電機子抵抗を r_a，定格電圧を V，界磁抵抗を R_f とすると，$P_\text{l} =$ 固定損 $p_\text{o} +$ 直接負荷損 $I_\text{a}{}^2 r_\text{a} +$（ブラシ損 $=0$）$+$ 界磁回路損 $\dfrac{V^2}{R_\text{f}} +$（漂遊負荷損 $=0$）である。

①式を変形し，$\eta = 94\,[\%]$ を代入して全損失 P_l を求めると，

$$P_\text{l} = P_\text{o}\frac{100}{\eta} - P_\text{o} = P_\text{o}\left(\frac{100}{\eta} - 1\right) \qquad ②$$

$$= 50 \times 10^3 \times \left(\frac{100}{94} - 1\right) \fallingdotseq 3\,191.5\,[\text{W}]$$

次に，各損失を計算する。

電機子電流 I_a は，

$$I_\text{a} = \text{負荷電流} + \text{界磁電流}$$

$$= \frac{50 \times 10^3}{V} + \frac{V}{R_\text{f}} = \frac{50 \times 10^3}{200} + \frac{200}{200} = 251\,[\text{A}]$$

であるので，直接負荷損は，

$$I_\text{a}{}^2 r_\text{a} = 251^2 \times 0.03 = 1890\,[\text{W}]$$

界磁回路損は，

$$\frac{V^2}{R_\text{f}} = \frac{200^2}{200} = 200\,[\text{W}]$$

固定損 p_o は，前記の全損失 P_l の式より，

$$p_\text{o} = P_\text{l} - I_\text{a}{}^2 r_\text{a} - \frac{V^2}{R_\text{f}} = 3\,191.5 - 1\,890 - 200$$

$$= 1\,101.5\,[\text{W}] \fallingdotseq 1.10\,[\text{kW}]$$

Point 効率を表す①式を理解するとともに，題意から固定損を算出する。

問 10 の解答　出題項目＜電動機の特性，電動機の制御＞　答え（3）

（1）正。直流分巻電動機の回転速度 N は，電機子誘導起電力を $E_\text{a}\,[\text{V}]$，界磁磁束を $\phi\,[\text{Wb}]$，電源電圧を $V\,[\text{V}]$，電機子（負荷）電流を $I_\text{a}\,[\text{A}]$，電機子抵抗を $r_\text{a}\,[\Omega]$ とすると，

$$N = \frac{E_\text{a}}{k_\text{e}\phi} = \frac{V - r_\text{a}I_\text{a}}{k_\text{e}\phi}\,[\text{min}^{-1}] \qquad ①$$

ただし，$k_\text{e} = \dfrac{pZ}{60a}$（比例定数），

p：極数，Z：総導体数，a：並列回路数

電機子抵抗 r_a が小さいため，①式により電機子電流 I_a が増加しても E_a の減少はわずかであり，E_a に比例する N の減少もわずかでほぼ一定となる。

（2）正。①式により，界磁磁束 ϕ を変えることで回転速度 N の制御ができる。ϕ を変えるため，界磁巻線と直列に界磁抵抗器を接続し，その抵抗値を変化させて界磁電流の大きさを調整する。

（3）誤。直流直巻電動機のトルク T は，

$$T = k_\text{T}\phi I_\text{a}\,[\text{N}\cdot\text{m}] \qquad ②$$

ただし，$k_\text{T} = \dfrac{pZ}{2\pi a}$（比例定数）

直巻電動機は（電機子電流）$=$（負荷電流）$=$（界磁電流）となり，界磁磁束は界磁電流にほぼ比例する（$\phi = kI_\text{a}$，k：比例定数）ため，②式に界磁磁束 ϕ の式を代入すると，

$$T = k_\text{T}(kI_\text{a})I_\text{a} = k_\text{T}kI_\text{a}{}^2$$

となり，トルクは負荷電流の**2乗に比例**する。

（4）正。直巻電動機のトルクを大きくするには②式により界磁磁束 ϕ を大きくする。一方，ϕ を大きくすると，①式により回転速度 N が低下する。よって，回転速度が小さいとトルクは大きい。

（5）正。複巻電動機は直巻と分巻界磁巻線の二つを持ち，この二つの界磁磁束が和となる構造を和動，差となる構造を差動複巻電動機という。

Point 電動機の基本となる①，②式を覚えておくこと。

問 11　出題分野＜直流機＞　　　　　　　令和 2 年度 問 1

　次の文章は，直流他励電動機の制御に関する記述である。ただし，鉄心の磁気飽和と電機子反作用は無視でき，また，電機子抵抗による電圧降下は小さいものとする。

a　他励電動機は，　(ア)　と　(イ)　を独立した電源で制御できる。磁束は　(ア)　に比例する。

b　磁束一定の条件で　(イ)　を増減すれば，　(イ)　に比例するトルクを制御できる。

c　磁束一定の条件で　(ウ)　を増減すれば，　(ウ)　に比例する回転数を制御できる。

d　　(ウ)　一定の条件で磁束を増減すれば，ほぼ磁束に反比例する回転数を制御できる。回転数の　(エ)　のために　(ア)　を弱める制御がある。

　このように広い速度範囲で速度とトルクを制御できるので，直流他励電動機は圧延機の駆動などに広く使われてきた。

　上記の記述中の空白箇所(ア)～(エ)に当てはまる組合せとして，正しいものを次の(1)～(5)のうちから一つ選べ。

	(ア)	(イ)	(ウ)	(エ)
(1)	界磁電流	電機子電流	電機子電圧	上昇
(2)	電機子電流	界磁電流	電機子電圧	上昇
(3)	電機子電圧	電機子電流	界磁電流	低下
(4)	界磁電流	電機子電圧	電機子電流	低下
(5)	電機子電圧	電機子電流	界磁電流	上昇

問 12　出題分野＜直流機＞　　　　　　　平成 29 年度 問 2

　界磁に永久磁石を用いた磁束一定の直流機で走行する車があり，上り坂で電動機運転を，下り坂では常に回生制動(直流機が発電機としてブレーキをかける運転)を行い，一定の速度(直流機が一定の回転速度)を保って走行している。

　この車の駆動システムでは，直流機の電機子銅損以外の損失は小さく無視できる。電源の正極側電流，直流機内の誘導起電力などに関する記述として，誤っているものを次の(1)～(5)のうちから一つ選べ。

(1)　上り坂における正極側の電流は，電源から直流機へ向かって流れている。

(2)　上り坂から下り坂に変わるとき，誘導起電力の方向が反転する。

(3)　上り坂から下り坂に変わるとき，直流機が発生するトルクの方向が反転する。

(4)　上り坂から下り坂に変わるとき，電源電圧を下げる制御が行われる。

(5)　下り坂における正極側の電流は，直流機から電源へ向かって流れている。

597

理論 電力 **機械** 法規

令和 **5** (2023) 上期

令和 **5** (2023) 下期

選抜 **90** 問

選抜 **85** 問

選抜 **90** 問

選抜 **65** 問

問11の解答　　出題項目＜電動機の制御＞　　　答え　（1）

a　他励電動機は，**図11-1（a）**のように，界磁巻線への給電を電機子巻線とは別の直流電源で行う励磁方式の直流電動機である。このため，**界磁電流** I_f と**電機子電流** I_a を別々に制御できる。また，鉄心の磁気飽和がなければ，界磁巻線の磁束は**界磁電流**に比例する。一方，**図11-1（b）**のように，界磁巻線と電機子巻線に同じ電源から給電するのが自励電動機である。

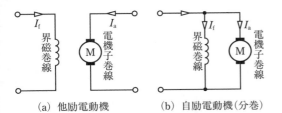

図11-1　他励電動機と自励電動機

b　直流電動機のトルク $T[\mathrm{N \cdot m}]$ は，次式で表される。

$$T = \frac{pZ}{2\pi a}\Phi I_a$$

ただし，p は極数，Z は導体数，a は並列回路数，$\Phi[\mathrm{W}]$ は磁束，$I_a[\mathrm{A}]$ は電機子電流である。

この式において，p，Z，a は電動機固有の値である。したがって，磁束 Φ が一定であれば，トルクは**電機子電流** I_a に比例する。

c　直流電動機の回転数 $N[\mathrm{min}^{-1}]$ は，次式で表される。

$$N = \frac{60aE}{pZ\Phi}$$

ただし，$E[\mathrm{V}]$ は電機子電圧（逆起電力）である。トルク T の式と同様に，p，Z，a は一定なので，磁束 Φ が一定であれば，回転数は**電機子電圧** E に比例する。

d　上式から，**電機子電圧** E が一定であれば，回転数は磁束 Φ に反比例することがわかる。このため，**界磁電流**を弱めて回転数を**上昇**させる弱め界磁制御が行われる。

問12の解答　　出題項目＜電動機の制御＞　　　答え　（2）

（1）正。上り坂では電動機運転をしているので，電流は電源から直流機に向かって流れている。

（2）誤。上り坂から下り坂に変わるとき，界磁の回転方向は同じであるので誘導起電力の方向は**変わらない**。なお，誘導起電力は磁束を打ち消す方向に電流を流そうとするため，その向きは電源電圧を低減させる方向となる。

（3）正。トルク T は，磁束を ϕ，電流を I，比例定数を k_t としたとき，

$$T = k_t \phi I$$

と表され，（1）および後述する（5）の結果から上り坂と下り坂で電流の向きが反転するため，トルクの向きも反転する。

（4）正。誘導起電力 E は，磁束を ϕ，回転速度を n，比例定数を k_e としたとき，

$$E = k_e \phi n$$

と表されるが，題意より磁束，回転速度ともに一定なので，誘導起電力も常に一定となる。上り坂から下り坂に変わって，直流機から電源に向かって電流を流すためには，電源電圧を誘導起電力よりも小さくする必要があるため，電源電圧を下げる制御が行われる。

（5）正。下り坂では回生制動を行っており，発電機運転をしているので，電流は直流機から電源に向かって流れている。

補足　電気自動車（EV）や電気鉄道は，本問で問われた発電機運転を積極的に活用している。

電気自動車はブレーキ時に発電機運転をすることで，回生電力をバッテリーに流して充電している。電気鉄道は，普段は架線から電力を得て電動機を駆動しているが，ブレーキ時は発電機運転をすることで，回生電力を逆に架線に返している。回生電力は，近くに力行している他の電気車がある場合はその電気車に供給され，ない場合は地上に設置した蓄電装置に供給されて充電をする。

　次の文章は，交流機における電機子巻線法に関する記述である。

　電機子巻線法には，1相のコイルをいくつかのスロットに分けて配置する (ア) と，集中巻がある。 (ア) の場合，各極各相のスロット数は (イ) となる。

　 (ア) において，コイルピッチを極ピッチよりも短くした巻線法を (ウ) と呼ぶ。この巻線法を採用すると， (エ) は低くなるが，コイル端を短くできることや， (オ) が改善できるなどの利点があるため，一般的によく用いられている。

　上記の記述中の空白箇所(ア)～(オ)に当てはまる組合せとして，正しいものを次の(1)～(5)のうちから一つ選べ。

	(ア)	(イ)	(ウ)	(エ)	(オ)
(1)	分布巻	2以上	短節巻	誘導起電力	電圧波形
(2)	分散巻	2未満	全節巻	励磁電流	力率
(3)	分布巻	2未満	短節巻	励磁電流	力率
(4)	分布巻	2未満	短節巻	励磁電流	電圧波形
(5)	分散巻	2以上	全節巻	誘導起電力	力率

理論 電力 **機械** 法規

令和 5 (2023) 上期

令和 5 (2023) 下期

選抜 90 問

選抜 85 問

選抜 90 問

選抜 65 問

問 13 の解答　　出題項目＜構造，種類と構造＞　　　　　答え　（1）

　電機子巻線法には，1 相のコイルをいくつかのスロットに分けて配置する**分布巻**と，集中巻がある。**分布巻**の場合，各極各相のスロット数は**2 以上**となる。

　分布巻において，コイルピッチを極ピッチよりも短くした巻線法を**短節巻**と呼ぶ。この巻線法を採用すると，誘導起電力は低くなるが，コイル端を短くできることや，**電圧波形**が改善できるなどの利点があるため，一般的によく用いられている。

解説 ●●●●●●●●

　図 13-1 は，2 極，1 相分についての巻線法を表したイメージ図である。集中巻が 1 相のコイルを 2 極（NS 極）一対のスロットに配置（各極 1 つのスロットに配置）した巻線法であるのに対して，分布巻は各極について多数（2 以上）のスロットに分けて配置した巻線法である。したがって，各極各相のスロット数は 2 以上必要となる。

　分布巻では多数のスロットがあるので，一つのコイルの配置間隔（コイルピッチ）が磁極 N 極 S 極の間隔（極ピッチ）よりも短くなるようなスロット間に配置できる。このような巻線法を短節巻という。一方，コイルピッチと極ピッチが等しくな

る巻線法を**全節巻**という。

　短節巻では，集中巻に比べて誘導起電力は**巻線係数**倍に低下するが，エアギャップ磁束の高調波成分を除去でき，波形を正弦波に近づけることができる。また，コイルピッチが短い短節巻では，次のコイルに渡るための結線（コイル端の結線）が全節巻に比べ短く，電線の銅量を節約できる。

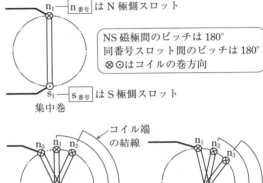

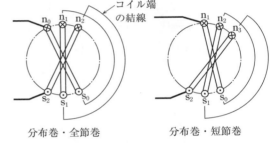

図 13-1　集中巻，分布巻（全節巻，短節巻）のイメージ

問 14 出題分野＜誘導機＞ 平成 25 年度 問 3

　三相誘導電動機の回転磁界に関する記述として，誤っているものを次の（1）〜（5）のうちから一つ選べ。

（1）　三相誘導電動機の一次巻線による励磁と，三相同期電動機の電機子反作用とは，それぞれの機種固有の表現になっているが，三相巻線に電流が流れて生じる回転磁界という点では同じ現象である。

（2）　3組のコイルを互いに電気角で 120°ずらして配置し，三相電源から三相交流を流せば回転磁界ができる。磁界の回転方向を逆転させるには，三相電源の 3 線のうち，いずれかの 2 線を入れ換える。

（3）　交番磁界は正転と逆転の回転磁界を合成したものである。三相電源の 3 線のうち 1 線が断線した三相誘導電動機の回転磁界は単相の交番磁界であるが，正転の回転磁界が残っているので，静止時に負荷が軽い場合は正回転を始める。

（4）　回転磁界の隣り合う磁極間（N 極と S 極間）の幾何学的角度は，2 極機は 180°，4 極機は 90°，6 極機は 60°，8 極機は 45°であるが，電気角は全て 180°である。

（5）　三相交流の 1 周期の間に，回転磁界は電気角で 360°回転する。幾何学的角度では，2 極機は 360°，4 極機では 180°，6 極機では 120°，8 極機では 90°回転するので，極数を多くすると，回転速度を小さくすることができる。

問 14 の解答　　出題項目＜回転磁界＞

（1）正。三相誘導電動機の一次巻線による励磁も三相同期電動機の電機子反作用による励磁も回転磁界という点では同じである。

（2）正。配置を 120° ずらした a，b，c の 3 組のコイルに三相電流を流す（**図 14-1**）。

図 14-2 は，時間によりコイルが作る磁界の向きが変化し，回転磁界となる様子である。配線を入れ替えるということは，a，b，c の回転方向が反対となり電動機は逆回転する。

（3）誤。三相電源の 3 線のうち 1 線が断線すると単相の交番磁界が生じる。交番磁界は始動トルクが無いため，**静止し続ける**。手などで回転させると回転トルクを生じて回転する。この回転トルクは正逆どちらの回転でも発生する。

（4）正。図 14-2 は 2 極機（180°）の場合を示している。4 極機の場合，幾何学的中間位置にコイルを配置するため，90° となる。

（5）正。上記（4）で述べたように，極数を多くすると幾何学的配置は 2 極機に対して 4 極機では半分になることから，極数を増やすと回転速度を小さくすることができる。

Point 三相巻線により回転磁界が発生する。断線した場合，始動トルクは発生しない。

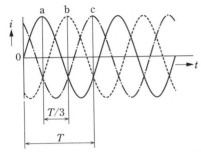

図 14-1　三相誘導電動機の一次巻線電流

（a）a コイル + 最大時　（b）b コイル + 最大時　（c）c コイル + 最大時

図 14-2　一次巻線電流による回転磁界

理論　電力　機械　法規

令和**5**(2023)上期

令和**5**(2023)下期

選抜**90**問

選抜**85**問

選抜**90**問

選抜**65**問

問 15 出題分野＜誘導機＞

　三相かご形誘導電動機の等価回路定数の測定に関する記述として，誤っているものを次の（1）～（5）のうちから一つ選べ。

　ただし，等価回路としては一次換算した1相分の簡易等価回路(L形等価回路)を対象とする。

（1）　一次巻線の抵抗測定は静止状態において直流で行う。巻線抵抗値を換算するための基準巻線温度は絶縁材料の耐熱クラスによって定められており，75℃や115℃などの値が用いられる。

（2）　一次巻線の抵抗測定では，電動機の一次巻線の各端子間で測定した抵抗値の平均値から，基準巻線温度における一次巻線の抵抗値を決められた数式を用いて計算する。

（3）　無負荷試験では，電動機の一次巻線に定格周波数の定格一次電圧を印加して無負荷運転し，一次側において電圧[V]，電流[A]及び電力[W]を測定する。

（4）　拘束試験では，電動機の回転子を回転しないように拘束して，一次巻線に定格周波数の定格一次電圧を印加して通電し，一次側において電圧[V]，電流[A]及び電力[W]を測定する。

（5）　励磁回路のサセプタンスは無負荷試験により，一次二次の合成漏れリアクタンスと二次抵抗は拘束試験により求められる。

問 15 の解答　出題項目＜等価回路＞　　　　　　　　答え （4）

（1）正。一次巻線の抵抗測定は，直流電源を用いて電圧降下法（電位降下法）やブリッジ法によって測定する。**基準巻線温度**とは，特性値を算出する基準となる温度である。

（2）正。一次巻線の抵抗は，三つの端子間でそれぞれ測定し，それらを平均して求める。Y結線であれば2相分の抵抗となるので，測定値を $\frac{1}{2}$ 倍にして1相分とする。

（3）正。電動機を定格電圧，定格周波数で無負荷運転して，電圧，電流及び電力を測定する。無負荷であっても一次巻線（固定子巻線）には回転磁界をつくる励磁回路があるので，この励磁電流と励磁損失を求める試験である。

（4）誤。測定回路は無負荷試験と同じであるが，電動機の回転子が回転しないように拘束（こうそく）して行う。一次巻線には，定格周波数の**低電圧**（定格電流を流す電圧）を印加する。この試験は短絡試験に相当するので，定格電圧を印加すると大電流が流れて巻線が損傷してしまう。

（5）正。無負荷試験により励磁電流と鉄損がわかるので，励磁サセプタンスが求められる。ま

た，拘束試験では励磁回路が無視できるので，一次二次の合成抵抗と合成漏れリアクタンスが求められる。一次抵抗は巻線抵抗試験で測定できるので，一次側と二次側の抵抗を分離できる。

解説
一次側に換算したL形等価回路は，**図15-1**のように励磁回路を電源側に寄せたものである。

補足（1），（2）について，一次巻線の抵抗測定は端子間で行うので，1相当たりの抵抗値は測定値の $\frac{1}{2}$ となる。したがって，測定温度 t [℃]において，一次巻線の各端子間で測定した抵抗値の平均値を r [Ω]とすると，1相当たりの抵抗値 $r_{1t}=\frac{r}{2}$ である。すると，基準巻線温度 T [℃]における一次巻線の抵抗値 r_{1T} [Ω]は，次式で表される。

$$r_{1T}=r_{1t}\times\frac{234.5+T}{234.5+t}$$
$$=\frac{r}{2}\times\frac{234.5+T}{234.5+t}$$

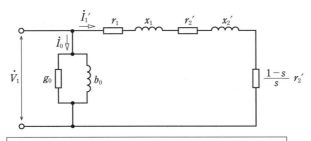

$\dot{V}_1$：一次電圧，$\dot{I}_0$：励磁電流，g_0：励磁コンダクタンス，
b_0：励磁サセプタンス，$\dot{I}_1'$：一次負荷電流，r_1：一次抵抗，
x_1：一次漏れリアクタンス，r_2'：一次換算の二次抵抗，
x_2'：一次側換算の二次漏れリアクタンス，s：滑り

図15-1　一次側換算のL形等価回路

問 16　出題分野＜誘導機＞　　　　　　　　　　平成 26 年度 問 6

次の文章は，三相誘導電動機の等価回路に関する記述である。

三相誘導電動機の 1 相当たりの等価回路は，　(ア)　と同様に表すことができ，その等価回路を使用することによって電圧 V 及び周波数 f を同時に変化させるインバータで運転したときの磁束，トルクの特性を検討することができる。

図の　(イ)　等価回路において，誘導電動機を例えば定格周波数，定格電圧の数パーセント程度の周波数，電圧で始動するときの特性を考える。この場合，もし始動電流が定格電流と同じだけ流れると，　(ウ)　による電圧降下の一次電圧に対する比率が定格時よりも大きくなるので，磁束が減少し，発生トルクが　(エ)　することが理解できる。また，誘導電動機を例えば定格周波数，定格電圧で運転するときは，上記電圧降下による計算誤差が小さく，計算が簡単になるので，励磁回路を図の　(オ)　側に移した簡易等価回路を使うことも有効である。この運転では，もしインバータが出力する電圧 V が減少したとしても，$\dfrac{V}{f}$ 比を一定に保つように周波数 f を減少させれば，負荷変動に影響されずに励磁電流がほぼ一定となることが分かる。

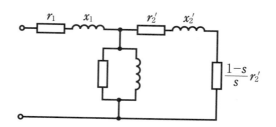

上記の記述中の空白箇所(ア)，(イ)，(ウ)，(エ)及び(オ)に当てはまる組合せとして，正しいものを次の(1)～(5)のうちから一つ選べ。

	(ア)	(イ)	(ウ)	(エ)	(オ)
(1)	同期電動機	L 形	一次抵抗	増　加	右端の負荷抵抗
(2)	変圧器	T 形	一次抵抗	減　少	左端の端子
(3)	同期電動機	T 形	二次漏れリアクタンス	減　少	右端の負荷抵抗
(4)	変圧器	L 形	一次抵抗	増　加	右端の負荷抵抗
(5)	変圧器	T 形	二次漏れリアクタンス	減　少	左端の端子

605

理論 電力 **機械** 法規

令和 **5** (2023) 上期

令和 **5** (2023) 下期

選抜 **90** 問

選抜 **85** 問

選抜 **90** 問

選抜 **65** 問

問 16 の解答 　出題項目＜等価回路＞ 　　　答え　（2）

　三相誘導電動機の等価回路は**変圧器**と同様に表すことができる。

　問題図の回路の負荷抵抗を除いた部分は T 字形に見えるため **T 形**等価回路という。

　誘導電動機を定格周波数，定格電圧の数％で始動する場合，励磁回路に加わる電圧は**一次抵抗**による電圧降下の比率が定格時よりも大きくなり，発生トルクが**減少**する。

　また，励磁回路を電源側すなわち**左側の端子**へ移動した等価回路のことを L 形等価回路という。

解説

　励磁回路に加わる電圧は電源電圧から一次回路の電圧降下を引いた値となる。電源電圧，周波数を定格時の数％として始動した場合，始動電流（≒定格電流）による電圧降下は電源電圧に対して無視できない大きさとなり，励磁回路に加わる電圧は小さくなってしまう。励磁回路に加わる電圧が低下することにより，二次側の電圧も低下して，発生トルクも減少する。

補足　図 16-1 において，V/f 一定制御のインバータ始動を行う場合の定格運転時および始動時の励磁（相）電圧 E，E' を求める。ただし，一次抵抗 $r_1 = 0.5[\Omega]$，一次リアクタンス $x_1 = 0.5[\Omega]$ とする。定格時，始動時の条件は下記のとおりとする。

[定格時]

電源電圧 $\dfrac{V}{\sqrt{3}} = \dfrac{200}{\sqrt{3}}[V]$

電源周波数 $f_n = 50[Hz]$

電流 $I_n = 10[A]$

力率 $\cos\theta_n = 0.8$

一次電圧降下 $v[V]$

[始動時（電源電圧，周波数を定格時の 5％）]

電源電圧 $\dfrac{V'}{\sqrt{3}} = \dfrac{0.05V}{\sqrt{3}} = \dfrac{0.05\times200}{\sqrt{3}} = \dfrac{10}{\sqrt{3}}[V]$

周波数 $f' = 0.05f_h = 0.05\times50 = 2.5[Hz]$

電流 $I' = 10[A]$

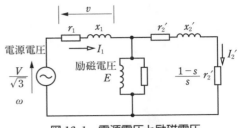

図 16-1　電源電圧と励磁電圧

力率 $\cos\theta' = 0.6$

一次電圧降下 $v'[V]$

　上記の条件における v および v' を簡略式により計算する。始動時リアクタンスは電源周波数に比例することに注意すると，

$v = I_n(r_1\cos\theta_n + x_1\sin\theta_n)$
$\quad = 10\times(0.5\times0.8 + 0.5\times0.6)$
$\quad = 7[V]$
$v' = I'(r_1\cos\theta' + 0.05x_1\sin\theta')$
$\quad = 10\times(0.5\times0.6 + 0.05\times0.5\times0.8)$
$\quad = 3.2[V]$

となる。よって，励磁電圧は，

$E = \dfrac{V}{\sqrt{3}} - v = \dfrac{200}{\sqrt{3}} - \dfrac{\sqrt{3}\times7}{\sqrt{3}}$
$\quad \fallingdotseq \dfrac{187.9}{\sqrt{3}}[V]$

$E' = \dfrac{V'}{\sqrt{3}} - v' = \dfrac{10}{\sqrt{3}} - \dfrac{\sqrt{3}\times3.2}{\sqrt{3}}$
$\quad \fallingdotseq \dfrac{4.46}{\sqrt{3}}[V]$

となり，始動時の励磁電圧 $E' = 4.46/\sqrt{3}[V]$ は電源電圧 $V'/\sqrt{3} = 10/\sqrt{3}[V]$ の半分以下となることがわかる。

　このため，始動時には不足する電圧分を予め想定して加えておき，不足トルクを補うことが行われる。これを**トルクブースト**と呼ぶ。

Point 誘導電動機の V/f 一定制御では，始動時，一次回路の電圧降下が大きいため，発生トルクが減少する。

問 17　出題分野＜誘導機＞　　　　　　　　　平成30年度 問3

　定格出力 11.0 kW，定格電圧 220 V の三相かご形誘導電動機が定トルク負荷に接続されており，定格電圧かつ定格負荷において滑り 3.0 ％ で運転されていたが，電源電圧が低下し滑りが 6.0 ％ で一定となった。滑りが一定となったときの負荷トルクは定格電圧のときと同じであった。このとき，二次電流の値は定格電圧のときの何倍となるか。最も近いものを次の（1）～（5）のうちから一つ選べ。ただし，電源周波数は定格値で一定とする。

（1）　0.50　　　　（2）　0.97　　　　（3）　1.03　　　　（4）　1.41　　　　（5）　2.00

問 18　出題分野＜誘導機＞　　　　　　　　　平成26年度 問4

　一般的な三相かご形誘導電動機がある。

　出力が大きい定格運転条件では，誘導機の等価回路の電流は「二次電流≫励磁電流」であるから，励磁回路を省略しても特性をほぼ表現できる。さらに，「二次抵抗による電圧降下≫その他の電圧降下」となるので，一次抵抗と漏れリアクタンスを省略しても，おおよその特性を検討できる。

　このような電動機でトルク一定負荷の場合に，電流 100 A の定格運転から電源電圧と周波数を共に 10 ％ 下げて回転速度を少し下げた。このときの電動機の電流の値[A]として，最も近いものを次の（1）～（5）のうちから一つ選べ。

（1）　80　　　　（2）　90　　　　（3）　100　　　　（4）　110　　　　（5）　120

607

理論 電力 **機械** 法規

令和 **5** (2023) 上期

令和 **5** (2023) 下期

選抜 **90** 問

選抜 **85** 問

選抜 **90** 問

選抜 **65** 問

問 17 の解答　出題項目＜二次電流＞　答え（4）

誘導電動機の二次側の等価回路は，**図 17-1** に示すとおりである。図 17-1 から，機械出力（1 相分）P_0[W] は，二次電流を I_2[A]，二次抵抗を r_2[Ω]，滑りを s とすると，

$$P_0 = \frac{1-s}{s} r_2 I_2^2 \qquad ①$$

また，トルク T[N·m] は，同期角速度を ω_0[rad/s]，角速度を ω[rad/s] とすると，

$$T = \frac{P_0}{\omega} = \frac{P_0}{(1-s)\omega_0} \qquad ②$$

①式を②式に代入すると，

$$T = \frac{\dfrac{1-s}{s} r_2 I_2^2}{(1-s)\omega_0} = \frac{r_2 I_2^2}{s\omega_0}$$

題意より，電源電圧の変化の前後でトルクは変わらないので，電源電圧低下後の二次電流を

I_2'[A]，滑りを s' とすると，

$$\frac{r_2 I_2^2}{s\omega_0} = \frac{r_2 I_2'^2}{s'\omega_0}$$

$$\frac{I_2'^2}{s'} = \frac{I_2^2}{s}$$

$$\therefore \quad \frac{I_2'}{I_2} = \sqrt{\frac{s'}{s}} \qquad ③$$

題意の $s=0.03$，$s'=0.06$ を③式に代入すると，

$$\frac{I_2'}{I_2} = \sqrt{\frac{0.06}{0.03}} \fallingdotseq 1.41$$

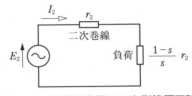

図 17-1　誘導電動機の二次側等価回路

問 18 の解答　出題項目＜二次電流＞　答え（3）

励磁回路と一次抵抗および漏れリアクタンスを省略した一次換算等価回路（1 相分）を**図 18-1** に示す。

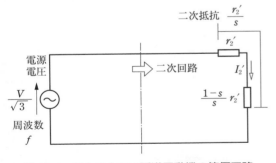

図 18-1　出力の大きい誘導電動機の等価回路

二次入力を P_2，電源の角周波数を ω_s，トルクを T とすると，$P_2 = \omega_s T$ である。図 18-1 より，本問では P_2 は電源電圧と二次電流の積だから，次式が成り立つ。

$$T = \frac{3 \times \dfrac{V}{\sqrt{3}} \times 100}{\omega_s} = \frac{3 \times \dfrac{V}{\sqrt{3}} \times 0.9 \times I_2}{0.9\omega_s}$$

（I_2 は変化後の電流）

これより，

$$I_2 = 100 \text{[A]}$$

定格出力 15 kW，定格電圧 400 V，定格周波数 60 Hz，極数 4 の三相誘導電動機がある。この誘導電動機が定格電圧，定格周波数で運転されているとき，次の（a）及び（b）の問に答えよ。

（a）　軸出力が 15 kW，効率と力率がそれぞれ 90 % で運転されているときの一次電流の値 [A] として，最も近いものを次の（1）～（5）のうちから一つ選べ。

　　（1）　22　　　　（2）　24　　　　（3）　27　　　　（4）　33　　　　（5）　46

（b）　この誘導電動機が巻線形であり，全負荷時の回転速度が 1 746 min^{-1} であるものとする。二次回路の各相に抵抗を追加して挿入したところ，全負荷時の回転速度が 1 455 min^{-1} となった。ただし，負荷トルクは回転速度によらず一定とする。挿入した抵抗の値は元の二次回路の抵抗の値の何倍であるか。最も近いものを次の（1）～（5）のうちから一つ選べ。

　　（1）　1.2　　　　（2）　2.2　　　　（3）　5.4　　　　（4）　6.4　　　　（5）　7.4

609

理論 電力 **機械** 法規

令和 **5** (2023) 上期

令和 **5** (2023) 下期

選抜 **90** 問

選抜 **85** 問

選抜 **90** 問

選抜 **65** 問

問 19 （a）の解答　出題項目＜一次電流＞　　答え　（3）

軸出力 $P_0 = 15[\text{kW}]$，効率 $\eta = 0.9$ であり，一次入力 P_1 は，$\eta = \dfrac{\text{軸出力 } P_0}{\text{一次入力 } P_1}$ であることから，

$$P_1 = \frac{P_0}{\eta} = \frac{15}{0.9} = 16.667[\text{kW}]$$

となる。一次電圧 $V_1 = 400[\text{V}]$，力率 $\cos\theta = 0.9$ なので，求める一次電流を $I_1[\text{A}]$ とすると，

$$P_1 = 3 \times \frac{V_1}{\sqrt{3}} I_1 \cos\theta = \sqrt{3}\,V_1 I_1 \cos\theta$$

$$I_1 = \frac{P_1}{\sqrt{3}\,V_1 \cos\theta} = \frac{16.667 \times 10^3}{\sqrt{3} \times 400 \times 0.9}$$
$$= 26.73[\text{A}] \quad \rightarrow \quad 27\,\text{A}$$

解説 ▷ ┄┄┄┄┄┄┄┄┄┄┄┄┄┄┄┄

誘導電動機の一般的な等価回路は**図 19-1**の通りである。

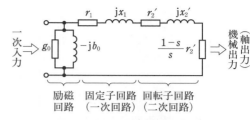

図 19-1　誘導電動機の等価回路

ここで，g_0 は励磁コンダクタンス[S]，b_0 は励磁サセプタンス[S]，r_1 および r_2 は一次および二次巻線抵抗[Ω]，x_1 および x_2 は一次および二次漏れリアクタンス[Ω]，s は滑りである。

問 19 （b）の解答　出題項目＜速度制御＞　　答え　（3）

題意より，定格周波数 $f = 60[\text{Hz}]$，極数 $p = 4$ なので，同期速度 $N_s[\text{min}^{-1}]$ は，

$$N_s = \frac{120f}{p} = \frac{120 \times 60}{4} = 1\,800[\text{min}^{-1}]$$

となる。抵抗挿入前の滑りを s_1，抵抗挿入後の滑りを s_2 とすると，

$$s_1 = \frac{1\,800 - 1\,746}{1\,800} = 0.03$$

$$s_2 = \frac{1\,800 - 1\,455}{1\,800} = 0.191\,7$$

となる。元の二次回路の抵抗を $r_2[\Omega]$，挿入した抵抗値を $R[\Omega]$ とすると，トルクの比例推移より，

$$\frac{r_2}{s_1} = \frac{r_2 + R}{s_2}, \quad \frac{s_2}{s_1} = \frac{r_2 + R}{r_2}$$

$$\frac{0.191\,7}{0.03} = \frac{r_2 + R}{r_2}$$

$$\therefore R = 5.39 r_2 \quad \rightarrow \quad 5.4\,\text{倍}$$

解説 ▷ ┄┄┄┄┄┄┄┄┄┄┄┄┄┄┄┄

巻線形誘導電動機の場合は，回転子巻線抵抗に直列に外部抵抗を接続することができる。外部抵抗を接続することで**図 19-2** のようにトルク–速度特性曲線を推移させることができる。

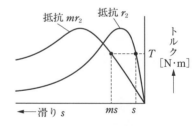

図 19-2　トルク–速度特性曲線

外部抵抗の接続によって，合成抵抗の値が接続前の抵抗値の m 倍になったとき，接続前と同一の大きさのトルクを得るときの滑りの値も接続前の滑りの値の m 倍となる。この特性をトルクの比例推移という。

この特性を用いれば，大きな外部抵抗を接続することで始動時（滑り 1）でも大きなトルクを得る状況をつくることができる。また，段階的に外部抵抗の大きさを変えることによって，定トルクでの速度制御が実現可能となる。

次の文章は，三相の誘導機に関する記述である。

固定子の励磁電流による同期速度の ［　(ア)　］ と回転子との速度の差(相対速度)によって回転子に電圧が発生し，その電圧によって回転子に電流が流れる。トルクは回転子の電流と磁束とで発生するので，トルク特性を制御するため，巻線形誘導機では回転子巻線の回路をブラシと ［　(イ)　］ で外部に引き出して二次抵抗値を調整する方式が用いられる。回転子の回転速度が停止(滑り $s=1$)から同期速度(滑り $s=0$)の間，すなわち，$1>s>0$ の運転状態では，磁束を介して回転子の回転方向にトルクが発生するので誘導機は ［　(ウ)　］ となる。回転子の速度が同期速度より高速の場合，磁束を介して回転子の回転方向とは逆の方向にトルクが発生し，誘導機は ［　(エ)　］ となる。

上記の記述中の空白箇所(ア)，(イ)，(ウ)及び(エ)に当てはまる語句として，正しいものを組み合わせたのは次のうちどれか。

	(ア)	(イ)	(ウ)	(エ)
(1)	交番磁界	スリップリング	電動機	発電機
(2)	回転磁界	スリップリング	電動機	発電機
(3)	交番磁界	整流子	発電機	電動機
(4)	回転磁界	スリップリング	発電機	電動機
(5)	交番磁界	整流子	電動機	発電機

問 20 の解答   出題項目＜滑り＞   答え　(2)

三相巻線形誘導機を**図 20-1** に示す。

固定子の励磁電流により同期速度の**回転磁界**が発生する。回転磁界と回転子との速度の差により回転子に誘導起電力が発生し，この起電力により回転子(二次回路)に電流が流れる。

巻線形誘導機は図 20-1 のように回転子の回路をブラシと**スリップリング**により外部へ引き出し，外部の可変抵抗器により二次抵抗値を調整する。

回転子の回転速度が停止($s=1$)から同期速度($s=0$)の間($1>s>0$)は軸へ動力を与え，誘導機は**電動機**である。回転子の回転速度が同期速度以上($s<0$)になると軸から動力を受けることにな

り，誘導機は**発電機**となる。

Point 誘導機は同期速度より速く回転すると発電機になる。

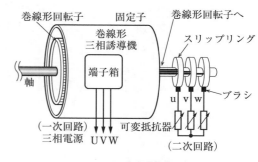

図 20-1　三相巻線形誘導機

理論
電力
機械
法規

令和5(2023)上期

令和5(2023)下期

選抜90問

選抜85問

選抜90問

選抜65問

問 21　出題分野＜誘導機＞

次の文章は，巻線形誘導電動機に関する記述である。

三相巻線形誘導電動機の二次側に外部抵抗を接続して，誘導電動機を運転することを考える。ただし，外部抵抗は誘導電動機内の二次回路にある抵抗に比べて十分大きく，誘導電動機内部の鉄損，銅損及び一次，二次のインダクタンスなどは無視できるものとする。

いま，回転子を拘束して，一次電圧 V_1 として 200 V を印加したときに二次側の外部抵抗を接続した端子に現れる電圧 V_{2s} は 140 V であった。拘束を外して始動した後に回転速度が上昇し，同期速度 1 500 min^{-1} に対して 1 200 min^{-1} に到達して，負荷と釣り合ったとする。

このときの一次電圧 V_1 は 200 V のままであると，二次側の端子に現れる電圧 V_2 は $\boxed{（ア）}$ [V] となる。

また，機械負荷に P_m[W] が伝達されるとすると，一次側から供給する電力 P_1[W]，外部抵抗で消費される電力 P_{2c}[W] との関係は次式となる。

$$P_1 = P_m + \boxed{（イ）} \times P_{2c}$$

$$P_{2c} = \boxed{（ウ）} \times P_1$$

したがって，P_{2c} と P_m の関係は次式となる。

$$P_{2c} = \boxed{（エ）} \times P_m$$

接続する外部抵抗には，このような運転に使える電圧・容量の抵抗器を選択しなければならない。

上記の記述中の空白箇所(ア)，(イ)，(ウ)及び(エ)に当てはまる組合せとして，正しいものを次の(1)～(5)のうちから一つ選べ。

	(ア)	(イ)	(ウ)	(エ)
(1)	112	0.8	0.8	0.25
(2)	28	1	0.2	4
(3)	28	1	0.2	0.25
(4)	112	0.8	0.8	4
(5)	112	1	0.2	0.25

問 21 の解答　出題項目＜二次回路・同期ワット＞

答え　（3）

題意の条件の等価回路（1 相分）を**図 21-1** に示す。回転子を拘束（滑り $s=1$）したときの二次側誘導起電力（線間）を E_2 とすると，

$$\frac{E_2}{\sqrt{3}}=\frac{V_{2s}}{\sqrt{3}}[\mathrm{V}]$$

$$\therefore\ E_2=V_{2s}=140[\mathrm{V}]$$

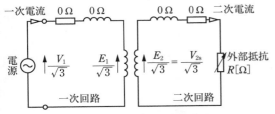

図 21-1　三相巻線形誘導電動機

回転速度 $N=1200[\mathrm{min}^{-1}]$ で運転している場合の滑り s は，同期速度を $N_s[\mathrm{min}^{-1}]$ とすると，

$$s=\frac{N_s-N}{N_s}=\frac{1\,500-1\,200}{1\,500}=0.2$$

二次側端子電圧 V_2 は，E_2 の s 倍となるから，

$$V_2=sE_2=0.2\times140=\underline{\mathbf{28}}[\mathrm{V}]$$

題意から，電動機の内部損失を無視すると，一次側からの供給電力 $P_1[\mathrm{W}]$ は，機械負荷 $P_m[\mathrm{W}]$ と外部抵抗で消費される電力 $P_{2c}[\mathrm{W}]$ の和となる。

$$P_1=P_m+\underline{\mathbf{1}}\times P_{2c}[\mathrm{W}]$$

二次入力 $P_2=P_1$，二次銅損 P_{2c} および機械負荷 P_m の関係式は，

$$P_1:P_{2c}:P_m=1:s:1-s \qquad\qquad ①$$

である。①式の P_1 と P_{2c} の関係により，

$$P_{2c}=\frac{s}{1}P_1=\underline{\mathbf{0.2}}\times P_1$$

①式の P_m と P_{2c} の関係により，

$$P_{2c}=\frac{s}{1-s}P_m=\frac{0.2}{1-0.2}P_m=\underline{\mathbf{0.25}}\times P_m$$

Point 誘導電動機の等価回路および①式により問題を解く。

理論

電力

機械

法規

令和 5 (2023) 上期

令和 5 (2023) 下期

選抜 90 問

選抜 85 問

選抜 90 問

選抜 65 問

　定格出力 45 kW，定格周波数 60 Hz，極数 4，定格運転時の滑りが 0.02 である三相誘導電動機について，次の（a）及び（b）の問に答えよ。

（a）　この誘導電動機の定格運転時の二次入力（同期ワット）の値[kW]として，最も近いものを次の（1）～（5）のうちから一つ選べ。

　　（1）　43　　（2）　44　　（3）　45　　（4）　46　　（5）　47

（b）　この誘導電動機を，電源周波数 50 Hz において，60 Hz 運転時の定格出力トルクと同じ出力トルクで連続して運転する。この 50 Hz での運転において，滑りが 50 Hz を基準として 0.05 であるときの誘導電動機の出力の値[kW]として，最も近いものを次の（1）～（5）のうちから一つ選べ。

　　（1）　36　　（2）　38　　（3）　45　　（4）　54　　（5）　56

615

理論 電力 **機械** 法規

令和 **5** (2023) 上期

令和 **5** (2023) 下期

選抜 **90** 問

選抜 **85** 問

選抜 **90** 問

選抜 **65** 問

問 22（a）の解答　出題項目＜二次回路・同期ワット＞　答え （4）

二次入力 P_2[W]，二次銅損 P_{c2}[W]，機械的出力 P_o[W]と滑り s の関係は，次のようになる。

$$P_2 : P_{c2} : P_o = 1 : s : (1-s)$$

よって，二次入力 P_2 は次式で求められる。

$$P_2 = \frac{P_o}{1-s} = \frac{45 \times 10^3}{1-0.02}$$

$$\fallingdotseq 45\,918\,[\text{W}] \quad \rightarrow \quad 46\text{kW}$$

解説

三相誘導電動機が滑り s，二次抵抗 r_2[Ω]，二次電流 I_2[A]で運転しているときの 1 相分の二次銅損 P_{c2}[W]，機械的出力 P_o[W]，二次入力 P_2[W]は，以下の式で求められる。

① **二次銅損 P_{c2}[W]**　　二次抵抗 r_2[Ω]に二次電流 I_2[A]が流れることによる損失なので，

$$P_{c2} = r_2 I_2{}^2$$

② **機械的出力 P_o[W]**　　負荷抵抗 $\frac{1-s}{s} r_2$ [Ω]に二次電流 I_2[A]が流れることによる損失なので，

$$P_o = \frac{1-s}{s} r_2 I_2{}^2$$

③ **二次入力 P_2[W]**　　二次銅損 P_{c2}[W]と機械的出力 P_o[W]の和なので，

$$P_2 = P_{c2} + P_o = r_2 I_2{}^2 + \frac{1-s}{s} r_2 I_2{}^2 = \frac{r_2}{s} I_2{}^2$$

これらの関係は次のようになる。

$$P_2 : P_{c2} : P_o = \frac{r_2}{s} I_2{}^2 : r_2 I_2{}^2 : \frac{1-s}{s} r_2 I_2{}^2$$

$$= \frac{1}{s} : 1 : \frac{1-s}{s} = 1 : s : (1-s)$$

したがって，誘導電動機の二次側（回転子側）の電力の流れは，**図 22-1** のように表せる。

なお，この図の機械損（P_m）は，回転子が回転することにより発生する機械的損失である。

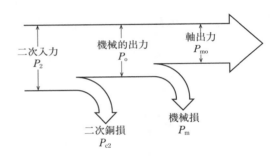

図 22-1　二次側の電力の流れ

問 22（b）の解答　出題項目＜出力・トルク＞　答え （1）

まず，周波数 60 Hz のときの定格出力トルクを求める。二次入力 P_2[W]は**同期ワット**ともいう。これは，電動機がトルク T[N·m]を発生し，同期速度 N_s[min^{-1}]で回転すると仮定したときの出力のことで，次式で表される。

$$P_2 = \omega_s T = 2\pi \frac{N_s}{60} T \quad (\omega_s : 同期角速度)$$

これを変形すると，

$$T = \frac{60 P_2}{2\pi N_s}$$

周波数 $f = 60$[Hz]時の同期速度 N_{s60} は，極数 $p = 4$ なので，

$$N_{s60} = \frac{120 f}{p} = \frac{120 \times 60}{4} = 1\,800\,[\text{min}^{-1}]$$

したがって，定格出力トルク T は，

$$T = \frac{60 P_2}{2\pi N_{s60}} = \frac{60 \times 45\,918}{2\pi \times 1\,800} \fallingdotseq 243.6\,[\text{N·m}]$$

次に，周波数 $f = 50$[Hz]で運転しているときの回転速度 N_{50}[min^{-1}]を求める。同期速度 N_{s50} は，

$$N_{s50} = \frac{120 f}{p} = \frac{120 \times 50}{4} = 1\,500\,[\text{min}^{-1}]$$

滑り $s = 0.05$ なので，回転速度 N_{50} は，

$$N_{50} = N_{s50} \times (1-s) = 1\,500 \times (1-0.05)$$

$$\fallingdotseq 1\,425\,[\text{min}^{-1}]$$

したがって，このときの出力 P_o は，

$$P_o = 2\pi \frac{N_{50}}{60} T = \frac{2\pi \times 1\,425 \times 243.6}{60}$$

$$\fallingdotseq 36\,351\,[\text{W}] \quad \rightarrow \quad 36\text{kW}$$

問 23 出題分野＜誘導機＞ 　　　　令和 3 年度 問 3

　一定電圧，一定周波数の電源で運転される三相誘導電動機の特性に関する記述として，誤っているものを次の（1）～（5）のうちから一つ選べ。

（1）　かご形誘導電動機では，回転子の導体に用いる棒の材料を銅から銅合金に変更すれば，等価回路の二次抵抗の値が増大するので，定格負荷時の効率が低下する。

（2）　巻線形誘導電動機では，トルクの比例推移により，二次抵抗の値を大きくすると，最大トルク（停動トルク）を発生する滑りが小さくなり，始動特性が良くなる。

（3）　巻線形誘導電動機では，外部の可変抵抗器で二次抵抗値を変化させ，大きな始動トルクと定格負荷時高効率の両方を実現することができる。

（4）　二重かご形誘導電動機では，始動時に回転子スロット入口に近い断面積が小さい高抵抗の導体に，定格負荷時には回転子内部の断面積が大きい低抵抗の導体に主要な二次電流を流し，大きな始動トルクと定格負荷時高効率の両方を実現することができる。

（5）　深溝かご形誘導電動機では，幅が狭い平たい二次導体の表皮効果による抵抗値の変化を利用し，大きな始動トルクと定格負荷時高効率の両方を実現することができる。

問23の解答　出題項目<出力・トルク，効率>　　答え　(2)

（1）　正。銅の導電率は銀に次いで大きい。銅合金は，銅と銅よりも導電率の小さい金属との混合物なので，銅よりも銅合金の方が導電率が小さく，同じ形状なら抵抗値が大きい。このため，等価回路の二次抵抗損が増大し，定格負荷時の効率が低下する。

（2）　誤。トルクの比例推移では，二次抵抗値を大きくすると最大トルクを発生する滑りが大きくなる。

（3）　正。巻線形では，二次抵抗値に伴うトルクの比例推移を利用することで，始動時に大きなトルクを発生させることができる。また，定格負荷運転時には，外部の可変抵抗を短絡することで二次抵抗値を小さくして，高効率で運転できる。

（4）（5）　正。記述の通り。解説参照。

解説

　誘導電動機では，等価回路における二次回路の抵抗値が重要な役割を担っている。二次抵抗値が大きいと，トルクの比例推移により始動トルクは大きくなり，始動電流は制限される（利点）。一方で二次抵抗損が増大して効率が低下する（欠点）。巻線形では外部抵抗の値を調整することで，始動特性と効率の問題に対処している。

　二重かご形，深溝かご形はともに，二次回路の漏れリアクタンスが，滑りの値と二次導体のスロット表面からの深度で変わる性質を利用している。回転子内部の導体ほど漏れリアクタンスが大きい（漏れ磁束が多い）ので，始動時の主要な二次電流は回転子表面の高抵抗部分を流れる。一方，滑りの値が小さい定格運転時では，漏れリアクタンスは滑りに比例して小さくなるため，主要な二次電流は抵抗値の小さなスロット内部の導体を流れる。

理論
電力
機械
法規

令和5（2023）上期
令和5（2023）下期

選抜90問
選抜85問
選抜90問
選抜65問

定格出力 15 kW，定格電圧 220 V，定格周波数 60 Hz，6 極の三相誘導電動機がある。この電動機を定格電圧，定格周波数の三相電源に接続して定格出力で運転すると，滑りが 5 % であった。機械損及び鉄損は無視できるものとして，次の（a）及び（b）に答えよ。

（a）　このときの発生トルク[N·m]の値として，最も近いのは次のうちどれか。

　　（1）　114　　　（2）　119　　　（3）　126　　　（4）　239　　　（5）　251

（b）　この電動機の発生トルクが上記（a）の $\frac{1}{2}$ となったときに，一次銅損は 250 W であった。このときの効率[%]の値として，最も近いのは次のうちどれか。
　　　ただし，発生トルクと滑りの関係は比例するものとする。

　　（1）　92.1　　　（2）　94.0　　　（3）　94.5　　　（4）　95.5　　　（5）　96.9

問24（a）の解答　出題項目＜出力・トルク＞　答え（3）

電動機の発生トルク T は，電動機出力を P_0，回転角速度を ω とすると，次式で表される。

$$T = \frac{P_0}{\omega} [\text{N·m}] \qquad ①$$

①式で発生トルク T を求めるため，角速度 ω を計算する。定格周波数を f，電動機の極数を p とすると，同期速度 N_s は題意の数値を代入して，

$$N_s = \frac{120f}{p} = \frac{120 \times 60}{6} = 1\,200 [\text{min}^{-1}]$$

次に，滑り $s = 5[\%]\,(=0.05)$ における回転速度 N は，

$$N = (1-s)N_s = (1-0.05) \times 1\,200 = 1\,140 [\text{min}^{-1}]$$

よって角速度 ω は，

$$\omega = \frac{2\pi}{60} \cdot N = \frac{2\pi}{60} \times 1\,140 = 38\pi [\text{rad/s}] \qquad ②$$

①式に $P_0 = 15 \times 10^3 [\text{W}]$ および②式の値を代入すると，発生トルク T は，

$$T = \frac{15 \times 10^3}{38\pi} = 125.65 \fallingdotseq 126 [\text{N·m}]$$

問24（b）の解答　出題項目＜効率＞　答え（3）

発生トルクが上記（a）の1/2となった場合を考える。トルク T_2 は，

$$T_2 = 0.5 \times 125.65 = 62.825 [\text{N·m}]$$

である。このときの滑り s_2 は，題意の条件からトルクと滑りの関係は比例するため，

$$s_2 = \frac{T_2}{T} \cdot s = 0.5 \times 0.05 = 0.025$$

となる。回転速度 N_2 は，

$$N_2 = (1-0.025) \times 1\,200 = 1\,170 [\text{min}^{-1}]$$

となる。このときの角速度 ω_2 は，

$$\omega_2 = \frac{2\pi}{60} \times 1\,170 = 39\pi [\text{rad/s}]$$

となるので，電動機の出力 P_{02} は，

$$P_{02} = \omega_2 T_2 = 39\pi \times 62.825 = 7\,697.5 [\text{W}]$$

二次銅損 p_{c22} は，出力 P_{02} および滑り s_2 との関係

$$P_{02} : p_{c22} = (1-s_2) : s_2, \quad \frac{p_{c22}}{P_{02}} = \frac{s_2}{1-s_2}$$

から計算すると，

$$p_{c22} = \frac{s_2}{1-s_2} \cdot P_{02} = \frac{0.025}{1-0.025} \times 7\,697.5$$
$$= 197.37 [\text{W}]$$

機械損，鉄損その他を無視できるものとし，一次銅損を $p_{c12} = 250 [\text{W}]$ として効率 η_2 を計算すると，

$$\eta_2 = \frac{\text{出力}}{\text{出力 + 損失}} \times 100$$

$$= \frac{P_{02}}{P_{02} + p_{c12} + p_{c22}} \times 100$$

$$= \frac{7\,696.8}{7\,696.8 + 250 + 197.37} \times 100 = 94.51$$

$$\fallingdotseq 94.5 [\%]$$

解説

図24-1 のトルク-滑り曲線において，電動機が滑り s_1 で運転中に発生トルクが変動し，元のトルク T の1/2のトルク T_2 となると，変動後の滑り s_2 は，元の滑り s_1 の1/2となる。

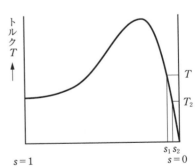

図24-1　誘導電動機トルク-滑り特性

また，電動機の二次入力 P_2，出力 P_0 および二次銅損 p_{c2} の関係は，滑り s により，

$$P_2 : P_0 : p_{c2} = 1 : (1-s) : s \qquad ③$$

Point ①，②式および③式を覚えておくこと。

　定格出力 15 kW，定格電圧 220 V，定格周波数 60 Hz，6 極の三相巻線形誘導電動機がある。二次巻線は星形 (Y) 結線でスリップリングを通して短絡されており，各相の抵抗値は 0.5 Ω である。この電動機を定格電圧，定格周波数の電源に接続して定格出力 (このときの負荷トルクを T_n とする) で運転しているときの滑りは 5 % であった。

　計算に当たっては，L 形簡易等価回路を採用し，機械損及び鉄損は無視できるものとして，次の (a) 及び (b) の問に答えよ。

（a）　速度を変えるために，この電動機の二次回路の各相に 0.2 Ω の抵抗を直列に挿入し，上記と同様に定格電圧，定格周波数の電源に接続して上記と同じ負荷トルク T_n で運転した。このときの滑りの値 [%] として，最も近いものを次の (1) ～ (5) のうちから一つ選べ。

（1）　3.0　　　（2）　3.6　　　（3）　5.0　　　（4）　7.0　　　（5）　10.0

（b）　電動機の二次回路の各相に上記 (a) と同様に 0.2 Ω の抵抗を直列に挿入したままで，電源の周波数を変えずに電圧だけを 200 V に変更したところ，ある負荷トルクで安定に運転した。このときの滑りは上記 (a) と同じであった。

　　　この安定に運転したときの負荷トルクの値 [N・m] として，最も近いものを次の (1) ～ (5) のうちから一つ選べ。

（1）　99　　　（2）　104　　　（3）　106　　　（4）　109　　　（5）　114

問 25 (a) の解答　出題項目<速度制御>　　答え (4)

トルクの比例推移を用いて問題を解く。

図 **25-1** にトルクと滑りの関係を示す。図より，

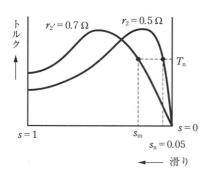

図 25-1　二次抵抗制御

トルクを $T_\mathrm{n}[\mathrm{N \cdot m}]$ 一定とすると，$r_2 = 0.5[\Omega]$ のときの滑りは $s_\mathrm{n} = 0.05$ となる。二次回路に $0.2\,\Omega$ の抵抗を挿入したときの二次抵抗は $r_2' = 0.5 + 0.2 = 0.7[\Omega]$ となり，滑りは s_m となる。このとき，比例推移より，

$$\frac{r_2}{s_\mathrm{n}} = \frac{r_2'}{s_\mathrm{m}}$$

よって，滑り s_m は，

$$s_\mathrm{m} = s_\mathrm{n} \cdot \frac{r_2'}{r_2} = 0.05 \times \frac{0.7}{0.5} = 0.07 = 7[\%]$$

Point 巻線形誘導電動機の比例推移を利用して解く。

問 25 (b) の解答　出題項目<速度制御>　　答え (2)

図 **25-2** に電圧が変化したときのトルクと滑りの関係を示す。

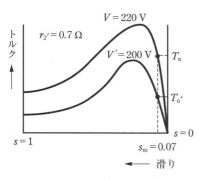

図 25-2　電圧制御

トルクは電圧の 2 乗に比例するので，

$$T_\mathrm{n}' = \left(\frac{V'}{V}\right)^2 \cdot T_\mathrm{n} = \left(\frac{200}{220}\right)^2 \cdot T_\mathrm{n} \qquad ①$$

ここで，定格出力時のトルク $T_n[\mathrm{N \cdot m}]$ を求める。同期速度 N_s は，

$$N_\mathrm{s} = \frac{2 \times 60}{6} = 20[\mathrm{s}^{-1}]$$

よって，定格出力時の回転速度 N は，滑りを s とすると，

$$N = N(1-s) = 20 \times (1-0.05) = 19[\mathrm{s}^{-1}]$$

となるので，トルク T_n は，

$$T_\mathrm{n} = \frac{15 \times 10^3}{2\pi \times 19} \fallingdotseq 125.7[\mathrm{N \cdot m}]$$

このトルクを①式に代入して T_n' を求める。

$$T_\mathrm{n}' = \left(\frac{200}{220}\right)^2 \times 125.7 \fallingdotseq 103.88 = 104[\mathrm{N \cdot m}]$$

解説

トルクは電圧の 2 乗に比例する。回路の抵抗やリアクタンスが同じであれば，最大トルクを生じる滑りは変わらない。

滑りが小さいときは，トルクと滑りが比例する。

Point トルクは電圧の 2 乗に比例する。

問 26　出題分野＜同期機＞　　　　　　　　　　　　　　　　　平成 29 年度 問 5

　定格出力 10 MV・A，定格電圧 6.6 kV，百分率同期インピーダンス 80 % の三相同期発電機がある。三相短絡電流 700 A を流すのに必要な界磁電流が 50 A である場合，この発電機の定格電圧に等しい無負荷端子電圧を発生させるのに必要な界磁電流の値[A]として，最も近いものを次の（1）〜（5）のうちから一つ選べ。

　ただし，百分率同期インピーダンスの抵抗分は無視できるものとする。

　（1）　50.0　　　　（2）　62.5　　　　（3）　78.1　　　　（4）　86.6　　　　（5）　135.3

問 27　出題分野＜同期機＞　　　　　　　　　　　　　　　　　令和 3 年度 問 6

　定格出力 3 000 kV・A，定格電圧 6 000 V の星形結線三相同期発電機の同期インピーダンスが 6.90 Ω のとき，百分率同期インピーダンス[%]はいくらか，最も近いものを次の（1）〜（5）のうちから一つ選べ。

　（1）　19.2　　　　（2）　28.8　　　　（3）　33.2　　　　（4）　57.5　　　　（5）　99.6

問 26 の解答　　出題項目＜無負荷飽和曲線＞　　答え（3）

百分率同期インピーダンスは，題意よりその抵抗分を無視して $\%X_s[\%]$ と表し，このオーム値換算の同期リアクタンスを X_s，定格電流を I_n，定格出力を P_n，定格電圧を V_n とすると，

$$\%X_s = \frac{\sqrt{3}\,I_n X_s}{V_n} \times 100 = \frac{\sqrt{3}\,V_n I_n X_s}{V_n{}^2} \times 100$$

$$= \frac{P_n X_s}{V_n{}^2} \times 100\,[\%]$$

と表せる。よって，同期リアクタンス $X_s[\Omega]$ は，

$$X_s = \frac{V_n{}^2}{100 P_n}\%X_s = \frac{6\,600^2}{100 \times 10 \times 10^6} \times 80$$

$$= 3.484\,8\,[\Omega]$$

界磁電流 $I_{f0}=50[A]$ 時の内部誘導起電力の大きさ E_0 は，三相短絡電流が $I_s=700[A]$ となることを用いて，**図 26-1** より，

$$E_0 = X_s \times I_s = 3.484\,8 \times 700 = 2\,439.36\,[V]$$

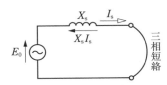

図 26-1　三相短絡時の等価回路（1 相分）

内部誘導起電力 E_0 が定格相電圧 $E_n(=V_n/\sqrt{3})$ に等しくなるときの界磁電流を $I_f[A]$ とすると，

$$\frac{E_n}{E_0} = \frac{I_f}{I_{f0}}$$

$$\frac{6\,600/\sqrt{3}}{2439.36} = \frac{I_f}{50}$$

$$\therefore\ I_f = \frac{6\,600/\sqrt{3}}{2439.36} \times 50 = 78.1\,[A]$$

補足　内部誘導起電力を $\dot{E}_0[V]$，端子（相）電圧を $\dot{V}[V]$，同期インピーダンスを $\dot{Z}_s[\Omega]$，負荷電流を $\dot{I}[A]$ としたとき，三相同期発電機における 1 相分の等価回路およびそのベクトル図は，**図 26-2** のようになる。したがってこれらの間には，

$$\dot{E}_0 = \dot{V} + \dot{Z}_s \dot{I}$$

の関係が成り立つ。

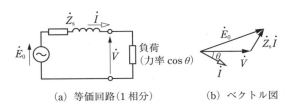

（a）等価回路（1 相分）　　（b）ベクトル図

図 26-2　三相同期発電機の等価回路とベクトル図

問 27 の解答　　出題項目＜同期インピーダンス＞　　答え（4）

図 27-1 は，同期発電機の 1 相分の等価回路である。Z_s は同期インピーダンス，V_n は定格相電圧である。

定格電流 I_n は，

$$I_n = \frac{3\,000 \times 10^3}{\sqrt{3} \times 6\,000} \fallingdotseq 288.7\,[A]$$

同期インピーダンスによる電圧降下 V_z は，

$$V_z = Z_s I_n = 6.90 \times 288.7\,[V]$$

百分率同期インピーダンス $\%Z_s[\%]$ は，

$$\%Z_s = \frac{V_z}{V_n} \times 100$$

$$= \frac{6.90 \times 288.7}{\dfrac{6\,000}{\sqrt{3}}} \times 100 \fallingdotseq 57.5\,[\%]$$

解説

百分率同期インピーダンスは，百分率同期インピーダンス降下，パーセント同期インピーダンスなどとも呼ばれている。

また，百分率同期インピーダンスの小数表記（単位法）は短絡比の逆数と等しいので，短絡比から求めることもできる。

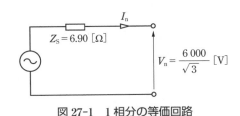

図 27-1　1 相分の等価回路

定格出力 3 300 kV・A，定格電圧 6 600 V，定格力率 0.9（遅れ）の非突極形三相同期発電機があり，星形接続 1 相当たりの同期リアクタンスは 12.0 Ω である。電機子の巻線抵抗及び磁気回路の飽和は無視できるものとして，次の（ a ）及び（ b ）の問に答えよ。

（ a ） 定格運転時における 1 相当たりの内部誘導起電力の値[V]として，最も近いものを次の（ 1 ）～（ 5 ）のうちから一つ選べ。

  （ 1 ）　3 460　　　（ 2 ）　3 810　　　（ 3 ）　6 170　　　（ 4 ）　7 090　　　（ 5 ）　8 690

（ b ） 上記の発電機の励磁を定格状態に保ったまま運転し，星形結線 1 相当たりのインピーダンスが 13＋j5 Ω の平衡三相誘導性負荷を接続した。このときの発電機端子電圧の値[V]として，最も近いものを次の（ 1 ）～（ 5 ）のうちから一つ選べ。

  （ 1 ）　3 810　　　（ 2 ）　4 010　　　（ 3 ）　5 990　　　（ 4 ）　6 600　　　（ 5 ）　6 950

問 28 （a）の解答　　出題項目＜誘導起電力＞　　　　答え　（3）

定格運転時の電機子電流 I_n は，定格容量を S_n [V·A]，定格端子電圧を V_n[V] とすると，

$$S_n = \sqrt{3}\, V_n I_n [\text{V·A}]$$

$$\therefore\ I_n = \frac{S_n}{\sqrt{3}\, V_n} = \frac{3\,300 \times 10^3}{\sqrt{3} \times 6\,600} \fallingdotseq 288.68[\text{A}]$$

非突極形三相同期発電機の等価回路（1 相分）を図 **28-1** に示す。図から誘導起電力 $\dot{E}$ は，端子（相）電圧 $V_n/\sqrt{3}$ を基準とすると，次式で示せる。

$$\dot{E} = \frac{V_n}{\sqrt{3}} + jX_S \dot{I}_n[\text{V}] \qquad\qquad ①$$

①式の関係を図示したものが，図 **28-2** のベクトル図である。1 相当たりの誘導起電力 E は，

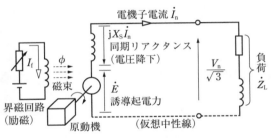

図 28-1　非突極形三相同期発電機（1 相分）

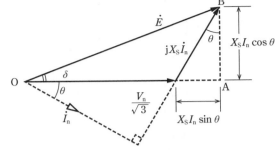

図 28-2　定格時のベクトル図（1 相分）

△OAB において三平方の定理を適用すると，

$$E^2 = \left(\frac{V_n}{\sqrt{3}} + X_S I_n \sin\theta\right)^2 + (X_S I_n \cos\theta)^2$$

$$E = \sqrt{\left(\frac{V_n}{\sqrt{3}} + X_S I_n \sin\theta\right)^2 + (X_S I_n \cos\theta)^2}$$

上式において，定格力率 $\cos\theta = 0.9$，および $\sin\theta = \sqrt{1 - 0.9^2} = 0.435\,89$ であるから，

$$E = \sqrt{\left(\frac{6\,600}{\sqrt{3}} + 12.0 \times 288.68 \times 0.435\,89\right)^2 + (12.0 \times 288.68 \times 0.9)^2}$$

$$\fallingdotseq 6\,166.7[\text{V}]$$

$$\rightarrow\quad 6\,170\ \text{V}$$

問 28 （b）の解答　　出題項目＜端子電圧＞　　　　答え　（5）

題意の「励磁を定格状態に保った」とは，界磁巻線に供給する界磁電流を一定に保った状態なので，誘導起電力は上記（a）で求めた $E = 6\,166.7$ [V] と同じ値である。

負荷インピーダンス $\dot{Z}_L = 13 + j5$ [Ω] を接続した場合の端子電圧を V とすると，端子（相）電圧 $V/\sqrt{3}$ は，図 31-1 により，$\dot{Z}_L$ と $jX_S = j12.0$ [Ω] との分圧であるので，

$$\frac{V}{\sqrt{3}} = \left| \frac{\dot{Z}_L}{\dot{Z}_L + jX_S} \cdot \dot{E} \right|$$

となる。上式に数値を代入すると，

$$\frac{V}{\sqrt{3}} = \frac{|13 + j5|}{|13 + j5 + j12|} \times 6\,166.7$$

$$\frac{V}{\sqrt{3}} = \frac{\sqrt{13^2 + 5^2}}{\sqrt{13^2 + 17^2}} \times 6\,166.7$$

両辺に $\sqrt{3}$ を掛けて端子電圧 V を求める。

$$V = \sqrt{3} \times \frac{\sqrt{13^2 + 5^2}}{\sqrt{13^2 + 17^2}} \times 6\,166.7$$

$$\fallingdotseq 6\,951.5[\text{V}]$$

$$\rightarrow\quad 6\,950\ \text{V}$$

問 29 　出題分野＜同期機＞　　　　　　　　　　　　　令和 2 年度 問 4

　次の文章は，回転界磁形三相同期発電機の無負荷誘導起電力に関する記述である。

　回転磁束を担う回転子磁極の周速を v[m/s]，磁束密度の瞬時値を b[T]，磁束と直交する導体の長さを l[m]とすると，1 本の導体に生じる誘導起電力 e[V]は次式で表される。

$$e = vbl$$

　極数を p，固定子内側の直径を D[m]とすると，極ピッチ τ[m]は $\tau = \dfrac{\pi D}{p}$ であるから，f[Hz]の起電力を生じる場合の周速 v は $v = 2\tau f$ である。したがって，角周波数 ω[rad/s]を $\omega = 2\pi f$ として，上述の磁束密度瞬時値 b[T]を $b(t) = B_\mathrm{m} \sin \omega t$ と表した場合，導体 1 本あたりの誘導起電力の瞬時値 $e(t)$ は，

$$e(t) = E_\mathrm{m} \sin \omega t$$
$$E_\mathrm{m} = \boxed{\quad (\mathcal{P}) \quad} B_\mathrm{m} l$$

となる。

　また，回転磁束の空間分布が正弦波でその最大値が B_m のとき，1 極の磁束密度の $\boxed{\quad (\mathcal{A}) \quad} B$[T]は $B = \dfrac{2}{\pi} B_\mathrm{m}$ であるから，1 極の磁束 $\varPhi$[Wb]は $\varPhi = \dfrac{2}{\pi} B_\mathrm{m} \tau l$ である。したがって，1 本の導体に生じる起電力の実効値は次のように表すことができる。

$$\frac{E_\mathrm{m}}{\sqrt{2}} = \frac{\pi}{\sqrt{2}} f\varPhi = 2.22 f\varPhi$$

　よって，三相同期発電機の 1 相あたりの直列に接続された電機子巻線の巻数を N とすると，回転磁束の空間分布が正弦波の場合，1 相あたりの誘電起電力（実効値）E[V]は，

$$E = \boxed{\quad (\mathcal{D}) \quad} f\varPhi N$$

となる。

　さらに，電機子巻線には一般に短節巻と分布巻が採用されるので，これらを考慮した場合，1 相あたりの誘導起電力 E は次のように表される。

$$E = \boxed{\quad (\mathcal{D}) \quad} k_\mathrm{w} f\varPhi N$$

ここで k_w を $\boxed{\quad (\mathcal{I}) \quad}$ という。

　上記の記述中の空白箇所（ア）〜（エ）に当てはまる組合せとして，正しいものを次の（1）〜（5）のうちから一つ選べ。

	（ア）	（イ）	（ウ）	（エ）
（1）	$2\tau f$	平均値	2.22	巻線係数
（2）	$2\pi f$	最大値	4.44	分布係数
（3）	$2\tau f$	平均値	4.44	巻線係数
（4）	$2\pi f$	最大値	2.22	短節係数
（5）	$2\tau f$	実効値	2.22	巻線係数

問 29 の解答　　出題項目＜誘導起電力＞　　　　　　　　答え　（3）

（ア）　図 29-1 のように，極ピッチを τ[m]とすると，磁極が 2τ[m]動く間に磁束密度は 1 サイクルを描くので，磁極速度（周速）v[m/s]は次式のようになる。

$$v = 2\tau f$$

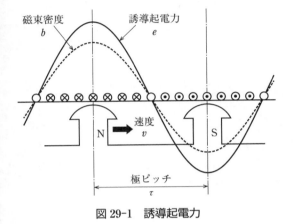

図 29-1　誘導起電力

また，磁束密度の瞬時値 $b(t)$[T]は，最大値を B_{m}[T]とすると，

$$b(t) = B_{\mathrm{m}}\sin \omega t$$

したがって，誘導起電力 $e(t)$[V]は次式で表される。

$$e(t) = vbl = 2\tau f(B_{\mathrm{m}}\sin \omega t)l$$
$$= 2\tau f B_{\mathrm{m}}l\sin \omega t = E_{\mathrm{m}}\sin \omega t$$

この式から，誘導起電力の最大値 E_{m}[V]は，

$$E_{\mathrm{m}} = \mathbf{2\tau f B_{\mathrm{m}}l}$$

となる。

（イ）　磁束密度が正弦波で，その最大値が B_{m}[T]の場合，**平均値** B[T]は次式のようになる。

$$B = \frac{2}{\pi}B_{\mathrm{m}}$$

（ウ）　1 巻のコイル片は二つあるので，巻数が N の場合，誘導起電力（実効値）E[V]は，

$$E = 2 \times \frac{E_{\mathrm{m}}}{\sqrt{2}}N = 2 \times 2.22 f\varPhi N$$
$$= \mathbf{4.44}f\varPhi N$$

となる。

（エ）　短節巻では，全節巻よりコイルの磁束鎖交数が少なくなるので，起電力が k_{p}（1 以下）倍に小さくなる。この k_{p} を短節巻係数という。また，分布巻では各導体の起電力が位相差を持つので，合成起電力が k_{d}（1 以下）倍に小さくなる。この k_{d} を分布巻係数という。これらを総合したものが**巻線係数**（k_{w}）であり，次式で表される。

$$k_{\mathrm{w}} = k_{\mathrm{p}} \times k_{\mathrm{d}}$$

問 30　出題分野＜同期機＞　　　　　　　　平成 29 年度 問 4

次の文章は，三相同期発電機の並行運転に関する記述である。

既に同期発電機 A が母線に接続されて運転しているとき，同じ母線に同期発電機 B を並列に接続するために必要な条件又は操作として，誤っているものを次の(1)〜(5)のうちから一つ選べ。

(1)　母線電圧と同期発電機 B の端子電圧の相回転方向が一致していること。同期発電機 B の設置後又は改修後の最初の運転時に相回転方向の一致を確認すれば，その後は母線への並列のたびに相回転方向を確認する必要はない。

(2)　母線電圧と同期発電機 B の端子電圧の位相を合わせるために，同期発電機 B の駆動機の回転速度を調整する。

(3)　母線電圧と同期発電機 B の端子電圧の大きさを等しくするために，同期発電機 B の励磁電流の大きさを調整する。

(4)　母線電圧と同期発電機 B の端子電圧の波形をほぼ等しくするために，同期発電機 B の励磁電流の大きさを変えずに励磁電圧の大きさを調整する。

(5)　母線電圧と同期発電機 B の端子電圧の位相の一致を検出するために，同期検定器を使用するのが一般的であり，位相が一致したところで母線に並列する遮断器を閉路する。

問 30 の解答　出題項目＜並行運転＞

（1）　正。相回転方向の一致は並列運転の条件の一つである。発電機の設置時や交換時において，最初に運転する際に相回転方向が一致していることを確認すればよい。

（2）　正。位相の一致は並列運転の条件の一つであり，発電機 B に接続される駆動機によってその回転速度を調整することで位相を調整する。

（3）　正。電圧の大きさの一致は，並列運転の条件の１つであり，発電機 B の励磁電流の大きさを調整することで電圧の大きさを調整する。

（4）　誤。波形の一致は並列運転の条件の一つではあるが，波形を正弦波に近づけるためには，一定の速度で回転するような駆動機を選定する必要がある。

（5）　正。位相の一致を調べるためには，一般に同期検定器が用いられている。

解 説

三相同期発電機を並行運転するときの構成図は，**図 30-1** の通りである。

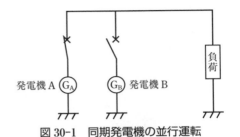

図 30-1　同期発電機の並行運転

また，並行運転するための条件は，以下の五つである。

① 起電力の周波数が等しい。

② 起電力の大きさが等しい。

③ 起電力の位相が等しい。

④ 起電力の波形が等しい。

⑤ 起電力の相回転方向が等しい。

理論
電力
機械
法規

令和5 (2023) 上期

令和5 (2023) 下期

選抜90問

選抜85問

選抜90問

選抜65問

問 31　出題分野＜同期機＞　　　　　　令和元年度 問15

　並行運転している A 及び B の 2 台の三相同期発電機がある。それぞれの発電機の負荷分担が同じ 7 300 kW であり，端子電圧が 6 600 V のとき，三相同期発電機 A の負荷電流 I_A が 1 000 A，三相同期発電機 B の負荷電流 I_B が 800 A であった。損失は無視できるものとして，次の（a）及び（b）の問に答えよ。

（a）　三相同期発電機 A の力率の値[%]として，最も近いものを次の（1）～（5）のうちから一つ選べ。

　　（1）　48　　　（2）　64　　　（3）　67　　　（4）　77　　　（5）　80

（b）　2 台の発電機の合計の負荷が調整の前後で変わらずに一定に保たれているものとして，この状態から三相同期発電機 A 及び B の励磁及び駆動機の出力を調整し，三相同期発電機 A の負荷電流は調整前と同じ 1 000 A とし，力率は 100 % とした。このときの三相同期発電機 B の力率の値[%]として，最も近いものを次の（1）～（5）のうちから一つ選べ。

　　ただし，端子電圧は変わらないものとする。

　　（1）　22　　　（2）　50　　　（3）　71　　　（4）　87　　　（5）　100

631

理論 電力 機械 法規

令和 **5** (2023) 上期

令和 **5** (2023) 下期

選抜 **90** 問

選抜 **85** 問

選抜 **90** 問

選抜 **65** 問

問31（a）の解答　　出題項目＜並行運転＞　　　　答え（2）

発電機 A の力率を $\cos\theta$ とすると三相電力の式より，

$$\cos\theta = \frac{7\,300\times10^3}{\sqrt{3}\times6\,600\times1\,000}$$

$$\fallingdotseq 0.639 \rightarrow 64\%$$

解説

三相電力の式を用いた簡単な問題である。

線間電圧 V[V]，線電流 I[A]，力率 $\cos\theta$ で運転している三相同期発電機の出力（有効電力 P 及び無効電力 Q）は，

$$P = \sqrt{3}\,VI\cos\theta\,[\text{W}]$$

$$Q = \sqrt{3}\,VI\sin\theta\,[\text{var}]$$

$$= \sqrt{3}\,VI\sqrt{1-\cos^2\theta}\,[\text{var}]$$

問31（b）の解答　　出題項目＜並行運転＞　　　　答え（1）

調整前の発電機 A の無効電力 Q_{A1} は，

$$Q_{A1} = \sqrt{3}\times6\,600\times1\,000\times\sqrt{1-0.639^2}$$

$$\fallingdotseq 8.793\times10^6\,[\text{var}] = 8\,793\,[\text{kvar}]$$

調整前の発電機 B の力率 $\cos\theta_{B1}$ は，

$$\cos\theta_{B1} = \frac{7\,300\times10^3}{\sqrt{3}\times6\,600\times800} \fallingdotseq 0.798$$

となるので，調整前の発電機 B の無効電力 Q_{B1} は，

$$Q_{B1} = \sqrt{3}\times6\,600\times800\times\sqrt{1-0.798^2}$$

$$\fallingdotseq 5.511\times10^6\,[\text{var}] = 5\,511\,[\text{kvar}]$$

これより，調整前の負荷の無効電力 Q_L は，

$$Q_L = Q_{A1}+Q_{B1} = 8\,793+5\,511 = 14\,304\,[\text{kvar}]$$

以上から，調整前の状態は**図31-1**となる。

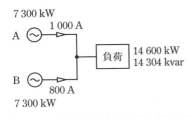

7 300 kW
1 000 A
A
800 A
B
7 300 kW
負荷　14 600 kW
14 304 kvar

図31-1　発電機の並行運転（調整前）

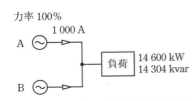

力率 100%
1 000 A
A
B
負荷　14 600 kW
14 304 kvar

図31-2　発電機の並行運転（調整後）

次に，調整後の諸量を計算する。**図31-2**は，調整後の状態を表している。発電機 A が分担する有効電力 P_{A2} 及び無効電力 Q_{A2} は，

$$P_{A2} = \sqrt{3}\times6\,600\times1\,000\times1$$

$$\fallingdotseq 11\,432\times10^3\,[\text{W}] = 11\,432\,[\text{kW}]$$

$$Q_{A2} = \sqrt{3}\times6\,600\times1\,000\times0 = 0\,[\text{var}]$$

このとき，負荷の有効電力 P_L は調整前と同じ $P_L = 7\,300\times2 = 14\,600\,[\text{kW}]$ なので，発電機 B の有効電力 P_{B2} は，

$$P_{B2} = P_L - P_{A2} = 14\,600 - 11\,432 = 3\,168\,[\text{kW}]$$

同じ理由から，発電機 B の無効電力 Q_{B2} は，

$$Q_{B2} = Q_L - Q_{A2} = 14\,304 - 0 = 14\,304\,[\text{kvar}]$$

これより，発電機 B の皮相電力 S_{B2} は，

$$S_{B2} = \sqrt{P_{B2}^2 + Q_{B2}^2}$$

$$= \sqrt{3\,168^2 + 14\,304^2} \fallingdotseq 14\,651\,[\text{kV}\cdot\text{A}]$$

したがって，発電機 B の力率 $\cos\theta_{B2}$ は，

$$\cos\theta_{B2} = \frac{P_{B2}}{S_{B2}} = \frac{3\,168}{14\,651}$$

$$\fallingdotseq 0.216 \rightarrow 22\%$$

解説

負荷の有効電力及び無効電力が，調整前後において不変であることを使う。このとき，2 台の発電機が分担する有効電力の和及び無効電力の和は，負荷の有効電力と無効電力に等しい。

この問題は，同期発電機関連ではあまり見かけないタイプの問題である。小問（b）は，計算量も多くレベル的にやや難である。

問 32　出題分野＜同期機＞　　　平成 30 年度 問 5

次の文章は，同期発電機の種類と構造に関する記述である。

同期発電機では一般的に，小容量のものを除き電機子巻線は 　(ア)　 に設けて，導体の絶縁が容易であり，かつ，大きな電流が取り出せるようにしている。界磁巻線は 　(イ)　 に設けて，直流の励磁電流が供給されている。

比較的 　(ウ)　 の水車を原動機とした水車発電機は，50 Hz 又は 60 Hz の商用周波数を発生させるために磁極数が多く，回転子の直径が軸方向に比べて大きく作られている。

蒸気タービン等を原動機としたタービン発電機は， 　(エ)　 で運転されるため，回転子の直径を小さく，軸方向に長くした横軸形として作られている。磁極は回転軸と一体の鍛鋼又は特殊鋼で作られ，スロットに巻線が施される。回転子の形状から 　(オ)　 同期機とも呼ばれる。

上記の記述中の空白箇所(ア)，(イ)，(ウ)，(エ)及び(オ)に当てはまる組合せとして，正しいものを次の(1)～(5)のうちから一つ選べ。

	(ア)	(イ)	(ウ)	(エ)	(オ)
(1)	固定子	回転子	高速度	高速度	突極形
(2)	回転子	固定子	高速度	低速度	円筒形
(3)	回転子	固定子	低速度	低速度	突極形
(4)	回転子	固定子	低速度	高速度	円筒形
(5)	固定子	回転子	低速度	高速度	円筒形

問 32 の解答　　出題項目＜種類と構造＞　　　　　答え　（5）

　同期発電機には回転電機子形と回転界磁形とがあるが，大容量機では一般的に，回転界磁形（電機子巻線が**固定子**で，界磁巻線が**回転子**）が採用される。これは，回転電機子形とした場合，回転子に必要なスリップリングやブラシが，大電流を流すことのできるような大型のものとなってしまい，非経済的だからである。

　同期発電機の回転速度 $n[\text{min}^{-1}]$ と磁極数 p，周波数 $f[\text{Hz}]$ の間には，

$$n = \frac{120f}{p}$$

の関係が成り立つ。周波数 $f[\text{Hz}]$ は商用周波数で一定なので，回転速度 $n[\text{min}^{-1}]$ が遅いほど磁極数 p は多くなり，逆に回転速度 $n[\text{min}^{-1}]$ が速いほど磁極数 p は少なくなる。

　したがって，水車のように回転速度が数百 min^{-1} 程度の**低速度**の場合，水車発電機は磁極が 12 個や 20 個などと多く，回転子の直径が軸方向に比べて大きくなる。逆に蒸気タービンのように 1500〜3600 min^{-1} 程度の**高速度**の場合，タービン発電機は磁極が 2 個や 4 個などと少なく，回転子の直径が小さくなり，軸方向に長くなる。その円筒のような形状から，タービン発電機は**円筒形**発電機とも呼ばれる。

問 33 　出題分野＜同期機＞

三相同期電動機が定格電圧 3.3 kV で運転している。

ただし，三相同期電動機は星形結線で 1 相当たりの同期リアクタンスは 10 Ω であり，電機子抵抗，損失及び磁気飽和は無視できるものとする。

次の（a）及び（b）の問に答えよ。

（a）　負荷電流（電機子電流）110 A，力率 $\cos\varphi=1$ で運転しているときの 1 相当たりの内部誘導起電力［V］の値として，最も近いものを次の（1）〜（5）のうちから一つ選べ。

　　（1）　1 100　　　（2）　1 600　　　（3）　1 900　　　（4）　2 200　　　（5）　3 300

（b）　上記（a）の場合と電圧及び出力は同一で，界磁電流を 1.5 倍に増加したときの負荷角（電動機端子電圧と内部誘導起電力との位相差）を δ' とするとき，$\sin\delta'$ の値として，最も近いものを次の（1）〜（5）のうちから一つ選べ。

　　（1）　0.250　　　（2）　0.333　　　（3）　0.500　　　（4）　0.707　　　（5）　0.866

635

理論 電力 **機械** 法規

令和 **5** (2023) 上期

令和 **5** (2023) 下期

選抜 **90** 問

選抜 **85** 問

選抜 **90** 問

選抜 **65** 問

問 33（a）の解答　　出題項目＜電動機の誘導起電力＞　　　答え　（4）

問題の三相同期電動機の等価回路（1 相分）を**図 33-1** に示す。

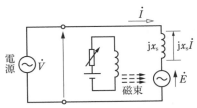

図 33-1　同期電動機等価回路（1 相分）

電源電圧（相電圧）$V = 3.3/\sqrt{3}$ [kV]，同期リアクタンス $x_s = 10$ [Ω]，電機子電流 $I = 110$ [A]，力率 $\cos\varphi = 1$ より，1 相当たりの内部誘導起電力 E [V] を表すと，**図 33-2** のベクトル図となる。

図 33-2 より，E を計算すると，

$$E = \sqrt{V^2 + (x_s I)^2}$$
$$= \sqrt{\left(\frac{3\,300}{\sqrt{3}}\right)^2 + (10 \times 110)^2} = 2\,200 \text{[V]}$$

となる。

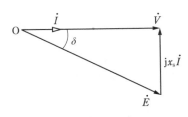

図 33-2　同期電動機のベクトル図（1）

問 33（b）の解答　　出題項目＜電動機の負荷角＞　　　答え　（2）

磁気飽和を無視できる場合，界磁電流を 1.5 倍とすれば，内部誘導起電力は 1.5 倍となる。このときの内部誘導起電力 E'（1 相分）は，

$$E' = 1.5 \times 2\,200 = 3\,300 \text{[V]}$$

である。三相同期電動機の出力 P（1 相分）は，次式で表される。

$$P = \frac{EV}{x_s} \sin\delta \text{[W]} \qquad ①$$

界磁電流増加前の $\sin\delta$ は，図 33-2 より，

$$\sin\delta = \frac{x_s I}{E} = \frac{10 \times 110}{2\,200} = 0.5$$

また，界磁電流増加後の出力 P' を $\sin\delta'$ で表すと，

$$P' = \frac{1.5EV}{x_s} \sin\delta' \text{[W]} \qquad ②$$

となる。題意から出力同一で $P' = P$ のため，

$$\frac{1.5EV}{x_s} \times \sin\delta' = \frac{EV}{x_s} \times \sin\delta \text{[W]}$$

上式の両辺の E, V, x_s を消去して整理すると，

$$1.5 \times \sin\delta' = \sin\delta$$

$$\therefore \ \sin\delta' = \frac{\sin\delta}{1.5} = \frac{0.5}{1.5} = 0.333$$

解説

磁気飽和を無視すれば，同期電動機（発電機）の内部誘導起電力は界磁電流に比例する。界磁電流増加後のベクトル図を**図 33-3** に示す。

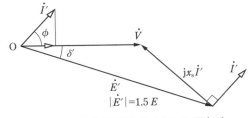

図 33-3　同期電動機のベクトル図（2）

内部誘導起電力 E' が $1.5E$ となり，電源電圧 V および出力 P は小問（a）と同じである。よって，電流 $\dot{I}'$ は位相と無効成分が変化し，出力 P に相当する電源電圧 V と同相の電流成分は変化していないことにも注目されたい。

Point 同期電動機のベクトル図および出力を表す①式を覚えておくこと。

問 34   出題分野＜同期機＞   令和元年度 問5

次の文章は，星形結線の円筒形三相同期電動機の入力，出力，トルクに関する記述である。

この三相同期電動機の1相分の誘導起電力 E[V]，電圧 V[V]，電流 I[A]，V と I の位相差を θ[rad]としたときの1相分の入力 P_i[W]は次式で表される。

$$P_i = VI\cos\theta$$

また，E と V の位相差を δ[rad]とすると，1相分の出力 P_o[W]は次式で表される。E と V の位相差 δ は　(ア)　といわれる。

$$P_o = EI\cos(\delta - \theta) = \frac{VE}{x}\quad\boxed{(イ)}$$

ここで x[Ω]は同期リアクタンスであり，電機子巻線抵抗は無視できるものとする。

この三相同期電動機の全出力を P[W]，同期速度を n_s[min^{-1}]とすると，トルク T[N·m]と P の関係は次式で表される。

$$P = 3P_o = 2\pi\frac{n_s}{60}T$$

これから，T は次式のようになる。

$$T = \frac{60}{2\pi n_s}\cdot 3P_o = \frac{60}{2\pi n_s}\cdot\frac{3VE}{x}\quad\boxed{(イ)}$$

以上のことから，$0 \leqq \delta \leqq \dfrac{\pi}{2}$ の範囲において δ が　(ウ)　なるに従って T は　(エ)　なり，理論上 $\dfrac{\pi}{2}$[rad]のとき　(オ)　となる。

上記の記述中の空白箇所（ア），（イ），（ウ），（エ）及び（オ）に当てはまる組合せとして，正しいものを次の（1）〜（5）のうちから一つ選べ。

	（ア）	（イ）	（ウ）	（エ）	（オ）
（1）	負荷角	$\cos\delta$	大きく	大きく	最大値
（2）	力率角	$\cos\delta$	大きく	小さく	最小値
（3）	力率角	$\sin\delta$	小さく	小さく	最小値
（4）	負荷角	$\sin\delta$	大きく	大きく	最大値
（5）	負荷角	$\cos\delta$	小さく	小さく	最大値

理論 電力 機械 法規

令和 **5** (2023) 上期

令和 **5** (2023) 下期

選抜 **90** 問

選抜 **85** 問

選抜 **90** 問

選抜 **65** 問

問 34 の解答　出題項目＜電動機のトルク＞　　　　　答え　（4）

星形結線の円筒形三相同期電動機の 1 相分の誘導起電力 E[V]，電圧 V[V]，電流 I[A]，V と I の位相差を θ[rad]としたときの 1 相分の入力 P_i[W]は次式で表される。

$$P_\mathrm{i} = VI \cos\theta$$

また，E と V の位相差を δ[rad]とすると，1 相分の出力 P_o[W]は次式で表される。E と V の位相差 δ は**負荷角**といわれる。

$$P_\mathrm{o} = EI \cos(\delta - \theta) = \frac{VE}{x} \boldsymbol{\sin\delta}$$

ここで x[Ω]は同期リアクタンスであり，電機子巻線抵抗は無視できるものとする。

この三相同期電動機の全出力を P[W]，同期速度を n_s[min^{-1}]とすると，トルク T[N·m]と P の関係は次式で表される。

$$P = 3P_\mathrm{o} = 2\pi\frac{n_\mathrm{s}}{60}T$$

これから，T は次式のようになる。

$$T = \frac{60}{2\pi n_\mathrm{s}} \cdot 3P_\mathrm{o} = \frac{60}{2\pi n_\mathrm{s}} \cdot \frac{3VE}{x} \boldsymbol{\sin\delta}$$

以上のことから，$0 \leqq \delta \leqq \dfrac{\pi}{2}$ の範囲において δ が**大きく**なるに従って T は**大きく**なり，理論上 $\dfrac{\pi}{2}$[rad]のとき**最大値**となる。

解説 ▶ ....

図 34-1 は，円筒形三相同期電動機の等価回路（1 相分）であり，**図 34-2** はベクトル図である。ただし，誘導起電力の向きは，電源と対立する向きに逆起電力として描いてある。

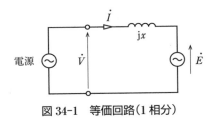

図 34-1　等価回路（1 相分）

$\dot{E}$, $\dot{V}$, $\dot{I}$ の大きさをそれぞれ E, V, I とする。ベクトル図より，

$$xI \cos(\delta - \theta) = V \sin\delta$$

が成り立つので $I \cos(\delta - \theta) = \dfrac{V}{x}\sin\delta$ より，P_o は次式で表される。

$$P_\mathrm{o} = EI \cos(\delta - \theta) = \frac{VE}{x}\sin\delta$$

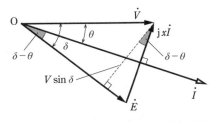

図 34-2　電機子回路のベクトル図（1 相分）

なお，この式は，V, E を線間電圧とするときには三相出力 P を表す。

T は n_s が一定であることから P に比例する。また，$\sin\delta$ は，$0 \leqq \delta \leqq \dfrac{\pi}{2}$ の範囲において δ の増加に伴い増加し，$\delta = \dfrac{\pi}{2}$ で最大となる。したがって，δ のみを変数とした場合，T, P は理論上 $\dfrac{\pi}{2}$[rad]のとき最大値となる。

Point

①　損失を無視した円筒形三相同期電動機の出力

$$P = \frac{VE}{x}\sin\delta \quad (V, E \text{ は線間電圧})$$

②　トルクと出力は比例関係にある。

$$T \propto P$$

　周波数が 60 Hz の電源で駆動されている 4 極の三相同期電動機（星形結線）があり，端子の相電圧 V [V]は $\dfrac{400}{\sqrt{3}}$ V，電機子電流 I_{M}[A]は 200 A，力率 1 で運転している。1 相の同期リアクタンス x_{s}[Ω]は 1.00 Ω であり，電機子の巻線抵抗，及び機械損などの損失は無視できるものとして，次の（a）及び（b）の問に答えよ。

（a）　上記の同期電動機のトルクの値[N·m]として最も近いものを，次の（1）〜（5）のうちから一つ選べ。

　　（1）　12.3　　　（2）　368　　　（3）　735　　　（4）　1 270　　　（5）　1 470

（b）　上記の同期電動機の端子電圧及び出力を一定にしたまま界磁電流を増やしたところ，電機子電流が I_{M1}[A]に変化し，力率 $\cos\theta$ が $\dfrac{\sqrt{3}}{2}$（$\theta=30°$）の進み負荷となった。出力が一定なので入力電力は変わらない。図はこのときの状態を説明するための 1 相の概略のベクトル図である。このときの 1 相の誘導起電力 E[V]として，最も近い E の値を次の（1）〜（5）のうちから一つ選べ。

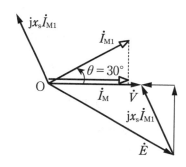

　　（1）　374　　　（2）　387　　　（3）　400　　　（4）　446　　　（5）　475

理論 電力 機械 法規

令和 **5** (2023) 上期

令和 **5** (2023) 下期

選抜 **90** 問

選抜 **85** 問

選抜 **90** 問

選抜 **65** 問

問35（a）の解答　出題項目＜電動機のトルク＞　　答え（3）

トルク T を求めるため，三相同期電動機の同期回転角速度 ω_s および出力 P を計算する。

同期電動機の同期回転速度 N_s は，周波数を f [Hz]，極数を p とすると，

$$N_s = \frac{120f}{p} = \frac{120 \times 60}{4} = 1\,800 \,[\text{min}^{-1}]$$

であるから，同期回転角速度 ω_s は，

$$\omega_s = 2\pi \frac{N_s}{60} = 2\pi \times \frac{1\,800}{60} = 60\pi \,[\text{rad/s}]$$

三相同期電動機の出力 P は，端子の相電圧を V，電機子電流を I_M，力率を $\cos\theta$ とし，機械損を無視した場合，

$$P = 3VI_M \cos\theta = 3 \times \frac{400}{\sqrt{3}} \times 200 \times 1$$

$$\fallingdotseq 138.56 \times 10^3 \,[\text{W}]$$

である。よって，三相同期電動機のトルク T は，

$$T = \frac{P}{\omega_s} = \frac{138.56 \times 10^3}{60\pi} \fallingdotseq 735 \,[\text{N} \cdot \text{m}]$$

問35（b）の解答　出題項目＜電動機の誘導起電力＞　　答え（3）

題意の等価回路を図35-1に示す。

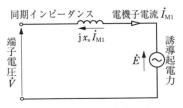

図35-1　等価回路（1相）

端子電圧（相電圧）$\dot{V}$ は，誘導起電力を $\dot{E}$ [V]，電機子電流を $\dot{I}_{M1}$ [A]，同期インピーダンス（同期リアクタンス）を x_s [Ω] とすると，

$$\dot{V} = \dot{E} + jx_s\dot{I}_{M1}\,[\text{V}] \qquad ①$$

となる。①式の関係を図35-2に示す。図から，誘導起電力の大きさ $|\dot{E}| = E$ は，

$$E = \sqrt{(V + x_s I_{M1}\sin 30°)^2 + (x_s I_{M1}\cos 30°)^2} \qquad ②$$

となる。また，電流 I_{M1} は $I_M = I_{M1}\cos 30°$ より，

$$I_{M1} = \frac{I_M}{\cos 30°} = \frac{200}{\cos 30°}\,[\text{A}]$$

となる。上記の式，および題意の数値 $|\dot{V}| = V = \frac{400}{\sqrt{3}}$ [V]，$x_s = 1.0$ [Ω] を②式に代入すると，

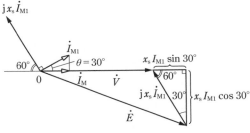

図35-2　ベクトル図

$$E = \sqrt{\left(\frac{400}{\sqrt{3}} + 1.0 \times \frac{200}{\cos 30°} \times \sin 30°\right)^2 + \left(1.0 \times \frac{200}{\cos 30°} \times \cos 30°\right)^2}$$

$$= \sqrt{\left(\frac{400}{\sqrt{3}} + 1.0 \times \frac{200}{\frac{\sqrt{3}}{2}} \times \frac{1}{2}\right)^2 + (1.0 \times 200)^2}$$

$$= \sqrt{\left(\frac{400}{\sqrt{3}} + \frac{200}{\sqrt{3}}\right)^2 + 200^2}$$

$$= \sqrt{\frac{600^2}{3} + 200^2} = \sqrt{160\,000} = 400\,[\text{V}]$$

である。

Point 同期電動機の出力，トルク，ベクトル図を理解すること。

1 相当たりの同期リアクタンスが 1 Ω の三相同期発電機が無負荷電圧 346 V（相電圧 200 V）を発生している。そこに抵抗器負荷を接続すると電圧が 300 V（相電圧 173 V）に低下した。次の（a）及び（b）に答えよ。

ただし，三相同期発電機の回転速度は一定で，損失は無視するものとする。

（a）電機子電流［A］の値として，最も近いのは次のうちどれか。

    （1）27   （2）70   （3）100   （4）150   （5）173

（b）出力［kW］の値として，最も近いのは次のうちどれか。

    （1）24   （2）30   （3）52   （4）60   （5）156

641

理論
電力
機械
法規

令和**5**(2023)上期

令和**5**(2023)下期

選抜**90**問

選抜**85**問

選抜**90**問

選抜**65**問

問36（a）の解答　　出題項目＜電機子電流＞　　　　答え（3）

題意の同期発電機の等価回路を**図36-1**に示す。図において，

$$\dot{E}' = \dot{V}' + jx_s\dot{I}\,[\text{V}] \quad ①$$

ただし，題意から，

無負荷相電圧 $E' = \dfrac{E}{\sqrt{3}} = 200\,[\text{V}]$

（負荷時）相電圧：$V' = \dfrac{V}{\sqrt{3}} = 173\,[\text{V}]$

同期リアクタンス：$x_s = 1\,[\Omega]$

電機子（負荷）電流：$I\,[\text{A}]$

である。

①式をベクトル図で表すと，**図36-2**となる。三平方の定理により，

$$E'^2 = V'^2 + (x_s I)^2 \quad ②$$

となる。②式を変形して，

$$x_s I = \sqrt{E'^2 - V'^2}$$

$$I = \frac{\sqrt{E'^2 - V'^2}}{x_s} = \frac{\sqrt{200^2 - 173^2}}{1}$$
$$= 100.35 \fallingdotseq 100\,[\text{A}]$$

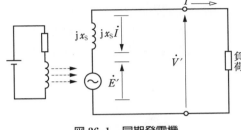

図36-1　同期発電機

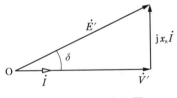

図36-2　ベクトル図

問36（b）の解答　　出題項目＜発電機の出力＞　　　　答え（3）

線間電圧 V，負荷電流 I，負荷力率 $\cos\theta$ の出力 P は，次式で表される。

$$P = \sqrt{3}\,VI\cos\theta\,[\text{W}] \quad ③$$

題意から負荷は抵抗のみなので，$\cos\theta = 1$ である。③式に数値を代入して P を求める。

$$P = \sqrt{3} \times 300 \times 100.35 \times 1$$
$$\fallingdotseq 52\,140\,[\text{W}] \fallingdotseq 52\,[\text{kW}]$$

【別解】 同期発電機の出力 P の公式

$$P = \frac{EV}{X_s}\sin\delta\,[\text{W}] \quad ④$$

ただし，$E = \sqrt{3} \times 200 = 346\,[\text{V}]$
$\qquad\quad V = \sqrt{3} \times 173 \fallingdotseq 300\,[\text{V}]$

から計算する。$\sin\delta$ は**図36-3**より，

$$\sin\delta = \frac{x_s I}{E'} = \frac{1 \times 100}{200} = 0.5$$

④式に数値を代入して，

$$P = \frac{346 \times 300}{1} \times 0.5$$
$$= 51\,900\,[\text{W}] \fallingdotseq 52\,[\text{kW}]$$

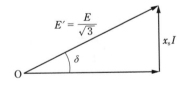

図36-3　ベクトル図（$\sin\delta$）

Point 同期発電機の等価回路とベクトル図を理解すること。

問 37　出題分野＜同期機＞　　　　　　　　　　　　　令和 4 年度上期 問 4

次の文章は，三相同期電動機の位相特性に関する記述である。

図は三相同期電動機の位相特性曲線（V 曲線）の一例である。同期電動機は，界磁電流を変えると，電機子電流の端子電圧に対する位相が変わり，さらに，電機子電流の大きさも変わる。図の曲線の最低点は力率が 1 となる点で，図の破線より右側は ┃ (ア) ┃ 電流，左側は ┃ (イ) ┃ 電流の範囲となる。また，電動機の出力を大きくするにつれて，曲線は ┃ (ウ) ┃ → B → ┃ (エ) ┃ の順に変化する。

この位相特性を利用して，三相同期電動機を需要家機器と並列に接続して無負荷運転し，需要家機器の端子電圧を調整することができる。このような目的で用いる三相同期電動機を ┃ (オ) ┃ という。

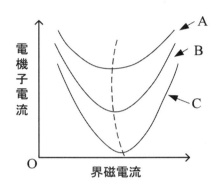

上記の記述中の空白箇所（ア）〜（オ）に当てはまる組合せとして，正しいものを次の（1）〜（5）のうちから一つ選べ。

	（ア）	（イ）	（ウ）	（エ）	（オ）
（1）	遅れ	進み	A	C	静止形無効電力補償装置
（2）	遅れ	進み	C	A	静止形無効電力補償装置
（3）	遅れ	進み	A	C	同期調相機
（4）	進み	遅れ	C	A	同期調相機
（5）	進み	遅れ	A	C	同期調相機

問37の解答 出題項目＜V曲線＞ 　　　答え　（4）

同期電動機は，界磁電流を変えると，電機子電流の端子電圧に対する位相が変わり，さらに，電機子電流の大きさも変わる。問題図の曲線の最低点は力率が1となる点で，問題図の破線より右側は**進み**電流，左側は**遅れ**電流の範囲となる。また，電動機の出力を大きくするにつれて，曲線は**C→B→A**の順に変化する。

この位相特性を利用して，三相同期電動機を需要家機器と並列に接続して無負荷運転し，需要家機器の端子電圧を調整することができる。このような目的で用いる三相同期電動機を**同期調相機**という。

解説 ----------

位相特性の原理は，次の①～③の通りである。ただし，問題図中の破線における界磁電流をI_0とし，電機子巻線抵抗は無視できるものとする。

① 界磁電流をI_0よりも小さくした場合，電機子誘導起電力が端子電圧よりも低くなるため，電源から電機子に向かい同期リアクタンスを通る90°遅れ無効電流が流れる。このため，電動機は遅れ力率での運転となる。

② 界磁電流をI_0よりも大きくした場合，電機子誘導起電力が端子電圧よりも高くなるため，電機子から電源に向かい同期リアクタンスを通る90°遅れ無効電流が流れる。この電流は，**電源に対しては90°進み無効電流**であるから，電動機は進み力率での運転となる。

③ 界磁電流をI_0とした場合，電機子誘導起電力と端子電圧がバランスして無効電流は流れず，力率1の運転となる。

電動機の出力を大きくすると電機子を流れる有効電流が増加するため，電機子電流の大きさが増加してV曲線は上方に移動する。

変圧器の構造に関する記述として，誤っているものを次の(1)〜(5)のうちから一つ選べ。

(1)　変圧器の巻線には軟銅線が用いられる。巻線の方法としては，鉄心に絶縁を施し，その上に巻線を直接巻きつける方法，円筒巻線や板状巻線としてこれを鉄心にはめ込む方法などがある。

(2)　変圧器の鉄心には，飽和磁束密度と比透磁率が大きい電磁鋼板が用いられる。この鋼板は，渦電流損を低減するためケイ素が数 % 含有され，さらにヒステリシス損を低減するために表面が絶縁皮膜で覆われている。

(3)　変圧器の冷却方式には用いる冷媒によって，絶縁油を使用する油入式と空気を使用する乾式，さらにガス冷却式などがある。

(4)　変圧器油は，変圧器本体を浸し，巻線の絶縁耐力を高めるとともに，冷却によって本体の温度上昇を防ぐために用いられる。また，化学的に安定で，引火点が高く，流動性に富み比熱が大きくて冷却効果が大きいなどの性質を備えることが必要となる。

(5)　大型の油入変圧器では，負荷変動に伴い油の温度が変動し，油が膨張・収縮を繰り返すため，外気が変圧器内部に出入りを繰り返す。これを変圧器の呼吸作用といい，油の劣化の原因となる。この劣化を防止するため，本体の外にコンサベータやブリーザを設ける。

理論 電力 機械 法規

令和5(2023)上期

令和5(2023)下期

選抜90問

選抜85問

選抜90問

選抜65問

問38の解答　出題項目＜種類と構造＞　　　　　　　答え　（2）

（1）正。変圧器の巻線には軟銅線（丸線または平角線）が用いられる。巻線方法として，小容量の変圧器では鉄心に絶縁を施し，その上に巻線を直接巻きつける**直巻**がある。ただし，容量が大きくなると作業が困難になるので，円筒巻線や板状巻線を製作して，あとで鉄心に挿入する**型巻**が一般的である。

（2）誤。変圧器の鉄心には，ケイ素が3〜4％程度含有されている**ケイ素鋼板**が多く用いられている。ケイ素を含むと磁気特性が向上し，**渦電流損やヒステリシス損が低減**する。また，**渦電流損を低減**するために，表面を**絶縁皮膜**で覆って渦電流を流れにくくしている。

（3）正。変圧器を冷却する冷媒には，**絶縁油，空気，ガス**（SF_6）などがある。

（4）正。変圧器の外箱内部は，絶縁と冷却のために絶縁油で満たされている。絶縁油は化学的に安定しており，絶縁耐力が大きい，引火点が高い，粘度が低く流動性に富む，比熱や熱伝導度が大きいなどの特徴がある。

（5）正。絶縁油は，呼吸作用により空気と接触して劣化する。これを防止するために，**コンサベータ**や**ブリーザ**を設ける。

問 39　出題分野＜変圧器＞　　　　　　　　　　　　　　　平成 30 年度 問 15

　無負荷で一次電圧 6 600 V，二次電圧 200 V の単相変圧器がある。一次巻線抵抗 r_1＝0.6 Ω，一次巻線漏れリアクタンス x_1＝3 Ω，二次巻線抵抗 r_2＝0.5 mΩ，二次巻線漏れリアクタンス x_2＝3 mΩ である。計算に当たっては，二次側の諸量を一次側に換算した簡易等価回路を用い，励磁回路は無視するものとして，次の（a）及び（b）の問に答えよ。

（a）　この変圧器の一次側に換算したインピーダンスの大きさ[Ω]として，最も近いものを次の（1）～（5）のうちから一つ選べ。

　　（1）　1.15　　　　（2）　3.60　　　　（3）　6.27　　　　（4）　6.37　　　　（5）　7.40

（b）　この変圧器の二次側を 200 V に保ち，容量 200 kV·A，力率 0.8（遅れ）の負荷を接続した。このときの一次電圧の値[V]として，最も近いものを次の（1）～（5）のうちから一つ選べ。

　　（1）　6 600　　　（2）　6 700　　　（3）　6 740　　　（4）　6 800　　　（5）　6 840

理論　電力　機械　法規

令和5（2023）上期

令和5（2023）下期

選抜90問

選抜85問

選抜90問

選抜65問

問39（a）の解答　　出題項目＜単相変圧器・変圧比＞　　答え（4）

この変圧器の巻数比 a は変圧比と等しく，

$$a = 6\,600/200 = 33$$

である。二次側の巻線抵抗及び漏れリアクタンスを一次側に換算したものを r_{21}, x_{21} とすると，

$$r_{21} = a^2 r_2 = 33^2 \times 0.5 = 544.5\,[\text{m}\Omega]$$
$$x_{21} = a^2 x_2 = 33^2 \times 3 = 3\,267\,[\text{m}\Omega]$$

となるので，一次側から見た抵抗 R 及びリアクタンス X は，

$$R = r_1 + r_{21} = 0.6 + 0.544\,5 = 1.144\,5\,[\Omega]$$
$$X = x_1 + x_{21} = 3 + 3.267 = 6.267\,[\Omega]$$

となる。したがって，一次側に換算したインピーダンスの大きさ Z は，

$$Z = \sqrt{R^2 + X^2} = \sqrt{1.144\,5^2 + 6.267^2}$$
$$\fallingdotseq 6.37\,[\Omega]$$

解説

変圧器はインピーダンスと等価であるが，一次側と二次側で電圧が異なる場合は，一方の側から他方の側へのインピーダンスの換算が必要になる。

変圧器の巻数比が a であるとき，二次側のインピーダンスを一次側に換算する場合は a^2 倍する。逆に，一次側のインピーダンスを二次側に換算する場合は $1/a^2$ 倍する。

補足　図39-1 において，一次側の電圧を V，電流を I，巻数比を a，二次側のインピーダンスを z_2 とすると，二次電圧は V/a，二次電流は aI となるので z_2 は次式となる。

$$z_2 = \frac{(V/a)}{(aI)} = \frac{V}{a^2 I}$$

上式の V/I は一次側から見たインピーダンス z_1 を表しているので，次の関係式を得る。

$$z_2 = \frac{V}{a^2 I} = \frac{z_1}{a^2} \quad \rightarrow \quad z_1 = a^2 z_2$$

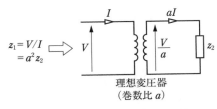

図39-1　インピーダンスの換算

問39（b）の解答　　出題項目＜単相変圧器・変圧比＞　　答え（3）

一次側から見た等価回路で表すと**図39-2**となる。一次側に換算した負荷電流 I は，

$$I = \frac{200 \times 10^3}{6\,600} \fallingdotseq 30.3\,[\text{A}]$$

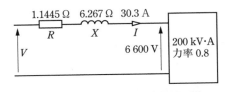

図39-2　一次側から見た等価回路

また，負荷力率を $\cos\theta$ としたとき，変圧器による電圧降下 v を一次側と二次側の電圧の位相差が小さいとして得られる近似式で表すと，

$$v = (R\cos\theta + X\sin\theta)I\,[\text{V}]$$

電圧降下 v の式に数値を代入すると，

$$v = (1.1445 \times 0.8 + 6.267 \times 0.6) \times 30.3$$
$$\fallingdotseq 142\,[\text{V}]$$

したがって，一次電圧 V は，

$$V = 6\,600 + 142 = 6\,742\,[\text{V}] \quad \rightarrow \quad 6\,740\,\text{V}$$

解説

小問（a）において，変圧器の巻線抵抗と漏れリアクタンスが一次側換算値で算出されているので，これを利用するために一次側から見た回路で考えた。実際の負荷電圧は 200 V であるが，一次側から見ると負荷電圧は 6 600 V に見える。

また，電圧降下の計算では，特記事項がない限り近似式を用いる場合が多い。

次の文章は，単相変圧器の電圧変動に関する記述である。

単相変圧器において，一次抵抗及び一次漏れリアクタンスが励磁回路のインピーダンスに比べて十分小さいとして二次側に移した，二次側換算の簡易等価回路は図のようになる。$r_{21} = 1.0 \times 10^{-3}$ Ω，$x_{21} = 3.0 \times 10^{-3}$ Ω，定格二次電圧 $V_{2n} = 100$ V，定格二次電流 $I_{2n} = 1$ kA とする。

負荷の力率が遅れ80％のとき，百分率抵抗降下 p，百分率リアクタンス降下 q 及び電圧変動率 ε のそれぞれの値[％]の組合せとして，最も近いものを次の（1）～（5）のうちから一つ選べ。なお，本問では簡単のため用いられる近似式を用いて解答すること。

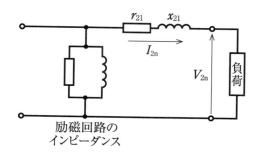

	p	q	ε
（1）	3.0	1.0	3.0
（2）	3.0	1.0	2.4
（3）	1.0	3.0	3.1
（4）	1.0	2.6	3.0
（5）	1.0	3.0	2.6

問 40 の解答　出題項目＜電圧変動率＞

単相変圧器の百分率抵抗降下 p，百分率リアクタンス降下 q は，

$$p=\frac{r_{21}I_{2n}}{V_{2n}}\times 100[\%] \qquad ①$$

$$q=\frac{x_{21}I_{2n}}{V_{2n}}\times 100[\%] \qquad ②$$

電圧変動率 ε は，題意より近似式を用いて，

$$\varepsilon=p\cos\theta+q\sin\theta[\%] \qquad ③$$

ただし，r_{21}：合成した二次換算巻線抵抗 $[\Omega]$，x_{21}：合成した二次換算リアクタンス $[\Omega]$，I_{2n}：定格二次電流 $[\mathrm{A}]$，V_{2n}：定格二次電圧 $[\mathrm{V}]$，θ：負荷角 $[\mathrm{rad}]$ である。

百分率抵抗降下 p は，①式に題意の数値を代入して，

$$p=\frac{1.0\times 10^{-3}\times 1\times 10^{3}}{100}\times 100=1.0[\%]$$

百分率リアクタンス q は，②式に題意の数値を代入して，

$$q=\frac{3.0\times 10^{-3}\times 1\times 10^{3}}{100}\times 100=3.0[\%]$$

となる。また，負荷の力率が遅れ 80 ％であるから，

$$\cos\theta=0.8$$
$$\sin\theta=\sqrt{1-\cos^{2}\theta}=\sqrt{1-0.8^{2}}=0.6$$

よって電圧変動率 ε は，③式に数値を代入して，

$$\varepsilon=1.0\times 0.8+3.0\times 0.6=2.6[\%]$$

Point p，q および ε の式を覚えておくこと。

理論
電力
機械
法規

令和5 (2023) 上期
令和5 (2023) 下期

選抜 90 問
選抜 85 問
選抜 90 問
選抜 65 問

問 41 出題分野＜変圧器＞

変圧器に関する記述として，誤っているものを次の（1）～（5）のうちから一つ選べ。

（1） 無負荷の変圧器の一次巻線に正弦波交流電圧を加えると，鉄心には磁気飽和現象やヒステリシス現象が生じるので電流は非正弦波電流となる。この電流を励磁電流といい，第3次をはじめとする多くの次数の高調波を含む。

（2） 変圧器の励磁電流のうち，一次電圧と同相成分を鉄損電流，$\frac{\pi}{2}$[rad]遅れた成分を磁化電流という。

（3） 変圧器の鉄損には主にヒステリシス損と渦電流損がある。電源の周波数を f，鉄心に用いる電磁鋼板の厚さを t とすると，ヒステリシス損は f に比例し，渦電流損は（$f×t$）の2乗に比例する。ただし，鉄心の磁束密度を同一とする。

（4） 変圧器の損失には主に鉄損と銅損があり，両者が等しくなったときに最大効率となる。無負荷損の主なものは鉄損で，電圧と周波数が一定であれば負荷に関係なく一定である。また，負荷損の主なものは銅損で，負荷電流の2乗に比例する。

（5） 変圧器の等価回路において，励磁回路は励磁コンダクタンスと励磁サセプタンスで構成される。両者を合わせて励磁アドミタンスという。励磁コンダクタンスに流れる電流は磁化電流に対応し，励磁サセプタンスで発生する損失は鉄損に対応している。

理論 電力 機械 法規

令和5(2023)上期

令和5(2023)下期

選抜90問

選抜85問

選抜90問

選抜65問

問41の解答　出題項目＜損失・効率＞

（1）正。非正弦波交流は**ひずみ波**とも呼ばれる。非正弦波交流は，**フーリエ級数展開**により，基本となる正弦波交流（基本波）と基本波の正の整数倍の周波数を持つ多数の正弦波交流成分に分解表記することができる。このとき，基本波以外の正弦波成分を高調波といい，基本波の3倍の周波数を持つ高調波を第3調波などという。

（2）正。**磁化電流**は，鉄心内に主磁束をつくるための電流である。変圧器は原理的にリアクトルであるから，磁化電流は一次電圧に対して$\dfrac{\pi}{2}$[rad]（90°）遅れる。また，鉄心内では鉄損が発生するが，損失はエネルギーの消費であるため一次電圧と同相の電流が流れる。この電流を**鉄損電流**という。磁化電流と鉄損電流を合わせたものを**励磁電流**という。

（3）正。鉄損は鉄心の磁束密度にも関係しているが，題意より記述の通りとなる。

（4）正。記述の通りである。変圧器が最大効率となる条件は，規約効率の計算式から導き出せる（詳細は省略）。

（5）誤。コンダクタンスは抵抗の逆数である。したがって，励磁コンダクタンスを流れる電流は，電圧と同相の鉄損電流である。また，サセ

プタンスはリアクタンスの逆数である。したがって，励磁サセプタンスを流れる電流は，主磁束をつくる磁化電流である。なお，コンダクタンスとサセプタンスを並列接続して合成したものをアドミタンスという。

解説

鉄心の**磁化特性**は，**ヒステリシス曲線（BH曲線）**で表される。電圧波形が正弦波であるとき，磁束密度Bは電磁誘導の法則により正弦波となる。一方，磁界の強さHは，磁化電流がつくる。BとHのグラフは曲線となるので，BとHは比例しない。したがって，Bが正弦波でもHはひずみ波となるので，磁化電流はひずみ波となる。

単位体積当たりのヒステリシス損P_hは，鉄心内部の最大磁束密度B_mにも関係し，次式のような実験式で表されている（fは周波数）。

$$P_h \propto f B_m^{1.6}$$

単位体積当たりの渦電流損P_lは，鉄心の導電率をσ，鉄心の厚みをtとすると次式で表される。

$$P_l \propto \sigma (f t B_m)^2$$

積層鉄心の採用により，鉄心1枚当たりの厚みtを小さくすることで，積層鉄心全体の渦電流損を低減できる。

問 42　出題分野＜変圧器＞

次の文章は，変圧器の損失と効率に関する記述である。

電圧一定で出力を変化させても，出力一定で電圧を変化させても，変圧器の効率の最大は鉄損と銅損とが等しいときに生じる。ただし，変圧器の損失は鉄損と銅損だけとし，負荷の力率は一定とする。

a.　出力 1 000 W で運転している単相変圧器において鉄損が 40.0 W，銅損が 40.0 W 発生している場合，変圧器の効率は ［　(ア)　］% である。

b.　出力電圧一定で出力を 500 W に下げた場合の鉄損は 40.0 W，銅損は ［　(イ)　］W，効率は ［　(ウ)　］% となる。

c.　出力電圧が 20 % 低下した状態で，出力 1 000 W の運転をしたとすると鉄損は 25.6 W，銅損は ［　(エ)　］W，効率は ［　(オ)　］% となる。ただし，鉄損は電圧の 2 乗に比例するものとする。

上記の記述中の空白箇所(ア)，(イ)，(ウ)，(エ)及び(オ)に当てはまる最も近い数値の組合せを，次の(1)～(5)のうちから一つ選べ。

	(ア)	(イ)	(ウ)	(エ)	(オ)
(1)	94	20.0	89	61.5	91
(2)	93	10.0	91	62.5	92
(3)	94	20.0	89	63.5	91
(4)	93	10.0	91	50.0	93
(5)	92	20.0	89	61.5	91

a.　変圧器の効率 η は，出力を $P[\mathrm{W}]$，鉄損を $p_i[\mathrm{W}]$，銅損を $p_c[\mathrm{W}]$ とすると，

$$\eta = \frac{P}{P + p_i + p_c} \times 100[\%]$$

$$= \frac{1\,000}{1\,000 + 40.0 + 40.0} \times 100$$

$$= 92.59 \fallingdotseq \underline{\mathbf{93}}[\%]$$

b.　出力 $P[\mathrm{W}]$，電圧 $V[\mathrm{V}]$ および力率 $\cos\theta$ のときの電流 I は，$P = \sqrt{3}\,VI\cos\theta$ より，

$$I = \frac{P}{\sqrt{3}\,V\cos\theta}[\mathrm{A}] \qquad\qquad ①$$

a.　の場合の電流 I_a は，①式より，

$$I_a = \frac{1\,000}{\sqrt{3}\,V\cos\theta}[\mathrm{A}]$$

電圧，力率が一定で出力を 500 W に下げた b. の場合の電流 I_b は，①式より，

$$I_b = \frac{500}{\sqrt{3}\,V\cos\theta}[\mathrm{A}]$$

となり，I_a の 1/2 である。

銅損はジュール熱であり，巻線抵抗値の変化がないため，電流の 2 乗に比例する。よって，このときの銅損 p_{cb} は，

$$p_{cb} = p_c\left(\frac{I_b}{I_a}\right)^2 = 40.0 \times \left(\frac{1}{2}\right)^2 = \underline{\mathbf{10.0}}[\mathrm{W}]$$

変圧器の効率 η_b は，

$$\eta_b = \frac{500}{500 + 40.0 + 10.0} \times 100$$

$$= 90.91 \fallingdotseq \underline{\mathbf{91}}[\%]$$

c.　電圧が 20 % 低下した場合の電流 I_c は，

$$I_c = \frac{1\,000}{\sqrt{3} \times 0.8\,V\cos\theta} = 1.25 \times \frac{1\,000}{\sqrt{3}\,V\cos\theta}[\mathrm{A}]$$

となり，I_a の 1.25 倍である。このときの銅損 p_{cc} は，

$$p_{cc} = p_c\left(\frac{I_b}{I_a}\right)^2 = 40.0 \times (1.25)^2 = \underline{\mathbf{62.5}}[\mathrm{W}]$$

変圧器の効率 η_c は，鉄損が 25.6 W より，

$$\eta_c = \frac{1\,000}{1\,000 + 25.6 + 62.5} \times 100$$

$$= 91.90 \fallingdotseq \underline{\mathbf{92}}[\%]$$

解説 ･････････････････････････････････････

c.　の鉄損は，電圧の 2 乗に比例することから，$40 \times 0.8^2 = 25.6[\mathrm{W}]$ と計算できる。

Point 銅損は電流の 2 乗，鉄損は電圧の 2 乗に比例する。

問43　出題分野＜変圧器＞

　変圧器の試験方法の一つに温度上昇試験がある。小形変圧器の場合には実負荷法を用いるが，電力用等の大形変圧器では返還負荷法を用いる。返還負荷法では，外部電源から鉄損と銅損に相当する電力のみを供給すればよいので試験電源が比較的小規模なものですむ。単相変圧器におけるこの試験の結線方法及び図中に示す鉄損，銅損の供給方法として，次の（1）～（5）のうちから正しいものを一つ選べ。ただし，T_1，T_2 は試験対象となる同じ仕様の変圧器，T_3 は補助変圧器である。

(1)

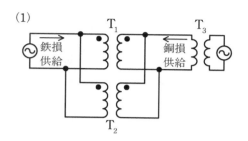

(2)

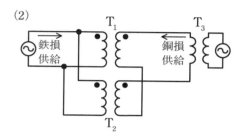

(3)

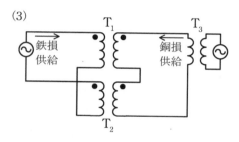

(4)

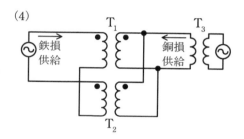

(5)

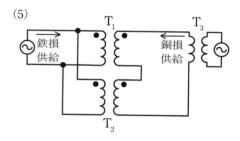

問 43 の解答　出題項目＜試験＞

　同一定格の 2 台の変圧器を使い，返還負荷法により温度上昇試験を実施する場合には，次のように結線する。

　鉄損を供給する側の端子の極性が同じ向きになるように並列に接続し，同じ定格電圧を印加する。これで鉄損が供給される。

　銅損を供給する側では，2 台の変圧器の極性を逆向き（起電力が打ち消す向き）に直列に接続し，その端子に銅損を供給する電流を流すための補助変圧器を接続する。補助変圧器により，変圧器のインピーダンス電圧の 2 倍の電圧を印加して定格電流を流すことで，全負荷銅損が供給される。

　以上の説明に合う結線を見つける。鉄損供給側の正しい結線は（1），（2），（5）であり，銅損供給側の正しい結線は（2）である。したがって，選択肢（2）が正しい。

解説

　変圧器は，各種損失により運転時に絶縁油や巻線温度が上昇する。このとき，温度上昇が規定値以下であることを確認する試験が温度上昇試験である。温度上昇試験には，①実負荷法，②返還負荷法，③等価負荷法がある。

　実負荷法は，変圧器に実際の負荷を接続して鉄損と銅損を発生させる方法である。

　返還負荷法は，問題文にあるように鉄損と銅損を供給する方法である。返還負荷法を実施するには，原理上同一定格の変圧器が 2 台必要となる。一般に返還負荷法では，低圧側から鉄損を供給し，高圧側から銅損を供給する。このとき，問題文の方法では，銅損を供給するために補助変圧器を使用しているが，**図 43-1** のように，高圧側のタップ差間の電位差を利用して電流を流し銅損を供給する方法もある。この方法は，タップ電圧差法と呼ばれる。

　また，等価負荷法は，一方の巻線を短絡して，他方の巻線に鉄損と銅損の和の損失（全損失）が生じるような供試電圧を加えて行う方法である。

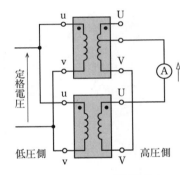

図 43-1　タップ電圧差法

　定格容量 10 kV·A，定格一次電圧 1 000 V，定格二次電圧 100 V の単相変圧器で無負荷試験及び短絡試験を実施した。高圧側の回路を開放して低圧側の回路に定格電圧を加えたところ，電力計の指示は 80 W であった。次に，低圧側の回路を短絡して高圧側の回路にインピーダンス電圧を加えて定格電流を流したところ，電力計の指示は 120 W であった。

（ a ）　巻線の高圧側換算抵抗 [Ω] の値として，最も近いものを次の（ 1 ）～（ 5 ）のうちから一つ選べ。

　　（ 1 ）　1.0　　　（ 2 ）　1.2　　　（ 3 ）　1.4　　　（ 4 ）　1.6　　　（ 5 ）　2.0

（ b ）　力率 $\cos\phi = 1$ の定格運転時の効率 [%] の値として，最も近いものを次の（ 1 ）～（ 5 ）のうちから一つ選べ。

　　（ 1 ）　95　　　（ 2 ）　96　　　（ 3 ）　97　　　（ 4 ）　98　　　（ 5 ）　99

問 44（a）の解答　　出題項目＜試験＞　　答え（2）

単相変圧器の無負荷試験および短絡試験の回路を図 44-1，図 44-2 に示す。また，定格負荷電流が流れているときの一次，二次巻線の等価回路を図 44-3 に示す。

一次と二次の巻数比 $n = N_1/N_2$ は，電圧比と同じである。したがって，定格の一次，二次の電圧を V_1，V_2，電流を I_1，I_2 とすると，

$$n = N_1/N_2 = V_1/V_2$$

$$V_1 \cdot I_1 = V_2 \cdot I_2 \quad \therefore \quad I_2/I_1 = V_1/V_2 = n$$

短絡試験時の電力計指示値 120 W を図 46-3 の巻線抵抗値と巻数比で表すと，

$$r_1 I_1{}^2 + r_2 I_2{}^2 = I_1{}^2 \left(r_1 + r_2 \frac{I_2{}^2}{I_1{}^2} \right)$$

$$= I_1{}^2 (r_1 + n^2 r_2) = I_1{}^2 r_1' = 120 [\text{W}]$$

となる。上式および題意から，一次・二次巻線を合成した高圧側換算抵抗 r_1' を計算する。

$$I_1 = \frac{\text{定格容量} S_k}{\text{定格一次電圧} V_1} = \frac{10 \times 10^3}{1\,000} = 10 [\text{A}]$$

$$r_1' = \frac{120}{I_1{}^2} = \frac{120}{10^2} = 1.2 [\Omega]$$

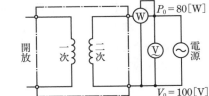

図 44-1　無負荷試験

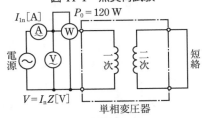

図 44-2　短絡試験

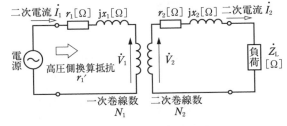

図 44-3　単相変圧器等価回路

問 44（b）の解答　　出題項目＜試験＞　　答え（4）

変圧器の効率 η は，出力を $P [\text{W}]$，無負荷損を $p_i [\text{W}]$，負荷損を $p_c [\text{W}]$ とすると，

$$\eta = \frac{P}{P + p_i + p_c} \times 100 [\%] \qquad \text{①}$$

ここで出力 P は，定格容量 $S [\text{V·A}] \times$ 力率 $\cos\phi$ で表される。また，無負荷損 p_i は無負荷試験，負荷損 p_c は短絡試験で得られた電力値である。

①式に題意の値を代入すると，

$$\eta = \frac{10 \times 10^3 \times 1.0}{10 \times 10^3 \times 1.0 + 80 + 120} \times 100$$

$$= 98.04 \fallingdotseq 98.0 [\%]$$

解説 ▶‥‥‥‥‥‥‥‥‥‥‥‥‥

問題文の中で「高圧側の回路にインピーダンス電圧を加えて」とあり，これを示したものが図 44-4 である。

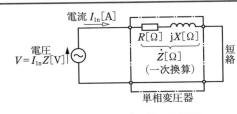

図 44-4　インピーダンス電圧

$\dot{Z}$ は一次側に換算した巻線のインピーダンスである。二次側を短絡して一次側に電圧 V を加えて電流 I_1 を流す。このときの電圧をインピーダンス電圧 $V = I_{1n}Z$ と等しくすると，I_1 は，

$$I_1 = \frac{V}{Z} = \frac{I_{1n}Z}{Z} = I_{1n} [\text{A}]$$

となり，定格電流 I_{1n} に等しいことがわかる。

Point 無負荷試験および短絡試験の結果から，巻線抵抗，効率が計算できるようにすること。

理論
電力
機械
法規

令和5 (2023) 上期
令和5 (2023) 下期
選抜90問
選抜85問
選抜90問
選抜65問

問 45 出題分野＜変圧器＞

　図1～3は，同じ定格の単相変圧器3台を用いた三相の変圧器であり，図4は，同じ定格の単相変圧器2台を用いたV結線三相変圧器である。各図の一次側電圧に対する二次側電圧の位相変位（角変位）の値[rad]の組合せとして，正しいものを次の（1）～（5）のうちから一つ選べ。

　ただし，各図において一次電圧の相順はU，V，Wとする。

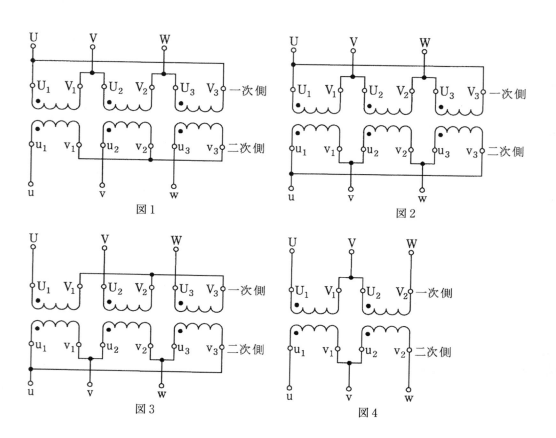

図1　図2　図3　図4

	図1	図2	図3	図4
（1）	進み$\frac{\pi}{6}$	0	遅れ$\frac{\pi}{6}$	0
（2）	遅れ$\frac{\pi}{6}$	0	進み$\frac{\pi}{6}$	進み$\frac{\pi}{6}$
（3）	遅れ$\frac{\pi}{6}$	0	進み$\frac{\pi}{6}$	0
（4）	進み$\frac{\pi}{6}$	遅れ$\frac{\pi}{6}$	遅れ$\frac{\pi}{6}$	遅れ$\frac{\pi}{6}$
（5）	遅れ$\frac{\pi}{6}$	進み$\frac{\pi}{6}$	進み$\frac{\pi}{6}$	進み$\frac{\pi}{6}$

理論 電力 機械 法規

令和 5 (2023) 上期

令和 5 (2023) 下期

選抜 90 問

選抜 85 問

選抜 90 問

選抜 65 問

問 45 の解答　出題項目＜三相変圧器＞

問題の図 1～図 4 は，それぞれ Δ-Y 結線，Δ-Δ 結線，Y-Δ 結線，V-V 結線を示している。

Δ-Δ 結線や V-V 結線，本問では出題されていないが Y-Y 結線などのように，一次側と二次側の結線方法が同一の場合は位相のずれは **0** である。

一方，Δ-Y 結線や Y-Δ 結線のように一次側と二次側の結線方法が異なる場合は，位相にずれが生じる。Δ-Y 結線の場合は一次側に対して二次側が $\dfrac{\pi}{6}$ **進み**，Y-Δ 結線の場合は一次側に対して二次側が $\dfrac{\pi}{6}$ **遅れ**る。

解説

Δ-Y 結線および Y-Δ 結線のベクトル図を**図 45-1** に示す。

問題の図 1(Δ-Y 結線)の場合，一次側の U-V 端子間の電圧の位相と二次側の u 端子の電圧の位相が等しいので，ベクトル図は図(a)のようにな

る。したがって，一次側 U 端子の電圧の位相に対して二次側 u 端子の電圧の位相は $\dfrac{\pi}{6}$ だけ進む。

問題の図 3(Y-Δ 結線)の場合，一次側の U 端子の電圧の位相と二次側の u-v 端子間の電圧の位相が等しいので，ベクトル図は図(b)のようになる。したがって，一次側 U 端子の電圧の位相に対して二次側 u 端子の電圧の位相は $\dfrac{\pi}{6}$ だけ遅れる。

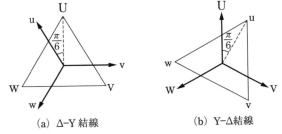

(a) Δ-Y 結線　　　(b) Y-Δ 結線

図 45-1　Δ-Y 結線と Y-Δ 結線のベクトル図

　2 台の単相変圧器があり，それぞれ，巻線比（一次巻線/二次巻線）が 30.1，30.0，二次側に換算した巻線抵抗及び漏れリアクタンスからなるインピーダンスが (0.013＋j0.022)Ω，(0.010＋j0.020)Ω である。この 2 台の変圧器を並列接続し二次側を無負荷として，一次側に 6 600 V を加えた。この 2 台の変圧器の二次巻線間を循環して流れる電流の値[A]として，最も近いものを次の（1）～（5）のうちから一つ選べ。ただし，励磁回路のアドミタンスの影響は無視するものとする。

　　（1）　4.1　　　　（2）　11.2　　　　（3）　15.3　　　　（4）　30.6　　　　（5）　61.3

問 46 の解答　出題項目＜並行運転＞

二次側を並列接続した 2 台の変圧器の，二次側の等価回路を**図 46-1** に示す。一次側の電圧を基準ベクトルとすると，二次側の二つの起電力は二次端子に対して同相（循環回路として見ると互いに逆相）となり，電源 A と電源 B の起電力差により，二次巻線間に循環電流 $\dot{I}$ が流れる。

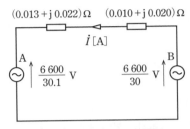

図 46-1　二次側の等価回路

$$\dot{I} = \frac{6\,600/30 - 6\,600/30.1}{(0.013 + j0.022) + (0.010 + j0.020)}$$

$$= \frac{6\,600/30 - 6\,600/30.1}{0.023 + j0.042} \, [\mathrm{A}]$$

電流の大きさ $I = |\dot{I}|$ は，

$$I = \frac{6\,600/30 - 6\,600/30.1}{\sqrt{0.023^2 + 0.042^2}} \fallingdotseq \frac{0.730\,9}{0.047\,89}$$

$$\fallingdotseq 15.3 \, [\mathrm{A}]$$

解説

この問題は，巻数比がわずかに異なる 2 台の変圧器を並行運転する場合の，無負荷における循環電流を計算するものである。二次側の起電力の差は 0.73 V 程とわずかであるが，インピーダンスが小さいため十数アンペアの循環電流が流れる。

なお，循環電流は，起電力の大きさが一致していても位相差があれば流れるが，単相変圧器の並行運転では位相差は生じない。一方で，角変位や相回転の異なる三相変圧器を並列に接続すると，端子電圧の大きさが同じでも循環電流が流れる。循環電流が大きいと，巻線を加熱焼損するおそれがある。

問 47 出題分野＜変圧器＞

いろいろな変圧器に関する記述として，誤っているものを次の（1）～（5）のうちから一つ選べ。

（1） 単巻変圧器は，一つの巻線の一部から端子が出ており，巻線の共通部分を分路巻線，共通でない部分を直列巻線という。三相結線にして電力系統の電圧変成などに用いられる。

（2） 単相変圧器 3 台を Δ-Δ 結線として三相給電しているとき，故障等により 1 台を取り除いて残りの 2 台で同じ電圧のまま給電する方式を V 結線方式という。V 結線にすると変圧器の利用率はおよそ 0.866 倍に減少する。

（3） スコット結線変圧器は，M 変圧器，T 変圧器と呼ばれる単相変圧器 2 台を用いる。M 変圧器の中央タップに片端子を接続した T 変圧器の途中の端子と M 変圧器の両端の端子を三相電源の一次側入力端子とする。二次側端子からは位相差 180 度の二つの単相電源が得られる。この変圧器は，電気鉄道の給電などに用いられる。

（4） 計器用変成器は，送配電系統等の高電圧・大電流を低電圧・小電流に変成して指示計器にて計測するためなどに用いられる。このうち，計器用変圧器は，変圧比が 1 より大きく，定格二次電圧は一般に，110 V 又は $\dfrac{110}{\sqrt{3}}$ V に統一されている。

（5） 計器用変成器のうち，変流器は，一次巻線の巻数が少なく，1 本の導体を鉄心に貫通させた貫通形と呼ばれるものがある。二次側を開放したままで一次電流を流すと一次電流が全て励磁電流となり，二次端子には高電圧が発生するので，電流計を接続するなど短絡状態で使用する必要がある。

理論 電力 機械 法規

令和 5 (2023) 上期

令和 5 (2023) 下期

選抜 90 問

選抜 85 問

選抜 90 問

選抜 65 問

問 47 の解答　出題項目＜各種変圧器＞　　　　　　　　　　答え　（3）

（1）　正。電力系統における電圧変成用として，超高圧系統で採用されている。

（2）　正。単相変圧器の定格容量を S とすると，V 結線の出力容量は $\sqrt{3}S$ となる。これを 2 台の変圧器（出力容量 $2S$）で賄（まかな）っているので，変圧器の利用率は，

$$\frac{\sqrt{3}S}{2S} \fallingdotseq 0.866$$

（3）　誤。二つの変圧器の二次側端子に表れる単相交流の位相差は，**90°** である（解説を参照）。

（4）　正。計器用変圧器は高電圧の系統電圧を低電圧（定格二次電圧）に変成するので，その変圧比は 1 より大きくなる。

（5）　正。二次側が開放されると，一次電流が全て励磁電流となり鉄心は磁気飽和する。電流の反転変化に伴い飽和磁束が急激に反転変化することで，二次巻線に高電圧を誘導する。

解説 ⋯⋯⋯⋯⋯⋯⋯⋯⋯⋯⋯⋯⋯⋯

図 47-1 において，一次巻線の巻数を M 変圧器が N_1，T 変圧器が $\frac{\sqrt{3}}{2}N_1$ とする。O は M 変圧器の中央タップ，U，V，W は平衡三相交流の各相である。また，V から U に向かうベクトルおよび O から W に向かうベクトルの大きさは，それぞれ M 変圧器および T 変圧器の端子電圧である。

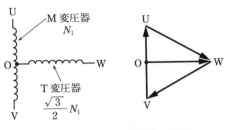

図 47-1　スコット結線一次側

図 47-2 は，各変圧器の二次側の巻線とその電圧ベクトルである。各変圧器の二次側巻線の巻数が同じ（図では N_2）であるとき，M 変圧器および T 変圧器の二次側には，同じ大きさで，位相差 90°の電圧が得られる。

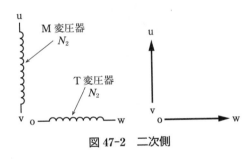

図 47-2　二次側

各種変圧器に関する記述として，誤っているものを次の（1）～（5）のうちから一つ選べ。

（1） 単巻変圧器は，一次巻線と二次巻線とが一部分共通になっている。そのため，一次巻線と二次巻線との間が絶縁されていない。変圧器自身の自己容量は，負荷に供給する負荷容量に比べて小さい。

（2） 三巻線変圧器は，一つの変圧器に三組の巻線を設ける。これを 3 台用いて三相 Y-Y 結線を行う場合，一組目の巻線を Y 結線の一次，二組目の巻線を Y 結線の二次，三組目の巻線を Δ 結線の第 3 調波回路とする。

（3） 磁気漏れ変圧器は，磁路の一部にギャップがある鉄心に，一次巻線及び二次巻線を巻く。負荷のインピーダンスが変化しても，変圧器内の漏れ磁束が変化することで，負荷電圧を一定に保つ作用がある。

（4） 計器用変成器には，変流器(CT)と計器用変圧器(VT)がある。これらを用いると，大電流又は高電圧の測定において，例えば最大目盛りが 5 A，150 V という通常の電流計又は電圧計を用いることができる。

（5） 変流器(CT)では，電流計が二次側の閉回路を構成し，そこに流れる電流が一次側に流れる被測定電流の起磁力を打ち消している。通電中に誤って二次側を開放すると，被測定電流が全て励磁電流となるので，鉄心の磁束密度が著しく大きくなり，焼損するおそれがある。

理論 電力 機械 法規

令和 **5** (2023) 上期

令和 **5** (2023) 下期

選抜 **90** 問

選抜 **85** 問

選抜 **90** 問

選抜 **65** 問

問 48 の解答　　出題項目＜各種変圧器＞　　　　　　　　　　　　　答え　（3）

（1）　正。単巻変圧器において一次巻線と二次巻線が共通する部分を分路巻線，共通でない部分を直列巻線という（**図 48-1**）。変圧器自体の容量は自己容量という。単巻変圧器から供給される負荷容量 S_L と直列巻線の自己容量 S_S を比較すると，

$$S_L = V_2 \cdot I_2 [\text{V·A}], \quad S_S = (V_2 - V_1) \cdot I_2 [\text{V·A}]$$

となり，自己容量は負荷容量に比べて小さい。

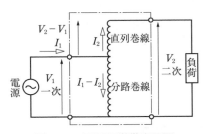

図 48-1　昇圧用単巻変圧器

（2）　正。三巻線変圧器は Y-Y-Δ 結線で構成される。一次-二次を Y-Y 結線とすることで，中性点の接地が可能であり，位相変位 0° の送電線用等の変圧器として使用される。三次は Δ 結線として励磁電流に必要な第 3 調波を流すことで，ひずみの少ない電圧とすることができる。

（3）　誤。磁気漏れ変圧器は，意図的に漏れ磁束を大きくすることで漏れリアクタンス X_t を大きくした変圧器である。**図 48-2** の等価回路において負荷インピーダンス Z_L' が小さい場合，$Z_t \gg Z_L'$ が成り立つ。負荷電流 $\dot{I}_2'$（一次換算）は，

$$\dot{I}_2' = \frac{V_1}{\dot{Z}_t + \dot{Z}_L'} \fallingdotseq \frac{V_1}{\dot{Z}_t} [\text{A}]$$

と表せる。$\dot{I}_2'$ は $Z_t \gg Z_L'$ が成り立つ場合，Z_L' に関係無く一定となる。よって，「負荷電圧を一定に保つ」という記述は間違いである。

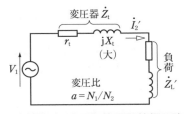

図 48-2　磁気漏れ変圧器等価回路
（一次換算）

（4）　正。計器用変成器は，一次回路の高電圧・大電流を低電圧・小電流に変成し，二次回路で計器の表示，リレー回路等に利用する。

（5）　正。変流器は一種の変圧器であり，鉄心内において一次側起磁力（電流（アンペア）× 巻数（ターン））を常に等しい二次側起磁力で打ち消している（等アンペアターンの法則）。一次電流を流した状態で二次側を開放（二次電流 ≒ 0）すると，一次側起磁力を二次側起磁力で打ち消すことができなくなる。よって，鉄心内の磁束密度が大きくなり，二次側の開放端に過電圧が発生する。

Point　各種変圧器の特性を理解すること。

問 49 　出題分野＜変圧器＞

　単相変圧器3台が図に示すように 6.6 kV 電路に接続されている。一次側は星形(Y)結線，二次側は開放三角結線とし，一次側中性点は大地に接続され，二次側開放端子には図のように抵抗 R_0 が負荷として接続されている。三相電圧が平衡している通常の状態では，各相が打ち消しあうため二次側開放端子には電圧は現れないが，電路のバランスが崩れ不平衡になった場合や電路に地絡事故などが発生した場合には，二次側開放端子に電圧が現れる。このとき，二次側の抵抗負荷 R_0 は各相が均等に負担することになる。

　いま，各単相変圧器の定格一次電圧が $\dfrac{6.6}{\sqrt{3}}$ kV，定格二次電圧が $\dfrac{110}{\sqrt{3}}$ V で，二次接続抵抗 $R_0 = 10\ \Omega$ の場合，一次側に換算した1相当たりの二次抵抗[kΩ]の値として，最も近いのは次のうちどれか。

　ただし，変圧器は理想変圧器であり，一次巻線，二次巻線の抵抗及び損失は無視するものとする。

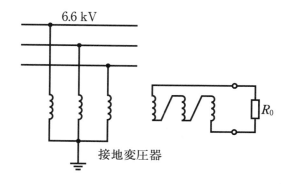

6.6 kV

接地変圧器

R_0

（1）　4.00　　　（2）　6.93　　　（3）　12.0　　　（4）　20.8　　　（5）　36.0

理論 電力 **機械** 法規

令和 **5** (2023) 上期

令和 **5** (2023) 下期

選抜 **90** 問

選抜 **85** 問

選抜 **90** 問

選抜 **65** 問

問 49 の解答 　出題項目<各種変圧器> 　　　　　　　　　答え　（3）

題意より，接地変圧器の変圧比 n は，

$$n = \frac{\dfrac{6.6 \times 10^3}{\sqrt{3}}}{\dfrac{110}{\sqrt{3}}} = \frac{6\,600}{110} = 60$$

二次側の抵抗 R_0 を 3 相均等に分担した値は $R_0/3\,[\Omega]$ となる。よって，変圧比 n の変圧器の二次側抵抗を一次側に換算した値は，

$$n^2 \frac{R_0}{3} = 60^2 \cdot \frac{10}{3} = 12\,000\,[\Omega] = 12.0\,[\mathrm{k}\Omega]$$

補足　接地変圧器の一次側接地点を 3 相に分け，また二次側抵抗を各相に分けたものを**図49-1** に示す。

問題文のとおり，接地変圧器は 3 相のバランスがとれていれば，電圧も加わらず，電流も流れない。地絡事故などでバランスが崩れ不平衡になった場合を考える。

接地変圧器の二次側において，オームの法則により二次側の抵抗 R_0 を表す。R_0 全体に加わる電圧は，各相電圧と中性点電圧 V_N の和を変圧比 n で割った値である。

$$\frac{E + V_\mathrm{N}}{n} + \frac{a^2 E + V_\mathrm{N}}{n} + \frac{a E + V_\mathrm{N}}{n} = \frac{3 V_\mathrm{N}}{n}$$

ただし，$\dfrac{E + a^2 E + a E}{n} = \dfrac{0}{n} = 0$

R_0(二次巻線)に流れる電流は，I_0 の変圧比 n

倍$(= n I_0)$ である。二次側の抵抗 R_0 は，

$$R_0 = \frac{\dfrac{3 V_\mathrm{N}}{n}}{n I_0} = \frac{3 V_\mathrm{N}}{n^2 I_0}$$

であり，一次側に換算して 3 相均等に分担した値は，上式を変形して，

$$\frac{V_\mathrm{N}}{I_0} = n^2 \cdot \frac{R_0}{3}\,[\Omega]$$

Point R_0 を各相巻線に均等分担して計算する。

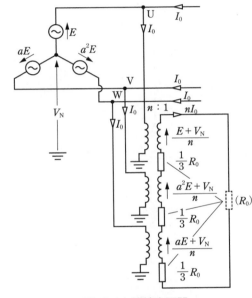

図 49-1　接地変圧器

　図 1 は，平滑コンデンサをもつ単相ダイオードブリッジ整流器の基本回路である。なお，この回路のままでは電流波形に高調波が多く含まれるので，実用化に当たっては注意が必要である。

　図 1 の基本回路において，一定の角周波数 ω の交流電源電圧を v_s，電源電流を i_1，図中のダイオードの電流を i_2，i_3，i_4，i_5 とする。平滑コンデンサの静電容量は，負荷抵抗の値とで決まる時定数が電源の 1 周期に対して十分に大きくなるように選ばれている。図 2 は交流電源電圧 v_s に対する各部の電流波形の候補を示している。図 1 の電流 i_1，i_2，i_3，i_4，i_5 の波形として正しい組合せを次の（1）～（5）のうちから一つ選べ。

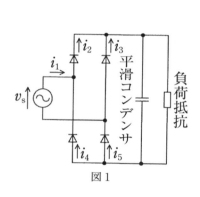

図 1

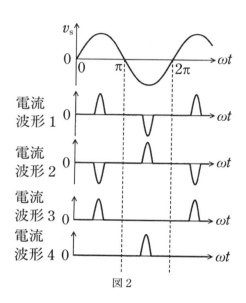

図 2

	i_1	i_2	i_3	i_4	i_5
（1）	電流波形 1	電流波形 4	電流波形 3	電流波形 3	電流波形 4
（2）	電流波形 2	電流波形 3	電流波形 4	電流波形 4	電流波形 3
（3）	電流波形 1	電流波形 4	電流波形 3	電流波形 4	電流波形 3
（4）	電流波形 2	電流波形 4	電流波形 3	電流波形 3	電流波形 4
（5）	電流波形 1	電流波形 3	電流波形 4	電流波形 4	電流波形 3

理論 電力 機械 法規

令和 5 (2023) 上期

令和 5 (2023) 下期

選抜 90 問

選抜 85 問

選抜 90 問

選抜 65 問

問 50 の解答　　出題項目＜単相ダイオード整流回路＞　　答え　（5）

負荷抵抗及び平滑コンデンサの端子電圧を v_0，整流器の出力電流を i とする。また，i_2，i_3，i_4，i_5 が流れるダイオードを D_2，D_3，D_4，D_5 とする。

問題図 1 において，$\omega t = 0$ から v_S（正の半周期 $v_S > 0$）が上昇し $v_S > v_0$ となると D_2，D_5 が導通状態となり i が流れ，コンデンサは v_S により充電され，v_0 には v_S が現れる。v_S のピークが過ぎ，v_S の低下の割合がコンデンサの放電による v_0 の低下の割合を超えると，$v_S < v_0$ となるため D_2，D_5 は非導通となる。すると平滑コンデンサは負荷抵抗を通して放電するが，平滑コンデンサが問題文の条件を満たす場合，v_0 は緩やかに低下する。その後 $-v_S$（負の半周期 $v_S < 0$）が再び上昇し $-v_S > v_0$ となると D_3，D_4 が導通状態となり i が流れ，先ほどと同じ経過をたどり D_3，D_4 は非導通となる。これが v_S の 1 周期分の現象であり，以後これを繰り返す。定常状態では，v_0 及び i の波形は**図 50-1** のようになる。

$i = i_2 + i_3$ であり，i_2 と i_3 は半周期ごとに流れるが，電源を流れる i_3 は i_2 と逆向きなので，i_1

の波形は電流波形 1 となる。また，i_2 と i_5 は同じ電流であり，2π の間隔で同じ波形が現れることから，i_2 及び i_5 の波形は電流波形 3 となる。同様な考察から，i_3 及び i_4 の波形は電流波形 4 となる。

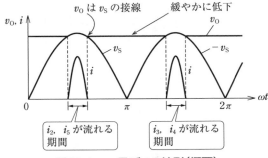

v_0 は v_S の接線　　緩やかに低下

i_2, i_5 が流れる期間　　i_3, i_4 が流れる期間

図 50-1　v_0 及び i の波形（概要）

解 説 ・・・・・・・・・・・・・・・・・・・・・・・・・・・・

図 50-1 より，平滑コンデンサの作用で，v_0 の脈動が小さくなっている様子がわかる。静電容量が小さくなると，ダイオード非導通時の v_0 の低下が大きくなり，i が流れる期間が広がり，平滑作用が小さくなる。

純抵抗を負荷とした単相サイリスタ全波整流回路の動作について，次の(a)及び(b)の問に答えよ。

(a) 図1に単相サイリスタ全波整流回路を示す。サイリスタ T_1～T_4 に制御遅れ角 $\alpha = \dfrac{\pi}{2}$ [rad]で

ゲート信号を与えて運転しようとしている。T_2 及び T_3 のゲート信号は正しく与えられたが，
T_1 及び T_4 のゲート信号が全く与えられなかった場合の出力電圧波形を e_{d1} とし，正しく T_1～
T_4 にゲート信号が与えられた場合の出力電圧波形を e_{d2} とする。図2の波形1～波形3から，e_{d1}
と e_{d2} の組合せとして正しいものを次の(1)～(5)のうちから一つ選べ。

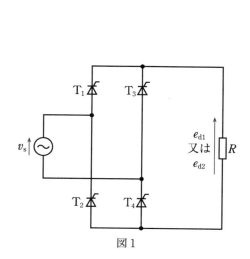

図1

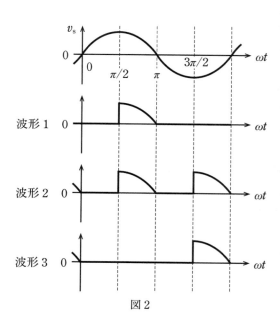

図2

	電圧波形 e_{d1}	電圧波形 e_{d2}
(1)	波形 1	波形 2
(2)	波形 2	波形 1
(3)	波形 2	波形 3
(4)	波形 3	波形 1
(5)	波形 3	波形 2

(b) 単相交流電源電圧 v_s の実効値を V[V]とする。ゲート信号が正しく与えられた場合の出力電
圧波形 e_{d2} について，制御遅れ角 α[rad]と出力電圧の平均値 E_d[V]との関係を表す式として，
正しいものに最も近いものを次の(1)～(5)のうちから一つ選べ。

(1) $E_d = 0.45 V \dfrac{1 + \cos\alpha}{2}$ (2) $E_d = 0.9 V \dfrac{1 + \cos\alpha}{2}$ (3) $E_d = V \dfrac{1 + \cos\alpha}{2}$

(4) $E_d = 0.45 V \cos\alpha$ (5) $E_d = 0.9 V \cos\alpha$

問51（a）の解答　出題項目＜単相サイリスタ整流回路＞　答え（5）

サイリスタに正しくゲート信号が与えられた場合について，サイリスタの動作及び出力電圧 v_R の変化を次の区分で調べる。

① ωt が 0 から $\pi/2$ 未満

すべてのサイリスタはオフなので，出力電圧は 0 V となる。

② ωt が $\pi/2$ から π まで（図51-1 参照）

ωt が $\pi/2$ になった時点で T_1 及び T_4 がターンオンし，出力には電源電圧 v_s が現れる。

③ ωt が π から $3\pi/2$ まで

ωt が π の時点でサイリスタの電流は零となり，以後 T_1 及び T_4 には逆電圧が加わるので T_1 及び T_4 はオフ状態となる。一方，T_2 及び T_3 には順方向電圧が加わるが，ゲート信号が $\omega t=3\pi/2$ まで与えられないのでオフ状態のままである。このため，出力電圧は 0 V となる。

図 51-1　ωt が π まで

④ ωt が $3\pi/2$ から 2π まで（図51-2 参照）

ωt が $3\pi/2$ になった時点で T_2 及び T_3 がターンオンし，出力には電源電圧 v_s が反転して現れる。したがって，e_{d2} は波形2となる。

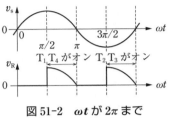

図 51-2　ωt が 2π まで

T_1 及び T_4 のゲート信号がまったく与えられない場合，T_1 及び T_4 がターンオンしないため，ωt が $\pi/2$ から π までの間の出力電圧は 0 V となる。したがって，e_{d1} は波形3となる。

解説

単相サイリスタブリッジは出題頻度が高い。誘導負荷における負荷電圧や電流の波形は要注意である。

問51（b）の解答　出題項目＜単相サイリスタ整流回路＞　答え（2）

正弦波交流の波形率（実効値/平均値）は 1.11 であるから，制御角 $\alpha=0$ のときの出力電圧の平均値 E_d は，

$$E_d = \frac{V}{1.11} \fallingdotseq 0.9V \text{[V]}$$

でなければならない。選択肢の式でこの条件を満たすのは（2）と（5）である。

次に，$\alpha=\pi/2$ のとき，出力電圧波形と ωt 軸とで囲まれる面積が $\alpha=0$ のときの半分となるので，出力電圧の平均値 E_d は $\alpha=0$ のときの半分となり，$E_d=0.45V$ [V] でなければならない。選択肢（2）と（5）の式でこの条件を満たすのは（2）である。

解説

E_d の導出は，積分の計算が必要になり電験三種の範囲を超える。したがって，他の方法によるアプローチがあるはずであり，それを考える。

$\alpha=0$ の出力電圧はダイオードの全波整流波形と同じなので，E_d は波形率から容易に求められる。この結果と合わない選択肢を消去すれば，（2）と（5）が残る。

次に，$\alpha=\pi/2$ のときの E_d の値は，（5）では $E_d=0$ となるが，出力波形からは電圧が現れていることが明白であり矛盾する。解答では $\alpha=\pi/2$ のときの E_d を求めたが，あえて求めなくても，正解に至ることができる。

Point 式に数値を代入して矛盾を探す。

次の文章は，直流を交流に変換する電力変換器に関する記述である。

図は，直流電圧源から単相の交流負荷に電力を供給する ［　(ア)　］ の動作の概念を示したものであり， ［　(ア)　］ は四つのスイッチ S_1 ～ S_4 から構成される。スイッチ S_1 ～ S_4 を実現する半導体バルブデバイスは，それぞれ ［　(イ)　］ 機能をもつデバイス（例えばIGBT）と，それと逆並列に接続した ［　(ウ)　］ とからなる。

この電力変換器は，出力の交流電圧と交流周波数とを変化させて運転することができる。交流電圧を変化させる方法は主に二つあり，一つは，直流電圧源の電圧 E を変化させて，交流電圧波形の ［　(エ)　］ を変化させる方法である。もう一つは，直流電圧源の電圧 E は一定にして，基本波1周期の間に多数のスイッチングを行い，その多数のパルス幅を変化させて全体で基本波1周期の電圧波形を作り出す ［　(オ)　］ と呼ばれる方法である。

上記の記述中の空白箇所(ア)，(イ)，(ウ)，(エ)及び(オ)に当てはまる組合せとして，正しいものを次の(1)～(5)のうちから一つ選べ。

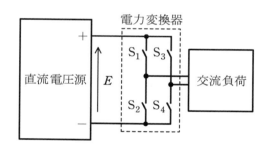

	（ア）	（イ）	（ウ）	（エ）	（オ）
（1）	インバータ	オンオフ制御	サイリスタ	周期	PWM制御
（2）	整流器	オンオフ制御	ダイオード	周期	位相制御
（3）	整流器	オン制御	サイリスタ	波高値	PWM制御
（4）	インバータ	オン制御	ダイオード	周期	位相制御
（5）	インバータ	オンオフ制御	ダイオード	波高値	PWM制御

理論 電力 機械 法規

令和5(2023)上期

令和5(2023)下期

選抜90問

選抜85問

選抜90問

選抜65問

問 52 の解答　出題項目＜インバータ＞　　　　答え　(5)

　問題図は，直流電圧源から単相の交流負荷に電力を供給する**インバータ**の動作の概念を示したものであり，**インバータ**は四つのスイッチ S_1～S_4 から構成される。スイッチ S_1～S_4 を実現する半導体バルブデバイスは，それぞれ**オンオフ制御**機能をもつデバイス(例えば IGBT)と，それと逆並列に接続した**ダイオード**とからなる。

　交流電圧を変化させる方法は主に二つあり，一つは，直流電圧源の電圧 E を変化させて，交流電圧波形の**波高値**を変化させる方法である。もう一つは，直流電圧源の電圧 E は一定にして，基本波1周期の間に多数のスイッチングを行い，その多数のパルス幅を変化させて全体で基本波1周期の電圧波形を作り出す **PWM 制御**と呼ばれる方法である。

解　説

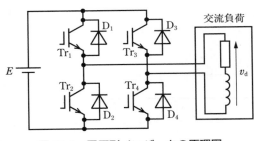

図 52-1　電圧形インバータの原理図

　図 52-1 は，問題図の電力変換器を IGBT で実現したものである。IGBT と逆並列に接続された

ダイオードは**帰還ダイオード**と呼ばれ，回生運転時に交流電力を直流側へ通す役割と，パルス幅の制御のために必要となる。

　この回路において，**図 52-2** のようにスイッチングを行うと交流側 v_d には方形波の交流が得られ，交流側の電圧は直流側の電圧 E により制御できる。

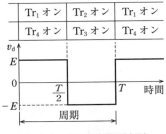

図 52-2　交流側電圧波形

　また，直流側の電圧 E を一定として IGBT を適切にスイッチングし，交流側 v_d に**図 52-3** に示すような多数のパルスからなる電圧を発生させることで，その平均波形をほぼ正弦波にできる。

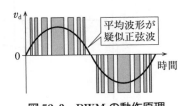

図 52-3　PWM の動作原理

問 53　出題分野＜パワーエレクトロニクス＞　　　　令和4年度上期 問16

　図1は，IGBT を用いた単相ブリッジ接続の電圧形インバータを示す。直流電圧 E_d[V]は，一定値と見なせる。出力端子には，インダクタンス L[H]の誘導性負荷が接続されている。

　図2は，このインバータの動作波形である。時刻 $t=0$ s で IGBT Q_3 及び Q_4 のゲート信号をオフにするとともに Q_1 及び Q_2 のゲート信号をオンにすると，出力電圧 v_a は E_d[V]となる。$t=\dfrac{T}{2}$[s]で Q_1 及び Q_2 のゲート信号をオフにするとともに Q_3 及び Q_4 のゲート信号をオンにすると，出力電圧 v_a は $-E_d$[V]となる。これを周期 T[s]で繰り返して方形波電圧を出力する。

　このとき，次の（a）及び（b）の問に答えよ。

　ただし，デバイス(IGBT 及びダイオード)での電圧降下は無視するものとする。

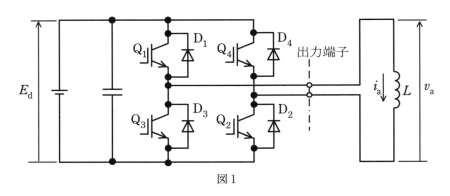

図1

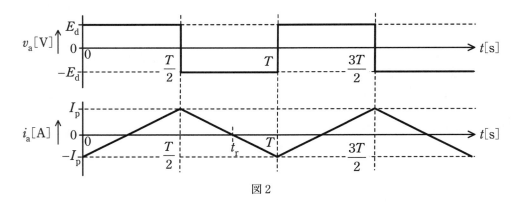

図2

　（a）　$t=0$ s において $i_a=-I_p$[A]とする。時刻 $t=\dfrac{T}{2}$[s]の直前では Q_1 及び Q_2 がオンしており，出力電流は直流電源から $Q_1\rightarrow$ 負荷 $\rightarrow Q_2$ の経路で流れている。$t=\dfrac{T}{2}$[s]で IGBT Q_1 及び Q_2 のゲート信号をオフにするとともに Q_3 及び Q_4 のゲート信号をオンにした。その直後(図2で，$t=\dfrac{T}{2}$[s]から，出力電流が 0 A になる $t=t_r$[s]までの期間)，出力電流が流れるデバイスとして，正しい組合せを次の（1）〜（5）のうちから一つ選べ。

　　（1）　Q_1, Q_2　　　　（2）　Q_3, Q_4　　　　（3）　D_1, D_2　　　　（4）　D_3, D_4

　　（5）　Q_3, Q_4, D_1, D_2

（次々頁に続く）

最初に，時刻 t が $\frac{T}{2}$ よりほんの少し前の状態を考える（**図53-1** を参照）。

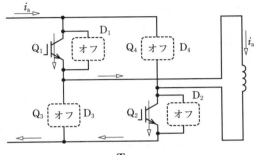

図53-1　t が $\frac{T}{2}$ より少し前の状態

Q_1 および Q_2 はオン状態，Q_3 および Q_4 はオフ状態であり，問題図2より L には問題図1の向きに出力電流 i_a が流れているので，L は磁気エネルギーを蓄えている。この状態では D_1 および D_2 の両端は0Vなので電流は流れず，D_3 および D_4 は逆バイアスのためオフ状態にある。

次に，時刻 $t=\frac{T}{2}$ となった瞬間を考える（**図53-2** を参照）。この瞬間，Q_1 および Q_2 はオフ，Q_3 および Q_4 はオンに切り替わる。このとき，L を流れる i_a は，問題図2からも分かるとおり，同じ向きに流れ続ける。この電流は，オフ状態にある Q_1 および Q_2 を流れることができず，逆バイアスのためオフ状態にある D_1 および D_2 を流

れることもできない。一方，Q_3 および Q_4 はオン状態にあるが，この素子はエミッタからコレクタ方向に流れることができない。そのため出力電流 i_a は，D_3 および D_4 を順方向に流れて電源に戻って行く。

したがって，正解は（4）となる。

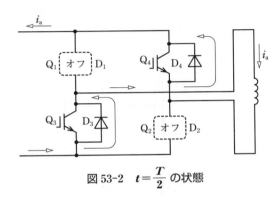

図53-2　$t=\frac{T}{2}$ の状態

解説

IGBT と並列接続されたダイオード D_1～D_4 を**帰還ダイオード**という。$t=\frac{T}{2}$ から $t=T$ までの期間，負荷 L には逆向きの出力電圧 $v_a=-E_d$ が加わるが，L に蓄えられた磁気エネルギーを放出することで，i_a は $t=t_r$ まで同じ向きに流れ続ける。その後 i_a は，出力電圧 v_a の向きにしたがって逆向きに流れる。

（続き）

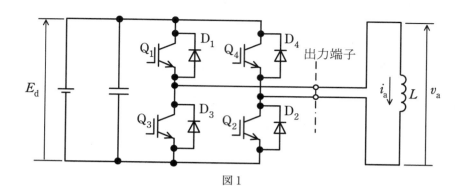

図 1

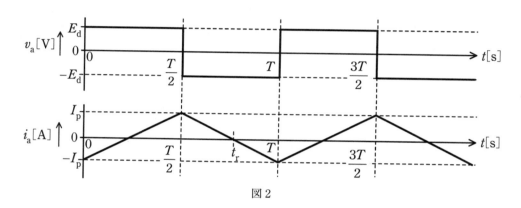

図 2

（b） 図 1 の回路において $E_d=100$ V，$L=10$ mH，$T=0.02$ s とする。$t=0$ s における電流値を $-I_p$ として，$t=\dfrac{T}{2}$ [s] における電流値を I_p としたとき，I_p の値 [A] として，最も近いものを次の（1）〜（5）のうちから一つ選べ。

　　（1） 33　　　（2） 40　　　（3） 50　　　（4） 66　　　（5） 100

問53（b）の解答　出題項目＜インバータ＞

期間 $\frac{T}{2}$ ごとの出力電流 i_a の変化は，問題図2より直線的な変化と見なし，$0 \leqq t \leqq \frac{T}{2}$ の期間で考える。この期間に $L[\text{H}]$ の負荷インダクタンスに加わる電圧 $E_d[\text{V}]$ は一定であり，この期間 $\Delta t = \frac{T}{2}[\text{s}]$ における負荷電流 i_a の変化 Δi_a は，

$$\Delta i_a = I_p - (-I_p) = 2I_p[\text{A}]$$

であるから，誘導起電力の関係式より，次式が成り立つ。

$$E_d = L\frac{\Delta i_a}{\Delta t} = L\frac{2I_p}{\frac{T}{2}} = \frac{4LI_p}{T}$$

したがって，I_p の値は，

$$I_p = \frac{E_d T}{4L} = \frac{100 \times 0.02}{4 \times 10 \times 10^{-3}} = 50[\text{A}]$$

解 説 ··

解答に当たっては，電流変化 $\frac{\Delta i_a}{\Delta t}$ が一定であるという前提が必要である。これは，問題図2の電流変化から判断するほかない。

補 足　負荷が抵抗分を含む場合，i_a の変化は回路の時定数で決まる，**図53-3** のような曲線となる。この場合の電流変化 $\frac{\Delta i_a}{\Delta t}$ は，i_a の時間微分となる。

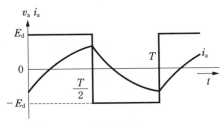

図 53-3　負荷が抵抗分も含む場合

令和 5 (2023) 上期

令和 5 (2023) 下期

選抜 90 問

選抜 85 問

選抜 90 問

選抜 65 問

図は，パルス幅変調制御（PWM 制御）によって 50 Hz の交流電圧を出力するインバータの回路及びその各部電圧波形である。直流の中点 M からみて端子 A 及び B に発生する瞬時電圧をそれぞれ v_A[V] 及び v_B[V] とする。端子 A と B との間の電圧 $v_{A-B} = v_A - v_B$[V] に関する次の（a）及び（b）の問に答えよ。

（a） v_A[V] 及び v_B[V] の 50 Hz の基本波成分の振幅 V_A[V] 及び V_B[V] は，それぞれ $\dfrac{V_s}{V_c} \times \dfrac{V_d}{2}$[V] で求められる。ここで，$V_c$[V] は搬送波（三角波）$v_c$[V] の振幅で 10 V，$V_s$[V] は信号波（正弦波）$v_{sA}$[V] 及び v_{sB}[V] の振幅で 9 V，V_d[V] は直流電圧 200 V である。v_{A-B}[V] の 50 Hz 基本波成分の振幅は $V_{A-B} = V_A + V_B$[V] となる。v_{A-B}[V] の基本波成分の実効値[V] の値として，最も近いものを次の（1）～（5）のうちから一つ選べ。

（1） 64 　　（2） 90 　　（3） 127 　　（4） 141 　　（5） 156

（b） v_{A-B}[V] は，高調波を含んでいるため，高調波も含めた実効値 V_{rms}[V] は，小問（a）で求めた基本波成分の実効値よりも大きい。波形が 5 ms ごとに対称なので，実効値は最初の 5 ms の区間で求めればよい。5 ms の区間で電圧を出力している時間の合計値を T_s[ms] とすると実効値 V_{rms}[V] は次の式で求められる。

$$V_{rms} = \sqrt{\frac{T_s}{5} \times V_d^{\,2}} = \sqrt{\frac{T_s}{5}} \times V_d \,[V]$$

実効値 V_{rms}[V] の値として，最も近いものを次の（1）～（5）のうちから一つ選べ。

（1） 88 　　（2） 127 　　（3） 141
（4） 151 　　（5） 163

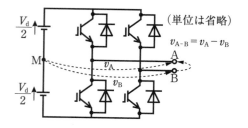

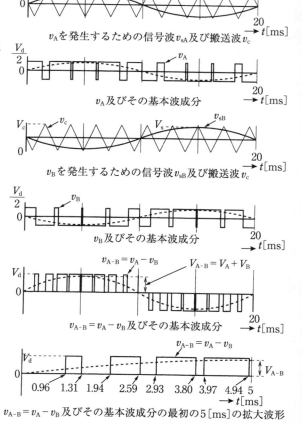

v_A を発生するための信号波 v_{sA} 及び搬送波 v_c

v_A 及びその基本波成分

v_B を発生するための信号波 v_{sB} 及び搬送波 v_c

v_B 及びその基本波成分

$v_{A-B} = v_A - v_B$ 及びその基本波成分

$v_{A-B} = v_A - v_B$ 及びその基本波成分の最初の 5 [ms] の拡大波形

問 54 （a）の解答 　出題項目＜インバータ＞ 　　答え（3）

v_{A-B} の 50 Hz の基本波成分の振幅 $V_{A-B} = V_A + V_B$ は，図 54-1 の太線（破線）で示した正弦波の振幅である。

図 54-1　$\dfrac{1}{2}$ 周期波形

V_A，V_B を計算する。題意より $V_c = 10$ [V]，

$V_s = 9$ [V] および $V_d = 200$ [V] であり，問題文で与えられた計算式により，

$$V_A = V_B = \frac{V_s}{V_c} \times \frac{V_d}{2} = \frac{9}{10} \times \frac{200}{2} = 90 \,[\text{V}]$$

基本波成分の振幅 V_{A-B} は，

$$V_{A-B} = V_A + V_B = 90 + 90 = 180 \,[\text{V}]$$

よって，この正弦波の実効値 V_1 は，

$$V_1 = \frac{V_{A-B}}{\sqrt{2}} = \frac{180}{\sqrt{2}} = 127.28 \fallingdotseq 127 \,[\text{V}]$$

問 54 （b）の解答 　出題項目＜インバータ＞ 　　答え（4）

v_{A-B} の高調波を含む実効値 V_{rms} を計算する。

v_{A-B} の方形波は 1/4 周期で対称なため，50 Hz の 1/4 周期，すなわち 0〜5 ms 分を計算すれば実効値を計算できる（図 54-2）。

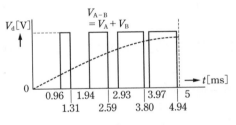

図 54-2　$\dfrac{1}{4}$ 周期波形

題意から $V_d = 200$ [V] である。また，0〜5 ms 区間で電圧を出力している時間 T_s [ms] を計算すると，

$$T_s = (1.31 - 0.96) + (2.59 - 1.94) + (3.80 - 2.93)$$
$$+ (4.94 - 3.97) = 2.84 \,[\text{ms}]$$

実効値 V_{rms} は，問題の計算式に数値を代入すると，

$$V_{rms} = \sqrt{\frac{T_s}{5}} \times V_d = \sqrt{\frac{2.84}{5}} \times 200 \fallingdotseq 151 \,[\text{V}]$$

解説 ••••••••••••••••••••••

PWM インバータに関する問題である。問題図のとおり，発生する電圧波形は正弦波ではなく，振幅が同じでパルス幅の違う方形波である。

信号波と搬送波の大きさを比較して IGBT を ON-OFF 制御することで，図 54-1 のような正弦波の大きさに対応する周波数 50 Hz のパルス波形を得られる。

図 54-3 は，問題図に IGBT の制御回路を追記したものである。

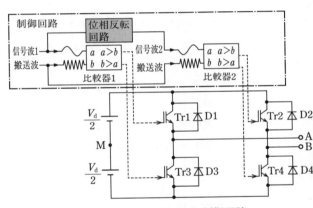

図 54-3　インバータと制御回路

比較器 1 に信号波と搬送波が入力され，信号波が搬送波より大きい場合，Tr1 を ON，Tr3 を OFF させ，信号波が小さい場合 Tr1，Tr3 の動作は逆となる。これが問題中の波形図の上から 1，2 番目の図に相当する。

比較器 2 は反転した信号波と搬送波が入力され，信号波が搬送波より大きい場合，Tr2 を ON，Tr4 を OFF させ，信号波が小さい場合 Tr2，Tr4 の動作は逆となる。これが問題中の波形図の上から 3，4 番目の図に相当する。

Point 本問では，問題に対する計算式および数値はすべて問題文の中にあるため，注意深く文章を読んでいくと正解にたどり着くことができる。

問 55 出題分野＜パワーエレクトロニクス＞ 令和 3 年度 問 11

　図は昇降圧チョッパを示している。スイッチ Q，ダイオード D，リアクトル L，コンデンサ C を用いて，図のような向きに定めた負荷抵抗 R の電圧 v_0 を制御するためのものである。これらの回路で，直流電源 E の電圧は一定とする。また，回路の時定数は，スイッチ Q の動作周期に対して十分に大きいものとする。回路のスイッチ Q の通流率 γ とした場合，回路の定常状態での動作に関する記述として，誤っているものを次の（1）〜（5）のうちから一つ選べ。

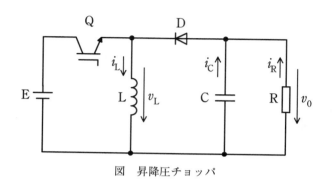

図　昇降圧チョッパ

（1）　Q がオンのときは，電源 E からのエネルギーが L に蓄えられる。

（2）　Q がオフのときは，L に蓄えられたエネルギーが負荷抵抗 R とコンデンサ C に D を通して放出される。

（3）　出力電圧 v_0 の平均値は，γ が 0.5 より小さいときは昇圧チョッパ，0.5 より大きいときは降圧チョッパとして動作する。

（4）　出力電圧 v_0 の平均値は，図の v_0 の向きを考慮すると正になる。

（5）　L の電圧 v_L の平均電圧は，Q のスイッチング一周期で 0 となる。

理論 電力 機械 法規

令和5(2023)上期

令和5(2023)下期

選抜90問

選抜85問

選抜90問

選抜65問

問 55 の解答　出題項目＜チョッパ＞

（1）　正。Q がオンのとき，D には逆バイアスが加わりオフとなるので，電源 E から L に電流 i_L が流れ，L のみにエネルギーが蓄えられる。

（2）　正。Q がオフのとき，L は i_L を流し続ける向きに起電力を生じ，D は順バイアスになりオンとなる。これにより i_L は，C と R に分流して蓄えたエネルギーを放出する。

（3）　誤。電源電圧を E，出力電圧 v_0 の平均値を V とすると，$V = \dfrac{\gamma}{1-\gamma}E$ となるので，$\gamma < 0.5$ のときは降圧チョッパ，$0.5 < \gamma$ のときは昇圧チョッパとして動作する。

（4）　正。i_R は常に問題図に示す向きに流れるので，v_0 は問題図に示す向きに対して常に正となる。ゆえに，v_0 の平均値 V も問題図に示す向きに対して常に正となる。

（5）　正。L は定常状態では，Q がオンのときに蓄えるエネルギーと Q がオフのときに放出するエネルギーが等しくなる。このためスイッチング一周期の平均では，L のエネルギーの増減はない。これは，i_L は流れているが v_L のスイッチング一周期の平均電圧が 0 であるからにほかならない。

解説

Q のオンの時間を T_{on}，オフの時間を T_{off} とすると，通流率 γ は，

$$\gamma = \frac{T_{on}}{T_{on}+T_{off}}$$

で定義され，$0 \leqq \gamma < 1$ となる。

出力電圧 v_0 の平均値 V は，次のように導かれる。C の静電容量が十分大きい（回路の時定数がスイッチング周期に対して十分大きいことと同意）とすると V はほぼ一定となる。v_L は，Q がオンのとき E，オフのとき V である。また，i_L の変化量 ΔI_L は定常状態では一定となるので，ファラデーの法則より次式が成り立つ（L は L の自己インダクタンス）。

$$E = L\frac{\Delta I_L}{T_{on}}, \quad V = L\frac{\Delta I_L}{T_{off}}$$

この二式から $L\Delta I_L$ を消去して，V と E の関係式を通流率 γ で表すと，

$$V = \frac{T_{on}}{T_{off}}E = \frac{\gamma}{1-\gamma}E$$

問 56　出題分野＜パワーエレクトロニクス＞　　令和元年度 問 16

　図は直流昇圧チョッパ回路であり，スイッチングの周期を T[s]とし，その中での動作を考える。ただし，直流電源Eの電圧を E_0[V]とし，コンデンサCの容量は十分に大きく出力電圧 E_1[V]は一定とみなせるものとする。

　半導体スイッチSがオンの期間 T_{on}[s]では，E－リアクトルL－S－Eの経路とC－負荷R－Cの経路の二つで電流が流れ，このときにLに蓄えられるエネルギーが増加する。Sがオフの期間 T_{off}[s]では，E－L－ダイオードD－（CとRの並列回路）－Eの経路で電流が流れ，Lに蓄えられたエネルギーが出力側に放出される。次の（a）及び（b）の問に答えよ。

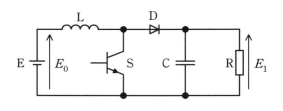

昇圧チョッパ回路

（a）　この動作において，Lの磁束を増加させる電圧時間積は　（ア）　であり，磁束を減少させる電圧時間積は　（イ）　である。定常状態では，増加する磁束と減少する磁束が等しいとおけるので，入力電圧と出力電圧の関係を求めることができる。

　　上記の記述中の空白箇所（ア）及び（イ）に当てはまる組合せとして，正しいものを次の（1）～（5）のうちから一つ選べ。

	（ア）	（イ）
（1）	$E_0 \cdot T_{\mathrm{on}}$	$(E_1 - E_0) \cdot T_{\mathrm{off}}$
（2）	$E_0 \cdot T_{\mathrm{on}}$	$E_1 \cdot T_{\mathrm{off}}$
（3）	$E_0 \cdot T$	$E_1 \cdot T_{\mathrm{off}}$
（4）	$(E_0 - E_1) \cdot T_{\mathrm{on}}$	$(E_1 - E_0) \cdot T_{\mathrm{off}}$
（5）	$(E_0 - E_1) \cdot T_{\mathrm{on}}$	$(E_1 - E_0) \cdot T$

（b）　入力電圧 $E_0 = 100$ V，通流率 $\alpha = 0.2$ のときに，出力電圧 E_1 の値[V]として，最も近いものを次の（1）～（5）のうちから一つ選べ。

（1）　80　　　（2）　125　　　（3）　200　　　（4）　400　　　（5）　500

理論 電力 機械 法規

令和5 (2023) 上期

令和5 (2023) 下期

選抜90問

選抜85問

選抜90問

選抜65問

問56（a）の解答　出題項目＜チョッパ＞　　答え（1）

この動作において，Lの磁束を増加させる電圧時間積は $E_0 \cdot T_{on}$ であり，磁束を減少させる電圧時間積は $\underline{(E_1 - E_0) \cdot T_{off}}$ である。定常状態では，増加する磁束と減少する磁束が等しいとおけるので，入力電圧と出力電圧の関係を求めることができる。

解説

問題文から答が導き出せる。

「半導体スイッチSがオンの期間 T_{on}[s]では，E－リアクトルL－S－Eの経路で電流が流れ，このときにLに蓄えられるエネルギーが増加する。」より，次のことがわかる。Lには E_0 が T_{on} 間にわたり加わり磁束を増加させる（Lのエネルギーを増加させる）ので，この電圧時間積は $E_0 \cdot T_{on}$ である。

「Sがオフの期間 T_{off}[s]では，E－L－ダイオードD－（CとRの並列回路）－Eの経路で電流が流れ，Lに蓄えられたエネルギーが出力側に放出

される。」より，次のことがわかる。Lには電位差 $E_1 - E_0 (E_1 > E_0)$ が T_{off} 間にわたり加わり磁束を減少させる（Lのエネルギーを減少させる）ので，この電圧時間積は $(E_1 - E_0) \cdot T_{off}$ である。

E_0 と E_1 の関係は，$E_0 T_{on} = (E_1 - E_0) T_{off}$ より，

$$E_0(T_{on} + T_{off}) = E_1 T_{off}$$

$$E_1 = \frac{T_{on} + T_{off}}{T_{off}} E_0$$

$$= \frac{1}{\frac{T_{off}}{T_{on} + T_{off}}} E_0 = \frac{1}{\frac{T_{on} + T_{off} - T_{on}}{T_{on} + T_{off}}} E_0$$

$$= \frac{1}{1 - \frac{T_{on}}{T_{on} + T_{off}}} E_0$$

なお，$\dfrac{T_{on}}{T_{on} + T_{off}}$ は通流率 α である。

Point $E_1 > E_0$ の昇圧チョッパの関係式

$$E_1 = \frac{1}{1 - \alpha} E_0$$

問56（b）の解答　出題項目＜チョッパ＞　　答え（2）

入力電圧を E_0[V]，通流率を α とすると，出力電圧 E_1 は，

$$E_1 = \frac{1}{1 - \alpha} E_0 = \frac{1}{1 - 0.2} \times 100$$

$$= 125[\text{V}]$$

解説

小問（a）の解説において導いた式に，数値を代入すればよい。近年，直流チョッパの出題が多い。直流チョッパには昇圧チョッパの他に，降圧チョッパや両方の機能を持つ昇降圧チョッパもある。

補足　直流電圧の昇圧には変圧器は使えないので，次の方法が考えられる。

①　直流電動機と直流発電機を連結して運転する。

②　直流をスイッチングで切り刻み高周波の交

流に変換して，変圧器で昇圧した後に整流して高電圧の直流に変換する。

③　インダクタンスに流れる直流電流をスイッチングして，遮断時の誘導起電力を利用して直流を昇圧する。

①は設備が大がかりで，直流機の保守が必要となる。②は一般にスイッチングレギュレータと呼ばれる電源装置で，半導体スイッチのオンオフのみで電圧を制御するため，回路損失が小さく高効率で動作する。また，高周波用の変圧器は小型軽量のため非常にコンパクトになり，小型携帯用機器の充電器として多用されている（この充電器の場合は，商用交流電源を整流して直流に変換した後にスイッチングを行う）。③は一般にチョッパと呼ばれている電源装置で，回路損失が小さく高効率で動作する。

図のように他励直流機を直流チョッパで駆動する。電源電圧は $E = 200\,\text{V}$ で一定とし, 直流機の電機子電圧を V とする。IGBT Q_1 及び Q_2 をオンオフ動作させるときのスイッチング周波数は $500\,\text{Hz}$ であるとする。なお, 本問では直流機の定常状態だけを扱うものとする。次の（ａ）及び（ｂ）の問に答えよ。

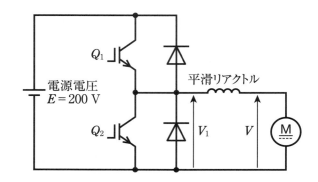

（ａ）　この直流機を電動機として駆動する場合, Q_2 をオフとし, Q_1 をオンオフ制御することで, V を調整することができる。電圧 V_1 の平均値が $150\,\text{V}$ のとき, 1 周期の中で Q_1 がオンになっている時間の値[ms]として, 最も近いものを次の（1）〜（5）のうちから一つ選べ。

　　（1）　0.75　　　（2）　1.00　　　（3）　1.25　　　（4）　1.50　　　（5）　1.75

（ｂ）　Q_1 をオフして Q_2 をオンオフ制御することで, 電機子電流の向きを（ａ）の場合と反対にし, 直流機に発電動作(回生制動)をさせることができる。

　　この制御において, スイッチングの 1 周期の間で Q_2 がオンになっている時間が $0.4\,\text{ms}$ のとき, この直流機の電機子電圧 $V[\text{V}]$ として, 最も近い V の値を次の（1）〜（5）のうちから一つ選べ。

　　（1）　40　　　（2）　160　　　（3）　200　　　（4）　250　　　（5）　1 000

問 57 （a）の解答　出題項目＜電動機の制御，チョッパ＞　答え　（4）

IGBT Q_1 がオンのとき，電流 I は図 57-1（a）の向きに流れる。このときの電圧 V_1 は電源電圧 E と等しい。Q_1 がオフのとき，電流 I は図 57-1（b）の向きに流れる。このときの電圧 V_1 は零である。

V_1 の平均値は，図 57-2 のように 1 周期 T[s] の時間に加わる電圧の平均値で，網掛け部分の面積（E[V]$\times T_{ON}$[s]）$\div T$[s] となる。1 周期 T[s] は，スイッチング周波数の逆数で，$T=1/500=2.0\times10^{-3}$[s]$=2.0$[ms] となる。よって，電圧 V_1 は，

$$V_1=\frac{E\cdot T_{ON}}{T}\,[\text{V}]$$

$$\therefore\ T_{ON}=T\times\frac{150}{E}=2.0\times\frac{150}{200}=1.5\,[\text{ms}]$$

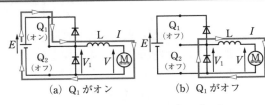

図 57-1　Q_1 のオンオフ（Q_2 オフ）

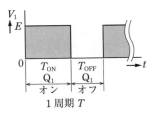

図 57-2　V_1 の波形

問 57 （b）の解答　出題項目＜電動機の制御，チョッパ＞　答え　（2）

IGBT Q_2 がオンのとき，電流 i は図 57-3（a）の向きに流れる。回路が短絡状態のため，オン期間中，電流が増加する。L の両端の電圧はこの電流の増加を妨げる方向に発生する。

Q_2 がオフのとき，電流 i は図 57-3（b）の向きに流れる。オフ期間中，発電制動により直流機の回転エネルギーが減少するため電流が減少する。L の両端の電圧はこの電流の減少を妨げる方向に発生する。

L に流れる電流の変化を表したものが図 57-4 である。よって，L の両端に加わる平均電圧 V_{L1}，V_{L2} は次式で表せる。定常状態のため I_1，I_2 および V_{L1}，V_{L2} は一定値とする。

$$V_{L1}=L\cdot\frac{I_1-I_2}{T_{ON}}\,(Q_2\ \text{が ON})\qquad ①$$

$$V_{L2}=L\cdot\frac{I_1-I_2}{T_{OFF}}\,(Q_2\ \text{が OFF})\qquad ②$$

①，②式を使い，図 57-3 にキルヒホッフの電圧則（第 2 法則）を適用すると，

$$V=V_{L1}=L\cdot\frac{I_1-I_2}{T_{ON}}\,(Q_2\ \text{が ON})\qquad ③$$

$$V=E-V_{L2}=E-L\frac{I_1-I_2}{T_{OFF}}\,(Q_2\ \text{が OFF})\qquad ④$$

④式に③式を代入し，V の式に変形すると，

$$V=E-L\cdot\frac{I_1-I_2}{T_{ON}}\cdot\frac{T_{ON}}{T_{OFF}}=E-V\cdot\frac{T_{ON}}{T_{OFF}}$$

$$V+V\cdot\frac{T_{ON}}{T_{OFF}}=\left(1+\frac{T_{ON}}{T_{OFF}}\right)V=E$$

$$V=\frac{E}{1+\dfrac{T_{ON}}{T_{OFF}}}=\frac{E}{\dfrac{T_{OFF}+T_{ON}}{T_{OFF}}}=\frac{E\cdot T_{OFF}}{T}$$

$T_{OFF}=T-T_{ON}=2.0-0.4=1.6$[ms] より，

$$V=\frac{E\cdot T_{OFF}}{T}=\frac{200\times1.6\times10^{-3}}{2.0\times10^{-3}}=160\,[\text{V}]$$

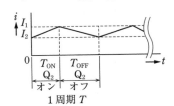

図 57-4　i の波形

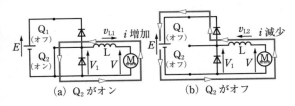

図 57-3　Q_2 のオンオフ（Q_1 オフ）

問58 出題分野＜パワーエレクトロニクス＞ 平成23年度 問9

次の文章は，単相双方向サイリスタスイッチに関する記述である。

図1は，交流電源と抵抗負荷との間にサイリスタ S_1，S_2 で構成された単相双方向スイッチを挿入した回路を示す。図示する電圧の方向を正とし，サイリスタの両端にかかる電圧 v_{th} が図2(下)の波形であった。

サイリスタ S_1，S_2 の運転として，このような波形となりえるものを次の（1）～（5）のうちから一つ選べ。

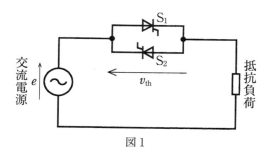

図1

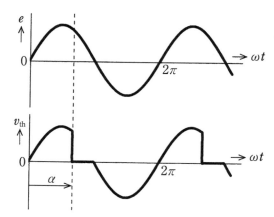

図2 （上）交流電源電圧波形
（下）サイリスタ S_1，S_2 の両端電圧 v_{th} の波形

（1）	S_1，S_2 とも制御遅れ角 α で運転
（2）	S_1 は制御遅れ角 α，S_2 は制御遅れ角 0 で運転
（3）	S_1 は制御遅れ角 α，S_2 はサイリスタをトリガ(点弧)しないで運転
（4）	S_1 は制御遅れ角 0，S_2 は制御遅れ角 α で運転
（5）	S_1 はサイリスタをトリガ(点弧)しないで，S_2 は制御遅れ角 α で運転

理論
電力
機械
法規

令和5(2023)上期

令和5(2023)下期

選抜90問

選抜85問

選抜90問

選抜65問

問58の解答　出題項目＜トライアック＞　　答え（3）

　問題図の抵抗負荷に加わる電圧 v_R は，交流電源電圧を e，サイリスタ S_1，S_2 に加わる電圧を v_{th} とすると，

$$v_R = e - v_{th}$$

　よって，本問の条件における v_R の波形は**図58-1**となる。v_R の波形に着目すると，e が正の半周期 $(0 \sim \pi)$ では，S_1 が制御遅れ角 α で ON（点弧またはトリガ）し，e が負の半周期 $(\pi \sim 2\pi)$ では，S_2 はずっと OFF のままである。したがって，（3）が正解である。

Point 抵抗負荷に加わる電圧は $e - v_{th}$ である。

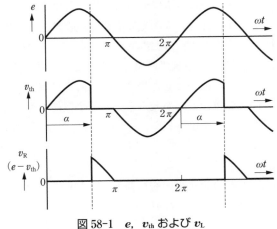

図58-1　e，v_{th} および v_L

問 59 出題分野＜パワーエレクトロニクス＞ 平成 24 年度 問 9

次の文章は，太陽光発電設備におけるパワーコンディショナに関する記述である。

近年，住宅に太陽光発電設備が設置され，低圧配電線に連系されることが増えてきた。連系のためには，太陽電池と配電線との間にパワーコンディショナが設置される。パワーコンディショナは (ア) と系統連系用保護装置とが一体になった装置である。パワーコンディショナは，連系中の配電線で事故が生じた場合に，太陽光発電設備が (イ) 状態を継続しないように，これを検出して太陽光発電設備を系統から切り離す機能をもっている。パワーコンディショナには， (イ) の検出のために，電圧位相や (ウ) の急変などを常時監視する機能が組み込まれている。ただし，配電線側で発生する (エ) に対しては，系統からの不要な切り離しをしないよう対策がとられている。

上記の記述中の空白箇所(ア)，(イ)，(ウ)及び(エ)に当てはまる組合せとして，正しいものを次の(1)～(5)のうちから一つ選べ。

	(ア)	(イ)	(ウ)	(エ)
(1)	逆変換装置	単独運転	周波数	瞬時電圧低下
(2)	逆変換装置	単独運転	発電電力	瞬時電圧低下
(3)	逆変換装置	自立運転	発電電力	停　電
(4)	整流装置	自立運転	発電電力	停　電
(5)	整流装置	単独運転	周波数	停　電

689

理論 電力 機械 法規

令和5(2023)上期
令和5(2023)下期
選抜90問
選抜85問
選抜90問
選抜65問

問59の解答　出題項目＜太陽光発電システム＞　　　　答え　（1）

太陽電池で発生する直流電力を交流の低圧配電線へ送るため，太陽電池と配電線の間にパワーコンディショナ(PCS)が設置される。

PCS は，直流を交流に変換する**逆変換装置**(インバータ)と系統連系保護装置が一体となった装置である(**図 59-1**)。

太陽光発電設備において発生した電力を配電線へ送電中(連系中)に，配電線で事故が発生した場合を考える。事故配電線は，電源元の配電用変電所の遮断器を「開」として停電させる。しかし，配電線に発電中の太陽光発電設備が接続されていると，事故配電線が停電できないため問題となる。この状態を**単独運転**と呼ぶ。よって PCS には，電圧位相や**周波数**の急変などにより単独運転を検出し，太陽光発電設備の遮断器で系統から切り離す単独運転防止装置が設けられる。

ただし，配電線側で発生する**瞬時電圧低下**に対しては，単独運転防止装置が動作しないよう対策がとられている。

解 説

太陽光発電の概念を示したものが図 58-1 で，PCS の主な役目は，

① 太陽光の直流を交流に変換

② 単独運転を防止するなどの保護機能

③ 直流回路を接続する機能

である。

Point パワーコンディショナの役割を理解すること。

図 59-1　太陽光発電設備

問60　出題分野＜パワーエレクトロニクス＞　　　平成28年度 問10

次の文章は，太陽光発電システムに関する記述である。

図1は交流系統に連系された太陽光発電システムである。太陽電池アレイはインバータと系統連系用保護装置とが一体になった　(ア)　を介して交流系統に接続されている。

太陽電池アレイは，複数の太陽電池セルを直列又は直並列に接続して構成される太陽電池モジュールをさらに直並列に接続したものである。太陽電池セルはp形半導体とn形半導体とを接合したpn接合ダイオードであり，照射される太陽光エネルギーを　(イ)　によって電気エネルギーに変換する。

また，太陽電池セルの簡易等価回路は電流源と非線形の電流・電圧特性をもつ一般的なダイオードを組み合わせて図2のように表される。太陽電池セルに負荷を接続し，セルに照射される太陽光の量を一定に保ったまま，負荷を変化させたときに得られる出力電流・出力電圧特性は図3の　(ウ)　のようになる。このとき負荷への出力電力・出力電圧特性は図4の　(エ)　のようになる。セルに照射される太陽光の量が変化すると，最大電力も，最大電力となるときの出力電圧も変化する。このため，　(ア)　には太陽電池アレイから常に最大の電力を取り出すような制御を行うものがある。この制御は　(オ)　制御と呼ばれている。

上記の記述中の空白箇所(ア)，(イ)，(ウ)，(エ)及び(オ)に当てはまる組合せとして，正しいものを次の(1)～(5)のうちから一つ選べ。

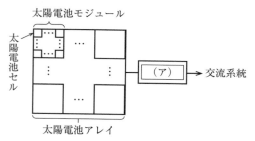

図1　交流系統に連系された太陽光発電システム

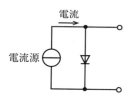

図2　太陽電池セルの簡易等価回路

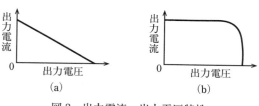

図3　出力電流・出力電圧特性

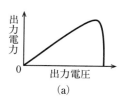

図4　出力電力・出力電圧特性

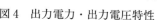

	(ア)	(イ)	(ウ)	(エ)	(オ)
(1)	パワーコンディショナ	光起電力効果	(b)	(a)	MPPT
(2)	ガバナ	光起電力効果	(b)	(b)	PWM
(3)	パワーコンディショナ	光起電力効果	(a)	(b)	MPPT
(4)	ガバナ	光導電効果	(b)	(a)	PWM
(5)	パワーコンディショナ	光導電効果	(a)	(b)	PWM

問 60 の解答　　出題項目＜太陽光発電システム＞　　答え　(1)

太陽電池アレイはインバータと系統連系用保護装置とが一体になった**パワーコンディショナ**を介して交流系統に接続されている。

太陽電池セルは p 形半導体と n 形半導体とを接合した pn 接合ダイオードであり，照射される太陽光エネルギーを**光起電力効果**によって電気エネルギーに変換する。

太陽電池セルに負荷を接続し，セルに照射される太陽光の量を一定に保ったまま，負荷を変化させたときに得られる出力電流・出力電圧特性は問題図 3 の**(b)**のようになる。このとき負荷への出力電力・出力電圧特性は問題図 4 の**(a)**のようになる。

パワーコンディショナには太陽電池アレイから常に最大電力を取り出すような制御を行うものがある。この制御は **MPPT** と呼ばれる。

解説

太陽電池セルの簡易等価回路は，問題図 2 のように電流源とダイオードが並列に接続されたものである。ダイオードは順方向電圧（約 0.7 V）以下の出力電圧ではオフ状態なので，定電流特性を示す。それ以上の出力電圧ではオン状態となるので，電流源の電流はすべてダイオードを流れ，出力電流は零となる。

出力電力は，電流が一定のため出力電圧に比例する。出力電圧が約 0.7 V 以上になると出力電流が零になるため，出力電力も零になる。

MPPT とは，最大電力点追従の略語であり，常に出力電力が最大となる動作点を追従するように，出力電圧を制御する方法である。

Point 太陽電池セルは電流源である。

問 61 出題分野＜機器全般＞　　　　　　　　　　　　令和 4 年度上期 問 7

電源電圧一定の下，トルク一定の負荷を負って回転している各種電動機の性質に関する記述として，正しいものと誤りのものの組合せとして，正しいものを次の（1）〜（5）のうちから一つ選べ。

（ア）　巻線形誘導電動機の二次抵抗を大きくすると，滑りは増加する。

（イ）　力率 1.0 で運転している同期電動機の界磁電流を小さくすると，電機子電流の位相は電源電圧に対し，進みとなる。

（ウ）　他励直流電動機の界磁電流を大きくすると，回転速度は上昇する。

（エ）　かご形誘導電動機の電源周波数を高くすると励磁電流は増加する。

	（ア）	（イ）	（ウ）	（エ）
（1）	誤り	誤り	正しい	正しい
（2）	正しい	正しい	誤り	誤り
（3）	誤り	正しい	正しい	正しい
（4）	正しい	誤り	誤り	正しい
（5）	正しい	誤り	誤り	誤り

問61の解答　出題項目＜各種電気機器＞　　　　　　答え　（5）

（ア）は正しい。トルクの比例推移により，巻線形誘導電動機では滑りと二次抵抗値との比が一定であれば，電動機の発生トルクは一定となる。負荷トルクが一定のとき，電動機の発生トルクも一定であるから，二次抵抗を大きくすると滑りは増加する。

（イ）は誤り。界磁電流を小さくすると，電動機の電機子誘導起電力が低下する。電源電圧は一定であるから，電機子誘導起電力を平衡状態に戻すために電機子反作用（**増磁作用**）が起こる。電動機では増磁作用は遅れの電機子電流によって引き起こされるので，**励磁電流を小さくすると電機子電流の位相は電源電圧に対して遅れる**。

（ウ）は誤り。電機子回路の電圧降下は電源電圧に対してわずかなので，電機子誘導起電力（電機子逆起電力）は電源電圧にほぼ等しく一定と考えることができる。一方，電機子誘導起電力は電磁誘導の法則から，界磁磁束と回転速度に比例する。したがって，電機子誘導起電力が一定のとき，**界磁電流を大きくして界磁磁束を増やすと，それに反比例して回転速度は低下する**。

（エ）は誤り。**図61-1**のL形簡易等価回路において，励磁回路は抵抗（鉄損を表す成分）とリアクタンス（主磁束を作る成分）の並列回路で表せる。**周波数を高くするとリアクタンスが比例して大きくなるので，励磁電流は減少する**。

以上から，正解は（5）となる。

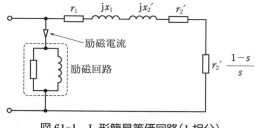

図61-1　L形簡易等価回路（1相分）

解　説 ▶┈┈┈┈┈┈┈┈┈┈┈┈┈┈┈┈┈┈┈┈

（ア）の比例推移は，計算問題としても頻出である。

（イ）は，**図61-2**に示す**V曲線**からも明らかである。

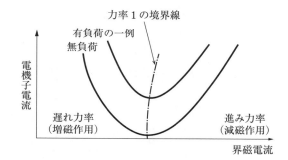

図61-2　V曲線の例

（ウ）の関係式「誘導起電力∝磁束×回転速度」は，計算問題にしばしば登場する。

（エ）に関しては，電源周波数を高くすると回転速度が増すことも覚えておきたい。

理論
電力
機械
法規

令和
5
（2023）
上期

令和
5
（2023）
下期

選抜
90
問

選抜
85
問

選抜
90
問

選抜
65
問

問 62 出題分野＜機器全般＞　　　　　　　　　　　　　　平成 26 年度 問 9

次の文章は，電動機の速度制御に関する記述である。

他励直流電動機の速度制御には，界磁回路の直流電流を調整する方法のほかに，電機子回路の　　(ア)　　を調整する方法がある。これは，磁束一定の条件で，誘導起電力が　　(イ)　　に比例している特性を利用したものである。この方法によると，速度が一定となる定常状態において，負荷トルクの変動によって電機子抵抗による電圧降下分だけの速度変動を生じる。

誘導電動機の速度制御には，電源が商用電源である場合は滑りを広く利用する方法がある。その方法は　　(ウ)　　や，巻線形誘導電動機の二次抵抗による比例推移を利用する制御である。しかし，滑りを利用する方法は，速度が定格速度に比べて低くなるほど二次効率が　　(エ)　　する。これを改善する巻線形誘導電動機の二次励磁という制御は，二次回路に電力変換器を接続して二次抵抗損に相当する電力を交流電源　　(オ)　　する方法である。

上記の記述中の空白箇所(ア)，(イ)，(ウ)，(エ)及び(オ)に当てはまる組合せとして，正しいものを次の(1)～(5)のうちから一つ選べ。

	(ア)	(イ)	(ウ)	(エ)	(オ)
(1)	直流電圧	速　度	一次電圧制御	低　下	に返還
(2)	直流電流	速　度	極数変換	増　加	から供給
(3)	直流電圧	電機子電流	極数変換	低　下	に返還
(4)	直流電圧	電機子電流	一次電圧制御	増　加	に返還
(5)	直流電流	電機子電流	一次電圧制御	低　下	から供給

695

理論 電力 機械 法規

令和5(2023)上期

令和5(2023)下期

選抜90問

選抜85問

選抜90問

選抜65問

問 62 の解答　出題項目＜直流機と誘導機＞　　　　　答え（1）

直流機の電機子誘導起電力 $E_a = k_e \phi N [\text{V}]$ の式を変形して，回転速度 N を表すと，

$$N = \frac{E_a}{k_e \phi} [\text{min}^{-1}] \qquad ①$$

となる。回転速度の制御には，界磁回路の直流電流を調整し，①式の磁束 ϕ を変化させる方法のほか，電機子回路の**直流電圧**の調整により E_a を変化させる方法がある。この方法は磁束が一定であれば，誘導起電力 E_a が回転**速度** N に比例している特性を利用したものである。

一方，電源が商用電源である場合の誘導電動機の速度制御として，**一次電圧制御**がある。**図62-1** のように一次電圧を $V \to kV (0 < k < 1)$ に変化させることで，滑りを $s_n \to s_2$ として回転速度を変化させる。

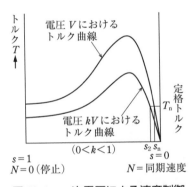

図 62-1　一次電圧による速度制御

また，巻線形誘導電動機の二次抵抗による比例推移を利用する方法がある。

二次効率（機械的出力 P_o／二次入力 P_2）を表すと，$P_2 : P_o = 1 : (1-s)$ であるから，

$$\frac{P_o}{P_2} = \frac{1-s}{1} = 1-s \qquad ②$$

となり，滑り s が大きい（速度が低い）ほど，二次効率が**低下**する。

巻線形誘導電動機の二次回路に電力変換器を接続して二次抵抗損に相当する電力を交流側に**返還**する方法があり，これをセルビウス方式という。

また，二次回路の電力を整流して誘導電動機と直結した直流電動機を駆動する方法をクレーマ方式という。

解説 ⋯⋯⋯⋯⋯⋯⋯⋯⋯⋯⋯⋯⋯⋯⋯⋯⋯⋯

静止セルビウス方式とクレーマ方式は，双方ともに二次抵抗損に相当する電力 $sP_2 = p_{c2}$ をスリップリングにより取り出し，整流器により直流に変換するまでは同じである。

静止セルビウス方式は，**図62-2** のように sP_2 相当の直流をインバータにより交流電源へ変換する。クレーマ方式は，**図62-3** のように sP_2 相当の直流を誘導電動機の軸と直結した直流電動機へ供給して，直流電動機の機械的出力として負荷へ供給する。

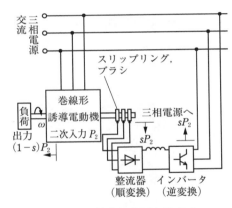

図 62-2　静止セルビウス方式

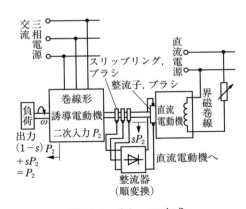

図 62-3　クレーマ方式

交流電動機に関する記述として，誤っているものを次の（1）～（5）のうちから一つ選べ。

（1） 同期機と誘導機は，どちらも三相電源に接続された固定子巻線（同期機の場合は電機子巻線，誘導機の場合は一次側巻線）が，同期速度の回転磁界を発生している。発生するトルクが回転磁界と回転子との相対位置の関数であれば同期電動機であり，回転磁界と回転子との相対速度の関数であれば誘導電動機である。

（2） 同期電動機の電機子端子電圧を $V[\text{V}]$（相電圧実効値），この電圧から電機子電流の影響を除いた電圧（内部誘導起電力）を $E_0[\text{V}]$（相電圧実効値），V と E_0 との位相角を $\delta[\text{rad}]$，同期リアクタンスを $X[\Omega]$ とすれば，三相同期電動機の出力は，$3 \times \left(E_0 \cdot \dfrac{V}{X} \right) \sin \delta\,[\text{W}]$ となる。

（3） 同期電動機では，界磁電流を増減することによって，入力電力の力率を変えることができる。電圧一定の電源に接続した出力一定の同期電動機の界磁電流を減少していくと，V 曲線に沿って電機子電流が増大し，力率 100 ％ で電機子電流が最大になる。

（4） 同期調相機は無負荷運転の同期電動機であり，界磁電流が作る磁束に対する電機子反作用による増磁作用や減磁作用を積極的に活用するものである。

（5） 同期電動機では，回転子の磁極面に設けた制動巻線を利用して停止状態からの始動ができる。

理論
電力
機械
法規

令和5(2023)上期

令和5(2023)下期

選抜90問

選抜85問

選抜90問

選抜65問

問 63 の解答　出題項目＜同期機と誘導機＞　答え　(3)

（1）正。同期機と誘導機の固定子巻線は，三相電源を接続すると同期速度の回転磁界を発生する。同期機の発生トルクは，回転磁界と回転子の位置関係で決まる。また，誘導機の発生トルク T は，次式となり，相対速度 $N_s(1-s)$ の関数である。

$$T=\frac{P_o}{\omega}=\frac{P_o}{\dfrac{2\pi}{60}N_s(1-s)}$$

ただし，P_o：回転子出力，ω：角速度，
　　　　N_s：同期速度，s：滑り

（2）正。三相同期電動機の出力 P の式は，問題文のとおりである。なお，電圧 E_0，V を線間電圧として表すと，

$$P=\frac{E_0 V}{X}\sin\delta\,[\mathrm{W}]$$

となり，出力の式から"3×"が消える。

（3）誤。同期電動機では，界磁電流の増減により入力（電機子）電流の力率を変えることができる。界磁電流と電機子電流の関係を V 曲線といい，図 63-1 のようになる。図の曲線により，界磁電流を調整して力率 1.0 の位置にすると，電機子電流は**最小**となる。

（4）正。図 63-1 の無負荷の V 特性において，界磁電流を減少させると減磁作用の遅れ運転，界磁電流を増加させると増磁作用の進み運転となることがわかる。なお，界磁電流の増減により変化するのは無効電力で，有効電力は電動機の軸に接続された機械的負荷により変化する。

（5）正。同期電動機は，回転子に設けた制動巻線により始動トルクを発生させ，始動できる。

Point 同期機と誘導機それぞれの特徴を理解する。

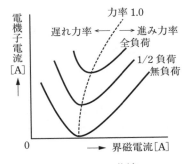

図 63-1　V 曲線

問 64 出題分野＜機器全般＞ 令和4年度下期 問6

次の文章は，小形交流モータに関する記述である。

モータの固定子がつくる回転磁界中に，永久磁石を付けた回転子を入れると，回転子は回転磁界 ____(ア)____ で回転する。これが永久磁石同期モータの回転原理である。

永久磁石形同期モータは，回転子の構造により， ____(イ)____ 磁石形同期モータと ____(ウ)____ 磁石形同期モータに分類される。 ____(イ)____ 磁石形同期モータは，構造的に小型化・高速化に適しており，さらに ____(エ)____ トルクが利用できる特徴がある。 ____(エ)____ トルクは，固定子と回転子の鉄心(電磁鋼板)との間に働く回転力のことである。この回転力のみを利用したモータは，永久磁石形同期モータに比べて，材料コストが ____(オ)____ という特徴がある。

上記の記述中の空白箇所(ア)～(オ)に当てはまる組合せとして，正しいものを次の(1)～(5)のうちから一つ選べ。

	(ア)	(イ)	(ウ)	(エ)	(オ)
(1)	より低い速度	表面	埋込	リラクタンス	低い
(2)	より低い速度	埋込	表面	コギング	低い
(3)	と同じ速度	埋込	表面	リラクタンス	高い
(4)	と同じ速度	埋込	表面	リラクタンス	低い
(5)	と同じ速度	表面	埋込	コギング	高い

問64の解答　　出題項目＜特殊モータ＞　　　　　　答え　（4）

モータの固定子がつくる回転磁界中に，永久磁石を付けた回転子を入れると，回転子は回転磁界**と同じ速度**で回転する。これが永久磁石同期モータの回転原理である。

永久磁石形同期モータは，回転子の構造により，**埋込**磁石形同期モータと**表面**磁石形同期モータに分類される。**埋込**磁石形同期モータは，構造的に小型化・高速化に適しており，さらに**リラクタンス**トルクが利用できる特徴がある。**リラクタンス**トルクは，固定子と回転子の鉄心（電磁鋼板）との間に働く回転力のことである。この回転力のみを利用したモータは，永久磁石形同期モータに比べて，材料コストが**低い**という特徴がある。

解説 ┈┈┈┈┈┈┈┈┈┈┈┈┈┈┈┈

永久磁石同期モータは，回転子の永久磁石が磁力（吸引力）により回転磁界に引っ張られて回転するため，回転子は同期速度で回転する。永久磁石が回転子の内部にあるものを埋込磁石形，永久磁石が回転子の表面に張り付いているものを表面磁石形という。

一方，回転子に永久磁石を用いず，強磁性体でつくられた回転子の内部に空隙を設けたり，回転子表面に凹凸を付けたりすることで回転子表面の磁気抵抗に変化をつけた回転子では，回転磁界の磁束は磁気抵抗の小さな箇所を通過しようとする。このとき，磁束の性質から磁路を最短にするような力が働き，回転子には，回転磁界に引き寄せられるリラクタンストルクが生じて回転する。この仕組みで駆動するモータをリラクタンスモータという。このモータは，永久磁石材料（レアアース）が不要なので安価に作れる。

永久磁石同期モータの特徴は次の通りである。

①　回転子が永久磁石なので，界磁損失が無い。

②　埋込磁石形では，リラクタンストルクも併せて利用できる。

③　表面磁石形では，回転子表面の磁束密度を有効利用できる反面，高速回転では磁石が割れたり脱落するおそれがある。

問 65　　出題分野＜機械全般＞　　　　　　　　　平成 22 年度 問 7

　力率改善の目的で用いる低圧進相コンデンサは，図のように直列に 6 % のリアクトルを接続することを標準としている。このため，回路電圧 V_L[V] の設備に用いる進相コンデンサの定格電圧 V_N[V] は，次の式で与えられる値となる。

$$V_N = \frac{V_L}{1 - \dfrac{L}{100}}$$

　ここで，L は，組み合わせて用いる直列リアクトルの % リアクタンスであり，$L = 6$ である。

　これから，回路電圧 220 V（相電圧 127.0 V）の三相受電設備に用いる進相コンデンサでは，コンデンサの定格電圧を 234 V（相電圧 135.1 V）とする。

　定格設備容量 50 kvar，定格周波数 50 Hz の進相コンデンサ設備を考える。その定格電流は，131 A となる。この進相コンデンサ設備に直列に接続するリアクトルのインダクタンス[mH]（1 相分）の値として，最も近いのは次のうちどれか。

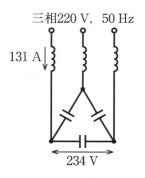

三相220 V，50 Hz

131 A

234 V

（1）　0.20　　　（2）　0.34　　　（3）　3.09　　　（4）　3.28　　　（5）　5.35

問 66　　出題分野＜電動機応用＞　　　　　　　　　令和 4 年度上期 問 11

　かごの質量が 250 kg，定格積載質量が 1 500 kg のロープ式エレベータにおいて，釣合いおもりの質量は，かごの質量に定格積載質量の 40 % を加えた値とした。このエレベータで，定格積載質量を搭載したかごを一定速度 100 m/min で上昇させるときに用いる電動機の出力の値[kW]として，最も近いものを次の（1）～（5）のうちから一つ選べ。ただし，機械効率は 75 %，加減速に要する動力及びロープの質量は無視するものとする。

（1）　2.00　　　（2）　14.7　　　（3）　19.6　　　（4）　120　　　（5）　1 180

問 65 の解答　　出題項目＜コンデンサ＞　　　　　　　答え　（1）

題意より，定格設備容量 $Q_C=50[\text{kvar}]$，定格周波数 $f=50[\text{Hz}]$ の進相コンデンサ設備の定格電流は，$I_n=131[\text{A}]$ である。

この進相コンデンサ設備の％リアクタンス（$\%X_C$）は，定格（相）電圧 $E_C=135.1[\text{V}]$ がすべて加わるので 100 ％ である。コンデンサのリアクタンス $X_C[\Omega]$ を用いて，％インピーダンスの定義式から $\%X_C$ を表すと，

$$\%X_C=100=\frac{X_C I_n}{E_C}\times100[\%] \qquad ①$$

となる。①式より，

$$X_C=\frac{E_C}{I_n}=\frac{135.1}{131}=1.0313[\Omega] \qquad ②$$

直列リアクトル X_L が 6 ％ の意味は，②式で求めた X_C の 6 ％ ということである。

$$X_L=0.06\cdot X_C=0.06\times1.0313$$
$$=0.06188[\Omega]$$

X_L をインダクタンス L で表すと，

$$X_L=2\pi fL=0.06188$$

上式を変形して L を求めると，

$$L=\frac{X_L}{2\pi f}=\frac{0.06188}{2\pi\times50}$$
$$=1.9697\times10^{-4}[\text{H}]\fallingdotseq0.20[\text{mH}]$$

Point ％インピーダンスの定義式からコンデンサのリアクタンスを求め，直列リアクトルのリアクタンスを計算する。

問 66 の解答　　出題項目＜エレベーター・巻上機＞　　　答え　（3）

図 66-1 は，ロープ式エレベータの力学関係を示した概略図である。

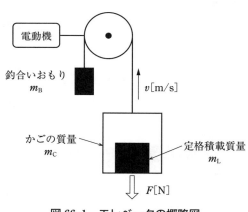

図 66-1　エレベータの概略図

エレベータが巻き上げるべき正味の質量 m は，かごの質量 m_C と定格積載質量 m_L との和から，釣合いおもりの質量 m_B を差し引いたものとなる。釣合いおもりの質量 m_B は，題意より $250+1500\times0.4=850[\text{kg}]$ である。よって，質量 m の値は，

$$m=1500+250-850=900[\text{kg}]$$

重力によりこの質量に下向きに加わる力 F の値は，

$$F=mg\fallingdotseq900\times9.8=8820[\text{N}]$$

ただし，**重力加速度** g の値を $9.8\,\text{m/s}^2$ とした。

力学法則より，$F[\text{N}]$ の重力に逆らって物体を一定速度 $v[\text{m/s}]$ で上昇させるための仕事率 P の値は，

$$P=Fv=8820\times\frac{100}{60}=14700[\text{W}]$$

機械効率は 0.75 なので，電動機の出力 P' の値は，

$$P'=\frac{P}{0.75}=\frac{1470}{0.75}$$
$$=19600[\text{W}]=19.6[\text{kW}]$$

解説

この問題は，巻き上げ荷重を $m[\text{kg}]$ とした場合の，巻上機に関する問題と本質的に同じである。$m[\text{kg}]$ の物体は上方への等速直線運動であるため，物体に加わる力の合力は零でなければならない。つまり，上方向に $F[\text{N}]$ の力がロープを通して与えられていることになる。

問 67　出題分野＜電動機応用＞　　令和4年度下期 問11

電動機で駆動するポンプを用いて，毎時 $80\,\mathrm{m^3}$ の水をパイプへ通して揚程 $40\,\mathrm{m}$ の高さに持ち上げる。ポンプの効率は $72\,\%$，電動機の効率は $93\,\%$ で，パイプの損失水頭は $0.4\,\mathrm{m}$ であり，他の損失水頭は無視できるものとする。このとき必要な電動機入力[kW]の値として，最も近いものを次の（1）～（5）のうちから一つ選べ。ただし，水の密度は $1.00\times10^3\,\mathrm{kg/m^3}$，重力加速度は $9.8\,\mathrm{m/s^2}$ とする。

（1）　0.013　　　　（2）　0.787　　　（3）　4.83　　　（4）　13.1　　　（5）　80.4

問 68　出題分野＜電動機応用＞　　平成25年度 問10

電動機ではずみ車を加速して，運動エネルギーを蓄えることを考える。

まず，加速するための電動機のトルクを考える。加速途中の電動機の回転速度を $N[\mathrm{min^{-1}}]$ とすると，そのときの毎秒の回転速度 $n[\mathrm{s^{-1}}]$ は①式で表される。

　　（ア）　……………………………①

この回転速度 $n[\mathrm{s^{-1}}]$ から②式で角速度[rad/s]を求めることができる。

　　（イ）　……………………………②

このときの電動機が1秒間にする仕事，すなわち出力を $P[\mathrm{W}]$ とすると，トルク $T[\mathrm{N\cdot m}]$ は③式となる。

　　（ウ）　……………………………③

③式のトルクによってはずみ車を加速する。電動機が出力し続けて加速している間，この分のエネルギーがはずみ車に注入される。電動機に直結するはずみ車の慣性モーメントを $I[\mathrm{kg\cdot m^2}]$ として，加速が完了したときの電動機の角速度を $\omega_0[\mathrm{rad/s}]$ とすると，このはずみ車に蓄えられている運動エネルギー $E[\mathrm{J}]$ は④式となる。

　　（エ）　……………………………④

上記の記述中の空白箇所（ア），（イ），（ウ）及び（エ）に当てはまる組合せとして，正しいものを次の（1）～（5）のうちから一つ選べ。

	（ア）	（イ）	（ウ）	（エ）
（1）	$n=\dfrac{N}{60}$	$\omega=2\pi\times n$	$T=\dfrac{P}{\omega}$	$E=\dfrac{1}{2}I^2\omega_0$
（2）	$n=60N$	$\omega=\dfrac{n}{2\pi}$	$T=P\omega$	$E=\dfrac{1}{2}I^2\omega_0$
（3）	$n=\dfrac{N}{60}$	$\omega=2\pi\times n$	$T=P\omega$	$E=\dfrac{1}{2}I\omega_0{}^2$
（4）	$n=60N$	$\omega=\dfrac{n}{2\pi}$	$T=\dfrac{P}{\omega}$	$E=\dfrac{1}{2}I^2\omega_0$
（5）	$n=\dfrac{N}{60}$	$\omega=2\pi\times n$	$T=\dfrac{P}{\omega}$	$E=\dfrac{1}{2}I\omega_0{}^2$

703

理論 電力 機械 法規

令和5 (2023) 上期

令和5 (2023) 下期

選抜90問

選抜85問

選抜90問

選抜65問

問67の解答　　出題項目＜ポンプ＞

答え　（4）

全揚程は，揚程 40 m に損失水頭 0.4 m を加えた 40.4 m である。電動機及びポンプに損失がないと仮定した場合，問題の揚水に必要な仕事は，有効落差 40.4 m で水量 80 m³ を落としたときに得られる仕事（水力発電の出力（電力量））と同じである。

毎秒当たりの揚水量が $\dfrac{80}{3\,600}$ m³/s 一定とすると，揚水に必要な仕事率 P[kW] は，水力発電の理論水力と同じ式となり，

$$P = 9.8 \times \frac{80}{3\,600} \times 40.4 \fallingdotseq 8.8\,[\text{kW}]$$

実際の揚水では，ポンプ及び電動機の損失分を P に上乗せしなければならないので，必要な電動機入力 P_{IN} は，P をポンプ効率及び電動機効率で割って求める。

$$P_{\text{IN}} = \frac{8.8}{0.72 \times 0.93} \fallingdotseq 13.1\,[\text{kW}]$$

解説

揚水の問題は，巻上機や上昇するエレベータの問題と物理的に同じである。つまり，質量 $80 \times 1.00 \times 10^3 = 80 \times 10^3$[kg] の物体（水）を，速度 $\dfrac{40.4}{3\,600}$ m/s で巻き上げる問題と同じになる。

重力加速度を 9.8 m/s² とすると，水には $9.8 \times 80 \times 10^3$ N の重力がかかっている。この水を重力に逆らって一定速度で巻き上げる場合の仕事率[W] は，力学法則より，「物体にかかる力」と「巻き上げ速度」の積で計算できる。これをポンプ及び電動機の効率で割れば電動機入力が求められるので，P_{IN} を次式で計算してもよい。

$$P_{\text{IN}} = \frac{(9.8 \times 80 \times 10^3) \times \dfrac{40.4}{3\,600}}{0.72 \times 0.93} \fallingdotseq 13.1 \times 10^3\,[\text{W}]$$

Point 揚水も，巻上機も，エレベータも，考え方はみな同じ。基本となる計算式もみな同じ。

仕事率[W]＝力[N]×移動速度[m/s]

問68の解答　　出題項目＜回転体のエネルギー＞

答え　（5）

1分間の回転速度 N[min⁻¹] から1秒間の回転速度 n を求めると，

$$n = \frac{N}{60}\,[\text{s}^{-1}] \qquad ①$$

角速度 ω は1秒間に回転する角度[rad/s] で，1回転分の角度は 2π[rad] より，

$$\omega = 2\pi \times n\,[\text{rad/s}] \qquad ②$$

電動機のトルク T は，角速度 ω および電動機出力 P[W] より，

$$T = \frac{P}{\omega}\,[\text{N·m}] \qquad ③$$

加速が完了した角速度 ω_0 のはずみ車に蓄えられた運動エネルギー E は，はずみ車の慣性モーメントを I[kg·m²] とすると，

$$E = \frac{1}{2}I\omega_0^2\,[\text{J}] \qquad ④$$

解説

慣性モーメント I（J とも表す）は，

$$I = GR^2\,[\text{kg·m}^2]$$

と表され，回転体の全質量 G[kg] が半径 R[m] の円周上の1点に存在すると仮定した慣性の性質を表すものである。

一方，慣性モーメントの代わりにはずみ車効果 GD^2（ジーディースクエアード）を用いることがあり，直径 D[m] により慣性の性質を表すものである。慣性モーメントに対して，

$$GD^2 = G(2R)^2 = 4GR^2 = 4I$$

の関係がある。

Point 回転体のもつエネルギーを計算するため，①〜④式を理解すること。

次の文章は，送風機など電動機の負荷の定常特性に関する記述である。

電動機の負荷となる機器では，損失などを無視し，電動機の回転数と機器において制御対象となる速度が比例するとすると，速度に対するトルクの代表的な特性が以下に示すように二つある。

一つは，エレベータなどの鉛直方向の移動体で速度に対して　(ア)　トルク，もう一つは，空気や水などの流体の搬送で速度に対して　(イ)　トルクとなる特性である。

後者の流量制御の代表的な例は送風機であり，通常はダンパなどを設けて圧損を変化させて流量を制御するのに対し，ダンパなどを設けずに電動機で速度制御することでも流量制御が可能である。このとき，風量は速度に対して　(ウ)　して変化し，電動機に必要な電力は速度に対して　(エ)　して変化する特性が得られる。したがって，必要流量に絞って運転する機会の多いシステムでは，電動機で速度制御することで大きな省エネルギー効果が得られる。

上記の記述中の空白箇所(ア)，(イ)，(ウ)及び(エ)に当てはまる組合せとして，正しいものを次の(1)〜(5)のうちから一つ選べ。

	(ア)	(イ)	(ウ)	(エ)
(1)	比例する	2乗に比例する	比例	3乗に比例
(2)	比例する	一定の	比例	2乗に比例
(3)	比例する	一定の	2乗に比例	2乗に比例
(4)	一定の	2乗に比例する	比例	3乗に比例
(5)	一定の	2乗に比例する	2乗に比例	2乗に比例

理論 電力 機械 法規

令和5(2023)上期
令和5(2023)下期
選抜90問
選抜85問
選抜90問
選抜65問

問69の解答　出題項目＜負荷の定常特性＞　　　答え　（4）

電動機の負荷となる機器では，損失などを無視し，電動機の回転数と機器において制御対象となる速度が比例するとすると，速度に対するトルクの代表的な特性が以下に示すように二つある。

一つは，エレベータなどの鉛直方向の移動体で速度に対して**一定の**トルク，もう一つは，空気や水などの流体の搬送で速度に対して**2乗に比例する**トルクとなる特性である。

後者の流量制御の代表的な例は送風機であり，通常はダンパなどを設けて圧損を変化させて流量を制御するのに対し，ダンパなどを設けずに電動機で速度制御することでも流量制御が可能である。このとき，風量は速度に対して**比例**して変化し，電動機に必要な電力は速度に対して**3乗に比例**して変化する特性が得られる。

解説

鉛直方向の移動では，移動物体に加わる力は一定の重力のみなので，定トルクとなる。

ポンプや送風機などの流体では，**流量 Q は流速 v に比例する。**

質量 m の物体が速度 v で運動する場合の物体のエネルギーは mv^2 に比例するが，物体が流体である場合，流量 Q が v に比例するため流体の密度を一定とすれば，運動する流体の単位時間当たりの質量 m は v に比例する。結果として，流体の単位時間当たりのエネルギー（仕事率）P は v^3 に比例する。

トルク T は P/N（N は電動機の回転速度であり v と比例関係にある）に比例するので，結果的に T は v^2 に比例する。

また，$v \propto N$ の関係から，次の関係が成り立つ。

$$Q \propto N, \quad T \propto N^2, \quad P \propto N^3$$

問 70　出題分野＜電動機応用＞

誘導電動機によって回転する送風機のシステムで消費される電力を考える。

誘導電動機が商用交流電源で駆動されているときに送風機の風量を下げようとする場合，通風路にダンパなどを追加して流路抵抗を上げる方法が一般的である。ダンパの種類などによって消費される電力の減少量は異なるが，流路抵抗を上げ風量を下げるに従って消費される電力は若干減少する。このとき，例えば風量を最初の 50 ％ に下げた場合に，誘導電動機の回転速度は　(ア)　。

一方，商用交流電源で直接駆動するのではなく，出力する交流の電圧 V と周波数 f との比 (V/f) をほぼ一定とするインバータを用いて，誘導電動機を駆動する周波数を変化させ風量を調整する方法もある。この方法では，ダンパなどの流路抵抗を調整する手段は用いないものとする。このとき，機械的・電気的な損失などが無視できるとすれば，風量は回転速度の　(イ)　乗に比例し，消費される電力は回転速度の　(ウ)　乗に比例する。したがって，周波数を変化させて風量を最初の 50 ％ に下げた場合に消費される電力は，計算上で　(エ)　％ まで減少する。

商用交流電源で駆動し，ダンパなどを追加して風量を下げた場合の消費される電力の減少量はこれほど大きくはなく，インバータを用いると大きな省エネルギー効果が得られる。

上記の記述中の空白箇所(ア)，(イ)，(ウ)及び(エ)に当てはまる語句又は数値として，正しいものを組み合わせたのは次のうちどれか。

	(ア)	(イ)	(ウ)	(エ)
(1)	トルク変動に相当する滑り周波数分だけ変動する	1	3	12.5
(2)	風量に比例して減少する	1/2	3	12.5
(3)	風量に比例して減少する	1	3	12.5
(4)	トルク変動に相当する滑り周波数分だけ変動する	1/2	2	25
(5)	風量に比例して減少する	1	2	25

理論 電力 機械 法規

令和 **5** (2023) 上期

令和 **5** (2023) 下期

選抜 **90** 問

選抜 **85** 問

選抜 **90** 問

選抜 **65** 問

問 70 の解答　　**出題項目＜インバータ＞**　　　　　　答え　（1）

　流路抵抗を上げて風量を調整した場合，電動機の回転速度は**トルク変動に相当する滑り周波数分だけ変動する**（図70-1）。

　一方，インバータにより一次周波数を変化させた場合を考える。風量は回転速度の **1** 乗に比例し，消費される電力は回転速度の **3** 乗に比例する（解説①式参照）。

　回転速度を最初の 50% とした場合，消費される電力は計算上では $0.5^3 = 0.125 = $ **12.5**[%] である。

解 説 ･･････････････････････････････

　図 70-1 より，ダンパ等で負荷のトルクを変動させた場合，回転速度の変動は $s_2 - s_1$ 分である。

　送風機の動力 P は，機械的・電気的な損失を無視した場合，回転速度 N と

$$P \propto N^3 \tag{①}$$

の関係がある。

　従来，送風機等は流路抵抗を上げて風量制御をすることが一般的であった。この場合，多くの動力がダンパなどの機械抵抗に消費されていた。

　最近，インバータの普及により回転速度そのものを調整して風量制御をすることが可能となった。解答に示すとおり，インバータによる制御は大きな省エネルギー効果が期待できる。

Point 逆風機の動力と回転速度の関係を覚えておくこと。

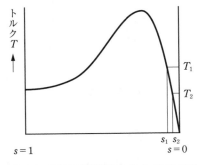

図 70-1　誘導電動機のトルク-滑り特性

問71 出題分野＜電熱＞

熱の伝導は電気の伝導によく似ている。下記は，電気系の量と熱系の量の対応表である。

電気系と熱系の対応表

電気系の量	熱系の量
電圧 V [V]	ア [K]
電気量 Q [C]	熱量 Q [J]
電流 I [A]	イ [W]
導電率 σ [S/m]	熱伝導率 λ [W/(m・K)]
電気抵抗 R [Ω]	熱抵抗 R_T ウ
静電容量 C [F]	熱容量 C エ

上記の記述中の空白箇所(ア)～(エ)に当てはまる組合せとして，正しいものを次の(1)～(5)のうちから一つ選べ。

	(ア)	(イ)	(ウ)	(エ)
(1)	熱流 Φ	温度差 θ	[J/K]	[K/W]
(2)	温度差 θ	熱流 Φ	[K/W]	[J/K]
(3)	温度差 θ	熱流 Φ	[K/J]	[J/K]
(4)	熱流 Φ	温度差 θ	[J/K]	[J/W]
(5)	温度差 θ	熱流 Φ	[K/W]	[J/W]

問71の解答　出題項目＜電気系・熱系対応＞　　　　答え　（2）

導体内の電気の流れ（電流）は，電圧（電位差）によって引き起こされる。同様に，熱の流れは温度差によって引き起こされる。電気も熱も，抵抗が大きいと流れづらい。このように，固体内の熱伝導は導体内の電気伝導と多くの点で似ているため，電気系の量と熱系の量は**表71-1**のように対応している。

表71-1　電気系と熱系の対応表

電気系の量	熱系の量
電圧 V [V]	**温度差 θ [K]**
電気量 Q [C]	熱量 Q [J]
電流 I [A]	**熱流 Φ [W]**
導電率 σ [S/m]	熱伝導率 λ [W/(m·K)]
電気抵抗 R [Ω]	熱抵抗 R_T [**K/W**]
静電容量 C [F]	熱容量 C [**J/K**]

解説

電気回路の抵抗（電気抵抗）に関しては「オームの法則」が成り立つが，**図71-1**のように，物質（固体）内部における高温部から低温部への熱の移動（熱抵抗）に関しても，**熱回路のオームの法則が成り立つ**。この場合，電気抵抗は導体の長さに比例し，断面積に反比例するが，**熱抵抗も導体の長さに比例し，断面積に反比例する**。

すなわち，物質内部の温度差 θ [K] は，熱流を Φ [W]，熱抵抗を R_T [K/W] とすると，

$$\theta = \Phi R_\mathrm{T}$$

なお，熱抵抗 R_T [K/W] は，導体の長さを l [m]，断面積を S [m²]，熱伝導率を λ [W/(m·K)] とすると，次式で表される

$$R_\mathrm{T} = \frac{l}{\lambda S}$$

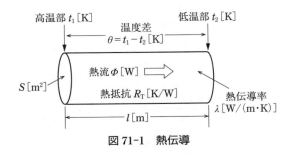

図71-1　熱伝導

また，熱容量は電気の静電容量に対応する。実際に物体を加熱すると，温度が徐々に上昇し，加熱をやめると徐々に温度が低下する。これは，熱のコンデンサが，熱を蓄えたり放出したりしていることになる。

このように熱伝導と電気伝導が似ていることには，「相似性がある」という。

理論 電力 機械 法規

令和5 (2023) 上期

令和5 (2023) 下期

選抜90問

選抜85問

選抜90問

選抜65問

熱の伝わり方について，次の（a）及び（b）の問に答えよ。

（a）　　（ア）　は，熱媒体を必要とせず，真空中でも熱を伝達する。高温側で温度 T_2[K] の面 S_2[m²] と，低温側で温度 T_1[K] の面 S_1[m²] が向かい合う場合の熱流 Φ[W] は，$S_2 F_{21} \sigma$（　（イ）　）で与えられる。

　　　ただし，F_{21} は，　（ウ）　である。また，σ[W/(m²·K⁴)] は，　（エ）　定数である。

　　　上記の記述中の空白箇所（ア）〜（エ）に当てはまる組合せとして，正しいものを次の（1）〜（5）のうちから一つ選べ。

	（ア）	（イ）	（ウ）	（エ）
（1）	熱伝導	$T_2{}^2 - T_1{}^2$	形状係数	プランク
（2）	熱放射	$T_2{}^2 - T_1{}^2$	形態係数	ステファン・ボルツマン
（3）	熱放射	$T_2{}^4 - T_1{}^4$	形態係数	ステファン・ボルツマン
（4）	熱伝導	$T_2{}^4 - T_1{}^4$	形状係数	プランク
（5）	熱伝導	$T_2{}^4 - T_1{}^4$	形状係数	ステファン・ボルツマン

（b）　下面温度が 350 K，上面温度が 270 K に保たれている直径 1 m，高さ 0.1 m の円柱がある。伝導によって円柱の高さ方向に流れる熱流 Φ の値[W] として，最も近いものを次の（1）〜（5）のうちから一つ選べ。

　　　ただし，円柱の熱伝導率は 0.26 W/(m·K) とする。また，円柱側面からのその他の熱の伝達及び損失はないものとする。

（1）　3　　　（2）　39　　　（3）　163　　　（4）　653　　　（5）　2 420

問 72（a）の解答　出題項目＜放射伝熱＞　答え（3）

熱放射は，熱媒体を必要とせず，真空中でも熱を伝達する。高温側で温度 T_2[K] の面 S_2[m²] と，低温側で温度 T_1[K] の面 S_1[m²] が向かい合う場合の熱流 Φ[W] は，$S_2 F_{21}\sigma(\boldsymbol{T_2^4 - T_1^4})$ で与えられる。

ただし，F_{21} は，**形態係数** である。また，σ[W/(m²·K⁴)] は，**ステファン・ボルツマン**定数である。

解説

熱の放射は特別な現象ではなく，すべての物体は，その温度に応じた強さのエネルギーを電磁波として放射している。黒体の場合，単位面積，単位時間当たりの放射エネルギー（放射発散度）J は，絶対温度の4乗に比例する。

$$J = \sigma T^4 [\text{W/m}^2] \ \cdots\cdots\ 黒体$$

これをステファン・ボルツマンの法則といい，式中の係数 σ をステファン・ボルツマン定数という。黒体ではない場合の放射エネルギーは，黒体放射に比べ小さくなるので，放射率 ε を上式の右辺に掛ける。

$$J = \varepsilon \sigma T^4 [\text{W/m}^2] \ \cdots\cdots\ 黒体以外$$

図 72-1 のように，二つの面 α（温度 T_2[K]，面積 S_2[m²]），面 β（温度 T_1[K]，面積 S_1[m²]）が空間に置かれているとき，面 α から面 β に向かう単位時間当たりの放射エネルギー（熱流）Φ[W] は，次式で与えられる。

$$\Phi = \varepsilon S_2 F_{21}\sigma(T_2^4 - T_1^4) [\text{W}]$$

F_{21} は形態係数と呼ばれるもので，両面の大きさ，形状，相対的位置関係で決まる。

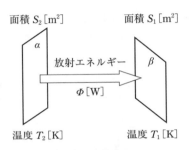

図 72-1　熱放射

なお，問題では ε を 1 としている。

問 72（b）の解答　出題項目＜放射伝熱＞　答え（3）

円柱の高さ方向で見た熱抵抗 R は，熱伝導体の断面積を S[m²]，長さを l[m]，熱伝導率を λ[W/(m·K)] とすると，

$$R = \frac{1}{\lambda} \cdot \frac{l}{S}$$
$$= \frac{0.1}{0.26 \times (0.5)^2 \pi} \fallingdotseq 0.4897 [\text{K/W}]$$

上下面間の温度差を ΔT[K] とすると $\Delta T = 350 - 270 = 80$[K] であるから，熱流 Φ は，

$$\Phi = \frac{\Delta T}{R}$$
$$= \frac{80}{0.4897} \fallingdotseq 163 [\text{W}]$$

解説

熱伝導においては，熱伝導体からの熱損失がな

ければ，熱流は温度差に比例し，熱抵抗に反比例する。これは，熱流を電流，温度差を電位差，熱抵抗を電気抵抗に置き換えたときのオームの法則に相当するので，オームの法則と同形の式 $\Delta T = R\Phi$ が成り立つ。これを，熱回路のオームの法則と呼ぶこともある。

熱抵抗を表す式は，導体の電気抵抗を求める式中の導電率を，熱伝導率に置き換えればよい。

補足　オームの法則の応用は，磁気回路でも活用されている。この場合の対応関係は，電位差（起電力）が起磁力，電流が磁束，電気抵抗が磁気抵抗に対応する。また，磁気抵抗の計算では，導電率の代わりに透磁率を用いる。

Point 熱伝導の計算には，オームの法則が応用できる。

問 73　出題分野＜電熱＞

次の文章は，電気加熱に関する記述である。

導電性の被加熱物を交番磁束内におくと，被加熱物内に起電力が生じ，渦電流が流れる。　(ア)　加熱はこの渦電流によって生じるジュール熱によって被加熱物自体が昇温する加熱方式である。抵抗率の　(イ)　被加熱物は相対的に加熱されにくい。

また，交番磁束は　(ウ)　効果によって被加熱物の表面近くに集まるため，渦電流も被加熱物の表面付近に集中する。この電流の表面集中度を示す指標として電流浸透深さが用いられる。電流浸透深さは，交番磁束の周波数が　(エ)　ほど浅くなる。したがって，被加熱物の深部まで加熱したい場合には，交番磁束の周波数は　(オ)　方が適している。

上記の記述中の空白箇所(ア)，(イ)，(ウ)，(エ)及び(オ)に当てはまる組合せとして，正しいものを次の(1)～(5)のうちから一つ選べ。

	(ア)	(イ)	(ウ)	(エ)	(オ)
(1)	誘　導	低　い	表　皮	低　い	高　い
(2)	誘　電	高　い	近　接	低　い	高　い
(3)	誘　導	低　い	表　皮	高　い	低　い
(4)	誘　電	高　い	表　皮	低　い	高　い
(5)	誘　導	高　い	近　接	高　い	低　い

問73の解答　　出題項目＜誘導加熱＞　　　　答え　(3)

　導電性の被加熱物を交番磁界内におくと，被加熱物内に起電力が生じ，渦電流が流れる。**誘導**加熱はこの渦電流によって生じるジュール熱によって被加熱物自体が昇温する加熱方式である。抵抗率の**低い**被加熱物は相対的に加熱されにくい。

　また，交番磁束は**表皮**効果によって被加熱物の表面近くに集まるため，渦電流も被加熱物の表面付近に集中する。この電流の表面集中度を示す指標として電流浸透深さが用いられる。電流浸透深さは，交番磁束の周波数が**高い**ほど浅くなる。したがって，被加熱物の深部まで加熱したい場合には，交番磁束の周波数は**低い**方が適している。

解説

　加熱コイルの中に導電性の被加熱物を入れ，コイルに交流を流すとコイル内には交番磁界が発生する。この磁界によって，被加熱物中に生じる渦電流損による発熱で加熱する。

① 低周波誘導加熱

　交流に商用周波数程度(50，60 Hz)の周波数を使用するもので，渦電流は導体内部まで浸透し一様な内部加熱ができる。

② 高周波誘導加熱

　商用周波数より高く500 kHz 程度までの周波数を使用する。渦電流は表皮効果のために表面付近に集中するので，表面のみの局部加熱ができる。

補足

　被加熱物内を流れる渦電流の分布は，物質の抵抗率 ρ や透磁率 μ，電流の周波数 f により変化する。一般に，電流分布は導体表面からの距離を x とすると，x/δ に対して指数関数的 $(e^{-x/\delta})$ に減少する。δ は電流浸透深さと呼ばれ，

$$\delta = k\sqrt{\frac{\rho}{\mu f}}, \quad k\ は係数$$

　この式から周波数，透磁率が高いほど $1/\delta$ は大きくなり，渦電流は表面からの距離に対して急激に減少する。反対に，抵抗率が大きいほ $1/\delta$ は小さくなり，渦電流は内部まで浸透できる。

Point 周波数により渦電流分布が変わる。

理論
電力
機械
法規
令和5(2023)上期
令和5(2023)下期
選抜90問
選抜85問
選抜90問
選抜65問

問74　出題分野＜電熱＞

次の文章は，ヒートポンプに関する記述である。

ヒートポンプはエアコンや冷蔵庫，給湯器などに広く使われている。図はエアコン（冷房時）の動作概念図である。　（ア）　温の冷媒は圧縮機に吸引され，室内機にある熱交換器において，室内の熱を吸収しながら　（イ）　する。次に，冷媒は圧縮機で圧縮されて　（ウ）　温になり，室外機にある熱交換器において，外気へ熱を放出しながら　（エ）　する。その後，膨張弁を通って　（ア）　温となり，再び室内機に送られる。

暖房時には，室外機の四方弁が切り替わって，冷媒の流れる方向が逆になり，室外機で吸収された外気の熱が室内機から室内に放出される。ヒートポンプの効率（成績係数）は，熱交換器で吸収した熱量を $Q[\text{J}]$，ヒートポンプの消費電力量を $W[\text{J}]$ とし，熱損失などを無視すると，冷房時は $\dfrac{Q}{W}$，暖房時は $1+\dfrac{Q}{W}$ で与えられる。これらの値は外気温度によって変化　（オ）　。

上記の記述中の空白箇所（ア），（イ），（ウ），（エ）及び（オ）に当てはまる組合せとして，正しいものを次の（1）～（5）のうちから一つ選べ。

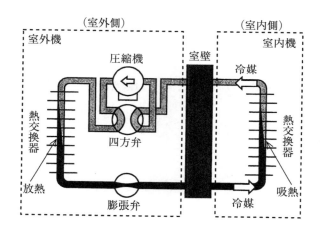

	（ア）	（イ）	（ウ）	（エ）	（オ）
（1）	低	気化	高	液化	しない
（2）	高	液化	低	気化	しない
（3）	低	液化	高	気化	する
（4）	高	気化	低	液化	する
（5）	低	気化	高	液化	する

問74の解答　　出題項目＜ヒートポンプ＞

問題図はエアコン（冷房時）の動作概念図である。**低温**の冷媒は圧縮機に吸引され，室内機にある熱交換器において，室内の熱を吸収しながら**気化**する。次に，冷媒は圧縮機で圧縮されて外気温度よりも**高温**になり，室外機にある熱交換器において，外気へ熱を放出しながら**液化**する。その後膨張弁を通って急膨張して低温となり，再び室内機に送られる。

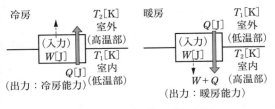

図74-1　ヒートポンプのCOP

ヒートポンプの効率を成績係数（COP）といい，熱交換器で吸収した熱量を $Q[\mathrm{J}]$，ヒートポンプの消費電力量を $W[\mathrm{J}]$ として熱損失などを無視した場合，**図74-1**のように，冷房時は消費電力量（入力）に対する冷房熱量（冷房能力）の比で表される。冷房熱量は吸収熱量のことなので，

$$\mathrm{COP}=\frac{Q}{W}=\frac{T_1}{T_2-T_1}$$

式中の $T_1[\mathrm{K}]$ は低温部の温度，$T_2[\mathrm{K}]$ は高温部の温度である。

暖房時は消費電力量（入力）に対する排出熱量（暖房能力）の比で表される。排出熱量は吸収熱量と消費電力量の和 $W+Q$ なので，

$$\mathrm{COP}=\frac{W+Q}{W}=1+\frac{Q}{W}=\frac{T_2}{T_2-T_1}$$

外気温度は，冷房時が T_2，暖房時が T_1 なので，COPの値は外気温度によって変化する。

解説

熱ポンプでは消費電力量は冷媒の圧縮に用いられるが，冷媒に加えられたエネルギーはエネルギー保存則より最終的に排出熱量の一部となるため，排出熱量は $W+Q$ となる。

理論
電力
機械
法規

令和
5
(2023)
上期

令和
5
(2023)
下期

選抜
90
問

選抜
85
問

選抜
90
問

選抜
65
問

問 75　　出題分野＜電熱＞　　　　　　　　　　　　　令和 4 年度上期 問 17

　消費電力 1.00 kW のヒートポンプ式電気給湯器を 6 時間運転して，温度 20.0 ℃，体積 0.370 m³ の水を加熱した。ここで用いられているヒートポンプユニットの成績係数(COP)は 4.5 である。次の(a)及び(b)の問に答えよ。

　ただし，水の比熱容量と密度は，それぞれ 4.18×10³ J/(kg·K) と 1.00×10³ kg/m³ とし，水の温度に関係なく一定とする。ヒートポンプ式電気給湯器の貯湯タンク，ヒートポンプユニット，配管などの加熱に必要な熱エネルギーは無視し，それらからの熱損失もないものとする。また，ヒートポンプユニットの消費電力及び COP は，いずれも加熱の開始から終了まで一定とする。

（ a ）　このときの水の加熱に用いた熱エネルギーの値[MJ]として，最も近いものを次の(1)～(5)のうちから一つ選べ。

　　（ 1 ）　21.6　　　（ 2 ）　48.6　　　（ 3 ）　72.9　　　（ 4 ）　81.0　　　（ 5 ）　97.2

（ b ）　加熱後の水の温度[℃]として，最も近いものを次の(1)～(5)のうちから一つ選べ。

　　（ 1 ）　34.0　　　（ 2 ）　51.4　　　（ 3 ）　67.1　　　（ 4 ）　72.4　　　（ 5 ）　82.8

717

理論
電力
機械
法規

令和5(2023)上期
令和5(2023)下期
選抜90問
選抜85問
選抜90問
選抜65問

問75（a）の解答　出題項目＜ヒートポンプ，加熱エネルギー＞　答え（5）

水の加熱に用いられた熱エネルギーは，熱損失がないものとしているので，ヒートポンプが発生した熱エネルギー W_h に等しい。これは，ヒートポンプの消費電力量の COP 倍であるから，

$W_h = 1 \times 6 \times 4.5 = 27 [\mathrm{kW \cdot h}]$

$1 [\mathrm{kW \cdot h}] = 3\,600 [\mathrm{kJ}]$ であるから，

$W_h = 27 \times 3\,600 = 97\,200 [\mathrm{kJ}] = 97.2\,\mathrm{MJ}$

解説

加熱に使用するためのヒートポンプは，通常の抵抗損を利用した発熱器とは異なり，電力を使い低温部の熱交換器から熱量 $Q_1 [\mathrm{J}]$ を吸収し，高温部の熱交換器から熱量 $Q_2 [\mathrm{J}]$ を放出する装置である。このため，高温部熱交換器からは消費電力量を上回る熱量が得られる。ヒートポンプの圧縮機に加える機械エネルギーを $W_c [\mathrm{J}]$ とすると，損失がないものとすれば，エネルギー保存の法則により，定常状態において次式が成り立つ。

$Q_2 = W_c + Q_1$

$\dfrac{Q_2}{W_c}$ を，ヒートポンプの COP（成績係数）という。

$$\mathrm{COP} = \frac{Q_2}{W_c} = 1 + \frac{Q_1}{W_c}$$

加熱源がヒートポンプの場合，損失がなければ消費電力量は $W_c [\mathrm{J}]$ と等しいので，ヒートポンプが発生する熱量（熱エネルギー）は，消費電力量と COP の積で計算できる。

補足 ルームエアコンの場合は暖房と冷房に使用するので，COP は次式となる。

$$\mathrm{COP} = \frac{冷暖房能力}{消費電力量}$$

一般に，COP の値は 3〜6 程度である。
COP の値は，高温部と低温部の温度差が大きいほど小さくなる。

Point ヒートポンプの出力は，消費電力と COP の積で表すこともできる。

問75（b）の解答　出題項目＜ヒートポンプ，加熱エネルギー＞　答え（5）

水の加熱に必要な熱エネルギー W_w は，

（体積）×（密度）×（比熱容量）×（温度差）

で計算できるので，加熱後の温度を $T [\mathrm{℃}]$ とすれば，

$W_w = 0.37 \times 1 \times 10^3 \times 4.18 \times 10^3 \times (T-20) [\mathrm{J}]$

水の加熱による熱損失がないものとしているので，前問（a）で求めた W_h と W_w は等しい。よって，

$0.37 \times 1 \times 10^3 \times 4.18 \times 10^3 \times (T-20) = 97.2 \times 10^6$

したがって，

$$T = \frac{97.2 \times 10^6}{0.37 \times 1 \times 10^3 \times 4.18 \times 10^3} + 20 ≒ 82.8 [\mathrm{℃}]$$

解説

電気加熱の典型的な解き方である。計算に当たっては，エネルギー，体積，密度，比熱容量，温度差の単位に一応注意を払いたい。比熱容量の単位の中に[K]が使用されているが，これは比熱容量が温度差1K当たりの量であることを示している。温度差の単位にケルビン[K]が使用されている場合，温度差1℃と1Kは同じ大きさなので，そのまま[℃]に置き換えてよい。ただし，温度を扱う場合は，0℃ ≒273K なので要注意。

なお，比熱容量は，比熱と表記される場合もある。

Point
・水の加熱に必要な熱エネルギーは，
　（体積）×（密度）×（比熱容量）×（温度差）
　で計算できる。
・温度差の場合，1℃と1Kは同じ大きさである。

問76 出題分野＜照明＞

図に示すように，床面上の直線距離3m離れた点O及び点Qそれぞれの真上2mのところに，配光特性の異なる2個の光源A，Bをそれぞれ取り付けたとき，$\overline{OQ}$線上の中点Pの水平面照度に関して，次の(a)及び(b)に答えよ。

ただし，光源Aは床面に対し平行な方向に最大光度I_0[cd]で，このI_0の方向と角θをなす方向に$I_A(\theta) = 1\,000\cos\theta$[cd]の配光をもつ。光源Bは全光束5 000 lmで，どの方向にも光度が等しい均等放射光源である。

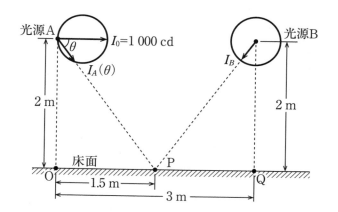

（a）　まず，光源Aだけを点灯したとき，点Pの水平面照度[lx]の値として，最も近いのは次のうちどれか。

　（1）　57.6　　　（2）　76.8　　　（3）　96.0　　　（4）　102　　　（5）　192

（b）　次に，光源Aと光源Bの両方を点灯したとき，点Pの水平面照度[lx]の値として，最も近いのは次のうちどれか。

　（1）　128　　　（2）　141　　　（3）　160　　　（4）　172　　　（5）　256

問 76（a）の解答　出題項目＜水平面照度＞　　答え（2）

図 76-1 のように，点 P における光源 A 方向の照度を $E_A[\mathrm{lx}]$，水平面照度を $E_{Ah}[\mathrm{lx}]$，点 P での入射角を ϕ する。

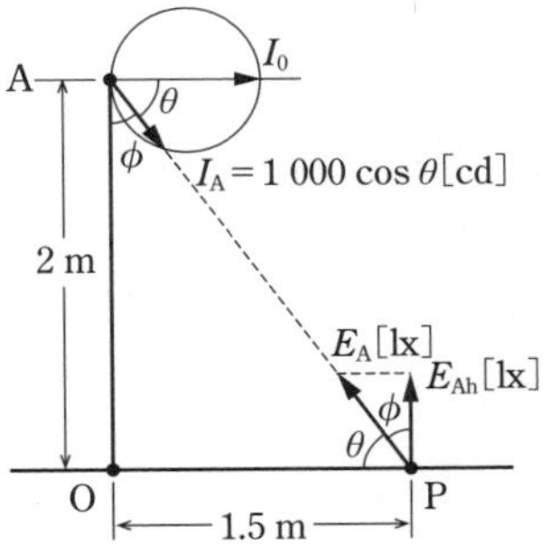

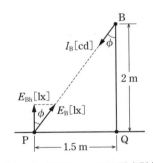

図 76-1　光源 A のみの照度計算

$\overline{\mathrm{AP}}=\sqrt{2^2+1.5^2}=2.5$ なので光度 I_A は，

$$I_A=I_0\cos\theta=1\,000\times\frac{1.5}{2.5}=600[\mathrm{cd}]$$

照度 E_A は距離の逆二乗の法則から，

$$E_A=\frac{I_A}{\overline{\mathrm{AP}}^2}=\frac{600}{2.5^2}=96[\mathrm{lx}]$$

水平面照度 E_{Ah} は入射角余弦の法則から，

$$E_{Ah}=E_A\cos\phi=96\times\frac{2}{2.5}=76.8[\mathrm{lx}]$$

解説 ··

θ と ϕ は平行線の錯角から $\triangle\,\mathrm{OAP}$ の内角と等しいので，$\cos\theta$，$\cos\phi$ の値がわかる。

問 76（b）の解答　出題項目＜水平面照度＞　　答え（1）

図 76-2 のように，点 P における光源 B 方向の照度を $E_B[\mathrm{lx}]$，水平面照度を $E_{Bh}[\mathrm{lx}]$，点 P での入射角を ϕ する。

図 76-2　光源 B のみの照度計算

光源 B は均等放射光源なので，光度 I_B は全光束を全立体角 $4\pi[\mathrm{sr}]$ で割った値になる。

$$I_B=\frac{5\,000}{4\pi}[\mathrm{cd}]$$

$\overline{\mathrm{BP}}=\sqrt{2^2+1.5^2}=2.5$ なので水平面照度 E_{Bh} は，

$$E_{Bh}=E_B\cos\phi=\frac{I_B}{\overline{\mathrm{BP}}^2}\cos\phi$$

$$=\frac{\left(\dfrac{5\,000}{4\pi}\right)}{2.5^2}\times\frac{2}{2.5}\fallingdotseq50.9[\mathrm{lx}]$$

両方点灯した場合の点 P の水平面照度は個々の光源による水平面照度の和になるので，

$$E_{Ah}+E_{Bh}=76.8+50.9$$
$$=127.7[\mathrm{lx}]\quad\rightarrow\quad128\,\mathrm{lx}$$

解説 ··

解答のように距離の逆二乗の法則を用いる場合は，立体角より点 P 方向の光度を求める必要がある。また，E_B を点 B を中心とする半径 $\overline{\mathrm{BP}}$ の球の内面照度から求めてもよい。

補足　図 76-3 のように，円すいの中心軸から θ の広がりを持つ立体角 ω は次式で与えられる。

$$\omega=2\pi(1-\cos\theta)[\mathrm{sr}]$$

例えば，全空間の立体角は $\theta=\pi$ を代入すると 4π を得る。また，全光束 $F[\mathrm{lm}]$ の均等放射光源では，ω に含まれる光束 F' は立体角の比から，

$$F'=\frac{\omega}{4\pi}F=\frac{(1-\cos\theta)F}{2}[\mathrm{lm}]$$

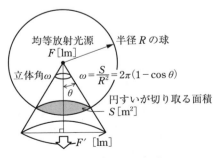

図 76-3　立体角の式

問 77　出題分野＜照明＞

　図に示すように，LED1 個が，床面から高さ 2.4 m の位置で下向きに取り付けられ，点灯している。このLED の直下方向となす角（鉛直角）を θ とすると，このLED の配光特性（θ 方向の光度 $I(\theta)$）は，LED 直下方向光度 $I(0)$ を用いて $I(\theta)=I(0)\cos\theta$ で表されるものとする。次の（ a ）及び（ b ）の問に答えよ。

（ a ）　床面 A 点における照度が 20 lx であるとき，A 点がつくる鉛直角 θ_A の方向の光度 $I(\theta_A)$ の値 [cd] として，最も近いものを次の（1）～（5）のうちから一つ選べ。

　　　ただし，このLED 以外に光源はなく，天井や壁など，周囲からの反射光の影響もないものとする。

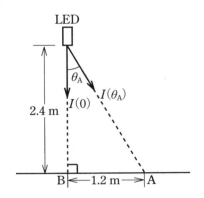

　（1）　60　　　（2）　119　　　（3）　144　　　（4）　160　　　（5）　319

（ b ）　このLED 直下の床面 B 点の照度の値 [lx] として，最も近いものを次の（1）～（5）のうちから一つ選べ。

　（1）　25　　　（2）　28　　　（3）　31　　　（4）　49　　　（5）　61

理論 電力 機械 法規

令和 **5** (2023) 上期

令和 **5** (2023) 下期

選抜 **90** 問

選抜 **85** 問

選抜 **90** 問

選抜 **65** 問

問 77 （a）の解答　出題項目＜光度＞　　　　　答え　（4）

図 77-1 のように，LED の位置を P 点とし，床面 A 点における P 方向の照度（法線照度）を E_P，照度（水平面照度）を E_A とする。

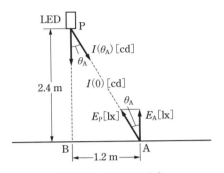

図 77-1　A 点の照度

E_P は距離の逆二乗の法則より，

$$E_\mathrm{P} = \frac{I(\theta_\mathrm{A})}{\overline{\mathrm{AP}}^2}\,[\mathrm{lx}]$$

E_A は入射角余弦の法則より，

$$E_\mathrm{A} = E_\mathrm{P}\cos\theta_\mathrm{A} = \frac{I(\theta_\mathrm{A})}{\overline{\mathrm{AP}}^2}\frac{\overline{\mathrm{BP}}}{\overline{\mathrm{AP}}}$$

$$I(\theta_\mathrm{A}) = \frac{E_\mathrm{A}\overline{\mathrm{AP}}^3}{\overline{\mathrm{BP}}}$$

$\overline{\mathrm{AP}} = \sqrt{2.4^2 + 1.2^2} = 1.2\sqrt{5}\,[\mathrm{m}]$ なので，

$$I(\theta_\mathrm{A}) = \frac{20 \times (1.2\sqrt{5})^3}{2.4} \fallingdotseq 161\,[\mathrm{cd}] \quad\rightarrow\quad 160\ \mathrm{cd}$$

解説 ・・・・・・・・・・・・・・・・・・・・・・・・・・

光源が LED であることに特別な意味はなく，一般の光源と同様に計算できる。

問 77 （b）の解答　出題項目＜水平面照度＞　　　　答え　（3）

$$I(0) = \frac{I(\theta_\mathrm{A})}{\cos\theta_\mathrm{A}} = \frac{161 \times 1.2\sqrt{5}}{2.4} \fallingdotseq 180\,[\mathrm{cd}]$$

B 点の照度（水平面照度）E_B は距離の逆二乗の法則より，

$$E_\mathrm{B} = \frac{180}{2.4^2} \fallingdotseq 31.3\,[\mathrm{lx}] \quad\rightarrow\quad 31\ \mathrm{lx}$$

解説 ・・・・・・・・・・・・・・・・・・・・・・・・・・

照明に関する基本問題である。LED 直下の B 点における入射角は零なので，入射角の余弦は 1 である。

補足 距離の逆二乗の法則について。

照度とは，単位面積当たりの入射光束で定義されている。しかし，距離の逆二乗の法則には入射光束も照射面積も出てこない。なぜ，距離の逆二乗の法則により照度が求められるのか，考えてみよう。

図 77-2 において，光源 P の直下 $R\,[\mathrm{m}]$ 離れた Q 点の照度を $E\,[\mathrm{lx}]$ とする。ここで，Q 点を中心とする面積 $\Delta A\,[\mathrm{m}^2]$ の微小円に入射する光束を $\Delta F\,[\mathrm{lm}]$ とすれば，E は照度の定義より，

$$E = \Delta F/\Delta A\,[\mathrm{lx}] \tag{①}$$

一般に点光源から水平面に照射される光束分布は一様ではないが，Q 点近傍の微小面積に限れ

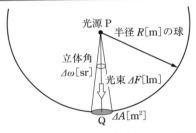

図 77-2　立体角と距離の逆二乗の法則

ば照度は一様とみなせる。

一方，空間の広がりを表現するため，立体角 ω が次のように定義されている。

P 点を中心とした半径 $R\,[\mathrm{m}]$ の球において，P から球表面の微小面積 ΔA を見る立体角 $\Delta\omega$（微小な空間的広がり）は，

$$\Delta\omega = \Delta A/R^2$$

①式に代入して ΔA を消去すると，

$$E = \frac{\Delta F}{\Delta A} = \frac{\Delta F}{\Delta\omega}\frac{1}{R^2} \tag{②}$$

測光量では，$\Delta F/\Delta\omega$ をその方向の光度 $I\,[\mathrm{cd}]$ と定義しているので，②式は距離の逆二乗の法則を表している。

均等放射の球形光源（球の直径は 30 cm）がある。床からこの球形光源の中心までの高さは 3 m である。また，球形光源から放射される全光束は 12 000 lm である。次の（ a ）及び（ b ）の問に答えよ。

（ a ） 球形光源直下の床の水平面照度の値[lx]として，最も近いものを次の（1）〜（5）のうちから一つ選べ。ただし，天井や壁など，周囲からの反射光の影響はないものとする。

    （ 1 ） 35   （ 2 ） 106   （ 3 ） 142   （ 4 ） 212   （ 5 ） 425

（ b ） 球形光源の光度の値[cd]と輝度の値[cd/m²]との組合せとして，最も近いものを次の（1）〜（5）のうちから一つ選べ。

	光度	輝度
（ 1 ）	1 910	1 010
（ 2 ）	955	3 380
（ 3 ）	955	13 500
（ 4 ）	1 910	27 000
（ 5 ）	3 820	13 500

723

理論 電力 **機械** 法規

令和 **5** (2023) 上期

令和 **5** (2023) 下期

選抜 **90** 問

選抜 **85** 問

選抜 **90** 問

選抜 **65** 問

問 78 （a）の解答 出題項目＜水平面照度＞ 答え （2）

図 **78-1** のように，球形光源の中心から半径 3 m の球を考える。

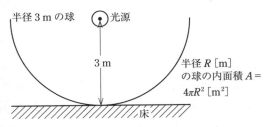

図 78-1 均等放射光源による照度

光源は光束を均等放射して，この球の内面を一様に照らす。また，天井や壁からの反射光束の影響はないので，球内面積を $A\,[\mathrm{m^2}]$，光源の光束を $F\,[\mathrm{lm}]$ とすると，球内面照度 E は，

$$E=\frac{F}{A}=\frac{12\,000}{4\pi\times3^2}\fallingdotseq106.1\,[\mathrm{lx}]\quad\rightarrow\quad106\,\mathrm{lx}$$

光源直下の床の水平面照度は，球と床面との接点の球内面照度と同じなので 106 lx となる。

【**別解**】 光源の床面方向の光度 $I\,[\mathrm{cd}]$ と距離の逆二乗の法則から，照度を求める。光度 I は小問（b）の解答の値から $I=955\,[\mathrm{cd}]$ なので，

$$E=\frac{I}{R^2}=\frac{955}{3^2}\fallingdotseq106.1\,[\mathrm{lx}]$$

解説 ....

照度の定義は，単位面積当たりに照射される光束である。均等放射光源からの照度を求めるためには，光源中心から照射面（入射光束に対して垂直な面）までの距離を半径とする球を仮定する。球の内面照度は，光源直下における光源方向の床面照度（水平面照度）と等しい。

補足 図 **78-2** のように，均等放射光源直下から $d\,[\mathrm{m}]$ 離れた地点 P の水平面照度 E_P を求める場合には，さらに入射角余弦の法則を用いる。

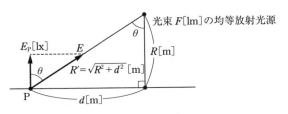

図 78-2 入射角がある場合の照度

光源方向の照度 E は，

$$E=\frac{F}{4\pi R'^2}=\frac{F}{4\pi(R^2+d^2)}\,[\mathrm{lx}]$$

$$E_\mathrm{P}=E\cos\theta=\frac{F}{4\pi(R^2+d^2)}\frac{R}{R'}$$

$$=\frac{FR}{4\pi(R^2+d^2)^{\frac{3}{2}}}\,[\mathrm{lx}]$$

問 78 （b）の解答 出題項目＜光度，輝度＞ 答え （3）

光度は放射光束をその方向の立体角で割ったものである。均等放射光源は光束を全空間に均一に放射しているので，光源の光度も均一である。全空間の立体角 ω は $4\pi\,[\mathrm{sr}]$ なので，光度 I は，

$$I=\frac{F}{\omega}=\frac{12\,000}{4\pi}\fallingdotseq955\,[\mathrm{cd}]$$

輝度は，光度をその方向の光源の見かけの面積で割ったものである。球光源の直径は 0.3 m なので，この球の見かけの面積 A は $0.15^2\,\pi\,[\mathrm{m^2}]$ となるので，輝度 B は，

$$B=\frac{I}{A}=\frac{955}{0.15^2\pi}$$

$$\fallingdotseq13\,509\,[\mathrm{cd/m^2}]\quad\rightarrow\quad13\,500\,\mathrm{cd/m^2}$$

解説 ....

問題の光源のような光度が全方向で均一な光源の他に，方向により光度が異なる光源もある。光源が持つ光度の方向依存を配光という。また大きさを持つ光源のうち，どの方向から見ても輝度が一定であるものを完全拡散性の光源という。球グローブに包まれた光源や，円筒形蛍光灯などはこれに近い配光を持つ。

　均等拡散面とみなせる半径 0.3 m の円板光源がある。円板光源の厚さは無視できるものとし，円板光源の片面のみが発光する。円板光源中心における法線方向の光度 I_0 は 2 000 cd であり，鉛直角 θ 方向の光度 I_θ は $I_\theta = I_0 \cos\theta$ で与えられる。また，円板光源の全光束 F[lm]は $F = \pi I_0$ で与えられるものとする。次の（ a ）及び（ b ）の問に答えよ。

（ a ）　図1に示すように，この円板光源を部屋の天井面に取り付け，床面を照らす方向で部屋の照明を行った。床面 B 点における水平面照度の値[lx]と B 点から円板光源の中心を見たときの輝度の値[cd/m²]として，最も近い値の組合せを次の（1）～（5）のうちから一つ選べ。ただし，この部屋にはこの円板光源以外に光源はなく，天井，床，壁など，周囲からの反射光の影響はないものとする。

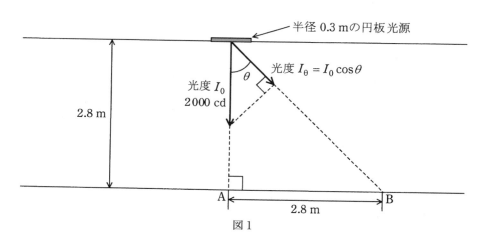

半径 0.3 m の円板光源

光度 $I_\theta = I_0 \cos\theta$

光度 I_0
2 000 cd

2.8 m

A

2.8 m

B

図1

	水平面照度[lx]	輝度[cd/m²]
（1）	64	5 000
（2）	64	7 080
（3）	90	1 060
（4）	90	1 770
（5）	255	7 080

（次々頁に続く）

理論 電力 機械 法規

令和5(2023)上期

令和5(2023)下期

選抜90問

選抜85問

選抜90問

選抜65問

問79（a）の解答　　出題項目＜水平面照度，輝度＞　　　　　　　答え　（2）

問題図より，光源中心からB点までの距離 r 及び $\cos\theta$ は，

$$r=\sqrt{2.8^2+2.8^2}=2.8\sqrt{2}\,[\mathrm{m}]$$

$$\cos\theta=\frac{2.8}{2.8\sqrt{2}}=\frac{1}{\sqrt{2}}$$

B点における入射角は θ なので，B点の水平面照度 E_{h} は，距離の逆2乗の法則及び入射角余弦の法則より，

$$E_{\mathrm{h}}=\frac{I_\theta}{r^2}\cos\theta=\frac{2\,000\cos^2\theta}{r^2}$$

$$=\frac{2\,000\times(1/2)}{(2.8\sqrt{2})^2}\fallingdotseq63.8\,[\mathrm{lx}]\quad\rightarrow\quad64\,\mathrm{lx}$$

この光源を**図79-1**のようにB点からみると，円板光源の横方向の長さは変わらないが，縦方向は一様に $\cos\theta$ 倍に圧縮され，だ円として観測される。だ円の面積 S_θ は，

$$S_\theta=\pi\times(0.3)\times(0.3\cos\theta)$$

$$=0.09\pi\cos\theta\,[\mathrm{m}^2]$$

輝度 B は，光源の観測方向の光度を観測方向の見かけの面積で割ったものであるから，

$$B=\frac{I_\theta}{S_\theta}=\frac{2\,000\cos\theta}{0.09\pi\cos\theta}\fallingdotseq7\,074\,[\mathrm{cd/m}^2]$$

$$\rightarrow\quad7\,080\,\mathrm{cd/m}^2$$

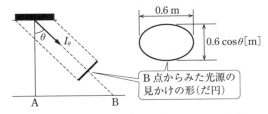

図79-1　B点からみた光源の見かけの形

解説 ……………………………………

光度から水平面照度を求める照度計算は，重要かつ頻出問題である。

また，θ 方向の光度が問題図のように $I_\theta=I_0\cos\theta$ となる配光を持つ場合，見かけの面積も鉛直方向（$\theta=0$）の面積 S の $\cos\theta$ 倍となるため，この光源はどの方向から見ても一様な輝度 I_0/S となる。このような発光面を**完全拡散面**という。なお，完全拡散面は実在しないため，これに近いものとして問題では均等拡散面と表記されている。

（続き）

（b） 次に，図2に示すように，建物内を真っすぐ長く延びる廊下を考える。この廊下の天井面には上記円板光源が等間隔で連続的に取り付けられ，照明に供されている。廊下の長さは円板光源の取り付け間隔に比して十分大きいものとする。廊下の床面に対する照明率を0.3，円板光源の保守率を0.7としたとき，廊下床面の平均照度の値[lx]として，最も近いものを次の（1）～（5）のうちから一つ選べ。

（1） 102 （2） 204 （3） 262 （4） 415 （5） 2 261

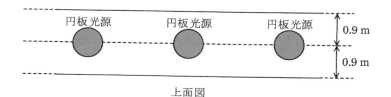

上面図

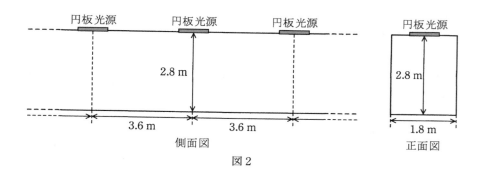

側面図　　　　　　　正面図

図2

問 79 （b）の解答　　出題項目＜照明設計＞　　　　答え　（2）

平均照度 E は，面積 $S[\text{m}^2]$ に光束 $F[\text{lm}]$ が照射されているとき次式で定義される。

$$E = \frac{F}{S} [\text{lx}]$$

問題の上面図，側面図より，1 個の円板光源が分担する床面積 S は，

$$S = (0.9 + 0.9) \times 3.6 = 6.48 [\text{m}^2]$$

1 個の光源から放射される光束 F は，

$$F = \pi I_0 = 2\,000\,\pi [\text{lm}]$$

光源の光束は，その 1 部が床面に到達する。光源の光束に対する床面に入射する光束の比が照明率 U であるから，床面に入射する光束 F' は，

$$F' = FU [\text{lm}]$$

また，使用に伴う光源の光束の減少分を予め補償する係数が保守率 M であるから，結果的に床面に入射する光束 F'' は，

$$F'' = F'M = FUM = 2\,000\,\pi UM [\text{lm}]$$

以上から，廊下の床面の平均照度 E は，

$$E = \frac{F''}{S} = \frac{2\,000\pi \times 0.3 \times 0.7}{6.48} \fallingdotseq 204 [\text{lx}]$$

解説

一定間隔に配置された複数の照明器具で連続的に照明する場合の照度は，照明器具 1 個当たりが分担する被照面(床面)の面積に対する，照明器具 1 個当たりの入射光束の比で計算する。

この問題は，一定間隔で街灯を配置した直線道路の照明と同種である。

理論
電力
機械
法規

令和
5
(2023)
上期

令和
5
(2023)
下期

選抜
90
問

選抜
85
問

選抜
90
問

選抜
65
問

問80 出題分野＜電気化学＞

電池に関する記述として，誤っているものを次の（1）〜（5）のうちから一つ選べ。

（1） 充電によって繰り返し使える電池は二次電池と呼ばれている。
（2） 電池の充放電時に起こる化学反応において，イオンは電解液の中を移動し，電子は外部回路を移動する。
（3） 電池の放電時には正極では還元反応が，負極では酸化反応が起こっている。
（4） 出力インピーダンスの大きな電池ほど大きな電流を出力できる。
（5） 電池の正極と負極の物質のイオン化傾向の差が大きいほど開放電圧が高い。

問81 出題分野＜電気化学＞

次の文章は，ナトリウム−硫黄電池に関する記述である。

大規模な電力貯蔵用の二次電池として，ナトリウム−硫黄電池がある。この電池は ［ (ア) ］ 状態で使用されることが一般的である。 ［ (イ) ］ 極活性物質にナトリウム， ［ (ウ) ］ 極活性物質に硫黄を使用し，仕切りとなる固体電解物質には，ナトリウムイオンだけを透過する特性がある ［ (エ) ］ を用いている。

セル当たりの起電力は ［ (オ) ］ V と低く，容量も小さいため，実際の電池では，多数のセルを直並列に接続して集合化し，モジュール電池としている。この電池は，鉛蓄電池に比べて単位質量当たりのエネルギー密度が 3 倍と高く，長寿命な二次電池である。

上記の記述中の空白箇所(ア)〜(オ)に当てはまる組合せとして，正しいものを次の（1）〜（5）のうちから一つ選べ。

	(ア)	(イ)	(ウ)	(エ)	(オ)
（1）	高温	正	負	多孔質ポリマー	1.2〜1.5
（2）	常温	正	負	ベータアルミナ	1.2〜1.5
（3）	低温	正	負	多孔質ポリマー	1.2〜1.5
（4）	高温	負	正	ベータアルミナ	1.7〜2.1
（5）	低温	負	正	多孔質ポリマー	1.7〜2.1

問80の解答　　出題項目＜電池と電気分解＞　　　答え　（4）

（1）正。一度の放電で寿命となる電池を一次電池と呼んでいる。

（2）正。記述のとおり。

（3）正。物質が電子を放出する化学反応を酸化反応，電子を受け取る化学反応を還元反応という。電池の負極では電子を放出する酸化反応が起こり，生じた電子が外部回路を通り正極で起こる還元反応に使われる。このため，正極から負極に向かい外部回路に電流が流れる。

（4）誤。出力インピーダンスが大きな電池は，負荷電流による端子電圧の低下が大きく，**大きな電流を出力できない**。

（5）正。二つの電極の物質のうち，イオン化傾向の大きな物質が負極となる。

解　説 ・・・・・・・・・・・・・・・・・・・・・・・・・・・・・・・・・・・・・・

電池に関する基本事項の問題である。各電極で起こる化学変化を理解しておきたい。

問81の解答　　出題項目＜二次電池＞　　　　　答え　（4）

大規模な電力貯蔵用の二次電池として，ナトリウム-硫黄電池がある。この電池は**高温**状態で使用されることが一般的である。**負極**活性物質にナトリウム，**正極**活性物質に硫黄を使用し，仕切りとなる固体電解物質には，ナトリウムイオンだけを透過する特性がある**ベータアルミナ**を用いている。

セル当たりの起電力は**1.7～2.1** V と低く，容量も小さいため，実際の電池では，多数のセルを直並列に接続して集合化し，モジュール電池としている。この電池は，鉛蓄電池に比べて単位質量当たりのエネルギー密度が3倍と高く，長寿命な二次電池である。

解　説 ・・・・・・・・・・・・・・・・・・・・・・・・・・・・・・・・・・・・・・

放電時の動作原理は次のとおりである（**図81-1**を参照）。負極のナトリウム Na が電子 e^- を放出してイオン化し，ナトリウムイオン Na^+ となる。放出した e^- は，負極から外部回路の負荷を通り正極に向かう。電池内部では，Na^+ がベータアルミナを通り正極に移動し，外部回路を通ってき

た電子を取り込み，硫黄と化合物（多硫化ナトリウム Na_2S_x，$x=2\sim5$）をつくる。なお，Na_2S_x の生成には複数の Na，S が必要であるが，図81-1では生成反応を簡略して示してある。

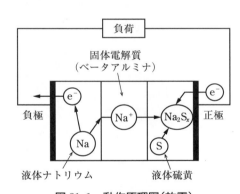

図81-1　動作原理図（放電）

充電時は，正極の化合物が e^- と Na^+ と硫黄に分かれ，Na^+ はベータアルミナを通り負極で外部電源より供給された e^- を受け取り，Na に戻る。正極で生じた e^- は，外部電源に吸収される。この電池は300℃程度の高温で動作する。

問 82　出題分野＜自動制御＞

次の文章は，フィードバック制御における三つの基本的な制御動作に関する記述である。

目標値と制御量の差である偏差に　(ア)　して操作量を変化させる制御動作を　(ア)　動作という。この動作の場合，制御動作が働いて目標値と制御量の偏差が小さくなると操作量も小さくなるため，制御量を目標値に完全に一致させることができず，　(イ)　が生じる欠点がある。

一方，偏差の　(ウ)　値に応じて操作量を変化させる制御動作を　(ウ)　動作という。この動作は偏差の起こり始めに大きな操作量を与える動作をするので，偏差を早く減衰させる効果があるが，制御のタイミング(位相)によっては偏差を増幅し不安定になることがある。

また，偏差の　(エ)　値に応じて操作量を変化させる制御動作を　(エ)　動作という。この動作は偏差が零になるまで制御動作が行われるので，　(イ)　を無くすことができる。

上記の記述中の空白箇所(ア)，(イ)，(ウ)及び(エ)に当てはまる組合せとして，正しいものを次の(1)〜(5)のうちから一つ選べ。

	(ア)	(イ)	(ウ)	(エ)
(1)	積　分	目標偏差	微　分	比　例
(2)	比　例	定常偏差	微　分	積　分
(3)	微　分	目標偏差	積　分	比　例
(4)	比　例	定常偏差	積　分	微　分
(5)	微　分	定常偏差	比　例	積　分

問82の解答　出題項目＜フィードバック制御＞　　　　　　　答え　(2)

目標値と制御量の差である偏差に**比例**して操作量を変化させる制御動作を**比例**動作という。この動作の場合，制御動作が働いて目標値と制御量の偏差が小さくなると操作量も小さくなるため，制御量を目標値に完全に一致させることができず，**定常偏差**が生じる欠点がある。

一方，偏差の**微分**値に応じて操作量を変化させる制御動作を**微分**動作という。この動作は偏差の起こり始めに大きな操作量を与える動作をするので，偏差を早く減衰させる効果があるが，制御のタイミング(位相)によっては偏差を増幅し不安定になることがある。

また，偏差の**積分**値に応じて操作量を変化させる制御動作を積分動作という。この動作は偏差が零になるまで制御動作が行われるので，**定常偏差**をなくすことができる。

解説

フィードバック制御において，制御量と目標値にずれ(偏差)が生じたとき，迅速に制御量を目標値に一致させる仕組みとして，**比例動作(P 動**作)，積分動作(I 動作)，微分動作(D 動作)を組み合わせた **PID 動作**が用いられている。比例動作は偏差に比例した操作を行い，制御量を目標値に近づけていくフィードバック制御の基本動作を成す。しかし，偏差が零に近づく(制御量が目標値に近づく)と操作量も小さくなり，それが操作部の制御能力の限界以下になると，それ以上の操作が行われず偏差が完全に零にならない。これを**定常偏差**または**残留偏差**という。

この定常偏差を零にする仕組みが積分動作である。わずかな定常偏差を時間で積分し(時間をかけて蓄積すること)，その量に比例して操作量を増やすことで偏差を零にすることができる。

迅速に偏差を零にする仕組みとして微分動作がある。外乱等で制御量が目標値からずれた場合，ずれの変化の度合いを時間で微分することで検出し，その量に比例して操作量を増やす。これにより，偏差の時間変化が大きいほど大きな操作を行い，短時間で偏差を減衰させることができる。

問 83 出題分野＜自動制御＞

平成 25 年度 問 13

図は，フィードバック制御におけるブロック線図を示している。この線図において，出力 V_2 を，入力 V_1 及び外乱 D を使って表現した場合，正しいものを次の（1）～（5）のうちから一つ選べ。

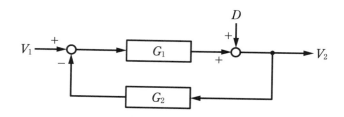

（1） $V_2 = \dfrac{1}{1+G_1G_2}V_1 + \dfrac{G_2}{1+G_1G_2}D$

（2） $V_2 = \dfrac{G_2}{1+G_1G_2}V_1 + \dfrac{1}{1+G_1G_2}D$

（3） $V_2 = \dfrac{G_2}{1+G_1G_2}V_1 - \dfrac{1}{1+G_1G_2}D$

（4） $V_2 = \dfrac{G_1}{1+G_1G_2}V_1 - \dfrac{1}{1+G_1G_2}D$

（5） $V_2 = \dfrac{G_1}{1+G_1G_2}V_1 + \dfrac{1}{1+G_1G_2}D$

理論 電力 **機械** 法規

令和 **5** (2023) 上期

令和 **5** (2023) 下期

選抜 **90** 問

選抜 **85** 問

選抜 **90** 問

選抜 **65** 問

問 83 の解答　出題項目＜ブロック線図＞

答え　(5)

ブロック線図の各信号を**図 83-1** に示す。

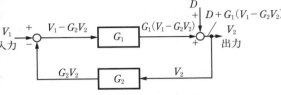

図 83-1　ブロック線図と信号の流れ

G_2 の入力は V_2 なので出力は $G_2 V_2$ となる。この出力（フィードバック信号）と入力 V_1 の減算値が G_1 の入力 $V_1 - G_2 V_2$ となるので，G_1 の出力は $G_1(V_1 - G_2 V_2)$ となる。さらに外乱 D を加算したものが V_2 であるから，

$$V_2 = D + G_1(V_1 - G_2 V_2)$$

式を整理して，

$$V_2 = \frac{G_1}{1 + G_1 G_2} V_1 + \frac{1}{1 + G_1 G_2} D$$

解説

フィードバック制御では，出力から出発して伝達要素を一巡した数式を整理することで，入出力間の総合の伝達関数を求められる。

補足　ブロック線図の等価変換で使う計算。

① 分岐点，加算点（**図 83-2** 参照）

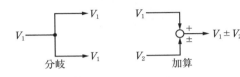

図 83-2　信号の分岐，加算

② G_1, G_2 の並列接続（**図 83-3** 参照）

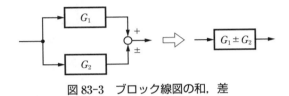

図 83-3　ブロック線図の和，差

③ G_1, G_2 の直列接続（**図 83-4** 参照）

図 83-4　ブロック線図の積

Point 外乱は制御量（出力）を乱す悪玉

問84 出題分野＜自動制御＞ 　　　　令和元年度 問13

　図1に示すR-L回路において，端子 a-a′ 間に 5 V の段階状のステップ電圧 $v_1(t)$ [V] を加えたとき，抵抗 R_2[Ω] に発生する電圧を $v_2(t)$ [V] とすると，$v_2(t)$ は図2のようになった。この回路の R_1[Ω]，R_2 [Ω] 及び L[H] の値と，入力を $v_1(t)$，出力を $v_2(t)$ としたときの周波数伝達関数 $G(j\omega)$ の式として，正しいものを次の（1）～（5）のうちから一つ選べ。

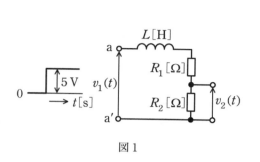

図1

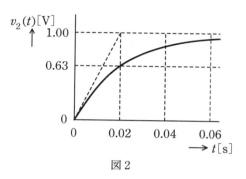

図2

	R_1	R_2	L	$G(j\omega)$
（1）	80	20	0.2	$\dfrac{0.5}{1+j0.2\omega}$
（2）	40	10	1.0	$\dfrac{0.5}{1+j0.02\omega}$
（3）	8	2	0.1	$\dfrac{0.2}{1+j0.2\omega}$
（4）	4	1	0.1	$\dfrac{0.2}{1+j0.02\omega}$
（5）	0.8	0.2	1.0	$\dfrac{0.2}{1+j0.2\omega}$

問84の解答　出題項目＜伝達関数＞

問題図2より，Lと(R_1+R_2)の直列回路の時定数τが0.02 sであることがわかるので，次式が成り立つ。

$$\tau=\frac{L}{R_1+R_2}=0.02$$

$$L=0.02(R_1+R_2)$$

この関係を満たすR_1，R_2，Lの組合せは，選択肢（2）と（4）である。

次に，十分時間が経過した定常状態では，Lの起電力は零となり，問題図2よりv_2が1 Vであることから次式が成り立つ。

$$R_1:R_2=4:1$$

$$R_1=4R_2$$

また，v_1とv_2を$j\omega$の関数に変換した電圧を$V_1(j\omega)$，$V_2(j\omega)$とすると，問題図1の回路より，$V_1(j\omega)$と$V_2(j\omega)$の関係は，

$$V_2(j\omega)=\frac{R_2}{(R_1+R_2)+j\omega L}V_1(j\omega)$$

となるので，周波数伝達関数$G(j\omega)$は，

$$G(j\omega)=\frac{V_2(j\omega)}{V_1(j\omega)}=\frac{R_2}{(R_1+R_2)+j\omega L}$$

$$=\frac{\dfrac{R_2}{R_1+R_2}}{1+j\omega\left(\dfrac{L}{R_1+R_2}\right)}=\frac{0.2}{1+j0.02\omega}$$

したがって，選択肢（4）が正しい。

解説

$t=0$以降のv_2は，

$$v_2=\frac{v_1R_2}{R_1+R_2}\left\{1-e^{\frac{-t}{L/(R_1+R_2)}}\right\}[V]$$

と表すことができる。この式に数値を代入すると次式となる。ただし，eはネイピア数（約2.718）である。

$$v_2=1-e^{-t/0.02}$$

$t=\tau=0.02$のとき，$v_2=1-e^{-1}\fallingdotseq0.632[V]$となる。これは，問題図2のような変化をする過渡現象では，$t=\tau$における値は，定常値の約0.632倍となることを示している。

このような理由で，問題図2から時定数を読み取ることができる。

問 85 出題分野＜自動制御＞

図は，抵抗，インダクタンス，キャパシタンスで構成された RLC 回路である。次の（ a ）及び（ b ）の問に答えよ。

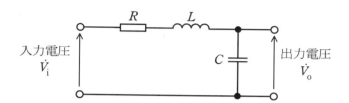

（ a ） 図において，入力電圧 $\dot{V}_i$ に対する出力電圧 $\dot{V}_o$ の伝達関数 $G(j\omega)$ $\left(=\dfrac{\dot{V}_o}{\dot{V}_i}\right)$ を求め，正しいものを次の（ 1 ）～（ 5 ）のうちから一つ選べ。

（ 1 ） $\dfrac{1}{1+\omega^2 LC+j\omega CR}$ （ 2 ） $\dfrac{1}{1-\omega^2 LC+j\omega CR}$ （ 3 ） $\dfrac{\sqrt{LC}}{1+\omega^2 LC+j\omega CR}$

（ 4 ） $\dfrac{\sqrt{LC}}{1-\omega^2 LC+j\omega CR}$ （ 5 ） $\dfrac{\omega^2 LC}{\omega^2 LC-1-j\omega CR}$

（ b ） 図において，$R=1\,\Omega$，$L=0.01\,\text{H}$，$C=100\,\mu\text{F}$ とした場合，（ a ）で求めた伝達関数を表すボード線図（ゲイン特性図）として，最も近いものを次の（ 1 ）～（ 5 ）のうちから一つ選べ。

（ 1 ）
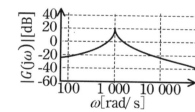

（ 2 ）
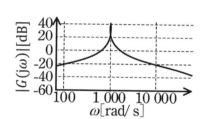

（ 3 ）
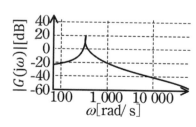

（ 4 ）
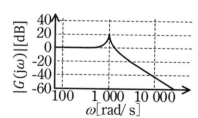

（ 5 ）
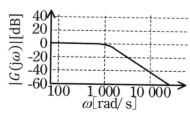

737

理論 電力 機械 法規

令和 5 (2023) 上期

令和 5 (2023) 下期

選抜 90 問

選抜 85 問

選抜 90 問

選抜 65 問

問85（a）の解答　出題項目＜伝達関数＞　　答え（2）

入力電圧により回路を流れる電流 $\dot{I}$ は，

$$\dot{I}=\dfrac{\dot{V_i}}{R+j\omega L+\dfrac{1}{j\omega C}}$$

であるから，出力電圧 $\dot{V_o}$ は，

$$\dot{V_o}=\dfrac{\dot{I}}{j\omega C}=\dfrac{\dot{V_i}}{1-\omega^2 LC+j\omega CR}$$

したがって，伝達関数 $G(j\omega)$ は，

$$G(j\omega)=\dfrac{\dot{V_o}}{\dot{V_i}}=\dfrac{1}{1-\omega^2 LC+j\omega CR}$$

解説

交流回路の入力電圧と出力電圧の関係を，記号法で計算すればよい。求めた関係式から，直ちに伝達関数（周波数伝達関数）が得られる。

単純な交流回路の計算であり，平易な問題である。過去においては，RL 回路，RC 回路の伝達関数（周波数伝達関数）に関する問題が出題されている。

Point 交流回路の伝達関数は，記号法で計算

問85（b）の解答　出題項目＜伝達関数，ボード線図＞　　答え（4）

$|G(j\omega)|$ は，$G(j\omega)$ の大きさであるから，

$$|G(j\omega)|=\dfrac{1}{\sqrt{(1-\omega^2 LC)^2+(\omega CR)^2}}$$
$$=\dfrac{1}{\sqrt{(1-10^{-6}\omega^2)^2+10^{-8}\omega^2}}$$

また，ゲイン $G[\mathrm{dB}]$ は次式で計算できる。
$$G=20\log_{10}|G(j\omega)|$$

上式をグラフ化するのは難しい。そこで，解答の選択肢のグラフからゲインが読み取れる，$\omega=100[\mathrm{rad/s}]$，$\omega=1\,000[\mathrm{rad/s}]$，$\omega=10\,000[\mathrm{rad/s}]$，の三つについてゲインを計算し，その値をグラフと比較する。

① $\omega=100[\mathrm{rad/s}]$ の場合

$$|G(j100)|=\dfrac{1}{\sqrt{(1-10^{-6}\times10^4)^2+10^{-8}\times10^4}}$$
$$=\dfrac{1}{\sqrt{(1-0.01)^2+0.0001}}\fallingdotseq1$$

$$G=20\log_{10}1=0[\mathrm{dB}]$$

② $\omega=1\,000[\mathrm{rad/s}]$ の場合

$$|G(j1\,000)|=\dfrac{1}{\sqrt{(1-10^{-6}\times10^6)^2+10^{-8}\times10^6}}$$
$$=\dfrac{1}{\sqrt{(1-1)^2+0.01}}=\dfrac{1}{0.1}=10$$

$$G=20\log_{10}10=20[\mathrm{dB}]$$

③ $\omega=10\,000[\mathrm{rad/s}]$ の場合

$$|G(j10\,000)|=\dfrac{1}{\sqrt{(1-10^{-6}\times10^8)^2+10^{-8}\times10^8}}$$
$$=\dfrac{1}{\sqrt{(1-100)^2+1}}\fallingdotseq\dfrac{1}{100}=10^{-2}$$

$$G=20\log_{10}10^{-2}=-40[\mathrm{dB}]$$

以上の三つの結果から，正解は（4）である。

解説

ゲインの計算式，$G=20\log_{10}|G(j\omega)|$ は必ず覚えておきたい。併せて，常用対数の知識と計算規則を熟知しておく必要がある。常用対数の数値計算では，値が容易に得られるような計算上の工夫（補足を参照）を要する場合があるので，計算慣れしておくと心強い。

補足 真数 x の常用対数 $\log_{10}x$ とは，正の数 x が 10 の何乗であるかを表す。例えば $x=100$ のとき，x は 10 の 2 乗であるから，$\log_{10}100=2$ となる。x が 10 の整数乗であれば，$\log_{10}x$ は簡単に求められるが，それ以外の数，例えば $x=2$ のような場合，$\log_{10}2$ の値は，関数電卓か対数表を使わなければ求められない。したがって，$|G(j\omega)|$ の数値計算においては，$|G(j\omega)|$ が 10 の整数乗となるような ω を選んだり，10 の整数乗に近似できるような ω を選ぶなど，工夫が必要となる場合がある。

Point 自動制御の計算では，決め手は「対数」

問86 出題分野＜情報＞ 令和3年度 問14

2進数，10進数，16進数に関する記述として，誤っているものを次の（1）～（5）のうちから一つ選べ。

（1） 16進数の $(6)_{16}$ を16倍すると $(60)_{16}$ になる。

（2） 2進数の $(1010101)_2$ と16進数の $(57)_{16}$ を比較すると $(57)_{16}$ の方が大きい。

（3） 2進数の $(1011)_2$ を10進数に変換すると $(11)_{10}$ になる。

（4） 10進数の $(12)_{10}$ を16進数に変換すると $(C)_{16}$ になる。

（5） 16進数の $(3D)_{16}$ を2進数に変換すると $(111011)_2$ になる。

問87 出題分野＜情報＞ 平成29年度 問14

二つのビットパターン1011と0101のビットごとの論理演算を行う。排他的論理和（ExOR）は ［ （ア） ］，否定論理和（NOR）は ［ （イ） ］であり， ［ （ア） ］と ［ （イ） ］との論理和（OR）は ［ （ウ） ］である。0101と ［ （ウ） ］との排他的論理和（ExOR）の結果を2進数と考え，その数値を16進数で表すと ［ （エ） ］である。

上記の記述中の空白箇所（ア），（イ），（ウ）及び（エ）に当てはまる組合せとして，正しいものを次の（1）～（5）のうちから一つ選べ。

	（ア）	（イ）	（ウ）	（エ）
（1）	1010	0010	1010	9
（2）	1110	0000	1111	B
（3）	1110	0000	1110	9
（4）	1010	0100	1111	9
（5）	1110	0000	1110	B

739

理論 電力 **機械** 法規

令和 **5** (2023) 上期

令和 **5** (2023) 下期

選抜 **90** 問

選抜 **85** 問

選抜 **90** 問

選抜 **65** 問

問86の解答　出題項目＜基数変換＞ 答え（5）

（1）　正。10進数で表す。

$(6)_{16} \times 16 = 6 \times 16$

$(60)_{16} = 6 \times 16$

（2）　正。10進数で表す。

$(1010101)_2 = 2^6 + 2^4 + 2^2 + 1 = 85$

$(57)_{16} = 16 \times 5 + 7 = 87$

（3）　正。10進数で表す。

$(1011)_2 = 2^3 + 2^1 + 1 = 11$

$(11)_{10} = 11$

（4）　正。10進数の12は，16進数ではC

（5）　誤。10進数で表す。

$(3D)_{16} = 3 \times 16 + 13 = 61$

$(111011)_2 = 2^5 + 2^4 + 2^3 + 2^1 + 1 = 59$

解説

基数が異なる数値の比較は，10進数で表して比較するのが簡単である。

基数が r である r 進数 $(a_n a_{n-1} \cdots a_1 a_0)_r$ を，10進数で表すと次式となる。

$$a_n r^n + a_{n-1} r^{n-1} + \cdots + a_1 r + a_0$$

反対に，10進数を r 進数で表すには，10進数を r で割り算して商と余りを求め，さらにこの商を r で割り算して商と余りを求め，以下これを商が0になるまで繰り返す。このときの余りの並び（最初に求めた余りが最下位）が，求める r 進数となる。例えば234を16進数で表すには，

```
16)234
16) 14 …… 10→16進数ではA
    0 …… 14→16進数ではE
```

ゆえに，234の16進数は $(EA)_{16}$ となる。

問87の解答　出題項目＜論理演算＞ 答え（5）

二つのビットパターン1011と0101のビットごとの論理演算を行う。排他的論理和（ExOR）は**1110**，否定論理和（NOR）は**0000**であり，1110と0000との論理和（OR）は**1110**である。0101と1110との排他的論理和（ExOR）の結果を2進数と考え，その数値を16進数で表すと**B**である。

解説

図87-1は，OR（論理和），NOR（否定的論理和），ExOR（排他的論理和，EX-OR，EXOR，XORと表記されることもある）の真理値表である。A，Bは1ビットの入力，Zは1ビットの出力を表す。

この表に従いビットごとの論理演算を行うことで，空欄の答が得られる。

他の基本論理演算として，AND（論理積），NOT（否定）がある。また，ANDの結果を否定する論理演算としてNAND（否定的論理積）がある。それぞれの真理値表を**図87-2**に示す。

AND A	B	Z		NOT A	Z		NAND A	B	Z
0	0	0		0	1		0	0	1
0	1	0		1	0		0	1	1
1	0	0					1	0	1
1	1	1					1	1	0

図87-2　真理値表

0101と1110の排他的論理和は1011となり，10進数では11に相当し，16進数ではBとなる。

Point 進数の変換結果は，10進数で確認すること。

OR A	B	Z		NOR A	B	Z		ExOR A	B	Z
0	0	0		0	0	1		0	0	0
0	1	1		0	1	0		0	1	1
1	0	1		1	0	0		1	0	1
1	1	1		1	1	0		1	1	0

図87-1　真理値表

　図の論理回路に，図に示す入力 A，B 及び C を加えたとき，出力 X として正しいものを次の（1）～（5）のうちから一つ選べ

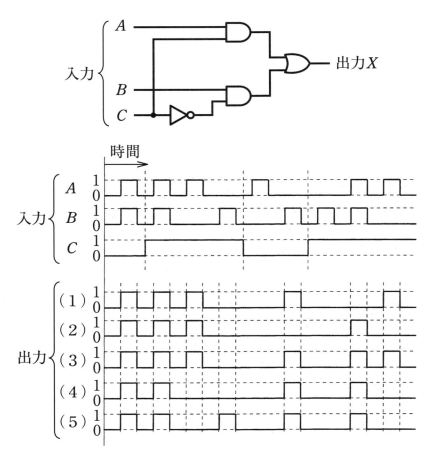

問 88 の解答　　出題項目＜論理回路＞

　図88-1 のタイムチャートにおいて，①時点の入力 $A=1$，$B=0$，$C=1$ の出力は**図88-2** より $X=1$ なので，出力の選択肢（4）（5）は誤り。

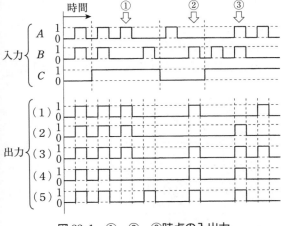

図88-1　①，②，③時点の入出力

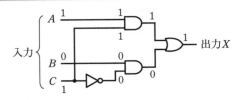

図88-2　①における論理回路の出力

　次に，②時点の入力 $A=0$，$B=1$，$C=0$ の出力は $X=1$ なので，出力の選択肢（2）は誤り。

　次に，③時点の入力 $A=1$，$B=1$，$C=1$ の出力は $X=1$ なので，出力の選択肢（1）は誤り。したがって，正解は（3）となる。

解　説　..

　解答で用いた以外の時点を利用してもよい。誤りを消去して行けば正解が残る。

理論
電力
機械
法規

令和5（2023）上期
令和5（2023）下期
選抜90問
選抜85問
選抜90問
選抜65問

問 89　出題分野＜自動制御＞　　　平成 22 年度 問 13

　図は，負荷に流れる電流 i_L[A]を電流センサで検出して制御するフィードバック制御系である。

　減算器では，目標値を設定する電圧 v_r[V]から電流センサの出力電圧 r_f[V]を減算して，誤差電圧 v_e ＝v_r-v_f を出力する。

　電源は，減算器から入力される入力電圧（誤差電圧）v_e[V]に比例して出力電圧 v_p[V]が変化し，入力信号 v_e[V]が 1 V のときには出力電圧 v_p[V]が 90 V となる。

　負荷は，抵抗 R の値が 2 Ω の抵抗器である。

　電流センサは，検出電流（負荷に流れる電流）i_L[A]が 50 A のときに出力電圧 v_f[V]が 10 V となる。

　この制御系において目標値設定電圧 v_r[V]を 8 V としたときに負荷に流れる電流 i_L[A]の値として，最も近いのは次のうちどれか。

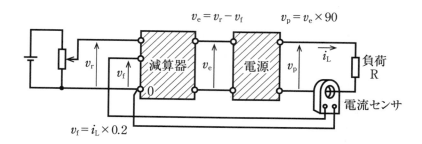

（1）　8.00　　　（2）　36.0　　　（3）　37.9　　　（4）　40.0　　　（5）　72.0

問 89 の解答　　**出題項目＜フィードバック制御＞**　　　　　　　答え　（2）

このフィードバック制御の諸量の関係を，順に方程式で表すと，

$$v_e = v_r - v_f \qquad\qquad ①$$

$$v_p = 90\,v_e \qquad\qquad ②$$

$$i_L = \frac{v_p}{R} \qquad\qquad ③$$

$$v_f = 0.2\,i_L \qquad\qquad ④$$

①式を②式に代入して v_e を消去すると，

$$v_p = 90\,v_e = 90(v_r - v_f)$$

この式を③に代入して v_p を消去すると，

$$i_L = \frac{v_p}{R} = \frac{90(v_r - v_f)}{R}$$

この式に④式を代入して v_f を消去すると，v_r[V]と負荷電流 i_L[A]の関係式を得る。

$$i_L = \frac{90(v_r - v_f)}{R} = \frac{90(v_r - 0.2\,i_L)}{R}$$

$R = 2$[Ω]を代入して整理すると，

$$i_L = \frac{9\,v_r}{2}\,[A]$$

したがって，目標値設定電圧 $v_r = 8$[V]における負荷電流 i_L は，

$$i_L = \frac{9\,v_r}{2} = \frac{9 \times 8}{2} = 36\,[A] \quad \rightarrow \quad 36.0\ A$$

解説 ▶ ‥‥‥‥‥‥‥‥‥‥‥‥‥‥‥‥‥‥‥‥‥

問題図中の方程式と③式を含めた連立方程式より，目標値設定電圧 v_r[V]と負荷電流 i_L[A]の関係を求めることができる。

問題図の回路の動作を考えよう。外乱により i_L が増加した場合，帰還量 v_f が増加し偏差電圧 v_e が基準値より低下する。このため v_p が低下し電流の増加を抑える。i_L が減少した場合は上記と反対の動作が起こる。この動作により i_L は一定値を維持できる。

問 90　出題分野＜情報＞

JK-FF（JK-フリップフロップ）の動作とそれを用いた回路について，次の（a）及び（b）に答えよ。

（a）　図1のJK-FFの状態遷移について考える。JK-FFのJ, Kの入力時における出力をQ(現状態)，J, Kの入力とクロックパルスの立下がりによって変化するQの変化後の状態(次状態)の出力をQ'として，その状態遷移を表1のようにまとめる。表1中の空白箇所（ア），（イ），（ウ），（エ）及び（オ）に当てはまる真理値として，正しいものを組み合わせたのは次のうちどれか。

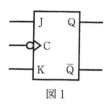

図1

（b）　2個のJK-FFを用いた図2の回路を考える。この回路において，+5[V]を "1"，0[V]を "0" と考えたとき，クロックパルスCに対する回路

表1

	（ア）	（イ）	（ウ）	（エ）	（オ）
（1）	0	0	0	1	1
（2）	0	1	0	0	0
（3）	1	1	0	1	1
（4）	1	0	1	1	0
（5）	1	0	1	0	1

入力		現状態	次状態
J	K	Q	Q'
0	0	0	0
0	0	1	（ア）
0	1	0	0
0	1	1	（イ）
1	0	0	1
1	0	1	（ウ）
1	1	0	（エ）
1	1	1	（オ）

の出力Q_1及びQ_2のタイムチャートとして，正しいのは次のうちどれか。

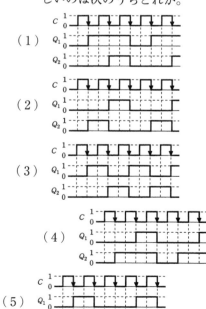

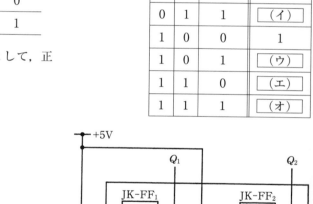

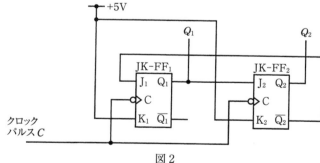

図2

745

理論
電力
機械
法規

令和5(2023)上期
令和5(2023)下期
選抜90問
選抜85問
選抜90問
選抜65問

問90（a）の解答　出題項目＜フリップフロップ＞　答え（4）

JK-FF の J，K 端子の働きを次の表に示す。

J	K	状態遷移
0	0	現状の出力状態を保持
0	1	Q をリセット（$Q=0$）
1	0	Q をセット（$Q=1$）
1	1	現状の出力を反転

入　力		現状態	次状態
J	K	Q	Q'
0	0	0	0
0	0	1	1
0	1	0	0
0	1	1	0
1	0	0	1
1	0	1	1
1	1	0	1
1	1	1	0

したがって，〈表1〉は右のとおりになる。

解説

JK-FF の基本動作から，アは現状保持なので1，イはリセットなので0，ウはセットなので1，エは反転なので1，オは反転なので0，となる。

Point JK 端子の働きを覚えるに尽きる。

問90（b）の解答　出題項目＜フリップフロップ＞　答え（5）

図90-1のように，クロックパルスCの立ち下がり時刻を，時間経過に従い t_1 から t_5 とする。

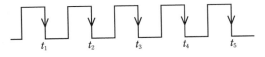

図90-1　クロックパルス

図90-2①から⑤は，各クロックパルスの立ち下がり後の端子 J_1，K_1，Q_1，J_2，K_2，Q_2，$\overline{Q_2}$ の真理値の変化を順に図に示したものである。

図より，Q_1 は t_1 で0から1になり，t_2 で1から0になる。t_4 で0から1になり t_5 で1から0になる。Q_2 は t_2 で0から1になり，t_3 で1から0になる。t_5 で0から1になる。以上から，Q_1，Q_2 のタイムチャートは選択肢（5）となる。

解説

二つの FF の J 端子が出力の真理値により変化するので，解答のように各クロックパルスごとの状態変化を図で追うとわかりやすい。

t_1 より前の状態

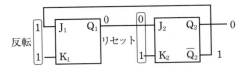

① t_1 後の状態

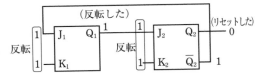

② t_2 後の状態

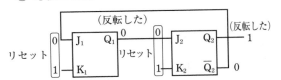

③ t_3 後の状態

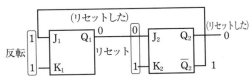

④ t_4 後の状態

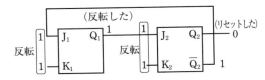

⑤ t_5 後の状態

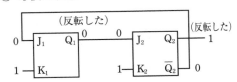

図90-2　フリップフロップの状態変化

法　規 | 選抜65問

問1　出題分野＜電気事業法・施行規則, 電技＞　　平成26年度 問5

　次の文章は,「電気事業法」及び「電気事業法施行規則」に基づく, 電圧の維持に関する記述である。

　一般送配電事業者は, その供給する電気の電圧の値をその電気を供給する場所において, 表の左欄の標準電圧に応じて右欄の値に維持するように努めなければならない。

標準電圧	維持すべき値
100 V	101 V の上下 （ア） V を超えない値
200 V	202 V の上下 （イ） V を超えない値

　また, 次の文章は,「電気設備技術基準」に基づく, 電圧の種別等に関する記述である。

電圧は, 次の区分により低圧, 高圧及び特別高圧の三種とする。
a.　低　　圧　直流にあっては （ウ） V 以下, 交流にあっては （エ） V 以下のもの
b.　高　　圧　直流にあっては （ウ） V を, 交流にあっては （エ） V を超え, （オ） V 以下のもの
c.　特別高圧　 （オ） V を超えるもの

　上記の記述中の空白箇所(ア), (イ), (ウ), (エ)及び(オ)に当てはまる組合せとして, 正しいものを次の(1)～(5)のうちから一つ選べ。

	(ア)	(イ)	(ウ)	(エ)	(オ)
(1)	6	20	600	450	6 600
(2)	5	20	750	600	7 000
(3)	5	12	600	400	6 600
(4)	6	20	750	600	7 000
(5)	6	12	750	450	7 000

（一部改題）

問1の解答　出題項目＜法26条，規則38条，電技2条＞　　答え　(4)

電気事業法第26条(電圧及び周波数)，電気事業法施行規則第38条(電圧及び周波数の値)及び電気設備技術基準第2条(電圧の種別等)からの出題である。

[電気事業法第26条(電圧及び周波数)]

第1項　一般送配電事業者は，その供給する電気の電圧及び周波数の値を経済産業省令で定める値に維持するよう努めなければならない。

[電気事業法施行規則第38条(電圧及び周波数の値)]

経済産業省令で定める電圧の値は，その電気を供給する場所において次の表の左欄に掲げる標準電圧に応じて，それぞれ同表の右欄に掲げるとおりとする。

[電気設備技術基準第2条(電圧の種別等)]

標準電圧	維持すべき値
100 V	101 V の上下 **6V** を超えない値
200 V	202 V の上下 **20V** を超えない値

第1項　電圧は，次の区分により低圧，高圧及び特別高圧の三種とする。

一　低圧　直流にあっては **750 V 以下**，交流にあっては **600 V 以下** のもの

二　高圧　直流にあっては **750 V** を，交流にあっては **600 V** を超え，**7 000 V 以下** のもの

三　特別高圧　**7 000 V** を超えるもの

補足　電圧の種別は，表1-1のように表形式でまとめると覚えやすくなる。

表1-1　電圧の種別

電圧の種別	直流	交流
低圧	750 V 以下	600 V 以下
高圧	750 V を超え 7 000 V 以下	600 V を超え 7 000 V 以下
特別高圧	7 000 V を超えるもの	

理論　電力　機械　法規　令和5(2023)上期　令和5(2023)下期　選抜90問　選抜85問　選抜90問　選抜65問

問 2 　 出題分野＜電気事業法＞　　　　　　平成 27 年度 問 1

次の文章は，「電気事業法」に規定される自家用電気工作物に関する説明である。

自家用電気工作物とは，電気事業の用に供する電気工作物及び一般用電気工作物以外の電気工作物であって，次のものが該当する。

a. 　 (ア) 　以外の発電用の電気工作物と同一の構内（これに準ずる区域内を含む。以下同じ。）に設置するもの

b. 　他の者から 　 (イ) 　電圧で受電するもの

c. 　構内以外の場所（以下「構外」という。）にわたる電線路を有するものであって，受電するための電線路以外の電線路により 　 (ウ) 　の電気工作物と電気的に接続されているもの

d. 　火薬類取締法に規定される火薬類（煙火を除く。）を製造する事業場に設置するもの

e. 　鉱山保安法施行規則が適用される石炭坑に設置するもの

上記の記述中の空白箇所(ア)，(イ)及び(ウ)に当てはまる組合せとして，正しいものを次の（1）〜（5）のうちから一つ選べ。

	(ア)	(イ)	(ウ)
（1）	小規模発電設備	600 V を超え 7 000 V 未満の	需要場所
（2）	再生可能エネルギー発電設備	600 V を超える	構　内
（3）	小規模発電設備	600 V 以上 7 000 V 以下の	構　内
（4）	再生可能エネルギー発電設備	600 V 以上の	構　外
（5）	小規模発電設備	600 V を超える	構　外

（一部改題）

問2の解答　出題項目＜38条＞　　　　　　　　　　　答え　（5）

電気事業法第38条（定義）からの出題である。問題文の空白箇所を補充すると次のようになる。

＊　＊　＊　＊　＊　＊　＊

自家用電気工作物とは，電気事業の用に供する電気工作物及び一般用電気工作物以外の電気工作物であって，次のものが該当する。

a.　**小規模発電設備**以外の発電用の電気工作物と同一の構内（これに準ずる区域内を含む。以下同じ。）に設置するもの

b.　他の者から**600 Vを超える**電圧で受電するもの

c.　構内以外の場所（以下「構外」という。）にわたる電線路を有するものであって，受電するための電線路以外の電線路により**構外**の電気工作物と電気的に接続されているもの

d.　火薬類取締法に規定される火薬類（煙火を除く。）を製造する事業場に設置するもの

e.　鉱山保安法施行規則が適用される石炭坑に設置するもの

解説

電気事業法第38条（定義）では，自家用電気工作物を以下の位置づけとしている。

第4項　この法律において「自家用電気工作物」とは，電気事業の用に供する電気工作物及び一般用電気工作物以外の電気工作物をいう。

第1項では，「一般用電気工作物」の定義を規定している。

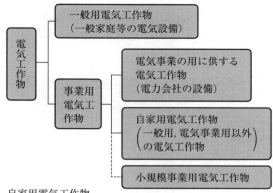

自家用電気工作物
＝電気工作物－（電気事業用電気工作物＋一般用電気工作物）

図2-1　電気工作物の区分

問 3 出題分野＜電気事業法＞ 　令和 4 年度上期 問 1

　次の図は，「電気事業法」に基づく一般用電気工作物及び自家用電気工作物のうち受電電圧 7 000 V 以下の需要設備の保安体系に関する記述を表したものである。ただし，除外事項，限度事項等の記述は省略している。

　なお，この問において，技術基準とは電気設備技術基準のことをいう。

　図中の空白箇所(ア)〜(エ)に当てはまる組合せとして，正しいものを次の(1)〜(5)のうちから一つ選べ。

	(ア)	(イ)	(ウ)	(エ)
(1)	所有者又は占有者	登録調査機関	検査要領書	提出
(2)	電線路維持運用者	電気主任技術者	検査要領書	作成
(3)	所有者又は占有者	電気主任技術者	保安規程	作成
(4)	電線路維持運用者	登録調査機関	保安規程	提出
(5)	電線路維持運用者	登録調査機関	検査要領書	作成

理論
電力
機械
法規

令和5(2023)上期

令和5(2023)下期

選抜90問

選抜85問

選抜90問

選抜65問

電気工作物

一般用電気工作物

(ア)　は		
電気工作物が技術基準に適合しているかどうかを調査しなければならない。	第57条	
(イ)　に，電気工作物が技術基準に適合しているかどうかを調査することを委託することができる。	第57条の2	

経済産業大臣は

電気工作物が技術基準に適合していないと認めるときには，その使用を一時停止すべきことを命じ，又はその使用を制限することができる。	第56条
その職員に，電気工作物の設置の場所（居住の用に供されているものを除く。）に立ち入り，電気工作物を検査させることができる。	第107条

自家用電気工作物

電気工作物を設置する者は

電気工作物を技術基準に適合するように維持しなければならない。	第39条
(ウ)　を定め，電気工作物の使用の開始前に，経済産業大臣に届け出なければならない。	第42条
保安の監督をさせるため，主任技術者を選任し，遅滞なく，その旨を経済産業大臣に届け出なければならない。	第43条
電気工作物の使用の開始の後，遅滞なく，その旨を経済産業大臣に届け出なければならない。	第53条

経済産業大臣は

電気工作物が技術基準に適合していないと認めるときには，その使用を一時停止すべきことを命じ，又はその使用を制限することができる。	第40条
主任技術者免状の交付を受けている者がこの法律に違反したときは，その主任技術者免状の返納を命じることができる。	第44条
電気工作物を設置する者に対し，その業務の状況に関し報告又は資料の　(エ)　をさせることができる。	第106条
その職員に，電気工作物を設置する者の事務所その他の事業場に立ち入り，電気工作物，帳簿，書類その他の物件を検査させることができる。	第107条

問 3 の解答　出題項目＜42, 57 条, 57 条の 2, 106 条＞　　　　答え　（4）

電気事業法第 42 条（保安規程），第 57 条（調査の義務），第 57 条の 2（調査義務の委託），第 106 条（報告の徴収）からの出題である。

電気工作物についての問題図をアレンジし，空白箇所を補充すると，右ページの**表 3-1** のようになる。

表 3-1　電気工作物と保安体系

電気工作物	一般用電気工作物	**電線路維持運用者**は…	第 57 条（調査の義務）	電気工作物が技術基準に適合しているかどうかを調査しなければならない。（第 1 項）
			第 57 条の 2（調査業務の委託）	**登録調査機関**に，電気工作物が技術基準に適合しているかどうかを調査することを委託することができる。（第 1 項）
		経済産業大臣は…	第 56 条（技術基準適合命令）	電気工作物が技術基準に適合していないと認めるときは，その使用を一時停止すべきことを命じ，またはその使用を制限することができる。（第 1 項）
			第 107 条（立入検査）	その職員に，電気工作物の設置の場所（居住の用に供されているものを除く）に立ち入り，電気工作物を検査させることができる。（第 5 項）
	自家用電気工作物	電気工作物を設置する者は…	第 39 条（事業用電気工作物の維持）	電気工作物を技術基準に適合するように維持しなければならない。（第 1 項）
			第 42 条（保安規程）	**保安規程**を定め，電気工作物の使用の開始前に，経済産業大臣に届け出なければならない。（第 1 項）
			第 43 条（主任技術者）	保安の監督をさせるため，主任技術者を選任し，遅滞なく，その旨を経済産業大臣に届け出なければならない。（第 1，3 項）
			第 53 条（自家用電気工作物の使用の開始）	電気工作物の使用の開始の後，遅滞なく，その旨を経済産業大臣に届け出なければならない。（第 1 項）
		経済産業大臣は…	第 40 条（技術基準適合命令）	電気工作物が技術基準に適合していないと認めるときは，その使用を一時停止すべきことを命じ，またはその使用を制限することができる。
			第 44 条（主任技術者免状）	主任技術者免状の交付を受けている者がこの法律に違反したときは，その主任技術者免状の返納を命じることができる。（第 4 項）
			第 106 条（報告の徴収）	電気工作物を設置する者に対し，その業務の状況に関し報告または資料の**提出**をさせることができる。（第 6 項）
			第 107 条（立入検査）	その職員に，電気工作物を設置する者の事務所その他の事業場に立ち入り，電気工作物，帳簿，書類その他の物件を検査させることができる。（第 4 項）

理論

電力

機械

法規

令和5（2023）上期

令和5（2023）下期

選抜90問

選抜85問

選抜90問

選抜65問

問 4 出題分野＜電気事業法・施行規則＞ 令和 2 年度 問 1

次の文章は，「電気事業法」及び「電気事業法施行規則」に基づく主任技術者に関する記述である。

a） 主任技術者は，事業用電気工作物の工事，維持及び運用に関する保安の ［ (ア) ］ の職務を誠実に行わなければならない。

b） 事業用電気工作物の工事，維持及び運用に ［ (イ) ］ する者は，主任技術者がその保安のためにする指示に従わなければならない。

c） 第 3 種電気主任技術者免状の交付を受けている者が保安について ［ (ア) ］ をすることができる事業用電気工作物の工事，維持及び運用の範囲は，一部の水力設備，火力設備等を除き，電圧 ［ (ウ) ］ 万 V 未満の事業用電気工作物(出力 ［ (エ) ］ kW 以上の発電所又は蓄電所を除く。)とする。

上記の記述中の空白箇所(ア)～(エ)に当てはまる組合せとして，正しいものを次の(1)～(5)のうちから一つ選べ。

	(ア)	(イ)	(ウ)	(エ)
（1）	作業，検査等	従事	5	5 000
（2）	監督	関係	3	2 000
（3）	作業，検査等	関係	3	2 000
（4）	監督	従事	5	5 000
（5）	作業，検査等	従事	3	2 000

(一部改題)

問4の解答　出題項目＜法43条，規則56条＞　　答え　（4）

a）とb）は電気事業法第43条（主任技術者），c）は電気事業法施行規則第56条（免状の種類による監督の範囲）からの出題である。

問題文の空白箇所を補充すると次のようになる。

＊　＊　＊　＊　＊　＊　＊

a）　主任技術者は，事業用電気工作物の工事，維持及び運用に関する保安の**監督**の職務を誠実に行わなければならない。

b）　事業用電気工作物の工事，維持又は運用に**従事**する者は，主任技術者がその保安のためにする指示に従わなければならない。

c）　第3種電気主任技術者免状の交付を受けている者が保安について**監督**をすることができる事業用電気工作物の工事，維持及び運用の範囲は，一部の水力設備，火力設備等を除き，電圧**5**万V未満の事業用電気工作物（出力**5 000**kW以上の発電所または蓄電所を除く。）とする。

解説

電気事業法では，事業用電気工作物の設置者に対し，次の①～③を義務づけている。

① 電気設備技術基準への適合・維持（第39条）
② 保安規程の作成・遵守（第42条）
③ 電気主任技術者の選任（第43条）

このうち，電気主任技術者の選任については，電気事業法施行規則第52条（主任技術者の選任等）に規定する事業場または設備ごとに，**表4-1**の監督範囲に該当する電気主任技術者免状を有する者を選任しなければならない。

表4-1　電気主任技術者免状の種類と監督範囲

免状の種類	監督できる範囲
第一種	すべての電気工作物の工事，維持および運用
第二種	電圧17万V未満の電気工作物の工事，維持および運用
第三種	**電圧5万V未満の電気工作物（出力5 000kW以上の発電所または蓄電所を除く）**の工事，維持および運用

注意：水力設備や火力設備等でダム水路主任技術者やボイラー・タービン主任技術者の選任が必要なものは，電気主任技術者の監督範囲から除外されている。

問 5　出題分野＜電気事業法・施行規則＞　　平成 30 年度 問 2

　次の a から d の文章は，太陽電池発電所等の設置についての記述である。「電気事業法」及び「電気事業法施行規則」に基づき，適切なものと不適切なものの組合せとして，正しいものを次の（1）～（5）のうちから一つ選べ。

　a　低圧で受電し，既設の発電設備のない需要家の構内に，出力 20 kW の太陽電池発電設備を設置する者は，電気主任技術者を選任しなければならない。

　b　高圧で受電する工場等を新設する際に，その受電場所と同一の構内に設置する他の電気工作物と電気的に接続する出力 40 kW の太陽電池発電設備を設置する場合，これらの電気工作物全体の設置者は，当該発電設備も対象とした保安規程を経済産業大臣に届け出なければならない。

　c　出力 1 000 kW の太陽電池発電所を設置する者は，当該発電所が技術基準に適合することについて自ら確認し，使用の開始前に，その結果を経済産業大臣に届け出なければならない。

　d　出力 2 000 kW の太陽電池発電所を設置する者は，その工事の計画について経済産業大臣の認可を受けなければならない。

	a	b	c	d
（1）	適切	適切	不適切	不適切
（2）	適切	不適切	適切	適切
（3）	不適切	適切	適切	不適切
（4）	不適切	不適切	適切	不適切
（5）	適切	不適切	不適切	適切

757

理論 電力 機械 **法規**

令和 5 (2023) 上期

令和 5 (2023) 下期

選抜 90 問

選抜 85 問

選抜 90 問

選抜 65 問

問 5 の解答　出題項目＜法 43, 48, 53 条，規則 52 条＞　　　　答え　(3)

　電気事業法第 43 条（主任技術者），電気事業法施行規則第 52 条（主任技術者の選任等），電気事業法第 53 条（自家用電気工作物の使用の開始），電気事業法第 48 条（工事計画）からの出題である。

　a　不適切。低圧受電の一般用電気工作物に**10 kW 以上 50 kW 未満の太陽電池発電設備**を設置しているので，一般用電気工作物となり，電気主任技術者の選任は不要である。

　b　適切。**高圧で受電**する工場等は，自家用電気工作物に該当することから，保安規程の届出が必要である。

　c　適切。**出力 50 kW 以上は事業用電気工作物**に該当するので，使用の開始前に経済産業大臣に届け出なければならない。

　d　不適切。**出力 2 000 kW 以上**は設置工事の 30 日前までに経済産業大臣に**工事計画の届出**が必要である。

解説

　太陽電池発電所の発電容量別の位置づけは，**表 5-1** のとおりである。

表 5-1　太陽電池発電所の位置づけ

発電容量	電気工作物	電気主任技術者
2 MW 以上	自家用	選任と届出が必要
50 kW 以上 2 MW 未満	自家用	外部委託が可能
10 kW 以上 50 kW 未満	小規模事業用	不要
10 kW 未満	一般用	不要

問 6 出題分野＜電気事業法，電技解釈＞ 令和 3 年度 問 1

次の文章は，「電気事業法」に基づく調査の義務及びこれに関連する「電気設備技術基準の解釈」に関する記述である。

a) 一般用電気工作物と直接に電気的に接続する電線路を維持し，及び運用する者(以下，「　(ア)　」という。)は，その一般用電気工作物が経済産業省令で定める技術基準に適合しているかどうかを調査しなければならない。ただし，その一般用電気工作物の設置の場所に立ち入ることにつき，その所有者又は　(イ)　の承諾を得ることができないときは，この限りでない。

b) 　(ア)　又はその　(ア)　から委託を受けた登録調査機関は，上記 a)の規定による調査の結果，電気工作物が技術基準に適合していないと認めるときは，遅滞なく，その技術基準に適合するようにするためとるべき　(ウ)　及びその　(ウ)　をとらなかった場合に生ずべき結果をその所有者又は　(イ)　に通知しなければならない。

c) 低圧屋内電路の絶縁性能は，開閉器又は過電流遮断器で区切ることができる電路ごとに，絶縁抵抗測定が困難な場合においては，当該電路の使用電圧が加わった状態における漏えい電流が　(エ)　mA 以下であること。

上記の記述中の空白箇所(ア)～(エ)に当てはまる組合せとして，正しいものを次の(1)～(5)のうちから一つ選べ。

	(ア)	(イ)	(ウ)	(エ)
(1)	一般送配電事業者等	占有者	措置	2
(2)	電線路維持運用者	使用者	工事方法	1
(3)	一般送配電事業者等	使用者	措置	1
(4)	電線路維持運用者	占有者	措置	1
(5)	電線路維持運用者	使用者	工事方法	2

問6の解答　　出題項目＜法57条，57条の2，解釈14条＞　　　　答え　（4）

a）は電気事業法第57条（調査の義務），b）は は電気事業法第57条の2（調査業務の委託），c） は「電気設備技術基準の解釈」第14条（低圧電路 の絶縁性能）からの出題である。

問題文の空白箇所を補充すると次のようにな る。

* 　 * 　 * 　 * 　 * 　 * 　 *

a）一般用電気工作物と直接に電気的に接続 する電線路を維持し，及び運用する者（以下，「**電 線路維持運用者**」という。）は，その一般用電気工 作物が経済産業省令で定める技術基準に適合して いるかどうかを調査しなければならない。ただ し，その一般用電気工作物の設置の場所に立ち入 ることにつき，その所有者又は**占有者**の承諾を得 ることができないときは，この限りでない。

b）**電線路維持運用者**又はその**電線路維持運 用者**から委託を受けた登録調査機関は，上記a） の規定による調査の結果，電気工作物が技術基準 に適合していないと認めるときは，遅滞なく，そ の技術基準に適合するようにするためとるべき**措 置**及びその**措置**をとらなかった場合に生ずべき結

果をその所有者又は**占有者**に通知しなければなら ない。

c）低圧屋内電路の絶縁性能は，開閉器又は 過電流遮断器で区切ることができる電路ごとに， 絶縁抵抗測定が困難な場合においては，当該電路 の使用電圧が加わった状態における漏えい電流が **1** mA以下であること。

解説

電線路維持運用者は，電気を使用する一般用電 気工作物が「電気設備技術基準」に適合している かどうかを調査・確認しなければならない。この 場合，調査・確認は次の方法で行う（電気事業法 施行規則第96条，一般用電気工作物の調査）。

- ・一般用電気工作物が設置されたとき，および 変更の工事が完成したときに行う。
- ・一般用電気工作物の調査・確認は，**4年に1 回以上**（登録点検業務受託法人が点検業務を受 託している一般用電気工作物は，**5年に1回以 上**）実施する。

問7 出題分野＜電気事業法施行規則＞

次の文章は，「電気事業法」及び「電気事業法施行規則」に基づく主任技術者の選任等に関する記述である。

自家用電気工作物を設置する者は，自家用電気工作物の工事，維持及び運用に関する保安の監督をさせるため主任技術者を選任しなければならない。

ただし，<u>一定の条件を満たす自家用電気工作物に係る事業場</u>のうち，当該自家用電気工作物の工事，維持及び運用に関する保安の監督に係る業務を委託する契約が，電気事業法施行規則で規定した要件に該当する者と締結されているものであって，保安上支障のないものとして経済産業大臣（事業場が一の産業保安監督部の管轄区域内のみにある場合は，その所在地を管轄する産業保安監督部長）の承認を受けたものについては，電気主任技術者を選任しないことができる。

下記a～dのうち，上記の記述中の下線部の「一定の条件を満たす自家用電気工作物に係る事業場」として，適切なものと不適切なものの組合せとして，正しいものを次の（1）～（5）のうちから一つ選べ。

a 電圧22 000 Vで送電線路と連系をする出力2 000 kWの内燃力発電所
b 電圧6 600 Vで送電する出力3 000 kWの水力発電所
c 電圧6 600 Vで配電線路と連系をする出力500 kWの太陽電池発電所
d 電圧6 600 Vで受電する需要設備

	a	b	c	d
（1）	適 切	不適切	適 切	適 切
（2）	不適切	不適切	適 切	適 切
（3）	適 切	不適切	不適切	適 切
（4）	不適切	適 切	適 切	不適切
（5）	適 切	適 切	不適切	不適切

問7の解答　　出題項目＜52条＞

電気事業法施行規則第52条（主任技術者の選任等）からの出題である。

a　不適切。**出力1 000 kW 未満の発電所**（水力発電所，火力発電所，太陽電池発電所及び風力発電所**以外**のもの。）であって**電圧7 000 V 以下で連系等**をするものは，一定の条件を満たす自家用電気工作物に係る事業場に該当する。

b　不適切。**出力2 000 kW 未満の発電所**（**水力発電所**，火力発電所，太陽電池発電所及び風力発電所**に限る**。）であって**電圧7 000 V 以下で連系等をするもの**は，一定の条件を満たす自家用電気工作物に係る事業場に該当する。

c　適切。**出力2 000 kW 未満の発電所**（水力発電所，火力発電所，**太陽電池発電所**及び風力発電所**に限る**。）であって**電圧7 000 V 以下で連系等を**するものは，一定の条件を満たす自家用電気工作物に係る事業場に該当する。

d　適切。**電圧7 000 V 以下で受電する需要設備**は，一定の条件を満たす自家用電気工作物に係る事業場に該当する。

解説 ･･････････････････････････････

電気事業法第43条（主任技術者）

第2項では，**自家用電気工作物を設置する者は，主務大臣の許可を受けて，主任技術者免状の交付を受けていない者を主任技術者として選任することができる**としている。

補足 電気事業法施行規則第52条（主任技術者の選任等）では，**電圧600 V 以下の配電線路**（**当該配電線路を管理する事業場**）も一定の条件を満たす自家用電気工作物に係る事業場に該当することを規定している。

Point 電気主任技術者の外部委託承認制度に関する問題である。

次の文章は，「電気設備技術基準」及び「電気設備技術基準の解釈」に基づく使用電圧が 6 600 V の交流電路の絶縁性能に関する記述である。

a） 電路は，大地から絶縁しなければならない。ただし，構造上やむを得ない場合であって通常予見される使用形態を考慮し危険のおそれがない場合，又は混触による高電圧の侵入等の異常が発生した際の危険を回避するための接地その他の保安上必要な措置を講ずる場合は，この限りでない。

電路と大地との間の絶縁性能は，事故時に想定される異常電圧を考慮し，　(ア)　による危険のおそれがないものでなければならない。

b） 電路は，絶縁できないことがやむを得ない部分及び機械器具等の電路を除き，次の①及び②のいずれかに適合する絶縁性能を有すること。

① 　(イ)　V の交流試験電圧を電路と大地（多心ケーブルにあっては，心線相互間及び心線と大地との間）との間に連続して 10 分間加えたとき，これに耐える性能を有すること。

② 電線にケーブルを使用する電路においては，　(イ)　V の交流試験電圧の　(ウ)　倍の直流電圧を電路と大地（多心ケーブルにあっては，心線相互間及び心線と大地との間）との間に連続して 10 分間加えたとき，これに耐える性能を有すること。

上記の記述中の空白箇所（ア）〜（ウ）に当てはまる組合せとして，正しいものを次の（1）〜（5）のうちから一つ選べ。

	（ア）	（イ）	（ウ）
（1）	絶縁破壊	9 900	1.5
（2）	漏えい電流	10 350	1.5
（3）	漏えい電流	8 250	2
（4）	漏えい電流	9 900	1.25
（5）	絶縁破壊	10 350	2

問8の解答　出題項目＜電技5条，解釈15条＞　　答え　(5)

a）は「電気設備技術基準」第5条（電路の絶縁），b）は「電気設備技術基準の解釈」第15条（高圧又は特別高圧の電路の絶縁性能）からの出題である。

問題文の空白箇所を補充すると次のようになる。

＊　＊　＊　＊　＊　＊　＊

a）　電路は，大地から絶縁しなければならない。ただし，構造上やむを得ない場合であって通常予見される使用形態を考慮し危険のおそれがない場合，又は混触による高電圧の侵入等の異常が発生した際の危険を回避するための接地その他の保安上必要な措置を講ずる場合は，この限りでない。

電路と大地との間の絶縁性能は，事故時に想定される異常電圧を考慮し，**絶縁破壊**による危険のおそれがないものでなければならない。

b）　電路は，絶縁できないことがやむを得ない部分及び機器器具等の電路を除き，次の①及び②のいずれかに適合する絶縁性能を有すること。

①　**10 350** V の交流試験電圧を電路と大地（多心ケーブルにあっては，心線相互間及び心線と大地との間）との間に連続して 10 分間加えたとき，これに耐える性能を有すること。

②　電線にケーブルを使用する電路においては，**10 350** V の交流試験電圧の **2** 倍の直流電圧を電路と大地（多心ケーブルにあっては，心線相互間及び心線と大地との間）との間に連続して 10 分間加えたとき，これに耐える性能を有すること。

解説

① 交流での試験電圧

最大使用電圧は，電路の使用電圧（公称電圧）6 600 V の 1.15/1.1 倍であるから，

$$最大使用電圧 = 6\,600 \times \frac{1.15}{1.1} = 6\,900\,[\mathrm{V}]$$

これは，最大使用電圧が 7 000 V 以下の電路に該当するので，交流試験電圧 V_T は，最大使用電圧の 1.5 倍である。

$$V_\mathrm{T} = \left(6\,600 \times \frac{1.15}{1.1}\right) \times 1.5 = 10\,350\,[\mathrm{V}]$$

② 直流での試験電圧

電線にケーブルを使用する電路では，**交流試験電圧の 2 倍の直流電圧**での試験が認められている。これは，交流での試験ではケーブル長が長くなると充電電流が大きく，試験電源容量が大きくなるのを回避できるよう配慮したものである。

問 9　出題分野＜電技＞　　　　　　　　　　　　　　　　　　令和 4 年度下期 問 3

　次の文章は，「電気設備技術基準」における高圧又は特別高圧の電気機械器具の危険の防止に関する記述である。

a）　高圧又は特別高圧の電気機械器具は，　　(ア)　　以外の者が容易に触れるおそれがないように施設しなければならない。ただし，接触による危険のおそれがない場合は，この限りでない。

b）　高圧又は特別高圧の開閉器，遮断器，避雷器その他これらに類する器具であって，動作時に　　(イ)　　を生ずるものは，火災のおそれがないよう，木製の壁又は天井その他の　　(ウ)　　の物から離して施設しなければならない。ただし，　　(エ)　　の物で両者の間を隔離した場合は，この限りでない。

　上記の記述中の空白箇所(ア)～(エ)に当てはまる組合せとして，正しいものを次の(1)～(5)のうちから一つ選べ。

	(ア)	(イ)	(ウ)	(エ)
(1)	取扱者	過電圧	可燃性	難燃性
(2)	技術者	アーク	可燃性	耐火性
(3)	取扱者	過電圧	耐火性	難燃性
(4)	技術者	アーク	耐火性	難燃性
(5)	取扱者	アーク	可燃性	耐火性

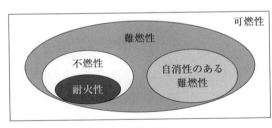

問9の解答　出題項目＜9条＞　　　　　　　　　答え　（5）

「電気設備技術基準」（以下，「電技」と略す）第9条（高圧又は特別高圧の電気機械器具の危険の防止）からの出題である。

問題文の空白箇所を補充すると次のようになる。

＊　　＊　　＊　　＊　　＊　　＊　　＊

a)　高圧又は特別高圧の電気機械器具は，**取扱者**以外の者が容易に触れるおそれがないように施設しなければならない。ただし，接触による危険のおそれがない場合は，この限りでない。

b)　高圧又は特別高圧の開閉器，遮断器，避雷器その他これらに類する器具であって，動作時に**アーク**を生ずるものは，火災のおそれがないよう，木製の壁又は天井その他の**可燃性**の物から離して施設しなければならない。ただし，**耐火性**の物で両者の間を隔離した場合は，この限りでない。

解説

a)　高圧や特別高圧は危険度が高いため，接触による感電の回避のため，原則として，取扱者以外の者が容易に触れるおそれがないように施設することを規定している。

電技第9条（高圧又は特別高圧の電気機械器具の危険の防止）の内容を具体的に規定したのが，「電気設備技術基準の解釈」（以下，「解釈」と略す）第21条（高圧の機械器具の施設），第22条（特別高圧の機械器具の施設），第26条（特別高圧配電用変圧器の施設）である。

b)　高圧又は特別高圧の開閉器，遮断器，避雷器その他これらに類する器具であって，動作時にアークを生ずるものは，アークが原因で木製の壁又は天井に燃え移り火災を招くおそれがある。

これを回避するため，原則として可燃性の物から離して施設することとしている。しかし，耐火性の物で両者の間を隔離した場合は，燃え移ることがないことから，例外として離して施設しなくてもよい。解釈第23条（アークを生じる器具の施設）は，これを具体的に規定したものである。

補足　解釈第1条（用語の定義）第三十二〜三十五号では，次のように定義されている。

［**難燃性**］炎を当てても燃え広がらない性質

［**自消性のある難燃性**］難燃性であって，炎を除くと自然に消える性質

［**不燃性**］難燃性のうち，炎を当てても燃えない性質

［**耐火性**］不燃性のうち，炎により加熱された状態においても著しく変形または破壊しない性質

燃焼性能の区分を図9-1に示す。また，燃焼性の材料の例を表9-1に示す。

図9-1　燃焼性能の区分

表9-1　燃焼性能と材料の例

難燃性	合成ゴム等
自消性のある難燃性	硬質塩化ビニル波板，ポリカーボネート等
不燃性	コンクリート，れんが，瓦，鉄鋼，アルミニウム，ガラス，モルタル等
耐火性	コンクリート等

問 10 出題分野＜電技＞

　次の文章は，「電気設備技術基準」におけるサイバーセキュリティの確保に関する記述である。

　電気工作物（一般送配電事業，送電事業，配電事業，特定送配電事業又は　(ア)　の用に供するものに限る。）の運転を管理する　(イ)　は，当該電気工作物が人体に危害を及ぼし，又は物件に損傷を与えるおそれ及び　(ウ)　又は配電事業に係る電気の供給に著しい支障を及ぼすおそれがないよう，サイバーセキュリティ（サイバーセキュリティ基本法（平成 26 年法律第 104 号）第 2 条に規定するサイバーセキュリティをいう。）を確保しなければならない。

　上記の記述中の空白箇所（ア）～（ウ）に当てはまる組合せとして，正しいものを次の（1）～（5）のうちから一つ選べ。

	（ア）	（イ）	（ウ）
（1）	発電事業	電子計算機	一般送配電事業
（2）	小売電気事業	制御装置	電気使用場所
（3）	小売電気事業	電子計算機	一般送配電事業
（4）	発電事業	制御装置	電気使用場所
（5）	小売電気事業	電子計算機	電気使用場所

767

理論 電力 機械 **法規**

令和 5 (2023) 上期

令和 5 (2023) 下期

選抜 90 問

選抜 85 問

選抜 90 問

選抜 65 問

問 10 の解答　出題項目＜15 条の 2＞　　　　答え（1）

「電気設備技術基準」（以下，「電技」と略す）第15 条の 2（サイバーセキュリティの確保）からの出題で，空白箇所を補充すると次のようになる。

* * * * * * *

電気工作物（一般送配電事業，送電事業，配電事業，特定送配電事業又は**発電事業**の用に供するものに限る。）の運転を管理する**電子計算機**は，当該電気工作物が人体に危害を及ぼし，又は物件に損傷を与えるおそれ及び**一般送配電事業**又は配電事業に係る電気の供給に著しい支障を及ぼすおそれがないよう，サイバーセキュリティ（サイバーセキュリティ基本法（平成 26 年法律第 104 号）第2 条に規定するサイバーセキュリティをいう。）を確保しなければならない。

解説

近年，電子計算機などに対するサイバー攻撃などの脅威が高まってきている（**図 10-1**）。このため，平成 28 年に電気事業者に対してもサイバーセキュリティ対策を実施することが規定された。

電技第 15 条の 2（サイバーセキュリティの確保）を受け，「電気設備技術基準の解釈」（以下，「解釈」と略す）第 37 条の 2（サイバーセキュリティの確保）では，サイバーセキュリティ対策として，スマートメータシステムは「スマートメータシステムセキュリティガイドライン」に，電力制御システムは「電力制御システムセキュリティガイドライン」によることとしている。また，自家用電気工作物（発電事業の用に供するものを除く）に係る遠隔監視システムおよび制御システムにおいては，「自家用電気工作物に係るサイバーセキュリティの確保に関するガイドライン（内規）」によることとしている。

電技第 15 条の 2 や解釈第 37 条の 2 では，サイバーセキュリティの確保について，主に次の事項が規定されている。

・事業用電気工作物の運転を管理する電子計算機を対象としている。

・電気の供給に著しい支障を及ぼさないことが目的の一つである。

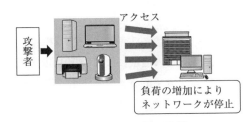

図 10-1　サイバー攻撃

補足　サイバーセキュリティ基本法第 2 条（定義）では，サイバーセキュリティを次のように定義している。

> この法律において「サイバーセキュリティ」とは，電子的方式，磁気的方式その他人の知覚によっては認識することができない方式（以下この条において「電磁的方式」という。）により記録され，又は発信され，伝送され，若しくは受信される情報の漏えい，滅失又は毀損の防止その他の当該情報の安全管理のために必要な措置並びに情報システム及び情報通信ネットワークの安全性及び信頼性の確保のために必要な措置（情報通信ネットワーク又は電磁的方式で作られた記録に係る記録媒体（以下「電磁的記録媒体」という。）を通じた電子計算機に対する不正な活動による被害の防止のために必要な措置を含む。）が講じられ，その状態が適切に維持管理されていることをいう。

Point 情報通信社会の負の側面として，サイバー攻撃による潜在的なリスクは年々高まっている。

デジタル社会を反映し，本問のような内容は今後も出題される可能性がある。

問11 出題分野＜電技＞

次の文章は，「電気設備技術基準」における公害等の防止に関する記述の一部である。

a　発電用 (ア) 設備に関する技術基準を定める省令の公害の防止についての規定は，変電所，開閉所若しくはこれらに準ずる場所に設置する電気設備又は電力保安通信設備に附属する電気設備について準用する。

b　中性点 (イ) 接地式電路に接続する変圧器を設置する箇所には，絶縁油の構外への流出及び地下への浸透を防止するための措置が施されていなければならない。

c　急傾斜地の崩壊による災害の防止に関する法律の規定により指定された急傾斜地崩壊危険区域内に施設する発電所又は変電所，開閉所若しくはこれらに準ずる場所の電気設備，電線路又は電力保安通信設備は，当該区域内の急傾斜地の崩壊 (ウ) するおそれがないように施設しなければならない。

d　ポリ塩化ビフェニルを含有する (エ) を使用する電気機械器具及び電線は，電路に施設してはならない。

上記の記述中の空白箇所(ア)，(イ)，(ウ)及び(エ)に当てはまる組合せとして，正しいものを次の(1)〜(5)のうちから一つ選べ。

	(ア)	(イ)	(ウ)	(エ)
(1)	電気	直接	による損傷が発生	冷却材
(2)	火力	抵抗	を助長し又は誘発	絶縁油
(3)	電気	直接	を助長し又は誘発	冷却材
(4)	電気	抵抗	による損傷が発生	絶縁油
(5)	火力	直接	を助長し又は誘発	絶縁油

問11の解答　出題項目＜19条＞

「電気設備技術基準」第19条（公害等の防止）からの出題である。

第1項　発電用**火力**設備に関する技術基準を定める省令の公害の防止についての規定は，変電所，開閉所若しくはこれらに準ずる場所に設置する電気設備又は電力保安通信設備に附属する電気設備について準用する。

第10項　中性点**直接**接地式電路に接続する変圧器を設置する箇所には，絶縁油の構外への流出及び地下への浸透を防止するための措置が施されていなければならない。

第13項　急傾斜地の崩壊による災害の防止に関する法律の規定により指定された急傾斜地崩壊危険区域内に施設する発電所又は変電所，開閉所若しくはこれらに準ずる場所の電気設備，電線路又は電力保安通信設備は，当該区域内の急傾斜地の崩壊を**助長し又は誘発**するおそれがないように施設しなければならない。

第14項　ポリ塩化ビフェニルを含有する**絶縁油**を使用する電気機械器具及び電線は，電路に施設してはならない。

解説

aの準用例として，大気汚染防止法のばい煙排出量の引用規定などがある。

bの中性点直接接地式電路に接続する変圧器は，地絡事故時の大きなアークエネルギーにより変圧器のタンクが破損し，絶縁油の構外への流出による社会的影響を考慮し，これを防止する措置について規定したものである。

cの「急傾斜地」は，**傾斜度30度ある土地**が対象となっている。

dのPCBを含有する絶縁油を使用する電気機械器具や電線は，電路に施設してはならないとされており，流用や転用施設も禁止されている。

補足

「電気設備技術基準の解釈」第32条（ポリ塩化ビフェニル使用電気機械器具及び電線の施設禁止）

ポリ塩化ビフェニルを含有する絶縁油とは，絶縁油に含まれるポリ塩化ビフェニルの量が試料**1 kgにつき0.5 mg以下**である絶縁油以外のものである。

理論
電力
機械
法規
令和5（2023）上期
令和5（2023）下期
選抜90問
選抜85問
選抜90問
選抜65問

問 12 出題分野＜電技，電技解釈＞ **令和 4 年度下期 問 4**

次の文章は，「電気設備技術基準」及び「電気設備技術基準の解釈」に基づく電気供給のための電気設備の施設に関する記述である。

架空電線，架空電力保安通信線及び架空電車線は， (ア) 又は (イ) による感電のおそれがなく，かつ，交通に支障を及ぼすおそれがない高さに施設しなければならない。

低圧架空電線又は高圧架空電線の高さは，道路（車両の往来がまれであるもの及び歩行の用にのみ供される部分を除く。）を横断する場合，路面上 (ウ) m 以上にしなければならない。

上記の記述中の空白箇所(ア)〜(ウ)に当てはまる組合せとして，正しいものを次の(1)〜(5)のうちから一つ選べ。

	(ア)	(イ)	(ウ)
(1)	通電	アーク	6
(2)	接触	誘導作用	6
(3)	通電	誘導作用	5
(4)	接触	誘導作用	5
(5)	通電	アーク	5

理論 電力 機械 **法規**

令和 **5** (2023) 上期

令和 **5** (2023) 下期

選抜 **90** 問

選抜 **85** 問

選抜 **90** 問

選抜 **65** 問

問 12 の解答　出題項目＜電技 25 条，解釈 68 条＞　　答え　（2）

「電気設備技術基準」第 25 条(架空電線等の高さ)及び「電気設備技術基準の解釈」(以下，「解釈」と略す)第 68 条(低高圧架空電線の高さ)に基づく電気供給のための電気設備の施設に関する出題である。

問題文の空白箇所を補充すると次のようになる。

$*$　　$*$　　$*$　　$*$　　$*$　　$*$　　$*$

架空電線，架空電力保安通信線及び架空電車線は，**接触**又は**誘導作用**による感電のおそれがなく，かつ，交通に支障を及ぼすおそれがない高さに施設しなければならない。

低圧架空電線又は高圧架空電線の高さは，道路(車両の往来がまれであるもの及び歩行の用にのみ供される部分を除く。)を横断する場合，路面上 **6** m 以上にしなければならない。

解説 ·········

架空電線，架空電力保安通信線及び架空電車線の高さが低いと，接触や静電誘導作用によって感電のおそれがあるとともに，大型自動車等との接触によって架空電線が断線し，交通に支障を及ぼすおそれがある。問題文の前半は，これらが発生しないような高さとすることを規定した記述である。

また，問題文の後半は，低圧架空電線又は高圧架空電線の高さを具体的に規定した記述で，道路(車両の往来がまれであるもの及び歩行の用にのみ供される部分を除く)を横断する場合，路面上 6 m 以上にしなければならないとしている。なお，ここでいう「架空電線」からは，「架空引込線」は除かれている。

補足　解釈第 68 条(低高圧架空電線の高さ)において具体的に最低高さを規定したものとして，**表 12-1** に示すものがある(**図 12-1** は抜粋)。

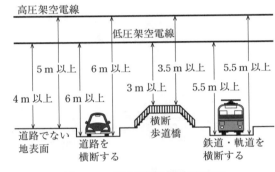

図 12-1　低高圧架空電線の高さ

表 12-1　高圧架空電線の高さ

区分		高さ
道路(車両の往来がまれであるもの及び歩行の用にのみ供される部分を除く。)を横断する場合		路面上 6 m
鉄道又は軌道を横断する場合		レール面上 5.5 m
低圧架空電線を横断歩道橋の上に施設する場合		横断歩道橋の路面上 3 m
高圧架空電線を横断歩道橋の上に施設する場合		横断歩道橋の路面上 3.5 m
上記以外	屋外照明用であって，絶縁電線又はケーブルを使用した対地電圧 150 V 以下のものを交通に支障のないように施設する場合	地表上 4 m
	低圧架空電線を道路以外の場所に施設する場合	地表上 4 m
	その他の場合	地表上 5 m

次の文章は，「電気設備技術基準」の電気機械器具等からの電磁誘導作用による人の健康影響の防止における記述の一部である。

変圧器，開閉器その他これらに類するもの又は電線路を発電所，変電所，開閉所及び需要場所以外の場所に施設する場合に当たっては，通常の使用状態において，当該電気機械器具等からの電磁誘導作用により人の健康に影響を及ぼすおそれがないよう，当該電気機械器具等のそれぞれの付近において，人によって占められる空間に相当する空間の　(ア)　の平均値が，　(イ)　において　(ウ)　以下になるように施設しなければならない。ただし，田畑，山林その他の人の　(エ)　場所において，人体に危害を及ぼすおそれがないように施設する場合は，この限りでない。

上記の記述中の空白箇所(ア)〜(エ)に当てはまる組合せとして，正しいものを次の(1)〜(5)のうちから一つ選べ。

	(ア)	(イ)	(ウ)	(エ)
(1)	磁束密度	全周波数	200 μT	居住しない
(2)	磁界の強さ	商用周波数	100 A/m	往来が少ない
(3)	磁束密度	商用周波数	100 μT	居住しない
(4)	磁束密度	商用周波数	200 μT	往来が少ない
(5)	磁界の強さ	全周波数	200 A/m	往来が少ない

773

理論 電力 機械 **法規**

令和**5**(2023)上期

令和**5**(2023)下期

選抜**90**問

選抜**85**問

選抜**90**問

選抜**65**問

問 13 の解答　出題項目＜27 条の 2＞

答え　（4）

「電気設備技術基準」(以下，「電技」と略す)第27 条の 2(電気機械器具等からの電磁誘導作用による人の健康影響の防止)からの出題である。

問題文の空白箇所を補充すると次のようになる。

*　　*　　*　　*　　*　　*　　*

変圧器，開閉器その他これらに類するもの又は電線路を発電所，変電所，開閉所及び需要場所以外の場所に施設する場合に当たっては，通常の使用状態において，当該電気機械器具等からの電磁誘導作用により人の健康に影響を及ぼすおそれがないよう，当該電気機械器具等のそれぞれの付近において，人によって占められる空間に相当する空間の**磁束密度**の平均値が，**商用周波数**において**200 μT** 以下になるように施設しなければならない。ただし，田畑，山林その他の人の**往来が少ない**場所において，人体に危害を及ぼすおそれがないように施設する場合は，この限りでない。

解説

電技では，電力設備から発生する電界と磁界（**図 13-1**）について制限値を規定している。

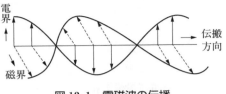

図 13-1　電磁波の伝播

① 電界の制限値

送電線の下の地表から 1 m の高さにおいて，電界強度(電界の強さ)が 3 kV/m 以下になるように施設しなければならない(電技第 27 条，架空電線路からの静電誘導作用又は電磁誘導作用による感電の防止)。この値は，電界による刺激の防止の観点から定められたものである。

② 磁界の制限値

電力設備のそれぞれの付近において，磁束密度の平均値が 200 μT 以下になるように施設しなければならない(電技第 27 条の 2)。この値は，国際非電離放射線防護委員会(ICNIRP)によるガイドラインの制限値を採用したものである。

　次の文章は，「電気設備技術基準」における高圧及び特別高圧の電路の避雷器等の施設についての記述である。

　雷電圧による電路に施設する電気設備の損壊を防止できるよう，当該電路中次の各号に掲げる箇所又はこれに近接する箇所には，避雷器の施設その他の適切な措置を講じなければならない。ただし，雷電圧による当該電気設備の損壊のおそれがない場合は，この限りでない。

　a.　発電所，蓄電所又は　(ア)　若しくはこれに準ずる場所の架空電線引込口及び引出口

　b.　架空電線路に接続する　(イ)　であって，　(ウ)　の設置等の保安上の保護対策が施されているものの高圧側及び特別高圧側

　c.　高圧又は特別高圧の架空電線路から　(エ)　を受ける　(オ)　の引込口

　上記の記述中の空白箇所(ア)，(イ)，(ウ)，(エ)及び(オ)に当てはまる組合せとして，正しいものを次の(1)〜(5)のうちから一つ選べ。

	(ア)	(イ)	(ウ)	(エ)	(オ)
(1)	開閉所	配電用変圧器	開閉器	引込み	需要設備
(2)	変電所	配電用変圧器	過電流遮断器	供　給	需要場所
(3)	変電所	配電用変圧器	開閉器	供　給	需要設備
(4)	受電所	受電用設備	過電流遮断器	引込み	使用場所
(5)	開閉所	受電用設備	過電圧継電器	供　給	需要場所

（一部改題）

問 14 の解答　　出題項目＜49 条＞　　　　　　　　　　　　　答え　（2）

「電気設備技術基準」第 49 条（高圧及び特別高圧の電路の避雷器等の施設）からの出題である。

問題文の空白箇所を補充すると次のようになる。

＊　＊　＊　＊　＊　＊　＊

雷電圧による電路に施設する電気設備の損壊を防止できるよう，当該電路中次の各号に掲げる箇所又はこれに近接する箇所には，避雷器の施設その他の適切な措置を講じなければならない。ただし，雷電圧による当該電気設備の損壊のおそれがない場合は，この限りでない。

　a.　発電所，蓄電所又は**変電所**若しくはこれに準ずる場所の架空電線引込口及び引出口

　b.　架空電線路に接続する**配電用変圧器**であって，**過電流遮断器**の設置等の保安上の保護対策が施されているものの高圧側及び特別高圧側

　c.　高圧又は特別高圧の架空電線路から供給を受ける**需要場所**の引込口

解説

「電気設備技術基準の解釈」第 37 条（避雷器等の施設）では，具体的に施設箇所を**図 14-1** のように定めている。

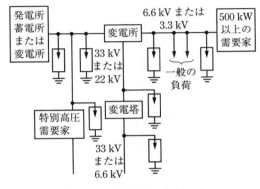

図 14-1　避雷器の施設箇所

次の文章は，「電気設備技術基準」における低圧の電路の絶縁性能に関する記述である。

電気使用場所における使用電圧が低圧の電路の電線相互間及び　(ア)　と大地との間の絶縁抵抗は，開閉器又は　(イ)　で区切ることのできる電路ごとに，次の表の左欄に掲げる電路の使用電圧の区分に応じ，それぞれ同表の右欄に掲げる値以上でなければならない。

電路の使用電圧の区分		絶縁抵抗値
(ウ) V 以下	(エ) （接地式電路においては電線と大地との間の電圧，非接地式電路においては電線間の電圧をいう。以下同じ。）が 150 V 以下の場合	0.1 MΩ
	その他の場合	0.2 MΩ
(ウ) V を超えるもの		(オ) MΩ

上記の記述中の空白箇所(ア)，(イ)，(ウ)，(エ)及び(オ)に当てはまる組合せとして，正しいものを次の(1)〜(5)のうちから一つ選べ。

	(ア)	(イ)	(ウ)	(エ)	(オ)
(1)	電　線	配線用遮断器	400	公称電圧	0.3
(2)	電　路	過電流遮断器	300	対地電圧	0.4
(3)	電線路	漏電遮断器	400	公称電圧	0.3
(4)	電　線	過電流遮断器	300	最大使用電圧	0.4
(5)	電　路	配線用遮断器	400	対地電圧	0.4

理論 電力 機械 法規

令和5(2023)上期

令和5(2023)下期

選抜90問

選抜85問

選抜90問

選抜65問

問15の解答　出題項目<58条>　　答え　(2)

「電気設備技術基準」第58条(低圧の電路の絶縁性能)からの出題である。

問題文や表中の空白箇所を補充すると次のようになる。

*　*　*　*　*　*　*

電気使用場所における使用電圧が低圧の電路の**電線相互間**及び**電路と大地との間**の絶縁抵抗は，**開閉器**又は**過電流遮断器**で区切ることのできる電路ごとに，表の左欄に掲げる電路の使用電圧の区分に応じ，それぞれ同表の右欄に掲げる値以上でなければならない。

電路の使用電圧の区分		絶縁抵抗値
300 V以下	**対地電圧**(接地式電路においては電線と大地との間の電圧，非接地式電路においては電線間の電圧をいう。以下同じ)が150 V以下の場合	0.1 MΩ
	その他の場合	0.2 MΩ
300 Vを超えるもの		**0.4** MΩ

補足　絶縁抵抗の測定は，絶縁抵抗計を用いて行い，その測定方法は**図15-1**のとおりである。

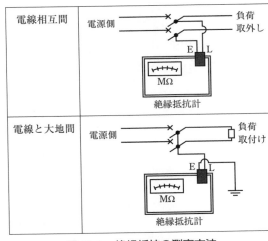

電線相互間	電源側　負荷取外し　E L　MΩ　絶縁抵抗計
電線と大地間	電源側　負荷取付け　E L　MΩ　絶縁抵抗計

図15-1　絶縁抵抗の測定方法

問 16　出題分野＜電技＞

　次の文章は，「電気設備技術基準」における無線設備への障害の防止に関する記述である。

　電気使用場所に施設する電気機械器具又は　(ア)　は，　(イ)　，高周波電流等が発生することにより，無線設備の機能に　(ウ)　かつ重大な障害を及ぼすおそれがないように施設しなければならない。

　上記の記述中の空白箇所(ア)～(ウ)に当てはまる組合せとして，正しいものを次の(1)～(5)のうちから一つ選べ。

	(ア)	(イ)	(ウ)
(1)	接触電線	高調波	継続的
(2)	屋内配線	電波	一時的
(3)	接触電線	高調波	一時的
(4)	屋内配線	高調波	継続的
(5)	接触電線	電波	継続的

問16の解答　出題項目＜67条＞　　答え　(5)

「電気設備技術基準」（以下，「電技」と略す）第67条（電気機械器具又は接触電線による無線設備への障害の防止）からの出題で，空白箇所を補充すると次のようになる。

「電気使用場所に施設する電気機械器具又は**接触電線**は，**電波**，高周波電流等が発生することにより，無線設備の機能に**継続的**かつ重大な障害を及ぼすおそれがないように施設しなければならない。」

解説

一般に第50次調波までを高調波と呼び，それを超える数 kHz から数 10 MHz 程度を高周波と呼んでいる。蛍光放電灯，電気ドリルなどは，特に妨害高周波電流が問題となる。「電気設備技術基準の解釈」（以下，「解釈」と略す）第155条（電気設備による電磁障害の防止）では，高周波電流の具体的な低減対策を規定している。

Point 解釈の膨大な文章量に比べると，電技は文章量が比較的少ないので，一度は全体に目を通して学習しておくのがよい。

理論
電力
機械
法規
令和5 (2023) 上期
令和5 (2023) 下期
選抜90問
選抜85問
選抜90問
選抜65問

問 17 出題分野＜電技解釈＞　　　　　　　　　　　　　　　　　令和 2 年度 問 12

次の文章は，「電気設備技術基準の解釈」に基づく変圧器の電路の絶縁耐力試験に関する記述である。

変圧器（放電灯用変圧器，エックス線管用変圧器等の変圧器，及び特殊用途のものを除く。）の電路は，次のいずれかに適合する絶縁性能を有すること。

① 表の中欄に規定する試験電圧を，同表の右欄で規定する試験方法で加えたとき，これに耐える性能を有すること。

② 日本電気技術規格委員会規格 JESC E7001（2018）「電路の絶縁耐力の確認方法」の「3.2 変圧器の電路の絶縁耐力の確認方法」により絶縁耐力を確認したものであること。

変圧器の巻線の種類		試験電圧	試験方法
最大使用電圧が ア V 以下のもの		最大使用電圧の イ 倍の電圧（ ウ V 未満となる場合は ウ V）	試験される巻線と他の巻線，鉄心及び外箱との間に試験電圧を連続して 10 分間加える。
最大使用電圧が ア V を超え，60 000 V 以下のもの	最大使用電圧が 15 000 V 以下のものであって，中性点接地式電路（中性点を有するものであって，その中性線に多重接地するものに限る。）に接続するもの	最大使用電圧の 0.92 倍の電圧	
	上記以外のもの	最大使用電圧の エ 倍の電圧（10 500 V 未満となる場合は 10 500 V）	

上記の記述に関して，次の（a）及び（b）の問に答えよ。

（a） 表中の空白箇所（ア）～（エ）に当てはまる組合せとして，正しいものを次の（1）～（5）のうちから一つ選べ。

	（ア）	（イ）	（ウ）	（エ）
（1）	6 900	1.1	500	1.25
（2）	6 950	1.25	600	1.5
（3）	7 000	1.5	600	1.25
（4）	7 000	1.5	500	1.25
（5）	7 200	1.75	500	1.75

（b） 公称電圧 22 000 V の電線路に接続して使用される受電用変圧器の絶縁耐力試験を，表の記載に基づき実施する場合の試験電圧の値［V］として，最も近いものを次の（1）～（5）のうちから一つ選べ。

（1） 28 750　　（2） 30 250　　（3） 34 500　　（4） 36 300　　（5） 38 500

問 17（a）の解答　出題項目＜16条＞

「電気設備技術基準の解釈」（以下，「解釈」と略す）第16条（機械器具等の電路の絶縁性能）からの出題である。

表中の空白箇所を補充すると下表のようになる。

解 説

変圧器には二つ以上の巻線があるため，巻線ごとの絶縁耐力試験が規定されている。

②の日本電気技術規格委員会規格 JESC E7001（2018）「電路の絶縁耐力の確認方法」の「3.2 変圧器の電路の絶縁耐力の試験方法」により絶縁耐力を確認した場合には，①と同じ絶縁性能を有しているものとみなされる。

Point 解釈第15条（高圧又は特別高圧の電路の絶縁性能）と同じ試験電圧の求め方なので，併せて学習しておくとよい。

変圧器の巻線の種類		試験電圧	試験方法
最大使用電圧が **7 000** V 以下のもの		最大使用電圧の **1.5** 倍の電圧（**500** V 未満となる場合は **500** V）	
最大使用電圧が **7 000** V を超え，60 000 V 以下のもの	最大使用電圧が 15 000 V 以下のものであって，中性点接地式電路（中性点を有するものであって，その中性線に多重接地するものに限る。）に接続するもの	最大使用電圧の 0.92 倍の電圧	試験される巻線と他の巻線，鉄心及び外箱との間に試験電圧を連続して10分間加える。
	上記以外のもの	最大使用電圧の **1.25** 倍の電圧（10 500 V 未満となる場合は 10 500 V）	

問 17（b）の解答　出題項目＜1，16条＞

最大使用電圧は解釈第1条（用語の定義）で規定されており，使用電圧（公称電圧）が 1 000 V を超え 50 000 V 未満の場合には，最大使用電圧は次のように計算される。

$$最大使用電圧＝公称電圧×\frac{1.15}{1.1}\,[\text{V}]$$

したがって，試験電圧 V_T は次のように計算できる。

$$V_T＝\left(公称電圧×\frac{1.15}{1.1}\right)×1.25$$

$$＝\left(22\,000×\frac{1.15}{1.1}\right)×1.25$$

$$＝28\,750\,[\text{V}]$$

解 説

試験回路の例は，**図 17-1** のようになる。

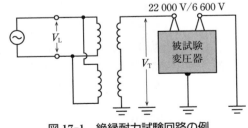

22 000 V／6 600 V

図 17-1　絶縁耐力試験回路の例

問 18　出題分野＜電技解釈＞ 　　　　　平成30年度 問5

次の文章は，「電気設備技術基準の解釈」に基づく接地工事の種類及び施工方法に関する記述である。

B種接地工事の接地抵抗値は次の表に規定する値以下であること。

接地工事を施す変圧器の種類	当該変圧器の高圧側又は特別高圧側の電路と低圧側の電路との (ア) により，低圧電路の対地電圧が (イ) V を超えた場合に，自動的に高圧又は特別高圧の電路を遮断する装置を設ける場合の遮断時間		接地抵抗値 (Ω)
下記以外の場合			(イ) /I
高圧又は35 000 V 以下の特別高圧の電路と低圧電路を結合するもの	1秒を超え2秒以下		300/I
	1秒以下		(ウ) /I

(備考)　I は，当該変圧器の高圧側又は特別高圧側の電路の (エ) 電流(単位：A)

上記の記述中の空白箇所(ア)，(イ)，(ウ)及び(エ)に当てはまる組合せとして，正しいものを次の(1)～(5)のうちから一つ選べ。

	(ア)	(イ)	(ウ)	(エ)
(1)	混触	150	600	1線地絡
(2)	接近	200	600	許容
(3)	混触	200	400	1線地絡
(4)	接近	150	400	許容
(5)	混触	150	400	許容

問 19　出題分野＜電技解釈＞ 　　　　　平成24年度 問10

公称電圧 6 600 V の三相3線式中性点非接地方式の架空配電線路(電線はケーブル以外を使用)があり，そのこう長は 20 km である。この配電線路に接続される柱上変圧器の低圧電路側に施設される B 種接地工事の接地抵抗値[Ω]の上限として，「電気設備技術基準の解釈」に基づき，正しいものを次の(1)～(5)のうちから一つ選べ。

ただし，高圧電路と低圧電路の混触により低圧電路の対地電圧が150 V を超えた場合に，1秒以内に自動的に高圧電路を遮断する装置を施設しているものとする。

なお，高圧配電線路の1線地絡電流 I_g[A]は，次式によって求めるものとする。

$$I_g = 1 + \frac{\frac{V}{3}L - 100}{150} \text{[A]}$$

V は，配電線路の公称電圧を 1.1 で除した電圧[kV]

L は，同一母線に接続される架空配電線路の電線延長[km]

(1)　75　　　(2)　150　　　(3)　225　　　(4)　300　　　(5)　600

(一部改題)

問 18 の解答　　出題項目＜17条＞　　　　答え　（1）

「電気設備技術基準の解釈」(以下,「解釈」と略す)第 17 条(接地工事の種類及び施設方法)第 2 項からの出題である。

B 種接地工事の接地抵抗値は次の表に規定する値以下であること。

接地工事を施す変圧器の種類	当該変圧器の高圧側又は特別高圧側の電路と低圧側の電路との**混触**により,低圧電路の対地電圧が**150 V** を超えた場合に,自動的に高圧又は特別高圧の電路を遮断する装置を設ける場合の遮断時間		接地抵抗値 [Ω]
下記以外の場合			**150/I**
高圧又は 35 000 V 以下の特別高圧の電路と低圧電路を結合するもの	1 秒を超え 2 秒以下		300/I
	1 秒以下		**600/I**

(備考)　I は, 当該変圧器の高圧側又は特別高圧側の電路の**1 線地絡**電流(単位：A)

解説 ……………………………………………………

解釈第 17 条第 2 項は B 種接地工事に関する規定で, B 種接地工事は変圧器の低圧側電路の中性点または一端子に施す。

B 種接地工事の目的は, 変圧器の高圧側または特別高圧側の電路と低圧側の電路との混触時に, 低圧側の機器の絶縁破壊を防止することである。

混触時の低圧側の電位上昇は原則として 150 V 以下とするよう定められているが, 混触時に速やかに遮断できれば低圧側の機器の絶縁破壊を防ぐことができるため, 遮断時間によって電圧の上昇限度が 300 V, 600 V と定められている。

35 000 V 以下と定めているのは, いわゆる **20 kV 級配電**(22 kV(33 kV))に対応したものである。

問 19 の解答　　出題項目＜17条＞　　　　答え　（4）

「電気設備技術基準」第 17 条(接地工事の種類及び施設方法)からの出題である。

中性点非接地式高圧配電線の 1 線地絡電流 I_g は, 次式で計算できる。

$$I_g = 1 + \frac{\dfrac{VL}{3} - 100}{150} = 1 + \frac{\dfrac{6 \times 60}{3} - 100}{150}$$

$$\fallingdotseq 1.13 [A]$$

第 2 項第二号ロで,「高圧電路においては, 計算式により計算した値の計算結果は, 小数点以下を切り上げ, 2 A 未満となる場合は 2 A とする。」と規定されているので, $I_g = 2 [A]$ となる。

また, 高圧電路と低圧電路の混触により低圧電路の対地電圧が 150 V を超えた場合に, 1 秒以内

に自動的に高圧電路を遮断する装置が施設されているので, B 種接地工事の接地抵抗値 R_B は,

$$R_B \leqq \frac{600}{I_g} = \frac{600}{2} = 300 [Ω]$$

解説 ……………………………………………………

B 種接地工事の接地抵抗値 R_B の算出は, 高低圧混触時に, 低圧電路の対地電圧が 150 V を超えた場合に

①　**1 秒以内**に電路を自動遮断する場合は, $R_B \leqq 600/I_g [Ω]$

②　1 秒を超え **2 秒以内**に電路を自動遮断する場合は, $R_B \leqq 300/I_g [Ω]$

③　その他の場合は, $R_B \leqq 150/I_g [Ω]$

変圧器によって高圧電路に結合されている低圧電路に施設された使用電圧 100 V の金属製外箱を有する電動ポンプがある。この変圧器の B 種接地抵抗値及びその低圧電路に施設された電動ポンプの金属製外箱の D 種接地抵抗値に関して，次の（a）及び（b）の問に答えよ。

ただし，次の条件によるものとする。

（ア）　変圧器の高圧側電路の 1 線地絡電流は 3 A とする。

（イ）　高圧側電路と低圧側電路との混触時に低圧電路の対地電圧が 150 V を超えた場合に，1.2 秒で自動的に高圧電路を遮断する装置が設けられている。

（a）　変圧器の低圧側に施された B 種接地工事の接地抵抗値について，「電気設備技術基準の解釈」で許容されている上限の抵抗値[Ω]として，最も近いものを次の（1）～（5）のうちから一つ選べ。

　　（1）　10　　　　（2）　25　　　　（3）　50　　　　（4）　75　　　　（5）　100

（b）　電動ポンプに完全地絡事故が発生した場合，電動ポンプの金属製外箱の対地電圧を 25 V 以下としたい。このための電動ポンプの金属製外箱に施す D 種接地工事の接地抵抗値[Ω]の上限値として，最も近いものを次の（1）～（5）のうちから一つ選べ。

　　ただし，B 種接地抵抗値は，上記（a）で求めた値を使用する。

　　（1）　15　　　　（2）　20　　　　（3）　25　　　　（4）　30　　　　（5）　35

785

理論 電力 機械

法規

令和 **5** (2023) 上期

令和 **5** (2023) 下期

選抜 **90** 問

選抜 **85** 問

選抜 **90** 問

選抜 **65** 問

問 20 （a）の解答　出題項目 <17 条>　　　答え （5）

　題意の条件および「電気設備技術基準の解釈」第 17 条（接地工事の種類及び施設方法）に基づき，B 種接地工事の接地抵抗の上限値 R_B を計算する。

　高圧電路の 1 線地絡電流は $I_g = 3[A]$ である。

　混触時に低圧電路の対地電圧が 150 V を超えた場合 1.2 秒（1 秒を超え 2 秒以内）で自動的に高圧電路を遮断する装置が設けられているため，

$$R_B = \frac{300}{I_g} = \frac{300}{3} = 100[\Omega]$$

問 20 （b）の解答　出題項目 <17 条>　　　答え （4）

　電動ポンプの金属製外箱に完全地絡を生じたときの等価回路を**図 20-1** に示す。

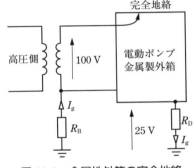

図 20-1　金属性外箱の完全地絡

　地絡により，低圧の電源電圧 100 V が B 種接地抵抗 R_B および D 種接地抵抗 R_D に直列に加わり，地絡電流 I_g が流れる。I_g をオームの法則により表すと，

$$I_g = \frac{100}{R_B + R_D} = \frac{100}{100 + R_D}[A] \qquad ①$$

　R_D に加わる電圧を 25 V 以内とする R_D の上限値を表すと，

$$R_D I_g = R_D \frac{100}{100 + R_D} < 25[V]$$

　上式を変形して，
　　$100R_D < 25 \times (100 + R_D)$　＊両辺を 25 で割る
　　$4R_D < 100 + R_D$
　　$3R_D < 100$

$$\therefore\ R_D < \frac{100}{3} = 33.33[\Omega]　\rightarrow　30\ \Omega$$

解説 ･････････････････････････････

　高圧電路に接続された変圧器の低圧側に施す B

種接地抵抗の上限値は，解釈第 17 条により次の②式で表される。

　B 種接地抵抗値

$$\frac{150}{I},\ \frac{300}{I},\ \frac{600}{I}[\Omega] \qquad ②$$

　ここで，分子は混触時の高圧側遮断時間により，
　150：2 秒を超える
　300：1 秒を超え 2 秒以内
　600：1 秒以内

となる。本問の場合，題意より分子は 300 である。

　混触時の等価回路は，B 種接地抵抗と D 種接地抵抗の直列回路とわかれば，オームの法則により解くことができる。

　金属製鉄箱の電圧を 25 V 以内とするのは 25 V 以内であれば安全と考えられるからである。

　なお，B 種接地抵抗の値が低いと，金属製鉄箱の電圧を 25 V 以内とする D 種接地抵抗の値も低くなる。B 種接地抵抗値が $R_B = 5[\Omega]$ の場合，①式により $R_{D'}$ を求めると，

$$R_D I_g = R_{D'} \frac{100}{5 + R_{D'}} < 25$$

$$100R_{D'} < 25(5 + R_{D'}) = 125 + 25R_{D'}$$

$$75R_{D'} < 125$$

$$\therefore\ R_{D'} < \frac{125}{75} = 1.667[\Omega]$$

　計算結果から，B 種接地抵抗の値が低いと，D 種接地抵抗値を低くする必要があり，接地工事が困難になることがわかる。

Point 地絡時の等価回路を描いて，金属製外箱の対地電圧を計算できるようにする。

問 21 出題分野＜電技解釈＞ 平成 25 年度 問 5

次の文章は，「電気設備技術基準の解釈」における，アークを生じる器具の施設に関する記述である。

高圧用又は特別高圧用の開閉器，遮断器又は避雷器その他これらに類する器具(以下「開閉器等」という。)であって，動作時にアークを生じるものは，次のいずれかにより施設すること。

a. 耐火性のものでアークを生じる部分を囲むことにより，木製の壁又は天井その他の（ア）から隔離すること。

b. 木製の壁又は天井その他の（ア）との離隔距離を，下表に規定する値以上とすること。

開閉器等の使用電圧の区分		離隔距離
高　圧		（イ）m
特別高圧	35 000 V 以下	（ウ）m(動作時に生じるアークの方向及び長さを火災が発生するおそれがないように制限した場合にあっては，（イ）m)
	35 000 V 超過	（ウ）m

上記の記述中の空白箇所(ア)，(イ)及び(ウ)に当てはまる組合せとして，正しいものを次の(1)〜(5)のうちから一つ選べ。

	（ア）	（イ）	（ウ）
(1)	可燃性のもの	0.5	1
(2)	造営物	0.5	1
(3)	可燃性のもの	1	2
(4)	造営物	1	2
(5)	造営物	2	3

問 21 の解答　　出題項目＜23条＞

答え　（3）

「電気設備技術基準の解釈」第23条（アークを生じる器具の施設）からの出題である。

問題文や表中の空白箇所を補充すると次のようになる。

* * * * * * *

高圧用又は特別高圧用の開閉器，遮断器又は避雷器その他これらに類する器具（以下「開閉器等」という。）であって，動作時にアークを生じるものは，次のいずれかにより施設すること。

a.　**耐火性のものでアークを生じる部分を囲む**ことにより，木製の壁又は天井その他の可燃性のものから隔離すること。

b.　**木製の壁又は天井**その他の**可燃性のもの**との離隔距離を，下表に規定する値以上とすること。

開閉器等の使用電圧の区分		離隔距離
高圧		**1 m**
特別高圧	35 000 V 以下	**2 m**（動作時に生じるアークの方向及び長さを火災が発生するおそれがないように制限した場合にあっては，**1 m**）
	35 000 V 超過	**2 m**

解説

動作時にアークを生じるものは，原則として木製の壁または天井その他の可燃性のものと耐火性のもので囲むのが原則であるが，原則によれない場合は離隔をとることを規定している。

次の文章は，「電気設備技術基準の解釈」に基づく，高圧電路又は特別高圧電路と低圧電路とを結合する変圧器（鉄道若しくは軌道の信号用変圧器又は電気炉若しくは電気ボイラーその他の常に電路の一部を大地から絶縁せずに使用する負荷に電気を供給する専用の変圧器を除く。）に施す接地工事に関する記述の一部である。

高圧電路又は特別高圧電路と低圧電路とを結合する変圧器には，次のいずれかの箇所に　(ア)　接地工事を施すこと。

　a.　低圧側の中性点

　b.　低圧電路の使用電圧が　(イ)　V 以下の場合において，接地工事を低圧側の中性点に施し難いときは，　(ウ)　の 1 端子

　c.　低圧電路が非接地である場合においては，高圧巻線又は特別高圧巻線と低圧巻線との間に設けた金属製の　(エ)

上記の記述中の空白箇所(ア)，(イ)，(ウ)及び(エ)に当てはまる組合せとして，正しいものを次の(1)～(5)のうちから一つ選べ。

	(ア)	(イ)	(ウ)	(エ)
(1)	B 種	150	低圧側	混触防止板
(2)	A 種	150	低圧側	接地板
(3)	A 種	300	高圧側又は特別高圧側	混触防止板
(4)	B 種	300	高圧側又は特別高圧側	接地板
(5)	B 種	300	低圧側	混触防止板

問 22 の解答　出題項目＜24条＞

「電気設備技術基準の解釈」第 24 条（高圧又は特別高圧と低圧との混触による危険防止施設）からの出題である。

問題文の空白箇所を補充すると次のようになる。

＊　＊　＊　＊　＊　＊　＊

高圧電路又は特別高圧電路と低圧電路とを結合する変圧器には，次のいずれかの箇所に **B 種接地工事**を施すこと。

a.　低圧側の中性点

b.　低圧電路の使用電圧が **300 V** 以下の場合において，接地工事を低圧側の中性点に施し難いときは，**低圧側**の 1 端子

c.　低圧電路が非接地である場合においては，高圧巻線又は特別高圧巻線と低圧巻線との間に設けた金属製の**混触防止板**

補 足　低圧電路に施す B 種接地工事の目的は，高圧又は特別高圧電路と低圧電路の混触による低圧側の対地電圧の上昇電位を 150 V 以下に抑制して低圧機器の絶縁破壊を防止することである。

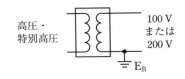

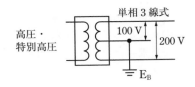

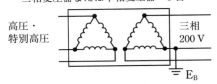

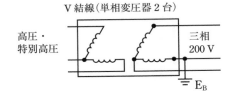

図 22-1　B 種接地工事の施設例

問 23　出題分野＜電技解釈＞

　高圧架空電線路に施設された機械器具等の接地工事の事例として，「電気設備技術基準の解釈」の規定上，不適切なものを次の（1）〜（5）のうちから一つ選べ。

（1）　高圧架空電線路に施設した避雷器（以下「LA」という。）の接地工事を 14 mm² の軟銅線を用いて施設した。

（2）　高圧架空電線路に施設された柱上気中開閉器（以下「PAS」という。）の制御装置（定格制御電圧 AC100 V）の金属製外箱の接地端子に 5.5 mm² の軟銅線を接続し，D 種接地工事を施した。

（3）　高圧架空電線路に PAS（VT・LA 内蔵形）が施設されている。この内蔵されている LA の接地線及び高圧計器用変成器（零相変流器）の 2 次側電路は，PAS の金属製外箱の接地端子に接続されている。この接地端子に D 種接地工事（接地抵抗値 70 Ω）を施した。なお，VT とは計器用変圧器である。

（4）　高圧架空電線路から電気の供給を受ける受電電力が 750 kW の需要場所の引込口に施設した LA に A 種接地工事を施した。

（5）　木柱の上であって人が触れるおそれがない高さの高圧架空電線路に施設された PAS の金属製外箱の接地端子に A 種接地工事を施した。なお，この PAS に LA は内蔵されていない。

理論 電力 機械 法規

令和5(2023)上期

令和5(2023)下期

選抜90問

選抜85問

選抜90問

選抜65問

問 23 の解答	出題項目＜17，28，29，37 条＞	答え　（3）

「電気設備技術基準の解釈」第 17 条（接地工事の種類及び施設方法），第 28 条（計器用変成器の2 次側電路の接地），第 29 条（機械器具の金属製外箱等の接地），第 37 条（避雷器等の施設）からの出題である。

（1）　正。高圧電路に施設する避雷器には A 種接地工事を施し，接地線は引張強さ 1.04 kN 以上の容易に腐食し難い金属線または**直径 2.6 mm 以上の軟銅線**としなければならない。（第 37 条第3 項，第 17 条第 1 項）

直径 2.6 mm の軟銅線は，**より線では 5.5 mm²に相当する**ので，14 mm² の軟銅線はこの要件を満足している。

（2）　正。電路に施設する 300 V 以下の低圧の機械器具の金属製外箱には D 種接地工事を施し，接地線は引張強さ 0.39 kN 以上の容易に腐食し難い金属線または**直径 1.6 mm 以上の軟銅線**としなければならない。（第 29 条第 1 項，第 17 条第 4 項）

直径 1.6 mm の軟銅線は，**より線では 2 mm² に相当する**ので，5.5 mm² の軟銅線はこの要件を満足している。

（3）　誤。高圧電路に施設する避雷器には，**A種接地工事**を施さなければならない。また，電路に施設する高圧機械器具の金属製外箱には，A種接地工事を施さなければならない。さらに，高圧計器用変成器の 2 次側電路には，D 種接地工事を施さなければならない。（第 37 条第 3 項，第29 条第 1 項，第 28 条第 1 項）

共用接地を行う場合の接地抵抗値は，各々の接地工事の接地抵抗値のうち低い値の接地種別としなければならない。よって，この施設では A 種接地工事を施さなければならない。したがって，接地抵抗値は **10 Ω 以下**としなければならない。

（4）　正。「高圧架空電線路から電気の供給を受ける**受電電力が 500 kW 以上**の需要場所の**引込口**」（第 37 条第 1 項第三号）には避雷器を施設し，

A 種接地工事を施さなければならない（第 37 条第 3 項）。

（5）　正。電路に施設する高圧機械器具の金属製外箱には，A 種接地工事を施さなければならない。ただし，高圧機械器具を木柱その他これに類する絶縁性のものの上であって，人が触れるおそれがない高さに施設する場合には接地工事を省略できる。（第 29 条第 1，2 項）

この施設は接地工事の省略条件を満足しているが，接地工事をしても何ら問題はない。

解説 ······················

柱上気中開閉器（PAS：Pole Air Switch）と避雷器（LA：Lightning Arrester）をそれぞれ単独接地した場合，LA 放電時には避雷器設置点の電位は「制限電圧 ＋ 接地抵抗 × 雷撃電流」となって，制限電圧を上回る。このため，これは PAS の耐サージ電圧を超える場合があり，LA の保護効果が低下することから，PAS と LA は共用接地とすることが望ましい。

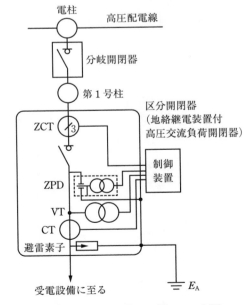

図 23-1　LA 内蔵 GR 付 PAS の例

問 24　出題分野＜電技解釈＞　　　　　平成 30 年度 問 6

次の文章は，「電気設備技術基準の解釈」に基づく発電所等への取扱者以外の者の立入の防止に関する記述である。

高圧又は特別高圧の機械器具及び母線等（以下，「機械器具等」という。）を屋外に施設する発電所，蓄電所又は変電所，開閉所若しくはこれらに準ずる場所は，次により構内に取扱者以外の者が立ち入らないような措置を講じること。ただし，土地の状況により人が立ち入るおそれがない箇所については，この限りでない。

a　さく，へい等を設けること。

b　特別高圧の機械器具等を施設する場合は，上記 a のさく，へい等の高さと，さく，へい等から充電部分までの距離との和は，表に規定する値以上とすること。

充電部分の使用電圧の区分	さく，へい等の高さと，さく，へい等から充電部分までの距離との和
35 000 V 以下	（ア）　m
35 000 V を超え 160 000 V 以下	（イ）　m

c　出入口に立入りを　（ウ）　する旨を表示すること。

d　出入口に　（エ）　装置を施設して　（エ）　する等，取扱者以外の者の出入りを制限する措置を講じること。

上記の記述中の空白箇所（ア），（イ），（ウ）及び（エ）に当てはまる組合せとして，正しいものを次の（1）～（5）のうちから一つ選べ。

	（ア）	（イ）	（ウ）	（エ）
（1）	5	6	禁止	施錠
（2）	5	6	禁止	監視
（3）	4	5	確認	施錠
（4）	4	5	禁止	施錠
（5）	4	5	確認	監視

（一部改題）

問24の解答　出題項目＜38条＞

「電気設備技術基準の解釈」第38条(発電所等への取扱者以外の者の立入の防止)第1項からの出題である。

a～dの空白箇所を補充すると次のようになる。

*　　*　　*　　*　　*　　*　　*

a　さく，へい等を設けること。

b　特別高圧の機械器具等を施設する場合は，上記aのさく，へい等の高さと，さく，へい等から充電部分までの距離との和は，表に規定する値以上とすること。

充電部分の使用電圧の区分	さく，へい等の高さと，さく，へい等から充電部分までの距離との和
35 000 V 以下	**5** m
35 000 V を超え 160 000 V 以下	**6** m

c　出入口に立入りを**禁止**する旨を表示すること。

d　出入口に**施錠**装置を施設して**施錠**する等，取扱者以外の者の出入りを制限する措置を講じること。

解説

bの離隔距離のイメージは**図24-1**のとおりである。

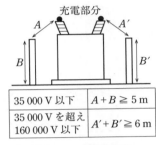

35 000 V 以下	$A+B \geqq 5$ m
35 000 V を超え 160 000 V 以下	$A'+B' \geqq 6$ m

図24-1　離隔距離

問 25 出題分野＜電技解釈＞　　　　　　　　　　　　　令和 4 年度上期 問 5

次の文章は，「電気設備技術基準の解釈」に基づく電線路の接近状態に関する記述である。

a)　第 1 次接近状態とは，架空電線が他の工作物と接近する場合において，当該架空電線が他の工作物の　(ア)　において，水平距離で　(イ)　以上，かつ，架空電線路の支持物の地表上の高さに相当する距離以内に施設されることにより，架空電線路の電線の　(ウ)　，支持物の　(エ)　等の際に，当該電線が他の工作物に　(オ)　おそれがある状態をいう。

b)　第 2 次接近状態とは，架空電線が他の工作物と接近する場合において，当該架空電線が他の工作物の　(ア)　において水平距離で　(イ)　未満に施設される状態をいう。

上記の記述中の空白箇所(ア)～(オ)に当てはまる組合せとして，正しいものを次の(1)～(5)のうちから一つ選べ。

	(ア)	(イ)	(ウ)	(エ)	(オ)
(1)	上方，下方又は側方	3 m	振動	傾斜	損害を与える
(2)	上方又は側方	3 m	切断	倒壊	接触する
(3)	上方又は側方	3 m	切断	傾斜	接触する
(4)	上方，下方又は側方	2 m	切断	倒壊	接触する
(5)	上方，下方又は側方	2 m	振動	傾斜	損害を与える

理論 電力 機械 法規

令和5(2023)上期
令和5(2023)下期
選抜90問
選抜85問
選抜90問
選抜65問

問 25 の解答　　出題項目＜49条＞　　　　　　　　答え　(2)

「電気設備技術基準の解釈」第49条(電線路に係る用語の定義)からの出題で，空白箇所を補充すると次のようになる。

＊　＊　＊　＊　＊　＊　＊

a)　第1次接近状態とは，架空電線が他の工作物と接近する場合において，当該架空電線が他の工作物の**上方又は側方**において，水平距離で**3 m** 以上，かつ，架空電線路の支持物の地表上の高さに相当する距離以内に施設されることにより，架空電線路の電線の**切断**，支持物の**倒壊**等の際に，当該電線が他の工作物に**接触する**おそれがある状態をいう。

b)　第2次接近状態とは，架空電線が他の工作物と接近する場合において，当該架空電線が他の工作物の**上方又は側方**において水平距離で**3 m**未満に施設される状態をいう。

解説

接近状態の範囲を**図25-1**に示す。

① **接近状態**　第1次接近状態と第2次接近状態の両方を指す。

② **第1次接近状態**　支持物の地表上の高さH[m]を半径として円を描いたとき，円弧の内側に該当する部分で，架空電架空電線路の電線の切断や支持物の倒壊などの際に，当該電線が他の工作物に接触するおそれがある状態のことを指す。

③ **第2次接近状態**　架空電線が他の工作物の上方または側方において水平距離で3 m 未満に施設される状態で，第2次接近状態内では，第1次接近状態内に比べて架空電架空電線路の電線の切断や支持物の倒壊などの際に，当該電線が他の工作物に接触するおそれが特に大きい。

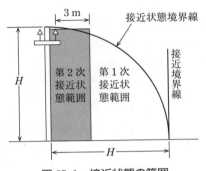

図 25-1　接近状態の範囲

④ **接近状態の中に他の工作物が入る場合**

架空電線路の施設の強化を図った低圧保安工事や高圧保安工事としなければならない。

なお，「接近」は併行する場合は含まれるが，交差して近づくことは含まれない。また，接近状態には架空電線が他の工作物の上方または側方において接近する場合を含むが，下方において接近する場合は含まない。

問 26　出題分野＜電技解釈＞

次の文章は,「電気設備技術基準の解釈」における架空電線路の支持物の昇塔防止に関する記述である。

架空電線路の支持物に取扱者が昇降に使用する足場金具等を施設する場合は,地表上 　(ア)　 m 以上に施設すること。ただし,次のいずれかに該当する場合はこの限りでない。

a　足場金具等が 　(イ)　 できる構造である場合

b　支持物に昇塔防止のための装置を施設する場合

c　支持物の周囲に取扱者以外の者が立ち入らないように,さく,へい等を施設する場合

d　支持物を山地等であって人が 　(ウ)　 立ち入るおそれがない場所に施設する場合

上記の記述中の空白箇所(ア),(イ)及び(ウ)に当てはまる組合せとして,正しいものを次の(1)～(5)のうちから一つ選べ。

	(ア)	(イ)	(ウ)
(1)	2.0	内部に格納	頻繁に
(2)	2.0	取り外し	頻繁に
(3)	2.0	内部に格納	容易に
(4)	1.8	取り外し	頻繁に
(5)	1.8	内部に格納	容易に

問 26 の解答　　出題項目＜53条＞　　　　　　　　答え　(5)

「電気設備技術基準の解釈」第53条（架空電線路の支持物の昇塔防止）からの出題である。

問題文の空白箇所を補充すると次のようになる。

＊　＊　＊　＊　＊　＊　＊

架空電線路の支持物に取扱者が昇降に使用する足場金具等を施設する場合は，地表上 **1.8** m 以上に施設すること。ただし，次のいずれかに該当する場合はこの限りでない。

　a　足場金具等が**内部に格納**できる構造である場合

　b　支持物に昇塔防止のための装置を施設する場合

　c　支持物の周囲に取扱者以外の者が立ち入らないように，さく，へい等を施設する場合

　d　支持物を山地等であって人が**容易**に立ち入るおそれがない場所に施設する場合

解　説

架空電線路の支持物に一般公衆が昇塔すると，電線に触れ感電する危険がある。このため，昇塔しにくくするため，地表上 1.8 m 未満には原則として足場金具などを設けてはならない。本問は，この例外規定について問うている。

例外規定は，主に架空電線路の保守員が迅速かつ安全に昇塔できるようにするためのものである。

なお，昇塔防止のための装置の例は**図 26-1** に示すとおりである。

図 26-1　鉄塔昇塔防止金具

問 27 出題分野＜電技解釈＞ 令和元年度 問 8

次の a ～ f の文章は低高圧架空電線の施設に関する記述である。

これらの文章の内容について，「電気設備技術基準の解釈」に基づき，適切なものと不適切なものの組合せとして，正しいものを次の(1)～(5)のうちから一つ選べ。

a 車両の往来が頻繁な道路を横断する低圧架空電線の高さは，路面上 6 m 以上の高さを保持するよう施設しなければならない。

b 車両の往来が頻繁な道路を横断する高圧架空電線の高さは，路面上 6 m 以上の高さを保持するよう施設しなければならない。

c 横断歩道橋の上に低圧架空電線を施設する場合，電線の高さは当該歩道橋の路面上 3 m 以上の高さを保持するよう施設しなければならない。

d 横断歩道橋の上に高圧架空電線を施設する場合，電線の高さは当該歩道橋の路面上 3 m 以上の高さを保持するよう施設しなければならない。

e 高圧架空電線をケーブルで施設するとき，他の低圧架空電線と接近又は交差する場合，相互の離隔距離は 0.3 m 以上を保持するよう施設しなければならない。

f 高圧架空電線をケーブルで施設するとき，他の高圧架空電線と接近又は交差する場合，相互の離隔距離は 0.3 m 以上を保持するよう施設しなければならない。

	a	b	c	d	e	f
（1）	不適切	不適切	適切	不適切	適切	適切
（2）	不適切	不適切	適切	適切	適切	不適切
（3）	適切	適切	不適切	不適切	適切	不適切
（4）	適切	不適切	適切	適切	不適切	不適切
（5）	適切	適切	適切	不適切	不適切	不適切

問 27 の解答　　出題項目<68，74条>　　　　　答え　（5）

a～d は「電気設備技術基準の解釈」（以下，「解釈」と略す）第 68 条（低高圧架空電線の高さ），e～f は解釈第 74 条（低高圧架空電線と他の低高圧架空電線との接近又は交差）からの出題である。

　a　適切。低圧線の道路横断は路面上 6 m 以上。

　b　適切。高圧線の道路横断は路面上 6 m 以上。

　c　適切。低圧線の横断歩道橋上の高さは路面上 3 m 以上。

　d　不適切。高圧線の横断歩道橋上の高さは**路面上 3.5 m 以上。**←低圧より 0.5 m 高い

　e　不適切。高圧架空電線をケーブルで施設するとき，他の低圧架空電線と接近又は交差する場合の相互の離隔距離は **0.4 m 以上。**

　f　不適切。高圧架空電線をケーブルで施設するとき，他の高圧架空電線と接近又は交差する場合の相互の離隔距離は **0.4 m 以上。**

解説

解釈第 74 条（低高圧架空電線と他の低高圧架空電線との接近又は交差）に定める離隔距離の規定には，次のルールが適用されている。

① **低圧絶縁電線と低圧絶縁電線**

0.6 m 以上（一方がケーブルの場合は 0.3 m 以上）

② **高圧絶縁電線と高圧絶縁電線**

0.8 m 以上（一方がケーブルの場合は 0.4 m 以上）

③ **高圧絶縁電線と低圧絶縁電線**

0.8 m 以上（一方がケーブルの場合は 0.4 m 以上）

理論　電力　機械　法規　令和 5（2023）上期　令和 5（2023）下期　選抜 90 問　選抜 85 問　選抜 90 問　選抜 65 問

問 28　出題分野＜電技解釈＞　　　平成 24 年度 問 8

次の文章は，「電気設備技術基準の解釈」に基づく，高圧架空電線路の電線の断線，支持物の倒壊等による危険を防止するため必要な場合に行う，高圧保安工事に関する記述の一部である。

a.　電線は，ケーブルである場合を除き，引張強さ　(ア)　kN 以上のもの又は直径 5 mm 以上の　(イ)　であること。

b.　木柱の　(ウ)　荷重に対する安全率は，2.0 以上であること。

c.　径間は，電線に引張強さ　(ア)　kN のもの又は直径 5 mm の　(イ)　を使用し，支持物に B 種鉄筋コンクリート柱又は B 種鉄柱を使用する場合の径間は　(エ)　m 以下であること。

上記の記述中の空白箇所(ア)，(イ)，(ウ)及び(エ)に当てはまる組合せとして，正しいものを次の(1)～(5)のうちから一つ選べ。

	(ア)	(イ)	(ウ)	(エ)
(1)	8.71	硬銅線	垂　直	100
(2)	8.01	硬銅線	風　圧	150
(3)	8.01	高圧絶縁電線	垂　直	400
(4)	8.71	高圧絶縁電線	風　圧	150
(5)	8.01	硬銅線	風　圧	100

(一部改題)

問 28 の解答　出題項目＜70条＞　　　　答え　(2)

「電気設備技術基準の解釈」第70条(低圧保安工事，高圧保安工事及び連鎖倒壊防止)からの出題である。

第2項　高圧架空電線路の電線の断線，支持物の倒壊等による危険を防止するため必要な場合に行う，高圧保安工事は，次の各号によること。

一　電線はケーブルである場合を除き，引張強さ **8.01 kN 以上**のもの又は**直径5 mm 以上**の**硬銅線**であること。

二　木柱の**風圧荷重**に対する安全率は，**2.0 以上**であること。

三　径間は，下表によること。ただし，電線に引張強さ 14.51 kN 以上のもの又は断面積 38 mm² 以上の硬銅より線を使用する場合であって，支持物に B 種鉄筋コンクリート柱，B 種鉄柱又は鉄塔を使用するときは，この限りでない。

支持物の種類	径間
木柱，A 種鉄筋コンクリート柱又は A 種鉄柱	100 m 以下
B 種鉄筋コンクリート柱又は B 種鉄柱	**150 m 以下**
鉄塔	400 m 以下

解説

高圧保安工事や低圧保安工事は，架空電線が建造物，道路，横断歩道橋，鉄道，軌道，索道，他の高圧や低圧架空電線，電車線等，架空弱電流電線，アンテナ，他の工作物と接近または交差する場合に，一般の工事よりも強化することを規定している。

補足　保安工事について，特に覚えておくべきポイントは，以下のとおりである。

● **低圧保安工事**

① **電線**は，次のいずれかによること。

・ケーブル

・引張強さ 8.01 kN 以上のものまたは**直径5 mm 以上**の硬銅線(使用電圧が 300 V 以下の場合は，引張強さ 5.26 kN 以上のものまたは直径4 mm 以上の硬銅線)

② **木柱**は，次によること。

・風圧荷重に対する**安全率**は，**2.0 以上**であること。

・木柱の太さは，**末口で直径 12 cm 以上**であること。

● **高圧保安工事**

① **電線はケーブル**である場合を除き，引張強さ 8.01 kN 以上のものまたは**直径5 mm 以上**の硬銅線であること。

② **木柱の風圧荷重**に対する**安全率**は，**2.0 以上**であること。

理論　電力　機械　法規　令和5(2023)上期　令和5(2023)下期　選抜90問　選抜85問　選抜90問　選抜65問

次の文章は，「電気設備技術基準の解釈」に基づく低高圧架空電線等の併架に関する記述の一部である。

低圧架空電線と高圧架空電線とを同一支持物に施設する場合は，次のいずれかによること。

a）　次により施設すること。

　　①　低圧架空電線を高圧架空電線の　(ア)　に施設すること。

　　②　低圧架空電線と高圧架空電線は，別個の　(イ)　に施設すること。

　　③　低圧架空電線と高圧架空電線との離隔距離は，　(ウ)　m 以上であること。ただし，かど柱，分岐柱等で混触のおそれがないように施設する場合は，この限りでない。

b）　高圧架空電線にケーブルを使用するとともに，高圧架空電線と低圧架空電線との離隔距離を　(エ)　m 以上とすること。

上記の記述中の空白箇所(ア)～(エ)に当てはまる組合せとして，正しいものを次の(1)～(5)のうちから一つ選べ。

	(ア)	(イ)	(ウ)	(エ)
(1)	上	支持物	0.5	0.5
(2)	上	支持物	0.5	0.3
(3)	下	支持物	0.5	0.5
(4)	下	腕金類	0.5	0.3
(5)	下	腕金類	0.3	0.5

問 29 の解答　出題項目＜80 条＞　　　　　　　　　　　　答え　（4）

「電気設備技術基準の解釈」（以下，「解釈」と略す）第 80 条（低高圧架空電線等の併架）からの出題である。

　問題文の空白箇所を補充すると次のようになる。

　　＊　　＊　　＊　　＊　　＊　　＊　　＊

　低圧架空電線と高圧架空電線とを同一支持物に施設する場合は，次のいずれかによること。

　a)　次により施設すること。

　①　低圧架空電線を高圧架空電線の**下**に施設すること。

　②　低圧架空電線と高圧架空電線は，別個の**腕金類**に施設すること。

　③　低圧架空電線と高圧架空電線との離隔距離は，**0.5** m 以上であること。ただし，かど柱，分岐柱等で混触のおそれがないように施設する場合は，この限りでない。

　b)　高圧架空電線にケーブルを使用するとともに，高圧架空電線と低圧架空電線との離隔距離を**0.3** m 以上とすること。

解 説

　「電気設備技術基準」第 28 条（電線の混触の防止）では，以下のように定めている。

　「第 28 条　電線路の電線，電力保安通信線又は電車線等は，他の電線又は弱電流電線等と接近し，若しくは交さする場合又は同一支持物に施設する場合には，他の電線又は弱電流電線等を損傷するおそれがなく，かつ，接触，断線等によって生じる混触による感電又は火災のおそれがないように施設しなければならない。」

　解釈第 80 条（低高圧架空電線等の併架）は，この具体的な施設方法を規定している。その規定内容を**図 29-1** に示す。

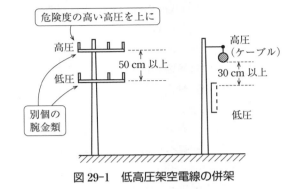

図 29-1　低高圧架空電線の併架

補 足

●**用語の違い**

　よく似た用語に「併架」「共架」「添架」がある。

[**併架**]「高圧架空電線と低圧架空電線」（解釈第 80 条）または「特別高圧架空電線と低高圧架空電線」（解釈第 104 条，第 107 条）を同一支持物に施設すること。

[**共架**]「低高圧架空電線と架空弱電流電線等」（解釈 81 条）または「特別高圧架空電線と架空弱電流電線等または低高圧架空電線等」（解釈第 105 条，107 条）を同一支持物に施設すること。

[**添架**]　架空電線と電力保安通信線を同一支持物に施設すること。（解釈第 134 条，137 条）

●**低高圧架空電線と架空弱電流電線との共架**

　解釈第 81 条（低高圧架空電線と架空弱電流電線等との共架）では，次のように施設することを規定している。

・架空電線を架空弱電流電線等の上とし，別個の腕金類に施設すること。（第二号）

・共架されている低圧架空電線と架空弱電流電線等との離隔距離は原則 0.75 m 以上（高圧架空電線と架空弱電流電線等との離隔距離は原則 1.5 m 以上）とすること。（第三号）

理論　電力　機械　**法規**

令和 **5** (2023) 上期

令和 **5** (2023) 下期

選抜 **90** 問

選抜 **85** 問

選抜 **90** 問

選抜 **65** 問

「電気設備技術基準の解釈」に基づく地中電線路の施設に関する記述として，誤っているものを次の（1）〜（5）のうちから一つ選べ。

（1）　地中電線路を管路式により施設する際，電線を収める管は，これに加わる車両その他の重量物の圧力に耐えるものとした。

（2）　高圧地中電線路を公道の下に管路式により施設する際，地中電線路の物件の名称，管理者名及び許容電流を 2 m の間隔で表示した。

（3）　地中電線路を暗きょ式により施設する際，暗きょは，車両その他の重量物の圧力に耐えるものとした。

（4）　地中電線路を暗きょ式により施設する際，地中電線に耐燃措置を施した。

（5）　地中電線路を直接埋設式により施設する際，車両の圧力を受けるおそれがある場所であるため，地中電線の埋設深さを 1.5 m とし，堅ろうなトラフに収めた。

問 30 の解答　　出題項目＜120 条＞　　　　　　　　　　　答え　（2）

「電気設備技術基準の解釈」（以下，「解釈」と略す）第 120 条（地中電線路の施設）からの出題である。

（1）　正。地中電線路を管路式により施設する際には，電線を収める管は，これに加わる車両その他の重量物の圧力に耐えるものとしなければならない。ここで，解釈では具体的な埋設深さが規定されていないので注意が必要である。

（2）　誤。高圧地中電線路を公道の下に直接埋設式または管路式により施設する際には，「**物件の名称，管理者名および電圧**」をおおむね 2 m の間隔で表示しなければならない。この表示は，**許容電流でなく電圧である**ことに注意しておくこと。

（3）　正。地中電線路を暗きょ式により施設する際には，暗きょは，車両その他の重量物の圧力に耐えるものとしなければならない。

（4）　正。地中電線路を暗きょ式により施設する際には，防火措置として，地中電線に耐燃措置を施さなければならない。

（5）　正。地中電線路を直接埋設式により施設する際には，車両その他の重量物の圧力を受けるおそれがある場所においては，地中電線の埋設深さを 1.2 m 以上，その他の場所においては 0.6 m 以上としなければならない。

解 説 ....

（2）　需要場所に施設する際の表示は電圧だけでよく，物件の名称と管理者名は省略することができる。また，需要場所に施設する高圧地中電線路であって，その長さが 15 m 以下のものにあっては表示を省略できる。

図 30-1 は，地中電線路と地表の間に布設する埋設標識シートである。

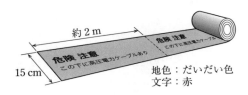

約 2 m

危険 注意
この下に高圧電力ケーブルあり

15 cm

地色：だいだい色
文字：赤

図 30-1　埋設標識シートの例

（4）　防火措置として，地中電線に耐燃措置を施す方法に代えて，暗きょ内に自動消火装置を施設する方法でもよい。

（5）　堅ろうなトラフに収めるのは，地中電線を衝撃から防護するためである。

次の文章は，「電気設備技術基準の解釈」における低圧幹線の施設に関する記述の一部である。

低圧幹線の電源側電路には，当該低圧幹線を保護する過電流遮断器を施設すること。ただし，次のいずれかに該当する場合は，この限りでない。

a　低圧幹線の許容電流が，当該低圧幹線の電源側に接続する他の低圧幹線を保護する過電流遮断器の定格電流の55％以上である場合

b　過電流遮断器に直接接続する低圧幹線又は上記aに掲げる低圧幹線に接続する長さ　(ア)　m以下の低圧幹線であって，当該低圧幹線の許容電流が，当該低圧幹線の電源側に接続する他の低圧幹線を保護する過電流遮断器の定格電流の35％以上である場合

c　過電流遮断器に直接接続する低圧幹線又は上記a若しくは上記bに掲げる低圧幹線に接続する長さ　(イ)　m以下の低圧幹線であって，当該低圧幹線の負荷側に他の低圧幹線を接続しない場合

d　低圧幹線に電気を供給する電源が　(ウ)　のみであって，当該低圧幹線の許容電流が，当該低圧幹線を通過する　(エ)　電流以上である場合

上記の記述中の空白箇所(ア)，(イ)，(ウ)及び(エ)に当てはまる組合せとして，正しいものを次の(1)～(5)のうちから一つ選べ。

	(ア)	(イ)	(ウ)	(エ)
(1)	10	5	太陽電池	最大短絡
(2)	8	5	太陽電池	定格出力
(3)	10	5	燃料電池	定格出力
(4)	8	3	太陽電池	最大短絡
(5)	8	3	燃料電池	定格出力

問31の解答　出題項目＜148条＞

「電気設備技術基準の解釈」第148条(低圧幹線の施設)第1項第四号からの出題である。

問題文の空白箇所を補充すると次のようになる。

＊　　＊　　＊　　＊　　＊　　＊　　＊

低圧幹線の電源側電路には，当該低圧幹線を保護する過電流遮断器を施設すること。ただし，次のいずれかに該当する場合は，この限りでない。

a　低圧幹線の許容電流が，当該低圧幹線の電源側に接続する他の低圧幹線を保護する過電流遮断器の定格電流の 55 ％以上である場合

b　過電流遮断器に直接接続する低圧幹線又は上記 a に掲げる低圧幹線に接続する長さ **8** m 以下の低圧幹線であって，当該低圧幹線の許容電流が，当該低圧幹線の電源側に接続する他の低圧幹線を保護する過電流遮断器の定格電流の 35 ％以上である場合

c　過電流遮断器に直接接続する低圧幹線又は上記 a 若しくは b に掲げる低圧幹線に接続する長さ **3** m 以下の低圧幹線であって，当該低圧幹線の負荷側に他の低圧幹線を接続しない場合

d　低圧幹線に電気を供給する電源が**太陽電池**のみであって，当該低圧幹線の許容電流が，当該低圧幹線を通過する**最大短絡**電流以上である場合

解説

a～c の内容を図示すると，**図 31-1** のようになる。なお，d は太陽電池は定電流源であり，短絡電流は定格電流の 1.1～1.3 倍程度であることを考慮して規定されたものである。

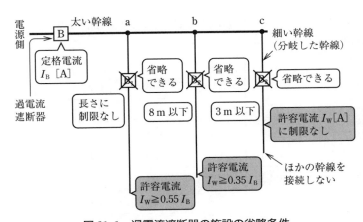

図 31-1　過電流遮断器の施設の省略条件

電気使用場所の低圧幹線の施設について，次の(a)及び(b)の問に答えよ。

(a) 次の表は，一つの低圧幹線によって電気を供給される電動機又はこれに類する起動電流が大きい電気機械器具(以下この問において「電動機等」という。)の定格電流の合計値 I_M[A]と，他の電気使用機械器具の定格電流の合計値 I_H[A]を示したものである。また，「電気設備技術基準の解釈」に基づき，当該低圧幹線に用いる電線に必要な許容電流は，同表に示す I_C の値[A]以上でなければならない。ただし，需要率，力率等による修正はしないものとする。

I_M[A]	I_H[A]	I_M+I_H[A]	I_C[A]
47	49	96	96
48	48	96	(ア)
49	47	96	(イ)
50	46	96	(ウ)
51	45	96	102

上記の表中の空白箇所(ア)，(イ)及び(ウ)に当てはまる組合せとして，正しいものを次の(1)～(5)のうちから一つ選べ。

	(ア)	(イ)	(ウ)
(1)	96	109	101
(2)	96	108	109
(3)	96	109	109
(4)	108	108	109
(5)	108	109	101

(次々頁に続く)

理論 電力 機械 法規

令和5 (2023) 上期

令和5 (2023) 下期

選抜90問

選抜85問

選抜90問

選抜65問

問32（a）の解答　出題項目＜148条＞　　答え　（3）

　許容電流の求め方は，「電気設備技術基準の解釈」（以下，「解釈」と略す）第148条（低圧幹線の施設）に規定されている。当該低圧幹線に用いる電線に必要な許容電流 I_A は，**表32-1** に示す I_C の値以上でなければならない。

表 32-1

I_M[A]	I_H[A]	I_M+I_H[A]	I_C[A]
47	49	96	96
48	48	96	**96** ←（ア）
49	47	96	**109** ←（イ）
50	46	96	**109** ←（ウ）
51	45	96	102

　表中の I_M は電動機等の定格電流の合計値[A]，I_H は他の電気使用機械器具の定格電流の合計値[A]である。（ア）～（ウ）のそれぞれの値は，以下のように求めることができる。

　（ア）　$I_H \geqq I_M$ に該当するので，

$$I_A \geqq I_M + I_H$$

　　$\therefore\ I_C = \mathbf{96}\,[\mathbf{A}]$

　（イ）　$I_M > I_H$ で $I_M \leqq 50$[A]に該当するので，

$$I_A \geqq 1.25 I_M + I_H = 1.25 \times 49 + 47$$
$$= 108.25$$

　　$\therefore\ I_C = \mathbf{109}\,[\mathbf{A}]$

　（ウ）　$I_M > I_H$ で $I_M \leqq 50$[A]に該当するので，

$$I_A \geqq 1.25 I_M + I_H = 1.25 \times 50 + 46$$
$$= 108.5$$

　　$\therefore\ I_C = \mathbf{109}\,[\mathbf{A}]$

解説

　$I_M > I_H$ で $I_M > 50$[A]に該当する場合の低圧幹線に用いる電線の許容電流 I_A の算出には，次式を用いなければならない。

$$I_A \geqq 1.1 I_M + I_H\,[\text{A}]$$

　表36-1において，$I_M = 51$[A]> 50[A]なので，

$$I_A \geqq 1.1 \times 51 + 45 = 101.1$$

　　$\therefore\ I_C = 102\,[\text{A}]$

（続き）

（b）　次の表は，「電気設備技術基準の解釈」に基づき，低圧幹線に電動機等が接続される場合にお
ける電動機等の定格電流の合計値 I_M[A] と，他の電気使用機械器具の定格電流の合計値 I_H[A]
と，これらに電気を供給する一つの低圧幹線に用いる電線の許容電流 $I_C{}'$[A] と，当該低圧幹線
を保護する過電流遮断器の定格電流の最大値 I_B[A] を示したものである。ただし，需要率，力率
等による修正はしないものとする。

I_M[A]	I_H[A]	$I_C{}'$[A]	I_B[A]
60	20	88	（エ）
70	10	88	（オ）
80	0	88	（カ）

　　　上記の表中の空白箇所(エ)，(オ)及び(カ)に当てはまる組合せとして，正しいものを次の(1)
〜(5)のうちから一つ選べ。

	（エ）	（オ）	（カ）
（1）	200	200	220
（2）	200	220	220
（3）	200	220	240
（4）	220	220	240
（5）	220	200	240

811

理論 電力 機械 法規

令和5(2023)上期

令和5(2023)下期

選抜90問

選抜85問

選抜90問

選抜65問

問32（b）の解答　出題項目＜148条＞　　答え　（2）

定格電流の求め方は，解釈第148条（低圧幹線の施設）で規定されている。

当該低圧幹線を保護する過電流遮断器の定格電流I_Bは，**表32-2**に示す値以下でなければならない。

表32-2

I_M[A]	I_H[A]	I_C'[A]	I_B[A]
60	20	88	**200**←（エ）
70	10	88	**220**←（オ）
80	0	88	**220**←（カ）

表中のI_C'（$=I_A$）は低圧幹線の許容電流[A]である。（エ）～（カ）のそれぞれの値は，次のように求めることができる。

（エ）　$I_B \leqq 3I_M + I_H = 3 \times 60 + 20 = 200$[A]

$I_B \leqq 2.5I_A = 2.5 \times 88 = 220$[A]

小さい方の**200 A**を採択する。

（オ）　$I_B \leqq 3I_M + I_H = 3 \times 70 + 10 = 220$[A]

$I_B \leqq 2.5I_A = 2.5 \times 88 = 220$[A]

両者同じ値であり，**220 A**を採択する。

（カ）　$I_B \leqq 3I_M + I_H = 3 \times 80 + 0 = 240$[A]

$I_B \leqq 2.5I_A = 2.5 \times 88 = 220$[A]

小さい方の**220 A**を採択する。

解説

過電流遮断器の定格電流は，**図32-1**のフローを用いた計算によって求められる。

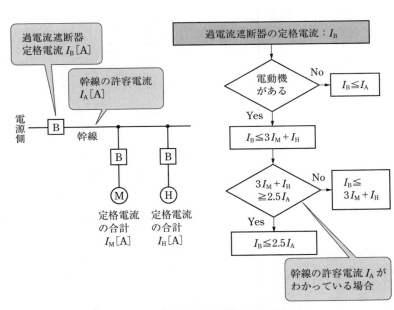

図32-1　過電流遮断器の定格電流の求め方

電気使用場所の配線に関し，次の（ａ）及び（ｂ）の問に答えよ。

（ａ） 次の文章は，「電気設備技術基準」における電気使用場所の配線に関する記述の一部である。

① 配線は，施設場所の ［ （ア） ］ 及び電圧に応じ，感電又は火災のおそれがないように施設しなければならない。

② 配線の使用電線（裸電線及び ［ （イ） ］ で使用する接触電線を除く。）には，感電又は火災のおそれがないよう，施設場所の ［ （ア） ］ 及び電圧に応じ，使用上十分な ［ （ウ） ］ 及び絶縁性能を有するものでなければならない。

③ 配線は，他の配線，弱電流電線等と接近し，又は ［ （エ） ］ する場合は，［ （オ） ］ による感電又は火災のおそれがないように施設しなければならない。

上記の記述中の空白箇所（ア），（イ），（ウ），（エ）及び（オ）に当てはまる組合せとして，正しいものを次の（１）～（５）のうちから一つ選べ。

	（ア）	（イ）	（ウ）	（エ）	（オ）
（１）	状況	特別高圧	耐熱性	接触	混触
（２）	環境	高圧又は特別高圧	強度	交さ	混触
（３）	環境	特別高圧	強度	接触	電磁誘導
（４）	環境	高圧又は特別高圧	耐熱性	交さ	電磁誘導
（５）	状況	特別高圧	強度	交さ	混触

（ｂ） 周囲温度が 50 ℃ の場所において，定格電圧 210 V の三相 3 線式で定格消費電力 15 kW の抵抗負荷に電気を供給する低圧屋内配線がある。金属管工事により絶縁電線を同一管内に収めて施設する場合に使用する電線（各相それぞれ 1 本とする。）の導体の公称断面積［mm²］の最小値は，「電気設備技術基準の解釈」に基づけば，いくらとなるか。正しいものを次の（１）～（５）のうちから一つ選べ。

ただし，使用する絶縁電線は，耐熱性を有する 600 V ビニル絶縁電線（軟銅より線）とし，表 1 の許容電流及び表 2 の電流減少係数を用いるとともに，この絶縁電線の周囲温度による許容電流補正係数の計算式は $\sqrt{\dfrac{75-\theta}{30}}$（$\theta$ は周囲温度で，単位は℃）を用いるものとする。

表 1

導体の公称断面積［mm²］	許容電流［A］
3.5	37
5.5	49
8	61
14	88
22	115

表 2

同一管内の電線数	電流減少係数
3 以下	0.70
4	0.63
5 又は 6	0.56

（１） 3.5 （２） 5.5 （３） 8 （４） 14 （５） 22

問 33 （a）の解答 　出題項目＜電技 56，57，62 条＞　　　　答え　（5）

①は「電気設備技術基準」（以下，「電技」と略す）第 56 条（配線の感電又は火災の防止）第 1 項，②は電技第 57 条（配線の使用電線）第 1 項，③は電技第 62 条（配線による他の配線等又は工作物への危険の防止）第 1 項からの出題である。

問題文の空白箇所を補充すると次のようになる。

＊　＊　＊　＊　＊　＊　＊

①　配線は，施設場所の**状況**及び電圧に応じ，感電又は火災のおそれがないように施設しなければならない。

②　配線の使用電線（裸電線及び**特別高圧**で使用する接触電線を除く。）には，感電又は火災のおそれがないよう，施設場所の**状況**及び電圧に応じ，使用上十分な**強度**及び絶縁性能を有するものでなければならない。

③　配線は，他の配線，弱電流電線等と接近し，又は**交**さする場合は，**混触**による感電又は火災のおそれがないように施設しなければならない。

解説

屋内配線，屋側配線，屋外配線，接触電線，移動電線などは，その施設場所の状況に応じ，また，使用される電圧に応じ，それぞれ施設方法が定められている。電技第 56 条（配線の感電又は火災の防止）は，これらに対する一般規定である。

問 33 （b）の解答 　出題項目＜解釈 146，148 条＞　　　　答え　（4）

三相抵抗負荷の定格消費電力 $P_n[\text{W}]$ は，定格電圧を $V_n[\text{V}]$，定格電流を $I_n[\text{A}]$ とすると，

$$P_n = \sqrt{3}\,V_n I_n[\text{W}]$$

$$\therefore\ I_n = \frac{P_n}{\sqrt{3}\,V_n} = \frac{15 \times 10^3}{\sqrt{3} \times 210} \fallingdotseq 41.2[\text{A}]$$

絶縁電線の周囲温度による許容電流補正係数 α は，周囲温度 θ が 50 ℃であるので，

$$\alpha = \sqrt{\frac{75-\theta}{30}} = \sqrt{\frac{75-50}{30}} = \sqrt{\frac{25}{30}} \fallingdotseq 0.91$$

電流減少係数 β は，三相 3 線式の場合，金属管に収める電線数が 3 本であるので，問題中の表 2 から $\beta = 0.70$ であることがわかる。

したがって，絶縁電線の許容電流 I_w は，

$$I_w \times \alpha \times \beta \geqq I_n$$

$$\therefore\ I_w \geqq \frac{I_n}{\alpha\beta} = \frac{41.2}{0.91 \times 0.70} \fallingdotseq 64.7[\text{A}]$$

これを満足する導体の公称断面積は，問題中の表 1 より，14 mm² であることがわかる。

解説

「電気設備技術基準の解釈」（以下，「解釈」と略す）第 148 条（低圧幹線の施設）第二号では，電線の許容電流は，低圧幹線の各部分ごとに，その部分を通じて供給される電気使用機械器具の**定格電流の合計値以上**であることと規定している。

また，解釈第 146 条（低圧配線に使用する電線）第 2 項では，低圧配線に使用する，**600 V ビニル絶縁電線**，600 V ポリエチレン絶縁電線，600 V ふっ素樹脂絶縁電線及び 600 V ゴム絶縁電線の許容電流を定めている。

補足

① 周囲温度による許容電流補正係数

補正係数 α は，絶縁体の材料及び施設場所の区分に応じて定められており，周囲温度が 30 ℃以下の場合には，$\theta = 30[\text{℃}]$ として計算することとされているので注意が必要である。

② 電流減少係数

電流減少係数 β は，絶縁電線を絶縁管に収めて使用すると，**本数が多いほど熱放散が悪くなる**ことを考慮して定められている。問題中の表 2 は，金属管のほか合成樹脂管，金属可とう電線管，金属線ぴに収めて使用する場合にも適用できる。

問 34　出題分野＜電技解釈＞　　　　　　　　　令和 2 年度 問 8

次の文章は，「電気設備技術基準の解釈」に基づく特殊機器等の施設に関する記述である。

a）　遊戯用電車（遊園地の構内等において遊戯用のために施設するものであって，人や物を別の場所へ運送することを主な目的としないものをいう。）に電気を供給するために使用する変圧器は，絶縁変圧器であるとともに，その 1 次側の使用電圧は　(ア)　V 以下であること。

b）　電気浴器の電源は，電気用品安全法の適用を受ける電気浴器用電源装置（内蔵されている電源変圧器の 2 次側回路の使用電圧が　(イ)　V 以下のものに限る。）であること。

c）　電気自動車等（カタピラ及びそりを有する軽自動車，大型特殊自動車，小型特殊自動車並びに被牽引自動車を除く。）から供給設備（電力変換装置，保護装置等の電気自動車等から電気を供給する際に必要な設備を収めた筐体等をいう。）を介して，一般用電気工作物に電気を供給する場合，当該電気自動車等の出力は，　(ウ)　kW 未満であること。

　上記の記述中の空白箇所(ア)〜(ウ)に当てはまる組合せとして，正しいものを次の(1)〜(5)のうちから一つ選べ。

	(ア)	(イ)	(ウ)
(1)	300	10	10
(2)	150	5	10
(3)	300	5	20
(4)	150	10	10
(5)	300	10	20

問34の解答　　出題項目＜189，198条，199条の2＞　　　　　答え　（1）

a）は「電気設備技術基準の解釈」（以下，「解釈」と略す）第189条（遊戯用電車の施設），b）は解釈第198条（電気浴器等の施設），c）は解釈第199条の2（電気自動車等から電気を供給するための設備等の施設）からの出題である。

問題文の空白箇所を補充すると次のようになる。

＊　＊　＊　＊　＊　＊　＊

a）　遊戯用電車（遊園地の構内等において遊戯用のために施設するものであって，人や物を別の場所へ運送することを主な目的としないものをいう。）に電気を供給するために使用する変圧器は，絶縁変圧器であるとともに，その1次側の使用電圧は<u>300</u> V以下であること。

b）　電気浴器の電源は，電気用品安全法の適用を受ける電気浴器用電源装置（内蔵されている電源変圧器の2次側電路の使用電圧が<u>10</u> V以下のものに限る。）であること。

c）　電気自動車等（カタピラ及びそりを有する軽自動車，大型特殊自動車，小型特殊自動車並びに被牽引自動車を除く。）から供給設備（電力変換装置，保護装置等の電気自動車等から電気を供給する際に必要な設備を収めた筐体等をいう。）を介して，一般用電気工作物に電気を供給する場合，当該電気自動車等の出力は，<u>10</u> kW未満であること。

解説

図34-1に，電気自動車等から電気を供給するための設備等の施設のイメージを示す。

Point 規定の数値を覚えておくこと。

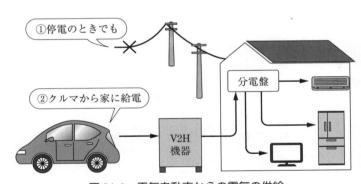

①停電のときでも

②クルマから家に給電

分電盤

V2H 機器

図34-1　電気自動車からの電気の供給
（出典：一般社団法人　次世代自動車振興センター，ホームページ）

次の文章は，「電気設備技術基準の解釈」における，分散型電源の系統連系設備に係る用語の定義の一部である。

a. 「解列」とは， (ア) から切り離すことをいう。

b. 「逆潮流」とは，分散型電源設置者の構内から，一般送配電事業者が運用する (ア) 側へ向かう (イ) の流れをいう。

c. 「単独運転」とは，分散型電源を連系している (ア) が事故等によって系統電源と切り離された状態において，当該分散型電源が発電を継続し，線路負荷に (イ) を供給している状態をいう。

d. 「 (ウ) 的方式の単独運転検出装置」とは，分散型電源の有効電力出力又は無効電力出力等に平時から変動を与えておき，単独運転移行時に当該変動に起因して生じる周波数等の変化により，単独運転状態を検出する装置をいう。

e. 「 (エ) 的方式の単独運転検出装置」とは，単独運転移行時に生じる電圧位相又は周波数等の変化により，単独運転状態を検出する装置をいう。

上記の記述中の空白箇所(ア)，(イ)，(ウ)及び(エ)に当てはまる組合せとして，正しいものを次の(1)～(5)のうちから一つ選べ。

	(ア)	(イ)	(ウ)	(エ)
(1)	母 線	皮相電力	能 動	受 動
(2)	電力系統	無効電力	能 動	受 動
(3)	電力系統	有効電力	能 動	受 動
(4)	電力系統	有効電力	受 動	能 動
(5)	母 線	無効電力	受 動	能 動

（一部改題）

理論 電力 機械 法規

令和5(2023)上期

令和5(2023)下期

選抜90問

選抜85問

選抜90問

選抜65問

問35の解答　出題項目＜220条＞　　答え　(3)

「電気設備技術基準の解釈」第220条(分散型電源の系統連系設備に係る用語の定義)からの出題である。

問題文の空白箇所を補充すると次のようになる。

＊　＊　＊　＊　＊　＊　＊

a.　「解列」とは，**電力系統**から切り離すことをいう。

b.　「逆潮流」とは，分散型電源設置者の構内から，一般送配電事業者が運用する**電力系統**側へ向かう**有効電力**の流れをいう。

c.　「単独運転」とは，分散型電源を連系している**電力系統**が事故等によって系統電源と切り離された状態において，当該分散型電源が発電を継続し，線路負荷に**有効電力**を供給している状態をいう。

d.　「**能動**的方式の単独運転検出装置」とは，分散型電源の有効電力出力又は無効電力出力等に平時から変動を与えておき，単独運転移行時に当該変動に起因して生じる周波数等の変化により，単独運転状態を検出する装置をいう。

e.　「**受動**的方式の単独運転検出装置」とは，単独運転移行時に生じる電圧位相又は周波数等の変化により，単独運転状態を検出する装置をいう。

補足　分散型電源の系統連系に関する用語のうち，逆潮流については「なし」と「あり」を図示すると，図35-1のとおりである。

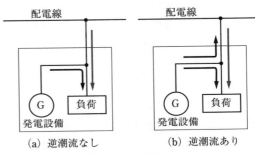

図35-1　逆潮流の区分

問 36　出題分野＜電技解釈＞　　　　　　　令和 4 年度下期 問 8

次の文章は，「電気設備技術基準の解釈」に基づく分散型電源の系統連系設備に関する記述である。

a）　逆変換装置を用いて分散型電源を電力系統に連系する場合は，逆変換装置から直流が電力系統へ流出することを防止するために，受電点と逆変換装置との間に変圧器（単巻変圧器を除く）を施設すること。ただし，次の①及び②に適合する場合は，この限りでない。

①　逆変換装置の交流出力側で直流を検出し，かつ，直流検出時に交流出力を　(ア)　する機能を有すること。

②　次のいずれかに適合すること。
・逆変換装置の直流側電路が　(イ)　であること。
・逆変換装置に　(ウ)　を用いていること。

b）　分散型電源の連系により，一般送配電事業者が運用する電力系統の短絡容量が，当該分散型電源設置者以外の者が設置する遮断器の遮断容量又は電線の瞬時許容電流等を上回るおそれがあるときは，分散型電源設置者において，限流リアクトルその他の短絡電流を制限する装置を施設すること。ただし，　(エ)　の電力系統に逆変換装置を用いて分散型電源を連系する場合は，この限りでない。

上記の記述中の空白箇所(ア)～(エ)に当てはまる組合せとして，正しいものを次の(1)～(5)のうちから一つ選べ

	(ア)	(イ)	(ウ)	(エ)
(1)	停止	中性点接地式電路	高周波変圧器	低圧
(2)	抑制	中性点接地式電路	高周波チョッパ	高圧
(3)	停止	非接地式電路	高周波変圧器	高圧
(4)	停止	非接地式電路	高周波変圧器	低圧
(5)	抑制	非接地式電路	高周波チョッパ	低圧

問 36 の解答　出題項目＜221〜222 条＞　　　　答え　(4)

「電気設備技術基準の解釈」（以下，「解釈」と略す）第 221 条（直流流出防止変圧器の施設），第 222 条（限流リアクトル等の施設）からの出題である。

　問題文の空白箇所を補充すると次のようになる。

＊　　＊　　＊　　＊　　＊　　＊　　＊

a)　逆変換装置を用いて分散型電源を電力系統に連系する場合は，逆変換装置から直流が電力系統へ流出することを防止するために，受電点と逆変換装置との間に変圧器（単巻変圧器を除く）を施設すること。ただし，次の①及び②に適合する場合は，この限りでない。

①　逆変換装置の交流出力側で直流を検出し，かつ，直流検出時に交流出力を**停止**する機能を有すること。

②　次のいずれかに適合すること。

・逆変換装置の直流側電路が**非接地式電路**であること。

・逆変換装置に**高周波変圧器**を用いていること。

b)　分散型電源の連系により，一般送配電事業者が運用する電力系統の短絡容量が，当該分散型電源設置者以外の者が設置する遮断器の遮断容量又は電線の瞬時許容電流等を上回るおそれがあるときは，分散型電源設置者において，限流リアクトルその他の短絡電流を制限する装置を施設すること。ただし，**低圧**の電力系統に逆変換装置を用いて分散型電源を連系する場合は，この限りでない。

解説

a)　逆変換装置を用いて分散型電源を電力系統に連系する場合は，逆変換装置の内部故障等で逆変換装置から直流が系統へ流出するおそれがある。直流が系統へ流出すると，柱上変圧器の直流

偏磁現象（図 36-1）により，振動・騒音の増加，励磁電流の増大などを招く。

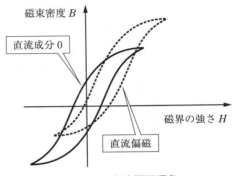

図 36-1　直流偏磁現象

　このため，逆変換装置の交流出力側に変圧器を設置することを原則としている。しかし，①及び②に適合する場合は，このようなおそれがないことから，例外的に変圧器の省略を認めている。（解釈第 221 条）

b)　分散型電源の連系により，一般送配電事業者が運用する電力系統の短絡容量が，当該分散型電源設置者以外の者が設置する遮断器の遮断容量または電線の瞬時許容電流等を上回るおそれがあるケースが考えられる。この場合，当該他者構内における事故時に遮断不能となるおそれがあること及び他者の引込ケーブル等の瞬時許容電流を上回り，それらの損傷等を招くおそれがある。

　この防止のため，原則的に分散型電源設置者において，限流リアクトルその他の短絡電流制限装置を施設するよう規定している。しかし，低圧配電線に逆変換装置により太陽光発電などを連系する場合は，短絡容量の増大が少ないことから，例外的に限流リアクトルその他の短絡電流を制限する装置の施設を省略することが認められている。（解釈第 222 条）

問 37　出題分野＜電技解釈＞　　　　　　　平成 29 年度 問 9

次の文章は，「電気設備技術基準の解釈」に基づく低圧連系時の系統連系用保護装置に関する記述である。

低圧の電力系統に分散型電源を連系する場合は，次により，異常時に分散型電源を自動的に　(ア)　するための装置を施設すること。

a　次に掲げる異常を保護リレー等により検出し，分散型電源を自動的に　(ア)　すること。

①　分散型電源の異常又は故障

②　連系している電力系統の短絡事故，地絡事故又は高低圧混触事故

③　分散型電源の　(イ)　又は逆充電

b　一般送配電事業者が運用する電力系統において再閉路が行われる場合は，当該再閉路時に，分散型電源が当該電力系統から　(ア)　されていること。

c　「逆変換装置を用いて連系する場合」において，「逆潮流有りの場合」の保護リレー等は，次によること。

表に規定する保護リレー等を受電点その他異常の検出が可能な場所に設置すること。

表

検出する異常	種類	補足事項
発電電圧異常上昇	過電圧リレー	※1
発電電圧異常低下	(ウ) リレー	※1
系統側短絡事故	(ウ) リレー	※2
系統側地絡事故・高低圧混触事故(間接)	(イ) 検出装置	※3
(イ) 又は逆充電	(イ) 検出装置	
	(エ) 上昇リレー	
	(エ) 低下リレー	

※1：分散型電源自体の保護用に設置するリレーにより検出し，保護できる場合は省略できる。

※2：発電電圧異常低下検出用の　(ウ)　リレーにより検出し，保護できる場合は省略できる。

※3：受動的方式及び能動的方式のそれぞれ1方式以上を含むものであること。系統側地絡事故・高低圧混触事故(間接)については，　(イ)　検出用の受動的方式等により保護すること。

上記の記述中の空白箇所(ア)，(イ)，(ウ)及び(エ)に当てはまる組合せとして，正しいものを次の(1)～(5)のうちから一つ選べ。

	(ア)	(イ)	(ウ)	(エ)
(1)	解列	単独運転	不足電力	周波数
(2)	遮断	自立運転	不足電圧	電力
(3)	解列	単独運転	不足電圧	周波数
(4)	遮断	単独運転	不足電圧	電力
(5)	解列	自立運転	不足電力	電力

問 37 の解答　出題項目＜227条＞

「電気設備技術基準の解釈」第227条（低圧連系時の系統連系用保護装置）第1項からの出題である。

問題文の空白箇所を補充すると次のようになる。

＊　＊　＊　＊　＊　＊　＊

低圧の電力系統に分散型電源を連系する場合は，次の各号により，異常時に分散型電源を自動的に**解列**するための装置を施設すること。

a　次に掲げる異常を保護リレー等により検出し，分散型電源を自動的に**解列**すること。

① 分散型電源の異常又は故障

② 連系している電力系統の短絡事故，地絡事故又は高低圧混触事故

③ 分散型電源の**単独運転**又は逆充電

b　一般送配電事業者が運用する電力系統において再閉路が行われる場合は，当該再閉路時に，分散型電源が当該電力系統から**解列**されていること。

c　「逆変換装置を用いて連系する場合」において，「逆潮流有りの場合」の保護リレー等は，次によること。表に規定する保護リレー等を受電点その他異常の検出が可能な場所に設置すること。

表

検出する異常	種類	補足事項
発電電圧異常	過電圧リレー	※1
発電電圧異常低下	**不足電圧**リレー	※1
系統側短絡事故	**不足電圧**リレー	※2
系統側地絡事故・高低圧混触事故（間接）	**単独運転**検出装置	※3
単独運転又は逆充電	**単独運転**検出装置	
	周波数上昇リレー	
	周波数低下リレー	

※1：分散型電源自体の保護用に設置するリレーにより検出し，保護できる場合は省略できる。

※2：発電電圧異常低下検出用の**不足電圧**リレーにより検出し，保護できる場合は省略できる。

※3：受動的方式及び能動的方式のそれぞれ1方式以上を含むものであること。系統側地絡事故・高低圧混触事故（間接）については，**単独運転**検出用の受動的方式等により保護すること。

解説

低圧の電力系統に分散型電源を連系する場合に，電力系統との間でとるべき保護協調の基本的な考え方を規定している。

問 38　出題分野＜電技解釈＞　　　　　　　　　　　　平成 30 年度 問 9

　次の文章は，「電気設備技術基準の解釈」における分散型電源の高圧連系時の系統連系用保護装置に関する記述の一部である。

　高圧の電力系統に分散型電源を連系する場合は，次の a～c により，異常時に分散型電源を自動的に解列するための装置を設置すること。

　a　次に掲げる異常を保護リレー等により検出し，分散型電源を自動的に解列すること。

　（a）　分散型電源の異常又は故障

　（b）　連系している電力系統の短絡事故又は地絡事故

　（c）　分散型電源の　(ア)

　b　一般送配電事業者が運用する電力系統において　(イ)　が行われる場合は，当該　(イ)　時に，分散型電源が当該電力系統から解列されていること。

　c　分散型電源の解列は，次によること。

　（a）　次のいずれかで解列すること。

　　①　受電用遮断器

　　②　分散型電源の出力端に設置する遮断器又はこれと同等の機能を有する装置

　　③　分散型電源の　(ウ)　用遮断器

　　④　母線連絡用遮断器

　（b）　複数の相に保護リレーを設置する場合は，いずれかの相で異常を検出した場合に解列すること。

　上記の記述中の空白箇所(ア)，(イ)及び(ウ)に当てはまる組合せとして，正しいものを次の(1)～(5)のうちから一つ選べ。

	(ア)	(イ)	(ウ)
(1)	単独運転	系統切り替え	連絡
(2)	過出力	再閉路	保護
(3)	単独運転	系統切り替え	保護
(4)	過出力	系統切り替え	連絡
(5)	単独運転	再閉路	連絡

問 38 の解答　出題項目＜229条＞　　答え　(5)

「電気設備技術基準の解釈」第229条（高圧連系時の系統連系用保護装置）からの出題である。

問題文の空白箇所を補充すると次のようになる。

＊　＊　＊　＊　＊　＊　＊

高圧の電力系統に分散型電源を連系する場合は，次のa～cにより，異常時に分散型電源を自動的に解列するための装置を設置すること。

a　次に掲げる異常を保護リレー等により検出し，分散型電源を自動的に解列すること。

（a）　分散型電源の異常又は故障

（b）　連系している電力系統の短絡事故又は地絡事故

（c）　分散型電源の**単独運転**

b　一般送配電事業者が運用する電力系統において**再閉路**が行われる場合は，当該**再閉路**時に，分散型電源が当該電力系統から解列されていること。

c　分散型電源の解列は，次によること。

（a）　次のいずれかで解列すること。

①　受電用遮断器

②　分散型電源の出力端に設置する遮断器又はこれと同等の機能を有する装置

③　分散型電源の**連絡**用遮断器

④　母線連絡用遮断器

（b）　複数の相に保護リレーを設置する場合は，いずれかの相で異常を検出した場合に解列すること。

解説

図38-1のような状態が単独運転の状態である。

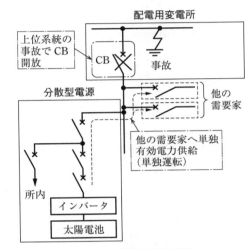

図 38-1　単独運転の状態

問 39　出題分野＜風力電技＞　　　　　　　　　　　令和4年度上期 問8

次の文章は，「発電用風力設備に関する技術基準を定める省令」に基づく風車に関する記述である。

風車は，次により施設しなければならない。

a）　負荷を　　(ア)　　したときの最大速度に対し，構造上安全であること。

b）　風圧に対して構造上安全であること。

c）　運転中に風車に損傷を与えるような　　(イ)　　がないように施設すること。

d）　通常想定される最大風速においても取扱者の意図に反して風車が　　(ウ)　　することのないように施設すること。

e）　運転中に他の工作物，植物等に接触しないように施設すること。

上記の記述中の空白箇所(ア)～(ウ)に当てはまる組合せとして，正しいものを次の(1)～(5)のうちから一つ選べ。

	(ア)	(イ)	(ウ)
(1)	遮断	振動	停止
(2)	連系	振動	停止
(3)	遮断	雷撃	停止
(4)	連系	雷撃	起動
(5)	遮断	振動	起動

825

理論
電力
機械
法規

令和5(2023)上期
令和5(2023)下期
選抜90問
選抜85問
選抜90問
選抜65問

問 39 の解答　　出題項目＜4条＞　　　　　　　答え　(5)

「発電用風力設備に関する技術基準を定める省令」第4条(風車)からの出題で，空白箇所を補充すると次のようになる。

　　＊　　＊　　＊　　＊　　＊　　＊　　＊

風車は，次により施設しなければならない。

　a) 負荷を**遮断**したときの最大速度に対し，構造上安全であること。

　b) 風圧に対して構造上安全であること。

　c) 運転中に風車に損傷を与えるような**振動**がないように施設すること。

　d) 通常想定される最大風速においても取扱者の意図に反して風車が**起動**することのないように施設すること。

　e) 運転中に他の工作物，植物等に接触しないように施設すること。

解説

プロペラ形風力発電設備を**図39-1**に示す。

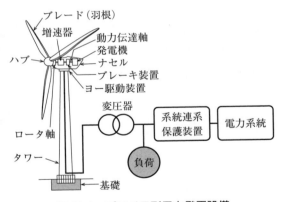

図 39-1　プロペラ形風力発電設備

　a)「負荷を遮断したときの(風車の)最大速度」とは，次の回転速度を指し，このときの遠心力に対しても構造上安全であることが要求される。

●カットアウト風速での通常停止の際の回転速度

●非常調速装置が作動した場合の，無拘束状態により昇速した場合の最大回転速度

　b) 風圧に対して構造上安全であることとされているが，ここでいう「風圧」は次の風圧を想定したものである。

●突風や台風などの強風による風圧荷重のうち最大のもの(**終局荷重**)

補足 台風などの際に故障や常用・非常用電源の喪失によりナセルを旋回させるヨー制御が不能になるなど，風車の回転制御ができないとき，風車の受風面積が最大の方向から受ける風圧にも耐える構造としなければならない。

●風車が風速および風向の時間的変化により生ずる荷重変動(**疲労荷重**)

補足 特にボルト接合部や溶接部に疲労が生じやすいため，その累積疲労にも耐える構造としなければならない。

　c)「運転中に風車に損傷を与えるような振動がないように施設すること」とは，風車とその支持物が共振した場合，風車の回転部を自動的に停止する装置を施設することを規定したものである。

　d)「通常想定される最大風速においても取扱者の意図に反して風車が起動することのないように施設すること」とは，風車の停止後に勝手に風車が起動し運転状態にならないようすることを規定したものである。

　e)「運転中に他の工作物，植物等に接触しないように施設すること」とは，風車を施設する際には周辺状況を考慮して施設することを規定したものである。

問 40 出題分野＜電気工事士法＞ 平成 29 年度 問 2

次の文章は，「電気工事士法」及び「電気工事士法施行規則」に基づく，同法の目的，特殊電気工事及び簡易電気工事に関する記述である。

a　この法律は，電気工事の作業に従事する者の資格及び義務を定め，もって電気工事の　(ア)　による　(イ)　の発生の防止に寄与することを目的とする。

b　この法律における自家用電気工作物に係る電気工事のうち特殊電気工事(ネオン工事又は　(ウ)　をいう。)については，当該特殊電気工事に係る特種電気工事資格者認定証の交付を受けている者でなければ，その作業(特種電気工事資格者が従事する特殊電気工事の作業を補助する作業を除く。)に従事することができない。

c　この法律における自家用電気工作物(電線路に係るものを除く。以下同じ。)に係る電気工事のうち電圧　(エ)　V 以下で使用する自家用電気工作物に係る電気工事については，認定電気工事従事者認定証の交付を受けている者は，その作業に従事することができる。

上記の記述中の空白箇所(ア)，(イ)，(ウ)及び(エ)に当てはまる組合せとして，正しいものを次の(1)〜(5)のうちから一つ選べ。

	(ア)	(イ)	(ウ)	(エ)
(1)	不良	災害	内燃力発電装置設置工事	600
(2)	不良	事故	内燃力発電装置設置工事	400
(3)	欠陥	事故	非常用予備発電装置工事	400
(4)	欠陥	災害	非常用予備発電装置工事	600
(5)	欠陥	事故	内燃力発電装置設置工事	400

問 40 の解答　　出題項目＜1，3条＞　　　　　　　答え　（4）

a は電気工事士法第 1 条（目的），b は同法第 3 条（電気工事士等）第 3 項，c は同法第 3 条（電気工事士等）第 4 項からの出題である。

問題文の空白箇所を補充すると次のようになる。

*　　*　　*　　*　　*　　*　　*

a　この法律は，電気工事の作業に従事する者の資格及び義務を定め，もって電気工事の**欠陥**による**災害**の発生の防止に寄与することを目的とする。

b　この法律における自家用電気工作物に係る電気工事のうち特殊電気工事（ネオン工事又は**非常用予備発電装置工事**をいう。）については，当該特殊電気工事に係る特種電気工事資格者認定証の交付を受けている者でなければ，その作業（特種電気工事資格者が従事する特殊電気工事の作業を補助する作業を除く。）に従事することができない。

c　この法律における自家用電気工作物（電線路に係るものを除く。以下同じ。）に係る電気工事のうち電圧 **600** V 以下で使用する自家用電気工作物に係る電気工事については，認定電気工事従事者認定証の交付を受けている者は，その作業に従事することができる。

解説

特種電気工事資格者や認定電気工事従事者の資格の作業対象は，**500 kW 未満の自家用電気工作物**である。第一種電気工事士や第二種電気工事士の免状の交付者は**都道府県知事**であるが，特種電気工事資格者や認定電気工事従事者の認定証の交付者は**経済産業大臣**である。

問 41 出題分野＜電気関係報告規則＞ 令和 2 年度 問 2

　自家用電気工作物の事故が発生したとき，その自家用電気工作物を設置する者は，「電気関係報告規則」に基づき，自家用電気工作物の設置の場所を管轄する産業保安監督部長に報告しなければならない。次の文章は，かかる事故報告に関する記述である。

　a）　感電又は電気工作物の破損若しくは電気工作物の誤操作若しくは電気工作物を操作しないことにより人が死傷した事故（死亡又は病院若しくは診療所　(ア)　した場合に限る。）が発生したときは，報告をしなければならない。

　b）　電気工作物の破損又は電気工作物の誤操作若しくは電気工作物を操作しないことにより，　(イ)　に損傷を与え，又はその機能の全部又は一部を損なわせた事故が発生したときは，報告をしなければならない。

　c）　上記 a）又は b）の報告は，事故の発生を知ったときから　(ウ)　時間以内可能な限り速やかに電話等の方法により行うとともに，事故の発生を知った日から起算して 30 日以内に報告書を提出して行わなければならない。

　上記の記述中の空白箇所(ア)〜(ウ)に当てはまる組合せとして，正しいものを次の(1)〜(5)のうちから一つ選べ。

	(ア)	(イ)	(ウ)
(1)	に入院	公共の財産	24
(2)	で治療	他の物件	48
(3)	に入院	公共の財産	48
(4)	に入院	他の物件	24
(5)	で治療	公共の財産	48

問 41 の解答　　出題項目＜3条＞　　　　　　答え　（4）

a）～c）は電気関係報告規則第3条（事故報告）からの出題である。

問題文の空白箇所を補充すると次のようになる。

＊　＊　＊　＊　＊　＊　＊

a）　感電又は電気工作物の破損若しくは電気工作物の誤操作若しくは電気工作物を操作しないことにより人が死傷した事故（死亡又は病院若しくは診療所に**入院**した場合に限る。）が発生したときは，報告をしなければならない。

b）　電気工作物の破損又は電気工作物の誤操作若しくは電気工作物を操作しないことにより，**他の物件**に損傷を与え，又はその機能の全部又は一部を損なわせた事故が発生したときは，報告をしなければならない。

c）　上記a）又はb）の報告は，事故の発生を知ったときから**24**時間以内可能な限り速やかに電話等の方法により行うとともに，事故の発生を知った日から起算して**30日以内**に報告書を提出して行わなければならない。

解　説

事故報告は，次の2ステップで行うことが規定されている。

Step 1（速報）　電話やFAXなどにより，所轄産業保安監督部長に**事故の発生を知ったときから24時間以内可能な限り速やかに**報告する。

Step 2（詳報）　規定の書式により，所轄産業保安監督部長に**事故の発生を知った日から起算して30日以内**に報告する。

理論　電力　機械　**法規**

令和5（2023）上期

令和5（2023）下期

選抜90問

選抜85問

選抜90問

選抜65問

問 42　出題分野＜電気用品安全法＞　　平成 27 年度 問 2

次の文章は，「電気用品安全法」に基づく電気用品の電線に関する記述である。

a.　　(ア)　電気用品は，構造又は使用方法その他の使用状況からみて特に危険又は障害が発生するおそれが多い電気用品であって，具体的な電線については電気用品安全法施行令で定めるものをいう。

b.　定格電圧が　(イ)　V 以上 600 V 以下のコードは，導体の公称断面積及び線心の本数に関わらず，　(ア)　電気用品である。

c.　電気用品の電線の製造又は　(ウ)　の事業を行う者は，その電線を製造し又は　(ウ)　する場合においては，その電線が経済産業省令で定める技術上の基準に適合するようにしなければならない。

d.　電気工事士は，電気工作物の設置又は変更の工事に　(ア)　電気用品の電線を使用する場合，経済産業省令で定める方式による記号がその電線に表示されたものでなければ使用してはならない。　(エ)　はその記号の一つである。

上記の記述中の空白箇所(ア)，(イ)，(ウ)及び(エ)に当てはまる組合せとして，正しいものを次の(1)～(5)のうちから一つ選べ。

	(ア)	(イ)	(ウ)	(エ)
(1)	特　定	30	販　売	JIS
(2)	特　定	30	販　売	＜PS＞E
(3)	甲　種	60	輸　入	＜PS＞E
(4)	特　定	100	輸　入	＜PS＞E
(5)	甲　種	100	販　売	JIS

問42の解答　出題項目＜2, 8, 28条＞　　　答え（4）

電気用品安全法第2条（定義），電気用品安全法施行令（別表第一），電気用品安全法第8条（基準適合義務等）及び同法第28条（使用の制限）からの出題である。

問題文の空白箇所を補充すると次のようになる。

　　＊　　＊　　＊　　＊　　＊　　＊　　＊

　a.　**特定**電気用品は，構造又は使用方法他の使用状況からみて特に危険又は障害の発生するおそれが多い電気用品であって，具体的な電線については電気用品安全法施行令で定めるものをいう。

　b.　定格電圧が **100 V** 以上 600 V 以下のコードは，導体の公称断面積及び線心の本数に関わらず，**特定**電気用品である。

　c.　電気用品の製造又は**輸入**の事業を行う者は，その電線を製造し又は**輸入**する場合においては，その電線が経済産業省令で定める技術上の基準に適合するようにしなければならない。

　d.　電気工事士は，電気工作物の設置又は変更の工事に**特定**電気用品の電線を使用する場合，経済産業省令で定める方式による記号がその電線に表示されたものでなければ使用してはならない。＜PS＞E はその記号の一つである。

補足　電気用品安全法では，特定電気用品および特定電気用品以外の用品を規定している。

① 特定電気用品

構造または使用方法その他の使用状況からみて**特に危険または障害の発生するおそれが多い電気用品**である。

（対象）　長時間，もっぱら監視のない状態で使用する電線，配線器具，人体に直接接触して使用する治療用器具など。

② 特定電気用品以外の用品

特定電気用品と比べ，危険度の低い電気用品である。

（対象）　テレビ，電気冷蔵庫，電気スタンドなど

問 43　出題分野＜電気事業法，電気施設管理＞　　　**令和 4 年度上期 問 9**

　次の文章は，電気の需給状況が悪化した場合における電気事業法に基づく対応に関する記述である。

　電力広域的運営推進機関（OCCTO）は，会員である小売電気事業者，一般送配電事業者，配電事業者又は特定送配電事業者の電気の需給の状況が悪化し，又は悪化するおそれがある場合において，必要と認めるときは，当該電気の需給の状況を改善するために，電力広域的運営推進機関の　(ア)　で定めるところにより，　(イ)　に対し，相互に電気の供給をすることや電気工作物を共有することなどの措置を取るように指示することができる。

　また，経済産業大臣は，災害等により電気の安定供給の確保に支障が生じたり，生じるおそれがある場合において，公共の利益を確保するために特に必要があり，かつ適切であると認めるときは　(ウ)　に対し，電気の供給を他のエリアに行うことなど電気の安定供給の確保を図るために必要な措置をとることを命ずることができる。

　上記の記述中の空白箇所(ア)～(ウ)に当てはまる組合せとして，適切なものを次の(1)～(5)のうちから一つ選べ。

	(ア)	(イ)	(ウ)
(1)	保安規程	会員	電気事業者
(2)	保安規程	事業者	一般送配電事業者
(3)	送配電等業務指針	特定事業者	特定自家用電気工作物設置者
(4)	業務規程	事業者	特定自家用電気工作物設置者
(5)	業務規程	会員	電気事業者

問 43 の解答　　出題項目＜28 条の 44，広域運営＞　　　答え　(5)

電気の需給状況が悪化した場合における，電気事業法に基づく対策についての出題である。

問題文の空白箇所を補充すると次のようになる。

* 　 * 　 * 　 * 　 * 　 * 　 *

電力広域的運営推進機関(OCCTO)は，会員である小売電気事業者，一般送配電事業者，配電事業者又は特定送配電事業者の電気の需給の状況が悪化し，又は悪化するおそれがある場合において，必要と認めるときは，当該電気の需給の状況を改善するために，電力広域的運営推進機関の**業務規程**で定めるところにより，**会員**に対し，相互に電気の供給をすることや電気工作物を共有することなどの措置を取るように指示することができる。

また，経済産業大臣は，災害等により電気の安定供給の確保に支障が生じたり，生じるおそれがある場合において，公共の利益を確保するために特に必要があり，かつ適切であると認めるときは**電気事業者**に対し，電気の供給を他のエリアに行うことなど電気の安定供給の確保を図るために必要な措置をとることを命ずることができる。

解説

電力広域的運営推進機関(OCCTO：Organiza-tion for Cross-regional Coordination of Transmission Operators, JAPAN)は，電気事業法に基づき中立・公平な立場で，電力の安定供給を維持し，供給システムをできる限り効率化するという任務のため 2015 年に発足された機関である。

需給状況悪化時の指示のイメージを，**図 43-1**のに示す。

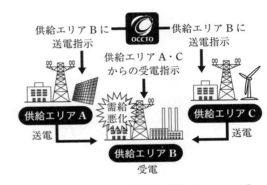

図 43-1　需給状況悪化時の指示のイメージ
(出典)電力広域的運営推進機関 HP

経済産業大臣には，電気の供給を他のエリアに行うことなど，電気の安定供給の確保を図るために必要な措置をとることを電気事業者に対して命令する権限がある。

理論
電力
機械
法規

令和
5
(2023)
上期

令和
5
(2023)
下期

選抜
90
問

選抜
85
問

選抜
90
問

選抜
65
問

　発電所の最大出力が 40 000 kW で最大使用水量が 20 m³/s，有効容量 360 000 m³ の調整池を有する水力発電所がある。河川流量が 10 m³/s 一定である時期に，河川の全流量を発電に利用して図のような発電を毎日行った。毎朝満水になる 8 時から発電を開始し，調整池の有効容量の水を使い切る x 時まで発電を行い，その後は発電を停止して翌日に備えて貯水のみをする運転パターンである。次の（a）及び（b）の問に答えよ。

　ただし，発電所出力［kW］は使用水量［m³/s］のみに比例するものとし，その他の要素にはよらないものとする。

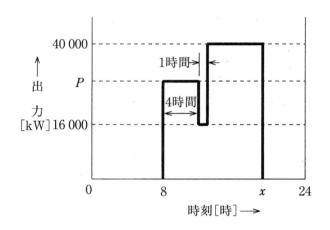

（a）　運転を終了する時刻 x として，最も近いものを次の（1）～（5）のうちから一つ選べ。

　　（1）　19 時　　　（2）　20 時　　　（3）　21 時　　　（4）　22 時　　　（5）　23 時

（b）　図に示す出力 P［kW］の値として，最も近いものを次の（1）～（5）のうちから一つ選べ。

　　（1）　20 000　　　（2）　22 000　　　（3）　24 000　　　（4）　26 000　　　（5）　28 000

問44（a）の解答　出題項目＜水力発電＞　　答え　（4）

調整池の容量は，題意により，x時に空から河川流量を全量使用して蓄えていき，翌8時に満水の有効水量（360 000 m³）となる。

有効水量は，貯水時間中の河川流量が 10 m³/s 一定のため，

$$\{(24-x)+(8-0)\}\times10\times3\,600=360\,000\,[\mathrm{m}^3]$$

が成り立つ。

上式の両辺を $10\times3\,600$ で割って整理すると，

$$24-x+8=10$$
$$\therefore\ x=24+8-10=22\,[時]$$

問44（b）の解答　出題項目＜水力発電＞　　答え　（4）

図 44-1 において，8 時から $x=22$ 時までの発電している時間を考える。

発電出力に対する流量は，発電出力に比例する。20 000 kW 時の流量 Q_{20} は，

$$\frac{Q_{20}}{20}=\frac{20\,000}{40\,000},\quad Q_{20}=\frac{20\,000}{40\,000}\times20=10\,[\mathrm{m}^3/\mathrm{s}]$$

16 000 kW 時の流量 Q_{16} は，

$$\frac{Q_{16}}{20}=\frac{16\,000}{40\,000},\quad Q_{16}=\frac{16\,000}{40\,000}\times20=8\,[\mathrm{m}^3/\mathrm{s}]$$

発電時間帯で使用する調整池の有効容量は，図の網掛部の放水-貯水で表せる。

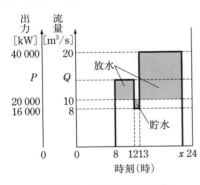

図 44-1　発電出力と流量

発電出力 $P\,[\mathrm{kW}]$ に対する流量 $Q\,[\mathrm{m}^3/\mathrm{s}]$ と図の数値により，網掛部の面積[m³]を表すと，

① 8～12 時：
$$(Q-10)\times(12-8)\times3\,600=(4Q-40)\times3\,600$$

② 12～13 時：
$$(8-10)\times1\times3\,600=-2\times3\,600$$

③ 13 時～22 時：
$$(20-10)\times(22-13)\times3\,600=90\times3\,600$$

①～③の式を合計した値が有効水量 360 000

m³ であり，式を整理すると，

$$(4Q-40-2+90)\times3\,600=360\,000$$
$$4Q+48=100,\quad 4Q=52$$
$$Q=13\,[\mathrm{m}^3/\mathrm{s}]$$

流量 $Q=13\,[\mathrm{m}^3/\mathrm{s}]$ に対する発電出力 $P\,[\mathrm{kW}]$ は，比例計算により，

$$\frac{P}{40\,000}=\frac{13}{20}$$

$$\therefore\ P=\frac{13}{20}\times40\,000=26\,000\,[\mathrm{kW}]$$

解説 ....

各時間の動作について図 44-1 で説明すると，以下のようになる。

① 0～8 時：
河川流量 10 m³/s を調整池に蓄えている。

② 8～12 時：
河川流量 10 m³/s + 調整池からの放水流量により $Q\,[\mathrm{m}^3/\mathrm{s}]$ で $P\,[\mathrm{kW}]$ 発電している。

③ 12～13 時：
河川流量 10 m³/s に対して 8 m³/s で 16 000 kW 発電している。同時に $10-8=2\,\mathrm{m}^3/\mathrm{s}$ の流量を調整池に蓄えている。

④ 13～22 時：
河川流量 10 m³/s + 調整池からの放水流量により 20 m³/s で 40 000 kW 発電している。

⑤ 22～24 時：
河川流量 10 m³/s を調整池に蓄えている。

Point 発電出力と使用水量の関係から問題を解く。

　需要家A～Cにのみ電力を供給している変電所がある。

　各需要家の設備容量と，ある1日(0～24時)の需要率，負荷率及び需要家A～Cの不等率を表に示す値とする。表の記載に基づき，次の(a)及び(b)の問に答えよ。

需要家	設備容量 [kW]	需要率 [%]	負荷率 [%]	不等率
A	800	55	50	
B	500	60	70	1.25
C	600	70	60	

(a)　3需要家A～Cの1日の需要電力量を合計した総需要電力量の値[kW·h]として，最も近いものを次の(1)～(5)のうちから一つ選べ。

　(1)　10 480　　　(2)　16 370　　　(3)　20 460　　　(4)　26 650　　　(5)　27 840

(b)　変電所から見た総合負荷率の値[%]として，最も近いものを次の(1)～(5)のうちから一つ選べ。ただし，送電損失，需要家受電設備損失は無視するものとする。

　(1)　42　　　(2)　59　　　(3)　62　　　(4)　73　　　(5)　80

問45（a）の解答　　出題項目＜需要率・不等率＞　　　　答え（2）

需要率や負荷率は，次式のように定義されている。

$$需要率 = \frac{最大需要電力[kW]}{設備容量[kW]} \times 100[\%] \quad ①$$

$$負荷率 = \frac{平均需要電力[kW]}{最大需要電力[kW]} \times 100[\%] \quad ②$$

これらの式から，

最大需要電力[kW]

　　＝設備容量[kW]×需要率[p.u.]　　③

平均需要電力[kW]

　　＝最大需要電力[kW]×負荷率[p.u.]　④

題意の数値を用いて③式，④式から計算すると，**表45-1**のようにまとめられる。

3需要家 A〜C の1日(24 h)の需要電力量を合計した総需要電力量 W_d は，**表45-1** の❼を用いると次式のように求められる。

$$W_d = 平均需要電力の総和[kW] \times 24[h]$$
$$= 682[kW] \times 24[h] = 16\,368$$
$$\fallingdotseq 16\,370[kW \cdot h]$$

解説

本問は3需要家に対する需要率と負荷率に関する問題である。需要率と負荷率の定義式は確実に覚えておかなければならない。計算結果を表45-1のようにワークシート形式でまとめると，計算作業がはかどる。

表 45-1

需要家	❶ 設備容量[kW]	❷ 需要率[p. u.]	❸(=❶×❷) 最大需要電力[kW]	❹ 負荷率[p. u.]	❺(=❸×❹) 平均需要電力[kW]
A	800	0.55	440	0.50	220
B	500	0.60	300	0.70	210
C	600	0.70	420	0.60	252
❻(=❸の合計) 最大需要電力の総和[kW]			1 160	❼(=❺の合計) 平均需要電力の総和[kW]	682

問45（b）の解答　　出題項目＜需要率・不等率＞　　　　答え（4）

総合負荷率は次式のように定義されている。

総合負荷率

$$= \frac{平均需要電力の総和}{合成最大需要電力} \times 100[\%] \quad ⑤$$

また，不等率は次式のように定義されている。

不等率

$$= \frac{最大需要電力の総和}{合成最大需要電力} \quad ⑥$$

⑥式を変形して⑤式に代入し，さらに各数値を代入して計算すると，

$$総合負荷率 = \frac{平均需要電力の総和}{\dfrac{最大需要電力の総和}{不等率}} \times 100$$

$$= \frac{682}{\dfrac{1\,160}{1.25}} \times 100 \fallingdotseq 73[\%]$$

解説

需要特性を示す三つの率(需要率，負荷率，不等率)は確実に覚えておき，駆使できるようにしておかなければならない。また，計算量が多く計算ミスをしやすいので，検算は欠かせない。

　図のように電源側 S 点から負荷点 A を経由して負荷点 B に至る線路長 L[km]の三相 3 線式配電線路があり，A 点，B 点で図に示す負荷電流が流れているとする。S 点の線間電圧を 6 600 V，配電線路の 1 線当たりの抵抗を 0.32 Ω/km，リアクタンスを 0.2 Ω/km とするとき，次の（a）及び（b）の問に答えよ。

　ただし，計算においては S 点，A 点及び B 点における電圧の位相差が十分小さいとの仮定に基づき適切な近似式を用いるものとする。

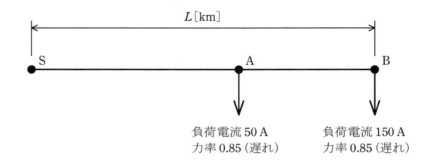

（a）　A-B 間の線間電圧降下を S 点線間電圧の 1% としたい。このときの A-B 間の線路長の値 [km]として，最も近いものを次の（1）～（5）のうちから一つ選べ。

　　（1）　0.39　　（2）　0.67　　（3）　0.75　　（4）　1.17　　（5）　1.30

（b）　A-B 間の線間電圧降下を S 点線間電圧の 1% とし，B 点線間電圧を S 点線間電圧の 96 % としたときの線路長 L の値[km]として，最も近いものを次の（1）～（5）のうちから一つ選べ。

　　（1）　2.19　　（2）　2.44　　（3）　2.67　　（4）　3.79　　（5）　4.22

問46 (a) の解答　出題項目＜電圧降下＞　答え (2)

線路長と電流の分布を図46-1のように表す。ここで，力率 $\cos\theta$ は $\cos\theta_A = \cos\theta_B$ であり，本文中にS点，A点およびB点における電圧の位相差が十分小さいと与えられているので，S-A間に流れる電流は I_A と I_B が同相であるとして扱えるため $(I_A + I_B)$ として表せる。

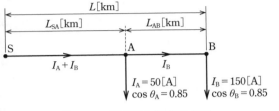

図46-1　線路長と電流の分布

線路長 L_{AB}[km] のA-B間の配電線路1線当りの抵抗とリアクタンスをそれぞれ R_{AB}[Ω]，X_{AB}[Ω]（単位長さ当りの抵抗とリアクタンスを

それぞれ r[Ω/km]，x[Ω/km]），S点の線間電圧を V_S[V] とすると，A-B間の電圧降下 v_{AB} は，

$$v_{AB} = \sqrt{3}I_B(R_{AB}\cos\theta_B + X_{AB}\sin\theta_B)$$
$$= \sqrt{3}I_B(rL_{AB}\cos\theta_B + xL_{AB}\sin\theta_B)$$
$$= \sqrt{3}I_B(r\cos\theta_B + x\sin\theta_B)L_{AB}$$
$$= 0.01V_S = 0.01 \times 6\,600$$
$$= 66\,[\text{V}]$$

$$\therefore L_{AB} = \frac{66}{\sqrt{3}I_B(r\cos\theta_B + x\sin\theta_B)}$$
$$= \frac{66}{\sqrt{3} \times 150(0.32 \times 0.85 + 0.2 \times \sqrt{1-0.85^2})}$$
$$\fallingdotseq 0.67\,[\text{km}]$$

解説 ･･････････････････････････････

三相3線式配電線路の電圧降下の基本式を用いただけの簡単な問題である。

問46 (b) の解答　出題項目＜電圧降下＞　答え (1)

線路長 L_{SA}[km] のS-A間の配電線路1線当りの抵抗とリアクタンスをそれぞれ R_{SA}[Ω]，X_{SA}[Ω]（単位長さ当りの抵抗とリアクタンスをそれぞれ r[Ω/km]，x[Ω/km]），S点の線間電圧を V_S[V] とすると，S-A間の電圧降下 v_{SA} は，

$$v_{SA} = \sqrt{3}\{R_{SA}(I_A\cos\theta_A + I_B\cos\theta_B)$$
$$\quad + X_{SA}(I_A\sin\theta_A + I_B\sin\theta_B)\}$$
$$= \sqrt{3}\{R_{SA}(I_A + I_B)\cos\theta$$
$$\quad + X_{SA}(I_A + I_B)\sin\theta\}$$
$$= \sqrt{3}(R_{SA}\cos\theta + X_{SA}\sin\theta)(I_A + I_B)$$
$$= \sqrt{3}(r\cos\theta + x\sin\theta)L_{SA}(I_A + I_B)$$
$$= 0.04V_S - 0.01V_S = 0.03V_S$$
$$= 0.03 \times 6\,600 = 198\,[\text{V}]$$

$$\therefore L_{SA} = \frac{198}{\sqrt{3}(r\cos\theta + x\sin\theta)(I_A + I_B)}$$
$$= \frac{198}{\sqrt{3} \times (0.32 \times 0.85 + 0.2 \times \sqrt{1-0.85^2}) \times 200}$$
$$\fallingdotseq 1.51\,[\text{km}]$$

以上より，求める線路長 L は，
$$L = L_{SA} + L_{AB} = 0.67 + 1.51$$
$$\fallingdotseq 2.18\,[\text{km}] \quad \rightarrow \quad 2.19\,\text{km}$$

解説 ･･････････････････････････････

分岐線路の電圧降下の計算は，計算量が多く計算ミスを犯しやすい。そこで，数値代入は計算式をシンプルに変形して最終形態としたところで行うように心がけなければならない。

問 47　出題分野＜電気施設管理＞　　　　　平成 24 年度 問 12

電気事業者から供給を受ける，ある需要家の自家用変電所を送電端とし，高圧三相 3 線式 1 回線の専用配電線路で受電している第 2 工場がある。第 2 工場の負荷は 2 000 kW，受電電圧は 6 000 V であるとき，第 2 工場の力率改善及び受電端電圧の調整を図るため，第 2 工場に電力用コンデンサを設置する場合，次の（a）及び（b）の問に答えよ。

ただし，第 2 工場の負荷の消費電力及び負荷力率（遅れ）は，受電端電圧によらないものとする。

（a）　第 2 工場の力率改善のために電力用コンデンサを設置したときの受電端のベクトル図として，正しいものを次の（1）～（5）のうちから一つ選べ。ただし，ベクトル図の文字記号と用語との関係は次のとおりである。

P：有効電力 [kW]

Q：電力用コンデンサ設置前の無効電力 [kvar]

Q_C：電力用コンデンサの容量 [kvar]

θ：電力用コンデンサ設置前の力率角 [°]

θ'：電力用コンデンサ設置後の力率角 [°]

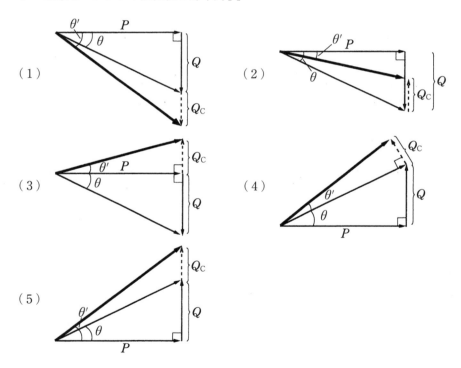

（b）　第 2 工場の受電端電圧を 6 300 V にするために設置する電力用コンデンサ容量 [kvar] の値として，最も近いものを次の（1）～（5）のうちから一つ選べ。

ただし，自家用変電所の送電端電圧は 6 600 V，専用配電線路の電線 1 線当たりの抵抗は 0.5 Ω 及びリアクタンスは 1 Ω とする。

また，電力用コンデンサ設置前の負荷力率は 0.6（遅れ）とする。

なお，配電線の電圧降下式は，簡略式を用いて計算するものとする。

（1）　700　　　（2）　900　　　（3）　1 500　　　（4）　1 800　　　（5）　2 000

841

理論 電力 機械 **法規**

令和 **5** (2023) 上期

令和 **5** (2023) 下期

選抜 **90** 問

選抜 **85** 問

選抜 **90** 問

選抜 **65** 問

問 47（a）の解答　出題項目＜進相コンデンサ＞　　答え（2）

第2工場に電力用コンデンサを設けた場合の電力ベクトル図を**図47-1**に示す。

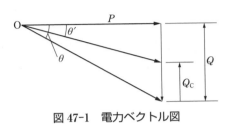

図 47-1　電力ベクトル図

図 47-1 において，コンデンサの設置前後で有効電力 $P(=2\,000[\mathrm{kW}])$ に変化はない。無効電力 Q は，電力用コンデンサ設置後に Q_c 分減少する。よって無効電力分のみが変化し，対応する位相角（力率角）も合わせて θ から θ' に減少する。

図 47-1 と同じものは，選択肢の中で（2）である。なお，無効電力 Q は，題意より，

$$Q=\frac{P}{\cos\theta}\cdot\sin\theta=\frac{2\,000}{0.6}\times\sqrt{1-0.6^2}$$
$$=2\,667[\mathrm{kvar}]$$

問 47（b）の解答　出題項目＜進相コンデンサ＞　　答え（4）

電力用コンデンサの設置前後における配電線路の電圧降下を簡略式により表す。

（1）　コンデンサ設置前の電圧降下 v

コンデンサ設置前の負荷電流を I，受電端電圧を V_r，配電線の1線当たりの抵抗およびリアクタンスを R，X とすると，

$$v=\sqrt{3}I(R\cos\theta+X\sin\theta)=6\,600-6\,000[\mathrm{V}]$$

負荷電流 $I=\dfrac{P}{\sqrt{3}\,V_r\cos\theta}$ を代入すると，

$$v=\sqrt{3}\,\frac{P}{\sqrt{3}\,V_r\cos\theta}(R\cos\theta+X\sin\theta)$$
$$=\frac{P}{V_r}\left(R+X\frac{\sin\theta}{\cos\theta}\right)=600 \qquad ①$$

（2）　コンデンサ設置後の電圧降下 v'

$$v'=6\,600-6\,300=300[\mathrm{V}]$$

上記（1）と同様の手順で電圧降下を表すと，

$$v'=\frac{P}{V_r'}\left(R+X\frac{\sin\theta'}{\cos\theta'}\right)=300[\mathrm{V}] \qquad ②$$

となる。ここで，コンデンサ設置後の受電端電圧を V_r' とする。

②式に数値を代入して，三角関数の $\dfrac{\sin\theta'}{\cos\theta'}$ を求める。

$$\frac{2\,000\times10^3}{6\,300}\left(0.5+1.0\cdot\frac{\sin\theta'}{\cos\theta'}\right)=300$$

$$0.5+1.0\cdot\frac{\sin\theta'}{\cos\theta'}=\frac{300\times6\,300}{2\,000\times10^3}$$

$$\therefore\ \frac{\sin\theta'}{\cos\theta'}=\frac{300\times6\,300}{2\,000\times10^3}-0.5$$
$$=0.445 \qquad ③$$

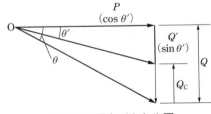

図 47-2　電力ベクトル図

図 47-2 において，$\cos\theta'$ に対応する長さは有効電力 P であり，$\sin\theta'$ に対応する長さはコンデンサ設置後の無効電力 Q' である。③式より，

$$Q'=P\frac{\sin\theta'}{\cos\theta'}=2\,000\times0.445=890[\mathrm{kvar}]$$

となる。また，コンデンサ設置前の無効電力は小問（a）より $Q=2\,667[\mathrm{kvar}]$ であるから，電力用コンデンサの容量 $Q_c[\mathrm{kvar}]$ は，

$$Q_c=Q-Q'=2\,667-890=1\,777$$
$$\fallingdotseq1\,800[\mathrm{kvar}]$$

問 48　出題分野＜電気施設管理＞　　　　　　　　　　平成 25 年度 問 11

高圧進相コンデンサの劣化診断について，次の（ a ）及び（ b ）の問に答えよ。

（ a ）　三相 3 線式 50 Hz，使用電圧 6.6 kV の高圧電路に接続された定格電圧 6.6 kV，定格容量 50 kvar（Y 結線，一相 2 素子）の高圧進相コンデンサがある。その内部素子の劣化度合い点検のため，運転電流を高圧クランプメータで定期的に測定していた。

　　　ある日の測定において，測定電流［A］の定格電流［A］に対する比は，図 1 のとおりであった。測定電流［A］に最も近い数値の組合せとして，正しいものを次の（ 1 ）〜（ 5 ）のうちから一つ選べ。

　　　ただし，直列リアクトルはないものとして計算せよ。

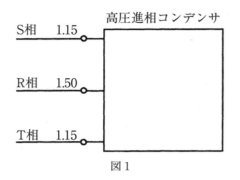

図 1

	R 相	S 相	T 相
（ 1 ）	6.6	5.0	5.0
（ 2 ）	7.5	5.7	5.7
（ 3 ）	3.8	2.9	2.9
（ 4 ）	11.3	8.6	8.6
（ 5 ）	7.2	5.5	5.5

（ b ）　（ a ）の測定により，劣化による内部素子の破壊（短絡）が発生していると判断し，機器停止のうえ各相間の静電容量を 2 端子測定法（1 端子開放で測定）で測定した。

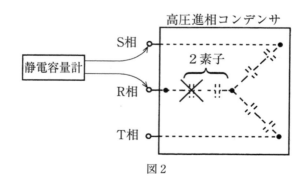

図 2

　　　図 2 のとおりの内部結線における素子破壊（素子極間短絡）が発生しているとすれば，静電容量測定結果の記述として，正しいものを次の（ 1 ）〜（ 5 ）のうちから一つ選べ。ただし，図中×印は，破壊素子を表す。

（ 1 ）　R-S 相間の測定値は，最も小さい。

（ 2 ）　S-T 相間の測定値は，最も小さい。

（ 3 ）　T-R 相間は，測定不能である。

（ 4 ）　R-S 相間の測定値は，S-T 相間の測定値の約 75［%］である。

（ 5 ）　R-S 相間と S-T 相間の測定値は，等しい。

問 48 （a）の解答 出題項目＜進相コンデンサ＞ 答え （1）

まず，進相コンデンサの定格電流 I_n[A]を求める。題意より，

定格容量 $Q_n=50$[kvar]$=50\times10^3$[var]

定格電圧 $V_n=6.6$[kV]$=6.6\times10^3$[V]

であるので，定格電流I_nは，

$$I_n=\frac{Q_n}{\sqrt{3}\,V_n}=\frac{50\times10^3}{\sqrt{3}\times6.6\times10^3}=4.374\,[\text{A}]$$

問題図 1 の測定電流に対する定格電流の比から，各相の測定電流を計算する。

R 相 $I_R=1.50\cdot I_n=1.50\times4.374=6.561\fallingdotseq6.6$[A]

S 相 $I_S=1.15\cdot I_n=1.15\times4.374=5.030\fallingdotseq5.0$[A]

T 相 $I_T=1.15\cdot I_n=1.15\times4.374=5.030\fallingdotseq5.0$[A]

問 48 （b）の解答 出題項目＜進相コンデンサ＞ 答え （2）

題意から，測定される静電容量値を計算する。

高圧進相コンデンサの等価回路を**図 48-1**に示す。各素子の静電容量値を $C_{S1}=C_{S2}=C$[F]とする。

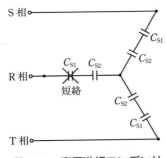

図 48-1 高圧進相コンデンサ

R-S 相間の静電容量値 C_{RS}，S-T 相間の静電容量値 C_{ST}，T-R 相間の静電容量値 C_{TR} は，

$$C_{RS}=\frac{1}{\frac{1}{C}+\frac{1}{C}+\frac{1}{C}}=\frac{C}{3}\,[\text{F}]$$

$$C_{ST}=\frac{1}{\frac{1}{C}+\frac{1}{C}+\frac{1}{C}+\frac{1}{C}}=\frac{C}{4}\,[\text{F}]$$

$$C_{TR}=\frac{1}{\frac{1}{C}+\frac{1}{C}+\frac{1}{C}}=\frac{C}{3}\,[\text{F}]$$

となる。よって，S-T 相間の静電容量が最も小さい。

正しい選択肢は（2）で，他は全て誤り。

解説

本問は，進相コンデンサの静電容量に関する計算問題である。

端子間の静電容量は，R-S 相および T-R 相間は 1 素子が短絡しているため，3 素子の直列回路で，S-T 相間は 4 素子の直列回路となる。

また，n 個の直列と並列の場合の合成抵抗は次の①，②式により計算する（**図 48-2**，**図 48-3**）。

$$C_S=\frac{1}{\frac{1}{C_1}+\frac{1}{C_2}+\frac{1}{C_3}+\cdots+\frac{1}{C_n}} \quad ①$$

$$C_P=C_1+C_2+C_3+\cdots+C_n \quad ②$$

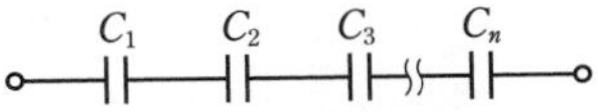

図 48-2 直列静電容量 C_S

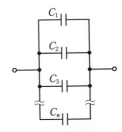

図 48-3 並列静電容量 C_P

Point 高圧進相コンデンサの静電容量を①式により計算する。

問 49 出題分野＜電気施設管理＞ 平成 26 年度 問 13

　三相 3 線式，受電電圧 6.6 kV，周波数 50 Hz の自家用電気設備を有する需要家が，直列リアクトルと進相コンデンサからなる定格設備容量 100 kvar の進相設備を施設することを計画した。この計画におけるリアクトルには，当該需要家の遊休中の進相設備から直列リアクトルのみを流用することとした。施設する進相設備の進相コンデンサのインピーダンスを基準として，これを −j100％ と考えて，次の（a）及び（b）の問に答えよ。

　なお，関係する機器の仕様は，次のとおりである。
　・施設する進相コンデンサ：回路電圧 6.6 kV，周波数 50 Hz，定格容量三相 106 kvar
　・遊休中の進相設備：回路電圧 6.6 kV，周波数 50 Hz
　　　　　　　　　　　進相コンデンサ　定格容量三相 160 kvar
　　　　　　　　　　　直列リアクトル　進相コンデンサのインピーダンスの 6％

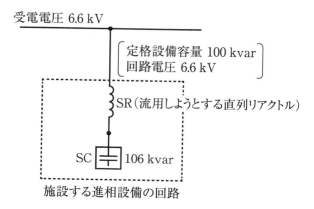

施設する進相設備の回路

（a）　回路電圧 6.6 kV のとき，施設する進相設備のコンデンサの端子電圧の値[V]として，最も近いものを次の（1）～（5）のうちから一つ選べ。
　　（1）　6 600　　　　（2）　6 875　　　　（3）　7 020　　　　（4）　7 170　　　　（5）　7 590

（b）　この計画における進相設備の，第 5 調波の影響に関する対応について，正しいものを次の（1）～（5）のうちから一つ選べ。
　　（1）　インピーダンスが 0％ の共振状態に近くなり，過電流により流用しようとするリアクトルとコンデンサは共に焼損のおそれがあるため，本計画の機器流用は危険であり，流用してはならない。
　　（2）　インピーダンスが約 −j10％ となり進み電流が多く流れ，流用しようとするリアクトルの高調波耐量が保証されている確認をしたうえで流用する必要がある。
　　（3）　インピーダンスが約 +j10％ となり遅れ電流が多く流れ，流用しようとするリアクトルの高調波耐量が保証されている確認をしたうえで流用する必要がある。
　　（4）　インピーダンスが約 −j25％ となり進み電流が流れ，流用しようとするリアクトルの高調波耐量を確認したうえで流用する必要がある。
　　（5）　インピーダンスが約 +j25％ となり遅れ電流が流れ，流用しようとするリアクトルの高調波耐量を確認したうえで流用する必要がある。

845

理論
電力
機械
法規

令和5(2023)上期

令和5(2023)下期

選抜90問

選抜85問

選抜90問

選抜65問

問 49 (a) の解答　出題項目＜進相コンデンサ＞　答え (2)

題意の進相設備の等価回路(1 相分)を**図 49-1**に示す。

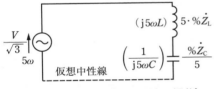

図 49-1　等価回路(1 相分)

題意から，進相コンデンサのインピーダンスを$\%\dot{Z}_{\mathrm{C}}=-\mathrm{j}\,100[\%]$と表す。

次に，流用しようとする直列リアクトルのイン

ピーダンス$\%\dot{Z}_{\mathrm{L}}$は，元が 160 kvar の 6 ％であるため，これを 106 kvar 基準に換算すると，

$$\%\dot{Z}_{\mathrm{L}}=\mathrm{j}\frac{106}{160}\times 6=\mathrm{j}\,3.975[\%]$$

回路(線間)電圧 V が加わったとき，コンデンサの端子電圧 V_{C} は，

$$V_{\mathrm{C}}=\sqrt{3}\cdot\frac{V}{\sqrt{3}}\cdot\frac{\%\dot{Z}_{\mathrm{C}}}{\%\dot{Z}_{\mathrm{C}}+\%\dot{Z}_{\mathrm{L}}}=\frac{\%\dot{Z}_{\mathrm{C}}}{\%\dot{Z}_{\mathrm{C}}+\%\dot{Z}_{\mathrm{L}}}V$$

$$=\frac{-\mathrm{j}\,100}{-\mathrm{j}\,100+\mathrm{j}\,3.975}\times 6\,600=6\,873.21$$

$$\fallingdotseq 6\,873[\mathrm{V}]\quad\rightarrow\quad 6\,875\ \mathrm{V}$$

問 49 (b) の解答　出題項目＜進相コンデンサ，高調波＞　答え (1)

第 5 高調波に対する等価回路(1 相分)を**図 49-2**に示す。

図 49-2　等価回路(第 5 調波 1 相分)

第 5 高調波におけるコンデンサのインピーダンス$\%\dot{Z}_{\mathrm{C5}}$，および直列リアクトルのインピーダンス$\%\dot{Z}_{\mathrm{L5}}$は，

$$\%\dot{Z}_{\mathrm{C5}}=\frac{\%\dot{Z}_{\mathrm{C}}}{5}=\frac{-\mathrm{j}\,100}{5}=-\mathrm{j}\,20[\%]$$

$$\%\dot{Z}_{\mathrm{L5}}=5(\%\dot{Z}_{\mathrm{L}})=5\times\mathrm{j}\,3.975=\mathrm{j}\,19.875[\%]$$

図 49-2 の電源に対するインピーダンス$\%\dot{Z}_{5}$は，

$$\%\dot{Z}_{5}=\%\dot{Z}_{5\mathrm{C}}+\%\dot{Z}_{5\mathrm{L}}=-\mathrm{j}\,20+\mathrm{j}\,19.875$$

$$=-\mathrm{j}\,0.125[\%]$$

この値は，図 49-1 の基本波に対するインピーダンス$\%\dot{Z}_{1}$の値，

$$\%\dot{Z}_{1}=\%\dot{Z}_{\mathrm{C}}+\%\dot{Z}_{\mathrm{L}}=-\mathrm{j}\,100+\mathrm{j}\,3.975$$

$$=-\mathrm{j}\,96.025[\%]$$

に対して非常に小さい。

第 5 高調波のインピーダンスが非常に小さい

$(\fallingdotseq 0)$ということは，共振状態に近く，コンデンサおよび直列リアクトルが過電流により焼損するおそれがある。

解説 ⟩⟩⟩⟩⟩⟩⟩⟩

本問のように，直列リアクトルを容量が異なる進相コンデンサで流用する場合は，基準の容量に対する百分率インピーダンスに換算して計算する必要がある。

基準容量 $P_{\mathrm{A}}[\mathrm{kV\cdot A}]$ の $\%Z_{\mathrm{A}}[\%]$ を新しい基準容量 $P_{\mathrm{B}}[\mathrm{kV\cdot A}]$ の $\%Z_{\mathrm{B}}[\%]$ に換算する公式は，

$$\%Z_{\mathrm{B}}=\frac{P_{\mathrm{B}}}{P_{\mathrm{A}}}\%Z_{\mathrm{A}}[\%] \qquad ①$$

である。本問の直列リアクトルのインピーダンス換算も①式を使用している。

また，回路の電圧は線間電圧であり，図 49-1，図 49-2 に示す等価回路は 1 相分で相電圧を表している。しかし，コンデンサ電圧とリアクトル電圧の比は結果的にインピーダンスの比となり，線間電圧も相電圧も比は同じとなる。したがって，本問の場合，Y 結線，Δ 結線を考慮しなくとも解ける。

Point 百分率インピーダンスは基準容量に換算する。

定格容量が 50 kV・A の単相変圧器 3 台を Δ-Δ 結線にし，一つのバンクとして，三相平衡負荷（遅れ力率 0.90）に電力を供給する場合について，次の（a）及び（b）の問に答えよ。

（a）　図1のように消費電力 90 kW（遅れ力率 0.90）の三相平衡負荷を接続し使用していたところ，3 台の単相変圧器のうちの 1 台が故障した。負荷はそのままで，残りの 2 台の単相変圧器を V-V 結線として使用するとき，このバンクはその定格容量より何 [kV・A] 過負荷となっているか。最も近いものを次の（1）～（5）のうちから一つ選べ。

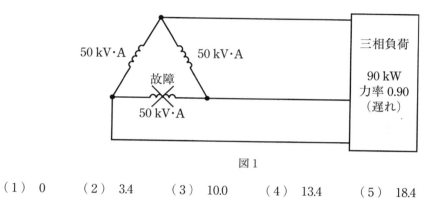

図 1

（1）　0　　　　（2）　3.4　　　　（3）　10.0　　　　（4）　13.4　　　　（5）　18.4

（b）　上記（a）において，故障した変圧器を同等のものと交換して 50 kV・A の単相変圧器 3 台を Δ-Δ 結線で復旧した後，力率改善のために，進相コンデンサを接続し，バンクの定格容量を超えない範囲で最大限まで三相平衡負荷（遅れ力率 0.90）を増加し使用したところ，力率が 0.96（遅れ）となった。このときに接続されている三相平衡負荷の消費電力の値 [kW] として，最も近いものを次の（1）～（5）のうちから一つ選べ。

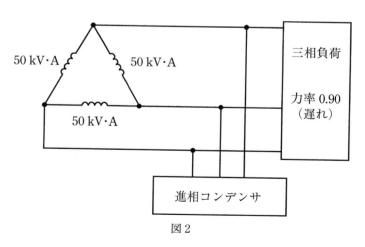

図 2

（1）　135　　　　（2）　144　　　　（3）　150　　　　（4）　156　　　　（5）　167

理論　電力　機械　**法規**

令和5 (2023) 上期

令和5 (2023) 下期

選抜90問

選抜85問

選抜90問

選抜65問

問50（a）の解答　　出題項目＜変圧器＞　　　　　　　　　　答え　（4）

変圧器1台につき定格容量の $\sqrt{3}/2$ 倍の利用率になるので，2台で供給できる電力 P_v は，

$$P_v=2\times50\times(\sqrt{3}/2)=86.6[\text{kV}\cdot\text{A}]$$

である。一方，負荷の皮相電力 S は，消費電力を P，力率を $\cos\phi$ とすると，

$$S=\frac{P}{\cos\phi}=\frac{90}{0.90}=100[\text{kV}\cdot\text{A}]$$

したがって，過負荷 ΔP は，

$$\Delta P=S-P_v=100-86.6=13.4[\text{kV}\cdot\text{A}]$$

解説 ••

変圧器がV結線の場合，変圧器1台当たりの容量が三相定格時の $\sqrt{3}/2$ までしか利用できない。V結線の利用率が $\sqrt{3}/2$ になることを確認する。

まず，図50-1の Δ 結線では，三相平衡負荷の場合は線電流 $I_{線}=\sqrt{3}\times I_{相}$ となり，負荷電圧は相電圧 $V_{相}=V/\sqrt{3}$ である。これらにより三相合計の全負荷電力 P_3 は，

$$P_3=3\times(V/\sqrt{3})\times I_{線}=3\times VI_{相} \qquad ①$$

したがって変圧器1台が負担する負荷電力は，$P_3\div3[台]=VI_{相}$ であり，定格容量 $VI_{相}$ まで利用

できる。

一方，図50-2のV結線では $I_{線}=I_{相}$ である。負荷電圧は $V/\sqrt{3}$ であるので，三相合計の全負荷電力 P_{V3} は，

$$P_{V3}=3\times(V/\sqrt{3})\times I_{線}=\sqrt{3}\,VI_{相}$$
$$=2\times(\sqrt{3}/2)VI_{相} \qquad ②$$

したがって変圧器1台が負担する負荷電力は，$P_{V3}\div2[台]=(\sqrt{3}/2)VI_{相}$ であり，定格容量 $VI_{相}$ の $\sqrt{3}/2$ 倍までしか利用できない。

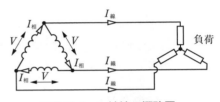

図 50-1　Δ 結線の概略図

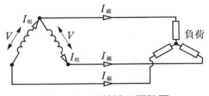

図 50-2　V 結線の概略図

問50（b）の解答　　出題項目＜変圧器＞　　　　　　　　　　答え　（2）

図50-3において，進相コンデンサの接続前の皮相電力を S とすると，進相コンデンサ接続後には Q_C だけ遅れ無効電力が改善されるので，皮相電力は S' となる。改善された力率を $\cos\theta'$ とし，図の有効電力 P がコンデンサ接続前後で変わらないことを利用して P を求める。まず S' は最大の三相平衡負荷なので，

$$S'=50\times3=150[\text{kV}\cdot\text{A}]$$

である。続いて力率 $\cos\theta'$ を考えると，

$$\cos\theta'=\frac{P}{S'}$$

なので，有効電力 P は，

$$P=S'\cos\theta'=150\times0.96=144[\text{kW}]$$

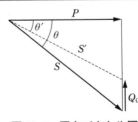

図 50-3　電力ベクトル図

解説 ••

力率改善用コンデンサの問題は電力科目でも定番なので，確実に解けるまで繰り返し学習しておきたい。

Point コンデンサの接続前後で有効電力が変わらないことを利用する。

問 51 出題分野＜電気施設管理＞ **令和 4 年度下期 問 12**

定格容量 500 kV・A，無負荷損 500 W，負荷損(定格電流通電時)6 700 W の変圧器を更新する。更新後の変圧器はトップランナー制度に適合した変圧器で，変圧器の容量，電圧及び周波数仕様は従来器と同じであるが，無負荷損は 150 W，省エネ基準達成率は 140 % である。

このとき，次の(a)及び(b)の問に答えよ。

ただし，省エネ基準達成率は次式で与えられるものとする。

$$省エネ基準達成率(\%)=\frac{基準エネルギー消費効率}{W_\mathrm{i}+W_\mathrm{C40}}\times100$$

ここで，基準エネルギー消費効率[注]は 1 250 W とし，W_i は無負荷損[W]，W_C40 は負荷率 40 % 時の負荷損[W]とする。

注)基準エネルギー消費効率とは判断の基準となる全損失をいう。

(a) 更新後の変圧器の負荷損(定格電流通電時)の値[W]として，最も近いものを次の(1)～(5)のうちから一つ選べ。

(1) 1 860 (2) 2 450 (3) 3 080 (4) 3 820 (5) 4 640

(b) 変圧器の出力電圧が定格状態で，300 kW 遅れ力率 0.8 の負荷が接続されているときの更新前後の変圧器の損失を考えてみる。この状態での更新前の変圧器の全損失を W_1，更新後の変圧器の全損失を W_2 とすると，W_2 の W_1 に対する比率[%]として，最も近いものを次の(1)～(5)のうちから一つ選べ。ただし，電圧変動による無負荷損への影響は無視できるものとする。

(1) 45 (2) 54 (3) 65 (4) 78 (5) 85

問 51（a）の解答　出題項目＜変圧器＞　　　　　答え（5）

省エネ基準達成率は次式で与えられている。

省エネ基準達成率

$$= \frac{\text{基準エネルギー消費効率}}{W_i + W_{C40}} \times 100 [\%]$$

題意より，省エネ基準達成率 $= 140[\%]$，更新後の変圧器の無負荷損 $W_i = 150[\text{W}]$ であり，負荷率 40 ％時の負荷損は $W_{C40}[\text{W}]$，基準消費エネルギー効率は $1\,250\,\text{W}$ であるから，

$$140 = \frac{1\,250}{150 + W_{C40}} \times 100$$

$$\rightarrow \quad 150 + W_{C40} = \frac{125\,000}{140} \fallingdotseq 893$$

$$\therefore \quad W_{C40} = 893 - 150 = 743[\text{W}]$$

更新後の変圧器の負荷損（定格電流通電時 ＝ 全負荷時）を $W_C[\text{W}]$ とすると，

$$W_{C40} = W_C\left(\frac{40}{100}\right)^2 = 0.16\,W_C = 743[\text{W}]$$

$$\therefore \quad W_C = \frac{743}{0.16} \fallingdotseq 4\,644[\text{W}] \quad \rightarrow \quad 4640\,\text{W}$$

解説 ･･････････････････････････

省エネルギーに関する風変わりな出題である。

●**トップランナー制度**

性能向上についての事業者の判断基準を，商品化されている中でエネルギー消費効率が最も優れたものの性能，技術開発の将来の見通し等を勘案して定め，エネルギー消費効率のさらなる改善推進を行う制度である。

定められた基準を目標年度までに達成することが求められ，基準値をクリアーした変圧器を**トップランナー変圧器**という。

問 51（b）の解答　出題項目＜変圧器＞　　　　　答え（3）

負荷の電力 $P = 300[\text{kW}]$，力率 $\cos\theta = 0.8$ であるから，皮相電力 S の値は，

$$S = \frac{P}{\cos\theta} = \frac{300}{0.8} = 375[\text{kV·A}]$$

更新前の変圧器の無負荷損 $W_{i1} = 500[\text{W}]$，全負荷時の負荷損 $W_{C1} = 6\,700[\text{W}]$，更新後の変圧器の無負荷損を $W_{i2} = 150[\text{W}]$，全負荷時の負荷損 $W_{C2} = W_C = 4\,644[\text{W}]$ であるから，更新前と更新後の全損失 $W_1[\text{W}]$ 及び $W_2[\text{W}]$ の値は，

$$W_1 = W_{i1} + \left(\frac{S}{500}\right)^2 W_{C1}$$

$$= 500 + \left(\frac{375}{500}\right)^2 \times 6\,700 \fallingdotseq 4\,269[\text{W}]$$

$$W_2 = W_{i2} + \left(\frac{S}{500}\right)^2 W_{C2}$$

$$= 150 + \left(\frac{375}{500}\right)^2 \times 4\,644 \fallingdotseq 2\,762[\text{W}]$$

したがって，W_2 の W_1 に対する比率は，

$$\frac{W_2}{W_1} \times 100 = \frac{2\,762}{4\,269} \times 100 \fallingdotseq 64.7[\%] \quad \rightarrow \quad 65\,\%$$

解説 ･･････････････････････････

変圧器の**無負荷損（鉄損）は負荷率に関わらず一定**であるが，**負荷損（銅損）は負荷率の 2 乗に比例**することの理解度を確認する内容である。

問52 出題分野＜電気施設管理＞ 平成30年度 問13

　ある需要家では，図1に示すように定格容量300 kV·A，定格電圧における鉄損430 W及び全負荷銅損2 800 Wの変圧器を介して配電線路から定格電圧で受電し，需要家負荷に電力を供給している。この需要家には出力150 kWの太陽電池発電所が設置されており，図1に示す位置で連系されている。

　ある日の需要家負荷の日負荷曲線が図2であり，太陽電池発電所の発電出力曲線が図3であるとするとき，次の（a）及び（b）の問に答えよ。

　ただし，需要家の負荷力率は100 %とし，太陽電池発電所の運転力率も100 %とする。なお，鉄損，銅損以外の変圧器の損失及び需要家構内の線路損失は無視するものとする。

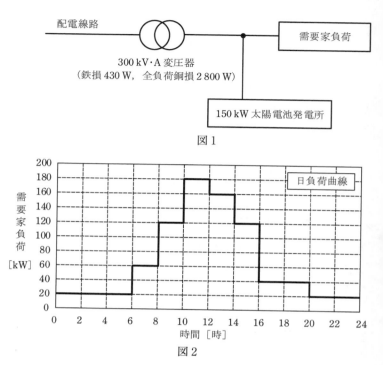

図1

図2

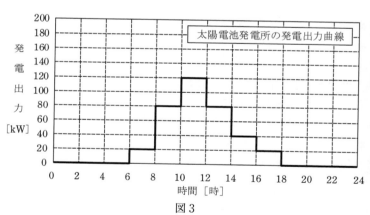

図3

（a）　変圧器の1日の損失電力量の値[kW·h]として，最も近いものを次の（1）～（5）のうちから一つ選べ。

　（1）　10.3　　　（2）　11.8　　　（3）　13.2　　　（4）　16.3　　　（5）　24.4

（b）　変圧器の全日効率の値[%]として，最も近いものを次の（1）～（5）のうちから一つ選べ。

　（1）　97.5　　　（2）　97.8　　　（3）　98.7　　　（4）　99.0　　　（5）　99.4

問 52 （a）の解答　出題項目＜系統連系，変圧器＞　答え　（2）

問題図1の電力系統図より，太陽電池発電所の発電出力と配電線路から供給する電力の和が需要家負荷である。したがって，問題図2の日負荷曲線に問題図3の太陽電池発電所の発電出力曲線を落とし込むと，**図 52-1** のように変圧器にかかる負荷を明確に表せる。以下，この図を用いて計算を行う。

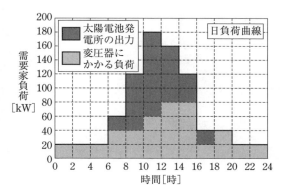

図 52-1　変圧器にかかる負荷

① 1日の鉄損電力量の算出

鉄損を p_i[kW] とすると，1日の鉄損電力量 w_i は，

$$w_i = 24p_i = 24 \times 0.43 = 10.32 [kW \cdot h]$$

② 1日の銅損電力量の算出

図 52-1 より，変圧器にかかる1日の負荷は，

20 kW が 12 時間，40 kW が 6 時間，60 kW が 2 時間，80 kW が 4 時間で，いずれも力率 1 である。全負荷銅損を p_c[kW]，負荷率を α，負荷率 α での使用時間を T とすると，1 日の銅損電力量 w_c は，

$$w_c = p_c \times \sum(\alpha^2 T)$$
$$= 2.8 \times \left\{ \left(\frac{20}{300}\right)^2 \times 12 + \left(\frac{40}{300}\right)^2 \times 6 \right.$$
$$\left. + \left(\frac{60}{300}\right)^2 \times 2 + \left(\frac{80}{300}\right)^2 \times 4 \right\}$$
$$\fallingdotseq 1.468 [kW \cdot h]$$

③ 1日の損失電力量の算出

1日の損失電力量を w[kW・h] とすると，1日の鉄損電力量 w_i と1日の銅損電力量 w_c を用いて，

$$w = w_i + w_c = 10.32 + 1.468$$
$$= 11.788 \fallingdotseq 11.8 [kW \cdot h]$$

解説 ┄┄┄┄┄┄┄┄┄┄┄┄┄┄┄┄

日負荷曲線に太陽電池発電所の発電出力曲線を落とし込む作業時には，ます目を間違えることなく慎重に行わないと初歩的なミスにつながるので注意しなければならない。計算量も多いので，時間があれば検算も欠かせない。

問 52 （b）の解答　出題項目＜系統連系，変圧器＞　答え　（3）

図 52-1 より変圧器にかかる負荷は，20 kW が 12 時間，40 kW が 6 時間，60 kW が 2 時間，80 kW が 4 時間である。変圧器の1日の出力電力量を W[kW・h] とすると，

$$W = 20 \times 12 + 40 \times 6 + 60 \times 2 + 80 \times 4$$
$$= 920 [kW \cdot h]$$

全日効率を η_D とすると，

$$\eta_D = \frac{1 日の出力電力量}{1 日の(出力電力量＋損失電力量)} \times 100$$
$$= \frac{W}{W+w} \times 100 = \frac{920}{920+11.8} \times 100$$
$$\fallingdotseq 98.7 [\%]$$

解説 ┄┄┄┄┄┄┄┄┄┄┄┄┄┄┄┄

小問（a）と（b）は完全にリンクしており，（a）の結果が（b）の計算上に反映されている。規約効率は分母分子とも [kW]，全日効率は分母分子とも [kW・h] である。

　図に示す自家用電気設備で変圧器二次側(210 V 側)F 点において三相短絡事故が発生した。次の(a)及び(b)の問に答えよ。

　ただし，高圧配電線路の送り出し電圧は 6.6 kV とし，変圧器の仕様及び高圧配電線路のインピーダンスは表のとおりとする。なお，変圧器二次側から F 点までのインピーダンス，その他記載の無いインピーダンスは無視するものとする。

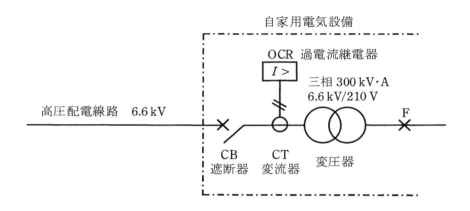

表

変圧器定格容量/相数	300 kV・A/三相
変圧器定格電圧	一次 6.6 kV/二次 210 V
変圧器百分率抵抗降下	2 %(基準容量 300 kV・A)
変圧器百分率リアクタンス降下	4 %(基準容量 300 kV・A)
高圧配電線路百分率抵抗降下	20 %(基準容量 10 MV・A)
高圧配電線路百分率リアクタンス降下	40 %(基準容量 10 MV・A)

(a)　F 点における三相短絡電流の値[kA]として，最も近いものを次の(1)〜(5)のうちから一つ選べ。

　(1)　1.2　　　(2)　1.7　　　(3)　5.2　　　(4)　11.7　　　(5)　14.2

(b)　変圧器一次側(6.6 kV 側)に変流器 CT が接続されており，CT 二次電流が過電流継電器 OCR に入力されているとする。三相短絡事故発生時の OCR 入力電流の値[A]として，最も近いものを次の(1)〜(5)のうちから一つ選べ。
　　　ただし，CT の変流比は 75 A/5 A とする。

　(1)　12　　　(2)　18　　　(3)　26　　　(4)　30　　　(5)　42

問53（a）の解答　出題項目＜短絡電流＞　答え　(5)

高圧配電線路の百分率抵抗降下および百分率リアクタンス降下の値を$300\,\mathrm{kV\cdot A}$を基準容量とした値に換算したものを$\%r_1$，$\%x_1[\%]$とすると，

$$\%r_1 = 20 \times \frac{300}{10\,000} = 0.6[\%]$$

$$\%x_1 = 40 \times \frac{300}{10\,000} = 1.2[\%]$$

となる。変圧器の百分率抵抗降下および百分率リアクタンス降下の値（$300\,\mathrm{kV\cdot A}$を基準容量とした値）を$\%r_2$，$\%x_2[\%]$とすると，インピーダンスマップは，図53-1のように直列接続の形で表される。

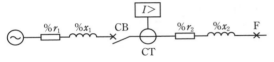

図53-1　インピーダンスマップ（$300\,\mathrm{kV\cdot A}$ベース）

電源からF点までの百分率抵抗降下および百分率リアクタンス降下をそれぞれ$\%r$，$\%x$とすると，

$$\%r = \%r_1 + \%r_2 = 0.6 + 2 = 2.6[\%]$$

$$\%x = \%x_1 + \%x_2 = 1.2 + 4 = 5.2[\%]$$

であるので，電源からF点までの百分率インピーダンス$\%z$は，

$$\%z = \sqrt{(\%r)^2 + (\%x)^2} = \sqrt{2.6^2 + 5.2^2} \fallingdotseq 5.81[\%]$$

基準容量を$P_\mathrm{n}[\mathrm{V\cdot A}]$，変圧器二次定格電圧を$V_\mathrm{n}[\mathrm{V}]$，変圧器二次定格電流を$I_\mathrm{n}[\mathrm{A}]$とすると，

$$P_\mathrm{n} = \sqrt{3}\,V_\mathrm{n} I_\mathrm{n}[\mathrm{V\cdot A}]$$

であるので，

$$I_\mathrm{n} = \frac{P_\mathrm{n}}{\sqrt{3}\,V_\mathrm{n}} = \frac{300 \times 10^3}{\sqrt{3} \times 210} \fallingdotseq 824.8[\mathrm{A}]$$

したがって，F点における三相短絡電流I_sは，

$$I_\mathrm{s} = \frac{100}{\%z} \times I_\mathrm{n} = \frac{100}{5.81} \times 824.8 \fallingdotseq 14\,196[\mathrm{A}]$$

$$\rightarrow \quad 14.2\,\mathrm{kA}$$

解　説

問題中の表の中で，基準容量が$300\,\mathrm{kV\cdot A}$と$10\,\mathrm{MV\cdot A}$の2種類があるので，どちらか一方の基準容量に百分率抵抗降下および百分率リアクタンス降下の値を換算する必要がある。

解答では，$300\,\mathrm{kV\cdot A}$を基準容量としているが，もちろん$10\,\mathrm{MV\cdot A}$を基準容量としてもよい。

問53（b）の解答　出題項目＜短絡電流＞　答え　(4)

三相短絡事故発生時のOCR入力電流をI_1とすると，OCRは変圧器の一次側に取り付けられているので，

$$\begin{aligned}
I_1 &= 三相短絡時のCT一次側電流 \times \frac{1}{変流比} \\
&= \left(三相短絡電流 \times \frac{1}{変圧器の変圧比}\right) \times \frac{1}{変流比} \\
&= \left(14\,196 \times \frac{210}{6\,600}\right) \times \frac{5}{75} \\
&\fallingdotseq 30[\mathrm{A}]
\end{aligned}$$

解　説

変圧器の変圧比と変流比から過電流継電器（OCR）の入力電流を求める。変圧比と変流比の意味をよく理解したうえで，計算式を立てなければならない。

　図のような自家用電気施設の供給系統において，変電室変圧器二次側(210 V)で三相短絡事故が発生した場合，次の(a)及び(b)に答えよ。

　ただし，受電電圧 6 600 V，三相短絡事故電流 I_s = 7 kA とし，変流器 CT-3 の変流比は，75A/5A とする。

（a）　事故時における変流器 CT-3 の二次電流[A]の値として，最も近いのは次のうちどれか。

(1) 5.6　　(2) 7.5　　(3) 11.2　　(4) 14.9　　(5) 23

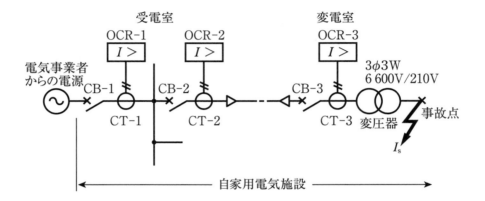

（b）　この事故における保護協調において，施設内の過電流継電器の中で最も早い動作が求められる過電流継電器(以下，OCR-3 という)の動作時間[秒]の値として，最も近いのは次のうちどれか。

　ただし，OCR-3 の動作時間演算式は $T = \dfrac{80}{(N^2-1)} \times \dfrac{D}{10}$ [秒]とする。この演算式における T は OCR-3 の動作時間[秒]，N は OCR-3 の電流整定値に対する入力電流値の倍数を示し，D はダイヤル(時限)整定値である。

　また，CT-3 に接続された OCR-3 の整定値は次のとおりとする。

OCR 名称	電流整定値[A]	ダイヤル(時限)整定値
OCR-3	3	2

(1) 0.4　　(2) 0.7　　(3) 1.2　　(4) 1.7　　(5) 3.4

問 54 （a）の解答 　出題項目＜短絡電流＞　　　　　答え　（4）

　問題図のうち，計算に必要な部分を拡大した回路を図 54-1 に示す。OCR に流れる電流 I_{R3} は，変圧器と変流器(CT-3)の二つの変成器により変成される短絡電流 I_S である。

　CT-3 の一次側電流 I_{S3} および OCR-3 の電流 I_{R3} を計算する。磁気飽和の影響を無視し，題意の数値から，

$$I_{S3}=\frac{210}{6\,600}\cdot I_S=\frac{210}{6\,600}\times 7\,000=222.73[\mathrm{A}]$$

$$I_{R3}=\frac{5}{75}\cdot I_{S3}=\frac{5}{75}\times 222.73=14.85\fallingdotseq 14.9[\mathrm{A}]$$

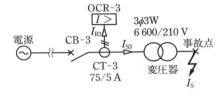

図 54-1　問題図(拡大)

問 54 （b）の解答 　出題項目＜短絡電流＞　　　　　答え　（2）

　短絡電流 $I_S=7\,000[\mathrm{A}]$ の事故による保護リレー(OCR-3)の動作時間を計算する。

　OCR-3 の動作時間演算式は，題意より，

$$T=\frac{80}{(N^2-1)}\times\frac{D}{10}[\mathrm{s}] \qquad ①$$

である。N は，電流整定値(3 A)に対する OCR-3 への入力電流値(小問(a)により 14.9 A)の倍数であるから，

$$N=\frac{14.9}{3}=4.967$$

となる。D は，題意から 2 である。①式に数値を代入し，T を求めると，

$$T=\frac{80}{(4.967^2-1)}\times\frac{2}{10}=0.676\fallingdotseq 0.7[\mathrm{s}]$$

解説

　問題文のとおり，事故点に最も近い OCR-3 の動作時間を最も早くすることで，上位側の OCR-1，2 および遮断器 CB-1，2 を動作させることなく事故電流を遮断できる。これを保護協調を取るという。

　保護協調を解説するため，OCR を設けた供給系統を図 54-2 に示す。事故点 A は問題の図と同じ箇所の事故である。事故点 A の事故は CB-3 が最も早く動作するよう OCR-3 の(b)の問題文中の表のとおり限時要素を整定する。このときの 6 600 V 側の短絡電流 I_{S3} は，問題と同じ $I_{S3}=222.7[\mathrm{A}]$ とする。

　次に，6 600 V の受電室側のケーブル端末部で短絡が起きた場合(事故点 B)を考える。このときの短絡電流 I_{S2} は，次式で表される。

$$I_{S2}=\frac{100}{\%Z}\cdot I_n[\mathrm{A}] \qquad ②$$

　$\%Z$ は，電源から事故点 B までの百分率インピーダンスであり，図 54-2 から，

$$\%Z=\%Z_G=2.5[\%]$$

である。また，基準電流 I_n は図 54-2 の基準容量 S_n，基準電圧 V_n により，

$$I_n=\frac{S_n}{\sqrt{3}\,V_n}=\frac{1\,000\times 10^3}{\sqrt{3}\times 6\,600}=87.477[\mathrm{A}]$$

である。これらの数値を②式に代入すると，

$$I_{S2}=\frac{100}{2.5}\times 87.477=3\,500[\mathrm{A}]$$

となり，これは，末端の $I_{S3}\fallingdotseq 222.7$ A で動作の遅い限時要素としている CB-1 および CB-2 は，$I_{S2}=3\,500[\mathrm{A}]$ での動作が遅いことを意味している。

　この問題を回避するため，OCR-1，2 には瞬時要素を設けて，自らの保護範囲の短絡電流では瞬時に動作させる。

Point 変圧比，CT 比から OCR(CT 二次側)の電流を求める。

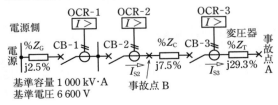

図 54-2　解説図

問55　出題分野＜電気施設管理＞　　　平成23年度 問13

　図は，電圧 6 600 V，周波数 50 Hz，中性点非接地方式の三相3線式配電線路及び需要家 A の高圧地絡保護システムを簡易に表した単線図である。次の（a）及び（b）の問に答えよ。

　ただし，図で使用している主要な文字記号は付表のとおりとし，$C_1=3.0$ μF，$C_2=0.015$ μF とする。なお，図示されていない線路定数及び配電用変電所の制限抵抗は無視するものとする。

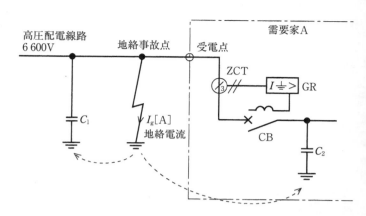

（a）　図の配電線路において，遮断器 CB が「入」の状態で地絡事故点に一線完全地絡事故が発生した場合の地絡電流 I_g[A] の値として，最も近いものを次の（1）～（5）のうちから一つ選べ。

　　　ただし，間欠アークによる高調波の影響は無視できるものとする。

文字・記号	名称・内容
C_1	配電線路側一相の全対地静電容量
C_2	需要家側一相の全対地静電容量
ZCT	零相変流器
$I\approx>$ GR	地絡継電器
CB	遮断器

付表

（1）　4　　　　（2）　7　　　　（3）　11　　　　（4）　19　　　　（5）　33

（b）　図のような高圧配電線路に接続される需要家が，需要家構内の地絡保護のために設置する継電器の保護協調に関する記述として，誤っているものを次の（1）～（5）のうちから一つ選べ。
　　　なお，記述中「不必要動作」とは，需要家の構外事故において継電器が動作することをいう。

（1）　需要家が設置する地絡継電器の動作電流及び動作時限整定値は，配電用変電所の整定値より小さくする必要がある。

（2）　需要家の構内高圧ケーブルが極めて短い場合，需要家が設置する継電器が無方向性地絡継電器でも，不必要動作の発生は少ない。

（3）　需要家が地絡方向継電器を設置すれば，構内高圧ケーブルが長い場合でも不必要動作は防げる。

（4）　需要家が地絡方向継電器を設置した場合，その整定値は配電用変電所との保護協調に関し動作時限のみ考慮すればよい。

（5）　地絡事故電流の大きさを考える場合，地絡事故が間欠アーク現象を伴うことを想定し，波形ひずみによる高調波の影響を考慮する必要がある。

理論 電力 機械 **法規**

令和 **5** (2023) 上期

令和 **5** (2023) 下期

選抜 **90** 問

選抜 **85** 問

選抜 **90** 問

選抜 **65** 問

問 55 （a）の解答　出題項目＜地絡電流＞

答え　（3）

本問の中性点非接地方式の配電線路の等価回路を **図 55-1** に示す。地絡電流 I_g [A] は，電圧（線間）を $V = 6\,600$ [V] とすると，

$$I_g = I_{g1} + I_{g2}$$

$$= \frac{V}{\sqrt{3}}\left(\frac{1}{X_1}\right) + \frac{V}{\sqrt{3}}\left(\frac{1}{X_2}\right) = \frac{V}{\sqrt{3}}\left(\frac{1}{X_1} + \frac{1}{X_2}\right)$$

$$= \frac{V}{\sqrt{3}}\cdot 3\omega C_1 + \frac{V}{\sqrt{3}}\cdot 3\omega C_2 = \frac{V}{\sqrt{3}}\cdot 3\omega(C_1 + C_2)$$

$$= \frac{6\,600}{\sqrt{3}} \times 3 \times 2\pi \times 50 \times (3.0 + 0.015) \times 10^{-6}$$

$$= 10.828 \fallingdotseq 11 \text{[A]}$$

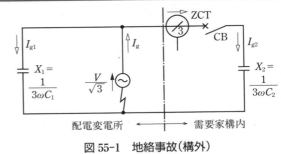

図 55-1　地絡事故（構外）

問 55 （b）の解答　出題項目＜地絡電流，保護協調＞

答え　（4）

（1）　正。配電用変電所の整定値に対して，末端である需要家の動作電流および動作時限整定値を小さくする。これにより，需要家側で地絡事故が発生しても先に需要家の地絡継電器が動作する。

（2）　正。需要家の構内高圧ケーブルが極めて短いということは，図 55-1 における C_2，I_{g2} が極めて小さいということであり，不必要動作の可能性が少ないことになる（解説参照）。

（3）　正。（2）に対して構内高圧ケーブルが長い場合，I_{g2} が大きくなるため，地絡継電器に方向性を持たせることで不必要動作を回避する。

（4）　誤。方向性を持つ地絡方向継電器を用いる場合についても，配電用変電所の継電器との協調は，動作電流および動作時限整定値を考慮する必要がある。

（5）　正。多くの場合，地絡電流はひずみ波であり，その影響を考慮する必要がある。

解説

構外の地絡事故で需要家の地絡保護継電器（GR）で検出される地絡電流 I_{g2} を求める。

図 55-1 の等価回路図より，

$$I_{g2} = \frac{V}{\sqrt{3}} \times 3\omega C_2$$

$$= \frac{6\,600}{\sqrt{3}} \times 3 \times 2\pi \times 50 \times 0.015 \times 10^{-6}$$

$$= 0.0539 \text{[A]}$$

である。また，地絡電流の向きは右向きである。

構内の地絡事故で需要家の GR で検出される地絡電流は，**図 55-2** の等価回路より，I_{g2} ではなく I_{g1} である。I_{g1} を求めると，

$$I_{g1} = \frac{V}{\sqrt{3}} \times 3\omega C_1$$

$$= \frac{6\,600}{\sqrt{3}} \times 3 \times 2\pi \times 50 \times 3.0 \times 10^{-6}$$

$$\fallingdotseq 10.8 \text{[A]}$$

である。また，地絡電流の向きは左向きで，構外事故とは反対である。

地絡方向継電器では，この地絡事故の電流の向きが構内と構外で異なることを利用し，構内事故を検出する。

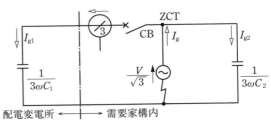

図 55-2　地絡事故（構内）

Point 等価回路より地絡電流を計算する。

図は，高圧受電設備（受電電力500kW）の単線結線図の一部である。

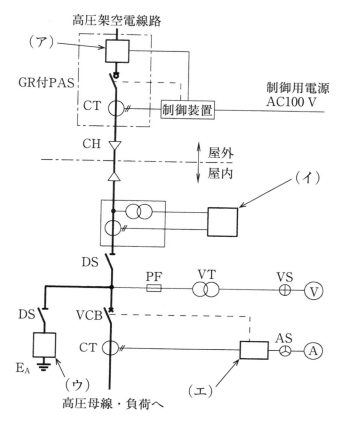

図の矢印で示す（ア），（イ），（ウ）及び（エ）に設置する機器及び計器の名称（略号を含む）の組合せとして，正しいものを次の（1）～（5）のうちから一つ選べ。

	（ア）	（イ）	（ウ）	（エ）
（1）	ZCT	電力量計	避雷器	過電流継電器
（2）	VCT	電力量計	避雷器	過負荷継電器
（3）	ZCT	電力量計	進相コンデンサ	過電流継電器
（4）	VCT	電力計	避雷器	過負荷継電器
（5）	ZCT	電力計	進相コンデンサ	過負荷継電器

問56の解答　出題項目＜受電設備＞　　答え（1）

電源側にGR付PAS（地絡継電装置付高圧気中負荷開閉器）のあるCB形のキュービクル式高圧受電設備の単線結線図に関する出題である。

（ア）　**ZCT**：問題の図の箇所は，GR付PAS（地絡継電装置付高圧気中開閉器）に内蔵されたZCT（零相変流器）で，地絡事故時の地絡電流（零相電流）を検出する。

（イ）　**電力量計**：VCT（電力需給用計器用変成器）で高電圧を低電圧に大電流を小電流に変成し，Wh（電力量計）で使用電力量を計量する。

（ウ）　**避雷器**：断路器（DS）とA種接地（E_A）との間には避雷器（LA）を設置する。

LAは雷サージなどの異常電圧の侵入による機器の絶縁破壊を防止する。なお，DSはLAの点検や取替えの際に使用する。

（エ）　**過電流継電器**：変流器（CT）の二次側に設置されているので，過電流継電器である。

過電流継電器は，過負荷や短絡事故時の短絡電流など，整定値以上の電流が流れたときに動作し，真空遮断器（VCB）に開放指令を与える。

解説

問題の単線結線図は，CB形受電設備で，機器および計器の名称を記入して完成させると，**図56-1**のようになる。

単線結線図は，自家用電気工作物の工事・維持・運用に欠かせない重要なものであり，図の見方は確実に知っておかなければならない。

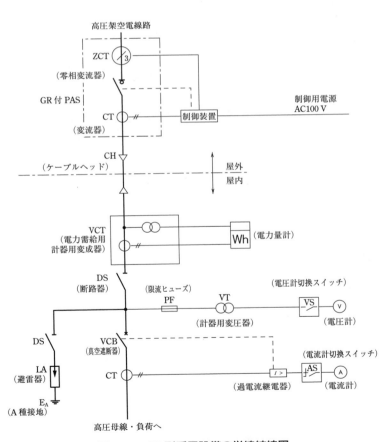

図56-1　CB形受電設備の単線結線図

次の a ）～ e ）の文章は，図の高圧受電設備における保護協調に関する記述である。

これらの文章の内容について，適切なものと不適切なものの組合せとして，正しいものを次の（1）～（5）のうちから一つ選べ。

a ）　受電設備内（図中 A 点）において短絡事故が発生した場合，VCB（真空遮断器）が，一般送配電事業者の配電用変電所の送り出し遮断器よりも早く動作するように OCR（過電流継電器）の整定値を決定した。

b ）　TR2（変圧器）の低圧側で，かつ MCCB2（配線用遮断器）の電源側（図中 B 点）で短絡事故が発生した場合，VCB（真空遮断器）が動作するよりも早く LBS2（負荷開閉器）の PF2（電力ヒューズ）が溶断するように設計した。

c ）　低圧の MCCB2（配線用遮断器）の負荷側（図中 C 点）で短絡事故が発生した場合，MCCB2（配線用遮断器）が動作するよりも先に LBS2（負荷開閉器）の PF2（電力ヒューズ）が溶断しないように設計した。

d ）　SC（高圧コンデンサ）の端子間（図中 D 点）で短絡事故が発生した場合，VCB（真空遮断器）が動作するよりも早く LBS3（負荷開閉器）の PF3（電力ヒューズ）が溶断するように設計した。

e ）　GR 付 PAS（地絡継電装置付高圧交流負荷開閉器）は，高圧引込ケーブルで 1 線地絡事故が発生した場合であっても動作しないように設計した。

	a	b	c	d	e
（1）	適切	適切	適切	適切	不適切
（2）	不適切	不適切	適切	不適切	適切
（3）	適切	適切	不適切	不適切	不適切
（4）	適切	不適切	適切	適切	適切
（5）	不適切	適切	不適切	不適切	不適切

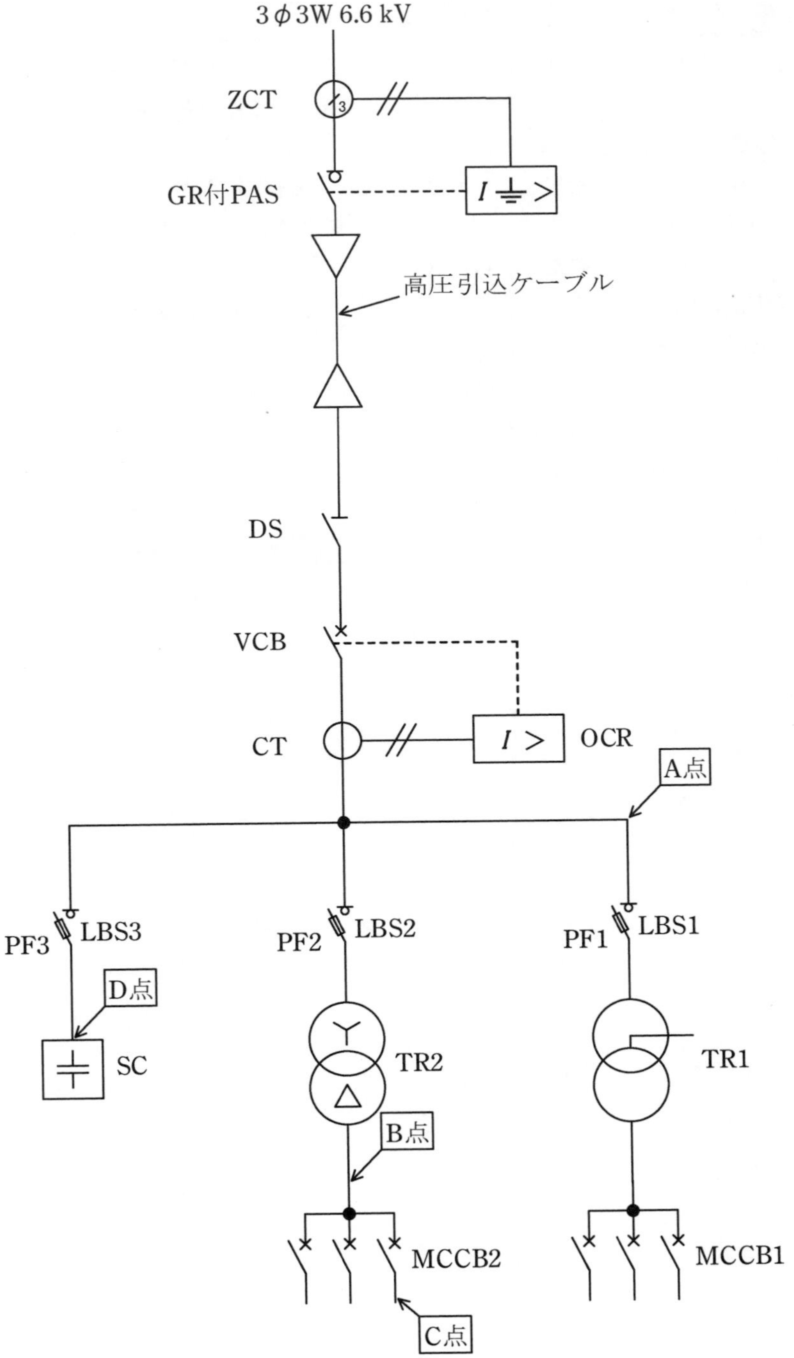

理論 電力 機械 法規

令和5(2023)上期

令和5(2023)下期

選抜90問

選抜85問

選抜90問

選抜65問

$3\phi3W\,6.6\,kV$

ZCT

GR付PAS

$I\,\underline{\underline{\,}}\,>$

高圧引込ケーブル

DS

VCB

CT $I\,>$ OCR

A点

PF3 LBS3

D点

SC

PF2 LBS2

PF1 LBS1

TR2

TR1

B点

MCCB2

MCCB1

C点

問 57 の解答　出題項目＜保護協調＞

　高圧受電設備における保護協調に関する出題である。

補足　**保護協調**とは，系統や機器に故障が発生したとき，故障箇所を早期に検出して切り離すことで，故障の波及・拡大を防いで健全回路の不要遮断を避けることをいう。このためには，保護装置間の適正な協調が必要となる。

　a）　適切。配電用変電所の送り出し遮断器は VCB よりも上位にあるので，VCB を先に動作させる必要がある。このような時限協調がとれていないと，構内のみの停電となるところが，配電線全体の停電となってしまう。

　b）　適切。LBS2 の PF2 が溶断することで TR2 の負荷は停電となるが，TR1 側は供給を継続することができる。VCB が動作すると，負荷側は全て停電となってしまう。

　c）　適切。MCCB2 が動作することで，低圧の一部が停電するだけで済む。LBS2 の PF2 が溶断すると，TR2 の全ての負荷が停電となる。

　d）　適切。LBS3 の PF3 が溶断することで SC だけが使用できなくなるが，負荷の停電は回避できる。

　e）　不適切。高圧引込ケーブルは ZCT（零相変流器）より負荷側であるから，地絡検出し，直近上位に位置する GR 付 PAS が動作するよう設計しなければならない。

解説　••••••••••••••••••••••••••••••••••••
　右ページの**図 57-1** に，a）〜e）の概要を示す。

863

理論 電力 機械 法規

令和 5 (2023) 上期

令和 5 (2023) 下期

選抜 90 問

選抜 85 問

選抜 90 問

選抜 65 問

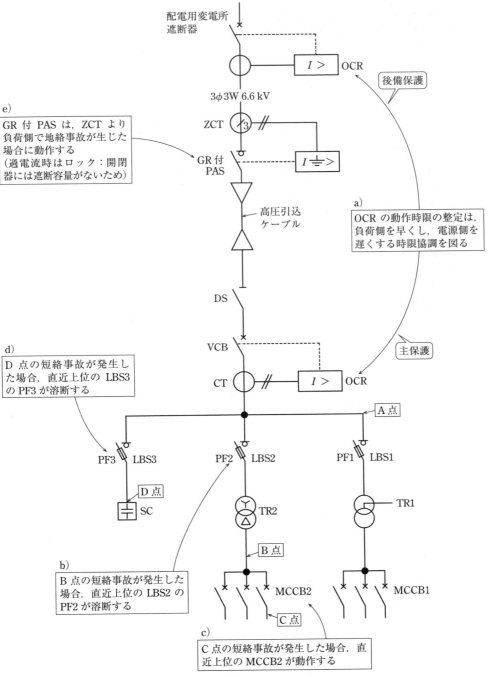

図 57-1　高圧受電設備の保護協調

問 58　出題分野＜電気施設管理＞　　　令和 4 年度下期 問 9

次の文章は，図に示す高圧受電設備において全停電作業を実施するときの操作手順の一例について，その一部を述べたものである。

a) 　(ア) 　を全て開放する。

b) 　(イ) 　を開放する。

c) 　地絡方向継電装置付高圧交流負荷開閉器(DGR 付 PAS)を開放する。

d) 　(ウ) 　を開放する。

e) 　断路器(DS)の電源側及び負荷側を検電して無電圧を確認する。

f) 　高圧電路に接地金具等を接続して残留電荷を放電させた後，誤通電，他の電路との混触又は他の電路からの誘導による感電の危険を防止するため，断路器(DS)の 　(エ) 　に短絡接地器具を取り付けて接地する。

g) 　断路器(DS)，開閉器等にはそれぞれ操作後速やかに，操作禁止，投入禁止，通電禁止等の通電を禁止する表示をする。

上記の記述中の空白箇所(ア)～(エ)に当てはまる組合せとして，正しいものを次の(1)～(5)のうちから一つ選べ。

	（ア）	（イ）	（ウ）	（エ）
（1）	負荷開閉器 （LBS）	断路器 （DS）	真空遮断器 （VCB）	負荷側
（2）	配線用遮断器 （MCCB）	断路器 （DS）	真空遮断器 （VCB）	負荷側
（3）	配線用遮断器 （MCCB）	真空遮断器 （VCB）	断路器 （DS）	電源側
（4）	負荷開閉器 （LBS）	断路器 （DS）	真空遮断器 （VCB）	電源側
（5）	負荷開閉器 （LBS）	真空遮断器 （VCB）	断路器 （DS）	負荷側

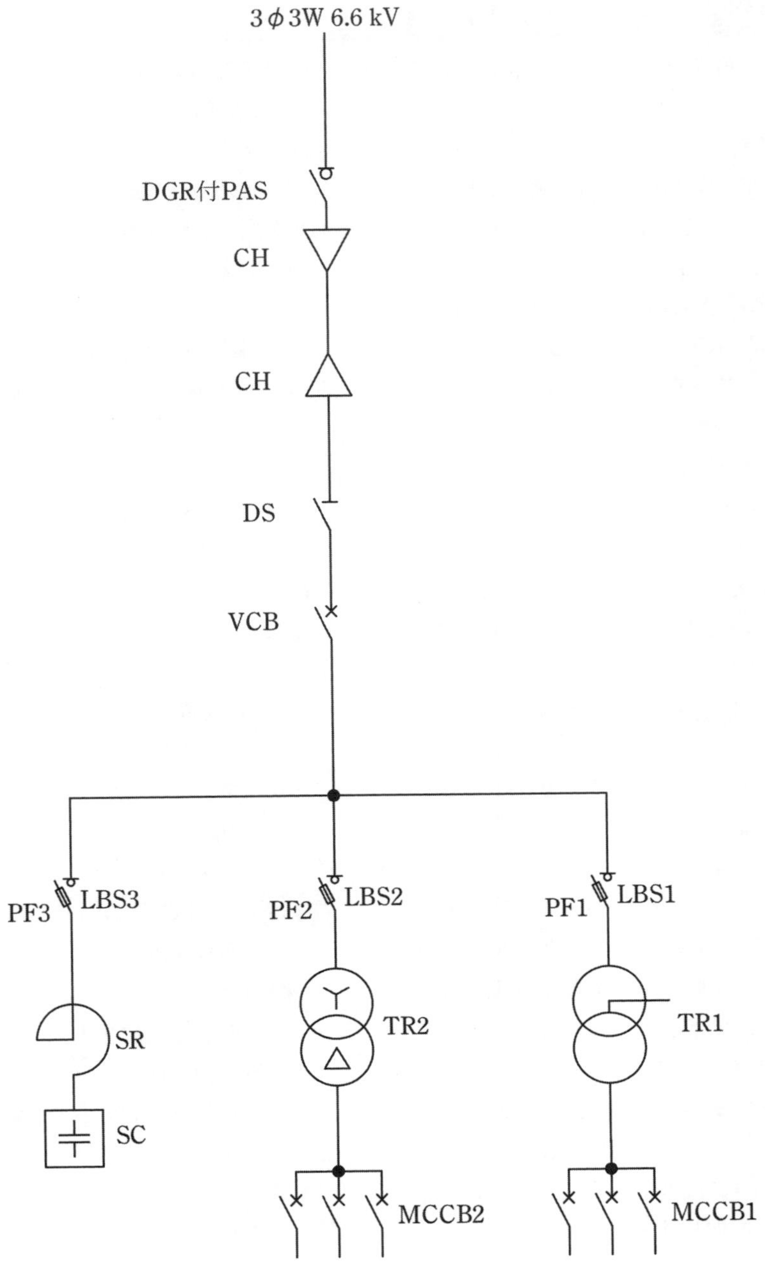

3φ3W 6.6 kV

DGR付PAS

CH

CH

DS

VCB

PF3 LBS3

PF2 LBS2

PF1 LBS1

SR

TR2

TR1

SC

MCCB2

MCCB1

問58の解答 出題項目＜受電設備＞ 答え　(3)

問題文の空白箇所を補充すると次のようになる。

* 　* 　* 　* 　* 　* 　*

次の文章は，図に示す高圧受電設備において全停電作業を実施するときの操作手順の一例について，その一部を述べたものである。

a) **配線用遮断器(MCCB)** を全て開放する。

b) **真空遮断器(VCB)** を開放する。

c) 地絡方向継電装置付高圧交流負荷開閉器(DGR付PAS)を開放する。

d) **断路器(DS)** を開放する。

e) 断路器(DS)の電源側及び負荷側を検電して無電圧を確認する。

f) 高圧電路に接地金具等を接続して残留電荷を放電させた後，誤通電，他の電路との混触又は他の電路からの誘導による感電の危険を防止するため，断路器(DS)の **電源側** に短絡接地器具を取り付けて接地する。

g) 断路器(DS)，開閉器等にはそれぞれ操作後速やかに，操作禁止，投入禁止，通電禁止等の通電を禁止する表示をする。

解説 ▶ ┈┈┈┈┈┈┈┈┈┈┈┈┈┈┈┈┈

a)～g)の操作手順を右ページの **図58-1** に示す。それぞれの操作手順を追って高圧受電設備の状態を追跡すると，以下のようになる。

a) 無負荷となるが，この状態では，変圧器(TR1とTR2)の励磁電流と電力用コンデンサ(SC)の充電電流とのベクトル和に相当する電流が真空遮断器(VCB)に流れている。

b) 真空遮断器を開放すると，高圧部分では，ケーブルの充電電流が電源から下部のケーブルヘッド(CH)までの間だけ流れている状態となる。この状態では，電力用コンデンサ(SC)には残留電荷が蓄積された状態にある。

c) 地絡方向継電装置付高圧交流負荷開閉器(DGR付PAS)を開放すると，ケーブルの充電電流は流れなくなるが，ケーブルには残留電荷が蓄積された状態にある。

d) 操作前には，断路器(DS)には充電電流が流れていないので，消弧機能のない断路器(DS)の開放操作を行うことができる。

e) 地絡方向継電装置付高圧交流負荷開閉器(DGR付PAS)の負荷側から以降の部分が無電圧であることを確認できる。

f) ケーブルや電力用コンデンサの残留電荷の放電により，感電の危険の防止が図られる。

断路器(DS)の電源側の短絡接地により，地絡方向継電装置付高圧交流負荷開閉器(DGR付PAS)の誤投入による作業者の感電防止等を図ることができる。

g) 通電禁止表示による注意喚起により，誤操作や誤投入の防止を図ることができる。

補足 ▶ 断路器(DS)は無負荷開閉しかできないので，操作手順は次の方法が一般的である。

[送電停止時]

① 遮断器を開放する。

② 負荷側の検電を実施する。

③ 断路器を開放する。(操作棒を使用)

[送　電　時]

① 断路器を投入する。(操作棒を使用)

② 遮断器を投入する。

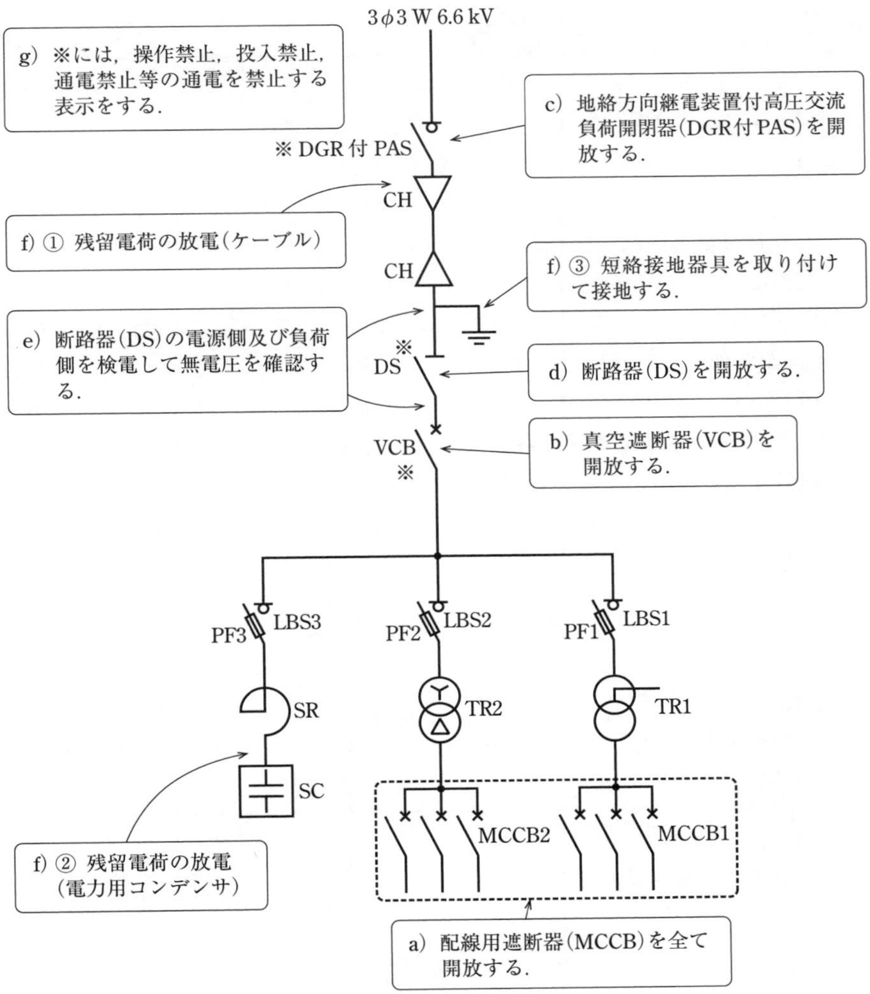

図 58-1 高圧受電設備の全停電作業時の操作手順

g) ※には，操作禁止，投入禁止，通電禁止等の通電を禁止する表示をする．

c) 地絡方向継電装置付高圧交流負荷開閉器（DGR付PAS）を開放する．

※ DGR 付 PAS

f) ① 残留電荷の放電（ケーブル）

f) ③ 短絡接地器具を取り付けて接地する．

e) 断路器（DS）の電源側及び負荷側を検電して無電圧を確認する．

d) 断路器（DS）を開放する．

b) 真空遮断器（VCB）を開放する．

f) ② 残留電荷の放電（電力用コンデンサ）

a) 配線用遮断器（MCCB）を全て開放する．

理論 電力 機械 法規

令和5(2023)上期 令和5(2023)下期

選抜90問 選抜85問 選抜90問 選抜65問

問 59　出題分野＜電気施設管理＞　　　　　　　令和 4 年度上期 問 10

　過電流継電器(以下「OCR」という。)と真空遮断器(以下「VCB」という。)との連動動作試験を行う。保護継電器試験機から OCR に動作電流整定タップ 3 A の 300 ％(9 A)を入力した時点から，VCB が連動して動作するまでの時間を計測する。保護継電器試験機からの電流は，試験機→OCR→試験機へと流れ，OCR が動作すると，試験機→OCR→VCB(トリップコイルの誘導性リアクタンスは 10 Ω)→試験機へと流れる(図)。保護継電器試験機において可変抵抗 $R[\Omega]$ をタップを切り換えて調整し，可変単巻変圧器を操作して試験電圧 $V[V]$ を調整して，電流計が必要な電流値(9 A)を示すように設定する(この設定中は，OCR が動作しないように OCR の動作ロックボタンを押しておく)。図の OCR 内の※で示した接点は，OCR が動作した時に開き，それによりトリップコイルに電流が流れる(VCB は変流器二次電流による引外し方式)。図の VCB は，コイルに 3.0 A 以上の電流(定格開路制御電流)が流れないと正常に動作しないので，保護継電器試験機の可変抵抗 $R[\Omega]$ の抵抗値を適正に選択しなければならない。選択可能な抵抗値[Ω]の中で，VCB が正常に動作することができる最小の抵抗値 $R[\Omega]$ を次の(1)～(5)のうちから一つ選べ。なお，OCR の内部抵抗，トリップコイルの抵抗及びその他記載のないインピーダンスは無視するものとする。

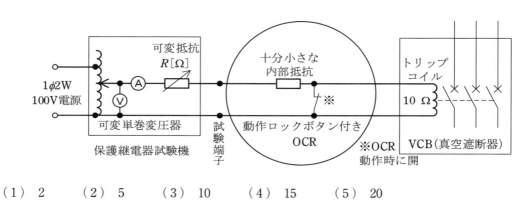

　(1)　2　　　　(2)　5　　　　(3)　10　　　　(4)　15　　　　(5)　20

問 59 の解答 　出題項目＜受電設備＞ 　　　　答え　（2）

理論 電力 機械 法規

令和 **5** (2023) 上期

令和 **5** (2023) 下期

選抜 **90** 問

選抜 **85** 問

選抜 **90** 問

選抜 **65** 問

● OCR 動作前の回路

電流計に必要な電流値（9 A）が流れ，可変抵抗 $R[\Omega]$ のタップで切り換えた値を $R_0[\Omega]$ とする。このときの印加電圧を $V[V]$ とすると，OCR 内の※で示した接点が閉じている状態の回路は，**図 59-1** で表すことができる。

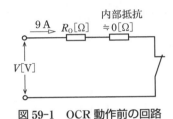

図 59-1　OCR 動作前の回路

この回路より，印加電圧 $V[V]$ は，

$$V = 9R_0 \tag{①}$$

● OCR 動作後の回路

OCR 動作前の状態から，OCR 内の※で示した接点が開放した状態の回路は，**図 59-2** で表される。ここで，$X(=10[\Omega])$ はトリップコイルの誘導性リアクタンスである。

図 59-2　OCR 動作後の回路

この回路より，印加電圧 $V[V]$ は，

$$V = 3\sqrt{R_0{}^2 + X^2}$$
$$= 3\sqrt{R_0{}^2 + 10^2} \tag{②}$$

①式＝②式であるから，

$$9R_0 = 3\sqrt{R_0{}^2 + 10^2} \quad \rightarrow \quad 3R_0 = \sqrt{R_0{}^2 + 10^2}$$
$$\rightarrow \quad 9R_0{}^2 = R_0{}^2 + 10^2 \quad \rightarrow \quad 8R_0{}^2 = 100$$
$$\therefore \quad R_0 = \sqrt{\frac{100}{8}} = \sqrt{\frac{50}{4}} = \frac{5\sqrt{2}}{2} \fallingdotseq 3.5[\Omega]$$

$R \geqq R_0$ であるから，選択可能な抵抗値の中で，VCB が正常に動作することができる最小の抵抗値 R は，選択肢中では 5 Ω である。

解説

過電流継電器と真空遮断器との連動試験という実務的な内容の問題である。問題文が長大で圧倒されそうであるが，落ち着いて解読してみると，OCR の動作前と動作後の印加電圧 $V[V]$ が同一であることがわかる。これがわかれば，図 59-1 と図 59-2 の等価回路を書いて，①式＝②式とすることで簡単に解けてしまう。

Point 理論科目の簡単な回路計算の知識が活用できる。OCR 動作前後の回路図を書けることが解法のカギであろう。

問 60 出題分野＜電気施設管理＞　令和 3 年度 問 11

図のように既設の高圧架空電線路から，高圧架空電線を高低差なく径間 30 m 延長することにした。
　新設支持物に A 種鉄筋コンクリート柱を使用し，引留支持物とするため支線を電線路の延長方向 4 m の地点に図のように設ける。電線と支線の支持物への取付け高さはともに 8 m であるとき，次の（ a ）及び（ b ）の問に答えよ。

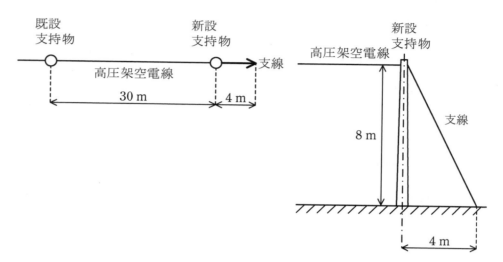

（a）　電線の水平張力が 15 kN であり，その張力を支線で全て支えるものとしたとき，支線に生じる引張荷重の値[kN]として，最も近いものを次の（1）～（5）のうちから一つ選べ。

　　（1）　7　　　（2）　15　　　（3）　30　　　（4）　34　　　（5）　67

（b）　支線の安全率を 1.5 とした場合，支線の最少素線条数として，最も近いものを次の（1）～（5）のうちから一つ選べ。
　　　ただし，支線の素線には，直径 2.9 mm の亜鉛めっき鋼より線（引張強さ 1.23 kN/mm²）を使用し，素線のより合わせによる引張荷重の減少係数は無視するものとする。

　　（1）　3　　　（2）　5　　　（3）　7　　　（4）　9　　　（5）　19

理論 電力 機械 法規

令和 **5** (2023) 上期

令和 **5** (2023) 下期

選抜 **90** 問

選抜 **85** 問

選抜 **90** 問

選抜 **65** 問

問 60 （a）の解答　出題項目＜電線張力・最少条数＞　　　答え （4）

支線に生じる引張荷重を T_s[kN] とすると，**図 60-1** のように，力の直角三角形と長さの直角三角形との間には相似関係が成立する。

支線の長さは，長さの直角三角形の斜辺に相当することから，三平方の定理より，

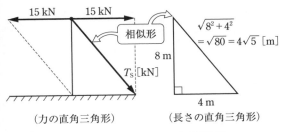

（力の直角三角形）　　　（長さの直角三角形）

図 60-1　直角三角形の相似関係

支線の長さ $= \sqrt{8^2+4^2} = \sqrt{80} = 4\sqrt{5}$ [m]

よって，図 60-1 の相似関係を利用すると，

$T_s : 15\,\text{kN} = 4\sqrt{5}\,\text{m} : 4\,\text{m}$

$$\therefore \ T_s = \frac{15 \times 4\sqrt{5}}{4} = 15\sqrt{5} = 33.54\cdots$$
$$\fallingdotseq 34 [\text{kN}]$$

解説 ···

電線の水平張力を支線で全て支える場合，支線に生じる引張荷重 T_s の水平成分が，電線の水平張力に等しくなればよい。このことに気づければ，図 60-1 のような相似関係となることが分かる。未知数である支線の引張荷重 T_s は，力と長さの直角三角形の相似関係を用いて比で表現すれば，簡単に求められる。

補足　電線と支線の取付け高さが異なる場合には，次のように立式して考えるのが定石である。

支持物を左に倒そうとする力のモーメント
＝ 支持物を右に倒そうとする力のモーメント

問 60 （b）の解答　出題項目＜電線張力・最少条数＞　　　答え （3）

小問（a）で求めた支線の引張荷重 T_s[kN] が「許容引張荷重」である。

> 許容引張荷重×安全率 ≦（n×素線1本の引張荷重）×素線のより合わせによる減少係数　（※）

題意より，支線の安全率は 1.5 である。

また，素線の直径を $d\,(=2.9[\text{mm}])$ とすると，題意より素線の引張強さが $1.23\,\text{kN/mm}^2$ なので，

素線1本の引張荷重

$$= 1.23[\text{kN/mm}^2] \times \frac{\pi d^2}{4}[\text{mm}^2]$$

$$= 1.23 \times \frac{\pi(2.9)^2}{4} \fallingdotseq 8.12[\text{kN}]$$

素線のより合わせによって引張荷重は減少するが，題意より「素線のより合わせによる引張荷重の減少係数は無視」できるので，減少係数は 1 としてよい。

必要な支線の素線条数を n とすると，次式が成立する。

許容引張荷重 $T_s \fallingdotseq 33.54[\text{kN}]$ と各数値（安全率 $=1.5$，素線1本の引張荷重 $\fallingdotseq 8.12[\text{kN}]$，減少係数 $=1$）を（※）式に代入すると，

$$33.54 \times 1.5 \leqq (n \times 8.12) \times 1$$

$$\therefore \ n \geqq \frac{33.54 \times 1.5}{8.12} \fallingdotseq 6.2$$

素線の条数 n は必ず整数であることから，支線の最少素線条数は 7 条である。

補足　安全率の定義は次式のとおりである。

$$安全率 = \frac{引張荷重(破壊荷重)}{許容引張荷重}$$

　図のように，高圧架空電線路中で水平角度が 60° の電線路となる部分の支持物（A 種鉄筋コンクリート柱）に下記の条件で電気設備技術基準の解釈に適合する支線を設けるものとする。

（ア）　高圧架空電線の取り付け高さを 10 m，支線の支持物への取り付け高さを 8 m，この支持物の地表面の中心点と支線の地表面までの距離を 6 m とする。

（イ）　高圧架空電線と支線の水平角度を 120°，高圧架空電線の想定最大水平張力を 9.8 kN とする。

（ウ）　支線には亜鉛めっき鋼より線を用いる。その素線は，直径 2.6 mm，引張強さ 1.23 kN/mm² である。素線のより合わせによる引張荷重の減少係数を 0.92 とし，支線の安全率を 1.5 とする。

　　　このとき，次の（a）及び（b）に答えよ。

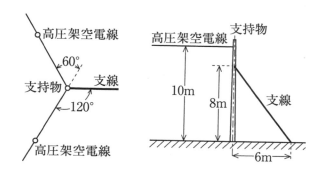

（a）　支線に働く想定最大荷重［kN］の値として，最も近いのは次のうちどれか。

　（1）　10.2　　　（2）　12.3　　　（3）　20.4　　　（4）　24.5　　　（5）　40.1

（b）　支線の素線の最少の条数として，正しいのは次のうちどれか。

　（1）　3　　　（2）　7　　　（3）　9　　　（4）　13　　　（5）　19

問61（a）の解答　出題項目＜電線張力・最少条数＞　答え（3）

各高圧架空電線の想定最大水平張力は $9.8\ \mathrm{kN}$ であるから，支持物に対する水平力 T_1 は，**図 61-1** より，

$$T_1 = (9.8 \times \cos 60°) \times 2[\mathrm{kN}]$$

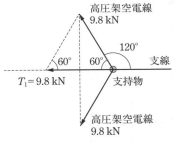

高圧架空電線
9.8 kN

120°

60°　60°　支線

$T_1 = 9.8\ \mathrm{kN}$　支持物

高圧架空電線
9.8 kN

図 61-1　高圧架空電線の水平張力合成

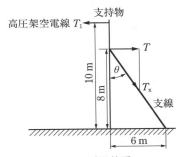

支持物

高圧架空電線 T_1

T

10 m

θ

8 m

T_x

支線

6 m

図 61-2　引張荷重 T_x

$$= 9.8 \times \frac{1}{2} \times 2 = 9.8[\mathrm{kN}]$$

である。

一方，T_1 が支持物を左へ倒そうとするモーメント（取り付け高さ×水平力）は，支線の水平力 T のモーメントとは均衡しているため，**図 61-2** より，次の式で表される。

$$10 \times T_1 = 8 \times T[\mathrm{kN \cdot m}] \qquad ①$$

①式を変形して，

$$T = \frac{10}{8} \cdot T_1 = \frac{10}{8} \times 9.8 = 12.25[\mathrm{kN}]$$

となる。

支線が水平でないため，支線に加わる力 T_x は，T を1辺とし，角度 θ の三角形の斜辺に相当する。図 61-2 より，この三角形は支持物と支線の作る三角形と相似なため，

$$\frac{T_\mathrm{x}}{T} = \frac{T_\mathrm{x}}{12.25} = \frac{\sqrt{6^2 + 8^2}}{6} = \frac{10}{6}$$

の関係が成立する。よって，

$$T_\mathrm{x} = \frac{10}{6} \times 12.25 ≒ 20.4[\mathrm{kN}]$$

となる。

問61（b）の解答　出題項目＜電線張力・最少条数＞　答え（2）

題意より，支線の安全率を 1.5，素線のより合わせによる引張荷重の減少係数を 0.92 とすると，支線の亜鉛めっき鋼線が $N[本]$ で分担する荷重（次式の左辺）は，支線に生じる引張荷重 T_x（次式の右辺）よりも大きいため，

$$\frac{1}{1.5} \times 0.92 \times 1.23 \times \pi \cdot \left(\frac{2.6}{2}\right)^2 \times N \geq 20.4[\mathrm{kN}]$$

$$4.005\ 3 \times N \geq 20.4$$

となる。上式より，

$$N \geq \frac{20.4}{4.005\ 3} = 5.093 \quad \to \quad 7\ 本$$

となる。

解説

支線の素線は計算上5本を超えていれば6本でもよい。しかし，選択肢にある7本が5本を超える最少本数の答となる。

本問の高圧架空電線，A種鉄筋コンクリート柱支線の安全率は「電気設備技術基準の解釈」第61条（支線の施設方法及び支柱による代用）から，1.5 である。

Point 架空電線と，支線の高さが違う場合の考え方（①式）を理解する。

図に示すような，相電圧 $\dot{E}_R[V]$，$\dot{E}_S[V]$，$\dot{E}_T[V]$，角周波数 $\omega[rad/s]$ の対称三相3線式高圧電路があり，変圧器の中性点は非接地方式とする。電路の一相当たりの対地静電容量を $C[F]$ とする。

この電路のR相のみが絶縁抵抗値 $R_G[\Omega]$ に低下した。このとき，次の（a）及び（b）の問に答えよ。

ただし，上記以外のインピーダンスは無視するものとする。

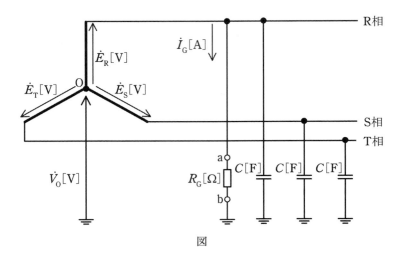

図

（a）　次の文章は，絶縁抵抗 $R_G[\Omega]$ を流れる電流 $\dot{I}_G[A]$ を求める記述である。

R_G を取り除いた場合

a–b 間の電圧 $\dot{V}_{ab}=$ （ア）

a–b 間より見たインピーダンス $\dot{Z}_{ab}$ は，変圧器の内部インピーダンスを無視すれば，$\dot{Z}_{ab}=$ （イ）となる。

ゆえに，R_G を接続したとき，R_G に流れる電流 $\dot{I}_G$ は，次式となる。

$$\dot{I}_G=\frac{\dot{V}_{ab}}{\dot{Z}_{ab}+R_G}=\boxed{（ウ）}$$

上記の記述中の空白箇所（ア）〜（ウ）に当てはまる組合せとして，正しいものを次の（1）〜（5）のうちから一つ選べ。

	（ア）	（イ）	（ウ）
（1）	$\dot{E}_R$	$\dfrac{1}{j3\omega C}$	$\dfrac{j3\omega C\dot{E}_R}{1+j3\omega CR_G}$
（2）	$\sqrt{3}\dot{E}_R$	$-j3\omega C$	$\dfrac{-j3\omega C\dot{E}_R}{1-j3\omega CR_G}$
（3）	$\dot{E}_R$	$\dfrac{3}{j\omega C}$	$\dfrac{j\omega C\dot{E}_R}{3+j\omega CR_G}$
（4）	$\sqrt{3}\dot{E}_R$	$\dfrac{1}{j3\omega C}$	$\dfrac{\dot{E}_R}{1-j3\omega CR_G}$
（5）	$\dot{E}_R$	$j3\omega C$	$\dfrac{\dot{E}_R}{1+j3\omega CR_G}$

（次々頁に続く）

問 62（a）の解答　　出題項目＜絶縁試験電源容量＞　　答え（1）

設問文の空白箇所を補充すると次のようになる。ただし，$R_G[\Omega]$ は絶縁抵抗，$\dot{I}_G[\mathrm{A}]$ は R_G を流れる電流である。

　　＊　　＊　　＊　　＊　　＊　　＊　　＊

R_G を取り除いた場合

a-b 間の電圧 $\dot{V}_{ab}=\underline{\dot{E}_R}$

a-b 間より見たインピーダンス $\dot{Z}_{ab}$ は，変圧器の内部インピーダンスを無視すれば，$\dot{Z}_{ab}=\dfrac{1}{j3\omega C}$ となる。

ゆえに，R_G を接続したとき，R_G に流れる電流 $\dot{I}_G$ は，次式となる。

$$\dot{I}_G=\frac{\dot{V}_{ab}}{\dot{Z}_{ab}+R_G}=\frac{j3\omega C\dot{E}_R}{1+j3\omega CR_G}$$

解説

本問は，テブナンの定理を適用して地絡電流（漏れ電流）を計算する定型的な内容であり，問題図を書き直すと図 62-1 のようになる。

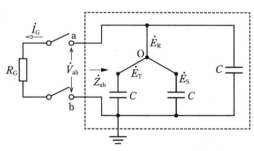

図 62-1　テブナンの定理の適用回路

図 62-1 において，対称三相 3 線式であること

から，a 点の電位は $\dot{E}_R[\mathrm{V}]$，b 点の電位は R_G が接続されていない状態では O 点と同電位で 0 V である。よって，a-b 間の電圧 $\dot{V}_{ab}[\mathrm{V}]$ は，

$$\dot{V}_{ab}=\dot{E}_R-0=\dot{E}_R$$

a-b 間より見たインピーダンス $\dot{Z}_{ab}[\Omega]$ は，起電力をすべて短絡したときの内部インピーダンスであるから，3 個の静電容量 C の並列回路となるので，

$$\dot{Z}_{ab}=\frac{1}{j3\omega C}$$

R_G（外部抵抗）接続時に R_G に流れる電流 $\dot{I}_G[\mathrm{A}]$ は，図 62-2 の等価回路を用いて，次のように求められる。

$$\dot{I}_G=\frac{\text{a-b 間の端子電圧}}{\text{内部インピーダンス＋外部抵抗}}$$
$$=\frac{\dot{V}_{ab}}{\dot{Z}_{ab}+R_G}=\frac{\dot{E}_R}{\dfrac{1}{j3\omega C}+R_G}=\frac{j3\omega C\dot{E}_R}{1+j3\omega CR_G}$$

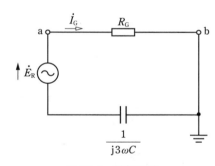

図 62-2　等価回路

（続き）

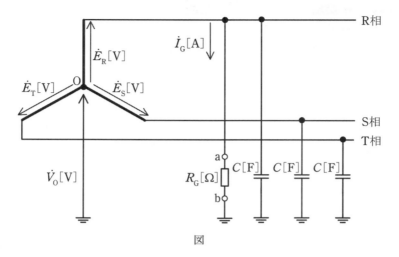

図

（b）　次の文章は，変圧器の中性点 O 点に現れる電圧 $\dot{V}_0$[V] を求める記述である。

$$\dot{V}_0 = \boxed{\text{（エ）}} + R_\mathrm{G}\dot{I}_\mathrm{G}$$

ゆえに $\dot{V}_0 = \boxed{\text{（オ）}}$

　　　上記の記述中の空白箇所（エ）及び（オ）に当てはまる組合せとして，正しいものを次の（1）～（5）のうちから一つ選べ。

	（エ）	（オ）
（1）	$-\dot{E}_\mathrm{R}$	$\dfrac{-\dot{E}_\mathrm{R}}{1+\mathrm{j}3\omega CR_\mathrm{G}}$
（2）	$\dot{E}_\mathrm{R}$	$\dfrac{\dot{E}_\mathrm{R}}{1-\mathrm{j}3\omega CR_\mathrm{G}}$
（3）	$-\dot{E}_\mathrm{R}$	$\dfrac{-\dot{E}_\mathrm{R}}{1-\mathrm{j}3\omega CR_\mathrm{G}}$
（4）	$\dot{E}_\mathrm{R}$	$\dfrac{\dot{E}_\mathrm{R}}{1+\mathrm{j}3\omega CR_\mathrm{G}}$
（5）	$\dot{E}_\mathrm{R}$	$\dfrac{-\dot{E}_\mathrm{R}}{1-\mathrm{j}3\omega CR_\mathrm{G}}$

問62（b）の解答　　出題項目＜絶縁試験電源容量＞　　答え　（1）

設問文の空白箇所を補充すると次のようになる。ただし，$\dot{V}_0[\mathrm{V}]$ は中性点 O 点に現れる電圧である。

* 　* 　* 　* 　* 　* 　*

$$\dot{V}_0 = -\dot{E}_\mathrm{R} + R_\mathrm{G}\dot{I}_\mathrm{G}$$

ゆえに $\dot{V}_0 = \dfrac{-\dot{E}_\mathrm{R}}{1 + \mathrm{j}3\omega CR_\mathrm{G}}$

解説

問題図より，R_g 接続時の a 点の電位は，$\dot{V}_0$ と $\dot{E}_\mathrm{R}$ のベクトル和であるから，

$$\dot{V}_0 + \dot{E}_\mathrm{R} = R_\mathrm{G}\dot{I}_\mathrm{G}$$

$$\therefore \quad \dot{V}_0 = -\dot{E}_\mathrm{R} + R_\mathrm{G}\dot{I}_\mathrm{G}$$

これに設問（a）で求めた $\dot{I}_\mathrm{G}$ を代入すると，

$$\dot{V}_0 = -\dot{E}_\mathrm{R} + R_\mathrm{G} \times \frac{\mathrm{j}3\omega C\dot{E}_\mathrm{R}}{1 + \mathrm{j}3\omega CR_\mathrm{G}}$$

$$= \frac{-(1 + \mathrm{j}3\omega CR_\mathrm{G})\dot{E}_\mathrm{R} + \mathrm{j}3\omega CR_\mathrm{G}\dot{E}_\mathrm{R}}{1 + \mathrm{j}3\omega CR_\mathrm{G}}$$

$$= \frac{-\dot{E}_\mathrm{R}}{1 + \mathrm{j}3\omega CR_\mathrm{G}}$$

【別解】　図 62-2 を書き直すと，図 62-3 のようになる。この図から，

$$\dot{V}_0 = -\dot{E}_\mathrm{R} + R_\mathrm{G}\dot{I}_\mathrm{G}$$

これに小問（a）で求めた $\dot{I}_\mathrm{G}$ を代入すると，答えが求められる。

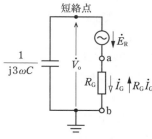

図 62-3　等価回路

Point R_G が接続されていない状態では O 点の電位は 0 V であるが，R_G が接続されている状態では O 点の電位は $\dot{V}_0 \neq 0$ であることに注意しておく必要がある。

「電気設備技術基準の解釈」に基づいて，使用電圧6 600 V，周波数50 Hzの電路に接続する高圧ケーブルの交流絶縁耐力試験を実施する。次の（a）及び（b）の問に答えよ。

ただし，試験回路は図のとおりとする。高圧ケーブルは3線一括で試験電圧を印加するものとし，各試験機器の損失は無視する。また，被試験体の高圧ケーブルと試験用変圧器の仕様は次のとおりとする。

【高圧ケーブルの仕様】

　ケーブルの種類：6 600 Vトリプレックス形架橋ポリエチレン絶縁ビニルシースケーブル（CVT）

　公称断面積：100 mm²，ケーブル
のこう長：87 m

　1線の対地静電容量：0.45 µF/km

【試験用変圧器の仕様】

　定格入力電圧：AC 0-120 V，定
格出力電圧：AC 0-12 000 V

　入力電源周波数：50 Hz

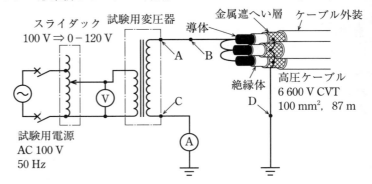

（a）　この交流絶縁耐力試験に必要な皮相電力（以下，試験容量という。）の値[kV・A]として，最も近いものを次の（1）～（5）のうちから一つ選べ。

　　　（1）　1.4　　　（2）　3.0　　　（3）　4.0　　　（4）　4.8　　　（5）　7.0

（b）　上記（a）の計算の結果，試験容量が使用する試験用変圧器の容量よりも大きいことがわかった。そこで，この試験回路に高圧補償リアクトルを接続し，試験容量を試験用変圧器の容量より小さくすることができた。

　　　このとき，同リアクトルの接続位置（図中のA～Dのうちの2点間）と，試験用変圧器の容量の値[kV・A]の組合せとして，正しいものを次の（1）～（5）のうちから一つ選べ。

　　　ただし，接続する高圧補償リアクトルの仕様は次のとおりとし，接続する台数は1台とする。また，同リアクトルによる損失は無視し，A-B間に同リアクトルを接続する場合は，図中のA-B間の電線を取り除くものとする。

【高圧補償リアクトルの仕様】

定格容量：3.5 kvar，定格周波数：50 Hz，定格電圧：12 000 V

電流：292 mA（12 000 V　50 Hz印加時）

	高圧補償リアクトル接続位置	試験用変圧器の容量[kV・A]
（1）	A-B間	1
（2）	A-C間	1
（3）	C-D間	2
（4）	A-C間	2
（5）	A-B間	3

問 63 （a）の解答 出題項目＜1，15条，絶縁試験電源容量＞ 答え （3）

高圧ケーブルの絶縁耐力試験時の試験電圧は，「電気設備技術基準の解釈」（以下，「解釈」と略す）第15条（高圧又は特別高圧の電路の絶縁性能）第1項第一号で規定されており，最大使用電圧が7000 V以下の交流電路の場合は，**最大使用電圧の1.5倍**となっている。

また，最大使用電圧は解釈第1条（用語の定義）第1項第二号で規定されており，使用電圧が1000 Vを超え500000 V未満の場合には，

$$最大使用電圧 ＝ 使用電圧 \times \frac{1.15}{1.1}[\text{V}]$$

したがって，試験電圧 $V_\text{T}[\text{V}]$は，

$$V_\text{T}=6\,600\times\frac{1.15}{1.1}\times1.5=10\,350[\text{V}]$$

高圧ケーブルの対地静電容量 $C[\mu\text{F}]$は，1線の1 km当たりの値が与えられているので，3線一括では，

$$C=0.45\times\frac{87}{1\,000}\times3=0.117\,45[\mu\text{F}]$$

したがって，試験時に流れる電流 $I_\text{C}[\text{A}]$は，

$$I_\text{C}=2\pi fCV_\text{T}=2\pi\times50\times0.117\,45\times10^{-6}\times10\,350$$
$$\fallingdotseq0.381\,9[\text{A}]$$

このときの皮相電力 $Q[\text{kV}\cdot\text{A}]$は，

$$Q=I_\text{C}\times V_\text{T}=0.381\,9\times10\,350\times10^{-3}$$
$$\fallingdotseq3.953[\text{kV}\cdot\text{A}]$$

必要な試験容量は 3.953 kV·A の直近上位の，4 kV·A となる。

問 63 （b）の解答 出題項目＜絶縁試験電源容量＞ 答え （4）

補償リアクトルは，**図 63-1** のように被試験体の静電容量を打ち消すので，試験用変圧器の容量を小さくできる。

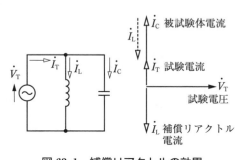

図 63-1 補償リアクトルの効果

このため，補償リアクトルを被試験体と並列になるように挿入する必要があるので，A-C間かA-D間のどちらかとなる。ただし，A-D間に接続すると被試験体のみに流れる電流を測定できないので，**A-C間**に入れるのが正しい。

試験回路は**図 63-2**のようになる。

補償リアクトルに流れる電流は，電圧に比例す

るので，試験電圧 10 350 V での $I_\text{L}[\text{A}]$は，

$$I_\text{L}=0.292\times\frac{10\,350}{12\,000}=0.251\,85[\text{A}]$$

したがって，試験用変圧器に流れる電流 $I_\text{T}[\text{A}]$は，

$$I_\text{T}=I_\text{C}-I_\text{L}=0.38-0.251\,85=0.128\,15[\text{A}]$$

試験用変圧器の容量 $P[\text{kV}\cdot\text{A}]$は，

$$P=0.128\,15\times10\,350\times10^{-3}\fallingdotseq1.33[\text{kV}\cdot\text{A}]$$

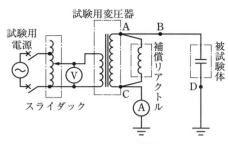

図 63-2 絶縁耐力試験回路図

必要な変圧器容量は 1.33 kV·A の直近上位の，2 kV·A となる。

理論 電力 機械 **法規**

令和5 (2023) 上期

令和5 (2023) 下期

選抜 **90** 問

選抜 **85** 問

選抜 **90** 問

選抜 **65** 問

「電気設備技術基準の解釈」に基づいて，使用電圧 6 600 V，周波数 50 Hz の電路に使用する高圧ケーブルの絶縁耐力試験を実施する。次の (a) 及び (b) の問に答えよ。

(a) 高圧ケーブルの絶縁耐力試験を行う場合の記述として，正しいものを次の (1) ～ (5) のうちから一つ選べ。

(1) 直流 10 350 V の試験電圧を電路と大地との間に 1 分間加える。

(2) 直流 10 350 V の試験電圧を電路と大地との間に連続して 10 分間加える。

(3) 直流 20 700 V の試験電圧を電路と大地との間に 1 分間加える。

(4) 直流 20 700 V の試験電圧を電路と大地との間に連続して 10 分間加える。

(5) 高圧ケーブルの絶縁耐力試験を直流で行うことは認められていない。

（次々頁に続く）

問 64 （a）の解答　　出題項目＜解釈 1，15 条＞　　　　　　　答え　（4）

「電気設備技術基準の解釈」（以下，「解釈」と略す）第 15 条（高圧又は特別高圧電路の絶縁性能）からの出題である。

「最大使用電圧」は解釈第 1 条（用語の定義）で規定されており，使用電圧（公称電圧）が「1 000 V を超え 500 000 V 未満」の場合には次式で求められる。

$$最大使用電圧 = 公称電圧 \times \frac{1.15}{1.1} \, [\text{V}]$$

●交流試験電圧の値

使用電圧（公称電圧）が 6 600 V なので，表 64-1 の規定により，

交流試験電圧 V_T

$$= 最大使用電圧 \times 1.5$$

$$= \left(公称電圧 \times \frac{1.15}{1.1}\right) \times 1.5$$

$$= \left(6\,600 \times \frac{1.15}{1.1}\right) \times 1.5 = 10\,350 \, [\text{V}]$$

●直流試験電圧の値

電線にケーブルを使用する交流の電路においては，表 64-1 に規定する試験電圧の 2 倍の直流電圧（連続 10 分）で試験できることが規定されている。

直流試験電圧 $V_T' = 交流試験電圧 \ V_T \times 2$

$$= 10\,350 \times 2$$

$$= 20\,700 \, [\text{V}]$$

解説

電線にケーブルを使用する電路では，**交流試験電圧の 2 倍の直流電圧での試験が認められている**。これは，交流での試験ではケーブル長が長くなって充電電流が大きくなり，試験電源容量が大きくなるのを回避できるよう配慮したものである。

表 64-1　電路の種類ごとの試験電圧（解釈第 15 条）

電路の種類		試験電圧	試験方法
最大使用電圧が 7 000 V 以下の電路	交流の電路	**最大使用電圧の 1.5 倍の交流電圧**	試験電圧を電路と大地との間（多心ケーブルにあっては，心線相互間及び心線と大地との間）に連続して 10 分間加える。
	直流の電路	最大使用電圧の 1.5 倍の直流電圧又は 1 倍の交流電圧	
最大使用電圧が 7 000 V を超え，60 000 V 以下の電路	最大使用電圧が 15 000 V 以下の中性点接地式電路（中性線を有するものであって，その中性線に多重接地するものに限る。）	最大使用電圧の 0.92 倍の電圧	
	上記以外	最大使用電圧の 1.25 倍の電圧（10 500 V 未満となる場合は，10 500 V）	

（続き）

（b）　高圧ケーブルの絶縁耐力試験を，図のような試験回路で行う。ただし，高圧ケーブルは3線一括で試験電圧を印加するものとし，各試験機器の損失は無視する。また，被試験体の高圧ケーブルと試験用変圧器の仕様は次のとおりとする。

【高圧ケーブルの仕様】

　　ケーブルの種類：6 600 V トリプレックス形架橋ポリエチレン絶縁ビニルシースケーブル（CVT）

　　公称断面積：100 mm²，ケーブルのこう長：220 m

　　1 線の対地静電容量：0.45 μF/km

【試験用変圧器の仕様】

　　定格入力電圧：AC 0-120 V，定格出力電圧：AC 0-12 000 V

　　入力電源周波数：50 Hz

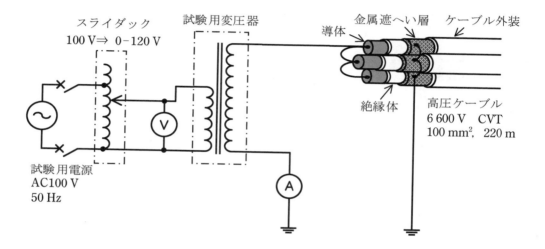

　　この絶縁耐力試験に必要な皮相電力の値[kV·A]として，最も近いものを次の（1）～（5）のうちから一つ選べ。

（1）　4　　　（2）　6　　　（3）　9　　　（4）　10　　　（5）　17

理論 電力 機械 法規

令和 5 (2023) 上期

令和 5 (2023) 下期

選抜 90 問

選抜 85 問

選抜 90 問

選抜 65 問

問 64 （b）の解答　　出題項目＜絶縁試験電源容量＞　　　　　　　答え　（4）

　高圧ケーブルは 3 線一括で試験電圧を印加するので，試験回路の等価回路は**図 64-1** のように表せる。ただし，試験電圧を V_T[V]，対地静電容量を C[F]（3 線一括した容量性リアクタンスを X_C[Ω]），充電電流を I_C[A] とする。

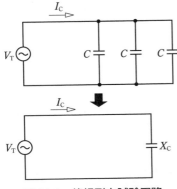

図 64-1　絶縁耐力試験回路

　交流での試験であるから，試験電圧 V_T は，小問（a）と同様に次のように求められる。

$V_T＝$**最大使用電圧×1.5**

$\quad ＝\left(公称電圧×\dfrac{1.15}{1.1}\right)×1.5$

$\quad ＝\left(6\,600×\dfrac{1.15}{1.1}\right)×1.5$

$\quad ＝10\,350$[V]

　また，高圧ケーブルの対地静電容量 C は，題意に 1 線の 1 km 当たりの値（0.45 μF/km）とケーブルこう長 220 m（＝0.22 km）が与えられているので，

$\quad C＝(0.45×10^{-6})×0.22＝9.9×10^{-8}$[F]

　よって，3 線一括した容量性リアクタンス X_C は，試験用電源の角周波数を ω[rad/s]，周波数を f（＝50[Hz]）とすると，

$$X_C＝\frac{1}{\omega(3C)}＝\frac{1}{2\pi f(3C)}＝\frac{1}{6\pi fC}[\Omega] \quad ①$$

　以上から，絶縁耐力試験に必要な皮相電力 S は，

$$S＝V_T I_C＝V_T×\left(\frac{V_T}{X_C}\right) \quad ←①式を代入$$

$$\quad ＝6\pi fCV_T^2 \quad ←各数値を代入$$

$$\quad ＝6\pi×50×(9.9×10^{-8})×10\,350^2$$

$$\quad ＝9\,995.0\cdots[V\cdot A]$$

$$\quad ≒10[kV\cdot A]$$

解説 ....

　求めた皮相電力に対して電源容量が不足する場合には，試験用変圧器の二次端子に補償リアクトルを接続する方法がある。この方法では，リアクトル電流によって充電電流を打ち消すことができるため，次式のようになって電源の容量不足を解消できる。

　（合成電流）＝（充電電流）－（リアクトル電流）

定格容量 50 kV·A，一次電圧 6 600 V，二次電圧 210/105 V の単相変圧器の二次側に接続した単相 3 線式架空電線路がある。この低圧電線路に最大供給電流が流れたときの絶縁性能が「電気設備技術基準」に適合することを確認するため，低圧電線の 3 線を一括して大地との間に使用電圧 (105 V) を加える絶縁性能試験を実施した。

次の (a) 及び (b) の問に答えよ。

（a） この試験で許容される漏えい電流の最大値 [A] として，最も近いものを次の (1) ～ (5) のうちから一つ選べ。

（1） 0.119 （2） 0.238 （3） 0.357 （4） 0.460 （5） 0.714

（b） 二次側電線路と大地との間で許容される絶縁抵抗値は，1 線当たりの最小値 [Ω] として，最も近いものを次の (1) ～ (5) のうちから一つ選べ。

（1） 295 （2） 442 （3） 883 （4） 1 765 （5） 3 530

問65（a）の解答　出題項目＜22条＞

「電気設備技術基準」（以下，「電技」と略す）第22条(低圧電線路の性能)からの出題である。

> 低圧電線路中絶縁部分の**電線と大地との間及び電線の線心相互間の絶縁抵抗**は，使用電圧に対する**漏えい電流が最大供給電流の二千分の一を超えない**ようにしなければならない。

単相変圧器の定格容量を $P_n (= 50[\text{kV}\cdot\text{A}])$，定格二次電圧を $V_{2n} (= 210[\text{V}])$ とすると，二次定格電流 I_{2n}(最大供給電流)の値は，

$$I_{2n} = \frac{P_n}{V_{2n}} = \frac{50 \times 10^3}{210} \fallingdotseq 238[\text{A}]$$

単相3線式架空電線路で，3線を一括して大地との間で使用電圧を加える絶縁性能試験を実施していることから，**図65-1**のように，**漏えい電流は3線で発生している**。したがって，漏えい電流の最大値 I_m は，

$$I_m = \frac{I_{2n}}{2\,000} \times 3 = \frac{238}{2\,000} \times 3 = 0.357[\text{A}]$$

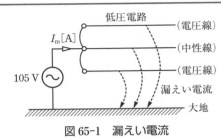

図65-1　漏えい電流

解　説

電技第22条で規定されている漏えい電流は，1線当たりについての値である。**電線を一括して大地との間に使用電圧を加えた場合の漏えい電流の許容値**は，配線方式によって異なり，次のようになる。

単相2線式：$\dfrac{\text{最大供給電流}}{2\,000} \times 2[\text{A}]$

単相3線式：$\dfrac{\text{最大供給電流}}{2\,000} \times 3[\text{A}]$

三相3線式：$\dfrac{\text{最大供給電流}}{2\,000} \times 3[\text{A}]$

問65（b）の解答　出題項目＜絶縁抵抗＞

単相変圧器の二次側の中性線と電圧線間の電圧を $V = 105[\text{V}]$ とすると，前問（a）で求めた漏えい電流の最大値が $I_m = 0.357[\text{A}]$ なので，1線当たりの絶縁抵抗の最小値 R_g は，

$$R_g = \frac{V}{\dfrac{I_m}{3}} = \frac{3V}{I_m} = \frac{3 \times 105}{0.357} \fallingdotseq 883[\Omega]$$

解　説

前問（a）では，3線を一括して大地との間で使用電圧を加える絶縁抵抗性能試験により漏えい電流 I_m の値を求めている。**1線当たりの絶縁抵抗の最小値を求める際には，$\dfrac{I_m}{3}$ を使用する必要があり**，引っかからないようにしなければならない。

また，本問（b）で求めた絶縁抵抗値は最小値であるから，実際にはこれ以上の絶縁が要求されることは言うまでもない。

執筆者（五十音順）

井手　三男（電験一種）
植田　福広（電験一種）
岡部　浩之（電験一種）
木越　保聡（電験一種）
田沼　和夫（電験一種）
深澤　一幸（電験一種）
不動　弘幸（電験一種）
松葉　泰央（電験一種）
村山　慎一（電験一種）

協力者（五十音順）

北爪　　清（電験一種）
郷　　冨夫（電験一種）

2024-2025 年版
電験三種過去問詳解

2024 年 7 月 25 日　　第 1 版第 1 刷発行

編　　者　オーム社
発 行 者　村上和夫
発 行 所　株式会社 オーム社
　　　　　郵便番号　101-8460
　　　　　東京都千代田区神田錦町 3-1
　　　　　電話　03(3233)0641(代表)
　　　　　URL　https://www.ohmsha.co.jp/

© オーム社 2024

印刷・製本　三美印刷
ISBN978-4-274-23215-2　Printed in Japan

本書の感想募集　https://www.ohmsha.co.jp/kansou/

本書をお読みになった感想を上記サイトまでお寄せください．
お寄せいただいた方には，抽選でプレゼントを差し上げます．